Ökosystem Wien
Die Naturgeschichte einer Stadt

Wiener Umweltstudien 2

böhlau

Reihe „Wiener Umweltstudien"

Band 2: „Ökosystem Wien", herausgegeben von
Roland Berger und Friedrich Ehrendorfer

Band 1: „Umwelt Stadt: Geschichte des Natur- und Lebensraumes Wien",
herausgegeben von Karl Brunner und Petra Schneider

Gedruckt mit freundlicher Unterstützung durch:
FWF – Der Wissenschaftsfonds,
Bundesministerium für Wissenschaft und Forschung in Wien

FWF Der Wissenschaftsfonds. BM.W_F[a]

Roland Berger,
Friedrich Ehrendorfer
(Hg.)

Ökosystem Wien

Die Naturgeschichte einer Stadt

Böhlau Verlag Wien – Köln – Weimar

Inhaltsverzeichnis

Kapitelübersicht

4. Wetter und Klima in Wien Vielfalt auf engstem Raum

Klima → 88

Ingeborg Auer, Reinhard Böhm

5. Vom Agnesbründl zum Donaustrom: Wasser in der Stadt

Wasser → 106

Martin Dokulil (Koordinator)

10. Donau und Auenlandschaft Ein Lebensraum voller Gegensätze

Luise Schratt-Ehrendorfer

Donauauen →328

11. Pannonische Hügel und Ebenen Östlich getönte bunte Steppe

Trockenräume → 392

Manfred A. Fischer [Pflanzen] und Karl Mazzucco [Tiere]

12. Steinernes Herz
Das dicht verbaute Stadtgebiet

Wolfgang Punz (Koordinator)

Stadt →458

13. Grün in der Stadt
Das BIOTOPMONITORING WIEN

Werner Pillmann

Biotopmonitoring →528

14. Leben und überleben
Wien als Ökotop mit Millionen „Umwelten“

Humanökologie → 540

0
1
2 km

„An der schönen blauen Donau“

Der Titel des Donauwalzers von Johann Strauss, der heimlichen Hymne der Wiener, kann als Motto für den Blick vom Donauturm stehen.

Das blaue Band des Donaustroms verbindet in der Panorama-ansicht von Südost nach Nordwest das weithin ausgebreitete Bild der Stadt, vom Hochhauscluster mit Vienna International Centre und Donau City (Vorderseite, links) über das Häusermeer des Stadtzentrums bis hin zur Wiener Pforte mit dem steil zur Donau hin abfallenden Leopoldsberg (Rückseite, rechts).

„Doch den Kranz der Heimat gebt mir Wien, lobt mir diese Stadt" (Josef Weinheber, Wien wörtlich). Die Poesie Weinhebers wird durch das vorliegende von Roland Berger und Friedrich Ehrendorfer gestaltete Werk, das sich nicht nur durch hohe fachliche Qualität, Interdisziplinarität und Detailfreudigkeit, sondern auch durch klar erkennbare Zuneigung zu Wien auszeichnet, wissenschaftlich unterlegt. Die Stadt erschließt sich dem Leser in ihrer Vielfalt, Komplexität und Interaktion als lebender Organismus: das dicht verbaute Stadtgebiet als „steinernes Herz", der Wienerwald und die Donauauen als grüne Lunge, der Strom mit seinen fließenden und stehenden Seitenarmen, aber auch die Verkehrswege, als Gefäße für Ein- und Ausstrom, für den Stoffwechsel; die pannonischen Hügel und Steppen der näheren und weiteren Umgebung bilden das Reservoir, aus dem geschöpft und mit dem ausgetauscht wird. Das Produkt von 250 Millionen Jahren Erdgeschichte modifiziert durch wechselnde klimatische Einflüsse, die Wiener Landschaft im Wandel der Zeit, bildet das Substrat für ein unterirdisch-verborgenes und ein oberflächlich-manifestes Ökosystem mit seiner einheimischen aber auch zugewanderten und eingebürgerten biologische Vielfalt, die von Mikroorganismen über die Pflanze bis zum Menschen reicht, für einen Lebensraum voller Gemeinsamkeiten und Gegensätze mit Natur – neben Kulturjuwel, für Nebeneinander aber auch Schmelztiegel von Ost und West.

Im Sinne der Kapitelüberschriften „Wien ist anders" und „Vienna quo vadis": Das Wissen, woher wir kommen, wo wir stehen und mit wem wir unseren Lebensraum teilen, bildet eine wesentliche Voraussetzung für Verständnis und Gestaltung der Realität von morgen. In diesem Sinne ist das vorliegende enzyklopädische Werk „Ökosystem Wien" mehr als eine „Naturgeschichte Wiens". Es ist nicht nur unverzichtbar für die Fachwelt, sondern auch für jeden, dem Gegenwart und Zukunft unserer Stadt am Herzen liegt.

o. Prof. Dr. med. Helmut Denk
Präsident der Österreichischen Akademie der Wissenschaften

Wissenschaft und Forschung wurden in den letzten Jahrzehnten in einem sehr dynamischen Prozess professionalisiert. Wissenschaft und Forschung eröffneten für mich in meinem gesamten Berufsleben als Biologe, als Museumsmitarbeiter, als Kommunalpolitiker und als Bürgermeister der Stadt Wien die eindrucksvollsten Analyse-, Bewertungs- und Gestaltungsmöglichkeiten.

Forschung muss objektiv, innovativ und kreativ sein und stets Anwendungs- und Lösungsmöglichkeiten anstehender Probleme mitdenken. Ich halte es für wichtig, ja für entscheidend, Forschung sowohl im Bereich der Grundlagenforschung als auch in jenem der Anwendung des Wissens im Dienst der Bürgerinnen und Bürger mit dem höchsten Maß an Professionalität voranzutreiben. Wissenschaft und Forschung brauchen die bestmöglichen Rahmenbedingungen, und sie brauchen öffentliche Anerkennung. Die Vermittlung wissenschaftlicher Erkenntnisse in einer fachübergreifenden Anstrengung und mit dem Anspruch, auch Laien zu erreichen – wie es in der vorliegenden Publikation vorbildlich versucht wird –, ist ein integraler Bestandteil aktueller Wissenschaft.

Wien wurde in dem internationalen Wettbewerb um die Auszeichnung „Stadt mit der besten Lebensqualität" in den letzten beiden Jahren auf den ersten Platz in diesem konkurrenzreichen Ausscheidungskampf gewählt. Dieses Gütesiegel, das bestätigt, dass Wien im Hinblick auf zentrale Indikatoren für die Bürgerinnen und Bürger ein sehr qualitätvolles und gutes Leben ermöglicht, ist wesentlich durch die Pflege und den Schutz der Natur- und Grünräume, die der Wiener Stadtregierung besonders wichtig sind, bedingt. Urbanität in Einklang mit den Naturräumen der Stadt zu bringen, Stadtkultur und Natur in einen inspirierenden Dialog zu setzen, sind gleichermaßen Hauptqualitäten und Hauptaufgaben der Wiener Kommunalpolitik.

Der nun vorgelegte zweite Band der „Wiener Umweltstudien" analysiert und dokumentiert das Ökosystem Stadt. Dieser Befund auf der Grundlage exzellenter aktueller Forschungsergebnisse, an dessen Erstellung auch viele wissenschaftliche Mitarbeiterinnen und Mitarbeiter der Wiener Stadtverwaltung mitgewirkt haben, ist Ergebnis und Ausgangspunkt für eine Kommunalpolitik, für die Natur, Kultur, Technik und Technologie keine Gegensätze, sondern harmonisches Zusammenspiel bedeuten, aber auch sein sollen. Auch der zweite Band dieser umfassenden Wiener Umweltenzyklopädie ist ein gelungenes Beispiel, wie komplexe Zusammenhänge der Natur und aktuelle Methoden der Wissenschaft verständlich und kulinarisch an eine größere Öffentlichkeit vermittelt werden können.

Dr. Michael Häupl
Bürgermeister der Bundeshauptstadt Wien

Fernand Braudel hat drei Dimensionen der historischen Entwicklung diagnostiziert: die Naturgeschichte, die sich auf die Entstehung des Universums, der Planeten und des Lebens bezieht, die Sozialgeschichte, die Mentalitäten und Strukturen menschlicher Gesellschaften, deren Zeitabläufe weit über ein Menschenleben hinausgehen, analysiert, und die Ereignisgeschichte, die das alltägliche Geschehen in Politik, Wirtschaft und Gesellschaft ins Visier nimmt. Alle drei Entwicklungszusammenhänge in den langen Maßstäben von Millionen, ja Milliarden Jahren und in den kurzen Maßstäben, die die wissenschaftliche Geschichtsforschung anlegt, waren und sind als Beobachtungszeiträume und als Kraft- und Emanationsfelder (im philosophischen und pyhsikalischen Wortsinn) mit unterschiedlicher Dynamik für den nun vorliegenden zweiten Band der Wiener Umweltstudien, „Ökosystem Wien. Die Naturgeschichte einer Stadt“, relevant.

Ein qualitätvoller, dichter, interdisziplinär breit aufgespannter Forschungsprozess ist mit der Herausgabe dieses zweiten Bandes im Umfang von fast 800 Seiten vollendet. Begonnen hat alles vor mehr als 50 Jahren mit der Arbeit einer interdisziplinären Gruppe von ForscherInnen am Institut für Wissenschaft und Kunst, die es sich zur Aufgabe gestellt hatte, die durch das Gebiet der Stadt ziehenden Fließgewässer limnologisch zu bearbeiten. Aus der Arbeit dieses Teams entstand das Projekt einer Publikationsreihe zur Naturgeschichte Wiens, die in den 1970er-Jahren in vier Bänden im renommierten Wiener Verlag Jugend & Volk ediert wurde. Die redaktionelle Projektleitung lag bei Ferdinand Starmühlner und Friedrich Ehrendorfer, die als erfahrene wissenschaftliche Autoren und Projektkoordinatoren die Arbeit von GeografInnen, GeologInnen, PaläontologInnen, MeteorologInnen, PhänologInnen und am Rande HistorikerInnen zusammenführten.

Ende der 80er-Jahre des 20. Jahrhunderts verdichtete sich die Zusammenarbeit zwischen der Österreichischen Akademie der Wissenschaften und der Stadt Wien. Im Rahmen der kontinuierlichen Abstimmungsgespräche akademiebezogener und stadtbezogener Themen und Forschungsprojekte zwischen dem Generalsekretär der Österreichischen Akademie der Wissenschaften, Univ.-Prof. Dr. Werner Welzig (in dieser Funktion in den Jahren von 1983 bis 1991 tätig) und mir als Wissenschaftsreferent der Stadt Wien kam nicht zufällig die Rede auf die „alte“ Naturgeschichte Wiens und die neuen umwelthistorischen und ökosystembezogenen Forschungen der Österreichischen Akademie der Wissenschaften. Die wissenschaftliche Neugierde auf die multiplen Interdependenzen zwischen Ökosystemen und sozialen Systemen war auf der Grundlage weittragender neuer Forschungen zu diesem Zeitpunkt besonders groß.

Die Idee der „Wiener Umweltstudien“ wurde in Folgegesprächen zwischen der Akademie der Wissenschaften und der Stadt Wien weiterentwickelt, das Projekt wurde zu einer Aufgabenstellung, bei deren Bewältigung sich Stadt und Akademie stets kongenial begegneten. Die Präsidenten der Österreichischen Akademie der Wissenschaften, die Professoren Werner Welzig, Herbert Mang, Peter Schuster und gegenwärtig Helmut Denk haben sich mit diesem Projekt ebenso identifiziert wie die Bürgermeister Helmut Zilk und Michael Häupl und die für Wissenschaft verantwortlichen StadträtInnen Ursula Pasterk, Bernhard Görg und Andreas Mailath-Pokorny. Friedrich Ehrendorfer war treibende Kraft beim ersten Projekt des Instituts für Wissenschaft und Kunst und nun auch bei den Bänden der Wiener Umweltstudien, besonders beim nun vorliegenden zweiten Band, „Ökosystem Wien. Die Naturgeschichte einer Stadt", den er als Herausgeber mitverantwortet.

Der nun vorgelegte Band (wie auch der erste Band der Wiener Umweltstudien, „Umwelt Stadt"), zeigt das Schönste und Beste, was eine wissenschaftliche Publikation – auch im Vergleich zum e-book – leisten kann. Das Buch zeigt, wie Entwicklungsprozesse der Erdgeschichte, des Klimas, des Bodens, der Landschaft, der Grenzen zwischen urbanem und „grünem" Raum „wie ein aufgeschlagenes Buch" (Friedrich Ehrendorfer) das Ökosystem Stadt illustrieren. Die biologische Vielfalt – ureinheimisch und zugewandert – und der „Stoffwechsel der Stadt" – was fließt hinein, was strömt heraus und was wird gespeichert? – werden verständlich und als aussagekräftiger Ergebnisbefund (am Stand 2010) und eindrucksvoll erweiterte Aufgabenliste an die Forschung lesbar.

Das Buch macht nachvollziehbar, was die Wissenschaft in den Jahrzehnten seit der Publikation der ersten Naturgeschichte Wiens dazugelernt hat: Die Methoden wurden präziser und ermöglichen weitreichendere Antworten und kühnere neue Fragen. Die Forschungen der Wiener Teams stehen in einem dichten internationalen Verbund der scientific community. Die alten Fakultäts- und Disziplingrenzen haben sich dynamisch verschoben, sind verschwommen, verschwunden und viel stärker an den Forschungsgegenständen als an den Strukturen der Forschungseinrichtungen orientiert.

Wien gehört zu den lebenswertesten Städten der Welt. Das ist ein Befund auf der Grundlage internationaler Studien, der aber auch die subjektive Zufriedenheit der BürgerInnen mit den gut aufeinander abgestimmten Natur- und Kulturräumen Wiens zum Ausdruck bringt.

Forschung und wissenschaftliche Weltanschauung sind ein wesentliches Fundament für ein gutes Leben der Menschen in Frieden, Freiheit und sozialer Wohlfahrt. Das nun abgeschlossene Projekt der Wiener Umweltstudien bringt diese große Aufgabe, die Wissenschaft und Forschung zu allen Zeiten haben, eindrucksvoll zur Anschauung.

Univ.-Prof. Dr. Hubert Christian Ehalt
Wissenschaftsreferent der Stadt Wien, Generalsekretär, Vorstands- und Kuratoriumsmitglied der Wiener Wissenschaftsförderungsfonds

Geleitwort der Herausgeber

„Die wahre Entdeckung besteht nicht im Finden von neuen Ufern, sondern im Sehen mit neuen Augen“ Marcel Proust

Städte sind attraktiv. Sie ziehen an. In erster Linie Menschen, aber – und das mag verwundern – auf vielfache Weise auch Pflanzen und Tiere. Ganz besonders gilt dies für Wien. Ihre Anziehungskraft macht die Donaumetropole zum Lebensmittelpunkt von knapp zwei Millionen Wienerinnen und Wienern, zu einem bedeutenden Wirtschaftsstandort, zu einem Brennpunkt des gesellschaftlichen Lebens und einer unerschöpflichen Quelle des Kulturgenusses für die Einwohner selbst wie auch für Heerscharen von Touristen, die unermüdlich die Stadt stürmen. Die Rolle als herausragende Kunst- und Kulturmetropole ist Wien sicher.

Weit weniger bekannt ist, dass Wien auch eine Naturmetropole von Weltrang ist. Für viele eine überraschende Erkenntnis: Ist die Stadt nicht ein rein menschliches Produkt, als solches geradezu das Gegenstück zur Natur? Dem hastigen Blick des meist gestressten Städters entgeht in der Regel, dass es da an allen möglichen und unmöglichen Ecken der Stadt keimt und wächst, kreucht und fleucht, ja, dass selbst die Stein-, Asphalt- und Betonwüste im dicht verbauten Gebiet sehr lebendig ist. Mehr als die Hälfte des Stadtgebietes von Wien ist jedoch von Grünflächen, also von Bäumen, Büschen oder Wiesen bedeckt. Die Donau, in Wien noch fast ein Gebirgsfluss, durchströmt die Stadt, Bäche und stehende Gewässer schaffen weitere Anziehungspunkte für vielfältiges Leben. Hinzu kommt die einzigartige Lage Wiens am Übergang der Alpen zur pannonischen Tiefebene. Hier begegnen einander zwei völlig verschiedene Klimazonen mit ihrer entsprechend unterschiedlichen Pflanzen- und Tierwelt, und die Grenzlinie läuft buchstäblich quer durch die Stadt. Dies alles schafft die Voraussetzung für eine ungeahnte Vielfalt an unterschiedlichen, teils sehr naturnahen Lebensräumen, und die sind wiederum die Basis für eine Artenmannigfaltigkeit von Pflanzen, Pilzen und Tieren, wie man sie in einer Großstadt nicht vermuten würde: Mehr als die Hälfte aller in Österreich vorkommenden Arten finden sich in Wien, auf einer Fläche, die nur rund ein halbes Prozent der Landesfläche ausmacht!

Wir Menschen bilden also zusammen mit unzähligen anderen Organismen eine große Lebensgemeinschaft (Biozönose) in der Stadt. Die Wissenschaft der Ökologie nennt das Beziehungsgefüge verschiedener Lebewesen untereinander und mit ihrem Lebensraum „Ökosystem“. In diesem Sinn sind ein Wald oder ein See ein Ökosystem. Darf man aber nun auch eine Stadt wie Wien so bezeichnen? Ist es zulässig und vernünftig, den Menschen einfach unter die anderen Lebewesen einzureihen, und setzt man sich damit nicht schnell dem Vorwurf des Biologismus aus? Selbstverständlich ist eine Stadt in erster Linie vom Menschen geprägt, von seinen zivilisatorischen Einrichtungen und kulturellen Errungenschaften, und viele Prozesse versteht man nur, indem man die Stadt als Wirtschafts- oder Sozialsystem betrachtet. Mit dem vorliegenden Buch wollen wir Sie, liebe Leserin, lieber Leser dazu einladen, das vielschichtige Phänomen Stadt einmal von einer neuen Seite kennenzulernen. Sie werden sehen, dass es Sinn macht, die Stadt auch als Ökosystem aufzufassen.

→ folgende Bildseiten
Blick vom Stephansdom nach Südwesten auf die Kärntnerstraße.
Mit U-Bahn und Bus eine halbe Stunde davon entfernt: Moosgrabenbach in einem Kernzonenbereich des Biosphärenparks Wienerwald in Wien, 14.

Dadurch erst werden viele Prozesse in der Stadt deutlich erkennbar und die Bedeutung und der Wert so mancher Dinge werden uns besser bewusst.

Wert und Preis klaffen bekanntermaßen oft weit auseinander und vieles, das monetär nur schwer einzustufen ist und kaum einen Preis hat, ist doch von unschätzbarem Wert für die Stadt und ihre Bürgerinnen und Bürger. Nur ein Beispiel: Stadtbäume sind nicht teuer und werden schnell „übergeordneten" Interessen geopfert. Sie sind aber nicht nur grüner Aufputz und helfen als unverzichtbares Seelenvitamin den Stadtbewohnern den Schock des Naturverlustes zu kompensieren, sie sind auch die großartige biologische Variante einer urbanen Klimaanlage: Ein erwachsener Baum der in Wien häufigen Rosskastanie etwa spendet Schatten wenn man ihn braucht, befeuchtet die Luft mit ca. 500 Liter Wasser am Tag, kühlt die aufgeheizte Umgebung um 300.000 kcal, erzeugt einen ständigen kleinen Luftkreislauf und filtert dabei den Staub aus der Luft; er braucht keinen Strom, kaum Wartung und wird von Jahr zu Jahr leistungsfähiger und schöner. Wo sind die technischen Errungenschaften, die da mithalten können? Der Baum ist ein lebender Organismus, also ein Partner im Ökosystem Stadt. Alles was er von uns braucht ist, dass wir seine Lebensansprüche kennen und seinen Wert schätzen.

Als 1970–1974 die vier Bände der ersten „Naturgeschichte Wiens" erschienen, war der Begriff „Ökosystem" noch kaum gebräuchlich. Heute, 40 Jahre später, ist er unentbehrlich geworden, will man die komplexen Wechselbeziehungen zwischen Umwelt und Organismen beschreiben. Im Hinblick auf den Großraum Wien haben sich unsere Kenntnisse darüber seither vervielfacht. Vor etwa 10 Jahren hat sich eine Arbeitgemeinschaft gebildet mit dem Ziel, den aktuellen Stand des Wissens zum Thema „Ökosystem Wien" auf eine ansprechende und verständliche Art aufzubereiten. Das Ergebnis dieser Bemühungen halten Sie nun in Händen. Wir wollen zeigen, wie faszinierend und komplex dieses Ökosystem ist, wie rasch es sich wandelt und wie labil es ist. Wir Menschen spielen darin die bestimmende Rolle; wir tragen die Verantwortung und haben es in der Hand, zu entscheiden, wie und wohin die Stadt sich weiterentwickelt.

Uns als Autoren und Herausgeber begeistert Wien unaufhörlich und immer wieder aufs Neue. Es ist für uns eine höchst willkommene Aufgabe und Herzensangelegenheit, Ihnen Wien aus einem ungewohnten Blickwinkel zu zeigen und die Stadt als Ökosystem nahe zu bringen. Wir laden Sie ein zu einer Entdeckungsreise, die Ihnen neue Eindrücke und Einsichten verschaffen und Altbekanntes in neuem Licht zeigen soll. Möge das Buch dazu beitragen, die Stadt Wien, im Sinne Marcel Prousts, mit neuen Augen zu sehen.

Dr. Roland Berger
emer. o. Univ.-Prof. Dr. Friedrich Ehrendorfer

Bild vorhergehende Doppelseite:
Das Wiener Becken in schräger 3-D-Darstellung aus 705 km Höhe, Blickrichtung Süden, April 2003, abgeleitet aus senkrecht aufgenommenen ASTER-Satellitendaten. Die Falschfarben zeigen Wasser dunkelblau, Rohböden und verbautes Ortsgebiet in helleren Blautönen, bereits grüne Vegetation (Wiesen, Wintergetreide) rot, noch unbelaubte Laubwälder dunkelbraun-grün und Nadelwälder fast schwarz. Im Vordergrund rechts kann man die Wiener Pforte erkennen, flankiert von Bisamberg und Leopoldsberg, links anschließend das Stadtgebiet von Wien. Der Blick folgt dem Verlauf der Donau mit den begleitenden Auwäldern des Nationalparks nach Osten bis etwa Bad Deutsch Altenburg. Am unteren Bildrand (also nördlich der Donau) werden von rechts nach links (also in östlicher Richtung) die Korneuburger Senke, der Südrand des Weinviertels und das Marchfeld sowie ein Teil der Marchauen erfasst. Oberhalb (also südlich) der Donau ist im rechten Bildbereich der Alpenostrand erkennbar, der sich mit Leopoldsberg und den Höhen der Flyschzone des Wienerwaldes nach Süden in den kalkalpinen Wienerwald mit Föhrenbergen, Anninger und Badner Lindkogel fortsetzt und schließlich die Hohe Wand und die Kalkvoralpen im Raum Ternitz erreicht. Im mittleren Bildbereich dehnt sich das südliche Wiener Becken: der Flughafen Schwechat in Donaunähe, die Feuchte Ebene mit den Flussläufen der Schwechat, Fischa und Leitha, im Süden das Steinfeld mit dem Truppenübungplatz Großmittel, Wiener Neustadt und ausgedehnte Schwarzföhrenforste. Der obere Bildrand zeigt im Westen (rechts) die nördliche Bucklige Welt, den Bogen der Berge von der Rosalia bis nach Ödenburg (Sopron), das Ruster Bergland und im Osten den Neusiedler See mit seinem riesigen Schilfgürtel sowie die bewaldeten Höhen des Leithagebirges im Grenzbereich von Burgenland und Niederösterreich.

Ein Überblick: Worum geht es?

Panorama von Wien, vom Leopoldsberg aus betrachtet

Die reizvolle Lage Wiens und die landschaftliche Vielfalt seiner Umgebung haben schon viele Besucher der Stadt begeistert. Dies lässt sich gut nachfühlen, wenn man den eindrucksvollsten Aussichtspunkt oberhalb der Stadt besucht, den Leopoldsberg. An einem klaren und sonnigen Tag bietet sich hier ein wunderbares **Panorama von Wien** und den verschiedenen Landschaften, an denen die Stadt Anteil hat.

Noch intensiver werden die Eindrücke, wenn man Einblicke in die unglaublich lange und komplexe Entstehungsgeschichte dieser Landschaften gewinnt. Mit diesem Band soll dies auf fachkundige Art vermittelt werden. Dabei wird sich zeigen, dass naturgeschichtliches und ökologisches Schauen eine Kunst ist, die freilich erlernbar ist und einem Kriminalroman an Unterhaltung und Spannung in nichts nachsteht. Eine Aussicht wie die vom Leopoldsberg mag einleitend helfen, die Augen für diese Zusammenhänge zu öffnen. Ein Panoramabild aus Betrachterhöhe und ein Schrägblick aus Satellitenhöhe (→ vorhergehende Doppelseite) sollen dabei die Vorstellungskraft des Lesers unterstützen.

Bei einem solchen Rundblick fällt zunächst die Verschiedenartigkeit der Landschaften auf: im Vordergrund die Weinberge auf der abgeflachten Schulter des Nussberges, dahinter weit ausgebreitet das Häusermeer der Stadtlandschaft, geradewegs zerschnitten durch den heute doppelgliedrigen Lauf der Donau mit der künstlich geschaffenen Donauinsel. Das Zentrum mit dem 1. Bezirk wird durch die Nadel des Stephansturmes angezeigt. Im Süden rückt das Stadtgebiet eng gegen die bewaldeten Ausläufer der Wienerwaldlandschaft, die sich entlang des Alpenostrandes bis zu den Ausläufern der Kalkalpen fortsetzt. Östlich davon und schon jenseits der Stadt die weite und ebene Kulturlandschaft des Wiener Beckens, am Horizont begrenzt durch die Höhen des Leithagebirges, der Hainburger Berge sowie der Kleinen Karpaten. Entlang der Donau die vielfach noch naturnahe Auenlandschaft vom Wiener Prater über die Lobau bis zur „Ungarischen Pforte“ bei Hainburg an der Donau – heute Nationalparkgebiet. Nördlich der Donau setzt sich die Kulturlandschaft des Wiener Beckens im Marchfeld und im hügeligen Weinviertel fort. Im Nordosten der dramatische Tiefblick auf den Durchbruch der Donau, der zwischen dem steilen Abhang des Leopoldsbergs und dem gegenüberliegenden, abgeflachten Bisamberg die „Wiener Pforte“ bildet. Beide sind Teile eines ursprünglich durchgehenden Ausläufers des Sandstein-Wienerwaldes. Im Nordwesten, als Gegenstück zu Wien auf der anderen Seite des Leopoldsberges, das Städtchen Klosterneuburg oberhalb der Donauauen mit den Türmen und mächtigen Kuppeln seines Stiftes. Dahinter werden wieder die Wald- und Wiesen-Kulissen der Wienerwaldlandschaft sichtbar.

Wie sind nun diese verschiedenen Landschaften entstanden und wann haben sie ihre heutige Gestalt angenommen? Der **Geologe** wird auf diese Frage antworten, dass

Blick vom Leopoldsberg nach Süden auf die Donaumetropole Wien: Flaumeichen-Buschwald am steilen Südhang im Vordergrund, im Mittelgrund die Gipfelterrasse von Burgstall und Nussberg und rechts der Kahlenberg. Dominierend die Donau, links davon die Donauinsel und die Neue Donau sowie dahinter Floridsdorf, die Alte Donau und die UNO-City.

hier vor etwa 16 bis 18 Millionen Jahren der ursprünglich zusammenhängende Alpen-Karpaten-Bogen durch Absenkungen und Brüche der Erdkruste zerteilt wurde. Leithagebirge und Hainburger Berge sind als Reste dieser Verbindung erhalten geblieben. Das absinkende Wiener Becken wurde zuerst durch ein Meer und seine Sedimente, später durch die Ablagerungen der Donau und ihrer Nebenflüsse aufgefüllt. Noch heute zeichnet die Thermenlinie mit ihren heißen Quellen die Abbruchlinie des Alpenrandes nach, während die Einebnungen auf dem Nussberg und Bisamberg die frühere Meeresküste markieren. Die stehen gebliebenen Teile der Kalkalpen und der Flyschzone bilden heute die Grundlage der Wienerwaldlandschaft.

Fragt man den **Geomorphologen**, also jenen Wissenschaftler, der sich mit der Formung der Erdoberfläche beschäftigt, wird dieser etwa so antworten: Die Kraft des Wassers und des Eises hat das Gebirge allmählich abgetragen und die tiefer liegenden Becken und Täler in eine Terrassenlandschaft verwandelt. Die Donau mündete vor elf Millionen Jahren bei Mistelbach in einen riesigen Pannonischen See. Erst später hat sie sich an einer tektonischen Schwachstelle der Flyschzone den Weg durch die „Wiener Pforte" gebahnt und im Raum von Wien stark aufgefächert. Hier und auf der Fließstrecke durch das Wiener Becken bis zur „Ungarischen Pforte" hat der große Strom in seinem Einflussbereich begleitende Terrassen und die charakteristische Auenlandschaft geformt.

Diese Reliefentwicklung steht natürlich in einem engen Wirkungszusammenhang mit dem Klima. Es wäre also gar nicht abwegig, auch den **Klimatologen** zu fragen, was ihm der Blick vom Leopoldsberg sagt. Er wird zunächst betonen, dass zu einem bestimmten Zeitpunkt nur Wetter-, nicht aber Klimabeobachtungen möglich sind, denn unter Klima wird die Summe der sehr langfristigen Wetterphänomene verstanden. Auf dem Leopoldsberg kann man nun oft eine für den Wiener Raum charakte-

ristische Wetterlage beobachten: Regenwolken über dem Wienerwald und den meist ganz verhüllten Alpen im Westen und Südwesten, Auflockerungen und Sonnenschein dagegen über dem Wiener Becken von Süd bis Nord. Ein Blick auf die folgende Karte der Klimatypen macht diese Situation verständlich.

Eine Landschaft wie die des Wiener Raumes ist auch ein Klimazeuge. So sind etwa die sanften Hänge der Flyschzone des Wienerwalds Ergebnisse des eiszeitlichen „Bodenfließens". In den Sommern der Kaltzeiten bewegten sich die über den Dauerfrostböden liegenden und aufgeweichten Oberböden der Schwerkraft folgend langsam talwärts. Auch die tief eingeschnittenen Bäche entstanden während der schmelzwasserreichen kurzen Sommer. Ihre Schotterfracht wurde im Flachland abgelagert. Und die Jetztzeit ist im Wiener Raum durch die Grenzlage zwischen mitteleuropäischem, humid-gemäßigtem (also mehr atlantisch geprägtem) und winterkalt-gemäßigtem (mehr kontinentalem und pannonischem) Klima gekennzeichnet. Vom höheren Wienerwald bis in die Kalkvoralpen fallen im Jahresmittel 800 bis 1500 Millimeter an Niederschlägen und die mittleren Juli-Temperaturen übersteigen kaum 18 Grad. Dagegen liegen die entsprechenden Werte im Wiener Becken und an der nördlichen Thermenlinie bei 550 bis 650 Millimeter und bei 18 bis 20 Grad. Diese Daten zeigen, dass der Wienerwald noch dem mitteleuropäischen, das Wiener Becken und seine Randlagen aber bereits dem pannonischen Klimatyp entsprechen. Vom Großklima her gesehen, liegt Wien also in erster Linie an einer deutlichen Klimascheide zwischen Ost und West, außerdem reichen aber illyrische (ost-submediterrane) und alpine Klimaeinflüsse in den Wiener Raum herein, was insbesondere auch die Pflanzen- und Tierwelt am Alpenostrand anzeigt.

Klima, Relief, Boden und Wasser sind jene Naturfaktoren, die am unmittelbarsten die Pflanzen- und Tierwelt beeinflussen. Wenn man die erstaunliche Vielfalt an

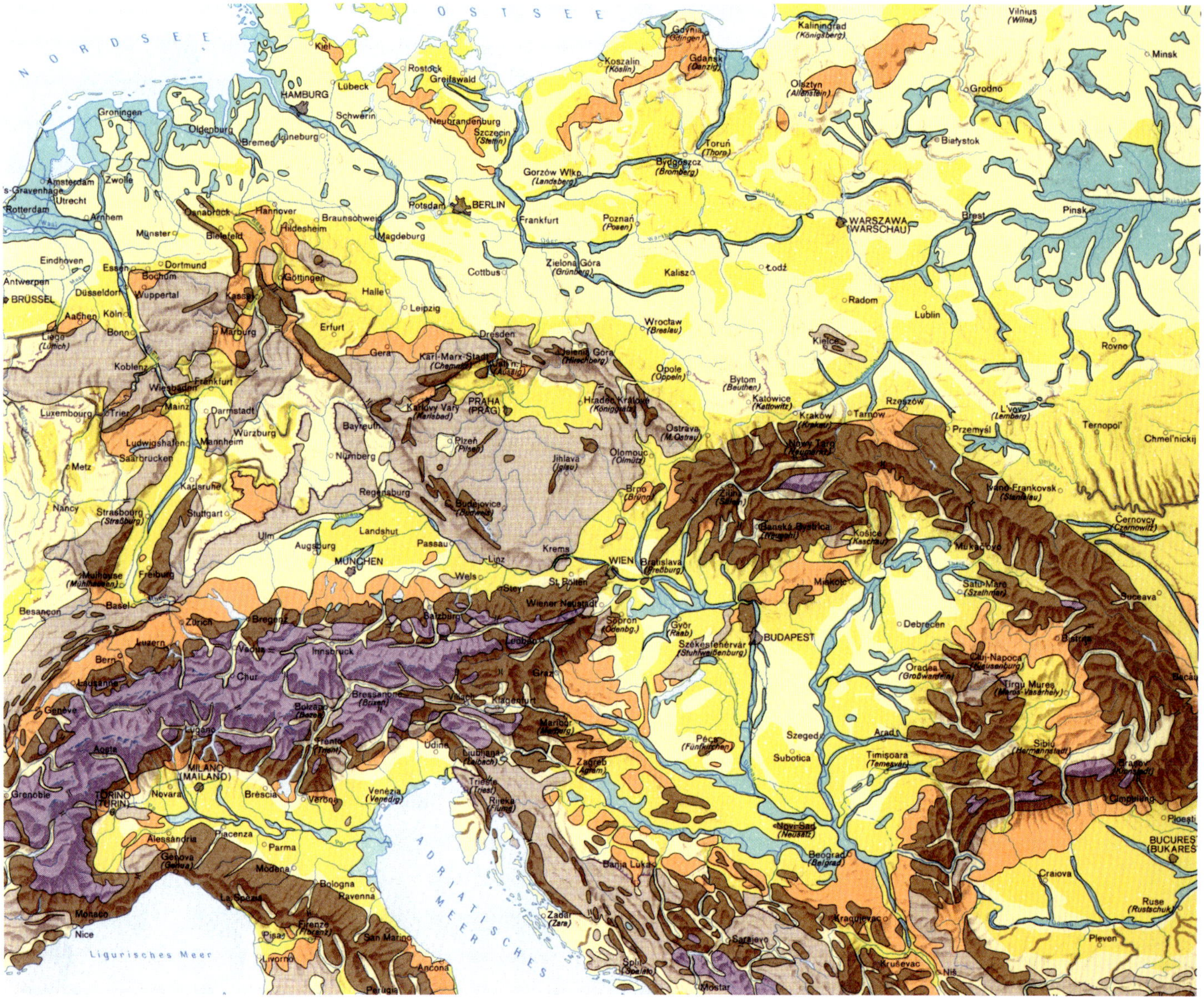

Flachland, bodenmäßig begünstigt

Flachland, bodenmäßig nicht begünstigt

Feuchtland: Sümpfe, feuchte Auen, Marschen

stärker reliefiertes Gelände: Riedel- und kuppiges Hügelland, Jungendmoränengebiete u. Ä.

bedeutendere Canontäler in Platten- und Tafelland

markante Geländestufen: Schichtstufen u. a.

Mittelgebirge des Plateautypus, auch Karstplateaus: i. a. über 400 m, mit aufgesetzten Erhebungen

Mittelgebirge des Kamm-Rücken-Typus: i. a. Bewaldung vorherrschend, mit siedlungsgünstigen Talzügen und Becken

Hochgebirge; mit siedlungsgünstigen Talzügen und Becken

verkehrswichtige Engtäler im Gebirgsraum

rel. günstige Übergänge im Gebirgsraum

Die Lage von Wien im Schnittpunkt europäischer Naturräume und Großlandschaften: Die Karte erstreckt sich vom Tiefland an der Nord- und Ostsee über die vielgestaltigen Mittelgebirgsräume, das Einbruchsbecken zwischen den Alpen und den Karpaten mit Wien und die ungarische Tiefebene bis hin zum Nordteil der Apenninen- und Balkanhalbinsel im nördlichen Mittelmeerraum.

Waldgesellschaften auf dem ja nicht sehr ausgedehnten Leopoldsberg genauer in Augenschein nimmt, lassen sich diese Zusammenhänge für den **Vegetationsökologen** gut erkennen: Am kühlen Nordwesthang des Leopoldsbergs finden wir hochstämmigen Buchenwald, an der schon wärmeren und nebelreichen Nordostkante einen Steilhang-Lindenwald, im Bereich der Kuppe Eichen-Hainbuchen-Mischwald und am steilen, trockenen und heißen Südhang aufgelockerten Flaumeichenwald mit Steppeninseln. Diese Beobachtungen machen deutlich, wie stark die Pflanzendecke und mit ihr die Tierwelt nicht nur vom Regionalklima, sondern besonders auch vom Lokalklima, von der jeweiligen Hangneigung und Sonneneinstrahlung abhängig sind. Zu diesen naturnahen Lebensgemeinschaften (Biozönosen) kommen entlang des Zufahrtsweges zur ehemaligen Burg auf dem Leopoldsberg aber auch noch angepflanzte oder verwilderte, gebietsfremde Holzpflanzen, wie Schwarz-Föhre und Götterbaum hinzu, ebenso Ruderalfluren, in denen Vogelknöterich und Gänsefuß auf menschlichen Einfluss hinweisen.

Der **Zoologe** wird uns schließlich mit den tierischen Gliedern dieser Biozönosen auf dem Leopoldsberg vertraut machen und zeigen, welche Rolle Tiere in den hauptsächlich von der Vegetation geprägten Strukturen spielen. Er kann vor Augen führen,

Vier verschiedene Klimatypen treffen im Wiener Raum aufeinander: Die unterschiedlichen Farbtöne in der Karte weisen Gebiete mit alpinen, mitteleuropäischen, illyrischen und pannonischen Klimamerkmalen sowie alle Übergänge aus.

I Mittlere Jahressummen des Niederschlags
II Wahre Temperaturmittel des Juli
III Wahre Temperaturmittel des Jänner
IV Mittlere Zahl der Tage mit mindestens 1 mm Niederschlag

I 800 bis 1000
II 17 bis 19
III −1 bis −3
IV 110 bis 130

I 1500 bis über 2000
II 5 bis 15
III −2 bis −10
IV über 130

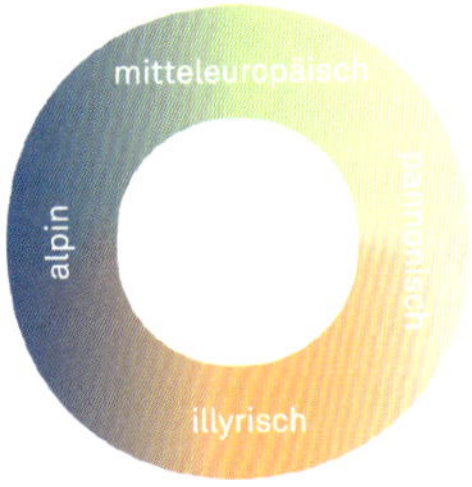

I unter 600 bis 700
II über 19
III −1 bis −3
IV unter 110

I 800 bis 1000
II 18 bis 20
III −2 bis −3
IV 90 bis 110

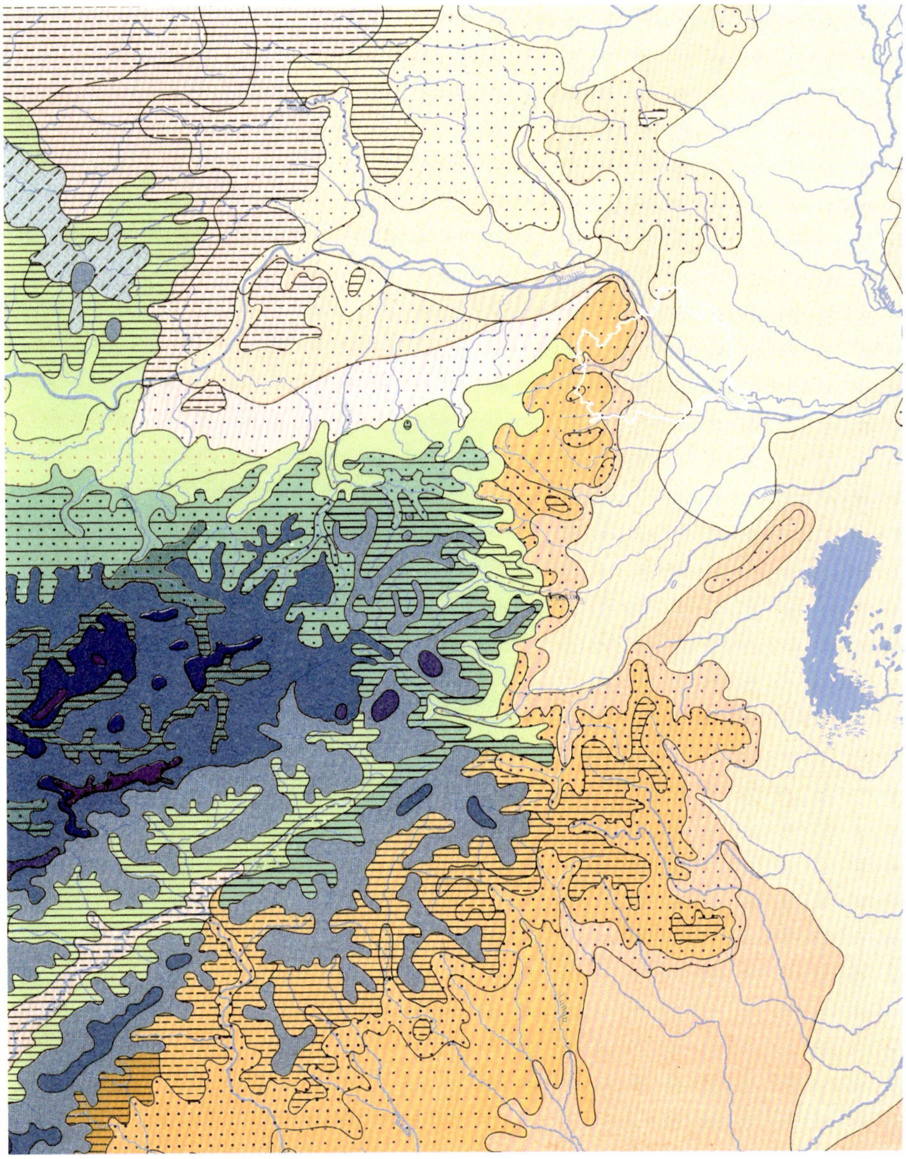

wie unglaublich komplex Ökosysteme sind und wie sie nach dem Prinzip Fressen-und-gefressen-Werden funktionieren.

Natürlich unterliegt auch die landwirtschaftliche Nutzung den besprochenen Naturfaktoren, wie der **Kulturlandschaftsforscher** erläutern kann. Mit Ackerbau und Viehweide hat der Mensch seit Jahrtausenden die Landschaften im Raum von Wien verändert. Es nimmt daher nicht wunder, dass nur die landwirtschaftlich schlechter nutzbaren Böden heute noch von mehr oder weniger naturnahen Wäldern bedeckt sind. Vom Leopoldsberg aus lässt sich besonders gut erkennen, dass in der Kulturlandschaft Klima, Wasser und Boden die Art der Nutzung steuern. Der Weinanbau ist auf die durch Wärme und spättertiäre Ablagerungen begünstigten Abhänge gegen das Wiener Becken hin beschränkt, wie etwa am Nussberg. In den Beckenlagen überwiegt hingegen der Anbau von Weizen und Gerste auf den leichten Böden. Dagegen werden Mais und Zuckerrübe auf den schweren und Gemüse auf den besonders nährstoffreichen Böden angebaut.

Lässt sich aus der Schau vom Leopoldsberg auch ein Hinweis auf die Frage geben, warum die Wiener Stadtlandschaft gerade an dieser Stelle entstanden ist und sich zur heutigen Größe entwickelt hat? Der **Siedlungsgeograph** wird darauf verweisen, dass

1 Buchenwald *(Fagus sylvatica)* am kühlen und feuchten Nordwesthang und

2 Lindenwald *(Tilia platyphyllos)* an der lichteren und wärmeren Nordostkante des Leopoldsberges.

sich im Wiener Becken uralte, prähistorische Handels- und Verkehrswege kreuzen: nämlich der auch als Nibelungenstraße bezeichnete Donaulauf zwischen West und Ost und die Bernsteinstraße, die von der Ostsee im Norden bis zur Adria im Süden im Raum zwischen Wien und Pressburg besonders günstige Voraussetzungen für die Querung des Alpen-Karpaten-Bogens findet (→ Karte S. 36). Verkehr schafft Städte, und so auch im Wiener Raum. Eine hochwassergeschützte Fläche im Zwickel zwischen Ottakringerbach und Wienfluss, auf der sogenannten Stadt-Terrasse gelegen, fand aufgrund der günstigen militärisch-strategischen Lage und der Wassernähe das Interesse der Römer, die dort im ersten Jahrhundert nach Christus ein Kastell anlegten.

Die Babenberger verlegten ihre Residenz im 12. Jahrhundert von Klosterneuburg dorthin und so entstand aus den Anfängen einer frühmittelalterlichen Burg- und Kaufmannssiedlung bald eine richtige Stadt. Die Entwicklung Wiens zur Festungsstadt, die das kleine Modell auf der Brüstung des Aussichtspunktes vor der Kirche auf dem Leopoldsberg veranschaulicht, war die logische Folge. Die Festung hatte ihre wichtigsten Bewährungsproben während der beiden großen Türkenbelagerungen von 1529 und 1683 zu bestehen. Die Stadt konnte 1683 erst durch den Sturm des Entsatzheeres vom Leopoldsberg und anderen Höhen des Wienerwalds vor der Einnahme bewahrt werden, woran die kleine Gedächtnisausstellung im Vorraum der Kirche erinnert.

Wien hat die engen Grenzen der Festung schon zu Beginn des 19. Jahrhunderts gesprengt. Auch die Gründe dafür könnte der Stadtforscher aufzeigen. Sein Urteil würde jedoch, falls es nur auf Urbanistik und Architekturgeschichte beruht, zu kurz greifen. Daher muss an der Beantwortung der Frage nach der Ausdehnung der Stadt auch wieder der Geomorphologe beteiligt werden. Die Ausdehnung von Wien durch seine Vorstädte und Vororte war nämlich bis ins 19. Jahrhundert aufgrund der landschaftlichen Gegebenheiten notgedrungen asymmetrisch: Im Nordosten war sie durch die sich hier in viele Arme aufspaltende Donau und ihre Hochwässer behindert oder unmöglich, vom Nordwesten bis Südosten dagegen begünstigt durch die um die Altstadt wie in einem Amphitheater ansteigenden Terrassen. Erst mit der Regulierung der Donau und den Brückenbauten seit der Mitte des 19. Jahrhunderts wurde diese Entwicklung ausgeglichen. Nun konnte sich die Stadt auch nördlich der Donau, in „Transdanubien", ausdehnen. Dabei sind allerdings die früheren Donauarme, wie etwa

3 Eichen-Hainbuchenmischwald *(Quercus petraea Carpinus betulus)* auf der Kuppe und

4 Flaumeichenwald *(Quercus pubescens)* am warmen Südhang des Leopoldsberges.

3

4

in der Alten Donau, teilweise bis heute erhalten geblieben. In den letzten Jahrzehnten des 20. Jahrhunderts wurde anstelle des früheren, städtebaulich hässlichen und raumtrennenden Überschwemmungsgebietes die Donauinsel geschaffen. Hier entstanden zwischen dem Hauptstrom und dem für Wassersport ruhig gestellten Nebengerinne, der Neuen Donau, rekonstruierte Wiesen- und Gehölzflächen sowie ein Erholungs- und Freizeitgelände.

Die Beiträge der Geologen, Geomorphologen, Hydrologen, Klimatologen, Vegetationsökologen, Zoologen, Landschafts- und Stadtforscher lassen erkennen, dass es auf eine Frage jeweils verschiedene Antworten gibt, abhängig von der Sichtweise, der Untersuchungsmethodik und den Kenntnissen der Befragten. Nicht einzelne Antworten, sondern deren Synthese vermittelt uns ein umfassendes, ausgewogenes und befriedigendes Bild. Und jeder Einzelne gibt uns nur Teilantworten – nicht sehr zufriedenstellend für ein umfassendes und ganzheitliches Wissensbedürfnis. Eben diesem soll mit dem vorliegenden Band aber entsprochen werden. Es geht dabei nicht um die Vermittlung von Spezialistenwissen, sondern darum, zu zeigen, dass im Wiener Raum – und natürlich nicht nur dort – zahlreiche und enge Zusammenhänge bestehen: dass also Erdgeschichte und Klima das Relief mitbestimmen, beide die Bodenbildung und die Vegetation prägen und dass schließlich alle diese Naturfaktoren auch die Rahmenbedingungen für jede Nutzung durch den Menschen schaffen. Sie sind die Voraussetzung für Landwirtschaft, städtische Entwicklung und alle anderen vom Raum abhängigen und den Raum mitgestaltenden Aktivitäten. Dennoch ist der Mensch bis zu einem hohen Grad auch frei beim Schaffen „seiner" Kulturlandschaft, je nach seinen Bedürfnissen, dem Stand der Technik und dem Wirtschaftssystem. Aber was auch immer er unternimmt, alles hat Folgen für den Naturraum, wirkt auf diesen zurück – und beeinflusst in der einen oder anderen Weise schließlich auch wieder die Reaktion des Menschen. Es ist ein großer Kreislauf zwischen Mensch und Natur, ein Kreislauf, der sich wiederum aus kleineren Teil-Kreisläufen zusammensetzt, wie dem abiotischen System, dem biotischen und schließlich dem ökonomisch-sozialen.

Mit diesen Systemen und ihren Wirkungszusammenhängen beschäftigen sich **Ökologen**, also „Haushalts"-Wissenschaftler, „Geo-Ökologen", „Bio-Ökologen", Landschafts-Ökologen und „Zivilisations-Ökologen". Sie alle haben an diesem Buch mitgewirkt und wollen zeigen, wie diese Sichtweisen miteinander zusammenhängen.

Die Gesetzmäßigkeiten eines solchen Systems lassen sich im Kleinen anschaulicher studieren als in einem so komplexen System, wie es die Großstadt darstellt. Dafür sollen die Waldgesellschaften auf dem Leopoldsberg nochmals genauer betrachtet werden: Je nach den äußeren Umständen nehmen am Aufbau dieser Wälder sehr unterschiedliche Lebewesen teil. So ist etwa die gesamte Lebensgemeinschaft (Biozönose) des Flaumeichen-Buschwaldes mit seinen charakteristischen Pflanzen, Pilzen, Tieren und Mikroorganismen eng an die Standortbedingungen der Südflanke des Leopoldsbergs gebunden. Standort und Biozönose bilden hier ein konkretes Biotop. In allgemeiner Form veranschaulicht das rechtsstehende Schema, wie Organismen mit verschiedenen Ernährungsstrategien in verschiedenen ökologischen Nischen (Habitaten) und Biozönosen miteinander durch viele Wirkungszusammenhänge verknüpfte Ökosysteme bilden. Diese übergeordneten und komplexen Gefüge haben für alle Stoffe und Energien Eingänge, Kreisläufe und Ausgänge und verfügen über bemerkenswerte Fähigkeiten zur Selbstregulation. Dabei ist der Mensch in vielen Ökosystemen unserer Biosphäre zu einem wesentlichen Faktor geworden. In seinen Kultur- und Stadtlandschaften hat er völlig neue, artifizielle Ökosysteme geschaffen. Das wird schon auf dem verbauten Gipfel des Leopoldsbergs deutlich, noch mehr aber, wenn man den Blick auf die Umgebung Wiens und auf das „steinerne Herz" der Stadt richtet.

Ökosysteme darf man nicht nur funktionell sehen, man muss sie auch historisch betrachten. Aus der Erdgeschichte wissen wir, dass am Höhepunkt der letzten Eiszeitphase, also vor etwa 20.000 Jahren, im Raum von Wien eine subarktische Landschaft mit Kältesteppen bestanden hat, die nur von einzelnen Baumgruppen durchsetzt war und in der Mammut- und Rentierherden weideten. Die heutige Vielfalt an Ökosystemen und ihren Arten ist also erst allmählich durch (Wieder-)Einwanderung aus damals weiter südlich und östlich gelegenen eiszeitlichen Rückzugsgebieten entstanden. Diese postglazialen Wanderungsvorgänge lassen sich aus Fossilfunden, aus Daten der Verwandtschaftsforschung sowie aus Analysen der Verbreitungsgebiete teilweise rekonstruieren. Demnach konnte etwa die Schwarz-Föhre zumindest die letzte Eiszeit an besonders begünstigten Punkten des niederösterreichischen Alpenostrandes überdauern. Für Trauben-Eiche, Sommer-Linde und Rotbuche kann man Rückwanderungen aus Mittelitalien und der nördlichen Balkanhalbinsel annehmen, während die submediterrane Flaum-Eiche aus dem östlichen Mediterranraum an ihre heutigen, wärmebegünstigten Lebensräume vorgedrungen ist. Heute finden sich diese Baumarten am Leopoldsberg in verschiedenen Ökosystemen, aber in engster Nachbarschaft. Zuletzt sind viele Arten der Kulturlandschaft durch den Menschen – sei es beabsichtigt als Kulturpflanzen und Haustiere oder unbeabsichtigt als Beikräuter und tierische Kulturfolger – in den Wiener Raum eingebracht worden.

Ein letzter Blick auf die Stadtlandschaft von Wien bestätigt, dass das Ökosystemkonzept sinnvollerweise auch für diesen vom Menschen völlig neu gestalteten Lebensraum anzuwenden ist. Auch Donauschifffahrt, Lastwagenverkehr, das Flusskraftwerk Freudenau, das kalorische Kraftwerk Simmering und die verschiedensten Fabrikanlagen, Bürotürme, Brücken und Straßen, dicht verbaute und aufgelockerte Wohnviertel, Donauinsel, Sportstätten, Grünstreifen und Parkanlagen, die Müllverbrennungsanlagen und die Ruderalfluren (in Wien meist „Gstätten" genannt) spielen eine Rolle im Ökosystem der Großstadt. Ökologisch-funktionell betrachtet geht es dabei zuerst um Stoff- und Energieeinträge, um Grundlagen für Ernährung, Gesundheit und Erholung, Arbeitsmöglichkeit und Mobilität der Einwohner, Produktion von Energie und neuen Gütern, Handel und Verwaltung, Abwasser- und Abfallwirtschaft, also wiederum um Kreisläufe und schließlich auch um Ein- und Ausgänge für Stoffe und Energie. Alle diese Komponenten und Prozesse gehören zur biozönotischen

Schema der Stoff-, Energie- und Wirkungskreisläufe in Ökosystemen

Eine zentrale Rolle in jedem Ökosystem spielen die Primär-Produzenten. Das sind die grünen Pflanzen – auf dem Leopoldsberg also Bäume, Sträucher, Kräuter, Moose, Flechten und mikroskopisch kleine Algen. In den verschiedenen Waldschichten absorbieren sie Lichtenergie und bauen damit durch Photosynthese aus Wasser und dem Kohlendioxid der Luft organische Substanzen auf. So schaffen sie die Voraussetzung für die Existenz aller anderen Gruppen von Organismen im Ökosystem, also etwa den Pflanzenfressern und Räubern unter den Tieren. Die anfallende tote organische Substanz ist als Humus für die Bodenbildung wesentlich und wird durch Abfallfresser, Pilze und Bakterien als Zersetzer zu ihren anorganischen Bausteinen abgebaut und wieder den Standorts-Ressourcen zugeführt. Diese Mineralstoffe sowie Wasser, Luft, Licht und Raumstrukturen sind die wichtigsten Faktoren der abiotischen Umwelt aller Ökosysteme. Als übergeordneter Faktor steht der Mensch mit allen Ökosystem-Bereichen in Wechselwirkung.

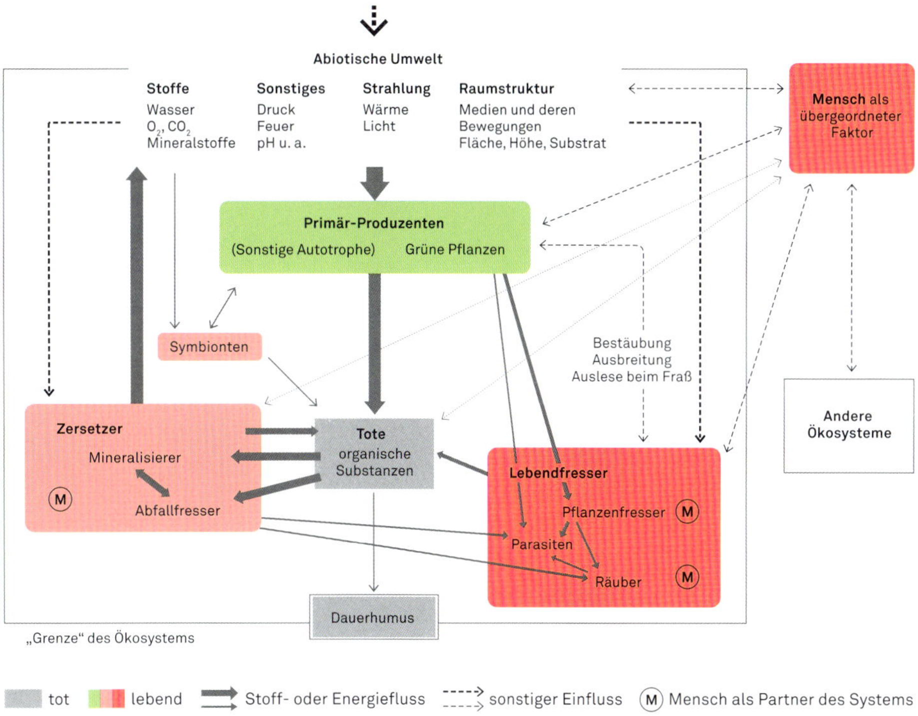

Umwelt der Stadtbewohner und sind für deren Lebensqualität entscheidend. Und auch beim Stadtökosystem – ebenso wie bei den naturnahen Ökosystemen – bedarf es einer ergänzenden historischen Betrachtung, um die heutige Situation besser zu verstehen.

Aus dem eindrucksvollen Rundblick vom Leopoldsberg ergibt sich eine wichtige und für unser Buch richtungsweisende Schlussfolgerung: Man sieht nur, was man weiß. Also ist es sinnvoll, Wissen zu erwerben, um mehr zu sehen. Wissenschaftliches Wissen ist jedoch allzu oft sehr spezialisiert. Und oft fällt es nicht leicht, aus den vielen Details und einzelnen Fakten ein Gesamtbild aufzubauen. Der vorliegende Band will dazu beitragen, Detailwissen zu vernetzen, synthetisches Denken zu vermitteln und die Wiener Landschaft als eine Gesamtheit zu verstehen, als Ergebnis der Integration der verschiedensten Faktoren, welche diese faszinierende Landschaft des Wiener Raumes über Jahrtausende und Jahrmillionen geschaffen haben. Sie ist ein einzigartiges **Natur- und Kulturerbe**, das auch für kommende Generationen erhalten bleiben muss.

Inhalt

Geographie

2

Martin Seger

„…liegst dem Erdteil du inmitten…“ Die geographische Lage und Entwicklung Wiens

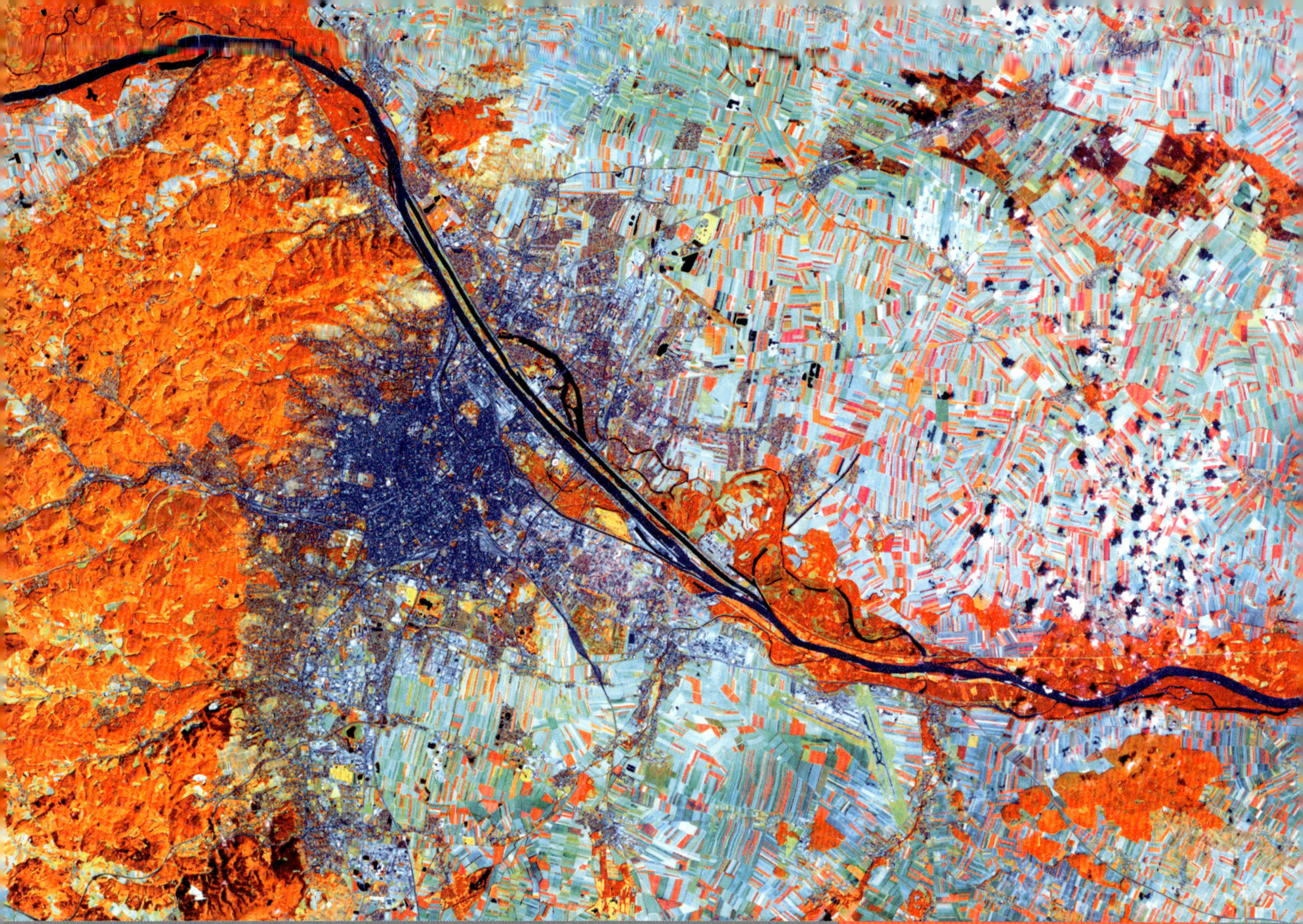

Wien und der Wiener Raum im Landsat-TM-Satellitenbild, Juli 1998

Vegetation in roten Farbtönen, Laubwald ziegelrot, Schwarzföhrenwald dunkel, Ackerflächen in verschiedenen Rottönen beziehungsweise (wo abgeerntet) blau-grün, Wiesen gelblich. Dicht bebautes und locker bebautes Gebiet der Stadt gut zu unterscheiden. Schönwetterwolken über dem Marchfeld.

Zur Entwicklung der Stadt

Lagegunst und politische Konstellationen

In Wien – ebenso wie in anderen Städten – kann die Entwicklung zur Metropole nicht nur damit erklärt werden, dass sie von der Natur und der Gunst der Lage gleichsam vorgegeben sei. Eine solche geodeterministische, das heißt auf die naturräumlichen Faktoren reduzierte Deutung der Stadtentwicklung Wiens ist gewiss nicht zulässig, denn sie spart die Zufälligkeiten der Geschichte, das Geschick der Mächtigen und den Wirtschaftsgeist der Bewohnerinnen und Bewohner aus. In knapper Form soll daher gerade diesem gesellschaftlich-politischen Kontext der Stadtentwicklung nachgegangen werden, auch in einem Buch, das sich mit den naturräumlichen und ökologischen Aspekten Wiens befasst. Dies deshalb, weil die meisten naturwissenschaftlichen Fragestellungen im Zusammenhang mit der Großstadt zu sehen sind, mit der gebauten Umwelt, ihrer unterschiedlichen Struktur und ihrer räumlichen Ausdehnung.

Wien liegt an der Donau dort, wo der Weg am Strom sich mit einer der großen historischen Nord-Süd-Routen Mitteleuropas kreuzt, der Bernsteinstraße. Von den baltischen Ländern und durch die Mährische Pforte in den Donauraum gelangend, führt sie – die Alpen ostwärts umgehend – in den Mittelmeerraum oder südostwärts in die Balkanländer. Es handelt sich um eine der wichtigsten Nord-Süd-Verbindungen in Zentraleuropa (→ Karte S. 36). Der Transport schwerer Güter war bis zum Bau der Eisenbahnen um die Mitte des 19. Jahrhunderts an schiffbare Flüsse gebunden.

Der klassische West-Ost-Überblick zeigt das Zentrum der Stadt und die UNO-City im Hintergrund, von einem Punkt über der Mariahilfer Straße aus gesehen. Markante Objekte im Stadtgefüge helfen bei der Orientierung. Dazu zählen primär die großen Ringstraßenbauten und natürlich auch der „Steffl". Der Verlauf der Ringstraße ist deutlich zu erkennen, jener des Donaukanals lässt sich anhand der dortigen Bürohäuser (Wiener „Waterfront") erahnen. Im Vordergrund der 7. Bezirk, Neubau, eine gewerbliche Wiener Vorstadt aus dem 18. Jahrhundert, heute gründerzeitlich überprägt, vielgestaltig in den Hausformen und tiefen Parzellen.

Wien – Hauptstadt und zugleich Bundesland der Republik Österreich

1,700.000 Einwohner (2009)

415 km^2 in den Grenzen von 1954

Vom Bundesland Niederösterreich umgeben, von dem es 1921 als eigenes Bundesland abgetrennt wurde

Höchster Punkt: 543 m (Hermannskogel, Wienerwald), tiefster Punkt: 151 m (Lobau, Donauau)

Stadtzentrum: 48°13' nördl. B., 16°22' östl. L.

West-Ost-Erstreckung der Stadt: 29 km, Nord-Süd-Erstreckung: 22 km

221 römisches Municipium, 976 erste urkundliche Nennung, 1156 Herzogssitz der Babenberger, 1221 Stadt- und Stapelrecht, 1469 Bischofssitz

Internationale Organisationen: 3. UNO-Stadt, Atombehörde IAEO, OPEC

UNESCO-Weltkulturerbe: Innere Stadt, Schloss Schönbrunn

Somit bildeten die Donau und ihre Ufer eine bevorzugte Verkehrslinie durch das Alpenvorland und die Wiener Pforte. Dieser alte Weg der Nibelungen entlang der Donau war eine prädestinierte Schiene jeglicher west-östlicher Mobilität. Die Verkehrsgunst und die handelspolitischen Vorteile für eine Siedlung an der Kreuzungsstelle mit einer der wichtigsten und ältesten Nord-Süd-Handelsrouten sind offenkundig. Aber warum Wien und nicht das benachbarte Pressburg, oder Carnuntum, wie zur Römerzeit? Die Antwort ist eindeutig: Neben der von der Natur vorgegebenen Lage entscheidet vor allem die jeweilige politische Konstellation über das weitere Geschick eines Ortes.

Eine erste überregionale Bedeutung erlangte die Stadt unter den Babenbergern, die ihre Residenzen schrittweise ostwärts verlegten. Wien war dabei die letzte Etappe. Damit war der Grundstein für die Entwicklung zur Hauptstadt des späteren Österreich gelegt. Das Fürstengeschlecht der Babenberger machte den Marktflecken an der Donau zur zweitgrößten Stadt im deutschen Sprachraum, nach Köln. Doch die Hauptstadtposition ist nicht zwingend mit einem Standort an der Donau verbunden. Der Donauraum war auch von den Böhmischen Ländern her zu beherrschen und auch von Zentren weiter im Osten, wie dies Ottokar II. und später Matthias Corvinus gezeigt haben. Die politische Landschaft nach dem Aussterben der Babenberger zu nutzen, verstand ein Adeliger aus dem Schweizer Aargau: 1273 wurde Rudolf von Habsburg zum römisch-deutschen König gewählt, 1278 besiegte er bei Dürnkrut und Jedenspeigen an der March Ottokar II. und die österreichischen Länder wurden habsburgisch. Für die junge Dynastie sowie für die von ihr übernommene Hauptstadt, Wien, begann damit eine Erfolgsgeschichte, die Jahrhunderte andauern sollte. Wien wurde zu einem für lange Zeit dominierenden Zentrum in Mitteleuropa.

Die Geschicke der Stadt und jene der Habsburger waren eng miteinander verbunden und für beide war das Jahr 1918 von besonderer schicksalhafter Bedeutung: Mit dem Ende des Ersten Weltkrieges und mit dem Zerfall der österreichisch-ungarischen Monarchie verlor Wien die Funktion, Hauptstadt eines Großstaates und Metropole von Weltgeltung zu sein. Das Kriegsende bedeutete auch den Wandel der Staatsform, die Republik wurde nicht nur in den Nachfolgestaaten der Vielvölkermonarchie ausgerufen, sondern auch in Österreich.

Grenzräume – Grenzsäume

Die längste Zeit seiner Geschichte war Wien durch seine Lage hart an der Grenze geprägt. Schon zur Römerzeit wurde Vindobona als Militärstadt zum Schutz der nördlichen Reichsgrenze ausgebaut. Der mächtige Donaustrom mit seiner Auenzone bildete eine natürliche Barriere ersten Ranges für die Provinz Pannonien ebenso wie für die nach Westen anschließende, mit dem Wienerwald beginnende Provinz Noricum Ripense. Das ganze Mittelalter hindurch und zur Zeit der Habsburger verlief die Grenze der Reichsgewalt wie auch die des deutschsprachigen Siedlungsraumes etwa eine Tagesreise östlich der Stadt. Wie auch immer sich das Imperium der Habsburger auszudehnen vermochte – eine Erweiterung nach Osten, durch die Wien mehr in das geographische Zentrum gerückt wäre, lag zunächst abseits der Möglichkeiten oder der Interessen.

Die Ostgrenze blieb der Stadt lange Zeit unmittelbar benachbart und vom Osten her waren das Reich und die Stadt zweimal ernsthaft bedroht. 1529 und 1683 belagerten die Heerscharen des Osmanischen Reiches Wien. Bei der zweiten Türkenbelagerung war es der Großwesir Kara Mustapha, der Wien, den „Goldenen Apfel“, das Ziel der osmanischen Expansionspläne, für Sultan Soleiman, gewinnen wollte. Die Eroberung Wiens scheiterte jedoch. Den Ausschlag für die Befreiung der Stadt nach

Francesco Geffel, Entsatzschlacht von Wien 1683. Vom Leopoldsberg her (steile Kuppe links über der Donau), wo Abraham a Santa Clara zuvor eine Messe gelesen hatte, rückte das Entsatzheer Wiens 1683 gegen die türkischen Belagerer der Stadt vor. Der Entsatz kam spät, gerade noch rechtzeitig, und er war erfolgreich. Die Sieger schreiben die Geschichte und ohne Zahl sind die Gemälde vom Sieg über die Türken vor Wien. Aber auch eine nüchterne geopolitische Analyse im größeren zeitlich-räumlichen Kontext sieht die Ereignisse des Jahres 1683 als Schlüsselpunkt. Die expansive Kraft der Osmanen war gebrochen und schon kurze Zeit später standen die Kräfte des Reiches vor Belgrad. Eine Blütezeit des Habsburgerreiches und zugleich eine Erweiterung nach Osten setzte ein.

einer mehr als zweimonatigen und für Wien äußerst kritischen Situation brachte ein Entsatzheer, welches vom Leopoldsberg gegen den Belagerungsring vorstieß. Dieses Heer stellte in seiner Zusammensetzung eine frühe europäische Allianz von Franzosen, Bayern, Sachsen und Polen unter der Führung von König Sobieski dar.

Die „Osterweiterung" des Reiches in den pannonischen Raum, die in den Jahrzehnten nach 1683 stattfand, beendete die grenznahe Lage Wiens. Andere Erwerbungen der Habsburger, wie Südpolen und Galizien, besonders aber auch dessen Vergrößerung in der nachnapoleonischen Neuordnung Europas, etwa durch die Lombardei und Venetien, machten Wien nach dem Wiener Kongress 1815 zum Zentrum des dominierenden Staates in Mitteleuropa. Mit den Grenzsäumen des Reiches hatte die Stadt aber insofern weiterhin zu tun, als von dorther die unterschiedlichen Ethnien dem Zentrum der Macht zustrebten. Etwa zeitgleich und in der Folge verstärkt hatte sich eine neue Grenzsituation ergeben, eine Ausgrenzung: Österreich wurde vom aufsteigenden Preußen aus dem „Deutschen Bund" gedrängt. Der tiefe Bruch mit dem nachmaligen Deutschland im Zusammenhang mit der Niederlage von Königsgrätz in Böhmen 1866 schwingt auch heute noch in vielen Ressentiments nach.

In der jüngeren Geschichte war Wien durch vier lange Nachkriegsjahrzehnte von 1945 bis 1989 erneut Grenzstadt. Weniger als eine knappe Schnellzugstunde lag die Stadt vom Eisernen Vorhang entfernt. Seither liegt sie eher wieder *„dem Erdteil inmitten"*, wie es in der Österreichischen Bundeshymne euphorisch über den ganzen Staat Österreich heißt. Nicht automatisch *„einem starken Herzen gleich"*, denn die anderen Hauptstädte der mittel- und osteuropäischen Länder sind nach der politischen Wende von 1989 wieder zu kräftigen Konkurrenten herangewachsen. Die Position an dieser Grenze wird zurzeit als Entwicklungschance für die Stadt verstanden.

Grenzverläufe markieren stets das Zusammentreffen unterschiedlicher Einflussbereiche und sind zugleich Zonen des Austausches und Übergangs. Das gilt für die vielfältigen politischen Kontakte und Handelsbeziehungen zu den Nachbarn jenseits der Grenze, aber gleichermaßen auch für die lagebedingte klimatische Situation von Wien. Nach den Klimadaten liegt Wien an einer markanten europäischen Klimascheide (→ Karte S. 37). Die Grenze zwischen dem subatlantisch-feucht-milden und dem pannonisch-warm-trockenen Klima verläuft mitten durch die Stadt. Doch sind es gerade die Merkmale des Überganges, welche die wechselnde Witterung in der

Der Eiserne Vorhang war nicht nur eine fast ein halbes Jahrhundert währende ideologisch unüberwindbare Grenze zwischen den marktwirtschaftlich und demokratisch orientierten Staaten des Westens und den planwirtschaftlich gelenkten, sozialistischen Staaten Osteuropas. Er war bis 1989 auch eine physische Trennlinie, 30 Kilometer östlich von Wien, mit Grenzbefestigungen aus Stacheldraht, Schießbefehlen, Hundelauf-Anlagen, Wachtürmen, Selbstschussanlagen und Minenfeldern, die quer durch Europa von der Ostsee bis zur Adria verlief.

Stadt kennzeichnen. Je nach Jahreszeit dominieren unterschiedliche Wetterlagen und durch die damit verbundene Witterung kommt diese Übergangsstellung des Wiener Raumes gut zum Ausdruck. So sind im Herbst und Winter atlantisch geprägte Westwetterlagen häufig, die Niederschläge und milde Temperaturen auch bis weit nach Osten wirksam werden lassen. Spätsommerliche hohe Temperaturen dagegen kennzeichnen bei gleichzeitig geringen Niederschlägen das pannonische Klimaelement des Raumes. Eine Reihe von Floren- und Faunenelementen des kontinentalen Ostens finden hier ihre westliche Verbreitungsgrenze. Diese klimatische Lagegunst ist eine Basis für den im Umland Wiens verbreiteten Weinbau, nördlich der Stadt im „Weinviertel“ ebenso wie an der „Thermenlinie“. Als Thermenlinie wird der Alpenostrand zwischen Wien und Bad Fischau nahe Wiener Neustadt bezeichnet, wo aufgrund des Bruchsystems zwischen Alpen und Wiener Becken Thermalquellen zutage treten. Doch nicht nur von den warmen Wässern profitiert das Gebiet im Süden der Stadt: Die aus dem Berggebiet kommenden Flüsse und Bäche und deren Wasserkraft waren in der frühindustriellen Phase die Grundlage für zahlreiche Industriestandorte im Wiener Becken, mit der Dominanz der Textilindustrie, die zum Teil bis in das 20. Jahrhundert hinein Bestand hatte.

Land wird Stadt – Die Entwicklung des urbanen Raumes

Mit der Entwicklung zur Großstadt ist zwangsweise die schrittweise Umwandlung von naturnahen oder agrarisch genutzten Flächen in urbanes Siedlungsgebiet verbunden (→ S. 207). So umfasst die heutige Ausdehnung des bebauten Stadtgebietes auch große Flächen, die noch vor wenigen Generationen „ländlicher Raum“ waren.

In den Jahrzehnten vor und um 1900 erfuhr Wien ein kräftiges Wachstum, sowohl im Hinblick auf seine Bevölkerungsentwicklung als auch seine Ausdehnung. Die gründerzeitlich dichte Bebauung prägt noch heute das Ambiente weiter Teile der Stadt ebenso wie das Netz der Infrastruktur, wenn man von den neueren U-Bahnlinien absieht. Was Wien später, in der Ersten Republik und nach 1919 noch verändert hat, war in erster Linie der weltweit bekannte kommunale Wohnungsbau mit den „Gemeindebauten“ der sozialdemokratischen Stadtverwaltung. Zu nennen sind aber auch, weil ökologisch relevant, die zahlreichen Kleingartenanlagen („Schrebergärten“) und die ausgedehnten Flächen, die in der Zwischenkriegszeit mit Einfamilienhäusern bebaut wurden. Die Zeit nach dem Zweiten Weltkrieg war geprägt von einer sich bis heute fortsetzenden Stadterweiterung und einer Verdichtung der bestehenden Bebauung unter Verlusten von ehemaligem städtischem Grün. Zugleich wurden auch umfangreiche Schutzmaßnahmen für naturnahe Bereiche ergriffen. So hat Wien heute mit den Donauauen Anteil an einem Nationalpark – wohl eine Besonderheit für eine Millionenstadt – und mit dem Wienerwald Anteil an einem Biosphärenpark. Jenseits der Donau hat sich, beginnend mit der UNO-City, in den 1970er-Jahren ein neuer Stadtteil entwickelt, der mit dem Zentrum Wiens durch die Reichsbrücken-Achse verbunden ist.

Die Wiener Agglomeration, der geschlossen bebaute Stadtkörper, reicht im Süden weit über die administrative Grenze der Stadt hinaus. Diese Bebauung, die sich um 1960 bis Mödling erstreckte, umfasst heute die Südbahngemeinden zumindest bis nach Bad Vöslau. Auch an der Ostachse entwickelt sich mit dem Ausbau des Flughafens am Rand der Agglomeration ein neuer, serviceorientierter Stadtteil auf niederösterreichischem Gebiet. Ähnliche Entwicklungen zeichnen sich an der Nordachse an der Brünner Straße sowie in den Wienerwaldtälern ab. Der Individualverkehr sowie moderne Massenverkehrsmittel machen es heute möglich, suburbanes Wohnen mit einem Arbeitsplatz in der Stadt in Einklang zu bringen.

Um 1850 befindet sich Wien im Stadium des Übergangs zu einer modernen Weltstadt: Noch stehen die schon längst funktionslos gewordenen, im Kern aus dem Mittelalter stammenden Befestigungsanlagen. Das Glacis davor ist unverbaut, aber einige der wichtigen Bahnlinien bestehen bereits. Die Vorstädte sind bis zum Linienwall, dem heutigen Gürtel, gewachsen. Außerhalb der „Linie" und gegen den Wienerwald hin erstrecken sich von Döbling über Ottakring und Breitensee bis nach Lainz und Speising die Acker- und Weingartenfluren jener Dörfer, die später, während der hoch- und spätgründerzeitlichen Stadtentwicklung (1860–1914), überbaut werden sollten. Gegen Schönbrunn hin hat sich die städtische Bebauung bereits weit vorgeschoben. Das Schloss wie auch die Karlskirche weiter im Inneren der Stadt liegen am Ufer des unverbauten Wien-Flusses. Ebenso unreguliert ist der vielarmige Donaustrom, der eine zu dieser Zeit unüberbrückbare Barriere für die Stadtentwicklung darstellt.

Versuch einer Zukunftsperspektive

Wie werden sich die Landnutzung und damit der ökologische Zustand des Landes im Wiener Raum künftig entwickeln? Der vorliegende Versuch einer Antwort geht von generellen Trends aus, die zumindest von mitteleuropäischer Reichweite sind. Dass dabei die Analyse der Ursachen für die beobachteten Entwicklungen recht unterschiedlich ausfallen kann, zeigt ein Vergleich mit dem Kapitel „Wie die „falsche" Ökonomie den Verkehr erregt" (→ S. 562), in dem der Zusammenhang zwischen Verkehrs- und Stadtentwicklung eingehend durchleuchtet wird.

Stadtentwicklung als Stadterneuerung und Stadterweiterung: In den Jahrzehnten vor 1990 hatte es den Anschein, als ob die gründerzeitliche Entwicklung Wiens zur Weltmetropole auf alle Zeiten den Charakter der Stadt prägen sollte Neuerungen waren eher kleinräumig zu beobachten und traten scheinbar nur langsam zutage. In den letzten zwei Jahrzehnten aber hat Wien einen Modernisierungsschub und Veränderungen erlebt, wie sie in vielen anderen europäischen Großstädten schon lange zuvor wirksam geworden waren. Dabei kam es einerseits schrittweise zu einer Erneuerung älterer Stadtteile, weil der innerstädtische Standortwert hoch und eine Erneuerung dadurch rentabel ist, und andererseits zu einer Stadterweiterung. Für dieses flächige Wachstum der Stadt gibt es gute Gründe:

Seit dem Bau des zweiten Donaubettes und mit der Errichtung der UNO-City in den 1970er-Jahren rückt Wien stärker an die Donau und liegt nun nicht mehr – wie oft spöttisch bemerkt – lediglich am Donaukanal. Es folgte das Freizeitgelände der Donauinsel sowie die Verlängerung der U-Bahn-Linie U1 über die Reichsbrücke nach Kagran und über die Großfeldsiedlung bis Leopoldau. U1 und Wagramer Straße definieren auch die derzeit wichtigste städtebauliche Achse in den rasch anwachsenden Stadterweiterungsbezirken Floridsdorf und Donaustadt. Das Herzstück dieser dynamischen Urbanisierung bildet der Hochhaus-Cluster der Donau City, die eine für Wien völlig neue städtebauliche Ära begründete.

Kagran und Floridsdorf sind die Brückenköpfe für die Stadterweiterung ins Marchfeld hinein. Die Bebauung am Stadtrand lässt vielfach noch die Flurform der zu Bauland umgewidmeten Äcker erkennen langgestreckte Gewannfluren. Ein Teil der Umwidmungen betrifft Schottergruben, aus deren Material Wohnhausanlagen großen Stils (Bildmitte), der Grundstücksform folgend, entstehen. Begonnen hat alles ganz anders, nach dem Ersten Weltkrieg, nämlich mit einem „weichen Stadtrand“ aus Schrebergartenparzellen, verkommenem wie neuem Industriegelände und diversen Brachflächen zwischen intensiv genutztem Ackerland. Das Bild zeigt die Entwicklung der sogenannten „Stadtrandsiedlung“ nördlich des Ortskerns von Aspern im „turn“ vom Schrebergarten zum Wohnblock.

Günstigere Bodenpreise an der Peripherie sowie die unbehinderte Entwicklung neuer Strukturen wie Betriebsgebieten, Wohnvierteln, Sport- und Erholungseinrichtungen „auf der grünen Wiese“ haben die Stadterweiterung begünstigt.

Prosperität und Motorisierung als Grundlage der rezenten wie der künftigen Stadtentwicklung: Eine durch Jahrzehnte positive Wirtschaftsentwicklung versetzte die Gesellschaft in die Lage, sich Stadtentwicklung wie Stadterweiterung finanziell leisten zu können. Zur Stadterweiterung im beobachtbaren Ausmaß wäre es aber niemals gekommen, wenn nicht die technische Entwicklung im Allgemeinen und die Motorisierung im Besonderen, beide wechselseitig mit der wirtschaftlichen Prosperität verknüpft, zu einer zweifachen Revolution geführt hätten: (1) zur vormals nie erreichten individuellen Mobilität und (2) zur quasi ubiquitären Verfügbarkeit technischer und logistischer Infrastrukturen von scheinbar Banalem (Strom, Wasserleitung, Ver- und Entsorgung) bis zu High-Tech-Netzen (Handy, Internet). Unter diesen Voraussetzungen rücken Stadtzen-

Die Kagraner Achse (quer im Bild) mit der neuen Reichsbrücke (rechts in Ansätzen erkennbar), der UNO-City (hinter dem Donauturm) und den Bürobauten der „Platte“ (rechts davon). Dahinter das proletarische, TV-mäßig vermarktete transdanubische Wien von Kaisermühlen. Der Donauturm (Bildmitte) wurde 1964 anlässlich der Wiener Internationalen Gartenschau (WIG 64) eröffnet. Er steht inmitten des Donauparks, einer ehemaligen illegalen Mülldeponie, die für die Gartenschau saniert wurde. Im Vordergrund ein ehemaliges Schrebergartengelände, schon längst aufgewertet zu einem zentrumsnahen Wohngebiet.

Der Ölhafen Lobau am Rande des Nationalparks. Die Prioritäten der Landnutzung ändern sich, vielfach auf extreme und in gegensätzliche Ziele mündende Art und Weise. Solange Rohöl aus Rumänien auf der Donau kam, war der Ölhafen der Lobau ebenso sinnvoll wie die Raffinerie vis à vis. Heute kommt das Öl durch Pipelines, der Verarbeitungsstandort in der Lobau, die inzwischen Teil eines Nationalparks geworden ist, ist aber gleich geblieben: Standortkonstanz aufgrund des in den Standort investierten Kapitals.

tren allmählich aus der Mitte des Geschehens und mancherorts werden Stadtkerne nur mehr mit Mühe am Leben gehalten. Was sich mit individueller Mobilität und individueller technischer Aufrüstung also verändert hat, sind urbane Standortwerte.

Standorte und Standortwerte im urbanen Raum werden neu definiert. Die mitteleuropäischen Städte, die sich zumeist monozentrisch aus mittelalterlich ummauerten Siedlungen entwickelt haben, verändern ihr zentralräumliches Gefüge. Stadtteile werden ebenso wie Standortwerte neu geschaffen, in Randlage zumeist, und sowohl polyzentrische Stadtstrukturen als auch funktional unterschiedliche Zentren prägen das neue Bild der Städte. Eine Kombination von öffentlichem und individuellem Verkehr gewährleistet die notwendige Mobilität. Der Individualverkehr ist die Voraussetzung für die Suburbanisierung der Wohngebiete, weil der öffentliche Verkehr die wachsenden Randzonen nur unzureichend bedienen kann.

Verschiedene Phasen der Stadtentwicklung am Beispiel der Schmelz. Bis 1918 war sie ein weites, unbebautes Gelände, ein Platz für Militärparaden unweit von Schönbrunn. Die gründerzeitliche Bebauung mit mehrstöckigen Mietshäusern hat sich bis unmittelbar an das Exerzierfeld herangeschoben (rechts im Bild und Hintergrund). Im „roten Wien" der 1920er-Jahre wurde ein Teil der freien Fläche für den kommunalen Wohnbau verwendet (vorne im Bild), ein wahres „Gartenstadt"-Beispiel mit Gartenparzellen innerhalb der zweigeschoßigen Wohntrakte. Das übrige Areal wurde zu Schrebergärten. In jüngerer Zeit folgte eine Intensivierung der Nutzung dieses Standortes durch die öffentliche Hand: Sportanlagen und zugehörige Bauten (Bildmitte) dienen der universitären Turnlehrerausbildung und Platz für eine moderne Wohnanlage (links) war auch noch vorhanden.

Internationalisierung und Globalisierung führen dazu, dass Metropolen neben weitreichenden wirtschaftlichen und kulturellen Verflechtungen auch vermehrt über ein multiethnisches Publikum verfügen, was sowohl die neuen Einheimischen als auch die Besucher betrifft. Die Veränderungen in den Metropolen hängen somit in unterschiedlichem Ausmaß mit sozialen und ethnischen, arbeitsmarkt- und technologiebezogenen sowie mit topographisch-räumlichen Veränderungen zusammen.

Für Wien bedeutet das Folgendes:
1. Die aufgezeigten generellen Tendenzen werden sich in überschaubarer Zukunft auch in der Metropolenregion fortsetzen. Das betrifft den Dualismus von Stadterneuerung und Stadterweiterung wie den Trend zur Suburbanisierung; die Bevölkerungsdichte wird im Bereich des gründerzeitlichen Baubestandes weiterhin abnehmen und die Bevölkerungszunahme wird zunehmend periphere Teile des Wiener Umlandes betreffen.
2. Die metropolitane Stadtregion Wien ist durch eine harte administrative Grenze gekennzeichnet, durch die Grenze zwischen den Bundesländern Wien und Niederösterreich. Dabei profitiert das zu Niederösterreich gehörige Wiener Umland von der fortschreitenden Suburbanisierung. Einzelhaus-Siedlungen und Betriebsverlagerungen kennzeichnen wie in den Jahren zuvor das Umland, zunehmend entstehen auch neue lokale Zentren, wie Shopping City Süd oder Flughafen Wien und aus vormaligen Kleinstädten werden „edge cities", wie etwa im Raum Mödling-Südstadt, Klosterneuburg oder Korneuburg-Stockerau. Die dabei auftretenden Planungsprobleme können längst nicht mehr alle durch grenzüberschreitende Kooperationen zwischen Wien und Niederösterreich gelöst werden.
3. Die Metropole wächst entlang der großen Eisenbahn- und Autobahnlinien, zuvorderst an der Bandstadt im Süden von Wien, daneben aber auch in andere Richtungen. Ein Zusammenwachsen Wiens mit Preßburg ist allerdings auch langfristig nicht zu erwarten, weil die Siedlungspräferenzen der beiden Städte nicht aufeinander ausgerichtet sind. Zunehmend werden auch die Flächen zwischen den radialen Entwicklungsachsen bebaut. Die Stadt Wien stößt an ihre Grenzen, Bauland gibt es vornehmlich noch jenseits der Donau (21. und 22. Bezirk), wo ausgedehnte neue

Am Wienerberg im Süden der Stadt erreichen das gründerzeitliche (Favoriten, Hintergrund rechts im Bild) wie auch das „rote" Wien (George-Washington-Hof an der Achse der Triester Straße) ihre Grenze. Südlich davon befanden sich die ausgedehnten Ziegelgruben, die mit dem Schutt der Bombenschäden des Zweiten Weltkrieges und später, bis in die 1970er-Jahre, mit dem Müll der Großstadt wieder verfüllt wurden. Erst in jüngerer Zeit entstand das „Erholungsgebiet Wienerberg" und der Golfplatz (Bildvordergrund). An der Nahtstelle zum geschlossen bebauten Stadtkörper erkennt man die Bürotürme der Wienerberg City (→ S. 580), zwischen Triester Straße (rechts) und dem Südbahngelände (links). Die Wienerberg City zeigt die Kraft des gestaltenden Kapitals im Rahmen der Stadtentwicklung. Das Standortpotenzial ist offenbar hoch, wenn auch die Anbindung an eine leistungsfähige Verkehrsinfrastruktur fehlt.

Imperiales Wien und Weltkulturerbe. Blick vom Oberen Belvedere, dem Sommerpalais des Prinzen Eugen, auf die Innere Stadt. Die barocke Gartenanlage präsentiert sich in neuem Glanz, Kahlenberg und Leopoldsberg im Hintergrund. Man versteht anhand dieses Bildes, wie sehr überdimensionierte Neubauten das sensible Bild der Stadt beeinträchtigen könnten.

Stadtviertel entstanden sind und noch entstehen. Die Entwicklung der öffentlichen Massenverkehrsmittel hinkt der Bauentwicklung allerdings nach und das U-Bahn-Netz endet dort, wo die Macht des Wiener Magistrats aufhört, an der Stadtgrenze.
4. Wien wird international. Das bezieht sich zunächst auf die Reichweite von in Wien ansässigen Institutionen, von den UN-Behörden bis zu jenen, die sich im Verlauf der EU-Osterweiterung hier etabliert haben. Dazu gesellt sich aber eine internationale Städtekonkurrenz, Prag und Budapest holen auf, Kooperationen mit Bratislava sind denkbar. International ist auch das Publikum in Wien. Wo, wenn nicht hier, boomt der Städtetourismus. Starke Veränderungen im Sozialgefüge der Stadt entstehen aber durch die Zuwanderung und die Tendenzen zur Ghettobildung in den abgewohnten Gründerzeitvierteln. Dort wird in einigen Gebieten bis 2020 mit einem Ausländeranteil von 60 Prozent gerechnet. Bereits heute sind etwa ein Drittel der Bewohner der „Gemeindebauten" Zuwanderer aus dem Ausland und haben – wenn auch mittlerweile eingebürgerte Österreicher – einen „Migrationshintergrund".

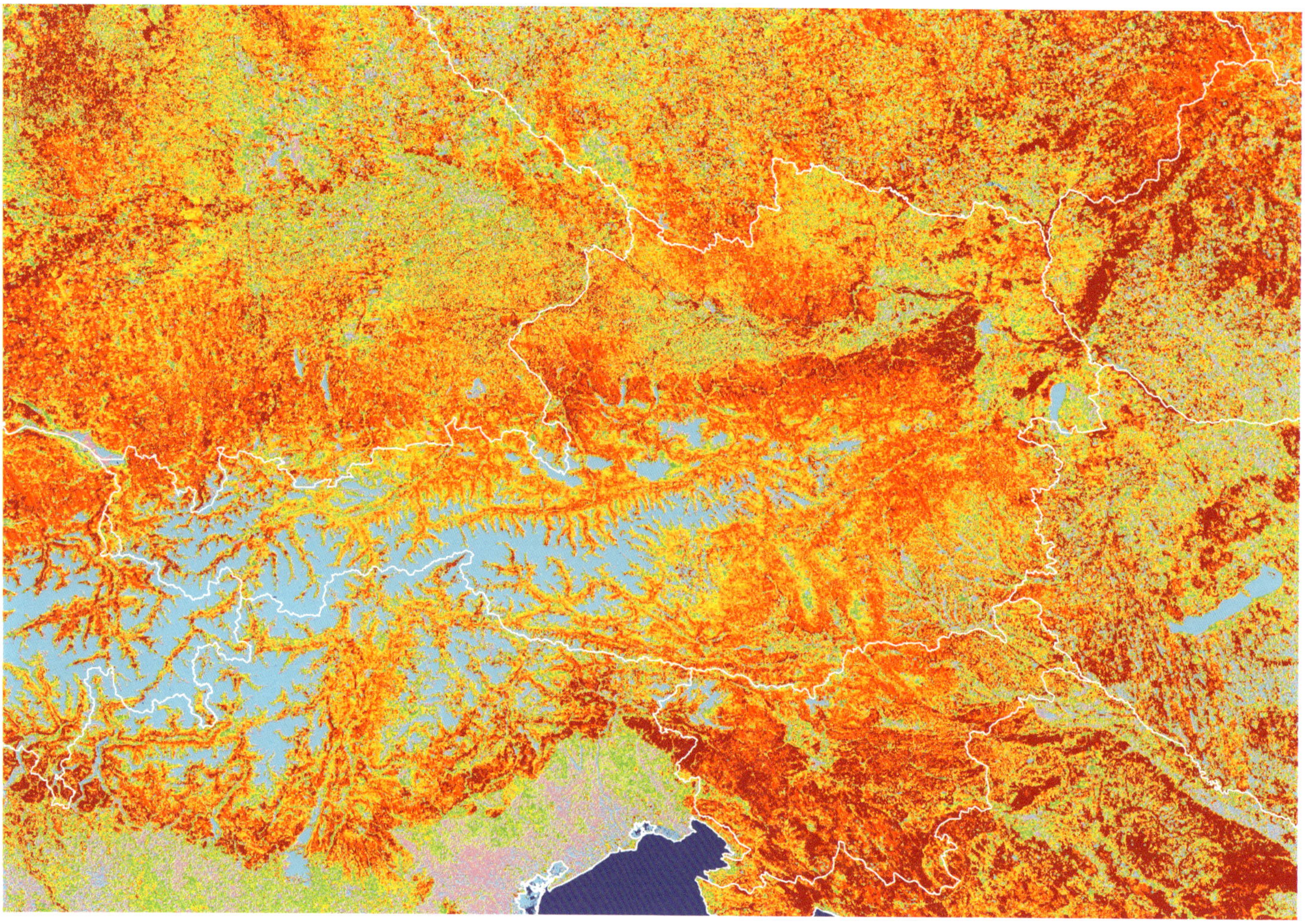

Die Vegetationsdichte für das Gebiet von Österreich und seiner Umgebung Anfang Mai. Satellitendaten des Systems Terra-Modis, polnahe Umlaufbahn in 705 Kilometer Höhe, sonnensynchron, Aufnahmezeitpunkt 10.30 Uhr. Der Deckungsgrad der Vegetation wird als Indexwert aus zwei Kanälen, dem für nahes Infrarot und dem für sichtbares Licht berechnet, nach Intervallklassen geteilt und einer Farbabfolge von Rot, für maximale Vegetationsdeckung über Orange, Grün, Lila und schließlich bis hin zu Blau für vegetationsfreie Areale, zugeordnet. Auflösung: 250 mal 250 Meter. Wolkenfreies Bild durch Kombination der Daten aus einer mehrtägigen Beobachtungsperiode, 2003.

Der Blick aus dem Weltall

Die Lage Wiens im Großraum

Das Satellitenbild zeigt die Lage Wiens innerhalb Österreichs und in der Relation zu den Nachbarstaaten. Die Stadt ist als hellblaue Fläche, am Rand des Wienerwaldes und an der Donau gelegen, gut zu erkennen. Dieselbe Farbe zeigen Seen und die Schneeflächen der Alpen; mit der Stadtfläche haben diese etwas gemeinsam: Sie sind praktisch vegetationsfrei.

Die Intensität der Vegetationsbedeckung wird in unterschiedlichen Farben dargestellt. Kräftig rot sind Laubwälder mit frischem Blätterdach. Die Farben Orange bis Lila beziehen sich auf eine geringere Vegetationsentwicklung zum Aufnahmezeitpunkt. Zwei Aspekte steuern diese unterschiedliche Dichte der Vegetationsbedeckung: das Regionalklima und die Landnutzung. In den klimatisch günstigen Gebieten sind die Laubwälder Anfang Mai bereits voll belaubt, im Wienerwald und in den Kleinen Karpaten ebenso wie am Alpensüdrand und in Slowenien. Mit zunehmender Geländehöhe verzögert sich die Vegetationsentwicklung und die Schneebedeckung (hellblau) ist noch beachtlich. Von den Wäldern der Niederungen setzen sich die Ackerbaugebiete des Alpenvorlandes, Ungarns oder der venezianischen Tiefebene deutlich ab: Die Feldpflanzen befinden sich zumeist noch in einem frühen Stadium (gelbe und grüne Farbtöne). In orange-roter Farbe zeigen sich die Grünlandflächen der Viehzuchtgebiete, etwa zwischen Bodensee und Tegernsee oder in den Alpentälern.

Landschaften, Landnutzung und die Dynamik der Vegetationsentwicklung im Raum von Wien

März

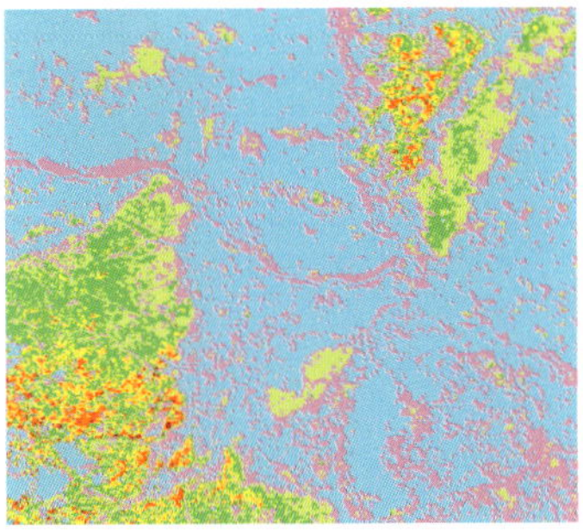

April

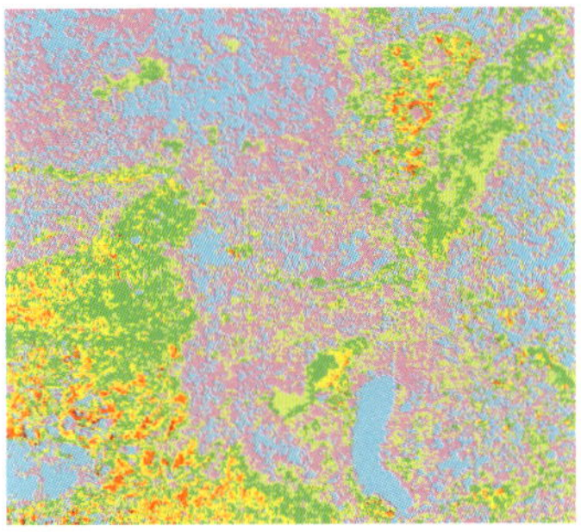

Mai

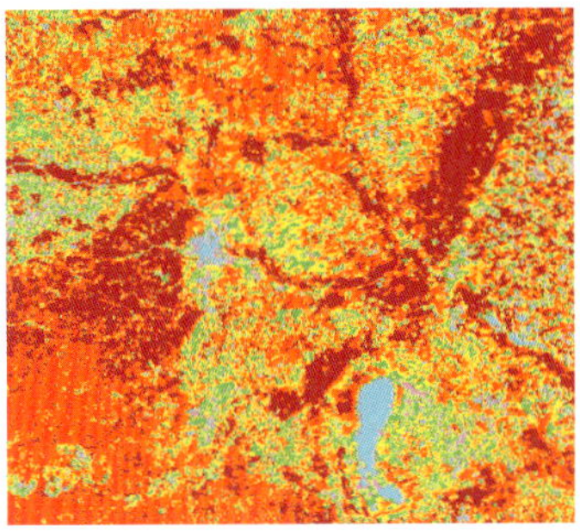

Juni

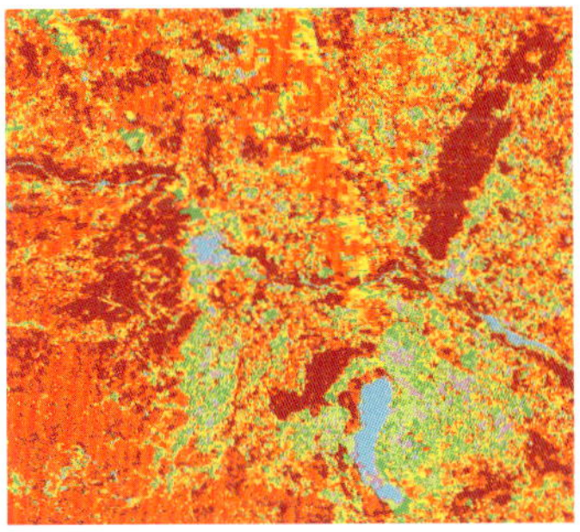

Juli

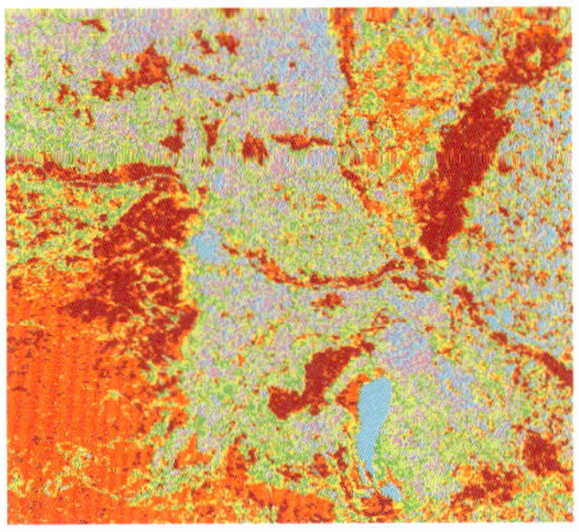

Orientierungsskizze

Die Landschaften um Wien sind durch den Gegensatz von bewaldeten Höhenzügen und intensiv bewirtschafteten Ackerbaugebieten in den Niederungen gekennzeichnet. Zu Ersteren zählen der Alpenostrand mit dem Wienerwald, den Kalkvoralpen und Kalkhochalpen (links in den nebenstehenden Bildern) sowie die Erhebungen der „Buckligen Welt", des Leithagebirges und der Kleinen Karpaten (Letzere im nordöstlichen Teil der nebenstehenden Bilder). Zwischen diesen und dem Wienerwald liegt das Wiener Becken, westlich des Wienerwaldes das Alpen- und Karpatenvorland, östlich des Leithagebirges die Kleine Ungarische Tiefebene. Die Landschaften Weinviertel und Tullnerfeld, Marchfeld und Seewinkel sind diesen Einheiten leicht zuzuordnen. Ebenso sind der Neusiedler See und der Donauverlauf, die Wiener Pforte und die Hainburger Pforte gut zu erkennen.

Wie unterschiedlich sich diese Landschaften im Verlaufe der Vegetationsentwicklung darstellen, zeigen fünf Satellitenbilder, welche der Bedeckung mit Pflanzen in den Monaten März bis Juli entsprechen.

Im **März** lassen sich Ackerbau- und Waldflächen sehr deutlich unterscheiden: durch das kahle Geäst des Laubwaldes hindurch erfasst der Satellitensensor das erste Grün der Krautschicht (grün, gelb). Die Ackerflächen hingegen weisen noch weitestgehend vegetationsfreien Boden auf (blau). Eine dichte grüne Vegetation kennzeichnen im März nur die Wiesenflächen, dieses Grünland erscheint, wie etwa im Voralpengebiet, in roter Farbe. Das benachbarte Blau ist der Schnee auf Schneeberg und Rax.

Im **April** dominiert im Flachland der rosa Farbton: Das Getreide wächst, sowohl der Neusiedler See als auch das Zentrum von Wien sind nun klar abzugrenzen. Die Wiesenflächen (rot) sind zahlreicher geworden, im Wald aber hat sich noch nicht viel verändert.

Den großen „Farbumschlag" bringt der **Mai**: Die Laubbäume haben das junge Blattgrün entfaltet (kräftig rot im Bild), das gilt für das Bergland ebenso wie für die Donau- und Marchauen. Der Neusiedler See ist „kleiner" geworden, denn der Schilfgürtel hat sich erneuert; der Schnee im Gebirge ist verschwunden.

Der Getreidebau und eine Reihe anderer Ackerpflanzen erreichen bis zum **Juni** ihre volle Vegetationsentwicklung (rot im Flachland), und nun zeigt sich in grün-gelben Farben, in welchen Bereichen eine andere Nutzung dominiert: auf den trockenen Schotterkörpern des südlichen Wiener Beckens (Trockenrasen Groß-Mittel, Weinbau am Alpenostrand), in der Wulkaniederung (Weinbau), im Seewinkel (Weinbau, Feldgemüse) und in Teilen der Marchniederungen (Grünland-Auwald-Föhrenwald-Komplexe).

Auffallend ist der Unterschied zwischen dem Juni- und dem **Juli**-Bild: Die Getreideernte hat mittlerweile stattgefunden, die Felder sind abgeerntet oder bereits umgebrochen, rosa und blaue Farbtöne (geringe bzw. keine Vegetation) kennzeichnen jetzt die Intensivzonen des Getreidebaues. Was jetzt auf den Äckern noch großflächig grün ist (rot im Bild), ist der Körnermais, so etwa im Alpenvorland westlich des Wienerwaldes. In der „Agrarsteppe" treten die kleineren Waldgebiete, etwa im Weinviertel, nun deutlich hervor, ebenso der Umfang der Auwälder und die Schilfzone am Neusiedler See.

Die Jahreszeiten im Satellitenbild von Wien

Vier Satellitenbilder zeigen den phänologischen Wandel im Jahresgang. Die Bilder stammen vom Satelliten Landsat TM und wurden im Jahr 1985 aufgenommen. In allen Aufnahmen wird die gleiche Kanalkombination und Farbcodierung verwendet: Kanal 2 gibt den kurzwelligen Spektralbereich des sichtbaren Lichts wieder und wird durch die Farbe Blau dargestellt. Die Vegetationsbedeckung wird durch den Kanal 4 wiedergegeben, er erfasst den Spektralbereich des nahen Infrarot und wird hier grün dargestellt. Der Spektralkanal 5 registriert mittleres Infrarot, ihm ist die Farbe Rot zugeordnet.

Frühling
Flächen mit Wintergetreide, aber auch Rasenflächen und Wiesen wie der Golfplatz Freudenau oder die Wienerwald-Wiesen sind bereits grün, während die feuchten und dunklen Schwarzerde-Böden, Ackerparzellen ohne Bewuchs, braune Farbtöne zeigen. Auffallend dunkel ist der noch winterkahle Laubwald, ein grünlicher Schimmer verrät den „Frühlingsaspekt“ der Krautschicht, die sich schon entwickelt hat.

Sommer
Im voll entwickelten Blätterdach des Laubwaldes weisen Nuancen verschiedener Grüntöne auf die unterschiedliche Baumartenzusammensetzung hin. Nadelwälder, wie die Schwarzföhrenbestände bei Kaltenleutgeben erscheinen dunkel, fast schwarz. Im Hochsommer sind die meisten Felder bereits abgeerntet und der offene Boden kommt in verschiedenen Rottönen zum Ausdruck. Sehr helle Farben zeigen Stoppelfelder an. Felder mit Ackerfrüchten, wie Zuckerrüben und Gemüse, erscheinen in blaugrüner Farbe. Das bebaute Gebiet lässt sich, ebenso wie im Herbstbild, gut gegenüber dem Umland abgrenzen und auch die unterschiedliche Bebauungsdichte des Stadtgebietes ist klar erkennbar. Die Farbmuster und Kombinationen verraten viele bekannte Details. So sind wichtige Straßenzüge und Bahnlinien ebenso auszumachen wie bestimmte Bebauungstypen.

Frühling

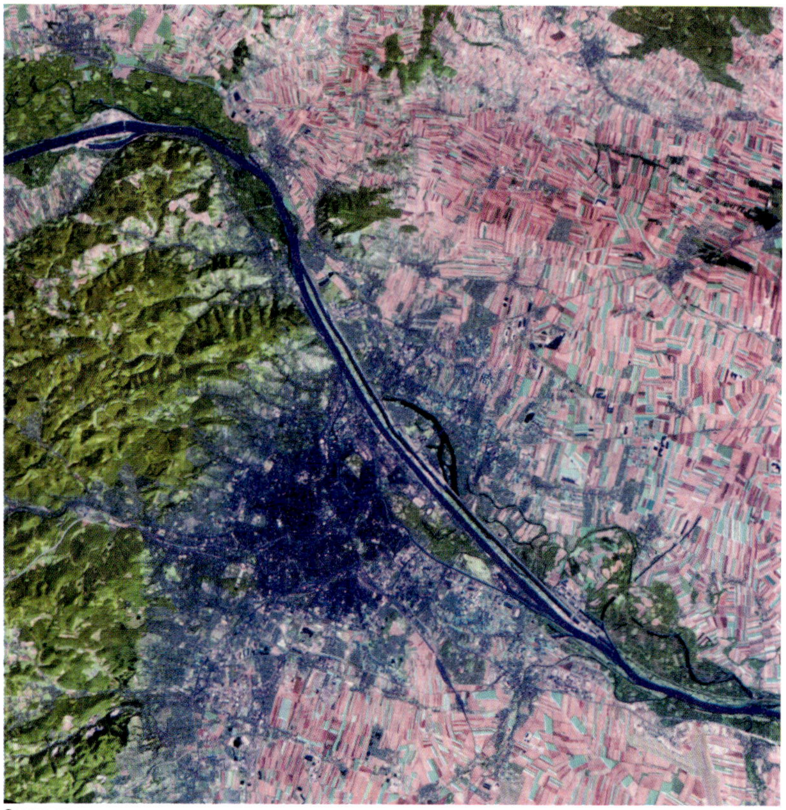
Sommer

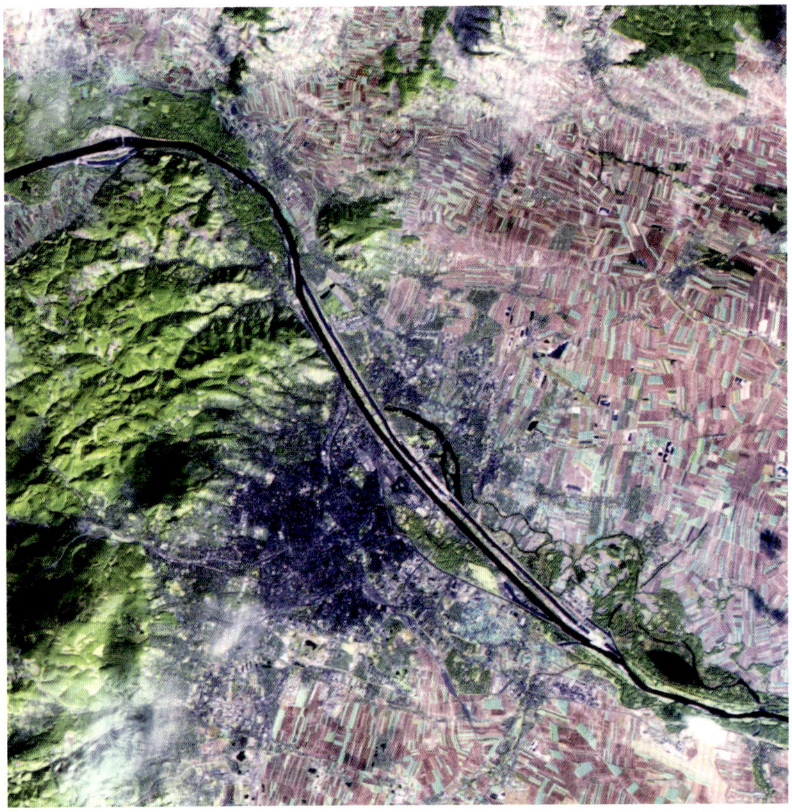
Herbst

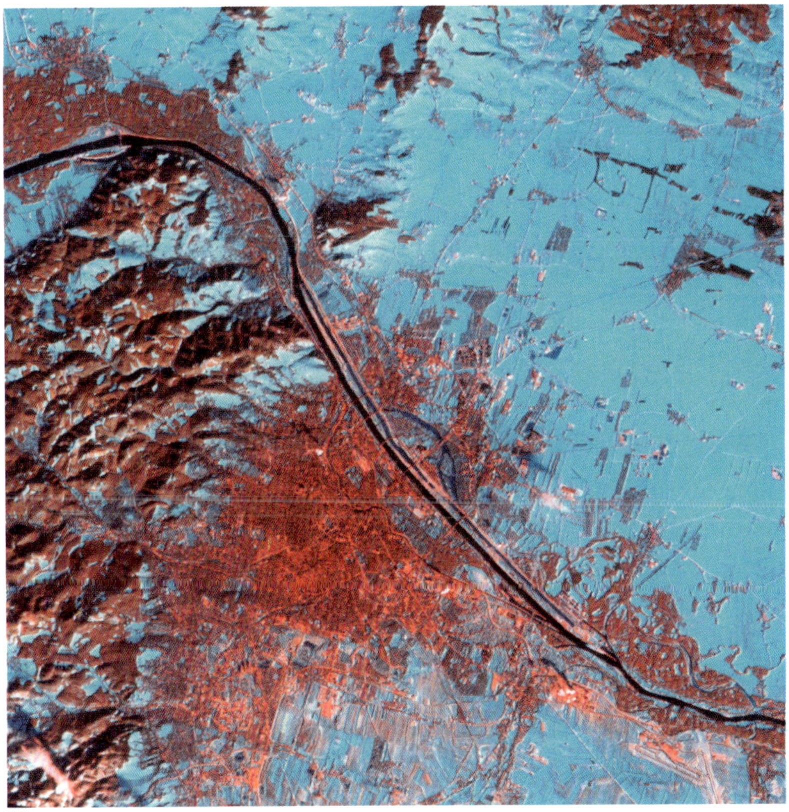
Winter

Herbst
Das phänologische Bild der Landnutzung hat sich nur wenig verändert, die Laubfärbung der Wälder hat noch nicht merkbar eingesetzt. Der Sonnenstand aber ist nun nicht mehr so hoch wie im Sommer und das Relief, etwa des Wienerwaldes, kommt dadurch deutlicher zum Ausdruck.

Winter
Der Schnee bedeckt Äcker und Wiesen, Waldflächen heben sich davon ebenso ab wie das bebaute Gebiet. Es ist nicht sehr kalt und besonders in der Stadt schmilzt der Schnee, deutlich sichtbar durch die Farbe Rot, die dem LANDSAT-Spektralbereich des Kanals 5 (mittleres Infrarot) zugeordnet ist, der insbesondere nasse Oberflächen anzeigt. Die rötliche Färbung der Wälder verrät, dass auch dort Äste und Zweige nass sind vom schmelzenden Schnee. Das gleißende Weiß der Schneedecke reflektiert das einfallende Sonnenlicht fast vollständig, was im kurzwelligen Spektralbereich 2, dem die Farbe Blau zugeordnet ist, zum Ausdruck kommt. Straßenzüge und zum Teil das Parzellengefüge der Äcker zeichnen sich in der Schneedecke ab, ebenso eine Fülle von Details der Bebauungsstruktur speziell des Stadtrandes. Die im Winter vergleichsweise tief stehende Sonne führt zu einem deutlichen Schattenwurf. Nicht nur die Wienerwaldhöhen und nördlich der Donau der Bisamberg- und der Waschbergzug treten dadurch überaus plastisch hervor, sondern auch kleinere Bodenwellen. So wird auch die Grenze des Marchfeldes hin zum Weinviertel aufgrund der Schatten der welligen Riedellandschaft deutlich sichtbar.

Inhalt

Geologie

3

Herbert Summesberger

Vom Tropenmeer zur Eiszeittundra
250 Millionen Jahre Wiener Erdgeschichte

Hippotherium gracile, das Wiener Dreizehenpferd, Rekonstruktionsbild (→ S. 79)

Der Untergrund von Wien

Geologie in der Großstadt

Die Großstadt Wien ist heute verbaut, gepflastert, asphaltiert, betoniert, sie hat Parks und Gärten sowie zahlreiche Baugruben, deren „Betreten verboten" ist. Doch gerade solche Baugruben, aber auch Steinbrüche, Sand- und Schottergruben, Tunnels oder natürliche Felsformationen und Bachanrisse gestatten gelegentlich einen Blick in den Untergrund. Die geologische Forschung beschäftigt sich mit diesem Untergrund und rekonstruiert den Wandel der Umweltbedingungen über unvorstellbar lange Zeiträume. Das Alter der Gesteine im Wiener Raum umspannt 250 Millionen Jahre, vom permischen Gips bis zum heutigen Donauschotter. Der Zusammenhang der geologischen Bedingungen und Vorgänge wird überschaubar, wenn man Daten aus Bohrungen und geologischer Forschung mit den Berichten über ehemalige Aufschlüsse im Stadtgebiet kombiniert. Diese haben in der Vergangenheit Baumaterial, aber auch so manches Fossil geliefert. Wegen der Großräumigkeit der Strukturen muss auch die weitere Umgebung in ein geologisches Gesamtbild einbezogen werden.

Geologische Befunde und Bohrdaten bestätigen die in Fachkreisen schon lange bekannte Vorstellung vom Bau der Alpen aus übereinander gestapelten Gesteinsdecken: Die Kalkalpen sind über die Flyschzone geglitten, haben diese in Falten gelegt und vor sich her über die sogenannte Molassezone geschoben, eine mächtige Masse lockerer Sedimente. Die Tiefbohrung in Berndorf im Süden von Wien hat unter den

1 Stillgelegter Steinbruch Rosental (Wien 14), dickbankiger Flyschsandstein, Baumaterial für die Wiener Stadtbahn. Projektiertes Naturdenkmal

2 Ehemaliger Steinbruch Gspöttgraben (Wien 19); die Wülste sind durch Gleitung im noch unverfestigten Flyschsandstein entstanden (→ siehe auch Bild S. 87)

3 Zwischeneiszeitlicher rotbrauner Boden unter eiszeitlichem Löss in der ehemaligen Rudolfsziegelei (Wien 10, Stadtwanderweg Laaerberg, Naturdenkmal)

1

2

3

Oberschenkelknochen eines Mammuts mit der Jahreszahl 1443, gefunden beim Bau des Nordturms der Stephanskirche; auf der Rückseite stehen die Buchstaben A.E.I.O.U. (Austria Erit In Orbe Ultima), der Wahlspruch Kaiser Friedrichs III. Der Knochen hing früher an einer Kette beim Riesentor des Stephansdoms und befindet sich heute am Institut für Geologische Wissenschaften der Universität Wien; Länge: 86 cm

hier 5.640 Meter dicken Kalkalpen 270 Meter Flysch durchbohrt, dann 35 Meter Molassegesteine, die ihrerseits in 5.945 Meter Tiefe auf Gesteinen der Böhmischen Masse ruhen. Diese sind somit in Wien nicht nur im Straßenpflaster, sondern auch als „unterdrückter" Teil der Erdkruste in großer Tiefe vertreten.

Vom Nordrand der Alpen bis Berndorf lässt sich für die Kalkalpen also eine Schubweite von 80 Kilometern abmessen, 40 Kilometer auf die Flyschzone und nochmals 40 mit dieser auf die Molasse. Insgesamt jedoch sind die Nördlichen Kalkalpen von ihrem ehemaligen Kontinentalsockel als kompakte Masse mehr als 1.000 Kilometer weit nach Norden geglitten. Die Plattentektonik erklärt derart großartige Bewegungen in der Erdkruste wie die alpine Gebirgsbildung mit Schubweiten von mehr als 1.000 Kilometern bei wenigen Millimetern pro Jahr mit einem Zeitrahmen von mehr als 100 Millionen Jahren. Dieser kurze Einstieg in das geologische Bedingungsfeld soll klar machen, dass zum Verständnis der Geologie von Wien die Befunde der weiteren Umgebung einzubeziehen sind und der Faktor Zeit nicht unterschätzt werden darf.

Wiens Geologie im Überblick

Hohlweg in Wien 21, tief eingeschnitten in den eiszeitlichen Löss

„Windkanter", vom Wind zugeschliffenes Geröll, (Mannersdorf); Größe: 5–7 cm

Wien liegt am östlichsten Punkt der Alpen, die französische Stadt Nizza an deren Westende, an der Côte d'Azur. So wie Nizza heute, so lag in der geologischen Vergangenheit auch die Gegend des heutigen Wien am Meer: Vor einigen Millionen Jahren bespülte das Meer der Wiener Bucht das Küstenland von Heiligenstadt, Nußdorf und Pötzleinsdorf bis über Baden hinaus. Einige Strandbildungen aus dieser Zeit, wie das heutige Naturdenkmal Kalksburg, sind erhalten geblieben.

Die Ostalpen bestehen aus Gesteinszonen, die durch Zusammenschub nach Norden entstanden sind. Die Böhmische Masse ist ein heute tief abgetragenes paläozoisches Kristallingebirge. Im Süden sind ihre Gesteine von der Auflast der Alpen in die Tiefe gedrückt, im Waldviertel und Mühlviertel treten sie zutage. Südlich und östlich der Böhmischen Masse schließt sich die tertiäre Molassezone des Alpenvorlands an. Ihre sanftwellige Landschaft beruht auf weichen Sanden, Tonen und Schottern, die sich während der alpinen Gebirgsbildung auf dem Grund des Molassemeeres abgelagert hatten. Sie ruhen teilweise unmittelbar auf den kristallinen Gesteinen der Böhmischen Masse. Der südliche Anteil, die „gefaltete" oder „subalpine Molasse" wurde in den Bau der Alpen einbezogen und unterlagert diese über weite Strecken. Die Waschbergzone, die Fortsetzung der gefalteten Molasse nach Nordosten, verbindet die Alpen mit den Karpaten. Eingelagerte „wurzellose" Schollen aus weißem Jurakalk überragen als härtere „Klippen" – wie jene von Ernstbrunn und Falkenstein – die weicheren Gesteine der Umgebung.

Die alpinen Gesteinszonen sind am Alpenostrand an den Brüchen der „Thermenlinie" im Jungtertiär bis über 5.000 Meter in die Tiefe versetzt worden, verlaufen aber im Untergrund des Wiener Beckens bis zu den Karpaten. In der Wiener Umgebung ist der Rhenodanubische Flysch (benannt nach den Flüssen Rhein und Donau) die nördlichste alpine Einheit. Er überlagert die Molasse und wird selbst wieder von den Nördlichen Kalkalpen überlagert. Diese streichen in breiter Front zwischen Neunkirchen und Rodaun an die Thermenlinie heran. Der Rhenodanubische Flysch endet nördlich der Donau am Bisamberg. Die Hainburger Berge vermitteln von der alpinen Zentralzone des Leithagebirges zu den Kleinen Karpaten.

Seit das Molassebecken landfest ist, transportiert die Donau den Schutt aus den Alpen, der Molassezone und der Böhmischen Masse nach Osten ab. Einen Teil davon

Geologische Karte der Stadt Wien
Ausschnitt aus der Geologischen Karte von Niederösterreich (1:200.000) der Geologischen Bundesanstalt. Die Farben entsprechen weitgehend denen der Übersichtskarte (→ S. 64), die arabischen Kennzahlen denen der Geologischen Karte, die römischen Zahlen markieren die Wiener Bezirke.

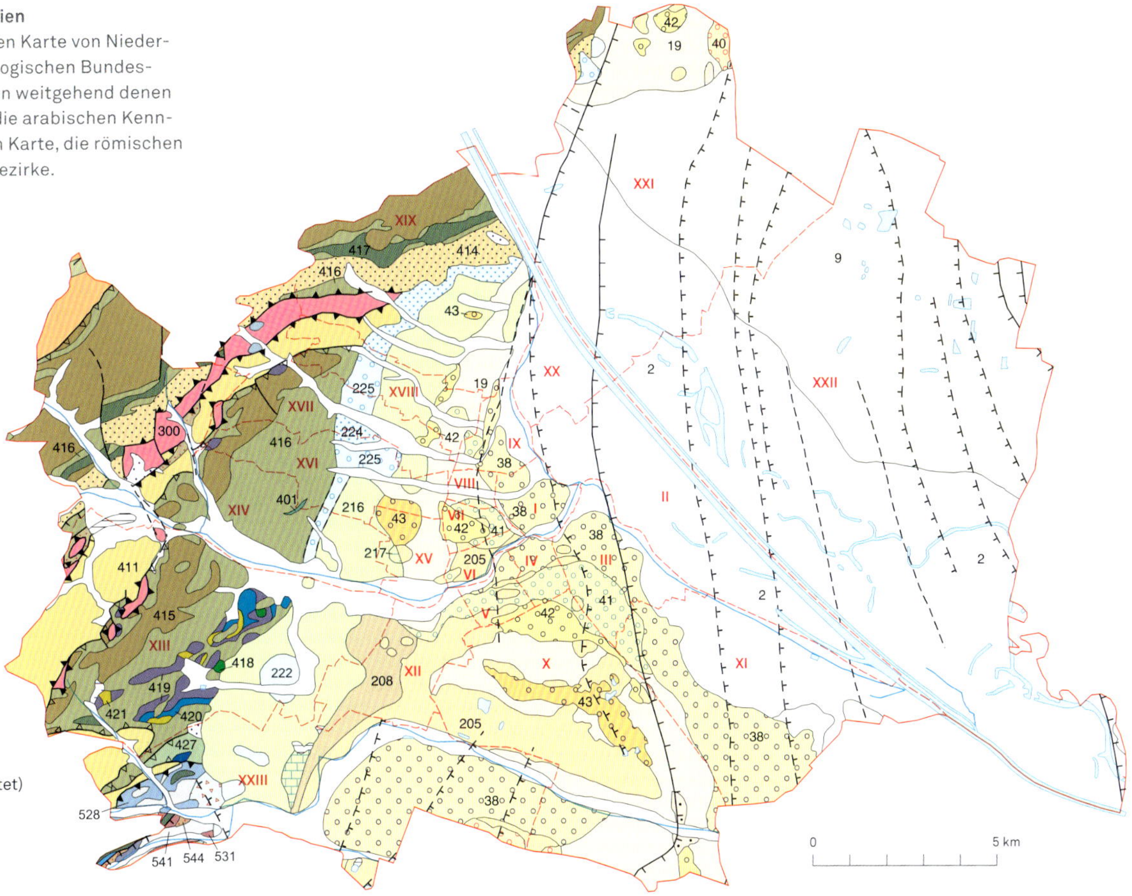

Deckengrenze 1. Ordnung
Deckengrenze 2. Ordnung
Störung (gesichert, vermutet)
Geneigte Störung (gesichert, vermutet)
Wiener Bezirksgrenze

Junge Talfüllung; Quartär

- 1 Deponie, Halde
- 2 Junge Talfüllung / Nieder- oder Praterterrasse; Würm
- 5 Moor; rezent
- 7 Hangschutt
- 9 Älterer Talboden (Kies, Sand)
- 19 Löss, Lösslehm

Flussterrassen; Pleistozän

- 38 Stadt-Terrasse = Hochterrasse; Riss
- 40 Theresianum-Terrasse = jüngerer Deckenschotter, tieferes Niveau; Riss
- 41 Arsenal-Terrasse = jüngerer Deckenschotter, höheres Niveau; Mindel
- 42 Wienerberg-Terrasse = älterer Deckenschotter; Günz
- 43 Laaerberg-Terrasse; Prä-Günz

Wiener und Pannonisches Becken; Neogen

- 205 Sedimente; Pannonium
- 208 Kies; Pannonium
- 210 Ton, Sand, Kies, Lignit; Pannonium
- 216 Sedimente; Sarmatium
- 217 Ton; Sarmatium
- 220 Detritärer Leithakalk; Sarmatium
- 222 Sedimente; Badenium
- 224 Sand; Badenium
- 225 Kies; Badenium
- 226 Brekzie; Badenium

Hauptklippenzone (Helvetikum); Albium – Eozän

- 300 Buntmergelserie; Albium – Eozän
- 301 Klippen; Jura – Unterkreide

Rhenodanubischer Flysch (Penninikum); Unterkreide – Eozän

- 401 Kalkiger Flysch; Obere Unterkreide
- 404 Greifenstein-Formation; Unteres – Mittleres Eozän
- 406 Altlengbach-Formation; Maastrichtium – Paleozän
- 407 Zementmergelserie; Santonium – Campanium
- 411 Laab-Formation; Unteres – Mittleres Eozän
- 413 Kaumberg-Formation; Santonium – Maastrichtium
- 414 Sievering-Formation; Maastrichtium – Paleozän
- 415 Kahlenberg-Formation; Campanium – Untermaastrichtium
- 416 Hütteldorf-Formation; Cenomanium – Santonium
- 417 Gaultflysch; Aptium – Albium
- 418 Pikrit (Vulkanit); obere Unterkreide
- 419 Klippenzone von St. Veit und Baunzen; Jura – Untere Kreide
- 420 Gresten-Formation; Unterer – Mittlerer Jura
- 421 Quarzsandstein und Kössen-Formation; Obere Trias

Klippenzone von Sulz und Mauer (Penninikum)

- 427 Sulz-Formation; Obere Kreide
- 428 Klippen von Sulz; Obere Trias – Untere Kreide

Nördliche Kalkalpen (Oberostalpin); Perm – Eozän

- 512 Kreidesedimente
- 517 Ammergau-Formation (=Aptychenschichten); Oberer Jura – Untere Kreide
- 524 Ruhpolding-Formation (Radiolarit); Oberer Jura
- 528 Kalksburg-Formation (Kieselkalk); Unterer Jura
- 531 Kössen-Formation (Kalk – Mergel); Schattwald-Formation (Tonmergel)
- 541 Hauptdolomit; Obere Trias
- 544 Lunz-Formation (Sandstein); Unteres Karnium
- 554 Reifling-Formation (Hornsteinkalk); Anisium-Ladinium
- 558 Steinalm-Formation (Kalk, Dolomit); Anisium

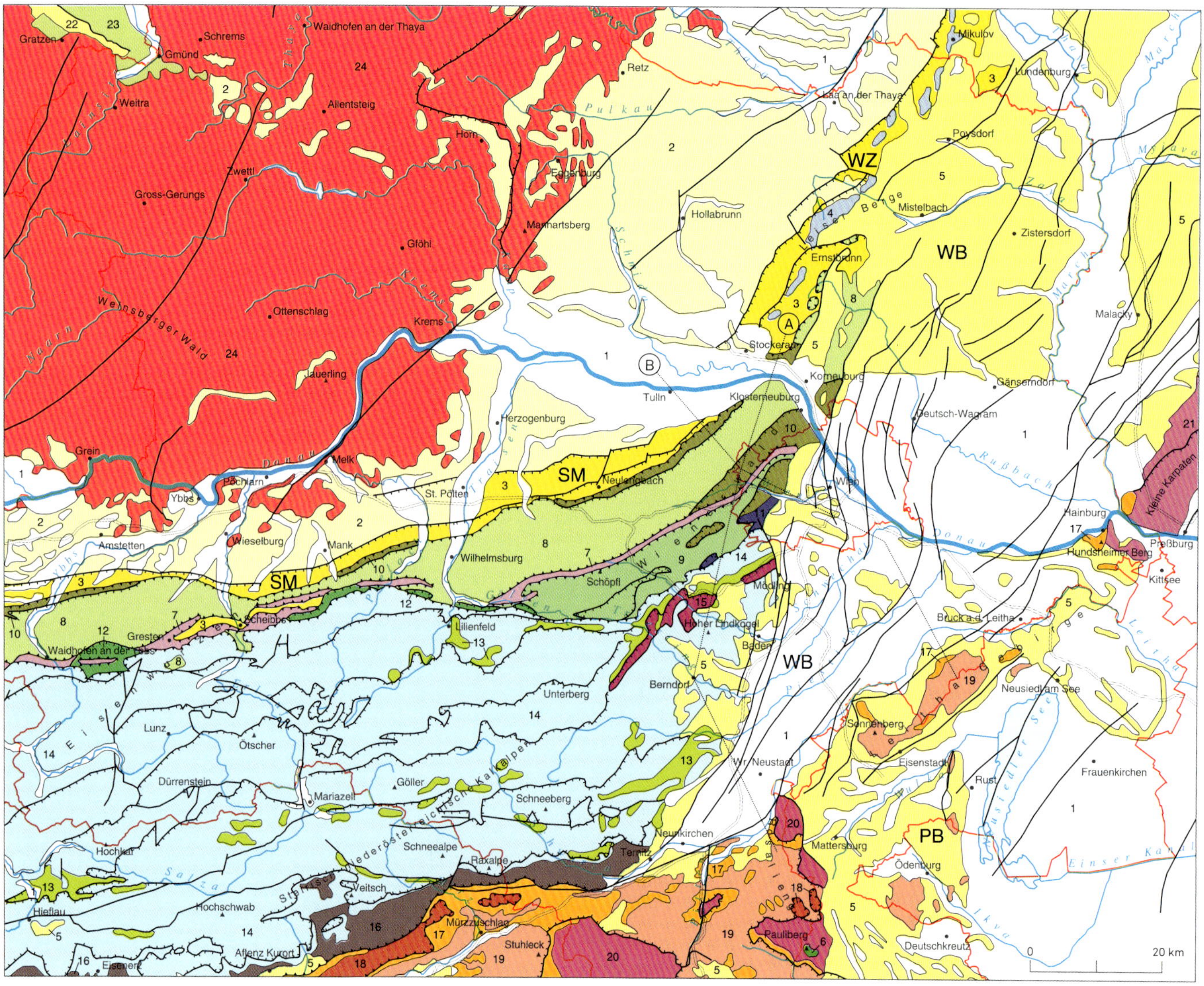

Geologische Übersichtskarte des Großraums Wien (1:1,000.000), Verschneidung der Ostalpen mit dem Wiener Becken, den Karpaten, der Molassezone und der Böhmischen Masse

Quartär

- 1 Junge Bedeckung

Molasse

- 2 Molasse; Tertiär
- 3 Subalpine Molasse (SM), Waschbergzone (WZ)
- 4 Jura und Kreide der Waschbergzone

Inneralpine Becken

- 5 WB Wiener B., PB Pannonisches B.; Norische Senke; Neogen

Neogene Vulkanite

- 6 Basische Vulkanite (Pauliberg)

Helvetikum

- 7 Grestener und Hauptklippenzone

Penninikum

- 8 Flysch (Hauptdecke & Greifensteiner Decke)
- 9 Flysch (Laaber Decke)
- 10 Flysch (Kahlenberger Decke)
- 11 Klippenzonen von Sulz und St. Veit
- 12 Ybbsitzer Klippenzone

(B) Lage der Profile (S. 65 unten)

Oberostalpin der Nördlichen Kalkalpen

- 13 Gosau - Gruppe (Oberkreide)
- 14 Nördl. Kalkalpen (Perm-Kreide)
- 15 Schürflinge an der Basis der Kalkalpen
- 16 Grauwackenzone (Paläozoikum)

Unter- und Mittelostalpin (Zentralalpin)

- 17 Quarzit d. Zentralalpen u. d. Kl. Karpaten (Permo-Mesozoikum)
- 18 Mittelostalpines Kristallin
- 19 Unterostalpines Semmering-Kristallin (Permo-Mesozoikum)
- 20 Wechsel-Kristallin

Tatrikum der Kleinen Karpaten

- 21 Kristallin und Sedimente (Tatrikum)

Böhmische Masse und auflagernde Sedimente

- 22 Paläogene und neogene Sedimente (CZ)
- 23 Sedimente der Kreide (NÖ-Waldviertel, CZ)
- 24 Kristallin der Böhmischen Masse

Überschiebungen großtektonischer Einheiten
Übersch. an Decken- u. Schuppengr.
Brüche und Verstellungen

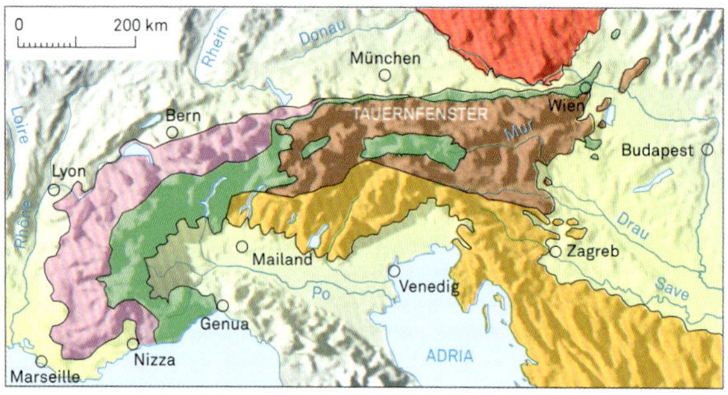

Molasse und junge Sedimente
Böhmische Masse
Helvetikum
Penninikum (inkl. Flysch)
Westalpine Decken
Ostalpine Decken
Südalpen und Dinariden

Die Lage von Wien an der Ostspitze der Alpen mit den tektonischen Großeinheiten

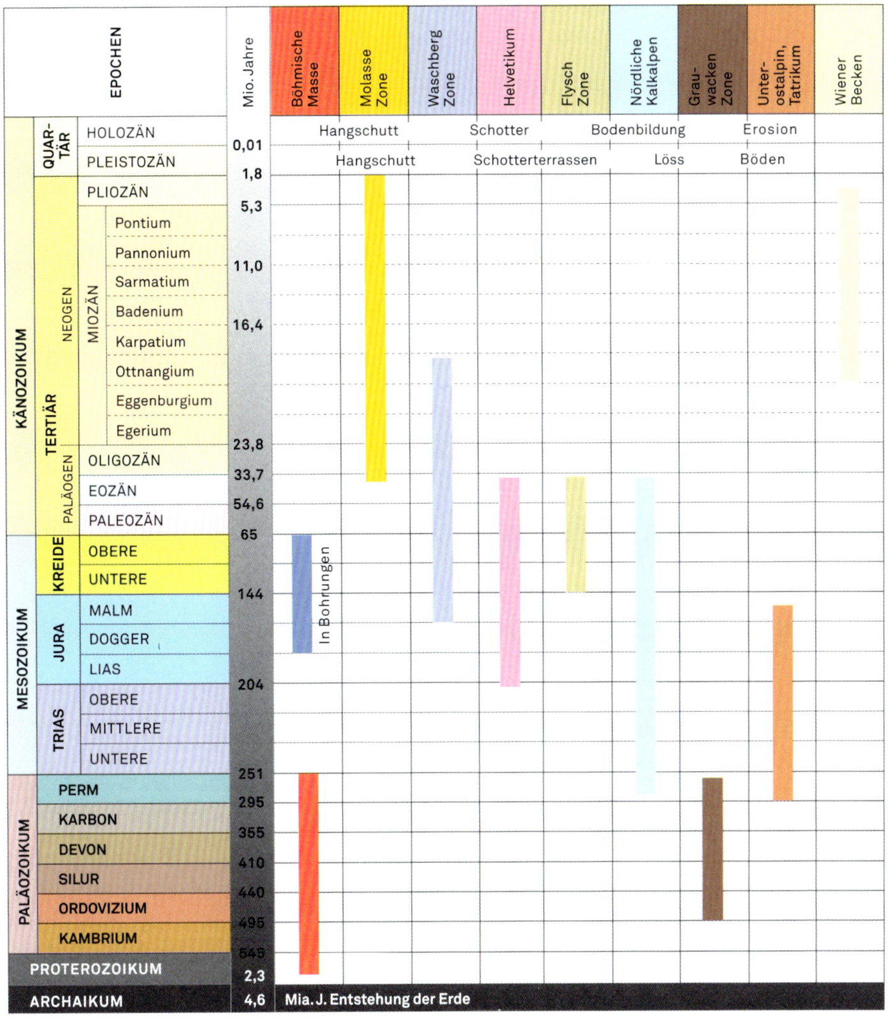

Das geologische Alter der Gesteine um Wien

Alter und tektonischer Bau der Gesteine der Wiener Umgebung

Gleiche Farben auf den Abbildungen dieser Doppelseite fassen Einheiten mit gemeinsamer geologischer Geschichte zusammen. Die kristallinen Gesteine der Böhmischen Masse gehen auf paläozoische Gebirgsbildungen zurück, die Alpen und Karpaten haben mesozoisches und känozoisches Alter. Nach ihrer deckenartig gestapelten Abfolge unterscheidet man in den Alpen von Norden nach Süden die folgenden drei geologischen Großeinheiten:

- das Helvetikum (mit der Hauptklippenzone)
- das Penninikum (mit dem Fenster der Hohen Tauern, der Flyschzone und den Klippenzonen von Sulz, St. Veit und Ybbsitz) sowie
- das Ostalpin (Unter-, Mittel-, Oberostalpin) mit den Nördlichen Kalkalpen, der südlich anschließenden Grauwackenzone und den Kristallingebieten der Niederen Tauern.

Geologische Schnitte durch die Alpen bei Wien

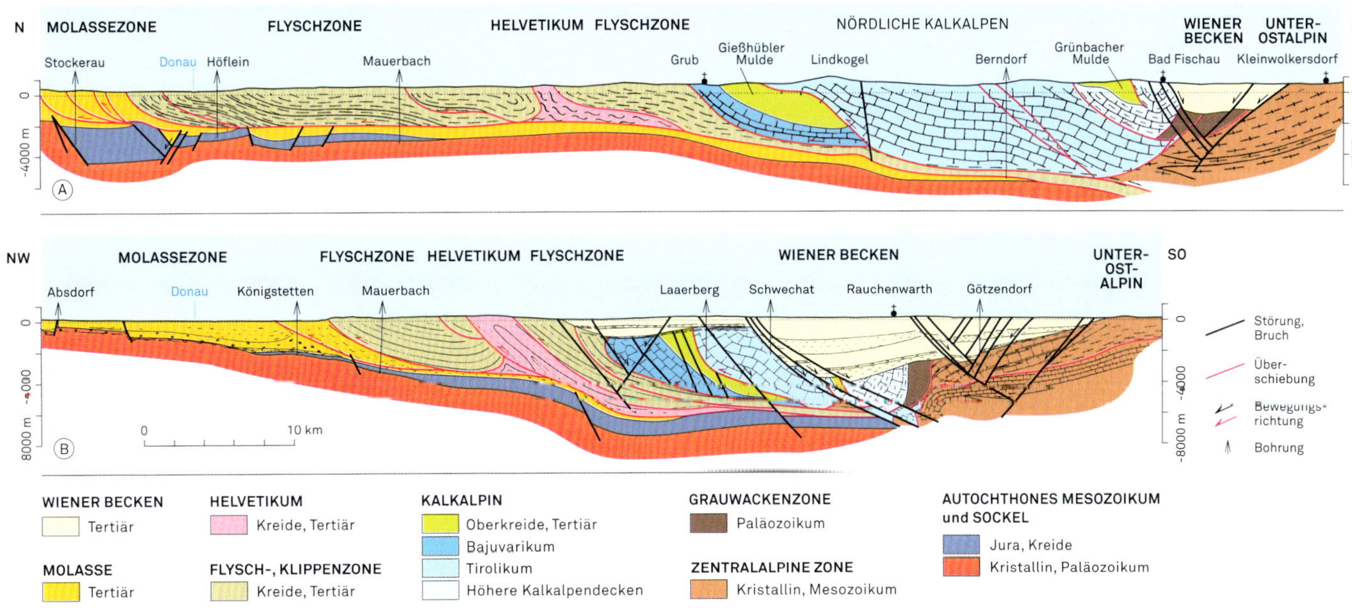

(A) Nord-Süd-Schnitt mit der Tiefbohrung Berndorf der OMV
(B) Nordwest-Südost-Schnitt von der Molasse zum Wiener Becken. Schnittlinien siehe Übersichtskarte (S. 64 oben)

hat sie bereits während des Jungtertiärs im Wiener Becken abgelagert. In der quartären Eiszeit (Pleistozän) hat die Erosion der Donau aus den kaltzeitlichen Schotterterrassen die Stufenlandschaft Wiens gestaltet. Während der Kälteperioden des Pleistozäns setzte sich im Donauraum in Talniederungen und im Windschatten Flugstaub ab, der heutige Löss. Eingelagerte rötliche, braune oder schwarze Böden entstanden in den Warmzeiten. In Kaltzeiten wurden freiliegende Gerölle durch sandbeladenen Wind wie im Sandstrahlgebläse zu „Windkantern" zugeschliffen.

Der geologische Aufbau der Wiener Landschaft

Die Böhmische Masse (Paläozoikum)

Die Böhmische Masse, ein Teil des im Paläozoikum entstandenen Variszischen Gebirges, besteht aus metamorphen Gesteinen (Gneis, Amphibolit, Quarzit, Marmor, Granulit) und Tiefengesteinen (Granit). Das Waldviertel vermittelt ein Bild dieses heute tief abgetragenen Gebirges. Erst bei Tiefbohrungen stieß man auch im Bereich der Böhmischen Masse auf nichtmetamorphe mesozoische Sedimente. In der Waschbergzone treten diese zutage. Aus der Böhmischen Masse stammt das alte Wiener Granitpflaster.

Die Molassezone (Eozän bis Pliozän)

Molasse nennt man die mächtige Masse lockerer Sedimente (Schotter, Sand, Schlier) aus dem Tertiär, die heute den Untergrund des Alpenvorlands bildet. Sie sind während der alpinen Gebirgsbildung von den Flüssen aus dem aufsteigenden Gebirge in einem seichten Meerestrog nördlich der Alpen abgelagert worden (→ Karten S. 75). Die Molassezone erstreckt sich entlang des Nordrands der Alpen von Frankreich bis an die Donau bei Tulln und weiter entlang der Waschbergzone über den Nordrand der Karpaten nach Osten. Sie zeichnet im Norden die Konturen der Paratethys nach, eines im Alttertiär durch die noch „jungen" Alpen von der Tethys – dem früher weltumspannenden Urozean – abgetrennten Meeresarms, der ostwärts bis Indien reichte. Die auf der Böhmischen Masse abgelagerten Sedimente der Molasse sind an ihrem Nordrand teilweise erhalten geblieben (Eggenburg-Gruppe, Melker Sand). Vom Süden her schütteten die Flüsse ihre Sedimente ins Molassebecken, ehe es vollständig zugefüllt und dessen Südrand durch die Alpen überschoben wurde. Danach leitete die junge Donau das Wasser und die Sedimente der alpinen Flüsse nach Osten. Der Mistelbacher Schotter gibt Zeugnis von ihrer ehemaligen Mündung ins Wiener Becken (→ Karten S. 75 und S. 166). Die mehr oder weniger eben gelagerten Lockersedimente der „ungefalteten" Molasse sind nicht in den alpinen Gebirgsbau einbezogen. Die südlich anschließende „Gefaltete" oder „Subalpine Molasse" ist durch den Druck der nachdrängenden Alpen gestört und von diesen überschoben worden, wie die Bohrung Berndorf zeigt.

Die Waschbergzone (Oberjura bis Untermiozän)

Die weithin sichtbaren weißen Jurakalkberge von Falkenstein, Ernstbrunn und Staatz im Weinviertel zählen zur Waschbergzone, die die Alpen mit den Karpaten verbindet. Sie entspricht einer Fortsetzung der Gefalteten Molasse. Beim Aufgleiten der Alpen auf ihr Vorland wurden Teile der mesozoischen Sedimente der Böhmischen Masse von den nordwärts drängenden alpinen Decken aus ihrer ursprünglichen Lage abgeschert und mitgeschleppt. Die härteren Kalkschollen wurden danach von der Erosion herauspräpariert. Die Schichtfolge umfasst die mergeligen Klentnitzer Schichten, den

1

2

1 Der Burgfelsen von Falkenstein ist eine von der Erosion „freipräparierte" Jurakalk-„Klippe" in der Waschbergzone.

2 Steinkern eines Ammoniten aus dem Oberjura von Ernstbrunn. Der Blick ins Innere zeigt die komplizierte Anheftung der Kammerscheidewand an der Außenwand; Größe: ca. 7 cm.

weißen Ernstbrunner Kalk aus dem Oberjura und die sandig mergelige Klement-Gruppe aus der Kreidezeit. Fossilien aus dem Ernstbrunner Kalk sind begehrte Sammelstücke.

Die Hauptklippenzone (Helvetikum; Jura bis Eozän)

Die bunten Mergel, Mergelkalke und Tone der helvetischen Hauptklippenzone setzten sich vom Jura bis zum Eozän auf dem untermeerischen Abhang des europäischen Kontinents ab. Östlich der namengebenden Schweiz (Helvetia) ist das Helvetikum nur in schmalen Streifen am Nordrand der Alpen zu finden, östlich Salzburgs nur in kleinen Vorkommen (tektonischen „Fenstern") inmitten der Flyschzone. In Wien zählt dazu die eher unscheinbare Hauptklippenzone, die von Hadersdorf über die Jägerwaldsiedlung zum Schwarzenbergpark verläuft, dann nach Osten abbiegt und in Grinzing endet. Der breite Streifen ist häufig von Wiesen bestanden.

Die Flyschzone (Penninikum und Äquivalente; Unterkreide bis Eozän)

Kalkmergel, Tonmergel und Sandstein, die typischen Gesteine der Rhenodanubischen Flyschzone, sind im Wienerwald (Schöpfl) und auch noch nördlich der Donau (Bisamberg) weit verbreitet. Die im Gestein enthaltenen Tonminerale können Wasser nur beschränkt aufnehmen. In der Flyschzone fließt daher ein Großteil des Regenwassers an der Oberfläche ab. Entsprechend führen Wienerwaldbäche normalerweise nur wenig Wasser, gelegentlich kommt es aber zu verheerenden Hochwässern wie im Sommer 2002 durch die Triesting oder im Sommer 1997 durch den Laabenbach. Die früher gefürchteten Hochwässer des Wienflusses wurden durch eine aufwendige Kanalisation mit Rückhaltebecken gebändigt (→ S. 118). Bei Regenperioden werden auch nur mäßig steile Bergflanken instabil und beginnen zu rutschen, was sich mitunter im Wienerwald entlang der A1-Autobahn beobachten lässt, die westlich von Wien die Flyschzone quert.

Flysch ist ein Sediment der Tiefseegräben, die ein werdendes Kettengebirge dort begleiten, wo eine ozeanische Kruste unter eine kontinentale Kruste abtaucht. Aus seichteren Meeresgebieten gleiten wassergesättigte Lockermassen über steile Flanken lawinenartig in die Tiefe. Dort breitet sich ein sogenannter Trübestrom (turbidity current) fächerförmig aus. Grobe Komponenten fallen sofort aus, Sand und Schwebstoffe folgen. Die entstehenden „Turbidite" zeichnen sich durch eine in jeder Schichte nach oben zu feiner werdende Körnung (Gradierung) aus. Jede Schichte, die sich auf dem Meeresboden absetzt, entspricht einem Einzelereignis, das beispielsweise durch ein Erdbeben ausgelöst worden sein kann. Strömungsmarken auf Schichtflächen lassen

Strömungsmarken im Flyschsandstein zeigen ehemalige Strömungsrichtungen auf dem Meeresboden an. Fundort: Lainzer Tiergarten.

1

2

3

4

5

1 Breitästige „Fukoiden“ aus Purkersdorf und fein verzweigte vom Exelberg sind Grab- oder Fressspuren unbekannter Tiere auf dem heute zu Kalkmergel verhärteten Boden des Flyschmeeres; Größe: 12 cm, 10 cm.

2 Helminthoideen, mäandrierende Weidespuren unbekannter Tiere auf dem ehemaligen Meeresboden des Flyschmeeres; Bildbreite: ca. 5 cm

3 Greifensteiner Sandstein am Bisamberg bei Langenzersdorf, jede Bank das Ergebnis eines einzigen Trübestroms

4/5 Großfaltung im Flysch, Unterkreide, Steinbruch Dopplerhütte, Wienerwald

auf ehemalige Strömungsrichtungen schließen. Grabende Organismen erzeugen im weichen Sediment der neu abgesetzten Schicht bäumchenförmige Fressbauten (Fukoiden). Mäandrierende Weidespuren auf dem ehemaligen Meeresboden werden Helminthoideen genannt. Lebensspuren unbekannter Verursacher sind im Flysch häufig, körperlich erhaltene Versteinerungen (Muscheln oder Ammoniten) eher selten. Die Mächtigkeit (Gesamtdicke) der Flyschgesteine erreicht mehrere Tausend Meter. Die Sedimentation setzte mit dem Beginn der alpinen Gebirgsbildung vor etwa 135 Millionen Jahren (Unterkreide) ein, als die Afrikanische Platte und andere, kleinere Kontinentalplatten wieder nordwärts drifteten und der Penninische Ozean, zu dem auch der Flyschtrog zählt, wieder verschwand. Die Sedimentation endete im Eozän vor etwa 40 Millionen Jahren mit der Überschiebung des penninischen Flyschs durch die ostalpinen Decken. Die Benennung nach den Penninischen Alpen in der Schweiz erinnert daran, dass auch das Penninikum ein in den Westalpen verbreitetes Deckensystem darstellt.

Die Schichtfolgen des Rhenodanubischen Flyschs umfassen einen Zeitabschnitt von Kreide bis Eozän und unterscheiden sich durch Gesteinsbestand und Alter. Sie wurden von den gleitenden Kalkalpen aus ihrem Ablagerungsgebiet nach Norden gedrängt, gefaltet und in mehrere Gesteinsdecken zerlegt: Von Nordwesten nach Südosten folgen die Greifensteiner, die Kahlenberger und die Laaber Decke aufeinander sowie der zur Kahlenberger Decke zählende Satzbergzug. Dazwischen finden sich die Hauptklippenzone des Helvetikums und im Südosten die zum Penninikum gehörige Klippenzone von St. Veit.

Die gleichaltrigen Gesteine der Hauptklippenzone (Helvetikum) aus dem an den Flyschtrog nördlich angrenzenden Ablagerungsbereich zeigen weder eine gradierte Schichtung noch die für den Flysch kennzeichnenden Lebensspuren. Die ebenfalls gleichaltrigen, fossilreichen Sedimente der Gosau-Gruppe der Gießhübler Mulde und der Neuen Welt bei Wiener Neustadt sind „auf dem Rücken“ der Nördlichen Kalkalpen aus dem Süden in ihre heutige Position geglitten. So befinden sich die ehemals weit voneinander abgelagerten Gesteine der Flyschzone, der Haupt- und der

2

1 3

1 Ammonit *Stephanoceras* aus der Klippenzone von Wien 13, Ober St. Veit, mittlerer Jura; Durchmesser: ca. 20 cm

2 Hornsteinknolle in weißem Jurakalk von der Antonshöhe bei Mauer, Wiens ältestem Bergbau aus der Jungsteinzeit

3 Abschläge von Kieselgestein aus dem jungsteinzeitlichen Bergbau, Antonshöhe bei Mauer; Größe: bis 3 cm

St. Veiter Klippenzone sowie der Gosau-Gruppe am Nordrand der Alpen heute in unmittelbarer Nachbarschaft. Der ursprünglich im Süden des Flyschtrogs gelegene basaltische Boden des Penninischen Ozeans wurde „verschluckt", seine zu Schiefern umgeprägten (metamorphen) Sedimente finden sich heute in den Hohen Tauern. Von der ursprünglichen Unterlage der Flyschdecken stammen kieselhaltige Radiolarite und Hornsteinkalke. Man findet sie etwa auf der Antonshöhe bei Mauer, wo sie in der Steinzeit als begehrte Rohstoffe (Hornstein) abgebaut wurden.

Die Nördlichen Kalkalpen (Oberostalpin; Oberperm bis Eozän)

Die insgesamt etwa 5.000 Meter mächtigen, vorwiegend mesozoischen Sedimentgesteine der Nördlichen Kalkalpen sind auf einer, von einem tropischen bis subtropischen Flachmeer überspülten, kontinentalen Platte entstanden. Während der alpinen Gebirgsbildung sind sie von ihrem weit im Süden gelegenen Ablagerungsgebiet nach Norden auf ihr Vorland geglitten. Ihre Schichtfolge reicht vom permischen Gips und Steinsalz bis zur Gosau-Gruppe (Kreide bis Alttertiär). Die Nördlichen Kalkalpen haben während ihres etwa 100 Millionen Jahre dauernden Gleitens ihr ostalpines Vorland (Unterostalpin des Semmerings) und den südpenninischen Raum (Hohe Tauern) überfahren und dabei deren Schichtfolgen metamorph überprägt. Gleichzeitig damit wurde auch die nordpenninische Flyschzone über das Helvetikum und zum Teil über die mittlerweile abgelagerten Sedimente des Molassemeeres geschoben. Die ursprünglich unterlagernde paläozoische Grauwackenzone blieb im Süden zurück. Durch die Nord-Süd-Einengung des Alpenkörpers wurden die Nördlichen Kalkalpen auch in sich deckenartig übereinandergestapelt. Im Wiener Raum unterscheidet man vom Norden nach Süden das Frankenfels-Lunzer-Deckensystem (Parapluieberg, Höllenstein), die Gießhübler Gosaumulde, die zum Ötscher-Deckensystem zählende Göller Decke (Anninger und Hoher Lindkogel), weiter im Süden die Mürzalpen-Decke (Hohe Wand) und die Schneeberg-Decke (Schneeberg und Rax).

Die Nördlichen Kalkalpen bestehen aus meist gut geschichteten Sedimenten vom oberen Perm bis zum Alttertiär, Vulkanite sind selten. Gips und Steinsalz (etwa im

1

2

3

1 Die Seegrotte bei Mödling, ein ehemaliger Gipsbergbau, ist heute eine touristische Attraktion.

2 Ammoniten der Gattung *Tirolites*, Untertrias, Grünbach am Schneeberg; Größe: 5–8 cm

3 Querschnitte der röhrchenförmigen Kalkskelette von Grünalgen im Wettersteinkalk, Raxplateau; Durchmesser der Röhrchen < 10 mm

Salzkammergut) entstanden in Trockenperioden am Ende des Paläozoikums, im Oberen Perm vor cirka 252 bis 250 Millionen Jahren durch Eindampfung von Meerwasser, als der Superkontinent Pangäa von Wüstenklima beherrscht war. In den Ostalpen treten diese Gips- und Steinsalzlager häufig im Verband mit den nächst jüngeren Werfener Schichten auf. Die Alterseinstufung beruht auf der Analyse von im Salz konservierten Pollenkörnern und Sporen. Gips wurde in der heutigen Seegrotte bei Mödling und in Preinsfeld bei Heiligenkreuz abgebaut. Der Wien nächstgelegene aktive Gipsbergbau befindet sich bei Puchberg am Schneeberg.

Die Werfener Schichten (Untere Trias, Skythium; 250 bis 240 Millionen Jahre alt) bestehen aus schwach metamorphen, rötlich-violetten oder grünlichen Tonschiefern mit glitzernden Glimmerschüppchen auf den Schichtflächen. Sie sind ein Wasserstauhorizont, der am Fuße von Schneeberg, Rax und Hochschwab große Karstquellen austreten lässt, welche die Wiener Wasserversorgung sichern. Die Werfener Schichten sind in einem flachen Meer entstanden, das nach der variszischen Gebirgsbildung das europäische Festland überflutet hatte. In diesem Flachmeer lebten unter anderem Muscheln und Ammoniten, wie etwa die Gattung *Tirolites*, die man in Grünbach am Schneeberg gefunden hat. Die rötlich-violette Farbe der Werfener Schichten weist auf das bis dahin herrschende trockenheiße Klima hin. Infolge ihrer Dünnschichtigkeit, Plastizität und Wasserhaltigkeit bildeten sie während der alpinen Gebirgsbildung einen tektonischen Gleithorizont ersten Ranges. Da sie der Erosion nur wenig Widerstand entgegensetzen, findet man sie häufig in Tallagen, die in den Nördlichen Kalkalpen als Weideland genutzt werden. Das Wien nächstgelegene Vorkommen der Werfener Schichten liegt am Nordfuß des Anningers in der Hinterbrühl.

Ab der mittleren Trias, vor 240 bis 230 Millionen Jahren, etablierten sich auf der ostalpinen Platte für 35 Millionen Jahre stabile Verhältnisse: marine Seichtwasserbereiche in tropischem Klima, sogenannte Karbonat-Plattformen mit hoher Produktion von Kalk und Dolomit. Die Bedingungen waren vergleichbar mit den jetzigen auf der Bahamabank vor der Küste Floridas. Der Kalk stammt vorwiegend von Grünal-

1

2

3

4

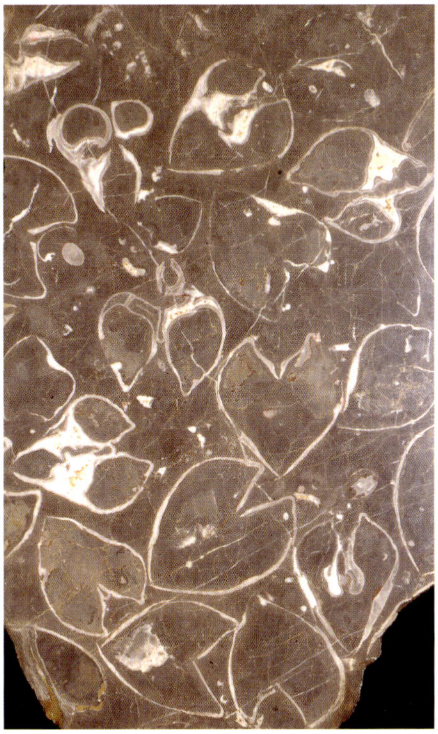

5

1 *Pterophyllum*, ein Farnsamer, Karnium, Lunz, Niederösterreich; Größe: 28 cm

2 Der Klettergarten der Mizzi-Langer-Wand im Kaltenleutgebener Tal besteht aus Hauptdolomit; Naturdenkmal.

3 Der Urtelstein bei Baden, eine natürliche Barriere aus Dachsteinkalk im Schwechattal; erst der „Durchbruch" (1826/27) ermöglichte die Straßenverbindung in den oberen Talabschnitt.

4 Felsbildung im gebankten Dachsteinkalk, Helenental bei Baden

5 Querschnitte von Megalodonten („Kuhtrittmuscheln") aus dem Dachsteinkalk, Obertrias; Bildbreite: 46 cm

genskeletten. Zwischen den extrem seichten Gebieten mit Algenrasen setzte sich in flachen Becken dunkler, bituminöser Kalkschlamm ab. Daraus entstand bis zu einige Hundert Meter mächtiger, dunkler und plattiger Gutensteiner Kalk. Aus den Algenrasen wurde bei konstanter Wassertiefe und gleichmäßig sinkendem Meeresboden bis über tausend Meter mächtiger, heller Wettersteinkalk oder -dolomit. Die Reiflinger Kalk-Formation mit harten Hornsteinknollen bildete sich in etwas tieferen Bereichen. Grünliche Mergellagen zwischen den Kalkbänken verraten ihre vulkanische Herkunft durch mikroskopische Kristalle von Feldspat und Glimmer. Abgesehen vom nahe gelegenen Ort Gutenstein finden sich Gutensteiner und Reiflinger Kalk auch in der Nordflanke des Hohen Lindkogels. Die runden bis ovalen Querschnitte gesteinsbildender Kalkalgen kann man im Wettersteinkalk und -dolomit finden. Sie bauen die verkarstete Hochgebirgslandschaft von Schneeberg und Rax auf. Dabei beruht die Verkarstungsfähigkeit dieser Gesteine auf der Löslichkeit der Karbonate im Wasser, insbesondere wenn dieses durch Huminsäuren aus dem Boden oder durch Kohlendioxid aus der Luft etwas angesäuert ist. Dolinen und Karren an der Oberfläche und Höhlen erlauben dem Karstwasser raschen Durchtritt. An Stauhorizonten (Werfener Schichten) treten am Fuß der Kalkberge die schon erwähnten Quellen (Kaiserbrunn, Wildalpen, Pfannbauerquelle, Sieben Quellen etc.) aus.

Vor 230 bis 220 Millionen Jahren (Karnium) wurde die Zeit der Karbonat-Plattformen unterbrochen: Von einem Festland im Norden schutteten damals wasserreiche Flüsse ihre Sandfracht über verzweigte Mündungsgebiete in ein flaches Meer. Zwischen den Sandschüttungen entstanden aus ufernahen Sumpfwäldern die Steinkohlelager von Lunz und Gaming. Die fossile Flora mit farnartigen Bennettiteen (Farnsamer) aus dem Begleitgestein der Kohleflöze spricht für tropisches Klima. Flachgedrückte Ammoniten, fliegende Fische und ein Lungenfisch belegen marine Episoden. In der Nähe von Wien findet man Lunzer Sandstein am ehesten im Helenental bei Baden.

Nach der Unterbrechung im Karnium regenerierte sich die Karbonatplattform. In weiträumigen Lagunenlandschaften setzte sich aus normalsalzigem Meerwasser

1

2

3

4

5

6

1 Brachiopoden aus der Kössen-Formation; Hohe Mandling, Piestingtal; Obere Trias: Rhaetium; von links: *Rhaetina gregaria* (Suess), *Zugmayerella koessenensis* (Zugmayer), *Fissirhynchia fissicostata* (Suess), *Rhaetina pyriformis* (Suess); Größe: ca. 1,5–3 cm

2 *Prohecticoceras*, ein Ammonit aus dem Jurakalk des aufgelassenen Steinbruchs Kritsch in Kaltenleutgeben; Größe: ca. 5 cm

3 Längs- und Querschnitte durch Schnecken der Gattung *Trochactaeon* aus den Ablagerungen der Oberkreide des „Schneckengartls" bei Dreistätten an der Hohen Wand; Größe der Schnecken ca. 9 cm

4 Wirbelknochen eines großen Fischsauriers aus dem „bonebed" der Kössener Schichten, Rhaetium, Kaltenleutgeben; Durchmesser: 15 cm

5 Erhaltungsbedingt verzerrter Ammonit *Olcostephanus* aus der Unterkreide vom Flösselberg bei Kaltenleutgeben; Längsdurchmesser: ca. 8 cm

6 *Inoceramus*, eine großwüchsige Muschel aus Sandsteinablagerungen der Oberkreide von Piesting, Niederösterreich; Länge: ca. 20 cm

wieder Kalkschlamm, aus übersalzenem Wasser Dolomitschlamm ab. Daraus sind bis über 1.000 Meter mächtige Ablagerungen von Dachsteinkalk und Hauptdolomit geworden. Der graue und gut geschichtete, meist fossilleere Hauptdolomit bildet Felswände in den Tiroler Kalkalpen. In der Nähe Wiens ist die „Mizzi-Langer-Wand" ein leicht zugängliches Beispiel. Die „Klause" bei Mödling ist eine tiefe Schlucht im Hauptdolomit.

Die gleichmäßige Schichtung (Bankung) und die Mächtigkeit des Dachsteinkalks beruhen auf einer langfristig-ruckartigen Absenkung des Meeresbodens bei gleichbleibend seichtem Wasser. Im Gezeitenbereich entstand durch einen Blaualgenfilm, der den Kalkschlamm festigte, eine papierdünne Schichtung. Die Megalodonten oder „Kuhtrittmuscheln" lebten im Kalkschlamm unterhalb des Gezeitenbereichs. Bei Trockenfallen des Meeresbodens folgten Erosion sowie die Bildung von Brekzien und Konglomeraten mit rötlichem Bindemittel. Gebankten Dachsteinkalk findet man bei der Ruine Starhemberg, im Helenental bei Baden oder, besonders eindrucksvoll, rund um den Hallstätter See. Das Saumriff am Rand der Lagunenlandschaft gegen den Tethys-Ozean ist in den Kalkhochalpen (Hochkönig, Adnet bei Salzburg) als Dachsteinriffkalk erhalten geblieben.

Die Kössen-Formation besteht vorwiegend aus dunklem Ton, Mergel, Kalkmergel und hellem Korallenkalk. In der Wiener Umgebung findet man versteinerte Brachiopoden (Armfüßer) im Piestingtal auf Kitzberg, am Hohen Mandling und bei Waldegg, die bereits 1889 als *„aufs Zierlichste herausgewittert"* beschrieben wurden. Muscheln aus der Verwandtschaft der Miesmuscheln und Austern sind häufig. Aus Kaltenleutgeben stammt auch der Wirbelknochen eines riesigen Fischsauriers. Im Süden der heutigen Kalkalpen geht im Rhaetium die Ablagerung von Dachsteinkalk weiter, in den nördlicher gelegenen, flachen Meeresbecken, die heute den Kalkvoralpen entsprechen, herrscht die Kössen-Formation vor.

Im Jura, vor 205 bis 135 Millionen Jahren, kam es zur globalen Umgestaltung. Basaltische Lava aus einem mittelozeanischen Spaltensystem („rifting") bildete eine neue ozeanische Kruste. Der Penninische Ozean drängte das alte „Europa" und die neu entstehenden Platten auseinander. Im oberen Jura (Malm) erreichte der neue Ozean seine größte Breite. In der Unterkreide kehrte sich das System um. Der Ozean verschwand unter dem Andruck der von Afrika nordwärts getriebenen Platten. Die ozeanische Kruste wurde verschluckt, wieder aufgeschmolzen oder zusammen mit den mittlerweile abgelagerten Sedimenten bei der alpinen Gebirgsbildung durch darübergleitende Decken metamorphosiert.

Im Bereich der zukünftigen Nördlichen Kalkalpen etablierte sich eine neue untermeerische Landschaft mit tiefen Becken und Hochzonen. Auf diesen setzte sich fossilreicher Rotkalk ab, in den Becken tonreiche Schichten, in der Tiefsee roter Radiolarienschlamm, der zu Radiolarit wurde. Davon finden sich heute in der Wiener Umgebung rotgelber und roter Ammonitenkalk des Lias und Doggers im Triesting-, Piesting- und Kaltenleutgebener Tal sowie rötlicher Ammonitenkalk des oberen Jura in Gießhübl. Die gleich alten fossilreichen Kalke und Sandsteine der Klippenzone von St. Veit und der Hauptklippenzone zählen zum Penninikum bzw. Helvetikum, der weiße Jurakalk von Ernstbrunn und Falkenstein zur Waschbergzone.

Rötliche und graue Mergelkalke der Unterkreide (145 bis 100 Millionen Jahre) sind am Nordrand der Kalkalpen im Frankenfels-Lunzer Deckensystem verbreitet. Ammoniten aus dem stillgelegten Steinbruch am Flösselberg in Kaltenleutgeben belegen ein Unterkreidealter.

Sedimente der Oberkreide (100 bis 65 Millionen Jahre) werden nach dem Ort Gosau in Oberösterreich als Gosau-Gruppe zusammengefasst. Der abwechslungsreiche Gesteinsbestand, von grobem festländischem Konglomerat, Steinkohle aus Ufersümpfen, „Riffen" der flachwasserbewohnenden Hippuritenmuscheln sowie Turbiditen aus der Tiefsee, lässt auf eine reich gegliederte Landschaft schließen, vergleichbar dem Malayischen Inselbogen.

Zwei große Mulden mit jeweils über 1.000 Meter mächtigen Gosau-Sedimenten streichen mit den Nördlichen Kalkalpen vom Westen an den Alpenostrand heran. Die Gießhübler Mulde der Frankenfels-Lunzer-Einheit umfasst Sedimente von der älteren Oberkreide bis zum Alttertiär (100 bis 60 Millionen Jahre). Die Mulde der Neuen Welt verbindet die Göller Decke mit den Kalkhochalpen (Mürzalpendecke). Sie umfasst jüngere Oberkreide bis mittleres Alttertiär (85 bis 50 Millionen Jahre). Turbidite weisen auf sinkenden Meeresboden hin, grobe Brekzien und Konglomerate auf Küsten und Festland. Im tieferen Wasser lebten große Muscheln der Gattung *Inoceramus*. Aus den Kohleflözen von Grünbach und Muthmannsdorf stammen Belege für eine reiche Flora wie auch die einzigen Dinosaurier und Flugsaurier Österreichs.

Die Grauwackenzone (Oberostalpin)

Die an die Nördlichen Kalkalpen im Süden anschließende Grauwackenzone besteht aus schwach metamorphen paläozoischen Schiefern. Diese hatten sich ursprünglich auf dem oberostalpinen Kristallin abgelagert und bildeten ihrerseits die Unterlage für die Schichtfolge der Nördlichen Kalkalpen. Der sedimentäre Verband ist stellenweise noch erhalten. Etwa bei Neunkirchen wird auch die Grauwackenzone an der Oberfläche von den Störungen des Wiener Beckens abgeschnitten.

Das Unterostalpin

Zur unterostalpinen Decke zählen die schwach metamorphen Gesteine des Semmerings und des Leithagebirges. Die Schichtfolge führt Quarzit aus Perm bis Untertrias sowie Kalk oder Dolomit aus Mittel- und Obertrias. Die unterostalpinen Gesteine stehen einerseits den Kalkalpen nahe, andrerseits weist der „Bunte Keuper", eine signifikante rötliche Tonschicht, auf die ursprüngliche Nachbarschaft der Semmeringtrias

Die Hainburger Berge vermitteln von den Karpaten zur unterostalpinen Decke der Alpen.

zur germanischen Trias im Norden hin. Das Ablagerungsgebiet lag somit zwischen dem germanischen Meer im Norden und der Tethys im Süden. Die heutige Lage der Gesteine des Semmerings im Süden der Kalkalpen und ihre Metamorphose beweisen, dass das Oberostalpin (Kalkalpen und Grauwackenzone) über das Unterostalpin hinweggeglitten ist. Letzteres setzt sich vom Semmering nach Osten über Pittental, Seebenstein und Türkensturz fort. Auch der „harte Kern" des Leithagebirges besteht aus Gneis und Glimmerschiefer des Unterostalpins. Die Schichtfolge der Hainburger Berge mit Quarzit, Dolomit und Kalk der unteren und mittleren Trias steht den Semmering-Gesteinen sehr nahe, zählt aber bereits zu den Gesteinsdecken der Karpaten.

Flysch-Wienerwald und kalkalpiner Wienerwald

Die unterschiedlichen Landschaften des Flysch-Wienerwalds aus den klastischen Sedimenten der Flyschzone und des kalkalpinen Wienerwalds aus karbonatdominierten Gesteinsfolgen der Nördlichen Kalkalpen werden in den Kapiteln „Die Flyschzone" (→ S. 67) und „Die Nördlichen Kalkalpen" (→ S. 69) behandelt. Die ausführliche Beschreibung des Naturraums findet sich im Kapitel „Der Wienerwald – Natur (fast) pur am Rande der Stadt" (→ S. 255).

Das Wiener Becken

Die Ebene des Wiener Beckens liegt heute wie eine große Zerrkluft zwischen Alpen und Karpaten, von Wiener Neustadt im Süden bis nach Mähren im Norden. Kleine Karpaten, Hainburger Berge und Leithagebirge bilden den Ostrand, Thermenlinie und Waschbergzone den Westrand. Der Nordteil begann bereits im älteren Miozän, vor etwa 17 bis 18 Millionen Jahren, inmitten des nordwärts gleitenden alpin-karpatischen Deckengebirges an steilen Brüchen abzusinken. Am Steinbergbruch sind die Schichten bis zu 5.000 Meter in die Tiefe versetzt. Im jüngeren Miozän dehnte sich das Wiener Becken nach Süden aus (Thermenlinie) und erreichte im Badenium, vor etwa 16 Millionen Jahren, seine heutige Länge von etwa 200 Kilometern. Ursache für die Entstehung des Beckens waren Seitenverschiebungen, die, vom Standpunkt Wien aus gesehen, im Norden den Alpen-Karpatenbogen und im Süden den Karpato-Steirischen Block jeweils nach links verschoben haben. Das Massedefizit im Spannungsfeld der linksseitigen Blattverschiebungen bewirkte das Absinken des rautenförmigen

Die Ausweichbewegung des Karpato-Steirischen Blocks an Seitenverschiebungen bewirkt, dass die Karpaten im Osten auf das galizische Vorland überschieben, während sie im Westen durch das Wiener Becken von den Alpen getrennt werden.

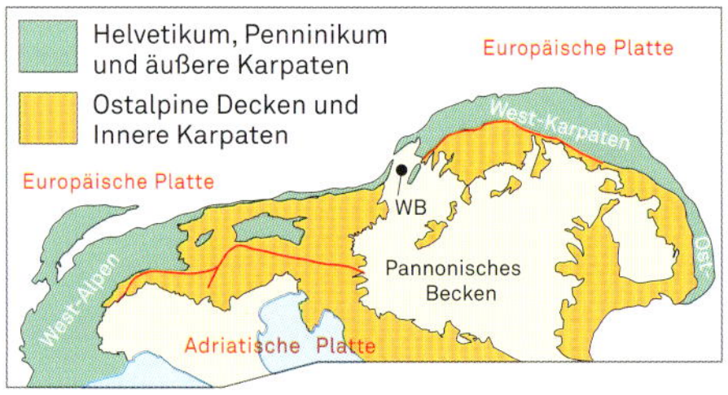

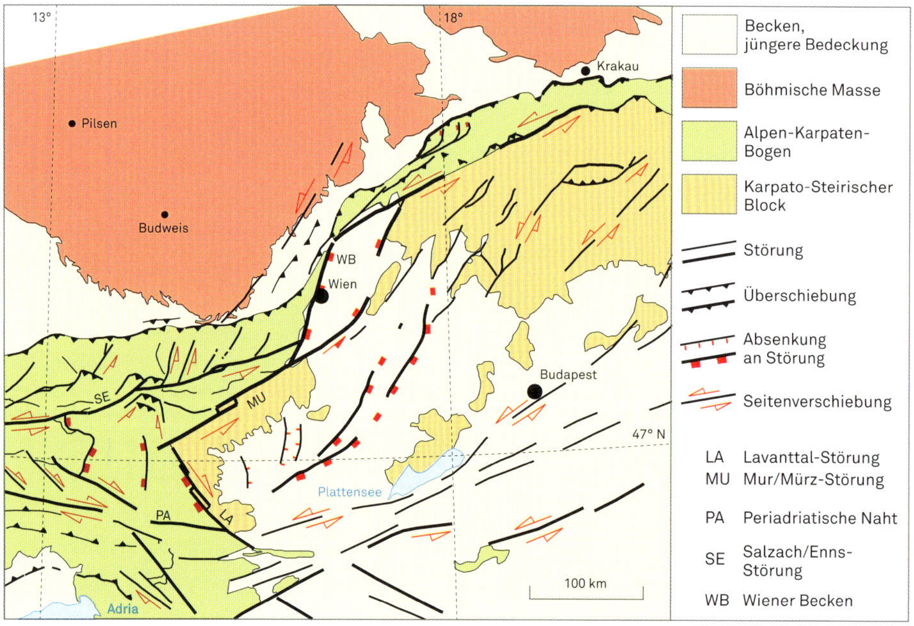

1

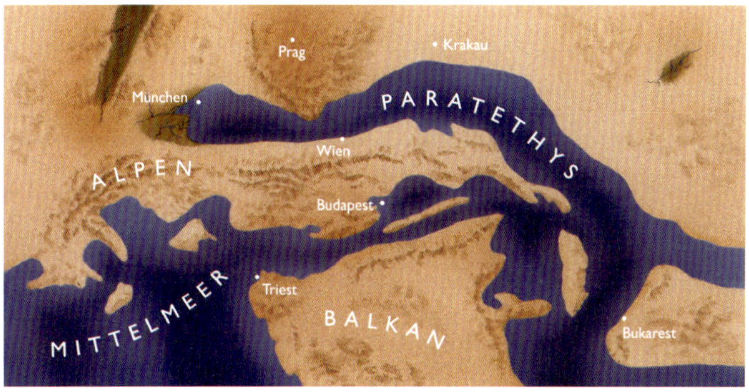

2

3

4

1 35–40 Mio. Jahre (Eozän): Das letzte Stadium des früher weltumspannenden Tethys-Ozeans

2 24 Mio. Jahre (Untermiozän, Egerium): Das Molassemeer, ein Teil der Paratethys, wird vom Westen her vom „Schutt" der entstehenden Alpen verfüllt.

3 16 Mio. Jahre (Mittelmiozän, Badenium): Der Westteil der Molasse ist verlandet, das Wiener Becken über die Karpatenvortiefe und das Pannonische Becken mit der Paratethys verbunden. Die „Ur-Donau" fließt nach Westen zur „Ur-Rhone".

4 11 Mio. Jahre (Obermiozän, Pannonium): Die Donau schüttet nach Osten ins Wiener Becken. Die Karpatenvortiefe ist landfest.

Das Donaudelta bei Mistelbach vor ca. 11 Millionen Jahren (Unterpannon)

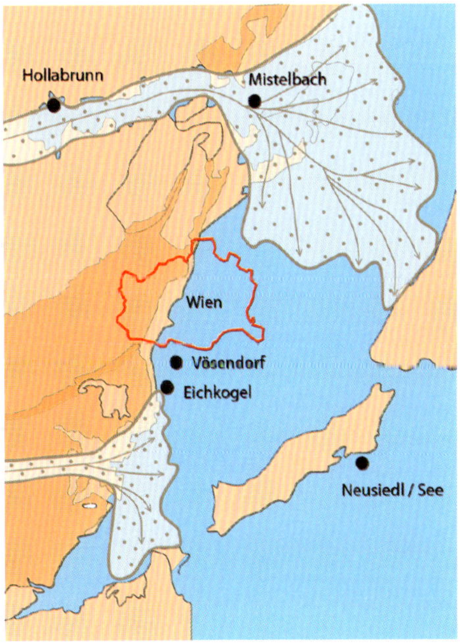

Wiener Beckens zwischen den Alpen und den Karpaten. Durch die Verlandung des Molassemeeres war das Wiener Becken zur westlichsten Bucht des Paratethys-Meeres geworden. Sein Alter ergibt sich aus dem Zeitumfang der darin abgelagerten Sedimente.

Ein inmitten junger Gebirge absinkendes Becken wirkt als Sedimentfalle. Daher hatte die Sedimentation mit der Absenkung des Wiener Beckens immer Schritt gehalten, die Wassertiefe betrug nie mehr als 200 Meter. Als Teil des Pannonischen Beckens – der heutigen Ungarischen Tiefebene – war das Wiener Becken zunächst von Meerwasser, später von Brackwasser, zuletzt von Süßwasser erfüllt, bis es schließlich verlandete. Das Klima wandelte sich allmählich von subtropisch bis zu den eiszeitlichen und heutigen Bedingungen. Im Badenium bildete sich im Flachwasser rings um die Leithagebirgs-Insel der weiße Leithakalk aus den Kalkskeletten von Rotalgen (Lithothamnien). Löcher von Bohrmuscheln im ufernahen Gestein markieren die ehemaligen Küstensäume. Ins Wiener Becken lagerten auch die Vorläufer von Piesting, Triesting und Schwechat ihre Schotter ab; sie sind heute zu Wöllersdorfer und Badener Konglomerat verfestigt. Bereits im Badenium schüttete auch die Ur-Donau ihren Schotter ins nördliche Wiener Becken. Sand setzte sich in Küstennähe ab, die feine Tontrübe ergab in der Beckenmitte im jüngeren Miozän schließlich 5.000 Meter mächtigen Tonmergel. Die letzten Sedimente des nach Osten abgedrängten Pannonischen Sees waren Tone sowie der harte Süßwasserkalk vom Eichkogel bei Mödling. Die Aufschüttung und Verlagerung des Donaudeltas vom heutigen Mistelbach bis an die heutige Mündung ins Schwarze Meer hat etwa zehn Millionen Jahre gedauert. Abnehmende Transportkraft und mechanische Zerkleinerung führen dazu, dass die Donau heute ihre Schotter im Wiener Raum ablagert, Sand gelangt bis an die Mündung, Tontrübe bis ins Schwarze Meer.

Mit der Verfüllung des Wiener Beckens waren die tektonischen Bewegungen im Wiener Raum noch nicht abgeschlossen. Nacheiszeitliche Niveauverstellungen von ein bis zwei Millimetern pro Jahr lassen sich an eiszeitlichen Schotterterrassen ablesen. Diese für menschliche Begriffe langsamen Bewegungen sind mittels geodätischer Messungen nachweisbar. Die begleitende Bebentätigkeit ist eher mäßig bis schwach,

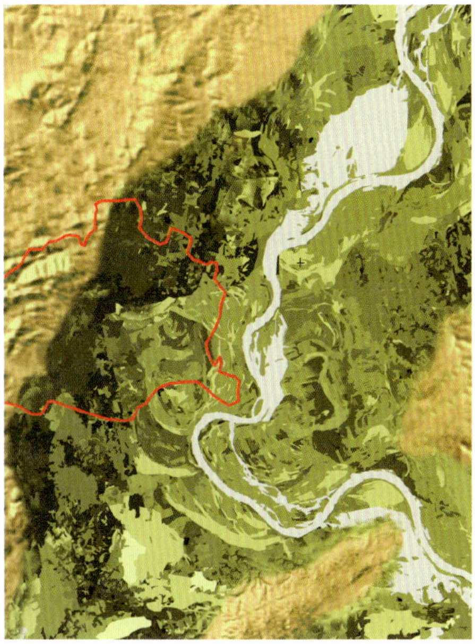

Nach dem Austrocknen des Pannonischen Sees bahnte sich die Donau vom ehemaligen Mündungsgebiet bei Mistelbach ihren Lauf nach Süden durch das von Sumpfwäldern bestandene Wiener Becken und die Eisenstädter Pforte.

doch erinnert ein historisches Erdbeben der Stärke 9 mit Epizentrum in Carnuntum im vierten Jahrhundert nach Christus nachdrücklich daran, dass der Wiener Raum vor Starkbeben nicht gefeit und die Erdkruste um Wien immer noch mobil ist. Stärkere Erdbeben können in größeren Abständen auftreten als die Geschichtsschreibung registriert. Historische Aufzeichnungen ermöglichen daher keine Prognose über Stärke, Lage und Zeitpunkt zu erwartender Erdbeben. Die Mitterndorfer Senke im südlichen Wiener Becken ist nacheiszeitlich an Seitenverschiebungen von 0,8 bis 1,5 Millimeter pro Jahr 150 Meter tief abgesunken. Ihre Schotterfüllung ist ein hervorragender Speicher für das aus den Alpen zur Donau strömende Grundwasser.

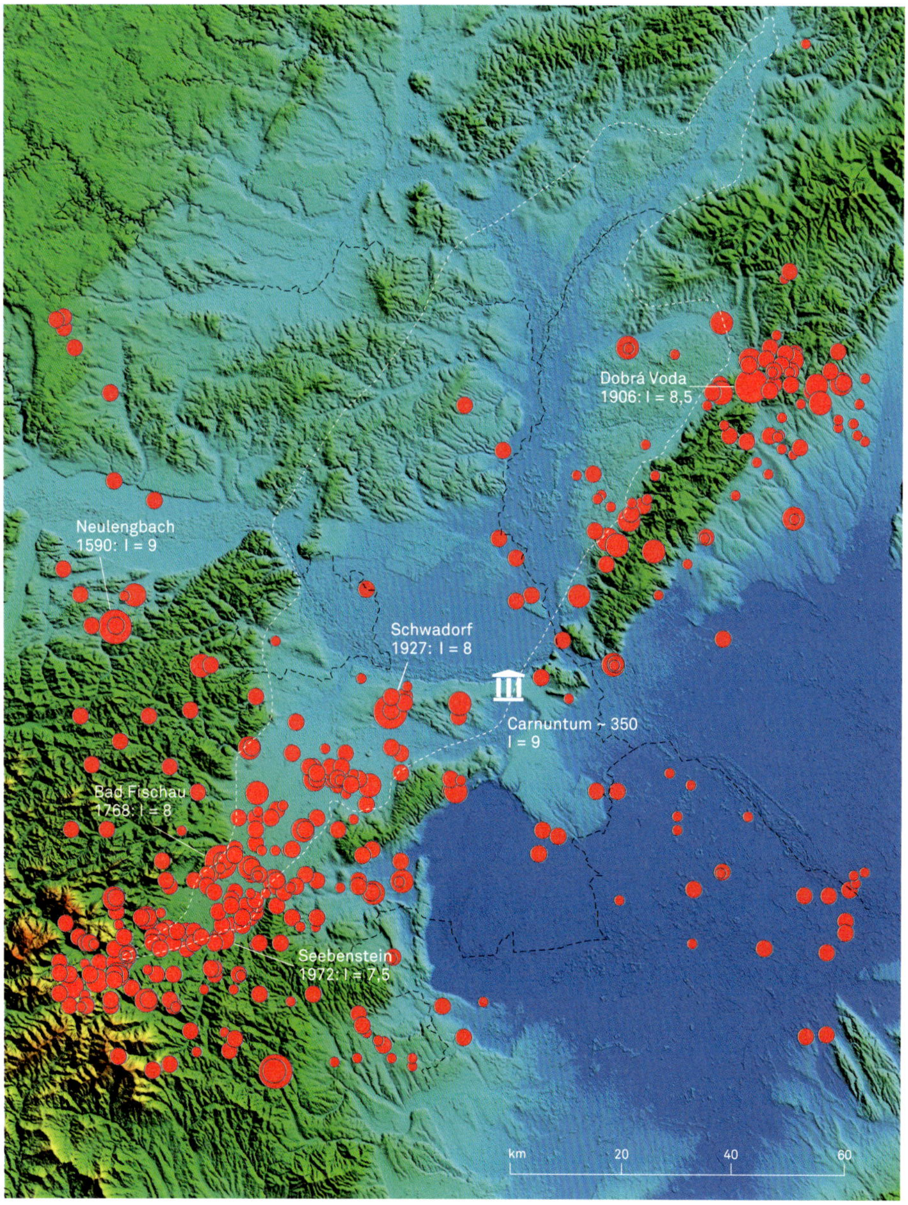

Erdbebenintensität (I nach EMS-98)
Gemessen an Erdbebenwirkungen an der Erdoberfläche

I = 1–3	nicht oder schwach fühlbar	I = 8–9	schwere Gebäudeschäden, zerstörend
I = 4–5	deutlich bis stark fühlbar		
I = 6–7	leichte bis mäßige Gebäudeschäden	I = 9	Erdbeben in Carnuntum

Epizentren von gefühlten Erdbeben im Raum des Wiener Beckens zwischen 1267 und 2004. Die Größe der Symbole zeigt die Intensität der Erdbeben im Epizentrum. Für die Bewertung der Auswirkung der Beben wird eine 12-stufige Skala verwendet, die als Europäische Makroseismische Skala („EMS-98") bezeichnet wird und mit der 12-stufigen „Mercalli-Sieberg"-Skala vergleichbar ist. Die schwersten bekannten Erdbeben in der Umgebung von Wien erreichten Intensitätsstufe 9, die als „zerstörend" mit schweren Schäden an vielen Gebäuden einfacher Bauweise definiert ist. Es waren dies das Beben von Neulengbach (1590) und jenes von Carnuntum (vermutlich um 350 n. Chr.), das von archäologisch belegten Zerstörungen antiker römischer Bauwerke abgeleitet wird – es ist das einzige, das aus der Zeit vor dem 13. Jahrhundert bekannt ist.

Gegensätzlicher kann es nicht sein: die letzten 20 Millionen Jahre

Die Wiener Landschaft im Jungtertiär

Die Pflanzenwelt

Das Festland um das Wiener Becken war im Jungtertiär meist bewaldet. Unter dem Druck der Klimaverschlechterung wurde der anfangs immergrüne Wald allmählich durch laubwerfenden Baumbestand ersetzt. Die Paratethys mit ihren weiträumigen Buchten milderte den generellen Abkühlungstrend.

Unter Wasser verankerte Baumstümpfe – vermutlich von Sumpfzypressen *(Taxodium)* – haben sich in ursprünglicher Stellung im Braunkohlen-Tagbau Zillingdorf erhalten (Foto um 1920).

Im Untermiozän (Eggenburgium bis Karpatium) wuchsen bei subtropisch-feuchtem bis warm-gemäßigtem Klima immergrüne Laubwälder mit verschiedenen dominierenden Lorbeergewächsen, Teegewächsen, immergrünen Eichen sowie vereinzelten Mastixien (Hartriegelgewächsen) und Palmen, aber auch schon mit sommergrünen Platanen, Walnuss-, Linden- und Ulmengewächsen (zum Beispiel: *Zelkova*); im Unterwuchs waren Farne häufig. In Sumpfgebieten wuchsen Rotholzbäume *(Sequoia)*, Wasserfichten *(Glyptostrobus)* und Sumpfzypressen *(Taxodium)*. Wasserpflanzen belebten die Gewässer. Vergleichbare Floren kommen heute noch in Südchina und Taiwan vor.

Im Mittelmiozän (Badenium bis Sarmatium) wandelte sich die Vegetation bei zunächst noch subtropischem, später warm-gemäßigtem Klima. Im Badenium nimmt dementsprechend der Anteil an sommergrünen, von den heutigen aber meist noch deutlich verschiedenen Arten zu. Es sind dies: Ahorne, Magnolien, Platanen, Buchen, Kastanien, Hickory, Amberbäume *(Liquidambar)*, Hainbuchen, Erlen, Pappeln und viele andere. Zusätzlich finden sich auch diverse Nadelhölzer, etwa Zedern, während die Palmen verschwinden. Im Sarmatium treten auch die Laurophyllen und Mastixien immer mehr zurück. Dagegen lässt das Vorkommen mediterraner Gattungen wie *Olea* (Ölbaum) und hartlaubiger Eichen sowie von Hülsenfrüchtlern wie Mimosengewächsen, Gleditschien und Robinien an lokale trocken-warme Baumsavannen denken.

Im Obermiozän (Pannonium bis Pontium) und Pliozän verbreiteten sich temperate Mischwälder mit sommergrünen Arten der Gattungen Buche, Eiche, Kastanie, Hainbuche, Birke, Ulme, Ahorn, aber auch mit heute in Europa ausgestorbenen, wie Ginkgo, Tulpenbaum und Hickory; dazu kamen noch Kiefern und andere Nadelgehölze. Sumpfwälder wurden von Sumpfzypressen, Wasserfichten, Erlen, *Nyssa*, Weiden und *Myrica* dominiert. Aus diesen sind die etwa neun Millionen Jahre (Oberpannon) alten Braunkohlen des südlichen Wiener Beckens gebildet, wo sich teilweise noch aufrechte Baumstümpfe fanden.

Die Tierwelt

Bereits im 19. Jahrhundert dokumentierten Paläontologen den Reichtum der Wiener Sand- und Tongruben an jungtertiären Schnecken und Muscheln und begründeten damit die Bedeutung des Wiener Beckens für die internationale Forschung. Zahlreiche Fossilien weisen mit dem Artnamen *vindobonensis* auf ihre Herkunft aus Wien.

1

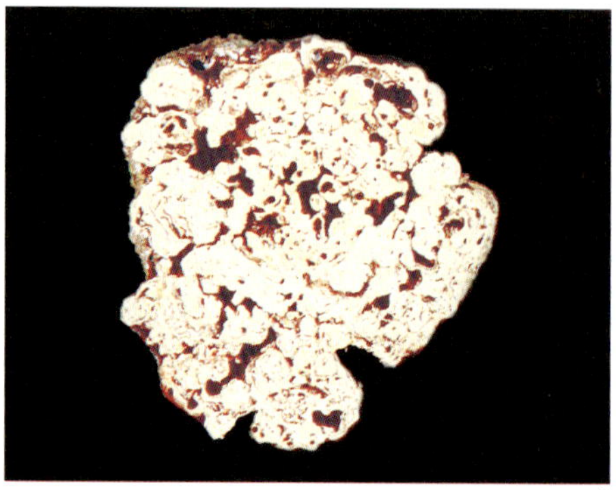
2

3

4

5

6

1 Drachenkopffisch *(Scorpaena)* aus St. Margarethen, Burgenland; Badenium; Größe: 26 cm

2 Querschnitt einer Kolonie von Rotalgen (Lithothamnien) im Leithakalk aus Müllendorf (Burgenland), Badenium; Größe: ca. 5 cm

3 Zahn des Riesenhais *Carcharocles*, Badenium, St. Margarethen, Burgenland; Größe: ca. 10 cm

4 Fossile Austern *(Ostrea digitalina)*, Badenium, Ottakring; Länge: 7–8 cm

5 Seeigel *(Clypeaster)*, Badenium, Müllendorf, Burgenland; Größe: 14 cm breit

6 Muschelschill, Nexing, Sarmatium; Breite: 15 cm

Die Mollusken des Wiener Becken-Meeres waren durch Schwankungen von Klima und Salzgehalt einem starken Selektions- und Migrationsdruck ausgesetzt. Dadurch ausgelöste Faunenwechsel sind bis heute die Grundlage einer Gliederung der Schichtfolgen. Die Meeresfauna des Badeniums mit ihren Korallen, Schnecken, Muscheln und Seeigeln ist von zahlreichen Orten der Wiener Umgebung bekannt: Pötzleinsdorf, Nussdorf, Kalksburg, Baden, Gainfarn. Eine artenreiche Fischfauna kommt aus St. Margarethen im Burgenland. Das Meer des Sarmatiums war durch wechselnden Chemismus und Massenvorkommen einzelner Schnecken- und Muschelarten gekennzeichnet. Im Pannonium war der Salzgehalt auf etwa ein Zehntel des normalen Meerwassers gesunken. Die Herzmuschel *Lymnocardium* und die Wandermuschel *Congeria* waren die häufigsten Muscheln. Die Schneckengattung *Melanopsis* befand sich in rascher Evolution.

Vor 20 Millionen Jahren (Eggenburgium) ist eine Herde von Seekühen *Metaxytherium* in der seichten Eggenburger Bucht bei einem Sturmereignis zugrunde gegangen; sieben nahezu komplett erhaltene Skelette aller Altersklassen hat man dort gefunden. Das Skelett einer 16 Millionen Jahre alten Seekuh stammt aus einer Ottakringer Sandgrube. Pottwal, Zwergwale und Robben sind durch Knochenfunde nachgewiesen. An der Spitze der Nahrungskette im damaligen Meer stand wohl der 20 Meter lange Riesenhai *Carcharocles*.

Die Entwicklung der Muscheln und Schnecken im Jungtertiär des Wiener Beckens

1 *Strombus persististrombus bonellii* – Fechterschnecke
2 *Cassis pseudomammillaris* – Helmschnecke
3 *Murex (Bolinus) spinicostus* – Stachelschnecke
4 *Amalda glandiformis* – Olivenschnecke
5 *Aporrhais pespelecani* – Pelikanfußschnecke
6 *Costellamussiopecten spinulosus* – Kammmuschel
7 *Venus (Ventricoloidea) multilamella* – Venusmuschel
8 *Sarmatimactra eichwaldi* – Trogmuschel
9 *Plicatiforma latisulca* – Herzmuschel
10 *Potamides disjunctus* – Schlammschnecke
11 *Duplicata duplicata* – Reusenschnecke
12 *Granulolabium bicinctum* – Schlammschnecke
13 *Lymnocardium schedelianum* – Herzmuschel
14 *Lymnocardium conjugens* – Herzmuschel
15 *Congeria subglobosa mit Mytilopsis spathulata* – Wandermuschel, Spatelmuschel
16 *Hydrobia (Baglivia) ambigua* – Wattschnecke
17 *Melanopsis fossilis coaequata* – Riesenkronenschnecke
18 *Melanopsis vindobonensis* – Wiener Kronenschnecke
19 *Pomatias conicum* – Landdeckelschnecke
20 *Viviparus loxostomus* – Sumpfdeckelschnecke
21 *Tropidomphalus (Pseudochlorites) richarzi* – Schnirkelschnecke
22 *Emmericia canaliculata* – Zwergdeckelschnecke

Millionen Jahre	Serie	Stufengliederung des Miozäns: Mediterran	Stufengliederung des Miozäns: Zentrale Paratethys	Muscheln und Schnecken aus dem Miozän der Wiener Umgebung
8, 9, 10, 11	OBERES MIOZÄN	Tortonium	Pannonium	
		11,6	11,6	
12, 13	MITTLERES MIOZÄN	Serravallium	Sarmatium	
			13,0	
		13,6		
14, 15, 16		Langhium	Badenium	
			16,4	

In Meeresablagerungen eingeschwemmte Knochen ergeben ein Bild von der Landtierwelt der Wiener Umgebung in dieser Zeit. *Gavialosuchus eggenburgensis,* das berühmte Krokodil von Eggenburg, hat im Küstenbereich gelebt. Im Untermiozän (Eggenburgium bis Karpatium) gelangten kleine, Wald-bewohnende Dreizehenpferde aus dem heutigen Nordamerika in den Wiener Raum. Heute verschwundene Arten von Bären, Nashörnern, Wildschweinen und Zwerghirschen tauchten auf. Über Landverbindungen kam erstmals das Rüsseltier *Mastodon,* ein Laubfresser mit geraden Stoßzähnen, aus Afrika nach Mitteleuropa. So folgte die Ausbreitung der Säugetiere den wechselnden geographischen Bedingungen.

Im Mittelmiozän (Badenium, Sarmatium) lebte in der Waldlandschaft um Wien eine artenreiche Großtierfauna: Nashörner, Pferde, Tapire und das 2,6 Meter hohe *Chalicotherium,* ein Unpaarhufer mit extremen Krallen an überlangen Vorderbeinen, dem Gebiss zufolge ein Laubfresser. Wie groß die Unterschiede zu heute lebenden Verwandten immer noch sind, zeigt das hornlose Nashorn *Aceratherium* und der Hauerelefant *Deinotherium,* ein Rüsseltier mit abwärts gebogenen Stoßzähnen im Unterkiefer. Neben urigen Schweinen mit mächtigen Hauern gab es verschiedene Horn- und Geweihträger sowie bären-, marder- und katzenartige Raubtiere und erstmals auch Menschenaffen. Im Obermiozän (Pannonium, Pontium) hatte sich *Deinotherium* zu einem wahren Riesen mit über 4,5 Meter Schulterhöhe entwickelt. Seine massiven Knochen wurden zusammen mit *Mastodon*-Knochen im Schotter des Mistelbacher Donaudeltas gefunden. Auch Antilopen und Gazellen tauchten damals auf. In einer weiteren Einwanderungswelle erreichte das Dreizehenpferd *Hippotherium gracile* (→ Bild S. 60) Mitteleuropa. Fährten von Großkatzen und Paarhufern

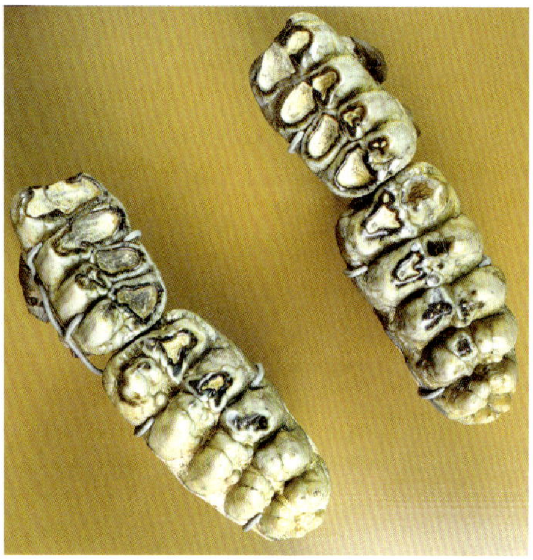

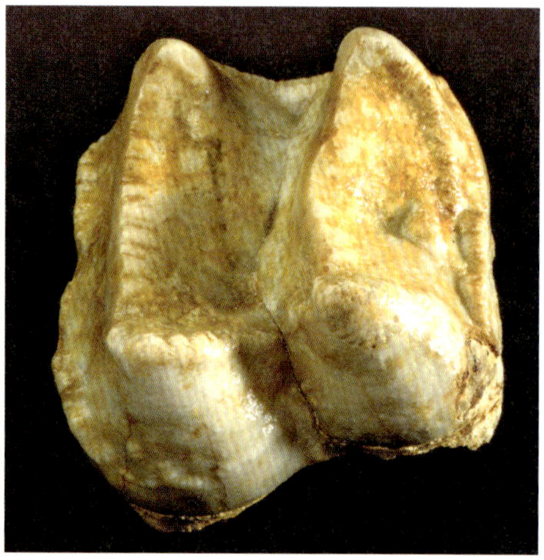

1 Unterkiefer-Zahnreihen eines Mastodons, Miozän, Wien, Dornbach; Länge: 30 cm

2 Backenzahn eines Deinotheriums aus dem pliozänen Mistelbacher Schotter; Breite: 8 cm

haben sich in sandig-tonigen Lagen des Ternitzer Konglomerats erhalten. Im Pliozän lebte im Wiener Raum immer noch eine ansehnliche Großtierwelt mit Nashörnern und Rüsseltieren, die erst im Pleistozän durch andere Faunen abgelöst wurde.

3 Schädel des Dreizehenpferds *Hippotherium gracile* („*Hipparion*") aus dem Tegel der ehemaligen Ziegelei am Wienerberg, Miozän, Pannonium; Länge inklusive Wirbel: 60 cm

4 Schädel des hornlosen Nashorns *Aceratherium* aus den Pannonium-Schottern von Prottes, NÖ; Länge: 52 cm

Die Eiszeit im Raum von Wien

Die Wiener Landschaft verdankt ihren heutigen Charakter zum Gutteil dem Wechselspiel klimatischer Kräfte während der letzten großen Eiszeiten. Regelmäßige Klimaschwankungen haben im Quartär zu zyklisch wiederkehrenden Vereisungen (Glazialen) geführt. Wiederholt wechselten Kaltzeiten mit Warmzeiten, wechselten Gletscher in den Alpentälern und Kältesteppen im Vorland mit Rückzug der Gletscher und Wiederbewaldung. Der Beginn der quartären Eiszeit, des Pleistozäns, wird heute mit 1,8 Millionen Jahren festgelegt. Kaltzeiten gab es allerdings auch schon davor. Die pleistozänen Großvereisungen werden Günz, Mindel, Riss und Würm genannt. Die Namen leiten sich von den gleichnamigen bayerischen Flüssen ab, die von gestaffelten Terrassen der jeweiligen Kaltzeit begleitet werden. Jeder Vereisungszyklus dauerte etwa 100.000 Jahre, der Aufbau und Abbau des Eises jeweils „nur" einige Tausend Jahre. Das Ende der letzten Kaltzeit, des Würms, liegt rund 10.000 Jahre zurück. Zurzeit leben wir im Holozän, einer zwischeneiszeitlichen Wärmeperiode.

In den Kaltzeiten waren die Alpen mehrfach bis ins Vorland vergletschert. Dabei entstand westlich des Unterlaufs der Enns ein geschlossenes Eisstromnetz, östlich der Enns waren nur die Gipfelregionen von Hochschwab, Dürrenstein, Ötscher sowie der Wiener Hausberge Schneeberg und Rax von Eis bedeckt. Die Tallagen hatten Tundren- bis Steppencharakter und der Dauerfrostboden taute in den kaltzeitlichen Sommern nur oberflächlich auf.

In den Warmzeiten eroberte der Wald die verlorenen Lebensräume zurück, gefolgt von der zugehörigen Tierwelt. In der Wiener Landschaft gab es daher einen mehrfachen Wechsel von Kältesteppe und Wald. Die Vegetationsgeschichte des Pleistozäns ist in den Ablagerungen der Moore des Alpenvorlands durch fossilen Pollen überliefert.

Das Eisstromnetz der Ostalpen während der letzten großen Eiszeit vor 20.000 Jahren. Das Donautal ist immer eisfrei geblieben.

Eisstromnetz, vergletschertes Areal in den Alpen und im Vorland

Tal-, Plateau- und Kargletscher

Heutiges Gewässernetz

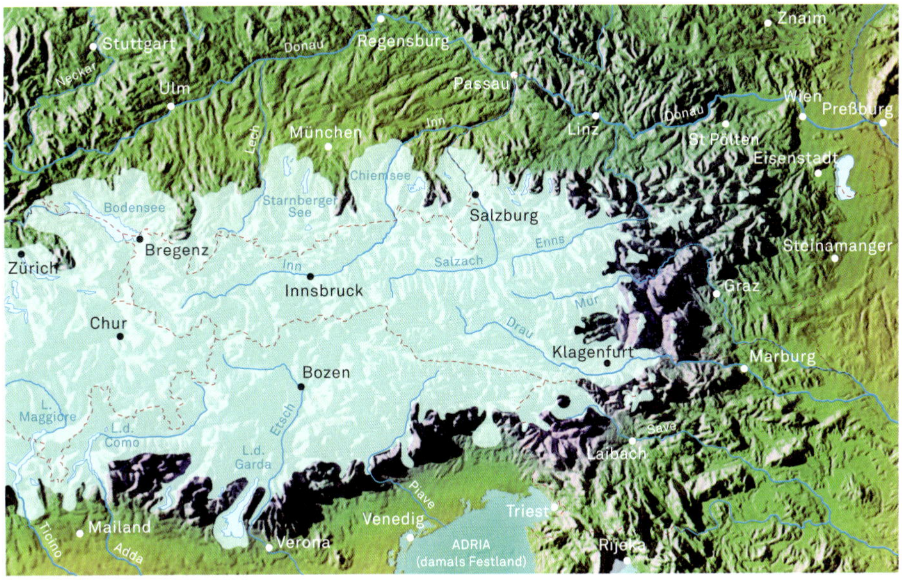

Terrassenbildung

Die Terrassen der Donau bestehen aus Schotter, der während der kaltzeitlichen Sommer von den Flüssen aus Moränen und Hangschutt abtransportiert, abgerollt und umgelagert wurde. In den Warmzeiten legten die Flüsse bei geringerer Schotterfracht ihre Talsohle durch Erosion tiefer. Während der nächstfolgenden Kaltzeit entstand daher jeweils eine neue, tiefer liegende Schotterflur. So werden heute die Flüsse des Alpenvorlands bis weit hinein in die Alpen von einer Treppe eiszeitlicher Terrassen in abnehmender Höhe begleitet (→ Karte S. 166).

Die Laaerberg-Terrasse (Prä-Günz, etwa 600.000 bis 540.000 Jahre) ist in Wien die höchste und älteste, gefolgt von der Wienerberg-Terrasse (= Älterer Deckenschotter; Günz) und der Arsenal-Terrasse (teilweise: Jüngerer Deckenschotter, Mindel). Die nächstfolgende Theresianum-Terrasse (teilweise: Jüngerer Deckenschotter) und die Stadt-Terrasse (Gänserndorfer- oder Hochterrasse) stammen aus der Riss-Eiszeit, die jüngste, die Prater- oder Niederterrasse, aus der Würm-Zeit. Je älter eine Terrasse ist, umso mehr reduziert sich ihr Geröllbestand auf den verwitterungsbeständigen Anteil an Quarz- und Quarzitgeröllen.

Im Luftbild sieht man die nacheiszeitlichen Flussmäander des Marchfelds aus jüngster erdgeschichtlicher Vergangenheit.

Die eiszeitlichen Wiener Donauterrassen. Tiefer als die jüngste, die Prater-Terrasse, liegt die Zone der rezenten Flussmäander, die infolge der Donauregulierung heute nur noch eingeschränkt erkennbar ist.

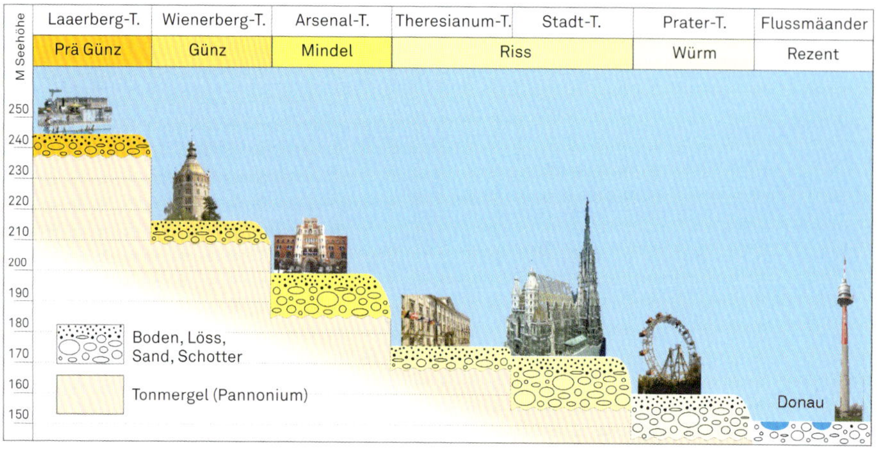

Da die Wiener Terrassen, wie alle anderen eiszeitlichen Phänomene auch, das Ergebnis von globalen Klimaschwankungen im Pleistozän sind, lassen sie sich, mit Bedacht auf spätere Verstellungen, über die Flusstäler des Alpenvorlands bis Bayern verfolgen. Im Wiener Stadtgebiet ist die ursprüngliche Terrassenlandschaft durch die Verbauung heute weitgehend unkenntlich geworden.

Gleichzeitig mit der Entstehung der Flussterrassen setzte sich im östlichen Österreich entlang der Täler und im Windschatten der Hügel der Löss ab, ein kaltzeitlicher Flugstaub, ausgeweht aus den überwiegend vegetationslosen periglazialen Sand- und Schotterfluren. In den oft viele Meter mächtigen Löss eingelagert finden sich rotbraune, braune oder schwarze warmzeitliche Böden. Der standfeste Löss dient in der Wiener Umgebung bis heute zur Anlage von Weinkellern (Kellergassen).

Die eiszeitliche Tierwelt von Wien

Die altpleistozäne Tierwelt der Wiener Umgebung ist am besten in den Höhlen der Hainburger Berge erhalten. Aus dem Höhlensystem im Steinbruch von Bad Deutsch-Altenburg sind von etwa 50 voneinander unabhängigen Fundstellen Faunen aus dem Mittelpliozän bis Mittelpleistozän (3,6 Millionen bis 130.000 Jahre vor heute) geborgen worden. Knöchelchen und Zähne von Kleinsäugetieren, Reptilien und Vögeln wurden aus Höhlenlehm und Sand ausgewaschen. Backenzähne von Wühlmäusen sind wegen ihrer Häufigkeit und raschen Evolution hervorragende Leitfossilien. Die rund 700.000 Jahre alte mittelpleistozäne Fauna aus der Knochenspalte von Hundsheim enthält zahlreiche warmzeitliche Arten: zwei Amphibien, fünf Reptilien, 32 Vögel, 57 Säugetiere, 42 Mollusken, dazu noch Krebstiere und Tausendfüßler. Das um 1900 gefundene Hundsheimer Nashorn wird im Naturhistorischen Museum in Wien aufbewahrt. Es besteht aus den Knochen eines Tiers, das offensichtlich in die Knochenspalte gestürzt ist. Das Mosbacher Pferd hatte den Entwicklungsschritt vom Dreizehen- zum Einzehenpferd bereits hinter sich, der Schoetensack-Bison war ein Vorläufer des Wisents, der Deninger-Bär ein Vorfahr des Höhlenbären. Das Wildschwein lebte hier ebenso wie Vorfahren von Hirsch und Reh. Die Hundsheimer Wildziege ist mit dem Thar aus dem Himalaya nahe verwandt, das *Homotherium* war eine europäische Säbelzahnkatze. Knochen und Zähne kleiner Nager lassen auf die Herkunft aus Gewöllen von Eulen schließen, wogegen die 13 Fledermausarten in der Knochenspalte wohl ihren Schlafplatz hatten.

Das Hundsheimer Nashorn (Rekonstruktion)

Mammutbackenzahn; Wien, Hofburg; Länge: ca. 22 cm

Die kaltzeitliche Steppenlandschaft um Wien war noch vor 20.000 Jahren von Mammut- und Rentierherden bevölkert, die zwischen dem nordischen Inlandeis und den alpinen Gletschern ihren jahreszeitlichen Wanderrouten folgten. Eiszeitliche Mammutjäger legten an Engpässen ihre Jagdstationen an. Eine solche befand sich

Die Knochenspalte von Hundsheim

Ziegel und Ziegelform der Wienerberger Ziegelei mit den Initialen des Großindustriellen und Ziegelfabrikanten Heinrich Drasche

zum Beispiel in Ruppersthal bei Kirchberg am Wagram. Beim Aushub für den Nordturm des Stephansdoms wurde 1443 der Langknochen eines Mammuts (→ Bild S. 62) aus dem eiszeitlichen Löss geborgen. Einen Backenzahn fand man beim Bau der Hofburg. Zahlreiche weitere Funde stammen aus Wien und der Wiener Umgebung (→ Karte S. 167). Mit der Wiederbewaldung Mitteleuropas nach der Würm-Vereisung verlor diese Fauna ihren Lebensraum. Viele an die Kältesteppe angepasste Tiere zogen sich nach Norden (Rentier, Vielfraß) oder ins Hochgebirge (Steinbock, Murmeltier) zurück, andere, wie Höhlenbär, Höhlenhyäne, Höhlenlöwe, Riesenhirsch, Mammut oder Wollnashorn starben aus oder wurden, wie der Auerochse, erst in historischer Zeit vom Menschen ausgerottet (→ S. 164 ff.).

Die mineralischen Rohstoffe der Wiener Umgebung

Baumaterial

Viele der vom Menschen genutzten Rohstoffe werden der Erdkruste entnommen. Schon die Römer hatten aus dem plastischen Ton der Wiener Umgebung, dem „Tegel“, Ziegel (lateinisch: tegula) gebrannt. Von den Ziegeleien auf Wiener Boden hat die Wienerberger Ziegelei bis in unsere Zeit überdauert. Das Wien der Gründerzeit – also vom Ende des 19. Jahrhunderts – ist eine vor allem aus Ziegeln erbaute Stadt. Das architektonische Gesamtbild wird dennoch nicht vom Ziegel dominiert, weil die Wiener Häuser im Allgemeinen verputzt und gefärbelt sind, während die Prachtbauten der Ringstraße, wie Oper, Burgtheater und die großen Museen, über dem Ziegelkern ein mittragendes Verblendmauerwerk aus Naturstein besitzen. In den meisten Fällen sind dies jungtertiäre Algenkalke vom Rand des Wiener Beckens (Leithagebirge, Wöllersdorf) oder Kalksandsteine aus der weiteren Wiener Umgebung (St. Margarethen, Burgenland).

Die Sand- und Schottergruben, Steinbrüche und Ziegeleien, die sich in historischer Zeit außerhalb des Stadtkerns befanden, sind heute im dicht verbauten Groß-Wien verschwunden.

Erdöl und Erdgas aus dem Wiener Becken

Im Jahr 2000 wurden aus dem Wiener Becken 913.310 Tonnen Erdöl gefördert, das sind 94 Prozent der seit 1980 etwa gleichbleibenden jährlichen österreichischen Produktion. An Erdgas lieferte das Wiener Becken mit 785.045 Kubikmetern rund 49 Prozent der österreichischen Gesamtmenge. Die Ölförderung setzte 1937 ein und erreichte 1955 mit über 3,5 Millionen Tonnen ihren Höchststand. Ein Großteil davon wurde für die durch den Staatsvertrag festgelegten Reparationszahlungen an die UdSSR verwendet. Die Erdgasproduktion im Wiener Becken begann 1947 und erreichte in den 1960er-Jahren ihren Höhepunkt.

Erdöl- und Erdgaslagerstätten sind an poröse Speichergesteine wie Sand oder Dolomit gebunden. An undurchlässigen geologischen Strukturen, den sogenannten Fallen, werden die spezifisch leichteren Kohlenwasserstoffe am Aufsteigen gehindert. Solche „Fallen“ werden etwa durch eine Bruchstruktur oder eine Aufwölbung, einen „Dom“, gebildet, die das Speichergestein mit undurchlässigem Ton oder Tonmergel abdichten. Unterirdische „Erdölseen“ gibt es nicht. Durch jahrelange Erfahrung und Aufzeichnung der Bohrdaten sind den Erdölgeologen die Speichergesteine und deren Abfolge bekannt. Zusätzlich helfen auch seismische Untersuchungen, erfolgreiche Bohrungen nach Erdöl oder Erdgas zu planen. Dabei arbeitet man mit durch Sprengungen künstlich erzeugten Erdbebenwellen, die je nach Gestein unterschiedlich

Ist eine Bohranlage „fündig“, wird das vorhandene Rohöl zutage gefördert. Wenn der Druck in der Lagerstätte zu gering ist und das Öl nicht von alleine an die Oberfläche kommt, wird es durch Pumpenböcke, die bekannten „Pferdeköpfe“, aus der Lagerstätte gepumpt.

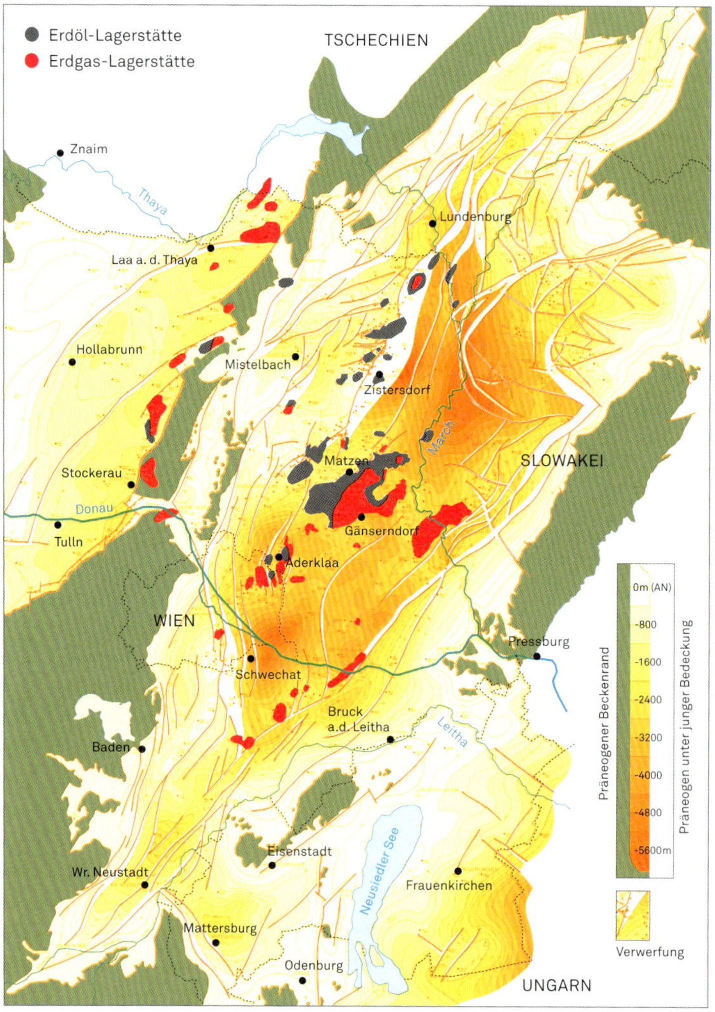

Die Erdöl- und Erdgasfelder im Wiener Becken: Die roten Linien sind die Bruchlinien, an denen die zentralen Bereiche des Wiener Beckens gegenüber den Rändern abgesunken sind.

reflektiert und in Diagrammen aufgezeichnet werden. Moderne dreidimensionale Seismik ermöglicht heute Neufunde selbst in einem so genau erforschten und abgebohrten Revier wie dem Wiener Becken. Die Bohrdaten dienen ihrerseits wieder dem verbesserten Verständnis von Struktur und Entstehungsgeschichte des Untergrunds.

Kohle

Vom Beginn der Industrialisierung bis in die Mitte des 20. Jahrhunderts, von 1822 bis 1953, wurde auch im Wiener Becken Kohlebergbau betrieben. Die kreidezeitliche Kohle (80 Millionen Jahre) von Grünbach am Schneeberg wurde bis 1960 abgebaut. In Neufeld und Zillingdorf im südlichen Wiener Becken förderte man im Tagbau jungtertiäre Braunkohle (Oberpannon; 9 Millionen Jahre), die aus Sumpfwäldern und Mooren entstanden ist. Die Steinkohle wurde per Bahn und über den Wiener Neustädter Kanal nach Wien gebracht und am Wienerberg zur Ziegelherstellung verfeuert. Zu Beginn des 20. Jahrhunderts kauften die Wiener Elektrizitätswerke einen Teil der Gruben und errichteten in Ebenfurth ein kalorisches Kraftwerk. Eine eigene Schmalspurbahn lieferte die Kohle zur dortigen Brikettieranlage, ein Teil wurde auch in Lokomotiven verheizt. Für den Hausbrand war diese Braunkohle wegen ihres hohen Schwefelgehalts weniger begehrt. Der Neufelder See, heute ein viel besuchter Badesee, erinnert an die einstige Bergbautätigkeit im südlichen Wiener Becken.

Eine Kette „ertrunkener" Braunkohle-Tagbaue im Süden von Wien, darunter der Neufelder See, markiert das ehemalige Sumpfwaldgebiet einer jungtertiären Senkungszone

Die Wiener Wasserversorgung

Die Wiener Hochquellwasserleitungen

Aquädukt der Ersten Wiener Hochquell-Wasserleitung bei Baden; Kulturdenkmal. Die Felswand im Vordergrund besteht aus neogenem Konglomerat, die Felskulisse im Hintergrund aus Wettersteindolomit.

Mit der geologischen Position der Stadt Wien hängt auch ihre Wasserversorgung aufs Engste zusammen. Entscheidend war dafür die Eröffnung der ersten Wiener Hochquell-Wasserleitung 1873. Vorher hatte man pro Tag nur 20.000 Kubikmeter Wasser aus verschmutzungsgefährdeten Hausbrunnen und unergiebigen Leitungen zur Verfügung, die neue Fernleitung aus den südöstlichen Kalkalpen brachte jetzt pro Tag 183.000 Kubikmeter einwandfreies Quellwasser. Trotz seiner Autorität als Wissenschaftler und blendender Redner musste der berühmte Wiener Geologe und Politiker Eduard Suess zehn Jahre lang für dieses Projekt kämpfen. Der schlagartige Rückgang von Typhus-Erkrankungen in Wien nach 1873 untermauert die Bedeutung guten Trinkwassers für die Volksgesundheit. Diese erste Hochquellwasserleitung kommt aus den Karstquellen von Kaiserbrunn im Höllental und Stixenstein zwischen Schneeberg und Rax sowie aus einigen später eingeleiteten Quellen und Grundwasservorkommen.

Der rasche Bevölkerungszuwachs erforderte schon bald den Bau einer zweiten Wiener Hochquellwasserleitung aus dem Hochschwabgebiet. Auch hier wurden mehrere große Karstquellen gefasst. Die Eröffnung fand 1910 statt. Damit ist Wien über zwei Lebensadern von 90 beziehungsweise 170 Kilometern Länge unmittelbar mit den großen Karstgebieten von Schneeberg, Rax und Hochschwab verbunden. Das Niederschlagswasser tritt dort innerhalb nur weniger Stunden an den Quellen wieder aus. Eine Kontrolle auf chemische, biologische oder radioaktive Verunreinigung ist daher gerade bei Karstwässern dringend geboten.

Grundwasser

Der Fischa-Dagnitz-Ursprung bei Ebenfurth im südlichen Wiener Becken

In die Wasserversorgung Wiens sind auch mehrere Grundwasserwerke eingebunden, die fallweise Wasser ins Leitungsnetz liefern. Das Werk Moosbrunn fördert aus der Mitterndorfer Senke, einem Schotterkörper im zentralen Wiener Becken, der als der größte Grundwasserspeicher Europas gilt. Leider liegt dieser auch im Einzugsbereich von Schadstoffen aus verantwortungslos angelegten Deponien im südlichen Wiener Becken, die nunmehr weitgehend saniert wurden. Am Beispiel des für den Menschen lebensnotwendigen Rohstoffs Wasser wird gerade im Wiener Becken die Wichtigkeit geologischer Kenntnisse beim Umgang mit der Natur besonders deutlich. Weitere Grundwasserwerke befinden sich in der Lobau und zu beiden Seiten der Donau. Auch der eiszeitliche Steinfeldschotter ist ein hervorragender Wasserspeicher. Ein natürlicher Grundwasseraustritt, die Fischa-Dagnitz-Quelle, befindet sich bei Ebenfurth an der Verschnittlinie des Grundwasserspiegels mit der Oberfläche.

Thermalwasser

Die ersten „Badegäste" (1966) erfreuen sich im Liesingbachbett am Thermalwasser der Bohrung Oberlaa.

1974 wurde das Thermalbad Oberlaa im Süden Wiens eröffnet. Dieses Thermalwasser verdankt Wien einer „erfolglosen" Erdölbohrung, welche in über 300 Metern Tiefe auf einen heißwasserführenden Konglomerathorizont traf. Daraus liefert die Bohrung pro Sekunde 40 Liter mineralisiertes Thermalwasser von 53 Grad Celsius. Das Rothneusiedler Konglomerat (Badenium) liegt in einer Hochzone des kalkalpinen Untergrunds des Wiener Beckens. Das Wasser entstammt einem Kreislauf, bei dem kaltes Tiefenwasser aus den Kalkalpen im Wiener Becken absinkt und erwärmt und mineralisiert wieder aufsteigt. Die Aufstiegszonen verlaufen an abdichtenden Bruchsystemen und über poröse Triasdolomite bis zu den natürlichen Quellen an der Thermenlinie. Da das Rothneusiedler Konglomerat nach oben zu durch Mergelschichten abgedichtet ist, hatte das Oberlaaer Thermalwasser keinen natürlichen Quellaustritt.

Geologie zum Angreifen in Wien – Geologische Exkursionen in die Wiener Umgebung

Ausgezeichnete geologische Karten der Geologischen Bundesanstalt – Wien (www.geologie.ac.at) können heute jeden Ausflug mit zusätzlichen Eindrücken und Erlebnissen bereichern:

Geologische Karte der Republik Österreich 1:50.000; Blatt 58, Baden und Blatt 59, Wien

Geologische Gebietskarte der Republik Österreich 1:200.000, Wien und Umgebung

Geologische Karte von Niederösterreich 1:200.000

Geologische Übersichtskarte der Republik Österreich 1:1,500.000, ohne Quartär, Wien, 1999. In: Krenmayr, 1999

Wiener Becken und angrenzende Gebiete; Kröll, A. & Wessely, G., 1993, Strukturkarte – Basis der tertiären Beckenfüllung, 1:200.000

Exkursionen zu geologischen Naturdenkmälern in Wien und in die leicht zugängliche Wiener Umgebung

Antonshöhe bei Mauer, neolithischer Bergbau, Hornsteinknollen in geschichtetem, weißem Kalk, Oberjura, Naturdenkmal W-441, Wien 23

Bisamberg, Aussichtsberg, Flyschgestein, Lösshohlwege, Endstation Linie 31

Dopplerhütte, alter Steinbruch in Flyschsandstein; Großfalten im Flysch (→ Bild S. 68)

Eichkogel, Süßwasserkalk mit Schnecken (Pannonium)

Erdöl-Lehrpfad, Prottes nördlich von Gänserndorf

Ernstbrunn, aktiver Steinbruch, weißer Jurakalk mit Fossilien

Fischa-Dagnitz-Ursprung in der Mitterndorfer Senke, am Ostende riss-zeitlicher Schotterfächer der Schwarza, zu Fuß oder mit Fahrrad von Haschendorf bei Ebenfurth (→ Bild S. 85)

Gesteinsaufschluss der Laab-Formation, Laaber Flyschdecke, Eozän, Naturdenkmal W-114, Wien 18, Neustift/Walde (Pötzleinsdorfer Höhe)

Gspöttgraben, Felswand in altem Steinbruch, Flyschsandstein (Sievering-Formation), Fließwülste auf den Schichtflächen, Oberkreide/Alttertiär, Naturdenkmal W-768, Wien 19 (→ Bilder S. 61 und 87)

Geologische Stadtwanderwege in Wien; Baustein aus der Wiener Umgebung und aus dem Karst; Dekorstein aus aller Welt (Seemann & Summesberger, 1999)

Hainburger Berge, Rundwanderweg, aufgelassene Steinbrüche im Jungtertiär. Güntherhöhle, Knochenspalte; Aussichtsberge Braunsberg, Pfaffenberg, Hundsheimer Berg

Helenental bei Baden; Felsformationen in Hauptdolomit bei der Augustinerhütte und im gebankten Dachsteinkalk: Urtelstein an der Schwechat (→ Bilder S. 71)

Kahlenberg, Aussichtsberg auf die Donaulandschaft; Flyschgestein

Kalksburg, Strandbildung des Wiener Becken-Meeres mit Konglomerat und Sandstein, Badenium, ehemaliger Steinbruch. Naturdenkmal W-442, Wien 23, Kalksburg

Lithothamnienkalk auf Flysch, fossile Rotalgen der ehemaligen Meeresküste, Badenium, Naturdenkmal W-439, Wien 19, Eichelhofstraße

Mizzi-Langer-Wand, Klettergarten im Hauptdolomit (Trias/Norium), Naturdenkmal W-716, Wien 23, Kaltenleutgebener Straße (→ Bild S. 71)

Müllendorf am Leithagebirge; aktiver Steinbruch, Leithakalk mit Rotalgenskeletten, Badenium; Fossilien, am besten kombinieren mit Museum Mannersdorf

Nexing b. Niedersulz; Sandgrube, Abbau von Muschelschalen (Hühnerfutterzuschlag) und Sand (Sarmatium); Fossilfundstelle

Rosental, Steinbruch in Flyschsandstein mit gradierter Schichtung, Wien 14 (→ Bild S. 61)

Rotlehmboden unter Lössbedeckung, Rudolfsziegelöfen, auch Löwy-Ziegelei, Mindel/Riß Interglazial, darüber Riß-Löss, Naturdenkmal – W-704, Stadtwanderweg Laaerberg. Böhmischer Prater, Wien 10 (→ Bild S. 61)

Seegrotte bei Mödling, ehemaliges Gipsbergwerk, Gipslagerstätte aus dem Oberperm (→ Bild S. 70)

Stillfried an der March, eizeitliche Bodenbildungen (Löss, warmzeitliche Böden), Besiedlungsgeschichte, prähistorische Ausgrabungen, Museum

Strandbildung des Wiener-Becken-Meeres, Badenium, Naturdenkmal W-769 „Weißes Kreuz“, Wien, 19, Kahlenbergerstraße 132 (Summesberger und Seemann, 2008)

Fossilienwelt Weinviertel, Stätten bei Korneuburg: größtes fossiles Austernriff der Welt, größte fossile Perle der Welt

Museen mit geologischen Objekten und Informationen in Wien und Umgebung

Naturhistorisches Museum Wien: Mineralien und Gesteine (Edelsteine; älteste Gesteine der Erde); vorzeitliche Tier- und Pflanzenwelt (Hauerelefant, Dreizehenpferd); Eiszeit (Tierwelt Mitteleuropas; Höhlenlöwe, Höhlenbär); Dinosaurier *(Tyrannosaurus, Allosaurus, Triceratops, Protoceratops, Diplodocus)*

Universität Wien, Geozentrum: Skelettmodelle Seekuh *Metaxytherium, Stegosaurus*, Fischsaurier, Korallenkalk, Ammonitenkalk; Mineralien, Gesteine

Technisches Museum: Gesteinskunde, Bergbau, technische Geologie

Wiener Bezirksmuseum (10. Bezirk): Fossilien, Ziegeleien

Wiener Bezirksmuseum (20. Bezirk): Donau im Wiener Raum

Museum Mannersdorf: Fossilien und Mineralien aus dem Leithagebirge

Bergbaumuseum Grünbach: Maschinen, Gerät; Kohlebergbau, Fossilien

Stadtmuseum Mödling: Fossilien und Gesteine der Umgebung von Mödling

Stadtmuseum Bad Vöslau: Seekuh „Linda“

Wienerwaldmuseum, Eichgraben

Wasserleitungsmuseum der Stadt Wien in Kaiserbrunn, Hirschwang, Reichenau an der Rax

Krahuletz-Museum, Eggenburg

Niederösterreichisches Landesmuseum, St. Pölten

Geologisches Museum, Niedersulz

Erdölmuseum, Neusiedl an der Zaya

Eine der „klassischen" Lokalitäten geologischer Forschung in Wien ist der heute stillgelegte Steinbruch Gspöttgraben in Sievering. Er ist die Typuslokalität der „Sievering-Formation", einer Schichtgruppe der Flyschzone (→ S. 67). Auch heute noch bietet sich ein hervorragender Einblick in die an Lebensspuren reiche Formation und nirgendwo sonst in Österreich zeigt sich die Geologie in solcher Farbenvielfalt. Die 108 Meter mächtige Folge aus Sandstein, Mergel und feinen Tonzwischenlagen wurde vor etwa 70 bis 60 Millionen Jahren abgelagert. Ursprünglich setzten sich die Sedimente auf dem mehr oder weniger ebenen Meeresboden des Flyschmeeres ab. Heute sind die ebenflächigen Schichten durch die alpine Tektonik steil gestellt. 1997 ist die einmalige Lokalität zum Naturdenkmal erklärt worden.

Inhalt

Klima

4

Ingeborg Auer / Reinhard Böhm

Wetter und Klima in Wien
Vielfalt auf engstem Raum

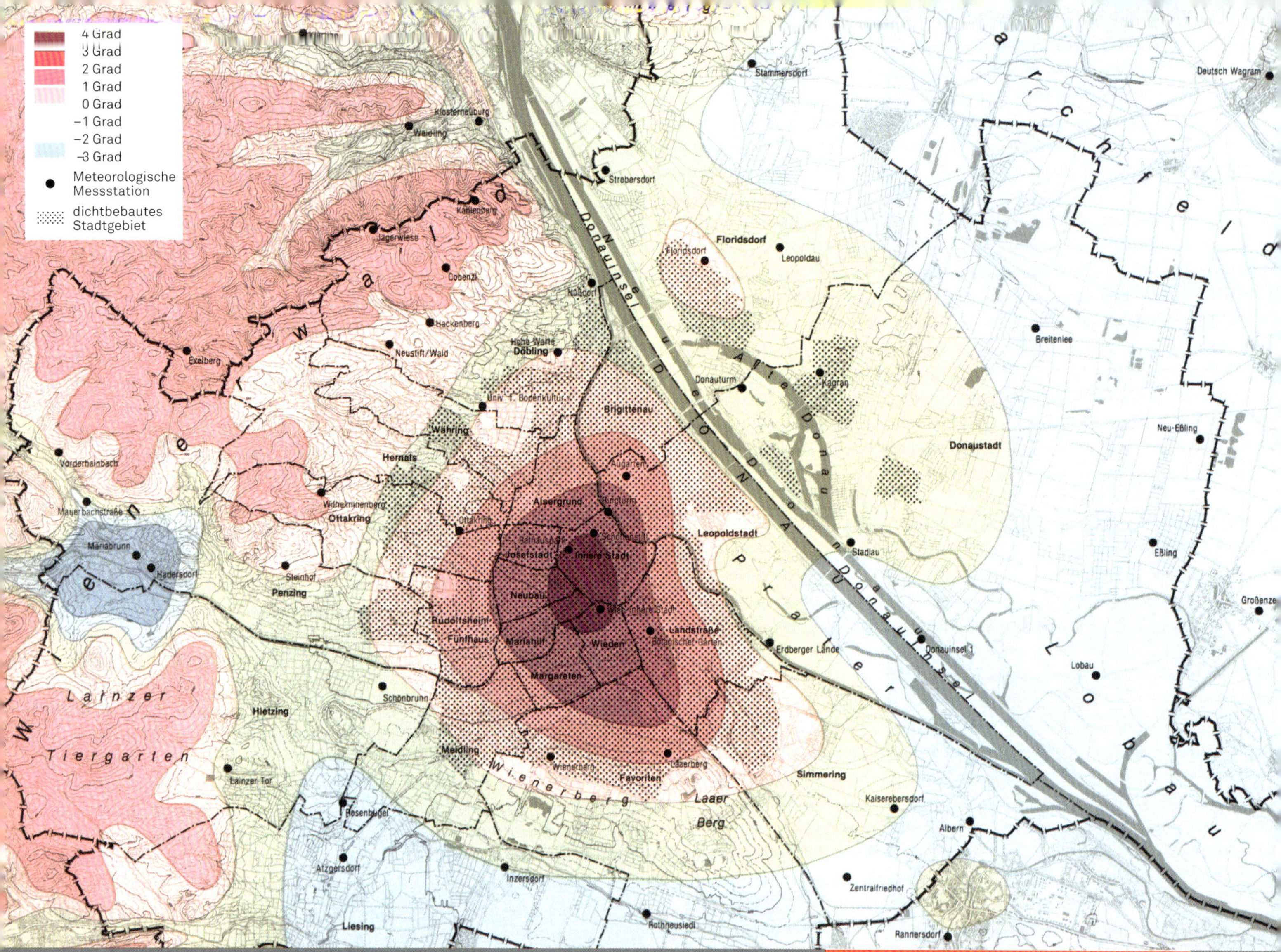

Temperaturverteilung am 26. Dezember 1971, 7 Uhr: Ein typischer Wärmeinseltag mit ausprägten Temperaturunterschieden zwischen dem Stadtzentrum und den ebenen Gebieten im Osten der Stadt. Noch größer ist die Temperaturdifferenz zum Wiental, wo sich ein Kaltluftsee gebildet hat.

Immer ein Thema – Wetter und Klima

Warm-gemäßigt und kontinental

Täglich, ja stündlich werden wir darüber informiert, wie es wird. Kein Gesprächsthema ist beliebter als das Wetter, auch weil es unser alltägliches Verhalten und unser Wohlbefinden beeinflusst. Jeder hat subjektive Eindrücke, die er mit Begriffen wie Schönwetter oder Schlechtwetter verbindet. Objektiv wird das Wetter an einem bestimmten Ort durch Beobachtung und Messung der einzelnen meteorologischen Größen, wie Lufttemperatur, Luftdruck, Luftfeuchtigkeit und Bewölkung, beschrieben. Wissenschaftlich betrachtet ist es nichts anderes als der physikalische Zustand der Atmosphäre an einem bestimmten Ort zu einem bestimmten Zeitpunkt. Wird ein etwas längerer Zeitraum betrachtet, etwa eine Woche oder gar ein Monat, spricht man von Witterung. Klima schließlich bezeichnet die Gesamtheit und den Gesamtverlauf der Wetterbedingungen eines Ortes über einen langen Zeitraum. Besitzt man also für einen Ort über ausreichend lange Zeit kontinuierliche Messungen und Beobachtungen des Wetters, so lässt sich durch Mittelung der Einzelmessungen das Klima dieses Ortes berechnen. Neben dem mittleren Zustand gehört aber auch die Häufigkeit von bestimmten Wettererscheinungen, wie etwa die Frosthäufigkeit oder die Zahl der heißen Tage, zur Beschreibung des Klimas.

Aufgrund der geographischen Lage mit etwa 48 Grad nördlicher Breite und 16 Grad östlicher Länge herrscht in Wien ein warm-gemäßigtes Klima mit Niederschlägen zu allen Jahreszeiten, wie es für weite Teile Mitteleuropas typisch ist. Kennzeichnend für das Wiener Klima ist aber auch der fehlende Einfluss eines nahe gelegenen Meeres, dessen Wassermassen Temperaturschwankungen ausgleichen. Diese Klimaeigenschaft wird als Kontinentalität bezeichnet; sie ist im mäßig kontinentalen Wien natürlich noch weniger ausgeprägt als im hochkontinentalen Innerasien. Zur Bestimmung des sogenannten Kontinentalitätsgrades eines Ortes wird die Differenz aus dem Mittel des wärmsten und des kältesten Monats berechnet und mit dem maximalen Wert weltweit verglichen. Der wird in der nordostsibirischen Stadt Werchojansk mit 65 Grad erreicht: Das Julimittel beträgt dort plus 15 Grad und das Jännermittel minus 50 Grad. Für Wien erhält man so einen Wert von 32 Prozent gegenüber den 100 Prozent von Werchojansk. Damit liegt Wien in der europäischen Mitte zwischen dem rein ozeanischen Klima südwesteuropäischer Inselgruppen, mit einem Kontinentalitätsindex von 10 Prozent, und den „kontinentalsten" Gebieten Europas knapp westlich des Urals mit 50 Prozent.

Das Wiener Klima weist aber auch einige lokale und regionale Besonderheiten auf, die auf die speziellen landschaftlichen Gegebenheiten zurückgehen, konkret: auf das Zusammentreffen des Wienerwaldes mit der Ebene des Wiener Beckens. (→ Karte S. 37).

Die urbane Wärmeinsel

Mit Jahresmitteltemperaturen von mehr als zehn Grad Celsius zählt Wien zu den wärmsten Gebieten Österreichs. In den innerstädtischen Bereichen sind ganz spezielle Temperaturbedingungen gegeben. Das hat mit dem „urbanen Wärmeinseleffekt" zu tun, der in großen Ballungszentren zum Tragen kommt. Im Prinzip wirkt sich jede, auch noch so kleine Ansammlung von Gebäuden auf die verschiedenen Klimaparameter eines Ortes aus. Spürbar verändert wird das Klima aber erst ab einer gewissen Größe der Stadt, etwa ab 10.000 Einwohnern.

Was sind die Ursachen für die Entstehung der urbanen Wärmeinsel? Der Hauptgrund liegt in der dichten Bebauung. Beton-, Ziegel- und Asphaltflächen sind sehr gute Wärmespeicher und geben die gespeicherte Wärme verzögert an die Luft ab. Sie beeinflussen aber auch den Wasserhaushalt der Stadt, indem der Niederschlag durch die Kanalisation rasch abfließt und die zur Kühlung beitragende Verdunstung herabgesetzt wird. Ebenfalls wichtig, wenn auch etwas weniger wirksam, ist die Produktion von Wärme durch Verbrennungsprozesse (Abwärme). Insgesamt ist die urbane Wärmeinsel in Wien an einer Erhöhung der Jahresmitteltemperatur um ein Grad zu erkennen.

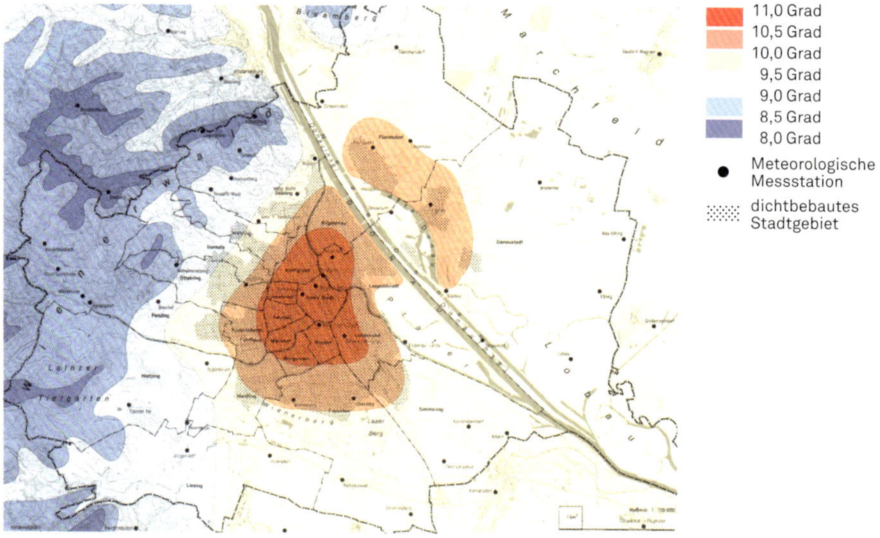

Jahresmittel der Lufttemperatur im Raum Wien (arithmetischer Mittelwert aller stündlich erhobenen Messwerte) in der Periode 1951 bis 1980. Deutlich sichtbar ist die Abnahme der Temperatur mit steigender Seehöhe, die in Wien im Mittel 0,37 Grad pro 100 Meter beträgt. Die zusätzliche Temperaturerhöhung durch den „Wärmeinseleffekt" des bebauten Stadtgebietes tritt im Jahresmittel mit einer Temperaturerhöhung um circa einen Grad gegenüber der östlichen, ebenen Region und um 1,5 Grad gegenüber den westlichen Randbezirken in Erscheinung (→ siehe auch Karte „Typischer Wärmeinseltag" auf S. 90).

Am markantesten sind die Temperaturunterschiede zwischen Ballungszentrum und Freiland an windschwachen und bewölkungsarmen Tagen. Dabei wirkt sich die urbane Erwärmung am stärksten während der Nachtstunden im Sommer aus. An etwa 30 Tagen im Jahr bleibt die Lufttemperatur bis Mitternacht im dicht bebauten Gebiet bei über 20 Grad Celsius. Das ist etwa doppelt so häufig wie am Stadtrand und im östlichen Flachland. Untertags verschwindet die urbane Übertemperatur zu dieser Jahreszeit fast völlig. Im Winter ist das Stadtzentrum den ganzen Tag über – wenn auch nur geringfügig – wärmer als seine Umgebung. Im Herbst und Winter zeigt sich der Urbaneffekt bei allen klimatologischen Kenngrößen, die mit der Minimum-Temperatur in Beziehung stehen. Der erste Frost im Herbst tritt im Stadtzentrum um mehr als zwei Wochen später auf als am locker bebauten Stadtrand und um einen Monat später als im Freiland. Um dieselbe Zeitspanne vorverlegt treten die letzten Spätfröste im Frühjahr auf.

Auch ohne die Schneeräumung auf Wiens Straßen und Gehsteigen reduziert die urbane Übertemperatur die Zahl der Tage mit Schneedecke in der Stadt gegenüber der Umgebung recht deutlich. Denn es schneit weniger, und wenn, dann schmilzt die weiße Pracht auch wieder schnell. In Wien gibt es etwa zehn Schneedeckentage pro

Temperatur-Bild der Landoberfläche im Wiener Raum

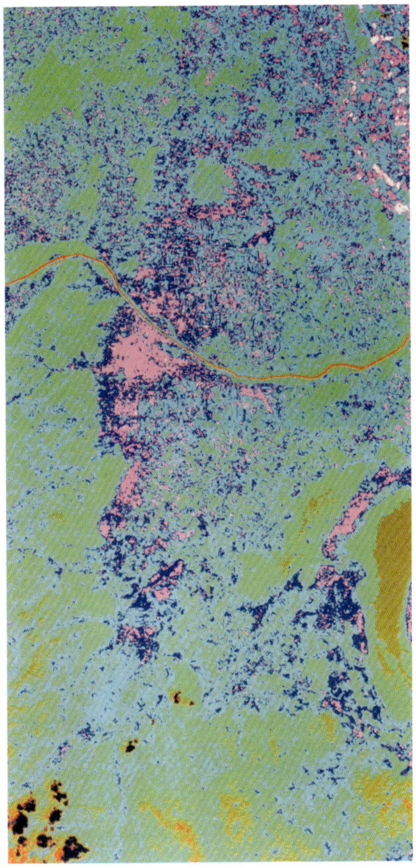

Die dicht bebauten Teile der Großstadt Wien geben sich im Temperaturbild als „quasi-aride", also gleichsam als wüstenhafte Gebiete zu erkennen. Aufgrund des hohen Wärmespeichervermögens der urbanen Materialien von Hausfassaden, Ziegeldächern und Straßenbelag sowie des geringen Anteils an deckender Vegetation und der damit fehlenden Verdunstungsabkühlung kommt es hier zu einer starken Erwärmung.

Die Bodentemperatur am Vormittag eines Frühsommertages, aufgenommen vom Satelliten LANDSAT am 2. Juni 1984. Die Messung erfolgte durch einen im thermischen Infrarotbereich empfindlichen Sensor, der die objektspezifische Wärmeabstrahlung erfasst. Diese ist einerseits ein Resultat der einfallenden Sonnenstrahlung und zum anderen unterschiedlich in Abhängigkeit von der jeweiligen Landoberfläche und Landnutzungsform. Das Bild zeigt relative Temperaturunterschiede. Die absoluten Werte verändern sich zwar im Tagesablauf, die Relationen bleiben aber gewahrt. Die Temperatur der Donau beträgt etwa zwischen 12 Grad und 17 Grad Celsius, der Neusiedler See ist etwas wärmer. Die Landoberfläche zeigt daneben eine dem Nutzungstyp entsprechende Wärmeabstrahlung, wobei die Abstrahlung aus den Bereichen „offenen Bodens" stärker ist als jene aus Vegetationsbeständen.

Rosa Farbtöne zeigen einerseits das dicht verbaute Gebiet von Wien und der Städte des Umlandes und zum anderen Flächen mit ähnlich hoher Wärmeabstrahlung: Weingärten, Ackerflächen und Rasenflächen, jeweils mit einem hohen Anteil an offenem Boden und damit starker Erwärmung. Letzteres zeigt sich im Bereich des Flughafens Wien oder in dem nicht-agrarischen Bereich des Militärgeländes von Großmittel nördlich von Wiener Neustadt. Daneben treten die mehr oder weniger geschlossenen Weinbaugebiete als stark erwärmte Gebiete hervor, sowohl an der Thermenlinie zwischen Mödling und Vöslau als auch rund um den Neusiedler See und ebenso im Norden der Stadt am Bisamberg und in der Fußzone des Hochleitenwaldes. Daneben finden sich zahlreiche Ackerflächen, die Anfang Juni noch nicht vegetationsbedeckt sind und somit eine hohe Wärmeabstrahlung aufweisen.

Dunkelblau-violette Farbtöne kennzeichnen den locker bebauten, durchgrünten Rand der Großstadt und vergleichbare Siedlungsgebiete an der Südachse, in Klosterneuburg, in Korneuburg-Stockerau und in Eisenstadt, aber auch jene weiten Agrargebiete, in denen die Vegetationsentwicklung bereits weiter fortgeschritten ist, wie etwa in der Wulka-Niederung westlich des Neusiedler Sees.

Blaue Farbtöne finden sich insgesamt in großem Umfang, wenn auch stark verteilt. So in den Ackerbaugebieten der Ebenen, wie auch in den agrarisch genutzten Siedlungsbereichen des Wienerwaldes, wo Grünland-Nutzung überwiegt.

Grüne Farbtöne zeigen Gebiete, die kühler sind als jene der rosa und blauen Farben, sie betreffen Flächen mit geschlossener Vegetationsdecke, zumeist Waldflächen. Man erkennt die Bereiche der Donauauen und des Leithagebirges, ferner die Waldflächen im Weinviertel, wie Rohrwald, Bisambergzug und Hochleitenwald, und das ausgedehnte Waldgebiet des Ostalpenrandes. Aber auch der Schilfgürtel des Neusiedler Sees zählt dazu. Zwei Gründe sind es, derentwegen die vegetationsbedeckten Flächen kühler sind als ihre Umgebung: Zum einen kühlt die pflanzliche Transpiration die umgebende Luft und zum anderen erwärmt sich das Blätterdach des Waldes vergleichsweise langsam, auch wegen der kühlen Luft im beschatteten Teil der Baumkronen. Deutlich erkennt man jedenfalls die erfrischende Wirkung der Waldflächen und die Bedeutung des Wienerwaldes für die Stadt.

Olivfarbene und orange Farbtöne schließlich zeigen die kühlsten Bereiche an: die Wasserflächen des Neusiedler Sees und der deutlich kälteren Donau, aber auch einige Höhenrücken des Waldlandes, der generellen Temperaturabnahme mit zunehmender Höhe gemäß. Die Hochlagen des Leithagebirges fallen diesbezüglich auf, der Hohe Lindkogel und die Voralpen im Bereich der Hohen Wand. ***Martin Seger***

Winter weniger als im Marchfeld, im Vergleich zu den Wienerwaldtälern sind es um 20 weniger und verglichen mit den Höhenzügen des Wienerwaldes sogar um bis zu 60.

Diese Unterschiede zeigen sich auch ganz konkret an den unterschiedlichen Heizkosten. Von den klimatologischen Voraussetzungen her haben die Bewohner der Innenstadt mit den geringsten Heizkosten zu rechnen. Vom Zentrum zu den weniger dicht besiedelten Stadtrandgebieten steigen diese um bis zu zehn Prozent an. Ein Haus in den westlichen Randbezirken benötigt circa 15 Prozent mehr Heizenergie.

Blühbeginn der Forsythie – Bioindikator für das Stadtklima

1

2

Blühbeginn
dicht verbautes Gebiet
locker bebautes Gebiet
Offenland
Wald
Gewässer

Die saisonalen Aktivitäten von Pflanzen und Tieren einer Region sind besonders eng mit dem Klima verbunden. So hängt speziell die Frühjahrsentwicklung bei Pflanzen, aber auch bei Insekten von der Luft- und Bodentemperatur ab. Der Blühbeginn der Forsythie gibt einen detaillierten Einblick in die Struktur der städtischen Wärmeinsel und in die Temperaturverteilung Wiens. Die Karte zeigt die räumliche Verteilung der Vorblüte, das ist das vollständige Aufblühen der ersten Blüte eines Einzelstrauchs am Standort. Im Frühjahr 1988 wurde die allererste Blüte am 5. März im innerstädtischen Bereich, die späteste am 9. April auf den Wienerwaldhöhen beobachtet. Die maximale Differenz zwischen dem Zentrum und den Ebenen im Osten und Süden betrug etwa 22 Tage, zum Wienerwald bis zu 35 Tage. Somit verdient die innerstädtische Wärmeinsel mit Recht auch den Namen „Blühinsel". Selbst sehr kleinräumige Effekte, wie die Blühverzögerung im kühleren Rathauspark (gekennzeichnet durch „+") können in der Abbildung erkannt werden. ***Ingeborg Auer***

1 *Forsythia ×intermedia* ist ein sogenannter Vorblüher, das heißt die Blüten zeigen sich im Frühjahr, bevor die ersten Blätter austreiben. Der durch Artkreuzung entstandene Gartenstrauch ist an seinen leuchtend gelben Blüten leicht zu erkennen.

2 Karte von Wien mit Linien gleichen Termins der beginnenden Vorblüte (Isophanen) von *Forsythia ×intermedia* im Stadtgebiet von Wien, Frühjahr 1988.

Temperaturverlauf

Im Jahresverlauf werden die höchsten Temperaturen normalerweise Ende Juli oder Anfang August während der sogenannten Hundstage beobachtet. Der Name kommt daher, dass der auch Hundsstern genannte Sirius zu dieser Zeit gleichzeitig mit der Sonne aufgeht.

Die höchste je in Wien gemessene Temperatur wurde mit 38,3 Grad Celsius auf der Hohen Warte im Juli 1957 verzeichnet. Die Höhenzüge des Wienerwaldes sind im Sommer bis zu zwei Grad kühler als die Stadt. Drückende Hitze von über 30 Grad ist dort sehr selten. Aufgrund der stärkeren vertikalen Gliederung des Geländes treten größere örtliche Unterschiede auf, da ja die Lufttemperatur im Allgemeinen mit steigender Seehöhe abnimmt.

Etwas komplizierter stellt sich die Situation im Winter dar. In den Tal- und Beckenlagen des Wienerwaldes prägen nämlich Kaltluftflüsse und -seen das Bild, während vor allem die Hanglagen und in einigen Fällen sogar die Höhenzüge mildere Temperaturen aufweisen (→ Karte S. 90). Wenn die tiefen Lagen kälter sind als die mittleren und höheren, wird dies als Temperaturinversion bezeichnet. Die Gegend um Hadersdorf-Mariabrunn im Westen der Stadt ist ein ausgeprägtes Kaltluftbecken. Hier gibt es die meisten Inversionen im Jahresverlauf, am häufigsten Frost und meistens auch den ersten und letzten Frosttag in Wien. Das Becken hat zwei Kaltluftzuflüsse, einen

Der heißeste Tag in Wien in der Periode 1951–1980: Am 8. Juli 1957 gelangte mit südwestlicher Strömung subtropische Warmluft nach Österreich. Bei kräftiger Sonneneinstrahlung wurden in Wien Rekordtemperaturen erreicht. Schon um sieben Uhr früh betrug die Lufttemperatur über 25 Grad Celsius, gegen neun Uhr war die 30-Grad-Marke bereits überschritten. Der Tageshöchstwert von über 38 Grad Celsius wurde gegen 15 Uhr erreicht.

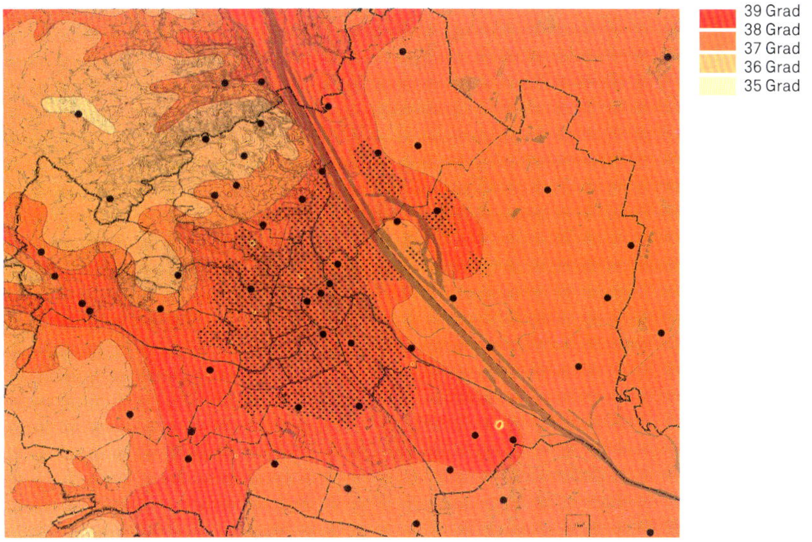

Mittlere Zahl von Frosttagen (Tagen, an denen das Minimum der Lufttemperatur unter null Grad Celsius liegt) in der Periode 1951 bis 1980 in Wien. Im dicht bebauten Stadtgebiet herrscht im Durchschnitt an weniger als 60 Tagen Frost. Mehr als 100 Frosttage gibt es auf den Wienerwaldhöhen über 400 Meter und in Beckenlagen, wo sich die Kaltluft sammelt, die von den Hängen des Wienerwaldes herabströmt.

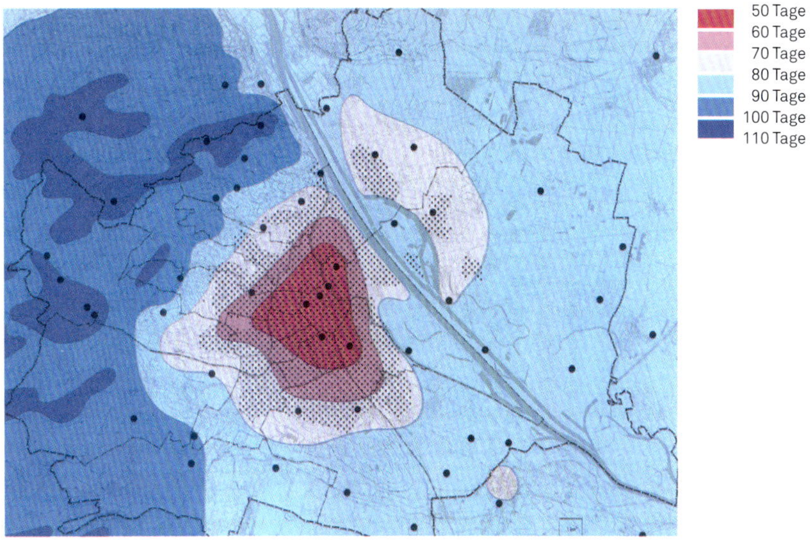

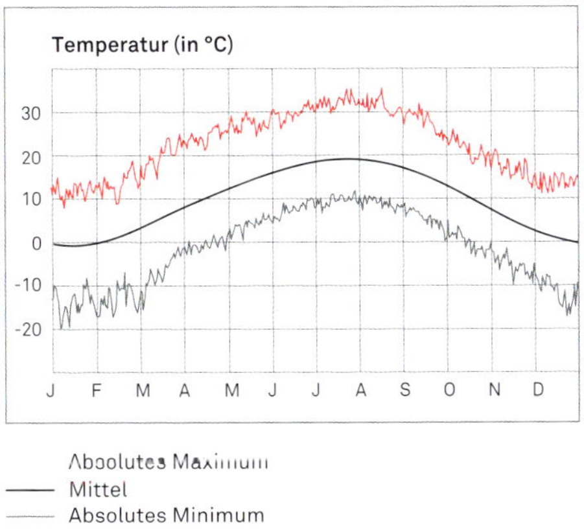

Jahresgang der mittleren täglichen Lufttemperatur an der Station Hohe Warte, in Wien in der Periode 1961–1990 und die im selben Zeitraum gemessenen Minima und Maxima.

aus dem Wiental und einen aus dem Mauerbachtal sowie eine beinahe vollständige Kaltluftsperre bei der Engstelle zwischen Wolfersberg und den Tiergartenbergen. Die nächtlichen Minima können dort um einige Grade tiefer liegen als auf den Höhenzügen oder in den flachen Teilen der Stadt. Dementsprechend wurde die bislang tiefste Lufttemperatur für Wien in Mariabrunn mit −28,8 Grad Celsius im Februar 1929 gemessen. Die Hohe Warte verzeichnete am selben Tag „nur" −25,8 Grad Celsius.

Niederschlagsverteilung

Wasser befindet sich auf der Erde in einem Kreislauf: Die Niederschläge erhalten ihre Feuchtigkeit zum großen Teil aus dem Meer, regnen sich zum Teil über dem Land ab und dieses Wasser strömt mit Gerinnen, Bächen und Flüssen wieder dem Meer zu. Wie häufig und wie viel Niederschlag nun tatsächlich im Raum Wien fällt, hängt in erster Linie von der jeweiligen Großwetterlage ab, wird zusätzlich aber auch durch das Gelände beeinflusst. Daher sind einzelne Niederschlagsereignisse im Großraum Wien oft kleinräumig recht ungleich verteilt. Aber auch die durchschnittlichen Verhältnisse lassen räumliche Muster erkennen: Während in den Niederungen des Marchfelds und des nördlichen Teils des Wiener Beckens die mittleren Jahresmengen unter 600 Liter pro Quadratmeter bleiben, empfangen die höchsten Lagen des Wienerwaldes bis zu einem Drittel mehr. Dabei fungiert der Wienerwald als eine Art

Klimaschwankungen

Die lange Tradition der Klimamessung in Wien

1

2

3

Die drei wichtigsten Standorte meteorologischer Messungen in Wien seit 1775.

1 Die Wiener Klimazeitreihen beziehen sich auf den heutigen Standort der neuen Zentralanstalt für Meteorologie in Wien 19, Hohe Warte.

2 Die alte Zentralanstalt für Meteorologie hatte von 1852 bis 1872 ihren Sitz in Wien 4, Favoritenstraße.

3 Von 1775 bis 1851 wurde das Wetter an der alten Universitätssternwarte in Wien 1 aufgezeichnet.

In der aktuellen Klimadebatte steht der vom Menschen verursachte Treibhauseffekt im Zentrum der Aufmerksamkeit. Um die auf uns zukommenden Veränderungen besser abschätzen zu können, ist es ratsam, einen Blick in die Klimavergangenheit zu werfen, zumal es immer schon eine natürliche Variabilität des Klimas gegeben hat. In Wien kann man auf eine auch im internationalen Vergleich sehr lange, bis ins Jahr 1775 zurückreichende Geschichte instrumenteller Klimamessungen zurückblicken. Diese Messdaten liegen heute in „homogenisierter" Form vor, das bedeutet, dass alle nicht vom Klima herrührenden Einflüsse auf die Messwerte, wie Stationsverlegungen, Instrumentenwechsel oder Änderungen der Umgebung, durch rechnerische Modelle eliminiert wurden.

Die Zentralanstalt für Meteorologie hat in den vergangenen Jahren in internationaler Zusammenarbeit eine Datenbank (HISTALP) für solche Qualitätsdaten des Klimas der „instrumentellen Periode" geschaffen. Diese Datenbank bietet mehr als 500 Langzeitreihen von sieben Klimaelementen an, die zum Teil bis 1760 zurückreichen. Die HISTALP-Daten decken den Großraum der Alpen ab und reichen von der Rhone bis Budapest, von Perugia bis Karlsruhe und von den Küsten der Adria bis zum Jungfraujoch in 3.500 Meter Seehöhe. Die in diesem Buch gezeigten Wiener Klimakurven stammen aus dieser Datenbank. HISTALP-Daten, Grafiken, Publikationen sowie erklärende Texte sind über www.zamg.ac.at/histalp frei zugänglich.

Temperatur

Ein Überblick der jüngeren Klimageschichte Wiens beginnt am besten mit der Lufttemperatur, weil dafür die längsten Messreihen vorliegen und weil die Lufttemperatur auch in der aktuellen Klimadiskussion gegenüber anderen Klimaelementen im Vordergrund steht. Es fällt auf, dass die Temperaturschwankungen zwischen den einzelnen Jahren sehr groß sind und die geglätteten Langzeitschwankungen bei Weitem über-

Die Temperaturkurve Wiens seit Beginn der instrumentellen Messungen (1775 bis 2008)

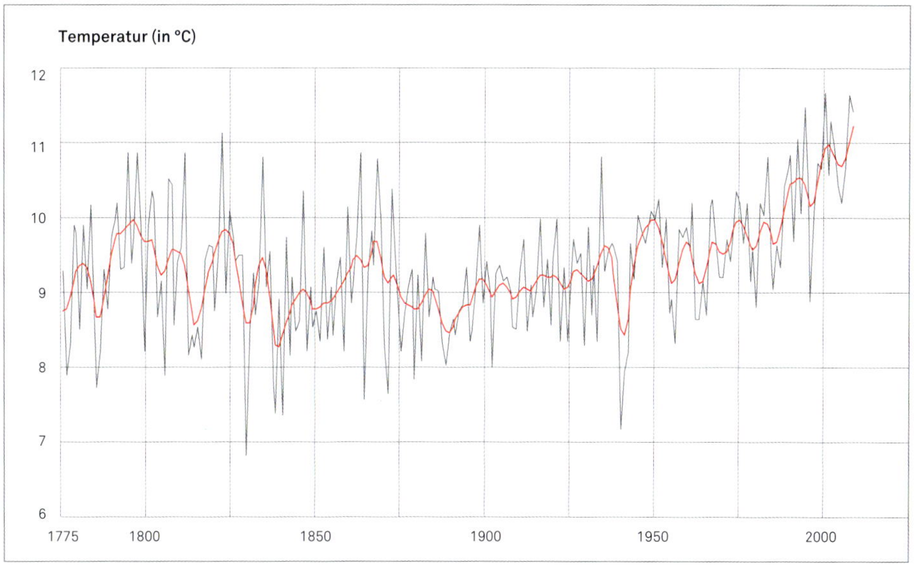

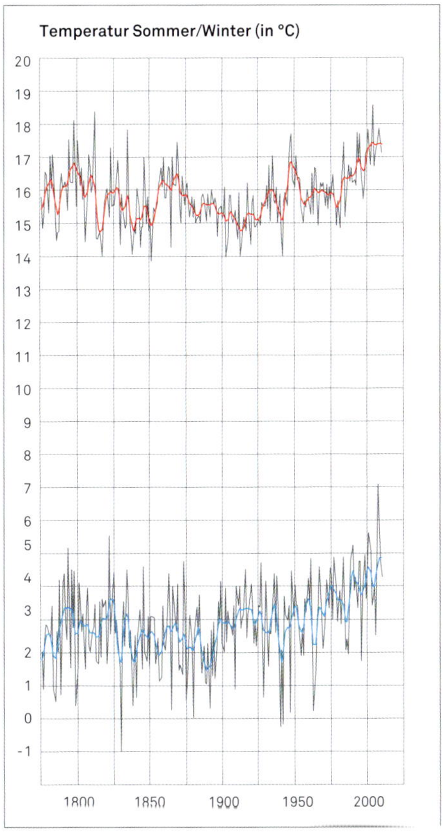

Die Temperaturkurven für das Sommerhalbjahr (April bis September) und das Winterhalbjahr (Oktober des laufenden Jahres bis März des Folgejahres) in Wien von 1775–2008/09

treffen. Dieses Phänomen zeigt sich auch bei den Zeitreihen aller anderen Klimaelemente und führt bei Diskussionen über eine Klimaänderung oft zur Verwirrung.

Wenn man die Messungen der vergangenen 227 Jahre überblickt, dann zeigt sich, dass die ersten 50 Jahre bis etwa 1825 in Wien durch hohe Temperaturen gekennzeichnet waren. Danach folgte eine Abkühlungsphase um 1,5 Grad bis zum Ende des 19. Jahrhunderts. Seitdem gibt es eine allgemeine Erwärmung um zwei Grad. Diese langfristigen Trends werden allerdings durch Schwankungsperioden von einem bis mehreren Jahrzehnten überlagert: Die 1890er-Jahre etwa waren besonders kalt, ein erster Wärmegipfel trat um 1950 auf, relativ kühler waren dann die darauf folgenden 1960er- und 1970er-Jahre, während die Periode von 1990 bis zur Gegenwart durch einen auffallend starken Temperaturanstieg gekennzeichnet ist.

Die Entwicklung der Temperaturen im Sommer- und Winterhalbjahr verlief durchaus unterschiedlich zu jener der Jahresmittel. Insbesondere fallen die sehr hohen Sommertemperaturen vor 200 Jahren auf, die auf einem ähnlichen Niveau lagen wie heute, sowie die kühleren Sommer zwischen 1880 und 1920. Die Wintertemperaturen zeigen eine generell deutlich höhere jährliche Schwankungsbreite und im späten 18. und gesamten 19. Jahrhundert eher kältere Winter. Eine erste milde Phase gab es von 1900 bis 1935 und nach den kalten Wintern um 1940 folgte schließlich ein starker Temperaturanstieg, der bis heute anhält. Die wärmsten beziehungsweise kältesten Sommerhalbjahre wurden 2003 mit 18,6 Grad Celsius (°C) und 1851 mit 13,8 °C registriert, die strengsten beziehungsweise mildesten Winterhalbjahre 1829/30 mit –0,8 °C und 2006/07 mit +7,1 °C.

Niederschlag und Sonnenschein

Für das, was man üblicherweise unter „Schönwetter" und „Schlechtwetter" versteht, liefert die Temperatur allerdings weniger gute Aussagen als die Klimareihen des Niederschlages und der Sonnenscheindauer. Darüber hinaus sind diese Klimaelemente von großer Bedeutung für die Landwirtschaft: Sie beeinflussen die Bewässerung von Wiens Gemüsefeldern ebenso wie die Qualität des Weins. Und natürlich werden auch der Tourismus und die Freizeitgestaltung durch Sonnenschein und Regen maßgeblich beeinflusst – man denke nur an die Auslastung der Wiener Bäder oder an die Teilnehmerzahlen bei Freiluftveranstaltungen.

Die Niederschlagsreihen, die bis 1841 zurückgehen, zeigen sehr trockene Verhältnisse in den 1850er- und 1860er-Jahren, was sogar zum völligen Verlanden des Neusiedler Sees geführt hat! Zwei sehr feuchte Perioden gab es in der zweiten und zu Beginn der fünften Dekade des 20. Jahrhunderts. Dazwischen lagen die sehr trockenen Jahre um 1930. Nach 1940 bis 1985 kam es zu einem deutlichen Rückgang des Niederschlags; seither sind die Mengen wieder merklich angestiegen. Das feuchteste Jahr 1941 brachte in Wien-Hohe Warte 988 Millimeter Niederschlag (1 mm Niederschlagshöhe entspricht einer Wassermenge von 1 Liter pro Quadratmeter), im trockensten Jahr 1932 fielen nur 404 Millimeter – das zeigt eine Schwankungsbreite von annähernd 600 Millimetern an, was so viel ist, wie der mittlere Jahresniederschlag ausmacht.

Die Jahressummen der Sonnenscheindauer nahmen zu Beginn der Messungen, also von 1881 bis etwa 1915, stetig ab, stiegen dann rasch zu zwei sonnenscheinreichen Phasen um 1930 und 1950 an – dazwischen lag ein starker Einbruch von etwa 1935 bis 1945 –, um danach bis etwa 1980 wieder zurückzugehen. In den beiden letzten Dekaden wurde es in Wien wieder sonniger. Bemerkenswert ist auch die Entwicklung der Sonnenscheindauer im Vergleich von Sommer- und Winterhalbjahr. Im Sommer herrschte eher die beschriebene Charakteristik der Jahressummen vor, während im Winter ein schwaches, aber dafür stetigeres Ansteigen zu beobachten ist. Das sonnigste Jahr war 2003 mit mehr als 2.300 Sonnenstunden. Im sonnenärmsten Jahr (1915) gab es mit nur 1.548 etwa um 750 Stunden weniger.

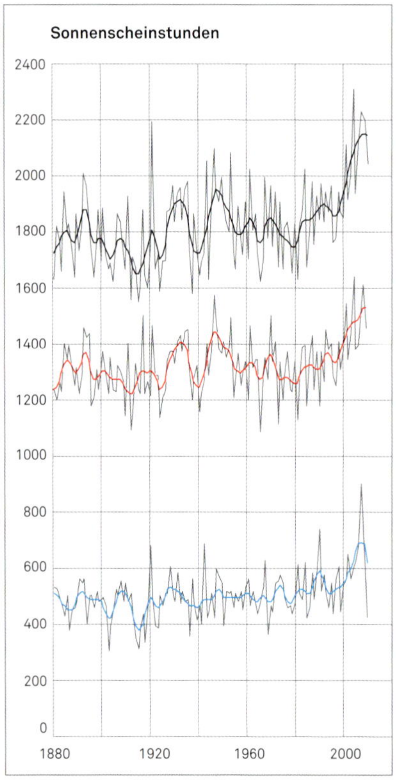

1

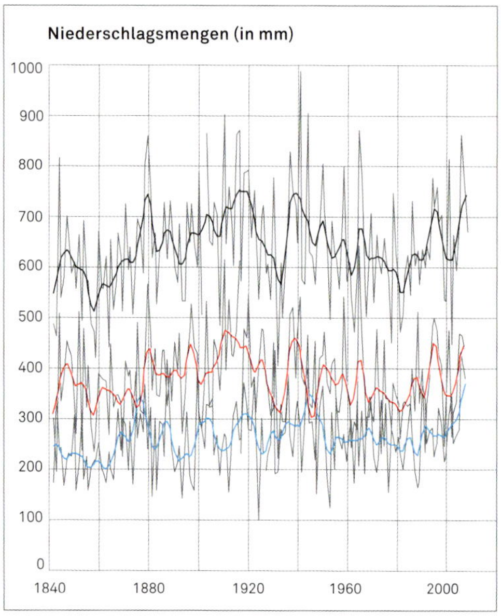

2

Die Sonnenscheinstunden (1) und Niederschlagsmengen (2) in Wien seit Beginn der instrumentellen Messungen (1881–2008/09 bzw. 1841–2008/09)

Winterhalbjahr
Sommerhalbjahr
Summe

Schnee

Wenn von Klimaerwärmung die Rede ist, denken in Österreich viele zunächst an einen allgemeinen Rückgang der winterlichen Schneefälle. Auch diese wurden in den letzten hundert Jahren für Wien akribisch aufgezeichnet. Konkret wurden dabei die Summen der Neuschneehöhe gemessen, das sind die über einen Winter aufsummierten täglichen Neuschneemengen, sowie die Zahl der Schneedeckentage, also jener Tage, an denen zumindest ein Zentimeter weißer Niederschlag lag. Während

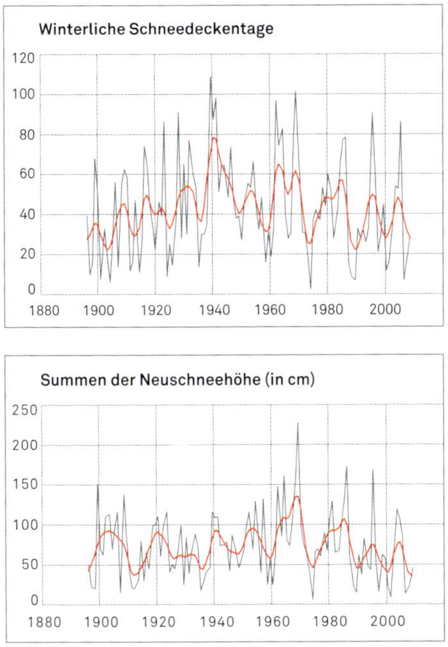

Schnee in Wien seit Beginn der instrumentellen Messungen 1896, Einzelwinter (dünne Linie) und 10-jährig geglättet (dicke Linie) (Jahreszahlen auf der Zeitachse: 2. Halbjahr des laufenden Jahres plus 1. Jahreshälfte des Folgejahres)

die Neuschneekurve vor allem für die Straßenräumung bedeutsam ist, ist die Schneedeckenkurve vorwiegend für Wintersportler interessant.

Beide Beobachtungsreihen zeigen zunächst einen ansteigenden Trend, der bei den Schneedeckentagen bis in die 1940er-Jahre, bei den Neuschneesummen bis zum Hauptmaximum um 1970 andauert. Danach folgt in beiden Kurven eine Abnahme, bei den Schneedeckentagen länger andauernd aber schwächer, bei den Neuschneesummen kürzer aber deutlicher. Sehr markant sind bei beiden Schneekurven die bereits erwähnten überlagerten Schwankungen von 10- bis 20-jährigen Perioden.

Bei den Schneeverhältnissen beeindruckt die absolute Schwankungsbreite der Einzeljahre von allen Klimaparametern wohl am meisten. Die Wiener Winter sind im vergangenen Jahrhundert des Öfteren beinahe, aber nie ganz ohne Schnee abgelaufen. Siebenmal gab es weniger als zehn Tage mit Schneedecke, zweimal wurden weniger als zehn Zentimeter Neuschneesumme registriert – der warme Ausnahmewinter 2006/07 ist da nicht einmal der Extremfall. Auf der anderen Seite der Skala gab es in Wien zweimal schneereiche Winter mit mehr als 100 Tagen Schneedecke (1939/40 und 1969/70) und einmal (1969/70) betrug die Summe der Neuschneehöhen deutlich mehr als zwei Meter.

Es wird wärmer

Wie aber wird sich das Klima von Wien in Zukunft entwickeln? Lassen sich aus der Vergangenheit Rückschlüsse auf die Zukunft ziehen? Zurzeit beruhen seriöse Klimaprognosen auf sogenannten globalen Atmosphäre-Ozean-Zirkulationsmodellen. Dabei wird zunächst in Hochleistungscomputern die Erde horizontal im Abstand von etwa ein bis zwei Grad geographischer Länge und Breite und vertikal in 20 bis 40 vertikalen Schichten digitalisiert. Für jeden der so erfassten Gitterpunkte wird das komplette Gleichungssystem errechnet, welches die Physik der Atmosphäre, der Erdoberfläche und der Ozeane beschreibt. Daraus kann dann in der Rechenanlage das virtuelle Wetter für die Zukunft abgeleitet werden.

Um den dafür nötigen enormen Rechenaufwand bewältigen zu können, müssen gewisse Vereinfachungen in den Modellen vorgenommen werden. Eine davon ist die räumliche Auflösung, die speziell in einem Gebiet wie Österreich mit seiner komplizierten Struktur der Erdoberfläche noch lange nicht den Anforderungen entspricht. So kommt etwa das Stadtzentrum Wiens bei einem Gitterpunktsabstand von einem Grad im Modell auf einer unrealistischen Seehöhe von 488 Metern zu liegen, bei einer feineren Auflösung von zehn Kilometern allerdings liegt es bereits bei sehr realitätsnahen 161 Metern, also nur mehr wenig von den tatsächlichen 171 Metern entfernt. Ein weiteres Problem für globale Klimamodelle betrifft die Simulation des Wasserkreislaufs und damit die Bildung von Wolken und kleinräumigen Gewitterzellen. Wasserdampf ist aber von besonderer Bedeutung, da er in der Atmosphäre das wichtigste Treibhausgas darstellt und die Klimawirkung der vom Menschen verursachten CO_2-Zunahme noch verstärkt.

Langfristig noch am einfachsten vorherzusagen ist die globale mittlere Temperatur. Für sie erwartet man nach dem aktuellen Stand der Wissenschaft eine Erhöhung von +1 bis +6 Grad Celsius im Jahr 2100 gegenüber dem Jahr 1990. Der Unsicherheitsbereich der Prognose ist jedoch auch hier groß. Das hängt einerseits mit den ungelösten Fragen der Klimamodellierung zusammen, andererseits sind aber auch das globale Bevölkerungswachstum sowie die Entwicklungen von Weltwirtschaft und Weltpolitik mit ihren Auswirkungen auf das Weltklima schwer abschätzbar.

Der Eisbär, das Wappentier des Klimawandels. Obwohl dieser Bewohner des Schönbrunner Tiergartens mit dem warmgemäßigten Klima unserer Stadt gut zurechtkommt, kann die aktuelle Erwärmung und der Rückgang des Meereises in der Arktis diesem hochspezialisierten Raubtier künftig Probleme bereiten. Es fehlen allerdings die Vergleichsdaten vor Beginn der exakten Meereisdokumentation durch Satelliten. Die kurze Messreihe, die erst 1979 begann, gibt uns zu wenig Auskunft über den Maßstab der natürlichen Variabilität der Eisbedeckung des Arktischen Ozeans – von 1979 bis 2007 jedenfalls hat die minimale sommerliche Eisbedeckung von 8,3 auf 6,5 Millionen km² abgenommen. In den Ozeanen um die Antarktis übrigens, im Reich der Pinguine, ist die Eisbedeckung seit 1979 stabil.

Kälterückfall im Frühling. Frühblüher wie dieser Krokus können sich im Zuge des sprunghaften Witterungsverlaufs in mittleren Breiten an einem Morgen nach einem späten Polarluftvorstoß durchaus in einer Schneedecke wiederfinden. Abweichungen vom Mittelwert sind das Typische in der Klimastatistik. Anzeichen für eine Zunahme dieser Sprunghaftigkeit sind zumindest im Klima Mitteleuropas objektiv nicht festzustellen, der Trend zu früherem Blühbeginn jedoch schon: sieben bis 15 Tage betrug er in den letzten 50 Jahren.

Savanne in Wien? Diese Heißlände in der Lobau verdeutlicht, was das Klima zusammen mit dem Boden an räumlicher Variabilität auf kleinstem Raum bieten kann. Auch die schon recht entwickelten Haufenwolken passen zum Bild. Konvektive Bewölkung wie diese setzt viel Energie um und ihre komplizierten Muster widersetzen sich noch immer standhaft den Versuchen, das Klima erfolgreich virtuell in Großrechenanlagen abzubilden. Phänomene wie Gewitter, Hagel, Tornados bis hin zu Hurricanes kommen in den globalen Klimamodellen nicht vor.

Für Wien wird von einem der besten derzeit existierenden globalen Klimamodelle (HadCM3) bis 2100 ein Anstieg der Sommertemperaturen um plus fünf Grad Celsius vorhergesagt, für den Winter um plus vier Grad. Klimatologisch würde Wien damit im Sommer in die Gegend südlich von Rom wandern, im Winter in jene nördlich von Florenz. Dasselbe Modell führt aber auch die Schwachstellen selbst der besten globalen Klimamodelle deutlich vor Augen, denn bei den regionalen Niederschlägen wird für den Wiener Raum eine Reduktion von 83 Prozent im Sommer und eine Erhöhung von 44 Prozent im Winter prognostiziert; beides erscheint aus heutiger Sicht sehr unrealistisch.

Diese Beispiele zeigen, dass der derzeitige Stand der Wissenschaft nur einen sehr vagen Blick in die Zukunft des Wiener Klimas erlaubt. Mit größter Wahrscheinlichkeit wird es weiterhin wärmer werden und zwar um Größenordnungen, die über das hinausgehen, was man in den letzten 200 Jahren der Klimageschichte Wiens beobachten konnte. Aussagen über die ebenso wichtige Entwicklung des Niederschlags sind derzeit noch kaum möglich. Mit großer Sicherheit lässt sich allerdings prophezeien, dass die anhaltend rasante Entwicklung der Computertechnologie zu einer starken Verbesserung der langfristigen Klimaprognosen führen wird. In den nächsten Jahren werden dadurch auch kleinräumige meteorologische Phänomene wie etwa sommerliche Gewitterzellen simulierbar und daher vorhersagbar werden. Vielleicht werden dann auch realistischere Szenarien für das künftige Klima Wiens möglich sein.

Generell wird von der Wissenschaft der menschliche Einfluss auf das globale Klima seit etwa 1950 als merkbar angesehen. Im Hinblick auf die Sonneneinstrahlung hat dabei anfangs der vermindernde und insgesamt abkühlende Effekt („global dimming") verschiedener „Aerosole" (flüssige und feste Teilchen) in der Atmosphäre dominiert. Diese wurden im Zuge der rasanten Wirtschaftsentwicklung in den Industriestaaten nach dem Zweiten Weltkrieg in großen Mengen in die Atmosphäre emittiert. In den 1970er- und 1980er-Jahren hat man dann in Westeuropa und Nordamerika große Anstrengungen zur Luftreinhaltung unternommen, während im Ostblock das technologisch veraltete Wirtschaftssystem zusammenbrach. Das führte zu einem „global brightening" und der Energieinput von der Sonne nahm wieder zu. Gleichzeitig stieg aber auch der bis dahin „verdeckte" anthropogene Treibhauseffekt weiter stark an: Er beruht auf einer Verminderung der Wärmeabstrahlung der Erde ins Weltall durch „Treibhausgase" wie Kohlendioxid, Methan und andere. Das führte um 1980 zu einer Trendwende: Seither steigen die Temperaturen im Sommer und im Winter verstärkt an, was man auch an den Wiener Klimakurven sehen kann.

Wildes Wetter – Wildes Klima. Stürme wie Kyrill, der am 18. und 19. Jänner 2007 über den Wienerwald fegte, knicken mächtige Bäume wie diesen im besonders windanfälligen Donaudurchbruch zwischen Leopoldsberg und Bisamberg. Die nahe gelegene aber windgeschütztere Messstelle auf der Hohen Warte registrierte Böen bis 122 km/h, ein Wert unterhalb des absoluten Maximums von 139 km/h vom Februar 1946 der dortigen Langzeit-Messreihe. Trotz der Häufung von extremen Stürmen in den letzten Jahren zeigt die langjährige Statistik von Stürmen in Mitteleuropa keinen langfristig steigenden Trend.

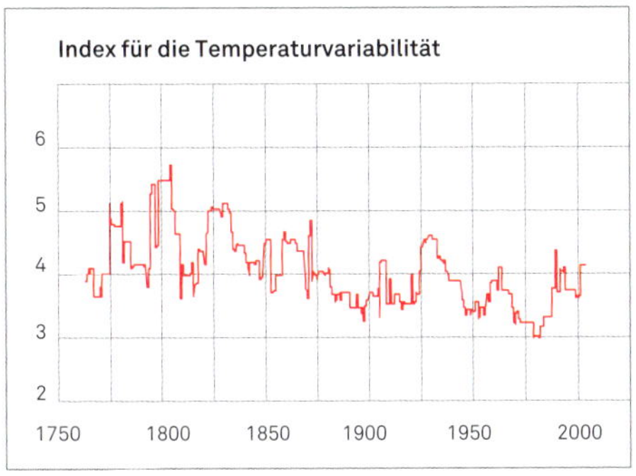

Der Schwankungsbereich des Temperaturklimas im Großraum „Alpen-Nordost" von 1767 bis 2006. Dargestellt ist ein Index für die Variabilität der einzelnen Monatstemperaturen (98-%-Bereich) in Zeitfenstern von je 120 Monaten, die übergreifend über die ganze Zeitreihe verschoben werden. Datenbasis: 7 homogenisierte HISTALP-Langzeitreihen in der Region, inklusive Wien.

Wird das Klima extremer?

Gerade die beiden Winter 2005/06 und 2006/07 haben das öffentliche Interesse verstärkt auf die Thematik einer eventuellen Zunahme der extremen Wetter- und Klimaereignisse gelenkt. Während die Antwort in den Zeitungsberichten eindeutig ausfällt – „es wird immer extremer" – ist die seriöse Antwort der Wissenschaft weit weniger spektakulär. Abgesehen von der logischerweise steigenden Häufigkeit von milden Wintern und heißen Sommern in einer sich generell erwärmenden Atmosphäre, ist die Antwort der Klimadaten darauf, ob „das Klima verrückter wird" nicht so eindeutig beziehungsweise sogar konträr. Dabei muss man unter „immer verrückter" statistisch wohl eine Zunahme der Ausreißer nach beiden Seiten verstehen. Eine ausführliche Untersuchung an den über 200 Jahre zurückreichenden Klimareihen des Großraums Alpen hat nämlich eine überraschende, aber gut abgesicherte Erkenntnis gebracht: In den letzten 200 Jahren (und auch in den aktuellen Jahrzehnten) ist keine Zunahme der Klimavariabilität zu beobachten, und zwar weder für die Temperatur, noch für den Luftdruck (Stürme) oder den Niederschlag. Im Gegenteil, die Statistik zeigt, dass das Klima sogar „ruhiger" wird und nicht „verrückter". In der nebenstehenden Graphik ist beispielhaft das Ergebnis für die langen Temperaturreihen aus der Region von München bis Budapest dargestellt. Man erkennt, dass im Lauf des letzten Vierteljahrtausends die Temperaturschwankungen ruhiger geworden sind – die Indexkurve aller Einzelwerte ist rückläufig. In den verangenen zwei Jahrzehnten ist zwar ein leichtes Ansteigen der Variabilität zu sehen, diese liegt aber noch weit unterhalb der Werte des 19. Jahrhunderts und auch noch unterhalb des Maximums der 1930er- und 1940er-Jahre. Ähnlich wie bei der hier gezeigten Temperatur sieht der Verlauf der Variabilität auch beim Niederschlag und beim Luftdruck aus.

Wie es in Zukunft weitergehen wird, dazu liefern die Klimamodelle zurzeit noch widersprüchliche Ergebnisse. Auch ist nicht zu erwarten, dass die Klimavariabilität weltweit ähnlich reagieren wird. Speziell beim Niederschlag sind regional stark unterschiedliche Trends zu erwarten. Auf gut abgesicherte Ergebnisse aus globalen Zirkulationsmodellen wird man noch länger warten müssen. Gerade bei den Extremereignissen, bei denen ein direkter Zusammenhang „je intensiver, desto kleinräumiger" besteht, sind die derzeitigen Modelle noch überfordert. Das oben angeführte Beispiel für die Klimavariabilität zeigt jedenfalls, dass der häufig gezogene Schluss von Einzelereignissen auf Langfristtrends nicht zulässig ist und zu groben Fehleinschätzungen führen kann.

Eisbedeckte Donau bei Wien – ein seltenes Ereignis

Das Zufrieren der großen Flüsse Mitteleuropas ist ein seltenes Ereignis, das eine lang andauernde Folge von sehr kalten Tagen und Wochen erfordert. Fließgewässer frieren wesentlich seltener zu als Seen, denn die turbulente Strömung lässt keine stabile Schichtung des Wassers mit plus vier Grad Celsius (dem Punkt größter Dichte) in tiefen Schichten und Null Grad (dem Gefrierpunkt) an der Oberfläche zu. Bei einem See muss somit nur eine dünne oberflächennahe Schicht abgekühlt werden, während bei einem Fluss, erst wenn er in seiner vollen Tiefe auf null Grad Celsius abgekühlt ist, die Eisbildung beginnen kann. Bei mehrere Meter tiefen Flüssen wie der Donau wird eine derartige Abkühlung kaum je erreicht und kann als Jahrhundertereignis bezeichnet werden. Das historische Foto zeigt den Eisstoß der Donau in Wien im

1

2

3

1 Die zugefrorene Donau in Wien im Februar 2006

2/3 Der Eisstoß auf der Donau in Wien im Februar 1929

Februar 1929, in einem Jahr, in dem die Mitteltemperatur der beiden Monate Jänner und Februar den damaligen Rekordwert seit Beginn der Messreihe (1775) von minus 7,6 Grad Celsius erreichte. Er sollte danach nur noch einmal, im Kriegswinter 1940 (–7,8 °C), knapp unterboten werden.

Paradoxerweise fror die Donau im vergleichsweise nur mäßig kalten Winter 2006 abermals zur Gänze zu. Das Jänner-Februar-Mittel lag in diesem Winter mit minus 2,0 Grad Celsius nur auf Rang 61 der 234 Winter umfassenden Wiener Messreihe. Dass die Donau dennoch wiederum für mehrere Tage zufror, was sie in zahlreichen kälteren Wintern davor nicht getan hatte, lag daran, dass sie bei Wien nun durch ein seit 1998 existierendes Flusskraftwerk aufgestaut ist und in Bezug auf das Gefrieren seither eher einem See als einem Fluss entspricht.

In Hinblick auf das Thema Klimawandel zeigt der Fall zweierlei: Zum einen ist die gefrorene Donau im Jahr 2006 nicht geeignet, nun eine Trendwende im Klimawandel einzuläuten – das haben ja die beiden folgenden warmen Winter deutlich vor Augen geführt –, zum anderen jedoch weist das Paradoxon deutlich darauf hin, dass man bei der Verwendung historischer Quellen über das Zufrieren von Flüssen zur Klimarekonstruktion sehr vorsichtig vorgehen muss. Die Donau ist kein Einzelfall – kaum ein europäischer Fluss ist heute mit seinem Zustand von vor Jahrzehnten bis Jahrhun-

Geschichte der Donauverbauung und Wintertemperatur in °C (Jänner und Februar)

Kurve der mittleren Lufttemperatur der Monate Jänner und Februar 1775–2009. Die Sterne markieren die Jahre 1929 und 2006, in denen die Donau in Wien zur Gänze zugefroren ist.

Verändertes Fließverhalten der Donau durch bauliche Maßnahmen

Mitteltemperatur der Monate Jänner und Februar (in °C)

20-jährig geglättete Werte

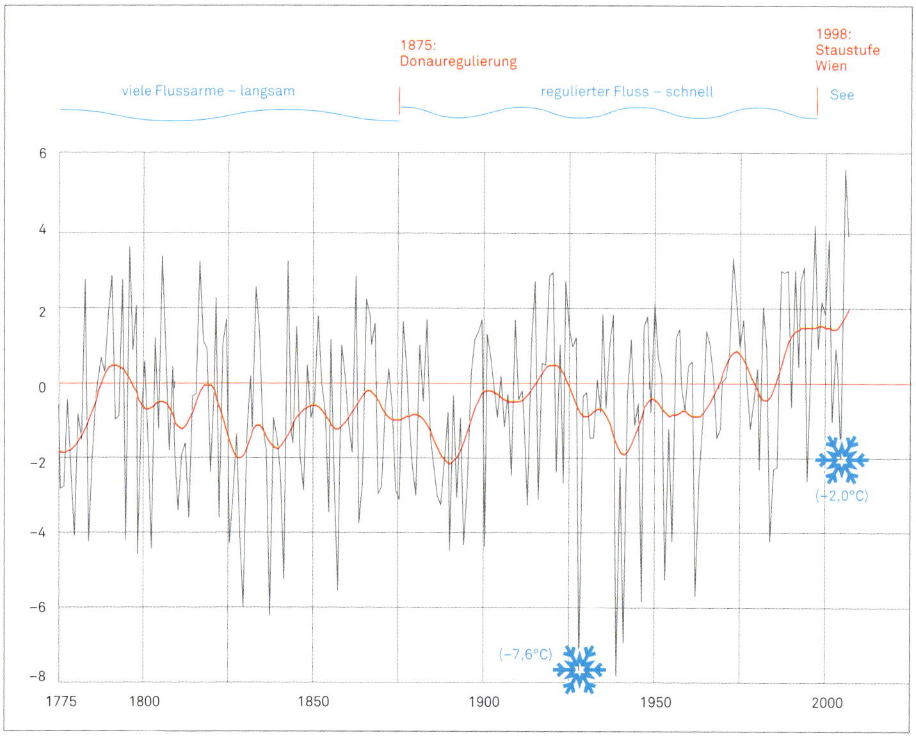

derten zu vergleichen, sodass sich Klimaschwankungen heute zum Teil ganz anders auswirken als früher. Wobei es nicht immer in die hier gezeigte Richtung einer erhöhten Zufrierneigung gehen muss. Gewässerverschmutzung etwa kann die Eisbildung verzögern.

Auswirkungen des Klimawandels: verminderter Energiebedarf für das Heizen – verlängerte Vegetationsperiode

Zweifellos liegt der Schwerpunkt dieses Buches und auch des Klima-Kapitels auf der Beschreibung und Darstellung der Naturvorgänge selbst und natürlich darauf, wie diese im urbanen Umfeld einer Großstadt vom Menschen umgestaltet werden. Gerade beim Thema Klimawandel mischt sich in der öffentlichen Perzeption, aber auch in der Wissenschaft selbst ein gehöriger Schuss „Postnormalität" (Funtovitz und Ravetz, 1985) in das Fach der Klimatologie, die sich als rationale und zunächst wertfreie Naturwissenschaft versteht. Als Klimatologe hat man den Eindruck, dass das Klima selbst, seine Variabilität und seine Trends genau genommen gar nicht so sehr von Interesse sind, was sich nicht zuletzt darin ausdrückt, dass in neun von zehn Symposien, großen politischen Klimakonferenzen, Medienberichten und Auftragsstudien verschiedener Interessensvertretungen Klimatologen selbst kaum bis gar nicht vertreten sind. Das vorliegende Buch bildet da immerhin eine Ausnahme.

Langzeitkurve der Vegetationsperiode in Wien von 1872 bis 2008, Zahl der Tage mit einer Mitteltemperatur von zumindest +5 °C (Einzeljahre und 20-jährig geglättet)

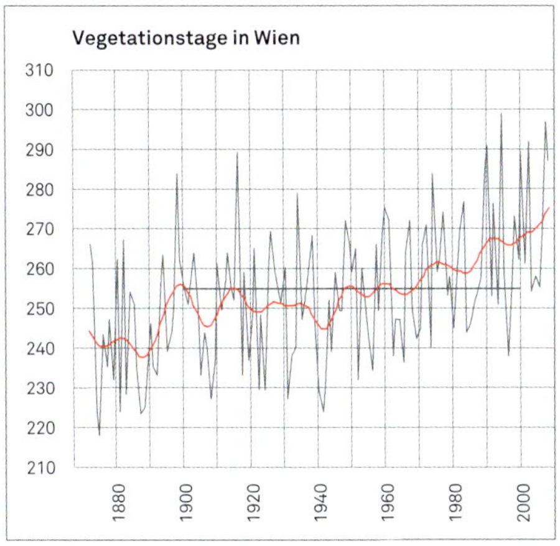

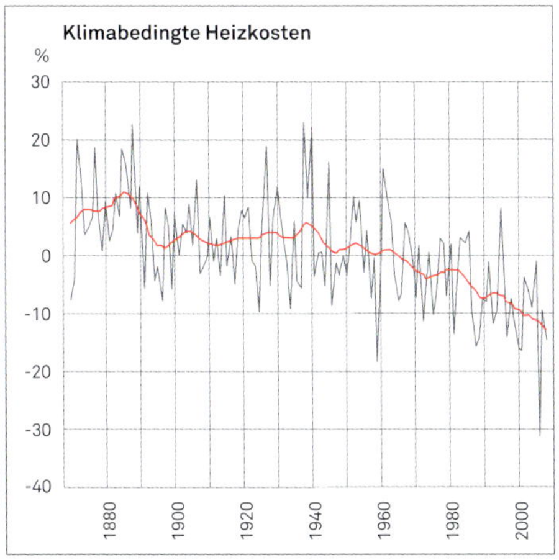

Langzeitkurve des klimabedingten Heizbedarfs in Wien vom Winter 1775/76 bis zum Winter 2008/09. Prozentabweichungen vom Durchschnitt des 20. Jahrhunderts (Einzelsaisonen und 20-jährig geglättet)

Im Brennpunkt des öffentlichen Interesses stehen allein die Auswirkungen des Klimawandels („climate impacts" im internationalen Fachjargon), und von denen beinahe ausschließlich jene, die als negativ eingestuft werden. Da in diesem Klimakapitel bisher tatsächlich das Klima selbst in den Vordergrund gestellt wurde, sei hier zum Schluss mit zwei einfachen Maßzahlen von zwei deutlich erkennbaren Klimafolgen ein kleiner Ausgleich geschaffen.

Die eine der beiden steht in engem Zusammenhang mit einigen anderen Kapiteln dieses Buches. Es ist die einfachste Maßzahl für das thermische Potenzial des Klimas für die Vegetation: die Zahl der „Vegetationstage", für die sich als sinnvoller Kompromiss eine zu überschreitende Schranke von +5 °C Lufttemperatur eingebürgert hat. In der oberen der beiden nebenstehenden Zeitreihen erkennt man wieder einen großen Schwankungsbereich der einzelnen Jahre und einen deutlichen Trend des geglätteten Verlaufs. Seit den 1870er-Jahren hat die vegetationsaktive Zeit von rund 240 Tagen auf mehr als 270 Tage zugenommen, das Mittel des 20. Jahrhunderts lag bei 255 Tagen. Die kürzeste vegetationsaktive Zeit war im Jahr 1875 mit nur 218 Tagen gegeben, die längste Vegetationsperiode wurde im Jahr 1994 mit 299 Tagen erreicht.

Die zweite Zeitreihe zeigt den klimabedingten Heizbedarf, der sich aus den „Heizgradtagszahlen" ableiten lässt. Heizgradtagszahlen sind hoch korreliert mit dem tatsächlichen Energiebedarf für Heizzwecke – und zwar mit demjenigen Anteil, der sich aus dem Wetter oder Klima ergibt. Änderungen des Lebensstils, des Raumbedarfs, der Isolation der Gebäude sind darin nicht enthalten, deshalb die Bezeichnung „klimabedingt" in der Abbildung. Zur Berechnung der Heizgradtagszahlen werden alle Heiztage herangezogen, das sind Tage innerhalb der Heizperiode (hier fix: 1. Oktober bis 30. April) mit einem Tagesmittel der Außentemperatur von +12 °Celsius oder darunter. Von diesen Tagen werden die Temperaturdifferenzen zur angestrebten Raumtemperatur von +20 °Celsius aufsummiert. Werden wie in der Abbildung prozentuelle Relativwerte im Lauf der Zeit dargestellt, bekommt man einen Eindruck, wie stark die klimabedingten Heizkosten schwanken und auch Langzeittrends werden sichtbar. Um rund 10 % haben sie in Wien im Schnitt in den letzten 20 Jahren abgenommen, in Einzelwintern, wie etwa dem von 2006/07, lagen sie sogar mehr als 30 % unter dem langjährigen Durchschnitt des 20. Jahrhunderts.

Inhalt

Wasser

5

Martin Dokulil (Koordinator)

Vom Agnesbründl zum Donaustrom: Wasser in der Stadt

Wasser in der Stadt: kostbar, erfrischend, gesund

Die Vielfalt der Wiener Gewässer

Auf der Jägerwiese oberhalb von Sievering liegt das Agnesbründl. Zahlreiche Sagen aus uralter Zeit, aber auch Erinnerungen an die Schwedenkriege und die Türkenbelagerungen ranken sich um die friedlich plätschernde Quelle am Abhang des Hermannskogels. Ihr Wasser fließt hinab zum mächtigen Donaustrom, einem der größten und meist besungenen Flüsse Europas, der nicht weit von hier die Wiener Pforte und gegen Südosten die Stadt durchquert. Über viele Jahrhunderte hinweg war die Donau der Lebensnerv und eine der wichtigsten wirtschaftlichen Verbindungen zwischen Wien und vielen Ländern Mittel- und Osteuropas. Der breit verzweigte und früher unregulierte Strom stellte jedoch auch eine große Bedrohung für die Stadt dar und hat ihre Entwicklung und Ausbreitung nach Norden und Osten lange Zeit stark behindert.

Hochwassermarke 1830 in Wien 21, Leopoldauerplatz 91

Aus der Sicht der Hydrologie, der Wissenschaft vom Wasser, ist vor allem die Vielfalt an verschiedenen Gewässertypen in Wien bemerkenswert. Dabei kommt der **Donau** eine so dominante, landschaftsbestimmende Rolle zu, dass ihr ein eigenes Hauptkapitel gewidmet ist (→ S. 329). Sie bestimmt die Bedingungen im oberirdischen Gewässernetz und das Grundwassergeschehen und beeinflusst damit maßgeblich die stadtklimatischen und ökologischen Verhältnisse. Daneben sind weitere **Fließgewässer** wie der Donaukanal, der Wienfluss, die Liesing und kleinere Wienerwaldbäche von Bedeutung. In Wien gibt es jedoch – als Reste früher durchflossener Donauarme – auch bedeutende **stehende Gewässer** wie die Alte Donau. Die zahlreichen kleineren Seen und Teiche im Stadtbereich sind meist durch menschliche Aktivität entstanden. Obwohl künstlich angelegt, haben auch sie als Feuchtgebiete und Lebensraum für entsprechend angepasste Pflanzen- und Tiergemeinschaften große ökologische Bedeutung in der Stadt. Nicht zuletzt dienen sie auch der Naherholung. Dies gilt besonders für die ursprünglich aus Gründen des Hochwasserschutzes zwischen 1972 und 1988 als „Entlastungsgerinne" geschaffene Neue Donau und die Donauinsel. Ein dritter, weniger beachteter Gewässertyp ist das **Grundwasser.** In tieferen Bodenschichten verborgen, macht es ein Vielfaches des Oberflächenwassers aus und ist als Ökosystem für die Wasserversorgung der Biosphäre und des Menschen von größter Bedeutung.

Das Netz der Fließgewässer Wiens mit dem Donaustrom, seinen Nebenflüssen und Bächen verbindet die Landschaften des Wiener Raums eng miteinander: den Wienerwald, die pannonischen Hügel und Ebenen, die Auen und das stark verbaute Stadtgebiet. Die einzelnen Gewässer lassen sich nur schwer einem bestimmten Landschaftsraum zuordnen, daher werden sie zum Teil gemeinsam im vorliegenden Kapitel „Wasser in der Stadt" vorgestellt.

Wasser in all seinen Formen, als Quell- und Fließwasser, als stehendes Gewässer und als Grundwasser, stellt für eine Metropole wie Wien eine große Herausforderung dar. Dies gilt für die Versorgung der Stadt mit Trinkwasser, die Abwasserbeseitigung (→ S. 616), die Ableitung von Niederschlägen und die Schneeräumung, aber auch für die Reinhaltung und Pflege der vorhandenen Gewässer und Grundwasserressourcen. Dazu kommt noch der nach wie vor hoch aktuelle Hochwasserschutz: Das haben die letzten Überschwemmungskatastrophen im August und Dezember 1991 sowie im März und August 2002 wieder gezeigt.

Grundwasser

Das verborgene Ökosystem unter unseren Füßen

Ein vielfach vergessener und kaum beachteter Lebensraum befindet sich im Verborgenen, oft nur wenige Meter unter der Erde: das Grundwasser. Im Allgemeinen wird es nur als toter Nutz- und Trinkwasserspeicher betrachtet. Wenn man aber Brunnenwasser, etwa aus Kleingärten der donaunahen Bezirke, untersucht, kann man darin erstaunlicherweise manchmal merkwürdige, bleiche Tierchen finden. Auch unter dem dicht verbauten Zentrum Wiens, 14 Meter unter dem Stephansplatz, wurde im Zuge des U-Bahn-Baus eine überraschend reichhaltige Fauna aus bis dahin unbekannten Tierarten entdeckt. Und selbst auf rund 400 Metern Seehöhe im Wasser eines Schlagbrunnens bei einer Ausflugshütte nördlich von Wien wurden Grundwassertiere angetroffen. Man kann also ruhigen Gewissens behaupten: Fast überall gibt es eine Grundwasserfauna!

Mosaik von Originalaufnahmen mit der Grundwasser-Videokamera aus dem Wiener Grundwasser in der Lobau, zehn Meter unter der Erdoberfläche. Man erkennt Gesteinsteilchen verschiedener Größe und dazwischen die Lückenräume, in denen das Grundwasser fließt und die Grundwassertiere leben. Bilddarstellung in Originalgröße (3 x 7 cm).

Ein von zahlreichen Tieren besiedelter Lebensraum unter unseren Füßen, teilweise unter dicht verbautem Stadtgebiet – wie soll man sich das vorstellen? Bis vor Kurzem war man darauf angewiesen, sich anhand von Grabungen und Bohrungen ein Bild von diesem Ökosystem zu machen. Neuerdings kann man aber den Lebensraum des Grundwassers direkt beobachten. Dafür wird eine Unterwasser-Videokamera in einem durchsichtigen Kunststoffrohr in die Tiefe gelassen. Dort zeigt sie die nahezu ungestörten Umweltverhältnisse bis zu zehn Metern unter der Oberfläche. Zwischen den von der Donau im Laufe der Jahrhunderte abgelagerten Schotterteilchen finden sich Lückenräume, durch die das Grundwasser zirkuliert. Sie bilden den Lebensraum für die hoch spezialisierten Grundwasser-Organismen. Teilweise sind diese Lückenräume auch von feinen Sand- und Tonablagerungen gefüllt. Ihre Poren sind wesentlich kleiner als die der groben Schotterablagerungen und mitunter haben Tiere hier Gänge gegraben. Die Oberfläche der gröberen Sedimentteile ist von Bakterien bewachsen und auch Wurzeln verschiedener Pflanzen kann man erkennen, die von der Erdoberfläche her nach dem Grundwasser in die Tiefe streben.

Die Grundwassertiere sind neben den Mikroorganismen die wichtigsten biologischen Glieder im Ökosystem Grundwasser, in dem anorganische und organische Faktoren in komplizierter Weise miteinander in Wechselwirkung stehen. Funktioniert ein solches Ökosystem, sorgt es für eine gute Wasserqualität, sodass Grundwasser, wie etwa in der Lobau, sogar als Trinkwasser verwendet werden kann. Die ökologischen Besonderheiten des sensiblen Grundwassers machen es andererseits nur begrenzt widerstandsfähig gegenüber bestimmten Arten von Verschmutzung.

Der bedeutendste ökologische Faktor, der den Lebensraum Grundwasser von Gewässern an der Erdoberfläche unterscheidet, ist das permanente Fehlen von Licht. Anderswo ermöglicht Licht Pflanzenwachstum. Pflanzen bauen dabei mithilfe der Photosynthese jene organischen Stoffe auf, ohne die tierisches Leben unmöglich ist

Verschmutztes Grundwasser

Wie jedes andere Ökosystem ist auch das Grundwasser Belastungen durch menschliche Aktivitäten ausgesetzt. Anders als bei Oberflächengewässern ist seine Selbstreinigungskraft jedoch sehr beschränkt. In Fließgewässern sorgt der ständig zugeführte und durch die turbulente Wasserbewegung verteilte Sauerstoff in Zusammenwirkung mit der Mikroflora für einen schnellen und vollständigen Abbau von kurzfristigen oder auch kontinuierlich einwirkenden leichteren Belastungen durch organische Stoffe. Im Grundwasser wird der Sauerstoff aber sehr schnell verbraucht; dann können die Bakterien die organischen Stoffe nicht mehr vollständig zerlegen und es entstehen vielfach giftige Abbauprodukte. Alte Chroniken berichten über solcherart verunreinigtes Brunnenwasser in Wien und den damaligen Vorstädten. Und wie jede größere europäische Stadt wurde auch Wien im 19. Jahrhundert von Choleraepidemien heimgesucht, die durch mit Fäkalien verunreinigtes Grundwasser verursacht waren.

Noch viel bedenklicher als organische Verschmutzungen sind aus heutiger Sicht giftige anorganisch-chemische Verbindungen und Schwermetalle, die im Grundwasser auch über längere Zeiträume hinweg biologisch schwer oder gar nicht abbaubar sind. Sie reichern sich an der Oberfläche unterirdischer Gesteinsteile an, wo sie allenfalls für immer haften bleiben. Der Untergrund wirkt auf diese Weise wie ein Depot für Schadstoffe: Immer mehr davon werden gespeichert, unter bestimmten Bedingungen aber auch wieder abgegeben. Dem vorbeugenden Schutz des Grundwassers kommt daher, ähnlich wie bei den Böden, heute eine ganz besondere Bedeutung zu. Denn hat eine Vergiftung erst einmal stattgefunden, dann ist die Sanierung eines solcherart belasteten Grundwassersystems kaum noch oder nur mit enormem finanziellen Aufwand möglich. ***Peter Pospisil***

und setzen, gleichsam als „Abfallprodukt" der Photosynthese, Sauerstoff frei. Im lichtlosen Grundwasser können weder Pflanzen noch grüne Mikroorganismen existieren. Sämtliche organischen Stoffe und der Sauerstoff des Grundwassers stammen somit von oberirdischen Ökosystemen. Sie gelangen durch Versickern aus Fließgewässern, Seen oder mit Regenwasser durch den Boden in den Untergrund. Das heißt aber auch, dass diese lebenswichtigen Stoffe im Grundwasser ausschließlich verbraucht werden und ihre Konzentration immer geringer wird, je länger das Wasser im Untergrund verweilt. So können sie schnell zur „Mangelware" werden. Ein Umstand, auf den sich Grundwasserorganismen einstellen müssen.

Ein weiteres markantes Merkmal dieses besonderen Lebensraums ist: Es gibt nur wenig Platz. Der Größe der hier permanent lebenden Organismen sind daher enge Grenzen gesetzt. Im Grundwasser der Donauebene, also in den Bezirken jenseits der Donau, im Prater sowie in den tiefer liegenden Abschnitten der Bezirke am rechten Ufer des Donaukanals, sind die Verhältnisse in dieser Hinsicht noch günstig: Dort konnte die Donau durch ihre hohe Fließgeschwindigkeit Geschiebe erheblicher Größe transportieren und ablagern, was die Bildung mehrerer Zentimeter großer Lückenräume erlaubte. In den westlichen und höher gelegenen Bereichen Wiens lagern die Wienerwaldbäche dagegen kleinkörnigere Sedimente ab. Damit sind auch die Lückenräume von vornherein sehr klein und der Platz wesentlich beschränkter. Bohrt man dort in die Tiefe, trifft man unter dem jüngeren Anschwemmungsmaterial meist schon nach wenigen Metern auf Millionen Jahre alte, zusammengepresste spättertiäre Ablagerungen aus Süßwasserseen und Meeren, in denen die Größe der Lückenräume noch stärker vermindert ist.

Die Größe der Lückenräume wirkt sich nicht nur auf die Größe der Tiere aus, die hier leben, sie bestimmt auch wesentlich die Fließgeschwindigkeit des Grundwassers. Große Poren ermöglichen einen relativ schnellen Wassertransport, da das Wasser einen direkteren Weg nehmen kann. „Schnell" bedeutet dabei im Durchschnitt einige Meter pro Tag. Im Sand, der aus dicht gepackten, kleinen Teilchen besteht, muss das Wasser durch das Porenlabyrinth einen längeren Weg zurücklegen, die Fließgeschwindigkeit kann auf weniger als einen Meter pro Tag sinken oder noch langsamer werden. Hinzu kommt, dass an den Oberflächen der Sedimentteilchen eine dünne Wasserschicht „haftet", die durch elektrostatische Kräfte der Elementarteilchen gebunden wird und sich im Grundwasserstrom nicht mitbewegt. Werden die Lücken sehr klein, vereinigt sich dieses sogenannte Haftwasser aller Teilchen und „verstopft" die Poren an vielen Stellen, was den Durchfluss weiter behindert.

Die Fließgeschwindigkeit ist für die Funktion des Ökosystems deshalb so bedeutsam, weil das Wasser den Sauerstoff transportiert, auf den alle Grundwassertiere angewiesen sind. Bewegt sich das Grundwasser zu langsam, wird der verbrauchte Sauerstoff nicht ersetzt und es entstehen sauerstofffreie Zonen: Hier verändern sich die chemischen Verhältnisse und damit die Qualität des Grundwassers völlig. Aber auch zahlreiche andere Inhaltsstoffe, darunter gelöste und partikuläre organische Substanzen, werden im Grundwasser transportiert. Von ihnen leben die Mikroorganismen, also Bakterien und Pilze. Diese stellen wiederum die Nahrungsgrundlage für die Grundwassertiere dar, außerdem beeinflussen sie durch die Umwandlung organischer und anorganischer Stoffe auch ganz entscheidend die Eigenschaften des Grundwassers. Während sie so im Normalfall einen Beitrag zur Selbstreinigung leisten, verstärken sie bei schlechten Rahmenbedingungen die Belastung.

Klein, weich, blind und bleich

In den Wiener Sagen geistern schreckliche Kreaturen im Untergrund herum, allen voran der Basilisk in der Schönlaterngasse, ein Mischwesen aus Hahn und Kröte (→ Bild S. 141). Die Realität der Tiere im Grundwasser ist freilich weniger spektakulär, denn sie sind meist sehr klein und in jedem Fall ungefährlich – selbst Verschlucken schadet nicht. Im Allgemeinen bewegt sich ihre Größe im Millimeterbereich. Die unterirdi-

So kann man sich das Leben im Grundwasser vorstellen: Links oben ist eine Grundwasserassel gerade dabei, sich in eine Lücke vorzuzwängen. Rechts mit dem Kopf abwärts ein großer Grundwasserflohkrebs; sein mit Feinmaterial gefüllter Darm ist deutlich zu erkennen. Darunter sieht man das Gehäuse der Schnecke *Lobaunia danubialis.* Unterhalb der Bildmitte kriechen auf den Kiessteinchen zwei Muschelkrebse. Zwei Arten von Hüpferlingen, der kleinere mit drei großen Eiern, schwimmen in der Mitte links (Computergraphik, der Bildausschnitt entspricht etwa 6 x 4 mm).

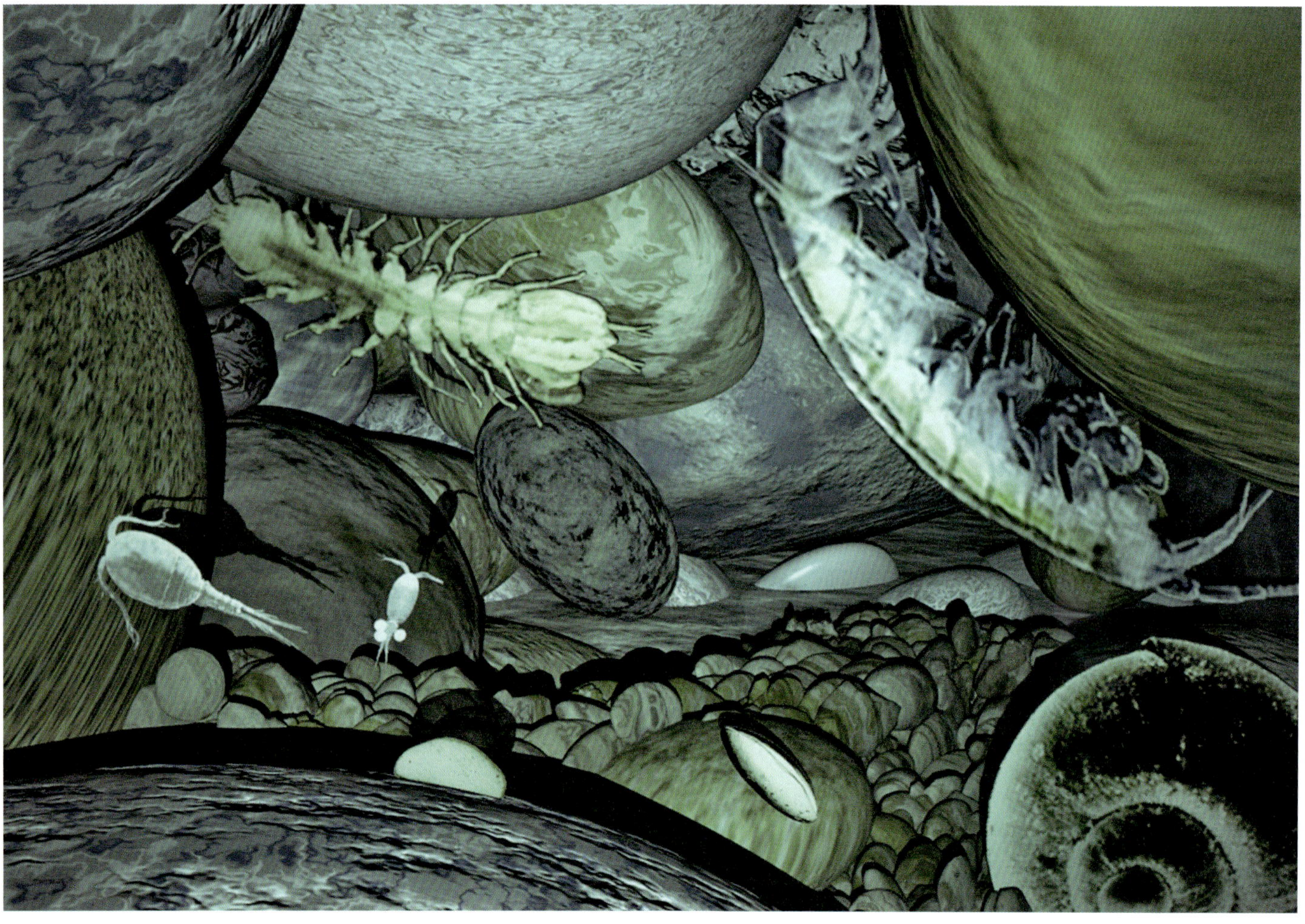

schen „Riesen“ sind selten und werden kaum mehr als einen Zentimeter lang. Ihre wahre Pracht enthüllen die Grundwassertiere erst unter dem Mikroskop, denn dort zeigen sie oft bizarre Formen. Die meisten gehören zur Gruppe der Krebse, deren vielfüßiger, mit Antennen und zahlreichen Borsten bewehrter Körper nicht nach jedermanns Geschmack ist.

Die Hüpferlinge

Die an Individuen größte Tiergruppe im Wiener Grundwasser bilden die Hüpferlinge (Ruderfußkrebse, *Copepoda*). Diese maximal 0,5 bis 2 Millimeter langen Kleinkrebse haben wie fast alle Grundwassertiere keine Körperfarbstoffe und erscheinen weiß oder durchsichtig. Im absolut lichtlosen Grundwasser ist ja ein Sonnenschutz durch Pigmente nicht erforderlich. Von den Grundwasserhüpferlingen gibt es zahlreiche Arten, die sich teils durch ihre Körpergröße, teils durch spezielle Körpermerkmale unterscheiden lassen. Viele von ihnen haben als Anpassung an die besonderen Bedingungen im Untergrund stark verlängerte Sinnesborsten. Dagegen sind ihre Augen entweder funktionslos oder rückgebildet, was durch die vergrößerten Sinnesborsten kompensiert wird. Diese Borsten erlauben auch das Aufspüren sehr geringer Konzentrationen von Nahrungsstoffen oder von Duftstoffen ihrer Geschlechtspartner.

Bei den Hüpferlingen kann man auch noch eine weitere Anpassung an den nahrungsarmen Lebensraum Grundwasser beobachten: Während die Weibchen von Arten in Oberflächengewässern beidseits des Körpers große Eisäcke tragen, in denen sich jeweils 50 und mehr dotterarme Eier befinden, haben Grundwasserhüpferlinge viel weniger, aber dafür dotterreiche Eier. Manche Arten tragen überhaupt nur zwei riesige Eier mit einem großen Dottervorrat, wodurch sichergestellt wird, dass die jungen Larven viel besser versorgt ins Leben gehen als ihre oberirdischen Verwandten. Es ist nur wenig bekannt, wovon die Grundwasserhüpferlinge leben. Die kleinen Arten dürften sich von tierischen Einzellern ernähren, die wiederum Bakterien fressen. Die größeren Hüpferlinge hingegen sind „Räuber“ und jagen, wie bei Laboruntersuchungen beobachtet wurde, ihre kleineren Verwandten.

Viele der Hüpferling-Arten im Wiener Grundwasser können als endemisch bezeichnet werden. Das bedeutet, dass sie bisher nur in Wien und Umgebung gefunden wurden. Eine dieser Arten hat eine besondere Geschichte: Anfang der 1960er-Jahre wurde ein einziges Exemplar eines merkwürdig gestalteten Hüpferlings im Grundwasser der Donaustadt entdeckt. Ob seines Aussehens verblüfft, glaubte man zuerst an eine Missbildung, benannte sie aber dann doch provisorisch und „zu Ehren“ ihres Fundorts *Austriocyclops vindobonae*. Erst dreißig Jahre später wurden in der Lobau weitere Tierchen dieser Art gefunden. Damit war bewiesen, dass es sich nicht um eine Missbildung, sondern um eine zwar etwas ungewöhnliche, aber „echte Art“ handelt, die nun einen originellen Namen trägt.

Muschelkrebse, Asseln, Flohkrebse & Co.

Endemische Arten gibt es aber nicht nur bei den Hüpferlingen, sondern auch bei zahlreichen anderen Grundwassertieren des Wiener Raums. Mit geographischen Rassen (Unterarten) und einer endemischen Art vertreten ist hier eine weitere typische Gruppe von Kleinkrebsen, die Muschelkrebse *(Ostracoda)*. Diese bizarr gebauten, etwa einen Millimeter kleinen Tierchen können ihren Körper vollständig in einer zweiklappigen Schale verbergen, die von einer winzigen Muschelschale kaum zu unterscheiden ist. Man nimmt an, dass sie den Bakterienaufwuchs auf der Oberfläche von Sedimentteilchen abweiden und feines organisches und anorganisches, mit Bakterien durchsetztes Material, sogenannten Detritus, verzehren. Muschelkrebse haben

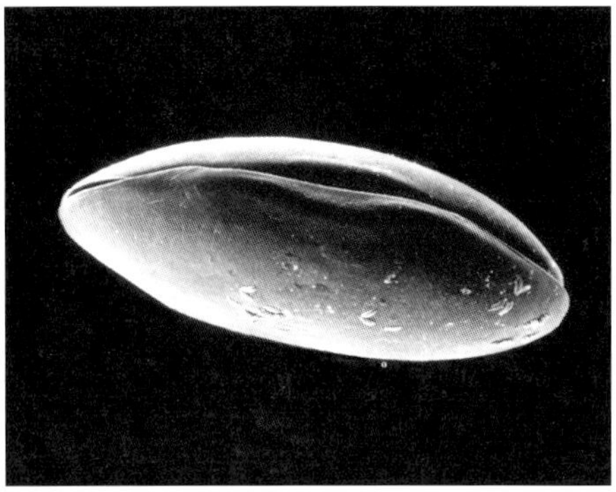
1

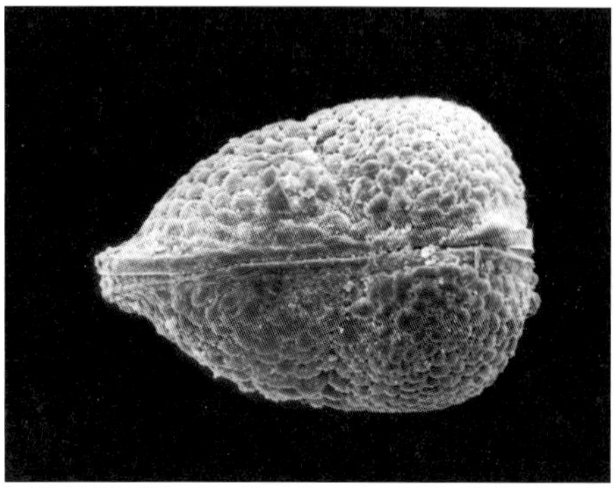
2

Zwei Muschelkrebse aus dem Wiener Grundwasser: *Mixtacandona laisi vindobonensis* (1) und *Kovalevskiella* sp. (2). Die Rasterelektronenmikroskop-Aufnahmen zeigen jeweils die zweiteilige Schale, in der sich das Tierchen verbirgt.

meist glatte, längliche, seitlich stark abgeplattete Schalen, mit denen sie sich durch die engen Lückenräume zwängen. Eine Gattung, *Kovalevskiella,* sieht mit ihrer geriffelten, bauchigen Schale dagegen aus wie eine winzige Walnuss, sie ist aber wesentlich kleiner als ihre glattschaligen Vettern und mit diesen nur weitläufig verwandt. Stammesgeschichtlich näher verwandt ist sie mit Arten, die man im Meer findet. Vermutlich stellt sie ein Relikt aus der Zeit der spättertiären Meeresbedeckung dar, das im Grundwasser überlebt hat, nachdem sich das Meer vor Jahrmillionen zurückgezogen hat.

Auch die jedem Garten- und Kellerbesitzer bekannten Asseln *(Isopoda)* haben Verwandte im Grundwasser. Im Gegensatz zu den hartschaligen Landbewohnern sind die Grundwasserasseln zart und weich. Mit einer Größe von bis zu einem halben Zentimeter kann man sie mit freiem Auge in einer Grundwasserprobe erkennen. Sie bewegen sich langsam kriechend durch die Lückenräume und fressen Detritus, der den lang gestreckten Darm oft als schwarzen Strich im sonst durchscheinend weißen Tierchen erkennen lässt. Grundwasserasseln kann man auch in sehr sauerstoffarmem Grundwasser finden, wo sie überraschenderweise dennoch sehr lebendig sind. Auch in Laborversuchen wurde festgestellt, dass sie bei sehr geringen Sauerstoffkonzentrationen überleben können, bei denen verwandte Oberflächenformen schon längst abgestorben wären, wohl eine weitere Anpassung an die Besonderheiten ihres Lebensraums.

Die Stars unter den Grundwasserorganismen sind wegen ihrer Größe die Grundwasserflohkrebse, die gelegentlich bis zu einem Zentimeter lang werden. Auch sie haben ihre nächsten Verwandten im Meer und nicht in den Bächen der Umgebung, die mit entfernter verwandten Arten aus der Gruppe der Flohkrebse *(Amphipoda)* dicht bevölkert sind. Grundwasserflohkrebse sind weiß und augenlos, im Gegensatz zu den Asseln bewegen sie sich aber sehr rasch und können daher in einer Wasserprobe relativ leicht entdeckt werden. Die auch in Wien am weitesten verbreitete Gattung heißt *Niphargus* (von griechisch „nipharges", schneeweiß). Diese volkstümlich Brunnenkrebse genannten Tiere können ihren lang gestreckten weichen Körper trotz ihrer relativen Größe durch erstaunlich enge Lücken zwängen. Sie ernähren sich von Detritus und Aas, also den Resten anderer Grundwassertiere.

Neben diesen häufig vorkommenden Grundwasserkrebsen findet man andere vergleichsweise selten. Besonders winzig sind die Vertreter der Gattung *Parastenocaris,* die zu einer weiteren Gruppe der anfangs erwähnten Ruderfußkrebse gehören. Sie haben die Anpassung an die Enge des Untergrunds auf die Spitze getrieben. Mit ihrem lang gestreckten, zylindrisch-wurmförmigen Körper und einem Durchmesser von nur wenigen Tausendstel Millimetern können sie selbst in dichten Sandablagerungen leben. Zu einer Gruppe höherer Krebse, den *Syncarida,* gehört die ebenfalls langgestreckte *Bathynella vindobonensis,* ein weiterer, bislang nur hier beobachteter Endemit des Wiener Raums.

Milben vertreten die Gruppe der Spinnentiere im Grundwasser. Die Milbe *Schwiebea* sp. (1) misst knapp einen halben Millimeter. Fast zehnmal so lang sind die Käferlarven von *Cyphon* sp. (2), die sich in Proben aus den Grundwassersonden in der Lobau lokal in Massen finden.

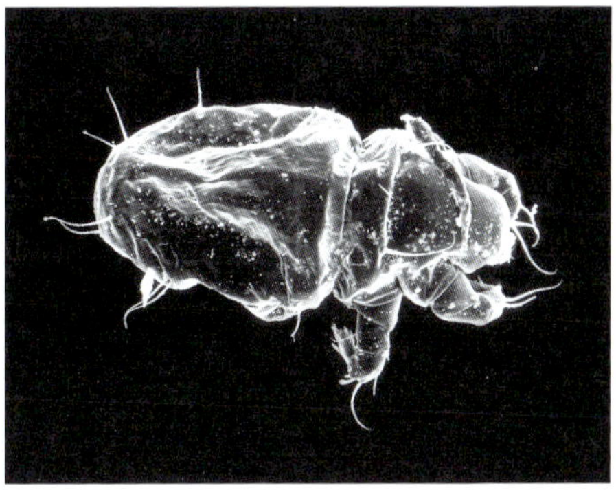

1

2

Aber nicht nur Krebstiere leben im Wiener Grundwasser. Ein endemischer Grundwasser-Fadenwurm, *Theristus franzbergeri,* ist ebenfalls mit Arten verwandt, die im Meer leben. Ähnlich verhält es sich mit dem Vielborster *(Polychaeta) Troglochaetus beranecki,* einem „hübschen" Wurm mit Stummelfüßchen und ohrenförmigen Kopflappen. Unter dem Stephansplatz wurden drei neue Milbenarten im Grundwasser entdeckt und in der Lobau leben sogar winzige Gehäuseschnecken im Untergrund. Eine davon, ein weiterer Endemit, erhielt den Namen *Lobaunia danubialis.* Sie zeichnet sich durch stark vergrößerte Atmungsorgane (Kiemen) aus, auch das ist vermutlich eine Anpassung an die prekäre Sauerstoffsituation ihres Lebensraumes.

Das Wiener Grundwasser wird ständig kontrolliert

Bereits seit 1890 wird das Grundwasser in Wien untersucht, heute werden sein Stand an rund 1.000 Messstationen und die Wasserqualität an bis zu 100 Messstellen regelmäßig kontrolliert. Die ständigen Messungen sind einerseits zur Sicherung der Wassergüte nötig, denn fallweise auftretende Umweltbeeinträchtigungen durch nicht genehmigte „wilde" Deponien und andere Einflüsse gefährden das Grundwasser als eine wichtige Trink- und Nutzwasserressource der Stadt. Andererseits braucht man die Beobachtungsdaten auch bei Bauvorhaben für Fundierungsarbeiten und die wasserrechtliche Beweisführung. Besonders wichtig sind diese Grundwasserkontrollen bei allen Tiefbauprojekten, wie etwa beim Bau von Tiefgaragen oder der Wiener U-Bahn.

Langjährige Ganglinie (1965–2004) einer Grundwassersonde im 22. Wiener Gemeindebezirk

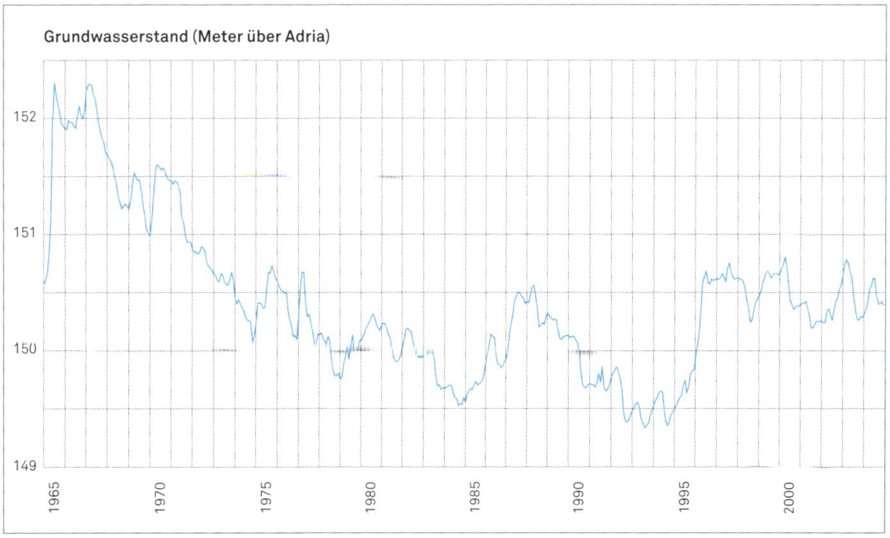

Das unscheinbare oberirdische Ende einer Grundwassersonde

Die Ergiebigkeit des Grundwasserkörpers hängt stark vom geologischen Aufbau des Untergrundes und seinen Eigenschaften ab. Ein zusammenhängendes nutzbares Grundwasservorkommen gibt es in Wien in den quartären Bach- und Donauschottern, aber auch tief gelegene unterirdische Bereiche, die mit tertiären Sanden erfüllt sind, enthalten das kostbare Nass. Die mittleren Grundwasserstände werden für jede Messstelle aus dem arithmetischen Mittel der im Normalfall wöchentlich abgelesenen und in Metern über Adria angezeigten Daten berechnet. Die Jahresmittelwerte bewegen sich am linken Donauufer zwischen 157 Metern im Nordwesten der Stadt und 149 Metern in der Lobau, am rechten Ufer liegt der Grundwasserspiegel in der Regel etwas höher. Die Schwankungen des Grundwasserpegels innerhalb eines Jahres liegen im Großteil der Stadt deutlich unter einem Meter, nur in den Bereichen nahe der Donau treten mittlere Amplituden von ein bis zwei Metern auf. Langjährige Schwankungen, also die Differenz zwischen Trockenjahren und sehr feuchten Jahren, können jedoch auch größere Werte erreichen. Anfang der 1990er-Jahre herrschten relativ tiefe Grundwasserstände, in den Jahren 1996 und 1997 stellten sich jedoch wieder hohe Werte ein. Der Grundwasserhöchststand wurde in vielen Bereichen in den Jahren 1965 und 1966 erreicht.

Die Pegelschwankungen werden generell durch nahe Oberflächengewässer und die Jahreszeiten beeinflusst, zusätzlich kommt es aber auch zu langjährigen Fluktuationen, die der vorherrschenden Niederschlagssituation entsprechen. Niedrige Grundwasserstände werden durch anhaltende Trockenperioden verursacht, weil in ihnen sowohl die Speisung aus dem Niederschlag als auch die Infiltration aus den Oberflächengewässern fehlt. Wenn die jährlichen Niederschlagsmengen nicht ausreichen, um die Grundwasserdepots wieder aufzufüllen, können die Tiefstände über mehrere Jahre hinweg bestehen bleiben. Im donaunahen Bereich wurde die Grundwasserdynamik in den letzten Jahren durch wasserbauliche Maßnahmen am Donaustrom verändert. Die Errichtung der Neuen Donau und der Stau des Donaustroms in Wien durch das Kraftwerk Freudenau haben besonders in den Bereichen nördlich der Donau zu einem Ansteigen des Grundwasserspiegels beziehungsweise zu einer Stabilisierung der Grundwasserdynamik geführt.

In Wien gibt es rund 2.500 wasserrechtliche Bewilligungen für die Nutzung von Grundwasser. Zum überwiegenden Teil handelt es sich dabei um Entnahmen für Bewässerungen und Brauchwasser für die Industrie. Der Wasserversorgung aus Hausbrunnen kommt heute nur mehr geringe Bedeutung zu, da Wien flächendeckend mit hochqualitativem Leitungswasser (→ S. 85 und S. 616) versorgt ist. Die öffentliche Wiener Wasserversorgung (MA 31) betreibt Brunnen in der Lobau, am Donauufer in Nussdorf und im nördlichen Abschnitt der Donauinsel, die bei Spitzenbedarf, oder wenn eine der beiden Hochquellenwasserleitungen für Revisionszwecke außer Betrieb genommen wird, eingesetzt werden.

Flüsse und Bäche: eine Herausforderung für die Stadt

Schutz vor dem Hochwasser und Schutz der Natur

Dynamisch wild – ökologisch vielfältig

Ebenso wie die Donau werden auch die kleineren Fließgewässer im Raum von Wien von einer sehr unterschiedlichen Wasserführung geprägt. Daher ist von ihnen in früheren Jahrhunderten eine permanente Hochwasserbedrohung für die Stadt ausgegangen. Fast alle diese Flüsse und Bäche – die wichtigsten unter ihnen sind Wienfluss und Liesing – kommen aus dem Wienerwald. Da die Böden in ihren Einzugsgebieten überwiegend wasserundurchlässig sind, reagieren sie sehr rasch und unmittelbar auf Niederschläge: Bei starkem Regen schwellen sie schlagartig an und kurz andauernde, aber mächtige Hochwasser machen die Gerinne zu reißenden Wildbächen. Diese natürliche Hochwasserdynamik wurde mit der zunehmenden Siedlungsentwicklung entlang der Gewässer mehr und mehr als Bedrohung empfunden.

Grundsätzlich entspricht der starken Dynamik naturbelassener Fließgewässer ein abwechslungsreiches Erscheinungsbild: Sie haben keinen geradlinigen, eintönig linearen Verlauf, vielmehr wechseln breitere Bereiche mit schmaleren, steile Uferanbrüche mit flachen Rändern, grobkörnige mit feinsandigen Ablagerungen und seichte mit tiefen Stellen. Inseln, Prall- und Gleitufer, einhängender Uferbewuchs, Wurzeln und Totholz sowie unterschiedliche Strömungsgeschwindigkeit und Wassertemperatur bewirken eine Vielfalt an verschiedenen Lebensräumen (Habitaten), die von unterschiedlichen Lebensgemeinschaften aus Einzellern, Insekten, Krebsen, Spinnen, Würmern, Schnecken und Muscheln bis hin zu Fischen, Vögeln und Säugetieren bewohnt werden.

Im Wiener Raum waren die Fließgewässer ursprünglich auf ihrer ganzen Länge eng mit dem Umland verzahnt, sie speisten das Grundwasser und erhöhten die Luftfeuchtigkeit. Auch ihre Ufer- und Auenbereiche waren charakteristische Lebensräume von großer ökologischer Bedeutung. Der ursprüngliche Verlauf und Charakter des Wienflusses und der anderen Wienerwaldbäche im heutigen Stadtgebiet von Wien und deren sukzessive Veränderung seit dem Mittelalter sind im Kapitel Landschaftswandel (→ S. 207) dargestellt. Heute sind nur mehr die Ober- und Mittelläufe der meisten Wienerwaldbäche völlig naturbelassen. Das Leben in und an so einem Bach wird ausführlich im Wienerwald-Kapitel (→ S. 255) beschrieben.

Der Donaustrom und die an ihn gebundene Aulandschaft wurde durch die Regulierungsmaßnahmen im 19. Jahrhundert stark verändert. Trotzdem haben sich im Bereich des Nationalparks Donauauen bis heute viele naturnahe Bereiche erhalten. Ausführliche Hinweise darauf und auf die jahrhundertelange Gefährdung Wiens durch Donauhochwasser finden sich im Kapitel Donau und Auenlandschaft (→ S. 329).

Klassifizierung von Hochwasser

Die Größenordnung eines Hochwassers wird in Form seiner statistischen Auftrittswahrscheinlichkeit angegeben. Ein 100-jährliches Hochwasser (HQ100) ist im statistischen Mittel einmal alle 100 Jahre zu erwarten. Dies schließt aber nicht aus, dass extreme Überschwemmungen gelegentlich auch in kürzeren Abständen hintereinander auftreten können, wie dies an der Donau in den Folgejahren 1767 und 1768 sowie im August und Dezember 1991 und im März und August 2002 der Fall war (→ Bilder S. 125).

Die harte Verbauung der Wienerwaldbäche

Wie bei der Donauregulierung sollten auch bei den Wienerwaldbächen Begradigungen, Eintiefungen und harte Verbauungen helfen, die gefährlichen Hochwasser rascher abzuleiten. So wurden bei der klassischen Gewässerverbauung des 19. und 20. Jahrhunderts die Bäche mit einem trapez- oder kastenförmigen Abflussprofil versehen, bei dem Schwellen und Stufen zur Bewältigung größerer Höhenunterschiede eingebaut waren. Durch die Begradigung erhöht sich aber die Abflussgeschwindigkeit stark gegenüber jener des mäandrierenden Baches, muss doch das gleiche Gefälle nun auf kürzerer Strecke bewältigt werden. Weil sich aber der schneller fließende Bach immer tiefer in sein Bett eingraben würde, hat man als naheliegende und technisch einfache Lösung die Gewässersohle durch eine „Sohlpflasterung" befestigt. Auf diese Weise war das Gewässer gänzlich von seiner Umgebung abgeschnitten, mit der Folge, dass die umliegenden Flächen austrockneten und dynamische Prozesse wie Uferabbrüche oder Laufverlagerungen nicht mehr möglich waren. Damit gingen die vielfältigen Strukturen, die zu einem naturnahen Bach gehören, verloren.

Der **Wienfluss** ist der größte der Wienerwaldbäche mit einer Gesamtlänge von circa 34 Kilometern; 16,2 Kilometer verlaufen im Wiener Stadtgebiet, 2,4 davon sind heute eingewölbt; das Gesamteinzugsgebiet umfasst 230 Quadratkilometer. Im Bereich der Kennedybrücke in Wien-Hietzing weist der Wienfluss eine Mittelwasserführung von etwa einem Kubikmeter pro Sekunde auf. Während lang anhaltender Trockenperioden kann der Durchfluss jedoch auf 0,15 Kubikmeter pro Sekunde absinken oder der Fluss fällt kurzfristig überhaupt trocken. Im Jahr 1785 wurde am Wienfluss ein historisches Katastrophenhochwasser verzeichnet, damals wurden auch die Keller und das Erdgeschoß des Schlosses Schönbrunn überflutet. 1851 ereignete sich die größte bisher dokumentierte Überschwemmung mit einem Durchfluss von etwa 600 Kubikmetern pro Sekunde.

Die erste Regulierung des Wienflusses wurde in den Jahren 1814 bis 1817 durchgeführt. Nach der Choleraepidemie von 1831, die durch den Rückstau eines Donauhochwassers in den Wienfluss ausgelöst wurde, errichtete die Stadtverwaltung im Bett des Wienflusses parallel verlaufende Sammelkanäle für Abwässer. Diese sogenannten Cholerakanäle reichten vom Donaukanal bis zur Mündung des Halterbaches in Penzing. Bei Hochwasser gelangte allerdings weiterhin Schmutzwasser durch Überläufe in den Wienfluss. Die endgültige Wienfluss-Regulierung – sie orientierte sich an der

In der verbauten Stadtstrecke des Wienflusses kann es nach Starkregenereignissen innerhalb weniger Minuten zu einem Wasserstandsanstieg von zwei Metern kommen (Wienfluss in Hietzing/Kennedybrücke, linkes Bild: Hochwasser 1975).

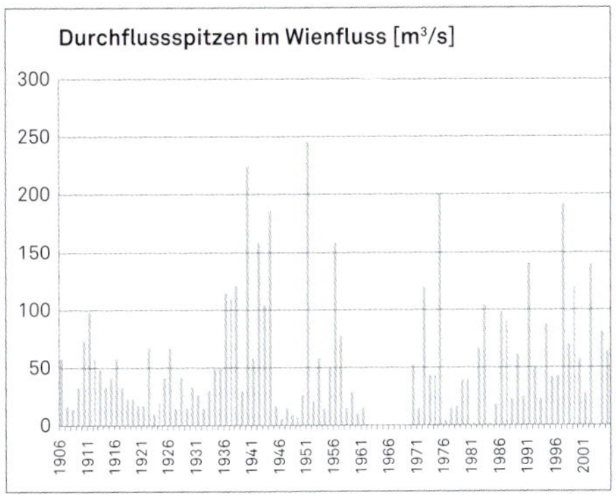

Bei Mittelwasser fließt im Wienfluss beim Pegel Kennedybrücke rund ein Kubikmeter (m^3 = 1.000 Liter) pro Sekunde ab, die meiste Zeit des Jahres sind es sogar nur ein paar Hundert Liter. Bei den häufig auftretenden Hochwasserspitzen werden jedoch enorm große Wassermengen transportiert.

Wasserführung des Hochwassers von 1851 – erfolgte 1895 bis 1906. Das Ergebnis war ein naturfernes Gerinne, das auch heute noch von Hütteldorf bis zur Mündung in den Donaukanal das Erscheinungsbild der Wien prägt. Für den Hochwasserschutz der Stadt entstanden in Auhof sieben Rückhaltebecken, eines am Mauerbach vor dessen Einmündung in den Wienfluss und sechs am Wienfluss selbst. Alle sieben Becken haben seit den jüngsten Umbauarbeiten insgesamt ein Fassungsvermögen von 1,300.000 Kubikmetern.

Da diese sogenannten Retentionsbecken für einen optimalen Hochwasserschutz noch immer nicht ausreichend waren, wurde in jüngster Zeit ein neues Konzept ausgearbeitet, das mehrere Maßnahmen kombiniert: Eine der wichtigsten Neuerungen ist dabei der großzügig dimensionierte Kanal unter der Wienflusssohle, der „Wientalsammler-Entlastungskanal" (→ S. 619). Der erste Bauabschnitt, von der Pilgrambrücke bis zur Einmündung in den Donaukanal, wurde 2006 fertiggestellt. Mit über 110.000 Kubikmetern Fassungsvermögen stellt er sicher, dass in diesem Bereich durch den Regen verdünntes Kanalwasser, sogenanntes Mischwasser, nun nicht mehr aus übergehenden Kanälen in den Wienfluss gelangt, sondern der neuen Wiener Hauptkläranlage zugeführt wird (→ S. 620). Auch die verbesserte Nutzung des Wienerwaldsees als Retentionsraum und die Neuordnung der Beckenfüllung in Auhof werden dazu beitragen, dass die Wasserführung des Wienflusses in Zukunft bei einem 1.000-jährlichen Hochwasser um ein Drittel reduziert werden kann.

Das Bett der im Süden Wiens durch den 23. und 10. Bezirk fließenden **Liesing** wurde von 1947 an bis in die 1980er-Jahre zum Schutz vor Hochwasser begradigt, bis zu drei Meter tiefer gelegt und einbetoniert. Bis zu ihrer Mündung in die Schwechat ist die Liesing 31,5 Kilometer lang. Sie hat ein überwiegend dicht besiedeltes, 115 Quadratkilometer großes Einzugsgebiet, von dem gut die Hälfte in Wien liegt. Ein großzügiges Renaturierungsprojekt der Liesing befindet sich derzeit in Umsetzung und wird auf den folgenden Seiten beschrieben.

Natur statt Beton

Im Laufe des 19. und 20. Jahrhunderts waren der Wienfluss und die Bäche im Wiener Stadtbereich entweder im Kanalnetz verschwunden oder in ihren an der Oberfläche verbliebenen Abschnitten zu mehr oder weniger leblosen Gerinnen verkommen. Durch Kanalisation und Kläranlagen hatte man zwar in den letzten Jahrzehnten ihre chemisch-physikalische Wasserqualität wieder entscheidend verbessert, als Lebensraum blieben sie dennoch in ihren verbauten Abschnitten weiterhin kaum geeignet. Denn entscheidend für die ökologische Qualität eines Fließgewässers sind neben seiner Wasserqualität vor allem seine Vielfalt an Strukturen. Der Großteil des Lebens in einem naturbelassenen Bach spielt sich im Lückensystem der Gewässersohle ab (→ S. 311). Hier bremsen raue Oberflächen und Gehölzwurzeln die Strömung und wirken als Schutzraum. Im frei strömenden Wasser der Bäche hingegen können nur wenige Pflanzen- und Tierarten leben. Auf den Oberflächen der Steine und Wurzeln sitzen aber nicht nur Tiere, sondern auch dichte Rasen aus Algen und Mikroorganismen. Sie sind wesentlich für den Abbau von Schadstoffen und die Selbstreinigungskraft des Baches verantwortlich – ein Effekt, den man sich bei „Pflanzenkläranlagen" zunutze macht. In einem naturnahen Gewässer beträgt diese „aktive Oberfläche", bedingt durch die Lücke im Substrat, ein Vielfaches der Grundfläche.

Ein weiterer ökologischer Nachteil der harten Verbauung ist, dass sie die Wanderwege für viele Organismen entlang des Flusslaufes weitgehend unterbindet. Viele wirbellose Tiere wandern im Lückensystem oder an der Oberfläche des Substrats, im freien Wasser können nur wenige gegen die Strömung schwimmen. Jede Unterbrechung des Lückensystems in der Gewässersohle stellt eine meist unüberwindbare Barriere für aufwärts gerichtete Wanderungen dar. In hart verbauten Gewässern erfolgt eine Besiedlung daher fast immer nur von oben nach unten. Arten aus quellnahen Bereichen, die so in den Mittel- und Unterlauf gelangen, überleben hier aber oft nicht, während besser angepasste Organismen von unten nicht einwandern können. Weitere Hindernisse sind Sohlstufen, Stauhaltungen und Verrohrungen. Bereits Stufen von zehn bis 20 Zentimetern Höhe sind für kleine Fischarten und wirbellose Tiere unüberwindbar. Die mancherorts errichteten „Fischaufstiegstreppen" können meist nur von einigen wenigen für Sportfischer interessante Fischarten genutzt werden.

Die Renaturierung von Liesing und Wienfluss

Die im Jahr 2000 beschlossene Wasserrahmenrichtlinie der EU hat unter anderem das Ziel, bis 2015 Fließgewässer in einen guten ökologischen Zustand zu bringen. Für Gewässer im verbauten Bereich leistet die Stadt Wien hier Pionierarbeit. Bereits Anfang der 1990er-Jahre wurde gleichzeitig mit der Planung für einen verbesserten Hochwasserschutz auch mit der Renaturierung von Liesingbach und Wienfluss begonnen.

Bei der **Liesing** wurden zunächst naturnah gestaltete Retentionsräume angelegt und eine erste, 800 Meter lange Versuchsstrecke in Kalksburg und Rodaun erfolgreich renaturiert und „ingenieurbiologisch" verbaut. Mit dem Neubau des Liesingbach-Sammelkanals, der im bachnahen Bereich von der Stadtgrenze aufwärts bis Inzersdorf verläuft, bot sich der Wiener Wasserbauabteilung (MA 45) die Gelegenheit, in diesem Bereich das gesamte Bachbett neu zu gestalten. Auf einer Länge von 5,5 Kilometern wurde die Pflasterung entfernt, durch eine Sohlrollierung und eine naturnahe Sohle ersetzt, das Bachbett erweitert, die gerade Linienführung durchbrochen und die Uferböschungen punktuell durch ingenieurbiologische Maßnahmen mit Weiden gesichert. Die Abwässer aus der Region werden nun im neu geschaffenen Abwasserkanal zur Hauptkläranlage Simmering abgeleitet. Dadurch konnte die Kläranlage Blumental geschlossen werden, die nun in ein Rückhalte- und Reinigungsbecken für Regenwasser umgebaut werden soll. Auch die mit Schwefelwasserstoff belasteten und dadurch für Gewässerorganismen sehr schädlichen Abwässer der Thermalquelle Oberlaa werden seit dem Umbau nicht mehr im Liesingbach, sondern im neuen Sammelkanal in einem gesonderten Spezialrohr zum Donaukanal abgeleitet.

Die Liesing in Oberlaa (Kästenbaumgasse) vor der Revitalisierung, 1999 (1) und danach, 2006 (2)

1

2

1

2

1 Das Knoten-Laichkraut *Potamogeton nodosus*, eine ehemals charakteristische, heute vom Aussterben bedrohte Wasserpflanze der Bäche im Wiener Becken, wurde in der Liesing bei Unterlaa mehr als 150 Jahre nach dem letzten Nachweis wieder gefunden.

2 Der Eisvogel braucht Flüsse und Bäche, die lehmige Steilufer für die Bruthöhlen, fischreiche Flachwasserzonen als Jagdgebiete und über das Wasser ragende Gehölze als Sitzwarten bieten. Damit ist er ein Symbol für ökologisch weitgehend intakte Gewässerbereiche.

Der Belastungszustand der Liesing hat sich, nach dem gängigen System der fünf Gewässergüteklassen, seit der Fertigstellung des Projekts von zuvor Güteklasse IV (übermäßig verschmutzt) auf Güteklasse II–III (kritisch belastet) verbessert. Acht Libellen- und sechs Fischarten, darunter die Elritze *Phoxinus phoxinus,* haben sich seither wieder angesiedelt und Eisvögel *Alcedo atthis* und Graureiher *Ardea cinerea* wurden bei Unterlaa erneut gesichtet. Auch die Menschen der Umgebung profitieren von der Renaturierung: Ein neuer, durchgehender Radweg von Schwechat bis Rodaun und die naturnahen Ufer und Flachwasserbereiche werden von Erholungssuchenden und Kindern geschätzt. Bis zum Jahr 2015 soll die Renaturierung des Liesingbachs in Wien auf der Gesamtlänge von 23 Kilometern abgeschlossen sein.

Die neue Bachführung hat sich auch in Hinblick auf den Hochwasserschutz bereits bewährt: 1997 wurde ein etwa 30-jährliches Hochwasserereignis ohne Komplikationen im verbauten Gebiet bewältigt.

Beim **Wienfluss** ist die Renaturierung besonders schwierig, vor allem, weil sein gemauertes Bett unter Denkmalschutz steht. Hier gilt es also zusätzlich zum Hochwasserschutz und der Forderung nach „gutem ökologischen Potenzial", wie es in der Europäischen Wasserrahmenrichtlinie als Ziel formuliert ist, auch noch die architektonischen und städtebaulichen Ansprüche zu berücksichtigen. Die Arbeiten begannen

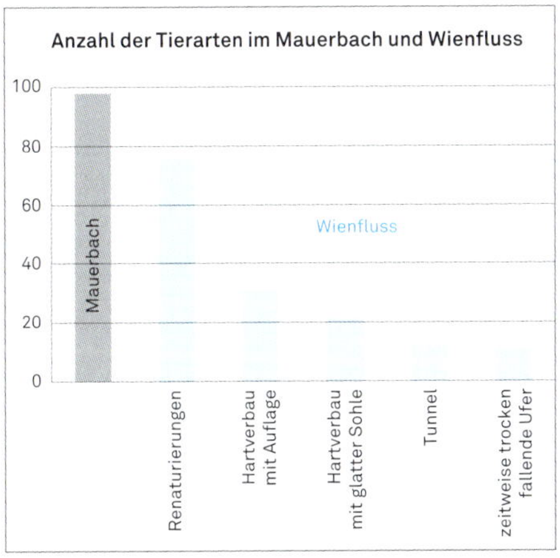

Die harte Verbauung hat die Zahl der Tierarten, die im Wienfluss (blaue Balken) leben können, drastisch reduziert. Im unverbauten, naturnahen Mauerbach kommen fünf- bis zehnmal mehr Arten vor. Auch bei Auhof und Mariabrunn, wo der Wienfluss renaturiert wurde, ist das Artenspektrum deutlich größer als im verbauten Bereich.

Der renaturierte Wienfluss vor der Einmündung ins Vorbecken. Die Sohlepflasterung wurde entfernt und die Ufer durch groben Blockwurf befestigt. Die bereits üppig vorhandene Vegetation ist teils gepflanzt worden und teils durch natürlichen Anflug entstanden.

Die renaturierten Wienflussbecken bei Auhof bilden außerhalb der Donau-Auen das einzige größere Feuchtgebiet in Wien. Kleinfrüchtiger Igelkolben *Sparganium erectum ssp. microcarpum*, Reisquecke *Leersia oryzoides*, Österreichisches und Wenigblüten-Sumpfried *Eleocharis mammilata ssp. austriaca* und *E. quinqueflora* kommen in Wien ausschließlich hier vor. Einige andere Arten wie die stark gefährdete Echte Brunnenkresse *Nasturtium officinale*, der vom Aussterben bedrohte Kriech-Sumpfschirm *Helosciadium repens*, der Breitblatt-Merk *Sium latifolium* und die Berle *Berula erecta* als Charakterart sauberer, fließender Gewässer bilden hier große Bestände. Mittlerweile sind die Rückhaltebecken und restrukturierten Flussabschnitte ein hervorragender Lebensraum auch für den Biber geworden.

1997 in Hadersdorf und wurden bis 2002 bis zum Nikolai-Steg fortgeführt. 2004 entstand beim Hackinger Steg auf Höhe des Bahnhofs Hütteldorf eine 150 Meter lange Versuchsstrecke, die zeigt, wie der Wienfluss im innerstädtischen Bereich entsprechend der Vorgaben durch die Wasserrahmenrichtlinie restrukturiert werden könnte. Im Bereich der Retentionsbecken in Auhof entstand ein verzweigtes Bachsystem, das unterschiedliche Tiefen, Breiten und Fließgeschwindigkeiten aufweist. Innerhalb dieser Rückhaltebecken wird das Flussbett der natürlichen Selbstgestaltung überlassen, was die ökologischen und hydrologischen Bedingungen verbessert. Das Bodensubstrat variiert hier mit den Strömungsverhältnissen. Zusätzlich bieten Ufervegetation, Schilf und Wasserpflanzen sowie eingeschwemmtes Totholz ein reiches Angebot an unterschiedlichen Lebensräumen für Tiere. Seitdem der Wienfluss aus seinem ehemaligen, gemauerten Flussbett in dieses neu gestaltete Bett umgeleitet worden ist, haben sich die ökologischen Funktionen des Gewässers und seine Selbstreinigungskraft deutlich verbessert.

Weniger Chancen für eine Renaturierung gibt es für die 18 übrigen, **kleineren Wienerwaldbäche** in Wien. Von Nord nach Süd sind dies: Schreiberbach, Nesselbach, Reisenbergbach, Arbesbach, Krottenbach, Währinger Bach, Alsbach, Geroldbach, Kräuterbach, Jägerbach, Eckbach, Dornbach, Ottakringer Bach, Ameisbach, Rosenbach, Halterbach, Marienbach und Lainzer Bach. Ihre naturnahen Abschnitte liegen hauptsächlich in ihrem Ober- und Mittellauf außerhalb der Stadt (→ S. 305). Viele trocknen in niederschlagsarmen Perioden aus. Die meisten werden bereits vor dem Eintritt in das bodenversiegelte Stadtgebiet in Kanäle gefasst und sind von da an nicht mehr sichtbar. Für sie wird es wohl keine Wiederauferstehung geben.

Natur aus zweiter Hand: Der 18 Kilometer lange Marchfeldkanal (im Bild bei Stammersdorf). Er ist unter anderem Wasserlieferant für die Gemüsebauern des Marchfelds und Naherholungsgebiet.

Ein ganz anderes Beispiel für ein Fließgewässer in Wien ist der künstlich angelegte **Marchfeldkanal.** Ausgehend von den ersten Ideen zu einer großräumigen Feldbewässerung um 1850, konnte der Kanal im Jahre 1992 als wasserwirtschaftlich und landschaftsökologisch bedeutsames Projekt in Betrieb genommen werden. Er zweigt auf Wiener Stadtgebiet von der Donau ab und beschickt das rund 100 Kilometer lange Marchfeldkanalsystem in Niederösterreich. Im 21. Bezirk versuchte man, ihn möglichst „naturnah" zu gestalten, allerdings wird sein Durchfluss künstlich geregelt und sein Bett musste in manchen Abschnitten gegen den schotterigen Untergrund abgedichtet werden.

Abkömmlinge des Donaustroms: fließende und stehende Gewässer

Der Donaukanal

Der Donaukanal ist aus einem der ältesten und historisch bedeutendsten Donauarme entstanden. Bereits das römische Castellum samt Hafen sowie die mittelalterlichen Hafenanlagen lagen an diesem Donauarm, nämlich am Salzgries im Bereich der heutigen Kirche Maria am Gestade und der Ruprechtskirche. Im Zuge der ersten Donauregulierung wurde dieser Donauarm in ein weitgehend aufgemauertes Trapezgerinne gezwängt, um die Stadt bis direkt an den Kanal bauen zu können. Gleichzeitig ermöglichte man mit der Wehranlage und Schleuse in Nußdorf auch eine Regelung des Wasserdurchflusses. Die Wassermengen betragen im Donaukanal zwischen 120 Kubikmeter pro Sekunde im Winter und bis zu 200 Kubikmeter im Sommer. Bei Hochwasser wird der Durchfluss reduziert, um einen Wasserstand von 4,80 Metern am Pegel Schwedenbrücke nicht zu überschreiten. Diesem Pegel kommt noch eine zusätzliche Bedeutung zu. An ihm orientiert sich nämlich ein eigenes Höhenbezugssystem für die Stadt Wien. Dieses heute noch gebräuchliche System bezieht sich auf einen Pegelwert von vier Metern, welcher dem sogenannten „Wiener Null" entspricht und 156,68 Meter über der Meereshöhe der Adria liegt.

Trotz seines künstlichen Betts stellt der Donaukanal bis heute ein Rückzugsgebiet für zahlreiche Fischarten dar, die im Hauptstrom als gefährdet gelten. So finden sich etwa an der Einmündung des Wienflusses Laichplätze von Nasen. Immer wieder gab es Vorstöße, den Donaukanal ökologisch zu gestalten. Für die mit Steinmauern gefassten Abschnitte muss dies ausgeschlossen werden, da sie unter Denkmalschutz stehen und somit nicht verändert werden können. Günstigere Voraussetzungen sind an der Weißgerber Lände gegeben, wo der Bewuchs mit Weiden zugelassen wird. Hier finden sich daher immer häufiger Reiher und Kormorane ein und im Winter benagen Biber die Weiden, an denen Fraßspuren auch noch im Sommer zu sehen sind (Bild → S. 375).

1 Der Donaukanal wird von 15 Straßen- und fünf Eisenbahnbrücken überquert. Für Fußgänger gibt es auch die Möglichkeit, unterirdisch über die Bahnsteige der U2-Station Schottenring oder über den Erdberger Steg die Ufer zu wechseln. Blick vom Ringturm aus nach Norden mit der Augartenbrücke im Vordergrund.

2 Das rechte Bild zeigt den Donaukanal im Bereich des 3. Bezirks, vom Erdberger Steg aus gesehen. Wo der ehemalige Donauarm nicht mit denkmalgeschützten Steinmauern gefasst ist, lassen sich die Ufer durch dichten Weidenbewuchs relativ naturnah gestalten.

1

2

Die Neue Donau

Hochwasserschutz, Erholungsparadies, Natur aus zweiter Hand

Copa Kagrana – das ist der Name, den die Wienerinnen und Wiener einem Teil ihres weitläufigsten und beliebtesten Badegewässers gegeben haben. Mit der über 20 Kilometer langen Neuen Donau verfügt Wien über umfangreichere Bademöglichkeiten als die meisten anderen Binnenstädte vergleichbarer Größe. Seit der Fertigstellung der Neuen Donau und der Donauinsel im Jahr 1988 stehen im Norden Wiens insgesamt rund 390 Hektar Grünfläche und 330 Hektar Wasserfläche für Freizeitaktivitäten zur Verfügung, und das, obwohl das künstliche Gewässer vorrangig als „Entlastungsgerinne" für die Donau für den Fall von Hochwasserereignissen konzipiert worden war.

Ein Grundsatzbeschluss des Wiener Gemeinderates aus dem Jahr 1969 hatte nämlich vorgesehen, eine Verbesserung des Hochwasserschutzes in Angriff zu nehmen, sodass künftig auch extreme Flutwellen der Donau mit einer Wassermenge von 14.000 Kubikmetern pro Sekunde, was einem Hochwasser entspricht, das statistisch circa alle 10.000 Jahre auftritt, schadlos an der Stadt vorbeigeführt werden können. Die dafür erforderliche Vergrößerung des Durchflussquerschnitts erfolgte im Bereich des damaligen Überschwemmungsgebietes. Das so geschaffene Entlastungsgerinne, die Neue Donau, beginnt mit dem Einlaufbauwerk in Langenzersdorf, ist durch ein Wehr (Wehr 1) in der Nähe der Praterbrücke in die beiden Bereiche „Obere Stauhaltung" und „Untere Stauhaltung" unterteilt und mündet mit dem Auslaufbauwerk (Wehr 2) beim Ölhafen Lobau wieder in die Donau. Insgesamt wurden 30 Millionen Kubikmeter Aushubmaterial bewegt. Die rund 21,2 Kilometer lange, hochwasserfreie und durchschnittlich 200 Meter breite Donauinsel, welche die Neue Donau vom Donaustrom trennt, entstand gleichsam als Nebenprodukt durch Aufschüttung dieses Aushubmaterials im verbleibenden Teil des Überschwemmungsgebietes. Das Einlaufbauwerk unterbindet im Normalfall den Zufluss zur Neuen Donau, während es bei Hochwasser die Aufteilung der Wassermengen regelt. Bei einem Extremhochwasser von 14.000 Kubikmetern pro Sekunde würden dann davon 8.800 in den Hauptstrom und 5.200 ins Entlastungsgerinne abfließen. Die weiter flussabwärts gelegenen Wehre 1 und 2 werden bei Hochwasser geöffnet und regeln bei Mittel- oder Niederwasser in der Donau den Wasserspiegel zwischen den Wehren. Sie stellen die seeähnlichen Verhältnisse in der Neuen Donau sicher. Dabei verhindert das Wehr 2 auch das Rückstauen von Donauwasser mit minderer Wassergüte in die Neue Donau. Die Wassertiefe in den Stauhaltungen beträgt im Mittel am Beginn jeder Stauhaltung etwa zwei Meter und am Ende sechs Meter, die maximale Wassertiefe bei Hochwasser

Die Neue Donau als beliebtes Freizeitparadies in der Stadt. An heißen Sommertagen erholen sich im Gesamtareal bis zu 500.000 Personen.

Die Jahrhunderthochwasser der Donau mit 9.600 bzw. 10.000 Kubikmetern pro Sekunde im August der Jahre 1991 und 2002. Neue Donau mit Blick auf das Einlaufbauwerk, 1991 (1); schwimmendes Lokal an der Copa Kagrana, 2002 (2)

1

2

11,5 Meter. Die Errichtung der gesamten Anlage dauerte von 1972 bis 1988, bewährt hat sie sich bereits bei den Katastrophenhochwassern 1991 und 2002.

Das unvergleichliche Naherholungsgebiet der Neuen Donau und der Donauinsel ist durch seine naturnahe Ausgestaltung auch ein vielfältiger Lebensraum für Tiere und Pflanzen geworden. Mehrere Feuchtbiotope im Inneren der Insel wurden im Zuge der Landschaftsgestaltung erhalten oder neu angelegt. Nach der Fertigstellung des Kraftwerks Freudenau (→ Bild S. 250) eröffneten sich weitere positive Gestaltungsmöglichkeiten. Da die Donau nunmehr im Bereich der Stadt eine fixierte Stauhöhe hatte, konnte nun auch ihr linkes Ufer entlang der Donauinsel korrigiert werden. Das vorher mit Steinen befestigte Ufer wurde mit Buchten, Inseln und Nebengerinnen reich gegliedert, naturnah gestaltet und mit heimischen Sträuchern und Bäumen bepflanzt. Gleichzeitig wurde neben der Staumauer des Kraftwerks ein eigenes Gerinne für den Fischaufstieg angelegt. Seither nimmt die Mannigfaltigkeit des Pflanzen- und Tierlebens auf der Insel sowie in der Donau und der Neuen Donau stetig zu.

Die Donauinsel und die Neue Donau sind heute – obwohl sie ursprünglich als rein technisches Projekt nach wasserbaulichen Gesichtspunkten zum Schutz vor Hochwasser geplant wurden – ein Beispiel dafür, dass es auch inmitten einer Großstadt

„Wild Life“ in und an der Neuen Donau: Moostierchen *Cristella mucedo* (3), Süßwasserschwamm *Spongilla lacustris* (4), ein neugieriger barschartiger Fisch, wohl ein Zander *Stizostedion lucioperca* (5), Knoblauchkröte *Pelobates fuscus*, ein typisches Amphibium der Donauinsel (6), Moorfroschpärchen *Rana arvalis* bei der Paarung (7), Graureiher *Ardea cinerea* (8).

3

4

5

6

7

8

möglich ist, bereits verlorenes Terrain für die Natur zurückzugewinnen und ein strukturell degeneriertes Flusssystem wiederzubeleben.

Die Wasserqualität der Neuen Donau

Die Neue Donau wird nur bei Hochwasser durchflossen, besteht sonst aber aus zwei vom Grundwasser gespeisten „Seen" – mit einer Verweildauer des Wasserkörpers in der Oberen Stauhaltung von circa 35 Tagen und in der Unteren Stauhaltung von 16 Tagen – und kann daher sehr gut als Badegewässer genutzt werden. Damit dies für alle Wienerinnen und Wiener im Sommer uneingeschränkt möglich ist, muss auch die Wasserqualität gut sein und das ist sogar gesetzlich geregelt. Um Krankheitskeime von den Badegewässern fernzuhalten, dürfen keine Abwässer in die Neue Donau gelangen. Daher wurde gleichzeitig mit dem Bau der Neuen Donau am linken Ufer ein Sammelkanal errichtet, der die Abwässer aufnimmt und bis zu 60.000 Liter Mischwasser je Sekunde unter der Neuen Donau hindurch zu einem Pumpwerk auf der Donauinsel leitet. Von dort wird das Abwasser weiter unter der Donau in die Hauptkläranlage Wien gepumpt. Darüber hinaus wird der Nährstoffgehalt im Wasser der Neuen Donau laufend kontrolliert. Wichtige Parameter sind dabei Stickstoff und vor allem Phosphor. Sie fördern das Wachstum von Bakterien und Algen am stärksten und verschlechtern damit die Wasserqualität.

Aber auch die Hochwasser haben negative Auswirkungen auf die Wasserqualität. Durch Überflutungen im Oberlauf des Donaustroms geraten große Mengen an Erde mit den darin lebenden Organismen in die Donau. Geht nun das Hochwasser zurück und werden die Wehranlagen der Neuen Donau wieder geschlossen, dann ist dieses schwebstoff- und nährstoffreiche Wasser im Gerinne der Neuen Donau eingeschlossen. Aus hygienischen Gründen darf erst dann wieder gebadet werden, wenn diese Schwebstoffe auf den Grund der Neuen Donau abgesunken sind und die Qualitätskriterien für Badewasser wieder erreicht sind. Dieser Vorgang dauert ungefähr drei Wochen, sodass das Badeverbot nicht sofort nach einem Hochwasser wieder aufgehoben werden kann.

Außerhalb der Hochwasserzeiten ist das Sickerwasser aus der Donau der wichtigste Wasserzufluss für die Neue Donau: Das Wasser fließt dabei von der Donausohle aus „durch die Donauinsel" hindurch in die Neue Donau. Dabei wird es gefiltert und biologisch-chemisch verändert. Diese Reinigung des Donauwassers von mitgeführten anorganischen Verbindungen, organischen Schwebstoffen, Erdpartikeln und Organismen trägt wesentlich zur hohen Wassergüte in der Neuen Donau bei.

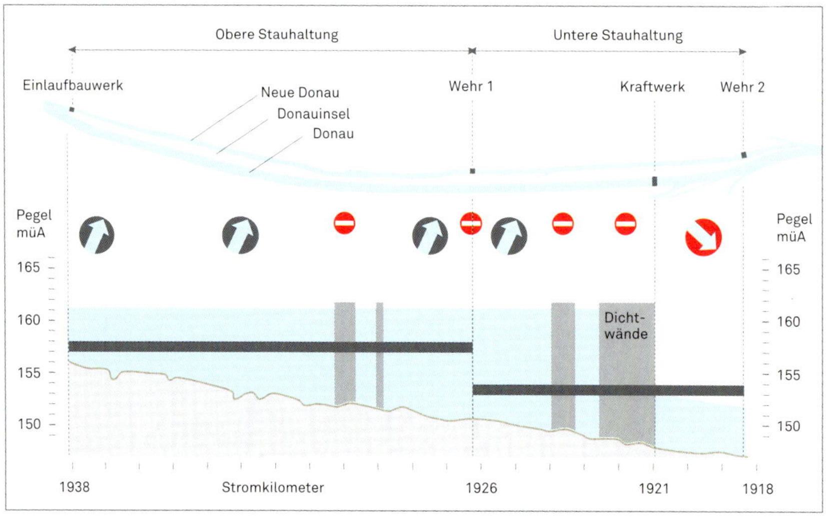

Wasserspiegellagen und Strömungsverhältnisse durch den Schotterkörper der Donauinsel hindurch zwischen der gestauten Donau und der Neuen Donau: Die dunkelgrauen Balken geben den Wasserspiegel (Schwankungsbreite) in den beiden Stauhaltungen der Neuen Donau an. Blaue Pfeile im grauen Kreis zeigen die Fließrichtung von der Donau zur Neuen Donau, der blaue Pfeil im roten Kreis den Rückfluss von der Neuen Donau zur Donau an. Ein weißer Streifen im roten Feld bedeutet, dass es in diesem Bereich keinen Zufluss zur Neuen Donau gibt.

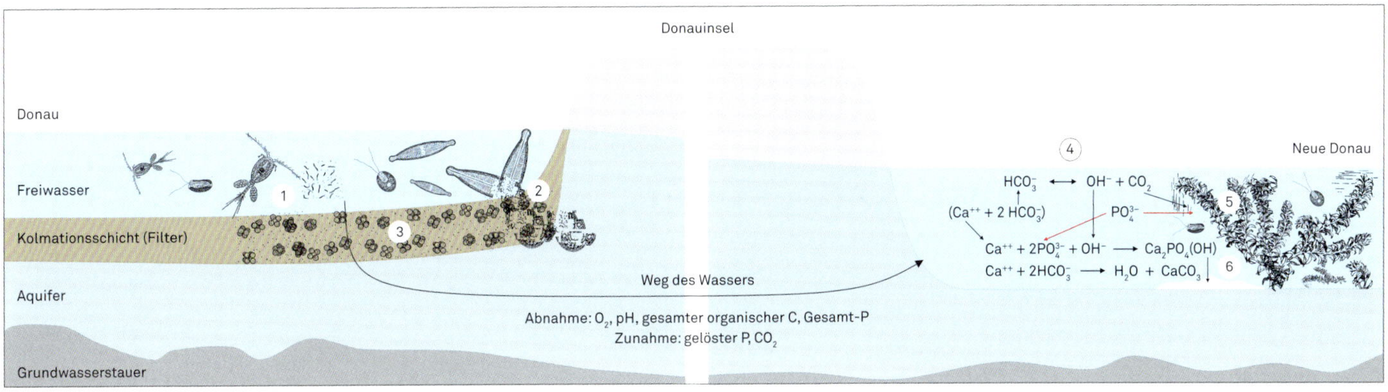

Die wichtigsten physikalischen, chemischen und biologischen Prozesse in der sogenannten Kolmationsschicht, der biologisch hochaktiven Zone an der Gewässersohle, die als Filter wirkt: (1) Filtration des partikulären organischen und anorganischen Materials, (2) Hydrolyse, d.h. Freisetzung von gelöstem aus partikulärem Material, (3) Biologische Aktivität: Atmung, Kohlenstoffabbau, Nitrifikation etc.

Selbstreinigung des Wassers in der Neuen Donau durch Phosphorfällung und P-Aufnahme durch die Wasserpflanzen: (4) Dissoziation des Karbonat-Ions, (5) Kohlendioxydentfernung durch die Assimilation der Makrophyten und des Phytoplanktons – dadurch steigt der pH-Wert und es kommt zur chemischen Fällung von Kalk und Kalziumphosphaten (6), die sich als weißer Niederschlag auf den Wasserpflanzen und am Gewässergrund finden.

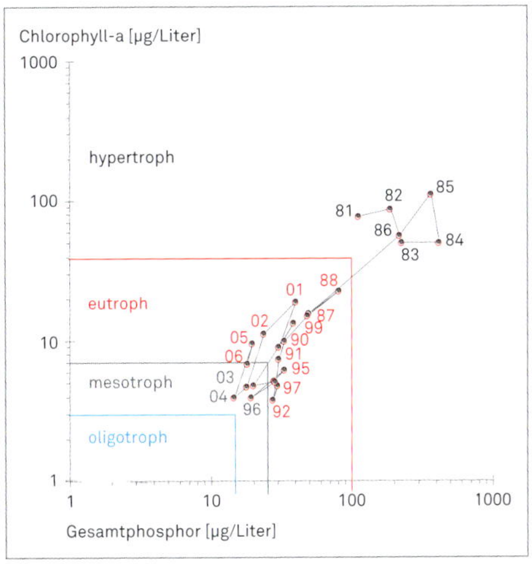

Kombinierte Betrachtung von Chlorophyll als Maß für die im Wasser schwebenden Algen und Gesamtphosphor zur Abschätzung der Trophie in der Neuen Donau, beispielhaft für die Obere Stauhaltung, in den Badesaisonen von 1981 bis 2006 (ohne Berücksichtigung von hochwasserbeeinflussten Probenahmeterminen)

Grundsätzlich gilt, dass die Qualität des Wassers in der Neuen Donau direkt mit der Qualität des Donauwassers zusammenhängt. Einen zentralen Parameter stellt dabei der Phosphor dar, der für die Trophie in der Neuen Donau von entscheidender Bedeutung ist. Erfreulicherweise ist der Phosphorgehalt in der Donau in den letzten Jahrzehnten stark zurückgegangen: Betrug der durchschnittliche Wert für Gesamt-Phosphor im Jahr 1979 noch 284 µg pro Liter, so waren es 2006 nur noch 74 µg. Die Gründe für diese starke Abnahme liegen zum einen in der Einführung phosphatfreier Waschmittel und zum anderen in der Phosphorelimination bei der Abwasserbehandlung. Als Folge der verbesserten Situation kommt es in der Neuen Donau zu einer Begrenzung des Algenwachstums, was wiederum mit besseren Lichtbedingungen im Wasser einhergeht. Mehr Licht führt zu vermehrtem Wachstum der Wasserpflanzen, die ihrerseits wiederum als Phosphorspeicher dienen. Aufgrund dieser Zusammenhänge hat sich die Neue Donau von einem sehr nährstoffreichen Gewässer (hypertroph: 1981 bis 1986) zu einem mit mittlerem Nährstoffgehalt (mesotroph) entwickelt und somit auch zu einem Gewässer mit ausgezeichneter Badewasserqualität.

Wasser aus der Neuen Donau mit vielfachem Nutzen

Die große Regulierung der Donau von 1870 bis 1875 zerriss das weit verzweigte Netz von Flussarmen in einer bis zu fünf Kilometer breiten Aulandschaft im Wiener Raum. Zurück blieben neben dem geraden Flussbett voneinander getrennte und nicht mehr durchströmte Wasserläufe und Altarme, die nun mehr und mehr verlandeten und deren Wasserqualität sich zunehmend verschlechterte (→ S. 332). Auch die natürlichen Wanderwege von im Wasser lebenden Tierarten waren nun unterbrochen. Schließlich sanken in diesem Gebiet auch noch die Grundwasserstände. Dies alles führte zum Austrocknen der Aulandschaft und zu einem drastischen Rückgang der Biodiversität.

Mit Errichtung des Kraftwerks Freudenau kann diesen Tendenzen entgegengewirkt werden. Das nunmehr erhöhte Wasserangebot aus dem Donaustau macht eine großzügigere Wasserversorgung des Hinterlandes möglich, wodurch die Grundwasserverhältnisse in den nördlichen Bezirken, die Versorgung der Lobaugewässer und die Wasserqualität in der Neuen und in der Alten Donau bereits verbessert werden konnten.

Möglich wird das durch eine künstliche Gewässervernetzung von Alter Donau mit Oberer und Unterer Lobau sowie mit der Neuen Donau. Eine zentrale Rolle spielt

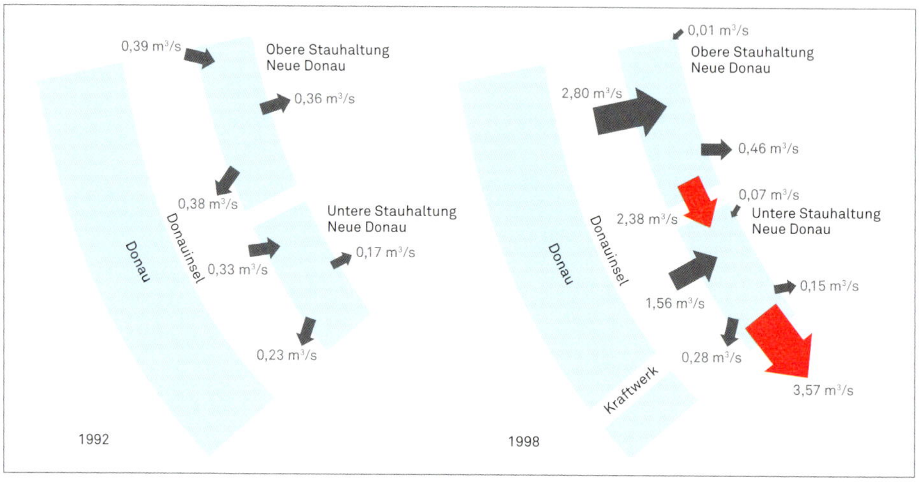

Vergleich der Wasserbilanzen vor der Stauerrichtung (links) und bei Vollstau (rechts) zur Veranschaulichung des Einflusses des Kraftwerks Freudenau. Die Richtung der Pfeile gibt die Zu- und Abströmverhältnisse wieder, die Dicke der Pfeile die Wassermengen. Seit Errichtung der Staustufe Freudenau liegt der Wasserspiegel der Donau konstant einige Meter über jenem der Neuen Donau. In der oberen Stauhaltung der Neuen Donau beträgt der mittlere Niveauunterschied 3,7 m, in der unteren 7,7 m, dementsprechend hoch ist der Durchsatz an Sickerwasser (→ Bild, S. 126).

dabei die Alte Donau: Mittels zweier Überleitungskanäle ist sie mit der Neuen Donau verbunden, die ihrerseits durch das Sickerwasser mit dem Donaustrom in ständiger Verbindung steht. Bei Bedarf kann so die Alte Donau mit frischem Wasser versorgt werden. Über den Entlastungsgraben, der die Alte Donau mit dem Mühlwasser verbindet, erfolgt die Versorgung des Altarmsystems in der Oberen Lobau, das aus dem Oberen und Unteren Mühlwasser, dem Oberleitner Wasser und dem Groß-enzersdorfer Arm besteht. Mit der Dotation der Altarme durch das Wasser der Neuen Donau kann sowohl der Wasserspiegel in den Gewässern angehoben als auch die Grundwasserversorgung des Naturraumes verbessert werden. Die Durchströmung dieses ganzen Gewässerzuges leistet einen wichtigen Beitrag zur Erhaltung der dortigen Vielfalt an Lebensräumen und Arten. Darüber hinaus wird durch das Fließwasser auch das Landschaftsbild aufgewertet und damit der Erlebniswert verstärkt. Das Ziel dieser Maßnahmen ist nicht, die Natur nachzubauen, sondern gezielte Impulse für eine natürliche Entwicklung zu setzen und der Natur genügend Spielraum zu lassen, sich zu entfalten.

Die Alte Donau

Das größte stehende Gewässer in Wien ist die Alte Donau, eine ehemalige Donauschleife, die infolge der Regulierung im Jahr 1875 vom Strom abgetrennt wurde. Heute ist sie eines der beliebtesten Badegewässer der Stadt: Begonnen hat es 1907 mit der Eröffnung des „Gänshaufen", dem ersten öffentlichen Strandbad in Wien, das heute allgemein „Gänsehäufel" genannt wird. 100 Jahre später bietet die Alte Donau auf einer Uferlänge von etwa 17 Kilometern Platz für zahlreiche Strandbäder, Wildbadeplätze, Bootsvermietungen, Gastronomiebetriebe, Surf-, Segel- und Rudervereine und andere Freizeiteinrichtungen.

Die Alte Donau hat eine Wasseroberfläche von rund 180 Hektar, eine mittlere Wassertiefe von 2,3 Metern und eine maximale Tiefe von 6,8 Metern. Das hydrologische Regime wird ausschließlich über Grund- und Niederschlagswasser gesteuert. Bis zum Beginn der 1980er-Jahre war die Schwankungsbreite des Wasserstandes in der Alten Donau durch den engen Kontakt mit dem Grundwasserbegleitstrom des Flusses sehr groß; zwischen 1958 und 1980 betrug sie bis zu über zwei Meter. Der höchste während dieser Periode beobachtete Jahresmittelwert lag im Jahr 1970 bei 156,7 Metern über Adria (m. ü. A.) und damit fast einen halben Meter über dem langjährigen Durchschnitt, zwei Jahre später wurde der niedrigste, je beobachtete

Das Gebiet um die Alte Donau vor (rechts oben) und nach den großen Donauregulierungen von 1875 und 1988. Obere Alte Donau (1), Untere Alte Donau (2), Kaiserwasser (3), Wasserpark (4)

Jahresmittelwert festgestellt (155,6 m. ü. A.). Aufgrund der fortschreitenden Eintiefung der Flusssohle des Donaustroms sanken die Grundwasserstände in den Gebieten links der Donau tendenziell zunehmend ab und in der Alten Donau traten vermehrt Niedrigwasserstände auf. Zeitweise war der Wasserstand so niedrig, dass das Badevergnügen beeinträchtigt war.

Der Bau der Neuen Donau hatte einschneidende Auswirkungen auf die Grundwasserdynamik und die Wasserstände in der Alten Donau: Mit der Fertigstellung der Neuen Donau wurde der mittlere Wasserstand in der Alten Donau um etwa 28 Zentimeter auf 156,45 Meter ü. A. angehoben und zugleich verringerte sich die Schwankungsbreite zwischen niedrigen und hohen Wasserständen. Tiefststände wie in der ersten Hälfte des 20. Jahrhunderts treten in der Alten Donau seither nicht mehr auf. Der Einstau des Kraftwerks Freudenau gegen Ende der 1990er-Jahre führte zu einem weiteren Anstieg des mittleren Wasserstandes in der Alten Donau auf 156,75 m. ü. A. Insgesamt beträgt die durchschnittliche Aufspiegelung der Alten Donau – bei gleichzeitig deutlich verringerter Dynamik – über einen halben Meter.

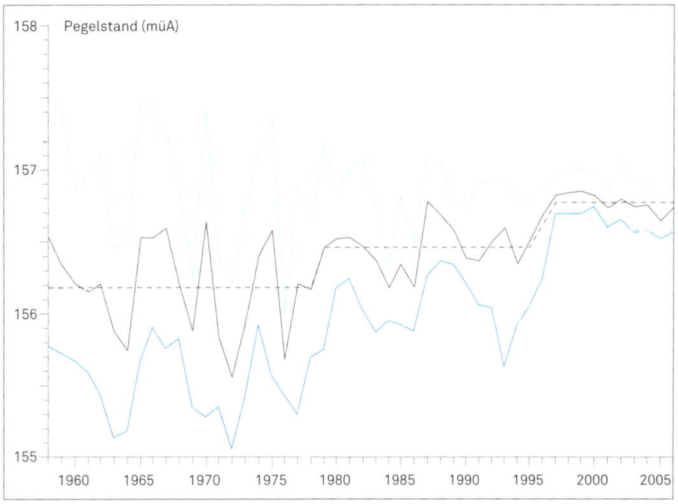

Wasserstandsänderungen in der Alten Donau von 1958 bis 2006. Auffallend sind die hohen Schwankungen bis zum Ende der 1970er-Jahre sowie der schrittweise Anstieg des Pegels und die Abnahme der Fluktuation, verursacht durch den Bau von Neuer Donau und Kraftwerk Freudenau.

maximale Pegelstände
Jahresmittelwerte
langjährige Mittel
minimale Pegelstände

Die „Blüte" von Cyanobakterien, oft auch als Blaualgenblüte bezeichnet, wird in der Regel durch übermäßige Nährstoffeinträge, unsachgemäßen Fischbesatz und höhere Wassertemperaturen ausgelöst. Die schlierenartige Masse bedeutet das Aus für Badegewässer, denn der Hautkontakt sowie die orale Aufnahme der leber- bzw. nervengiftig wirkenden Cyanobakterien können zu Beschwerden wie Übelkeit, Erbrechen, Durchfall, Atemnot, Hautreizungen und Quaddeln führen.

Wenn das Wasser „blüht"

Über 100 Jahre lang war die Alte Donau ein städtisches Gewässer mit klarem Wasser, das im Laufe der Jahrzehnte zu einer Attraktion für die innerstädtische Naherholung wurde: Trotz ihrer intensiven Nutzung blieb die Alte Donau bis zum Ende der 1980er-Jahre ein ökologisch hochwertiges Badegewässer. Damals war das Ökosystem geprägt von ausgedehnten Wasserpflanzenbeständen aus untergetaucht (submers) lebenden Blütenpflanzen, wie etwa dem Ährigen und dem Quirligen Tausendblatt *Myriophyllum spicatum* und *M. verticillatum*, die zur Blütezeit ihre Blätter und Sprosse bis an die Wasseroberfläche treiben. Daneben waren aber auch andere Wasserpflanzen wie Raues Hornblatt *Ceratophyllum demersum*, Kanadische Wasserpest *Elodea canadensis*, Tannenwedel *Hippuris vulgaris*, Nixenkraut *Najas marina*, Weiße Seerose *Nymphaea alba*, Krauses Laichkraut *Potamogeton crispus*, Kamm-Laichkraut *Potamogeton pectinatus*, Krebsschere *Stratiotes aloides* und der Gewöhnliche Wasserschlauch *Utricularia vulgaris* stark verbreitet. Dichte Pflanzenbestände entziehen dem Wasser große Mengen an Nährstoffen, indem sie vor allem den Phosphor durch Bindung an Kalzium dauerhaft aus dem Kreislauf entfernen.

Doch die Situation des Gewässers sollte nicht stabil bleiben: Im Jahr 1992 stellte das Institut für Umweltmedizin (MA15) bei Wasserqualitätsprüfungen in der Alten Donau eine erhebliche Verschlechterung fest und bereits ein Jahr später war das Wasser trüb und durch Planktonalgen stark gefärbt. Die Alte Donau war von einem guten ökologischen Zustand auf mäßig nährstoffreichem Niveau zu einem nährstoffreichen (eutrophen) Zustand übergegangen. Flottierende fädige Blaualgen (Cyanobakterien) hatten sich explosionsartig zu einer „Wasserblüte" entwickelt und mit den in ihnen enthaltenen Farbstoffen das Gewässer gelbgrün gefärbt. In der Folge brachen die artenreichen und dichten Wasserpflanzenbestände zusammen.

Was war geschehen? Wie konnte sich diese Naherholungsoase der Wiener Bevölkerung binnen weniger Jahre in ein von Blaualgen verseuchtes Gewässer verwandeln? Die Ursachen für diese drastische Veränderung waren vielfältig: Undichte Senkgruben, Straßenabwässer und eine ehemalige Mülldeponie können als Gründe für erhebliche Nährstoffeinträge genannt werden. Durch den Bau der Neuen Donau und der Donauuferautobahn änderte sich nicht nur die Menge des Grundwasserzustroms, sondern auch die Zustromrichtung. So verläuft der Grundwasserzustrom heute kaum mehr in der Längsachse, sondern verstärkt quer zur Längserstreckung. Dadurch kam die ehemalige Mülldeponie Donaupark/Bruckhaufen in den Bereich des Grundwasserzustroms zu liegen und wurde damit zu einer Quelle des Nährstoffeintrags. So kam es über Jahre hinweg zu einer – vorerst unbemerkten – Erhöhung der Nährstoffmengen im Gewässer. Aber auch der Nährstoffeintrag durch Badende spielt in einem intensiv genutzten Gewässer wie der Alten Donau eine große Rolle. Ein Beispiel: Laut Statistik der Jahre 2000 bis 2004 lag die Zahl der Badegäste in den öffentlichen Bädern an der Alten Donau zwischen 700.000 und einer Million. Hinzu kommt noch eine unbekannte Anzahl an nicht zahlenden und daher statistisch nicht erfassten Badegästen. Sie alle verursachen einen Phosphor-Eintrag von insgesamt 93 Kilogramm pro Jahr, beziehungsweise 15,5 Kilogramm pro Monat zwischen April und September. Durch die zahlreichen Sanierungsmaßnahmen im Verlauf der letzten zehn Jahre konnte der Phosphor-Eintrag über das Grundwasser deutlich verringert werden, sodass heute die Badenden das größte Bilanzglied im Phosphor-Eintrag sind. Sie sorgen für rund 48 Prozent des Gesamteintrags an Phosphor im Jahr.

Aber erst der Rückgang der Wasserpflanzen, die, wie erwähnt, als Nährstofffalle fungieren, ermöglichte das Aufkommen von Planktonalgen beziehungsweise das „Blühen" der Alten Donau in den Jahren 1992 bis 1994. Die allmählich einsetzende verstärkte Trübe durch diese Algen, die Überweidung durch Wasservögel (200 Tonnen pro Jahr) wie auch die verringerte Gewässerdynamik – es fehlten vor allem die Niederwasserstände in der Austreibphase der Wasserpflanzen im Frühjahr – waren Ursachen für den großflächigen Zusammenbruch der Bestände.

Auch die Fischwelt hat zu den Veränderungen im Ökosystem beigetragen. So übt beispielsweise der aus Asien stammende Amur- oder Graskarpfen einen hohen Fraßdruck auf Unterwasserpflanzen aus. Diese Fischart wurde in den 1960er- und 1970er-Jahren in der Alten Donau unter anderem als Besatzfisch eingebracht und hat mit Sicherheit zur Reduktion der Bestände an Wasserpflanzen beigetragen. Aktuelle Untersuchungen weisen darauf hin, dass der Amur, der sich in unseren Breiten nicht fortpflanzt, in der Alten Donau mittlerweile nicht mehr oder nur in geringen Beständen vorkommt. Ein anderes Problem stellte zu Beginn der 1990er-Jahre ein hoher Bestand an karpfenartigen Friedfischen (Cypriniden) wie Laube *Alburnus alburnus,* Rotauge *Rutilus rutilus,* Rotfeder *Scardinius erythrophtalmus* und Brachse *Abramis brama* dar. Diese Fischarten ernähren sich zumindest im Jungfischstadium von planktischen Kleinkrebsen. Gleiches gilt aber auch für Raubfische wie etwa den Flussbarsch *Perca fluviatilis,* der in der Eutrophierungsphase die Raubfischgilde dominierte. Planktische Kleinkrebse ernähren sich wiederum vorwiegend von planktischen Algen, wirken also dem Aufkommen von mikroskopisch kleinen Algen, die die Trübe verursachen, entgegen. Wenn durch eine ungünstige Struktur im Fischbestand ein hoher Fraßdruck auf die Kleinkrebse ausgeübt wird, können diese ihrer Funktion als Filtrierer nicht mehr nachkommen.

Das Sanierungsprogramm

Sofortmaßnahme zur Sanierung der Alten Donau war das Einsetzen von Oberflächenbelüftern zur Verbesserung des Sauerstoffgehalts des Wassers.

Wegen der enormen Bedeutung der Alten Donau als multifunktionalem, innerstädtischem Erholungsraum wurde rasch ein umfassendes Sanierungsprogramm in Angriff genommen, um die exzessive Entwicklung fädiger Blaualgen im Plankton des Gewässers zu stoppen. Zur Reduzierung des externen Nährstoffeintrages wurde der Betrieb von Senkgruben verboten und der Ausbau des Kanalnetzes vorangetrieben. Heute sind sämtliche Kleingartensiedlungen um die Alte Donau herum an die Kanalisation angeschlossen. Im Bereich der ehemaligen Mülldeponie Donaupark/Bruckhaufen konnte durch die Errichtung einer Sperrbrunnenkette der Zustrom von nährstoffreichem Grundwasser erfolgreich unterbunden werden.

Um eine optimale Methode zur Reduzierung des bereits vorhandenen hohen Nährstoffgehalts im Gewässer der Alten Donau zu finden, wurden zunächst umfangreiche limnologische Untersuchungen durchgeführt, mehrere Versuchsanlagen getestet und in einem Seitenarm des Gewässers eine Schlammabsaugung versucht. Letztlich entschied man sich für das Riplox-Verfahren als chemische Gewässertherapie zur raschen Sanierung der Alten Donau. Dabei wurde in den Jahren 1995 und 1996 durch Gaben von jeweils rund 1.000 Tonnen Eisen(III)-chlorid ($FeCl_3$) der Phosphor, ein vor allem für das Algenwachstum essenzieller Nährstoff, aus dem Freiwasser chemisch ausgeflockt und im Sediment gebunden. In einem zweiten Behandlungsschritt wurde durch Zugabe von Kalziumnitrat [$Ca(NO_3)_2$] zum Sediment der Abbau von organischem Material (Faulschlamm) am Seeboden beschleunigt.

Weiters wurde zur Sanierung Eisenchlorid eingebracht, wodurch der Phosphor aus dem Gewässer ausgeschieden werden konnte.

Diese gewässertherapeutischen Maßnahmen haben Wirkung gezeigt. Seit dem Ende der Behandlung zeichnet sich eine Stabilisierung des Gewässers auf mäßig eutrophem Niveau ab. Die veränderte Nährstoffsituation und die Reduktion der Algenbiomasse führten zu einer deutliche Zunahme der Sichttiefe und die untergetaucht lebenden Wasserpflanzen reagierten auf das verbesserte Lichtklima mit einem langsamen, aber kontinuierlichen Bestandsaufbau.

Alte Donau nach der Sanierung, Blick vom Donauturm

Die alleinige Veränderung der Rahmenbedingungen reichte jedoch nicht aus, um in allen Teilbereichen wieder optimale Verhältnisse herzustellen. Der Bestandsaufbau von Wasserpflanzen verlief langsamer, als man es sich erhofft hatte, und besonders das tierische Plankton (Zooplankton) ließ weiterhin eutrophe Verhältnisse erkennen. Zudem war ein starker Fraßdruck durch planktonfressende Fische, vor allem wegen des hohen Bestandes an Lauben, gegeben. Zusätzliche Maßnahmen zur Restrukturierung des Ökosystems waren also notwendig; sie lassen sich unter dem Begriff „Biomanipulation" zusammenfassen: Im vorliegenden Fall wird die ursprüngliche Dynamik der Wasserstände durch Ausleitung von Wasser aus der Alten Donau im Frühjahr teilweise wiederhergestellt. Durch dieses künstlich herbeigeführte Niederwasser wird das Lichtklima in der Austriebphase der Wasserpflanzen verbessert, was sich günstig auf ihre Ausbreitungsfähigkeit auswirkt. Zusätzlich wird über zwei regulierbare Rohrverbindungen ständig nährstoffarmes Wasser aus der Neuen Donau im Ausmaß von 1.000 bis 5.000 Litern pro Sekunde zugeführt. Damit lassen sich eine weitere Reduktion der Nährstoffbelastung und eine Erhöhung der Sichttiefe erreichen. Positive Auswirkungen kann man sich auch von einem großzügig angelegten Schilfgürtel sowie einer teilweisen Reduktion und Umstrukturierung der Fischpopulation erwarten. Inzwischen ist die Renaturierung schon so weit fortgeschritten, dass sich hier, mitten in der Stadt, so seltene Vogelarten wie die Zwergrohrdommel eingefunden haben.

Die Situation der Alten Donau veranschaulicht, dass nur integrative und umfassende Maßnahmen eine nachhaltige Sanierung eines Gewässers bewirken können. Besonders im Stadtbereich ist dabei ein modernes Gewässermanagement notwendig, das neben allgemein gültigen Regeln immer auch die spezifischen Eigenheiten des jeweiligen Ökosystems sowie die vorgesehene Nutzung berücksichtigt. Ein erfolgversprechender Managementplan hat sich auch an politischen, ökonomischen und ökosozialen Gegebenheiten zu orientieren und erfordert eine intensive Kooperation mit Politikern, Behörden, Anrainern und Fischereiverbänden sowie eine gezielte Öffentlichkeitsarbeit, um die nötige Akzeptanz bei der Umsetzung von Maßnahmen in der Bevölkerung zu erreichen.

Klein, aber fein

Städtische Kleingewässer

Naturdenkmal Maier-Grube. Nach Beendigung der Materialentnahme hat sich die Schottergrube im 21. Wiener Gemeindebezirk zu einem struktur- und artenreichen Biotop gewandelt.

Üppige Bestände an Wasserpflanzen im Schillerwasser, einem abgetrennten, ehemaligen Seitenarm der Donau im 22. Wiener Gemeindebezirk

Neben der Alten und der Neuen Donau, den beiden dominierenden stehenden Gewässern in Wien, findet sich eine ganze Reihe von oft sehr reizvollen Klein- und Kleinstgewässern. Die meisten von ihnen sind vom Menschen geschaffen oder doch stark beeinflusst und stellen in erster Linie eine Zierde für das Stadtbild dar. Gleichwohl bieten sie auch einer vielfältigen aquatischen Flora und Fauna Lebensraum und Zuflucht im städtischen Bereich. Für die ökologische Qualität dieser Gewässer sind vor allem die Wasserpflanzen entscheidend: Sie bereichern die Wasserkörper durch ihren Stoffwechsel und schaffen Strukturen, also Klein- und Kleinststandorte (Habitate) für viele weitere Organismengruppen. Der folgende Überblick versucht, die höchst unterschiedlichen Wiener Kleingewässer nach ihrer Entstehung zu gruppieren.

Augewässer

Im Bereich der Donau sind ursprüngliche Augewässer durch die Regulierung im 19. Jahrhundert vom Strom getrennt worden. Heute sind sie auf natürliche Weise nur mehr durch das Grundwasser mit der Donau verbunden. Zu diesem Gewässertyp zählen, neben den gesondert besprochenen Altwässern der Lobau (→ S. 359) und der Alten Donau (→ S. 128), vor allem auch die Kleingewässer im Prater. Das hier gelegene Heustadlwasser und das auf der gegenüberliegenden Seite der Donau befindliche Schillerwasser sind zwei besonders bemerkenswerte Gewässer, die als Refugien für viele Wasserpflanzenarten bedeutsam sind: Während das Heustadlwasser noch vor einigen Jahrzehnten reich mit Wasserpflanzen bewachsen war, sodass das Bootfahren zur Schwerarbeit werden konnte, finden sich heute davon nur noch Reste, vorwiegend entlang der Ufer, etwa das Tausendblatt *Myriophyllum spicatum* und der selten gewordene Tannenwedel *Hippuris vulgaris*. Im Vergleich dazu weist das Schillerwasser eine viel reichhaltigere Wasservegetation auf: Zwei Tausendblattarten, *Myriophyllum verticillatum* und *M. spicatum*, Teichrose *Nuphar lutea* und Seerose *Nymphaea alba*, mehrere Laichkrautarten *Potamogeton* spp. und die untergetauchte Form des Pfennigkrautes *Lysimachia nummularia* kann man hier finden. Schilf *Phragmites australis* und Breitblatt-Rohrkolben *Typha latifolia* breiten sich hier aus, aber auch Flechtbinse *Scirpus lacustris* und Sumpf-Schwertlilie *Iris pseudacorus* zieren die Ufer.

Kleingewässer in Rückhaltebecken

Eine andere Kategorie von Kleingewässern bilden jene, die als Maßnahme gegen Überflutungen in Rückhalteräumen von Fließgewässern geschaffen wurden, manche davon erst in jüngster Zeit, wie jene am Wienfluss und am Mauerbach. Sie sind vom ständigen Fließen des Wassers geprägt. Eine dauerhafte Vegetation stellte sich bei ihnen erst einige Jahre nach der Fertigstellung der gesamten Anlage ein, wobei größere

Hochwasserereignisse die Artenkombination weiterhin immer wieder verändern können. Der Krottenhofteich und die Laimergrube sind Rückhaltebecken für Regenwasser und filtern auch die im Wasser mitgeführten Stoffe. Schilf dominiert bei ihnen den Bewuchs. Im Krottenhofteich ist der freie Wasserkörper schon fast zur Gänze von Schilf überwachsen, in der Laimergrube wiederum wird der Schilfbewuchs zum Teil durch hohe Gehölze stark beschattet. In beiden Fällen wäre eine Verbesserung des ökologischen Zustandes wünschenswert.

Quellhorizont-gespeiste Gewässer

Eine dritte Kategorie von Kleingewässern bilden jene vom Grundwasser gespeisten Feuchtstellen und Quellen, die an vielen Hängen des Wienerwaldes auftreten, wie etwa zwei Kleingewässer im Schottenwald: Sie sind wertvolle Habitate für Feuchtvegetation und Amphibien. In Mauer wurde der Pappelteich als Löschteich angelegt. Er wird von einem ständigen Grundwasserzufluss gespeist, wie das aus ihm entspringende, kleine Gerinne zeigt. Neben einer eingepflanzten Seerose und dem häufigen Hornblatt *Ceratophyllum demersum* wachsen dort Flechtbinse *Scirpus lacustris,* Gewöhnlicher Wasserschlauch *Utricularia vulgaris* und die Armleuchteralge *Chara contraria.*

Unter ökologischen Gesichtspunkten angelegte Gewässer

Das Tritonwasser, der größte von zahlreichen, künstlich angelegten Teichen auf der Donauinsel mit hohem ökologischen Potenzial

Eine ganz eigene Gruppe umfasst jene Gewässer, die unter ökologischen Gesichtspunkten angelegt und gestaltet wurden. Bei großen Bauvorhaben wird stets versucht, den Großstadtcharakter durch naturnähere Elemente zu mildern. Zwei Gewässerensembles sind in diesem Zusammenhang besonders zu erwähnen: Beim Bau der Donauinsel wurden einige Gewässer künstlich angelegt, andere entstanden spontan auf räumlich begrenzten Feinsedimentflächen. Diese Feuchtbiotope stellen die Kernbereiche eines, sich über die gesamte Donauinsel erstreckenden Biotop-Verbundsystems dar. Das „Tritonwasser" ist eines der größten unter diesen künstlich geschaffenen „Trittsteinbiotopen", die nach ökologischen Gesichtspunkten unter der Ägide des Magistrats (MA 45) geschaffen wurden. Neben einem üppigen Uferbewuchs mit vielen seltenen Arten haben sich hier spontan Bestände von Wasserpflanzen entwickelt, vorwiegend mit Tausendblatt *Myriophyllum* sp. Besonders bemerkenswert sind hier vor allem die reiche Amphibien- und Libellenfauna mit 11 beziehungsweise 29 Arten sowie die Vögel mit Teichhuhn, Kleiner Rohrdommel, Beutelmeise und anderen Arten. Auch Zauneidechse und Ringelnatter haben hier stabile Populationen.

Am Rautenweg wurden im Zuge der Erweiterung der Deponie die PAX-Teiche zugeschüttet und als Ersatz wurde ein Teichensemble mit drei Wasserkörpern geschaffen. Nach ökologischen Kriterien angelegt, sind diese Gewässer heute von Schilf, Binsen und Rohrkolben umstanden. Im Wasser hat sich das Ährige Tausenblatt *Myriophyllum spicatum* eingefunden.

Unter ästhetischen Gesichtspunkten angelegte Gewässer

Häufig werden Gewässer als gestalterisches Element von Parkanlagen angelegt. So geht etwa der Iristeich beim Vienna International Centre als frühes Beispiel für eine derartige Anlage auf die WIG 64, die Wiener Internationale Gartenschau im Jahr 1964, zurück. Viele Wasserbecken in Parkanlagen besitzen Ufer aus Stein oder Beton und genügen ökologischen Ansprüchen nicht. Es gibt aber auch Parkteiche – vor allem an der Peripherie der Stadt – die mit ihren Ufer- und Wasserpflanzen nicht nur ästhetische, sondern auch ökologische Funktionen erfüllen. So wird etwa der südliche Teich in der Parkanlage Alaudagasse von einem sich ausbreitenden Schilfgürtel umgeben, in dem sogar der streng geschützte Kalmus *Acorus calamus* gesichtet wurde, und

Teich „Süd" in der Parkanlage Alaudagasse (Wien 10)

im Wasser kommt dort das Ährige Tausendblatt *Myriophyllum spicatum* in größeren Beständen vor. Bei Untersuchungen in den Jahren 1984 und 2002 hat sich die Wasser- und Sumpfpflanzenvegetation erstaunlicherweise als kaum verändert gezeigt. Eine solche Konstanz ist bei der Landvegetation wohl zu erwarten, in Gewässern mit natürlichen Verlandungsprozessen aber sehr ungewöhnlich. Der nördliche Teich in dieser Gartenanlage wird übrigens von Schwebalgen dominiert und war auch noch im Jahr 2002 ohne Wasserpflanzen. Bis auf eine künstliche Dezimierung des Schilfbestands war auch hier keine Veränderung im Zustand zu erkennen.

Gewässer in künstlichen Geländehohlformen

Schließlich gibt es noch jene Kategorie von Kleingewässern, die in künstlichen Geländehohlformen liegen und nach Materialabbau, etwa in Steinbrüchen, Schotter- und Lehmgruben, entstanden sind. In einem aufgelassenen Steinbruch im 14. Bezirk liegt der Silbersee, der im letzten Jahrzehnt keine Wasserpflanzen beherbergte. Anders ist dies beim Großen Wienerberg-Teich, einem ehemaligen Ziegeleiteich: An seinem Ufer tritt das Ährige Tausendblatt *Myriophyllum spicatum* auf; es ist tolerant gegenüber Trübe und höheren Nährstoffkonzentrationen. Die Wasservegetation hat sich im Großen Wienerberg-Teich seit 1984 nicht wesentlich verändert, nur das Quirlblättrige Tausendblatt *M. verticillatum* wird seit 2002 nicht mehr gefunden. Gutmeinende Naturliebhaber haben die Seerose *Nymphaea alba* „angesalbt", auf natürlichem Weg wäre sie wohl kaum hierher gelangt. Schilf *Phragmites australis* und Schmalblättriger Rohrkolben *Typha angustifolia* haben sich hier hingegen seit 1984 auf natürlichem Wege deutlich ausgebreitet.

Großer Wienerberg-Teich (Wien 10). Einst wurde hier Lehm für die Ziegelerzeugung gewonnen. Als nach Einstellung der Abbauarbeiten das aus dem Hang einströmende Wasser nicht mehr abgepumpt wurde, entstand das Gewässer.

Schotterteiche werden häufig als Badegewässer genutzt, schöne Beispiele finden sich im 21. und 22. Bezirk. Das meist bis in mehrere Meter Tiefe klare Wasser ist dem starken Grundwasserzustrom zu verdanken. An ihren „Stränden" bieten sie wegen der intensiven Nutzung keine geeigneten Standorte für Wasserpflanzen. Im tieferen Wasser aber können seltene Armleuchteralgen *(Characeae)*, Tausendblatt *Myriophyllum* sp., Hornkraut *Ceratophyllum demersum* und mehrere Laichkraut-Arten *Potamogeton* sp. auftreten. Insgesamt ist das Artenspektrum der Schotterteiche eher dem der naturnahen Gewässer in der Lobau verwandt als jenem der weiter oben besprochenen Teiche.

Inhalt

6

Monika Sieghardt / Erhard Christian / Othmar Nestroy

Wien: ein guter Boden?
Der Boden als Ressource und Lebensraum

Wien: ein guter Boden – auch für den Maulwurf

Stadtboden – Terra incognita?

Eine kleine Bodenkunde der Stadt

Das Wiener Schnitzel gilt als bodenständige Spezialität, aber wer denkt schon daran, dass auch die Produktion aller dafür nötigen Zutaten im wahrsten Sinne des Wortes bodengebunden ist? Das Futter für das Kalb wächst ebenso auf Böden wie das Getreide, aus dem Paniermehl und Weißbrot für die Brösel produziert werden. Und das Ei für die Panade kommt von hoffentlich freilaufenden Hühnern, die bodenbürtige Futtermittel und Bodenlebewesen als Lebensgrundlage nutzen.

Die Bodenkunde oder Pedologie (Wissenschaft von den Böden) blüht im Verborgenen. Ihr Forschungsgegenstand liegt nicht immer offen zutage, und wenn, dann zeigt er meistens nur die Oberfläche. Damit kann sich die Bodenkunde nicht begnügen: In jeder Hinsicht dringt sie in die Tiefe. Auf den Namen ihres Objekts hat sie freilich kein Monopol. Ein guter Boden ist in der Umgangssprache eine günstige Lage, während Gärtner und Bauern einen ertragreichen Boden als guten Grund bezeichnen, und die meisten Wiener für die endgültige Bodennutzung unter die Erd' kommen. Eine Definition ist also nötig. Die einfachste lautet so: Boden ist die belebte oberste Erdkruste des Festlandes. Es gibt aber auch Unterwasserböden.

Böden sind unterschiedlich alt. Ausgangsgestein, Oberflächenrelief, Klima und Lebewesen bestimmen gemeinsam jene Prozesse, die zur Bodenbildung oder Pedogenese führen. Auch in ihrer weiteren Entwicklung sind Böden die Schnittstelle zwischen Gestein (Lithosphäre), Wasser (Hydrosphäre), Luft (Atmosphäre) und Organismenwelt

Zentrale Funktionen von Böden

Schwer trägt der Boden bisweilen an seinen Funktionen in der Stadt: Er ist Basis für die Stadtvegetation und trägt sämtliche Bauwerke, jene an der Oberfläche wie auch jene im Untergrund.

In Landökosystemen spielen Böden eine zentrale Rolle. Ihre Leistungen können von unbelebten Sedimenten und Krusten nur zu einem geringen Teil ersetzt werden.

Böden ermöglichen das Wachstum höherer Pflanzen, sie bieten ihnen festen Halt und versorgen sie mit Nährstoffen, Wasser und Luft. Sie beeinflussen die Vegetation und das Leben des Menschen, der durch verschiedene Formen der Bodennutzung Nahrung gewinnt.

Im Boden zerlegen Bakterien, Pilze und Tiere abgestorbene Organismen in ihre mineralischen Bestandteile. Als natürliche Orte von Recycling-Prozessen schaffen Böden eine Grundlage für neues Leben.

Böden sind eine Schaltstelle im Wasserkreislauf. Umsatz, Verunreinigung und Reinigung des Wassers werden durch den Boden mitbestimmt.

In Städten und anderen anthropogen gestalteten Ökosystemen werden Böden auch zum Ingenieur-Medium. Sie dienen als Baugrund und als Entsorgungs- und Entgiftungsraum für diverse Abfälle. Im Extremfall verkommt der Boden zu einer chemischen Bombe, die nur mit großem Aufwand zu entschärfen ist.

Böden können Landschafts- und Klimaverhältnisse archivieren und Informationen über die Nutzungsgeschichte speichern.

Monika Sieghardt

(Biosphäre). Ständig werden dem Boden Stoffe zugeführt und entzogen. Global betrachtet ist der Naturkörper Boden nur ein zartes, verletzliches Häutchen – und doch eine der wichtigsten natürlichen Ressourcen.

Böden im Profil

Der Boden besteht aus mineralischem Material, organischer Substanz, Wasser und Luft. Qualität, Anteil und Verteilung dieser Hauptkomponenten bestimmen seine physikalischen und chemischen Eigenschaften und entscheiden über die Nutzbarkeit. Böden sind ein Zeit-Raum-Kontinuum, sie unterliegen Umformungen und entwickeln sich stets weiter, wenngleich meist recht langsam.

Für ihre Untersuchungen graben Bodenwissenschaftler oft metertiefe Löcher und schneiden dabei einen Stapel von mehr oder weniger scharf begrenzten Schichten an, die sich in Farbe, Struktur, Material, Korngrößenzusammensetzung und vielen anderen Eigenschaften voneinander unterscheiden. Die einzelne Schicht wird als Bodenhorizont bezeichnet, das ganze Sandwich als Bodenprofil. Mit geringem Aufwand kann man solche Profile an Straßenanschnitten oder in Baugruben studieren. Der Profilaufbau ist ein wichtiges Hilfsmittel für die Unterscheidung der Böden. Die Bodenhorizonte sind unterschiedlich dick und liegen zumeist parallel zur Oberfläche. Da die physikalischen und chemischen Verwitterungs- und Verlagerungsvorgänge nahe der Oberfläche intensiver ablaufen, sind die tieferen Horizonte dem Ausgangsmaterial oft recht ähnlich. Wühlende Tiere und Eingriffe des Menschen verwischen das Bild.

Profil-Schema eines vielschichtigen Bodens aus dem Flysch-Wienerwald: karbonatfreie Relikt-Braunerde (→ Bild S. 146)

Unter einem dünnen Auflagehorizont aus unzersetzter **(L)** und wenig zersetzter **(F)** Streu findet sich der Oberboden **(A-Horizont)**, hier geprägt von Krümeln aus mineralischer und organischer Substanz (= **Ahb**), die durch Regenwürmer und andere Bodenlebewesen gebildet werden. Nach einem Übergangshorizont **(AB)** zeigt der mineralische Unterboden **(B-Horizont)** die durch Eisenverbindungen typische ockerbraune Verfärbung (= **Bv**). Der darunter liegende „alte" Bodenhorizont ist rötlich-braun **(Brel)** gefärbt, entstand in einer Zwischeneiszeit und wurde durch Bodenfließen überlagert und mit Gestein **(C)** vermischt. Profilhöhe ca. 1,2 Meter

Auflagehumushorizonte haben mindestens 30 Masseprozent tote organische Substanz. Bei geringerem Gehalt an organischer Substanz spricht man von Mineralbodenhorizonten. Das Vorkommen und die Morphologie der Horizonte definieren den Humus- und den Bodentyp. Eine weitere Differenzierung dieser Haupthorizonte erlaubt es dem Bodenkundler, detaillierte Aussagen über den Wasser-, Luft- und Nährstoffhaushalt eines Bodens in die Klassifikation einzubinden.

Die Horizonte eines Bodenprofils werden mit Buchstaben bezeichnet: Auflagehumushorizonte werden nach ihrem Zersetzungsgrad in den nur wenig zersetzten **L**-Horizont (L von schwedisch Löv = Streu), in den darunter liegenden **F**-Horizont (F von schwedisch Förna, veränderter Bestandsabfall) und den chemisch veränderten **H**-Horizont (H von Huminstoffbildung) gegliedert. Nicht immer müssen alle diese Schichten vorhanden sein. Eigenschaften und Entstehung der darunter liegenden Mineralbodenhorizonte werden durch folgende Buchstaben symbolisiert: **A** ist der oberste, durch organische Substanz gefärbte Mineralbodenhorizont, **B** ist ein durch Mineralumwandlung oder Einwaschung von Stoffen gefärbter Verwitterungshorizont und **C** ist der mineralische Untergrund, das Ausgangsmaterial für die Bodenbildung. Ferner finden sich bei manchen Bodentypen folgende weitere Horizonte: **E** = fahl gefärbter Auswaschungs- und/oder Verarmungshorizont durch Prozesse wie Ton-Mikroerosion, Versauerung und Feuchtbleiche, **G** = durch Grundwasser geprägter Horizont mit graublauen und/oder rostbraunen Farben (G kommt von Gley und bedeutet im Russischen sumpfiger Boden), **P** = fahlfleckiger Bodenhorizont, der durch Niederschlagsrückstau geprägt ist (P kommt von Pseudogley), **S** = stauende Schicht, die diesen Wasserrückstau verursacht, **Y** = ein Horizont, der aus umgelagertem und/oder technogenem Material besteht.

Wer den Aufbau eines Profils und die damit verknüpften Bodeneigenschaften richtig deutet, kann Aussagen über die Entwicklungsgeschichte sowie über nachhaltiges Landmanagement und mögliche Nutzungsprobleme treffen.

Böden haben ein Gedächtnis

Böden sind geschichtsträchtige Orte. In ihnen lagern Fossilien, mit deren Hilfe Paläontologen die Stammesgeschichte der Lebewesen nachzeichnen. Anthropologen und Archäologen bergen menschliche Überreste und Erzeugnisse als Belegstücke der Menschheitsgeschichte. Böden sind aber auch hervorragende ökologische Indikatoren mit Langzeitgedächtnis. Während die Vegetation oft nur die aktuellen Wuchsbedingungen anzeigt, kann man am Bodenprofil Veränderungen ablesen, die vor Jahrhunderten oder Jahrtausenden stattgefunden haben.

Die Paläopedologie, die Wissenschaft von Bodenbildungen früherer Epochen, ermöglicht Rückschlüsse auf Vegetation, Klima und geomorphologische Ereignisse vergangener Zeiten. Im Wiener Raum, der während der Eiszeiten zum nicht vergletscherten, periglazialen Gebiet Österreichs gehörte, zeugen alte, durch Löss überlagerte Bodenbildungen von den subtropischen Klimabedingungen der Zwischeneiszeiten.

Das Bodenprofil (linkes Bild) aus dem Weinviertel zeigt rötlich gefärbte Paläobodenreste (**A**) aus einem Interglazial des mittleren Pleistozäns. Sie liegen unter einer Schicht von Kalkausfällungen, den Lösskindeln (**B**), die auch Lösspuppen oder Lössmännchen genannt werden. Diese entstehen durch einsickerndes CO_2-hältiges Niederschlagswasser, das den Kalk löst und in tiefere Bodenschichten verlagert. Wenn dort die Lösekraft des Wassers sinkt, verfestigt sich der Kalk in Wurzelkanälen, Wühlgängen oder anderen Hohlräumen. Lösskindel sind oft bizarr knollig geformt.

In einer Nische des Hauses Schönlaterngasse 7 hockt Wiens bekanntestes Lösskindel: der Basilisk (rechtes Bild). Dieser ist aus dem Ei eines alten Hahns von einer Kröte ausgebrütet und von einer Schlange aufgezogen worden. Im Juni 1212 – so exakt weiß es die Sage – verpestete das Untier den Brunnen des Bäckerhauses mit bestialischem Gestank, bis der Bäckergeselle Hans mit einem Spiegel hinabkletterte und der Basilisk aus Ekel vor seinem eigenen abscheulichen Anblick zerplatzte. Nach dieser Heldentat stand der Heirat des schlauen Gesellen mit der Bäckerstochter Agathe nichts mehr im Wege.

Schottergrube nahe Deutsch Wagram mit Zeugen des Klimas und des Lebens im Periglazialgebiet während des Pleistozäns: Kryoturbationen (**A**) sind unregelmäßige Verfaltungen, Knetungen und Stauchungen durch Frostwirkung. Im Sommer tauten die oberen Bodenschichten bis zum Dauerfrosthorizont auf und sättigten sich mit Wasser. Im Winter setzte die Vereisung von der Oberfläche her wieder ein. Die dazwischen liegenden, noch wassergesättigten Bodenschichten vergrößerten beim Gefrieren ihr Volumen, kamen unter Druck und bildeten Kryoturbationen. Als Krotowinen (**B**) bezeichnet man die verfüllten Grabgänge pleistozäner Nagetiere (im Bild als graue Verfärbungen erkennbar). Sie beweisen, dass die Sedimente bereits vor der letzten Kaltzeit aufgeschüttet wurden. Heute bauen hier Uferschwalben ihre bis zu einem Meter langen Niströhren (**C**).

Verstädterter Boden mit Bauschutt und alten Bauresten über den gewachsenen, natürlichen Horizonten, angeschnitten in einer Baugrube der U-Bahnlinie U3 bei der Haltestelle Kendlerstraße. Dieser Boden gehört systematisch zur Klasse der Kolluvisole und Anthrosole. Die Mächtigkeit des künstlichen Materials (technogen = Y) von mindestens 20 cm weist ihn als Deponieboden aus (→ S. 150).

Verdichtete Böden können nur mit hohem technischem Aufwand kuriert werden. Vorbeugende Maßnahmen sind Gitter über den Baumscheiben, Parkbügel, bodenschutzorientierte Bauplanung, sowie klar definierte Fuß- und Radwege.

Verstädterung von Böden

Die Böden des Wiener Raumes werden seit etwa 5.000 Jahren durch den Menschen zur Nahrungsmittelproduktion genutzt. Sie werden aber auch als Bauland, Verkehrsfläche oder Deponie benutzt. Zunächst war die Landnahme kleinflächig und extensiv, im Mittelalter wurde sie raumgreifend. Oft ist es schwierig, natürliche gegen anthropogene, also durch den Menschen veränderte Böden abzugrenzen. Böden mit geringer anthropogener Überprägung finden sich im Wienerwald. Lediglich Wanderer und Mountainbiker verdichten mancherorts den Oberboden. Stärkeren menschlichen Einfluss lassen Böden erkennen, die unter Almnutzung standen (Sofienalpe, Mostalm) oder, wie im Marchfeld, intensiv ackerbaulich bearbeitet werden. Unübersehbare Nutzungsspuren zeigen die Böden der Parkanlagen, Schrebergärten und Friedhöfe. Substrate an Straßenrändern oder in begrünten Innenhöfen enthalten umgeschichtetes Bodenmaterial und werden zur Verbesserung und Stabilisierung häufig mit Sand, Komposterde oder Blähton vermischt. Rindenschnitzel ersetzen in der Stadt häufig die natürliche Laubstreu. Wenn Dächer zu begrünen oder Deponien abzudichten sind, trägt man „Designerböden" und Substrate mit speziellen Funktionen auf.

Bautätigkeit, Bodenaustausch und stadtgärtnerische Maßnahmen führen zu Bodenprofilen, welche die ursprüngliche, natürliche Bodenentwicklung nicht mehr erkennen lassen. Bodenhorizonte werden vermischt und ortsfremde Substrate eingebracht. Die Folge kann eine Beeinträchtigung der Bodenfunktionen sein. Bodenaufschüttungen senken den Grundwasserspiegel und hemmen die Neubildung des Grundwassers. Lagert eine feinporige Schicht über steinigem Material, so finden die feinen Poren keine Fortsetzung in die Tiefe und verstopfen sich gleichsam selbst mit Wasser.

In Ballungsgebieten ist ein großer Teil der Bodenoberfläche durch Verbauung und Straßenbelag versiegelt. Weil die Niederschläge schnell in das Kanalsystem abfließen, ändern sich der Wasserhaushalt und damit das Lokalklima. Stadtböden können ihre Funktion als Wasserreservoir nur eingeschränkt erfüllen und das Stadtgrün muss aufwendig bewässert werden. In der Vergangenheit hat die offene Bodenfläche in Wien jährlich um 0,4 Prozent abgenommen. Zwischen 1985 und 1997 gingen 8,27 Quadratkilometer Grünraum verloren, zwischen 2001 und 2008 nur mehr 4,7 km^2.

Bodenverdichtung, ein typisches Merkmal verstädterter Böden, ist hauptsächlich auf Fußgänger, Radfahrer, Baumaschinen, parkende Autos und in Stadtrandlagen auch auf Reiter zurückzuführen. Besonders die tonreichen Böden, die in manchen Stadtbezirken häufig sind, lassen sich leicht verdichten. Der Verlust von Bodenstruktur und Porenraum hat schlechte Bodendurchlüftung, geringe Wasserversickerung und verminderte Speicherung des für Pflanzen nutzbaren Wassers zur Folge.

Bewässerung, Düngung, Kompost und Rindenmulch, Hundekot, Staub, Auftaumittel und andere Immissionen beeinflussen den Kohlenstoff-, Nährstoff- und Schadstoffhaushalt der Stadtböden. Die Kohlenstoff-Gesamtbilanz der Wiener Böden ist nahezu ausgeglichen, weil einem Biomassezuwachs von jährlich etwa 0,3 Prozent im Wienerwald und in anderen Stadtwäldern lokale Verluste durch Ernte in Land- und Forstwirtschaft sowie Bodenabtrag entgegenstehen. An Straßenrändern, wo das mit Streusalz und anderen Schadstoffen belastete Falllaub üblicherweise entfernt wird, sind die Böden sehr kohlenstoffarm. Dagegen zeigen Garten- und Parkböden in der Stadt höhere Kohlenstoff- und Nährstoffgehalte als Böden der Erholungswälder: eine Folge der Anwendung von Kompost und mineralischem Dünger.

Die organische Recyclingwirtschaft der Stadt Wien ist ein gutes Beispiel für die Verbindung von Abfallentsorgung und Bodenschutz. Der aus dem getrennt gesammelten Biomüll hergestellte Kompost stellt ein qualitätsüberwachtes, hochwertiges Bodenverbesserungsmittel dar (→ S. 628).

Besonders hohe Stickstoffgehalte in Böden alter Siedlungsgebiete weisen auf ehemalige Misthaufen, Senkgruben und Ablagerungsstätten hin. In Zeiten eines noch unterentwickelten Umweltbewusstseins wurden Böden zur Entsorgung von diversen Rest- und Abfallstoffen missbraucht. NO_x-Emissionen aus dem Verkehr, Düngemittel aus der Landwirtschaft und die heute nur mehr beschränkt verwendeten stickstoffhaltigen Auftaumittel tragen dazu bei, dass das „Stickstofflager" Wiens, das ist die Gesamtmenge des Bodenstickstoffs, in Summe jährlich um ein bis zwei Prozent wächst. Mancherorts ist die Filterleistung der Stadtböden bereits überfordert. Die zugeführten Stickstoffverbindungen werden nicht mehr gebunden und gelangen ins Sicker- und Grundwasser. Besonders die zu grünen Hundeklos verkommenen Parkanlagen und Grünstreifen leiden lokal unter Überdüngung und einseitiger Nährstoffsättigung (→ S. 609).

Durch Immission angereicherte Schwermetalle bleiben in den Wiener Stadtböden jahrzehntelang gespeichert, weil viele nur unter sauren Bedingungen löslich sind und daher kaum ausgewaschen oder von Pflanzen aufgenommen werden. So ist das Bleilager im Wiener Boden lange Zeit um 0,1 Prozent pro Jahr gewachsen. Erst seit bleifreie Kraftstoffe überwiegen, verbessert sich diese Bilanz langsam.

Bodenschutz – ein wichtiger Beitrag zum Umweltschutz

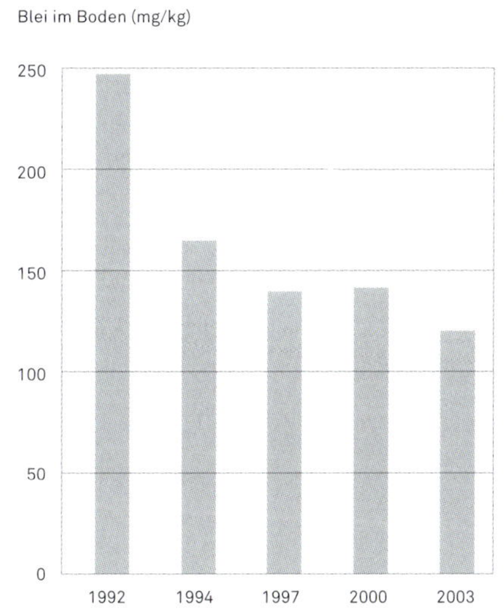

Die hohen Bleiwerte entlang verkehrsreicher Straßen haben sich seit Einführung der bleifreien Kraftstoffe verringert, wie am Beispiel der Böden entlang der Westausfahrt (Grafik) zu sehen ist. Da Blei kaum innerhalb des Bodenprofils verlagert wird, nimmt man an, dass Erosion durch Wasser und Wind oder künstlicher Bodenabtrag den Bleirückgang verursachen.

Lediglich entlang der Wiener Osteinfahrt ist auch in jüngerer Zeit eine Zunahme der Bleigehalte im Oberboden festzustellen. Der Grund dafür ist offenbar das zunehmende Verkehrsaufkommen aus Ländern, wo noch verbleite Kraftstoffe verwendet werden.

1992 wurde erstmals eine flächendeckende Untersuchung der Schwermetallgehalte der Wiener Böden durchgeführt, 1994, 1997, 2000 und 2003 wurde sie wiederholt. Die Ergebnisse stammen von 286 verschiedenen Probepunkten und zeigen einen klaren Zusammenhang zwischen der Nutzung und der Belastung des jeweiligen Ortes, aber auch Veränderungen im Lauf der Zeit.

Die Tabelle unten lässt die Anreicherung der Elemente Cadmium (Cd), Kupfer (Cu), Blei (Pb) und Zink (Zn) in den Straßenrandböden des Wiener Gürtels erkennen. Diese Schwermetalle sind hier deutlich höher konzentriert als im Erholungsgebiet Wienerwald und in den Wiener Parks – ein Resultat des starken Verkehrs und der damit verbundenen Emission aus dem Kraftstoff sowie dem Reifen- und Fahrbahnabrieb. Böden der Grün- und Erholungsgebiete, Parkanlagen und Kinderspielplätze haben deutlich niedrigere Schwermetallgehalte. Die Arsen (As)- und Nickelwerte (Ni) zeigen keinen Nutzungsbezug. Die Bewertung nach der ÖNORM erfordert derzeit, außer bei den Straßenrandböden, keine Einschränkung der Nutzung.

Nutzung	Jahr	As	Cd	Cu	Ni	Pb	Zn
Wienerwald	2000	8,5	0.5	30	30	46	99
Parks	2000	8,7	0.6	53	29	103	181
Gürtel	2000	8,3	1.1	78	33	158	252
Wienerwald	2003	8,9	0.5	28	30	42	100
Parks	2003	8,6	0.6	56	28	79	164
Gürtel	2003	8,2	1,0	71	34	151	217

Schwermetallgehalte in Milligramm pro Kilogramm Feinboden der obersten 10 Zentimeter aus Wiener Böden für die Jahre 2000 und 2003.

Stop-and-Go-Verkehr erhöht den Austrag von Platin aus den Katalysatoren, das neuerdings in den Straßenrandböden nachweisbar ist. Mit steigendem Verkehrsaufkommen und der Verwendung neuer Materialien für Bremsbeläge könnten auch Elemente wie Antimon in den Böden zunehmen.

Ein Wiener Bodenschutzgesetz wird hoffentlich bald erarbeitet. Es soll im Einklang mit österreichischen und europäischen Bodenschutzstrategien stehen. Bei den Richtwerten werden drei Nutzungsgruppen unterschieden: zunächst Böden von Kinderspielplätzen und Freizeitanlagen in Wohnbereichen, wo besonders auf spielende Kinder Rücksicht genommen wird, die bis zu einem Gramm Boden pro Tag oral aufnehmen, weiters Böden von Klein- und Hausgärten, wo die Produktion von Nahrungs- und Futtermittelpflanzen wahrscheinlich ist, und schließlich Böden von Straßenbegleitgrün, Parkflächen und Stadtvegetation tragenden Flächen außerhalb von Kinderspielbereichen. ***Monika Sieghardt***

Die räumliche Verteilung der Bodentypen in Wien und dem Umland

Stadtböden können im verbauten Gebiet nur punktuell beobachtet und beschrieben werden. Wenn auch eine flächendeckende Aufnahme aufgrund der Bebauung nicht möglich ist, reichen die Informationen doch aus, die Verbreitung der Bodentypen in einer Bodenkarte in groben Zügen darzustellen. Für das Umland sind wesentlich genauere Informationen verfügbar. Es sind dies verschiedene Kartenwerke der landwirtschaftlichen Bodenkartierung und Bodenschätzung sowie der forstlichen Standortkartierung. Der vorliegenden Bodenkarte liegt das morphologisch-genetische Ordnungsprinzip der Österreichischen Bodensystematik zugrunde. Oberstes Unterscheidungskriterium ist dabei das Vorhandensein oder Fehlen eines maßgeblichen Wassereinflusses.

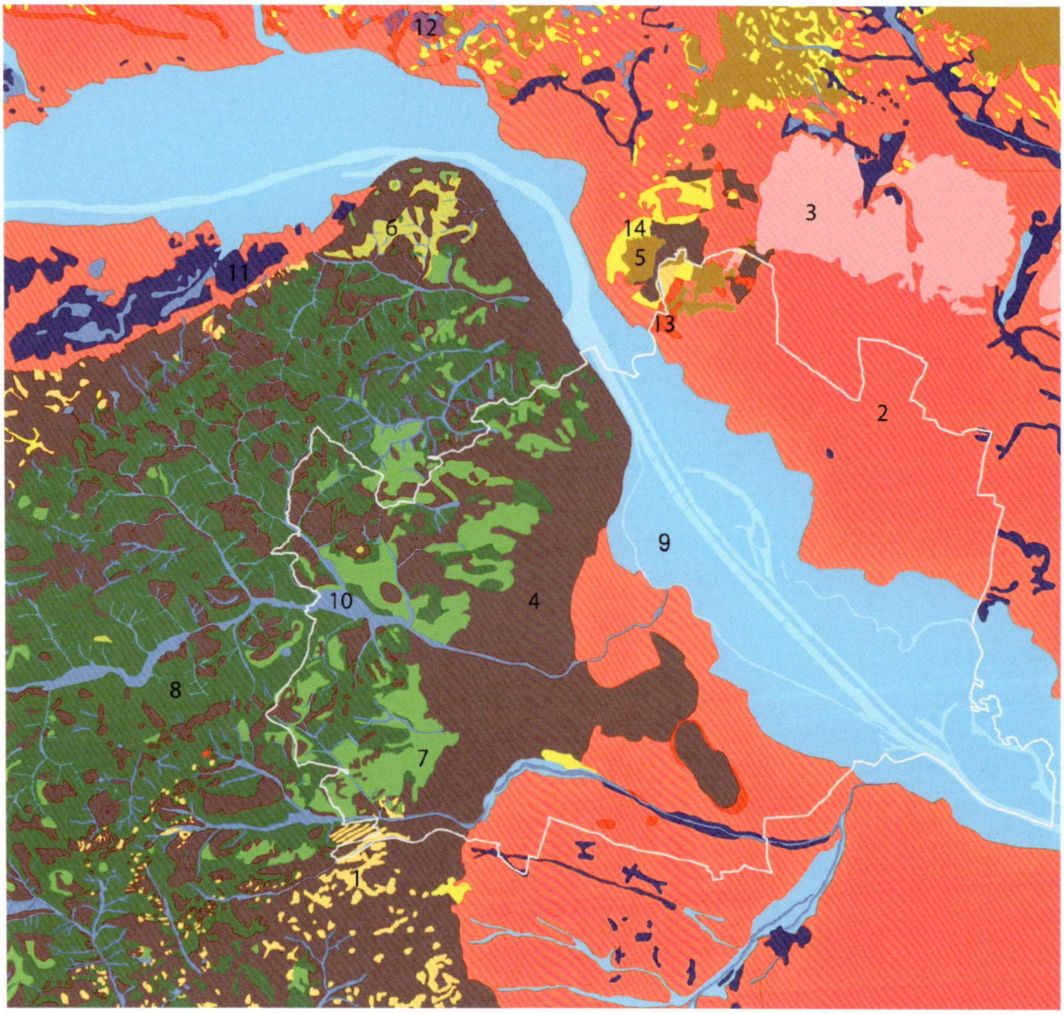

1 Rendsina, Pararendsina, Ranker
2 Karbonathaltiger Tschernosem
3 Karbonatfreier Tschernosem (Paratschernosem)
4 Karbonatfreie Braunerde und Reliktbraunerde
5 Karbonathaltige Braunerde
6 Podsolige Braunerde
7 Parabraunerde und pseudovergleyte Parabraunerde
8 Pseudogley
9 Auboden
10 Schwemmboden, Gley, Anmoor
11 Feuchtschwarzerde
12 Substratböden
13 Kolluvisol und Rigolboden
14 Kulturrohboden

Die den Bodentypen zugeordneten Ziffern (1–14) finden sich auch auf den folgenden Seiten als Bildnummern bei den entsprechenden Fotos sowie bei der Beschreibung der Bodentypen im Text.

Bodentypenkarte von Wien und Umgebung (vereinfacht)

Die Karte zeigt sowohl die aktuell erkennbaren Bodentypen als auch die potenziellen Bodentypen, die durch lang andauernde menschliche Tätigkeit stark verändert wurden oder unter dem verbauten Stadtgebiet verborgen sind. Die Signaturen zeigen jenen Bodentyp an, der, gäbe es die Siedlungsgebiete nicht, aufgrund der natürlichen Voraussetzungen dort zu erwarten wäre.

Terrestrische Böden

Landböden weisen eine Wasser- und Stoffverlagerung von oben nach unten auf. Die weitere Untergliederung der „terrestrischen" Böden erfolgt nach dem Verwitterungsgrad und den chemischen Eigenschaften des Substrates, aber auch nach physikalischen und chemischen Verlagerungs- und Umwandlungsprozessen. Unter ihnen finden sich Vertreter aus der Klasse der Auflagehumusböden und der entwickelten A-C-Böden, also Böden mit voll entwickeltem Humushorizont, der dem C-Horizont aus festem oder lockerem Gestein aufliegt, sowie Vertreter der A-B-C-Böden.

1 Mullrendsina in Rodaun

2 Karbonathaltiger Tschernosem von der Parndorfer Platte mit Nisthöhlen von Bienenfressern und Wildbienen. Die Kalkanreicherung im C-Horizont entsteht durch Karbonatlösung im Oberboden und Ausfällung in tieferen Schichten (Cca).

A-C-Böden

Rendsinen (1) haben wegen der chemischen Eigenart der Karbonatverwitterung (Löslichkeit in CO_2-hältigem Wasser) lediglich Humusakkumulation im deutlich entwickelten A-Horizont. Sie bilden sich auf festen oder lockeren Karbonatgesteinen. Eine Mineralbodenkomponente entsteht, abgesehen von physikalischer Verwitterung, lediglich aus Verunreinigungen im Gestein. Obwohl dieses einen hohen pH-Wert hat, ist der Humus oft recht sauer. Rendsinen tragen im Wiener Raum Trockenrasen sowie dürftige Flaumeichen- oder Schwarzföhrenwälder, weil das Niederschlagswasser durch den Boden sickert, kaum gespeichert wird und Wassermangel das Pflanzenwachstum limitiert. Man findet sie im Bereich des Kalkwienerwaldes im Süden und Südwesten von Wien. **Pararendsina** (1) ist die entsprechende Bodenbildung auf karbonathaltigem Silikatgestein ab einem Silikatgehalt von mindestens 25 Prozent. Die seicht- bis mittelgründigen Böden sind oft bewaldet, eignen sich aber auch für Grünland oder Weingärten. Dieser Bodentyp findet sich kleinräumig bei Perchtoldsdorf und im Naturpark Föhrenberge aber auch im tertiären Hügelland etwa entlang des Donautals. **Ranker** (1) (von österreichisch „Steilhang") ist ein Humusboden auf karbonatfreiem festem oder lockerem Silikatmaterial und hat nur geringen Nutzwert.

Der **Tschernosem** (von russisch „cherno" = schwarz und „zemlja" = Erde) entsteht aus feinem Lockermaterial, wie Löss oder lössähnlichem Substrat, Mergel, Flugsand oder Schwemmmaterial, und hat einen mindestens 30 Zentimeter starken humosen A-Horizont. Tschernoseme sind typisch für den pannonischen Raum. Sie entstehen unter kontinentalem Steppenklima, weil der Bestandsabfall infolge von Trockenheit und Kälte nur unvollständig mineralisiert wird und die organische Substanz durch Bioturbation mit dem Mineralboden vermischt wird, was zur Bildung von tief reichenden Ahb-Horizonten führt.

Karbonathaltige Tschernoseme (2) findet man im Marchfeld, der seit Jahrtausenden bewirtschafteten Kornkammer Österreichs östlich und nordöstlich von Wien. Es sind meist mittelschwere bis schwere Böden, die bei ausreichenden Niederschlägen zu den fruchtbarsten Böden in Österreich gehören.

4a

4b

6

4a Karbonatfreie Braunerde (rezent) mit Moderhumus aus dem Flysch-Wienerwald. Hier gelangt die organische Substanz durch Bodentiere (Ahb), aber auch durch Infiltration mit dem Sickerwasser (Ahi) in den Mineralboden, ein Zeichen für beginnende Oberbodenversauerung.

4b Karbonatfreie Relikt-Braunerde auf Mergel mit Mullhumus vom Kolbeterberg im Wienerwald. Dieser Bodentyp ist im Bodenprofil-Schema auf Seite 140 dargestellt.

6 Podsol mit rohhumusartigem Moder aus Dürrwien im Flysch-Wienerwald. Die Hanglage bedingt den unregelmäßigen Verlauf der Bodenhorizonte. Das Ausgangsmaterial für die Bodenbildung ist grobkörniger Mürbsandstein.

Karbonatfreie Tschernoseme (3) sind dagegen meist seichtgründig und leicht und daher ertragsschwache Böden mit beschränktem Wasserspeichervermögen. Sie sind im nördlichen Marchfeld auf höher gelegenen Schotterterrassen anzutreffen.

A-B-C-Böden

Die **karbonatfreie Braunerde** und die **Relikt-Braunerde** (4) weisen einen durch Anreicherung von Eisenoxiden deutlich ockerbraun gefärbten Bv-Horizont auf, der von lang andauernder und intensiver Verwitterung zeugt. Die Amplitude der Eigenschaften dieser Böden reicht von seicht- bis tiefgründig und von sandig bis tonig. Rezente Braunerden weisen ein krümelig blockiges Gefüge im Bv-Horizont auf und sind im Wiener Raum recht häufig anzutreffen. Relikt-Braunerden haben einen intensiv rot- bis gelbbraun gefärbten, bindigen B-Horizont mit deutlicher Polyederstruktur und sind Bodenbildungen auf oder aus alten Bodendecken, die unter warmen Klimabedingungen der Zwischeneiszeiten entstanden sind. Bei einer Fahrt auf den Exelberg sind vereinzelt Relikt-Braunerden an den Straßenböschungen zu erkennen. Die Nutzbarkeit der Braunerden ist abhängig von Profilgründigkeit, Bodenschwere, Gehalt an grobem Material (Steine, Grus) und Nährstoffausstattung (Trophie).

Die **karbonathaltige Braunerde** (5) ist in ihrem Erscheinungsbild der karbonatfreien Braunerde sehr ähnlich. Sie entsteht meist aus Löss oder Feinmaterial aus dem Jungtertiär und enthält zumindest in einem Horizont Karbonat. Man findet diese Böden nördlich der Donau, so auch am Bisamberg oder im Hochleitenwald bei Wolkersdorf.

Podsolige Braunerde und **Semipodsol** (6) lassen aufgrund von natürlicher Versauerung (etwa unter Nadelwald) oder anthropogen bedingtem Säureeintrag („saurer Regen") einen chemischen Angriff auf Ton- und Humussubstanzen erkennen. Die säurelöslichen Substanzen werden mit dem Sickerwasser nach unten transportiert: es entsteht im oberen Profilbereich ein fahler Auswaschungshorizont (Ahe oder E), darunter durch Ausfällung ein substanzangereicherter Horizont, der rötlich gefärbt ist (Bvs oder Bs). Die meist mittel- bis geringwertigen Böden werden vorwiegend forstlich genutzt. Ihre Entstehung kann aber auch die Folge forstlicher Nutzung sein.

7 Parabraunerde mit Mullhumus aus dem Hochleitenwald. Das Ausgangsmaterial für die Bodenbildung ist Löss (C).

8 Durch ein Windereignis im Juli 2009 geworfene Rotbuchen auf einem Pseudogley-Standort am Kolbeterberg im Flysch-Wienerwald. Gut sind die sogenannten Wurzelquasten zu sehen, die durch Absterben bei hoch reichendem Stauwasser entstehen.

7

8

Parabraunerde und **pseudovergleyte Parabraunerde** (7) haben durch rein mechanische Verlagerung von Feinsubstanz aus dem Oberboden (Al, E) einen deutlich mit Ton angereicherten, braunen, dichten Bt-Horizont, in dem dunkle Tonhüllen die Bodenaggregate umschließen oder Bodenporen auskleiden. Dieser mikroerosive Vorgang, bei dem einzelne Tonkolloide durch das Schmelz- oder Regenwasser aus den oberflächennahen Bodenhorizonten „herausgeschält" und durch die groben Bodenporen in tiefere Horizonte transportiert werden, nennt man Lessivierung, den entsprechenden Bodentyp Parabraunerde. Bewirken die tonreicheren Schichten bei großen Niederschlagsmengen einen zeitweiligen Rückstau des Sickerwassers im Bodenprofil, kommt es zum Wechsel von Vernässungs- und Trockenphasen. Dies führt zu typischen Farbmerkmalen wie Rost- und Fahlflecken oder zur Bildung von sogenannten Konkretionen: meist schwarz- bis rostbraune oxidische Absonderungen, die wenige Millimeter bis mehrere Zentimeter groß sein können; dadurch entsteht die pseudovergleyte Parabraunerde. Im Wiener Raum tragen diese Böden meist Grünland, aber auch Laubmischwald.

Angewandte Waldbodenforschung:
Die Internet-Seite www.boku.ac.at/kolbeterberg lädt zu einer virtuellen bodenkundlichen Exkursion rund um den Kolbeterberg ein, bei der man die vielfältigen Bodenprofile im Flysch-Wienerwald kennenlernen kann.

Hydromorphe Böden

Stau- und Grundwasserböden entstehen oder stehen unter starkem Wassereinfluss. Solche hydromorphen Böden werden nach dem zeitlichen Verlauf und der Amplitude von Grundwasserschwankungen oder nach ihrem Überflutungs- und Überstauungsregime klassifiziert. Weitere Kriterien sind die chemische Beschaffenheit und der Zerteilungsgrad des Substrates sowie die chemischen Eigenschaften des Wassers. Sie beeinflussen die Lösung und Umverteilung von Stoffen im Boden.

Pseudogleye (8) (von griechisch „pseude" = falsch) stauen das Sickerwasser über einem nahezu undurchlässigen Horizont (Staukörper oder S-Horizont) oder halten es – im Falle sehr tonreicher und daher eingeschränkt durchlässiger Oberböden – als Haftnässe fest. Bei großem Wasserangebot ist die Stauzone (P-Horizont) stark vernässt, während Trockenperioden trocknet dieser Horizont durch Verdunstung und pflanzlichen Wasserverbrauch wieder aus. Der Wasserstau ist lokal von unterschiedlicher Dauer und Intensität und führt zu einem oberflächennahen fahlfleckigen und mässig rostfleckigen P-Horizont mit Konkretionen unterschiedlicher Größe und Ausprägung.

Konkretionen sind meist schwarze bis rotbraune, unregelmäßig geformte oxidische Mineralstoffsammlungen mit schaligem Aufbau, die aus der Bodenlösung aufgrund der bei Vernässung und Wiederaustrockung sich ändernden chemisch-physikalischen Bedingungen ausgefällt werden. Reicht die Vernässung zeitweise bis in den A-Horizont, spricht man von Stagnogleyen (von lateinisch „stagno" = versumpft). Der Wasserstau schränkt die Nutzbarkeit ein: Pseudogleye sind Grünlandböden, aber auch produktive Laub- und Mischwaldböden. Seicht wurzelnde Baumarten wie die Fichte oder Baumarten, deren Wurzeln empfindlich auf Sauerstoffmangel im Boden reagieren, wie die Buche, sind jedoch von Windwurf bedroht.

9

Auboden bei Regelsbrunn im Nationalpark Donauauen: Der mächtige Schotterhorizont stammt vom Hochwasserereignis 2002.

Auböden **(9)** sind unreife Bodenbildungen der großen dynamischen Flusslandschaften und der Bachebenen, in denen Sedimente periodisch oder episodisch, nach Korngröße sortiert schichtweise abgelagert und wieder erodiert werden. Ihre A-Horizonte zeigen daher Initialstadien der Humusbildung (Ai). Begrabene organische Horizonte (A beg) sind wichtige Merkmale. Es überwiegen unverwitterte oder wenig verwitterte Gesteinszerreibsel (C). Die Entwicklung von Auböden wird von der Häufigkeit und Intensität der Überflutungen gesteuert. Oft lässt sich am Profil die Auswirkung von rasch ziehendem oder oszillierendem, sauerstoffreichem Grundwasser ablesen. Die meist sandigen, oft schotterreichen Böden speichern nur wenig pflanzennutzbares Wasser und trocknen gelegentlich aus. Auböden bieten sehr produktive Waldstandorte. Von hoch aufgeschütteten Schotterflächen (Heißländen → S. 383) abgesehen, sind Auböden, je nach Distanz zum Fließgewässer und Reifegrad, auch mittel- bis hochwertige Ackerstandorte. Die folgenden hydromorphen Böden (Schwemmböden, Gleye und Anmoore) werden in der Karte unter einer Signatur **(10)** zusammengefasst:

Schwemmböden treten entlang kleiner und steiler Gerinne und entlang von nur periodisch Wasser führenden Gräben und Runsen auf. Das meist über kurze Strecken transportierte Material ist nur wenig gerundet und kaum größensortiert. Im Profil sind vermischt kleine und große Kornfraktionen sowie begrabenes humoses Material anzutreffen.

10

Gley mit Mullhumus aus Dürrwien (Pelzergraben) im Flysch-Wienerwald: Der nach starken Regenfällen anschwellende Bach bewirkt Überlagerungen im humosen Oberboden.

Gleye (von russisch „gley" = sumpfiger Boden) sind Böden unter intensivem Grundwassereinfluss. Eine Oxidationszone (Go) mit rostbraunen bis rostgelben Flecken wird durch die jahreszeitliche Schwankungsamplitude des Grundwassers beeinflusst. Darunter liegt die ständig durchnässte und sauerstoffarme, graue, graublaue oder blaugrüne Reduktionszone (Gr). Diese Böden sind kleinräumig in flachen Mulden, Talböden und deren Randzonen anzutreffen. Sie stehen unter Grünlandnutzung oder tragen Wälder mit hohem Wasserbedarf. **Anmoore** haben Böden mit einem mehr als 30 Zentimeter mächtigen humosen Mineralbodenhorizont von typisch blauschwarzer Färbung und tintigem, oft an Gerbstoffe erinnernden Geruch. Kleinflächig treten sie im Wienerwald dort auf, wo sich in abflusslosen Mulden Wasser und Vegetationsabfälle sammeln. Anmoore sind bei Wildschweinen als Suhlen äußerst beliebt und ökologisch wichtige Kleinbiotope. Wo ständiger Wassereinfluss herrscht, können lokal begrenzt organische T-Horizonte (Torf) entstehen, deren Humifizierungsgrad und Zusammensetzung sehr verschieden sein kann. Werden diese T-Horizonte mehr als 30 Zentimeter mächtig, spricht man von Moorböden. Im Wiener Raum finden sich solche Böden z. B. bei Moosbrunn und entwickeln sich gegenwärtig kleinflächig im Nationalpark Donauauen.

Feuchtschwarzerden (11) sind in Becken und tektonischen Wannen entstandene Böden ehemals feuchter bis nasser Standorte. Sie lassen zumindest im Oberboden eine Umwandlung zu terrestrischem Mineralbodenhumus (Mull) erkennen, im Untergrund haben sie Anmoorcharakter. Als hoch- bis mittelwertige Ackerböden bringen sie in warmen und trockenen Jahren Höchsterträge, weil sich der Grundwassereinfluss positiv auswirkt. Sie sind im pannonischen Raum in unmittelbarer Nähe von Tschernosemen häufig auf kleinen Flächen anzutreffen.

Substratböden

(12), darunter versteht man Böden, die sich aus Substraten entwickelt haben, deren Farbe oder Korngrößenzusammensetzung jede bodengenetische Horizontdifferenzierung überdeckt. Beispiele sind der einheitlich dunkelgrau erscheinende Farb-Substratboden aus Graphitschiefer und der Textur-Substratboden aus rot oder grün gefärbten „Bunten Mergeln". Man findet sie bei Stockerau oder sehr kleinflächig im Wienerwald, aber auch im Wiener Stadtgebiet, etwa an der Wilhelminenstraße oder Roterdstraße.

Kolluvisole und Anthrosole

Ein etwa vier Meter tiefes Stockwerk-Profil aus der Roterdstraße vereint die unterschiedlichsten, teils natürlichen und teils durch den Menschen veränderten Bodentypen: Garten-Kolluvisol (I) auf Textur-Substratboden (II) über altem Bachsediment (III) auf Farb-Substratboden (IV)

Im Gegensatz zu den bisher behandelten Bodentypen, die naturnah gebildet wurden, umfasst die Bodenklasse der Kolluvisole und Anthrosole terrestrische Böden, die infolge einer unterschiedlich lang andauernden oder intensiven Nutzungsgeschichte durch Verlagerungsprozesse (Erosion) oder durch Vermischung von natürlichem oder technogenem Bodenmaterial stark verändert wurden. Diese Vorgänge können mit einer Anreicherung von organischer Substanz und von Nährstoffen verbunden sein.

Kolluvisole (13) sind tiefgründige Böden aus Erosionsmaterial. Es handelt sich zumeist um hochwertige Böden mit hohem Gehalt an Humus und Feinmaterial. Oft entwickeln sie sich am Hangfuß, wo Feststoffe, Wasser und damit auch Nährstoffe angereichert werden. Man unterscheidet karbonatfreie von qualitativ besseren karbonathaltigen Kolluvisolen.

Kultur-Rohböden (14) sind durch jahrhundertlange Ackernutzung in Verbindung mit natürlicher und durch den Menschen ausgelöster Erosion entstanden. Es sind meist seichtgründige Böden über Löss, Mergel oder Sand in Kuppen- und Hanglagen. Aufgrund des Karbonatgehaltes oder des Fehlens von Karbonat innerhalb des ersten Meters Bodentiefe können Subtypen unterschieden werden. Sie sind austrocknungsgefährdet, als Ackerstandorte nur mittel- bis geringwertig, als Weingartenböden jedoch oft optimal.

Die vier folgenden Bodentypen sind auf der Karte nicht mit eigenen Signaturen ausgewiesen. Man findet sie im Siedlungsgebiet, wo eine flächige Differenzierung aufgrund des hohen Versiegelungs- und Bebauungsgrades oder ihres lokal begrenzten Auftretens nicht möglich ist.

Gartenböden sind von langer, intensiver Bewirtschaftung geprägt. Ihr oberster Horizont ist durch Kompost- und Torfzusatz, aber auch durch Gründüngung stark mit organischer Substanz angereichert. Es sind die räumlich scharf abgrenzbaren Böden von Haus- und Schrebergärten, von Parkanlagen und intensiv genutzten Gemüseanbauflächen.

Bodeneigenschaften im Spiegel alter Flurnamen (in Klammern: jeweiliger Bezirk in Wien)

Alaungruben (19): Hier entstand um die Mitte des 19. Jh. eine Alaunfabrik, die ihre Gruben in ton- und kaliumreichen Böden im Dorotheerwald (Neustift) hatte. Alaun ist ein Kalium-Aluminium-Sulfat, das früher unter anderem als Badesalz verwendet wurde.
Anschütt (14): durch Anschwemmung entstandene Insel in der ursprünglich am Wienfluss gelegenen Flur
Au, Augraben (14): Hinweis auf die Auböden des Wienflusses
Gelling (14): harter Stein, Hinweis auf Flyschgesteine des Wienerwaldes
Gießhübel (NÖ südl. von Wien): eventuell von Gipshügel abzuleiten; gipshaltiges Gestein ist in der Umgebung verbreitet
Haarlacke (19), Haarwald (18): von mittelhochdeutsch Horlache (Kotlacke) für grundwasserbeeinflussten Boden.
Hungerberg (18): Hinweis auf den schlechten Boden am Abhang der Türkenschanze
Im Grieß (14): Synonym für grobsandigen Boden
Laimäcker (10), Laimgrube (6), Lehmgrube (16): schwere Lehmerde
Kolbeterberg (14): „kalbender" Berg; großflächige, vorgeschichtliche Bodenrutschungen, die sich kleinflächig in Überlagerungen unterschiedlicher Bodenhorizonte und in einer bunten Horizontvielfalt bemerkbar machen.
Plachen (19): felsiger, steiniger Boden
Roterd (16): rötliche Böden, die aus den dort vorkommenden bunten Tonen (rot und grün) gebildet wurden.
Sandberg (19), Sanderl (19), Sandgrube (18), Sandleiten (16): sandiger, unfruchtbarer Boden
Steinberg (13), Steingrube und Steinbühel (18), Steinfeld oder Steineck (18), Am Steinhof (16): felsiger, steiniger Boden
Saulacke (16): Hinweis auf Hangquellaustritte im Ottakringer Gemeindewald, die zu humusreichen, nassen „anmoorigen" Böden führen und den Wildschweinen als Suhle dienen.
Ziegelberg (13), Ziegelgrund (16), Am Ziegelofen (14): Böden von lehmiger Beschaffenheit zur Lehmgewinnung für die Ziegelherstellung

Monika Sieghardt

Rigolböden zeigen deutliche Merkmale einer bis zu einem Meter tief reichenden Bodenbearbeitung – „rigolen" bedeutet tief umgraben. Sie kommen in Weingärten, Obstkulturen und Gärtnereien vor.

Schüttungsböden sind durch eine mindestens 40 Zentimeter mächtige Auflagerung ortsfremden Materials charakterisiert (meist Aushub- oder Abraummaterial). Es fehlt die typische Horizontabfolge eines natürlich entwickelten Bodens. Technische Eingriffe können zu verdichteten Zonen im Bodenprofil und zu einer deutlichen Abgrenzung der einzelnen Bodenschichten führen. Zu den Schüttungsböden gehören die Planieböden, die aus Baustellenaushub erzeugt werden, und Haldenböden, die aus ursprünglich oberflächenfernem Material aufgeschüttet wurden. Häufig sind auch die Böden des Straßenbegleitgrüns und von neu geschaffenen Parks von diesem Typ.

Deponieböden weisen eine zumindest 20 Zentimeter mächtige technogene Schicht auf, die aus urbanem, gewerblichem oder industriellem Abfall wie Bauschutt, Asche, Schlamm, Schlacke, Müll, Industrierückständen oder Kompost besteht. Charakteristisch ist die starke morphologische, physikalische, chemische und biologische Inhomogenität des gesamten Profils. Sie sind in zahlreichen Varianten in städtischen oder industrienahen Regionen zu finden (→ Bild S.142).

Leben im Dunkeln

Der Stadtboden als Lebensraum

Wer die Kleintiere aus einer einzigen Bodenprobe unter die Lupe nimmt, findet den gern zitierten Spruch bestätigt: Der Boden ist der Regenwald des kleinen Mannes. Tatsächlich erreicht kein anderer Landlebensraum in unseren Breiten eine ähnlich große Artenvielfalt. Böden entstehen und reifen unter dem Einfluss von Lebewesen und bleiben durch die Leistungen der Lebewesen funktionstüchtig.

Von der Bodenoberfläche bis zum Muttergestein leben pro Quadratmeter im Durchschnitt:

Individuen	Individuenzahl	Gewicht in Gramm
Bakterien, Pilze, Algen	100.000.000.000.000	400
Einzellige Tiere	1.000.000.000	10
Fadenwürmer und Rädertiere	1.000.000	5
Bärtierchen	1.000	0,01
Milben	70.000	0,6
Springschwänze und andere Ur-Insekten	50.000	0,5
Kleinringelwürmer	30.000	5
Spinnentiere ohne Milben	200	0,3
Schnecken	50	1
Insekten(larven) ohne Ur-Insekten	400	5
Asseln	30	0,5
Doppelfüßler	100	4
Hundertfüßler	30	0,4
Regenwürmer	100	30
Wirbeltiere	0,01	0,1

Bakterien, Pilze und Bodentiere zerlegen abgestorbenes organisches Material in einfache Grundbausteine, aus denen grüne Pflanzen wieder lebende Substanz aufbauen (→ Schema Ökosystem S. 41). Fein aufeinander abgestimmt zersetzen die Bodenorganismen Laub und Fallholz, Leichen und Exkremente. Wie wirkungsvoll diese Abfallverwerter arbeiten, erkennt man bei einem Sommerspaziergang im Laubwald an den bescheidenen Resten des vorjährigen Blätterteppichs (→ S. 267).

Das Recycling beginnt dort, wo der Biomüll anfällt: in der sogenannten Streuschicht. Frisch gefallenes Laub ist hart, doch Asseln, Tausendfüßler und Insektenlarven

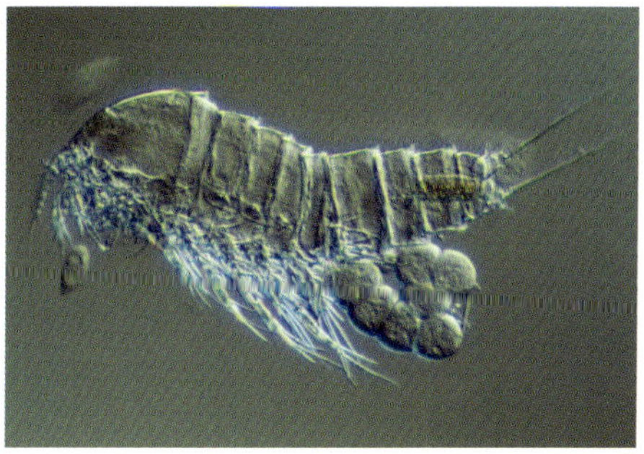

1 Der feuchte Laubstapel des Waldbodens beherbergt auch einige aquatische Tiere. Im dünnen Wasserfilm zwischen den Blättern können sich freilich nur Zwerge bewegen. Das Weibchen des Hüpferlings *Bryocamptus pygmaeus* misst rund 0,6 Millimeter. Wie bei diesen Krebsen üblich, trägt es den Nachwuchs bis zum Schlüpfen in einem Eisack.

2 Ameisen dulden in ihren Nestern eine ganze Reihe von Untermietern. Die schneeweiße Ameisenasseln der Gattung *Platyarthrus* gehören zu den häufigsten.

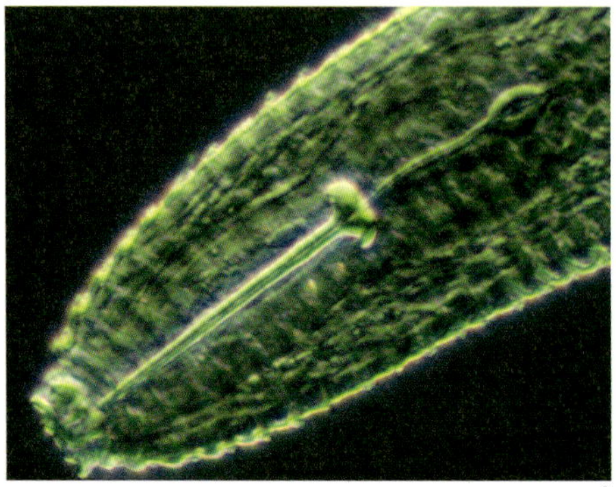
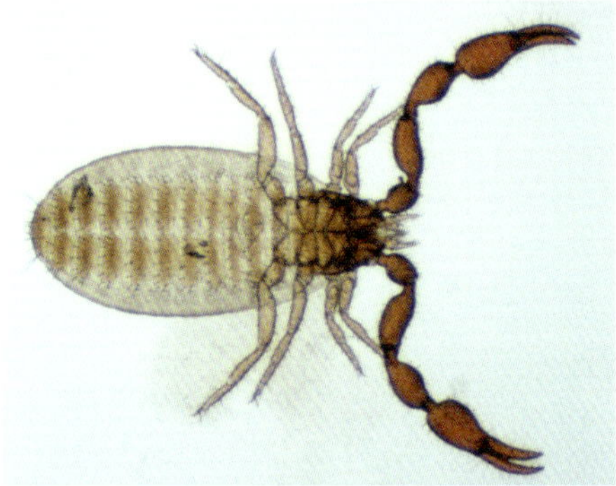

1 Die oberirdischen Fruchtkörper sind auffällig, der Hauptanteil eines Ständerpilzes besteht aber aus den mikroskopisch feinen Fäden des Myzels im Substrat. Vom Dunklen Hallimasch, der auch im Wienerwald auftritt, wurden Individuen entdeckt, deren Myzel Blauwale und Mammutbäume an Gewicht übertreffen soll. Sie haben sich im Lauf von Jahrhunderten über Quadratkilometer ausgebreitet.

2 Mit dem dolchförmigen Mundstachel saugt dieser Fadenwurm an Pilzfäden oder Wurzeln. Auch bakterienfressende und räuberische Fadenwürmer bewohnen den Wiener Boden in hoher Individuen- und Artenzahl.

3 Die kleinen Pseudoskorpione haben einen ovalen Hinterleib ohne Giftstachel, mit ihren auffälligen Greifzangen erinnern sie trotzdem an einen echten Skorpion. Die Wiener Lokalfauna dieser räuberischen Spinnentiere ist nur zum Teil bekannt. In Tiernestern und in Gebäuden, unter Baumrinde, in der Laubstreu und im Mineralboden wurden bisher kaum zwei Dutzend Arten nachgewiesen. Der abgebildete *Pselaphochernes scorpioides* ist regelmäßig im Kompost anzutreffen. Für seine Verbreitung sorgen andere Dungbewohner: An einem Insektenbein festgeklammert lässt sich der Pseudoskorpion zum nächsten Misthaufen fliegen.

4 Passfoto eines Räubers: Der Steinläufer *Lithobius forficatus* trägt wie alle Hundertfüßler mächtige Giftklauen unter dem Kopf. Die lichtscheuen Tiere findet man in der Laubstreu, in moderndem Fallholz und unter Steinen, in der Stadt auch unter Blumentrögen und im Rindenmulch. Erwachsene Tiere erreichen mehr als drei Zentimeter Körperlänge. Sie haben nicht hundert, aber als Erwachsene immerhin dreißig Beinchen.

5 Fantastische Gestalten im Verborgenen: Wie von Meisterhand aus Gold getrieben wirkt diese Schildkrötenmilbe aus dem Boden des Leopoldsberges.

6 Die drolligen Bärtierchen findet man häufig in Moospolstern und in der Laubstreu, sogar mitten in Wien. *Macrobiotus hufelandi*, das bekannteste und mit maximal 1,4 Millimetern zugleich größte Bärtierchen, saugt an Pflanzen und Tieren (im dargestellten Fall an einem Fadenwurm). Sein Name erinnert an Christoph Wilhelm Hufeland, dessen 1797 erschienene Anleitung „Die Kunst, das menschliche Leben zu verlängern" zur Grundlage der Makrobiotik wurde. Landbewohnende Bärtierchen sind tatsächlich Lebenskünstler. Trocknet ihr Lebensraum langsam aus, so bilden sie den Körper zu einem Tönnchen um und überstehen jahrelang die widrigsten Bedingungen. Wenn Bärtierchen zwischen mehreren Tönnchenphasen jeweils nur kurz zu aktivem Leben erwachen, erreichen sie ein Alter von über 60 Jahren. Ihre physiologischen Tricks werden zur Trockenkonservierung von Lebensmitteln und pharmazeutischen Produkten nachgeahmt.

nagen daran mit kräftigen Kiefern. Einen Teil der Nahrung verwenden sie als Treibstoff, einen anderen Teil zum Aufbau ihres Körpers. Den Rest scheiden sie zerkleinert und chemisch verändert wieder aus. Die von Mikroorganismen durchwachsene Losung bereichert den Speiseplan der nächstkleineren Tiere in der Abbaukette. Springschwänze und Milben sind zwar selten länger als zwei Millimeter, leben dafür aber zu Tausenden auf jedem Quadratmeter. In den Kotkrümeln finden sie mundgerechte Stücke, die noch dazu aufgeweicht und gewissermaßen vorverdaut sind. Mit jedem Durchgang durch den Darm eines Tieres steigt der Zersetzungsgrad. Rädertiere und Einzeller, mit freiem Auge unsichtbar, nehmen schließlich die kleinsten Teilchen auf.
Von Beginn an beteiligen sich Mikroorganismen am Abbau. Bakterien und Pilze profitieren von der Zerkleinerungsarbeit der Bodentiere. Umgekehrt fördern sie die Verdaulichkeit der Nahrung und sind selbst ein wesentlicher Bestandteil der tierischen Kost. Die Rückführung von Pflanzennährstoffen ist aber nicht die einzige Gemeinschaftsleistung von Tieren und Mikroorganismen. In Zusammenarbeit erzeugen sie auch den Humus, der als Nährstoffspeicher für die Fruchtbarkeit des Bodens von größter Bedeutung ist.

Bodenorganismen wirken in vielfach verflochtenen Abläufen, die nicht leicht zu durchschauen sind. Fadenwürmer etwa, die auf den ersten Blick keine Rolle in der

Zersetzerkette spielen, regulieren die Population der Mikroorganismen und drehen damit an einem Steuerrad im Abbauprozess. In artenreichen Böden sind alle Funktionen mehrfach besetzt. Das System federt nach einer Störung ins Gleichgewicht zurück. Ist das biologische Wirkungsgefüge hingegen beeinträchtigt, so stoßen Böden rasch an die Grenze ihrer Belastbarkeit.

Während die durchschnittliche Größe unversiegelter Flächen zum Stadtkern hin sinkt, steigt der urbane Stress im Normalfall an. Doch so wie es malträtierte Flächen im Grüngürtel gibt, existieren auch naturnahe Lebensräume in den Innenbezirken. Landwirtschaftsböden fallen überhaupt aus der Reihe. Sie sind nutzungsbedingten Einflüssen ausgesetzt, die sich mit der Entfernung vom Stadtzentrum nur unwesentlich ändern.

Bodenständige und Aliens

Bodentiergemeinschaften sind im grünen Umland meist artenreicher als im urbanen Raum. Trotzdem kommen überraschend viele Bodentiere mit den verschärften Lebensbedingungen im eigentlichen Stadtbereich zurecht. Zwischen Beton und Asphalt dominieren freilich widerstandsfähige Allerweltsarten. Zu den anspruchsvolleren Bodentieren gehören die Zangenschwänze: räuberische Ur-Insekten, die man auf den ersten Blick mit Ohrwürmern verwechseln könnte. Bevor man der Stadtbodenfauna mehr Beachtung schenkte, galten sie als Raritäten der ostösterreichischen Insektenwelt. Die beiden Arten *Catajapyx aquilonaris* und *Metajapyx braueri* haben den Wiener Raum aus eigener Kraft besiedelt.

Viele andere Bodenbewohner kamen mit einer Fuhre Erde oder im Wurzelballen eines Zierstrauches in die Stadt, so auch jener Käfer, den man 1959 am Wiener Leopoldsberg entdeckte. Die Fachwelt staunte zunächst und ein anerkannter Spezialist dachte an ein bisher übersehenes Element der heimischen Fauna. Er hielt den blinden Käfer für ein Relikt aus einer wärmeren Klimaperiode und beschrieb ihn als eine neue Art in einer eigenen Gattung, *Austriacotyphlus piffli*. Erst Jahrzehnte danach identifizierte man die vermeintliche biogeographische Sensation als *Gynotyphlus perpusillus,* eine aus dem Mittelmeerraum längst bekannte Art. Die Reise nach Wien verdankt dieser Kurzflügelkäfer dem Menschen, der auch für seine Verbreitung innerhalb der Stadt sorgt, wie neulich ein Fund im Türkenschanzpark bewies.

Regenwürmer

Nicht die Konkurrenz durch Zuwanderer, sondern der Eingriff des Menschen verleidet vielen Tieren das Leben in der Innenstadt. Von den Bodentieren par excellence, den Regenwürmern, haben nur die härtesten den Weg ins dicht bebaute Gebiet geschafft. In Österreich wurden über 50 Regenwurmarten nachgewiesen, mehr als die Hälfte davon auch in Wien – die meisten allerdings im westlichen Hügelland und in den Donauauen. Damit ist die Wiener Regenwurmfauna sicher noch nicht vollständig erfasst. Erst 1994 wurden Tiere aus der Lobau als eine zuvor unbekannte Art unter dem Namen *Dendrobaena steineri* beschrieben.

Die Ansprüche und Leistungen der Würmer sind vielfältiger, als ihre recht einheitliche Gestalt vermuten lässt. *Lumbricus rubellus,* der Laub- oder Rotwurm, repräsentiert eine ökologische Gruppe, die den gängigen Vorstellungen von der Lebensweise eines Regenwurms widerspricht. Er gräbt nämlich keine Gänge in den Boden, sondern lebt in der Streuschicht, ist oft dem Sonnenlicht ausgesetzt und schützt sich mit dunklem Pigment vor ultravioletter Strahlung. Auch der gelegentlich in Wurmfarmen gezüchtete Kompostwurm *Eisenia fetida* meidet den Mineralboden. Dort hingegen lebt *Ocotolasion lacteum.* Der Milchwurm, wie er wegen der hell schimmernden Körperdecke genannt wird, erzeugt durch die innige Vermengung von organischen

Coletinia maggii, ein Ur-Insekt aus der Verwandtschaft des Silberfischchens, wird nördlich der Alpen nur selten gefunden. Womöglich geht das Auftreten in Wien auf Einschleppung zurück.

Erst auf den zweiten Blick gibt sich *Gynotyphlus perpusillus* als Kurzflügelkäfer zu erkennen. Der augenlose, kaum eineinhalb Millimeter lange Bodenschlängler kam als blinder Passagier aus dem Mittelmeergebiet nach Wien. Für die Ansiedlung in fremder Erde genügt theoretisch ein einziges Ei, weil sich die Weibchen durch Jungfernzeugung fortpflanzen. Das männliche Geschlecht wurde bei dieser Art einfach abgeschafft.

Regenwurmschicksal in der Stadt: Der pigmentlose Milchwurm hat geringe Chancen, rechtzeitig offenen Boden zu finden.

Als regloses Knäuel übersteht der Steppenregenwurm die sommerliche Trockenheit der pannonischen Böden. Unter sanftem Zwang zeigt er sich in seiner ganzen Länge.

„Man kann wohl bezweifeln, ob es noch viele andere Tiere gibt, welche eine so bedeutungsvolle Rolle in der Geschichte der Erde gespielt haben wie diese niedrig organisierten Geschöpfe" – Charles Darwin in seinem letzten, 1881 veröffentlichten Buch „Die Bildung der Ackererde durch die Tätigkeit der Würmer"

und mineralischen Teilchen Kot mit einem hohen Anteil an Ton-Humus-Komplexen. Seine horizontalen Gänge verlaufen meistens in geringer Tiefe. Dennoch kommt er, wie manch andere Art auch, nur bei typischem Regenwurmwetter an die Oberfläche, vor allem im Frühjahr. Über den Grund dieses auffälligen Verhaltens ist man sich bis heute nicht im Klaren. Mag sein, dass oberirdische Wanderungen im ursprünglichen Waldlebensraum die Ausbreitung der Art gefördert haben. In der Stadt verenden viele Würmer auf harten Wegen oder im Magen einer Amsel. Auch scheinbar Glückliche, die in den Boden zurückfinden, haben mitunter eine tödliche UV-Dosis abbekommen. Trotz dieser Verluste ist der Milchwurm der häufigste Regenwurm im bebauten Stadtgebiet. Kein Grünstreifen ist ihm zu minder.

Eine große Population im Rasen des Wiener Heldenplatzes zeigt, dass der Tauwurm *Lumbricus terrestris* sich auch im Stadtzentrum wohlfühlt. Er bevorzugt tiefgründigen Boden mit geschlossener Vegetation. Macht er sich bei Zierrasen-Fanatikern mit seinen charakteristisch geformten Kothäufchen auch unbeliebt, so ist er gerade deshalb von zentraler bodenökologischer Bedeutung. Der Tauwurm gehört zu den Tiefgräbern, die Blätter und Halme von der Bodenoberfläche in ihr mehrstöckiges Gangsystem ziehen und erst bei einem bestimmten Grad mikrobieller Zersetzung verzehren. Stets werden dabei auch mineralische Bodenpartikel aufgenommen. Weil Tiefgräber einen Teil ihrer Exkremente als wertvolle Humuserde rund um die Röhrenmündung absetzen, erbringen sie im Vergleich zu den Mineralbodenwürmern eine Mehrleistung, nämlich die vertikale Durchmischung des Bodens.

Eine mit dem Tauwurm eng verwandte Art lebt im Wienerwald und trägt zu Recht den Namen *Lumbricus polyphemus.* Dieser Riese unter den heimischen Würmern wird über 40 Zentimeter lang und kleinfingerdick. An Masse übertrifft er damit den längsten Regenwurm Europas, den bis zu einem halben Meter messenden Steppenregenwurm *Allolobophora hrabei*. Diese faunistische Besonderheit des östlichen Mitteleuropas wurde in Österreich nur an wenigen Stellen im pannonischen Gebiet gefunden. Bei den Alten Schanzen in Stammersdorf gelang der einzige Wiener Nachweis. Der Steppenregenwurm vereinigt Züge von Mineralbodenformen und Tiefgräbern: er legt ein seichtes, flaches Gangsystem an, produziert aber auch oberirdische Kothäufchen.

Der Feldwurm *Aporrectodea caliginosa* lebt als Jungtier wie ein Mineralbodenbewohner, als geschlechtsreifer Wurm eher wie ein Tiefgräber. Die weit verbreitete und anspruchslose Art überlebt oft als einzige in intensiv bewirtschafteten Agrarböden. Kein Wunder, dass sie auch in Bodenfragmenten mitten in der Stadt durchhält.

Bodenschlängler

Grabende und wühlende Tiere stellen in den meisten Böden den Hauptanteil der tierischen Biomasse. In der Arten- und Individuenzahl kommen sie aber bei Weitem nicht an die Bodenschlängler heran, die ihre schlanken Körper durch das Maschenwerk der Bodenporen zwängen. Fadendünne Zwerge brauchen selbst in der Tiefe des Bodens keine Graborgane; ihre Gestalt ist für beengte Wohnverhältnisse optimiert. Der Umkehrschluss bestätigt sich bei einem Blick auf die Bodenoberfläche. Hier steht den Tieren Raum im Überfluss zur Verfügung und dementsprechend dominieren größere, gedrungene Gestalten.

Bei den Springschwänzen *(Collembola)* ist der Zusammenhang zwischen Körperbau und Lebensraum so deutlich, dass man den Wohnbereich einer Art an äußerlichen Merkmalen ablesen kann. Die oft mehr als drei Millimeter messenden Springschwänze der Bodenoberfläche können bei Gefahr mit einem einzigen Sprung ein Vielfaches ihrer Länge zurücklegen. Sie sind gekennzeichnet durch lange Beine und Fühler, acht Augen pro Kopfseite und eine dunkle oder hübsch gemusterte Haut mit abstehenden Haaren.

Bei den Beintastlern haben die Vorderbeine die Funktion der Fühler übernommen. Die höchstens eineinhalb Millimeter langen Ur-Insekten sind mit ihrer schlanken Gestalt an das Leben zwischen Bodenkrümeln angepasst.

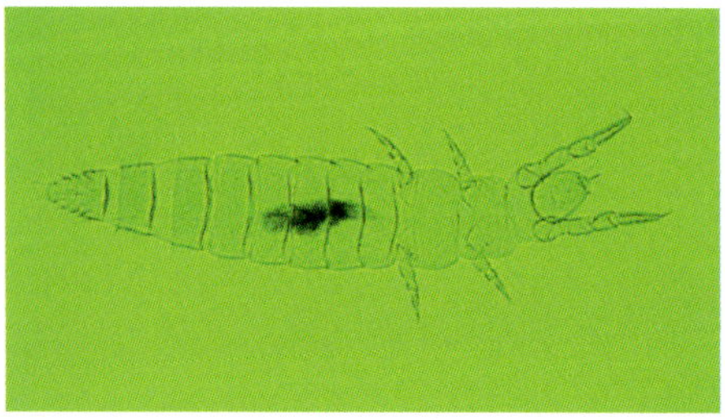

A. T. Hollick, einem Künstler des 19. Jahrhunderts verdanken wir dieses Porträt des Springschwanzes *Orchesella villosa*. Schon das Pigmentmuster verrät, dass es sich um eine Art der Bodenoberfläche handelt.

Am anderen Ende des Springschwanz-Spektrums findet man, meist im Mineralboden, wurmförmige Schlängler: kaum länger als einen Millimeter, bleich und blind, mit kurzen Extremitäten und rückgebildetem Sprungorgan – wie sollte man in den hautengen Bodenlücken auch springen? Viele Arten der Streu- und Humusschichten nehmen in den Körperproportionen eine Zwischenstellung ein: Sprungapparat, Pigment und Augen sind reduziert, aber nicht gänzlich verschwunden.

Aus Wien wurden bisher über 300 Springschwanzarten bekannt, das sind zwei Drittel der in Österreich nachgewiesenen Arten auf einem halben Prozent des Bundesgebietes. Viele bodenbewohnende Tiergruppen sind in Wien so artenreich wie in keiner anderen europäischen Metropole. Die hohe Biodiversität der Bodenfauna ist auf die biogeographische Lage des Stadtgebietes, den Grüngürtel, die Vielfalt an Lebensraumtypen und, zu einem geringeren Teil, auf Einschleppung zurückzuführen.

Die Beintastler *(Protura)* haben Wien überhaupt zur Welthauptstadt erhoben. Anders als die mit ihnen verwandten Springschwänze sind sie sehr gleichförmig gebaut. Proturen differieren durch unscheinbare Merkmale und können nur mit großem Aufwand bestimmt werden. Rund 750 Arten wurden seit ihrer Entdeckung zu Beginn des 20. Jahrhunderts beschrieben, 58 davon sind für Österreich verbucht. Bei Untersuchungen unterschiedlich genutzter Böden zwischen Lainzer Tiergarten und Marchfeld kamen in Wien 45 Arten zutage, von denen drei neu für die Wissenschaft waren. Sechs Prozent der globalen Fauna in einer einzigen Stadt, auf einer Fläche von 415 Quadratkilometern! Man wird selbst in naturnahen Lebensräumen lange suchen müssen, um irgendwo auf der Welt Beintastler in höherer Artendichte zu finden. Ein Rekord erscheint jedenfalls ungefährdet: Unter Flaum-Eichen am Südwesthang des Leopoldsberges leben im schuttdurchsetzten Boden der nur wenige Quadratmeter großen Untersuchungsfläche 23 Proturenarten. Klar, dass eine zuvor unbekannte den Namen *Vindobonella leopoldi* erhielt.

Und unter der Erde?

In Wien gibt es keine natürlichen Höhlen, wohl aber leben „Höhlentiere“ im Stadtgebiet. Sie bewohnen das Hohlraumsystem von sandigen und kiesigen Ablagerungen. Probebohrungen, Baugruben und tiefe Keller gestatten einen Einblick in ihre dunkle Welt.

Im eiszeitlichen Schotter der Stephansdom-Katakomben trifft man auf eine reichhaltige Lebensgemeinschaft. Sarg- und Leichenreste sind die Basis ihrer Nahrungskette. Neben der neu entdeckten Springschwanzart *Megalothorax sanctistephani* überraschte hier der Fund des Tasterläufers *Eukoenenia austriaca*. Tasterläufer sind zarte, farb- und augenlose Spinnentiere mit einer lang behaarten Schwanzgeißel. Die beiden mitteleuropäischen Arten meiden den Boden und leben strikt unterirdisch – faunistische Kostbarkeiten, die in Österreich nur von 15 Fundorten bekannt sind. Die Wiener *Eukoenenia*-Population hat den Terrassenschotter wohl schon in prähistorischer Zeit besiedelt und alle Störungen überstanden, die mit der Entwicklung einer Stadt verbunden sind.

Ein Muster an Genügsamkeit kam beim Bau der U-Bahn in Simmering ans Licht. Knapp einen Millimeter lange Ur-Insekten schlängelten im frischen Aushubmaterial der Tunnelröhre, acht Meter unter einer asphaltierten Straße! Dabei handelte es sich gar nicht um spezialisierte Bewohner der Unterwelt, sondern um Springschwänze der auch oberirdisch auftretenden Art *Neonaphorura loksai*.

Erhard Christian

Tasterläufer werden in Mitteleuropa sehr selten entdeckt. Die winzigen Spinnentiere leben bei uns nicht im Boden, sondern in Höhlen und unterirdischen Lückenräumen. Völlig unerwartet kam der Nachweis eines Tasterläufers in den Katakomben von St. Stephan.

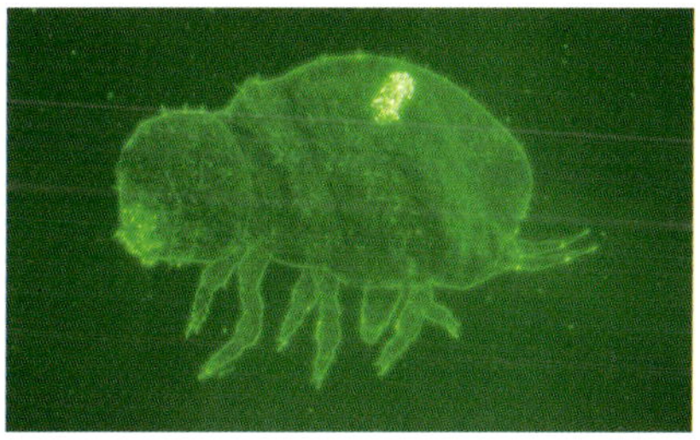

Der 0,4 Millimeter große Springschwanz *Megalothorax sanctistephani* ist nur von einer einzigen Fundstelle bekannt, den Katakomben des Stephansdomes.

Inhalt

Biodiversität

7

Harald Niklfeld / Wolfgang Rabitsch

Biologische Vielfalt
Ureinheimisch und zugewandert

Biologische Vielfalt auf einer Heißlände des Fuchshäufls in der Oberen Lobau: Frühjahrsaspekt einer Trockenwiese.
Blühend im Bild: Kleines Knabenkraut *Anacamptis (Orchis) morio*, Milchstern *Ornithogalum kochii* und Steppen-Wolfsmilch *Euphorbia seguieriana*

Auf und Ab der Biodiversität

Warum verändert sich Biodiversität?

Allenthalben ist heute von Biodiversität, also biologischer Vielfalt, die Rede und man denkt dabei meist an Artenvielfalt, also taxonomische Biodiversität, die Anzahl von Pflanzen- und Tierarten in einem bestimmten Lebensraum. Freilich sollten dabei die genetische und ökologische Ebene der Biodiversität (→ S. 200) nicht übersehen werden. Hohe Artenmannigfaltigkeit wird positiv bewertet und dient oft als Maßstab für Naturnähe. Ihre Erhaltung gilt meist als oberstes Ziel von Naturschutzmaßnahmen. Ist diese simple Sicht aber immer gerechtfertigt? Die Salzlacken im burgenländischen Seewinkel etwa sind ein naturnaher, aber extremer Lebensraum, in dem vergleichsweise nur wenige Organismen überleben können. Eine Großstadt hingegen ist zweifellos kein natürlicher, sondern ein weitgehend vom Menschen gestalteter Lebensraum. Trotzdem stellt er ein erstaunlich reiches, überaus mannigfaltiges Ökosystem dar, mit den verschiedensten Standorten und mit einer Fülle an Pflanzen- und Tierarten. Die Ergebnisse von Florenkartierungen zeigen, dass in Großstädten, insbesondere an deren Rändern, die höchsten Artenzahlen pro Fläche erreicht werden. Was bedingt also die Vielfalt der Arten und wie verändert sie sich in Raum und Zeit?

Wirft man zunächst einen Blick in die jüngere geologische Vergangenheit – 20.000 Jahre zurück – findet man große Teile der Alpen von einem mächtigen Eispanzer bedeckt (→ Bild S. 81). In und um Wien breiteten sich subarktische Tundren und Kältesteppen aus. Allmählich wurde es wärmer, wenn auch im Auf und Ab kleinerer und größerer Klimaschwankungen. Der Wald wanderte aus dem Süden zurück, die kältegewohnten Pflanzen und Tiere verzogen sich in die alpine Stufe oberhalb der Waldstufe. Vor allem aber breitete sich der Mensch aus und vor etwa 8.000 Jahren begann er allmählich sesshaft zu werden: Diese sogenannte neolithische Revolution ging sehr langsam vor sich, dauerte Hunderte, wenn nicht mehr als tausend Jahre. Die Rodung der Wälder begann im Tiefland; hier im pannonischen Raum konnten die vermutlich nicht sehr dichten Trockenwälder mit der beginnenden Weidewirtschaft relativ leicht zurückgedrängt werden. Die Bergwälder der Alpen, sogar jene des niederösterreichischen Waldviertels, wurden hingegen erst vor rund tausend Jahren – im Mittelalter – eingeengt und teilweise urbar gemacht.

Die wilde Natur war für den Menschen – bis weit ins 20. Jahrhundert – stets ein Gegner, ja, Feind, den es zu bewältigen galt. Offenbar gehört es zum Wesen des Menschen, bei seinen Bemühungen, sich die Natur untertan zu machen, einen „erbitterten" Kampf gegen diese zu führen. Erst die unvorstellbaren Naturzerstörungen, die durch die modernen technischen Mittel möglich wurden, haben diesbezüglich ein grundsätzliches Umdenken notwendig gemacht: So ist es nicht verwunderlich, dass der Umwelt- und Naturschutzgedanke gerade erst seit etwa einem halben Jahrhundert größere Beachtung findet.

1

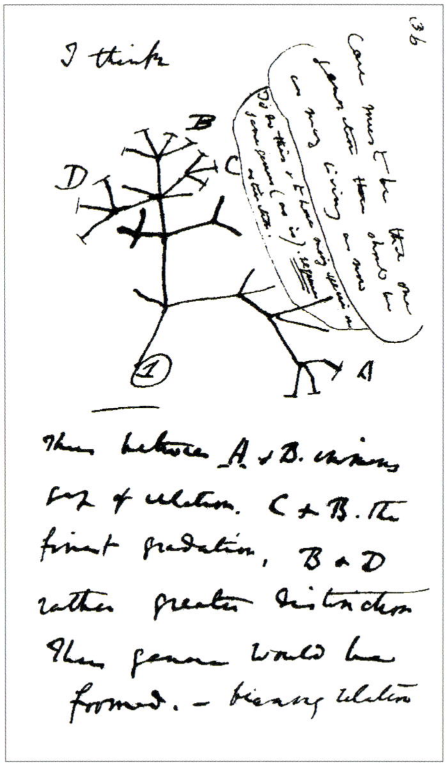

2

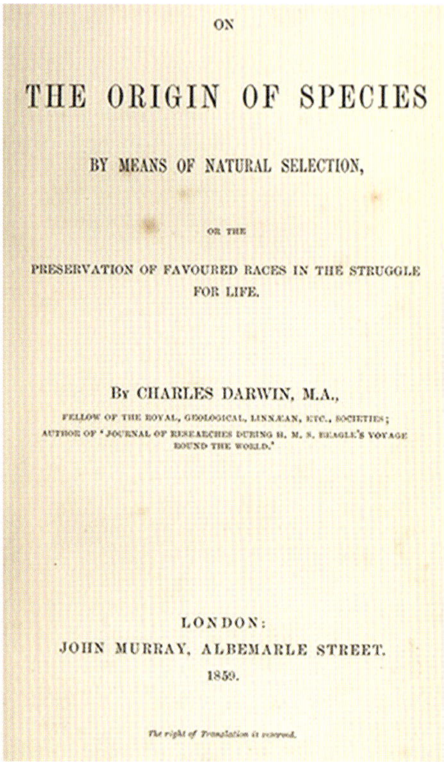
ON

THE ORIGIN OF SPECIES

BY MEANS OF NATURAL SELECTION,

OR THE

PRESERVATION OF FAVOURED RACES IN THE STRUGGLE FOR LIFE.

BY CHARLES DARWIN, M.A.,

FELLOW OF THE ROYAL, GEOLOGICAL, LINNÆAN, ETC., SOCIETIES;
AUTHOR OF 'JOURNAL OF RESEARCHES DURING H. M. S. BEAGLE'S VOYAGE ROUND THE WORLD.'

LONDON:
JOHN MURRAY, ALBEMARLE STREET.
1859.

The right of Translation is reserved.

3

Biologische Vielfalt entsteht durch Evolution. 2009 wurde der 200. Geburtstag von Charles Darwin (1809–1882) gefeiert, dessen Hauptwerk *On the Origin of Species by Means of Natural Selection, or the Preservation of Favoured Races in the Struggle for Life* am 24. November 1859 veröffentlicht wurde und die Grundlage der Evolutionstheorie darstellt.

1 Charles Darwin im Alter von 31 Jahren.

2 Die Theorie nimmt Gestalt an: Skizze in seinem Notizbuch im Jahr 1837

3 Titelseite der „Entstehung der Arten". Sein wissenschaftliches Gesamtwerk ist vollständig online verfügbar: http://darwin-online.org.uk

Das ursprünglich fast geschlossene Waldland Mitteleuropas ist zunächst über viele Jahrhunderte hinweg durch die menschliche Tätigkeit abwechslungsreicher geworden: Weiderasen, Äcker und später Wiesen und nicht zuletzt mannigfache Ruderalfluren sind im Bereich der Siedlungen entstanden. Die natürlichen Wälder wurden zuerst in beweidete, aber noch naturnahe Waldgesellschaften, schließlich aber in naturferne Forste umgewandelt, die Holznutzung schuf die Schlagfluren. So entstanden viele neue Vegetationstypen mit einer Fülle verschiedener Pflanzengesellschaften. Lichtliebende Pflanzen verbreiteten sich und wanderten aus waldfreien Lebensräumen ein, und zwar vor allem aus den Steppen im Osten und den Rasengesellschaften der Gebirge. Durch Hybridisierung, den schnellsten Evolutionsprozess, entstanden sogar neue Arten (→ Kasten S. 295), welche die neuen Standorte besiedelten. Die Biodiversität nahm somit gewaltig zu.

Erst in neuester Zeit, schon im 19., besonders aber im 20. Jahrhundert, kam es zu einer drastischen Verarmung der Biodiversität in Europa: Die Landwirtschaft wurde durch Mineraldüngung, Saatgutreinigung und Herbizideinsatz intensiviert, Moore und Feuchtwiesen wurden trockengelegt, Weideland zu Äckern umgebrochen, Bäche und Flüsse kanalisiert, Wälder durch Forste ersetzt, die „Raubtiere" als Feinde des Menschen weggeschossen, „Schädlinge" chemisch weggespritzt. Die entsprechenden Lebensräume und Standorte mit ihren Arten wurden zu Raritäten und Objekten des Naturschutzes oder verschwanden gänzlich. Gleichzeitig nahm die Verschleppung und Einwanderung gebietsfremder Arten zu (das Gros der Neubürger kam ab dem 19. Jahrhundert zu uns) – freilich ein schlechter „Tausch", denn die meisten Neueinwanderer sind weitverbreitete Allerweltsarten. Dagegen waren die ausgestorbenen oder verdrängten Pflanzen- und Tierarten oft nur kleinräumig verbreitet und manche sind zumindest regional, andere für den ganzen Planeten und für immer verloren gegangen.

Beim Auf und Ab der Biodiversität handelt es sich also um Vorgänge sehr verschiedener Dimension und Kausalität: Zuerst kam es zu vergleichsweise langsamen Veränderungen aufgrund natürlicher Prozesse, vor allem von Klimaänderungen. Weniger

Veränderungen der Biodiversität in Mitteleuropa seit dem Beginn der Eiszeiten (Pleistozän). Die Tabelle ist von unten nach oben zu lesen. Um die relative Dauer der einzelnen Prozesse zu verdeutlichen, ist der Zeitraum von 1,8 Millionen Jahren einem Jahr gleichgesetzt (verändert nach Kowarik, 2003).

Beginn (vor ... Jahren)	Zu- und Abnahme der biologischen Vielfalt	übersetzt auf ein Jahr
15	Freisetzung gentechnisch veränderter Organismen (gentechnische Revolution)	31. Dezember 23.56 Uhr
40	Rapider Verlust an Biodiversität durch die weitere Zerstörung von Lebensräumen, die steigende Umweltverschmutzung und die Beschleunigung negativer Auswirkungen durch Rückkoppelung und Ineinandergreifen der Prozesse	31. Dezember 23.48 Uhr
150–200	Verlust an Biodiversität: Infolge der Industriellen Revolution werden mit der Zerstörung und Veränderung von Lebensräumen durch den Menschen Arten ausgerottet oder in ihrer Existenz bedroht.	31. Dezember 23.10 Uhr
500	Beginn der Globalisierung der Biodiversität durch den Menschen: Mit der „Entdeckung“ Amerikas gelangen Pflanzen (Neophyten), Pilze (Neomyzeten) und Tiere (Neozoen) aus aller Welt nach Mitteleuropa.	31. Dezember 21.30 Uhr
7.000	Zunahme der Biodiversität: Im Zuge der Neolithischen Revolution gelangen mit der Besiedlung durch den Menschen neue Pflanzen (Archäophyten), Pilze (Archäomyzeten) und Tiere (Archäozoen) aus dem Süden und Osten nach Mitteleuropa.	30. Dezember
13.000	Spät- und nacheiszeitliche Wiederbesiedlung Mitteleuropas	29. Dezember
20.000	Höchststand der letzten Eiszeit (Würm)	28. Dezember
1,8 Mio.	Verarmung und teilweise Neubildung der Biodiversität im Wechsel von Kalt- und Warmzeiten des Pleistozäns	1. Jänner bis 28. Dezember

langsam verliefen dann die vom vorgeschichtlichen Menschen verursachten Wandlungen und Wanderungen, wesentlich rascher dagegen die von der neuzeitlichen Zivilisation bewirkten Veränderungen. Vielfach machen sie die Landschaften eintönig und führen zu Verlusten an Biodiversität – Entwicklungen, denen Natur- und Umweltschutz entgegenwirken wollen. Beängstigend rasch verläuft dazu noch der allerjüngste und offenbar überwiegend durch den Menschen bedingte Klimawandel hin zu einer globalen Erderwärmung, dessen Folgen noch gar nicht abzuschätzen sind. Wie all diese Prozesse sich nacheinander, aber auch neben- und miteinander auf einem kleinen Fleck unserer Erdoberfläche, der Stadt Wien, auswirken, soll im Folgenden anhand von Beispielen gezeigt werden.

Der Wandel der Biodiversität im Wandel der Zeiten – das Leitthema dieses Kapitels – tritt bei der Beobachtung der Neophyten am deutlichsten zutage: Die Veränderungen laufen innerhalb weniger Jahre buchstäblich vor unseren Augen ab. Ursprünglich fremde Arten werden als nützliche Exoten ins Land geholt, bei uns angepflanzt und nach einer gewissen Zeit machen sich einige von ihnen selbstständig, sie „verwildern“, das heißt, sie erobern sich einen Platz in der heimischen Vegetation, sie werden zu dauerhaften Neubürgern. Die Riesen-Bärenklau *Heracleum mantegazzianum*, auch Riesen-Herkulesstaude genannt, meist zwei bis drei Meter hoch, stammt aus dem klimafeuchten westlichen Großen Kaukasus, wo sie in der mittleren bis oberen Bergstufe in Hochstaudenfluren und an Gebirgsbächen wächst. Ende des 19. Jahrhunderts wurde sie wegen ihres dekorativen Werts in Schlossparks gepflanzt, aber auch von Imkern als sommerliche Futterquelle gefördert. Ab etwa der Mitte des 20. Jahrhunderts begann sie in Mitteleuropa zu verwildern, ein Prozess, der sich in den letzten Jahren beschleunigt hat, sodass sie ein invasiver Neophyt auf Waldlichtungen geworden ist und heute auch in Österreich beginnt, sich im Grünland breitzumachen – gefördert sichtlich durch die Eutrophierung der Landschaft. Die Art ist hapaxanth, d. h. sie blüht und fruchtet nur ein einziges Mal, nachdem sie zwei bis fünf Jahre bis zur Blühreife benötigt. Die randlichen Kronblätter sind noch stärker vergrößert als bei der heimischen Wiesen-Bärenklau *H. sphondylium* und die Blattscheiden der Hochblätter sind größer und blasig aufgetrieben. Gefährlich ist dieser prächtige kaukasische Doldenblütler wegen der phototoxischen Furocumarine.

Pflanzen- und Tiernamen – lateinisch oder deutsch?

Bis weit ins 18. Jahrhundert war die Sprache der Wissenschaft ausschließlich das Lateinische, genauer: das neuzeitliche Gelehrtenlatein, das sich vom klassischen und „Schullatein" nicht unwesentlich unterscheidet. Auch Pflanzen- und Tiernamen waren schon von altersher in der Wissenschaft selbstverständlich lateinisch, auch in der Apothekersprache. Allerdings herrschte lange Zeit großes Durcheinander, denn viele Organismengruppen hatten mehrere verschiedene Namen (Synonyme) und derselbe Name wurde für Verschiedenes verwendet (Homonyme). Mit der Entstehung einer wissenschaftlichen Botanik und Zoologie im 18. Jahrhundert waren Systematisierung und Vereinheitlichung notwendig geworden. Der Begründer der wissenschaftlichen Biologie, Karl von Linné, schaffte die ersehnte Ordnung. Sein Benennungssystem wurde später (Ende des 19. Jahrhunderts) in Regeln (Nomenklaturregeln) gefasst, die im Laufe der Zeit verfeinert wurden und auch heute gelten.

Jede Gruppe im hierarchischen System der Organismen hat einen Namen, an dessen Endung sich (meist) die Rangstufe der Gruppe erkennen lässt: Die Familie der Ameisen heißt *Formicidae,* die der Hahnenfußgewächse *Ranunculaceae* (die Rangstufe der Familie wird also bei den Tieren durch die Endung *-idae,* bei den Pilzen und Pflanzen durch die Endung *-aceae* angezeigt). Familien bestehen aus Gattungen (diese haben keine einheitliche Endung); Gattungen bestehen aus Arten (Spezies), deren Namen jedoch – das war der erfolgreiche „Trick" Linnés – aus je zwei Wörtern bestehen, wodurch jeweils die Zugehörigkeit zur (übergeordneten) Gattung angegeben wird. Artnamen haben damit eine doppelte Aussagekraft: Sie bezeichnen nicht bloß die betreffende Art, sondern geben zugleich eine Information über die Zugehörigkeit dieser Art, über deren Stellung im System. Das erste Wort bezeichnet die Gattung (Gattungsname), das zweite ist der Artbeiname (= Art-Epitheton).

Kein Vorteil ohne Nachteil: Wenn sich nach genauerer Erforschung herausstellt, dass die Zuordnung unrichtig war, muss sich auch der Artname ändern. Das kommt nicht selten vor, denn die Aufgabe der Taxonomie (auch „Systematik" genannt) ist die Erforschung der Verwandtschaftszusammenhänge und die sind meist nicht ohne genauere Studien zu erkennen. In vielen Fällen lassen sich die Arten untergliedern, etwa in geographische Rassen, die verschiedene Gegenden bewohnen, sich aber nur geringfügig voneinander unterscheiden und oft durch Übergänge miteinander verbunden sind; sie haben dreigliedrige Namen: Die Alpenrasse der Singdrossel heißt *Turdus torquatus alpestris,* die pannonische Rasse der Wiesen-Küchenschelle heißt *Pulsatilla pratensis subsp. nigricans.* Man nennt solche Rassen Unterarten (Subspezies).

Diese wissenschaftlichen Namen der Pflanzen, Pilze und Tiere sind, etymologisch (ihrer sprachlichen Herkunft nach) gesehen, keineswegs alle lateinisch, sehr viele gehen auf das Altgriechische zurück oder auf andere, alte oder auch moderne Sprachen; der grammatischen Form nach sind sie aber alle neulateinisch. Diese wissenschaftlich-lateinischen Namen sind grundsätzlich künstlich geschaffene Fachausdrücke. Viele Namen geben zwar Eigenschaften des betreffenden Organismus an, andere führen in die Irre, manche gehen auf die antike Mythologie zurück, nicht wenige sind ganz willkürliche Bildungen, in keinem Fall aber ist die wörtliche oder ursprüngliche Bedeutung maßgeblich, sondern stets – wie bei jedem fachlichen Terminus – ausschließlich die wissenschaftliche Definition. Lateinisch picea bezeichnete mediterrane Föhrenarten, in der Botanik ist das der Name der Fichte; altgriechisch daphne ist der Lorbeerbaum, in der Botanik aber der Seidelbast. Prinzipiell ist jeweils der (von Linné an) älteste – naturgemäß oft der schlechteste – der gültige Name, denn es herrscht das Prioritätsprinzip.

Echte deutsche Namen (sogenannte Vernakularnamen oder Volksnamen) gibt es nur für wenige Gattungen und Arten, naturgemäß nur für solche, die dem Menschen in irgendeiner Hinsicht nützlich oder in anderer Weise wichtig waren (Bäume, Nahrungspflanzen, Heilpflanzen, „Unkräuter", Nutztiere, jagdbares Wild, „Schädlinge" usw.). Da die Sichtweisen auf Pflanzen und Tiere und damit deren Klassifikationen verschieden sind („Volkstaxonomie"), der Zusammenhang mit der regionalen Volkskultur recht eng ist, herrschen vielfach regionale und lokale Mundartnamen vor: Dieselbe Pflanze, dasselbe Tier hat mehrere bis viele verschiedene Namen, in jedem Dialekt einen anderen. Verständlicherweise besteht oft keine Einigkeit über die Gesichtspunkte bei der Benennung, denn das würde eine einheitliche Klassifizierung (Systematik) voraussetzen und die wurde eben erst von der – lateinisch schreibenden – Wissenschaft „erfunden". Daher ist der Einfluss der überregionalen Schriftsprache (über die Schule) in diesem Sachbereich vergleichsweise gering und deshalb gibt es wenige gemeindeutsche Pflanzennamen, die von der botanischen Wissenschaft unabhängig und echt volkssprachlich sind. Die Pfingstrose und die Alpenrose sind keine Rosen, der Rainfarn ist kein Farn, die Fledermäuse sind keine Mäuse, die Gletscherflöhe keine Flöhe, und der „Schusterkäfer" der Wiener ist kein Käfer (sondern die Feuerwanze). Namen ändern sich auch im Laufe der Zeit: Der deutsche Name „Flieder" bezeichnete ursprünglich den Holunder. Vor der „Entdeckung" Amerikas bezeichnete der Name „Bohne" eine europäische Pflanze (meist die Saubohne), erst in der Neuzeit wurde diese Bezeichnung auf jene südamerikanische Gemüsepflanze übertragen, die wir meinen, wenn wir heute „Bohne" sagen. Manche „deutschen" Namen entsprechen einem längst veralteten („überholten") Stand der Wissenschaft (der „Philodendron" heißt in der heutigen Botanik *Monstera*). Wer sich ernsthaft mit der Pflanzen- und Tierwelt befasst, muss daher die wissenschaftlich-lateinische Nomenklatur verwenden, will er sich nicht in Irrtümer und Missverständnisse verstricken. Sie hat auch den Vorteil weltweiter Verständlichkeit.

Erst zu Beginn des 19. Jahrhunderts wurde es üblich, wissenschaftliche Abhandlungen auch in verschiedenen lebenden Sprachen zu verfassen und seit damals gibt es im Deutschen auch die sogenannten Büchernamen für Pflanzen und Tiere. Man bildete sie entweder durch Übersetzung der fachlateinischen oder nahm schon vorhandene deutsche Namen und gab ihnen eine wissenschaftliche Bedeutung („Johanniskraut" war der vernakulare deutsche Name für die Heilpflanzenart *Hypericum perforatum,* diesen Namen verwendet man in der Fachbotanik aber als Büchernamen für die ganze Gattung – das sind 370 Arten, fast alle keine Heilpflanzen!). Deutsche Namen sind deshalb nicht selten geradezu irreführend, weil oft nicht klar ist, ob sie im fachlichen Sinn (der botanischen Gattung) oder in der eigentlichen, nichtwissenschaftlichen Bedeutung (im genannten Beispiel die bekannte arzneilich verwendete Art) zu verstehen sind.

1

2

3

Die Namen der Pflanzen und Tiere sollten deren Kennenlernen erleichtern, tatsächlich bewirken sie oft das Gegenteil: Sie behindern das Studium der Biologie, lenken ab, führen in die Irre und verärgern den Anfänger. Die Rolle der Namen wird generell überschätzt! Manche haben eine lange Tradition, die aber meist reich an Verwechslungen und Missverständnissen ist. Die Wissenschaft hat deshalb ein eigenes Benennungssystem geschaffen, das rein formaler Natur ist: Die Wortbedeutung erlaubt keine Schlüsse auf Aussehen, Eigenschaften, Verwandtschaft, Lebensweise. Dennoch ändern sich auch diese Namen, und zwar aus zwei Gründen: wegen neuer Erkenntnisse und weil noch nicht alle üblichen Namen den internationalen Regeln entsprechen. Drei Beispiele sollen die vielfältige, insgesamt komplizierte Situation illustrieren:

Im Lichte der Erkenntnis neuer Verwandtschaftszusammenhänge muss oft die systematische Stellung geändert werden. So hielt man bis um die Mitte des 20. Jahrhunderts den Waldmeister (→ S. 280) für eine Art in der Gattung *Asperula*. Heute aber wissen wir, dass er zu den Labkräutern (Gattung *Galium*) gehört, deshalb musste er seinen Namen von *Asperula odorata* auf *Galium odoratum* ändern (1). Die Gattung *Knautia* hat den Büchernamen Witwenblume. Für die häufige *K. arvensis* (→ Bild S. 299) gibt es mehr als 200 deutschen Volksnamen, viele unter ihnen haben als Benennungsmotiv den Vergleich des Blütenkorbs mit einem Knopf („Wiesenknopf", Knopfblume"). Da es aber mehrere ganz andere „Knopfblumen" gibt, musste ein andere Name her: „Witwenblume" bezieht sich allerdings kurioserweise auf eine schwarzviolett blühende Gartenrasse der mediterranen *Scabiosa atropurpurea* (2). Doch damit nicht genug der paradoxen Skurrilität: Der Name dieser nah verwandten Gattung *Scabiosa* gründet nämlich auf *Knautia arvensis*, die in alten Zeiten als „Grindkraut", „Krätzenblume" etc. für wirksam gegen Skabies (Hautkrankheit) gehalten worden war.

Vielleicht keltischer Herkunft wurde „vettonica" zum botanischen Artnamen *Betonica officinalis* (3). *Betonica* wurde einst mit *Stachys* vereinigt, die Betonie dadurch zu *Stachys officinalis* und damit zum Heil-Ziest und „Echten Ziest", denn als Büchernamen für *Stachys* wurde „Ziest", der aus dem Obersorbischen stammende Name für *S. recta*, gewählt; also ist eigentlich diese Art der Echte Ziest!

Für manche Zwecke außerhalb der engen Wissenschaft ist es üblich, solche fachlich geprägten deutschen Büchernamen zu verwenden, also Namen, die die wissenschaftlichen Namen mehr oder weniger genau nachbilden (sollten). Allerdings gibt es einigermaßen verlässliche deutsche Namen eigentlich nur bei den Vögeln und auch die führen bezüglich der Verwandtschaftsverhältnisse manchmal in die Irre (Alpenkrähe und Saatkrähe gehören ebenso zu verschiedenen Gattungen wie Alpendohle und Dohle, hingegen gehören Dohle und Saatkrähe verwandtschaftlich zusammen, ebenso wie Alpenkrähe und Alpendohle – diese deutschen Büchernamen treiben also ein Verwirrspiel). Bei den meisten anderen Organismengruppen, auch bei den Samenpflanzen, ist die Gefahr der Desinformation noch größer, weil es keine ausreichende Standardisierung der Büchernamen gibt und die verschiedenen Botanikbücher verschiedenen Gewohnheiten und Traditionen folgen. Denn Fachbotaniker und Fachzoologen interessieren sich normalerweise nicht im Mindesten für die deutschen Namen; Widersprüche und Ungereimtheiten merken sie meist gar nicht, weil sie ausschließlich die wissenschaftlich-lateinischen Namen verwenden und deutsche Namen nur deshalb angeben, weil sie manche Lehrer und Verleger fordern. Wer nur deutsche Namen verwendet, muss also damit rechnen, dass er sich bald nicht mehr auskennt. Für viele Tierarten und auch -gattungen gibt es überhaupt keine deutschen Namen, in solchen Fällen wird in diesem Buch auf Deutsch ein übergeordnetes Taxon (Gattung oder oft nur die Familie oder sogar bloß die Ordnung) angegeben, woraus zumindest klar werden sollte, um welche Tiergruppe es sich handelt: So bedeutet z. B. „die Buckelfliege *Ogcodes pallipes*", dass diese Art, die keinen deutschen Namen hat und deren Gattung ebensowenig über einen deutschen Namen verfügt, zur Familie der Buckelfliegen *Phoridae* gehört.

Trotz jener Warnungen und der zuletzt genannten Einschränkung versuchen die Autoren des vorliegenden Buches dennoch, soweit wie möglich jene deutschen Organismennamen zu nennen, die weiter verbreitet und in den einschlägigen Schriften zu finden sind, um nicht die Absicht zu gefährden, die Leserinnen und Leser mit der Pflanzen- und Tierwelt Wiens anzufreunden. Die Pflanzennamen halten sich an die „Exkursionsflora für Österreich, Liechtenstein und Südtirol" (3. Aufl., 2008). Dies gilt übrigens auch für die botanisch-lateinischen Namen, die – wie das oben angeführte Waldmeister-Beispiel zeigt – auch von der gewählten (akzeptierten) Systematik abhängen. ***Manfred A. Fischer***

Wandel von Flora und Fauna seit der letzten Eiszeit

Der historische Werdegang der heutigen Pflanzen- und Tierwelt

Wie haben sich das Pflanzenkleid und die Tierwelt des Wiener Raumes im kurzen Abschnitt der Erdgeschichte seit der letzten Eiszeit verändert? Wie kann man sich die Vegetation mitten in der Eiszeit und an ihrem Ende überhaupt vorstellen? Wo ist der Wald geblieben, wann und in welcher Folge sind die verschiedenen Baumarten wieder zurückgewandert – und wie hat sich allmählich die nacheiszeitliche Flora und Fauna im Raum von Wien herausgebildet und weiterentwickelt?

Der Wandel der Vegetation lässt sich vor allem durch Untersuchung des Pollens (Blütenstaubs) in Moor- und Seeablagerungen rekonstruieren. In den Schichten dieser feuchten Ablagerungen erhält sich Pollen durch den Luftabschluss über Jahrtausende, ja sogar über Millionen Jahre. Aus der Analyse dieser Pollenprofile und ihrer exakten zeitlichen Einstufung mittels der Radiokarbonmethode kann man auf die Zusammensetzung der einstigen Vegetation schließen. Wegen des schwankenden Gehaltes des Kohlenstoff-Isotops ^{14}C in der Atmosphäre ist dabei eine Korrektur der Daten durch die dendrochronologische Analyse von Jahresringen an Baumstämmen erforderlich. Mit diesen Untersuchungen lassen sich dann auch die zeitlichen Veränderungen in der Vegetation und die ihnen zugrunde liegenden klimatischen Ursachen erkennen. Ebenso lassen sich daraus das Auftreten des Menschen und seine Wirtschaftsweise ablesen. Dafür werden auch andere pflanzliche Spuren wie Samen und Früchte, Holz und Blattreste aus archäologischen Grabungen ergänzend herangezogen.

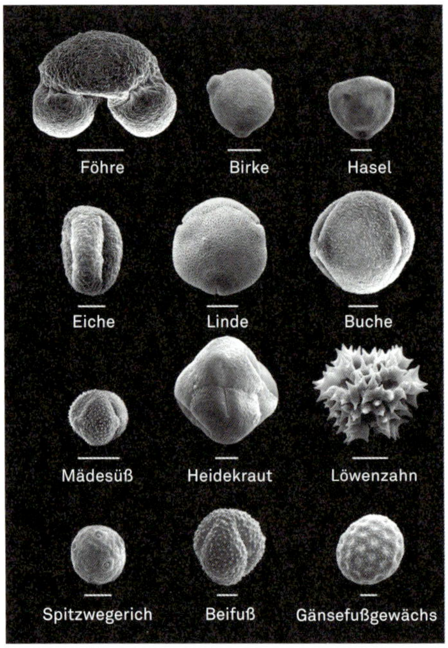

Beispiele subfossiler Pollenkörner von wichtigen Pflanzen aus der mitteleuropäischen Vegetationsgeschichte. Rasterelektronenmikroskopaufnahmen unterschiedlichen Maßstabs; der weiße Strich entspricht jeweils 10 µm.

Leider fehlen aber gerade im Wiener Stadtgebiet aus unterschiedlichen Gründen geeignete Ablagerungen, mit deren Hilfe man die Vegetationsentwicklung seit dem Ende der Eiszeit bis zur Gegenwart lückenlos dokumentieren könnte. Hier finden sich nur ganz wenige, punktuelle und nicht genau datierte Pollenprofile, während im Wiener Umland Anmoore, Tümpel und andere Feuchtstandorte als wertvolle Archive der Waldgeschichte zur Verfügung stehen. Sie ermöglichen schrittweise ein Rückverfolgen der sich seit etwa 7.000 Jahren ständig ändernden Verbreitung der Baumarten in der weiteren Umgebung von Wien.

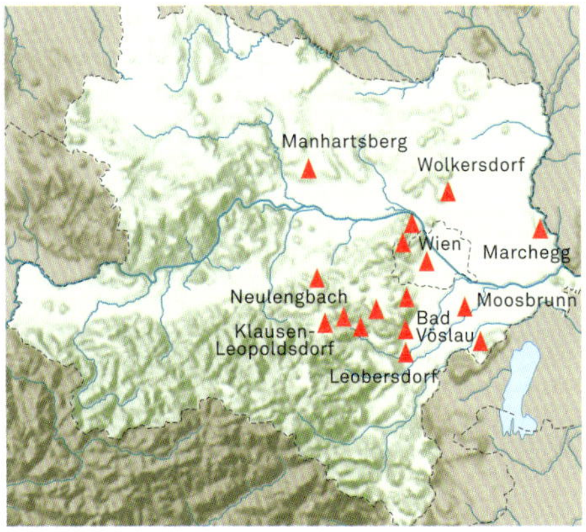

Feuchtstandorte im Umland von Wien, an denen aussagekräftige Pollenprofile gewonnen wurden. Die Analyse dieser Profile ist das wichtigste Hilfsmittel bei der Rekonstruktion der Vegetationsentwicklung.

Auch die Rekonstruktion der Faunengeschichte stützt sich weitgehend auf Funde im weiteren Umland der Stadt, wo besonders Höhlen und Steinbrüche wichtige Dokumente lieferten. Die Fossilien bestimmter Tiergruppen, etwa der Schnecken, erlauben sogar Rückschlüsse auf das Klima und die Vegetation.

Die nebenstehende Tafel verdeutlicht die heutige Vorstellung von den Etappen des Wandels der Flora und Fauna im Wiener Raum seit dem Ende der letzten Eiszeit parallel zu den Kulturepochen und den immer stärker werdenden Veränderungen durch den Menschen.

Der Wandel der Vegetation und Wildtierfauna seit dem Ende der letzten Eiszeit im Raum von Wien wird zunächst vorwiegend durch das Klima geprägt. Seit Beginn der Jungsteinzeit macht sich zunehmend auch der Einfluss des Menschen bemerkbar.

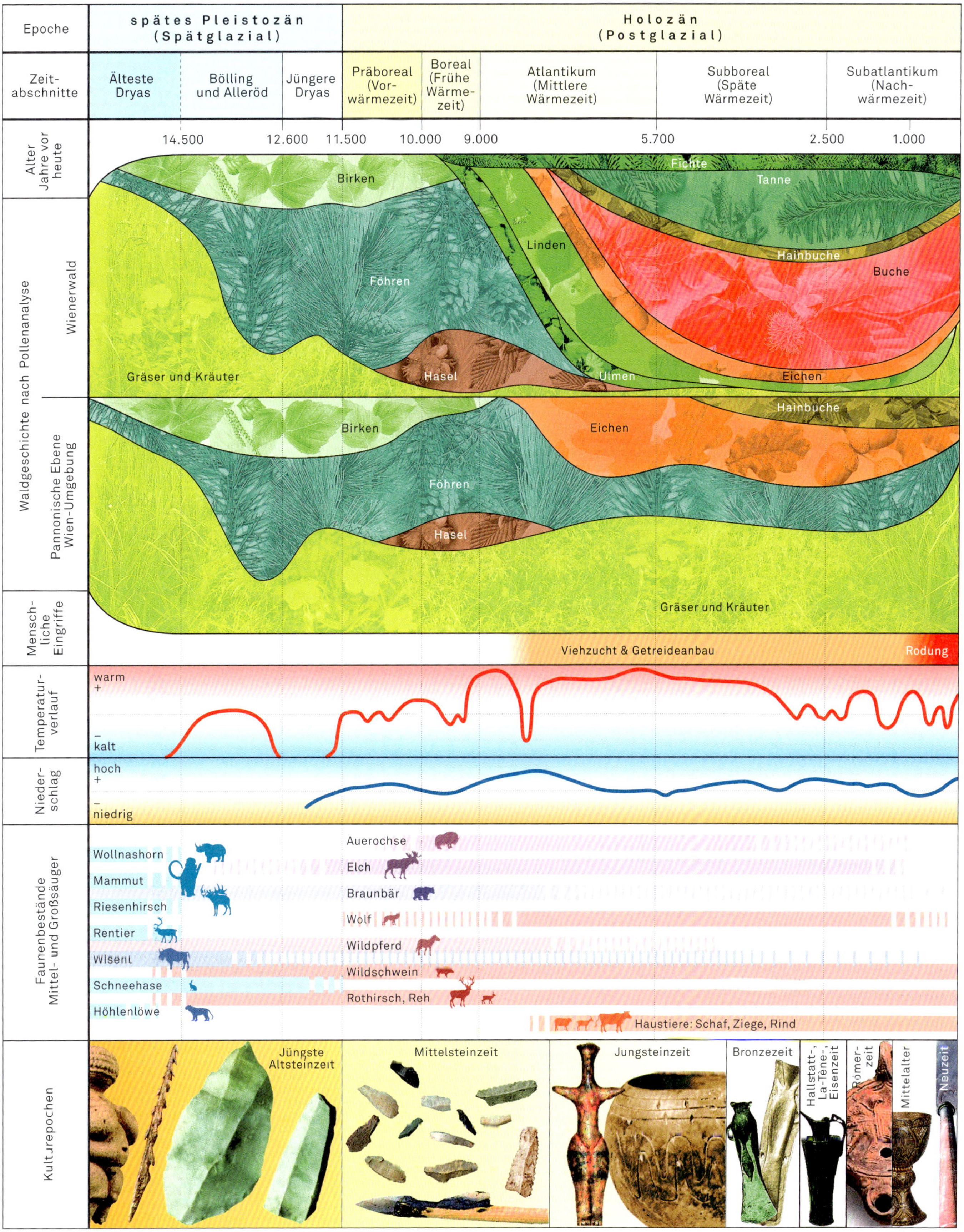

Vegetation und Tierwelt in der letzten Eiszeit

Der Wiener Raum lag außerhalb der eiszeitlichen Vergletscherung (→ Karte S. 81). In den Niederösterreichischen Kalkalpen bildeten die Gletscher kein zusammenhängendes Eisstromnetz wie im inneren Alpenraum. Einzelne lokale Gletscher, etwa am Schneeberg, Gippel und Göller, erreichten zwar noch die Talböden, sind aber nicht mehr ins Vorland hinausgekommen. Entlang der Donau wurden riesige Schotterkörper abgelagert.

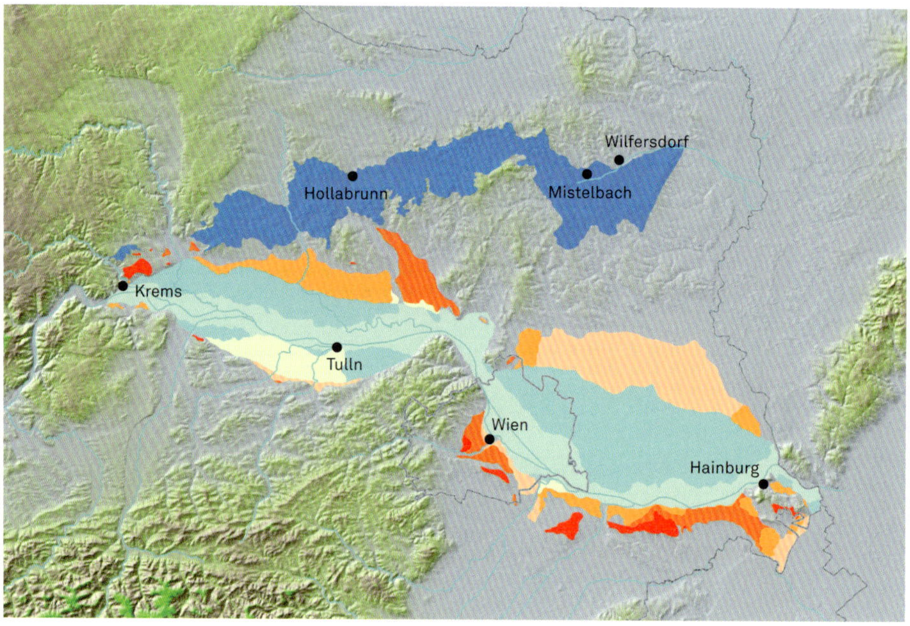

Die Sedimente der Ur-Donau sowie eiszeitliche und nacheiszeitliche Schotterablagerungen entlang der Donau (→ S. 75 u. 81).

- Jüngster Talboden (Holozän)
- Älterer Talboden (Holozän)
- Niederterrasse (Würm)
- Hochterrasse (Riß)
- Jüngere Deckenschotter (Mindel)
- Ältere Deckenschotter (Günz)
- Pliozäne – Ältestpleistozäne Schotterfluren
- Sedimente der Ur-Donau: Hollabrunn-Mistelbach-Formation

Gegen Ende des Pleistozäns war durch die letzte große Vereisung die Waldvegetation der vorangegangenen Warmzeit (Riß/Würm-Interglazial, 126.000 bis 115.000 vor heute) allmählich fast zur Gänze zugrunde gegangen. Die klimatisch anspruchsvolleren Baumarten überdauerten die Eiszeit im Süden auf der Balkanhalbinsel, in Mittel- und Süditalien und auf der Iberischen Halbinsel.

Vor etwa 20.000 Jahren, in der trockenen Kaltzeit der späten Würmeiszeit, herrschte im Vorland der alpinen Vergletscherung eine Kältesteppe mit Baumgruppen aus Föhren, unter ihnen häufig auch Zirben, und vereinzelt an feuchteren Stellen eingestreuten Birken. Die Vegetationsdecke war nicht geschlossen. Es herrschten Pflanzen vor, die offenes Land und viel Licht brauchen und kälte- und trockenresistent sind. Dementsprechende Florenelemente aus kalt-kontinentalen Trockensteppen waren Sonnenröschen- und Wermut-Arten sowie Gänsefußgewächse, aus dem Hochgebirge kleine Nelkengewächse, Steinbrech-Arten sowie zwergstrauchige Weiden und Zwerg-Birke. Ein solches eiszeitliches Pollenspektrum aus einem nur wenig älteren Abschnitt der letzten Kaltzeit blieb in Bad Vöslau erhalten, wo sich in kleinen Mulden über Dauerfrostboden Seggentorf gebildet hatte. Auch aus dem Stadtgebiet von Wien konnten aus dem entsprechenden Zeitraum in einer Torflage zwischen Schottern Schwarz- und Rot-Föhre mit Zirbe, Lärche und dem Alpen-Moosfarn *Selaginella selaginoides* nachgewiesen werden.

Damals herrschten noch günstige Lebensbedingungen für große Herden von Mammut, Rentier, Wildpferd und Wollnashorn, auf die der Mensch der Altsteinzeit Jagd gemacht hat. Auch andere Tiergruppen entsprachen dem kalten Klima und der offenen Landschaft, unter den Vögeln etwa Schneehuhn und Schneeeule. Auf Wiener Stadtgebiet ist diese hochglaziale Fauna allerdings nur durch wenige Funde aus einer

Einen Einblick in die Verbreitung eiszeitlicher Säuger geben die vielen, im Zuge von Bauarbeiten im Stadtgebiet geborgenen Reste des Mammuts. Rechts: Bild einer Mammutherde in der pleistozänen Landschaft Wiens von Franz Roubal.

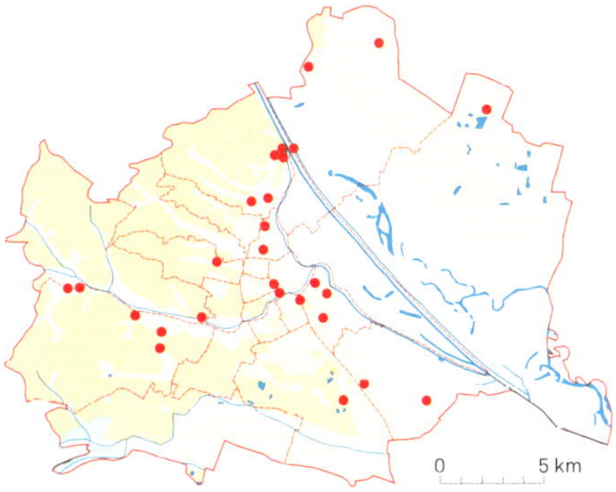

- Mammut-Fundstelle
- Rezente Aufschüttungen
- Pleistozäne Terrassenschotter
- Tertiär des Wiener Beckens
- Flyschzone
- Kalkalpen

viel früheren Phase, dem Mittelpleistozän, belegt, die aus schon lange nicht mehr existierenden Ziegelgruben in Heiligenstadt und Nussdorf stammen. Lediglich das Vorkommen des Mammuts ist durch viele würmeiszeitliche Funde im Stadtgebiet gut dokumentiert (→ Bild S. 62).

Während der Eiszeiten hatte die Donau ungeheure Schottermassen transportiert und abgelagert. Der Strom war im Bereich des heutigen Siedlungsgebietes von Wien in mehrere Arme aufgespalten. Infolge der ständigen Überlagerung mit frischem Geschiebematerial war die Vegetation auf den Schotterflächen wohl nur sehr spärlich ausgeprägt. Es ist anzunehmen, dass hier auch Pflanzen vorkamen, die heute im Hochgebirge leben, wie zwergstrauchige Weiden-Arten, Steinbrech-Arten, Silberwurz und andere.

Die Würm-Späteiszeit – Übergang zur Wärmezeit

Wie entwickelte sich die Vegetation im Würm-Spätglazial, nach dem Abschmelzen der Gletscher in den Alpen, im Zeitraum zwischen 18.000 und 11.500 Jahren vor heute? Über die Flora dieses Zeitraums im südlichen Wiener Becken gibt ein Pollenprofil aus Leobersdorf Auskunft. Dort hatten sich Grassteppen mit Ried- und Süßgräsern ausgebreitet, die am Alpenostrand allmählich in lichte Föhrenbestände, vermutlich aus Schwarz-Föhren und, in höheren Lagen, Zirben übergingen. Dazu kamen Birken, Weiden, Wacholder, das Meerträubel *Ephedra* und auf Schotterbänken der Sanddorn. Hingegen fehlen in diesem Profil Pollen von Wermut *(Artemisia)*, Sonnenroschen und Gänsefußgewächsen, die sonst im Alpenvorland während der Kältesteppenzeit häufig waren. Noch herrschten aber Umweltbedingungen, die das Baumwachstum begrenzten: niedrige Temperaturen, geringe Niederschläge und kalte Böden.

Die Periode der Klimabesserung begann im Spätglazial im Bölling- und im Alleröd-Interstadial (14.500–12.600 Jahre vor heute). Es herrschten kontinentale Klimaverhältnisse mit wärmeren Sommern. Nach den eiszeitlichen Kaltphasen breiteten sich nun weitere Pioniergehölze aus, in der Region Leobersdorf wahrscheinlich vor allem die Schwarz-Föhre. Erstmals nach der Eiszeit bildeten sich in der Alleröd-Zeit, etwa vor 13.000 Jahren, geschlossene Waldbestände. Auch die Zirbe war, wie aus den Pollenanalysen des Moores bei Leobersdorf hervorgeht, in dieser wärmeren Phase des Spätglazials noch vorhanden und dürfte auch auf den nahen Bergen vorgekommen sein, wie etwa auf dem Eisernen Tor (847 m) und der Hohen Mandling (968 m). Dagegen waren lichtbedürftige Arten wie Wacholder und Meerträubel verschwunden. Klimatisch anspruchsvollere Gehölze wie Eichen, die heute in der Region in Gesellschaft der Schwarz-Föhren vorkommen, fehlten damals allerdings noch vollständig, ebenso aber auch die Fichte.

Der letzte Kälterückschlag der Späteiszeit in der Jüngeren Dryaszeit dauerte etwa 800 Jahre und endete 11.500 Jahre vor heute; er führte zu einer neuerlichen Auflichtung der Wälder. Dies belegt auch das Leobersdorfer Pollenprofil, das eine Zunahme von Gräser- und Zirbenpollen und das Wiederauftreten von Wacholder und Sanddorn anzeigt. In den Alpen kam es wieder zu Gletschervorstößen, die allerdings nicht mehr die Täler erreichten. Auf diese Kaltphase folgte nach einem globalen sprunghaften Temperaturanstieg die letzte, bis in die Gegenwart andauernde Warmzeit (Holozän, Postglazial, Nacheiszeit).

Eine relativ kleine, aber artenreiche Aufsammlung tierischer Fossilien aus der Tropfsteinhöhle bei Alland erlaubt einen Blick in die Übergangszeit von der Mammutsteppenfauna zur Waldfauna der Nacheiszeit. Für das größte Fundstück, ein fast vollständiges Skelett eines Braunbären, ergab die ^{14}C-Datierung ein Alter von etwa 12.800 Jahren, was der Späteiszeit entspricht. Die auslaufende Eiszeit ist durch Einzelfunde von Höhlenhyäne, Pfeif- und Schneehase, Schnee- und Birkenmaus vertreten. Im Fundkomplex dominieren jedoch bereits charakteristische Elemente der gegenwärtigen Wienerwaldfauna: Insektenfresser, Fledermäuse, Haselmaus und Siebenschläfer, Wald- und Gelbhalsmaus sowie die überaus häufige Rötelmaus. Die Gebiss- und Skelettreste der Kleinsäuger stammen in der Mehrzahl aus Gewöllen, welche Eulen innerhalb weniger Jahrtausende in der Allander Tropfsteinhöhle hinterlassen haben. Auch die Faunenabfolge der Weichtiere veranschaulicht den Wechsel von der spätglazialen Kalt- zur postglazialen Warmzeit sehr deutlich.

Vorwärmezeit (Präboreal) und Frühe Wärmezeit (Boreal)

Die Klimabesserung in der nacheiszeitlichen Warmzeit verlief nicht kontinuierlich. Das Klima zeigte vom Ende der letzten Kaltzeit bis zur Gegenwart mehrere Schwankungen mit kühleren und wärmeren Abschnitten, feuchten und trockeneren Phasen. Den gesamten Klimaablauf konnte man für die Nacheiszeit mithilfe der Gletscherschwankungen in der Venedigergruppe, in den Ötztaler Alpen und in der Silvretta sowie durch Pollenanalysen und ^{14}C-Datierungen von Mooren in den Gletschervorfeldern festlegen. Obwohl es sich nur um verhältnismäßig geringe Klimapendelungen von plus/minus ein Grad Celsius handelt – eine Ausnahme bildete die kurze, etwa 50 Jahre dauernde Abkühlung um zwei Grad vor 8.200 Jahren – sind Auswirkungen auch auf die Vegetation im östlichen Österreich anzunehmen.

Die eiszeitlichen Überdauerungsgebiete (Refugien) der meisten Baumarten lagen hauptsächlich südlich der Alpen, wobei für Österreich besonders Italien, die westliche Balkanhalbinsel, aber auch der Südostteil des Karpatenraums als Rückzugsgebiete bedeutsam waren. Nur Föhrenarten wie Schwarz-Föhre (→ Kasten S. 285), Rot-Föhre, Leg-Föhre und Zirbe hatten am Alpenostrand in kleinen Gruppen die Kaltzeiten überdauert. Auch Birken waren hier nie ganz verschwunden.

Am Beginn des Holozäns, also vor etwa 11.500 Jahren, besserte sich das Klima rasch und bald waren ähnliche Verhältnisse wie heute erreicht. Trotzdem waren zunächst noch immer – wie in der Späteiszeit – Rotföhrenwälder mit Birke und lokal höchstwahrscheinlich auch Schwarzföhrenwälder verbreitet. Die lichtliebenden krautigen Pflanzen verschwanden allmählich aus den immer dichter werdenden Wäldern und wurden auf offene Standorte wie Felsen und Moore oder in Gebirgslagen verdrängt.

Glatt-Brillenschötchen (1), Österreich-Kranzenzian (2), Herzblatt-Kugelblume (3) und Salzburg-Augentrost (4) sind im Wiener Raum Relikte der Späteiszeit, die auf offenen Standorten wie Mooren oder Felsrasen bis heute überdauern konnten.

1

2

3

4

Die heutigen Vorkommen alpiner Arten an Standorten in geringer Höhe sind Relikte der Späteiszeit, in der diese Pflanzen in den Niederungen ähnliche Bedingungen wie heute im Waldgrenzbereich oder darüber vorgefunden hatten. Beispiele dafür sind etwa Glatt-Brillenschötchen *Biscutella laevigata,* Salzburg-Augentrost *Euphrasia salisburgensis,* Herzblatt-Kugelblume *Globularia cordifolia* und Österreich-Kranzenzian *Gentianella austriaca.*

Die kalten Grassteppen waren mit der Klimabesserung endgültig verschwunden und damit auch der Lebensraum für die großen Säugetiere, die an die subarktischen Bedingungen angepasst waren. Mammut, Höhlenbär, Höhlenhyäne, Höhlenlöwe, Wollnashorn und Riesenhirsch starben aus. Kleinere Tiere, welche die Eiszeit in Gebieten außerhalb der Eisströme überdauert hatten, konnten sich ausbreiten und einige von ihnen sind häufige Arten der Gegenwartsfauna geworden, wie Waldspitzmaus, Feld- und Schermaus, aber auch Wolf, Fuchs, Hermelin und Mauswiesel. Unter den eiszeitlichen Arten konnten nur einzelne an Sonderstandorten bis heute überdauern, wie dies für die Nordische Wühlmaus *Microtus oeconomus* in der Verlandungszone des Neusiedler Sees gilt, wo unter den Pflanzen heute auch noch der sonst subalpine Weiß-Germer *Veratrum album* vorkommt. Halsband- und Berglemming, Vielfraß und Rentier folgten dem zurückweichenden Inlandeis nach Norden, während Schneehase, Murmeltier, Schneemaus, Schneehuhn, Gämse und Steinbock sowie viele eiszeitliche Blütenpflanzen vor der höher rückenden Waldgrenze ins Hochgebirge aufstiegen.

Mit zunehmender Erwärmung begannen nach und nach, die klimatisch anspruchsvolleren Baumarten aus dem Süden einzuwandern und allmählich die Föhrenwälder zu verdrängen. Die Reihenfolge war abhängig von der Lage der Refugien und der Wandergeschwindigkeit der Arten, wobei letztere mit der Blühreife und der Samenausbreitung zusammenhängt. Aus Pollenfunden am Alpenostrand vom Ende des Präboreals vor etwa 10.500 Jahren ist zu erkennen, dass bei dieser nacheiszeitlichen Wiederbewaldung im Kalk-Wienerwald zuerst die Fichte eingewandert ist. Ihre Refugien lagen im Osten auf der Balkanhalbinsel, im ungarischen Mittelgebirge und am Rand der Karpaten. Ob sie im Wiener Raum geschlossene Bestände gebildet hat, ist nicht bekannt, auf größeren Erhebungen ist dies aber sehr wahrscheinlich. Im Waldviertel hat sich die Fichte früh durchgesetzt, ebenso im südlichen Burgenland. Früh kam auch die Ulme aus ihren südöstlichen Refugien zurück.

Für die Zeit von 9.800 bis 7.000 Jahre vor heute gibt es aus dem Wiener Umland keine pollenanalytischen Befunde zur Waldentwicklung. Sehr gut untersucht hingegen sind für diesen Zeitraum die Vegetationsstruktur und die Einwanderungsgeschichte der Baumgattungen im südlichen und südöstlichen Österreich (Kärnten, Burgenland) und am Südrand der Nördlichen Kalkalpen. Aufgrund der aufschlussreichen Pollenfunde in diesen Regionen kann man annehmen, dass sich bereits zu dieser Zeit auch im Wiener Raum die sommergrünen Eichenmischwaldgehölze, also die heimischen vier Eichenarten sowie Ulmen, Linden und auch die Hasel ausgebreitet haben. Die Hasel wurde hier allerdings nicht so beherrschend wie im Waldviertel oder in den westlichen Mittelgebirgen. Ein wichtiger Hinweis für die Verbreitung der Eichenmischwälder im Wiener Raum schon in der Frühen Wärmezeit sind die rund 9.800 Jahre alten Eichenstämme aus dem frühen Boreal, die in den Schotterablagerungen der Donau oberhalb von Wien gefunden wurden. Faunengeschichtliche Belege von Wiener Fundstellen gibt es für den Zeitraum vom Beginn der Nacheiszeit bis etwa ins 8. Jahrtausend vor heute leider keine.

Auch Wolf und Elch haben ursprünglich in den Wäldern des Wiener Raumes gelebt. Der Wolf wurde im 19. Jahrhundert ausgerottet und der Elch ist seit etwa 1.000 Jahren aus der heimischen Fauna verschwunden.

In den Wäldern des Wiener Raumes werden wohl Wisent, Ur, Rothirsch, Elch, Reh, Wildschwein, Braunbär, Marder, Dachs, Wolf, Luchs, Spitzmäuse, Schläfer, Wald- und Rötelmäuse und zahlreiche Vögel wie Auer-, Birk- und Haselhühner, Eulen, Greifvögel, Tauben, Kreuzschnäbel, Drosseln, Finken, Meisen, Spechte, Schwarzstorch und Krähen gelebt haben. In den Auenlandschaften tummelten sich Fischotter, Biber, Kormoran, Fischadler, Rallen, Reiher und Entenvögel. Die offenere Landschaft war Lebensraum für Wildpferde, Hasen, Hamster, Wühlmäuse, Igel, Maulwurf, Iltis, Hermelin, Steinmarder, Feldhühner (Rebhuhn und Wachtel), Lerchen und Trappen sowie für zahlreiche Insekten-, Tausendfüßler- und Spinnenarten. Das zeitliche Eintreffen all dieser Tiere nach der Eiszeit ist nicht bekannt, denn es gibt keine datierten Fossilfunde.

Der Mensch führte in dieser Epoche der Mittelsteinzeit noch ein nomadisierendes Jäger- und Sammlerdasein. Wie Funde belegen, hat er an der Donau auf Sandbänken seine Sommerlager angelegt und im Winter in den Höhlen des Wienerwaldes Zuflucht gesucht. Die Landschaft hat er dadurch aber noch nicht verändert.

Mittlere Wärmezeit (Atlantikum)

Aus radiokarbondatierten Pollenprofilen aus dem Wienerwald ist zu erkennen, dass sich vor etwa 9.000 Jahren in der Mittleren Wärmezeit das Klima weiter gebessert hat. Damals haben sich dichte sommergrüne Laubmischwälder aus Linde, Eiche, Ulme, Ahorn und Esche gebildet, in denen auch Kirsche, Birke, Hasel sowie Weide und Erle vertreten waren. Nadelhölzer wie Föhre, Fichte und auch Lärche waren dagegen von geringer Bedeutung und nur auf Sonderstandorten oder in höheren Lagen zu finden. Eine artenreiche Strauch- und Krautschicht mit Gelb-Hartriegel, Wacholder und Wermut war entwickelt. Efeu und Mistel geben Hinweise auf milde Winter und optimale Klimabedingungen für die Menschen, die am Rand des Wienerwaldes begannen, inselförmig kleine Waldbestände zu roden, um Ackerflächen für den Getreideanbau zu gewinnen und Häuser zu bauen. Eine solche Siedlung aus der frühesten Phase der Jungsteinzeit, der Periode der Linearbandkeramik, wurde bei Brunn am Gebirge südlich von Wien gefunden. Es ist anzunehmen, dass auch die von Natur aus offeneren und somit leichter zu rodenden Sonderstandorte wie die mit

Lichtungen durchsetzten Eichenwälder (Waldsteppen) und Rasensteppen am Ostrand der Alpen und in der pannonischen Ebene für solche Erstbesiedlungen genutzt wurden.

Zuletzt kommt noch die Buche zu den bereits vorhandenen Baumarten hinzu und breitet sich als feuchtigkeitsbedürftige Schattholzart noch vor der Tanne weiter aus. Damit waren fast alle Baumelemente der heutigen Wiener Waldlandschaft vorhanden, allerdings noch in einer anderen Verteilung. Entsprechend der erst langsam beginnenden Siedlungstätigkeit sind die Hinweise auf menschliche Einflüsse, durch Pollen von Weidezeigern wie Spitz-Wegerich und Gänsefuß, noch spärlich. Den günstigen klimatischen Bedingungen im mittleren Abschnitt der Nacheiszeit vor etwa 7.000 bis 5.000 Jahren mit den dichten, von Laubhölzern dominierten Mischwäldern entspricht auch die Fauna. In Höhlen ist die Bechsteinfledermaus eine Leitform dieser optimalen Umweltbedingungen. Thermophile Arten wie Smaragdeidechse, Gottesanbeterin, Sägeschrecke, Blutrote Singzikade, Steppengrille und andere werden in der Region von Wien heimisch und bleiben es bis heute. Besonders deutlich ist die zunehmende Verbesserung und Stabilisierung der Klimaverhältnisse an den Weichtiergemeinschaften ablesbar. Belegt sind diese Faunen etwa aus den Verfüllungen einiger mittel- bis jungsteinzeitlicher Kreisgrabenanlagen im nordöstlichen Niederösterreich, wie jenen von Kamegg, Rosenburg, Gauderndorf, Hornsburg III und Karnabrunn sowie aus der Schneckenkluft bei Hinterbrühl nahe Mödling und aus der Allander Tropfsteinhöhle. Das Artenspektrum mit Mulmschnecke, Pagodenschnecke und mehreren Schließmundschneckenarten lässt für den Nordalpen- und Voralpenraum auf eine reiche Bewaldung mit guter vertikaler Gliederung der Vegetation sowie auf eine abwechslungsreiche Bodenbedeckung schließen. Diese Landschneckengemeinschaften im Mittelholozän waren artenreicher, als es die gegenwärtigen sind.

Für die Mittelsteinzeit und die ältere Jungsteinzeit fehlen Funde von größeren Säugetieren im Wiener Raum. Ab der späten Jungsteinzeit ist vor allem die Haustierfauna durch Funde aus zahlreichen Grabungen gut dokumentiert. Weniger weiß man von den Wildtieren. Immerhin wurden etwa im berühmten Hornsteinbergwerk auf der Antonshöhe bei Mauer (23. Wiener Gemeindebezirk) 252 Bruchstücke von Rothirschgeweihen geborgen, die als Grabwerkzeuge zugerichtet waren. Neben weiteren Gerätebruchstücken und Speiseresten fanden sich dort auch Knochen zweier Hunde und Schlachtabfälle von Rind, Ziege und Schwein sowie als Grabbeigaben Teilskelette vom Feldhasen und Knochen von Bär und Elch.

Im Lainzer Tiergarten leben heute wieder „Auerochsen", die aus urtümlichen Rinderrassen rückgezüchtet wurden. Ganz lässt sich eine ausgestorbene Tierart niemals wieder zum Leben erwecken. Das Ziel der Züchter ist es jedoch, möglichst nahe an die ausgestorbene Stammform unserer Hausrinder heranzukommen.

Der im pannonischen Osten Österreichs im mittleren Holozän weitverbreitete und gerade im Bereich der Flussniederungen offenbar recht häufige Ur oder Auerochse ist vom Wiener Boden bisher nur durch undatierte Schwemmfunde, etwa aus Baugruben am Stephansplatz, belegt. Nachweise aus slawischen Burgen auf dem Schanzberg in Thunau am Kamp und in einer Thayaschlinge bei Raabs im nordwestlichen Niederösterreich zeigen, dass die Art bis ins 10. Jahrhundert überlebt hat. Ähnliches gilt auch für den Elch, dessen autochthone Population im Osten Österreichs ebenfalls erst vor etwa 1.000 Jahren erloschen ist.

Zu Ende des Atlantikums setzten sich im Wienerwald Buche und Tanne immer mehr durch und begannen den Eichenmischwald zu verdrängen. In tieferen Lagen drang die Buche auch in die lindenreichen Eichenmischwälder ein. Die Bewaldung war, wie Pollenanalysen zeigen, während der mittleren Nacheiszeit im Umland von Wien regional recht unterschiedlich. So sind in Südmähren und nahe Marchegg lichte Eichenmischwälder aus Linde, Eiche, Ulme und Esche nachgewiesen und in der Mitterndorfer Senke lichte Eichenwälder mit wenig Ulme und Linde. Der Rückgang von Ulme und Linde in der Jungsteinzeit wird mit dem Verfüttern des Laubes dieser Bäume im Winter in Zusammenhang gebracht.

Späte Wärmezeit (Subboreal)

In der Zeit von 5.700 bis etwa 2.500 Jahre vor heute bildete im Wienerwald vor allem die Buche, begleitet von der Tanne, die Waldgesellschaften. Der Anteil der Eichenmischwaldarten nahm wahrscheinlich aufgrund des kühleren und feuchteren Klimas ab. Während der Späten Jungsteinzeit und der Bronzezeit war die Siedlungstätigkeit des Menschen im dichten Waldgebiet noch sehr gering. In der pannonischen Ebene entstanden in diesem Zeitraum lichte Eichenwälder mit Föhre und Hainbuche. Aus Abfallgruben der späten Bronzezeit (3.300 bis 2.750 Jahre vor heute) kamen an einer größeren Grabungsstelle in der Csokorgasse im 11. Wiener Gemeindebezirk neben zahlenmäßig vorherrschenden Haustierresten auch einzelne Knochen von Rothirsch, Elch, Wildschwein, Feldhase, Hamster, Biber und Sumpfschildkröte zum Vorschein. Zunehmend stärker wurde der Einfluss des Menschen auf die Landschaft vor allem im pannonischen Raum. Diese Entwicklung und das trockenere Klima gegen Ende der Späten Wärmezeit spiegeln sich auch deutlich im Wandel der damaligen Weichtiergemeinschaften im Wiener Raum wider. Mehr und mehr ausgebreitet haben sich damals Arten des offenen Landes, wie die Gerippte Bänderschnecke oder Wiener Schnirkelschnecke *Cepaea vindobonensis*, die Weiße Heideschnecke *Xerolenta obvia* und die Moospuppenschnecke *Pupilla muscorum*.

Nachwärmezeit (Subatlantikum)

Etwa 2.500 Jahre vor heute war der Raum von Wien bereits stärker besiedelt, doch Wälder beherrschten nach wie vor das Landschaftsbild. Aus den Anfängen der keltischen Besiedlung stammt auch der Name für den Wienfluss „vedunia" = Waldbach, aus dem sich später der Name Wien entwickelt hat. Für diesen Zeitraum gibt es wieder pollenanalytische Angaben zur Flora im Bereich der heutigen Stadt: Tanne, Fichte, Föhre, Eiche, Buche, Hainbuche, Weide und Erle lassen sich nachweisen. Über die räumliche Verteilung der verschiedenen Waldgesellschaften im Wiener Raum gegen Ende der Jungsteinzeit gibt die Karte der natürlichen Vegetationstypen Auskunft (→ Karte S. 217). Die Fichte ist im Raum Wien und auch in den angrenzenden Waldgebieten nicht heimisch. Subfossile Pollenfunde stammen aus dem Weitflug aus höheren Lagen. Die Hainbuche, die heute mit der Eiche zu den charakteristischen Baumarten des Wiener Waldgebietes gehört, hat sich zuletzt erst etwa um 600 v. Chr. in den Niederungen ausgebreitet.

Die geringe Menge an Getreidepollen belegt die noch nicht allzu intensive Siedlungstätigkeit in der älteren Nachwärmezeit. Auch später und bis in die Neuzeit ist der Wald um Wien nicht verschwunden, da die Wälder herrschaftliches Jagdgebiet waren und als Bannwald nicht gerodet werden durften. Noch im 18. Jahrhundert gab es unberührte Waldkomplexe aus Tanne und Buche. Die Rodungen sind in den Pollendiagrammen an der Zunahme der Kulturzeiger gut zu erkennen. Erst sehr spät entstehen Wiesen und Ackerflächen im Inneren des Wienerwaldes. Zu entscheidenden Veränderungen der Gehölzanteile und der Struktur der Wälder infolge forstlicher Maßnahmen kam es ab der Mitte des 19. Jahrhunderts: Vor allem Fichte, aber auch Lärche nehmen zu und Strauch- und Krautschicht werden modifiziert.

Die durch den Menschen bedingten Veränderungen in der Pflanzen- und Tierwelt haben in der Jungsteinzeit begonnen und in der Folge bis in die heutige Zeit zugenommen, zuletzt mit dramatischem Tempo. Das soll in den folgenden Kapiteln behandelt werden.

Biogeographische Vielfalt im Wiener Raum

Was ist Arealkunde und wozu betreibt man sie?

Im vorigen Kapitel wurden Wanderwege, Ausbreitung und Rückzug von Pflanzen- und Tierarten im Raum von Wien vor allem aus unterschiedlich alten Fossilfunden erschlossen. Wie sieht es aber mit der Erfassung und Analyse der heutigen Verbreitungsgebiete aus? Dabei versteht man unter Verbreitungsgebiet oder Areal das geographische Wohngebiet einer Pflanzen- oder Tierart: Wo genau kommt sie vor und wo nicht? Aus der Vielzahl der höchst unterschiedlichen Pflanzen- und Tierareale hat die Biogeographie (Arealkunde) charakteristische, sich in ähnlicher Weise wiederholende Formen von Verbreitungsbildern zu Arealtypen zusammengefasst.

Das Areal einer Art gibt Auskunft über ihre ökologischen Ansprüche. Die verschiedenen Areale all der Arten, die in einem bestimmten Gebiet oder Lebensraum vorkommen, charakterisieren die Lebensumstände, das heißt die ökologisch relevanten Faktoren für diesen Raum. Die ökologische Konstitution einer Art spiegelt sich somit nicht nur in ihrer Gesamtverbreitung wider, sondern selbstverständlich auch in den kleinräumigen Arealmustern. Deren Kenntnis entsteht vor allem im Rahmen von Kartierungsprojekten, bei denen die genaue Verbreitung der Arten im Gelände erhoben wird. Erst die moderne Datenverarbeitung hat es ermöglicht, derartige Unternehmungen für größere Gebiete mit aussagekräftiger Genauigkeit durchzuführen. Die folgenden Rasterkarten stammen aus solchen österreichischen Projekten. Dabei steht jeder Punkt für das Vorkommen der Art in einem Rasterfeld mit der Größe von fünf Minuten geographischer Länge mal drei Minuten geographischer Breite, das entspricht etwa einem Rechteck von 6,2 mal 5,6 Kilometern. Der im Folgenden verwendete Kartenausschnitt umfasst ein Viereck von 100 mal 90 Kilometern Seitenlänge, von St. Pölten im Westen bis Hainburg a. d. Donau im Osten und von Wiener Neustadt im Süden bis Mistelbach im Norden. Zur Interpretation der Karten sei noch angemerkt, dass ihre Genauigkeit bei den Pflanzen gleichmäßiger ist, während sie bei den Tieren vor allem gegen den westlichen Rand des Kartenausschnittes abfällt, da hier für manche Arten eine lückenlose Kartierung bisher noch nicht durchgeführt werden konnte.

Arealtypen im Wiener Raum

Nemoraler Arealtyp

Betrachtet man die Verbreitung der Stiel-Eiche *Quercus robur* im Wiener Raum, stellt man fest, dass sie fast den gesamten Kartenausschnitt bedeckt, sie kommt sowohl im Wienerwald wie im Marchfeld und im Wiener Becken vor. Gleiches gilt für die Zauneidechse *Lacerta agilis*.

Stiel-Eiche

Zauneidechse

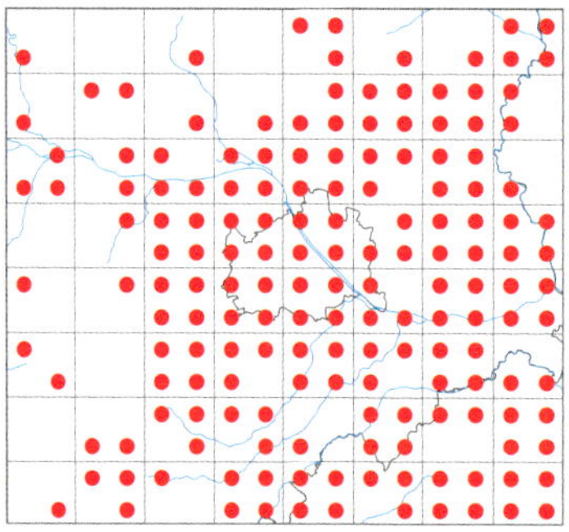

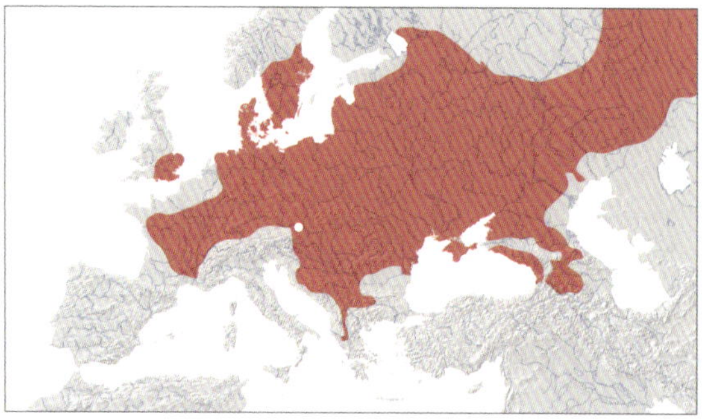

Stiel-Eiche und Zauneidechse, zwei Arten mit nemoraler Verbreitung: Vorkommen im Wiener Raum (Mitte) und Gesamtareal (rechts)

Wie sieht nun das Gesamtareal dieser beiden Arten aus? Die Stiel-Eiche und ähnlich auch die Zauneidechse vertreten einen Arealtyp, der die gemäßigte (temperate) Klima- und Vegetationszone Europas und angrenzender Teile Asiens widerspiegelt. Warme Sommer, kalte Winter und für gutes Baumwachstum ausreichende Niederschläge bilden die Rahmenbedingungen. „Nemoral" (von lateinisch nemus = Hain) und auch „temperat/mäßig ozeanisch" sind bedeutungsgleiche Fachbegriffe für solche Areale. Da auch der Wiener Raum großteils der sommergrünen Laubwaldzone zuzurechnen ist, sind Angehörige dieses Arealtyps hier in beträchtlicher Anzahl vorhanden, natürlich nicht nur unter den Bäumen und den Reptilien. Diese Zahl erhöht sich noch, wenn auch andere, auf Nachbarzonen übergreifende Arealtypen mit eingeschlossen werden: So greifen manche Arten weiter ins Mittelmeergebiet aus, andere ins gemäßigte Asien oder in die nördliche Nadelwaldzone. Gemeinsam bilden alle diese Arten den Grundbestand der Flora und Fauna nicht nur des Wiener Raumes, sondern der meisten Teile Mitteleuropas.

Nemoral-mitteleuropäischer Arealtyp

Auch das Areal der Buche *Fagus sylvatica* umfasst die Voralpen und den Wienerwald zur Gänze, und der Feuersalamander *Salamandra salamandra* schließt sich hier genau an – übrigens nicht nur mit seinem Verbreitungsbild, sondern auch durch seine Bindung an den Buchenwald als Lebensraum (die Lücken im Westen des Kartenrahmens sind vermutlich nur Erfassungslücken). In den pannonischen Ebenen hingegen fehlen beide Arten fast vollständig. Allerdings besitzt die Buche Außenposten in den Hügelländern des westlichen und zentralen Weinviertels. Sehr lokal kommt sie auch auf den Hainburger Bergen und etwas reichlicher im Leithagebirge vor, dort jedoch in der Regel nur eingestreut in Eichen-Hainbuchenwäldern und nicht vegetationsbestimmend. Dem Feuersalamander genügt das beschränkte Feuchtigkeitsangebot dieser Bucheninseln offenbar nicht. Erst ganz in der Nordwestecke des Kartenrahmens, schon am Rand des Waldviertels, treten Buche und Feuersalamander wieder gemeinsam auf.

Buche

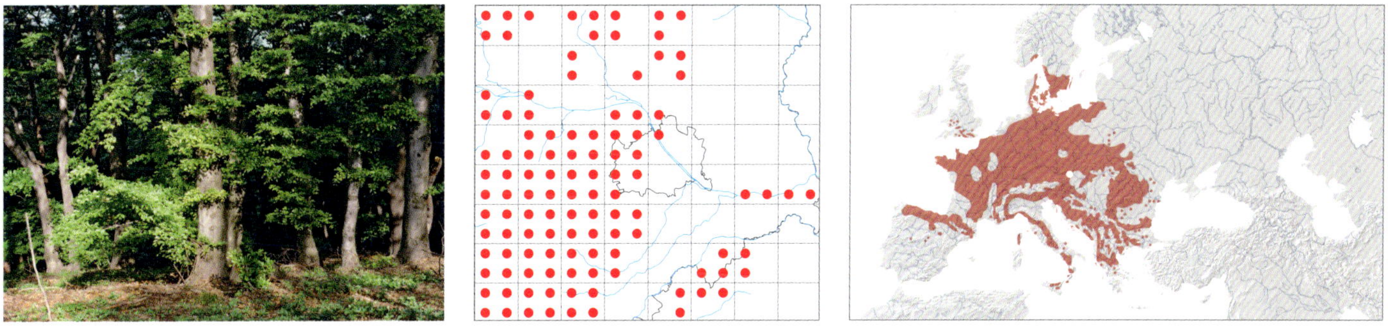

Feuersalamander

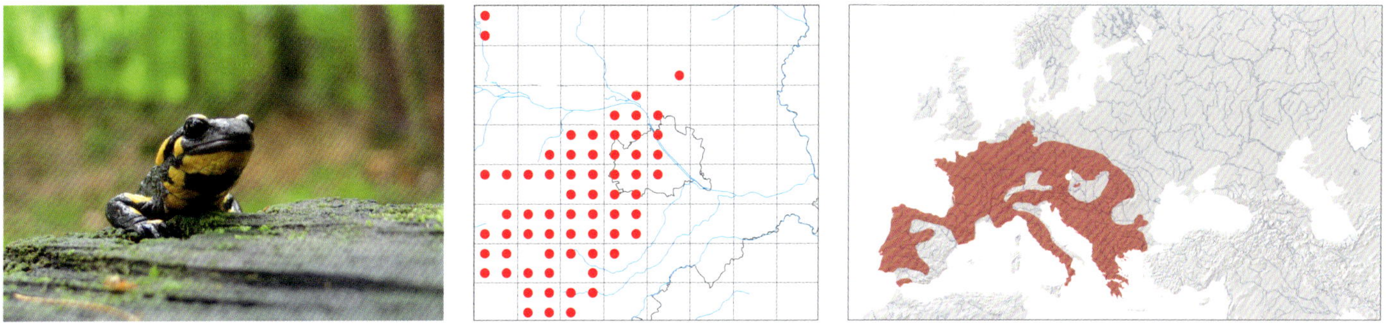

Buche und Feuersalamander, zwei Arten mit nemoral-mitteleuropäischer Verbreitung: Vorkommen im Wiener Raum (Mitte) und Gesamtareal (rechts)

Innerhalb der sommergrünen Laubwaldzone besiedelt die Buche ein deutlich eingeengtes Gebiet: Am Nordrand der Mittelmeerländer ist sie auf die relativ regenreichen höheren Lagen der Gebirge beschränkt. Unter den für sie günstigen Klimabedingungen der ozeanisch bestimmten westlichen Teile des gemäßigten Europas steigt sie auch in niedere Lagen herab und erreicht hier noch Südengland, den südlichsten Rand Skandinaviens, die stärker ozeanisch beeinflussten Abschnitte des norddeutsch-polnischen Flachlands und das äußere Karpatenvorland. Die Buche bildet (in den Gebirgen zum Teil gemeinsam mit Tanne und Fichte) sehr wuchskräftige, schattige Wälder mit spezifischem Mikroklima und einer eigenen Garnitur von Begleitpflanzen und Tieren, die vielfach ähnliche Areale aufweisen. Meist wird dieser Arealtyp als mitteleuropäisch oder zentraleuropäisch bezeichnet – eine Benennung, die allerdings dem Südrand dieser Areale in den mediterranen Gebirgen nicht ganz gerecht wird. Angemessenere, allerdings umständlichere Ausdrücke berücksichtigen diesen Sachverhalt: „südeuropäisch/montan-mitteleuropäisch" oder „submediterran/montan-temperat-ozeanisch".

Submediterraner Arealtyp

Ganz andere Verbreitungsbilder zeigen Flaum-Eiche *Quercus pubescens* und Smaragdeidechse *Lacerta viridis:* Sie kombinieren eine Vorliebe für Bereiche mit den härteren Gesteinen der Gebirgsräume mit einer Bindung an trockenwarmes Klima. Dementsprechend finden sie sich am Alpenrand längs der Thermenlinie, am Südostrand der Böhmischen Masse und auf den inselartig aus der gesteinsmäßig weicheren jungtertiären Verhüllung auftauchenden Hainburger Bergen und dem Leithagebirge, wo sich günstige Voraussetzungen für kleinraumige, trockenheiße (xerotherme) Sonderstandorte ergeben. Daneben treten beide Arten auch gelegentlich in anderen trockenwarmen Teilbereichen des pannonischen Klimagebiets auf, nämlich da und dort auf den höheren Schotterterrassen des Wiener Beckens – die Flaum-Eiche noch in höherem Maß als die Smaragdeidechse. Überhaupt gilt, dass auch Arealmuster, die einander in den Grundzügen ähneln, im Einzelnen doch vielerlei Abweichungen zeigen, je nach den Standortvorlieben der betreffenden Arten.

Flaum-Eiche

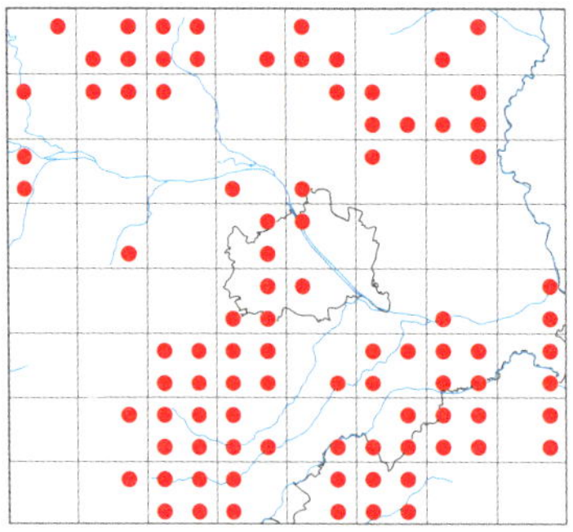

Smaragdeidechse

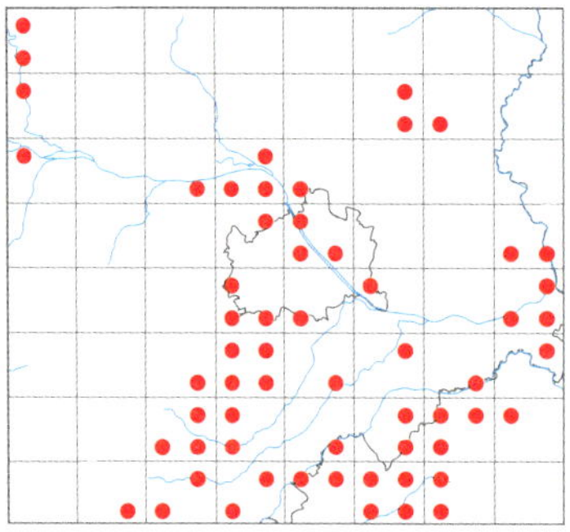

Flaum-Eiche und Smaragdeidechse, zwei Arten mit submediterraner Verbreitung: Vorkommen im Wiener Raum (Mitte) und Gesamtareal (rechts)

Die Flaum-Eiche hat ihre Hauptverbreitung im südlichen Randstreifen der sommergrünen Laubwaldzone, wo die sommerliche Niederschlagsarmut des Mittelmeergebiets bereits eine gewisse Trockentoleranz verlangt, wo andererseits aber niedrige Wintertemperaturen die immergrüne Hartlaubvegetation der eigentlichen mediterranen Zone noch ausschließen. Die Flaumeichen-Zone und der ihr entsprechende Arealtyp werden daher meist submediterran genannt. Viele Pflanzen und Tiere, die zu diesem Typus gehören, besitzen weiter nördlich inselartige sogenannte extrazonale Außenposten: Es sind meist kleinräumige trockenheiße Sonderstandorte, etwa an steilen Südhängen, wo über anstehendem Hartgestein nur eine dünne Bodenauflage entwickelt ist. Der Wiener Raum ist innerhalb Mitteleuropas eines der Gebiete, in dem solche extrazonalen Vorkommen submediterraner Arten besonders häufig sind.

Pontisch-pannonischer Arealtyp

Auch Frühlings-Adonis *Adonis vernalis* und Europäisches Ziesel *Spermophilus citellus* sind innerhalb des Wiener Raums auf die warmen Lagen beschränkt. Im Gegensatz zu den submediterranen Arten zeigen sie allerdings keine Bevorzugung der Gebiete mit Hartsubstraten. Im Gegenteil: Besonders für das Ziesel sind vor allem die Lössgebiete im Weinviertel, im Inneren des Wiener Beckens und am Neusiedler See bevorzugte Lebensräume.

Beide sind östlich verbreitete Arten. Der Frühlings-Adonis hat seine Hauptverbreitung in den trockenen, sommerheißen, aber winterkalten Steppengebieten, die sich vom Unterlauf der Donau nördlich des Schwarzen Meers durch Teile der Ukraine, des europäischen Süd-Russlands und Kasachstans bis Südsibirien hinziehen. Dieser Arealtyp wird als pontisch (vom griechisch-lateinischen Pontus Euxinus = Schwarzes Meer) oder pontisch-südsibirisch bezeichnet. Viele der hier zentrierten Arten kommen auch in der sogenannten Waldsteppenzone vor; diese umfasst die angrenzenden Übergangsgebiete, in denen einander Steppen- und Waldvegetation in teils groß-, teils kleinräumigen Mosaiken durchdringen. Auch für die einstige pannonische Urlandschaft der trockenen Ebenen des mittleren Donauraums ist ein solcher Wald-

Frühlings-Adonis

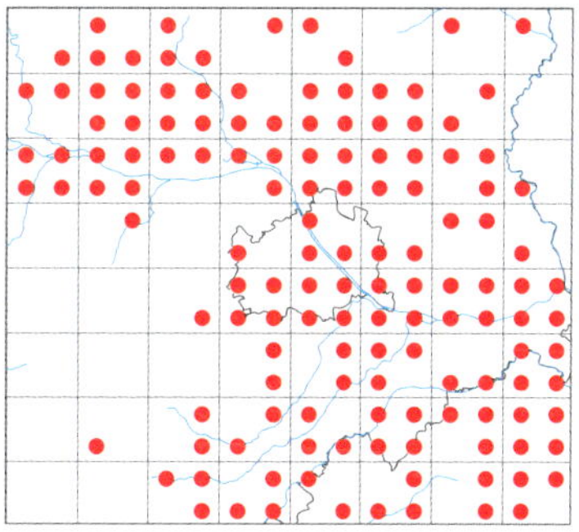

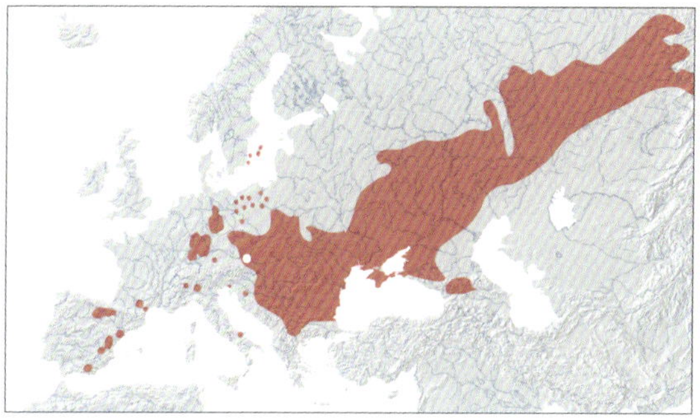

Ziesel

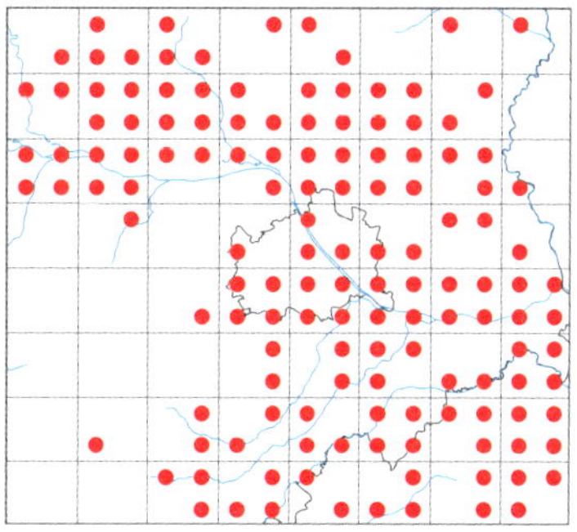

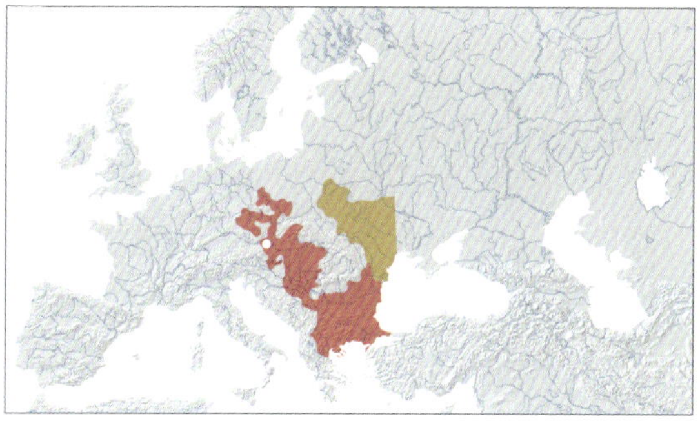

Frühlings-Adonis und Ziesel, zwei Arten mit pontisch-pannonischer Verbreitung: Vorkommen im Wiener Raum (Mitte) und Gesamtareal (rechts). In der Arealkarte des Ziesels ist das Verbreitungsgebiet des Europäischen Ziesels (Foto) in Rot, das des Perlziesels in Braun dargestellt. Kaukasus-Ziesel, Alashan-Ziesel und Daurisches Ziesel sind weitere vikarisierende Arten, die nach Osten zu den pontisch-pannonischen Raum über Georgien, Kasachstan, Mongolei und angrenzende Teile Sibiriens und Chinas besetzen.

steppen-Charakter anzunehmen. Deshalb reichen pontische Arten westwärts bis in den Wiener Raum und nicht wenige haben hier ihre westliche Arealgrenze. Dementsprechend nennt man ihre Areale pontisch-pannonisch. In manchen Fällen teilen sich auch mehrere verwandte Arten den weiten pontisch-pannonischen Raum: So wird das Europäische Ziesel *Spermophilus citellus* etwa an den östlichen Grenzen Polens und Rumäniens vom ostwärts anschließenden Perlziesel *Spermophilus suslicus* abgelöst. Für solche Erscheinungen verwendet die Biogeographie den Begriff Vikarianz.

Weitere Arealtypen

Im weiteren Umkreis von Wien stößt man auf zusätzliche Arealtypen: Dem aralo-kaspischen Typ gehören etwa manche Salzpflanzen des Neusiedlersee-Gebiets an. Der boreale Arealtyp ist in der nordeuropäisch-nordasiatischen Nadelwaldzone zentriert; zu ihm zählen manche Arten der nadelbaumreichen oberen Bergwaldstufe der Voralpen und Alpen, aber auch der Waldviertler Moore.

Schließlich ist noch eine mannigfaltige Gruppe von Gebirgsarealen zu erwähnen. Dazu gehören neben Arten, die an die Hochlagen des Gebirges gebunden sind und deren Areal somit erst auf den Wiener „Hausbergen" Schneeberg und Rax einsetzt, auch solche, die an lichten, oft felsig-steinigen Sonderstandorten tiefer herabsteigen. Etliche von ihnen reichen im Kalk-Wienerwald bis unmittelbar an die Wiener Stadtgrenze. Eine solche dealpine Art ist etwa der Alpen-Steinquendel *Clinopodium alpinum* (= *Acinos alpinus*). Daran schließen sich hinsichtlich ihrer Gesamtareale auf mittlere Höhenlagen beschränkte Arten des Alpengebiets an, die besonders im Unterwuchs lichter Föhrenwälder an steilen und trockenen Kalk- und Dolomithängen zu finden sind, wie die Schneeheide *Erica carnea*. Neben weiter verbreiteten Gebirgspflanzen fallen dabei solche Arten besonders auf, die gerade in den Voralpen südwestlich von Wien entweder isolierte Außenposten südeuropäischer Gebirgsareale besitzen, wie die Schwarz-Föhre *Pinus nigra*, oder in diesem Abschnitt sogar endemisch sind, das heißt ausschließlich hier vorkommen, so wie die Felsen-Wolfsmilch *Euphorbia saxatilis* (Bilder und Rasterkarten der genannten Arten → folgende Seite).

Alpen-Steinquendel

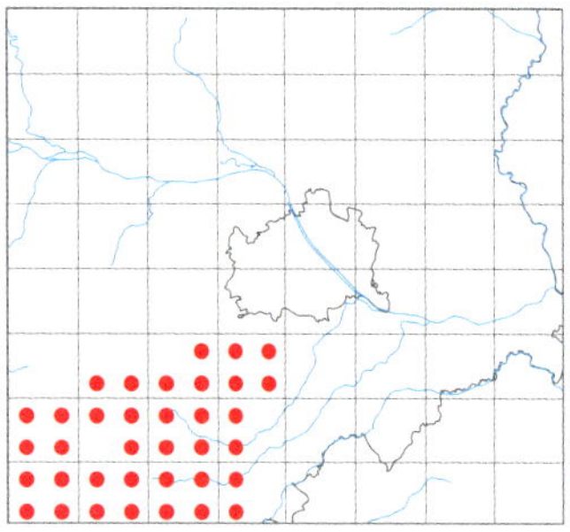

Schneeheide

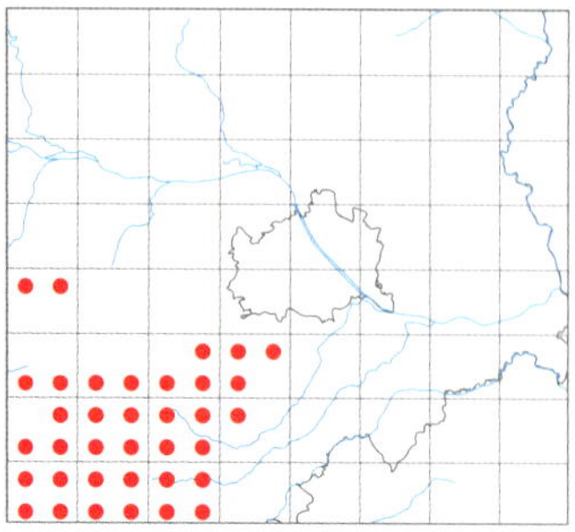

Schwarz-Föhre

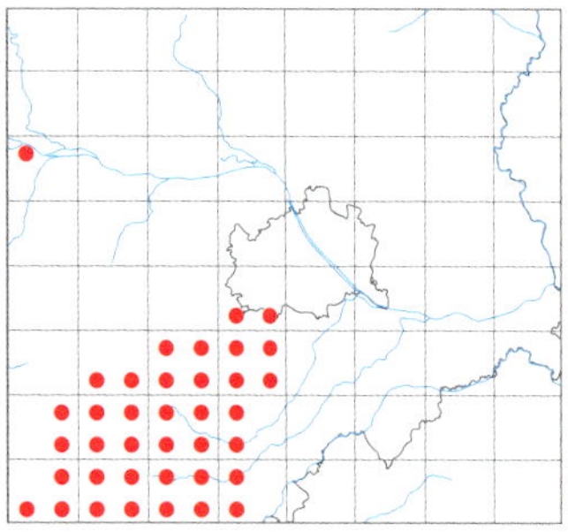

Felsen-Wolfsmilch

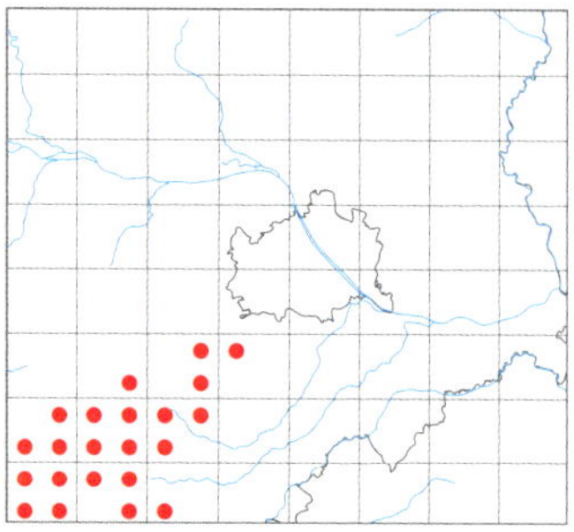

Vorkommen von Gebirgspflanzen im Wiener Raum

Die Aaskrähen: ein Beispiel für Arealkontakte und natürliche Hybridisierung

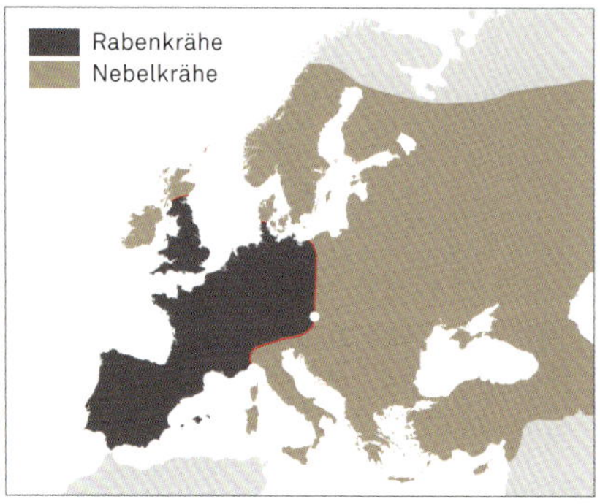

Rabenkrähe und Nebelkrähe, zwei Unterarten ein und derselben Art, haben voneinander streng getrennte Brutgebiete. Nur in einem schmalen Kontaktstreifen (rote Linie), der sich quer durch Europa zieht, lassen sich beide Unterarten und auch ihre Hybriden nebeneinander beobachten.

Neben der Saatkrähe *Corvus frugilegus*, die vor allem als Wintergast auffällt, kommen in Wien zwei Unterarten der Aaskrähe vor, die völlig schwarze Rabenkrähe *Corvus corvus corone* und die durch das graue Körpergefieder unverwechselbare Nebelkrähe *C. corvus cornix*. Manchmal sieht man gemischte Paare, die sich auch erfolgreich fortpflanzen können. Ihre Hybrid-Nachkommen sind am Gefieder zu erkennen, das Merkmale beider Eltern zeigt. Die Überschneidungszone der Verbreitungsgebiete von Raben- und Nebelkrähe, in der auch die Hybriden auftreten, läuft in einem schmalen, über 2.000 Kilometer langen Band quer durch Europa und ist erstaunlich beständig. Jüngste Untersuchungen haben gezeigt, dass die Hybriden beim Nahrungserwerb besser an ihren Lebensraum angepasst sind und damit einen gewissen Vorteil gegenüber ihren Eltern haben, denen sie allerdings hinsichtlich der Reproduktion unterlegen sind. Dies könnte erklären, warum die schmale Hybridisationszone einerseits stabil bestehen bleibt, sich aber andererseits nicht weiter ausdehnen kann.

Auch andere Hybridzonen laufen durch den Raum von Wien und dokumentieren seine Grenzlage: In den Donauauen leben Rotbauchunke und Donaukammmolch, im Wienerwald Gelbbauchunke und Alpenkammmolch. Die jeweils nahe verwandten Arten unterscheiden sich deutlich in ihren ökologischen Ansprüchen und Anpassungen, lassen sich aber noch kreuzen. Die Lebensräume, in denen das Auftreten von Hybriden zu erwarten wäre, etwa am Krottenbach im 19. Bezirk, sind durch die Verbauung des Stadtgebiets heute weitgehend verschwunden. Mit genetischen Methoden lassen sich aber auf beiden Seiten der Kontaktzone Spuren früherer Hybridisierung nachweisen. ***Günter Gollmann***

Biodiversität und Mensch: von der Jungsteinzeit zur Gegenwart

Früher und später Artenzuwachs

Die Arealgrenzen von Pflanzen, Pilzen und Tieren sind nicht für alle Zeiten festgelegt, sie verändern sich laufend. Ausbreitungsvorgänge sind allerdings nur innerhalb der ökologischen Leistungsfähigkeit der Arten möglich. Es gibt natürliche Arealveränderungen, die ohne menschliche Beteiligung vonstatten gehen, und solche, die vom Menschen verursacht werden. Letztere können dabei entweder direkt durch Freisetzung, Einschleppung oder Flucht aus der Gefangenschaft oder durch indirekten menschlichen Einfluss wie die Veränderung von Lebensräumen und Klimafaktoren bedingt sein. All das ist nicht immer klar unterscheidbar, nicht selten wirken mehrere Faktoren gemeinsam und oft bleiben die Auslöser von Arealerweiterungen auch unbekannt.

Mit dem Sesshaftwerden des Menschen, das für den Wiener Raum mit etwa 7.600 Jahren vor heute belegt ist, beginnt die anthropogene Veränderung der Landschaft durch Waldwirtschaft und Rodungen zur Gewinnung von Siedlungsraum und Ackerflächen. Mehrere Tausend Jahre dauert diese Wandlung der „Naturlandschaft" zu einer vom Menschen gemachten Kulturlandschaft nun schon an. Vor etwa 1.000 Jahren hat diese Entwicklung rasch an Intensität und Bedeutung zugenommen. Der Mensch trat zunehmend als Faktor im Ökosystem (→ Grafik S. 41) in Erscheinung und gestaltete die Umgebung nach seinen Bedürfnissen. Dabei wurden einige Tier- und Pflanzenarten als Kulturflüchter stark zurückgedrängt, sind ausgestorben oder wurden ausgerottet (→ S. 193). Andere konnten sich an die neuen Standortbedingungen anpassen und die neuen Habitate und Ressourcen erfolgreich nutzen. Manche von ihnen besiedeln als Kulturfolger heute sogar bevorzugt solche vom Menschen gemachten Lebensräume. Ihnen bieten die Stadt und das unmittelbare Umland mit dem hier hohen Ressourcenangebot und günstigen Mikroklima besonders geeignete Bedingungen. Unter diesen Kulturfolgern gibt es einige, die im Raum von Wien schon lange vor dem Menschen heimisch waren, sich später aber an die neuen, vom Menschen geschaffenen Lebensräume angepasst haben, wie etwa die Amsel. Die Mehrzahl der Kulturfolger ist aber erst unter dem Einfluss des Menschen früher oder später hier eingewandert.

Nach der „Entdeckung" der Neuen Welt im Jahr 1492 wurde binnen kurzer Zeit ein weltumspannendes Verkehrsnetz geknüpft, über das Waren und Lebewesen ausgetauscht wurden. Der Mensch hat aber auch schon davor aktiv die Verbreitung von manchen Organismen gefördert. So wurden bei der nacheiszeitlichen Besiedlung Europas zusammen mit domestizierten Tieren (Haustieren) und Pflanzen (Kulturpflanzen) unbeabsichtigt auch wildlebende Pflanzen und Tiere in die neu besiedelten Gebiete gebracht. Solche Arten, die sich im Gefolge des Menschen vor dem Beginn der Neuzeit ein neues Gebiet erschlossen haben, nennt man Archäobiota und stellt

Was sind Aliens?

Dieser englische Ausdruck steht im Deutschen meist für außerirdische Wesen, wird aber heute vielfach auch für Archäobiota und besonders für Neobiota verwendet. Diese Arten stellen eine Bereicherung, teilweise aber auch eine Bedrohung der Biodiversität dar. Während manche Archäobiota auf der Roten Liste (→ Kasten S. 194) stehen, gelten Neobiota als zweitwichtigste Ursache für den globalen Artenverlust, weil sie einheimische konkurrenzschwache Arten verdrängen. Jedenfalls sind Aliens eindrückliche Belege für die nachhaltige, vielfach unbeabsichtigte Einwirkung des Menschen auf die Umwelt. Entscheidend für die heimischen Ökosysteme ist auch, ob solche Neobiota, also „neu" eingewanderte Pflanzen (Neophyten), Pilze (Neomyzeten) und Tiere (Neozoen), in unserer Landschaft als „Unbeständige" bloß kurzfristig und vorübergehend auftreten oder ob sie sich einbürgern, das heißt dauerhafte Populationen aus fortpflanzungsfähigen Individuen bilden. ***Wolfgang Rabitsch***

2002 ist die – mittlerweile vergriffene – Studie „Neobiota in Österreich" erschienen. Darin wird erstmals ein Inventar aller gebietsfremden Pflanzen, Pilze und Tiere Österreichs vorgelegt. Unter www.umweltbundesamt.at kann die Studie gratis heruntergeladen werden.

sie den Neobiota gegenüber, die erst nach 1492, unter direkter oder indirekter Mithilfe des Menschen in ein neues Gebiet gelangt sind. Für alle diese „neuen" Arten, vor allem aber für die Neobiota, wird – besonders in der englischsprachigen Literatur – auch der Ausdruck „aliens" gebraucht.

Archäobiota

Im Einzelnen werden die Archäophyten, wie man die Pflanzen unter den Archäobiota nennt, wohl durch einige Jahrtausende hindurch in mehreren Schüben nach Mitteleuropa gelangt sein, wobei sowohl spontane Einwanderung in die neu entstandenen Lebensräume als auch aktiver Transport von Früchten und Samen durch Handel und wandernde Bevölkerungsgruppen samt ihren Haustieren anzunehmen ist. Eine kürzlich publizierte Studie über 84 wichtige Archäophyten der Siedlungsflora im westlichen Mitteleuropa nennt Nachweise für 56 Arten aus der Jungsteinzeit, für neun aus der Bronzezeit, für zwölf aus der Eisenzeit und für sieben Arten aus der Römerzeit. Zu den Archäophyten zählen viele der Ackerbegleitarten, die mit dem Ackerbau aus dem mediterranen Raum und aus Südwestasien nach Mitteleuropa gelangt sind. Dazu gehören etwa Kornrade *Agrostemma githago,* Kornblume *Cyanus segetum* und Sommer-Adonisröschen *Adonis aestivalis.* Beim weit verbreiteten Weiß-Gänsefuß *Chenopodium album* nehmen manche Botaniker an, dass er in Österreich zu den Archäophyten zählt, während andere ihn für eine ureinheimische Sippe der Annuellenfluren in den Auen halten. Einige dieser Pflanzenarten sind durch die

1

2

1 Die Kornrade ist durch intensiven Ackerbau sehr selten geworden.

2 Die Kornblume war ehemals eines der häufigsten Beikräuter in Getreidefeldern – heute verleiht sie nur mehr vereinzelt Feldern blaue Farbtupfen.

Intensivierung der Landwirtschaft in den letzten Jahrzehnten stark zurückgegangen und finden sich heute in den Roten Listen gefährdeter Arten.

Wie groß ist nun der Anteil dieser Alteinwanderer an der heimischen Flora? Eine Gesamtschätzung gibt es bisher weder für Wien noch für Österreich oder Mitteleuropa. Für das klimatisch mit Wien vergleichbare Berlin wurden von den 1.432 dort wildwachsenden Arten der Farn- und Blütenpflanzen 167, das sind knapp zwölf Prozent, als Archäophyten eingestuft. In der Flora der Tschechischen Republik gelten 332 Arten als Archäophyten, ihnen stehen 1.046 Neophyten (einschließlich der Unbeständigen) und 2.754 ureinheimische oder indigene Arten gegenüber. Im pannonischen Raum und damit in Wien könnten wegen der hier vermutlich offeneren, waldsteppenartigen Urlandschaft manche Arten, die weiter westlich und nördlich erst im Gefolge von Ackerbau, Viehhaltung und Dauersiedlung eingewandert sind, schon vorher heimisch gewesen sein. Andererseits ist auch bei einigen für das Pannonikum charakteristischen Trockenrasenarten unsicher, ob sie nicht erst im Zusammenhang mit Viehhaltung und Weidewirtschaft eingewandert und somit zu den Archäophyten zu rechnen sind.

Auch im gedüngten Grünland spielen Archäophyten eine wichtige Rolle. Dieser heute weit verbreitete Vegetationstyp ist erst unter dem Einfluss des Menschen entstanden. Die Arten der Fettwiesen und Fettweiden stammen teilweise von nährstoffreichen Offenland-Standorten, die in der mitteleuropäischen Naturlandschaft ursprünglich nur kleinflächig vorkamen. Solche waren etwa Röhrichte, Hochstaudenfluren und Naturwiesen im Flussbereich sowie subalpine Hochstaudenfluren und Lawinengassen. Ein Teil der Arten ist erst durch Allopolyploidisierung, also durch Hybridisierung aus nahe verwandten Elternarten zusammen mit Polyploidisierung, entstanden (→ Kasten S. 295). Solche Arten sind als Archäophyten zu werten, wenn ihre Entstehung mit der Tätigkeit des Menschen zusammenhängt – etwa dann, wenn erst Lebensraumveränderungen die Elternarten miteinander in Kontakt gebracht haben, eine Voraussetzung für jede Hybridisierung. Ein Beispiel für eine unter dem Einfluss des Menschen entstandene allopolyploide Art ist die Gewöhnliche Vogel-Sternmiere *Stellaria media,* die aus den beiden in Mitteleuropa ebenfalls vorkommenden, aber viel selteneren diploiden Elternarten Bleiche Vogel-Sternmiere *Stellaria pallida* und Großblütige Vogel-Sternmiere *Stellaria neglecta* entstanden ist. Auch für das Gewöhnliche Hirtentäschel *Capsella bursa-pastoris* wird eine hybridogene Artentstehung unter dem Einfluss des Menschen vermutet. Andere Arten, wie der Glatthafer *Arrhenatherum elatius,* die Leitart der Fettwiesen der Tieflagen, und die Gewöhnliche Wegwarte *Cichorium intybus* sind vermutlich im Gefolge des Menschen aus dem Süden und Osten nach Mitteleuropa eingewandert.

Zu den Archäozoen, das sind die Tiere unter den Archäobiota, zählen vor allem Arten, die im Gefolge des Menschen leben, wie Heimchen *Acheta domestica,* Hausratte

Unter Einfluss des Menschen entstanden ist die in Wien sehr häufige, allopolyploide Gewöhnliche Vogel-Sternmiere *Stellaria media* (1), während die beiden Eltern, *Stellaria neglecta* (2) und *Stellaria pallida* (3), weitaus seltener sind.

1

2

3

Die Hausratte ist mit einer Kopf-Rumpf-Länge von rund 18 cm etwas kleiner als die Wanderratte. Der drehrunde, nackte Schwanz übertrifft die Körperlänge.

Rattus rattus und Östliche Hausmaus *Mus musculus.* Die Hausratte stammt aus dem südlichen Indien. Ihre Ausbreitung in Mitteleuropa erfolgte vom Mediterranraum ausgehend vermutlich mit der Expansion des Römischen Reiches. Der Erstfund in Österreich auf dem Magdalensberg in Kärnten datiert aus der Zeit um Christi Geburt. Die archäozoologischen Funde der Hausratte lassen sogar eine enge Bindung an das römische Fernstraßennetz erkennen. Nachdem ihre Populationen im frühen Mittelalter weitgehend verschwunden waren, erfolgte im Spätmittelalter und in der frühen Neuzeit eine Wiederbesiedlung Europas. Heute ist die Hausratte als Kulturfolger fast weltweit verbreitet. In Europa wird sie jedoch immer seltener und gilt in Österreich sogar als vom Aussterben bedroht. Diese unerwartete Entwicklung ist offenbar durch Änderungen in der Vorratshaltung, eine effizientere Schädlingsbekämpfung und durch Konkurrenz mit der ihr überlegenen Wanderratte bedingt, die als Neozoon im 18. Jahrhundert nach Österreich kam und sich überall rasch vermehrte.

Der ursprüngliche Lebensraum der Östlichen Hausmaus *Mus musculus* waren die ausgedehnten Steppen und Halbsteppen im Gebiet zwischen Iran und Nordindien. Die enge Bindung an den Menschen ist infolge des beginnenden Ackerbaus und der neolithischen Revolution entstanden und hat schließlich zur Besiedlung Europas und Asiens sowie zur Verschleppung in die Neue Welt geführt. In Österreich kommt die Östliche Hausmaus *Mus musculus* vermutlich seit der mittleren Bronzezeit vor; spätestens seit der Römerzeit hat sie sich bis in den Westen Tirols ausgebreitet. Noch weiter im Westen wird sie durch die Westliche Hausmaus *Mus domesticus* abgelöst. In Wien ist die Hausmaus sowohl innerhalb als auch außerhalb von Gebäuden häufig anzutreffen und kann vom nächtlichen Stadtbummler an den verschiedensten Stellen, etwa auf den Gleiskörpern in U-Bahn-Stationen, beobachtet werden.

Auch lange nach der neolithischen Revolution, also in historischer Zeit, hat der Mensch zahllose Eingriffe in die Vegetation Mitteleuropas gesetzt, die auch Änderungen in Flora und Fauna mit sich brachten. Sehr wichtig für den Wiener Raum war die Einbringung mediterraner Kulturpflanzen im Gefolge der Ausweitung des Weinbaus nach Norden. Erwähnt seien diesbezüglich der für die Weinbereitung wichtige Speierling *Sorbus domestica* und die Edelkastanie *Castanea sativa,* die heute stellenweise eingebürgert sind und wie Einheimische wirken. Insbesondere Burgen und Klöster waren Ausgangspunkte für das Eindringen neuer Pflanzen- und Tierarten. Klein-Immergrün *Vinca minor* und März-Veilchen *Viola odorata* sind Arten, die möglicher-

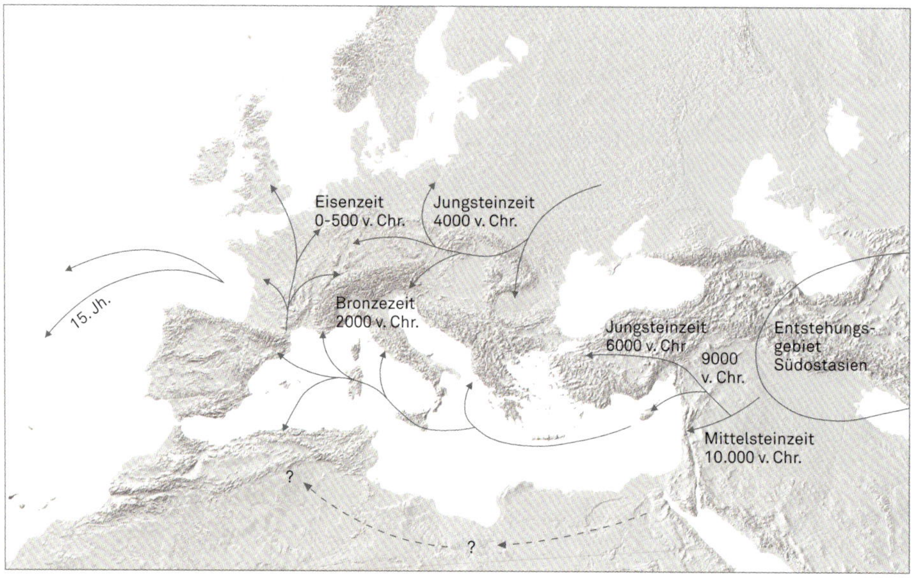

Die Verbreitungsgeschichte der Hausmaus, wie sie durch Knochenfunde dokumentiert ist. Seit der Jungsteinzeit lebt sie in enger Bindung an den Menschen und seine Getreidevorräte und hat, ausgehend von ihrem Ursprungsgebiet, spätestens um Christi Geburt den letzten Winkel Europas und im 15. Jahrhundert auf dem Seeweg auch Amerika erreicht.

weise in Mitteleuropa ursprünglich nicht vorhanden waren, sondern erst aus Klostergärten in die freie Natur eingewandert sind.

Neobiota

Hatte es sich während der Jahrtausende bis zur Entdeckung Amerikas im Wesentlichen um landgebundene Ausweitungen von Pflanzen- und Tier-Arealen innerhalb West-Eurasiens gehandelt, so bot der zu Beginn der Neuzeit einsetzende Schiffsverkehr plötzlich auch Arten aus fernen Weltteilen die Möglichkeit, trennende Ozeane oder klimatisch ungeeignete Erdräume zu überwinden. Dies geschah, oft unbeabsichtigt vom Menschen, in Frachtgütern, im Verpackungsmaterial, an Kleidung und anderen Gegenständen haftend und mit Schiffsballast, aber auch durch beabsichtigte Einfuhr, Kultur und Haltung und anschließende Verwilderung oder Freisetzung. Dabei blieb die Zahl der nach Europa gelangten Arten bis zur Mitte des 19. Jahrhunderts noch bescheiden. Dann aber setzte die technisch industrielle Revolution kräftige neue Impulse und der Zustrom von Neubürgern steigerte sich dramatisch. Die Ursachen dafür liegen sowohl in den stark verbesserten Ausbreitungsmöglichkeiten durch den intensivierten Verkehr als auch in der Zunahme von für Neuansiedler besonders geeigneten Lebensräumen, wie sie gerade in Städten auftreten.

Gelegentlich verursachen Neobiota tief greifende Veränderungen im Ökosystem. So breiten sich einige der Neobiota neuerdings in naturnahen Lebensräumen so stark aus, dass sie die heimische Flora und Fauna bedrohen: Dazu gehören Drüsen-Springkraut *Impatiens glandulifera,* Japan-Staudenknöterich *Fallopia japonica,* Spanische Wegschnecke *Arion vulgaris* (→ S. 189), Signalkrebs *Pacifastacus leniusculus* und Körbchenmuschel *Corbicula fluminea.* Einige Arten gefährden dabei sogar die menschliche Gesundheit, wie das bei Allergikern gefürchtete Traubenkraut *Ambrosia artemisiifolia* und die phototoxische Riesen-Bärenklau *Heracleum mantegazzianum* (→ Bild S. 161), deren Inhaltstoffe bei Sonneneinstrahlung heftige Hautreizungen hervorrufen können.

Aus ökologischer Sicht ist die Frage bedeutsam, ob diese Neubürger als Kulturfolger auf anthropogene Pflanzengesellschaften wie Waldschläge, Äcker und Ruderalfluren

1

2

3

4

1 Das erst seit wenigen Jahrzehnten in der Wiener Umgebung häufig zu findende Drüsen-Springkraut *Impatiens glandulifera* bildet große, zur Blütezeit attraktive Bestände. In den Donauauen sind diese aus Sicht des Naturschutzes jedoch weniger willkommen.

2 Der Japan-Staudenknöterich *Fallopia japonica* gehört zu den wuchskräftigsten neophytischen Hochstauden. Er vermag durch vegetative Vermehrung stark schattende Bestände aufzubauen.

3 Der aus Nordamerika stammende Signalkrebs wurde aus wirtschaftlichen Motiven nach Europa importiert, konnte die Erwartungen aber nicht erfüllen. Als Überträger der Krebspest wirkt er sich heute sehr negativ auf heimische Flusskrebsarten aus.

4 Das Traubenkraut *Ambrosia artemisiifolia* ist bei Pollen-Allergikern gefürchtet. Die wärmeliebende Art breitet sich in den letzten Jahren im Wiener Raum zunehmend aus.

Kulturrelikt und zugleich „neuheimisch“ ist die hauptsächlich im Mittelmeergebiet und im ozeanischen Westeuropa verbreitete Stink-Nieswurz *Helleborus foetidus*, eine Verwandte der Schneerose, die sich von ihr in Wuchsform, Laubblattgestalt und Blütenfarbe stark unterscheidet. Sie ist bei uns wohl aus Gärten entsprungen und hat zum Beispiel in den Laubwäldern des Kahlenberggipfels eine neue Heimat gefunden. Blütezeit: Vorfrühling

beschränkt bleiben oder als „Neuheimische“ in naturnahe Biozönosen eindringen. Eine wichtige Gruppe sind jene Arten, die als Nutz- oder Zierpflanzen absichtlich zu uns gebracht worden sind und später verwilderten. Zu Letzteren gehören etwa die ehemaligen Farbstofflieferanten Färber-Waid *Isatis tinctoria* und Färber-Wau *Reseda luteola* sowie viele verwilderte ehemalige Zierpflanzen, etwa die in Nordamerika heimische Lanzett-Herbstaster *Symphyotrichum lanceolatum (= Aster lanceolatus)*, und Bienenfutterpflanzen wie die gleichfalls nordamerikanische Riesen-Goldrute *Solidago gigantea,* die ursprünglich von Imkern angesalbt (in freier Natur ausgebracht) worden ist. Generell sind die ökologisch wenig spezialisierten Arten unter den Neuankömmlingen meist diejenigen, denen es am ehesten gelingt, dauerhafte Populationen aufzubauen. Viele Neuankömmlinge bleiben aber „Unbeständige“, weil sie es nicht schaffen, sich in der neuen Umgebung wirklich einzubürgern.

Städte sind als Ballungs- und Handelszentren oftmals Ausgangspunkt der Ausbreitung von Neobiota. Folglich ist der Anteil der Neophyten an der Flora der Stadt Wien höher als an der Gesamtflora von ganz Österreich. Insgesamt sind von den rund 2.200 Farn- und Blütenpflanzen Wiens 1.520 Arten heimisch oder alteingebürgert (Archäophyten). Rund 130 Arten gelten als etablierte Neophyten und knapp 500 weitere als Unbeständige. Diese letzte Gruppe setzt sich aus ungefähr 200 eingeschleppten und 300 aus Kultur verwilderten Arten zusammen.

Bevorzugt an Ruderalstandorten, auch im verbauten Stadtbereich, findet man die nordamerikanische Beifuß-Ambrosie *Ambrosia artemisiifolia,* oft auch Traubenkraut oder mit ihrem amerikanischen Namen „ragweed“ genannt. Die windbestäubte einjährige Pflanze produziert massenhaft Pollen, der zu den stärksten Allergie-Auslösern zählt. Die Art wurde aus Nordamerika mit Vogelfutter eingeschleppt, blüht sehr spät im Jahr und konnte früher bei uns ihre Samen nicht ausreifen. Möglicherweise ist der immer länger werdende Spätherbst daran beteiligt oder die Anpassungsfähigkeit dieser Pflanzenart, sie breitet sich jedenfalls im pannonischen Gebiet und damit auch in Wien seit den 1980er-Jahren immer stärker aus. Gleichfalls einjährig ist das Drüsen-Springkraut *Impatiens glandulifera.* Es stammt aus dem westlichen Himalaja und wurde seit der zweiten Hälfte des 19. Jahrhunderts in Österreich in Gärten wegen seiner attraktiven Blüten und des Nektarreichtums als Bienennährpflanze kultiviert und wohl auch angesalbt. Der erste Nachweis von Verwilderungen stammt vom Weidlingbach nahe Wien, wo die Art 1898 festgestellt wurde. Nach einigen Jahrzehnten, in denen nur wenige weitere Vorkommen bekannt wurden, häuften sich die Funde etwa ab 1950. Heute tritt diese hochwüchsige Pflanze – eine Sommerannuelle, die erst im April keimt! – in feuchten Auwäldern und an Bachufern an manchen Stellen massenhaft in Erscheinung.

Zu den auffallendsten strauchigen Neophyten zählt der aus China und Tibet stammende Sommerflieder *Buddleja davidii,* ein mit dem Flieder nicht näher verwandter Zierstrauch, der in vielen Gärten angepflanzt wurde und in zunehmendem Ausmaß verwildert. Erstmals beobachtet wurden solche Vorkommen in Österreich um die Mitte des 20. Jahrhunderts. Seither hat sich die Art in warmen Lagen auf schotterigen, offenen, ruderalen Standorten eingebürgert. Demgemäß tritt der Sommerflieder in Wien etwa auf Schotterkörpern entlang der U-Bahn- und S-Bahnlinien, aber auch in Schottergruben und ruderalen Gebüschen verwildert auf. Zur Blütezeit im Hochsommer ist er eine attraktive Nektarquelle für Insekten, vor allem für große Schmetterlinge wie Schwalbenschwanz, Segelfalter, Kaisermantel, Tagpfauenauge und andere. Die Beliebtheit bei den Schmetterlingen war und ist ein wichtiger Grund, diese Art anzupflanzen, sie wird deshalb auch Schmetterlingsstrauch genannt. Ein anderer, erst seit jüngster Zeit verwildernder Zierstrauch ist die in Nordamerika beheimatete

Der Sommerflieder stammt aus China und wurde Ende des 19. Jahrhunderts als Zierstrauch nach Europa eingeführt. Die attraktiven Blütenstände werden wegen ihres Nektarreichtums besonders gern von Schmetterlingen aufgesucht.

Mahonie *Mahonia aquifolium,* die bemerkenswerterweise nicht auf städtischen Ruderalflächen, sondern im Wienerwald dabei ist, sich in naturnaher Waldvegetation einzubürgern. In Wien lassen sich drei hochwüchsige Staudenknöteriche beobachten, vor allem *Fallopia japonica,* selten auch *F. ×bohemica* und *F. sachalinensis.* Sie wurden ursprünglich vielfach zur Uferbefestigung angepflanzt und bilden heute dichte Bestände an Ufern, in feuchten Hochstaudenfluren und in lichten Auwäldern. An solchen Standorten verdrängen sie mehr und mehr die heimischen Pflanzenarten. Damit werden auch die auf letztere angewiesenen pflanzenfressenden Insekten und zuletzt auch die von ihnen lebenden Räuber immer seltener: So wird der ganze Lebensraum in seiner Struktur und Artengarnitur allmählich völlig umgestaltet.

Ein weit verbreiteter Neophyt unter den Bäumen ist die nordamerikanische Robinie *Robinia pseudacacia,* die vor rund 400 Jahren nach Europa importiert wurde. Von den drei ersten Exemplaren befindet sich die älteste noch lebende Robinie Europas in Wien (jene von Paris und Leipzig sind bereits zugrunde gegangen). Sie wurde, vermutlich von Kaiser Leopold I., im Theresianum gepflanzt, wo sie, trotz ihres schlechten Zustandes, heute noch immer erhalten und gepflegt wird. Die Robinie – meist fälschlich Akazie (wienerisch: „Agazibaam") genannt – wurde nicht nur in der Stadt als raschwüchsiger und zur Blütezeit duftender Zierbaum und als Bienenweide gepflanzt, sondern teilweise auch aufgeforstet und hat sich in trockenen Wäldern und sogar in Trockenrasen Ostösterreichs eingebürgert. Dies hat schwerwiegende Folgen für die ursprüngliche Vegetation: Denn die Robinien bilden, ebenso wie andere Hülsenfrüchtler *(Fabaceae),* in ihren Wurzelknöllchen eine Symbiose mit Luftstickstoff-fixierenden Bakterien (Rhizobien), reichern so den Boden stark mit Stickstoff an und verändern damit die Bodenchemie des Standorts nachhaltig. Dadurch kommt es zur Ausbildung einer eigenen, stark eutrophen Forstgesellschaft, in deren Unterwuchs Ruderalarten und Stickstoffzeiger dominieren und die ursprüngliche Flora völlig verdrängen (→ S. 432).

In der Regel werden die Feinde, etwa Pflanzenfresser, Räuber und Parasiten, einer gebietsfremden Art nicht mit dieser zusammen verschleppt. Dies gilt als eine (von mehreren) Ursachen, warum sich gebietsfremde Arten in ihrem neuen Areal besonders erfolgreich ausbreiten können: Es fehlen die natürlichen Feinde, die den Bestand der Art im heimischen Areal regulieren. Manchmal folgen diese Feind-Arten jedoch nach, meist mit einer mehr oder weniger langen Verzögerung, oder sie werden sogar vom Menschen im Sinne einer biologischen Schädlingskontrolle gezielt nachimportiert und gefördert. Eines der bekanntesten Beispiele für ein Neozoon, das später einem Neophyten gefolgt ist, stellt die Rosskastanien-Miniermotte dar; sie verursacht seit einigen Jahren Schäden an der Rosskastanie (→ Kasten S. 187).

Ein weiteres Beispiel für den Zusammenhang von Neophyt und Neozoon bilden Götterbaum und Ailanthusspinner. Der aus Süd- und Ostasien stammende Götterbaum

Blühende Robinie Ende Mai. Diese Baumart ist für viele Trockenlebensräume Ostösterreichs eine Bedrohung!

Die aus Nordamerika stammende Rotkelch-Nachtkerze *Oenothera glazioviana* wird häufig als Zierpflanze kultiviert und verwildert in Wien regelmäßig.

Der Götterbaum wächst selbst in den kleinsten Pflasterritzen. Ein eindrucksvolles Exemplar, an dem auch der Ailanthusspinner lebt, findet sich am Stephansdom beim Aufgang zum Südturm.

Ailanthus altissima wurde vermutlich 1571 erstmals in Europa angepflanzt. Die Art hat sehr große, dekorative Fiederblätter, gelbe, charakteristisch riechende Blüten und interessante Doppelflügelfrüchte. Seit etwa 1850 wird der Götterbaum auch in Österreich als Zierbaum kultiviert. Die Anpflanzung als Alleebaum auf der Ringstraße erwies sich aber als Fehlschlag: Davon war bis vor Kurzem nur noch ein einziges Individuum als Naturdenkmal übrig geblieben, das allerdings jüngst aus Sicherheitsgründen gefällt werden musste. Der Götterbaum konnte sich nach dem Zweiten Weltkrieg auf den großen Trümmerschuttflächen der zerbombten Städte und auch sonst an trocken-warmen Standorten erfolgreich etablieren. Aus Sicht des Naturschutzes ist der Götterbaum in naturnahen Habitaten, insbesondere in Trockenrasen, wegen seiner Schnellwüchsigkeit und hohen Vermehrungsrate als problematisch anzusehen.

Am Götterbaum leben die Raupen des Ailanthusspinners *Samia cynthia walkeri*. Dieser auffallende, große, nachtaktive Schmetterling mit einer Flügelspannweite von bis zu 15 cm wurde Mitte des 19. Jahrhunderts zur Seidenproduktion aus China nach Europa importiert. Nachdem dieser wenig rentable Wirtschaftszweig wieder eingestellt worden war, haben Schmetterlingsliebhaber wiederholt einzelne Tiere ausgesetzt. Die ersten Fundmeldungen für Wien stammen aus dem Jahr 1905 (Prater, Landstraße). Die Raupen des Falters fressen bei uns ausschließlich an den Blättern des Götterbaumes und sind dadurch an dessen Vorkommen gebunden. Sie benötigen zu ihrer Entwicklung jedoch auch ausreichend hohe Temperaturen, wodurch sie in Wien weitgehend auf das innere Stadtgebiet mit seinem wärmeren Klima beschränkt sind. Der Ailanthusspinner ist somit ein richtiger Wiener Stadtbürger geworden.

Zahlreiche weitere Insektenarten wurden durch die Tätigkeiten des Menschen nach Wien verschleppt, nur wenige breiten sich aber so stark aus, dass sie, wie etwa die Rosskastanienminiermotte, auch einer breiteren Öffentlichkeit auffallen. Ein Beispiel ist der seit 2006 in Wien auftretende Asiatische Marienkäfer *Harmonia axyridis* (→ Bild S. 188). Der aus Asien stammende, sehr variabel gezeichnete Käfer wurde zur Bekämpfung von Blattläusen im Unterglasanbau in mehreren Ländern in Westeuropa eingesetzt. Er entkam aber ins Freiland und breitet sich seither in ganz Europa aus. Da er konkurrenzstärker ist als die heimischen Marienkäferarten, verdrängt er diese

Der Ailanthusspinner kommt nur am Götterbaum in den inneren Wiener Bezirken vor.

Rosskastanie und Rosskastanienminiermotte

Unscheinbar und nur etwa fünf Millimeter groß ist die Rosskastanienminiermotte.
Die Auswirkungen der Larven, die in den Blättern minieren, sind jedoch nicht zu übersehen.

Über den Hofbotaniker Carolus Clusius gelangte im 16. Jahrhundert die in Bergschluchtwäldern der mittleren Balkanhalbinsel (Serbien bis Nord-Griechenland) heimische Weiße Rosskastanie *Aesculus hippocastanum* an den Wiener Hof. Mittlerweile gibt es rund 20.000 Rosskastanienbäume in Wien. Dadurch ist dieser häufig gepflanzte Zier- und Alleebaum auch von stadtökologischer Bedeutung. Mitte der 1980er-Jahre wurde am Ohrid-See in Mazedonien ein der Wissenschaft bis dahin unbekannter Schmetterling entdeckt, die Rosskastanienminiermotte *Cameraria ohridella*. Seit 1989 kommt die Art als Neozoon auch in Österreich vor. Der kleine, metallisch braun glänzende Schmetterling besitzt fransenartige Flügel, die seine passive Ausbreitung durch Windverdriftung ermöglichen. Dadurch und aufgrund der hohen Fortpflanzungsrate (bis zu drei Generationen pro Jahr!) konnte diese Motte ihr Areal in kurzer Zeit über weite Teile Europas ausdehnen. Dabei hat auch die Verschleppung entlang von Verkehrsrouten eine wichtige Rolle gespielt. Die Larven der Rosskastanienminiermotte fressen – wie bei den meisten Miniermotten üblich – im Blattgewebe der Wirtspflanzen, wodurch von außen braune Gänge, die sogenannten Minen, sichtbar werden. Die Puppen überwintern in der Laubstreu, daraus schlüpfen, je nach Witterung ab Mitte April bis Anfang Mai, die ersten Schmetterlinge. Sie versammeln sich in großen Mengen zur Kopula an den Stämmen und unteren Ästen der Rosskastanienbäume. Wenige Tage später erfolgt im unteren Kronenbereich der Bäume die Eiablage an der Oberseite der Blätter, mit Vorliebe an den Blattnerven. In den folgenden Monaten werden noch weitere zwei bis drei Generationen durchlaufen.

Die Auswirkungen des Befalls sind in Parks und Alleen Jahr für Jahr sichtbar. Schon im Frühsommer beginnen sich die Blätter der Rosskastanienbäume braun zu verfärben, der Laubfall setzt bereits im August ein und Ende September sind die Bäume oft bereits völlig kahl. In der Stadt, vor allem entlang von Straßen, kommen weitere Stressfaktoren wie Salz, Trockenheit und Luftschadstoffe hinzu, die den Bäumen stark zusetzen und diesen Prozess noch beschleunigen können.

Wenn die Folgen des Miniermottenbefalls auch ins Auge fallen, so ist doch nachweislich allein durch die Miniermotte bis heute noch kein Rosskastanienbaum abgestorben. Eine sehr wichtige Bekämpfungsmaßnahme ist die Laubentfernung im Herbst. Durch entsprechende Kompostierung des Laubs werden die Puppen abgetötet, was die Ausgangspopulation der Motte im Frühling deutlich reduziert. An „stadtbildrelevanten" Plätzen wie in der Prater-Hauptallee und beim Lusthaus werden die Motten darüber hinaus auch chemisch mit einem Entwicklungshemmer bekämpft. Heimische, unspezialisierte parasitische Schlupfwespen – die zur „biologischen Bekämpfung" nützlich wären – haben bisher noch keinen entscheidenden Einfluss auf die Populationsentwicklung der Rosskastanienminiermotte gehabt.

Wolfgang Rabitsch

zunehmend. Ein anderes Beispiel ist die seit 2005 in Wien vorkommende Amerikanische Kiefern-Randwanze *Leptoglossus occidentalis* (→ Bild S. 188). Die aus Nordamerika stammende Wanze wurde vermutlich mit Zierkoniferen zunächst nach Norditalien eingeschleppt, von wo sie sich über ganz Europa ausgebreitet hat. Sie lebt an verschiedenen Nadelbäumen und dringt im Herbst auf der Suche nach einem Winterquartier in oft großer Zahl in Wohnungen ein, wo sie lästig werden kann.

In den letzten Jahrzehnten hat die Wespenspinne *Argiope bruennichi* ihr Areal nach Norden erweitert. Diese große Radnetzspinne, an dem schwarz-gelb gezeichneten Hinterleib leicht zu erkennen, stammt aus einem Gebiet, das Südeuropa einschließlich der Alpensüdseite umfasst. Seit etwa 1930 hat sie sich über weite Teile Mitteleuropas ausgebreitet und ist seit einigen Jahren auch aus allen Bundesländern Österreichs bekannt. In Wien wurde die laut Wiener Naturschutzverordnung streng

1 Der Asiatische Marienkäfer tritt in sehr unterschiedlichen Farbvarianten auf: Es gibt schwarze Exemplare mit zwei oder vier roten Punkten, aber auch orange Tiere mit null bis 19 schwarzen Punkten.

2 Wegen ihrer Körpergröß (rund 2 cm) und den blattartig verbreiterten Hinterschenkeln ist die aus Nordamerika stammende Kiefern-Randwanze nicht mit heimischen Wanzenarten zu verwechseln.

Das Netz der Wespenspinne wird in den unteren Bereichen der Krautschicht gebaut und ist durch senkrechte, zickzackförmige Fäden leicht zu erkennen. Diese sogenannten Stabilimente dienen vermutlich nicht der Stabilisierung des Netzes, sondern dem Beutefang, da sie UV-Licht reflektieren und so Insekten anlocken, die dann im Netz hängen bleiben. Die Weibchen können bis zu zwei Zentimeter groß werden.

Der Name Bisamratte ist irreführend, da es sich um keine Rattenart handelt. Sie zählt systematisch zu den Wühlmäusen. Mit rund 30 Zentimetern Kopf-Rumpf-Länge ist sie deren größter Vertreter. Ihren Namen verdankt die Bisamratte einem nach Moschus (Bisam) riechenden Sekret, das die Männchen abgeben.

geschützte Art erstmals 1950 gefunden. Die Wespenspinne besiedelt bevorzugt hochgrasige, trocken-warme bis feuchte Standorte; gemähte oder beweidete Wiesen werden gemieden. In den letzten Jahren haben die Häufigkeit und die Zahl der Fundorte dieser Spinne zugenommen. Inwieweit der Mensch zu dieser Arealerweiterung beigetragen hat, ist unklar; daher gilt die Art nicht als Neozoon.

Wegen des vermutlich fehlenden menschlichen Beitrages zur bemerkenswert raschen Ausbreitung nach Norden ebenfalls nicht zu den Neozoen zu rechnen sind zwei mediterrane Fledermausarten. Die Weißrandfledermaus *Pipistrellus kuhlii* zeigte sich in Österreich erstmals 1947 in Klagenfurt, erreichte spätestens 1987 Graz und vermehrt sich seit 1994 auch in Wien. Ganz ähnlich verlief die Ausbreitung der Alpenfledermaus *Hypsugo savii:* erster Nachweis 1985 in Klagenfurt, weitere Funde 1990 in der Steiermark und 1995 in Eisenstadt, schließlich seit 1996 drei Funde in Wien, die belegen, dass die Art in der Stadt schon überwintert und sich hier auch fortpflanzt. Für beide Arten werden die derzeit günstigen Klimabedingungen in Mitteleuropa, besonders die milderen Winter, für die Arealausweitung verantwortlich gemacht.

Die aus Nordamerika stammende Bisamratte *Ondatra zibethicus* wurde 1922 erstmals in Wien festgestellt. Die Tiere stammen vermutlich von fünf Exemplaren ab, die 1905 bei Prag zu jagdlichen Zwecken ausgesetzt wurden. Aus Pelzfarmen entkommene Tiere und bewusste Aussetzungen haben zu einem weiteren Bestandeszuwachs geführt. Heute ist die Bisamratte in allen Bundesländern an langsam fließenden und stehenden eutrophen Gewässern der Tallagen verbreitet. Ökologisch und ökonomisch problematisch wird sie dort, wo sie übermäßig Wasser- und Uferpflanzen abfrisst, die Muschelpopulationen dezimiert oder die Uferbefestigungen destabilisiert.

Im Türkenschanzpark brütet seit Anfang der 1970er-Jahre der Halsbandsittich *Psittacula krameri* (→ Bild S. 190) und auch der Mönchssittich *Myopsitta monachus* war vorübergehend Brutvogel in Wien. Papageien können in Mitteleuropa aber nur in Ausnahmesituationen und wenn sie gefüttert werden den Winter im Freiland überdauern und bleiben daher auf die Nähe menschlicher Siedlungen beschränkt. Im Raum von Wien etabliert hat sich auch die aus Ostasien stammende Mandarinente *Aix galericulata* (→ Bild S. 190). Die von der Ostküste Nordamerikas importierte Rotwangenschildkröte (→ Bild S. 190) wurde durch den Tierhandel beinahe weltweit verbreitet. In den Donauauen und in der Lobau finden sich ausgesetzte und entkommene Tiere, die mit der einheimischen Europäischen Sumpfschildkröte (→ S. 390) um Nahrung und Sonnplätze konkurrieren.

Die Donau hat durch Baumaßnahmen nicht nur äußerlich ein völlig neues Erscheinungsbild bekommen, auch ihre aquatische Tierwelt hat sich in den letzten Jahrzehnten markant verändert. Mit der Errichtung von Schifffahrtskanälen wurde eine durchgehende Verbindung zwischen dem Schwarzem Meer und der Nordsee hergestellt, die vielen Arten eine Arealerweiterung durch aktives Wandern, vor allem

Die Spanische Wegschnecke

Mit wenigen Neubürgern beschäftigen sich viele Wiener gezwungenermaßen so intensiv wie mit der durch ihre meist orange Farbe auffallenden Spanischen Wegschnecke *Arion vulgaris* (Synonym: *A. lusitanicus*). Am Beispiel dieses Tieres muss allen Gartenbesitzern klar werden, welchen verheerenden Einfluss ein Neuzuwanderer auf andere pflanzliche und tierische Lebewesen haben kann, wenn seine Bestände nicht mehr durch Feinde und andere natürliche Faktoren reguliert werden. Ob Blumen, Gewürzpflanzen, Gemüse oder herabgefallenes Obst, alles wird schon frühzeitig ein Opfer der scheinbar nimmermüden Raspelzungen. Auf diese Weise vergällt diese Nacktschnecke nicht nur den Gartenliebhabern die Freude an ihren Pflanzungen, sie ist auch ein übermächtiger Konkurrent für einheimische Schneckenarten und andere Kleinlebewesen. Lediglich in der Beseitigung der Hinterlassenschaft von Hunden entwickelt sie eine für uns positive Tätigkeit.

Tatsächlich ist diese Nacktschneckenart von ihrem Nahrungsspektrum her nicht bösartiger als andere – einheimische – Schneckenarten. Die meisten Schnecken sind Destruenten, das heißt, sie verwerten überwiegend totes organisches Material. In dieser Funktion spielen sie eine außerordentlich wichtige Rolle im Ökosystem. Und wer kein ungebildeter Naturfeind sein will, der sollte den einheimischen Schnecken ihren Platz in der Umwelt einräumen. Ihre Bestände werden von der Natur selbst reguliert. Anders verhält es sich mit der Spanischen Wegschnecke: Aus dem gleichen Grund, aus dem einheimische Schnecken **nicht** bekämpft werden sollten, **darf und soll** man diese Art dezimieren, nämlich um das natürliche Gleichgewicht im Ökosystem zu bewahren. Sie frisst zwar ebenfalls überwiegend welkes Pflanzenmaterial und sammelt sich daher sehr oft an Komposthaufen, wie andere Schnecken nimmt sie aber auch gerne stickstoffreiche, zarte Jungpflanzen auf. Tierische Biomasse besteht überwiegend aus stickstoffhältigem Eiweiß, pflanzliche überwiegend aus stickstofffreien Kohlenhydraten. Vor allem Jungpflanzen und gut gedüngte Pflanzen haben aber höhere Stickstoffgehalte und sind daher für Pflanzenfresser attraktiver, die den Stickstoff zum Aufbau ihrer eigenen Körpermasse hier leichter gewinnen können. Daran halten sich alle Schnecken, vor allem in „gepflegten" Gärten, in denen kaum welkes Pflanzenmaterial zu finden ist. Die außerordentliche Schadwirkung von *Arion vulgaris* beruht auf ihrer nahezu ungebremsten Vermehrung sowie ihrer ökologischen Robustheit, deretwegen sie viele verschiedene Lebensräume besiedeln kann.

Die ursprüngliche Heimat von *Arion vulgaris* ist Westeuropa (Spanien, Frankreich). Erste Nachweise außerhalb dieses natürlichen Verbreitungsgebietes lagen weit voneinander entfernt (Schweiz, Italien, Bulgarien) und stammen aus den 1950er- und 1960er-Jahren. Zwischen 1970 und 1990 folgten dann in kurzen Abständen fast alle Länder Europas. Auch in Österreich wurde sie zu dieser Zeit (1971) erstmals auffällig. Die Verbreitung erfolgte wohl vielfach passiv und unbeabsichtigt durch den Menschen, indem Eier und junge Schnecken über Humus und Wurzelballen größerer Pflanzen verfrachtet wurden.

Die im ausgestreckten Zustand bis zu 15 Zentimeter lange Nacktschnecke kommt in verschiedenen Farbspielarten von orange über hellbraun bis dunkelbraun vor.

Am selektivsten kann die Spanische Wegschnecke durch Absammeln zeitig am Morgen und knapp vor der Abenddämmerung bekämpft werden. Diese Prozedur muss allerdings über längere Zeit wiederholt werden, soll der Fraßdruck spürbar verringert werden. Die gesammelten Tiere müssen durch Spatenstich oder Überbrühen mit kochendem Wasser getötet werden. Viele Wiener schwören auch auf Bierfallen, doch sind diese wenig selektiv und ziehen auch andere Schneckenarten an. Wer Chemikalien gegen Schnecken einsetzt, sollte sich dessen bewusst sein, dass er damit nicht nur Kleinkinder und Haustiere gefährdet, sondern auch der Natur mehr Schaden zufügt, als es die Spanische Wegschnecke je vermag.

Karl Mazzucco

Schon die halbwuchsigen Schnecken sind geschlechtsreif. Die Tiere sind Zwitter, ihre Paarung erfolgt ab Ende Juli, wobei jedes Tier Samen spendet und seine Eier befruchten lässt. Dabei wird ein charakteristischer Ring gebildet, in dessen Mitte ein weißliches Sekretbällchen sichtbar ist. Die glasigen, runden, großen Eier werden im August/September in größeren Gelegen in die Erde oder unter Pflanzen (Gras) auf der Erde abgesetzt. Die Jungen schlüpfen entweder noch im gleichen Jahr oder im nächsten Frühjahr.

1

2

3

1 Der Halsbandsittich stammt aus Afrika und Asien und gelangte als Gefangenschaftsflüchtling in viele Städte in Europa und Nordamerika, wo er heute als Kulturfolger im Siedlungsbereich lebt. Er brütet in Baumhöhlen, aber auch (wie Spechte) in der Styroporschicht wärmegedämmter Neubauten.

2 Obwohl der Import von Rotwangenschildkröten in die Europäische Union seit 1992 verboten ist, werden sie weiter gehandelt und mitunter ausgesetzt. In den letzten Jahren häufen sich Berichte über erfolgreiche Fortpflanzungsversuche in Europa.

3 Mandarinenten brüten in Baumhöhlen und besiedeln daher bevorzugt Gewässer in der Nähe älterer Baumbestände. Beobachtungen und Bestandszahlen in Wien und in Österreich nehmen zu.

aber durch Verschleppung mit Schiffen ermöglicht hat. Besonders Schiffshäfen sind als Ausgangspunkte einer Etablierung wichtig und so sind viele Arten in Österreich erstmals im Ölhafen der Wiener Lobau entdeckt worden. Manche von ihnen können unter für sie günstigen Bedingungen inzwischen auch dichte Bestände bilden, wie etwa die Kesslergrundel *Neogobius kessleri* in der Wiener Donau. Auch der zwei bis drei Zentimeter große, aus dem ponto-kaspischen Raum stammende Höckerflohkrebs *Dikerogammarus villosus* findet sich seit 1989 in der Donau in Österreich (→ Bild S. 343). Die Art lebt unter Steinen, in Ritzen und Betonverbundsteinen und tritt in vielen Abschnitten der Donau häufig in Erscheinung. Sie ernährt sich sowohl pflanzlich als auch tierisch und kann mit ihren sehr kräftigen Mundwerkzeugen viele wirbellose Tiere erbeuten.

Auch der erste österreichische Nachweis der ponto-kaspisch verbreiteten Donauassel *Jaera istri* aus dem Jahr 1934 stammt aus Wien. Nach der Öffnung des Main-Donau-Kanals 1992 hat sich die Art weiter stromaufwärts ausgebreitet.

Eine Tiergruppe, die in der ursprünglichen Fauna Österreichs nicht vorkommt, ist die Ordnung der Schwebegarnelen. Drei Arten aus dieser Gruppe, alle im ponto-kaspischen Raum beheimatet, wurden bisher in der Wiener Donau festgestellt: *Limnomysis benedeni, Hemimysis anomala* und *Katamysis warpachowskyi*. Vermutlich sind sie mit dem Schiffsverkehr eingeschleppt worden. Nach Wien gekommen sind dabei *L. benedeni* und *K. warpachowskyi* die Donau stromaufwärts, *H. anomala* hingegen via Ostsee, Nordsee und Rhein die Donau stromabwärts.

Eine Besonderheit war 2002 der Fund einer Chinesischen Wollhandkrabbe *Eriocheir sinensis* in der Donau unterhalb von Wien. Das ursprüngliche Vorkommensgebiet dieser fünf bis zehn Zentimeter großen Krabbe liegt in Ostasien, sie wurde jedoch schon vor dem Ersten Weltkrieg an die Nord- und Ostsee und in den 1990er-Jahren auch nach Nordamerika verschleppt. Die Wollhandkrabbe verbringt ihr Leben im Süßwasser, wandert aber zur Fortpflanzung in den Brackwasserbereich der Meere. Sie lebt omnivor von Fischlaich, Muscheln und Schnecken, Insekten und Wasserpflanzen.

4 Nach der Öffnung des Rhein-Main-Donau-Kanals 1992 hat sich die strömungsliebende Donauassel *Jaera istri* die Flüsse Rhein, Main und Elbe erobert.

5 Schwebegarnelen breiten sich mit großer Geschwindigkeit durch die Mithilfe des Menschen über Flüsse aus und erreichen so als Neozoen Gebiete, in die sie aus eigener Kraft nicht gelangt wären. Im Bild: *Limnomysis benedeni*

6 Die stark behaarten Scheren der Männchen haben der Wollhandkrabbe ihren Namen gegeben. Erwachsene Tiere können eine Spannweite von 30 cm erreichen.

4

5

6

Ausbreitung der Türkentaube in Europa seit 1900

Verbeitung um 1900
Expansion bis
1928
1938
1946
1949
1957
1963
1973

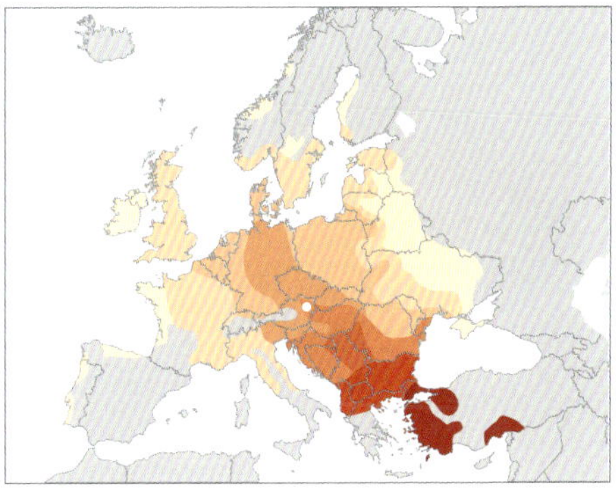

Ein aquatischer Neubürger aus Übersee ist die Neuseeländische Zwergdeckelschnecke, die etwa im Unterlauf des Weidlingbaches seit 1985 gefunden wird und dort inzwischen an manchen Stellen in einer Dichte von bis zu 2.000 Tieren pro Quadratmeter vorkommt (→ Kasten S. 312).

1943 wurde die in den Trockengebieten Süd- und Zentralasiens beheimatete Türkentaube *Streptopelia decaocto* in Wien erstmals brütend nachgewiesen. Ein paar Jahre später war sie bereits in ganz Österreich und in weiten Teilen Europas verbreitet, im Alpenraum allerdings nur in den Tallagen. Von ihrer vermutlichen Heimat in Pakistan und Indien hat sich die Art zunächst im 18. Jahrhundert mit der Expansion des Osmanischen Reiches nach Kleinasien und auf den Balkan ausgebreitet. Über die Ursachen dieser Arealausweitung und auch die Mitwirkung des Menschen bestehen unterschiedliche Auffassungen. Daher ist auch die Aufnahme der Türkentaube in die Liste der Neozoen umstritten. Jedenfalls haben die zunehmende Urbanisierung der Landschaft, die hohe Vermehrungsfähigkeit und die geringe Geburtsorttreue der Jungvögel ihre Ausbreitung gefördert. Die Türkentaube ist ein Kulturfolger, der in Mitteleuropa bevorzugt in städtischen Siedlungen vorkommt. Sie nistet vor allem in Laubbäumen oder Gebüschen von Parkanlagen, Gärten und Alleen. Nur selten brütet sie auch an Gebäuden und fehlt daher weitgehend in den völlig versiegelten innerstädtischen Bereichen. Als Nahrung nutzt sie vor allem Futtermittelreste (Getreide, Mais), Früchte und Abfall.

Die Orientalische Mauerwespe *Sceliphron curvatum,* eine Grabwespe, die aus Indien und Nepal stammt, wurde 1979 erstmals für Mitteleuropa in der Steiermark festgestellt und hat sich seither in Österreich weiter ausgebreitet. Man vermutet eine Einschleppung durch den Flugverkehr. In Wien tritt die Art seit etwa 1990 auf. Die bis zu zwei Zentimeter große Wespe lebt bevorzugt im Siedlungsbereich und fällt vor allem durch ihre Nestbauten auf. Dafür transportieren die Weibchen Lehm aus nicht allzu weit entfernten Uferrändern oder Baustellen heran und bauen daraus auffällige, länglich-ovale, mit der Schmalseite an Wänden oder Zimmerdecken angekleisterte Töpfe von etwa zwei bis drei Zentimetern Höhe. In jeden Lehmtopf legen sie ein Ei und bis zu zwei Dutzend gelähmte Spinnen als Proviant für die sich entwickelnde Larve. Danach wird der Topf verschlossen und die Mauerwespe beginnt mit dem Bau des nächsten. Meist werden diese Lehmtöpfe in Serien aneinandergereiht, immer in geschützter Lage etwa an Mauerfassaden, Nischen von Fensterrahmen oder in Wohnungen. So hat die Mauerwespe auch das Naturhistorische Museum aktiv aufgesucht, um ihre Lehmtöpfe zu bauen, bevor sie dort als Beleg in die entomologische Sammlung Eingang gefunden hat. Die Entwicklung der Larven dauert rund einen Monat, die erwachsene Grabwespe schlüpft aber erst im darauffolgenden Jahr. Dabei können – bei günstigen Temperaturbedingungen – die ersten Tiere bereits im April auftreten, die meisten erscheinen aber im Juni und Juli. Die Herausbildung einer zweiten

Gut geschützt in einer Nische von einem Fensterrahmen hat die Orientalische Mauerwespe ihre Lehmtöpfe angebracht. Die Art ist erst vor ein paar Jahren in den Wiener Raum eingewandert und heute bereits recht häufig zu finden.

Generation pro Jahr als Folge der prognostizierten Klimaerwärmung wäre bei dieser Grabwespe denkbar. Zu erwarten ist auch, dass sich ihr Areal in Österreich und Mitteleuropa weiter vergrößern wird.

Schon im Mittelalter – aber auch in den folgenden Jahrhunderten – war der Edelkrebs *Astacus astacus* besonders bei Feinschmeckern beliebt, wie zahlreiche Rezepte auch der „alten österreichischen Küche" belegen. Durch das Auftreten der Krebspest, einer Pilzkrankheit, die durch den aus Amerika stammenden Fadenpilz *Aphanomyces astaci* hervorgerufen wird, erlitten die heimischen Krebsbestände aber dramatische Verluste. Die vermutlich mit Ballastwasser eingeschleppte Krankheit wurde in Europa erstmals Mitte des 19. Jahrhunderts in Norditalien festgestellt, der erste Nachweis für Österreich stammt aus dem Jahr 1879. Zur Stützung der dezimierten Flusskrebspopulationen wurden in den 1970er-Jahren amerikanische Flusskrebse importiert. Diese sind, im Unterschied zu den europäischen Verwandten, gegen die Krankheit weitgehend resistent, fungieren aber als Reservoir und Überträger der Infektion. Von den eingebürgerten, nordamerikanischen Flusskrebsen ist im Wiener Raum vor allem der Kamberkrebs *Orconectes limosus* verbreitet; österreichweit ist der Signalkrebs *Pacifastacus leniusculus* (→ Bild S. 183) der häufigste. Die Übertragung der Pilzsporen geschieht durch infizierte Krebse, aber auch durch Angelgeräte oder das Transportwasser von Besatzfischen. Bereits einen Tag nach der Infektion zeigen die befallenen Tiere ein auffallendes Verhalten und erste Lähmungserscheinungen. Die Beeinträchtigung der Beweglichkeit nimmt in der Folge weiter zu und nach ein bis zwei Wochen sterben die Tiere. Wegen der nahezu 100-prozentigen Mortalität ist die Krebspest eine ernste Bedrohung für die heimischen Flusskrebsarten. Ist sie in einem Gewässer erst einmal ausgebrochen, bleibt als Gegenmaßnahme nur noch der Versuch, die weitere Ausbreitung der Krankheit zu verhindern. Dies geschieht durch die Errichtung von Krebssperren, das Absammeln der toten Tiere und die Desinfektion von Fischereigeräten.

Ein Neuankömmling, der aber nicht als Neozoon gilt, da kein erkennbarer Beitrag des Menschen zur Arealerweiterung besteht, ist der Blutspecht *Picoides syriacus*. Beheimatet in Teilen Vorderasiens, wurde er 1937 zum ersten Mal in Ungarn, 1949 in der Ostslowakei und 1951 in Österreich am Neusiedler See gesichtet. Seit Mitte der 1950er-Jahre bewohnt er auch den Wiener Raum, wobei er als Art offener Standorte die Randbezirke bevorzugt. Er sieht dem Buntspecht sehr ähnlich, kann aber an seiner weicheren Stimme schon auf Distanz gut erkannt werden. In Ostösterreich hatte er sich unter den Obstbaumbesitzern schon bald nach seiner Ankunft den Namen „Marillenspecht" eingehandelt, weil er mit Vorliebe die Kerne reifer Marillen frisst. Als Nahrung nutzt er aber auch anderes Steinobst, besonders Walnüsse. Die Brutdichte des Blutspechts ist sehr gering, Nahrungsplätze und Bruthöhle liegen oft weit voneinander entfernt.

Auch in Zukunft ist in Wien mit dem Auftreten neuer Arten zu rechnen. Die zunehmende Globalisierung des Waren- und Personenverkehrs und andere Faktoren des Global Change wie Klimaänderung und Eutrophierung werden dies weiter begünstigen. Nur wenige von den Neuankömmlingen, vor allem ökologisch wenig spezialisierte Arten, werden sich einbürgern können. Vorsicht ist jedoch angebracht, denn sind sie erst einmal eingeschleppt und häufig geworden, ist ihre Bekämpfung oft nur mehr schwer oder gar nicht möglich. Beispiele wie Robinie, Götterbaum, Bisamratte und Spanische Wegschnecke haben gezeigt, dass Arten, die zur Massenentwicklung neigen, aber auch Arten, die Krankheiten übertragen, wie die aus Nordamerika stammenden Flusskrebse, das ökologische Gleichgewicht in ihren neuen Lebensräumen stark stören und die heimische Flora und Fauna arg in Bedrängnis bringen können. Insgesamt stellt die zunehmende globale Vereinheitlichung der Tier- und Pflanzenwelt somit eine ernst zu nehmende Bedrohung der Biodiversität dar.

Artenverluste der Neuzeit und Rote Listen

War das Ausmaß der Umgestaltung der Landschaft Mitteleuropas durch den Menschen bis zum Beginn der Neuzeit noch eher gering, so hat sich besonders seit der Industriellen Revolution und nochmals nach dem Zweiten Weltkrieg die Geschwindigkeit der Veränderungen enorm erhöht. Eine Folge dieser Beschleunigung ist der häufig dramatische Verlust an Artenvielfalt, dessen Auswirkungen noch vielfach unklar und kaum untersucht sind. So hat allein in den 70er-Jahren des 20. Jahrhunderts in den agrarisch genutzten Regionen Ostösterreichs, also auch im Umland von Wien, die Umwandlung der Landschaft in maschinengerechte Ackerbauflächen (Kommassierung) die zoologische Artenvielfalt um bis zu 90 Prozent reduziert.

Die direkte Zerstörung der Lebensräume war und ist der Hauptgrund für den Rückgang und das Verschwinden vieler Arten in der Kulturlandschaft. Dabei ist der Nutzungsdruck auf naturnahe Lebensräume durch den Flächenbedarf für Siedlungen und Straßen besonders in der Stadt sehr hoch. Auch die daraus resultierenden Umweltschäden wie Luftverschmutzung, Versalzung und Eutrophierung sind in Städten von besonderer Bedeutung.

Die Gefährdungssituation der einzelnen Arten wird in Roten Listen dokumentiert. Dabei zeigt sich für Wien, dass 730 Arten, das ist ein Drittel der gesamten Flora der Stadt, in eine von fünf Gefährdungskategorien fallen. Dementsprechend hoch ist der Handlungsbedarf für die Wiener Naturschutzpolitik, diese Arten zu schützen.

Ausgestorbene und bedrohte Pflanzen in Wien

In Wien gelten 170 Arten der Farn- und Samenpflanzen, das sind rund acht Prozent der gesamten Flora der Stadt, als innerhalb der letzten 150 Jahre ausgestorben oder verschollen und etwa ein Drittel aller Arten als in unterschiedlichem Maße gefährdet. Besonders bei Pflanzen ist es offenkundig, dass ihr Verschwinden fast immer durch eine Veränderung oder Zerstörung ihres spezifischen Lebensraumes verursacht wird. So ist etwa in Wien der Auwald entlang der Donau, vor allem im Laufe des 20. Jahrhunderts, völlig den menschlichen Bedürfnissen entsprechend umgestaltet worden: Donauregulierung, Hochwasserschutz, Hafenanlage, Kraftwerksbau, Schotterabbau, Forstwirtschaft und die Nutzung als Erholungs- und Sportgebiet haben die Au nachhaltig verändert und sie vor allem ihrer eigenständigen und (über)lebenswichtigen Hochwasserdynamik beraubt (→ S. 332). Fast völlig verschwunden sind die an der unregulierten Donau ehemals großflächig vorhanden gewesenen Schotterinseln, die für spezialisierte Tier- und Pflanzenarten ein unersetzlicher Lebensraum waren (→ S. 352). Mit ihrem Verschwinden sind die an sie gebundenen Arten, wie Ufertamariske *Myricaria germanica,* Zwerg-Rohrkolben *Typha minima* und Flachblatt-Mannstreu *Eryngium planum,* im Wiener Raum ausgestorben. Die Donauregulierung hat die noch übrig gebliebenen Auen von der Hochwasserdynamik des Donaustroms abgeschnitten: Neue Nebenarme können nicht mehr entstehen und durch die fortschreitende Verlandung der vorhandenen Altarme werden Augewässer generell immer seltener. Dies gefährdet alle auf diese Lebensräume spezialisierten Pflanzen, die in Wien heute nur noch in der Lobau vorkommen. Dazu gehören die größte Wolfsmilchart Österreichs, die Sumpf-Wolfsmilch *Euphorbia palustris,* aber auch Schwanenblume *Butomus umbellatus,* Lanzett-Froschlöffel *Alisma lanceolatum,* Pfeilkraut *Sagittaria sagittifolia* und Sommer-Knotenblume *Leucojum aestivum.*

Weitgehend aus Wien verschwunden sind auch die Arten der pannonischen Feuchtwiesen, nachdem ihr Lebensraum durch Entwässerung zerstört wurde. Solche ausgedehnten Feuchtwiesen gab es ehemals am südlichen Stadtrand von Wien, als

Rote Listen

Dies sind Verzeichnisse gefährdeter Pflanzen-, Pilz- und Tierarten für bestimmte Gebiete. Sie haben sich als unverzichtbare Instrumente der Umweltkontrolle im Naturschutz, in der Gesetzgebung und in der Öffentlichkeitsarbeit etabliert. Im Rahmen von Umweltverträglichkeitsprüfungen oder bei der Ausweisung von Naturschutzgebieten sind sie wichtige Argumentationshilfen. In den Roten Listen werden alle Arten angeführt, die in einem bestimmten Gebiet vorkommen, und dazu wird die Gefährdung und die Wahrscheinlichkeit des Aussterbens für jede einzelne Art beurteilt. Die wichtigsten Kriterien für diese Beurteilung sind die aktuelle Situation und Entwicklung der Populationen sowie der Zustand und die Verfügbarkeit ihrer spezifisch benötigten Lebensräume (Habitate). Je nach Gefährdungsgrad unterscheidet man dabei folgende Kategorien: weltweit ausgestorben, regional ausgestorben, vom Aussterben bedroht, stark gefährdet, gefährdet, Gefährdung droht und ungefährdet. Bei ungenügender Datenlage oder wenn es sich um gebietsfremde Arten oder Irrgäste handelt, erfolgt keine Einstufung. Rote Listen stellen immer nur eine Momentaufnahme der Gefährdung dar und müssen daher regelmäßig überarbeitet und aktualisiert werden, damit positive und negative Entwicklungen verfolgt werden können.

Die folgende Übersicht veranschaulicht die derzeitige Gefährdungssituation ausgewählter Tiergruppen in Österreich nach den Kategorien der Roten Liste.

Gefährdungskategorien	Säugetiere	Brutvögel	Lurche und Kriechtiere	Fische und Neunaugen	Heuschrecken	Zwergwasserkäfer und Krallenkäfer	Tagfalter	Libellen	Schnecken und Muscheln
weltweit ausgestorben	0	0	0	2	0	0	0	0	6
regional ausgestorben	4	21	0	5	5	3	5	0	5
vom Aussterben bedroht	4	33	4	6	10	10	12	19	71
stark gefährdet	6	14	6	18	23	8	20	9	37
gefährdet	17	20	11	15	15	6	26	16	63
Gefährdung droht	14	51	13	9	19	9	48	8	58
ungefährdet	37	91	0	17	32	35	78	25	176
ungenügende Datenlage	3	4	0	3	20	1	18	0	29
nicht eingestuft	16	8	0	9	2	3	8	1	45
Summe der Arten	101	242	34	84	126	75	215	78	490

Ausläufer der südlich anschließenden Feuchten Ebene. Damit sind Pflanzenarten wie Kanten-Lauch *Allium angulosum,* Moor-Blaugras *Sesleria uliginosa* und Lungen-Enzian *Gentiana pneumonanthe* nur noch in kleinen Restbeständen auf Wiener Stadtgebiet zu finden oder wie die Lilien-Becherglocke *Adenophora liliifolia* ausgestorben.

Aber nicht nur Großlebensräume sind von der Vernichtung bedroht, auch viele kleine Sonderstandorte stehen vor ihrem Verschwinden. So etwa die wegen ihrer besonderen Artenzusammensetzung bekannten Heißländen der Lobau (→ S. 383): Durch Bodenbildung, Vergrasung und Verbuschung nehmen dort die ökologisch wertvollen offenen Flächen dramatisch ab. Die meisten Pflanzen- und Tierarten dieser Extremstandorte sind von dieser Entwicklung bedroht.

Starke Bestandsverluste haben in den letzten Jahrzehnten auch jene Pflanzenarten erlitten, die auf nährstoffarme und extensiv genutzte Trocken- und Magerstandorte angewiesenen sind. Ganz verschwunden sind insbesondere Arten bodensaurer und sandiger Magerrasen wie Böhmen-Gelbstern *Gagea bohemica* und Sand-Strohblume *Helichrysum arenarium,* aber auch Arten pannonischer Trockenrasen wie die Trauer-Nachtviole *Hesperis tristis* (→ Bild S. 436) und schließlich Weiderasenarten wie der Grau-Andorn *Marrubium peregrinum.*

Vom Rückgang stark betroffen sind auch viele Orchideen: In der Flora Wiens gelten heute acht Arten als verschollen, die meisten davon kamen ehemals in ungedüngten Wiesen vor, so etwa Kugelständel *Traunsteinera globosa* und Hohlzunge *Coeloglossum*

1

2

3

1 Der Kanten-Lauch ist in der Roten Liste der Pflanzen Österreichs als stark gefährdete Art eingestuft. In Wien kommt er etwa noch in der Lobau vor.

2 Der Lungen-Enzian gilt in Wien als vom Aussterben bedroht. In der Lobau und im Wienerwald kann man ihn noch finden.

3 *Traunsteinera globosa* wurde von Neilreich Mitte des 19. Jahrhunderts *„auf Wiesen zwischen Kalksburg, dem Thiergarten und Laab, besonders im obern Güterthale"* gefunden. Heute ist die Art in Wien ausgestorben.

viride. Andere Orchideenarten finden sich auf Wiener Boden nur mehr in Restpopulationen, wobei vor allem den letzten Heißländen der Lobau und den zum Teil noch artenreichen Wiesen im Wienerwald eine wichtige Rolle als Refugien zukommt.

Auch vom Menschen geschaffene Standorte sind Änderungen unterworfen und so mancher extensiv genutzter Biotoptyp ist heute aus Wien völlig verschwunden. Ein unter Entomologen Ende des 19. Jahrhunderts wegen seiner Insektenfauna berühmter Fundort war die Türkenschanze im 18. Bezirk; die dortigen bodensauren Hutweiden und Sandgruben wurden mit der Schaffung des Türkenschanzparkes 1888 vernichtet. Auch die wegen vieler seltener pannonischer Tier- und Pflanzenarten im 19. Jahrhundert noch bemerkenswerten Standorte am Wienerberg und am Laaer Berg sind durch ihre vielfältige Nutzung (Ziegelwerke, Aufforstungen, Erholungsgebiet, Siedlungen) fast vollständig verschwunden. Historische Pflanzen- und Insektenaufsammlungen belegen auch das ehemalige Vorkommen von sogenannten halophilen, das heißt salztoleranten Arten in Wien. So berichtet etwa Neilreich in seiner „Flora von Wien" aus dem Jahre 1846 vom Vorkommen der Salzmelde *Suaeda maritima* agg. an verschiedenen Stellen in Wien, etwa am Rand der Sandgruben hinter dem Arsenal und auf dem Glacis. Die an *Suaeda* saugende Weichwanze *Orthotylus schoberiae* wurde um die Jahrhundertwende (unter dem Synonym *Orthotylus pallidulus*) sogar nach Exemplaren aus dem Wiener Prater für die Wissenschaft erstmals beschrieben. Beide Arten findet man heute in Österreich nur noch im burgenländischen Seewinkel. Bei den Fundorten in Wien handelte es sich aber nicht um natürliche „Salzstandorte", sondern um kleinräumige, vom Menschen gemachte, alkalische Bodenstellen, die für manche Tier- und Pflanzenarten –

4 Der Sommer-Adonis wurde von Neilreich im 19. Jahrhundert *„sehr gemein"* auf Brachen und an Wegen gefunden. Heute ist die Pflanze überaus selten und die Vorkommen sind stark im Rückgang begriffen.

5 Das Durchwachs-Hasenohr kommt in Wien noch sehr selten in aufgelassenen Weingärten, Brachen und an Feldweg- und Ackerrändern vor.

4

5

1938

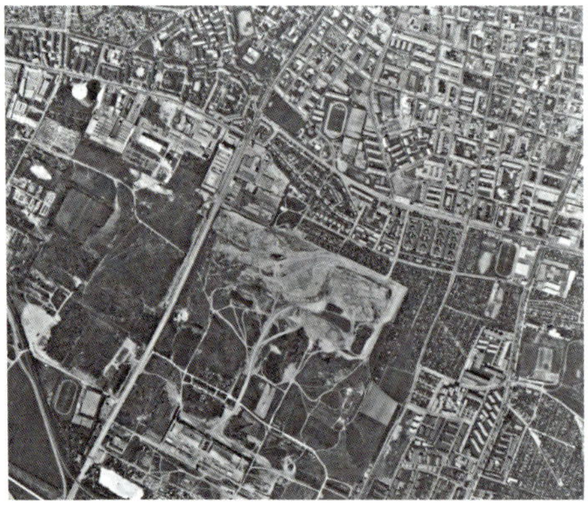
1976

2005

Zahlreiche Belege für unterschiedliche Insektengruppen in den wissenschaftlichen Sammlungen des Naturhistorischen Museums dokumentieren den Wandel des Wienerbergs in Favoriten: Was im 19. Jahrhundert noch Lebensraum für trockenheitsliebende, pannonische Arten war, geht im 20. Jahrhundert zunehmend verloren. Dafür gibt es jetzt nur mehr Straßen, Gebäude und Parkanlagen für stressgeplagte Städter und deren Haustiere.

zumindest kurzfristig geeignete – Lebensbedingungen geboten haben. Die Entstehung dieser Standorte geht auf die Tätigkeit der damaligen Pottaschensiedereien zurück. Pottasche wurde dabei durch das Auslaugen von Holzasche hergestellt. Sie besteht vor allem aus stark alkalischem Kaliumkarbonat und wurde zur Herstellung von Seife und Glas verwendet.

Auch viele Arten der Ackerbeikrautfluren sind in Wien stark zurückgegangen, vor allem solche, die nur bei extensiver Nutzung überleben können. Ehemals häufige Ackerbegleitkräuter wie Kornrade *Agrostemma githago,* Sommer-Adonisröschen *Adonis aestivalis,* Finkensame *Neslia paniculata* und Durchwachs-Hasenohr *Bupleurum rotundifolium* sind nur mehr selten zu finden oder wie der Venuskamm *Scandix pecten-veneris* bereits ausgestorben. Zugesetzt hat den Ackerbegleitpflanzen neben dem Rückgang des Ackerbaus als Folge des starken Flächenverbrauchs der wachsenden Großstadt vor allem der stark gestiegene Dünger- und Herbizideinsatz. Am ehesten lassen sich diese Arten heute noch in weniger intensiv genutzten Randbereichen von Äckern oder in Ackerbrachen beobachten.

Ausgestorbene und bedrohte Tiere in Wien

Bereits mit den frühen Rodungen und der ersten Siedlungstätigkeit des Menschen kommt es im Wiener Raum auch zur Beeinträchtigung der Tierwelt. Das hat besonders in der Neuzeit dazu geführt, dass zahlreiche Tierarten ausgestorben sind oder zumindest bis heute verschollen blieben. Zu Beginn des 19. Jahrhunderts war der Wolf in Österreich nahezu ausgerottet, doch behaupteten sich einzelne Rudel, etwa im südlichen Bergland Niederösterreichs, bis in die zweite Hälfte des Jahrhunderts. Auf dem heutigen Wiener Stadtgebiet wurde der vermutlich letzte Wolf im Dezember 1846 im Lainzer Tiergarten erlegt. Auch der Braunbär wurde in Österreich im Laufe des 19. Jahrhunderts ausgerottet. Die letzten Bären in Wien sind bereits Anfang des 18. Jahrhunderts im Prater und im Lainzer Tiergarten geschossen worden. Ebenfalls

1 Der König der Lüfte: Die Flügelspannweite des Seeadlers kann 2,60 Meter erreichen. Damit ist er der größte europäische Greifvogel. Seeadler leben an Gewässern mit Altbaumbeständen, in denen sie ihre Horste bauen.

2 Kormorane sind geschickte Taucher und jagen unter Wasser nach Fischen. Danach werden die Flügel zum schnelleren Trocknen charakteristisch ausgebreitet.

3 Der Sterlet ist mit maximal 1,2 Metern Körpergröße eine kleine Störart. Vom Hausen wurden einst Exemplare mit sieben Metern Länge und einem Gewicht von 1.000 Kilogramm aus der Donau gefangen! An guten Markttagen kamen bis zu 450 Störe auf den Wiener Fischmarkt!

1

2

3

Die Wiesenotter ist eine der am meisten gefährdeten Schlangenarten Europas. Die Unterart *Vipera ursinii rakosiensis*, die in Österreich vorgekommen ist, lebt aktuell noch in Ungarn und Rumänien, aber auch dort gehen die Bestände zurück. Erwachsene Tiere werden rund einen halben Meter lang.

durch Bejagung verschwunden sind Wildkatze und Fischotter. Auch der Biber wurde bereits vor rund 150 Jahren in Österreich ausgerottet, erlebt aber in den letzten Jahren dank der Wiederansiedlung ein fulminantes Comeback (→ S. 375). Schon vor langer Zeit verschwanden in Wien infolge Lebensraumverlustes, aber auch durch Bejagung, die Adlerarten Kaiseradler, Fischadler, Schreiadler und Zwergadler. Der Seeadler *Haliaeetus albicilla* brütete noch bis 1882 regelmäßig in der Wiener Lobau und war erst nach dem Zweiten Weltkrieg in ganz Österreich als Brutvogel ausgestorben. Europaweite Schutzmaßnahmen haben in jüngerer Zeit wieder zu einer Zunahme seiner Bestände geführt und vor wenigen Jahren wurden erneut erste erfolgreiche Bruten in Ostösterreich beobachtet. Ein besonderes Opfer menschlicher Interessen ist der Kormoran *Phalacrocorax carbo*. Im 19. Jahrhundert war er in den Donauauen noch ein regelmäßig vorkommender Brutvogel und bis etwa 1920 gab es in der Unteren Lobau noch eine Kolonie mit rund 300 Horsten. Da Fische die alleinige Nahrung des Kormorans darstellen, steht er in direkter Konkurrenz zur Fischerei, wurde systematisch verfolgt und schließlich in Österreich völlig ausgerottet. Allerdings konnten in den Sommermonaten der letzten Jahre wieder vermehrt Bestände in den Donauauen bei Wien und Bruterfolge im Rheindelta beobachtet werden. So stehen heute zumindest in Schutzgebieten die Chancen für weitere Ansiedlungen des Kormorans nicht schlecht, obwohl sich der Interessenskonflikt zwischen Naturschutz und Fischerei bei dieser Art immer noch leicht entzündet.

Unter den Fischen sind alle Stör-Arten wie Waxdick, Glattdick, Sternhausen und Hausen in Österreich ausgestorben oder wie der Sterlet vom Aussterben bedroht. Verantwortlich dafür ist die Überfischung der Bestände und die seit 1972 bestehende Unterbrechung der Wanderstraße durch das Donau-Kraftwerk am Eisernen Tor an der Grenze Serbiens zu Rumänien; dadurch können die im Schwarzen Meer lebenden Tiere nicht mehr zum Laichen donauaufwärts wandern. Der Hausenfang in der Donau ist seit der Römerzeit bekannt und war über Jahrhunderte von großer Bedeutung. Bereits im 5. Jahrhundert wurden Einschränkungen erlassen, da die Bestände bereits damals zurückgingen. Das Ende für den Hausen brachten aber letztlich die

1

2

1 Der Schwarze Apollofalter lebt in Waldlichtungen und an Waldsäumen mit benachbarten, extensiv genutzten Wiesen und Hochstaudenfluren.

2 Der Orangegrüne Gelbling ist eine europaweit immer seltener werdende Steppenart, die bevorzugt an Tragant-Arten *Astragalus* spp. auf xerothermen Standorten vorkommt.

massiven Eingriffe in seinen Lebensraum. So lebt heute in der Donau oberhalb des Eisernen Tores als einzige Stör-Art nur noch der Sterlet und auch er kann nur überleben, weil seine Bestände durch Besatz gestützt werden.

Die kleinste europäische Giftschlange, die Wiesenotter *Vipera ursinii rakosiensis,* lebte ursprünglich an der Nordwestgrenze ihres Areals im Neusiedlerseegebiet und in der Feuchten Ebene des Wiener Beckens; in der Simmeringer Haide erreichte sie das Wiener Stadtgebiet. In der Roten Liste wird sie aktuell als „vom Aussterben bedroht" angeführt, doch wurde sie in Wien seit 1943 und österreichweit seit Anfang der 1970er-Jahre nicht mehr gefunden. Ihr Verschwinden geht mit dem Verlust geeigneter Lebensräume einher: Sie benötigt klimatisch begünstigte Magerrasen in Tieflagen mit enger Verzahnung von trockenen und feuchten Standorten.

Von den insgesamt 136 Tagschmetterlingsarten, die noch vor 150 Jahren in Wien beheimatet waren, gelten 31, das sind 23 Prozent, hier als ausgestorben oder verschollen. So sind die Vorkommen des Apollofalters *Parnassius apollo* in Wien (Sievering, Kalksburg und Mauer) aus dem 19. Jahrhundert schon lange erloschen. Seit 1953 nicht mehr gefunden wurde der Schwarze Apollofalter *Parnassius mnemosyne,* dessen Raupen an Arten von Lerchensporn *Corydalis* leben. Der Orangegrüne Gelbling *Colias chrysotheme* und der Regensburger Gelbling *Colias myrmidone* wurden 1938 beziehungsweise 1947 zum letzten Mal in Wien festgestellt. Beide Arten waren einst weit verbreitet, haben aber durch die Intensivierung der Landwirtschaft und durch Aufforstungen mehr und mehr ihre Lebensräume verloren; heute finden sie sich in Europa nur noch in zunehmend isolierten Populationen. Von den vier ehemals in Wien heimischen Ameisen-Bläulingen (→ Kasten S. 300) der Gattung *Maculinea* werden *M. arion, M. teleius* und *M. nausithous* seit mehreren Jahrzehnten nicht mehr gefunden, während *M. alcon* im Jahr 2001 im Lainzer Tiergarten wiederentdeckt wurde.

Seit 1952 in Wien verschollen: *„Die im August 1821 bey Wien gefundenen Wunderthierchen“*

Seht mir doch das Wunder an
Das zum Staunen frommer Wiener
Sich im Regen dargethan!
Herr und Frau und Magd und Diener
Tragen es im Glas herum;
Kommt und schaut es um und um!

Aus der Wetterwolken Schooß
Ist es reif herab gefallen
Und, obgleich kaum fingergroß,
Läßt es tausend Füße wallen;
Nimmer kommen die zur Ruh',
Sähet ihr auch jahrelang zu.

Aus dem weiten Erdenrund
Ist kein solches Thier zu finden;
Darum tönt es aus dem Mund
Aller augenhaften Blinden,
Nur das schwarze Wolkenmeer
Sende derley Wunder her.

In der Nacht vom 12. auf den 13. August 1821 ging über Wien ein heftiges Gewitter nieder. Auf den unbefestigten Straßen von Hernals, Schottenfeld und Lerchenfeld bildeten sich große Regenlacken, in denen sich schon wenige Tage später seltsame fingerlange Tiere tummelten, die *„das ganze Wiener Publikum“* in Bann zogen.

„Nur das schwarze Wolkenmeer sende derley Wunder her“ schrieb die Wiener Zeitschrift „Der Wanderer“ über die offenbar vom Himmel gefallenen Kreaturen, die bald von Marktfrauen in Gläsern feilgeboten wurden. Erst eine eigens einberufene Kommission der k. u. k. Akademie der Wissenschaften löste das Rätsel um die tatsächliche Herkunft der *„in Wien und Breslau vorgeblich vom Himmel gefallenen Insecten“*: Es handle sich um ein urtümliches Krebstier, einen Rückenschaler namens *Apus* (heute *Triops*) *cancriformis*, dessen Trockeneier möglicherweise mit dem Wind in die Vorstadt geblasen worden seien.

Heute scheint es wahrscheinlicher, dass die Dauereier dieses „lebenden Fossils“ jahrzehntelang im Lehm der Straße auf besonders schwere Regenfälle gewartet haben. Denn das Überdauern langer Trockenzeiten gehört zum Überlebensprogramm der Groß-Branchiopoden, einer Tiergruppe, die heute als „Urzeitkrebse“ beinahe wieder einen ähnlichen Bekanntheitsgrad genießt wie anno 1821.

Als Wassertiere in Trockenlebensräumen sind Groß-Branchiopoden geradezu ein ökologisches Paradoxon. Ihre heimischen Vertreter leben ausschließlich in nur kurzfristig bestehenden (astatischen) Gewässern. Solche temporären Wasseransammlungen findet man etwa nach der Schneeschmelze, nach Flussüberschwemmungen oder starken Gewitterregen in Wiesensenken, Waldtümpeln oder Fahrspuren auf Wegen. Nur wenige Wochen der Wasserführung genügen ihnen, um eine Generation zu durchlaufen und für die nächste zu sorgen, indem sie Tausende trockenresistente „Dauereier“ (Cysten mit eingeschlossenen Embryonen) produzieren. Diese ungewöhnliche Lebensweise stellt offensichtlich ein Erfolgsmodell dar: Man hat *Triops cancriformis* als Fossil in über 220 Millionen Jahre alten Sedimenten der Obertrias gefunden. Damit ist dieser „Urzeitkrebs“ die älteste bekannte lebende Tierart der Welt.

Man könnte annehmen, wer über 200 Millionen Jahre Erdgeschichte überlebt hat, den bringt so schnell nichts in Gefahr. Und doch ist die Gruppe der Groß-Branchiopoden heute massiv gefährdet, denn die intensive Landwirtschaft und vor allem die Verbauung der großen Flüsse lassen überall ihre spezifischen Habitate selten werden. Acht der 16 heimischen Arten, darunter auch der 1877 in Österreich erstbeschriebene Feenkrebs *Chirocephalus carnuntanus*, sind vom Aussterben bedroht; der einzige heimische Vertreter der *Laevicaudata, Lynceus brachyurus*, ist seit 1970 verschollen. Der letzte Urzeitkrebs auf Wiener Boden – wie nicht anders zu erwarten ein *Triops* – wurde 1952 am Wienerberg gefunden.

In Marchegg, rund 50 Kilometer östlich von Wien, wurde 1982 auf Initiative des damaligen Assistenten an der Universität Wien, Walter Hödl, das weltweit erste Schutzgebiet für Urzeitkrebse geschaffen; zwei weitere Naturdenkmäler kamen 1996 und 1998 dazu. Mehrere neue Schutzanträge werden derzeit von den zuständigen Ämtern bearbeitet.

Erich Eder

Aktuelle Biodiversität

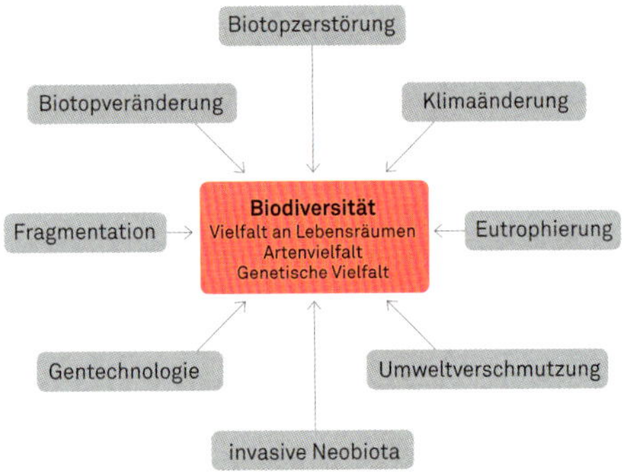

Die größten Gefahren für die drei Ebenen der Biodiversität

Der Terminus „Biodiversität" wurde in den 1980er-Jahren von dem renommierten Biologen und Harvard-Professor E. O. Wilson vor allem für das Phänomen Artenvielfalt geprägt. Heute wird Biodiversität aber in erweitertem Sinn verstanden und umfasst drei Ebenen: (1) Mannigfaltigkeit an verschiedenen Lebensräumen (ökologische Biodiversität), (2) Mannigfaltigkeit an Arten, Gattungen und Familien bei Mikroorganismen, Pilzen, Pflanzen und Tieren (taxonomische Biodiversität) und (3) Mannigfaltigkeit verschiedener Erbanlagen innerhalb der Arten (genetische Diversität).

Besonders wichtig ist die Vielfalt der Lebensräume, der Biotoptypen, denn sie ist maßgeblich für die Artenmannigfaltigkeit. Im Vergleich zu anderen Städten gleicher Größe gibt es in Wien besonders viele und stark verschiedene Lebensräume. Worauf ist das zurückzuführen? Zum einen ist es die Lage Wiens an der Grenze zwischen den subozeanischen und subkontinentalen Bereichen Europas, also zwischen den Alpen und der pannonischen Tiefebene, zum anderen der die Stadt durchströmende große Fluss. In allen diesen Großlebensräumen gibt es noch einigermaßen naturnah erhaltene Ökosysteme. Dazu kommen die Verschiedenheiten des geologischen Untergrundes: kalkarme und kalkreiche Sandsteine sowie Kalke und Dolomite im Wienerwald, ferner Tertiär-Sedimente und quartäre Donauschotter. Auch die verschiedenen landwirtschaftlichen Nutzungsformen wie Weingärten, Wiesen und Äcker bereichern den Naturraum Wiens. Dazu kommen noch – wie in allen anderen Städten auch – Verkehrs- und Industrieflächen, Ablagerungsplätze und andere Ruderalfluren. Schließlich ist da auch noch die vielfältige künstliche Natur der Parkanlagen und Gärten mit ihrer großen Zahl an fremden Pflanzen und Tieren, die gleichfalls die bunte Vielfalt der Stadt bereichern.

Als Folge dieser Fülle an verschiedenen Lebensräumen ist der Artenreichtum an Pflanzen, Pilzen und Tieren in der Stadt Wien bemerkenswert groß und dies trotz der im vorhergehenden Kapitel beschriebenen Verluste. Bei vielen Organismengruppen lassen sich mehr als die Hälfte der insgesamt in Österreich vorkommenden Arten in Wien finden und das, obwohl die Fläche der Stadt nur rund ein halbes Prozent der österreichischen Landesfläche ausmacht. Bei den gut untersuchten Libellen sind sogar fast 80 Prozent der in Österreich heimischen Arten für Wien nachgewiesen. Allerdings bestehen bei einigen Tier- und Pflanzengruppen, besonders bei verschiedenen Insekten, Pilzen und Niederen Pflanzen, noch große Kenntnislücken und hoher Forschungsbedarf. So werden auch heute noch für die Wissenschaft neue Arten in Wien entdeckt, wie etwa *Megalothorax sanctistephani*, ein kleiner Springschwanz, der 1996 in den Katakomben des Stephansdoms in Wien gefunden wurde (→ S. 155). Die Artenvielfalt direkt vor unserer Haustür ist jedenfalls groß und lohnt einen genaueren Blick.

Genetische Biodiversität ist insbesondere wichtig für selten gewordene Wildpflanzen und Wildtiere, die nur noch als individuenarme Populationen existieren und daher vom Aussterben bedroht sind. Für sie bedingt genetische Vielfalt ein größeres Anpassungspotenzial und erhöht damit ihre Chance zu überleben. Wichtig ist die genetische Mannigfaltigkeit aber auch bei Nutztieren und Nutzpflanzen. In der heutigen Landwirtschaft bewirken Ökonomisierung und Rationalisierung eine drastische Verarmung der ehemals wesentlich größeren genetischen Vielfalt. So gab es etwa in früheren Zeiten Hunderte Weinrebsorten, während heute in Österreich bloß rund zwei Dutzend behördlich zugelassen sind. Entsprechendes gilt für Haustierrassen, Getreide-, Obst- und Gemüse-Sorten. Verschiedene Organisationen wie die „Arche Noah" und der Verein zur Erhaltung gefährdeter Haustierrassen versuchen, diesem Trend entgegenzuwirken.

Artenzahlen ausgewählter Organismengruppen für Österreich und Wien. Die Zahlen in der Rubrik „aktuell" beinhalten auch etablierte Neobiota, nicht aber unbeständige und ausgestorbene Arten. Die Prozentangaben in der Spalte ganz rechts stehen für den Anteil der Wiener Artenzahlen am jeweiligen gesamtösterreichischen Artbestand. (Stand: 2007/2008)

Organismengruppe	ausgestorben*	aktuell**			
Großgruppen	**in Österreich**	**gefährdet in Österreich**	**Österreich gesamt**	**Wien gesamt**	**%**
Algen	?	?	5.000	?	?
Moose	40	392	1.050	?	?
Farn- und Blütenpflanzen	36	1.151	3.225	1.650	51 %
Flechten	95	1.178	2.300	120	5 %
„Großpilze"	3	539	5.000	2.000	40 %
Insekten	?	?	37.000	> 20.000	54 %
Wirbeltiere	32	241	435	277	64 %
Ausgewählte Tiergruppen					
Lurche und Kriechtiere	0	34	34	28	82 %
Libellen	0	52	78	61	78 %
Säugetiere	4	41	97	74	76 %
Fische und Neunaugen	7	48	77	50	65 %
Tagfalter	5	106	210	136	65 %
Ameisen	?	?	130	83	64 %
Nachtfalter	> 35	> 291	3.785	2.365	62 %
Hummeln	?	?	45	28	62 %
Wanzen	?	?	894	550	62 %
Grabwespen	?	?	288	177	61 %
Heuschrecken	5	67	121	72	60 %
Brutvögel	21	118	225	119	53 %
Weberknechte	0	42	62	29	47 %
Regenwürmer	?	?	55	25	45 %
Schnecken und Muscheln	11	229	479	185	39 %

*) Ausgestorben innerhalb der letzten 150 bis 200 Jahre
**) Durch Kartierung belegte Zahlen: blau; von Experten geschätzte Zahlen: schwarz

Wichtig ist Biodiversität auch für den funktionellen Zusammenhalt eines Ökosystems (→ S. 41). Prozesse wie Nährstoff- und Energiekreisläufe und Wechselwirkungen zwischen Räuber- und Beuteorganismen werden von Individuen mit bestimmten Funktionen geleistet. Fällt eine Art als Baustein im System aus, so kann sie bei ausreichender Artenvielfalt unter Umständen von einer anderen Art ersetzt werden, wodurch das Ökosystem im Gleichgewicht bleibt. Nicht so einfach zu ersetzen sind jedoch besonders enge Beziehungen, die sich im Laufe der Evolution zwischen einzelnen Arten entwickelt haben. Beispiele sind etwa die artspezifische Bestäubung mancher Pflanzen, die jeweils auf eine ganz bestimmte Insektenart angewiesen sind, monophage Pflanzenfresser, die ausschließlich von einer Nahrungspflanze leben, und Parasiten, die eine ganz bestimmte Wirtsart für ihr Überleben brauchen. Hier führt der Rückgang einer Art auch zur Gefährdung der anderen und allenfalls zu schweren Störungen des Ökosystems.

Wie in ganz Europa, ja, auf der gesamten Erde ist auch in Österreich die Vielfalt der Lebensräume bedroht. In der Roten Liste der Biotoptypen Österreichs sind 83 Prozent der Moor-, Sumpf- und Quellflurbiotoptypen, wie etwa Röhrichte und Hochmoore, und rund 90 Prozent der Grünlandbiotoptypen, darunter Pfeifengraswiesen, Streuwiesen, Magerwiesen und Trockenrasen, einer Gefährdungskategorie zugeordnet. Wien weist für mehrere dieser stark gefährdeten Biotoptypen bedeutende Vorkommen und somit hohe Verantwortlichkeit innerhalb Österreichs auf. Hervorzuheben sind etwa die Bestände des Biotoptyps „Karbonat-Schottertrockenrasen" auf Heißländen im Nationalpark Donau-Auen sowie die Vorkommen mehrerer kontinental geprägter Halbtrockenrasen-Biotoptypen am Alpenostrand im westlichen Stadtgebiet Wiens.

Die aktuelle Biodiversität wird von vielen Seiten bedroht. Um das Ausmaß der Gefahren zu erkennen und Strategien zum Schutz der Artenvielfalt entwickeln zu können, ist zunächst eine Dokumentation der Bedrohung notwendig. Daraus lassen sich Handlungsempfehlungen ableiten, die zu konkreten Maßnahmen führen sollten. Die Hauptschwierigkeit liegt dabei weniger im Erkennen der Gefährdungsursachen als vielmehr in der praktischen Umsetzung der Forderungen, vor allem dann, wenn starke wirtschaftliche Interessen den Naturschutzinteressen entgegenstehen. Naturschutzkonzepte müssen daher sowohl auf politischer wie auch auf gesellschaftlicher Ebene greifen. Notwendig ist auch, dass die Auswirkungen von Schutzmaßnahmen ständig kontrolliert werden. Nur durch ein solches „Monitoring" können Erfolg und Misserfolg von Naturschutzmaßnahmen richtig beurteilt werden.

Netzwerk Natur – Das Wiener Arten- und Lebensraumschutzprogramm

Grundlage für das Wiener Arten- und Lebensraumschutzprogramm *Netzwerk Natur* ist das Wiener Naturschutzgesetz. Darin ist festgelegt, dass das Programm der Erhaltung und Verbesserung der Lebensbedingungen von geschützten Biotopen und von „prioritär bedeutenden" Arten dienen soll. Natur ist um ihrer selbst Willen und als Beitrag zur Lebensqualität in der Stadt zu sichern. Das *Netzwerk Natur* versteht sich damit als Beitrag zu einer nachhaltigen Stadtentwicklung.

Das Bild symbolisiert die direkte und indirekte Abhängigkeit der Arten voneinander in einem Ökosystem. Jede Veränderung hat Auswirkungen, die manchmal an unerwarteter Stelle sichtbar werden.

Um dieses Ziel zu erreichen, werden von der Stadtverwaltung vielfältige Maßnahmen zur Erhaltung natürlicher und naturnaher Lebensräume in Wien gesetzt. Voraussetzungen zum Gelingen des Programms, das von der Wiener Umweltschutzabteilung geleitet wird, sind die Bewahrung und die naturschutzfachliche Aufwertung bestehender Grünflächen, die Sicherung von bestehenden Bewirtschaftungsformen von Grünland (Erholungswald, Wiesen, Weinbau) und vielfältige Maßnahmen im Bereich der Öffentlichkeitsarbeit.

Als Beispiele für **Biotopschutzprojekte** im Programm sind der Georgenberg, die „Eiserne Hand" in Döbling, die Adolfstorwiesen und das Afritschheim-Gelände in Hietzing zu nennen. Hier gilt es, wärmeliebende Saumgesellschaften, Halbtrockenrasen und artenreiche Fettwiesen als besonders wertvolle Lebensräume zu schützen. Durch regelmäßige Beweidung und Entbuschung wird das Aufkommen von Gehölzen verhindert und damit ein wichtiger Beitrag zur dauerhaften Erhaltung der Lebensvielfalt geleistet. Die hier prioritär zu schützenden Arten sind etwa Riemenzunge,

Das Naturerbe für künftige Generationen zu bewahren, ist eine große Herausforderung und wird nur mit gemeinsamen Anstrengungen gelingen.

Wiener Schnirkelschnecke, Schlingnatter und Weißer Waldportier. Im Pötzleinsdorfer Schlosspark in Währing, auf der Donauinsel (Schwalbenteich, Endel-Teich), im Prater, am Gelände des Zentralfriedhofes, in der Jägerwaldsiedlung in Penzing und auf dem Afritschheim-Gelände wird der Zustand bestehender Kleingewässer verbessert und neue werden errichtet, mit dem Ziel, dauerhafte Lebensräume für Laubfrosch, Wechselkröte und Zwergrohrdommel zu schaffen.

In **Grünraumschutzprojekten** wie auf dem Laaerberg und im Türkenschanzpark werden Pflegekonzepte für eine möglichst naturnahe Gestaltung entwickelt, die auch die Neuerrichtung von wertvollen Biotopen beinhaltet. **Pflegeaktionen** in Steinbrüchen wie bei der Mizzi-Langer-Wand und in Weingärten, wo die Lesesteinmauern erhalten werden, sind besonders in Hinblick auf die Zielarten Smaragdeidechse und Zebraschnecke wichtig.

Informationsveranstaltungen in Bezirksvertretungen, Volkshochschulen und Kleingartenvereinen zu Themen wie „Altbäume" und „naturnaher Garten" fördern das aktive Engagement der Bevölkerung beim Naturschutz in ihrer Stadt. Ein reichhaltiges Folderangebot informiert über Wildbienen, Schmetterlinge, Schnecken und andere Besonderheiten von Wien.

Zusätzlich zum *Netzwerk Natur* tragen aber auch viele andere Programme und Aktivitäten der Stadtverwaltung zur Erhaltung der Biodiversität und einer abwechslungsreichen, vielfältigen Landschaft in Wien bei.

Im **Vertragsnaturschutzprogramm** wird in Kooperation mit Landwirten an mehreren Standorten die beispielhafte Bewahrung einer artenreichen Ackerbeikrautflora angestrebt. Zu diesem Zweck legt man extensiv genutzte Ackerrandstreifen und Ackerbrachen an.

Durch die Forstverwaltung der Stadt werden auch im Wiener Teil des Nationalparks Donau-Auen wichtige Erhaltungsmaßnahmen für besonders wertvolle Lebensräume gesetzt: So versucht man etwa die Heißländen durch das Schwenden (= Roden) von aufkommenden Gehölzen freizuhalten. In der Abteilung Wiener Gewässer wird derzeit auch überlegt, durch Einleiten von Hochwassern in die Lobau die für die Au notwendige Wasserstandsdynamik zu verbessern.

Als beliebte Umweltbildungseinrichtung für Kinder gibt es die **Waldschulen:** Die Waldschule Lobau im Nationalpark Donau-Auen erlaubt es, das Ökosystem Auwald spielerisch kennenzulernen, und in der Waldschule Ottakring können Wiener Schulkinder die Geheimnisse des Wienerwaldes hautnah erforschen. **Naturlehrpfade** im Lainzer Tiergarten und in der Oberen Lobau führen in die schönsten Naherholungsgebiete von Wien. Entlang der Pfade erfährt man Wissenswertes über den Lebensraum Wienerwald und die Geschichte des Lainzer Tiergartens, in der Lobau erhält man einen guten Einblick in das Ökosystem Auwald.

„Wien ist anders" – der bekannte Slogan der Wiener Tourismuswerbung hat auch aus ökologischer Sicht seine Gültigkeit, denn die Biodiversität Wiens ist in vielerlei Hinsicht einzigartig und für eine Stadt mit knapp 1,7 Millionen Einwohnern bemerkenswert hoch. Neben dem reichen kulturellen Erbe, das die Donaumetropole aufzuweisen hat, wird dieses großartige ökologische Erbe nur allzu leicht übersehen. Es auch für zukünftige Generationen zu erhalten, muss heute oberstes Gebot sein!

Unter Schutz gestellte Flächen und Naturdenkmäler in Wien

Schutzgebiete nach internationalen Konventionen:

Biosphärenparks (international Biosphärenreservate genannt) sind Gebiete, die von der UNESCO nach dem Programm „Der Mensch und die Biosphäre" (MAB) anerkannt sind. Der Schutz der biologischen Vielfalt, nachhaltige wirtschaftliche und soziale Entwicklung und die Erhaltung kultureller Werte stehen hier im Vordergrund. Ein weiteres wichtiges Ziel ist die Forschung und Bildung. Seit 2005 ist der Wienerwald als Biosphärenpark anerkannt. Er ist in Österreich das größte Schutzgebiet dieser Art. Auch die Untere Lobau in Wien ist ein Biosphärenreservat.

Die meisten **Nationalparks** verfolgen zwei Ziele: Sie sollen Pflanzen und Tieren als Rückzugsgebiet dienen und gleichzeitig den Menschen Erholung in der freien Natur bieten. Diese beiden Ziele widersprechen sich teilweise, so ist es eine schwierige Herausforderung für die Nationalpark-Verwaltungen, die Balance zwischen dem Schutz und der öffentlichen Zugänglichkeit zu finden. Vorrang hat im Nationalpark jedenfalls der Schutz der Natur. Nationalparks werden weltweit von der **IUCN** („International Union for Conservation of Nature and Natural Resources") koordiniert. Sie organisiert alle zehn Jahre einen internationalen Kongress, bei dem Strategien zum Naturschutz in Nationalparks festgelegt werden. Oft verwechselt mit Nationalparks werden **Naturparks,** die nach Landesgesetzen festgelegt werden und primär das Ziel der Erholung und Umweltbildung der Besucher in der Natur haben. In Wien gibt es keine Naturparks. Im niederösterreichischen Teil des Wienerwaldes liegen die Naturparks „Föhrenberge", „Sparbach", „Purkersdorf-Sandstein-Wienerwald" und „Eichenhain".

Natura 2000-Gebiete gehören zum europaweiten Netz von mehr als zehntausend Schutzgebieten (360.000 km²), durch das besondere Tier- und Pflanzenarten sowie schutzwürdige Lebensräume erhalten bleiben sollen. Diese Gebiete mussten von allen Mitgliedsstaaten der EU nach verbindlichen Rahmenbedingungen eingerichtet werden. Die Staaten sind verpflichtet, den derzeitigen Zustand der Natura-2000-Gebiete zu erhalten oder zu verbessern. In Wien liegen die Natura-2000-Gebiete Liesing, Lainzer Tiergarten, Bisamberg und Lobau. Im Wiener Naturschutzgesetz werden sie „Europaschutzgebiete" genannt.

Ramsar-Gebiete haben ihren Namen von einem der ältesten internationalen Vertragswerke zum Umweltschutz. Der Vertrag wurde 1971 bei einer Konferenz in der iranischen Stadt Ramsar unterzeichnet. Vorausgegangen waren dieser Konferenz erste großräumige und überregionale Wasservogelzählungen in den 1960er-Jahren, die einen weltweit starken Rückgang der Wasservögel dokumentiert hatten. Ziele der Ramsar-Konvention sind der Schutz von Feuchtgebieten, die internationale Zusammenarbeit sowie der Informationsaustausch. Das Abkommen verpflichtet die Staaten, die natürliche Vielfalt in den Schutzgebieten zu erhalten. Es wird aber kein totales Nutzungsverbot angestrebt, das für viele der ärmeren Staaten kaum durchführbar wäre, sondern eine nachhaltige, ökologisch verträgliche Nutzung („wise use"). In Wien ist die Untere Lobau seit 1983 Ramsar-Gebiet.

Schutzgebiete nach dem Wiener Naturschutzgesetz:

Naturschutzgebiete zeichnen sich durch eine weitgehend intakte Landschaft aus, sind reich an seltenen oder gefährdeten heimischen Tier- oder Pflanzenarten, beherbergen besondere Lebensräume oder sind aus wissenschaftlichen Gründen erhaltungswürdig. Im Naturschutzgebiet ist grundsätzlich jeder Eingriff verboten. Notwendige Pflegemaßnahmen oder Eingriffe können von der Behörde im Einzelfall oder über „Managementpläne" bewilligt werden. Als Naturschutzgebiet sind in Wien nur der Lainzer Tiergarten und die Lobau verordnet.

Landschaftsschutzgebiete können wertvolle Kulturlandschaften, Ensembles aus Landschaft und typischen Bauwerken sein oder der naturnahen Erholung dienen. In Wien gibt es die Besonderheit, dass alle Flächen, die am 1. 3. 1985 nach der Bauordnung für Wien als Parkschutzgebiet oder Schutzgebiet Wald- und Wiesengürtel gewidmet waren, automatisch Landschaftsschutzgebiete sind, sofern das inzwischen nicht durch andere Verordnungen aufgehoben wurde. In Landschaftsschutzgebieten stehen Erhaltung und Pflege der Landschaft und Erholung im Vordergrund. Daher sind Bauten, Eingriffe in landschaftsprägende Elemente wie Baumgruppen, die Aufforstung nicht bewaldeter Flächen, aber auch erhebliche Lärmentwicklung verboten. Ausnahmen davon können nach einem Prüfungsverfahren durch die Behörde bewilligt werden.

Europaschutzgebiete entsprechen den EU-Vorgaben aus dem Programm Natura 2000. Sie umfassen Gebiete, die nach der Vogelschutzrichtlinie oder Flora-Fauna-Habitat-Richtlinie (FFH-Richtlinie) zu schützen sind. Von den fachlichen Inhalten und Zielen sind sie mit Naturschutzgebieten vergleichbar. Darüber hinaus ist der „günstige Erhaltungszustand" der betreffenden Lebensräume oder Arten zu dokumentieren und regelmäßig an die EU-Kommission zu melden.

Geschützte Landschaftsteile sind besonders prägende Landschaften, die der naturnahen Erholung dienen, die besondere Lebensräume enthalten oder deren Erhaltung aus kleinklimatischen, ökologischen oder kulturgeschichtlichen Gründen von Interesse ist. Dezidiert genannt sind im Naturschutzgesetz Teiche, Wasserläufe und Gewässerufer, Auen, Feuchtbiotope und charakteristische Geländeformen. Im Geschützten Landschaftsteil ist jeder Eingriff untersagt, der dem Schutzzweck zuwiderläuft. Beispiele sind der Ostteil des Erholungsgebietes Wienerberg (10. Bezirk) und das Blaue Wasser in Albern (11. Bezirk).

Geschützte Biotope können entweder Lebensräume der FFH-Richtlinie sein oder Biotoptypen repräsentieren, die in Wien vom Verschwinden bedroht sind oder geringe Verbreitung haben. Dies sind meist kleinflächige Trockenrasen, Magerwiesen oder Feuchtgebiete. In den früheren Fassungen des Wiener Naturschutzgesetzes bis 1998 gab es die Kategorie „Geschütztes Biotop" noch nicht. Besonders wichtige Gebiete wurden daher als Flächige Naturdenkmäler geschützt. Beispiele sind der Flaumeichen-Bestand im Laaer Wald (10. Bezirk), die Himmelswiese bei Kalksburg (23. Bezirk) und die Alten Schanzen bei Stammersdorf (21. Bezirk).

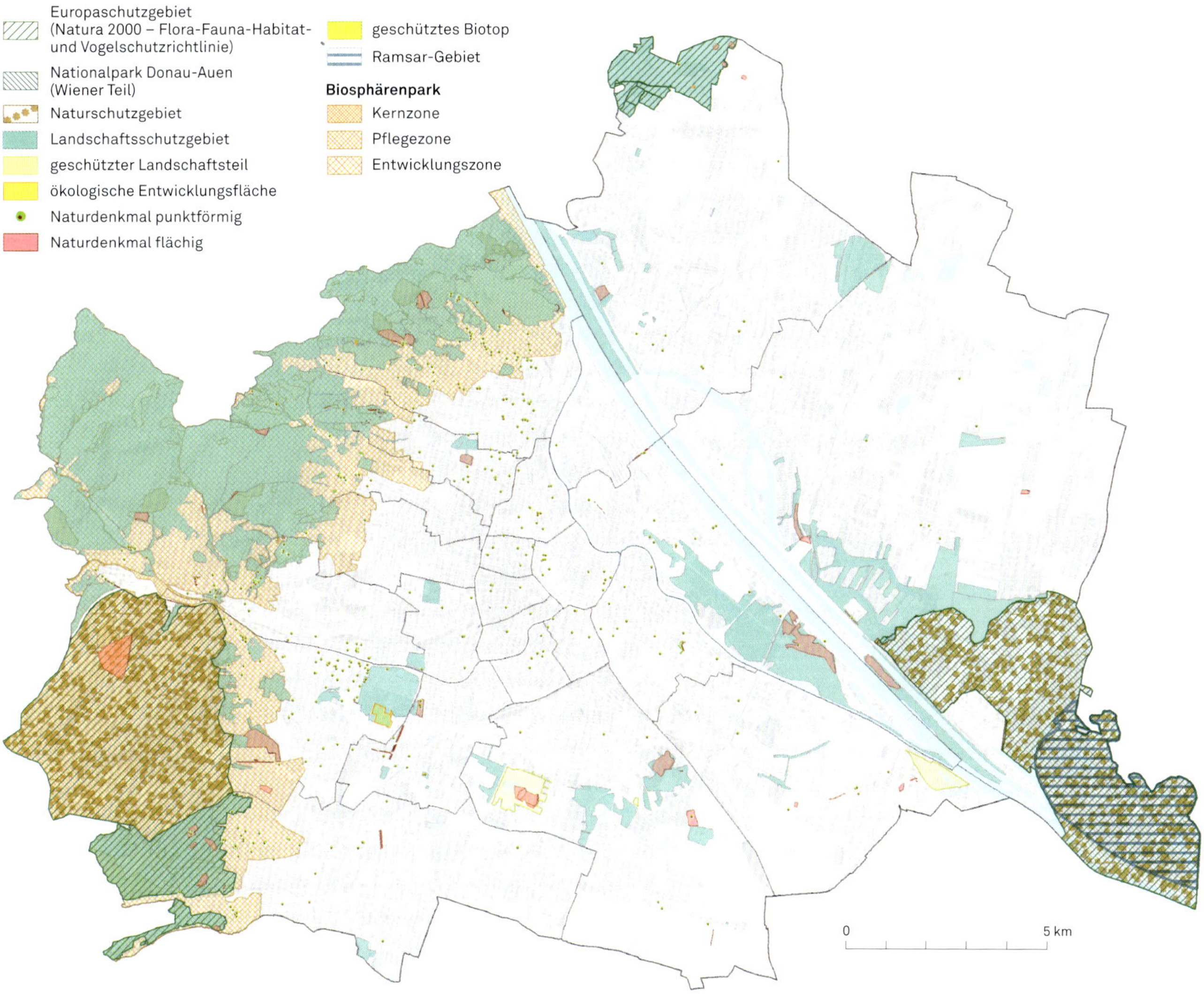

Ökologische Entwicklungsflächen sollen dazu beitragen, Grünstrukturen in der Stadt zu entwickeln und zu vernetzen oder das Arten- und Biotopschutzprogramm umzusetzen. Das Gesetz sieht vor, dass dabei primär Flächen im Eigentum der Stadt Wien heranzuziehen sind. Bei privaten Flächen muss vor der Unterschutzstellung mit dem Grundeigentümer ein Vertrag abgeschlossen und eine allfällige Entschädigung festgelegt werden. Ist keine Einigung möglich und handelt es sich um naturschutzfachlich besonders wertvolle Flächen, kann die Behörde die Fläche auch gegen den Willen des Eigentümers unter Schutz stellen.

Auch **nicht geschützte Pflanzen oder Tiere** dürfen nicht mutwillig beschädigt oder vernichtet werden. Das Aussetzen nicht heimischer Tiere oder das Auspflanzen nicht heimischer Pflanzen bedarf der Bewilligung der Naturschutzbehörde, wenn eine Beeinträchtigung der heimischen Tier- und Pflanzenwelt zu erwarten ist.

Schutzgebiete nach der Wiener Bauordnung:

Das **Schutzgebiet Wald- und Wiesengürtel** („SWW") umfasst Grünflächen, die zur Wahrung der gesundheitlichen Interessen der Bewohner und zu deren Erholung in freier Natur dienen. Die land- und forstwirtschaftliche Nutzung ist erlaubt. Bauten, die diesem Zweck dienen, wie Bienenhütten oder Werkzeughütten, dürfen in kleinem Umfang errichtet werden, ebenso Bauten für die Erholungsnutzung wie Ausflugsgasthäuser oder Aussichtswarten. Wohnbauten hingegen sind im Wald- und Wiesengürtel nicht zulässig.

Parkschutzgebiete sind erhaltenswerte – oft historische – Gartenanlagen. Bestehende Gebäude, aber auch Neubauten sind darin grundsätzlich zulässig, müssen jedoch im Bebauungsplan nach Größe und Fläche genau festgelegt werden.

Schutzgebiete ohne rechtlichen Status:

Vogelschutzgebiete wurden in den 1930er- und 1940er-Jahren eingeführt, aber nie rechtswirksam verordnet. Es gelten hier also keine speziellen Verbote oder Gebote. Ein Beispiel ist der Heuberg im 17. Bezirk.

Alexander C. Mrkvicka

Inhalt

8

Franz Michael Grünweis / Thomas Wrbka

Landschaftswandel über viele Jahrhunderte
Von der Naturlandschaft zur Kulturlandschaft

Bild vorhergehende Doppelseite:
Der Landschaftswandel im Wiener Raum in einem Bildschwenk von der Urlandschaft bis heute, dargestellt von Peter Newrkla (Öl auf Leinwand, 2008).
Im linken Bildteil ist mit den Wienerwaldbergen, der Wiener Pforte und den unberührten Donauauen die Urlandschaft (→ S. 213) dargestellt. In der Mitte folgt das Bild der spätmittelalterlichen Festungsstadt mit der umliegenden bäuerlichen Kulturlandschaft, wie sie etwa 150 bis 200 Jahre vor der Zeit der Josephinischen Landesaufnahme (→ S. 225) ausgesehen haben mag. Rechts ist die moderne Metropole des 21. Jahrhunderts (→ S. 241) zu sehen.

Wien in Raum und Zeit

Naturlandschaft: Landschaft, Vegetation und Tierwelt ohne menschlichen Eingriff; Wien ohne Stephansdom, Wien ohne Heurigen, Wien ohne Wiener.

Nach dem Ende der letzten Eiszeit vor rund 10.000 Jahren begann eine sukzessive Wiederbesiedelung der offenen Periglazialräume durch die Pflanzen- und Tierwelt (→ S. 164). Die rasch zunehmende Klimaerwärmung und eine für Mitteleuropa charakteristische mittlere Niederschlagsmenge von 400–800 Millimetern pro Jahr, machten die Entwicklung von Waldökosystemen möglich. Diese bedeckten auch den weiteren Wiener Raum mit einer annähernd geschlossenen Waldfläche, die Höhenstufen ebenso wie die Tallagen und Flusslandschaften. Waldfreie Standorte waren in dieser Urlandschaft wohl eher die Ausnahme.

Gegen Ende der Mittelsteinzeit hat auch der Mensch ganz allmählich begonnen, auf diese Wälder einzuwirken, zuerst wohl kaum landschaftsverändernd und im Wesentlichen nur indirekt durch die Jagd auf große Pflanzenfresser. Ab dem fünften Jahrtausend vor Christus entstanden aber dauerhafte Siedlungen einer jungsteinzeitlichen, bäuerlichen Bevölkerung, die im Feuersteinbergbau bei Mauer die ältesten Spuren menschlicher Aktivität im Wiener Stadtgebiet hinterlassen hat. Von da an gibt es einen zunächst kaum merkbaren, aber doch kontinuierlich zunehmenden menschlichen Einfluss auf die Landschaft.

Die Umwandlung der Naturlandschaften und ihrer Ökosysteme im heutigen Wiener Stadtgebiet zu verschiedenen Kulturlandschaften kann also über einen Zeitraum von mehreren Tausend Jahren verfolgt werden. Die geschlossenen Waldbereiche wurden dabei schrittweise immer mehr zurückgedrängt – bis hin zur aktuellen Stadtlandschaft, in der sie auf die Hügelketten des Wienerwaldes und auf die Fluss-Auen des Donaustromes beschränkt sind.

Mit dem Auftreten der Römer entwickelte sich eine planmäßige Landnutzung durch Gutshöfe, besonders in den vom Klima und den Bodenverhältnissen begünstigten Bereichen der Terrassenlandschaft. Der Wienerwald lag als Bau- und Brennholzreserve nicht allzu weit entfernt und die Quellen der Wienerwaldbäche lieferten ausreichend Trinkwasser. Diese Vielfalt an Ressourcen am Übergang vom Bergland in die Ebene des Wiener Beckens und die Donau als Verkehrsweg bildeten die idealen Vorraussetzungen für die Gründung größerer dauerhafter Siedlungen.

Die aktuelle Stadtlandschaft ist das Ergebnis einer Entwicklung, die im frühen Mittelalter auf dem Areal des römischen Legionslagers eingesetzt hat. Für lange Zeit war dabei der städtische Raum durch die mittelalterlichen Stadtmauern begrenzt und eingeengt. Die gerodeten Landschaftsteile der Umgebung wurden zunächst agrarisch für Ackerbau, Wiesen- und Weidewirtschaft sowie als Weingärten genutzt, in weiterer Folge dann aber auch Zug um Zug überbaut. Durch das Bauverbot im Glacis vor der Stadtmauer entwickelten sich die außerhalb liegenden bäuerlichen Siedlungen zu selbstständigen Vororten und schließlich zu Vorstädten, die noch lange von Feldern

Der Dobra-Urwald im Waldviertel heute: So könnten Teile der Urlandschaft auch im Wiener Raum ausgesehen haben (→ S. 218).

und Weingärten umgeben waren. Diese landwirtschaftlich genutzte Zone erstreckte sich schon früh weit nach Westen bis zu den Abhängen des Wienerwaldes. Erst nach der zweiten Türkenbelagerung und der Errichtung des Linienwalls, eines zweiten Verteidigungsgürtels, zu Beginn des 18. Jahrhunderts entwickelten sich im Bereich der Vororte spontan neue Siedlungen und manche wurden hier planmäßig angelegt. Mitte des 19. Jahrhunderts wurde Wien durch die Eingemeindung der Vorstädte und den Zuzug Hunderttausender, besonders aus Böhmen und Mähren, zur sechstgrößten Millionenstadt der Welt. Als Höhepunkt des einsetzenden Baubooms wurde anstelle der alten Stadtmauer und des Glacis die Ringstrasse mit ihren Prachtbauten errichtet. Die tief greifenden politischen, wirtschaftlichen und sozialen Veränderungen nach dem Ersten Weltkrieg haben der dichten Blockbebauung der Stadt dann ein Ende bereitet und zum kommunalen Wohnbau der Zwischenkriegszeit geführt, bei dem der Schwerpunkt auf der qualitativen Verbesserung der Wohnsituation lag. Nach dem Zweiten Weltkrieg stand zunächst der Wiederaufbau der zerstörten Wohnhäuser und der Infrastruktur im Vordergrund. Später kam es zu einer quantitativen und qualitativen Verbesserung der Wohnsituation, sie erfasste besonders den südlichen Stadtrand und Teile des 21. und 22. Bezirks, die bis dahin agrarisch genutzt worden waren. Gleichzeitig siedelten sich dort und in den umliegenden Gemeinden Industrie- und Gewerbebetriebe an. Zuletzt wurde dieser Prozess mit der Öffnung der Ostgrenzen verstärkt und hat der Stadt neue Entwicklungsmöglichkeiten eröffnet.

So ist auch die aktuelle Wiener Kulturlandschaft kein statisches Endprodukt einer Entwicklung. Wie in den vergangenen Jahrhunderten wird sie sich unter immer wieder neuen Bedingungen laufend weiter wandeln.

Die Urlandschaft im Wiener Raum

Was sind Landschaften?

Der Wiener Raum hat Anteil an den beiden Großlandschaften: Alpen sowie Vorländer und Becken. Diesen beiden Großlandschaften können im Wiener Raum verschiedene Naturlandschaften zugeordnet werden, wie die unten stehende Karte anschaulich macht. In typischer Ausbildung lassen sich diese Naturlandschaften durch Geologie, Klima und Vegetation gut beschreiben. Der geologische Untergrund im Wiener Raum ist gekennzeichnet durch ein weites Spektrum an Gesteinen (Flysch, Kalk, pleistozäner Löss, Schotter) und die damit verbundenen Phänomene wie Verwitterung, Geländeform, Wasserhaushalt und Bodenbildung. Diese bilden die Grundlage für die außerordentliche Vielfalt von Standorten und die Dynamik, mit der sie sich verändern können. Zu diesen Standort-Faktoren kommt wenigstens seit dem Ende der Eiszeiten eine historische Dimension der Vegetationsentwicklung – die Wiederbesiedlung der offenen Periglazialräume – ins Spiel. Zwischen den verschiedenen Naturlandschaften vermitteln natürlich Übergangszonen. Grenzziehungen wie auf der hier vorgestellten Karte können daher nur Hilfsmittel der Visualisierung sein. Allerdings sind gerade diese schmaleren oder breiteren Übergangsbereiche – sogenannte Ökotone – in biologischer Hinsicht besonders interessant.

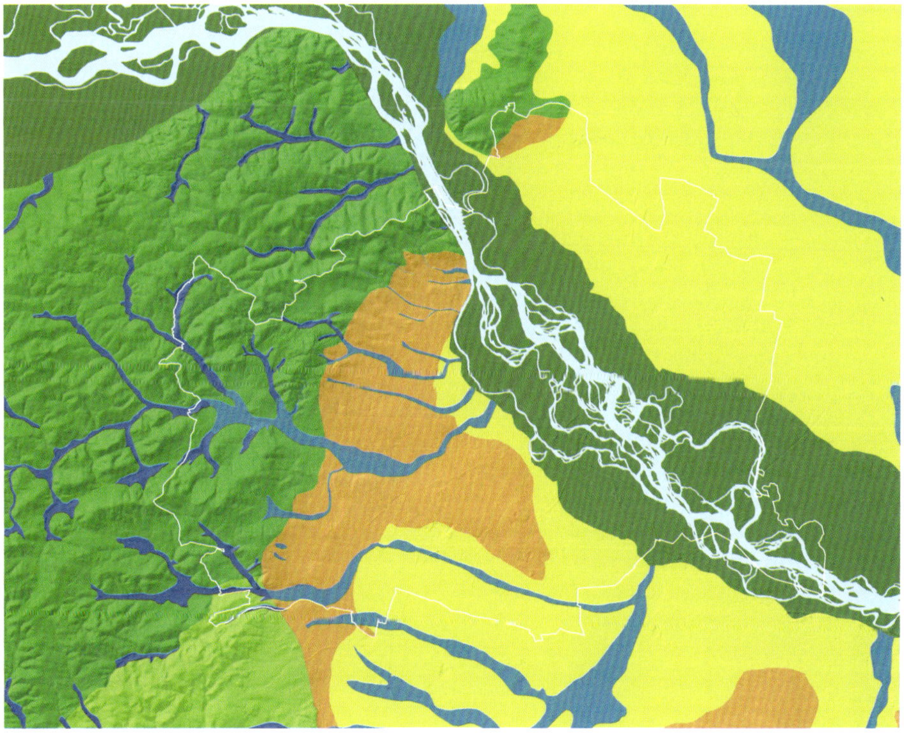

Die Naturlandschaften im Raum von Wien vor stärkerer menschlicher Einflussnahme (vor etwa 6.000 Jahren)

Alpen
- Berglandschaft im Flysch-Wienerwald
- Berglandschaft im kalkalpinen Wienerwald
- Tallandschaft der Wienerwaldbäche
- Terrassenlandschaft der Hügelstufe

Vorländer und Becken
- Terrassenlandschaft der Ebenenstufe
- Aulandschaft der Seitenflüsse, -bäche der Donau
- Aulandschaft der Donau

Donau

Das Phänomen „Landschaft" und seine wissenschaftliche Erforschung

Auch im Wiener Raum verzahnen sich wildnishafte Naturlandschaft mit halbnatürlicher Agrikulturlandschaft und stark veränderter Siedlungslandschaft. Der Blick von der Südflanke des Leopoldsberges zeigt einen naturnahen Trockenwald im Vordergrund, die Weinbaulandschaft am Nussberg im Mittelgrund und das dicht verbaute Stadtgebiet im Hintergrund.

Der Begriff „Landschaft" taucht erst relativ spät, nämlich gegen Ende des 18. Jahrhunderts, als naturwissenschaftlicher Fachbegriff auf. Erstmals benutzte ihn der Geograph und Naturforscher Alexander von Humboldt 1780 zur Beschreibung des *„Totalcharakters einer Erdgegend"*, welcher die geologischen, klimatischen und geobotanischen, aber auch die landeskulturellen Verhältnisse einschloss. Bis dahin war „Landschaft" vorwiegend als Sujet der Malerei sowie zur Abgrenzung politisch-administrativer Territorien im Sinne individueller Regionen in Gebrauch. Dieser Begriffsgeschichte ist es zu verdanken, dass auch heute, zu Beginn des 21. Jahrhunderts, die „Landschaft" in der Alltagssprache primär emotional bestimmt ist und, vielfach unbewusst, mit „Heimat" verknüpft wird.

In dieser Begriffstradition wurzelnd wurden im späten 19. und frühen 20. Jahrhundert die Begriffe „Ur-", „Natur-", und „Kulturlandschaft" in den Naturschutzdiskurs eingebracht. Die „Urlandschaft" wurde dabei als wildnishafter Ausgangszustand der Landschaftsentwicklung verstanden und diente, mangels Einsicht in die tatsächliche Landschaftsgeschichte, nicht selten als Projektionsfläche für Sehnsüchte nach „unberührter Natur". Das zunehmende Wissen um die differenzierte und jahrtausendealte Rolle menschlicher Gesellschaften im Formungsprozess von Landschaften führte jedoch zur Erkenntnis, dass es weltweit fast überall nur noch „Kulturlandschaften", also von Menschen gestaltete oder zumindest beeinflusste Räume gibt. Obwohl im Prinzip richtig, ist aber auch eine solche Verallgemeinerung in der Praxis der Naturschutz- und Landschaftsplanung wenig hilfreich. Als brauchbar hat sich letztendlich die Unterscheidung verschiedener Abstufungsgrade von Naturnähe erwiesen. Diese lassen sich konkreten Landschaften und ihren Lebensräumen mithilfe von Indikatoren wie dem Vorkommen kulturfolgender Pflanzen- und Tierarten zuweisen. Die jeweiligen Untersuchungsgebiete können dann aufgrund der Flächenanteile unterschiedlich naturnaher Landschaftsausschnitte als mehr oder weniger naturnahe beziehungsweise menschlich überprägte Kulturlandschaften bezeichnet werden. Sind in einem Gebiet ausschließlich naturnahe Landschaftselemente vorhanden, wie das etwa in der Kernzone mancher Großschutzgebiete der Fall ist, so kann von „Naturlandschaft" gesprochen werden.

Die moderne Landschaftsökologie versucht, Landschaften mithilfe nachvollziehbarer Kriterien systematisch zu beschreiben, wissenschaftlich zu analysieren und gegebenenfalls zu Typen zusammenzufassen. Das Ziel solcher Studien ist oft, das Potenzial für die nachhaltige Entwicklung von Landschaften zu erfassen und negativen Entwicklungen, wie etwa der Monotonisierung von historisch gewachsenen Agrikulturlandschaften, entgegenzutreten. Dafür müssen diagnostische Merkmale, wie die Intensität der Landnutzung und die Qualität von Lebensräumen, als Indikatoren für die Messung und Bewertung des aktuellen Zustandes und für das Monitoring der laufenden Entwicklung ausgewählt und auf ihre praktische Anwendbarkeit hin überprüft werden. Landschaftsökologen verstehen sich demnach als inter- und transdisziplinär forschende Wissenschaftler, die methodische und empirische Grundlagen für die vielfältigen Aufgaben der Raum-, Umwelt-, und Landschaftsplanung erarbeiten.

Bei der Lösung der skizzierten Aufgaben spielt mittlerweile das Konzept der Landschaftsstruktur eine zentrale Rolle. Es beschreibt die räumliche Verteilung der kleinsten ökologisch homogenen Raumeinheiten, der sogenannten Landschaftselemente. Daraus abgeleitete Modellvorstellungen, wie die Kategorisierung der Landschaftselemente in solche, die vorherrschen (Matrix), linear (Korridore) oder inselartig (Patches) verteilt sind, liefern die theoretische Grundlage für die exakte Messung der „Geometrie" von Landschaften. In größerem Umfang wurde dies erst durch die rasante Entwicklung leistungsfähiger Werkzeuge zur Verarbeitung und statistischen Analyse großer räumlicher Datenbestände möglich, vor allem etwa durch die Geographischen Informationssysteme (GIS). Durch sie erst können Landschaftsmuster als Auswirkung von physischen und sozioökonomischen Prozessen großräumig analysiert werden.

Thomas Wrbka

Die ursprüngliche Vegetation der Naturlandschaften

Gäbe es im Wiener Raum keine Menschen, dann würden die Naturlandschaften hier Wälder tragen, soweit das Auge reicht. Wälder bedeckten Gipfel und Hänge der Wienerwaldberge, Wälder erstreckten sich über die ausgedehnten Terrassen und Ebenen des Wiener Beckens und auch an der Donau und ihren Nebenflüssen stünden Wälder, die immer wieder überschwemmt und verändert würden. Bevor Menschen hier siedelten, war dies tatsächlich weitgehend so. Im folgenden Abschnitt soll gezeigt werden, wie man diese ursprüngliche Pflanzendecke des Wiener Raums rekonstruieren kann.

Denn eintönig war diese Waldbedeckung im Raum von Wien keineswegs, im Gegenteil: Die außerordentliche Vielfalt verschiedener Standortbedingungen führte zu einer starken Differenzierung der Pflanzendecke. Neben Geologie und Relief sind dabei die Höhenstufen und abhängig davon Temperatur und Niederschlag für die Ausbildung der Vegetation wesentlich: Im Wiener Raum kann man die Ebenenstufe (Planarstufe, etwa150–200 Meter ü. d. M.), die Hügelstufe (Kollinstufe, etwa 200–400 Meter) sowie die Untere Bergstufe (Submontanstufe, etwa 400–600 Meter) unterscheiden. In der neueren Fachliteratur wird letztere vielfach auch als Submontanstufe bezeichnet. Diese Höhenstufen bedingen eine Abnahme der Jahresmittelwerte der Temperatur von unten nach oben von über neun Grad Celsius in der Ebene bis unter acht Grad Celsius in der Unteren Bergstufe. Dagegen nehmen die Jahresmittelwerte der Niederschläge zu: So muss man in der Ebenenstufe mit Werten von unter 600 Millimetern, in der Hügelstufe mit 650–800 Millimetern und in der Unteren Bergstufe mit über 800 Millimetern rechnen. Die große Verschiedenheit all dieser Standortbedingungen hat im Wiener Raum seit Jahrtausenden eine vielfältige Waldvegetation entstehen lassen.

Waldfreie Vegetation war im Wiener Raum wohl selten und an extreme Standorte gebunden: Auf flachgründigen, zur Donau hin abfallenden Steilhängen des Leopolds- und Bisamberges und an südexponierten Felsstandorten in den Durchbruchstälern im Süden Wiens konnten sich neben wärmeliebenden Waldtypen sogar kleinflächige Trockenrasen ausbilden. Für die Zeit vor menschlicher Rodung und Landwirtschaft kann man in der Terrassenlandschaft der Hügel- und Ebenenstufe große Herden von Pflanzenfressern vermuten, welche für mehr oder weniger baumfreie Auflichtungen

Wie Klima und Standort die Vegetation steuern

Zonale Vegetation
Die Entwicklung der Vegetation und des Bodens wird im Allgemeinen von großklimatischen Faktoren gesteuert. Sie bedingen an Normal-Standorten eine natürliche Vegetationsentwicklung (Sukzession) hin zur zonalen Vegetation, das heißt zu sogenannten Klimaxgesellschaften. Im Wiener Raum sind dies Eichen-Hainbuchen-Wälder in der Ebenen- und Hügelstufe und Rotbuchenwälder in der Bergstufe. Sie nehmen auch heute noch den größten Teil der verbliebenen Waldflächen ein. Ausnahmen davon bilden Extrem-Standorte: Sie sind entweder besonders trocken oder nass, besonders reich oder arm an Nährstoffen oder sie werden in vielen Fällen laufend stark verändert.

Extrazonale Vegetation
Wird etwa der allgemein herrschende Klimaeinfluss durch solche lokalen Faktoren überlagert, dann entstehen kleinräumig Standortverhältnisse, deren Pflanzengesellschaften teilweise anderen zonalen Vegetationstypen entsprechen. Im Wiener Raum sind dies etwa trockenere und wärmere Standorte an steilen Südhängen wie am Leopoldsberg oder im Kalkwienerwald im Süden Wiens. Kleinräumig hat sich dort eine extrazonale Vegetation etabliert, die mehr dem mediterranen oder dem pontisch-pannonischen Florengebiet entspricht. Es sind dies trockenliebende Waldgesellschaften oder gar gehölzfreie Grasfluren und Pioniergesellschaften.

Azonale Vegetation
Werden an einem Standort über das Klima hinaus noch andere Faktoren vegetationsbestimmend, wie häufige Umlagerung oder extreme Nährstoff- oder Wasserverfügbarkeit, entwickelt sich eine azonale Vegetation. So entstehen beispielsweise durch Überschwemmung und Umlagerung des Substrats entlang von Fließgewässern Sand- und Schotterbänke mit einer speziellen Pioniervegetation, wie man sie etwa entlang der Wienerwaldbäche und besonders auch an der Donau findet. Diese Vegetationstypen entwickeln sich aber weder unter zonalen noch unter extrazonalen Bedingungen.

Franz Michael Grünweis

der Waldlandschaft sorgten. Überraschen mag vielleicht die Tatsache, dass es auch im Auenbereich der Donau größere offene Flächen ohne Wald gegeben hat. Regelmäßig wurden dort die Schotterbänke durch wiederkehrende Hochwasser umgelagert, sodass keine Gehölze aufkommen konnten. Selbst bereits bewaldete Inseln im Strom wurden vom Hochwasser und durch Eisstöße immer wieder weggerissen.

Die nebenstehende Karte soll ein Bild von der ursprünglichen Pflanzendecke im Raum von Wien vermitteln, wie sie vor der intensiveren Nutzung durch den Menschen, also zu Ende der Jungsteinzeit (etwa 4.000 v. Chr.) ausgesehen haben könnte. Sie zeigt die zonalen Klimaxgesellschaften der Wälder und ihre Zuordnung zu den verschiedenen Naturlandschaften. In den letzten 6.000 Jahren gab es zwar gewisse Schwankungen, aber keine grundsätzliche Änderung des Klimas im Wiener Raum. Daher kann man davon ausgehen, dass diese Naturlandschaften, gäbe es den mensch-

Welchen Einfluss hatten die großen Pflanzenfresser auf die Vegetation der Urlandschaft?

Früher hat man vielfach angenommen, dass Mitteleuropa überall von geschlossenem Wald bedeckt war, wo aufgrund der lokalklimatischen Verhältnisse und der Bodenbedingungen Bäume wachsen konnten. Erst vom Menschen sei der Wald durch Rodung und weitere Nutzung zurückgedrängt und durch Wiesen, Weiden und Äcker ersetzt worden.

Diese Vorstellung wird allerdings in letzter Zeit immer mehr bezweifelt. Denn manche Wissenschaftler vermuten, dass es bei uns in vielen Bereichen auch schon vor stärkeren menschlichen Eingriffen anstelle geschlossener Wälder offene Waldsteppen mit parkartigem Landschaftscharakter gegeben hat, ähnlich wie heute in manchen Savannengebieten Ostafrikas. Zurückgeführt wird dies in erster Linie auf den Einfluss von Tieren, vor allem von großen Pflanzenfressern (Megaherbivoren). Die Vegetation der Wälder durchläuft immer wieder Entwicklungszyklen, in denen durch Störungen wie Brand, Windwurf, Überschwemmungen oder Eisbruch sowie durch die altersbedingte Regeneration neue Freiflächen entstehen. Und diese Standorte könnten vor allem durch massiven Verbiss und Tritt von großen Pflanzenfressern längere Zeit offen gehalten worden sein.

Die Vorstellung von einer mosaikartigen Verzahnung von Wald und Grasland könnte besonders für die trockeneren pannonischen Bereiche des Wiener Raums zutreffend sein. Hier gab es nach den Eiszeiten vermutlich eine artenreiche Huftiergemeinschaft mit unterschiedlichen Ernährungstypen (Wildpferd, Wisent, Auerochse, Elch, Reh, Rothirsch und Wildschwein). Ungeklärt ist allerdings, in welcher Dichte diese Tiere damals vorgekommen sind und ob sie tatsächlich massiven Einfluss auf die Vegetationsentwicklung nehmen konnten. Diese Problematik betrifft nicht nur eine mögliche Offenheit der Waldbestände, sondern auch die Zusammensetzung der Baumarten und die Artenvielfalt dieser Ökosysteme. Die lichtbedürftigen Eichen hätten ohne die großen Pflanzenfresser wohl kaum aufkommen können. Andererseits war der Siegeszug der Buche in Mitteleuropa erst möglich, nachdem die Pflanzenfresser durch den Menschen stark zurückgedrängt beziehungsweise einzelne Arten ausgerottet worden waren.

Diese Einsichten waren offenbar lange Zeit verstellt, weil in der von der Forstwirtschaft geprägten traditionellen Waldforschung die Wildtiere in erster Linie als Schädlinge der Wälder angesehen wurden. Sie sind aber integrale Bestandteile dieser Lebensräume und haben sich in langer Ko-Evolution gemeinsam mit der Vegetation entwickelt. ***Günther Pass***

Künstlerische Darstellung großer Pflanzenfresser, die im Wiener Raum gelebt haben, bevor der Mensch hier sesshaft geworden ist: Steppenbison (vorne), Ur (rechts), Rothirsch und Reh (hinten)

Rekonstruktion der ursprünglichen Verbreitung natürlicher Vegetationstypen im Raum von Wien.

Berglandschaft im Flysch-Wienerwald
- 1 Braunerde-Buchenwälder
- 2 Bodensaure Buchen-Eichenwälder
- 3 Gipfel-Eschenwälder
- 4 Steilhang-Lindenwald

Berglandschaft im kalkalpinen Wienerwald
- 5 Kalk-Buchenwälder
- 6 Schwarzföhrenwälder
- 7 Flaumeichenwälder auf kalkreichen Gesteinen

Tallandschaft der Wienerwaldbäche
- 8 Bach-Eschen-Schwarzerlen-Au

Terrassenlandschaft der Hügelstufe
- 9 Eichen-Hainbuchenwälder
- 10 Eichenwälder der wärmeren Randlagen
- 11 Flaumeichenwälder auf höher gelegenen Schotterterrassen

Terrassenlandschaft der Ebenenstufe
- 12 Flaumeichenwälder auf tiefer gelegenen Schotterterrassen
- 13 Eichenwälder auf flachgründigen, tiefer gelegenen Schotterterrassen
- 14 Eichenwälder auf überlössten Schotterterrassen
- 15 Sanddünen

Aulandschaft der Seitenflüsse und -bäche der Donau
- 16 Talbodenwälder im Wiener Becken

Aulandschaft der Donau
- 17 Weichholz-Auwälder
- 18 Hartholz-Auwälder
- 19 Bruchwälder

Donau

lichen Einfluss nicht, auch heute noch eine solche Pflanzendecke tragen würden. Die Rekonstruktion ist für den weitgehend versiegelten Stadtbereich, die stark veränderte und dicht besiedelte Terrassenlandschaft und die intensiv agrarisch genutzte Landschaft der großen Ebenen auf geomorphologische und bodenkundliche Daten sowie auf eine nur kleine Zahl erhalten gebliebener Waldreste angewiesen. In den Donauauen und im Wienerwald hingegen ist die aktuelle Waldausstattung auch heute noch so weit erhalten, dass der spekulative Aspekt der Rekonstruktion deutlich geringer ist.

Die in der Karte ausgewiesenen und im Folgenden näher beschriebenen Vegetationstypen sind nur begrenzt mit den von der modernen Vegetationskunde beschriebenen heutigen Waldgesellschaften gleichzusetzen. Letztere werden in den anschließenden Kapiteln hinsichtlich ihrer Verbreitung und ihrer floristischen, vegetationsökologischen und faunistischen Besonderheiten ausführlich beschrieben (→ Wienerwald S. 255, Donauauen S. 329 und Pannonikum S. 393).

Berglandschaft im Flysch-Wienerwald

Der geologisch den Alpen zugehörige Anteil Wiens wird über weite Strecken von den runden Verwitterungsformen des Flyschsandsteins geprägt. Hier finden sich auch die höchsten Erhebungen im Stadtgebiet. Nur im Süden Wiens erscheinen kalkalpine Gesteine. Aus den noch gut erhaltenen aktuellen Wäldern der Sandstein- und Kalkzone lässt sich ein recht verlässliches Bild der ursprünglichen Pflanzendecke dieser Räume ableiten.

Braunerde-Buchenwälder

Großräumig waren in der unteren Bergstufe neben Eichen-Hainbuchen-Wäldern Rotbuchenwälder ausgebildet. Die Buche ist erst relativ spät, vor etwa 6.000 Jahren, aus südlichen Eiszeitrefugien bei uns eingewandert. Heute besetzt sie ein riesiges Areal, das die großklimatische Situation im temperaten Europa bestens widerspiegelt. Die mergelreichen Ausgangsgesteine im Flysch-Wienerwald haben zur Ausbildung tiefgründiger Verwitterungsbraunerden mit guter Wasser- und Nährstoffversorgung geführt, welche die Rot-Buche begünstigen. Hangneigung, Himmelsrichtung und Nährstoffverhältnisse bestimmen die Zusammensetzung der krautigen Begleitvegetation. Während heutige Buchenwälder meist stark durchforstet und die Bäume weitgehend gleichaltrig sind, waren in ursprünglichen Wäldern stets unterschiedliche Altersklassen vorhanden. Nebeneinander und gleichzeitig fanden sich Jungwuchs, Hochwald und Zerfallsstadien. Daraus ergab sich eine viel stärker differenzierte Raumstruktur, als man sie heute in den Wirtschaftswäldern des Wienerwaldes findet. Eine ungefähre Vorstellung von einem Rotbuchen-Urwald der Montanstufe, wie er einst den Wienerwald prägte, kann ein Besuch im „Dobra-Urwald" am mittleren der drei Kamptal-Stauseen vermitteln (→ Bild S. 212).

Bodensaure Buchen-Eichen-Wälder

Im Flysch-Wienerwald entwickelten sich auf Sandsteinen mit hohem Quarzanteil nährstoffarme flachgründige Böden. Die locker stehenden Buchen-Eichen-Wälder sind von einer artenarmen Begleitvegetation gekennzeichnet.

Auf nährstoffarmen, bodensauren Standorten konnte sich eine weitere buchenreiche Waldgesellschaft entwickeln. Im Vergleich zu den Braunerde-Buchenwäldern ist ihr Unterwuchs deutlich verändert und zeigt Nährstoffarmut an. In tieferen und wärmeren Lagen sowie auf südexponierten Hängen kann zur Buche auch noch die Trauben-Eiche als zweite wichtige Baumart hinzutreten. Da nährstoffarme Sandsteine im Wienerwald eher selten vorkommen, war dieser Waldtyp wohl nie großflächig, sondern nur auf steileren und flachgründigen Rücken verbreitet. Allerdings ist die Datenlage zu den bodensauren Buchenwäldern weniger umfassend als in Wien, sodass dieser Waldtyp im nördlichen Kartenteil unterrepräsentiert erscheint.

Gipfel-Eschenwälder

In den Gipfelbereichen einiger Wienerwaldberge hat sich eine charakteristische Waldgesellschaft herausgebildet. Zwar oft nur kleinflächig entwickelt, hebt sie sich standörtlich und floristisch doch recht deutlich vom umgebenden Rotbuchenwald ab. Gute Belichtung und hohe Luftfeuchtigkeit in den Staulagen der Gipfel fördern Esche und Berg-Ahorn in der Baumschicht, während die Rot-Buche zurücktritt. Im Frühjahr bildet der Bär-Lauch dichte weißblühende Teppiche – man könnte meinen, irgendwo in den Donauauen zu sein, steht aber doch auf Wiens höchstem Berg, dem Hermannskogel. Nach wenigen Wochen verwelken die Bärlauchblätter mit intensivem Knoblauchgestank und machen Platz für einen dichten, hochwüchsigen Pflanzenbestand, in dem Nährstoffzeiger wie Brennnessel und Kleb-Labkraut dominieren. Ob auch dieser Unterwuchs schon zum Gipfel-Eschenwald der Urlandschaft gehört hat? Wir wissen es nicht. Es fehlen lokalisierbare Informationen zur Flora und Vegetation aus vorindustriellen Epochen. Möglich wäre auch, dass der durch den Menschen bedingte Nährstoffeintrag über die Atmosphäre die Ursache für den Reichtum an Nährstoffzeigern in der gegenwärtigen Vegetation ist.

Steilhang-Lindenwald

Blick in den Linden-Mischwald am Nordost-Abhang des Leopoldberges

Diese Waldgesellschaft am Leopoldsberg stellt ein Unikat unter den Wäldern im Wiener Raum dar und ist ein eindrucksvolles Beispiel für den Einfluss von Exposition und Hangneigung auf die Ausbildung der Vegetation. Durch die Ausrichtung nach Nordosten sind die schuttreichen Mergelsteilhänge schattiger und feuchter als die nahe gelegenen Südost-Hänge, die von Flaumeichen-Krüppelwald bestockt sind. Die Sommer-Linde gedeiht unter diesen Standortbedingungen gut und erträgt auch die ständigen Umlagerungen der instabilen Hänge. Neben der Sommer-Linde können im Bestand auch noch Buche, Berg-Ulme und Esche auftreten. Die ausgeglichene kleinklimatische Situation wird durch Pimpernuss, Lorbeer-Seidelbast und

Dirndlstrauch angezeigt. Die leicht beweglichen Schutthänge fördern in der Krautschicht Arten, die auch Ruderalstandorte besiedeln, wie Stink-Storchschnabel und Lauchkraut.

Berglandschaft im kalkalpinen Wienerwald

Kalkalpine Gesteine erreichen den Wiener Stadtraum nur im äußersten Süden, waren und sind aber für die Landschaft und Vegetation des Ostalpenrandes von großer Bedeutung. Die wasserdurchlässigen, kluftreichen Kalke und Dolomite und das Lokalklima haben einerseits das Überdauern einer eiszeitlichen Reliktflora, andererseits aber auch die Ausbildung einer wärme- und trockenheitsliebenden Vegetation gefördert. Beides lässt sich auch heute noch dort finden, wo der Mensch nicht zu stark eingegriffen hat. Unter ausgeglichenen Bedingungen hat sich Rotbuchenwald eingestellt. Trockenere Standorte wurden von Flaumeichenbeständen bewachsen, die bei zunehmender Flachgründigkeit mit gehölzfreien Trockenraseninseln durchsetzt waren. Und auf luftfeuchten Steilhängen mit Dolomit konnte die Schwarz-Föhre waldbildend auftreten.

Kalk–Buchenwälder

Tiefgründigere, mäßig frische Böden über Kalk haben eine Buchenwaldgesellschaft aufkommen lassen, die gegenüber den Buchenwaldtypen über Flyschsandsteinen durch einen höheren Artenreichtum der Begleitvegetation auffällt. Solche Bestände, heute im Raum Prechtoldsdorf bis Mödling weit verbreitet, sind auch lockerer und lassen mehr Raum und Licht für weitere Baumarten wie Hainbuche, Vogel-Kirsche oder Berg-Ahorn. Auch die Strauch- und Krautschicht ist artenreicher und durch das Vorkommen vieler Kalkzeiger und wärmeliebender Arten gekennzeichnet.

An den steilen Wänden der Durchbruchstäler der südlichen Wienerwaldbäche sind die Schwarzföhrenwälder eine Pflanzengesellschaft, die durch ihre Baumarten und die Begleitvegetation der Landschaft einen südländisch-romantischen Reiz verleiht. Die knorrigen Äste der schirmförmigen Kronen unterstreichen den „wilden" Charakter der Landschaft.

Schwarzföhrenwälder

Im Wiener Stadtgebiet findet sich im äußersten Süden, in der Kalksburger Klause, ein Schwarzföhrenwald. Er stockt hier, wie auch an den Talflanken des südlichen Wienerwaldes bis ins Schneeberggebiet hinein, auf flachgründigen Karbonatböden, meist über Dolomit.

Aus fossilen Pollenfunden weiß man, dass die Schwarz-Föhre zumindest die letzte Eiszeit hier in kleinen Beständen an klimatisch begünstigten Standorten überdauert hat. Das ist für keine andere Baumart belegt. Der Schwarzföhrenwald repräsentiert somit wohl die älteste Waldgesellschaft im Wiener Raum.

Flaumeichenwälder haben ihren Verbreitungsschwerpunkt im kalkalpinen Teil des Wienerwaldes, sie können aber auch auf kalkreichem Substrat im Flysch-Wienerwald, wie hier im Bild am steilen Südhang des Leopoldsbergs, vorkommen. Solche Waldgesellschaften waren höchstens als Waldweideflächen für Schafe und Ziegen nutzbar und konnten sich daher bis in die Gegenwart erhalten.

Flaumeichenwälder auf kalkreichen Gesteinen

Flaumeichenwälder finden sich auf flachgründigen und warmen Hängen über kalkreichen Gesteinen sowohl im Flysch- als auch im kalkalpinen Wienerwald. Sie haben sich hier wohl schon in der Wärmezeit, also vor etwa 8.000–7.000 Jahren, entwickelt und können als typische Beispiele für eine extrazonale Vegetation gelten. Dabei erscheint die Flaum-Eiche in baum- oder buschartiger Wuchsform vielfach mosaikartig mit artenreichen Trockenrasen verknüpft. Diese Bestände gehören heute zu den Kostbarkeiten unter den heimischen Pflanzengesellschaften – nicht nur wegen mancher floristischer Seltenheit, die dieser Waldtyp birgt, sondern auch, weil er starke Verbindungen zur östlichen wie zur submediterranen Vegetation aufweist. Neben den trockenen, kalkreichen Böden sind sonnige Südlagen die Grundlage für diese Waldgesellschaft, die ihren Verbreitungsschwerpunkt im Süden von Wien hat. In der Flyschzone konnten sich Flaumeichenwälder nur als Sonderfall auf kalkreichen Mergeln an südexponierten Steilflanken von Leopoldsberg und Bisamberg entwickeln.

Tallandschaft der Wienerwaldbäche

Ein charakteristisches Merkmal der Wienerwaldlandschaft sind die oft mehrere Meter tiefen, v-förmig eingeschnittenen Täler mit steilen Flanken, die man als Tobel bezeichnet (→ Bild S. 259). Ursache für diese markanten Erosionsformen sind die beträchtlichen Wassermengen, welche bei längeren Regenperioden oder nach heftigen Gewittern hier abfließen und die weichen Sandsteine und Mergel tief einschneiden. Dabei setzt die Erosion meist ganz plötzlich in der gleichmäßig geneigten Hangpartie an; der Einschnitt erreicht schon nach kurzem Verlauf eine beträchtliche Tiefe. Das Verwitterungsmaterial rutscht dabei immer wieder in den Tobelgrund nach und wird bei starken Niederschlägen abtransportiert. Die Flanken der Tobel sind somit ständigen Veränderungen ausgesetzt und daher kaum von Vegetation bedeckt. In besonders tiefen Gräben zeigen Berg-Ahorn und Berg-Ulme ein schluchtwaldartiges Kleinklima an, doch bleibt auch hier die Rot-Buche die wichtigste Baumart.

Bach-Eschen-Schwarzerlen-Au

Am Kräuterbach in Neuwaldegg. Der Talboden ist von einer Bach-Eschen-Schwarzerlen-Au bestockt. Der Bach selbst gräbt sich weiter ins Sediment ein, typische Uferstrukturen wie Prall- und Gleithang entstehen.

Erst weiter bachabwärts, wenn die Geländeneigung abnimmt oder mehrere Tobel zusammenkommen, kann sich ein schmaler Talboden aus Erosionsmaterial aufbauen. Dann tauchen neue Baumarten auf: Schwarz-Erle, Esche und Berg-Ahorn lösen die Buche ab und bilden ein charakteristisches Vegetationsband entlang der Fließgewässer. Die Standortfaktoren Grundwasser und Überschwemmung überlagern hier den Einfluss des Großklimas. Daher wird der Rotbuchenwald auf diesen Talböden der Wienerwaldbäche von einer azonalen Waldgesellschaft, der Bach-Eschen-Schwarzerlen-Au, verdrängt.

Terrassenlandschaft der Hügelstufe

An den Wienerwald schließt im Osten eine für Wien charakteristische Terrassenlandschaft an. Zuoberst finden sich hier Strandterrassen, welche im Spättertiär durch die Meeresbrandung geschaffen wurden, wie etwa die Burgstall- und Nussbergterrasse. Nach unten zu folgen die während der älteren Eis- und Zwischeneiszeiten von der Donau geformte Laaerberg- und die Wienerbergterrasse. Noch tiefer liegen die aus der jüngeren Eiszeit stammende Arsenal- und die Stadtterrasse. Alle diese Terrassen wurden später von den Wienerwaldbächen zerschnitten, was das typische „Bergauf-bergab"-Relief der westlichen Wiener Bezirke verursacht.

Die Pflanzendecke der höher gelegenen Wiener Terrassen kann noch der Hügelstufe zugerechnet werden, die tiefer gelegenen zählen schon zur Ebenenstufe. Beide gehören zum Bereich der pannonischen Florenprovinz. Ihre zonale Vegetation bestand wohl durchwegs aus warmen Eichenwäldern, die fast vollständig gerodet und durch Siedlungen, Grünland, Wein- und Obstgärten ersetzt wurden. Die pannonische Vegetation ist daher im Wiener Raum überwiegend anthropogen geprägt (→ S. 426). Von den ursprünglichen Wäldern sind nur kleine und meist stark veränderte Vegetations- und Bodenfragmente erhalten geblieben. Daraus lässt sich die ursprüngliche Waldvegetation also nur schwer rekonstruieren.

Eichen-Hainbuchenwälder

In tieferen Lagen und auf warmen Hängen der größeren Täler im Wienerwald sowie an seinen ostexponierten Flanken zum Wiener Becken, wird die Rot-Buche als dominierende Baumart von Trauben-Eiche und Hainbuche abgelöst. Diese Waldbäume sind ebenso wie Feld-Ulme, Feld- und Spitz-Ahorn und Edel-Esche seit der postglazialen Wärmezeit feste Bestandteile der Waldgesellschaften im Raum von Wien. Eichen-Hainbuchenwälder, die tiefgründige und frische, gut wasserversorgte Böden bevorzugen, waren, wie die → Karte S. 217 zeigt, ursprünglich in der Hügelstufe der Sandstein- und kalkalpinen Zone weithin geschlossen und teilweise bis in die Terrassenzone hinein verbreitet. Gut erkennbar sind die engen Verbindungen nach oben hin zu Buchenwäldern der Bergstufe, nach unten hin, vor allem an warmen Südhängen und auf den höher gelegenen Schotterterrassen, zu warmen Eichenwäldern. Die Vogelkirsche ist regelmäßig in diesem Waldtyp vorhanden, tritt aber nicht bestandsbildend auf. Im Frühjahr fällt sie schon von Weitem durch die weißblühenden Kronen zwischen den hellgrünen jungen Blättern der Eichen und Hainbuchen auf.

Der Laaer Wald kann vielleicht ein Bild von der ursprünglichen Waldbedeckung der Gipfellagen des Wienerberges und des Laaer Berges vermitteln. Auf den nährstoffarmen und daher landwirtschaftlich uninteressanten Schotterböden konnte dieser Bestand als ehemalige Jagdremise, die lange auch als Waldweide genutzt wurde, überdauern.

Eichenwälder der wärmeren Randlagen

Auf den Rücken der dem Flysch-Wienerwald angelagerten Terrassen, aber auch sonst im Wiener Becken haben sich seit etwa 8.000 Jahren wärmeliebende Eichenwälder ausgebildet. Neben Trauben-Eiche, Flaum-Eiche und Zerr-Eiche fanden sich darin auch andere Baumarten wie Elsbeere und Feld-Ahorn und eine artenreiche Strauchschicht. Dieser Waldtypus leitet über von den eher gemäßigt feuchten (also mesophilen) Eichen-Hainbuchenwäldern zu den deutlich trockeneren und wärmeren (xerothermen) Waldtypen der Ebenenstufe mit höherem Flaumeichenanteil.

Flaumeichenwälder auf höher gelegenen Schotterterrassen

Auf den ältesten Schotterterrassen am Wienerberg und Laaer Berg blieb aufgrund ihres hohen Alters weitgehend nur der Silikatschotteranteil erhalten. Er ist die Ursache für den geringen Nährstoffgehalt und niedrigen pH-Wert der dortigen Böden. Neben der baumförmigen Flaum-Eiche war hier der Feld-Ahorn eine wichtige Baumart. Durch das lockere Kronendach konnte ausreichend Licht in den Bestand eindringen, sodass sich, wie auch in anderen xerothermen Waldgesellschaften, eine recht artenreiche Strauchschicht und eine ziemlich geschlossene Krautschicht entwickeln konnten.

Terrassenlandschaft der Ebenenstufe

Während die Waldvegetation der höher gelegenen, kollinen Terrassen im Stadtbereich von Wien wenigstens noch in Fragmenten erhalten ist, sind Waldbestände der tieferen, planaren Lagen im Wiener Becken und im Marchfeld heute selbst außerhalb des Stadtgebiets nur mehr in Resten zu finden. Nur azonale Waldtypen haben sich in kleinen Beständen entlang der Bäche und in feuchten Senken erhalten. Jeder Rekonstruktionsversuch der ursprünglichen Vegetation in diesem Bereich kann sich daher nur auf die wenigen Reste von Wäldern und ehemaligen Waldböden stützen und muss daher unsicher bleiben.

Einer der letzten Zeugen für die einst weitgehend geschlossene Waldlandschaft des Wiener Beckens ist der Hexenbühel bei Rauchenwarth mit seiner kleinen Waldremise: Ein lockerer Flaumeichenwald mit blühendem Diptam. So könnte es vor langer Zeit am Stephansplatz, im Zentrum der Stadt, ausgesehen haben.

Flaumeichenwälder auf tiefer gelegenen Schotterterrassen

Ähnliche Flaumeichenwälder wie auf den Terrassen des Laaer- und Wienerberges könnte es früher auch auf den tiefer gelegenen Terrassen nördlich der Donau gegeben haben. Heute fehlen solche Bestände dort leider völlig. Die entsprechenden Standorte im Marchfeld sind großflächig und eben und haben nur schwach entkalkte Schotter, eine geringe Höhenlage und wenig Niederschläge. All dies muss die Artenzusammensetzung dieser postulierten Flaumeichenwälder beeinflusst haben und rechtfertigt ihre Abtrennung als selbstständigen Waldtyp in der Karte der ursprünglichen Pflanzendecke des Wiener Raumes.

Eichenwälder auf flachgründigen, tiefer gelegenen Schotterterrassen

Auch die ehemaligen Wälder der jüngeren Terrassen beiderseits der Donau lassen sich nur durch einen Vergleich mit Waldresten im Wiener Becken rekonstruieren. Das schwach ausgeprägte Relief der Terrassen und ihre flachgründigen Böden waren höchstwahrscheinlich von lockeren Eichenwäldern bestockt, in denen auch andere Baumarten eine Rolle gespielt haben: Elsbeere, Feld-Ahorn und Winter-Linde dürften zusammen mit den Eichen eine auffallend artenreiche Waldgesellschaft gebildet haben, deren lockere Bestände wohl auch eine vielfältige Strauch- und Krautschicht hatten. Von den Terrassen abfließende Niederschläge haben durch Erosion kleine, muldenartige Trockentäler geformt, an deren flachgründigen Oberkanten konnten sich kleinräumig Trockenrasen entwickeln.

Eichenwälder auf überlössten Schotterterrassen

Lokal sind auf den jüngeren Terrassen in der Späteiszeit auch Lössdecken von geringer Mächtigkeit abgelagert worden. Dadurch entstanden Standorte mit besserer Nährstoff- und Wasserversorgung und das dürfte dichtere und eher mesophile Waldbestände mit luftfeuchtem Kleinklima im Waldesinneren ermöglicht haben. Vergleichbare Waldstandorte mit weniger pflanzlichen Trocken- und Wärmezeigern haben sich bis in die Gegenwart im Wiener Becken erhalten. Hinsichtlich der ursprünglichen Artengarnitur sagen sie aber nur wenig aus, weil sie klein sind und teilweise intensiv genutzt werden.

Sanddünen

Nördlich der Donau haben sich in der Nacheiszeit zwischen Seyring bei Wien und der March an einigen Stellen bewegliche Sanddünen ausgebildet. Auf dem Wiener Stadtgebiet sind solche Dünen heute, wie etwa der „Kellerberg", der beim Bau des Bahnhofs Breitenlee abgetragen wurde, verschwunden. Ihre ehemalige Existenz ist nur mehr bodenkundlich oder aus schriftlichen Quellen nachweisbar. Im Marchfeld gibt es auch heute noch Dünen mit einer spezifischen Sandpioniervegetation. Im Zuge der nacheiszeitlichen Vegetationsentwicklung hat sich hier teilweise ein lockerer Eichenwald gebildet und im 18. Jahrhundert wurden manche dieser Dünen auch mit Schwarz-Föhren aufgeforstet.

Die Sanddünen des Marchfelds wurden lange Zeit beweidet. Dadurch wurde die spontane Verwaldung unterbunden, nur weideresistente Arten wie der Wacholder konnten sich als isolierte Einzelgebüsche durchsetzen. Die große Sanddüne bei Oberweiden wurde nicht mit Schwarz-Föhren aufgeforstet, die spezifische Sanddünenvegetation blieb daher erhalten.

Aulandschaft der Seitenflüsse und -bäche der Donau

Talbodenwälder im Wiener Becken

Mit Ausnahme von Liesing und Wienfluss haben die rechten Seitengewässer der Donau vor ihrer Einmündung nur kurze Unterlaufstrecken ausgebildet. Da heute keiner dieser Flüsse oder Bäche unverbaut in die Donau einmündet, ist auch von der einst ihren Lauf begleitenden Vegetation nichts mehr vorhanden. Nur durch den Vergleich mit entsprechenden Gewässern des Wiener Beckens kann auf die Existenz von Weichholzauen entlang ihrer unteren Abschnitte geschlossen werden.

Durch ihre stark schwankende Wasserführung und die damit verbundene hohe Erosionskraft haben selbst die kleineren Bäche aus dem Wienerwald stark zur Gestaltung des Reliefs im Terrassenraum beigetragen: So hat der Schreiberbach in seinem kurzen Verlauf so große Mengen an Erosionsmaterial bis in den Mündungsbereich bei Nussdorf herangeführt, dass schon im 17. Jahrhundert Maßnahmen notwendig wurden, um die Schiffbarkeit im südlichen Donauarm, dem späteren Donaukanal, zu erhalten. Dagegen hat der Ottakringerbach auf seinem langen Weg durch die Terrassenlandschaft seine Schleppkraft weitgehend verloren. Im letzten Abschnitt musste er den Niveauunterschied zwischen Stadt- und Praterterrasse überwinden und hat sich dabei tief in die Sedimente der Stadtterrasse eingeschnitten. Dadurch hat er die Lage des römischen Legionslagers und der späteren Altstadt bestimmt und im Stadtbild die bis heute erkennbare Kerbe des „Tiefen Grabens" geschaffen.

Eine Sonderstellung kommt sicherlich dem Wienfluss zu, dem größten der Wienerwaldgewässer. Vom heutigen Hütteldorf flussabwärts verbreiterte sich sein Talboden, sodass sich das Bachbett immer wieder in mehrere Arme und dazwischenliegende Schotterbänke aufspalten konnte. Diese Talbodenlandschaft war geprägt von der hohen Dynamik des Flusses, von Substratumlagerung und Terrassenbildung. Hier wuchs vermutlich ein gut entwickelter Weiden-Auwald. Mit dem Wienfluss vergleichbar ist nur noch der Liesingbach am südlichen Stadtrand. Sein Einzugsgebiet liegt im Sandstein- und Kalkwienerwald.

Außerhalb von Wien durchqueren die Flüsse Fischa und Schwechat aus dem Kalkalpenraum kommend das südliche Wiener Becken und weisen vor der Einmündung in die Donau Unterlaufcharakter auf. Ihre mäandrierenden Gewässer und Talböden sind nur durch geringe Geländestufen vom Umland abgegrenzt. In der Urlandschaft begleiteten Weichholzauen die Ufer der Flüsse, abseits davon dürften die Arten der Hartholzau zugenommen und unmerklich in die zonalen Wälder der Planarstufe übergeleitet haben.

Das trockene Terrassenland des Marchfelds wird von Bächen durchzogen, die ihren Ursprung im Weinviertel haben. Die heute noch erhaltenen, kleinen Waldparzellen an diesen Bächen stellen die einzigen Reste der ursprünglichen Waldbedeckung im Marchfeld dar. Die Begleitvegetation der langsam fließenden Gewässer weist heute sowohl Elemente der Weichen wie auch der Harten Au auf. An Ausweitungen der Talböden findet man sogar bruchwaldartige, großseggenreiche Bestände.

Aulandschaft der Donau

Gassen- und Flurnamen oft mitten in der dicht verbauten Stadt verraten die einst weite Ausdehnung der Aulandschaft entlang der Donau.

Den landschaftsformenden, aber auch zerstörerischen Kräften des Donaustromes waren bis zu seiner großen Regulierung Ende des 19. Jahrhunderts kaum Grenzen gesetzt. Nach der Engstelle zwischen Leopoldsberg und Bisamberg hat sich die Donau, ihrem Mittellaufcharakter entsprechend, im weiträumigen Wiener Becken in mehrere Arme mit dazwischenliegenden Schotterbänken aufgefächert. Von den zahlreichen, in ihrem Verlauf oft wechselnden Flussarmen sind zwei größere bis heute erkennbar: der Donaukanal und die Alte Donau. Am rechten, südlichen Ufer wurde die Stromlandschaft von einem Steilufer, dem Hochgestade, begrenzt, das auch heute noch im Stadtbild in Erscheinung tritt und sich außerhalb von Wien flussabwärts fortsetzt. Rot-Buchen haben hier ihre tiefsten Standorte und waren einst wohl auch im Wiener Stadtgebiet am Hochgestade zu finden. Wie sehr der Wiener Raum von der unregulierten Donau beeinflusst war, geht nicht nur aus alten Kartenwerken (→ Karte S. 332) hervor, sondern ist auch an heute noch bestehenden alten Gassen- und Flurnamen abzulesen.

Weichholz-Auwälder

Die Naturlandschaft der Donau war geprägt von regelmäßig wiederkehrenden Hochwässern, die Schotter und Sande immer wieder umlagerten. Entlang der Haupt- und Nebenarme haben daher ausgedehnte, fast vegetationslose Flächen mit waldfreier Pioniervegetation und mit verschiedenen Auwaldgesellschaften abgewechselt. Sogar von Bäumen besiedelte Inseln wurden von größeren Hochwässern weggerissen und die Reste an anderen Stellen wieder angeschwemmt, wo sich die ausschlagsfähigen Weiden neuerlich bewurzeln konnten. Überall in diesen Bereichen der Aulandschaft fanden also dramatische Sukzessionen statt, hin zu Wäldern, in denen die Weichholzarten Silber-Weide, Schwarz- und Silber-Pappel dominierten.

Extreme Hochwässer haben jedoch Schotter- und Sandbänke teilweise auch so hoch aufgeschüttet, dass die normale Sukzession nicht ablaufen konnte, weil die

Schotterbänke wurden immer wieder von Flutrasen und Pionierstrauchgesellschaften besiedelt, beim nächsten Hochwasser aber wieder weggerissen. Selbst wenn sich die Vegetation einmal bis zu einem Silberweidenbestand entwickelt hatte, war damit noch lange kein dauerhafter Auwald gesichert.

Samenkeimung typischer Aupflanzen auf diesen extrem trocken-heißen Standorten nicht mehr möglich war. So entstanden mitten im Auwald dauerhafte, baumlose Trockenrasen mit Federgras und Orchideen, in denen sich nur wenige Sträucher wie Sanddorn, Liguster oder Weißdorn als kümmerliche Einzelbüsche einnisten konnten. Solche Standorte werden Heißländen genannt. Vereinzelt findet man diese ökologisch besonders wertvollen Habitate heute noch in den Donauauen, etwa in der Lobau.

Ein Erlenbruchwald, eine Lebensgemeinschaft, die im Raum von Wien ausgestorben ist. In den staunassen Wäldern verrotten die Bestandesabfälle schlecht und die Böden vermooren. Nur wenige Baumarten wie die Schwarz-Erle *Alnus glutinosa* und krautige Pflanzen wie Seggen und die Wasser-Schwertlilie *Iris pseudacorus* ertragen diese Standortbedingungen.

Hartholz-Auwälder

Weiter entfernt von den größeren Haupt- und Seitenarmen der Donau wurde durch die dort weniger stark wirkende Schleppkraft der Hochwasser nur noch sandiges oder toniges Substrat transportiert. In diesen stromferneren Gebieten kam es auch kaum noch zu größeren Umlagerungen. In der Folge konnte sich hier nun eine stabilere Waldvegetation etablieren, in der Hartholzarten wie Edel-Esche, Feld-Ulme, Stiel-Eiche und andere dominierten.

Bruchwälder

Stromaufwärts von Wien – im südlichen Teil des Tullnerfeldes – haben ergiebige Quellen in den angrenzenden Hängen des nördlichen Flysch-Wienerwalds zu hochanstehendem Grundwasser und immer wiederkehrenden, lang anhaltenden Überschwemmungen geführt. So haben sich in diesen Gebieten ausgedehnte Bruchwälder mit dominierender Schwarz-Erle ausgebildet. Diese nassen Waldgesellschaften sind allerdings inzwischen alle durch Entwässerung und nachfolgende Ackernutzung verloren gegangen. Sie lassen sich heute nur mehr durch das Vorkommen von anmoorigen Böden rekonstruieren.

Die Landschaften um Wien in der vorindustriellen Zeit (1770–1820)

Quellen der Landschaftsrekonstruktion

Die Josephinische Landesaufnahme und der Franziszeische Kataster – Meilensteine der österreichischen Kartographie

Die Struktur und die ökologische Ausstattung der vorindustriellen Kulturlandschaft des Wiener Raumes lassen sich im Vergleich zu den anthropogenen Veränderungen der Landschaft in den Jahrhunderten und Jahrtausenden davor recht gut rekonstruieren. Zwischen 1764 und 1786 wurde nämlich die erste kartographische Aufnahme der österreichischen Monarchie und somit auch der Wiener Stadtlandschaft durchgeführt. Diese sogenannte Josephinische Landesaufnahme hatte Kaiserin

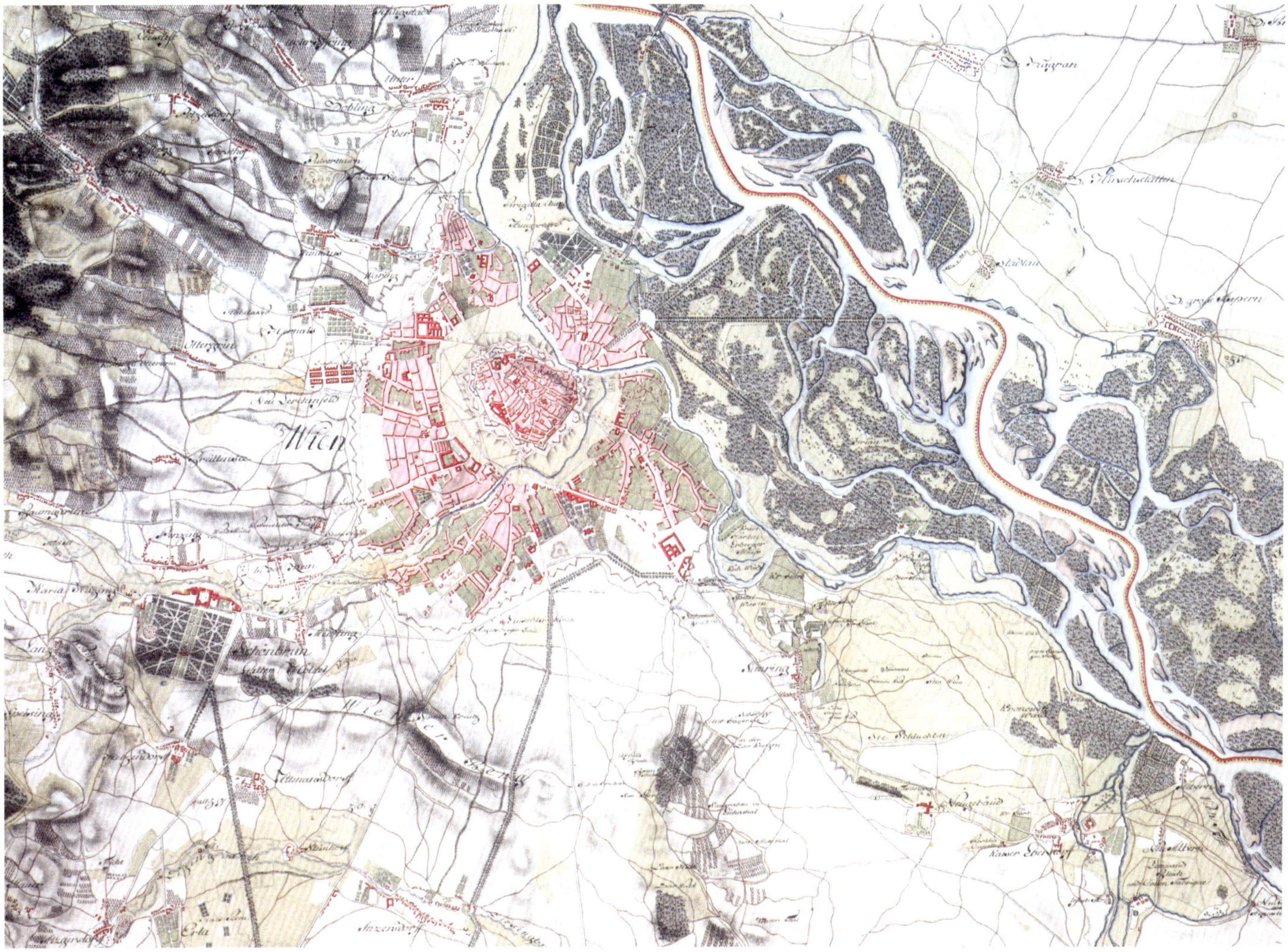

Josephinische Landesaufnahme, *„Sectio 71, Theil deren Vierteln unter Wiener Wald und unter Manhartsberg“* (1773–1781)

Vermessungsarbeiten für die erste und zweite Landesaufnahme wurden in erster Linie von eigens dafür ausgebildeten Ingenieur-Offizieren durchgeführt. Terrainaufnahmen für die Erstellung großmaßstäblicher Karten im Dienste der Landnutzung und Ressourcensicherung gehörten aber auch zum Aufgabenbereich des Forstpersonals der damaligen Zeit.

„Zöglinge der K. K. Forstschule Mariabrunn" 1867 Franz Kollarz, Farblithographie

Maria Theresia im Jahre 1764 auf Vorschlag des Feldmarschalls Daun angeordnet; unter der Regentschaft von Kaiser Joseph II. wurde sie vollendet. Dabei konnte in nur 23 Jahren ein Großteil der österreichischen Monarchie topographisch erfasst werden, immerhin eine Fläche von rund 570.000 Quadratkilometern. Das Werk unterlag strenger militärischer Geheimhaltung und fand seinen kartographischen Niederschlag in handgezeichneten, kolorierten Exemplaren, die sich heute im Österreichischen Staatsarchiv und in der Nationalbibliothek befinden. Als Maßstab diente das sogenannte einfache Militärmaß, bei dem ein Wiener Zoll 400 Wiener Klaftern entspricht. Mit diesem in der damalige Zeit unübertroffen feinen Maßstab von 1:28.800 und dem Umfang des aufgenommenen Gebietes bildet die Josephinische Landesaufnahme nicht nur den Beginn der technisch hochstehenden staatlichen Kartographie in Österreich, sie stellt auch ein äußerst wichtiges Dokument der Landschaftsgeschichte Mitteleuropas dar.

Ein weiterer Beweggrund für die flächendeckende kartographische Aufnahme der Donaumonarchie war neben dem Militärwesen die Neuordnung des Grundsteuerwesens zur Finanzierung des Staatshaushalts. 1806 befahl schließlich Kaiser Franz I. nach erfolgreichen Vorarbeiten unter Josef II. die Schaffung eines „allgemeinen, gleichförmigen und stabilen Katasters" für die gesamte Monarchie. Daraufhin erfolgte im Zeitraum von 1817 bis 1869 die trigonometrische Vermessung, „Mappierung", und Ertragsschätzung aller Grundstücke. Nach Abschluss dieses gewaltigen Projektes lagen 2.628 Kartenblätter im Maßstab 1:2.880, dem zehnfachen altösterreichischen Militärmaß, vor. Zusammen mit dem „Operat", den parzellenbezogenen Informationen über Landnutzung und Ertrag, bildeten sie nicht nur die Grundlage für ein gerechteres und effizienteres Steuersystem, sondern sie waren auch die Basis für eine topographische Karte der Donaumonarchie im Maßstab 1:144.000. Wegen seiner Detailtreue und der militärisch präzisen Ausführung stellt dieser Franziszeische Kataster die weitaus wichtigste Quelle der Landschaftsrekonstruktion für Österreich und die Nachfolgestaaten der Donaumonarchie dar. Für den Wiener Raum hat der Kartograph Johann Orth viele Originale in Ausschnitten händisch reproduziert und umgezeichnet, um sie einer breiten Öffentlichkeit und dem Bildungswesen zugänglich zu machen.

Idee oder Natur – was die Malerei über historische Landschaften verrät

Natur wird seit jeher als ursprünglicher und beständiger Gegenspieler des Menschen begriffen. Und doch ist der Mensch auf vielfältigste Weise mit ihr und insbesondere mit ihrer ganzheitlichen Erscheinungsform, der Landschaft, verbunden. Es ist daher durchaus erstaunlich, dass die Darstellung der Landschaft als unmittelbare Umwelt des Menschen erst relativ spät an Bedeutung gewinnt, nachdem sie in der abendländischen Kunst bis ins späte Mittelalter bestenfalls als Hintergrund für Bilder religiösen Inhalts gedient hatte. Erst im 17. Jahrhundert emanzipiert sich die „Landschaftsmalerei" als eigenständige Bildgattung, in der entweder die karg-spröde Natur malerisch vergeistigt wird oder die reichen südlichen Landschaften Europas als Ideale verklärt werden. Bald schon, im 18. Jahrhundert, gewinnt diese Kunstgattung quantitativ stark an Bedeutung und gerät zur zweckdienlichen Darstellung von Landsitzen und Ortschaften.

Das topographische Bild, Vedute oder Prospekt genannt, galt den Zeitgenossen allerdings weniger als Kunstwerk als vielmehr als Anschauungsmaterial, das den Stellenwert der heutigen illustrierenden Fotografie einnahm. Doch gab es auch künstlerische Ansprüche, die im Spätbarock und Biedermeier zu einer blühenden österreichischen Schule der Landschaftsmalerei führten. Viele Künstler dieser Richtung beharrten bis weit ins 19. Jahrhundert auf einer „wahrheitsgetreuen" Abbildung von Natur und Landschaft. So malte man die Landschaft, etwa den Wald, nicht nur als interessante Kulisse, sondern auch als vom Menschen in Anspruch genommenen und genutzten Wirtschaftsraum. War dies auch oft nicht die primäre Absicht der Maler, so zeigen diese Bilder doch deutlich den Einfluss jahrhundertelanger Waldnutzung, vom Reisigsammeln bis hin zur Waldweide.

Die raschen Veränderungen, welche die in Schwung gekommene Industrialisierung Europas verursachte, hat viele Maler dazu veranlasst, entschwindende und zumeist ländlich-agrarisch geprägte Landschaftsbilder künstlerisch festzuhalten und so für die Nachwelt zu bewahren. Dadurch wurde ein reicher Fundus an wertvollen Bildquellen geschaffen. Wegen des geradezu fanatischen Hangs ihrer Schöpfer zum Naturalismus unterstützen und ergänzen sie in bester Weise die „exakten" kartographischen Darstellungen bei der Rekonstruktion historischer Landschaften des Wiener Raumes.

„Der Landschaftsmaler auf der Reise" (1814) von Johann Adam Klein. Landschaftsmaler nahmen bis ins 19. Jahrhundert eine vergleichsweise wichtige Stelle im Kunstschaffen ein, sind sie doch durch den vorwiegend dokumentarisch-illustrierenden Charakter ihrer Arbeiten sozusagen die Vorläufer heutiger Fotoreporter.

Die Kulturlandschaften am Vorabend der industriellen Revolution

Während des gesamten Mittelalters und der frühen Neuzeit war die Wiener Stadtlandschaft von einem Dreiklang aus Wald, offener Agrikulturlandschaft und ausgedehnten Wasserflächen geprägt. Die dörflichen Siedlungen der heutigen Gürtel- und Außenbezirke sowie das historische mittelalterliche Stadtzentrum traten flächenmäßig kaum in Erscheinung. Dieser Zustand begann sich erst gegen Mitte des 18. Jahrhunderts grundlegend zu ändern. Am Vorabend der Industrialisierung waren zwar noch die über Jahrhunderte gewachsenen dörflichen Strukturen des landwirtschaftlich geprägten Wiener Umlandes vorhanden, Vorboten der im 19. Jahrhundert rapide beschleunigten Verstädterung, wie das Zusammenwachsen der Vorstädte, machten sich jedoch bereits deutlich bemerkbar. Die Zeit von 1770 bis 1820 war im Wiener Raum von einem raschen Bevölkerungswachstum und der stetigen Zunahme von Straßen und Gebäuden auf Kosten landwirtschaftlicher Nutzflächen bestimmt. Doch immer noch zeichnete sich das Landschaftsbild des Wiener Stadtgebietes durch eine Vielzahl unterschiedlicher, zumeist agrarisch geprägter Kulturlandschaftstypen aus. Dabei gab es nicht nur zwischen den bereits sehr dicht verbauten Arealen, wie der Altstadt und den Vorstädten und den daran anschließenden Agrikulturlandschaften, ökologische Übergangszonen, sondern auch zwischen dem Agrarland einerseits und den Donauauen beziehungsweise dem Waldland des Wienerwaldes andererseits. Als „Ökotone" sind diese Übergangszonen von besonderem Interesse, zeichnen sie sich doch durch ihren Reichtum an ökologischen Nischen und eine hohe Artenvielfalt aus.

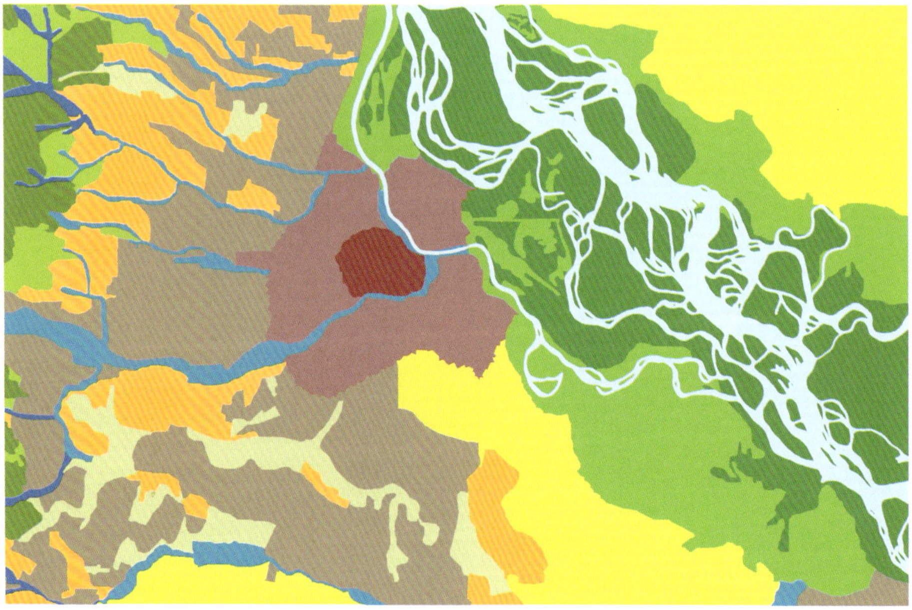

Die vorindustriellen Kulturlandschaften in einem Ausschnitt aus dem heutigen Stadtgebiet von Wien, rekonstruiert nach der Josephinischen Landesaufnahme Sectio 71 (um 1775) (→ Bild S. 225)

- Walddominiertes Bergland
- Bachauenlandschaft des Berglandes
- Von Wiesen geprägte Rodungsinseln
- Weinbaulandschaft
- Hutweidelandschaft
- Ackerbaulandschaft
- Vororte
- Vorstädte
- Altstadt
- Bachtäler der Terrassenlandschaft
- Von Landwirtschaft geprägte Donauauen
- Von Wald geprägte Donauauen
- Donau

Der Begriff Kulturlandschaft wird im Folgenden in einem engeren, naturschutzfachlich-landschaftsökologischen Sinn gebraucht. Er beschreibt ein Stadium der Landschaftsentwicklung, in dem die Umwandlung der ursprünglichen Naturlandschaft bereits so weit fortgeschritten ist, dass die meisten Ökosysteme und Lebensräume vom Menschen geschaffen oder zumindest stark überprägt erscheinen. Eine Kulturlandschaft wird somit von Landschaftselementen dominiert, die einer mehr oder weniger intensiven und regelmäßigen Nutzung durch Landwirtschaft, Forstwirtschaft, Wasserwirtschaft und Siedlungswesen unterliegen. Dies schließt jedoch nicht aus, dass sich in einer solchen Landschaft auch noch wildnishafte oder wenig bean-

Wien zeichnet sich im Vergleich zu anderen Metropolen Europas durch einen „sanften" Übergang von der verbauten und versiegelten Stadtlandschaft zum naturnäheren Umland aus. Dies gilt zumindest für den Westen von Wien, wo der Wienerwald und seine vorgelagerten Weinbaugebiete stellenweise weit in die Stadt hineinreichen.

spruchte Bereiche finden, die aufgrund ihrer ökologischen Eigenschaften als natürlich oder naturnahe gelten können.

Besonders bemerkenswert ist der Umstand, dass sich im Wiener Raum gegen Ende des 18. Jahrhunderts noch eine größere Anzahl sogenannter halb-natürlicher Landschaften findet, das sind solche, in denen extensiv genutzte Ökosysteme vorherrschen. Zu diesen zählen die Bachauen am Wienfluss, am Liesingbach, die von Landwirtschaft geprägten Stromauen außerhalb des Auwaldgebietes und die Hutweideflächen des Terrassenlandes. Gerade diese Kulturlandschaftstypen, die nach heutigem Kenntnisstand zu den lokalen Zentren der Biodiversität im Wiener Raum gezählt haben müssen, sind in den letzten 200 Jahren völlig verloren gegangen. Neben der Begradigung der Donau mit der Einengung der Aulandschaft und der großflächigen Bebauung des Terrassenlandes stellt der nahezu vollständige Verlust dieser halbnatürlichen Kulturlandschaften den aus naturschutzfachlicher Sicht schwerwiegendsten Einschnitt in der Entwicklung der Wiener Stadtlandschaft dar.

Vergleicht man Wien mit anderen europäischen Städten dieser Epoche, fällt auf, dass sich hier gegen Ende des 18. und bis in die Mitte des 19. Jahrhunderts hinein auch noch große naturnahe und von Zeitgenossen als beinahe wildnishaft beschriebene Landschaftsräume befunden haben. Die überaus dynamischen Donauauen, vor allem aber auch die Waldgebiete des Wienerwaldes, haben zu dieser reichen und noch ursprünglichen Naturausstattung im Weichbild der Großstadt beigetragen. Während die Auwälder der Donau durch die Donauregulierung in den 1870er-Jahren ihre Ursprünglichkeit weitgehend eingebüßt haben, sind die Waldgebiete des Wienerwaldes bis heute als wichtige naturnahe Landschaftsräume erhalten geblieben.

Um eine Vorstellung vom ökologischen Zustand der Wiener Stadtlandschaft dieser Epoche zu geben, werden im Folgenden die unterschiedlichen Typen von Kulturlandschaft näher beschrieben und durch Kartenausschnitte aus der Josephinischen Landesaufnahme illustriert. Dazu sollen noch ausgesuchte Werke der Landschaftsmalerei sowie detailreichere historische Karten einen möglichst plastischen Eindruck vom Charakter dieser Wiener Kulturlandschaften an der Wende vom 18. zum 19. Jahrhundert vermitteln.

Die natürlichen Ressourcen der Waldlandschaft wurden durch Brennholzsammeln und Holzkohlegewinnung stärker beansprucht als heute. Einen Beleg dafür liefert das bekannte Bild Ferdinand Georg Waldmüllers „Reisigsammler im Wienerwald“ von 1855. Einfach bis ärmlich gekleidete Menschen sammeln am Rande eines eben erst abgestockten Rotbuchenwaldes übrig gebliebene Äste und Fallholz und tragen dieses bündelweise davon.

Walddominiertes Bergland

Der Naturraum Wienerwald umrahmt mit seinen Abhängen die Terrassen der Stadtlandschaft im Norden und Westen. Sowohl in seinem nördlichen Teilgebiet, dem Flysch-Wienerwald, als auch im südlichen kalkalpinen Wienerwald haben sich ähnliche Prozesse der Entwicklung zur Kulturlandschaft vollzogen: An geeigneten Verebnungen wurden Rodungsinseln geschaffen, die sich zu einer Wiesenkulturlandschaft entwickelt haben; die unteren Hangzonen wurden ebenfalls gerodet und in eine vom Weinbau dominierte Landschaft umgewandelt.

Die geschlossenen Wälder der Höhenzüge des Wienerwaldes bestanden wohl auch in der vorindustriellen Zeit ebenso wie heute aus ausgedehnten Laubmischwaldbeständen. Diese Laubwälder erstreckten sich vor allem über die Kuppen und Rücken des Wienerwaldes. Wie auf dem Kartenblatt der Josephinischen Landesaufnahme ersichtlich ist, waren jedoch auch ausgedehnte Bereiche der Hangzonen und engeren Täler noch durchwegs von Wald bedeckt. Diese Waldbereiche waren damals jedoch keineswegs mehr unberührte Naturlandschaft. In den Archiven finden sich zahlreiche Schriftdokumente, welche die unterschiedlichsten Formen der Nutzung belegen und auch Streitfälle bei konkurrierenden Ansprüchen regeln.

Die klassischen Nutzungsformen waren Holzeinschlag und Brennholzgewinnung, aber auch Köhlerei und Jagd. Bis in die heutige Zeit hinein lassen sich im Wienerwald unterschiedliche Zonen erkennen, in denen der einen oder anderen Nutzungsform Priorität eingeräumt wurde. Die Holzgewinnung war vor allem in der vor- und frühindustriellen Phase des Wiener Wirtschaftslebens von besonderer Bedeutung, da die expandierende Residenzstadt einen enormen Bedarf an Baustoffen hatte. Dies führte etwa im Kalk-Wienerwald zur Errichtung von zahlreichen Kalkbrennöfen, für deren Befeuerung wiederum große Mengen an Brennholz eingeschlagen werden mussten.

Die leidenschaftlichen Jagdinteressen des kaiserlichen Hofstaates und anderer Wiener Adeliger führten dazu, dass in bestimmten, eigens ausgewiesenen Jagdgebieten jegliche weitere Nutzung des Waldes verboten wurde. Das bekannteste Beispiel hierfür war wohl der Lainzer Tiergarten. Aber auch in solchen, der Jagd vorbehaltenen Sperrgebieten konnten sich die Waldökosysteme nicht natürlich entwickeln. Denn hier wurden sie durch den künstlich hoch gehaltenen Wildbestand und die damit verbundenen Schäl- und Verbissschäden stark beeinträchtigt.

Von Wiesen geprägte Rodungsinseln und Bachauen

Wiesen gehören bis in die heutige Zeit hinein zum fest verankerten Bild der Wienerwaldlandschaft. Man findet sie auf den Verebnungen des Flyschberglandes und manchmal auch in den Talschlüssen und beckenartigen Erweiterungen einiger Bäche. Entstanden sind diese Rodungsinseln wohl bereits im Mittelalter, als sie ursprünglich einer gemischten Landwirtschaft dienten, mit Ackerbau, Grünland und der damit verbundenen Viehwirtschaft. Sehr früh schon entwickelten sich dort sogenannte Meiereien, Betriebsformen, die auf Milchwirtschaft spezialisiert waren und meist zu größeren landwirtschaftlichen Gütern gehörten.

Im Kartenbild der Josephinischen Landesaufnahme zeichnet sich jedoch bereits eine weitere Veränderung dieser Agrikulturlandschaft ab, die etwa Mitte des 18. Jahrhunderts einsetzte: Stadtnahe Meiereien, oftmals mit einer attraktiven Aussicht auf das Wiener Stadtgebiet, wurden in Gartenanlagen und später auch in großzügige Landschaftsparks umgewandelt. Die landwirtschaftliche Nutzung diente dann vorwiegend der Erhaltung eines bestimmten Landschaftsbildes, das in gewisser Weise die barocke Schäferidylle konservieren sollte. Parkartige Areale anstelle früherer Meiereien finden sich heute noch etwa am Gallitzinberg oder am Cobenzl, einem der beliebtesten Aussichtspunkte Wiens.

In einer von Wiesen und Auwald geprägten Talmulde des Alserbaches bei Neuwaldegg ließ Feldmarschall Lacy von 1766 bis 1801 einen englischen Garten anlegen. Dieser von Zeitgenossen bewunderte Landschaftspark stellt heute als Schwarzenbergpark ein wichtiges Erholungsgebiet der Wiener dar.

1 Josephinische Landesaufnahme; Sectio 71 – Ausschnitt Neuwaldegg

2 „Panorama des Parks von Schloss Neuwaldegg gegen Westen“, Kupferstich und Radierung von Jakob Matthias Schmutzer, 1782

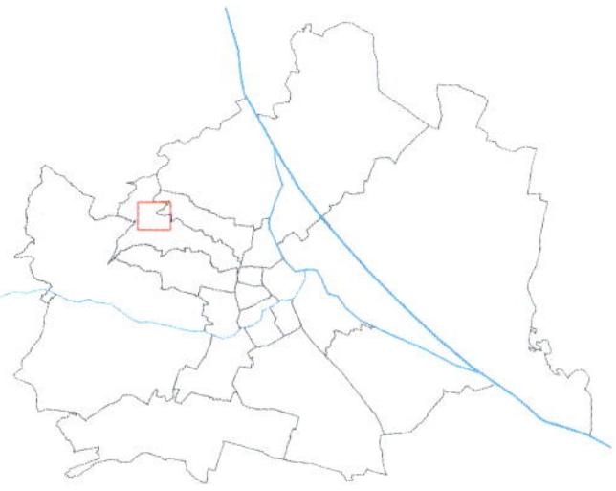

1

2

Ob es sich nun um ursprüngliche Rodungsinseln, um Meiereien oder um gestaltete Landschaftsgärten handelt, als Inseln offener Kulturlandschaft inmitten des geschlossenen Waldgebietes kontrastieren sie bis heute nicht nur ästhetisch reizvoll mit dem umgebenden Wald: Sie beherbergen neben extensiv bis mäßig intensiv genutzten Wiesen und Weiderasen auch noch eine ganze Reihe wertvoller, weil selten gewordener anderer Lebensräume. Dazu zählen kleinflächige Niedermoore und Feuchtwiesen an Quellaustritten und Bachmulden im Flysch-Wienerwald sowie Mager- und Trockenrasen auf kleinen Felskuppen im kalkalpinen Wienerwald. Vom Menschen eingebrachte Elemente dieses Kulturlandschaftstyps waren wohl nur die Gebäude der Meiereien und die bewusst gestalteten Parkanlagen. Zu erwähnen sind auch noch Obstbaumbestände sowie Alleen und Forste, etwa jene mit Schwarz-Föhren außerhalb ihres natürlichen Verbreitungsgebietes.

Weinbaulandschaft

Die unteren Bereiche der Wienerwaldabhänge wurden wegen ihrer klimatischen Gunstlage seit der Frühzeit der Besiedlung des Wiener Raumes für den Weinbau genutzt. Solche Weinbaulandschaften erstreckten sich zu Ende des 18. Jahrhunderts von der unteren Hangzone des Kalk- und Flysch-Wienerwaldes bis weit hinunter in den angrenzenden Naturraum der Quartärterrassen hinein. Dies insbesondere dort, wo sich die Wienerwaldbäche tiefer eingeschnitten und dadurch steilere, wärmebegünstigte Talhänge geschaffen hatten. Zumindest im nordwestlichen Teil des heutigen Stadtgebietes reichten die Weingärten dadurch unmittelbar an die dichter verbauten Vorstädte heran und zum Teil – etwa in Dornbach – ist dies bis heute so geblieben.

In den Bachtälern lagen die Weingärten vorwiegend auf den südexponierten Hängen, Wiesen, Obstgärten und Weideflächen hingegen auf den nordexponierten. In der vorindustriellen Kulturlandschaft gehörten Weingärten zu den besonders arbeitsintensiven Nutzflächen, brachten aber auch einen vergleichsweise hohen Flächenertrag. Diese sozioökonomischen Faktoren haben zusammen mit der Steilheit der Hänge und der damit verbundenen Erosionsgefahr zu einer ausgesprochen kleinteiligen

Der Ortsteil Weinhaus im Wiener Gemeindebezirk Währing ist ein Musterbeispiel für eine historische Weinbaulandschaft im Weichbild der Vorstadt. „Das Häuschen an der Türkenschanze bei Wien in Weinhaus“ (Aquarell, Ende 18. Jhdt., anonym)

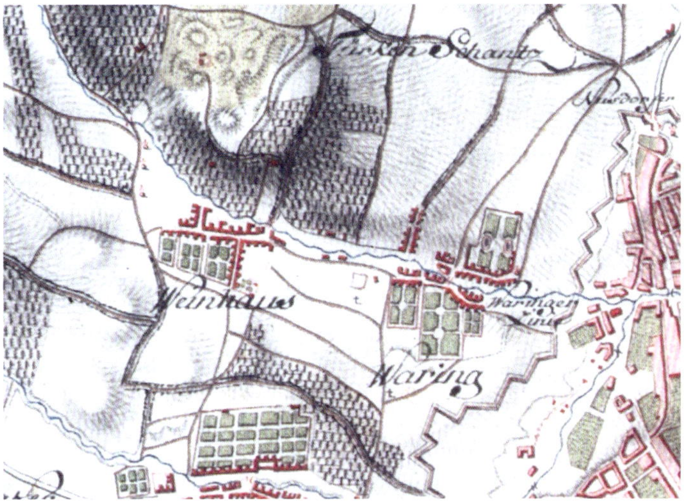

1

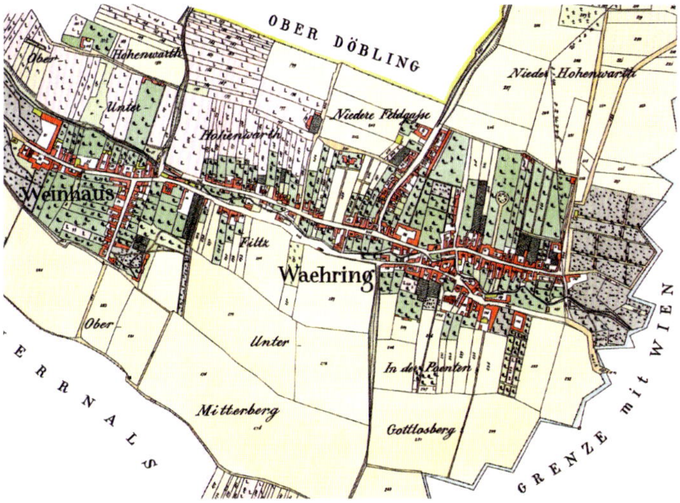

2

1 Die südexponierten Steilhänge der Arsenalterrasse zum Tal des Währingerbaches sind auf der Josephinischen Landesaufnahme noch als geschlossene Weinbaulandschaft verzeichnet.

2 Aber schon um 1820 erscheint diese Weinbaulandschaft zum Teil durch neu angelegte Wohnhäuser, Villen, Gärten und Parkanlagen stark verändert (dokumentiert im Franziszeischen Kataster).

Parzellenstruktur geführt. Dabei haben sich an den größtenteils geböschten Parzellengrenzen in vielen Weinbaulandschaften Graslandstreifen, Hecken, aber auch Lesesteinhaufen mit trockenheitsliebender Vegetation gebildet.

Trotz der hohen Rentabilität unterlag der Weinbau starken Schwankungen, sowohl was die Menge und Qualität des Endproduktes als auch was die Ausdehnung der Anbauflächen betraf. Die Gründe dafür waren vielfältig und reichten von starken Preisschwankungen über Schädlingskalamitäten bis hin zu kriegs- oder seuchenbedingten Bevölkerungsrückgängen. Als Folge dieser wechselvollen Entwicklung hat sich eine breite Pufferzone zwischen Weingärten und angrenzenden Wäldern herausgebildet, in der es zu einer immer wiederkehrenden Abfolge von Waldrodung, Kultivierung und Wiederbewaldung kam. Bis heute finden sich daher in den Laubwäldern der wärmegetönten Wienerwaldabhänge zahlreiche Zeugen ehemaliger Weinbaunutzung in Form von Terrassenböschungen, Lesesteinriegeln und durchgewachsenen Grenzhecken.

Erwähnenswert ist, dass sich solche Weingartenfluren nicht nur in den heute weltbekannten Hauerorten Grinzing, Neustift oder Sievering befunden haben, sondern auch am Südrand Wiens. Hier fallen die eiszeitlichen Schotterterrassen mit relativ steilen Hangzonen gegen die Täler des Wienflusses oder des Liesingbachs ab und bieten so günstige Voraussetzungen für den Weinbau. Verschiedene sozial- und wirtschaftshistorische Umstände haben allerdings dazu geführt, dass diese Weinbaugebiete ökonomisch wenig bedeutend waren und daher kleinräumig blieben und im Laufe der Zeit, bis auf wenige Restflächen an den Südabhängen des Laaer Berges, auch wieder verschwunden sind. Dazu beigetragen haben der höhere Anteil anderweitig nutzbaren produktiven Kulturlandes, der geringere Anteil klösterlichen Grundbesitzes und eine ungünstigere Verkehrslage.

Dies gilt nicht unbedingt für die zweite weinbaugeprägte Hangzone im Süden Wiens. Die Weinorte entlang der sogenannten Thermenlinie am kalkalpinen Ostrand des Wienerwaldes haben wegen ihrer Standortgunst und der eigenständigen Rebsorten bekanntlich ihre große Bedeutung bewahrt. Klöster wie Passau, Melk, Lilienfeld oder Heiligenkreuz rühmen sich bis heute, im Besitz von Lesehöfen und Weingütern in dieser Region zu sein. Im engeren Stadtgebiet Wiens läuft diese Weinbaulandschaft von Süden kommend langsam aus. Während die Weingärten der alten Dörfer Rodaun und Mauer noch in geschlossenen Rieden erhalten blieben, sind jene der Orte Speising oder Ober St. Veit fast vollständig verschwunden.

1

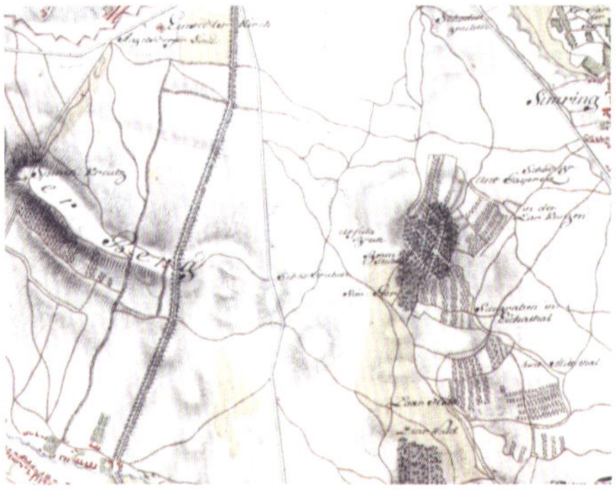

2

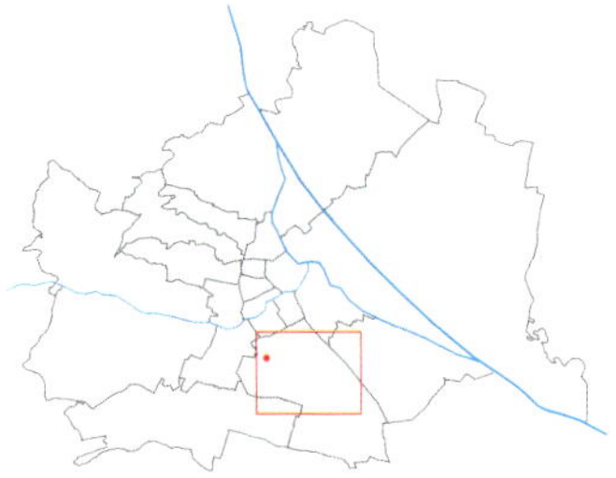

1 Weideflächen, auf denen Schafe und Rinder gehütet wurden, wie hier im Bild am Wienerberg bei der Spinnerin am Kreuz (roter Punkt im Übersichtskärtchen), prägten das Landschaftsbild der höher gelegenen früheiszeitlichen Schotterterrassen. „Ansicht der Stadt Wien von der Triesterstrasse", Aquarell von Jakob Alt um 1817

2 Wie die Josephinische Landesaufnahme zeigt, bildeten solche Hutweiden (im Kartenausschnitt in gelbbeiger Farbe erkennbar) große, durch trockene und magere Böden ausgezeichnete Inseln in der Agrarlandschaft südlich von Wien.

Hutweidelandschaft

Neben Äckern und Weingärten, den „klassischen" landwirtschaftlichen Nutzflächen, waren es auch große Weidegebiete, die zum offenen Charakter des Terrassenraumes vor den Toren der Stadt beitrugen. Auf ihnen wurde das Weidevieh der ortsansässigen Bauern aus den Vororten und umliegenden Dörfern in mehr oder minder freier Weideführung unter Aufsicht von Viehhütern gehalten. Darüber hinaus sammelten sich hier auch große Viehherden aus dem Alpen- und Donauraum sowie der ungarischen Tiefebene, die der stetig wachsenden Stadtbevölkerung als lebende Fleischreserve dienten. Der dadurch bedingte hohe Bedarf an stadtnahem Weideland manifestierte sich in ausgedehnten Hutweideflächen, die auf weniger produktiven Böden der höher gelegenen, früheiszeitlichen Terrassen angelegt wurden. Auch in anderen Gebieten Ostösterreichs waren auf vergleichbaren Standorten solche für die vorindustrielle Kulturlandschaft charakteristische Weidegebiete vorhanden, wie etwa auf der Parndorfer oder der Schlosshofer Platte.

In der Josephinischen Landesaufnahme sind die größeren, zusammenhängenden Graslandökosysteme in den Höhenlagen der Terrassenlandschaft gut zu erkennen. Beispiele dafür sind etwa die Schmelz, der Bereich Spinnerin am Kreuz am Wienerberg oder das Plateau des Laaer Berges. Das Kartenbild und zeitgenössische Bildquellen zeigen eindrucksvoll den weiträumigen, fast steppenartig anmutenden Landschaftscharakter, der bestimmt war von trockenen, niedrigwüchsigen Grasfluren und eingestreuten weideresistenten Dornsträuchern.

Kulturlandschaft der Vororte und umgebende Ackerbaugebiete

Der Naturraum der Wiener Terrassenlandschaft zeigt im Kartenbild der Josephinischen Landesaufnahme den Charakter einer großflächig genutzten Agrikulturlandschaft mit den inselartig eingelagerten dörflichen Vororten. Dieser Landschaftstypus hat damals im Wiener Stadtgebiet den flächenmäßig größten Anteil eingenommen.

1

2

1 „Gegend bei Neulerchenfeld und Hernals". Auf dem Aquarell des Künstlers Joseph Orient aus dem Jahr 1740 sind weitflächige Ackerfluren ohne jeglichen Baumbewuchs, aber auch ohne Hecken und Feldgehölze zu sehen. Dieser offene, geradezu ausgeräumte Landschaftscharakter des Terrassenlandes hat sich bis in die Mitte des 19. Jahrhunderts erhalten, als die Region von der sich ausbreitenden Stadt erfasst wurde.

2 Die Dörfer selbst waren mit Mauern eingefriedet, dahinter fanden sich Gärten und Obstbäume. Siedlungen wie Grinzing (Aquarell von Laurenz Janscha um 1795) waren damals gewissermaßen Biotopinseln innerhalb einer eintönigen Agrarlandschaft.

Tiefgründige, fruchtbare Lössböden und das warm-gemäßigte Klima der Hügelstufe schufen hier einen besonderen Gunstraum für die menschliche Besiedlung sowie für die Entwicklung von Landwirtschaft und Ackerbau. Eindrucksvoll wird dies durch archäologische Funde bis weit zurück in die Jungsteinzeit belegt. Jahrtausende menschlicher Aktivität haben hier zum nahezu völligen Verschwinden des Waldes geführt.

Zwischen den Terrassenräumen nördlich und südlich des Wientales bestanden deutliche Unterschiede. Die Landschaft im Nordwesten des heutigen Wiener Stadtgebietes war durch die Täler der Wienerwaldbäche deutlich gegliedert und zeigte eine ausgesprochen dichte dörfliche Besiedlung. Zum Zeitpunkt der kartographischen Aufnahme um 1775 haben sich hier die Vorstädte bereits als ein breiter Siedlungsgürtel außerhalb des Glacis gegen den damaligen Linienwall hin und teilweise auch schon darüber hinaus in die Agrikulturlandschaft hinein vorgeschoben. Die meisten Dörfer lagen an den Talhängen, während die Anhöhen und Terrassenflächen noch weitgehend siedlungsfrei waren. Eine der wenigen Ausnahmen bildete etwa die Ortschaft Breitensee im heutigen 14. Wiener Gemeindebezirk.

Große Bedeutung hatten in dieser Kulturlandschaft die Flur- und Feldwege sowie die Verbindungsstraßen zwischen den Dörfern. Im Kartenbild sind sie gut dokumentiert und bilden ein relativ dichtes Netzwerk, das teilweise auch noch in den Straßenzügen der heutigen Zeit erkennbar ist. Insgesamt ergab sich so ein sehr abwechslungsreiches Bild einer Kulturlandschaft, in der Weinbaugebiete, Bachauen, dörfliche Siedlungen der Vororte, größere geschlossene Ackerbaugebiete und schließlich der Siedlungsgürtel der Vorstädte ineinander verwoben waren.

Im Süden der Stadt zeigt das Terrassenland eine andere Prägung. Hier fehlen die Täler der Wienerwaldbäche als gliederndes Element und ein breiter Höhenzug früheiszeitlicher Terrassen beherrscht das Vorland der Stadt vom Küniglberg im Südwesten bis zum Laaer Berg im Südosten. Erst südlich davon unterbricht das West-Ost verlaufende Tal des Liesingbachs die Terrassenlandschaft. Die Flur- und Feldwege verlaufen hier wesentlich unregelmäßiger als im Gebiet der Vororte nördlich des Wientals, besonders auffällig sind die geradlinigen und mit Baumalleen gesäumten überregionalen Straßenverbindungen nach Süden.

Die in der Josephinischen Landesaufnahme dokumentierte Landnutzung erscheint wesentlich einheitlicher als im Norden. Großflächig dominierte der Ackerbau, die dörflichen Siedlungen der Vororte waren dünner gesät und Weinbau gab es nur inselartig, etwa am Südhang des Wienerberges und im Osten und Süden des Laaerberges. Hier, auf den höchsten Kuppen des Terrassenraumes, fanden sich um 1775 auch noch kleine Waldbestände, die teilweise sogar bis heute erhalten geblieben sind. Es sind dies die letzten Reste einst flächendeckender Eichenwälder. Erhebungen wie Wienerberg,

1

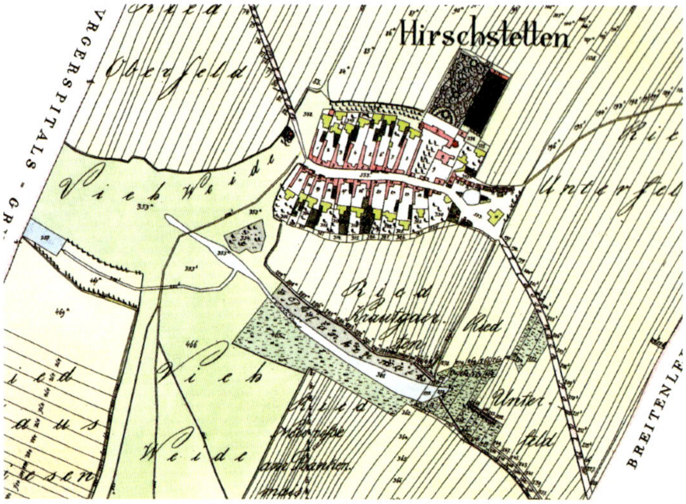

2

Im Marchfeld herrschen auf der Praterterrasse grundwassernahe Standorte und fruchtbares Ackerland vor. Daher war hier eine dichtere Besiedlung möglich. Als Triftwege und Hutweiden genutzte Graslandkorridore verbanden die Dörfer miteinander und bildeten einen breiten, außerhalb des geschlossenen Auwaldgebietes gelegenen Grünlandgürtel.

1 Josephinische Landesaufnahme; Sectio 71 – Ausschnitt Kagran-Hirschstetten

2 Hirschstetten 1819, Umzeichnung des Franziszeischen Katasters von Johann Orth

Laaer Berg, Gloriette oder Küniglberg sind die geologisch ältesten Standorte dieser Landschaft. Daher sind ihre Böden bereits stark ausgewaschen, nährstoffarm und wenig produktiv. Das ließ keinen ertragreichen Ackerbau zu und so wurden sie entweder als Viehweiden genutzt oder blieben mit lichten Waldresten bestockt.

Die vom Ackerbau geprägte Kulturlandschaft der Ebenenstufe lag gegen Ende des 18. Jahrhunderts vor allem im Südosten der Stadt im Bereich der heutigen Gemeindebezirke Favoriten und Simmering. Ein zweiter großer Schwerpunkt dieses Landschaftstyps fand sich jenseits der Donau auf der Praterterrasse im Marchfeld. Die dortigen fruchtbaren Auböden waren für eine intensive agrarische Nutzung hervorragend geeignet und doch war man auch vor Überschwemmungen relativ sicher. Zeitgenössischen Darstellungen zufolge dürfte auch dieser Landschaftstypus weitestgehend gehölzfrei gewesen sein. Wenn man von den am Terrassenrand gelegenen Vororten Simmering und Kaiserebersdorf absieht, gab es in der Ebenenstufe südöstlich der Stadt kaum Dörfer. Dagegen war das nördlich der Donau gelegene Marchfeld stärker von Siedlungen durchsetzt. Das Kartenbild der Josephinischen Landesaufnahme zeigt, dass sich zwischen diesen Marchfeld-Dörfern, wie etwa zwischen Breitenlee und Hirschstetten, breite Graslandkorridore befunden haben, die als Hutweiden und Triftwege für Viehherden genutzt wurden. Solche Elemente fehlten im südöstlichen Terrassenland.

Vorstädte und Altstadt Wiens

Der Naturraum der unteren und daher jüngeren eiszeitlichen Terrassen in Wien, also Stadt- und Theresianumterrasse, ist landschaftsökologisch der Ebenenstufe zuzuordnen. Von den wärmeliebenden Eichenmischwäldern, die es ursprünglich hier gegeben hatte, war gegen Ende der vorindustriellen Zeit nichts mehr vorhanden. Die großflächige Rodung dieser Bestände dürfte schon vor über 2.000 Jahren begonnen haben und war wohl bis zum Hochmittelalter bereits abgeschlossen. Anstelle der Wälder fanden sich hier im ausgehenden 18. Jahrhundert die Altstadt von Wien, das sie umgebende Glacis und die Vorstädte. Das am stärksten auffallende ökologische Charakteristikum des alten Wiener Stadtkerns war seine ausgesprochen dichte Verbauung und sein relativ unregelmäßiges und enges Straßennetzwerk. Nicht verbaute Freiflächen waren demgegenüber äußerst selten, Garten- oder Parkanlagen fehlten fast vollständig.

Die Wiener Innenstadt war umgeben von einem aus Verteidigungsgründen freigehaltenen Graslandgürtel, dem Glacis. Außerhalb lagen die Vorstädte, noch in agrarische Restflächen eingebettet, aber durch ihre dichte Bebauung doch schon deutlich

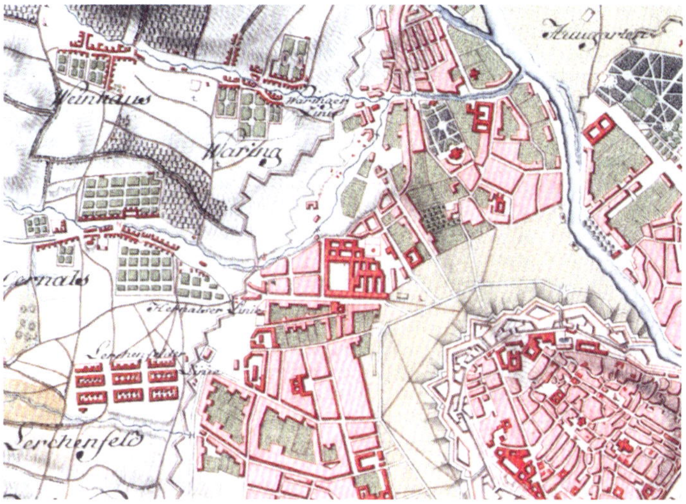

1

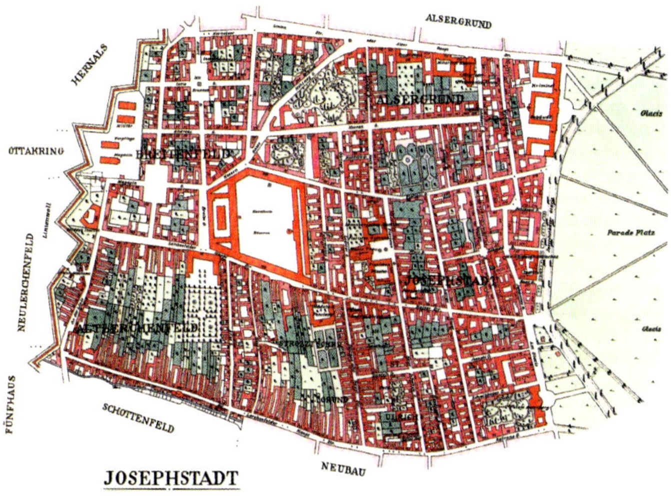

2

1 Die Kulturlandschaft der Vorstädte stand in starkem Kontrast zur weitflächigen und offenen Agrikulturlandschaft des Terrassenlandes. Die Josephinische Landesaufnahme zeigt, dass der größte Teil des Siedlungsraumes der Vorstädte von Gebäudeflächen eingenommen wurde, der zweitgrößte Teil von Gärten. Die Verkehrswege bildeten ein engmaschiges Netzwerk. Naturnahe Restflächen waren nicht mehr vorhanden, dafür fanden sich hier größere Park- und Gartenanlagen, die mit hohem Arbeitsaufwand gestaltet und erhalten wurden.

2 Die Feinstruktur des Landschaftstyps Vorstädte ist auf den Mappenblättern des Franziszeischen Steuerkatasters von 1829 besonders gut zu erkennen.

von der stärker ackerbaulich geprägten Kulturlandschaft der Vororte und Dörfer abgegrenzt. Allerdings hatte die Stadterweiterung 1775 den Linienwall, also den heutigen Gürtel, noch kaum erreicht. Zu den damals schon dicht verbauten Vorstädten zählten die heutigen Bezirke Margareten, Mariahilf, Neubau und Josefstadt. Dagegen hatten etwa die Wieden und die Vorstädte entlang der Landstraße noch einen hohen Anteil von Garten- und Grünflächen, der zusätzlich noch durch die Anlage von Gartenpalais adeliger Herrschaften aufgelockert wurde. Neben dem Belvedere und dem Palais Schwarzenberg ist hier auch das Gartenpalais des Grafen Althan im Bereich des heutigen 9. Wiener Gemeindebezirkes zu nennen. In den Gärten der Vorstädte wurden Gemüse und Obst angebaut, was sicherlich auch der Nahrungsmittelversorgung für die Stadtbevölkerung gedient hat. Bedeutungsvoll war diese Produktionsfunktion damals vor allem für die aunahen Vorstädte Rossau, Leopoldstadt und Erdberg. Das ist aus der Josephinischen Landesaufnahme, aber auch aus dem rund 50 Jahre jüngeren Franziszeischen Kataster gut zu erkennen.

Bachtäler der Terrassenlandschaft

Die Seitenbäche der Donau und ihre Talräume stellten einen weiteren eigenständigen Landschaftstypus dar. In den alten Kartenwerken lassen sich die mäandrierenden Hügellandflüsse in mehr oder weniger breiten, bandförmigen Korridoren aus Auwaldfragmenten und Überschwemmungswiesen gut ausmachen. Die Bäche und Flüsse selbst haben zwar noch einen sehr naturnahen Verlauf, sind aber bereits einer Vielzahl von Nutzungen und Eingriffen unterworfen, wie man an Mühlen und andere Einbauten erkennen kann. In die weniger durch Hochwasser gefährdeten Abschnitte der Bachtäler schieben sich auch schon Siedlungsbereiche der Vorstädte hinein.

Der Wienfluss nimmt mit seinen Bachauen im Wiener Stadtbereich einen verhältnismäßig breiten Talraum ein und markiert mit seinem Unterlauf und dem Mündungsbereich die Südostgrenze des historischen Stadtkerns. Der Fluss war für die Stadtentwicklung besonders bedeutsam, weil er gleichermaßen eine bedeutende Energie- und Rohstoffquelle, aber auch ein permanentes Gefahrenpotenzial darstellte.

Etwas geringere Überschwemmungsgefahr ging vom kleineren Liesingbach aus. Im Vergleich zum Wiental ermöglichte dies eine bachnahe Siedlungsentwicklung und die Anlage von zahlreichen Mühlen. Im Mündungsbereich der Liesing in die Schwechat und am Schwechatfluss im Bereich von Albern und Neualbern wurden auch erste Industrieanlagen errichtet, wie sie etwa in der Josephinischen Landesaufnahme als „Leinwandbleich- und Cottonfabrik“ dokumentiert sind.

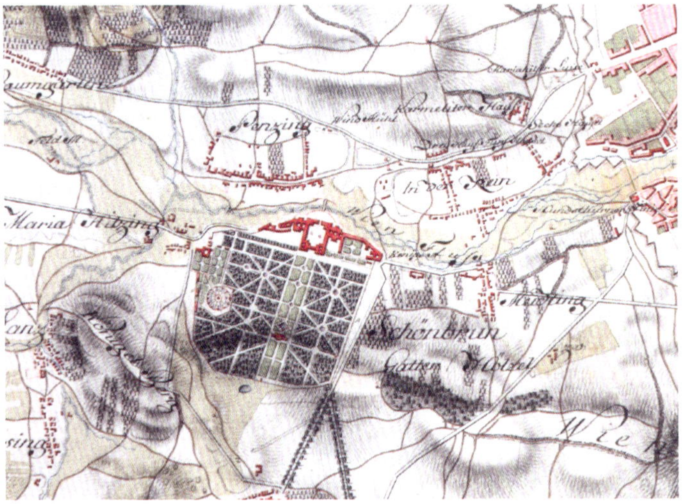

1

2

Die Bachauen entlang der kleineren Wienerwaldbäche, wie am Alserbach oder Währingerbach, bildeten nur sehr schmale Korridore, die an zahlreichen Stellen von Verkehrsverbindungen durchschnitten wurden. Die fortschreitende Verbauung dieser kleineren Bachtäler ist im Kartenbild des 18. Jahrhunderts klar zu erkennen. Wiesenmulden waren zu dieser Zeit nur noch spärlich vorhanden, wie etwa zwischen Ottakring und Neulerchenfeld.

Von Landwirtschaft geprägte Donauauen

Auf dem Kartenbild der Josephinischen Landesaufnahme erkennt man die Aulandschaft der Donau im Wiener Stadtbereich als markantes, sehr breit ausgeprägtes Band, dessen trennende Wirkung für die Stadtentwicklung Wiens noch bis weit in das 19. Jahrhundert spürbar war. Der gesamte Bereich der Stromauen ist weitgehend siedlungsfrei, was durch die jährliche Überschwemmungsgefahr des noch fast völlig unverbauten Donaustromes erklärbar ist. Lediglich Leopoldstadt, Stadlau und Albern lagen unmittelbar am Rande der Aulandschaft.

Als breite Übergangszone zwischen der etwas höher gelegenen Stadtterrasse und den Auwäldern am Strom erstreckte sich nördlich und südlich der Donau ein bereits deutlich vom Menschen beeinflusster Landschaftsraum, in dem Grünland dominierte und Auwaldreste nur noch inselartig eingestreut waren. Hier fanden sich verschiedenartige offene Landschaftselemente wie Feuchtwiesen, Röhrichte, aber auch trockene-

Der Kartenausschnitt im Bereich Simmering-Kaiserebersdorf zeigt ein ausgedehntes Gebiet einer waldarmen, als Grünland genutzten Aulandschaft. Es wurde von einem stark verästelten Netzwerk aus Flutmulden und trocken gefallenen Altarmen durchzogen. Wegen der Nähe zum Grundwasser und der regelmäßigen Überflutung dominierten hier Röhrichte, Hochstaudenfluren und Feuchtwiesen. Gräben am Rande der Austufe, wie etwa die Seeschlacht östlich von Simmering, konnten auch ganzjährig wassergefüllt sein, weil sie, unabhängig vom Wasserstand der Donau, durch die Bäche der Terrassenlandschaft laufend mit Wasser versorgt wurden. In den stadtnäheren Bereichen dieser Auenkulturlandschaft wurden auch Gärten und Gemüseäcker angelegt, wie etwa im Erdberger Mais.

1 Josephinische Landesaufnahme; *Sectio 71* – Ausschnitt Simmering – Kaiserebersdorf

2 „Erdberger Mais", Anton Hlavacek, 1885

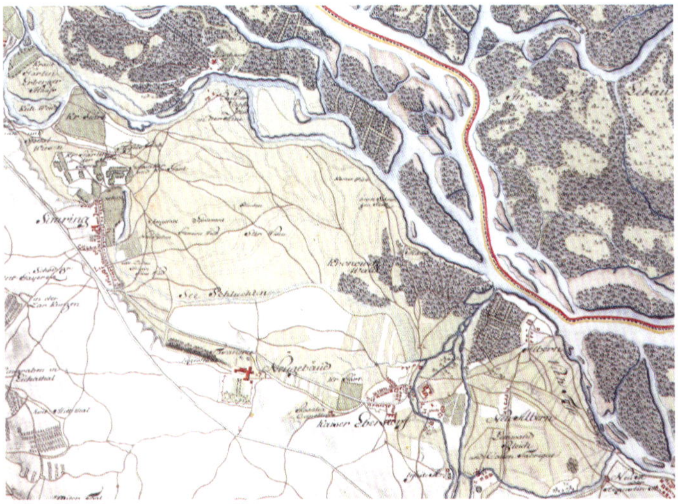

1

2

← Der mäandrierende Verlauf des Wienflusses ist im Kartenbild der Josephinischen Landesaufnahme gut zu erkennen. Begleitet wird er zu beiden Seiten von ausgedehnten Feuchtwiesen. Im Bereich der Vorstädte, der heutigen Bezirke Margareten und Mariahilf, drängen die Häuser gegen den ungezähmten Fluss, halten aber noch gebührenden Respektabstand. Trotz der unregelmäßigen Wasserführung und ständiger Hochwassergefahr wurden auch hier bereits zahlreiche Mühlgänge und andere Ausleitungen angelegt.

1 Josephinische Landesaufnahme; Sectio 71 – Ausschnitt Schönbrunn

2 „Die unregulierte Wien bei der Stubentorbrücke", Hugo Darnaut, 1901 (heute U4 Landstraße)

res Grasland. Von der agrarischen Nutzung her gesehen handelte es sich teils um Mähwiesen, die zur Heugewinnung dienten, und teils um ausgedehnte Weideflächen. Neben dieser extensiv betriebenen Grünlandnutzung gab es in den Bereichen der Au aber auch erste, nur vom Menschen gestaltete Landschaftselemente: Die sogenannten Krautgärten waren im Wesentlichen kleinteilige Ackerfluren, auf denen der Anbau von Feldgemüse für die Nahversorgung Wiens betrieben wurde. Diese Krautgärten konzentrierten sich auf den Raum Simmering und Erdberg, wo die nährstoffreichen und sandigen Böden den Gemüseanbau begünstigten. Wegen der Nähe zu den Märkten war dieser Erwerbszweig auf die stadtnahen Teile der Aulandschaft beschränkt.

Von Wald geprägte Donauauen

Entlang des Stromes erkennt man einen breiten, von Laubwäldern dominierten Streifen, der sich deutlich von dem äußeren, bereits von Landwirtschaft geprägten Bereich unterscheidet. In diesen stromnahen Auwäldern lagen ausgedehnte Wasserflächen, die im Wesentlichen durch die Haupt- und Nebenarme der Donau sowie einige Altarme und Flutmulden gebildet wurden. Dieses dichte Gewässernetz war in der historischen Vergangenheit Wiens für die Stadtbevölkerung eine wichtige Wirtschaftsgrundlage, da hier eine ertragreiche Flussfischerei betrieben werden konnte. Im Hauptstrom, aber auch an den Ufern der wichtigsten Seitenarme fanden sich viele, durch Schotter- und Sandanlandungen gebildete Inseln. Sie sind kartographisch gut erfasst und zeugen davon, dass die Wildflussdynamik der Donau im Bereich Wien auch gegen Ende des 18. Jahrhunderts noch ungebrochen war.

Trotz ihrer Wildnishaftigkeit kann man aber bereits von einer Kulturlandschaft der Stromauen sprechen, denn, wie im Kartenbild erkennbar, sind bereits die ersten Schritte zu einer Umwandlung der Landschaft erfolgt. Größere Wiesenflächen stellen vom Menschen gestaltete Landschaftselemente dar, sie fanden sich sowohl im Bereich der oberen Lobau als auch in den heutigen Praterauen und in der Krieau. Der dem historischen Stadtkern und dem Stadtteil Leopoldstadt nordöstlich vorgelagerte Bereich der Donauauen, der sogenannte Prater, wurde intensiv jagdlich genutzt. Die dafür angelegten Alleen sind im Kartenbild gut zu sehen. Verkehrswege zerschneiden bereits die ansonsten noch recht geschlossene Aulandschaft. Ein solcher Korridor ist etwa der Weg, der von Leopoldstadt ausgehend Richtung Norden nach Floridsdorf verlief und mit insgesamt drei Brücken, zwei über Nebenarmen und einer über dem Hauptstrom im Bereich der heutigen Floridsdorfer Brücke, die Donau überwand (vgl. → S. 225).

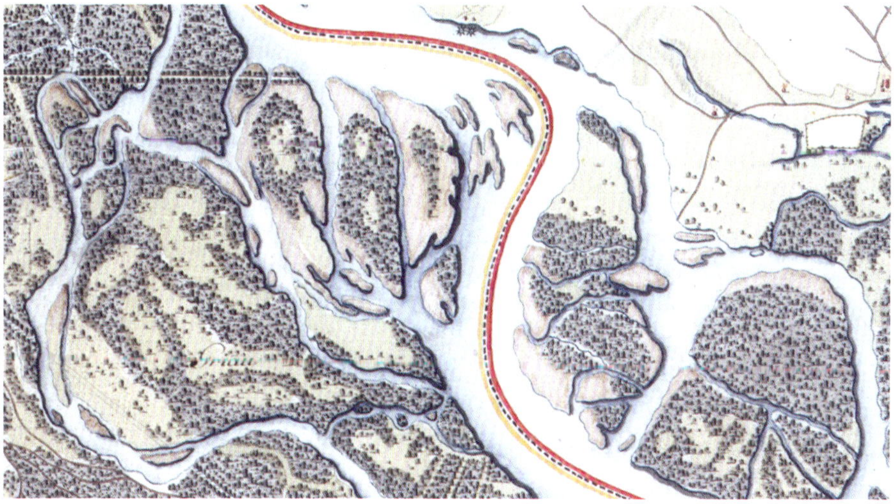

Der Wildflusscharakter der Donau mit ihren zahlreichen Nebenarmen ist im Kartenbild der Josephinischen Landesaufnahme gut zu erkennen. Verzweigungen oder Furkationen sind für den Mittellauf großer Flüsse und Ströme charakteristisch. Vielfach führen sie große Geschiebemengen, setzen sie ab und lagern sie auch regelmäßig um. Solche Schotter- und Sandanlandungen sind inselartig im Strombereich selbst, aber auch weitflächig im gesamten Auwaldgürtel zu finden. Josephinische Landesaufnahme; Sectio 71 – Ausschnitt Krieau

Nächste Seite: Trotz ihrer wildnishaften Dynamik waren die stadtnahen Auwälder aber keineswegs unberührt. Sie wurden für Jagd und Fischerei genutzt und trugen in erheblichem Umfang zur Nahrungsversorgung der Stadtbevölkerung bei. „Auландschaft mit Fischer", Jakob Alt, 1861, Öl auf Leinwand

Die Wiener Landschaften heute

Vom Biosphärenpark zur City

Die Veränderungen in der Urlandschaft des Raumes Wien waren zunächst über viele Jahrhunderte hinweg kaum bemerkbar. Erst allmählich haben in der Folge die Intensität und das flächenmäßige Ausmaß der Eingriffe immer mehr zugenommen, bis hin zu den tief greifenden Landschaftsveränderungen der letzten Jahrhunderte und Jahrzehnte. Zwischen der im vorhergehenden Abschnitt beschriebenen Landschaft des vorindustriellen Wien und der heutigen Stadtlandschaft liegen nur etwas mehr als 200 Jahre: Das sind nur drei Prozent des Zeitbogens, der in diesem Kapitel vom Wandel der Urlandschaft vor rund 6.000 Jahren bis heute durchmessen wird. Und doch haben Landschaftsbild und Naturnähe des Stadtgebietes in diesem kurzen Zeitabschnitt gewaltige Veränderungen erfahren.

Die aktuellen Kulturlandschaften im Wiener Raum

- Wienerwald und Bisamberg
- Wienerwaldwiesen
- Weinbaulandschaft
- Lockere Stadtrandbebauung
- Dicht verbautes Stadtgebiet
- Großparkanlagen
- Großräumiger kommunaler Wohnbau
- Neue Wohngebiete
- Agrarland der Donauterrassen
- Kleinstädtischer Siedlungsraum
- Verkehrs- und Industrieflächen
- Aulandschaft der Donau
- Donau

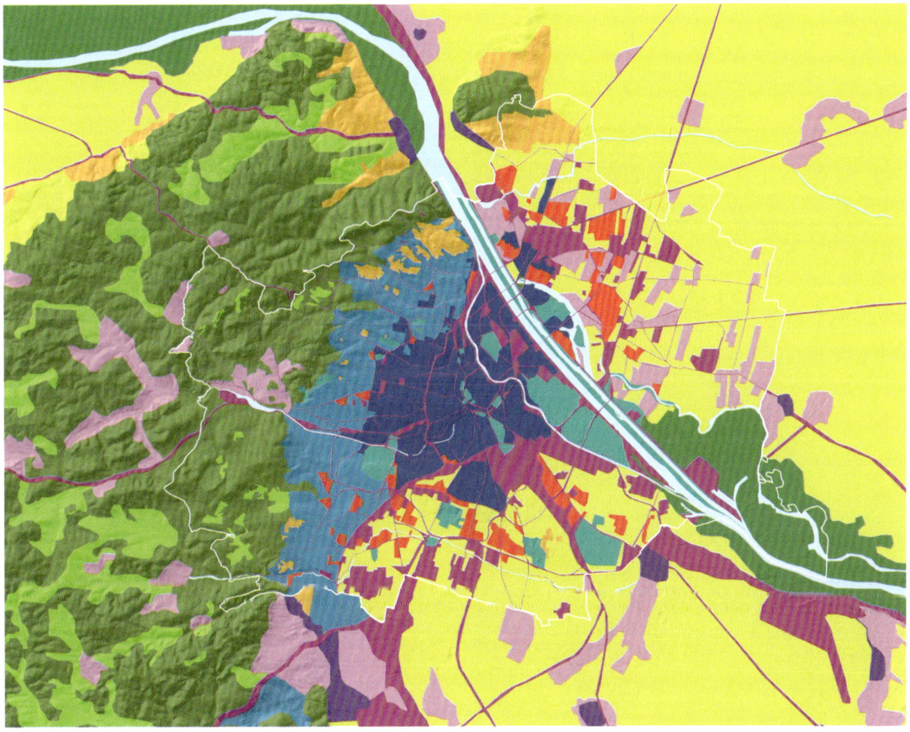

Wienerwald und Bisamberg

Kaum eine andere europäische Großstadt verfügt über ein vergleichbar geschlossenes Waldgebiet als Erholungsraum in Stadtnähe wie Wien. Das gesamte Areal des Wienerwaldes gilt seit 2005 als Biosphärenpark, was gleichermaßen den Schutz und eine nachhaltige Entwicklung für die Region sicherstellen soll (→ S. 257). Durch die Auf-

Die Nähe zur Großstadt und die traditionelle Brennholznutzung der Rotbuchenwälder mit flächenhaften Kahlschlägen hat im Wienerwald zu gleichaltrigen, hallenartigen Beständen geführt, die Begleitvegetation aber nur wenig verändert; auch standortfremde Baumarten wurden kaum eingebracht.

Im Gegensatz zu älteren Konzepten des Hochwasserschutzes, die auf rasche Wasserabfuhr ausgerichtet waren, versucht man heute durch die Verbreiterung der Bachbette Retentionsräume zu schaffen und damit Überschwemmungen zu verhindern.

Wienerwaldwiesen wurden ursprünglich für die Heugewinnung und Viehhaltung genutzt. Heute steht ihr Wert für die Erholungslandschaft in Stadtnähe im Vordergrund.

nahme von selbstständigen Gemeinden im Bereich der Vorstädte und Vororte in die Verwaltungshoheit der Stadt Wien erreichte die Stadt die aktuelle Ausdehnung und umfasst heute auch einen Teil des Wienerwaldes. Er bildet die wichtigste Komponente ihres Wald- und Wiesengürtels und trägt wesentlich dazu bei, dass die Waldfläche des Stadtgebietes heute 17 Prozent ausmacht. Erfreulicherweise finden sich im Wienerwald kaum standortfremde Aufforstungen. Den größten Flächenanteil nehmen Rotbuchen- und Eichen-Hainbuchenwälder ein. Während diese Bestände im Wiener Stadtgebiet nördlich des Wientals in historischen Zeiten stets forstlich bewirtschaftet wurden, ist das ehemalige kaiserliche Jagdgebiet des Lainzer Tiergartens von Holznutzung weitgehend verschont geblieben und weist am Johannser Kogel sogar noch einen urwaldartigen Eichenwaldbestand auf.

In der Naturlandschaft hatten die Wienerwaldbäche als Korridore, die vom Bergland bis in den Bereich der jüngsten Donauterrassen führten, einst große landschaftsökologische Bedeutung. Diese ist jedoch infolge der Stadtentwicklung und der Regulierung und Verrohrung der Bäche weitgehend verloren gegangen. Geblieben ist ihnen ihr unberechenbarer Charakter, der sich durch große Schwankungen in der Wasserführung und durch kurzfristig auftretende Hochwässer nach heftigen Regenfällen zeigt. Heute wird den meisten dieser Bäche vor dem Eintritt ins Stadtgebiet durch Retentionsbecken etwas von ihrer ungestümen Kraft genommen.

In der Vergangenheit stellte der Wienerwald für die Großstadt Wien einen bedeutenden Nahversorgungsraum dar, welcher nicht nur zur Energieversorgung, sondern auch für die Nahrungsmittelproduktion genutzt wurde. Früh wurden schon Rodungsinseln geschaffen, auf denen vorwiegend Wiesen- und Weidewirtschaft betrieben wurde, die bis heute das Landschaftsbild prägen.

Wienerwaldwiesen

In den klimatisch ungünstigeren Lagen der Bergstufe des Wienerwaldes wurden in Talweitungen, aber auch auf mäßig geneigten Hängen, Wiesen und in geringem Ausmaß auch Äcker angelegt, die heute Abwechslung ins Landschaftsbild bringen. Je nach Hangneigung und Exposition, Feuchtigkeit und Untergrund sowie unterschiedlicher historischer und aktueller Nutzung haben sich dabei verschiedene Wiesentypen herausgebildet.

Gegenwärtig liegt die Bedeutung dieser abwechslungsreichen Landschaft auf dem Erholungssektor, der im Wienerwald eine lange und bis heute anhaltende Tradition hat. Bereits im Biedermeier waren Tagesausflüge in die gemütlichen Meiereien sehr beliebt und mit den „Sommerfrischlern" brachte ein früher Fremdenverkehr neue Verdienstmöglichkeiten in die Dörfer. Besonders die Täler des Kalk-Wienerwaldes mit ihren als wildromantisch empfundenen Felsformationen und den bizarren Kronenformen der Schwarz-Föhren waren und sind noch immer beliebte Ziele.

Die Begeisterung für den Skilauf erfasste zu Beginn des 20. Jahrhunderts die städtische Bevölkerung. Sogar Skilifte und eine Sprungschanze waren auf Wienerwaldwiesen in Betrieb. Gegen Ende der 1950er-Jahre setzte der Rückgang ein, weil schneesichere Gebiete nun leichter erreichbar wurden. Verbrachende Wiesen, ein paar schneearme Winter und die wachsende Mobilität der Bevölkerung beschleunigten das Ende des Alpinskilaufs im Wienerwald.

Wegen des starken Rückgangs der Heunutzung während der letzten Jahrzehnte haben sich viele Wiesen im Wienerwald spontan wieder bewaldet oder sind aufgeforstet worden. Innerhalb der Stadt bestehen für die Wälder und Wiesen mit dem Widmungsbegriff „Schutzgebiet Wald- und Wiesengürtel" strenge Bestimmungen der Flächenwidmung, die einem Bauverbot gleichkommen. Nur in den Notzeiten

In den 1920er-Jahren entdeckte man mit dem Skilauf eine neue Nutzungsmöglichkeit für die Wiesenflächen im Wienerwald (Hans Massmann 1940).

nach den Kriegen sind hier einige Siedlungsenklaven entstanden. Dagegen werden in den Umlandgemeinden nach wie vor immer wieder einzelne Wiesen, besonders an südexponierten Hängen, zu Bauland umgewidmet. Die Wienerwaldwiesen gehören heute zu den gefährdeten Kulturökosystemen; Schutz und Pflege sind daher von besonderer Bedeutung.

Weinbaulandschaft

Die Struktur der historischen Weinbau-Kulturlandschaft, wie sie schon im vorigen Kapitel beschrieben wurde, hat sich bis in die heutige Zeit hinein einigermaßen erhalten. Am Westrand des Stadtgebietes bildete sie einst eine geschlossene Zone, die vom Kahlenbergerdorf bis nach Kalksburg reichte und sich außerhalb von Wien am

1

2

1 Weinbau bei Neustift am Walde. Die Lesesteinhaufen zwischen den Weingartenparzellen sind Zeugen der jahrhundertelangen, mühevollen Bewirtschaftung. Sie stellen für licht- und wärmeliebende Tiere wie die Smaragdeidechse attraktive Lebensräume dar.

2 Der gleiche Landschaftsausschnitt (obere Bildhälfte) in der Kartendarstellung des Franziszeischen Katasters (ca. 1820). Unmittelbar an die Weinhauerhäuser schließen Obstgärten an, auf den südexponierten Hängen folgen Weingärten mit Lesesteinhaufen.

Alpenostrand nach Süden fortsetzte. Heute erscheint sie durch Besiedlung und Verkehr stark fragmentiert. Im Norden von Wien haben sich Weingartenflächen im Bereich von Stammersdorf und Strebersdorf erhalten, die mit Kellergassen und reichen Weinhauerhöfen das Ortsbild bis heute prägen. Auch an den südost- und südexponierten Hängen des Laaer Berges finden sich noch immer kleinere Weingärten, die früher wohl nur dem örtlichen Bedarf dienten und heute noch einige Heurigenlokale in Oberlaa versorgen.

Wenn auch Weinbau in Wien über die Jahrhunderte konstant betrieben wurde, so unterlag die Ausdehnung der Weinbauflächen doch einem ständigen Auf und Ab. Die Gründe dafür waren Preisschwankungen, Anbaubeschränkungen durch die Behörden, aber auch Schädlingskalamitäten wie das Auftreten der Reblaus an der Wende vom 19. zum 20. Jahrhundert. Insgesamt ist die Weinbaufläche im Raum von Wien seit dem Ende des 18. Jahrhunderts dramatisch zurückgegangen. So lassen sich etwa oberhalb von Neustift am Walde alte Weinbauterrassen erkennen, die längst vom Eichen-Hainbuchen-Wald überwachsen sind. Auch die Bewirtschaftung der Weingärten hat sich seit dem Zweiten Weltkrieg sehr verändert, vor allem durch die Umstellung von der Einzelstock- auf die Mittel- bis Hochkultur mit Spalierdrahtunterstützung und durch die maschinelle Bodenbearbeitung.

Trotzdem prägt auch heute noch der Weinbau einige der reizvollsten Bereiche des Wiener Umlandes. Besonders gilt dies auch für die Kleinteiligkeit der Riede und ihre Biotopausstattung. Dazu gehören etwa die Lesesteinhaufen und Lesesteinriegel in vielen Weingärten der Wiener Umgebung, die in Einzelfällen bis ins Mittelalter zurück dokumentierbar sind. Sie bestehen aus Steinen, die in jahrhundertlanger Arbeit aus den umliegenden flachgründigen Weingärten zusammengetragen wurden. Aus landschaftsökologischer und naturschutzfachlicher Sicht stellen diese Lesesteinhaufen äußerst wertvolle Biotope dar. Wie Inseln heben sie sich durch ihre Trockenheit und den höheren Wärmegenuss von den umgebenden Kulturflächen ab und bieten damit Pflanzen und Tieren, die auf trocken-warme Standorte spezialisiert sind, sogenannte Lizenzlebensräume. Ursprünglich fanden sich die hier vorkommenden Lebensgemeinschaften wohl nur auf den vereinzelt auch im Wienerwald vorhandenen Felsköpfen und auf den von Natur aus waldfreien Steilhängen, etwa der Wiener Pforte und der Liesingbachklause bei Rodaun. Von dort aus konnten sie sich dann auf die neuen, vom Menschen geschaffenen, trocken-warmen Standorte der Weinbaulandschaft hinein ausbreiten.

Lockere Stadtrandbebauung

Kleingartensiedlung am Fuße der Sieveringer Weinberge

Den Übergang vom landwirtschaftlich oder forstlich genutzten Umland zum dicht verbauten Stadtgebiet bildet eine lockere Stadtrandverbauung, die große Teile der ehemals geschlossenen Weinbauzone im 19. Jahrhundert abgelöst hat. Die günstige klimatische Situation und die Nähe zur Stadt ließ in den Weinbaudörfern erste Sommerfrischen entstehen, die sich in der Folge zu ganzjährig bewohnten Villenvierteln entwickelten. Die alten Hutweiden und Wiesen der Region sind dabei zum Großteil verloren gegangen. Der wertvolle Altbaumbestand in manchen Villengärten geht auf die Besiedlungszeit zurück, trägt zur guten Strukturierung dieser Gebiete bei und bildet die Grundlage für den auffälligen Artenreichtum unter den Singvögeln. Die Herkunft aus der Weinbaulandschaft ist teilweise auch heute noch aus den schmalen Parzellen ablesbar.

Besonders in den Stadtrandbreichen Wiens sind seit dem frühen 20. Jahrhundert zahlreiche Kleingartensiedlungen und Schrebergärten entstanden. Ursprünglich haben sie sich durch ihre Kleinteiligkeit und den Reichtum an Nutz- und Zierpflanzen ausgezeichnet. In Zeiten der Nahrungsmittelknappheit nach den Weltkriegen waren sie Grundlage für die Selbstversorgung. Seither haben sie sich sehr verändert. Dabei sind ihre Ausgestaltung und Pflege sehr aufschlussreich für den wechselvollen Umgang ihrer Besitzer mit der Natur. Verkörperte lange Zeit der intensiv „gepflegte", kurz geschorene Rasen mit Zierkoniferen den Traum vieler Gartenbesitzer, so ist seit einigen Jahren eine allmähliche Hinwendung zu einer naturnäheren Gartenkultur zu beobachten (→ S. 516).

Dicht verbautes Stadtgebiet

Auch wenn die räumlichen Voraussetzungen wenig Spielraum für eine Verbesserung der Grünraumausstattung zulassen: Es ist eine erfreuliche Entwicklung, dass seit einigen Jahren zunehmend Fassaden begrünt und Dachgärten angelegt werden. Für jeden Spezialfall lässt sich eine Lösung finden.

Die Beengtheit der Inneren Stadt vermittelt auch heute noch ein wenig vom Leben in einer befestigten, mittelalterlichen Stadt: Nur wenige größere Plätze und breitere Straßenzüge dienen der Versorgung und Kommunikation der Bevölkerung; öffentliche Grünraume sind praktisch nicht vorhanden. Das mag ursprünglich kaum als Mangel empfunden worden sein, lagen doch das unverbaute Glacis und landwirtschaftliche Nutzflächen wie Äcker, Weideflächen und Weingärten als Erholungsräume unmittelbar vor der Stadt. Daher beschränkt sich die Grünausstattung auf einzelne, teilweise auch großflächige Höfe mit alten Laubbäumen. Sie füllen mit ihren mächtigen Kronen den Hofraum und tragen entscheidend zu seiner Klimatisierung bei.

Zwischen Ringstraße und Gürtel, im Bereich der ehemaligen Vorstädte, nimmt die Dichte der Bebauung im Vergleich zur Inneren Stadt ab. Die Durchgrünung nimmt flächenmäßig zu, tritt aber im öffentlichen Raum meist nur wenig in Erscheinung. Das Grün konzentriert sich hier auf zahlreiche Höfe, mit teilweise wertvollem Baumbestand und oft liebevoll gepflegten, manchmal dornröschenhaft verwilderten Strauch- und Staudenbereichen. Ein Salettl lädt die Hausbewohner zum Aufenthalt im Hof ein und lässt den auffallenden Mangel an öffentlichen Grünflächen leichter ertragen. Zur Auflockerung der dichten Bebauung tragen auch die ausgedehnten Gärten der Landsitze bei, die gerade in dieser Zone nach den Türkenkriegen für den Adel und etwas später, in der Biedermeierzeit, auch für das Bürgertum der Stadt errichtet wurden.

„Beserlparks" nennt der Wiener die kleinen Parkanlagen, die inmitten des dicht verbauten Gebietes außerhalb des Gürtels anstelle von freigehaltenen Straßenvierteln errichtet wurden. Ihr Baumbestand ist durchwegs von hoher Qualität und es überrascht, wie gut diese Anlagen den verschiedensten Nutzungsansprüchen von der Sandkiste über den Fußballplatz bis hin zur Notdurft-Anstalt gerecht werden. (Bilder 1974–1985)

1

2

3

1 Von Europas größtem Landschaftsgarten in Neuwaldegg sind nur noch wenige Reste erhalten geblieben: eine Allee, zwei Säulen, einige Figuren am Wiesenrand. Die Parkgestaltung konnte aus finanziellen Gründen nicht aufrechterhalten werden und ist wieder im Wienerwald aufgegangen.

2 Die parkartige Gestaltung der Donauinsel im zentralen Abschnitt zwischen Floridsdorfer Brücke und Reichsbrücke wird zunehmend durch die Ansiedlung von Gastronomiebetrieben geprägt.

3 Der Nord- und Südteil der Insel wurde mit standortgerechten Gehölzen aufgeforstet, die extensive Betreuung erfolgt durch die Forstverwaltung der Stadt.

Heute erstreckt sich das dicht verbaute Stadtgebiet weit über das Gebiet der Vorstädte hinaus und umfasst einen Großteil des Areals der ehemaligen Vororte. Hier sind es kleine Parkanlagen, die sogenannten Beserlparks, und mit Alleen gesäumte Straßenzüge, die etwas Grün in die Stadt bringen und damit zur Verbesserung der Wohnsituation beitragen. Salzstreuung, Bodenverdichtung und -versiegelung haben die Alleen allerdings stark in Mitleidenschaft gezogen und obwohl die Bäume noch lange nicht ihre natürliche Altersgrenze erreicht haben, müssen sie oft aufgrund ihres schlechten Gesamtzustands entfernt werden. Durch verschiedene Maßnahmen hat zwar die Salzbelastung abgenommen, aber erst die Zukunft wird zeigen, ob die Ersatzpflanzungen die Erhaltung der Alleen gewährleisten können (→ S. 510).

Großparkanlagen

Ein Spaziergang auf den ehemaligen Stadtmauern Wiens konnte in friedlichen Zeiten die Enge der Stadtgassen schon vergessen lassen und ermöglichte wenigstens Blicke auf das weite Glacis. Dieser Raum vor den Mauern, der für die Verteidigung der Stadt von Verbauung freigehalten wurde, kann als älteste Parkanlage der Stadt angesehen werden. Auf zeitgenössischen Bildern stellt er sich als Wiese dar, durchzogen von Wegen und Straßen, die manchmal von Bäumen alleeartig begleitet waren: Bei Tag sicherlich ein Naherholungsraum für die Bewohner, bei Nacht allerdings ein recht unsicheres Gelände. Im 19. Jahrhundert wurden auf diesen Flächen neben der Ringstraße mit ihren repräsentativen Großbauten auch bedeutende Parkanlagen angelegt, die noch heute das Stadtbild prägen. Die Ringstraße selbst ist mit ihrer vierreihigen Baumallee die wichtigste Grünreserve der Inneren Stadt. Als Naherholungsraum für die Bewohner der Inneren Stadt eignet sie sich wegen der massiven Verkehrsbelastung freilich kaum. Wie problematisch es ist, ein hochrangiges Straßennetz einzurichten und gleichzeitig innerstädtische Erholungsflächen zu erhalten, wird besonders am Karlsplatz sehr deutlich: Trotz mehrfacher Umplanung wird der schöne Platz hier mehr denn je vom Straßenverkehr dominiert.

Prachtvolle Schloss- und Gartenanlagen wurden nach der Zweiten Türkenbelagerung vor der Stadt errichtet. Beim Belvedere des Prinzen Eugen haben die Architekten die Niveauunterschiede zwischen den eiszeitlichen Terrassen geschickt für die Gestaltung der Anlagen genutzt. Auch beim Bau von Schloss Schönbrunn anstelle eines alten Jagdschlosses wurden diese naturräumlichen Gegebenheiten in der Planung berücksichtigt. Heute bilden diese barocken Anlagen Hauptanziehungspunkte für die Wiener Bevölkerung und den Städtetourismus. Ähnliches gilt für die Landschaftsparks des 18. Jahrhunderts wie Neuwaldegg, Laxenburg und das Umfeld der Hermesvilla. Mit der Öffnung des kaiserlichen Jagdgebietes in den stadtnahen Donauauen für die Allgemeinheit wurde die spätere Entwicklung des „Wurstelpraters" ermöglicht.

Die jüngsten Großparkanlagen haben städtische Problembereiche aufgewertet und bilden heute für die umliegenden Siedlungen wichtige, intensiv genutzte Naherholungsflächen. Mit dem Donaupark wurde eine brachliegende Mülldeponie saniert. Eine stillgelegte Ziegelgrube wurde zum Kurpark der Therme Oberlaa umgestaltet. Das vielleicht beliebteste Naherholungsgebiet in der Stadt ist die Donauinsel. Mit ihrem reichen Freizeitangebot, ihrer Größe und ihrer naturnahen Ausgestaltung ist sie ein Freizeitparadies und Erholungsraum für die in den Sommermonaten von Hitze geplagte Stadtbevölkerung. Bei der Gestaltung der Donauinsel in der Art eines Landschaftsgartens war die Stadtverwaltung bemüht, auch der Natur breiten Raum zu lassen. So entstand – wenn auch aus zweiter Hand – ein vielfältiger neuer Lebensraum für zahlreiche Tier- und Pflanzenarten.

Auch die großen Friedhöfe der Stadt sind hier zu nennen. Mit nicht weniger als 1,4 Prozent der Stadtfläche und ihrem beachtlichen Baumbestand sind sie auch als Park- und Erholungsraum bedeutsam.

Großräumiger kommunaler Wohnbau

Der kommunale Wohnbau der Gemeinde Wien in der Zwischenkriegs- und Nachkriegszeit hat nicht nur soziale Bedeutung. Er hebt sich auch durch die Bebauungsstruktur und vor allem durch einen hohen Grad der Begrünung von seiner Umgebung ab und ist als eigener Typ besiedelter Kulturlandschaft im Wiener Raum anzusprechen. Unter dem Bürgermeister Jacob Reumann wurde Wien 1921 zum eigenen Bundesland, 1923 wurde das erste Wohnbauprogramm beschlossen. In dieser Zeit greift auch eine neue Bodenpolitik, durch die Bauland in großem Ausmaß verfügbar wurde.

Bei der Errichtung dieser Bauten wurde der bestehende Baumbestand konsequent und sehr einfühlsam geschont, in die neuen Anlagen einbezogen und ergänzt. Ganze Hofanlagen wurden nach den hier stehenden Bäumen benannt wie zum Beispiel der Lindenhof oder die einzelnen Höfe des Washington-Hofs, die nach den jeweils dominierenden Pflanzen benannt sind: Birken-, Flieder-, Ahorn-, Ulmen- und Akazienhof.

Der soziale Wohnbau in der Zeit nach dem Zweiten Weltkrieg ging bewusst vom Konzept geschlossener Höfe mit Randbebauung ab. Bevorzugt wurde nun die Zeilenbauweise. Die geschlossenen Straßenfronten verschwanden und das „soziale Grün" wurde nicht mehr auf einzelne Höfe oder auf öffentliche Parks beschränkt. Dadurch entstanden zusammenhängende Landschaftsräume.

Der Grünanteil war bei diesen Nachkriegsbauten flächenmäßig zwar noch höher als bei jenen aus der Zwischenkriegszeit, doch die Qualität der Bepflanzung ist geringer geworden. Ihre Funktion wird auf ein „Abstandsgrün" reduziert. Besonders störend für das Erscheinungsbild ist der Umstand, dass lange Zeit auf Baumpflanzungen überhaupt verzichtet wurde und bevorzugt strauchförmige meist, standortfremde Laub- und Nadelgehölze Verwendung fanden.

Neue Wohngebiete

Nach dem Fall des Eisernen Vorhangs 1989/90 waren „über Nacht" die bis dahin angenommenen Parameter der Stadtentwicklung ungültig geworden. Musste man eben noch mit einer weiteren Abnahme der Bevölkerung rechnen, so waren nun mit einem Schlag neue Möglichkeiten der wirtschaftlichen Entwicklung gegeben und damit auch Zuwanderung und eine Verjüngung der Altersstruktur zu erwarten. In rascher Folge wurden im Bereich der Agrarlandschaft nördlich und südlich der Donau neue Wohn- und Gewerbegebiete aufgeschlossen. Dies geschah jedoch nicht immer planmäßig und folgte mehr den Zufälligkeiten günstiger Grundstückspreise. Dadurch gingen auch Chancen verloren, die Grünausstattung in den ausgeräumten Agrargebieten zu verbessern. Daher wird die geplante Schließung des Grüngürtels im Norden Wiens wohl nicht mehr zur Gänze möglich sein.

In den Umlandgemeinden entstehen an den Rändern der dörflichen Ortskerne neue Einfamilienhaussiedlungen, die durch die offene Bauweise verhältnismäßig große Flächen beanspruchen. Sie unterscheiden sich daher im Erscheinungsbild deutlich von den geschlossenen Straßenfronten der bäuerlichen Siedlungen.

Der Wohnbausektor muss heute nicht mehr die Wohnraumnot der Nachkriegszeit bewältigen. Daher bieten sich in den neu aufgeschlossenen Gebieten Möglichkeiten für innovative Konzepte: Reihenhaussiedlungen mit kleinen Gartenflächen, Niedrigenergiehäuser, autofreie Erschließung der Wohnanlagen (→ S. 593) etc.

1

2

1 Im Gegensatz zu den alten Rastervierteln und Blockbebauungen der Gründerzeit wurden im kommunalen Wohnbau die einzelnen Blocks nicht mehr von außen über Treppenhäuser, sondern von der Innenseite der Höfe her erschlossen. In die Wohnhöfe waren auch Infrastruktur und soziale Einrichtungen integriert, die den spezifischen Bedürfnissen der Bewohner entgegenkamen. Gemeindebau Sandleitenhof

2 Wohl als Reaktion auf die Lärm- und Verkehrsbelastung des öffentlichen Stadtraumes wurde um 1980 wieder auf das Hof-Konzept zurückgegriffen.

Agrarland der Donauterrassen

Scheunenstraße in Breitenlee. Die Dörfer im Marchfeld hatten besonders großzügige Möglichkeiten für ihre räumliche Entfaltung und wurden deshalb in vielen Fällen als planmäßige Angerdörfer begründet. An ihren Außenseiten waren sie jeweils durch einen Ring von Scheunen abgeschlossen, die teilweise noch erhalten sind.

Heute wird auf den großen Agrarflächen der hochwassersicheren Bereiche der Donauterrassen im Nordosten und Süden Wiens fast ausschließlich Getreide und Gemüse angebaut. Immerhin 17 Prozent der Wiener Landesfläche werden landwirtschaftlich genutzt. Die Millionenstadt Wien könnte sich ohne jeglichen Import täglich selbst mit frischem Obst und Gemüse versorgen.

Die Tendenz zur großflächigen Landwirtschaft mit dominantem Ackerbau, besonders auf tiefgründigeren Böden mit einer Lössdecke, hat im Wiener Raum eine lange Tradition. Freilich war diese Art der Feldbewirtschaftung zunächst über Jahrhunderte hinweg eng mit der Tierhaltung verbunden. Flachgründigere und trockenere Böden konnten als Hutweiden genutzt werden und die Wiesenbewirtschaftung im nahen Auenbereich sicherte den winterlichen Futterbedarf. Die Tierhaltung wiederum ermöglichte Düngung und Nährstoffversorgung für die Ackerkulturen. Erst die Entflechtung von Viehzucht und Ackerbau durch die Erfindung des Kunstdüngers und die neuen Möglichkeiten großflächiger Bewässerungen haben einseitig im Terrassenland den Ackerbau gefördert. Daneben hat sich aber schon bald der Gemüseanbau etabliert, weil er in der Nähe der Großstadt eine ertragreiche Alternative zu Viehzucht und Getreidebau darstellt. In jüngerer Zeit erlangte auch die Glashausgärtnerei größere Bedeutung, da sie die ganzjährige Versorgung der Stadt mit Gemüse sicherstellt.

Die größeren Fließgewässer im südlichen Wiener Becken wurden schon früh wegen ihrer Wasserkraft genutzt und das Gebiet wurde von einer Welle der Industrialisierung erfasst. Dementsprechend finden sich in Ortschaften wie Rothneusiedl neben einem bäuerlichen Kern typische Arbeitersiedlungen und die Auenvegetation entlang der Flüsse ist heute nur mehr fragmentarisch erhalten.

Kleinstädtischer Siedlungsraum

Entlang der Thermenlinie kamen schon früh Weinbauorte wie Mödling und Perchtoldsdorf durch den Weinhandel zu Wohlstand. Ihr städtischer Charakter ist wenigstens an den alten Ortskernen noch heute ablesbar.

Während die einstigen Wiener Vorstädte längst in der rasch wachsenden Großstadt aufgegangen sind, haben sich im weiteren Wiener Umland einzelne Ortschaften zu lokalen oder regionalen Zentren entwickelt, die ihre Bedeutung auch unter den geänderten Bedingungen moderner Wirtschafts- und Verwaltungsstrukturen durchaus erhalten konnten.

Dies gilt etwa für einige Weinbaugebiete wie Perchtoldsdorf, Mödling oder Langenzersdorf. Wenn auch Handel und Gewerbe den Weinbau an wirtschaftlicher Bedeutung heute übertreffen, so prägt dieser doch noch immer das lokale Landschaftsbild.

Auch im vorwiegend agrarisch genutzten Wiener Becken südlich der Donau entwickelten sich im Zuge der Industrialisierung zu Beginn des 19. Jahrhunderts kleinstädtische Strukturen. Der Anstoß dazu konnte von einem Großbetrieb wie der Brauerei in Schwechat ausgehen. Im Marchfeld hingegen blieb die agrarische Nutzung im Vordergrund. Größere stadtartige Siedlungen wie Deutsch-Wagram oder Gänserndorf haben sich dort in weiterer Entfernung von der Stadt vor allem an den Bahnlinien entwickelt.

Verkehrs- und Industrieflächen

Verkehrs- und Industrieflächen sind aus einer Großstadt nicht wegzudenken, sind sie doch zur Versorgung der Bewohner, als Arbeitsstätten und für den Transport der produzierten Güter notwendig. Die Verkehrserschließung Wiens folgte nicht nur dem historischen Wachstum der Stadt, sie spiegelt auch die wichtigen Wirtschaftsverbindungen der Vergangenheit wider.

Die Ringstraße umschließt mit repräsentativen Prunkbauten den alten Stadtkern. Parallel dazu wurde am äußeren Rand des Glacis ein Straßenzug angelegt, welcher

1

2

3

1 Ring → Gürtel → Tangente →? Mit dem Wachstum der Vorstädte wurde eine weitere Ringverbindung notwendig: der Gürtel, der anstelle des ehemaligen Linienwalls errichtet wurde. Diese Entwicklung setzte sich fort mit dem Bau der Südosttangente und soll mit dem in Bau befindlichen Regionenring (→ Grafik S. 648) ihren vorläufigen Schlusspunkt finden.

2 Bahnhof Breitenlee. Auf den ungenutzten Lagerflächen und dem Gleisschotter alter Bahnhöfe siedeln sich licht- und wärmeliebende Pflanzen an, die sich oft entlang der Bahndämme ausbreiten (→ S. 454).

3 Stillgelegte Materialentnahmestellen können sich – wie der Himmelteich, ein Schotterteich im 22. Bezirk – zu wertvollen Sekundärstandorten entwickeln, wenn man dies zulässt. Die Parzellierung und der Bau von Badehütten hingegen bringen zwar sicher Geld, aber keine Natur. Die Entscheidung liegt bei der Stadtplanung und bei der Politik.

der Versorgung dienen sollte und von den Wienern den Namen „Lastenstraße" bekam, ohne dass er diesen Namen wirklich trägt.

Die Bedeutung der südlichen und östlichen Provinzen der Monarchie spiegelt sich auch in den Wiener Radialstraßen wider. So war die Kärntnerstraße der Beginn einer Verbindung aus dem Innersten der Hauptstadt direkt nach Triest ans Meer, zum wichtigsten Hafen des Reiches. Dagegen beginnt ein vergleichbar großer Straßenzug nach Westen erst außerhalb des Gürtels. Der ferne Westen Österreichs wurde schließlich auch nur mit den Schwanzfedern des Doppeladlers verglichen. Auch die Bahnlinien weisen Wien als Hauptstadt aus: Es gibt nur Kopfbahnhöfe! In Wien angekommen, musste man nicht mehr weiter - man war im Zentrum!

Industrieanlagen wurden vorwiegend im Stadtrandbereich „auf der grünen Wiese" errichtet, genauso wie dies auch heute noch geschieht. Davon legen der Süden und Nordosten Wiens und die angrenzenden Umlandgemeinden ein deutliches Zeugnis ab. Auch der Schwerpunkt der Materialentnahmestellen lag und liegt noch heute in diesen Gebieten. Im Süden sind es die Ziegelgruben, im Nordosten die Schottergruben. Werden diese stillgelegt, kommt die Natur mit heimischen Pionieren und neuen Zuwanderern oft erstaunlich rasch wieder zurück.

Aulandschaft der Donau

Die erhalten gebliebenen Donauauen auf Wiener Stadtgebiet sind für eine Großstadt zweifellos ein außergewöhnlicher Natur- und Erholungsraum. Freilich hat die große Donauregulierung im späten 19. Jahrhundert die Landschaft und Vegetation der Auen radikal verändert: Große Augebiete, wie jene im Bereich des heutigen 20. Wiener Gemeindebezirks, wurden dabei völlig zerstört und in der Folge teilweise dicht verbaut. Die alten Auwiesen wurden großteils in Ackerflächen umgewandelt, soweit sie nicht ebenfalls unter Industrie- und Wohnbauten verschwanden. Der Hubertusdamm verhindert dauerhaft eine direkte Überflutung der verbliebenen naturnahen Flächen, sodass einstige Sand- und Schotterbänke vielfach von dauerhaften Waldgesellschaften erobert werden konnten: Das Bild der dichten Auwälder unterhalb Wiens ist also sehr jungen Datums. Durch das neue Donaubett wurden die verzweigten Seitenarme vom Hauptstrom abgeschnitten und so zu Totarmen und Altwässern, in denen Verlandungsprozesse die offenen Wasserflächen immer mehr einengen. Nur in der Unteren Lobau und stromabwärts außerhalb von Wien sind Teile des Auwaldkorridors, der einst den ganzen Strom begleitet hat, erhalten geblieben.

Im historischen Rückblick werden Etappen sichtbar, die Ausdruck der sehr unterschiedlichen Sichtweisen sind, mit denen die Stadt dem großen Strom vor ihrer Haustür begegnet ist: vom unregulierten Strom über die Große Donauregulierung im 19. Jahrhundert und das Kraftwerk in der Freudenau (1998) bis hin zur Errichtung des Nationalparks Donauauen (1996).

1

1 Wien am Stau. Eine einschneidende Veränderung erfuhr die Donau durch die Errichtung von Kraftwerken in Greifenstein (1985) und in der Freudenau (1998, Bild oben). Dadurch haben sich nicht nur die Abflussverhältnisse der Oberflächenwässer sondern auch die Grundwasserverhältnisse verändert.

2 Unterhalb von Wien hat man 2005 bei Regelsbrunn begonnen, die bis dahin abgeschnittenen Altarmsysteme durch Absenkung der Uferkante und Durchstiche wieder mit dem Donaustrom in Verbindung zu bringen, sodass Teile der Auen im Nationalpark wieder häufiger überflutet und die Altarme durchströmt werden können.

3 Damit konnten in kurzer Zeit die dynamischen ökologischen Prozesse der Aulandschaft teilweise wieder in Gang gesetzt werden.

2

3

Doch selbst nach der Erklärung zum Nationalpark bleibt die Zukunft der noch bestehenden Auwälder unsicher. Für den Bau des Autobahnrings östlich von Wien soll die Lobau untertunnelt werden. Auch der Ausbau des Donau-Oder-Kanals wird wieder diskutiert. Die alte Idee zur Errichtung einer künstlichen schiffbaren Verbindung zwischen den Flüssen Oder und Donau, deren Realisierung während der Zeit des Nationalsozialismus begonnen hatte, aber bereits 1940 wieder gestoppt wurde, scheint nun wieder aufzuleben. Doch keine der derzeit angedachten Varianten, sei es durch die Donauauen und nach Norden durch das Marchfeld oder sei es auf slowakischem Gebiet parallel zur March durch Auwälder, Wiesen- und Sanddünengebiete, wäre mit dem Nationalparkkonzept verträglich. Die Chancen für eine Erweiterung des Nationalparks zu einem grenzüberschreitenden Biosphärenpark oder gar zu dem ursprünglich geplanten Nationalpark „Donau-March-Thaya-Auen“ wären damit endgültig vertan.

Die Naturnähe der Landschaften Wiens – Bilanz einer Entwicklung

Unberührte Naturlandschaften existieren in Mitteleuropa heute praktisch nicht mehr. Nur ganz vereinzelt lassen sich noch Wildnisinseln finden, die ihren ursprünglichen Charakter einigermaßen gut erhalten konnten. Generell sind unsere Landschaften heute vom Menschen gestaltet; ihr Bild wird geprägt von oft eng ineinander verwobenen landwirtschaftlichen Kulturflächen, Forsten und Siedlungsgebieten. Mit dem Konzept der **Hemerobie** (griechisch *hemeros* = gezähmt, *bios* = das Leben) kann man das Ausmaß dieser landschaftlichen Veränderungen wissenschaftlich beschreiben Dabei wird der Grad der Naturnähe eines bestimmten Gebietes mithilfe verschiedener Bioindikatoren gemessen.

In Österreich hat sich das Verfahren zur Naturnähe-Bewertung bereits mehrfach und für unterschiedliche Lebensräume wie Waldökosysteme, alpine Landschaften und Kulturlandschaften bewährt. Nun liegt auch eine flächendeckende Bearbeitung für das Wiener Stadtgebiet vor. Sie beruht auf der Interpretation der in den vorhergehenden Kapiteln ausführlich besprochenen thematischen Karten zur ökologischen

Entwicklung der Landschaft im Wiener Raum
Von den Naturlandschaften (links) über die vorindustriellen (Mitte) bis hin zu den aktuellen (rechts) Kulturlandschaften (vgl. → Karten S. 213, S. 228 und S. 241)

Die untere Reihe zeigt die Abnahme der Naturnähe im Laufe der Stadtentwicklung.

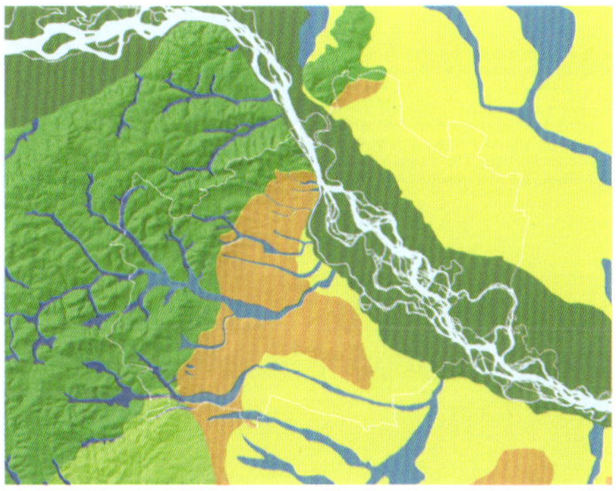

Vor etwa 6.000 Jahren

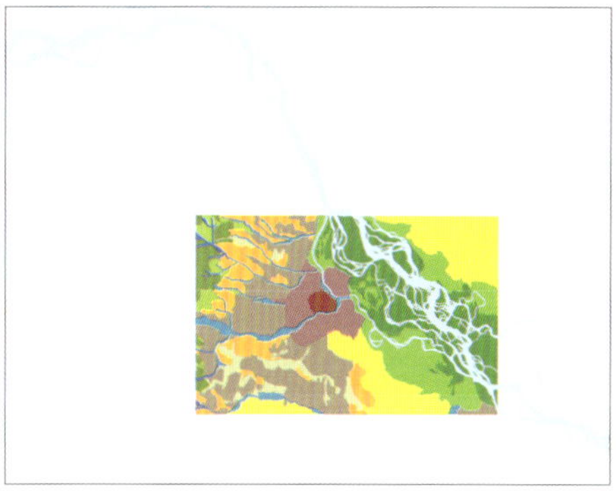

Um 1775

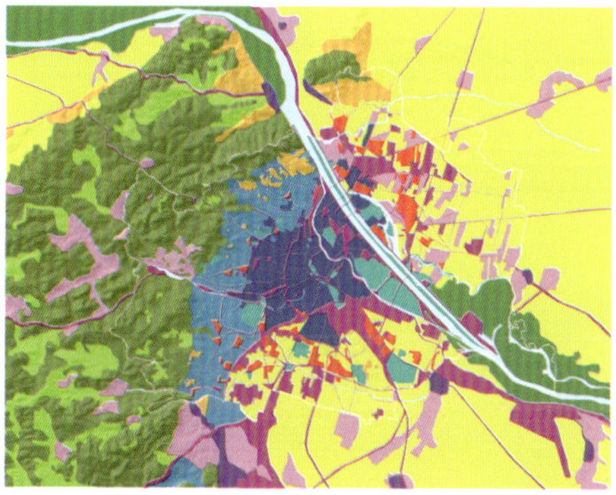

Um 2000

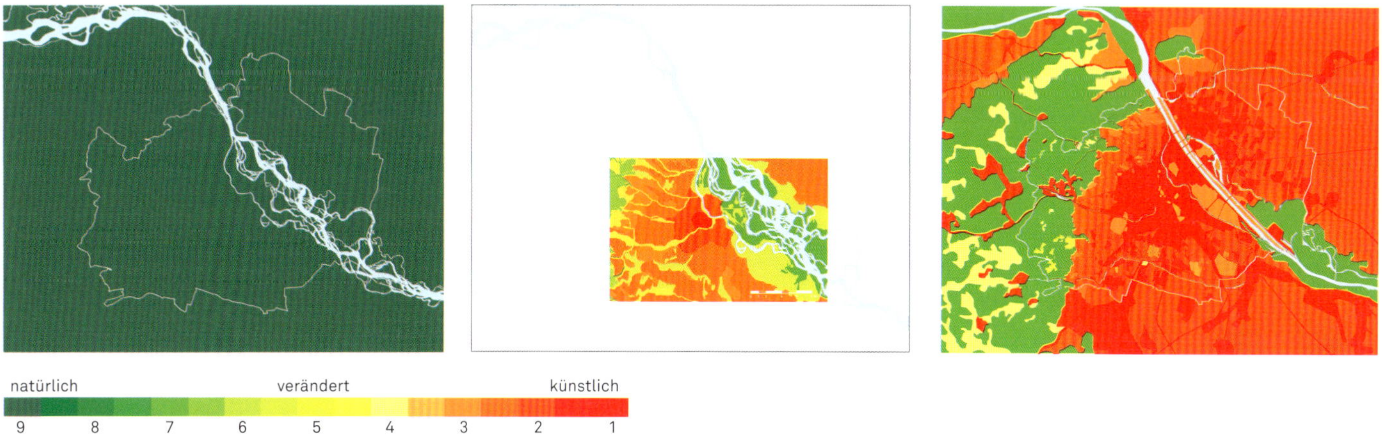

Landschaftsentwicklung. Die drei Karten: Naturlandschaften vor etwa 6.000 Jahren, Vorindustrielle Kulturlandschaften um 1775 und Aktuelle Kulturlandschaften um 2000 sind auf der vorhergehenden Seite in der oberen Reihe der Darstellung nochmals in Miniatur wiedergegeben. In der Hemerobie-Analyse (untere Reihe) wird für jeden dargestellten Landschaftstyp ein Vergleich mit der ursprünglichen Vegetation durchgeführt und die Naturnähe in einer neunstufigen Skala dargestellt.

Der Vergleich der Karten zeigt in der oberen Reihe die Vielfalt der Natur- und Kulturlandschaftstypen im Wiener Raum von der Urlandschaft bis zur Gegenwart. In der unteren Reihe wird sichtbar, wie der natürliche Charakter der Landschaften im Laufe der Zeit mehr und mehr zurückgedrängt wurde. Die unterschiedliche Geschwindigkeit dieser Entwicklung in den verschiedenen Landschaftsteilen wird an der mittleren Karte deutlich: Hier sieht man, dass in unmittelbarer Nähe zum bereits völlig künstlichen Gebiet des Stadtkerns und der Vororte die Donauauen noch fast vollständig ihren wildnishaften Zustand behalten hatten. Dies sollte sich erst knapp 100 Jahre später mit der Stromregulierung drastisch ändern.

Auch die folgende Tabelle gibt einen Überblick über den jeweiligen Stand der Landschaftsentwicklung in den sieben naturräumlichen Einheiten zu den drei ausgewählten Zeitpunkten. Die verschiedenen Landschaftstypen sind mit ihren in den Karten verwendeten Leitfarben eingetragen; der Zahlenwert kennzeichnet den jeweiligen Grad der Naturnähe.

Ein Vergleich der drei Zeitabschnitte zeigt, dass innerhalb der einzelnen naturräumlichen Einheiten mit zunehmendem menschlichem Einfluss die Zahl der Kulturlandschaftstypen und ihre Ausdehnung größer werden. So zeigt etwa die Spalte „Aulandschaft der Donau", dass der in diesem Raum ursprünglich vorhanden gewesene wildnishafte Landschaftstyp im Zuge der Stadtentwicklung in vorerst zwei naturnähere, später sogar in fünf überwiegend naturferne Kulturlandschaftstypen umgeformt wurde. Aus der Tabelle ist auch ersichtlich, wie die einzelnen Landschaftstypen in ihrer heutigen Verbreitung unterschiedlich stark an die natürlichen Standortfaktoren der verschiedenen Naturräume gebunden sind. So sind etwa die Waldlandschaften, welche die höchste Naturnähe aufweisen, auf den Wienerwald und die Donauauen beschränkt, während sich Siedlungsgebiete im Laufe der Stadtentwicklung über nahezu alle Naturlandschaften hinweg ausgedehnt haben.

Unterscheiden lassen sich auch konservative und dynamische Landschaftsräume. Während der Wienerwald als naturnahe Waldlandschaft bis heute weitgehend bewahrt werden konnte, weitete sich der Siedlungsraum nach der Donauregulierung sprunghaft in ursprünglich überschwemmungsgefährdete Gebiete aus. Im Wienerwald blieben über 50 Prozent der Fläche als Waldlandschaft bestehen, im Donauraum sind hingegen von den naturnäheren Landschaftstypen nur mehr 19 Prozent Auwald und 16 Prozent Gewässer erhalten. Heute finden sich hier Agrarflächen (19 %), Parkanlagen mit pflegeintensiven Grünflächen (19 %) und Industrie- und Verkehrsflächen (17 %). Die ökonomischen Gunstlagen des Terrassenraumes, die die frühesten Spuren einer Besiedlung zeigen, zeichnen sich aktuell durch die größte Zahl an Kulturlandschaftstypen und die geringste Naturnähe aus. In diesem für die Stadtentwicklung des 19. und frühen 20. Jahrhunderts wohl wichtigsten Landschaftsraum sind Agrarflächen und dörfliche Siedlungsstrukturen weitgehend verschwunden. Von den ehemaligen weinbaugeprägten Kulturlandschaften Wiens sind heute nur noch fünf Prozent als Weinbaugebiet und elf Prozent als sonstige Agrarfläche vorhanden, der Großteil (52 %) des einstigen Weinbaugebietes muss aktuell dem Landschaftstyp „lockere Stadtrandverbauung" zugeordnet werden, auch Parks (11 %) und naturferne Verkehrs- und Industrieflächen (5 %) sind hier entstanden.

Wandel der Landschaften im Raum von Wien unter zunehmender Beeinflussung durch den Menschen
Die Naturlandschaften (vor etwa 6.000 Jahren) und die Kulturlandschaften des Wiener Raumes (um 1775 und in der Gegenwart) sind von oben nach unten eingetragen und den von der Natur vorgegebenen Landschaftsräumen (entsprechend den Naturlandschaften von A bis G) zugeordnet. In den rechteckigen Kombinationsfeldern ist der Grad der menschlichen Beeinflussung durch den jeweiligen Hemerobiewert (von 1 = künstlich bis 9 = natürlich) angegeben. Die Leitfarben entsprechen den Signaturfarben in den Karten (→ S. 213, S. 228 und S. 241). Die Tabelle veranschaulicht die zahlenmäßige Zunahme der Landschaftstypen mit der menschlichen Beeinflussung und ihre abnehmende Naturnähe.

	Naturräumliche Einheiten (entsprechen den Naturlandschaften vor 6.000 Jahren)						
	A	B	C	D	E	F	G
Naturlandschaften vor rund 6.000 Jahren							
| A | Berglandschaft im Flysch-Wienerwald	9,0						
| B | Berglandschaft im kalkalpinen Wienerwald		9,0					
| C | Tallandschaft der Wienerwaldbäche			9,0				
| D | Terrassenlandschaft der Hügelstufe				9,0			
| E | Terrassenlandschaft der Ebenenstufe					9,0		
| F | Aulandschaft der Seitenflüsse und -bäche der Donau						9,0	
| G | Aulandschaft der Donau							9,0
Vorindustrielle Kulturlandschaften um 1775							
Walddominiertes Bergland	6,0	6,5					
Bachauenlandschaft des Berglandes			7,0				
Von Wiesen geprägte Rodungsinseln	4,0	4,0	4,0				
Weinbaulandschaft	3,0	3,0		3,0			
Hutweidelandschaft	5,0			5,0	5,0		
Ackerbaulandschaft				2,5	2,5		
Vororte			2,5	2,5	2,5		
Vorstädte					1,5	1,5	
Altstadt					1,0		
Bachtäler der Terrassenlandschaft						4,5	
Von Landwirtschaft geprägte Donauauen							5,0
Von Wald geprägte Donauauen							9,0
Aktuelle Kulturlandschaften um 2000							
Wienerwald und Bisamberg	7,0	7,0					
Wienerwaldwiesen	4,0	4,0	4,5				
Weinbaulandschaft	2,5	2,5		2,5			
Lockere Stadtrandbebauung	2,0	2,0	2,0	2,0	2,0		
Dicht verbautes Stadtgebiet					1,0	1,0	1,0
Großparkanlagen			4,0	3,0	3,5	2,5	3,0
Großräumiger kommunaler Wohnbau				1,5	1,5	1,5	1,5
Neue Wohngebiete					1,5		
Agrarland der Donauterrassen				2,0	2,0		
Kleinstädtischer Siedlungsraum			1,5	1,5	1,5	1,5	
Verkehrs- und Industrieflächen			1,0		1,5	1,0	1,0
Aulandschaft der Donau							7,0

Der Vergleich mit anderen europäischen Metropolen (→ S. 638–639) zeigt, dass in Wien die naturnahen „Restflächen" im Bereich des Berglands und der Donauauen immer noch von beachtlicher Größe sind und zudem in mäßiger Entfernung zum dicht verbauten Stadtgebiet liegen. Die vor 230 Jahren noch gut entwickelte Pufferzone aus Agrikulturlandschaften und halbnatürlichen Landschaften zwischen der dicht bebauten Stadt und den Waldgebieten ist heute freilich kaum mehr vorhanden. Sie wurde weitgehend durch eine lockere Stadtrandverbauung, durch neue Wohngebiete und ausgedehnte Industriebereiche ersetzt. Aus ökologischer Sicht bedeutet dies einen großen Verlust, weil die vielen landwirtschaftlich extensiv genutzten Bereiche dieser Pufferzone eine große Fülle von Biotopen und damit eine Vielfalt von Pflanzen und Tieren beherbergten, die heute weitgehend aus der Stadt und dem Wiener Umfeld verschwunden sind. Den erfolgreichen Bemühungen von Naturschützern und Stadtplanern ist es zu verdanken, dass wenigstens Teile dieser Pufferzone im sogenannten Wald- und Wiesengürtel Wiens erhalten werden konnten. Leider ist eine solche gelenkte Entwicklung in mancher Wiener Umlandgemeinde nicht gelungen. Hier wurden die ehemals agrarisch genutzten Übergangsbereiche inzwischen so verbaut, dass Wald- und Siedlungsbereich unmittelbar aufeinanderprallen.

Inhalt

9

Alexander C. Mrkvicka

Der Wienerwald
Natur (fast) pur am Rand der Stadt

Wenn der Nagelfleck fliegt, weiß der Wiener Naturfreund, dass die Blütezeit der Leberblümchen, Busch-Windröschen und Frühlings-Platterbsen bald vorbei ist, weil sich das Blätterdach des Buchenwaldes zu schließen beginnt.

Die Landschaft und ihr Fundament

Der Wienerwald – ein Biosphärenpark

51 Gemeinden haben in Niederösterreich Anteil am Biosphärenpark Wienerwald, in Wien sind es sieben Gemeindebezirke.

Er ist eines der größten Laubwaldgebiete Europas und eine in Mitteleuropa einzigartige Kulturlandschaft. Ebenso wie das ausgedehnte Waldgebiet selbst, prägt auch das „Offenland" mit seinen Wiesen, Weiden, Weingärten und Äckern, den eingestreuten Bauerndörfern und neueren Siedlungen und mit seiner Fülle von kleinräumigen Landschaftselementen wie Hecken, Rainen, Böschungen und Felsen, den unverwechselbaren Charakter dieser Landschaft.

Der Wienerwald ist ein hügeliges Bergland mit Seehöhen von etwa 200 bis maximal 890 Metern. Er bildet die nordöstlichen Ausläufer der Ostalpen. Seine Gesamtfläche beträgt 115.000 Hektar, wovon rund 70.000 bewaldet sind. Der Großteil des Wienerwaldes liegt in Niederösterreich, nur etwa 5.000 Hektar befinden sich auf Wiener Stadtgebiet in den Bezirken 14 bis 19 und 23. Das Triestingtal begrenzt ihn nach Süden, die Große Tulln nach Westen. Im Norden fallen die Wienerwaldhöhen zum Tullnerfeld und zur Donau ab. Entwässert wird die Region hauptsächlich nach Osten durch Triesting, Schwechat, Mödlingbach, Liesingbach und Wienfluss. Der westliche und nördliche Teil entwässert nach Norden zur Donau über Große und Kleine Tulln, Hagenbach, Kierling- und Weidlingbach. Größere natürlich entstandene Stillgewässer fehlen im Wienerwald gänzlich. Die Besiedlung im Wienerwald konzentriert sich an Siedlungsachsen wie dem Wiental und an den Randbereichen. Besonders an der Thermenlinie zwischen Wien und Leobersdorf ist die Siedlungsdichte sehr groß.

Was ist ein Biosphärenpark?

Biosphärenparks (international: Biosphärenreservate) sind Gebiete, die im Rahmen des UNESCO-Programms „Der Mensch und die Biosphäre" (MAB) nach internationalen Kriterien anerkannt sind. Sie umfassen großflächige Ökosysteme von herausragender Bedeutung für die Erhaltung der biologischen Vielfalt. Die UNESCO nennt gleichrangig drei Hauptfunktionen von Biosphärenparks:

1) Schutz von Ökosystemen und Landschaften, Erhaltung der biologischen und kulturellen Vielfalt und der genetischen Ressourcen.

2) Entwicklung und Förderung von ökologisch, wirtschaftlich und soziokulturell nachhaltigen Formen der Landnutzung.

3) Unterstutzung von Forschung, Umweltbeobachtung und Bildungsaktivitäten für besseres Verstehen von Wechselwirkungen zwischen Mensch und Natur.

Das Biosphärenpark-Konzept der UNESCO stellt somit ein umfassendes Schutz- und Entwicklungsinstrument dar. Da es Schutz und Nutzung verbindet und den Menschen mit einbezieht, ist es maßgeschneidert für Kulturlandschaften mit hohem Naturwert. ***www.bpww.at***

Die ausgeprägte Vielfalt an Klimatypen, Gesteinsformen und der große Reichtum an Lebensräumen und Arten machen den Wienerwald zu einem Gebiet von besonderer naturschutzfachlicher, kultureller und regionalwirtschaftlicher Bedeutung. Im Juni 2005 wurde er daher von der UNESCO in das weltweite Netzwerk von Biosphärenparks aufgenommen. Bis dahin waren in 102 Staaten 482 Biosphärenparks eingerichtet worden. Darunter findet sich jedoch kaum einer, der so nah an einem Ballungsraum wie dem von Wien realisiert wurde. Der Wienerwald gilt daher als Vorzeigemodell dafür, wie die Anwendung des Biosphärenpark-Konzeptes, das Schutz herausragender Naturwerte mit nachhaltiger Nutzung verbindet, auch in einer bevölkerungsreichen, wirtschaftlich starken und teilweise urbanen Region funktionieren kann.

Flysch und Kalk – die zwei Gesichter des Wienerwaldes

Der Wienerwald besteht aus zwei sehr unterschiedlichen Teilen: dem Flysch-Wienerwald, oft auch Sandstein-Wienerwald genannt, und dem Kalk-Wienerwald, auch richtiger kalkalpiner Wienerwald genannt, dem östlichsten Ausläufer der Nördlichen Kalkalpen. Der Flysch-Wienerwald ist der weitaus größere Teil, er bildet den östlichsten Abschnitt der Flyschzone (→ S. 67). Dazu gehört auch der Bisamberg, der aber topographisch nicht Teil des Wienerwaldes ist. Die Grenze zwischen Flysch-Wienerwald und Kalk-Wienerwald beginnt nördlich von Kalksburg und verläuft nach Westen

Ein typisches Landschaftsbild aus dem Flysch-Wienerwald: Die Rohrerwiese am Fuß des Hermannskogels ist von Laubwäldern umgeben.

Quellnaher Abschnitt eines Baches im Flysch-Wienerwald. Die V-förmig eingeschnittenen Tobel zeugen von der enormen Tiefenerosion selbst kleiner Bäche. Verstärkt wird diese durch stetiges Bodenfließen. Der „Säbelwuchs" der hier wachsenden Bäume legt davon Zeugnis ab: Durch das „Abwärtskriechen" der Hänge werden die Baumstämme schräg gestellt und müssen sich krümmen, um wieder senkrecht wachsen zu können.

zwischen den Tälern der Reichen und der Dürren Liesing. Zum Kalk-Wienerwald gehören in Wien der Neuberg und die „Klausen" bei Kalksburg sowie der Zugberg bei Rodaun. Bereits auf niederösterreichischem Gebiet liegen der Föhrenbergzug (Höllensteinzug) zwischen Rodaun und Sparbach, der Anninger bei Mödling und der Lindkogel bei Baden sowie der westlich anschließende Peilstein.

Die Gesteine des **Flysch-Wienerwaldes** sind vielfältig, es überwiegen Kalkmergel, Tonmergel und Sandsteine, die in ihrer chemischen Zusammensetzung recht verschieden sind. Für die Organismenwelt ist sehr wesentlich, dass kalkreiche Gesteine mit kalkarmen bis kalkfreien abwechseln. Sowohl für den Wasserhaushalt der aus dem Gestein entstandenen Böden als auch für deren Nährstoffgehalt sind diese Unterschiede entscheidend. Kieselsäurereiche, kalk- und tonarme Sandsteine bringen leicht versauernde, nährstoffarme und daher wenig fruchtbare Böden hervor. Beispiele dafür sind Teile der Greifensteiner und Laaber Schichten aus dem Alttertiär. Gesteinszonen, in denen tonhaltige Sandsteine und Kalksandsteine sowie Tonmergel wechsellagern, verwittern hingegen leicht und tiefgründig. Sie liefern nicht oder nur wenig versauernde, basische, lehmreiche Böden mit hohem Nährstoffgehalt. Insbesondere dort, wo tonig-mergelige Gesteinsschichten vorherrschen, bilden sich zwar hochwertige Böden, infolge schlechter Entwässerung können aber auch Stauwasseransammlungen entstehen, sogenannte Nassgallen. Das Stauwasser behindert oder unterbindet die Bodendurchlüftung, es bilden sich Pseudogley-Böden, auf denen nur solche Bodenlebewesen und Pflanzengesellschaften siedeln können, welche auf diese ungünstigen Verhältnisse spezialisiert sind.

Charakteristisch sind auch die Landschaftsformen der Flyschzone: sehr sanfte Hügel und Berge ohne markante Gipfel und enge, tief eingeschnittene V-förmige Täler. Da die Flyschsedimente meist tonreich sind und parallele, kaum ineinander verzahnte Schichten bilden, neigen selbst mäßig steile Hänge zu Rutschungen. Die aus dem Schwyzerdütsch (Schweizerdeutsch) stammende Bezeichnung „Flysch" (sprich: „flisch") bedeutet „fließen" und nimmt auf diese instabilen Bodenverhältnisse Bezug.

Auch nach geringen Niederschlägen fließt ein Großteil des Regenwassers im Flysch-Wienerwald oberflächlich ab, weil die Böden kaum Wasser aufnehmen können. Die gewöhnlich recht wenig Wasser führenden Wienerwaldbäche schwellen dann sehr rasch und gefährlich an. Deshalb muss das regulierte, kanalisierte Bett des Wienflusses im verbauten Stadtgebiet verhältnismäßig groß dimensioniert sein.

Ganz anders ist die Situation im **Kalk-Wienerwald,** dessen Bezeichnung insofern irreführend ist, als in den Kalkalpen neben Kalken auch Dolomite häufig sind, und gerade im Wiener Anteil sogar vorherrschen. Kalke wie auch Dolomite sind weitgehend „wasserdurchlässig", nicht nur wegen der reichlichen Klüfte und Risse, sondern vor allem wegen ihrer Löslichkeit in säurereichem Wasser: Niederschlagswasser, das

Der Gütenbach bei Hochwasser am 7. September 2007 und zwei Wochen danach

Der Kalk-Wienerwald reicht von Süden her bei Rodaun und Kalksburg gerade noch auf das Wiener Stadtgebiet, wie im Bild oberhalb der Mizzi-Langer-Wand.

im Boden mit Kohlensäure aus dem Stoffwechsel der Organismen und Huminsäuren aus der Bodenbildung angereichert wurde, löst diese Karbonatgesteine auf. Die Böden im Kalk-Wienerwald sind daher generell trocken, Quellen gibt es weithin keine oder nur sehr wenige dort, wo wasserundurchlässige Schichten, etwa die tonhaltigen Gosau-Ablagerungen, Quellhorizonte bilden. Auch die Bodenbildung läuft auf Karbonatgesteinen ganz anders ab als im Flysch-Wienerwald. Da silikatische Anteile fehlen, entstehen Rendsinen (→ S. 145): Ein geringmächtiger, dunkelgrau bis schwarz gefärbter Humushorizont liegt auf dem hellgrauen Gesteinshorizont. Diese Böden sind basisch, kalkreich, nährstoffarm und trocken. Rendsinen über Dolomit sind noch geringmächtiger und nährstoffärmer als jene über Kalk. Auf etwas tonhältigen Kalken entstehen bessere Böden. Nur in der Gosauzone, die auf Wiener Stadtgebiet fehlt und erst in den Föhrenbergen bei Gießhübl auftritt, sind die Gesteine tonreicher und die Böden feuchter. Die Pflanzenwelt ähnelt dort jener im Flyschgebiet.

Stellenweise gibt es im Kalk-Wienerwald in Verebnungen und Senken einen weiteren, besonderen Bodentyp: die Terra fusca (Kalksteinbraunlehm). Das ist ein sehr alter, entkalkter, nährstoffreicher, lehmiger Boden, oft mit fast auwaldartiger Vegetation. Auffallend ist beispielsweise das Vorkommen von Geophyten wie Schneeglöckchen auf Terra fusca in den Wäldern der Föhrenberge.

Die unterschiedlichen Bodenverhältnisse veranlassen den gelernten oder ureinheimischen Wiener bei Ausflügen im Regenwetter den trockeneren Kalk-Wienerwald zu bevorzugen, weil er im Flysch-Wienerwald im „Gatsch" (wienerische Bezeichnung für morastige, lehmige, Schuhe-ausziehende Böden) versinken würde.

Wälder

Lebensraum Wald

Pflanzen

Ohne die Tätigkeit der Menschen wäre Mitteleuropa und damit auch der Wienerwald großteils Waldgebiet. Das ist weltweit betrachtet keine Selbstverständlichkeit: In den Steppen Zentralasiens gibt es keinen Wald – auch ohne Zutun der Menschen – ebensowenig in der Sahara oder am Nordkap. Auch ist Wald nicht gleich Wald. Mitteleuropa ist Teil der kühlgemäßigten Zone, in der sommergrüne Laubwälder vorherrschen. Der jährliche Laubwurf ist eine Anpassung an kalte Winter und milde, regenreiche Sommer. Wird die sommerliche Vegetationsperiode zu kurz, wie im Gebirge und in nördlicheren Breiten, so bleibt den Laubbäumen nicht genug Zeit, um ihren Entwicklungszyklus abzuschließen. Die Nadelbäume mit ihren immergrünen, jederzeit zur Photosynthese bereiten Nadeln sind dann im Vorteil. Ähnlich ist es auf Böden, die so nährstoffarm sind, dass eine jährliche Neubildung des Laubs zu viele Nährstoffe verbrauchen würde. Unter allen anderen Bedingungen sind in unserem Klima Laubbäume den Nadelbäumen auf Dauer überlegen. Nadelwälder bilden deshalb in Mitteleuropa nur im Gebirge sowie auf besonders nährstoffarmen Böden das natürliche Endstadium der Vegetationsentwicklung.

Im Wald nutzen die Pflanzen den verfügbaren Raum in mehreren Schichten: Bodenvegetation, Strauch- und Baumschicht. Im Bild: Eichenwald auf dem Ober St. Veiter Gemeindeberg.

Umgangssprachlich versteht man unter „Mischwald" einen Wald aus Laub- **und** Nadelbäumen; ein derartiger Wald ist in der Naturlandschaft der Tieflagen selten anzutreffen. In der Vegetationsökologie bedeutet „Mischwald" allerdings etwas anderes: Es ist jeder Wald, in dem mehr als nur eine Baumart eine wichtige Rolle spielt. In diesem Sinne sind unsere naturnahen Eichenwälder ebenso Mischwälder.

Laubblätter wichtiger Baumarten des Wienerwaldes: Arten kühlerer (höher gelegener) Standorte sind oben, Arten nährstoffreicher und eher feuchter Standorte rechts angeordnet. Die Trauben-Eiche wächst also in wärmeren Lagen als die Rot-Buche und kommt eher im Trockenen vor, während die Edel-Esche zwar ähnliche Höhenlagen wie die Trauben-Eiche, aber feuchtere Standorte besiedelt. Sehr unterschiedlich verhalten sich auch die drei heimischen Ahorn-Arten.

1 Rot-Buche
2 Berg-Ahorn
3 Berg-Ulme
4 Trauben-Eiche
5 Sommer-Linde
6 Spitz-Ahorn
7 Edel-Esche
8 Zerr-Eiche
9 Winter-Linde
10 Feld-Ahorn
11 Hainbuche

Das Bild eines Waldes und seine Biomasse werden von Bäumen geprägt. An der gesamten Artenzahl der Pflanzen eines heimischen Waldes mit all seinen Sträuchern, Kräutern, Gräsern, Farnen und Moosen haben die Bäume jedoch nur einen sehr bescheidenen Anteil.

Die Strauchschicht präsentiert sich je nach Waldtyp recht unterschiedlich. In lichten Eichenwäldern ist sie stark ausgeprägt und artenreich, während sie in den schattigen Buchenwäldern fast ganz fehlt. Am üppigsten entfalten sich die Sträucher nicht im Inneren des Waldes, sondern an seinem Rand, wo sie genügend Licht bekommen und sich zu einem dichten, oft fast undurchdringlichen Gebüsch, dem Waldmantel, zusammenschließen.

Am besten an die schattigen Lebensbedingungen des Waldbodens angepasst ist die große Schar der Waldkräuter. Sie kommen mit einem Bruchteil jener Strahlungsmenge aus, die etwa Wiesenpflanzen genießen. Ihre oft breiten, weichen Blätter würden in vollem Sonnenlicht rasch dahinwelken.

Die Strauchschicht profitiert im Eichenwald davon, dass die Eichen im Frühjahr erst später austreiben und ihre Kronen generell lichter sind.

Sind die Böden nährstoffreich und zumindest im Frühjahr gut durchfeuchtet, so findet man eine Gruppe von krautigen Pflanzen, die bereits lange vor dem Blattaustrieb der Bäume erscheinen und ihren Lebenszyklus innerhalb nur weniger Wochen durchlaufen. Wenn sich im Mai das Blätterdach des Waldes schließt, sind sie meist schon wieder verschwunden. Diese sogenannten Geophyten, zu denen das Busch-Windröschen *Anemone nemorosa,* die Lerchensporn-Arten *Corydalis* spp., das Scharbockskraut *Ficaria verna,* der Bär-Lauch *Allium ursinum* und das Schneeglöckchen *Galanthus nivalis* zählen, besitzen unterirdische Speicherorgane wie Rhizome, Knollen oder Zwiebeln, die es ihnen ermöglichen, sofort nach der Schneeschmelze „durchzustarten". So kommen sie in den Genuss fast ungeschmälerten Sonnenlichts und weichen der Konkurrenz der breitlaubigen Sommerkräuter aus. Da sie in so

Zwei typische Frühlingsboten des Wienerwaldes sind Hohler Lerchensporn (links) und Leberblümchen (rechts). Der Hohle Lerchensporn bevorzugt feuchte Standorte in Bachauen oder feuchten Wäldern. Das Leberblümchen hingegen ist in wärmebegünstigten Eichen- und Buchenwäldern zu finden.

kurzer Zeit austreiben, blühen, fruchten und ihre Speicherorgane neu befüllen müssen, können sie nur bei reichlich vorhandenen Nährstoffen existieren.

Wo der Wald luftfeucht und schattig, aber nicht so nährstoffreich ist, siedeln Farne. Sie kommen mit noch weniger Licht aus als die meisten Kräuter. Im Wiener Raum sind sie aufgrund des relativ trockenen Klimas allerdings ziemlich selten zu finden.

Gräser und Grasartige können vor allem auf trockenen Böden dominieren, wo die Baumkronen weniger dicht schließen und mehr Licht zum Boden fällt. Allerdings gibt es auch unter ihnen einige schattentolerante Vertreter, wie die im Wienerwald sehr häufige Wald-Segge *Carex sylvatica* und das Flattergras *Milium effusum*.

Eine Mittelstellung zwischen Sträuchern und Krautigen nehmen die Zwergsträucher ein, zu denen etwa die Heidelbeere *Vaccinium myrtillus*, der Heide-Ginster *Genista pilosa* und die Besenheide *Calluna vulgaris* gehören. Sie sind anspruchslos, daher langsamwüchsig und werden vom herabfallenden Laub leicht zugedeckt. Man findet sie oft auf nährstoffarmen und sauren Böden, weil hier andere Konkurrenten fehlen.

Auch den winzigen Moosen des Waldbodens setzen der jährliche Laubfall und die Beschattung durch höherwüchsige Kräuter zu. Sie wachsen meist an steilen oder exponierten Stellen, wo das Falllaub abrutscht, vom Wind weggeblasen oder durch einen Baumstamm abgeschirmt wird. Auf nährstoffarmen Böden sind Moose häufiger vertreten, da dort die Konkurrenz der Kräuter schwächer ist. Außer am Waldboden findet man bestimmte Moosarten auch an speziellen Kleinstandorten, wie auf Felsblöcken, auf Totholz oder auf der Borke lebender Bäume, wo sie oft gemeinsam mit Flechten vorkommen.

1 Echter Wurmfarn *Dryopteris filix-mas*. Farne sind auf hohe Luftfeuchtigkeit angewiesen. Vor allem ihre winzige Geschlechtsgeneration (Prothallium oder Vorkeim) ist sehr empfindlich gegen Austrocknung. Erst nach der Befruchtung entwickelt sich daraus die sporenbildende Generation, also die eigentliche Farnpflanze.

2 Grasreicher Eichenwald. Wenn der Standort trocken und nährstoffarm ist, schließt das Kronendach der Bäume weniger dicht. An solchen Stellen können lichtbedürftige Gräser in großen Herden wachsen.

3 Die Wald-Segge findet man an feuchten Stellen in allen nicht zu nährstoffarmen Buchenwäldern. Die Seggen gehören zur Familie der Riedgräser *Cyperaceae*.

1

2

3

Epiphytische Moose des Wienerwaldes

Epiphyten sind Pflanzen, die auf anderen Pflanzen, meist auf Bäumen, wohnen und daher auch Aufsitzer-Pflanzen genannt werden. In der Regel schädigen sie ihren Wirt in keiner Weise (Ausnahmen sind Parasiten wie die Misteln) und wollen nur einen „Platz an der Sonne", den sie sonst wegen ihrer Kleinheit nie erreichen könnten. Dies gilt auch für die epiphytischen Moose, deren Vorkommen von zahlreichen Umweltfaktoren abhängt. Bestimmend sind Art und Alter des Trägerbaums, Standortklima und die Qualität der Luft. Nährstoffreiche Borken älterer Bäume von Linde, Esche, Berg- oder Spitz-Ahorn werden bevorzugt besiedelt. Auch hohe Luftfeuchtigkeit, etwa entlang von Gewässern, fördert den Bewuchs. Epiphyten reagieren besonders empfindlich auf Luftschadstoffe. Weil ein Großteil der im Regenwasser gelösten Schadstoffe entlang des Stammes abgeleitet wird und die Borke diese viel weniger filtert und neutralisiert als etwa der Boden, sind die Moose am Stamm in hohem Ausmaß mit den dort konzentrierten toxischen Substanzen konfrontiert. Wegen ihrer Empfindlichkeit eignen sich Moose daher als Zeiger für die Luftschadstoffbelastung einer Region. Bei einer Untersuchung über das Vorkommen einzelner Moosarten und ihrer Deckung zeigte sich, dass die nördlichen Teile des Wienerwaldes deutlich schlechter abschneiden und somit stärker durch Immissionen belastet sind als die im Süden der Stadt gelegenen Wälder.

Neben den Moosen im Stammfußbereich gibt es auch echte, sogenannte obligate Epiphyten, die erst im eigentlichen Stammbereich wachsen. Sie bilden meist flache Decken, wie etwa die Lebermoose *Frullania dilatata* oder *Radula complanata*, während die Laubmoose der Gattungen *Orthotrichum* und *Ulota* als kleine Polster wachsen. Beide Wuchsformen sind eine Anpassung an die trockene Luft. Das vergleichsweise trockene Klima besonders des östlichen Wienerwaldes – am Rand des pannonischen Gebiets! – äußert sich auffallend an der Farbe der Buchenstämme, die hier in der Regel fast ohne Aufwuchs und daher hellgrau sind, ganz im Gegensatz zu den übrigen, viel luftfeuchteren Gebieten Österreichs und Mitteleuropas, wo die Stämme grün bedeckt sind mit Algen, Moosen und Flechten. Und doch kommen auch im Wienerwald 49 epiphytische Moosarten vor. Wenngleich die überwiegende Anzahl der Bäume frei von Moosen ist, können in schattigen Bachtälern doch bis zu 14 verschiedene Arten pro Baum gezählt werden. Zu den häufigsten gehören *Hypnum cupressiforme, Pylaisia polyantha, Amblystegium serpens, Pseudoleskeella nervosa* und *Metzgeria furcata*.

Harald Zechmeister

Im Wienerwald wachsen Moose wegen des für sie relativ trockenen Großklimas vorzugsweise an der Basis der Stämme. Manche besiedeln aber auch den Boden. Im Bild sind die zahlreichen Sporenkapseln des Schlafmooses *Hypnum cupressiforme* zu sehen.

Tiere

Ebenso wie die Pflanzen haben auch Tiere ihre unverzichtbaren Funktionen im Ökosystem Wald. Wie in allen anderen Lebensgemeinschaften kann man auch die Waldtiere nach ihrer Ernährung in drei große Gruppen einteilen: die Pflanzenfresser, die Zersetzer (Destruenten) sowie die Räuber und Parasiten. Letztere ernähren sich überwiegend von den beiden erstgenannten Gruppen. Im Gegensatz zu den Arten des Offenlandes bevorzugen Waldbewohner ein kühleres Mikroklima und höhere Luftfeuchtigkeit und sind deshalb außerhalb des Waldes oft nicht lebensfähig.

Mit ihren ohrförmigen Fortsätzen des Halsschildes erinnert die Ohrenzikade *Ledra aurita* an einen Ritter in Rüstung. Sie ist die einzige an das Leben auf Baumrinde angepasste heimische Zikadenart. Ihr nur bei naher Betrachtung auffallendes Äußeres tarnt sie nahezu perfekt, wenn sie auf den Unebenheiten der Rinde sitzt oder an Ästen für eine Knospe gehalten wird.

Wechselwirkung zwischen Pflanzen und Pflanzenfressern

Nur etwa sieben bis zehn Prozent der jährlich von grünen Pflanzen erzeugten Biomasse werden in naturnahen Wäldern von Tieren gefressen. Pflanzenfresser sind in unseren Wald-Ökosystemen zum allergrößten Teil Insekten und deren Larven, besonders Blatt- und Rüsselkäfer, Blattwespenlarven sowie Schmetterlingsraupen. Nicht nur grüne Pflanzenteile werden verzehrt: Manche Insekten wie Bock-, Pracht- und Borkenkäfer sind auf Holz, andere Arten auf Wurzeln spezialisiert. Wieder andere wie Blattläuse und Zikaden saugen Pflanzensäfte. Die Säugetiere spielen in den Wienerwald-Ökosystemen als Primärkonsumenten eine unbedeutende Rolle. Der von ihnen konsumierte Anteil schwankt in Abhängigkeit von ihrer Dichte, macht aber selbst in Wildgattern wie dem Lainzer Tiergarten nur einen kleinen Bruchteil der von Insekten konsumierten Biomasse aus und beschränkt sich außerdem auf die Kraut- und Strauchschicht sowie auf Früchte und Samen.

Frostspanner

Links das flugunfähige Weibchen des Schneespanners *Phigalia pilosaria*. Der deutsche Name weist auf dessen Erscheinungszeit im Vorfrühling hin. Rechts eine Raupe des Großen Frostspanners

Zu den Pflanzenfressern mit der größten sichtbaren Wirkung gehören im Wienerwald, aber auch in Gärten, Parks und Alleen, die Raupen der Frostspanner. Unter diesem Namen fasst man eine Reihe von zarten, nachtaktiven, nahe miteinander verwandten Schmetterlingsarten zusammen, die im Spätherbst oder Vorfrühling zu einer Zeit fliegen, in der Nachtfröste häufig sind und auch die Tagestemperaturen noch niedrig bleiben. Fliegen können allerdings nur die Männchen, die Weibchen besitzen lediglich Flügelstummel und bewegen sich krabbelnd fort. Die Tiere schützen ihre Körperflüssigkeiten vor dem Gefrieren mittels Frostschutzsubstanzen und können so bei Temperaturen aktiv sein, bei denen andere Schmetterlinge sofort sterben würden.

Zwei Arten fliegen bei uns im Spätherbst besonders häufig und neigen gelegentlich zu Massenvermehrungen: Der Kleine Frostspanner *Operophtera brumata* und der Große Frostspanner *Erannis defoliaria*. Wie im lateinischen Artbeinamen des letzteren - nämlich „Entblätterin" – schon ausgedrückt, sind die Auswirkungen des Raupenfraßes im Mai oft deutlich sichtbar. In Jahren mit Massenvermehrung kann es zur völligen Entlaubung mancher Büsche und Bäume kommen, was Förster, Obstbaumbesitzer, Naturwanderer und Stadtgärtner natürlich die Stirn runzeln lässt. Gesunde Bäume überstehen diesen Kahlfraß übrigens ohne Probleme und treiben bald wieder aus. Die beiden Arten haben allerdings auch ein Heer von Feinden: Raupenviren, Sporentierchen, einige Arten von Schlupfwespen, Raupenfliegen, Ameisen, Raubwanzen und Singvögel sorgen dafür, dass die Zahl der Raupen dezimiert wird. Selbst die im Erdboden befindlichen Puppen fallen noch räuberischen Käfern, parasitischen Pilzen oder Fadenwürmern zum Opfer, sodass im Herbst nur ein kleiner Bruchteil als Falter schlüpft. Die Männchen beider Arten kann man übrigens in den nebelverhangenen Herbstwäldern leicht an Stämmen, besonders den glatten Buchenstämmen sitzend finden. Bisweilen schrecken sie so manchen Autofahrer, wenn sie zu Tausenden entlang der Wiener Höhenstraße fliegend im Scheinwerferlicht zu sehen sind.

Karl Mazzucco

Warum nicht mehr als nur knapp zehn Prozent der pflanzlichen Biomasse gefressen werden, erklärt sich daraus, dass Pflanzen im Lauf der Evolution Abwehrmechanismen gegen das Gefressenwerden entwickelt haben, deren Etablierung allerdings Energie kostet. Der Aufwand zum Schutz von 90 Prozent der Pflanzenmasse lässt genügend Energie für Blüten- und Samenbildung übrig. Für den Schutz der restlichen zehn Prozent wäre der Energieaufwand im Vergleich zum Gewinn viel zu groß. Die „Erfindung" von Giften und mechanischen Abwehrmechanismen wie harten Blättern, Stacheln und Dornen durch Pflanzen im Verlauf der Evolution hat bei Pflanzenfressern im Gegenzug zur Nahrungsspezialisierung geführt, wobei manche Tierarten Entgiftungsmechanismen für bestimmte giftige Pflanzeninhaltsstoffe entwickelt haben, andere hingegen nicht. Diese pflanzlichen Abwehrmechanismen sind somit ein Motor der Evolution, der die Entstehung der Vielfalt unter den Pflanzenfressern vorantreibt.

Doch Pflanzenfresser sind nicht nur Nutznießer der Wald-Ökosysteme, sie haben für diese auch große Bedeutung: Ihr Selektionsdruck auf die Pflanzen hat zu einer artspezifisch unterschiedlichen Entwicklung von Abwehrmechanismen geführt und hält diese Ausstattung auch aufrecht. So ist der Artcharakter von Pflanzen zum Teil durch die Pflanzenfresser bedingt. Durch die Darmpassage von etwa zehn Prozent der Blattmasse des Waldes wird dem Waldboden vor allem durch Insekten wertvoller Dünger direkt zugeführt und die Aufschließung der restlichen, im Herbst abfallenden Laubmasse durch Destruenten erleichtert und beschleunigt. Und schließlich dienen Pflanzenfresser zahlreichen Arten, wie etwa den Singvögeln und Parasitoiden (→ S. 269),

1

2

3

4

5

6

7

8

9

Über 65 verschiedene Gallen sind an Eichen zu finden, aus den größeren wurde früher durch Zusatz von Eisenverbindungen die lichtechte „Gallustinte" erzeugt.

1 *Biorhiza pallida* – Gallwespe auf Flaum-Eiche

2 *Andricus kollari* – Gallwespe auf Trauben-Eiche

3 *Dryomia circinnans* – Gallmücke auf Zerreichenblatt

4 *Andricus hungaricus* – Gallwespe auf Zerr-Eiche

5 *Cynips quercusfolii* – Gallwespe auf Stieleichenblatt

6 *Andricus quercustozae* – Gallwespe auf Flaum-Eiche

7 *Andricus viscosus* – Gallwespe auf Trauben-Eiche

8 *Andricus lucidus* – Gallwespe auf Flaum-Eiche

9 *Andricus caputmedusae* – Gallwespe auf Zerr-Eiche

als Nahrung und erhöhen damit ganz wesentlich die Artenvielfalt in den Wäldern. Manche Arten oder Artengruppen haben sogar Mehrfachfunktionen im Ökosystem, so etwa die Ameisen, deren Vorkommen im Wald erst durch die Artenvielfalt und die Biomasse der Pflanzenfresser ermöglicht wird.

An Blättern und Ästen von Eichen und Buchen findet man oft auffällige Gebilde von warzen- beziehungsweise tumorartiger Gestalt sowie verschiedenen Größen und Farben. Solche auch auf vielen anderen Pflanzen beobachtbaren Wachstumsanomalien, Pflanzengallen genannt, werden durch das chemische und mechanische Einwirken bestimmter Fremdorganismen auf junges Pflanzengewebe hervorgerufen. Die meisten Gallenerzeuger findet man unter den Insekten, aber auch manche Milben, Pilze und Bakterien produzieren Pflanzengallen. Jeder Gallenerzeuger ändert das Pflanzenwachstum in artspezifischer Weise ab, daher kann aus Gestalt und Farbe einer Pflanzengalle auf den Verursacher rückgeschlossen werden. Pflanzengallen dienen der Ernährung und dem Schutz ihrer Erzeuger beziehungsweise deren Larven. Die nur zwei Millimeter kleine Buchenblattgallmücke *Mikiola fagi* wird kaum jemand wahrnehmen, ihre Gallen auf Buchenblättern fallen hingegen sofort auf. Die Mücke legt die Eier einzeln oder zu mehreren an Buchenknospen ab, in die später die winzigen Larven eindringen. Sie beginnen dann nahe der Rippen der jungen Blättchen zu

1 Die Gallen der Buchenblatt-Gallmücke sind im Wienerwald häufig am herbstlichen Falllaub zu finden.

2 Gallen von *Pemphigius spirothecia* (Blattläuse) auf Schwarzpappelblättern

3 *Eriophyes tiliae* auf Sommerlinde (Gallmücke)

saugen, wodurch sich auf der Oberseite der entfalteten Blätter die oft rötlich gefärbten, bis zehn Millimeter langen Gallen entwickeln. Ebenfalls auf Buchenblättern, manchmal sogar auf demselben Blatt, sind Gallen der Gallmücke *Hartigiola annulipes* zu finden. Sie sitzen meist nahe der Mittelrippe, sind rundlich abgeflacht und pelzig behaart. Die bekanntesten Gallbildner sind jedoch Gallwespen; über 80 Prozent der Arten entwickeln sich an Eichen, und zwar je nach Gallwespenart an Wurzeln, Knospen, Sprossachsen, Blättern, männlichen Blütenständen oder Fruchtbechern. Hartschalige Gallen mit einem zentralen Hohlraum können nach dem Schlüpfen der Wespe noch jahrelang an den Bäumen verbleiben und bieten einer ganzen Reihe von Tieren wie Asseln, Milben, Spinnen, Ameisen, Grabwespen und Bienen nebst deren Parasiten Unterschlupf oder Nistmöglichkeit. Früher wurden große Eichengallen zur Gewinnung von Gerbstoffen und „Galltinte" gesammelt.

Der Abbau des Falllaubs durch Destruenten

In den Buchen- und Eichenmischwäldern des Wienerwaldes fallen jeden Herbst etwa 4.000 Kilogramm Laub pro Hektar zu Boden. In einem ausgeglichenen Waldökosystem, in dem sich Produktion und Abbau von Biomasse die Waage halten, muss jährlich eine gleich große Menge totes Blattmaterial abgebaut werden. Dies geschieht

Blick in die „Werkstatt" der Destruenten im Spätherbst: oben das noch unzersetzte „frische" Fallaub. Je weiter unten, desto stärker zersetzt ist das Laub der vergangenen Jahre.

Ameisen – die unbekannte Macht im Wienerwald

Zwei Arbeiterinnen der Glänzendschwarzen Holzameise beim „Melken“ von Blattläusen zur Gewinnung von Honigtau (links). Bis zu zwei Millionen Arbeiterinnen bewohnen das mit Pilzfäden armierte Kartonnest (rechts).

Ameisen sind nicht bloß naschhafte Besucher in der Wohnung – nur wenige Arten machen sich auf diese Weise bemerkbar – sie zählen zu den wichtigsten Motoren unserer Ökosysteme. Auch im Wienerwald besiedeln diese staatenbildenden Hautflügler alle Landlebensräume, von den tiefen Bodenschichten bis in die höchsten Wipfel. Sie besetzen zentrale Knotenpunkte in den Nahrungsnetzen, haben wesentlichen Anteil an der Gesamtbiomasse und am Energiehaushalt, beeinflussen die Struktur und den Nährstoffkreislauf des Bodens, verbreiten Pflanzensamen und wirken regulierend auf Schadinsekten-Populationen. In ihrer Bedeutung für den Boden übertreffen Ameisen gelegentlich sogar die Leistung der Regenwürmer.

Mehr als die Hälfte der über 120 Ameisenarten Österreichs sind im Wienerwald zu Hause und jede von ihnen hat eine spannende Lebensgeschichte. Etwa die Glänzendschwarze Holzameise *Lasius fuliginosus:* Die junge, begattete Königin dringt in das Nest einer anderen *Lasius*-Art ein, überwältigt die ansässige Königin und zieht mithilfe der fremden Arbeiterinnen, die nach und nach sterben, ihre eigene Brut auf (temporärer Sozialparasitismus). Wenn das Volk wächst, beginnen die Ameisen einen innen meist bereits morschen Baum auszuhöhlen. Den Hohlraum strukturieren sie mit Kammern aus einem speziellen Verbundbaustoff. Den anfallenden Holzschrot vermengen sie mit dem Honigtau von Blatt- und Schildläusen und schaffen damit das Substrat für den Pilz *Cladosporium myrmecophilum,* der nur in symbiontischer Beziehung mit dieser Ameise leben kann. In ihrem Territorium ist die Glänzendschwarze Holzameise sehr dominant gegenüber anderen, auch viel größeren Ameisenarten. Diesen Erfolg verdankt sie nicht dem Kampf Frau gegen Frau (Arbeiterinnen sind ja sterile Weibchen), sondern einer chemischen Kriegsführung mit einem noch nicht genau bekannten Markierungsstoff. Ihr Territorium zieht eine Vielzahl anderer Tiere, vor allem Gliederfüßer, an, die von den Ameisen geduldet werden oder mit besonderen Tricks der Verfolgung entgehen und sich in dem gut geschützten Reich sicher fühlen. Über 100 Arten solcher Ameisengäste wurden bei der Glänzendschwarzen Holzameise nachgewiesen.

Wohl auf jeder Wienerwald-Wiese trifft man die Rotgelbe Knotenameise *Myrmica rubra*. Sie kommt auch im Wald vor, erreicht aber auf offenen Flächen die höchste Siedlungsdichte. Oft findet man auf jedem Quadratmeter ein Nest. Zehntausend Arbeiterinnen können ein Erdnest bevölkern, doch genügt einer jungen Kolonie oft auch schon eine Nussschale oder ein Schneckenhaus als Wohnraum. Die Rotgelbe Knotenameise wehrt sich mit schnellen, auch für den Menschen schmerzhaften Stichen. Ihre geringen ökologischen Ansprüche machen sie zur häufigsten der zehn teilweise schwer unterscheidbaren *Myrmica*-Arten des Wienerwaldes.

Birgit Schlick-Steiner / Florian Steiner

Der Rotgelben Knotenameise begegnet man im Wienerwald buchstäblich auf Schritt und Tritt.

durch die sogenannten Destruenten, Kleinlebewesen, die ihre Energie aus totem Pflanzenmaterial beziehen. In einem gesunden Waldboden leben pro Quadratmeter mehrere Hundert verschiedene Tierarten mit Hunderttausenden Individuen, die mit dem Streuabbau beschäftigt sind. Regenwürmer, die mit ihnen verwandten Enchytraeiden, Schnaken- und Haarmückenlarven, Asseln, Schnecken und Hundertfüßer greifen als Primärzersetzer zunächst das grobe Blattmaterial an, können daraus aber nur wenig Energie beziehen und müssen deshalb sehr viel fressen. Durch die Darmpassage wird die Streu für die Sekundärzersetzer, das sind Milben, Springschwänze und Fadenwürmer, aufgeschlossen und schließlich auch stufenweise besser für Pilze und Mikroorganismen wie Bakterien zugänglich. Ein wichtiges, langlebiges Zwischenprodukt ist der für die Qualität der Waldböden so entscheidende Humus. Endprodukte des Streuabbaus sind Wasser, Kohlendioxid und Mineralsalze, die dann wieder als Dünger für das Pflanzenwachstum zur Verfügung stehen.

Ein wahrer Meister der Tarnung ist der erwachsene Buchen-Blattlauslöwe *Drepanepteryx phalaenoides*, dessen braune Vorderflügel einem kleinen, vertrockneten Buchenblatt täuschend ähnlich sind. Seine Larven sehen hingegen wie schlanke Ameisenlöwen aus und jagen Blattläuse in der Vegetation.

Laufkäfer – flinke Räuber im Wald

In den Morgenstunden begegnen dem Wienerwald-Wanderer oft schwarz, metallischgrün, kupfern, bronzefarben oder auch violett glänzende mittelgroße bis große Käfer, die vor ihm rasch den Weg queren. Es handelt sich um Laufkäfer *(Carabidae)*, die im Wienerwald in großer Artenzahl vorkommen. Die überwiegend dämmerungsaktiven Tiere sind die wichtigsten Räuber des Waldbodens. Sowohl die Käfer als auch deren gut lauffähige Larven ernähren sich von Würmern, Schnecken, verschiedenen Insektenlarven und Puppen, wobei das Beutespektrum je nach Art etwas unterschiedlich sein kann. Die Verdauung erfolgt außerhalb des Käfers, dazu spuckt der Käfer Magensaft in das Beutetier. Die meisten Arten verfügen über Wehrdrüsen, aus denen gegenüber Feinden chemische Abwehrstoffe abgegeben, manchmal sogar gezielt gespritzt werden können. Der größte heimische Laufkäfer, der Lederlaufkäfer *Carabus coriaceus* kommt auch in naturnahen Gärten vor. Kleiner und Großer Puppenräuber *Calosoma inquisitor* und *C. sycophanta* vertilgen große Mengen an Raupen und Puppen von Frostspannern. ***Karl Mazzucco***

Carabus intricatus ist ein typischer Waldlaufkäfer, der besonders in Buchenwäldern mittlerer Höhenlage häufig anzutreffen ist.

Ein Heer von Räubern und Parasitoiden

Die Destruenten des Wienerwaldes haben viele Feinde: Räuber, die sich hauptsächlich von ihnen ernähren, sind etwa Laufkäfer, Singdrossel und Amsel sowie Feuersalamander. Regenwürmer bilden auch für Füchse und Dachse einen großen Teil der Nahrung. Pflanzenfressende Insekten hingegen werden vornehmlich von verschiedenen Singvögeln wie Meisen, Laubsängern und Fliegenschnäppern erbeutet. Mindestens ebenso bedeutend wie diese Räuber sind als Bestandsregulatoren für herbivore Insekten die Parasitoide. Während Räuber ihre Beutetiere töten und dann fressen oder an ihre Jungen verfüttern und Parasiten ihren Wirten nur so viel Energie entziehen, dass diese normalerweise am Leben bleiben, verhalten sich Parasitoide zunächst wie Parasiten und fressen die nicht lebensnotwendigen Teile des Wirtsorganismus, töten aber zuletzt – so wie die Räuber – ihren Wirt.

Die artenreichste und für die Waldökosysteme wichtigste Gruppe von Parasitoiden bilden die Schlupfwespen. Ihre Weibchen sind meist an dem mehr oder weniger langen Legestachel zu erkennen, mit dessen Hilfe sie ihre Eier im Inneren von Eiern, Larven oder Puppen anderer Insekten ablegen. Bemerkenswerterweise werden diese Eier von der Immunabwehr des Wirtes nicht angegriffen. Die geschlüpften Schlupfwespenlarven ernähren sich zunächst vom Fettgewebe ihres Wirtes und lassen lebenswichtige Organe unbehelligt. Viele Schlupfwespenlarven sind in der Lage, ihre Wirtslarve durch hormonelle Manipulation zu vermehrtem Fressen anzuregen und damit deren Wachstum zu beschleunigen. Erst kurz bevor die Schlupfwespenlarve ausgewachsen ist, werden auch die lebenswichtigen Organe des Wirtes verspeist. Jede der allein in Mitteleuropa vorkommenden über tausend Arten hat ihr eigenes Spektrum an Wirtstieren, die gefunden und erkannt werden müssen. Darüber hinaus sind viele Schlupfwespen mithilfe ihres feinen Geruchssinns sogar in der Lage zu erkennen, ob eine potenzielle Wirtslarve bereits parasitiert ist oder nicht. Damit können sie Konkurrenz unter den Larven innerhalb derselben Art, aber auch zwischen verschiedenen Arten vermeiden. Für den Wanderer besonders auffallend sind jene Arten, die in großer Zahl an Baumstrünken oder gestapeltem Brennholz nach Wirten für ihre Brut, holzlebenden Larven von Käfern oder Holzwespen suchen. Mit ihren überaus sensiblen Antennen tasten sie die Oberfläche ab, bis sie einen Wirt im Inneren des Holzes wahrgenommen haben. Dann wird mit dem langen, dünnen, jedoch sehr kräftigen Legebohrer das Holz durchbohrt und das Ei in die Wirtslarve gelegt.

Pilze

Die dritte wesentliche Organismengruppe im Ökosystem Wald, neben Pflanzen und Tieren, sind die Pilze: eigentümliche und faszinierende Lebewesen, die in jedem naturnahen Lebensraum in ihrer Funktion als Zersetzer (Destruenten) eine unverzichtbare Rolle spielen. Diese Leistung vollbringen sie freilich im Verborgenen, im Boden, in der Streuschicht und im Holz von alten oder abgestorbenen Bäumen. Viel augenfälliger sind ihre Fruchtkörper, die „Schwammerln", wie der Wiener sie nennt, die deutlich sichtbar an der Oberfläche des Bodens oder des Baumstamms ans Licht treten.

Erstaunlich ist die Artenfülle der Pilze: Weltweit sind bisher etwa 100.000 Arten bekannt und jährlich werden an die 1.700 neu beschrieben. Schätzungen gehen davon aus, dass bisher erst rund fünf bis sieben Prozent aller Pilzarten entdeckt sind. Man muss also mit mindestens einer Million Arten auf der Erde rechnen.

Viele denken bei Pilzen wohl zuerst an Speisepilze, also an genießbare „Schwammerln". Neben dem Kulturchampignon *Agaricus bisporus*, der leicht zu züchten und daher das ganze Jahr hindurch erhältlich ist, sind das Eierschwammerl *Cantharellus*

Der auch im Wienerwald häufige Fliegenpilz mit seinem weiß betupften roten Hut ist meist schon kleinen Kindern wohl bekannt. Für den Namen gibt es zwei Deutungen: Angeblich soll er zum Vergiften lästiger Fliegen verwendet worden sein; oder aber der Name rührt von der halluzinogenen Wirkung her, bei der das Gefühl des Fliegens auftritt.

ciborius und der Steinpilz *Boletus edulis,* die beide im Sommer und Frühherbst auch auf den Märkten Wiens und in vielen Supermärkten angeboten werden, vielleicht die bekanntesten „Pilze". Man findet sie auch im Wienerwald und in manchen Jahren kann sich hier das Schwammerlsuchen durchaus lohnen.

So begehrt gewisse Pilze als schmackhafte Bereicherung der österreichischen und Wiener Küche auch sein mögen, bei Verwechslung mit einem giftigen Doppelgänger können Pilze manchmal sogar lebensbedrohlich gefährlich sein. Die giftigsten heimischen Pilzarten sind der Grüne und der Weiße Knollenblätterpilz *Amanita phalloides* und *A. virosa,* wobei der Grüne Knollenblätterpilz in den Eichen- und Buchenwäldern des Wienerwalds recht häufig ist. Schon der Genuss eines einzigen mittelgroßen Pilzes kann tödlich sein. Etwa 90 Prozent aller tödlich verlaufenden Pilzvergiftungen gehen auf sein Konto. Die Vergiftungssymptome treten relativ spät, erst nach etwa zehn Stunden auf. Dann ist die Zerstörung der Leber aber schon so weit fortgeschritten, dass auch notfallmedizinische Maßnahmen oft nicht mehr helfen können. Ein weiterer sehr bekannter Giftpilz und vermutlich einer der bekanntesten Pilze überhaupt ist der Fliegenpilz *Amanita muscaria,* der bevorzugt gemeinsam mit Birken, aber auch mit anderen Laub- und Nadelbäumen vorkommt. Er ist auch eines der ältesten Rauschmittel. Das ist vermutlich der Grund dafür, dass er in unserem Kulturkreis zu einem beliebten Glückssymbol wurde.

Die Reduktion der Pilze auf Speise-, Gift- und Rauschpilze wird ihrer großen Bedeutung für die Kreisläufe des Lebens auf unserem Planeten allerdings in keiner Weise gerecht. Pilze leisten viel mehr und geben vielfach Anlass zum Staunen!

1

2

3

4

5

1/2 Nach spätsommerlichen Regenfällen kann der Parasol *Macrolepiota procera* bei warmem Wetter in Massen auftreten. Innerhalb weniger Stunden brechen die Fruchtkörper aus dem Boden hervor und entwickeln sich zu stattlichen Schirmen.

3 Der Schuppige Porling *Polyporus squamosus* findet sich im Wienerwald recht häufig, vorwiegend an Buchenstämmen. Er zersetzt abgestorbene Bäume durch Weißfäule (→ S.324) besiedelt aber auch noch lebende Stämme und verursacht dort Kernfäule.

4 In langen Reihen wachsen die Fruchtkörper des Striegeligen Schichtpilzes *Stereum hirsutum* aus toten Eichenstämmen.

5 Den Orangebecherling *Aleuria aurantia (Peziza aurantia)* trifft man nicht selten auf nackter Erde, etwa auf Forststraßen. Die Oberseite der „Becher" (Apothecien), die beim flüchtigen Hinschauen an weggeworfene Orangenschalen erinnern, enthält Hunderttausende mikroskopisch kleiner Schläuche, in denen je acht Sporen sitzen, die zur Reife mit hohem Druck in großer Zahl emporgeschleudert werden, was man mit freiem Auge als aufsteigenden zarten Dunst beobachten kann.

Weder Pflanze, noch Tier!

Schon die großen Naturforscher vergangener Jahrhunderte haben sich über die Frage den Kopf zerbrochen, was denn Pilze seien, und wussten nicht so recht, wo diese im großen System der Organismen einzuordnen wären. Lange Zeit fasste man sie als primitive, degenerierte Pflanzen ohne Chlorophyll auf und zählte sie zusammen mit Algen, Moosen und Farnen zu den „Niederen Pflanzen". Inzwischen weiß man, dass Pilze mit Pflanzen wenig gemeinsam haben. Molekulargenetische Untersuchungen deuten ganz im Gegenteil darauf hin, dass sie sogar noch näher mit den Tieren verwandt sind. So klassifiziert man sie heute als eigenes Reich *(Fungi)* und stellt sie gleichrangig neben Pflanzen und Tieren zu den höher organisierten Organismen *(Eukaryota)*, das sind alle Organismen mit einem echten Zellkern in jeder Körperzelle. Als *Eukaryota* unterscheiden sich Pilze, so wie Pflanzen und Tiere, deutlich von Bakterien und Archebakterien, deren „Zellkerne" wesentlich einfacher aufgebaut sind.

Mit den Pflanzen gemeinsam haben die meisten Pilze, dass sie festsitzend sind und Zellwände besitzen, die den meist beweglichen Tieren fehlen. Während die Zellwände der Pflanzen jedoch aus Zellulose sind, bestehen jene der Pilze im Wesentlichen aus Chitin, damit sind sie chemisch mit den Insekten „verwandt", deren Außenskelett ebenfalls aus Chitin besteht, wenn auch „Pilz-Chitin" und „Insekten-Chitin" in ihrem chemischen Aufbau unterschiedlich sind.

Pilze haben weder Blätter noch Blüten, doch brauchen sie wie die Pflanzen Wasser zum Wachsen. Sonnenlicht ist für sie nicht unbedingt notwendig, denn während grüne Pflanzen als autotrophe Organismen mithilfe von Chlorophyll Photosynthese betreiben und so die Sonnenenergie nützen, um aus Kohlendioxid und Wasser organische Substanz aufzubauen, sind Pilze heterotrophe Lebewesen. Das heißt sie beziehen den Kohlenstoff, die Nährstoffe und die Energie, die sie zum Leben brauchen, aus bereits bestehender organischer Substanz, also aus toten oder lebenden Organismen. Zur Bildung von Fruchtkörpern ist aber Sonnenlicht und Wärme häufig erforderlich.

1 Der Ästige Stachelbart ist ein Totholzbewohner, dessen bizarre Form des Fruchtkörper selbst erfahrene Pilzfreunde immer wieder in Erstaunen versetzt.

2 Der seltene und wärmeliebende Satansröhrling *Boletus satanas* kommt auf kalkhältigen Böden unter Eichen und Buchen vor. Er ist einer der wenigen giftigen Röhrlinge und ruft bei Genuss Verdauungsstörungen hervor.

Die **Österreichische Mykologische Gesellschaft** (ÖMG), ein wissenschaftlicher Verein mit Sitz in Wien, ist eine interessante Anlaufstelle für jeden, der sich mit Pilzen beschäftigen will – inklusive „Schwammerlsucher". Das Vereinsangebot reicht von Vorträgen, Arbeitsabenden und Pilzauskunft bis hin zu mykologischen Exkursionen mit fachkundiger Führung. Die ÖMG gibt auch eine wissenschaftliche Zeitschrift heraus, die *Österreichische Zeitschrift für Pilzkunde.* Der Kreis der Autoren umfasst Mykologen aus aller Welt. ***www.myk. univie.ac.at***

Was der Laie vereinfachend als Pilz oder „Schwammerl" bezeichnet, ist der Fruchtkörper eines Großpilzes. Solche Fruchtkörper, beispielsweise von Champignon, Steinpilz, Eierschwammerl, Knollenblätterpilz oder Fliegenpilz sind aber gleichsam nur die Spitze des Eisberges, es sind die Fortpflanzungsorgane des im Boden oder im Substrat verborgenen vegetativen Teils eines Pilzes. In den Fruchtkörpern werden oft riesige Mengen von winzigen, nur wenige Tausendstel Millimeter großen Sporen gebildet, die für die Fortpflanzung und Ausbreitung der Pilze sorgen. Pilze, deren Fruchtkörper mit freiem Auge gut erkennbar sind, nennt man „Großpilze".Von ihnen sind im Wienerwald über 1.000 Arten bekannt. Die überwiegende Mehrzahl der Pilze hat allerdings mikroskopisch kleine Fruchtkörper. Nach der Art der Bildung ihrer Sporen lassen sich die Pilze in Großgruppen einteilen: In Schläuchen entstehen die Sporen bei den Schlauchpilzen *(Ascomycetes),* an „Ständern" nach außen abgeschnürt werden sie bei den Ständerpilzen *(Basidiomycetes).* Zu ersteren gehören etwa die Morcheln (*Morchella* spp.) und Trüffeln (*Tuber* spp.), zu letzteren die vielen heimischen Arten der Blätterpilze (*Agaricales* s.l.), Röhrlinge *(Boletales)* und Porlinge (*Poriales* s.l.).

Der im Substrat verborgene vegetative Teil besteht bei weitaus den meisten Pilzen aus dünnen, winzig kleinen Fäden beziehungsweise Röhren, die man „Hyphen" nennt. Sie wachsen nur an ihren Spitzen und bilden ein sich schnell ausbreitendes, das Substrat durchsetzendes Geflecht, das mit freiem Auge erkennbar ist und als „Mycel" bezeichnet wird. Nicht alle Pilze sind aber solche „Fadenwesen". Die Hefen sind mikroskopisch kleine Einzeller, die sich durch Zellsprossung vermehren und individuenreiche Kolonien bilden.

Einzigartig ist die Ernährungsweise der Pilze. Mit ihren Hyphen durchwachsen und durchdringen sie ihre vielfältigen Nährstoff- und Energiequellen – im Wald sind das beispielsweise Totholz, Blätter und Tierkadaver in der Streu- und Humusschicht, aber auch Gewebe von lebenden Pflanzen und Insekten – und geben Enzyme in das umgebende Substrat ab. Diese Enzyme spalten wasserunlösliche Verbindungen auf, die enstehenden Produkte lösen sich im Wasser und können anschließend in flüssiger Form von den Pilzhyphen aufgenommen werden. Der vergleichsweise einfache Aufbau der Pilze erweist sich für diese Art der Ernährung als ideal. Ohne feste Form passt sich das Mycel vollständig an das Substrat an, das es zu erschließen gilt. Und das Hyphengeflecht hat im Vergleich zu seinem Volumen eine enorm große Oberfläche, was die Aufnahme von großen Mengen an Nährstoffen ermöglicht.

Eine Schlüsselrolle im Ökosystem

Die große ökologische Bedeutung von Pilzen wird wegen ihrer versteckten Lebensweise nur allzu leicht übersehen. Als Zersetzer besetzen sie die Schaltstelle bei allen „Recycling"-Vorgängen in der Natur und bauen gemeinsam mit Bakterien und Bodentieren praktisch alle von Lebewesen gebildeten Substanzen wieder ab. Damit halten sie die Stoffkreisläufe auf der Erde in Bewegung. Manche Substrate werden dabei nahezu ausschließlich von Pilzen zersetzt. Das beste Beispiel dafür im Wald ist das Holz, dessen Hauptbestandteile, Zellulose, Hemizellulosen und Lignin, beim Vorgang der Holzfäule (→ S. 324) praktisch ausschließlich von bestimmten, spezialisierten Pilzarten abgebaut werden. Die dabei entstehenden niedermolekularen Verbindungen gelangen in den Boden und sind dort als Nährstoffe für Pflanzen und direkt oder indirekt auch für Tiere wieder verfügbar. Endprodukte der Abbauprozesse von organischem Material sind Wasser und Kohlendioxid. Letzteres wird in die Atmosphäre freigesetzt und kann damit wieder für die Photosynthese der autotrophen Pflanzen verwendet werden.

Nach ihrer unterschiedlichen Ernährungsweise und Rolle im Ökosystem lassen sich drei Gruppen von Pilzen unterscheiden:

Zersetzer (Saprobionten) bauen abgestorbenes, organisches Material ab. Sie führen „Abfälle" in den natürlichen Nährstoffkreislauf zurück und bilden damit ein wichtiges Glied in den Nahrungsketten. Unter ihnen finden sich als Streu- und Dungzersetzer auch einige bekannte Speisepilze, im Wienerwald beispielsweise Parasol *Macrolepiota procera,* Schopf-Tintling *Coprinus comatus* und Champignon-Arten *Agaricus* spp. Auch viele Holzfäuleerreger leben ausschließlich an Totholz. Zu den häufigsten, vorwiegend saprotroph lebenden Fäuleerregern im Wienerwald zählen die Schmetterlingstramete *Trametes versicolor,* die Striegelige Tramete *Trametes hirsuta,* die Buckelige Tramete *Trametes gibbosa,* die Rötende Tramete *Daedaleopsis confragosa,* der Angebrannte Rauchporling *Bjerkandera adusta,* der Striegelige Schichtpilz *Stereum hirsutum* und der Runzelige Schichtpilz *Stereum rugosum.*

„Trameten" sind eine Gruppe holzbewohnender Pilze mit lederig-zähen Fruchtkörpern, deren Oberseite keine harte Kruste aufweist. Die häufigste Art im Wienerwald ist die Schmetterlingstramete *Trametes versicolor.* Ihre bunten, auf der Oberseite gezonten einjährigen Fruchtkörper sind dachziegelartig am Holz angewachsen. Getrocknete Fruchtkörper werden für Schmuckzwecke (Floristik, Ikebana) verwendet. In Asien gilt der Pilz als Heilmittel, er soll tumorhemmend wirken und das Immunsystem stabilisieren.

Die schwarzen, schuhriemenartigen Mycelstränge des Hallimasch, die sogenannten Rhizomorphen, entwickeln sich unter der Rinde befallener Bäume und können sich im Waldboden weit ausbreiten (→ vgl. Bild S. 152).

Schmarotzer (Parasiten) ernähren sich von der organischen Substanz lebender Pflanzen oder Tiere. Viele parasitische Pilze sind Krankheitserreger, die ihre Wirtsorganismen schädigen und häufig sogar töten. Sie sind als Schadfaktoren in der Land- und Forstwirtschaft, teilweise aber auch in der Human- und Veterinärmedizin von großer Bedeutung. Bei der biologischen Schädlingsbekämpfung kann man sich andererseits ihre Wirkung auch zunutze machen. Obligate Parasiten, wie die Rostpilze und die Echten Mehltaupilze, sind auf lebende Wirte angewiesen. Fakultativ parasitische Pilze können sich dagegen je nach Lebensphase sowohl von lebenden Wirten als auch von totem organischen Material ernähren. Typische fakultative Parasiten in Wald-Ökosystemen sind Holzfäulepilze, von denen viele sowohl parasitisch an lebenden Bäumen vorkommen als auch, nach dem Absterben des Baumes, jahre- bis jahrzehntelang als Saprobionten am Abbau des Totholzes beteiligt sind. Häufige Arten im Wienerwald sind beispielsweise Birkenporling *Piptoporus betulinus,* Rotrandiger Baumschwamm *Fomitopsis pinicola* und Hallimasch *Armillaria mellea* agg., der als Blätterpilz an Nadel- und Laubhölzern Weißfäule verursacht. Die kurzlebigen schirmförmigen Fruchtkörper wachsen büschelig, sind honigbraun, haben einen Ring und unterseits Lamellen (→ Bild S. 152).

Symbionten gehen mit anderen Organismen eine Lebensgemeinschaft ein, aus der beide Partner Nutzen ziehen. Die bekanntesten Symbiosen mit Pilz-Beteiligung sind die Flechten und die Mykorrhiza. Während bei Flechten eine Lebensgemeinschaft zwischen Pilzen und Algen oder Cyanobakterien ausgebildet ist (→ S. 522), ist die Mykorrhiza eine Lebensgemeinschaft zwischen Pflanzenwurzeln und Pilzen. Beim

1

2

1 Der Birkenporling besiedelt ausschließlich Birken. Stehend befallene Birken brechen rasch zusammen. Bei „Ötzi“, der Gletschermumie vom Hauslabjoch, wurden neben einem Exemplar des Zunderschwamms (→ Bild S. 283), der dem Steinzeitmenschen als Zunder gedient haben dürfte, auch zwei Fruchtkörper des Birkenporlings gefunden. Vermutlich wusste der Steinzeitmensch über die medizinische Wirkung dieses Pilzes gegen Magen- und Darmerkrankungen Bescheid.

2 Der Rotrandige Baumschwamm ähnelt ein wenig dem Zunderschwamm. Er ist bei der Wahl seiner Wirtsbaumarten nicht besonders wählerisch und kommt sowohl an Nadel- als auch auf Laubhölzern sehr häufig vor. Er verursacht eine intensive und schnell voranschreitende Braunfäule (→ S. 324), befallene Bäume sind deshalb durch Stammbruch stark gefährdet. Die Fruchtkörper sind mehrjährig, konsolenförmig und weisen auf der Oberseite eine harte, harzige Kruste und häufig einen dunkelroten Rand (Name!) auf.

häufigsten Typ der Mykorrhiza an Bäumen, der Ektomykorrhiza, dringen Pilzhyphen zwischen die Rindenzellen der Saugwurzeln ein und bilden einen dichten Mantel rund um die Wurzel. So entsteht eine enge Verflechtung der beiden Organismen, die dem gegenseitigen Austausch von Nährstoffen dient. Der Baum profitiert durch die Mykorrhiza, indem die wasser- und nährstoffabsorbierende Oberfläche durch die Hyphen des Pilzes wesentlich vergrößert und die Aufnahme bestimmter Nährstoffe, wie Phosphor und Stickstoff, verbessert wird. Darüber hinaus kann der Mykorrhizapilz in seinem Mycel Nährstoffe speichern, die er später „bei Bedarf“ an den Baum abgibt. Auch schützt er die Pflanzenwurzeln vor Krankheitserregern. Als Gegenleistung erhält der Pilz vom Baum Nährstoffe wie Kohlehydrate, Vitamine und Aminosäuren. Der Energieaufwand, den Bäume in ihre Mykorrhiza investieren, ist beachtlich. Man schätzt, dass Mykorrhizapilze rund zehn Prozent der vom Baum produzierten Kohlehydrate verwerten.

Die Bedeutung dieser Symbiose erschließt sich aus der Tatsache, dass über 80 Prozent aller Gefäßpflanzen, darunter die überwiegende Mehrzahl der Gehölze, mit Mykorrhizapilzen zusammenleben. Auch die meisten heimischen Baumarten wie Eiche, Buche, Fichte, Tanne, Lärche und Föhre sind auf Ektomykorrhizapilze angewiesen. Zu ihren Symbiosepartnern zählen die meisten unserer heimischen Speise- und Giftpilze, wie Eierschwammerl, Täublinge und Milchlinge, Fliegenpilz und Knollenblätterpilze sowie die Röhrlinge. Alle diese Pilze lassen sich daher – im Gegensatz zum saprotrophen Champignon – auch nicht kommerziell züchten. Manche Baumarten können mit bis zu mehreren Hundert verschiedenen Pilzarten zusammenleben, wobei selbst ein einzelner Baum gleichzeitig mit zahlreichen verschiedenen Pilzarten vergesellschaftet sein kann. Bei den Pilzen gibt es sowohl solche Arten, die mit verschiedenen Baumarten, mitunter sowohl mit Laub- als auch mit Nadelbäumen, zusammenleben, als auch solche, die nur mit einer einzigen Baumart oder mit Baumarten innerhalb einer Gattung in Symbiose leben können. So sind beispielsweise der im Wienerwald sehr häufige Birkenpilz *Leccinum scabrum* und die Birken-Rotkappe *Leccinum versipelle* auf Birken, der Sommer-Steinpilz *Boletus reticulatus* und die Eichen-Rotkappe *Leccinum quercinum* auf Eichen, die Espen-Rotkappe *Leccinum rufum* auf die Zitter-Pappel und der Hainbuchenröhrling *Leccinum griseum* auf die Hainbuche spezialisiert.

Holzwespen haben eine ganz besondere Form des Zusammenlebens mit Pilzen entwickelt: Das Weibchen legt seine Eier über einen langen Legebohrer ins Holz ab und gibt dabei jedem Ei Sporen einer ganz bestimmten Pilzart aus dem Myzetangium, einem drüsenreichen Pilzsporenbehälter im Hinterleib, mit. Dieser holzzersetzende Pilz keimt in den Fraßgängen der Holzwespenlarve (Bild) aus und wird dort von den Larven abgeweidet. Die vom Pilz aufgeschlossene Zellulose kann damit von der Holzwespe verwertet werden.

Waldtypen im Wienerwald

Jedem aufmerksamen Spaziergänger fällt auf, dass nicht überall im Wald die gleichen Bäume, Sträucher und Kräuter wachsen. An jedem Wuchsort prägen die jeweiligen Umweltfaktoren die Lebensgemeinschaft. Bei einem naturnahen Wald kommt es in erster Linie auf Klima und Boden an. Im Wienerwald gilt für das Klima die einfache Regel: Je höher und je weiter westlich, desto kühler und desto mehr Niederschlag. Die Eigenschaften des Bodens werden hauptsächlich vom Gesteinsuntergrund bestimmt. Wesentliche Wirkungen gehen außerdem vom Geländerelief aus: Je nach Himmelsrichtung, Steilheit und Lage am Hang (Hangfuß, Mittelhang oder Geländekuppe) variieren Sonneneinstrahlung, Wind und Wasserhaushalt des Bodens.

Dabei zeigen die Baumarten eher das Klima an, während der Unterwuchs besonders auf Unterschiede im Boden reagiert. Weichen die Bodenverhältnisse stark vom Durchschnitt ab, spricht man von Sonderstandorten. Diese machen sich dann auch in der Baumschicht bemerkbar. Sonderstandorte sind zum Beispiel Auen, die besonders feucht und nährstoffreich sind, und die Standorte der meisten Föhrenwälder, die sich durch Trockenheit und Nährstoffarmut auszeichnen.

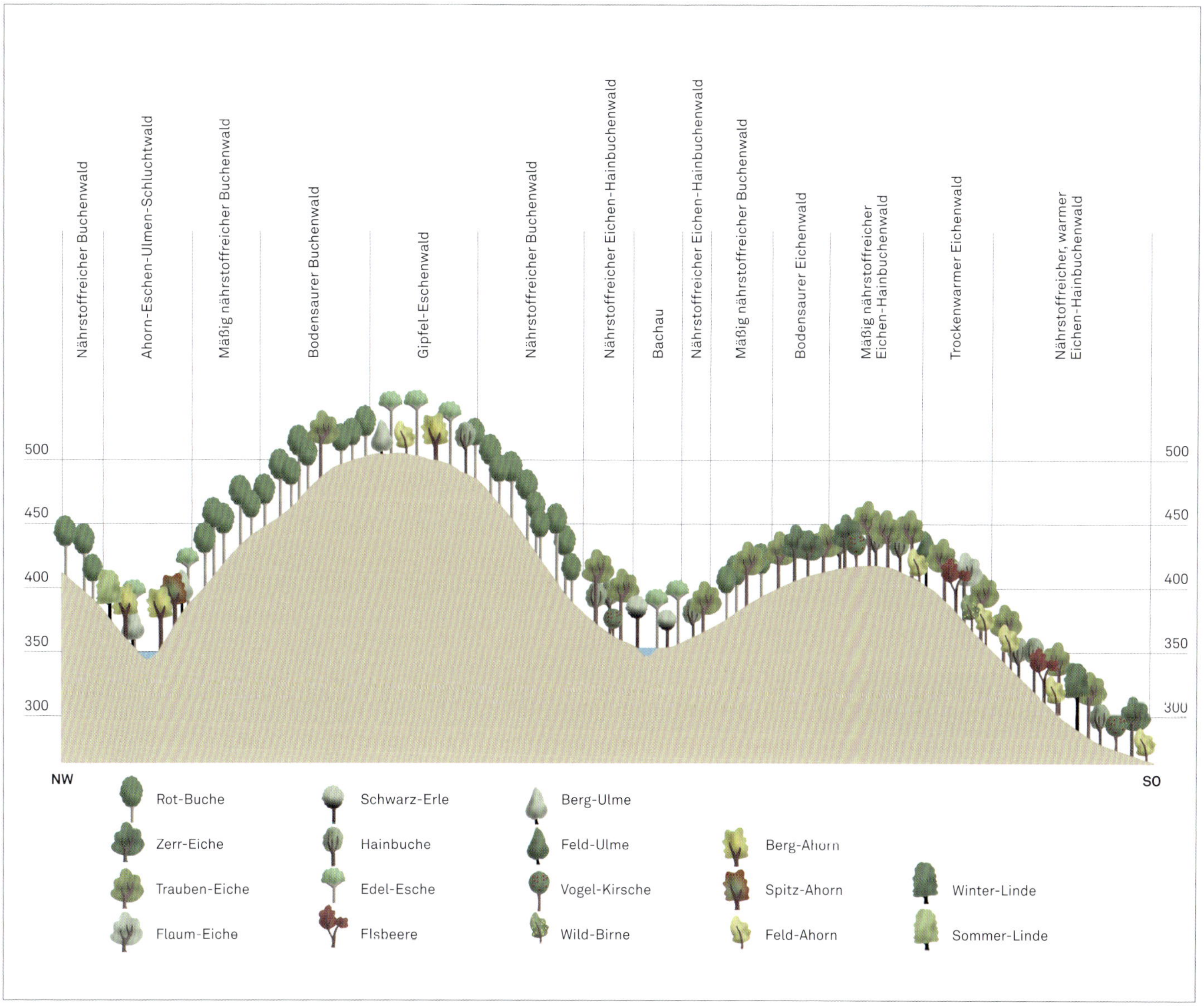

Schematischer Schnitt durch den östlichen Flysch-Wienerwald von Nordwest (links) nach Südost (rechts)
Die Nordwestseiten der Gipfel sind durch die Wirkung der vorherrschenden Westwinde, welche die Bodenstreu wegblasen, im Vergleich zum Durchschnitt nährstoffärmer, die Südostseiten dagegen, weil sich hier der Bestandesabfall wechtenartig anhäuft, nährstoffreicher und im Frühling auch feuchter. Im Sommer sind generell die unteren, weniger exponierten Hangbereiche feuchter und kühler. Die Grenze zwischen der Hügelstufe und der Unteren Bergstufe (Submontanstufe) liegt an den Südosthängen bei etwa 400 Metern, an den Nordwesthängen bei etwa 250 Metern.

Eichen-Hainbuchen-Wald im Lainzer Tiergarten. Unter den dominierenden Zerr- und Trauben-Eichen stehen Hainbuchen und einzelne Elsbeerbäume.

Das Wald-Labkraut ist eine charakteristische Art des Eichen-Hainbuchen-Waldes. Vom verwandten Waldmeister (→ Bild S. 280) lässt es sich durch Einzelwuchs, stielrunden Stängel, starke Verzweigung, blaugrüne Färbung der Laubblätter und spätere Blütezeit unterscheiden.

Eichenmischwälder

In den tiefsten und wärmsten Randlagen des Wienerwaldes kommen pannonische Vegetationstypen vor. An südseitigen, trocken-warmen, seichtgründigen Hängen hat sich der **Trocken-warme Eichenwald,** an den wärmsten Stellen meist ein **Flaumeichenwald** ausgebildet (→ S. 400). Sein Unterwuchs ist reich an wärmeliebenden, submediterranen Arten. Auch die Flaum-Eiche *Quercus pubescens* selbst ist submediterran, sie hat ihr Hauptverbreitungsgebiet im nördlichen Mittelmeerraum und erreicht hier am Alpenostrand eines ihrer nördlichsten Vorkommen. Eine Charakterart der trocken-warmen Eichenwälder ist der Elsbeerbaum (mundartlich „Adlersbeerbaum") *Sorbus torminalis* (→ S. 320). Von den zahlreichen typischen Arten des Unterwuchses sind besonders auffallend: Purpurblaue Rindszunge *Buglossoides purpurocaerulea,* Adria-Riemenzunge *Himantoglossum adriaticum,* Immenblatt *Melittis melissophyllum* und Frühlings-Schlüsselblume *Primula veris.* An den trockensten Stellen, wie am Leopoldsberg oder am Südabhang des Zugberges, ist der Flaumeichen-Buschwald von Lichtungen durchsetzt, auf denen Besonderheiten wie Blut-Storchschnabel *Geranium sanguineum,* Rosskümmel *Laser trilobum,* Diptam *Dictamnus albus,* Wilde Nachtviole *Hesperis sylvestris* und Große Kuhschelle *Pulsatilla grandis* wachsen.

Auf den weniger trockenen und seichtgründigen Standorten wächst der in Mitteleuropa verbreitete **Eichen-Hainbuchenwald.** In der Naturlandschaft würden Eichen-Hainbuchen-Wälder den Großteil der Tieflagen Mitteleuropas beherrschen.

Die heute meist dominierenden Trauben-Eichen *Quercus petraea* wachsen vergleichsweise langsam und sind, wie alle heimischen Eichenarten, in der Jugend sehr lichtbedürftig. Im geschlossenen Eichen-Hainbuchen-Wald können sie sich daher nur selten verjüngen und sind heute meist auf die pflegende Hand des Försters angewiesen. Bevor es Förster gab, begünstigten große Pflanzenfresser wie Wisent und Auerochse die Eichenverjüngung, indem sie in größeren Lücken die Konkurrenz der Eichen abweideten.

Eichen-Hainbuchenwälder sind in der Regel mehrstufig aufgebaut: Die weit ausladenden, lichten Baumkronen der Eichen lassen genügend Licht für die zweite, niedrigerwüchsige Schicht aus Hainbuchen *Carpinus betulus* durch, denen sich oft die Vogel-Kirsche *Prunus avium* und eine artenreiche Strauchschicht beigesellen.

Zu den häufigsten Arten der Krautschicht gehören Wald-Labkraut *Galium sylvaticum,* Leberblümchen *Hepatica nobilis,* Pfirsichblatt-Glockenblume *Campanula persicifolia* und Groß-Sternmiere *Stellaria holostea.*

Von den verschiedenen Typen des Eichen-Hainbuchenwaldes kommt der **Nährstoffreiche Eichen-Hainbuchenwald** hauptsächlich an Unterhängen und in Mulden vor, wo sich Nährstoffe und Feuchtigkeit ansammeln. Er fällt im Vorfrühling durch einen üppigen Bärlauchteppich auf. Im **Mäßig nährstoffreichen Eichen-Hainbuchen-Wald** fehlen Geophyten weitgehend, dafür kann stellenweise die Wimper-Segge *Carex pilosa* ausgedehnte Herden bilden. Der besonders baumartenreiche **Nährstoffreiche warme Eichen-Hainbuchen-Wald** besiedelt die pannonischen Randlagen des Wienerwaldes auf tiefgründigen Böden. Hier mischt sich, neben Feld-Ahorn und Elsbeerbaum, auch die ost-submediterrane, im pannonischen Raum sehr häufige Zerr-Eiche *Quercus cerris* in die Baumschicht. Im Unterwuchs fällt besonders das Wunder-Veilchen *Viola mirabilis* auf, das zwei Arten von Blüten hervorbringt: große duftende (hell-lilablau mit weißem Sporn), die aber meist steril bleiben, und kleine, unscheinbare, welche der Selbstbestäubung dienen und stets Früchte bringen. Das Wunder-Veilchen geht also auf Nummer sicher!

Zoologisch gesehen sind Eichenmischwälder der artenreichste Waldtyp des Wienerwaldes. Mehr als tausend Insektenarten sind allein direkt oder indirekt von Eichen abhängig. Die Mehrschichtigkeit dieser Wälder bedingt weiters eine größere Zahl von Pflanzenarten, die wiederum die Lebensgrundlage für bestimmte Nahrungsspezialisten und damit zusätzliche Insektenarten darstellen. Wo viele Insekten sind, gibt es natürlich auch viele Vögel, die sich von diesen ernähren. Neben weitverbreiteten Arten treten hier auch Pirol, Grauschnäpper, Gartenbaumläufer und Mittelspecht auf. Besonders schöne Wälder dieses Typs sind etwa im Lainzer Tiergarten, im Maurer Wald, auf dem Ober St.Veiter Gemeindeberg, auf dem Kreuzbühel, dem Schafberg und dem Michaelerberg zu finden.

Der seltene Mittelspecht hat im Eichen-Hainbuchen-Wald seine Hauptverbreitung.

Die Hirschkäfer-Verwandtschaft im Wienerwald: *Lucanus cervus* (links) ist der Riese unter den heimischen Käfern und eine Charakterart der Eichenwälder. Deutlich kleiner ist der Balkenschröter *Dorcus parallelopipedus* (Mitte), auch sein „Geweih“ ist viel bescheidener ausgebildet. Wie sein stattlicher Verwandter entwickelt er sich in Eichenstümpfen. Der Dritte im Bunde ist der Rehschröter *Platycerus caprea* (rechts). Er ist noch kleiner und oberseits metallisch blaugrün. Seine Larven leben im Holz verschiedener Laubbäume. Man begegnet ihm im Wienerwald manchmal auf Wegen.

Die Gewöhnliche Hainsimse ist eine Grasartige aus der Familie der Simsengewächse, die für bodensaure Wälder sehr charakteristisch ist. Ihre Laubblätter sind auffallend lang gewimpert.

An sehr nährstoffarmen Standorten der Flyschzone tritt an die Stelle des Eichen-Hainbuchen-Waldes der **Bodensaure Eichenwald,** in dem die Hainbuche und auch die meisten übrigen bisher genannten Baumarten fehlen. In mäßig bodensauren Eichenwäldern kann die Zerr-Eiche stärker hervortreten, ansonsten dominiert fast ausschließlich die anspruchslosere Trauben-Eiche. Besonders an windexponierten Hängen spielen Moose eine bedeutende Rolle und an manchen Stellen trifft man die im Wienerwald sonst seltene Heidelbeere an, die hier allerdings kaum fruchtet. Ein besonders auffallendes Moos der bodensauren Eichenwälder ist das in trockenem Zustand weißlichgrüne Weißmoos *Leucobryum glaucum*. Den artenreichsten und schönsten bodensauren Eichenwald in Wien findet man im Bereich des Pfaffenberges, oberhalb des Sieveringer Steinbruches. Hier blühen im Mai Pechnelke *Lychnis viscaria* und Färber-Ginster *Genista tinctoria,* später im Jahr Gewöhnlicher Wachtelweizen *Melampyrum pratense* und Besenheide *Calluna vulgaris.* Die Tierwelt der bodensauren Eichenwälder ist artenärmer als jene im Eichen-Hainbuchen-Wald.

In Eichenwäldern des Wienerwaldes ist das Spektrum an holzzersetzenden Pilzen sehr artenreich. An der Basis und im Wurzelbereich älterer Eichen erscheinen im Herbst die Fruchtkörper von Hallimasch-Arten *Armillaria* spp. (→ Bild S. 152), des Klapperschwamms *Grifolia frondosa* und des Eichhasen *Polyporus umbellatus.* Im Stammbereich von lebenden, alten Eichen kommt der Eichen-Feuerschwamm *Phellinus robustus* häufig vor. Trotz des Befalls durch diesen Parasiten können Eichen noch jahrzehntelang weiterleben. Leberreischling *Fistulina hepatica* (→ Bild S. 323), Glänzender Lackporling *Ganoderma lipsiense,* Schwefelporling *Laetiporus sulphureus* und Eichen-Mosaikschichtpilz *Xylobulus frustulatus* (→ Bild S. 323) treten sowohl saprotrophisch als auch parasitisch an Eichenarten auf. An geschwächten, wenig vitalen und absterbenden Bäumen kann auch der Zunderschwamm *Fomes fomentarius* (→ S. 283) regelmäßig beobachtet werden. Der Eichenwirrling *Daedalea quercina* ist auf die Eiche spezialisiert und besiedelt vorwiegend Stöcke und Totholz. Andere häufige saprotrophe holzzerstörende Pilze in Eichen- und Eichen-Hainbuchenwäldern sind der Striegelige Schichtpilz *Stereum hirsutum* (→ Bild S. 271), die Schmetterlingstramete *Trametes versicolor* (→ Bild S. 273), die Striegelige Tramete *Trametes hirsuta* und der zu den Schlauchpilzen gehörende Schmutzbecherling *Bulgaria inquinans.*

Mäßig bodensaurer Eichenwald mit Zerr- und Trauben-Eichen am Westhang des Pfaffenbergs bei Obersievering. Die Krautschicht ist artenärmer als im Eichen-Hainbuchen-Wald, es dominieren Säurezeiger wie die Gewöhnliche Hainsimse, der Echte Ehrenpreis und die Drahtschmiele, ein zierliches Gras, das zarte Matten auf den Waldboden zaubert.

1 Ein charakteristischer, mehrjähriger Porling an alten, lebenden Eichen im Wienerwald ist der Eichen-Feuerschwamm. Die großen Fruchtkörper sind knollig oder konsolenförmig, hart und schwer. Meist findet man sie hoch am Baum sitzend. Die Kruste an der Oberseite der Fruchtkörper reißt bei älteren Exemplaren in Feldern auf und ist durch Algenbewuchs zumeist grünlich gefärbt.

2 Der Eichenwirrling kommt bei uns fast nur an Eichen-Arten, in Südeuropa auch an der Edelkastanie vor. Im Wienerwald findet man ihn sehr häufig an Stöcken und an liegendem Eichen-Totholz. Er ist aber auch ein Wundparasit, der freiliegendes Kernholz besiedeln kann. Die Unterseite der Fruchtkörper ist labyrinthisch-lamellig, woher sich der Gattungsname *Daedalea* ableitet, der an Daedalus erinnert, der laut griechischer Mythologie auf Kreta das Labyrinth für den Minotaurus entworfen und gebaut haben soll. Die Fruchtkörper wurden früher zum Bürsten von Pferden verwendet.

1

2

Buchenwälder

Steigt man aus der Hügelstufe höher in die Untere Bergstufe (Submontanstufe), so ändert sich das Waldbild allmählich: Bei etwa 400 Metern Seehöhe, an Schatthängen auch tiefer, gehen die lichten, strauchreichen Eichenmischwälder in hallenartige, meist strauchlose Buchenwälder über.

Noch eine Stufe höher dominiert die Buche auf allen Expositionen und auf nahezu allen Böden, nur extrem trockene und nasse Standorte überlässt sie anderen Baumarten. An sehr nährstoffreichen Stellen können sich sogenannte „Edellaubhölzer", das sind Berg- und Spitz-Ahorn, Edel-Esche, Sommer-Linde und Berg-Ulme, neben der Buche behaupten. Im Südwesten des Wienerwaldes sind in den Buchenwäldern oft Tannen beigemischt. Die Tanne *Abies alba* hat hier früher wohl eine wichtigere Rolle gespielt, doch wurde diese Art im Gegensatz zur Fichte *Picea abies* vom Menschen nicht gefördert, sondern durch die Kahlschlagwirtschaft stark zurückgedrängt. Auch war die Tanne im Wienerwald, am Rand ihrer natürlichen Verbreitung, sehr stark vom „Tannensterben", einem komplexen Schadbild, an dem viele verschiedene abiotische und biotische Faktoren beteiligt sind, betroffen. Auf Wiener Gebiet findet man Tannen heute noch im Westteil des Lainzer Tiergartens und im Maurer Wald. Fichten kommen

Rotbuchen-Methusalems (3) wie dieser im Lainzer Tiergarten sind im Wirtschaftswald nur selten zu finden. Wenn in der einschlägigen Literatur von der „Buche" die Rede ist, dann ist immer die Gewöhnliche oder Rot-Buche *Fagus sylvatica* (4) gemeint und nicht die mit Birke und Haselnuss näher verwandte Hainbuche *Carpinus betulus* (5), die bei Forstleuten Weißbuche heißt.

3

4

5

Die silbrig-glatten Stämme der Rot-Buche reihen sich wie Säulen einer endlosen Halle aneinander. Der Unterwuchs ist oft spärlich, bei näherem Hinsehen erweist er sich jedoch als gar nicht so artenarm.

Ein typisches Kraut des Waldbodens ist die Berg-Goldnessel. Sie bildet lange oberirdische Ausläufer. Mit der Brennnessel, deren Blätter entfernte Ähnlichkeit aufweisen, hat dieser Lippenblütler nichts zu tun, sie ist vielmehr eine Verwandte der Taubnessel: Man kann die Goldnessel also getrost angreifen!

Der Waldmeister gehört zu den häufigsten Arten des Buchenwaldes und tritt stets in kleinen Herden auf. Im Gegensatz zum verwandten Wald-Labkraut ist sein Laub dunkelgrün und der kaum verzweigte Stängel kantig. Diese Arznei- und Gewürzpflanze entwickelt im welken und trockenen Zustand das bekannte Aroma, für das der Inhaltsstoff Cumarin verantwortlich ist.

im stadtnahen Wienerwald von Natur aus überhaupt nicht vor, sie treten erst ab etwa 900 Meter Seehöhe, in der Oberen Bergstufe stärker auf.

So wird die Baumschicht der naturnahen Buchenwälder im Wienerwald fast ausschließlich von der Buche selbst gebildet. Nur ab und zu findet sich ein Berg-Ahorn eingestreut, in tieferen Lagen auch Eichen und Hainbuche. Infolge der stark schattenden Kronen und der dichten Laubstreu ist der Unterwuchs meist nur spärlich, aber artenreich. Fast nie fehlt der Waldmeister *Galium odoratum* mit seinen charakteristischen Blattquirlen. Weitere häufige Arten der nicht zu trockenen, **mäßig nährstoffreichen bis nährstoffreichen Buchenwälder** sind Wald-Veilchen *Viola reichenbachiana,* Hasenlattich *Prenanthes purpurea,* Berg-Goldnessel *Galeobdolon montanum,* Sanikel *Sanicula europaea,* Echt-Wurmfarn *Dryopteris filix-mas* und Frauenfarn *Athyrium filix-femina.* Auf lehmigen Böden wächst die Zwiebel-Zahnwurz *Cardamine (Dentaria) bulbifera* mit charakteristischen schwarzen Brutzwiebeln in den Achseln der Stängelblätter. Auf eine gute Basenversorgung des Bodens deuten die Mandel-Wolfsmilch *Euphorbia amygdaloides* hin und die bleich bräunliche, laubblattlose Vogel-Nestwurz *Neottia nidus-avis,* eine Orchidee, die mit Bodenpilzen in ihrem Wurzelbereich zusammenlebt.

Die **Tierwelt** der Buchenwälder ist deutlich artenärmer als im Eichen-Hainbuchen-Wald. Im April, noch bevor das Buchenlaub voll ausgebildet ist, fällt dem aufmerksamen Wanderer ein großer brauner Schmetterling auf, der eilig und Haken schlagend zwischen den Buchenstämmen herumflattert. Kaum hat er sich durch eine plötzliche Wendung dem Blick entzogen, kommt ein anderer aus einer neuen Richtung dahergetorkelt und verschwindet wie der erste abrupt. Es handelt sich um die

Männchen des Nagelflecks *Aglia tau,* eines Augenspinners, die auf der Suche nach frisch geschlüpften Weibchen den Buchenwald durchstreifen. Augenspinner heißen die Tiere deshalb, weil sie auf den Vorder- und Hinterflügeln eine Augenzeichnung besitzen. Die heller gefärbten Weibchen sitzen tagsüber ruhig an Stämmen oder im Laub und locken mittels Duftstoffen die Männchen oft aus großer Entfernung an. Sie sind im Gegensatz zu den Männchen nachtaktiv. Wenn der Nagelfleck fliegt, ist die Blütezeit der Frühjahrsgeophyten bald vorbei, weil sich das Blätterdach des Buchenwaldes zu schließen beginnt. Dafür beginnen nun die charakteristischen Buchenwaldvögel wie Halsbandschnäpper *Ficedula albicollis* und Waldlaubsänger *Phylloscopus sibilatrix* zu singen. Bis dahin hat sich der Vogelliebhaber neben den allgegenwärtigen Arten mit den Gesängen von Waldbaumläufer *Certhia familiaris* und Kernbeißer *Coccothraustes coccothraustes,* dem Rucksen der Hohltaube *Columba oenas* und den Rufen des Schwarzspechts *Dryocopus martius* begnügen müssen.

Im ersten und zweiten Raupenstadium hat der Nagelfleck (→ Bild S. 256) auffällige rot-weiß-rote Fortsätze.

Die Riesenglanzschnecke lebt unter Laub und zwischen Steinen in feuchten Laubwäldern. Bei Regen kann man sie auch auf Waldwegen antreffen.

Neben dem Nagelfleck beherbergt der Buchenwald weitere Schmetterlinge, im Waldmantelbereich etwa eine Reihe von nachtaktiven Spinnerarten, deren Raupen zu den skurrilsten Europas zählen: Buchen-Zahnspinner *Stauropus fagi,* Kleiner Gabelschwanz *Furcula furcula* und Pergament-Zahnspinner *Harpyia milhauseri.* Die Raupe des Pergament-Zahnspinners fertigt ebenso wie die Raupe des Kleinen Gabelschwanzes zur Verpuppung im untersten Stammbereich einen Kokon an, in den sie Rindenstücke einarbeitet und ihn damit so perfekt tarnt, dass er für den menschlichen Laien nicht von einer Rinden-Unebenheit zu unterscheiden ist. Spechte lassen sich davon allerdings nicht immer täuschen!

An feuchten Stellen mit viel angewehtem Falllaub findet man eine für den Buchen-Wienerwald sehr charakteristische Gehäuseschnecke: die Riesenglanzschnecke *Aegopis verticillus.* Sie hat nur ein kleines Verbreitungsareal, das von Südostbayern über Salzburg bis Westungarn und Südböhmen reicht und ist deshalb als besonders typische Wienerwaldbewohnerin anzusprechen.

Ebenso typisch für den Wienerwald sind zwei Vögel östlicher Herkunft, die spezielle Ausformungen des Buchenwaldes benötigen: Der Weißrückenspecht *Dendrocopos leucotos* ist auf kühle, forstlich kaum genutzte Stellen mit viel Totholz beschränkt. Obwohl größer als der Buntspecht *Dendrocopos major,* ist er durch seine geringe Ruffreudigkeit und sein ruhiges Wesen nur schwer zu entdecken. Auch der Zwergschnäpper *Ficedula parva* ist nicht leicht zu finden. Sein Gesang ist zwar laut und weit zu hören, wird aber nur wenige Tage lang Ende Mai vorgetragen. Als Revier bevorzugt er feuchte, dunkle und allenfalls mit Nadelbäumen durchmischte Standorte in der Nähe von Bächen.

Nach Nordwest ausgerichtete Hänge sind im Wienerwald meist deutlich flachgründiger und nährstoffärmer, weil die anprallenden Westwinde dort Laub, Humus und Schnee ausblasen. Über kalkarmem Sandstein ist an solchen Stellen der

1 Der Halsbandschnäpper nistet in Baumhöhlen und bevorzugt daher Laubwälder mit altem Baumbestand.

2 Waldlaubsänger bauen ihr Nest gut versteckt am Waldboden.

3 Noch vor 20 Jahren galt der Schwarzspecht als sehr selten. Durch die Zunahme von Totholz in den Wäldern ist er heute wieder häufiger zu hören. Zu sehen bekommt man ihn hingegen nur selten.

1

2

3

1

2

1 Weißrückenspecht, vorne Weibchen, hinten Männchen

2 Wo reichlich Feuchtigkeit und Nährstoffe vorhanden sind, bildet der als Wildgemüse beliebte Bär-Lauch, den die Wiener „Knofelspinat" nennen, im Frühling ausgedehnte Teppiche im Buchenwald. Im Unterschied zu den meisten anderen Lauch-Arten hat er breite (nicht schmallinealische) Laubblätter und weiße (nicht purpurne) Blüten. Mit der sehr giftigen Herbstzeitlose und dem gleichfalls giftigen Maiglöckchen sollte man den Bär-Lauch nicht verwechseln.

Bodensaure Buchenwald anzutreffen, dessen Unterwuchs dem des Bodensauren Eichenwaldes ähnelt.

In den **Buchenwäldern auf Karbonatgestein** (in der Literatur auch „Kalk-Buchenwälder" genannt, im Wiener Raum jedoch großteils auf Dolomitgestein) findet man Zyklame *Cyclamen purpurascens,* Neunblättchen-Zahnwurz *Cardamine (Dentaria) enneaphyllos,* Türkenbund-Lilie *Lilium martagon,* Waldgerste *Hordelymus europaeus* und das unscheinbare, aber sehr häufige Wald-Bingelkraut *Mercurialis perennis.* Zur charakteristischen Artengarnitur dieser Buchenwälder zählen auch Echter Seidelbast *Daphne mezereum* und Lorbeer-Seidelbast *Daphne laureola,* der als eines der wenigen immergrünen Holzgewächse der heimischen Flora zu den Besonderheiten des Wiener Raumes zählt. Die meisten dieser Arten können auch in den nährstoffreichen Buchenwäldern der Flyschzone gefunden werden (die ja, wie weiter oben ausgeführt, keineswegs frei von Karbonat ist).

Eine besonders auffallende Art des Kalkwienerwaldes ist der Schwarz-Germer *Veratrum nigrum* mit seinen riesigen Blattrosetten, aus denen sich im Hochsommer die über einen Meter hohen Blütenstände mit zahlreichen schwarzvioletten Blüten herausschieben. Ausschließlich an dieser Art leben die Larven einer kleinen schwarzen Blattwespe *Rhadinoceraea longicornis.* Zur Flugzeit findet man sie häufig an ihrer Wirtspflanze an den Südhängen der Föhrenberge: ein gutes Beispiel für das Nahrungsspezialistentum vieler Pflanzenfresser!

3 Die Türkenbund-Lilie ist eine charakteristische Art der Buchenwälder über Karbonatgestein. Ihr Name kommt von der turbanartigen Form der Blüten.

4 Häufig im Kalk-Wienerwald anzutreffen ist das Wald-Bingelkraut , das zur Familie der Wolfsmilchgewächse gehört. Es ist zweihäusig, männliche Blüten (links im Bild) und weibliche Blüten (rechts) finden sich also immer auf verschiedenen Individuen.

5 Der Lorbeer-Seidelbast gehört zu einer in Mitteleuropa eher exotischen Wuchsform: den immergrünen Zwergbäumchen. Die schwarzen Früchte sind giftig wie die des Echten Seidelbastes.

3

4

5

Einer der häufigsten Holzfäulepilze an lebenden Laubbäumen im Wienerwald ist der Zunderschwamm. Er tritt vor allem an älteren, geschwächten Buchen auf und leitet häufig deren Tod ein. Danach kann er an stehendem oder liegendem Totholz noch jahrelang saprotrophisch weiterleben und massenhaft fruktifizieren. Aus den sterilen Teilen der großen, mehrjährigen Fruchtkörper, der Trama, wurde früher „Zunder" hergestellt. In manchen Teilen Mitteleuropas diente die Trama auch als Textilersatz zur Herstellung von Mützen, Hüten, Westen, Handschuhen und Hosen.

Die Kohlenbeere tritt regelmäßig und oft massenhaft an frisch gefällten Stämmen und an abgebrochenen Ästen und Zweigen der Buche auf. Auch lebende Stämme werden über Rindenverletzungen gelegentlich besiedelt. Sie ist einer der wenigen Schlauchpilze, die Holzfäule hervorrufen. Die kugeligen, fünf bis zehn Millimeter großen Sammelfruchtkörper, die „Kohlebeeren", treten gesellig und meist in großer Anzahl auf der Rinde von Buchenholz auf.

An warmen, trockenen Südhängen wächst die Buche nicht mehr optimal und wird von anderen Baumarten wie der Mehlbeere *Sorbus aria* begleitet. Dieser **trockene Buchenwald über Karbonatgestein** kann an felsigen Dolomithängen allmählich zum Schwarzföhrenwald überleiten. Im Unterwuchs dominieren Gräser und Grasartige, im Wiener Raum vor allem Weiß-Segge *Carex alba* und Kalk-Blaugras *Sesleria caerulea (= S. albicans)*. Zu den Orchideen gehören das Langblatt-Waldvögelein *Cephalanthera longifolia* und das sehr seltene Purpur-Waldvögelein *C. rubra*. Der trockene Buchenwald über Karbonatgestein wurde am Alpenostrand in der Vergangenheit vielfach durch Schwarzföhrenforste ersetzt. Im Unterwuchs solcher älterern Bestände wandern heute oft wieder die Strauch- und Baumarten der ursprünglichen Waldgesellschaft ein.

Der häufigste und auffälligste Holzfäuleerreger in Buchenwäldern ist der Zunderschwamm *Fomes fomentarius*. Im Wurzel- und Stockbereich älterer Buchen findet man im Spätsommer und Herbst nicht selten den Riesen-Porling *Meripilus giganteus;* auch Hallimasch-Arten *Armillaria* spp. (→ Bild S. 152) sind in manchen Jahren häufig. Der zu den Schlauchpilzen gehörende Brandkrustenpilz *Kretzschmaria deusta* verursacht Wurzel- und Stockfäule, ist andererseits aber auch einer der häufigsten saprotrophischen Pilze an Buchen-Stöcken. An älteren Buchenstämmen und an Totholz sind der Glänzende Lackporling *Ganoderma lipsiense*, der Schuppige Porling *Polyporus squamosus* (→ Bild S. 271), der Rotrandige Baumschwamm *Fomitopsis pinicola* (→ Bild S. 274) und Schüppling-Arten *Pholiota* spp. nicht selten. Charakteristische saprotrophe holzzerstörende Pilze in Buchenwäldern sind neben den weitverbreiteten Trameten (→ Bild S. 273) die Kohlenbeere *Hypoxylon fragiforme*, der Spaltblättling *Schizophyllum commune* und der Angebrannte Rauchporling *Bjerkandera adusta*.

Die Schwarzföhrenwälder des Alpenostrandes

Neben den bisher besprochenen, flächenmäßig überwiegenden Waldgesellschaften finden sich an Sonderstandorten Waldtypen, die zwar nur kleinflächig, aber dennoch sehr charakteristisch und interessant sind. Hierher gehören die in ihrer Zusammensetzung einzigartigen Schwarzföhrenwälder des Alpenostrandes, die von Natur aus nur an seichtgründigen Dolomithängen vorkommen. Dolomitgestein besteht chemisch hauptsächlich aus Magnesiumkarbonat und setzt bei der Verwitterung Magnesium frei, das in zu hohen Mengen für die meisten Pflanzenarten unverträglich ist. Im Gegensatz zu Kalkgestein ist Dolomit außerdem weniger wasserlöslich, weshalb bei der langsamen Verwitterung tonarme Böden entstehen, die zur Austrocknung neigen. An solchen Standorten siedelt eine Reihe von konkurrenzschwachen Arten, welche anderswo keine Chance hätten.

Ähnlich wie die bodensauren Buchenwälder des Flysch-Wienerwaldes sind Schwarzföhrenwälder meist an windexponierten Nordwest- bis Südwesthängen der Hügel- und Bergstufe ausgebildet. Am tiefsten steigen natürliche Schwarzföhrenwälder in tief eingeschnittenen, felsigen Tälern herab, wie in der Mödlinger Klause. Der nördlichste natürliche Schwarzföhrenwald befindet sich in Wien in der „Klausen" in Kalksburg.

An Baumarten wird die Schwarz-Föhre oft nur von der Mehlbeere *Sorbus aria* begleitet. Ein auffallender Strauch ist die Felsenbirne *Amelanchier ovalis*, die wegen ihrer weißen Blüten, die noch vor dem Blattaustrieb erscheinen, auch „Edelweißstrauch" genannt wird; die Früchte sind schwarzblau. Andere häufige Sträucher sind Gewöhnliche und Filz-Steinmispel *Cotoneaster integerrimus* und *C. tomentosus*. Der Unterwuchs der Schwarzföhrenwälder ist sehr artenreich. Neben dem Kalk-Blaugras *Sesleria caerulea*, das bis über die Waldgrenze der Kalkalpen rasenbildend auftritt, kommen beispielsweise Erd-Segge *Carex humilis*, Rispen-Graslilie *Anthericum ramosum*,

Blick von der Josefswarte auf den Parapluiberg im Kalk-Wienerwald. Auf dem Westhang stockt ein natürlicher Schwarzföhrenwald (1), auf dem zerklüfteten Gipfel sowie gegen Südosten hin ein lindenreicher Gipfeleschenwald (2). Der Südhang wird vom Buchenwald (3) eingenommen. Die Verteilung der drei Waldtypen spiegelt vor allem die Wirkung der vorherrschenden Westwinde wider.

Grau-Leuenzahn *Leontodon incanus,* Österreich-Schwarzwurz *Scorzonera austriaca,* Rundkopf-Teufelskralle *Phyteuma orbiculare* sowie mehrere Zwergsträucher wie Buchs-Kreuzblume *Polygala chamaebuxus,* Herz-Kugelblume *Globularia cordifolia,* Früh-Thymian *Thymus praecox*, Edel- und Berg-Gamander *Teucrium chamaedrys* und *T. montanum* und das seltene, unter Naturschutz stehende Flaum-Steinröserl *Daphne cneorum* vor. Die Felsen-Wolfsmilch *Euphorbia saxatilis* ist die größte Kostbarkeit der natürlichen Schwarzföhrenwälder am niederösterreichischen Alpenostrand. Als Endemit kommt sie nur hier und nirgendwo sonst vor. Ihr Areal reicht bis knapp an die Wiener Stadtgrenze (→ Bild und Karte S. 178).

Interessant an der Schwarz-Föhre ist auch ihre dicke, aus zahlreichen abgestorbenen, plattigen Schichten aufgebaute Borke, die bei Waldbränden die darunterliegende Wachstumszone vor zu großer Hitze schützt. Bei der natürlichen Verjüngung der Föhrenwälder spielen Waldbrände eine wichtige Rolle: Dort, wo durch Brand die Nadelschicht auf dem Boden mineralisiert und die konkurrierenden Sträucher versengt wurden, kann sich die Schwarz-Föhre oft in Massen verjüngen.

Verhältnismäßig wenige Tierarten können unter den extremen Bedingungen leben, die auf den trockenen, felsigen Hängen herrschen. Diese wenigen sind dafür meist hochinteressante Spezialisten.

Unter den Insekten, die direkt von den Föhren leben, seien zunächst zwei Wanzenarten genannt: der Föhrengast *Pitedia pinicola,* eine Blattwanze, die sich im zeitigen Frühjahr in den Kronen aufhält und deshalb selten gefunden wird, sowie die flache Kiefernzapfenwanze *Gastrodes grossipes,* eine Langwanze, die an Föhrennadeln saugt und gelegentlich auch am Boden unter den Bäumen zu finden ist.

Der Schwarzföhrenwald in der Mödlinger Klause. Im Unterwuchs dominieren Kalk-Blaugras und Erd-Segge.

1

2

1 Die Erd-Segge (→ Bild S. 423) ist eine unscheinbare Pflanze der Steppenrasen und Schwarzföhrenwälder. Sie ist sehr langlebig, aber langsamwüchsig und bildet im Lauf von Jahrzehnten eigentümlich ringförmige Polster, die schließlich in der Mitte absterben, sodass „Hexenringe" entstehen. Im Bild sind drei Ringe zu einem Herz verschmolzen.

2 Die weiß-gelben Blüten der Buchs-Kreuzblume verströmen schon im zeitigen Vorfrühling einen pfirsichartigen Duft.

An noch aufrecht stehendem Totholz von Föhren laufen in den Vormittagsstunden sonniger Augusttage die langhalsigen Männchen der seltenen Grabwespe *Ampulex fasciata* herum. Die Weibchen fangen Waldschaben, lähmen sie mit ihrem Nervengift, bringen sie in ein Versteck am Fuße der Föhren und legen ein Ei darauf. Die schlüpfende Larve kann sich dann vom gelähmten Beutetier ernähren.

Steigt man im Sommer den wunderschönen Weg von der Vorderbrühl zum Schwarzen Turm bei Mödling hinauf, der durch den beschriebenen Lebensraum führt, begegnet man allenthalben einem kleinen Grashüpfer mit roten Hinterbeinen und ebenso gefärbtem Hinterleibsende, der dadurch auffällt, dass er im Fliegen, manchmal auch im Sitzen ein leises, aber deutliches Schnarren hören lässt. Es ist der Bunte Alpengrashüpfer *Stenobothrus rubicundulus,* eine nach der Roten Liste stark gefährdete Art, die hier eines der wenigen niederösterreichischen Vorkommen besitzt.

Pinus nigra subsp. nigra, die „Österreichische Föhre"

„Die Breite Föhre nächst der Brühl bei Mödling". Gemälde von Ludwig Ferdinand Schnorr von Carolsfeld (1788–1853) (links). Diese Schwarz-Föhre auf dem Abhang des Anningers gegen Mödling zu wurde unter Naturschutz gestellt und ist erst Ende des 20. Jahrhunderts mit rund 450 Jahren an Altersschwäche gestorben. Ihre „Mumie" ist heute im Niederösterreichischen Landesmuseum in St. Pölten zu bewundern (rechts).

Die Schwarz-Föhre *Pinus nigra,* auch Schwarz-Kiefer genannt, ist eine Art der mediterranen Gebirge. Sie bildet einen Formenkreis, der mit sechs Unterarten (geographischen Rassen) von Marokko über Iberische Halbinsel, Korsika, Apenninenhalbinsel, süddalmatinische Inseln und Balkanhalbinsel bis Anatolien verbreitet ist. Die Unterart der nordwestlichen Balkanhalbinsel hat in Wien am Ostrand der Nördlichen Kalkalpen ihren nördlichsten Außenposten und bildet hier eine charakteristische eigene Waldgesellschaft. Paläobotanische Daten, aber auch das Verbreitungsmuster etlicher ihrer Begleiter, wie etwa der Felsen-Wolfsmilch, sprechen dafür, dass die Schwarz-Föhre die letzte Eiszeit am niederösterreichischen Alpenostrand überdauert hat. Sonderbarerweise wurde diese markante Föhrenart erst 1785 hier als für die Wissenschaft neu entdeckt und benannt. „Unsere" balkanische Schwarzföhrenrasse heißt daher *subsp. nigra* und wird weltweit als „Österreichische Föhre" („Austrian pine") bezeichnet. Die nächsten, gleichfalls isolierten Vorkommen liegen in Süd-Kärnten (Karawanken und Dobratsch). Das geschlossene Areal der Österreichischen Schwarz-Föhre beginnt erst in Kroatien und erstreckt sich bis Nord-Griechenland; es stimmt mit dem einiger Schwarzföhren-Begleitarten gut überein. Im übrigen Mitteleuropa wird die Schwarz-Föhre an ähnlichen Standorten von der Rot-Föhre (Gewöhnliche Föhre, Weiß-Kiefer *Pinus sylvestris*) ersetzt.

Bei alten Bäumen der Schwarz-Föhre zeigt die Baumkrone auf trockenen Standorten meist charakteristischen Schirmwuchs, weswegen sie in Wien „Schirm-Föhre" oder, besonders früher, „Paraplui-Föhre" genannt wird (französisch „parapluie" für Regenschirm). Dieser altwienerische Baumname lebt im „Parapluiberg" bei Perchtoldsdorf weiter, der von heute noch lebenden, wohl mehrere hundert Jahre alten Bäumen auf dem Gipfel seinen Namen hat.

Manfred A. Fischer

Ahorn-Linden-Mischwälder

An sehr nährstoffreichen Standorten, wie etwa in Mulden, an luftfeuchten Schutthängen, an Hangfüßen und in Gräben, gelangen Berg- und Spitz-Ahorn *Acer pseudoplatanus* und *A. platanoides,* Sommer-Linde *Tilia platyphyllos* und Berg-Ulme *Ulmus glabra* zur Herrschaft. An feuchteren Stellen ist die Edel-Esche *Fraxinus excelsior* stark vertreten. Im Wienerwald gesellen sich neben der fast nie fehlenden Buche noch die Hainbuche *Carpinus betulus* und der Feld-Ahorn *Acer campestre* hinzu. Zu diesem Waldtyp gehören die sogenannten **„Schluchtwälder"**, wie man sie etwa in der Hagenbachklamm bei St. Andrä-Wördern findet, der **Steilhang-Lindenwald** an der Nordostflanke des Leopoldsbergs sowie die eigenartigen **Gipfeleschenwälder** des Wienerwaldes, welche im Vorfrühling, in der Zeit vor dem Austrieb der Laubbäume, durch einen üppigen Unterwuchs von Schneeglöckchen *Galanthus nivalis,* Wald-Gelbstern *Gagea lutea,* Hohl-Lerchensporn *Corydalis cava* und Bär-Lauch *Allium ursinum* auffallen. Sie bilden gleichsam den ökologischen Gegensatz zu den nährstoffarmen und trockenen Schwarzföhrenwäldern und den Bodensauren Buchenwäldern: Sie wachsen dort, wo sich Schnee, Laub und Humus ansammeln, bevorzugen also die Südostseiten der Wienerwaldgipfel. Auch später im Jahr präsentieren sich diese Wälder artenreich, wobei besonders die Pimpernuss *Staphylea pinnata,* der Südost-Aronstab *Arum cylindraceum,* das Gelb-Windröschen *Anemone ranunculoides,* der Stink-Storchschnabel *Geranium robertianum* und das Lauchkraut *Alliaria petiolata* auffallen. Beispiele

Der Aurorafalter ist einer der auffallendsten Frühlingsschmetterlinge unserer Fauna. Besonders die Männchen – weiß mit leuchtend orangen Flügelspitzenflecken – fesseln die Aufmerksamkeit von Spaziergängern, wenn sie im April die Wienerwaldlandschaft durchwandern, während die überwiegend weiß gefärbten Weibchen (unten) leicht mit Weißlingen verwechselt werden können.

Ein seltener Waldtyp, der den Ökologen lange Zeit Rätsel aufgab: Die Gipfeleschenwälder des Wienerwaldes erinnern mit ihrem üppigen Unterwuchs an Auwälder. Hier der Bestand auf dem Hermannskogel.

Der Leopoldsberg, ein Natur-Kleinod Wiens

Der Leopoldsberg nimmt durch seine Randlage an der Nordost-Ecke der Alpen eine Sonderstellung unter den Flyschbergen ein. An der Ost-Seite ursprünglich von der Donau und an der Süd-Seite durch den Waldbach angenagt, sind beide Hänge besonders steil, was ausgeprägte kleinklimatische Unterschiede der verschiedenen Hanglagen bewirkt. Dazu kommen erosionsanfällige Mergelböden unterschiedlicher Gründigkeit und Steinigkeit. Diese Standortbedingungen haben auf dem Leopoldsberg eine typische Abfolge sehr unterschiedlicher und recht naturnah wirkender Waldgesellschaften hervorgebracht (→ S. 36, Bilder S. 38–39). Das ist umso erstaunlicher, als der Berg von alters her vom Menschen stark genutzt wurde, hieß er doch bis 1683 Kahlenberg und seine Südseite war bis ins 18. Jahrhundert weitgehend kahl.

Ein artenreiches Mosaik von Flaumeichen-Krüppelwald, Gebüschen und Trockenrasen-Fragmenten prägt die „Nase" des Leopoldsberges.

Der Mergelboden am Steilhang ist sehr erosionsanfällig, was durch Wegabschneider noch gefördert wird. Im Bildvordergrund rechts der höchst seltene und vom Aussterben bedrohte Österreich-Ackerkohl *Conringia austriaca*.

Das Purpur-Knabenkraut *Orchis purpurea*, ein Juwel unserer Flora, kommt an versteckten Stellen des Sonnhangs auf dem Leopoldsberg noch vor.

Der Sonnhang trägt neben dem Bisamberg den einzigen nennenswerten Flaumeichenwald auf Flysch in Österreich. Je nach Bodengründigkeit entwickeln sich entweder ein lückiger Flaumeichen-Buschwald oder ein geschlossener Flaumeichen-Hochwald, wo die Bäume meist aus Stockausschlägen entstanden sind. Hier finden sich auch immer wieder Bastarde mit der Trauben-Eiche *Quercus petraea* × *Qu. pubescens.* Die Schwarz-Föhren sind künstlich eingebracht. Gegenüber den Flaumeichenwäldern auf Karbonatgestein am Ost-Rand des Wienerwaldes fehlen etliche Arten, wie etwa die Steinweichsel *Prunus mahaleb.* Der krautige Unterwuchs ist reich an schön blühenden Arten und auch einigen Seltenheiten (→ S.439). Nährstoffreichere Standorte, etwa unter der Burg oder auf ehemaligen Weingartenflächen, tragen einen Sekundärwald, hauptsächlich aus Edel-Esche *Fraxinus excelsior,* Feld-Ahorn *Acer campestre* und einem stickstoffliebenden Unterwuchs, der aus Sicht des Naturkundlers weniger wertvoll ist.

Die zweite Besonderheit unter den Waldgesellschaften des Leopoldsberges ist der Sommerlindenwald auf der der Donau zugekehrten Nordostflanke. Entscheidend für diesen Sonderstandort ist das milde, luftfeuchte Klima und vor allem der an scherbigem Mergelschutt reiche Boden, welcher der Buche nicht zusagt. Ein charakteristischer Strauch ist hier die Pimpernuss *Staphylea pinnata.* Dieser Wald hat eine wichtige Schutzfunktion für die darunter liegende Straße und Bahn.

Erst wo der Nordhang sich etwas von der Donau wegdreht, die Hänge nicht mehr ganz so steil und die Böden tiefgründiger sind, kann die Buche ihre gewohnte Konkurrenzkraft entfalten. Sie bildet hier fast reine Bestände, denen allerdings wegen der Randlage des Vorkommens viele, sonst im Wienerwald häufige Arten ganz oder weitgehend fehlen.

Schließlich wachsen auf dem flachen Bergrücken des Leopoldsberges noch durch die Höhenstraße und Begleitwege stärker gestörte Eichen-Hainbuchen-Wälder.

Kurt Zukrigl

für Gipfeleschenwälder findet man auf dem Hermannskogel, dem Parapluiberg und dem Anninger.

Ein besonders bemerkenswerter Gipfeleschenwald ist im Kalk-Wienerwald auf dem Nackten Sattel bei Gießhübl ausgebildet, er ist ein kleines potenzielles Naturschutzgebiet mit Seltenheiten wie dem Glanz-Storchschnabel *Geranium lucidum,* einer mediterranen Art, die hier das einzige österreichische Vorkommen hat. Die Südseite des Nackten Sattels, der aus Jurakalken besteht, trägt mit Flaumeichenwald und Steppenrasen pannonische Vegetation. Hier finden sich ebenfalls floristische Besonderheiten wie etwa das Simsen-Hasenohr *Bupleurum praealtum.*

Der Bunt-Hohlzahn *Galeopsis speciosa* ist ein nicht allzu häufiger einjähriger Besiedler von frischen, nährstoffreichen Gebüschen, lichten Wäldern und Waldschlägen.

Forste

Alle bisher besprochenen Waldtypen sind Elemente der Naturlandschaft. Sie können ohne das Zutun des Menschen aufkommen, existieren und sich verjüngen. Setzt der Mensch dagegen standortfremde Baumarten, so müssen diese zumindest in der Jugend gegen die Konkurrenz der bodenständigen Arten geschützt werden. Sind sie einmal hochgewachsen, üben sie jedoch ihrerseits einen Einfluss auf den Boden und den Unterwuchs aus. So können in einem auf Laubwaldboden gepflanzten Fichtenbestand Arten auftauchen, die eigentlich in natürlichen Fichtenwäldern heimisch sind, in Laubwäldern aber fehlen, wie der heute fast allgegenwärtige Wald-Sauerklee *Oxalis acetosella*. Hingegen vertragen viele Laubwaldarten die schwer zersetzbare, den Boden versauernde Fichtennadelstreu schlecht und verschwinden dadurch allmählich. Der Mensch hat damit die ursprüngliche Vegetation durch etwas völlig andersartiges ersetzt, durch einen künstlichen Fichtenforst.

Die Fichte *Picea abies* ist auf bestimmten Standorten in Berg- und Gebirgswäldern heimisch, fehlt aber von Natur aus völlig in niederen und warmen Lagen. Wegen ihrer wirtschaftlichen Bedeutung ist sie jedoch in Mitteleuropa die mit Abstand am häufigsten aufgeforstete Baumart. Im überwiegend naturnahen Wienerwald sind jedoch – im Gegensatz zu anderen Teilen Österreichs – Monokulturen von Fichten (oder Lärchen *Larix decidua*) die Ausnahme.

Große Flächen nehmen hingegen im Kalk-Wienerwald Schwarzföhrenforste ein. Auf alten Karten und Gemälden, wie jenem von der „Breiten Föhre" (→ Bild S. 285), kann man sehen, dass sich früher entlang der Thermenlinie bis weit hinauf an den Hängen waldfreie Hutweiden erstreckten. Mit dem Verschwinden der Viehwirtschaft haben sich an deren Stelle entweder naturnahe Wälder entwickelt oder es wurden Schwarz-Föhren aufgeforstet, die vor allem der industriellen Nutzung ihres Harzes dienten.

Die Schwarz-Föhre verändert dort, wo sie aufgeforstet wird, den Unterwuchs nicht so stark wie die Fichte und kann sich als Pionierbaumart im geschlossenen Wald auch nicht verjüngen. Daher sieht man, etwa im Maurer Wald, unter den aufgeforsteten Föhren die Artengarnitur der natürlichen Laubwälder nachkommen. Langfristig wird hier der ursprüngliche Eichen- und Buchenwald wieder zu seinem Recht kommen, zumal die Schwarz-Föhre seit dem Ende der Harznutzung wirtschaftlich uninteressant geworden ist.

Fast jeder kennt die glänzend schwarzen Früchte der Tollkirsche, die in Wien eher selten ist. Kaum bekannt sind hingegen die großen, glockigen Blüten.

Waldschläge

Waldschläge sind vom Menschen geschaffene Lebensräume. In der Naturlandschaft könnte man Ähnliches nur dort antreffen, wo große Altbäume oder Baumgruppen vom Wind umgeworfen wurden und das Wild die Wiederbewaldung durch Verbeißen der Jungbäume verzögert.

Das wohl auffälligste Kennzeichen der Schlagvegetation ist ihre Dynamik: In rascher Folge wechseln die Artengarnituren, um schließlich nach Jahrzehnten wieder zur ursprünglichen Waldstruktur zurückzuführen. Die Förster versuchen freilich manchmal, diesen Vorgang abzukürzen, indem sie sofort die gewünschten Bäume pflanzen und die Schlagvegetation sowie unerwünschte Baumarten so weit wie möglich unterdrücken. Wie entwickelt sich ein Schlag aber, wenn er sich selbst überlassen bleibt?

Die plötzliche Freistellung verändert die Standortverhältnisse am Waldboden von Grund auf. Wo vorher stets nur Schatten war, brennt nun am Tag die Sonne, während es in der Nacht stark abkühlt. Einige Arten scheinen auf diese neuen Umstände aber nur gewartet zu haben und bedecken explosionsartig die entstandene Lichtung: Zuallererst tauchen verschiedene Einjährige wie etwa Hohlzahn-Arten *Galeopsis* spp.

1

2

3

1 Das Gewöhnliche Leinkraut tritt als Pionier auf Waldschlägen und an Forststraßenrändern auf. Mithilfe seiner unterirdischen Ausläufer bildet es oft dichte Bestände.

2 Auffallend breite, schneidend scharfe Blätter hat die Hänge-Segge. Ihr Name kommt von den hängenden, langen Blüten- und Fruchtständen.

3 Dichtes Pioniergehölz auf einem ehemaligen Kahlschlag nahe der Jubiläumswarte. Als typischer Pionierbaum findet sich an solchen Standorten die Sal-Weide.

und Wald-Greiskraut *Senecio sylvaticus* auf, ebenso etliche Zweijährige wie Königskerzen *Verbascum* spp., verschiedene Kratzdisteln wie Gewöhnliche und Acker-Kratzdistel *Cirsium vulgare* und *C. arvense* sowie das als wertvolle Arzneipflanze berühmte Echte Tausenguldenkraut *Centaurium erythraea*. Im Verlauf der Sukzession müssen sie aber bald ausdauernden Stauden weichen: Fuchs-Greiskraut *Senecio ovatus*, Waldschlag-Weidenröschen *Epilobium angustifolium*, Johanniskräuter *Hypercium* spp., Schilf-Reitgras *Calamagrostis epigejos* und viele andere bilden die zweite Welle dieser Vegetationsentwicklung. Auch die Tollkirsche *Atropa belladonna* gehört zu den typischen Arten der Schlagfluren, ebenso wie Pionierarten offener Standorte: Huflattich *Tussilago farfara* und Gewöhnliches Leinkraut *Linaria vulgaris* mit unterirdischer Ausbreitung und auch die Wald-Erdbeere *Fragaria vesca* mit oberirdischen Ausläufern.

Schlägerungsarbeiten und Holzbringung öffnen den Boden und schaffen so eine bessere Durchlüftung. Durch die stärkere Einstrahlung wird der Boden besser erwärmt und die fehlende Verdunstung der Bäume erhöht die Feuchtigkeit. Dies alles fördert das Bodenleben und beschleunigt Abbau und Mineralisierung des Bestandsabfalls und damit die Nährstoffanreicherung, was zum Auftreten von Nährstoffzeigern wie Groß-Brennnessel *Urtica dioica* und Groß-Klette *Arctium lappa* führt. Durch Vernässungen über dem wasserundurchlässigen Flysch können „Nassgallen" entstehen, an denen sich die breitblättrige Hänge-Segge *Carex pendula* oder das Groß-Springkraut *Impatiens noli-tangere* ansiedeln.

So schnell die Arten der ersten und zweiten Welle erschienen sind, so schnell müssen sie den Schlag aber auch wieder räumen. Inzwischen sind nämlich Gebüsche aufgekommen und machen den Krautigen das Licht streitig: Himbeere *Rubus idaeus* und Brombeeren *Rubus sect. Rubus,* oft auch Schwarz-Holunder *Sambucus nigra*. Bald treten die ersten Pionierbäume wie Sal-Weide *Salix caprea,* Hänge-Birke *Betula pendula* und Zitter-Pappel (Espe, Aspe) *Populus tremula* auf. Sie sind allesamt raschwüchsige und kurzlebige Baumarten mit Massenproduktion winziger, durch den Wind ausgebreiteter Samen, die nur bei hohem Lichtangebot keimen. In ihrem Schatten stellen sich schließlich die Klimaxbäume ein, also jene Arten, die schon vor der Schlägerung die Baumschicht gebildet haben.

Wieso sind die Arten der Schlagfluren gleich zur Stelle, wenn ein Wald geschlägert wird? Wie „wissen" sie, wo gerade eine Lichtung entsteht und wie kommen sie so

Großer Eisvogel (links) und Großer Schillerfalter (rechts). Die zwei Tagfalter gehören zu den größten und schönsten Schmetterlingsarten der heimischen Fauna.

schnell dorthin? Viele sind sogenannte Fernausbreiter, deren Samen oder Früchte vom Wind weit verfrachtet werden, bei anderen sind die Samen oder Früchte fleischig oder gut haftend, sodass sie von Tieren überallhin ausgebreitet werden können. Andere lösen das „Problem" mit Geduld: Ihre Samen bleiben im Boden Jahrzehnte oder sogar Jahrhunderte keimfähig. Sie „warten" hier und entwickeln sich erst, wenn am selben Ort wieder eine Waldlichtung entsteht.

Auch für den zoologisch interessierten Naturfreund sind Schläge im Wienerwald von besonderem Interesse. Schon von Weitem und noch mitten im Waldesinneren kann man im Frühjahr einen Schlag am Gesang des Zilpzalps *Phylloscopus collybita* und des Baumpiepers *Anthus trivialis* orten. Blühen noch die Weidenkätzchen, wird man selten gewordene Schmetterlinge wie den Trauermantel *Nymphalis antiopa* oder die schon fast ausgestorbene Waldsandbiene *Andrena clarkella* beobachten können. Man wird vielleicht eine Blindschleiche *Anguis fragilis* finden, die die Frühlingssonne

Die Blindschleiche gehört zu den Schleichen *(Anguidae)*, einer urtümlichen Gruppe der Schuppenkriechtiere, in der es eine große Variation an Körperformen gibt: Von vierbeinigen, eidechsenähnlichen Arten bis beinlosen, schlangenförmigen Arten – wie unserer Blindschleiche – sind alle Formen vorhanden. Bei der Paarung packt das Männchen das Weibchen mit dem Maul am Hinterkopf und presst seine Kloake an die des Weibchens.

Zahlreiche Bockkäfer und Stachelkäfer versammelt auf einer Blütendolde, wo sie Pollen und Blütenblätter fressen.

1

2

1 Im Spätsommer ist der Kaisermantel in Waldnähe häufig zu sehen.

2 Der auffällige Russische Bär ist eine der nach NATURA 2000 prioritären Tierarten, deren Bestand europaweit geschützt ist.

genießt. Aus dem Wasser der Radspuren, die sich entlang des über die Lichtung führenden besonnten Weges im Bereich der Nassgallen gebildet haben, kann das hohe Geläute der für den Wienerwald so charakteristischen Gelbbauchunke *Bombina variegata* zu hören sein. Ist der Jungwuchs schon etwas höher geworden, ertönt daraus vielleicht das Lied der Heckenbraunelle *Prunella modularis*, eines Vogels, der erst im letzten Jahrzehnt in größerer Zahl in den Wienerwald eingewandert ist. Noch Mitte des letzten Jahrhunderts konnte man an ihrer Stelle überall auf den Wienerwaldschlägen die Gartengrasmücke singen hören. Diese ist jedoch seit geraumer Zeit so gut wie vollständig aus diesem Lebensraum verschwunden und auch sonst bei uns sehr selten geworden, ganz im Gegensatz zu ihrer allgegenwärtigen Verwandten, der Mönchsgrasmücke. Später, im Sommer, wenn die Schlagvegetation üppig blüht, kann man hier und an den Rändern besonnter Forststraßen eine bunte Vielfalt von Insekten beobachten. Mit großem Glück trifft man sogar den vom Aussterben bedrohten Großen Eisvogel *Limenitis populi*, einen Schmetterling, dessen Raupe auf Zitter-Pappeln lebt, sowie den seltenen Großen Schillerfalter *Apatura iris*, der seine Eier auf Sal-Weiden ablegt.

An Glockenblumen sammelt die Glockenblumen-Sägehornbiene *Melitta haemorrhoidalis* Pollen für die Verproviantierung ihrer Nester. Eine andere typische Wienerwaldbiene, die Schenkelbiene *Macropis fulvipes,* ist auf das in den Blüten erzeugte Öl und den Pollen bestimmter Gilbweiderich-Arten spezialisiert. Sie sind die einzigen Ölblumen der heimischen Flora und wachsen an feuchten Stellen.

Ein ganzes Spektrum an Insekten findet sich auf Doldenblütlern. Verschiedene Schmal- und Halsbockkäfer der Gattungen *Strangalia, Leptura* und *Judolia,* deren Larven sich meist in morschem Holz entwickeln, kann man hier neben Falten- und Grabwespen sowie vielen Fliegenarten nebeneinander antreffen.

3 Wenn Glockenblumen vorhanden sind, lässt sich die Glockenblumen-Sägehornbiene noch recht häufig beobachten. In den Blüten, die sich nachtsüber schließen, findet sie nicht nur ihre Nahrung, sondern auch Unterschlupf für die Nacht.

4 Weibliche Schenkelbienen (im Bild: *Macropis fulvipes*) sammeln ein fettes Blütenöl, das Gilbweiderich-Arten aus Drüsenhaaren auf ihren Staubfadenröhren absondern. Das Öl mischen sie mit Pollen zu einem dicken Klumpen, dem Larvenbrot. Als Solitärbienen graben sie Gänge in die Erde, die in Brutzellen enden. Diese sind mit einer wasserabweisenden Substanz, wahrscheinlich dem Blütenöl des Gilbweiderichs, imprägniert.

3

4

Brutvorsorge mit lebendem Proviant

Die Sandwespe hat eine Raupe mit Stichen gelähmt und trägt sie, als lebenden Proviant für die eigenen Larven, in ihr Nest.

Grabwespen sind Insekten aus der großen Ordnung der Hautflügler. Ihre nächsten Verwandten sind die Bienen. Wie diese leben sie von Nektar und Pollen und spielen vermutlich auch eine Rolle bei der Bestäubung. Ihre Larven jedoch ernähren sich nicht von Pollen und Nektar, sondern von Insekten, seltener Spinnen. Die 177 in Wien heimischen Arten variieren stark in Größe, Färbung und Gestalt. Ebenso vielfältig ist ihre Lebensweise, besonders hinsichtlich Nestbau und Larvennahrung. Die Muttertiere richten für ihren Nachwuchs Nester her, wobei für jedes Ei eine eigene Brutzelle gebaut wird. Diese Nester werden je nach Gattung in den Boden gegraben, in hohlen Stängeln oder alten Bohrgängen von Holzkäfern angelegt, von einigen Arten auch in Form von Lehmtöpfchen aufgehängt (→ Bild S. 192). Die Weibchen versorgen jede Brutzelle mit einem Vorrat an Nahrungstieren. Dazu wird den Beutetieren mit dem Stachel ein Gift injiziert, das sie lähmt. Dieser lebende Vorrat wird ins Nest eingetragen und von den Larven verzehrt. Die Beutetiere sind je nach Grabwespen-Gattung Raupen, Fliegen, Wanzen, Zikaden, Blattläuse, Heuschrecken oder Spinnen. Wenige Gattungen sind sogenannte Kuckuckswespen, sie legen ihre Eier in die Nester fremder Grabwespen und ersparen sich so die Versorgung ihrer Larven mit Nahrung.

Viele Arten sind heute, weil ihre Lebensräume mehr und mehr verschwinden, in ihrem Fortbestand bedroht. Das trifft besonders Arten, die altes, durchlöchertes Totholz als Niststandort brauchen, und auch solche, die auf spezielles Bodensubstrat wie offene Flächen mit Sanden besonderer Korngröße angewiesen sind. Die wespenartig schwarz und gelb gefärbte Grabwespe *Ectemnius lituratus* ist im ganzen Wienerwald überall sehr häufig anzutreffen. An Waldrändern und auf Wiesen findet man die adulten Wespen auf Blütendolden sitzen und Nektar aufnehmen. Alle *Ectemnius*-Arten legen ihre Nester im Holz an und benützen dafür die alten Ausbohrgänge von Käferlarven. Ihre Larven werden mit einem Vorrat an gelähmten Fliegen versorgt. *Ectemnius lituratus* ist dabei wenig wählerisch; in ihren Nestern wurden Arten aus sechs verschiedenen Fliegenfamilien nachgewiesen.

Besonders gut lässt sich das Nistverhalten samt Brutvorsorge bei den Sandwespen, einer Untergruppe der Grabwespen, beobachten: Die häufige *Ammophila sabulosa* bevorzugt offene, besonnte, sandige Flächen, wo die Weibchen mit ihren kräftigen Kiefern und den lang beborsteten Vorderbeinen bis zu 20 Zentimeter tiefe Nieströhren in den Boden graben. An besonders geeigneten Stellen können sich größere Nistaggregationen der Wespen bilden. Manche Weibchen zeigen sich äußerst unsozial und versuchen sich die mühevolle Grabarbeit zu ersparen, indem sie Nester anderer für sich okkupieren. Um dies zu verhindern und auch zum Schutz vor anderen Brutparasiten wie der Raupenfliege *Hilarella stictica*, werden die Nesteingänge jedes Mal, wenn das Weibchen auf Raupenjagd geht, mühevoll mit einem passenden Steinchen verschlossen und getarnt. Ihre Beute sind unbehaarte Raupen von Nachtfaltern, meist von Eulenfaltern oder Zahnspinnern. Sie werden von der Sandwespe oft viele Meter weit – je nach Größe im Flug oder zu Fuß – zum Nest geschleppt. Wiedergefunden wird das Nest anhand von Orientierungsmarken, die sich die Wespe zuvor optisch eingeprägt hat. Nur ein oder zwei Raupen benötigt die Wespenmade als lebende Nahrung. Dann wird das Nest endgültig verschlossen und ein weiteres begonnen.

Herbert Zettel / Harald Gross

Im Spätsommer besucht der Kaisermantel *Argynnis paphia* (→ Bild S. 291) sehr zahlreich die Blütenstände von Wasserdost und Disteln. Seine Raupen entwickeln sich im Frühjahr an Veilchen. Ein anderer Schmetterling, der zu dieser Zeit mit Vorliebe an Wasserdost *Eupatorium cannabinum* saugt, der Russische Bär *Euplagia quadripunctaria* (→ Bild S. 291), pflegt den Beobachter zu erschrecken, wenn er plötzlich die vorher unsichtbaren roten Hinterflügel knapp vor und während der Flucht zur Schau stellt.

Wienerwaldwiesen

Bunte Lichtblicke inmitten schattiger Wälder

Der Wienerwald wäre nur halb so schön ohne seine Wiesen. Sensible Gemüter und Kinder empfinden längere Märsche durch den Wald oft als etwas bedrückend, ja sogar unheimlich. Wie befreiend kann da der Augenblick sein, in dem man aus dem kühlen Schatten des Waldes auf eine sonnenüberflutete Wiese tritt: Herz und Blick weiten sich und die Augen schweifen vom strahlend blauen Himmel über den bunten Blumenteppich im Vordergrund in die Ferne über endlose grüne Hügelketten oder die große Stadt mit ihren neuen und alten Wahrzeichen bis hin zu den Kleinen Karpaten, die gerade noch aus dem Dunst der Stromlandschaft ragen. Es sind dies die Augenblicke, in denen der Wiener seine Heimat ganz besonders liebt und Gäste, die längere Zeit in Wien verbringen, das Gefühl haben, an einem besonders schönen Ort der Erde gelandet zu sein.

Viele Wiesen des Wienerwaldes haben einen bekannten Namen und sind beliebte Ausflugsziele, besonders für Familien mit Kindern. Großstadtkinder machen dort ihre ersten Erfahrungen mit Grillen, Schmetterlingen, Käfern und anderem Krabbelgetier.

Obwohl ihr Flächenanteil nur recht gering ist, prägen die Wiesen die Landschaft im Wienerwald. Blick von der Baderwiese im Lainzer Tiergarten auf Wien.

Leuchtkäfer

„Ein Glühwürmchen, ein Glühwürmchen!", ruft begeistert der kleine Sprössling der Familie, während er vom Fenster aus das Nachtdunkel des Gartens in Ober-St. Veit durchmustert. Die Großmutter, die auf ihn aufpasst, tritt ebenfalls ans Fenster und sieht dem grünlich leuchtenden Punkt nach, der sich nun langsam vom Boden unter der Randhecke erhebt und in halber Höhe quer durch den Garten dem Nachbargrundstück zustrebt. Versonnen lächelnd erinnert sie sich weit zurück an jene laue Sommernacht auf der Schafbergwiese, in der Glühwürmchen eine so unvergleichlich romatische Stimmung erzeugt hatten, dass sie in Liebe zu ihrem späteren Ehemann entflammte. Der Sprössling ahnt nichts von der Verbindung seiner Existenz mit der der Glühwürmchen. Die Geschichte ist wahr und das Tier, das dabei die Hauptrolle spielt, ist der Kleine Leuchtkäfer oder das Kleine Johanniswürmchen *Lamprohiza splendidula*. Johanniswürmchen heißt die Art, weil ihre Flugzeit etwa um den Johannistag (24. Juni) beginnt. Auch seinen Verwandten, den Großen Leuchtkäfer *Lampyris noctiluca*, bei dem die Männchen nur schwach leuchten, kann man gelegentlich

Weibchen des Großen Leuchtkäfers

antreffen. Bei beiden Arten sind die Weibchen flugunfähig und können sich nur kriechend fortbewegen, besitzen aber wie die Männchen Leuchtfähigkeit. Die Familie der Leuchtkäfer *Lampyridae* ist weltweit in den gemäßigten und wärmeren Zonen mit etwa 2.000 Arten verbreitet. Die Käfer fressen meist nichts, ihre Larven ernähren sich von Schnecken.

Die Leuchtfähigkeit ist bei den heimischen Arten auf der Unterseite des Hinterleibs in Leuchtorganen konzentriert. In Leuchtzellen wird in einer chemischen Reaktion durch das Enzym Luciferase unter Energieaufwand die chemische Substanz Luciferin oxidiert. Dabei entsteht Licht, das mithilfe von Reflektoren nach außen gebündelt wird. Die Ausbeute ist dabei deutlich besser als bei unserer technischen Lichterzeugung. Leuchtkäfer-Luciferase spielt heute eine überragende Rolle in der molekularbiologischen und biotechnologischen Forschung: Wird das zuständige Gen in zu untersuchende Zellen eingebracht, können bestimmte molekulare Prozesse damit sichtbar gemacht und so besser studiert werden. Glühwürmchen beeinflussen also nicht nur unsere Stimmung, sie tragen auch zum wissenschaftlichen Fortschritt bei.

Das Phänomen der Biolumineszenz – so wird das Leuchten der Glühwürmchen korrekt bezeichnet – findet sich nicht nur in der Tierwelt, es ist auch bei Bakterien, Pilzen und Pflanzen verbreitet, wenn auch selten so auffallend wie bei den Leuchtkäfern. Besonders die Meere sind voller biolumineszierender Organismen. Soweit eine Funktion der Biolumineszenz erkennbar ist, dient sie entweder der Abwehr von Feinden oder, wie bei den Leuchtkäfern, der Kommunikation zwischen den Geschlechtern. ***Karl Mazzucco***

Sonnenliebhaber aus den Großstadtschluchten verschaffen sich im Frühjahr auf den stadtnahen Wiesen ihre erste Bräune und Liebespärchen genießen in Zweisamkeit den Frieden der Natur. Die landschaftsästhetische und soziologische Bedeutung der Wienerwaldwiesen ist also groß.

Wie aber sind diese Wienerwaldwiesen entstanden und welche Bedeutung haben sie aus naturkundlicher Sicht? Ursprünglich war ja der gesamte Wiener Raum weitgehend von Wald bedeckt. Wiesenflächen und Weiden entstanden vielfach erst nach der Rodung des Waldes und nachfolgender Beweidung oder Mahd. Sie sind also vom Menschen geschaffenes Kulturland!

Wiesenpflanzen haben es nicht leicht: Knapp über dem Boden abgemäht, müssen sie immer wieder austreiben können und volles Licht ertragen. Woher sind nun aber diese vielen Pflanzenarten der Mähwiesen gekommen? Offenbar sind sie aus recht unterschiedlichen Lebensräumen eingewandert: Einige stammen aus den natürlichen Überschwemmungswiesen der Auen, insbesondere aus den durch winterliche Eisstöße waldfrei gehaltenen Bereichen entlang der Flüsse. Andere kamen aus den Lichtungen der lockeren pannonischen Trockenwälder und aus Steppenrasen und wieder andere aus den kleinflächigen Waldlücken der Gebirge, besonders des subalpinen Waldgrenzbereichs. Einige Arten sind sogar aus anderen Vegetationszonen zugewandert, so stammt die Leitart der Fettwiesen, der Glatthafer *Arrhenatherum elatius*, aus Südeuropa. Eine nicht unbeträchtliche Zahl an Wiesenarten ist jedoch nicht eingewandert, sondern erst unter dem Einfluss der menschlichen Weide- und Mähwiesenwirtschaft innerhalb der letzten Jahrtausende oder Jahrhunderte neu entstanden.

Rasche Entstehung neuer Pflanzenarten

Arten entstehen – wie die Evolutionsforschung seit Darwin lehrt – durch allmähliche Änderungen im Erbgut, hauptsächlich aufgrund der Wechselwirkung von Mutation (Entstehung neuer Merkmale) und Selektion (natürliche Auslese entsprechend den Existenzbedingungen im jeweiligen Lebensraum). Dies spielt sich langsam ab, normalerweise in geologischen Zeiträumen von Jahrmillionen. Die vergleichsweise raschen Klimaänderungen im Eiszeitalter erzwangen in der Pflanzen- und Tierwelt eine Beschleunigung dieser Vorgänge, ist doch der Höchststand der letzten Eiszeit nur 20.000 Jahre her. Noch dramatischer und rascher erfolgten die Eingriffe des Menschen in Vegetation und Flora seit der Jungsteinzeit. Neue Lebensräume wie Weideland und Mähwiesen und jährlich umgebrochenes Ackerland entstanden und ersetzten in Mitteleuropa die vorher herrschenden Wälder. In diesen neu geschaffenen Lebensräumen wächst heute jedoch eine Fülle von Arten, die hier sehr gut angepasst sind, in den ursprünglichen, natürlichen Waldgesellschaften aber keineswegs existieren konnten.

Nicht wenige Arten der Wiesen verdanken ihre Entstehung einem Trick der Evolution: der Hybridisierung (Bastardierung) längst vorhandener Arten in Kombination mit Polyploidisierung (Chromosomensatzvervielfachung). Mischlinge verfügen über ein großes Spektrum verschiedener Erbanlagen, sie sind anpassungsfähiger, weil sie Eigenschaften der Eltern, die aus verschiedenen Lebensräumen kommen, miteinander vereinen. Durch natürliche Auslese können aus ihnen verhältnismäßig leicht Pflanzen entstehen, die für neue Lebensräume passende Eigenschaften haben. So sind eine ganze Reihe der unten genannten Wiesenpflanzen aus der Kombination kälteresistenter Gebirgsarten mit wärmeliebenden und trockenheitsresistenten Arten

Eine der Wiesen-Margeriten-Arten

Wiener Gamander-Ehrenpreis, eine Stammart des Gamander-Ehrenpreises

des Mittelmeerraumes oder östlicher Steppen entstanden. Nun zeigen aber Hybriden normalerweise Fruchtbarkeitsstörungen: Weil sich die Chromosomen der ungleichen Eltern in der Meiose des Bastards nicht paaren können und somit keine funktionstüchtigen Keimzellen entstehen, können sich Hybridpflanzen normalerweise nicht fortpflanzen und verschwinden daher bald wieder. Der erwähnte Evolutionsmechanismus besteht nun darin, dass eine Verdopplung der Chromosomenzahl – wie sie als Mutation immer wieder vorkommt – bei solchen Hybriden die Fruchtbarkeit wiederherstellt, denn die elterlichen Chromosomen finden nun Paarungspartner, wodurch normale Keimzellen entstehen. Dazu kommt noch ein zweiter positiver Effekt: Diese neuen allopolyploiden Pflanzen können sich wegen der verdoppelten Chromosomenzahl nicht mehr ohneweiters mit ihren Eltern kreuzen. Die Gefahr, durch Rückkreuzungen ihre Selbstständigkeit zu verlieren, ist also gebannt und die neugewonnene Kombination an Eigenschaften und Fähigkeiten bleibt erhalten – auf dem Weg der Allopolyploidie ist die Entstehung einer neuen Art möglich geworden.

Viele der häufigsten und erfolgreichsten Wiesenpflanzen sind solche Allopolyploide: Wiesen-Knäuelgras *Dactylis glomerata*, Wiesen-Fuchsschwanzgras *Alopecurus pratensis*, Ruchgras *Anthoxanthum odoratum*, Gewöhnlicher Hornklee *Lotus corniculatus*, Echte Schafgarbe *Achillea millefolium* agg., Gamander-Ehrenpreis *Veronica chamaedrys*, Wiesen-Glockenblume *Campanula patula*, Große Wiesen-Margerite *Leucanthemum ircutianum* und viele andere.

Manfred A. Fischer

Wiesen wurden in früheren Zeiten vorwiegend gemäht, um Futter und Einstreu für die Zeit zu gewinnen, in der Rinder, Schafe und Ziegen im Stall bleiben mussten. In Abhängigkeit vom Wiesentyp erfolgte diese Mahd ein- bis zweimal pro Jahr nach der Hauptblütezeit der Gräser. Regelmäßige Mahd bedeutet stets einen starken Eingriff in die Konkurrenzverhältnisse zwischen den Pflanzen. Gewisse Arten werden gefördert, weil sie mit solchen Eingriffen besser zurechtkommen als andere. Manche können überhaupt erst durch das Zurückdrängen ihrer Konkurrenten hier existieren. Auch unterschiedliche Boden- und Klimabedingungen beeinflussen das Artenspektrum der Wiesen. So sind durch eine jahrhunderte-, oft jahrtausendelange Nutzung die heutigen Wiesentypen mit ihrer Vielfalt an Pflanzen und Tieren entstanden.

Durch oftmaligen Schnitt und Düngung sind Intensivwiesen artenarm. Eine typische Art ist der Löwenzahn, der in Intensivwiesen in Massen auftreten kann.

Bei der Kreislaufwirtschaft der Wiesen spielt Düngung eine bedeutende Rolle. Über Jahrhunderte wurde dabei die mit dem Kot der Stalltiere vermengte Einstreu als wertvoller natürlicher Dünger verwendet. Solcher Stallmist wurde allerdings meist nur auf Äcker und „bessere" Futterwiesen aufgebracht. Erst mit der Entwicklung mineralischer Düngemittel in der ersten Hälfte des 20. Jahrhunderts änderte sich die Situation grundlegend. Jetzt hatten Landwirte die Möglichkeit, die Bewirtschaftung der Wiesen zu intensivieren, denn ein Mehr an Düngemittel führt zu einem höheren Futterertrag und macht es möglich, häufiger zu mähen. Die Düngung verändert auch die Konkurrenzsituation zwischen den Pflanzen und somit das Artenspektrum der Wiesen: Schnellwüchsige Arten werden gefördert, andere bleiben auf der Strecke. Generell nimmt dabei die Zahl der Blütenpflanzen-Arten ab. An nährstoffärmere Böden angepasste Arten, wie etwa die heimischen Wiesenorchideen, verschwinden rasch aus gedüngten Flächen. Es entstehen eintönige Vielschnittwiesen, sogenannte Intensivwiesen, die extrem nährstoffreich sind und in denen nur wenige Pflanzenarten überleben können, wie etwa das Wiesen-Knäuelgras *Dactylis glomerata,* der Wiesen-Löwenzahn *Taraxacum officinale* agg., der die Intensivwiesen im zeitigen Frühjahr gelb färbt, und der Wiesen-Kerbel *Anthriscus sylvestris,* der bald darauf alles mit dem Weiß seiner Blütendolden überzieht. Noch problematischer ist die heute vielfach angewandte Methode der Silierung zur Erzeugung von durch Milchsäuregärung konserviertem Grünfutter (Silage), wofür die gedüngten Wiesen bereits ab Mai mehrmals jährlich gemäht werden. Durch den frühen Mahdzeitpunkt können Gräser und Kräuter nicht mehr aussamen, sodass diese Wiesen alle paar Jahre neu angesät werden müssen, um ertragreich zu bleiben. Für die Tierwelt der Wiesen, besonders für die Insekten, ist diese landwirtschaftliche Praxis eine Katastrophe: Sie können in den kurzen Zeitspannen zwischen den Mahden ihren Entwicklungszyklus nicht mehr vollenden und verschwinden somit aus den Wiesen.

Ohne regelmäßige Mahd würden sich Wiesen innerhalb weniger Jahrzehnte zum Wald entwickeln.

Zu trockene oder nasse, zu kleine oder steile Wiesen, bei denen eine Umwandlung in Intensivwiesen nicht möglich oder unrentabel ist, werden entweder aus der Nutzung genommen und aufgeforstet oder sie fallen brach. Sträucher und Bäume wandern meist rasch in die Brachen ein. Schon nach zehn Jahren kann dichtes Gestrüpp, nach 20 Jahren ein dichter Jungwald die ehemals bunt blühende Wiese bedecken. Wenn allerdings konkurrenzstarke Gräser oder Kräuter wie Fieder-Zwenke

Stark verbuschte Brache auf dem Hochberg in Perchtoldsdorf. Die Schlehenbüsche haben bereits die meisten Wiesenpflanzen verdrängt.

Brachypodium pinnatum oder Schilf-Reitgras *Calamagrostis epigejos* die Brachen erobern, können sie langfristig stabile Sukzessionsstadien bilden und die Entwicklung zum Wald verzögern.

Grundsätzlich sind nährstoffarme Wiesen, sogenannte Magerwiesen, wesentlich artenreicher als nährstoffreiche Fettwiesen. Aber auch diese sind beträchtlich artenreicher als die erwähnten Intensivwiesen. Artenreiche Magerwiesen zählen daher ebenso wie Fettwiesen zu den in ganz Europa gefährdeten Lebensräumen. Wollen wir unsere bunten Wiesen erhalten, muss dem Prozess der Intensivierung und Nutzungsaufgabe entgegenwirkt werden. Die Wiesen müssen entsprechend ihrer traditionellen Bewirtschaftung weiter genutzt werden. In Österreich wird ein eigenes Förderungsprogramm im Rahmen des Agrar-Umweltprogramms „ÖPUL“ zur Erhaltung und Pflege der Wiesen angeboten. Dafür wird jede Wiese hinsichtlich des Vorkommens von Pflanzengesellschaften und besonderer Tierarten untersucht. Aufgrund dieser Befunde werden passende Mahd- und Dünge- (oder Nichtdünge-)Pläne erstellt. Die Landwirte müssen sich an diese Vorgaben halten, ihre Leistungen für den Naturschutz werden dafür mit entsprechenden Förderungen für ökologische Bewirtschaftung entschädigt. Auf diese Weise soll es gelingen, die farbenprächtigen, vielfältigen Wienerwaldwiesen auch in Zukunft zu erhalten.

Eine artenreiche Trespenwiese

Wo aber findet man sie noch, diese artenreichen, bunten Wiesen? Es ist erstaunlich und erfreulich: Gerade im Wienerwald gibt es – im Vergleich zu anderen Gebieten in Österreich – bis heute relativ viele naturschutzfachlich bemerkenswerte und untereinander oft recht verschiedene Wiesen. Im stadtnahen Wienerwald sind dies etwa die Rohrerwiese am Südfuß des Hermannskogels, Teile der Schafbergwiese, die Wiesen am Osthang des Exelberges, die Wiesen im anschließenden Schwarzenberg-Park, die Wiesen von der Sophienalpe zur Hohe-Wand-Wiese, die Salzwiese am Südhang des Kolbeterbergs, zahlreiche Wiesen im Lainzer Tiergarten, die Weiderwiese und die Glasgrabenwiese südlich von Purkersdorf und nicht zuletzt die Todtenwiese und Himmelswiese bei Mauer sowie die Wiesen im Gütenbachtal. Nicht genannt sind hier die im Kapitel „Pannonische Hügel und Ebenen“ (→ S. 393) ausführlich behandelten, ausgeprägt pannonischen Steppenwiesen.

Durch das dichte Gefieder gut geschützt, gräbt der Wespenbussard Wespennester aus und ernährt sich von Wespen und deren Larven.

Im Übergangsbereich (Ökoton) von Wiese und Wald (Sonne und Schatten, trocken und feucht, windig und windstill) finden sich die unterschiedlichsten Lebensbedingungen auf engstem Raum. Dies bedingt eine besonders hohe Artenvielfalt an den Waldsäumen.

Tiere und Pflanzen der Wienerwaldwiesen

Der Zusammenhang zwischen der Intensität der Bewirtschaftung der Wiesen und ihrer Artenvielfalt ist bei den Tieren noch komplexer als bei den Pflanzen. Generell gilt: Je stärker Wiesen gedüngt und je öfter, früher und gründlicher sie gemäht werden, umso artenärmer ist ihre Fauna, bis zuletzt nur mehr ein paar allgegenwärtige anspruchslose Arten übrig bleiben. Insekten, die Nektar und Pollen aus Blüten sammeln, werden oft dadurch beeinträchtigt, dass in Jahren mit feuchtem Frühjahr die Vegetation schnell wächst und früher gemäht wird, während sich das Erscheinen der Insekten verzögert. Diese stehen dann nach dem Schlüpfen „vor einem leeren Tisch" und müssen abwandern. Nach dem Vorkommen oder Fehlen von Wildbienen-Arten auf einer Wiese kann der Fachmann erkennen, wie die Wiese bewirtschaftet wird. Sehr trockene und sehr feuchte Wiesenstandorte sind meist zoologisch am interessantesten, weil der Nutzungsdruck gering ist. Nur wenige Insekten, wie manche Heuschrecken-Arten, werden durch Mahd begünstigt. Viele auf Wiesen vorkommende Tierarten haben hier nur einen Teil ihres Lebensraumes, etwa ihren Nahrungsraum. Sie finden sich nur dann in einer Wiese, wenn die anderen, für ihr Leben notwendigen Teilräume wie Waldsaum, Wald, Totholz oder Rohboden in der Nachbarschaft ebenfalls vorhanden sind. Für Greifvögel etwa bieten die Wiesen hauptsächlich ein Jagdgelände. So kann der Wespenbussard *Pernis apivorus* gelegentlich dabei überrascht werden, wie er auf einer Wiese ein Wespennest ausgräbt. Käfer und andere Insekten, deren Larven im Totholz des Waldes leben, können nicht nur auf Schlägen und entlang von Forstwegen, sondern auch auf Wiesenblumen gefunden werden.

Ein ganz wichtiger ökologischer Nebeneffekt der Wienerwaldwiesen ist, dass sie die zoologisch so ungeheuer artenreiche Waldsaumfläche stark vergrößern. Pflegemaßnahmen an Wiesen, bei denen auch der Großteil des Waldsaums nachhaltig entfernt wird, sind daher für die Tierwelt kontraproduktiv.

Wer sich für die Pflanzen der Wienerwaldwiesen interessiert, dem sei geraten, sich anhand eines geeigneten Naturführers mit den wichtigsten Grasarten vertraut zu machen, denn diese sind es, die den Blick für unterschiedliche Standortbedingungen schärfen und die verschiedenen Wiesentypen am besten charakterisieren. Damit erschließen sich nicht nur neue Einsichten in die Wiesen-Ökosysteme, auch ästhetisch wird die Beachtung der vielfältigen zarten Strukturen der farblich wenig auffallenden Gräser zum Gewinn, wie Zeugnisse aus Malerei und Graphik bestätigen.

Botanisch gesehen können die Wiesentypen des Wienerwaldes entsprechend dem Nährstoffgehalt, dem pH-Wert und der Feuchtigkeitsversorgung des Bodens grob in drei Gruppen zusammengefasst werden: Magerwiesen (rot), Fettwiesen (grau) und Feucht- bis Nasswiesen (blau). Zwischen diesen Gruppen gibt es natürlich alle erdenklichen Übergänge. Im Unterschied zu den von Natur aus nährstoffreichen, ökologisch wertvollen und artenreichen Fettwiesen sind die Intensivwiesen durch zu häufige Mahd und meist zu frühe Nutzung für Silage stark an Arten verarmt.

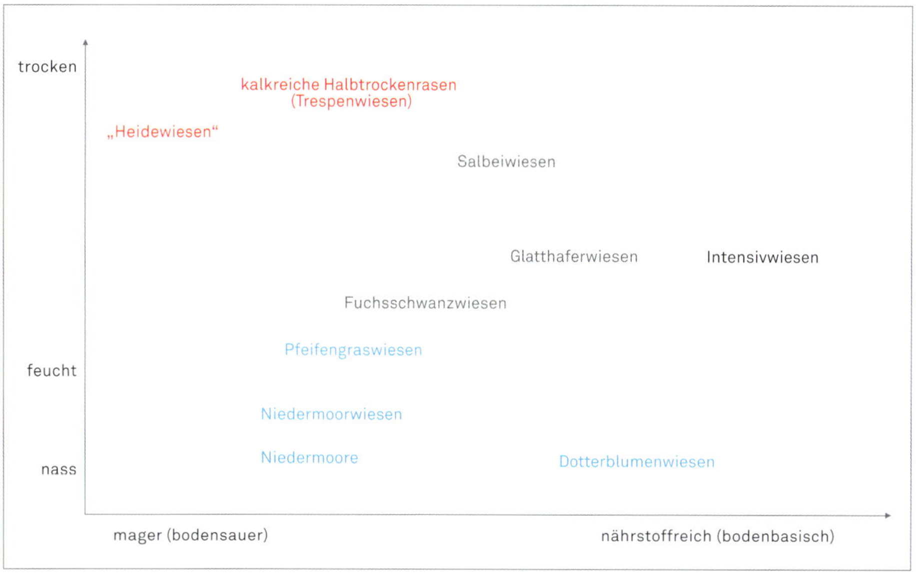

Magerwiesen

Heidewiesen finden sich auf nährstoffarmen, sauren und relativ trockenen Standorten. In Wien kommen sie nur kleinflächig über kalkarmen Sandsteinen vor, etwa auf der Sophienalpe, im Lainzer Tiergarten, am Hameau, auf dem Michaeler Berg und auf dem Kaufberg bei Laab im Walde. Die artenarmen Heidewiesen wurden früher nur einmal im Jahr gemäht, daher konnten sich Zwergsträucher wie Besenheide *Calluna vulgaris,* Färber-Ginster *Genista tinctoria* und Deutscher Ginster *G. germanica* ansiedeln. Solches Grünland auf nährstoffarmen Böden wurde als Weideland genutzt; auch dadurch wurden Zwergsträucher und andere beim Weidevieh unbeliebte Arten gefördert. Zwergsträucher sind generell sehr anspruchslos und wachsen nur langsam. Deshalb werden sie auf besseren Böden von rascher wachsenden und hochwüchsigen Gräsern und Kräutern mit größerem Nährstoffbedarf verdrängt. Diese fehlen auf den Heidewiesen, dafür sind dort Magerkeitszeiger vorhanden, wie etwa das populäre Zittergras *Briza media,* volkstümlich „Herzerlgras“ genannt, das wegen seines Waldmeisterdufts (welk und getrocknet) bekannte Ruchgras *Anthoxanthum odoratum,* die

1 Die Wiesen-Witwenblume *Knautia arvensis* zeigt basenreiche trockene Wiesen an.

2 Die Feld-Hainsimse ist eine typische Art nährstoffarmer, kurzrasiger Heidewiesen.

3 Eine Besonderheit auf basenreichen Magerwiesen ist das Kelchgras, das in Wien nur an wenigen Stellen, so etwa auf einigen Wiesen im Lainzer Tiergarten und auf der Rohrerwiese, vorkommt.

1

2

3

Bläulinge und Ameisen – eine spannende Beziehung

Der Weißdolch-Bläuling *Polyommatus damon* (links der Falter, rechts seine Raupe), lebt in friedlicher und für beide Seiten nutzbringender Symbiose mit Ameisen. Die Bilder stammen vom Mödlinger Eichkogel (→ S. 448), wo man den stark gefährdeten Schmetterling im Wiener Raum noch finden kann.

Die Raupen mancher Bläulingsarten produzieren in verschiedenen Drüsen meist stark zuckerhaltige Sekrete, die für Ameisen überaus attraktiv wirken. Daraus haben sich komplexe Nahrungsbeziehungen entwickelt, die von einer partnerschaftlichen Kooperation mit gegenseitigem Nutzen (Symbiose) bis zum Parasitismus reichen können. Diese Sekrete sind so ergiebig, dass eine kleine Ameisenkolonie einen ganzen Monat lang von der produzierten Zuckermenge einer Raupe leben kann. Im Gegenzug schützen die Ameisen die Raupen vor Feinden und Parasitoiden. Innerhalb der Bläulinge ist die Beziehung zu Ameisen vielfach modifiziert worden. So hat sich bei einigen Bläulingen, etwa bei den Arten der Gattung *Maculinea*, im Laufe der Evolution aus der Symbiose ein Brutparasitismus entwickelt. Bei diesen Arten legen die Weibchen ihre Eier an ausgewählten Futterpflanzen ab. Bei *M. arion* sind dies vor allem Thymian-Arten, bei *M. teleius* ist der große Wiesenknopf *Sanguisorba officinalis* die einzige Nahrungspflanze. Die jungen Schmetterlingsraupen leben zunächst von diesen Pflanzen, nach dem dritten Larvenstadium lassen sie sich aber zu Boden fallen und werden dann von Ameisen der Gattung *Myrmica* in deren Nest eingetragen. Dort wandeln sie sich von Pflanzenfressern zu Räubern und fressen, von den Ameisen unbehelligt, die Eier, Larven und Puppen ihrer „Gastgeber". Das einzige Risiko, das die Schmetterlingsraupen dabei eingehen, ist: Sie müssen in ein Nest ihrer spezifischen Wirtsart gelangen. Denn von einer anderen Ameisenart eingetragen, werden sie selbst gefressen. Nach der eigenen Verpuppung und Verwandlung im Frühsommer des folgenden Jahres verlassen sie dann als fertige Schmetterlinge das Ameisennest.

Wolfgang Rabitsch

zarte Büschel-Nelke *Dianthus armeria* und Säurezeiger wie das Katzenpfötchen *Antennaria dioica*. Als weitere Grasartige charakteristisch sind Feld-Hainsimse *Luzula campestris*, Dreizahngras *Danthonia decumbens*, Rotes Straußgras *Agrostis capillaris* (= *A. tenuis*) und Bürstling *Nardus stricta*. Bemerkenswert ist auch der anspruchslose Zwiebel-Steinbrech *Saxifraga bulbifera*, der sich mit seinen Brutknospen in den Achseln der Stängelblätter vegetativ fortpflanzen kann.

Auf trockenen bis wechseltrockenen, eher nährstoffarmen, aber nicht zu sauren Sandstein- und Karbonatböden waren im Wienerwald früher artenreiche Trespenwiesen weitverbreitet. Da sie durch Düngung leicht in ertragreichere Wiesen umgewandelt werden können, sind sie heute selten anzutreffen. Die dominierende Grasart dieser **Halbtrockenrasen** ist die namengebende Aufrecht-Trespe *Bromus erectus*. Je trockener und kalkreicher diese Halbtrockenrasen sind, umso ähnlicher werden sie den pannonischen Wiesensteppen (→ S. 408). Charakteristische Arten dieser kalkreichen Magerrasen sind der weißblühende Berg-Klee *Trifolium montanum* und die Skabiosen-Flockenblume *Centaurea scabiosa*.

Der Östliche Wiesen-Bocksbart *Tragopogon orientalis* hat seine Körbe nur an sonnigen Vormittagen geöffnet. Er zeigt trockene Fettwiesen an.

Sehr mannigfaltig sind die verschiedenen **Wiesengesellschaften auf wechseltrockenen bis wechselfeuchten** Böden, wie sie für die meist lehm- und tonreichen Böden über Flyschsandsteinen bezeichnend sind: Zeitweise sind sie feucht bis nass, können aber im Sommer auf längere Zeit stark austrocknen. Daher müssen die hier wachsenden Pflanzen als „Wechselfeuchtezeiger" sowohl mangelnde Durchlüftung des Bodens und ungünstige Staunässe als auch zeitweise Trockenheit ertragen. Charakteristische Arten für solche Standorte sind etwa die purpurn blühende

Wie die Bläulinge kommen auch die Widderchen in mehreren Arten vor. Ihre meist grün gefärbten Raupen nehmen aus den Futterpflanzen giftige Zyanglykoside auf, lagern sie im Körper ein und machen sich damit selbst giftig. Die Glykoside werden bei der Verwandlung zum Schmetterling in diesen übertragen und schützen damit auch ihn vor der Verfolgung durch Vögel. Die rot-schwarze Zeichnung der Falter weist auf ihre Giftigkeit hin und soll Feinde abschrecken.

Wiesen-Flockenblume *Centaurea jacea* und die Echt-Betonie *Betonica officinalis,* der gelbblühende Weidenblatt-Alant *Inula salicina,* die unscheinbare Warzen-Wolfsmilch *Euphorbia verrucosa,* das prächtig weißblühende Kleine Mädesüß *Filipendula vulgaris* mit seinen duftenden und der Doldenblütler Wiesensilge *Silaum silaus* mit seinen eigentümlich unangenehm riechenden Fiederblättern. An trockeneren Stellen wächst der seltene Vielblüten-Backenklee *Dorycnium herbaceum.*

Die Tierwelt ist auf den Magerwiesen, vor allem auf Halbtrockenrasen, artenreicher als auf Fettwiesen. Unter den Tagfaltern sind zwei Gruppen gute Zeiger für zoologisch wertvollere Wiesenstandorte: die Bläulinge und die Widderchen (Blutströpfchen oder Zygaenen). Bei den Bläulingen weisen die Männchen je nach Art verschieden blau gefärbte Oberflügel auf, während die Weibchen meist schlicht braun gefärbt sind. Manche Arten sind für ihre Symbiose mit Ameisen bekannt.

Die äußerst seltene Schenck-Sandbiene *Andrena schencki,* ein auffälliges Tierchen mit rotem Hinterleib, wurde in der weiteren Umgebung Wiens bis jetzt nur auf einigen Trespenwiesen des Wienerwaldes gefunden, ebenso der Mittlere Wollschweber *Bombylius medius,* eine Fliege, deren Larve in Wildbienen-Nestern parasitiert.

Wollschweber haben einen langen, nach vorne stehenden Saugrüssel. Damit können sie Nektar aus Blüten saugen, ohne sich dabei auf die Blüte setzen zu müssen.

Fettwiesen

Auf mäßig nährstoffreichen Böden mit meist neutraler Reaktion und guter Wasserversorgung auf Unterhängen und Talböden entwickeln sich Fettwiesen. Hier dominieren hochwüchsige Gräser und Stauden, meistens ausgeprägte Nährstoffzeiger. Weil diese Arten rasch nachwachsen, können solche Wiesen mehrmals jährlich gemäht werden. Artenreiche Fettwiesen sind heute europaweit stark gefährdet, da sie hervorragende Bedingungen für den Ackerbau bieten oder mittels Kunstdünger und Silage leicht in artenarme Intensivwiesen umgewandelt werden können. Sie heißen auch **Glatthaferwiesen**, weil hier meist der hochwüchsige Glatthafer *Arrhenatherum elatius,* ein gutes Futtergras, vorherrscht. Weitere Leitarten sind Goldhafer *Trisetum flavescens,* Wiesen-Rispe *Poa pratensis,* Wiesen-Klee *Trifolium pratense,* auch Rot-Klee genannt, Großes Wiesen-Labkraut *Galium album* und Wiesen-Glockenblume *Campanula patula.* Im zeitigen Frühling auffallend gelb ist das Wiesen-Kreuzlabkraut *Cruciata laevipes,* etwas später blühen die Wiesen-Platterbse *Lathyrus pratensis,* der als Wildgemüse beliebte Wiesen-Sauerampfer *Rumex acetosa,* weiters die Große Wiesen-Margerite

Eine Charakterart der Fettwiesen ist der Scharfe Hahnenfuß *Ranunculus acris*.

Leucanthemum ircutianum, Wiesen-Pippau *Crepis biennis,* Wiesen-Leuenzahn *Leontodon hispidus,* Gamander-Ehrenpreis *Veronica chamaedrys* und im Spätherbst die stark giftige Herbstzeitlose *Colchicum autumnale,* deren Laubblätter und Früchte sich erst im nächsten Frühling entwickeln.

Die Zahl kennzeichnender Insektenarten ist bei den Fettwiesen geringer als bei den Magerrasen, doch gibt es auch hier Arten, die man kaum woanders findet. So hat etwa die Platterbsen-Sandbiene *Andrena lathyri* ihr Hauptvorkommen in den Glatthaferwiesen. Zwei andere, an Glockenblumen gebundene Sandbienen, *Andrena pandellei* und *Andrena paucisquama,* kommen überall dort im Wienerwald vor, wo die Wiesen-Glockenblume häufiger wächst. *Andrena paucisquama* ist erst vor etwa siebzig Jahren aus dem Osten nach Österreich eingewandert und hat inzwischen Oberösterreich erreicht. Die meisten bisherigen Funde der Art in Österreich stammen aus dem Wienerwald.

Die Herbstzeitlose – schön, aber gefährlich giftig

Glockenblumen-Sandbiene

Auf trockeneren Standorten entwickeln sich **Salbeiwiesen** mit der Leitart Wiesen-Salbei *Salvia pratensis* und dem Flaumhafer *Homalotrichon (Avenula) pubescens.* Dazu kommen die skabiosenähnliche, lilablühende Wiesen-Witwenblume *Knautia arvensis,* der Knollen-Hahnenfuß *Ranunculus bulbosus* und der Östliche Wiesen-Bocksbart *Tragopogon orientalis* mit seinen nur vormittags geöffneten Blütenkörben. Dagegen breiten sich auf feuchten, nährstoffreichen Standorten die **Fuchsschwanzgraswiesen** aus, in denen neben dem namengebenden Wiesen-Fuchsschwanzgras *Alopecurus pratensis* Wiesen-Schwingel *Festuca pratensis* und Samt-Honiggras *Holcus lanatus* dominieren. Nur selten, und zwar hauptsächlich dann, wenn Gebüschgruppen oder Buschreihen größere Wiesengelände durchziehen, sind hier auch zwei bemerkenswerte Singvogelarten, der Neuntöter *Lanius collurio* und die Grauammer *Emberiza calandra,* zu beobachten.

In der Nähe von Bauernhöfen existierten ehemals auch im Raum von Wien **Fettweiden** mit weide- und trittresistenten Fettwiesenarten sowie Weide- und Störungszeigern. Da heute kaum mehr Weidevieh gehalten wird, ist dieser Vegetationstyp sehr selten geworden. Man findet ihn, bedingt durch das Wild, im Lainzer Tiergarten, besonders in den Gehegen beim Lainzer Tor. Charakteristische Störungs- bzw. Weidezeiger sind Weidelgras *Lolium perenne,* auch als Dauer-Lolch oder Englisches Raygras bekannt, Wiesen-Kammgras *Cynosurus cristatus,* der als Gewürz wertvolle Echte Kümmel (Wiesenkümmel) *Carum carvi,* Kriech- und Gänse-Fingerkraut *Potentilla*

1 Neuntöter brauchen einzelne, freistehende Sträucher mit Stacheln oder Dornen im Wiesengelände. Sie jagen Insekten, die sie als Vorrat darauf aufspießen.

2 Die Grauammer singt auf einzelstehenden Büschen auf Wiesen. Charakteristisch ist der bei geöffnetem Schnabel sichtbare „Zahn" am Gaumen.

1

2

reptans und *P. anserina*, Groß-Wegerich *Plantago major*, Kriech-Klee *Trifolium repens*, Gundelrebe *Glechoma hederacea* und Scharfer Hahnenfuß *Ranunculus acris*.

Feucht- und Nasswiesen

Wiesen auf feuchten und nassen Böden wurden aufgrund ihrer schlechten Futterqualität früher vorwiegend zur Gewinnung von Einstreu für die Ställe genutzt. Solche „Streuwiesen" hat man traditionell im Herbst gemäht. Wegen der Modernisierung der Viehställe mit Spaltenböden und der Verwendung von Stroh als Einstreu sind die meisten dieser Wiesen in Wien seit den 50er-Jahren des 20. Jahrhunderts brachgefallen und heute oft verbuscht oder bewaldet. Lediglich im Lainzer Tiergarten finden sich noch größere Flächen solcher Streuwiesen, die dort aus Naturschutzgründen bis heute erhalten wurden.

Die Eichwiese im Gütenbachtal beherbergt trockene Bereiche (Bild), aber auch die schönsten und artenreichsten Feucht- und Nasswiesen in Wien.

Pfeifengraswiesen besiedeln wechselfeuchte bis feuchte, nährstoffarme Flächen. Ohne regelmäßige Mahd würden hier besonders Asch-Weide *Salix cinerea* und Bruch-Weide *S. fragilis* aufwachsen und in der Folge Erlenbruchwälder entstehen. Pfeifengraswiesen, die traditionell als Streuwiesen genutzt wurden, gibt es in ihrer heutigen Form sicherlich schon viele Jahrhunderte lang. Typische Arten sind das Pfeifengras *Molinia caerulea* mit seinem (scheinbar) knotenlosen Halm und den im Herbst leuchtend gelben Blättern, Großer Wiesenknopf *Sanguisorba officinalis,* Pracht-Nelke *Dianthus superbus*, Kiel-Lauch *Allium carinatum*, Pannonien-Platterbse *Lathyrus pannonicus* subsp. *pannonicus*, Moor-Blaugras *Sesleria uliginosa,* Teufelsabbiss *Succisa pratensis* und Gelb-Spargelklee *Lotus maritimus.* Heute sind fast alle diese Arten sehr selten geworden!

Nur mehr im Gütenbachtal kommt die Pracht-Nelke auf Wiener Gebiet vor. Ihre Blüten werden von Nachtfaltern besucht, sie duften daher nachts besonders stark.

Der Teufelsabbiss blüht von Juni bis August in Nasswiesen.

Im Bereich von Quellaustritten und verlandeten Gewässern kommt es zur Bildung von **Niedermoor** (= Flachmoor)-Gesellschaften. In der Alltagssprache werden solche Nassstellen meist Sümpfe genannt. Sind die Standorte nährstoffarm, dann werden sie von Kleinseggenmooren eingenommen, während auf nährstoffreicheren Stellen Großseggenmoore entstehen. Die erfolgreichsten Bewohner dieser Standorte sind verschiedene Arten der Simsen *Juncus* spp. und Seggen *Carex* spp., bei etwas besserer Nährstoffversorgung Schilf *Phragmites australis.* Sehr selten ist hier auch noch der Sumpf-Löwenzahn *Taraxacum palustre* agg. anzutreffen.

Wo kaltes, kalkhältiges Grundwasser an die Oberfläche kommt, ist das Knopfbinsenmoor ausgebildet, benannt nach der Schwarz-Knopfbinse *Schoenus nigricans,* die hier auffällige Bulte bildet. Solche Bestände werden immer seltener und finden sich etwa noch im Lainzer Tiergarten, auf der Weiderwiese bei Purkersdorf oder im südlichen Wiener Becken. Weitere Arten sind Sumpf-Ständelwurz *Epipactis palustris* und Gewöhnliches Fettkraut *Pinguicula vulgaris,* dieses ist eine der wenigen heimischen „fleischfressenden" Pflanzen: Auf den klebrigen Laubblättern bleiben kleine Insekten hängen und werden von der Pflanze verdaut. In Wasserlacken kann man Rasen von Armleuchteralgen *Characeae* finden. An kleinflächigen Quellaustritten kalkreicher Wässer auf nährstoffarmen Standorten tritt das Davallseggenmoor auf, benannt nach der zierlichen Davall-Segge *Carex davalliana.* Hier wachsen unter anderen Breitblatt-Wollgras *Eriophorum latifolium,* Sumpf-Baldrian *Valeriana dioica* und das in Wien seltene, im Spätsommer und Herbst blühende Herzblatt (Studentenröschen) *Parnassia palustris.*

An **nährstoffreichen Nassstandorten**, etwa in Gräben, findet man Grau-Simse *Juncus inflexus*, Kriech-Hahnenfuß *Ranunculus repens* und das gleichfalls kriechende Pfennigkraut *Lysimachia nummularia* mit seinen großen gelben Blüten, die fast nie Früchte hervorbringen, sowie den aufrecht wachsenden und purpurn blühenden Wasserdost *Eupatorium cannabinum,* den weißblühenden Wolfstrapp (Wolfsfuß) *Lycopus europaeus* und die weithin duftende Wasser-Minze *Mentha aquatica.* Gräben wurden meist zur Drainage von Wiesen angelegt. Entscheidend für ihre Vegetation ist, ob und wie oft gemäht wird.

Unter den Vögeln, die als Lebensraum Fett- und Feuchtwiesen bevorzugen, ist der Wachtelkönig *Crex crex* im Wiener Raum eine Seltenheit ersten Ranges. Dieser europaweit stark gefährdete Rallenvogel benötigt, um seine Jungen aufziehen zu können, große ebene Wiesenflächen, die spät gemäht werden. Er bewegt sich hauptsächlich zu Fuß, sodass man ihn kaum je zu sehen bekommt, umso auffallender ist der in der Dämmerung unermüdlich vorgebrachte Reviergesang, ein lautes „krrk krrk… krrk krrk…krrk krrk.....". Auf Wiener Boden kann man den Wachtelkönig gelegentlich im Gütenbachtal und auf den Überschwemmungswiesen der Unteren Lobau hören (→ S. 388).

Wienerwaldbäche

Leben im und am Bach

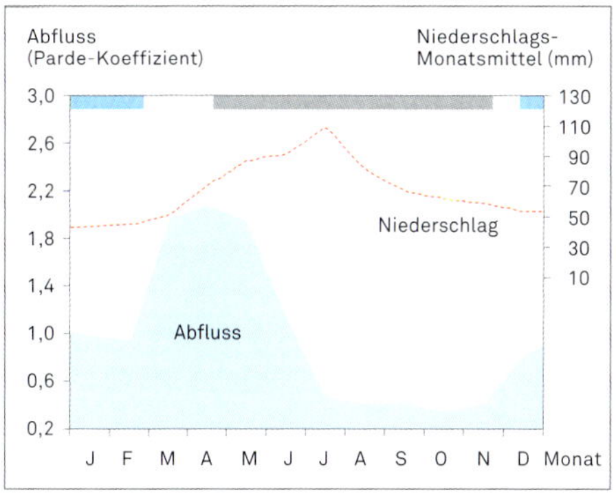

Mittlere Abflussverhältnisse des Weidlingbachs im Jahresverlauf beim Pegel Klosterneuburg. Beim Abfluss (blaue Fläche) kommt das Hauptmaximum im Frühjahr durch den kombinierten Effekt der Schneeschmelze (blauer Balken: Schneedecke) und der steigenden Jahresniederschläge (rote Kurve) bei noch fehlendem Kronendach der Laubgehölze zustande. Haben die Laubbäume des bewaldeten Einzugsgebietes ausgetrieben (grauer Balken), führt die Verdunstung durch die Blätter trotz hoher Sommerniederschläge zu Niederwasserabflüssen. Erst nach dem herbstlichen Laubfall steigen die Abflusswerte wieder an.

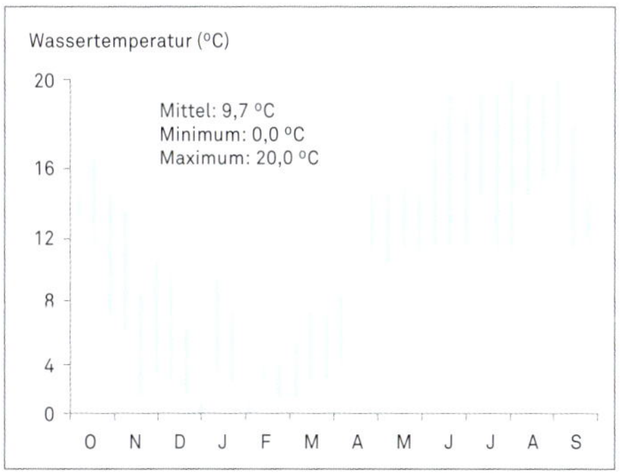

Wassertemperaturen des Weidlingbaches bei Klosterneuburg von Oktober 1995 bis September 1996. Das dargestellte Muster ist typisch für winterkalt-sommerwarme Fließgewässer. Die senkrechten Balken zeigen die Schwankung der Wassertemperatur innerhalb der jeweils zehntägigen Messperiode.

Der Gegensatz von Flysch und Kalk oder Dolomit prägt auch die Dynamik der Wienerwaldbäche und das Leben in ihnen. So sind etwa Schwechat und Piesting über weite Strecken durch die hier anstehenden Karbonatgesteine geprägt und entsprechen in vielerlei Hinsicht den Bächen in den Kalk(vor)alpen. Ganz anders präsentieren sich die Bäche des Flysch-Wienerwaldes wie Wienfluss, Mauerbach und der wissenschaftlich besonders gut untersuchte Weidlingbach. Dieser soll hier genauer betrachtet werden.

Aus den leicht verwitterbaren Sandsteinen, Mergeln und Schottern des Untergrundes im Einzugsgebiet dieser Bäche entstehen durch Verwitterung Böden, die sich durch hohe Quellfähigkeit und geringe Wasserdurchlässigkeit auszeichnen. Dadurch gelangt das Wasser großteils oberirdisch oder oberflächennah in die Bäche des Flysch-Wienerwaldes. Die Folge sind häufige, oft rasch ansteigende und kaum vorhersagbare Hochwässer. Die Amplitude zwischen Mittel- und Hochwasserabfluss ist in Flyschbächen extrem hoch und schwankt etwa im Mauerbach zwischen 0,1 und 60 Kubikmetern pro Sekunde. Dieser Umstand erklärt auch die überdimensioniert erscheinenden Rückhaltebecken an der Wiener Westeinfahrt und vor der Kartause Mauerbach (→ S. 122).

Wegen der mit rund 500 Metern Seehöhe niedrig gelegenen Quellaustritte und dem sehr oberflächennahen Zufluss ist die Wassertemperatur der Flyschbäche im Winter relativ kalt und im Sommer relativ warm. Die winterlichen Minima liegen um Null Grad Celsius, häufig frieren die Bäche für einige Wochen zu, im Sommer kann die Wassertemperatur 20 Grad Celsius erreichen. Daher müssen die Bachbewohner an wechselnde Temperaturverhältnisse und eine mitunter mehrwöchige Dunkelphase unter einer schneebedeckten Eisschicht angepasst sein.

Die Sauerstoffsättigung des Wassers erreicht in den Bächen durchwegs 80 bis 100 Prozent. Der Wasserchemismus ist stark durch den geologischen Untergrund geprägt. Die gelösten Mineralstoffe bedingen eine hohe Leitfähigkeit und eine hohe Gesamthärte von bis zu 20 Grad deutscher Härte (°dH). Auch im Grundwasser sind wegen seiner Passage durch den kalkhaltigen Untergrund große Mengen an gelöstem Kalk enthalten.

Die Wienerwaldbäche durchlaufen zumindest in den oberen und mittleren Abschnitten ein noch weitgehend intaktes, bewaldetes Einzugsgebiet. Da die Bäche in diesen Bereichen nur wenige Meter breit sind, kommt es über dem Bachbett zum Kronenschluss der Uferbäume und damit zu sehr ungünstigen Lichtbedingungen im Bach selbst. Unter den Produzenten dominieren im Weidlingbach Kieselalgen (Bacillariophyceen), die an den Steinoberseiten gelbbraun gefärbte Überzüge bilden. Die sieben häufigsten Kieselalgen-Arten an den untersuchten Probenpunkten sind in

1

2

1 Bei Quellaustritten entweicht Kohlendioxid. Der zuvor im Wasser als Kalziumhydrogenkarbonat gelöste Kalk setzt sich in den quellnahen Abschnitten der Flyschbäche ab und überzieht Strukturen im Bachbett mit einer hellgrauen Kalkkruste. Wo dieser „Quelltuff" in größeren Mengen auftritt, wurde er früher auch als leichtes Baumaterial abgebaut.

2 Laubblätter und anderes organisches Material aus dem Umland gleichen das Nährstoffdefizit im beschatteten Bachbett aus. Die Weiterverarbeitung der eingetragenen Biomasse ist im Bach aber nur möglich, wenn Rückhaltestrukturen wie Dämme aus Totholz und eine möglichst heterogene Sedimentoberfläche vorhanden sind.

abnehmender Häufigkeit *Navicula tripunctata, Cocconeis pediculus, Gomphonema olivaceum, Navicula lanceolata, Cymatopleura solea, Rhoicosphenia abbreviata* und *Nitzschia dissipata.* Fädige Blaualgen (Cyanobakterien), fädige Grünalgen (Chlorophyceen) und Rotalgen (Rhodophyceen) sind weniger häufig.

Die Biomasse der Algenüberzüge erreicht an typischen beschatteten Bachstellen des Weidlingbaches im Sommer durchschnittlich etwa drei Gramm Trockengewicht pro Quadratmeter, im übrigen Jahr etwa ein Gramm. Wegen des hohen Anteils der Skelettsubstanz können nur etwa 20 Prozent der Biomasse von anderen Arten genützt werden. Diese geringe Nährstoffbasis reicht bei Weitem nicht aus, um die individuen- und artenreiche Lebensgemeinschaft im Bach mit Energie zu versorgen. Das Energiedefizit des Baches wird durch den diffusen Eintrag von gelösten Kohlenstoffverbindungen im zuströmenden Grund- und Hangwasser aus dem Wurzelraum der angrenzenden Vegetation und durch organische Substanz in Form von herabfallenden und von den Ufern abgeschwemmten Holzstücken, Blättern, Samen, Knospenschuppen und Blüten gedeckt. Erwartungsgemäß sind diese Einträge zur Zeit des

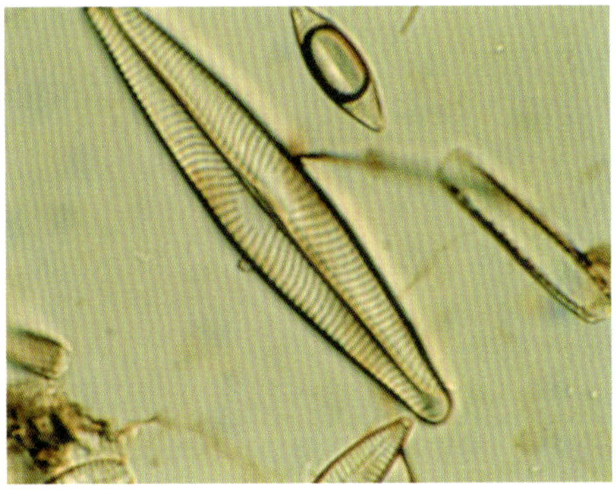

Navicula lanceolata ist eine der häufigsten Kieselalgen des Weidlingbaches und ein wichtiger Primärproduzent in beschatteten Wienerwaldfließgewässern (Länge: 54 µm).

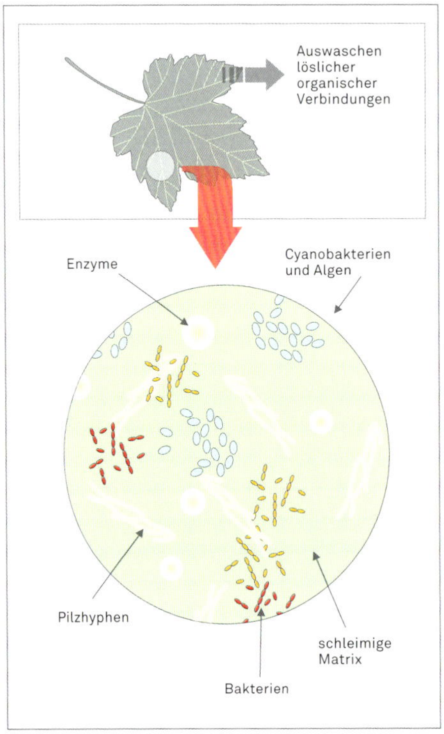

3

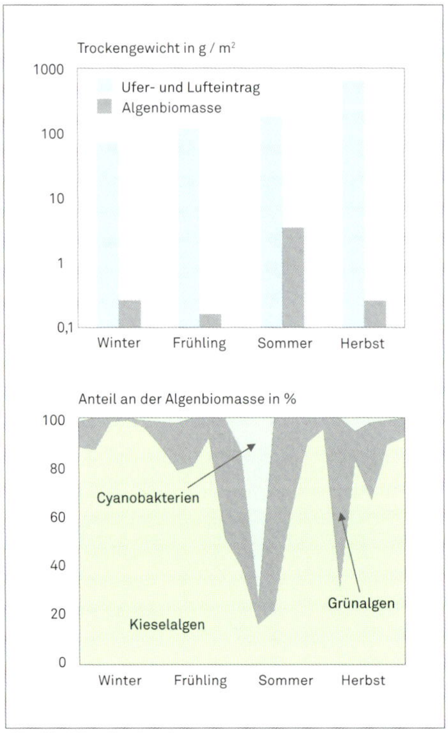

4

3 Ein abgefallenes Laubblatt unter Wasser; das Mikroskop macht die Komponenten des Biofilms sichtbar, der es zu einer wertvollen Nahrungsquelle für Bachflohkrebse und Insektenlarven macht.

4 Oben: Der Vergleich der von außen eingebrachten Nährstoffe mit der im Bach selbst produzierten Algenbiomasse macht die überragende Bedeutung des Nährstoffimportes aus dem Umland für die Lebensgemeinschaft im Bach deutlich. Unten: Die Graphik zeigt die prozentuelle Verteilung der drei wichtigsten Algengruppen im Jahreslauf. Mit Ausnahme des Frühsommers sind die Kieselalgen die wichtigsten Primärproduzenten unter den Algen.

herbstlichen Laubfalls am höchsten. Messungen am Mauerbach und Weidlingbach haben ergeben, dass zu allen Jahreszeiten der Eintrag aus dem terrestrischen Umland weit größer ist als die im Bach selbst produzierte Biomasse.

Gelangt ein Blatt oder sonstiges pflanzliches Material in den Bach und wird unter Wasser festgelegt, werden zuerst lösliche Substanzen ausgewaschen. Zugleich entsteht an der Oberfläche der sogenannte Biofilm, ein Belag aus Bakterien, Pilzhyphen, Cyanobakterien, Algen und abgesonderten Enzymen, die in eine schleimige Matrix eingebettet sind. Dieser Biofilm erhöht den Nährwert der Blattsubstanz deutlich und wurde in der Literatur mit der Butter verglichen, die ein trockenes Stück Brot erst wohlschmeckend werden lässt. Neben organischem Material überziehen Biofilme auch die Oberflächen von Sedimentpartikeln an der Gewässersohle und kleiden das Lückenraumsystem in tieferen Sedimentschichten aus.

Dieses Lückenraumsystem beherbergt in den Wienerwaldbächen eine arten- und individuenreiche Lebensgemeinschaft, die aber für den flüchtigen Betrachter weitgehend unsichtbar bleibt. Wesentlich für dieses Leben im Bach sind die vielfältigen Bachbettstrukturen in den vom Menschen weitgehend unbeeinflussten Ober- und Mittelläufen. Neben Sedimentpartikeln der Grobkiesfraktion mit Korndurchmessern von 25 bis 35 Millimetern bietet das Bachbett ein buntes Mosaik von gröberen Gesteinsblöcken, Feinsandablagerungen und Totholz. Diese „Rauigkeit" wirkt sich positiv auf die Rückhaltekraft aus: Blattpakete und anderes organisches Material werden festgehalten und bleiben den Organismen zur Verwertung erhalten. Die vielfältige Sedimentstruktur beeinflusst aber auch die Strömungsverhältnisse und den Abfluss im Bachbett, sodass Stellen mit hoher Strömungsgeschwindigkeit kleinräumig mit strömungsberuhigten Zonen abwechseln.

Auf der Ober- und Unterseite der Steine bestimmen vor allem räuberische Plattwürmer, Kleinkrebse und Insektenlarven das Bild der tierischen Besiedler. Organismen, die stärker strömende Bachabschnitte bevorzugen, sind etwa die abgeplatteten Larven der Eintagsfliegenarten *Ecdyonurus starmachi* und *Rhithrogena picteti* mit drei langen Schwanzanhängen und die Steinfliegenlarven der Gattungen *Brachyptera,*

1 Larven der Eintagsfliegenarten *Rhithrogena picteti* (oben, mit dunklen Flügelscheiden) und *Electrogena ujhelyii* (unten) aus dem Marleitenbach. Körperlänge 10–12 mm

2 Larven der Steinfliegengattungen *Brachyptera* (großes Tier), *Leuctra* (Mitte) und *Nemoura* (unten) ernähren sich von Algen, Blättchen von Wassermoosen und Pflanzenresten. Körperlänge um 10 mm

3 Larven der räuberischen Köcherfliegenarten *Rhyacophila fasciata* (oben) und *Rhyacophila hirticornis* (unten) bauen keine Köcher, spinnen aber bisweilen einen Sicherungsfaden, der sie vor dem Abdriften schützt. Körperlänge bis 25 mm

4 Die Larven der filtrierenden Köcherfliegengattung *Hydropsyche* (z. B. *H. instabilis*) errichten ortsfeste Wohnröhren an Steinoberseiten; seitlich an die Wohnröhre angebaut ist ein Rahmen, in dem ein Fangnetz aufgespannt ist. Damit filtrieren sie Nahrungspartikel und kleine Wirbellose aus der Strömung. Körperlänge um 20 mm

5 Die asselförmige Larve des Hakenkäfers *Elmis maugetii* ist ein häufiger Besiedler der Bachsohle im gesamten Längsverlauf; Fadenalgenbestände und Moosbüschel werden als Mikrohabitate bevorzugt. Körperlänge bis 4 mm

6 Die Larven der Kriebelmücken sind häufig in dichten Kolonien an der Oberseite von Steinen anzutreffen. Die Tiere filtrieren mit ihren zu Fächern umgebildeten Mundwerkzeugen Nahrungspartikel aus dem Wasser. Körperlänge bis 15 mm

1

2

3

4

5

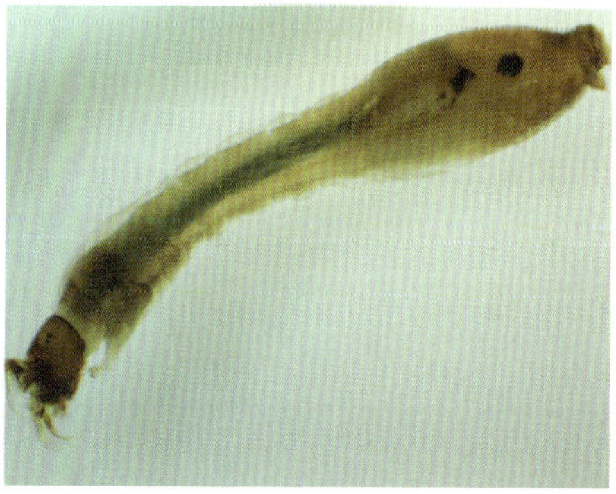
6

Nicht nur in Teichen – der Grasfrosch in den Wienerwaldbächen

Der Wienerwald mit seinen Wasserlebensräumen stellt ein bedeutendes Netzwerk an aquatischen und terrestrischen Habitaten für Amphibien dar. Die meisten der hier lebenden Arten laichen in stehenden Gewässern: Gelbbauchunke und Bergmolch in Klein- und Kleinstgewässern, z.B. in Radspuren und Bombentrichtern, Erdkröte, Laubfrosch und Springfrosch in Weihern und Teichen. Die Bäche werden von diesen Arten als wichtige Wanderkorridore zwischen dem Sommerlebensraum im Wald und den Laichgewässern genutzt. Unter den Froschlurchen ist der Grasfrosch *Rana temporaria* die einzige Art, die gerne neben Teichen und Tümpeln auch Bäche zum Ablaichen aufsucht. Bevorzugt werden dabei strömungsberuhigte Stellen, wo sich der Bach bereits in Seitenarme aufgliedert und er die engen, steilen Tobel schon hinter sich gelassen hat. Geeignete Stellen sind unterspülte Wurzeln, Windwurftrichter oder Bachschlingen, die nur im Unterwasser an das Bachgerinne angeschlossen sind. Hier treffen dann oft zahlreiche Grasfroschpärchen zusammen, sodass es zu großen, wolkenartigen Gelegeansammlungen kommen kann.

Die Kaulquappen halten sich in Bereichen mit einer Strömungsgeschwindigkeit von bis zu 12 Zentimetern pro Sekunde auf. Im Bach leben sie weniger austrocknungsgefährdet als in Tümpeln und haben auch mit geringerem Räuberdruck zu kämpfen als Teichbewohner. Dafür leben Sie mit dem Risiko, durch Hochwasserwellen mitgerissen zu werden und unter Umständen bis zum Wintereinbruch ihre Entwicklung zum fertigen Frosch, die im kühleren Wasser langsamer abläuft, nicht vollenden zu können.

Andrea Waringer-Löschenkohl / Franziska Werba

Grasfroschpaar: Das kleinere Männchen umklammert das von Laich erfüllte Weibchen und lässt sich zum Laichplatz tragen.

Grasfroschlaich besteht aus Gallertballen mit bis zu 4.000 Eiern. Das Gelege ist an einem Ast befestigt und flottiert in der Strömung.

Die Mundöffnung der Grasfrosch-Kaulquappe ist von einem Schnabel und Hornzähnchenreihen umstanden, die zum Abraspeln von Aufwuchs (Algen und anderes) eingesetzt werden.

Leuctra und *Nemoura* (→ Bild S. 307) mit nur zwei Schwanzanhängen. Sie wandern in der Nacht zum Abweiden der Algen an die Steinoberseiten. Unter den Köcherfliegenlarven bevorzugen Larven von *Rhyacophila fasciata* und *Rhyacophila hirticornis* (→ Bild S. 307) Regionen mit starker Strömung, ebenso *Hydropsyche instabilis* (→ Bild S. 307), deren Hochgeschwindigkeitsfangnetz erst bei höheren Strömungsgeschwindigkeiten ab etwa 40 Zentimetern pro Sekunde optimal funktioniert.

Auch Hakenkäfer der Gattungen *Elmis* (→ Bild S. 307), *Riolus, Limnius* und *Esolus* sind strömungsliebende Bachbewohner. Dies gilt auch für Kriebelmückenlarven, die mit ihren fächerartig umgewandelten Mundwerkzeugen Nahrungspartikel aus der

1

2

1 Bachflohkrebse, wie *Gammarus fossarum*, tragen als Zerkleinerer wesentlich zum Abbau organischer Substanz bei und sind in Falllaub-Paketen besonders häufig anzutreffen. Körperlänge um 20 mm

2 Der Steinkrebs benötigt naturbelassene Bäche mit unterspülten Ufern und ein reich strukturiertes Bachbett als Lebensraum. Körperlänge bis 12 cm

1

2

3

1 Larve einer Eintagsfliege der Gattung *Ephemera*. Deutlich sind die dolchförmigen Oberkieferfortsätze erkennbar, die den Kopf vorne überragen und zum Graben dienen. Körperlänge bis 25 mm

2/3 Die Larve der Köcherfliege *Plectrocnemia conspersa* errichtet ihr Fangnetz an langsam strömenden Bachabschnitten. Bevorzugte Beute dieser Art sind die Larven von Eintagsfliegen, Steinfliegen und Zweiflüglern, aber auch Würmer und Kleinkrebse. Körperlänge um 20 mm

Strömung ausfiltern. Die Weibchen benötigen, ähnlich wie die Stechmücken, eine Blutmahlzeit, um die Eireife zu erreichen und können auch bei Menschen sehr unangenehme Stiche verursachen.

Zu jenen Bachorganismen, die eher strömungsberuhigte Abschnitte bevorzugen, gehört die im Feinsediment grabende Larve der Eintagsfliege *Ephemera danica*. Häufig anzutreffen ist hier auch die Larve der Köcherfliege *Plectrocnemia conspersa,* deren bis zu 20 Zentimeter langes, beutelförmiges Fangnetz für niedrige Strömungsgeschwindigkeiten von zehn bis 20 Zentimeter pro Sekunde ausgelegt ist. Weiters leben hier die Larven der größten einheimischen Libellenart, der bis zu zehn Zentimeter langen Großen Quelljungfer *Cordulegaster heros*. Die grabenden Larven bewohnen sandige und schlammige Bachabschnitte, an denen man mitunter im Mai und Juni auch die Weibchen bei der Eiablage beobachten kann: Mit einer langen Legeröhre werden die Eier in das Weichsediment eingestochen. In quellnahen Bereichen wird diese Art von der Gestreiften Quelljungfer *Cordulegaster bidentata* abgelöst. In Blattpaketen und strömungsarmen Abschnitten können massenhaft Bachflohkrebse vorkommen, wobei die Art *Gammarus fossarum* die Ober- und Mittelläufe, *Gammarus roeselii,* kenntlich an den Rückenstacheln, die Unterläufe bewohnt. Beide Arten arbeiten als Zerkleinerer das reichlich vorhandene Falllaub auf und machen es damit für die übrigen Mitglieder der Biozönose verfügbar. Ein markanter Bewohner der Sedimentoberfläche ist schließlich der in naturbelassenen Flyschbächen häufige Steinkrebs *Austropotamobius torrentium,* ein nachtaktiver Allesfresser, der sich tagsüber in unterspülten Uferabschnitten und unter hohl aufliegenden Steinen versteckt. Die Paarung erfolgt im Spätherbst, die Weibchen tragen bis zum Schlüpfen der Jungtiere im Mai die Eier an der Hinterleibsunterseite mit.

Neben der Sedimentoberfläche am Gewässergrund sind in den bewaldeten Einzugsgebieten mit ihrem reichen Bestandesabfall auch natürlich entstandene Dämme wichtige Strukturelemente für die Besiedlung. Sie bestehen in ihrem Kern aus Baumstämmen oder größeren Ästen, die im Bachbett oder am Ufer verklemmt sind und an

Die große Quelljungfer, die größte europäische Libelle, ist eine Charakterart der Oberläufe naturbelassener Wienerwaldbäche. Ihre Larve (rechts) erreicht im letzten Stadium bis zu 46 mm Gesamtlänge. Sie ist ein Lauerjäger: Nur die Spitze des Hinterleibs wird zum Atmen und der Kopf mit der vorschnellbaren Fangmaske zum Beutefang aus dem Sand gestreckt, der restliche Körper ist sedimentbedeckt. Erbeutet werden vor allem Bachflohkrebse, Insektenlarven und Feuersalamanderlarven. Das Bild zeigt ein Jungtier mit teilweise vorgestreckter Fangmaske.

Vögel am Bach

Die Wasseramsel *Cinclus cinclus* kommt am Mittellauf der größeren Wienerwaldbäche vor. Sie ist streng an Bachläufe gebunden, die das ganze Jahr über ausreichend Wasser führen, und entfernt sich vom Bach nur, wenn sie gestört wird. Ihre Nahrung besteht aus Insektenlarven und Krebschen, vor allem des Bachbodens. Um sie zu erbeuten, stürzt sie sich kopfüber ins Wasser und sucht mit den Flügeln schwimmend und tauchend den Bachboden ab. Männchen und Weibchen unterscheiden sich in Größe und Färbung kaum voneinander. Beim Imponiergehabe präsentieren die Vögel unter Flügelzittern ihre weiße Kehle. Sie sind auch im Winter territorial. Das Nest, ein Kugelbau mit seitlichem Eingang, wird nahe am Bachlauf in Nischen unter Brücken, in Steilwänden und dergleichen angelegt. Im Jahr 2002 konnten im Wiener Stadtgebiet fünf Brutreviere der Wasseramsel gezählt werden.

Der zweite Charaktervogel der Wienerwaldbäche ist die Gebirgsstelze *Motacilla cinerea*, unverkennbar mit ihrem langen wippenden Schwanz und dem zitronengelben Unterbauch. Sie ernährt sich überwiegend von Eintags-, Köcher- und Steinfliegen, die sie im Flug fängt, und von Kleingetier, das sie beim Absuchen vom Genist der Bachufer und natürlichen Dämmen erbeutet. Ihr nach oben offenes Nest wird ebenso wie das der Wasseramsel in Nischen von Böschungen, Steilwänden, unter Brücken, manchmal auch an Gebäuden wie alten Mühlen angelegt. Die Gebirgsstelze ist auch an kleineren Gewässern als die Wasseramsel zu finden. In Wien konnten 2002 knapp 50 Brutpaare nachgewiesen werden. ***Karl Mazzucco***

Wasseramsel

Gebirgsstelze

die sich Feinholz und Laubpakete anlagern. Diese Dämme sind Zentren der tierischen Besiedlung. In einem einzigen Damm von zwei Quadratmetern Grundfläche und einem Meter Höhe leben gleich viele Bachorganismen wie an der Sedimentoberfläche eines 40 Quadratmeter großen Bachabschnittes. Dabei sind diese Dämme keineswegs selten: Auf einer Probestrecke von 750 Metern Länge wurden im Weidlingbach 27 Dämme gezählt, von denen die meisten über ein Jahr lang Bestand hatten, da kleinere Hochwasserspitzen keine großen Beschädigungen verursachen. Erst ein 30-jährliches Hochwasser im Juni 1997 mit einem Durchfluss von über zehn Kubikmetern pro Sekunde vernichtete fast alle Dämme auf der untersuchten Strecke. Das Hochwasser ließ lediglich drei besonders widerstandsfähige Strukturen bestehen, legte aber gleichzeitig durch neu eingebrachte Baumstämme die Fundamente für neue Dämme. Derartige Dämme bieten ihren Bewohnern gute Habitatstrukturen und durch das aufgefangene Blattmaterial reichlich Nahrung. Teilt man die Dammkonstruktionen in vier Stockwerke, findet man im dritten Stockwerk, an der Grenze des mittleren Wasserstandes zur Luft, mit bis zu 2.000 Individuen pro Kubikdezimeter

1 Ein natürlicher Damm aus Totholzanlagerungen im Weidlingbach. Um einen am Ufer verankerten Baumstamm als zentraler Achse haben sich kleinere Äste zu einem dichten, teilweise überströmten und nährstoffreichen Maschenwerk angeordnet, das von zahlreichen wasser- und landlebenden Organismen besiedelt wird.

2 Organismenverteilung im Lückenraumsystem eines natürlichen Dammes. Die höchste Individuendichte findet sich, mit durchschnittlich über 1.000 Tieren pro Kubikdezimeter, im Bereich nahe der Wasseroberfläche.

1

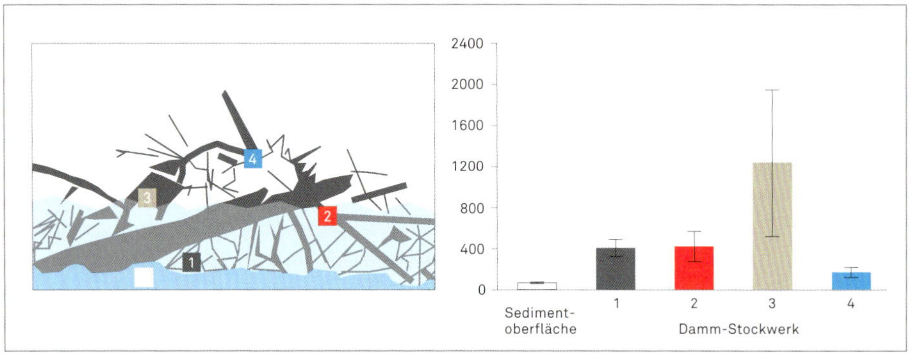

2

Der Feuersalamander (→ Bild S. 175) ist ein Charaktertier des Wienerwaldes. Die Weibchen setzen ab Mitte März voll entwickelte Larven in natürlichen und reich strukturierten Bachabschnitten ab, die langsam strömende Bereiche enthalten müssen. Im Sommer ist die Larvalentwicklung im Wasser abgeschlossen und die jungen Salamander gehen an Land.

die höchste Dichte an Organismen. Diese Region wird von Filtrierern wegen der guten Durchströmung bevorzugt. Driftende Tiere können hier wieder Fuß fassen und auch ufer- und landbewohnende Insekten nutzen diese Grenzflächen. Bachabwärts der Dämme bilden sich häufig strömungsberuhigte Eintiefungen, sogenannte Kolke. Sie sind der bevorzugte Lebensraum der Feuersalamanderlarven, die in den fischfreien Oberläufen dieser Bach-Ökosysteme die größten fleischfressenden Tiere sind. Die Larven profitieren an der Leeseite eines Dammes von der geringeren Strömung und von der hohen Dichte an Beutetieren in den Dämmen selbst. Zwischen Juni und September verlassen die Larven das Wasser und gehen zum Landleben über. Auch Grasfrösche nützen häufig die Auskolkungen unterhalb von Dämmen zum Ablaichen.

a

b

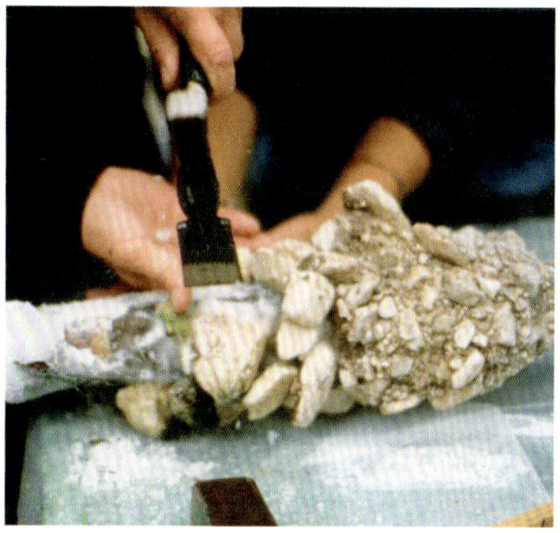

c

Leben unter dem Bach

Bachorganismen besiedeln nicht nur die Sedimentoberfläche und natürliche Dämme. Denn Bäche enden nicht an der Sedimentoberfläche und seitlich an der Wasseranschlagslinie, sondern können sich in Form einer mehreren Meter breiten Übergangszone bis hin zum Grundwasserraum erstrecken. Mithilfe der Gefrierkern-Technik kann man die Struktur des Sedimentkörpers und das vertikale Verteilungsmuster von Bachorganismen im Bereich der Sedimentlücken erforschen. Dabei wird im Bachbett ein Metallrohr etwa 60 Zentimeter tief in das Sediment eingeschlagen und mit flüssigem Stickstoff (minus 196 Grad Celsius) befüllt. Dadurch wird das umliegende Sediment mit dem Porenwasser und den darin befindlichen Organismen schockgefroren. Unbeabsichtigt entweichender Stickstoff kühlt die Luft im Bachbett unter den Taupunkt ab und erzeugt Nebel (a). Anschließend kann der tiefgefrorene Eis-Sedimentklotz aus dem Bachbett gezogen (b) und für die weitere Analyse des Sediments, des Porenraumes und der Bachorganismen in Portionen zerlegt werden (c).

1

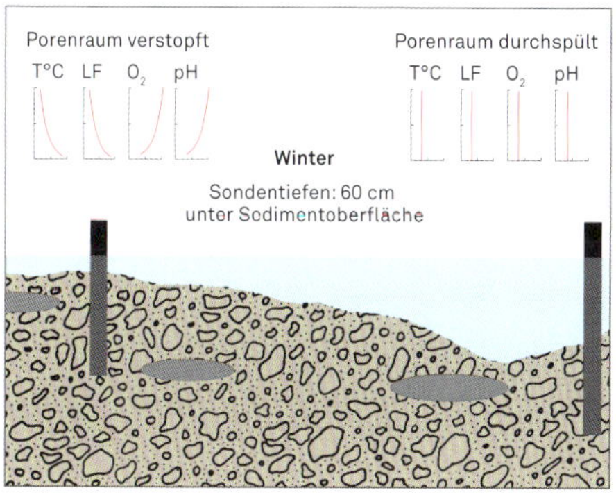

2

Rohrsonden (1) geben Einblick in die physikalisch-chemischen Rahmenbedingungen im Sediment-Lückenraumsystem des Bachbetts. Dieses Milieu im Porenraum ist stark von der Menge der dort abgelagerten Feinsedimente abhängig. Eine genaue Untersuchung des Weidlingbaches hat gezeigt, dass Flyschbäche einen weit höheren Anteil an Feinsedimenten (Korngröße kleiner als zwei Millimeter) haben als Kalkbäche. Dadurch werden überall dort, wo das Bachbett breiter und daher die ausräumende Wirkung der Strömung geringer ist, die Sedimentporen verstopft, was die Austauschprozesse zwischen Oberflächen- und Porenwasser stark einschränkt (2; graue Ellipsen: eingestreute Tonlinsen). Dies äußert sich in ausgeprägten Gradienten (linker Graphik-Teil) der Wassertemperatur (T°C), der elektrischen Leitfähigkeit (LF), des Sauerstoffgehaltes (O_2) und des pH-Wertes. Schwach ausgebildet sind diese Gradienten dort, wo das Bachbett schmal und tief ist, die Sedimente gut durchspült und damit die Austauschraten hoch sind (rechter Graphik-Teil). Das wiederum hat zur Folge, dass Bachorganismen gut durchströmte Sedimente in weit höheren Dichten und Tiefen besiedeln können als verstopfte Sedimente.

Die Neuseeländische Zwergdeckelschnecke – ein Neubürger aus Übersee

Der rapid zunehmende globale Verkehr führt immer häufiger zum (meist) unbeabsichtigten Einschleppen fremder Pflanzen- und Tierarten, die sich ansiedeln, stark ausbreiten und das einheimische Artengefüge empfindlich beeinträchtigen können (→ S. 183). Ein solcher Neubürger findet sich im Wienerwald seit einigen Jahren auch im Unterlauf des Weidlingbaches: Die nur fünf bis sechs Millimeter große Neuseeländische Zwergdeckelschnecke *Potamopyrgus antipodarum* kommt hier mit bis zu 2.000 Tieren pro Quadratmeter vor. Die Wassertemperaturen erreichen in diesem Bachabschnitt im Sommer 23 °C und die offenen Ufer ermöglichen ein üppiges Algenwachstum an der Sedimentoberfläche – ideale Bedingungen für die Schnecke.

Ihre Ausbreitungsgeschichte beginnt um die Mitte des 19. Jahrhunderts. Vom Jahr 1859 datiert der erste europäische Nachweis aus der Themsemündung. Höchstwahrscheinlich wurden die Schnecken mit den Trinkwasservorräten von Schiffen unabsichtlich verbreitet. Die weitere Verschleppung in Europa erfolgte rasch, woran wahrscheinlich Wasservögel, Fische und der Mensch beteiligt waren.

1887 wurde die Art in der Wismarer Bucht der Ostsee nachgewiesen, 1898 war der Nordsee-Ostsee-Kanal erreicht, 1913 die Baltischen Staaten und die Niederlande, 1915 Dänemark, 1918 Frankreich, 1926 Finnland und 1930 Schweden. Die weitere Ausbreitungswelle erreichte 1947 Spanien, 1951 Rumänien und 1963 Italien. In Österreich wurde die Neuseeländische Zwergdeckelschnecke erstmals im Bodensee nachgewiesen; 1984 erfolgten Nachweise in der Großen Tulln und 1985 im Weidlingbach, wo das Vorkommen im Unterlauf eine Besiedlung über die Donau nahelegt. Die Art ist heute aus allen Bundesländern bekannt.

Was ist nun das Erfolgsrezept für diese rasante Ausbreitung? Die Neuseeländische Zwergdeckelschnecke erträgt unterschiedlichen Salzgehalt im Wasser, kann ihr Haus durch einen Deckel fest verschließen und sogar lebend den Darm von Fressfeinden wie Fischen passieren. Die Ernährung erfolgt durch Abraspeln von Kieselalgenfilmen, fädigen Grünalgen und verrottendem Pflanzenmaterial. Da sich die Schnecke das ganze Jahr über fortpflanzt – in den neu besiedelten Gebieten meist durch Jungfernzeugung – können rasch große Populationen aufgebaut werden. Theoretisch könnten aus einem einzigen Weibchen unter idealen Bedingungen in einem Jahr 300 Millionen Nachkommen hervorgehen! Die Auswirkungen einer solchen Massenvermehrung sind natürlich enorm: In einigen Gewässern des Yellowstone-Nationalparks sind Dichten von 750.000 Tieren pro Quadratmeter gezählt worden. So können durch Platz- und Nahrungskonkurrenz einheimische Tier- und Pflanzenarten zum Verschwinden gebracht werden.

Um die Verbreitung des ungebetenen Gastes einzudämmen, versucht man dort, wo die Schnecke in hoher Dichte auftritt, eine biologische Bekämpfung mithilfe eines nur an dieser Art parasitierenden Strudelwurms.

Johann Waringer / Alexandra Zieritz

Vegetation der Bachufer

Die meisten Bäche des Flysch-Wienerwaldes entspringen als kleine Rinnsale in der submontanen Höhenstufe zwischen 400 und 600 Metern Seehöhe, wobei sich mancherorts Quellfluren mit Kalksinter-bildenden Moosen (Quelltuff) ausbilden. Die Oberläufe sind in der Regel schmale und steile Gräben, die vollständig vom Kronendach des vorherrschenden Buchenwaldes überschattet sind und nur zeitweilig Wasser führen. Trockenheit über den Großteil des Jahres, extreme mechanische Belastung bei den heftigen Hochwässern und Beschattung verhindern das Aufkommen einer eigen-

Wo der Auwald regelmäßig vom Menschen aufgelichtet wird, können sich entlang der Bachufer neu eingebürgerte Arten wie Japan-Staudenknöterich (links) und Drüsen-Springkraut (rechts) in Massenbeständen ausbilden und die heimische Vegetation weitgehend verdrängen.

1 In den schmalen Gräben der Oberläufe findet sich keine eigenständige bachbegleitende Vegetation. Unterwuchslose Buchenwälder oder Laubmischwälder mit Berg-Ahorn, Edel-Esche und Berg-Ulme schließen das Kronendach über den Bächen. Im flacheren Gelände bilden sich durch den pendelnden Bachverlauf Uferterrassen, auf denen sich Galerien oder auch richtige Auwälder mit Schwarz-Erle und Edel-Esche entwickeln können. Der Übergang zu den Laubmischwäldern der Hangbereiche verläuft fließend.

2 Bachaue mit Schwarzerlen-Eschen-Bestand am Lainzerbach. Die Schwarz-Erle kann nicht nur mit ihren tiefen Wurzeln Ufer stabilisieren sondern mithilfe symbiontischer Bakterien (Aktinomyzeten) bis zu 200 Kilogramm Luftstickstoff pro Jahr in einem Hektar Boden binden. Das Erlenlaub ist daher reich an Stickstoff und versorgt sowohl Auwald als auch Bachorganismen mit zusätzlichen Nährstoffen.

1

2

ständigen gewässerbegleitenden Vegetation. In den Herbstmonaten werden zudem beachtliche Mengen von Laub in das Gewässsersystem eingetragen.

Entlang der Mittel- und Unterläufe der Wienerwaldbäche gibt es, bedingt durch das geringere Gefälle und den pendelnden Verlauf, immer wieder Raum für kleinflächige Aubereiche. Wenn Grundwasserschwankungen und Hochwässer es zulassen, können sich auf den Schwemmböden Schwarzerlen-Eschen-Bestände etablieren, die von Berg-Ahorn, Feld-Ulme und Berg-Ulme begleitet werden. Im Unterwuchs nutzen Brennnessel *Urtica dioica,* Au-Brombeere *Rubus caesius* und verschiedene Hochstauden das hohe Nährstoffangebot. In engen Kerbtälern kommt meist nur ein schmaler Ufersaum aus Schwarz-Erlen *Alnus glutinosa* vor, die durch die tiefe Bewurzelung die Ufer ausgezeichnet befestigen. Direkt anschließend leitet oft die Hainbuche zu den nährstoffreichen Laubmischwäldern über. An wasserzügigen, luftfeuchten Hängen können sowohl Rot-Buchen als auch Berg-Ahorn, Edel-Esche und Berg-Ulme bis an das Bachufer heranreichen.

Trotz Beschattung sind an den Ufern der Wienerwaldbäche auch kleinflächig Hochstaudenfluren mit großem Springkraut („Rührmichnichtan") *Impatiens noli-tangere,* Bach-Weidenröschen *Epilobium hirsutum* und Bach-Pestwurz *Petasites hybridus* ausgebildet.

Die Unterläufe der Wienerwaldbäche liegen großteils im verbauten Gebiet und sind heute meist reguliert oder unterirdisch geführt. Sie weisen daher kaum mehr natürliche Vegetationszonen auf. Mancherorts findet man Hochstaudenfluren unterschiedlicher Zusammensetzung, die hier als Ersatzgesellschaften für die ursprüngliche Auvegetation auftreten.

Wasserpflanzen sind in Wienerwaldbächen selten. An aufgelichteten Stellen können Wassermoose oder Armleuchteralgen dichte Rasen im Bachbett bilden.

Wie gesund ist der Wienerwald?

In den 1970er-Jahren wurde die Öffentlichkeit durch Hiobsbotschaften über die Wälder aufgerüttelt: Waldsterben auf riesigen Flächen im Umkreis von Industriegebieten, aber auch in „Reinluftgebieten" wie den Alpen. Dies löste intensive Forschungstätigkeiten aus und führte zu strengen Maßnahmen und gesetzlichen Bestimmungen gegen die Emission von Luftschadstoffen.

Der Wienerwald muss wegen der vorherrschenden Westwinde nur einen relativ geringen Teil der Abgase Wiens verkraften. Außerdem sind Laubbäume im Allgemeinen weniger empfindlich gegen Luftverunreinigungen als die meisten Nadelbäume. Trotzdem haben sich auch hier Schäden an der Vegetation gezeigt.

Der Wienerwald ist neben Stephansdom, Schönbrunn, Belvedere und Riesenrad ein weiteres wichtiges Identifikationsobjekt der Wienerinnen und Wiener und ein sensibles noch dazu. So wurde der Zustand dieses Waldes bis weit nach Niederösterreich hinein seit Mitte der 1980er-Jahre im Rahmen mehrerer Forschungs- und Überwachungsprogramme analysiert und dokumentiert. Einen Überblick über das große Untersuchungsgebiet lieferten dabei Scannerbilder, wie beispielsweise die aus einer Höhe von rund 700 Kilometern aufgenommenen Bilddaten des Landsat 4 und 5 Thematic Mappers. Beim Vergleich der Aufnahmen aus verschiedenen Jahren können großflächige Waldschäden wie Windwurf oder Schädlingskalamitäten erkannt werden.

Noch genauere Einblicke geben Infrarot-Luftbilder, auf denen einzelne Bäume erkennbar sind und deren Vitalität beurteilt werden kann. Im Rahmen des Arbeitsprogramms „Waldzustand Wienerwald" (1991–2000) wurde über ein dichtes Stich-

1 Satellitenbild Wienerwald und Wien. Aufgenommen von Landsat 7. Ein Bildpunkt entspricht einer Auflösung von rund 30 x 30 Metern.

2 Farbinfrarotluftbild Lainzer Tiergarten, aufgenommen vom Flugzeug aus einer Höhe von 2.000 Metern über Grund. Details bis zu 20 Zentimeter Größe sind gut erkennbar. Von den Kronen vitaler Bäume wird der Infrarot-Anteil des Sonnenlichts besonders stark zurückgestrahlt und im Bild in Rottönen wiedergegeben. So gibt die Analyse der Bilder einen guten Einblick in den Zustand des Waldes.

1

2

Die Metropole Wien, eingebettet in den Wienerwald. Die Gesundheit dieser „Grünen Lunge“ ist für die Stadt von großer Bedeutung.

Der weite Blick nach Norden gegen Wien auf den Höllensteinzug, den nördlichsten Bergzug des Kalk-Wienerwaldes. Im Vordergrund die sogenannte Seewiese. Die Erhebung links ist der Große Flößlberg, nördlich anschließend die beiden kleineren Flößlberge, alle auf der abgewandten Nordseite mit großen, bis vor Kurzem aktiven Steinbrüchen versehen. Unmittelbar links (nordwestlich) unterhalb ist das Kaltenleutgebener Tal zu erkennen (das turmförmige große Zementwerk ist inzwischen stillgelegt und abgetragen worden). Der nördliche Teil des Bergzugs (in der Bildmitte) umfasst (links) den Teufelstein (das Schutzhaus ist als weißer Punkt erkennbar), rechts davon den 582 Meter hohen Gipfel mit Josefswarte und Kammersteiner Hütte und im Hintergrund als nördlichste Erhebungen des Höllensteinzugs Parapluiberg und Bierhäuselberg. – Im Vordergrund überwiegen Laubwälder (Buchenwälder); Kleiner Flößlberg, Teufelstein und Josefswartenberg zeigen jedoch mit dunkler Farbe die charakteristischen autochthonen Schwarzföhrenwälder auf seichtgründigen Dolomithängen, deretwegen dieses Gebiet „Naturpark Föhrenberge“ genannt worden ist. In der linken oberen Ecke des Bildes sind die sanften Höhen des Flysch-Wienerwaldes zu sehen (von Süden nach Norden): Maurer Wald, Lainzer Tiergarten und die Bergkette vom Kolbeterberg über Hermannskogel und Kahlenberg bis zum Leopoldsberg.

probennetz der Zustand des gesamten Wienerwaldes auf einer Fläche von 115.000 Hektar erhoben. Dafür wurde der Kronenzustand von 30.000 Bäumen im Wiener Stadtgebiet erfasst und von weiteren 40.000 im weitaus größeren Teil des Wienerwaldes auf niederösterreichischem Boden.

Die Auswertung der Daten ergab ein für das Wiener Stadtgebiet wenig überraschendes Ergebnis: Die Kronenverlichtungen in den stadtnahen Teilen des Wienerwaldes, also in den Bezirken 13 und 16 bis 19, sind deutlich stärker ausgeprägt als in den stadtferneren Gebieten des 13. und 23. Bezirks.Insgesamt hat sich der Zustand der Bäume im Zeitraum von 1986 bis 1991 etwas gebessert.

Betrachtet man Teilbereiche des Wienerwaldes, dann zeigt sich, dass die Bäume im Nordteil, der deutlich stärker durch Immissionen belastet ist, in einem schlechteren Zustand sind als im Südteil. Nur die Eiche fällt hier aus der Reihe und erscheint im südlichen Wienerwald stärker belastet, was aufgrund der unterschiedlichen Bodenverhältnisse gut zu erklären ist: Eichen sind in Mitteleuropa, wo es seit den 1970er-Jahren laufend wärmer und trockener geworden ist, generell mehr und mehr unter Stress geraten. Besonders deutlich zeigt sich dies auch im Marchfeld, wo die Grundwasserabsenkung den Eichen sehr zu schaffen macht. Im südlichen Wienerwald sind die Böden über Karbonatgestein wasserdurchlässiger und somit trockener, hier leiden die Eichen daher noch mehr als in den nördlichen Teilen, wo die Böden das Wasser besser speichern können und damit feuchter sind.

Die Frage nach dem Gesundheitszustand des Wienerwaldes lässt sich wegen der unterschiedlichen Altersstrukturen, Standortbedingungen und Baumartenmischungen nicht generell beantworten. Auch die Risikoabschätzung ist schwierig, wird doch der

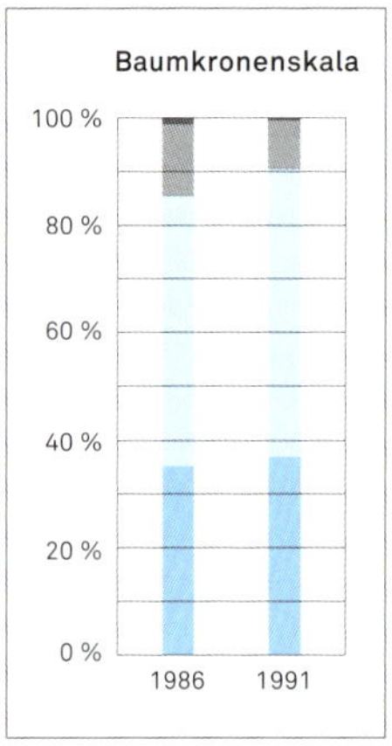

1

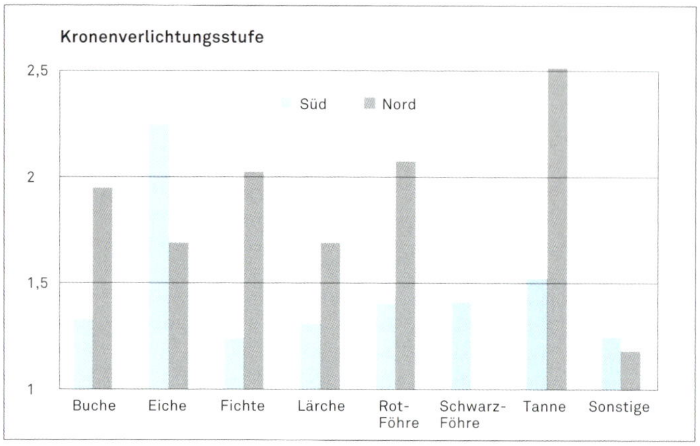

2

1 Bei der Auswertung der Luftbilder wird der Zustand der Baumkronen nach einer fünfstufigen Skala beurteilt:

- Stufe 1 „vital"
- Stufe 2 „beeinträchtigt"
- Stufe 3 „krank"
- Stufe 4 + 5 „absterbend" bzw. „tot"

Wie die Graphik zeigt, waren Anfang der 1990er-Jahre im Wiener Stadtgebiet die Bäume des Wienerwaldes zu 90 Prozent als „vital" oder zumindest nur als „beeinträchtigt" zu bezeichnen, zudem war im Verlauf der zuvor vergangenen fünf Jahre ein leichter Trend zur Verbesserung der Kronenzustände zu beobachten.

2 Durchschnittlicher Schädigungsgrad der verschiedenen Baumarten im südlichen und nördlichen Teil des Wienerwaldes (1991).

Zustand des Waldes und seine Entwicklung von Mensch und Natur bestimmt. Natürliche Belastungen wie beispielsweise Nassschnee im Frühjahr, Spätfröste, Windbruch, Windwurf, Käferkalamitäten oder ein massives Auftreten der Riemenmistel sind kaum vorhersehbar und vom Menschen nicht oder nur wenig zu beeinflussen.

Zum Schutz der Wälder gegen Luftverunreinigungen führt das Bundesamt für Wald (BFW) kontinuierlich Erhebungen des Kronenzustandes im Europäischen Beobachtungsnetz durch. Die Ergebnisse dieses österreichischen Waldschaden-Beobachtungssystems zeigen zwischen 1991 und 1997 eine Verbesserung, danach jedoch wieder eine Verschlechterung des Kronenzustandes aller Baumarten. Insgesamt lässt sich jedoch feststellen, dass der Wienerwald für einen Erholungswald im Nahebereich einer Millionenstadt in einem relativ guten Gesundheitszustand ist und eine besondere aktuelle Gefährdung der Grünen Lunge Wiens derzeit nicht ersichtlich ist.

Die Gesundheit des Waldes ist heute generell gefährdet, umso mehr ist der vergleichsweise gesunde Wienerwald zu schätzen und zu behüten. Das folgende Kapitel behandelt einen besonders behüteten Teil des Flysch-Wienerwaldes, der wegen seiner vielfältigen Funktionen (Tiergarten, Jagd-, Erholungs- und Naturschutzgebiet) allerdings auch besonderer Beachtung und Pflege bedarf. Das Bild zeigt die Kaltbründlwiese im Lainzer Tiergarten, eine standörtlich differenzierte Wiese mit mageren und nährstoffreicheren, trockenen und frischen bis feuchten Abschnitten inmitten von Eichen-Hainbuchen-Wäldern.

Lainzer Tiergarten

Vom Saugarten zum Naturschutzgebiet

„...haben wir insonderheit den großen Schaden in Erwägung gezogen, welcher dem fast allein von saurer Bearbeitung seiner Grundstücke lebenden armen Landmann, durch das mehrerer Orten hegende übermäßige Wild, vornehmlich aber das Schwarzwild zugehet, ... Verordnen wir hiermit, daß fürohin niemand, wer er immer sey, einiges Schwarzwild anders, als in verschlossenen, gegen allen Ausbruch wohl verwahrten Thiergärten, zu hegen gestattet ... werden soll."

Aus dem Patent Maria Theresias vom 25. August 1770

Einer der beiden steinernen Keiler beim Pulverstampftor, Zeugen jener Zeit, als der Lainzer Tiergarten noch der „Saugarten des Kaisers" und der Auhof das Zentrum des Lainzer Tiergartens war.

Nur etwa vier Prozent des Wienerwaldes liegen auf Wiener Stadtgebiet; rund ein Drittel davon entfällt auf den Lainzer Tiergarten. Kaum hat man ihn betreten, umfängt einen ein Stück Natur, wie man es nach 20 Minuten U-Bahnfahrt vom Zentrum einer Millionenstadt nicht erwarten würde. Auf einer Gesamtfläche von 2.450 Hektar kann man hier durch uralte Wälder und über naturnahe Wiesen wandern und dabei die vielfältige Pflanzen- und Tierwelt des Flysch-Wienerwaldes entdecken.

Seine Entstehung verdankt der Lainzer Tiergarten den für die damalige Zeit modernen Jagdgesetzen Maria Theresias und Josephs II. aus den Jahren 1770 und 1786. Während früher der ganze Westen Wiens landesfürstliches Jagdgebiet war und die bäuerliche Bevölkerung unter den hohen Wildbeständen und Übergriffen der Jäger zu leiden hatte, mussten nun alle Flurschäden aus dem Jagdbetrieb abgegolten werden. Daher war es ökonomisch günstiger, das Wild in einem abgesperrten Gebiet zu halten. Auch wurden zu dieser Zeit die bis dahin geschlossenen Jagdgebiete Prater und Augarten für die Bevölkerung geöffnet. Damit entstand ein dringender Bedarf nach einem neuen Jagdgebiet, in dem der Adel ungestört seiner Jagdlust frönen konnte.

Ursprünglich war der Lainzer Tiergarten als reiner „Saupark" gedacht, ab 1840 wurde aus dem Saupark ein Gatterrevier mit Rot-, Dam-, Muffel- und Rehwild. Die Jagden wurden in eigens dafür eingerichteten Jagdböden durchgeführt. In der Regel wurden für diese Hofjagden zuvor 200 bis 300 Sauen eingesperrt, die dann binnen zwei Stunden *„von den höchsten und hohen Schützen (15–16 an der Zahl) abgeschossen wurden"* (Archiv des k. k. Forstmeisteramts Auhof). Die Jagd war damals vor allem ein gesellschaftliches Ereignis und ihr Höhepunkt das Erlebnis der „Massenstrecke" an Schalenwild. In der ersten Betriebseinrichtung des Lainzer Tiergartens wurde 1859 festgelegt, dass sämtliche Tiergartenwälder als Hochwald im 150-jährigen Umtrieb genutzt werden sollten. Das vergleichsweise hohe Umtriebsalter wurde wegen der erst im hohen Baumalter möglichen Mastnutzung der Eicheln für das Wild festgesetzt. Diese spezielle Behandlung ist gemeinsam mit dem hohen Wildstand bis heute der Hauptgrund, warum die Wälder im Lainzer Tiergarten besonders reich an alten, markanten und oft bizarr geformten Baumriesen sind.

Mit dem Zusammenbruch der Monarchie ging der Lainzer Tiergarten an den „Kriegsgeschädigtenfonds", um *„Leistungen an die durch den Weltkrieg in ihrer Gesundheit geschädigten oder ihres Ernährers beraubten Bundesbürger zu erbringen"* (St.G.Bl. 573/1919). Damit musste er einerseits möglichst viel Ertrag abwerfen, andererseits sollten aber die sehenswerten „Naturdenkmäler" als Naturschutzgebiet erhalten werden. Zur Hebung der Einnahmen wurden der Lainzer Tiergarten und die Hermesvilla gegen Eintrittsgeld für die Wiener Bevölkerung geöffnet und um die Hermesvilla einer der schönsten und exklusivsten Golfplätze Europas angelegt.

Wilde „Siedler“ begannen im Jänner 1921 mit der Rodung der alten Eichen-Hainbuchen-Bestände, um Brennholz und Bauland zu gewinnen.

Naturschutz im Forst

Detailliert wurde der Naturschutzgedanke erstmals im Forsteinrichtungswerk von 1925 formuliert: *„Auf den Schutz der als Vogelbrutstätten dienenden Hohlbäume ist jederzeit Rücksicht zu nehmen. ... auf die besonders als Naturdenkmäler hervortretenden Altbestände [ist] tunlichst Rücksicht zu nehmen. Auf die Erhaltung der Flora [...] ist unbedingt Rücksicht zu nehmen. Edelmarder und Dachs sind tunlichst zu schonen. Der Schutz der übrigen kleinen Säugetiere ist zu wahren. Die Verfolgung der Bussarde, echten Falken, Walddrosseln, Kirschkernbeißer, grünen Finken, Würger und aller Zuzügler ist verboten. Schutz aller Kriechtiere, Lurche und wirbelloser Tiere. Schutz der in Gewässern vorkommenden heimischen Tiere, insbesonders der Krebsfauna.“*

Nach dem Ersten Weltkrieg wurden die östlichen Teile des Lainzer Tiergartens von Siedlern besetzt und in der Folge 85 Hektar parzelliert und die „Friedensstadt“ wurde errichtet.

1938 übergab der Bund den Lainzer Tiergarten an die Stadt Wien. Als Gegenleistung verpflichtete sich die Gemeinde Wien, das Gesamtbild und die Eigenart des Lainzer Tiergartens zu erhalten. Drei Jahre später erfolgte dann auf Befehl von Hermann Göring, der den Tiergarten als Jagdrevier sehr schätzte, die Erklärung zum Naturschutzgebiet. Doch in den Notzeiten nach 1945 wurde der Lainzer Tiergarten unter russischer Besatzung geplündert, großflächig abgeholzt und das Wild weitgehend ausgerottet.

Seit 1974 wird kein Eintrittsgeld mehr eingehoben, die Besucherzahlen steigen seither stetig an und liegen heute bei rund 500.000 Besuchern pro Jahr. 1998 wurde die alte, jagdorientierte Schutzgebietsverordung von 1941 durch eine zeitgemäße Neuverordnung mit den Prioritäten Naturschutz und Erholung sowie der Verpflichtung zur Erstellung von Management-Plänen ersetzt. Wegen seiner überragenden Bedeutung als Naturreservat ist der Lainzer Tiergarten Teil des europaweiten Netzwerkes von NATURA-2000-Schutzgebieten und eine der besonders geschützten Pflegezonen des 2005 von der UNESCO anerkannten Biosphärenparks Wienerwald.

Naturraum Lainzer Tiergarten

Urwald oder Menschenwerk?

Der Lainzer Tiergarten ist ein ganz besonderer, naturnaher Teil des Flysch-Wienerwaldes. Doch wenn auch die Wälder bisweilen einen solchen Eindruck erwecken mögen, so ist er doch kein ursprüngliches Urwaldgebiet, selbst das imposante Naturwaldreservat am Johannser Kogel mit seinen über 400 Jahre alten Eichen verdankt seine Entstehung menschlicher Bewirtschaftung und Pflege. Funde aus der Jungsteinzeit, der Bronzezeit sowie die Reste römischer und mittelalterlicher Siedlungen auf dem Gebiet des Lainzer Tiergartens belegen, dass er vor der Erklärung zum Jagdgebiet jahrtausendelang Teil einer vom Menschen geprägten Kulturlandschaft war.

Zerreichen-Mischwälder, Traubeneichen-Hainbuchen- und Rotbuchenwälder bestimmen das Bild des Lainzer Tiergartens. In den Eichen-Hainbuchenwäldern kommen dank der bewussten Förderung dieser Arten in der natürlichen Verjüngung

Das Schwarzwild erzeugt durch seine Wühltätigkeit das Keimbett für die Früchte der Zerr-Eichen, da diese in den Boden befördert werden. Die Eicheln können nur erfolgreich auskeimen, wenn sie im Boden vor Sonne und Frost geschützt sind.

und stellenweise durch Pflanzung auch Wildobstarten vor: Vogelkirsche *Prunus avium* subsp. *avium,* Holz-Birne *Pyrus pyraster,* Holz-Apfel *Malus sylvestris,* Elsbeere *Sorbus torminalis* und als Besonderheit auch der Speierling *Sorbus domestica.*

Die Zerr-Eiche *Quercus cerris* wurde im Lainzer Tiergarten über Jahrhunderte aktiv gefördert, da ihre großen Eicheln ein hervorragendes Wildfutter sind. Häufig ist sie hier auch auf Standorten zu finden, wo von den natürlichen Gegebenheiten her eigentlich Rot-Buchen stehen müssten. In vielen Laubmischwäldern des Tiergartens tritt die Kraut- und Strauchschicht sehr zurück, was durch den hohen Wildbestand verursacht wird.

Bemerkenswert im Lainzer Tiergarten sind auch die Schwarzerlen- und Schwarzerlen-Eschen-Wälder an den durchwegs unverbauten, natürlichen Fließgewässern wie Gütenbach und Rotwasser. Solche Bachauen sind heute aufgrund von Gewässerregulierungen europaweit nur mehr selten zu finden und zählen nach der „Flora-Fauna-Habitat-Richtlinie" (FFH-Richtlinie) der Europäischen Union zu den besonders zu schützenden Lebensräumen.

Im Lainzer Tiergarten kann man den Zerfall alter und abgestorbener Bäume besonders gut beobachten; er verläuft bei verschiedenen Baumarten sehr unterschiedlich. Eichen zerfallen langsam, über Jahrzehnte hinweg brechen Stück für Stück mächtige Äste vom Stamm und fallen zu Boden, bis nur mehr der Stamm übrig bleibt. Doch auch dieser kann bis zum Umfallen noch Jahrzehnte stehen bleiben und einen wertvollen Lebensraum für viele Vögel, Insekten und Pilze bilden. Ganz anders hingegen sterben Buchen. Infolge von Pilzbefall vermodert oft das Innere ihrer Stämme einige Meter über dem Boden, bis schließlich die Last der Baumkronen zu groß wird und die Bäume abbrechen. Die Hainbuche hingegen wird vielfach von umstürzenden Bäumen anderer Arten mit in den Tod gerissen. Nur selten werden Laubbäume mitsamt ihrem Wurzelteller vom Wind geworfen, so wie dies etwa in Fichtenmonokulturen anderer Gebiete bei Stürmen oft passiert.

Imposante Baumriesen und das reichliche Angebot an Totholz haben große Bedeutung für zahlreiche Tier- und Pilzarten. Besonders bemerkenswert ist der Eichenbestand auf dem Johannser Kogel mit seinen teilweise über 400-jährigen Eichen. Er ist Naturdenkmal, Naturwaldreservat und Kernzone des Biosphärenparks Wienerwald. Die Erhaltung dieses Juwels ist in erster Linie einem Zufall zu verdanken: Als 1849 die Schlägerung geplant war, konnten die notwendigen Mittel zur Einzäunung der nachfolgenden Verjüngungsfläche trotz mehrerer Anläufe nicht aufgebracht werden, bis schließlich die Schlägerung ganz unterlassen wurde.

Fast vergessene Kostbarkeiten unter den Bäumen: Elsbeere und Speierling

Elsbeere und Speierling waren einst zwei weitverbreitete und sehr geschätzte Obstbäume in der Kulturlandschaft des Wienerwaldes. Heute kennt sie kaum noch jemand, so sehr ist ihre wirtschaftliche Bedeutung zurückgegangen und entsprechend selten sind sie heute anzutreffen. Beide gehören zur Gattung *Sorbus* und sind mit der Vogelbeere *Sorbus aucuparia* und der Mehlbeere *Sorbus aria* verwandt.

Der Elsbeerbaum *Sorbus torminalis* heißt in Wien und Niederösterreich auch „Odlasbiabaam“, von „Adlersbeere“, was etymologisch mit „Arlesbeere“ und der ausgestorbenen bairischen Bezeichnung „Arlitze“ für diese Baumart zusammenhängt. Er fällt besonders zur Zeit der Blüte im Mai und während der Herbstverfärbung auf, die bei dieser Baumart besonders ausgeprägt ist und von gelb über intensiv rot bis rötlich-braun reichen kann. Die Blätter sind gelappt und erinnern eher an einen Ahorn als an eine *Sorbus*-Art. Im Oktober reifen die charakteristischen Früchte, die „Elsbeeren“; sie sind eineinhalb bis zwei Zentimeter groß, rund bis oval geformt, rötlich-braun und schmecken ähnlich wie Hagebutten angenehm fruchtig-säuerlich.

Der meist mittelgroße Baum kann bei günstigen Standortverhältnissen im Wald über 30 Meter hoch werden. Als frei stehender, breitkroniger Solitärbaum erreicht der Stamm mitunter eine Dicke von über einem Meter. Die Elsbeere kommt in den wärmeren Teilen Österreichs bis ungefähr 900 Meter Seehöhe zumeist einzeln oder in kleinen Gruppen in Eichen-, Eichen-Hainbuchen-, Buchen- und Schwarzföhren-Beständen vor. In Wien ist sie in vielen Teilen des Flysch- und des Kalk-Wienerwaldes verbreitet, stellenweise sogar relativ häufig.

Früher war die Elsbeere in Wien ein beliebter Obstbaum und wurde deshalb auf Wiesen und in Weingärten gepflanzt. Heute sind Solitär-Elsbeeren in Wien selten, lediglich in Mauer und im Lainzer Tiergarten gibt es einige wenige solcher Bäume in der freien Landschaft. Westlich von Wien, in der Gegend um Altlengbach, Laaben und Michelbach, findet man hingegen besonders viele Elsbeer-Solitäre in der Kulturlandschaft, ja sogar Streuobstwiesen, die sich fast ausschließlich aus Elsbeeren zusammensetzen. Aus den Früchten wird der teuerste und für Kenner beste Edelbrand Österreichs hergestellt. Gute Elsbeer-Brände zeichnen sich durch ihr unverwechselbares Mandel- und Marzipanaroma aus und werden zu Preisen von 150 Euro pro Liter verkauft. In so manchem Wiener Nobelrestaurant führen sie die Preisliste auf der Getränkekarte an. Die Herstellung des Schnapses ist mühsame Handarbeit und die Ausbeute meist bescheiden; auch tragen die Bäume in der Regel nur alle vier Jahre so viele Früchte, dass sich die Beerntung überhaupt lohnt.

Der Speierling *Sorbus domestica,* die Schwesternart der Elsbeere, ist noch seltener als diese und wahrscheinlich die seltenste Baumart in ganz Österreich. Im Wienerwald kennt man ihn unter den Namen „Arschitzenbaum“ oder „Arschützenbaum“. Auch er kann sich zu einem großen Baum entwickeln, der bei guten Wuchsbedingungen im Wald über 25 Meter hoch wird und im Freistand zu einem prächtigen weit ausladenden Solitärbaum heranwächst. Der Speierling ist relativ langlebig und kann vermutlich bis zu 350 Jahre alt werden. Der Schwerpunkt seiner Verbreitung liegt auf der Balkan-Halbinsel, in Italien und in Südfrankreich. Ob die Baumart im Wienerwald ureinheimisch ist oder erst von den Römern eingeführt wurde, ist ungeklärt. In Wien ist der Speierling sehr selten und fast immer nur einzeln auf wärmebegünstigten Standorten anzutreffen. Der zahlenmäßig größte Bestand, mit rund einem Dutzend großer, alter Bäume, findet sich im Lainzer Tiergarten, ein Vorkommen, das sehr wahrscheinlich auf die Förderung der Baumart durch den Menschen zurückzuführen ist. Man findet den Speierling aber auch in der Kulturlandschaft, wo er wie die Elsbeere als Obstbaum in Gärten, auf Streuobstwiesen und im Bereich von Weingärten kultiviert wurde.

Die Früchte, in Wien als „Arschitzen“ bekannt, wurden früher als Obst geschätzt, eine Nutzungsform, die heute fast vollstän-

Im westlichen Wienerwald in Niederösterreich ist die Elsbeere in der Kulturlandschaft gebietsweise recht häufig und wird dort auch heute noch als Obstbaum genutzt. Hier finden sich auch prächtige Solitäre, während der Baum im übrigen Europa fast ausschließlich im Wald vorkommt.

dig vergessen ist. Dabei lohnt es sich, diesen „Geschmack unserer Vorfahren" neu zu entdecken. Wenn die Arschitzen vom Baum fallen, sind sie zwar schön anzuschauen, wegen des hohen Gehalts an Bitterstoffen aber nicht genießbar. Diese werden aber innerhalb weniger Tage abgebaut und die Früchte werden weich, braun, süß und wohlschmeckend. Ähnlich wie bei den Früchten der Elsbeere wird auch aus den Arschitzen ein hervorragender Edelbrand mit unverwechselbarem Aroma hergestellt. Solche Edelbrände sind momentan gesuchte Raritäten. Die Früchte eignen sich aber auch zur Herstellung von Likör, Marmelade, Mus und Gelee. In der Volksmedizin ist ihre Wirkung gegen Magen- und Darmerkrankungen bekannt. Besonders im deutschen Bundesland Hessen werden die Früchte, wenn sie noch hart und gerbstoffreich sind, gepresst und in geringen Mengen dem Apfelmost zugesetzt. Dadurch wird der Apfelwein geklärt und seine Haltbarkeit verlängert. Solche Speierling-Apfelweine zeichnen sich durch einen herben, charakteristischen Geschmack aus.

Das Holz von Elsbeere und Speierling ist überaus wertvoll und wird gemeinsam mit dem der Birne unter dem Handelsnamen „Schweizer Birnbaum" gehandelt. Bei guter Qualität erzielt es unglaublich anmutende Preise von bis zu 10.000 Euro pro Festmeter. Es ist sehr hart, zäh und elastisch und wurde früher zur Herstellung von mechanisch stark beanspruchten Teilen, wie Spindeln von Weinpressen, Achsen und Radnaben verwendet. Heute erfreut es sich als Massiv- und Furnierholz im Möbelbau großer Beliebtheit und wird auch in der Kunsttischlerei und im Musikinstrumentenbau eingesetzt

Der materielle Wert von Elsbeere und Speierling tritt jedoch in den Wäldern Wiens zugunsten ihres ästhetischen und ökologischen Wertes in den Hintergrund. Elsbeer-Stämme werden gelegentlich noch für die Holznutzung gefällt, doch zumeist wird die Baumart geschont und viele Elsbeeren dürfen in Wiens Wäldern alt werden und zu großen Bäumen heranwachsen. Der Speierling ist heute so selten, dass bei ihm die Arterhaltung absolut im Vordergrund steht und kaum noch Bäume dieser Art gefällt werden. Seine Bestände nehmen in ganz Mitteleuropa seit Jahrzehnten ab. In Österreich dürfte es zurzeit nur noch 300 bis 500 ältere Speierlinge geben. In Wien hat man im Jahr 1994 noch 26 Exemplare gezählt (jüngere Bäume nicht inbegriffen), fünf davon sind als Naturdenkmäler ausgewiesen. Seither sind mindestens vier der 26 erfassten Bäume abgestorben oder gefällt worden, was den rasch voranschreitenden Bestandesrückgang unterstreicht. Da es im Wald praktisch zu keiner natürlichen Verjüngung kommt, würde der Arschitzenbaum ohne menschliche Förderung vermutlich innerhalb weniger Jahrzehnte in Wien ganz verschwinden.

Im seinem gesamten mitteleuropäischen Verbreitungsgebiet versucht man heute, den Speierling zu erhalten und zu fördern. In Wien und Umgebung haben sich vor allem das Forstamt der Stadt Wien, die Österreichischen Bundesforste und Forscher an der Universität für Bodenkultur Wien, am Bundesforschungs- und Ausbildungszentrum für Wald, Naturgefahren und Landschaft (BFW) und an der Höheren Bundeslehranstalt (HBLA) für Wein- und Obstbau Klosterneuburg des Arschitzenbaums angenommen. Die Vorkommen der Baumart werden dokumentiert, Früchte gesammelt und Pflanzen angezogen. In Klosterneuburg wurde 2002 eine Erhaltungsanlage mit veredelten Speierlingen begründet. Die Edelreiser wurden von großen, alten Bäumen in Wien, Niederösterreich und dem Burgenland gesammelt, wobei vor allem auch Exemplare mit obstbaulich interessanten Fruchttypen berücksichtigt wurden. Vom Wiener Forstamt und den Österreichischen Bundesforsten werden jährlich viele junge Bäume im Wienerwald gepflanzt und gepflegt. Mit all diesen Maßnahmen soll sichergestellt werden, dass auch künftige Generationen den seltensten Baum der Wiener Flora bewundern können.

Thomas Kirisits

1

2

1 In Wien ist der Speierling früher in der Kulturlandschaft sicher häufiger gewesen. Heute gibt es noch einige wenige große, uralte, prächtige Solitärbäume, die einst vermutlich mitten in Weingärten heranwuchsen, jetzt aber, nach der Aufgabe des Weinbaus, großteils in Privatgärten stehen.

2 Die Blätter des Speierlings sind gefiedert und sehen jenen der Vogelbeere zum Verwechseln ähnlich. Unverwechselbar sind hingegen die ungefähr zwei bis vier Zentimeter großen, birnen- oder apfelförmigen, oft rotbackigen Früchte, die „Arschitzen".

Leben im toten Holz

Viele Bäume in mitteleuropäischen Wäldern würden zu ehrwürdigen Methusalems heranwachsen, käme nicht meist ein früherer Tod durch die Säge des Forstwirts. Die Umtriebszeiten bewirtschafteter Wälder liegen in der Regel bei höchstens 120 Jahren. Ohne diese menschlichen Eingriffe könnten Buchen und Ahorne unter günstigen Bedingungen aber bis zu 400 Jahre alt werden, Föhren und Tannen 600, Eichen 900 und Linden sogar das biblische Alter von 1.000 Jahren erreichen. Bäume, die so alt werden, zeigen während der letzten Jahrhunderte ihrer Lebensspanne natürlich nicht mehr das jugendliche Aussehen, das sie mit 100 hatten. Blitze und Stürme gehen an ihnen nicht spurlos vorbei. Zunehmend sterben Äste und manchmal ganze Teile der Krone ab. Pilze beginnen den Stamm von innen her auszuhöhlen, bis oft nur mehr ein dünner Ring lebenden Holzes stehen bleibt. So zeigt auch ein kräftiger, lebender Baum bereits recht bald erste Zeichen eines Verfalls, wenn auch sein Tod vielleicht noch ein paar hundert Jahre auf sich warten lässt. Als abgestorbener Baum kann er dann noch viele weitere Jahre oder Jahrzehnte stehen bleiben, bis er endgültig zusammenbricht. Zahllose Pilze und Tiere, die im Totholz leben, bauen es mehr und mehr ab, bis es allmählich zu Mulm zerfällt und schließlich wieder Humus wird.

In einem naturbelassenen Urwald sind vom Keimling bis zum alten Baumriesen und vom frischen Totholz bis zum vermoderten Stamm alle Entwicklungs- und Zerfallsstadien eines Baumes gleichzeitig und nebeneinander zu finden. Das schafft die Lebensgrundlage für eine Heerschar von im Holz lebender Organismen (Xylobionten), die meist ganz spezifische Anforderungen an das Substrat stellen. Vor allem Käfer sind es, die sich auf bestimmte Zerfallsstadien spezialisiert haben. Ihre Larven entwickeln sich je nach Art im noch lebenden, im frisch abgestorbenen, im morschen oder im vermodernden Holz. Auch Baumart, Dicke des Holzes, Feuchtigkeitsgrad und die Pilzarten, die den Abbau des Holzes vorantreiben, sind entscheidend dafür, welche Tierarten sich jeweils einfinden. Verbunden mit dieser Spezialisierung sind unterschiedliche Fähigkeiten, Zellulose und Lignin zu zerlegen und als Energiequelle zu nutzen, Fähigkeiten, die erst zum Teil erforscht sind, deren Kenntnis aber nicht nur wissenschaftlich, sondern auch technologisch nützlich sein kann. So wird der Zerfall eines Baumes von einer charakteristischen Abfolge von Holzbewohnern begleitet, die hier nicht nur ihre Nahrung finden, sondern durch ihre Fraßtätigkeit auch das Substrat so weit verändern, bis es für sie selbst nicht mehr geeignet ist, dafür aber für die nächste Art optimale Bedingungen schafft. Über Jahrmillionen hat sich so eine enge Lebensgemeinschaft aus dem Wald und seiner bunten Vielfalt an Holzbewohnern herausgebildet.

Doch wo gibt es heute noch solche Wälder in Europa? Nur ganz wenige, kleine Reste sind übergeblieben, die nach wie vor

Stehendes und liegendes Eichen-Totholz im Naturwaldreservat Johannser Kogel. Waldbilder wie dieses sind heute nur mehr in wenigen Reservaten zu finden.

1

2

3

4

5

6

7

1 Der seltene, wärmeliebende Eichen-Mosaikschichtpilz *Xylobolus frustulatus* ist ein Wundparasit und auf das Kernholz von Eichen spezialisiert. Im Lainzer Tiergarten mit seinen dicken, alten, lebenden und abgestorbenen Eichen kann der Pilz relativ häufig beobachtet werden.

2 Der Leberreischling *Fistulina hepatica*, auch Leberpilz oder Ochsenzunge genannt, bildet blutrot gefärbte, an Fleisch erinnernde, zungen- oder konsolenförmige Fruchtkörper. Er wächst bevorzugt an der Basis alter, lebender Eichen, aber auch auf abgestorbenen Stämmen und Strünken. Im Lainzer Tiergarten ist er, wie auch sonst im Wienerwald, im Sommer und Herbst häufig zu finden.

3 Der Eichen-Zungenporling *Piptoporus quercinus* wurde1940 erstmals für Österreich im Lainzer Tiergarten gefunden. Er wächst an unberindeten Stellen sehr alter, dicker Eichen. Da solche Bäume immer seltener werden, wird sein Lebensraum in den Wäldern Europas zunehmend eingeschränkt.

4 Die Larven des Heldbocks *Cerambyx cerdo* leben in großen, sonnig stehenden Eichen. Einst als „Schädling" an der Eiche gefürchtet, wurde er durch „saubere" Forstwirtschaft seiner Lebensgrundlage so vollständig beraubt, dass er heute als echtes Urwaldrelikt nur mehr ganz selten zu finden ist.

5 Ein blaugrün schillerndes Juwel, das seinem Namen alle Ehre macht, ist der Eichenprachtkäfer *Eurythyrea quercus.* Die Entwicklung der Larven dauert bis zu zehn Jahre und erfolgt in abgestorbenen, dicken Eichenstämmen, die von der Sonne beschienen sein müssen. Einst in Österreich weitverbreitet, ist die Art heute, weil derartiges Totholz im Wirtschaftswald nicht geduldet wird, nur noch kleinräumig im Lainzer Tiergarten und an wenigen anderen Stellen in Österreich zu finden.

6/7 *Ampedus quadrisignatus* (6) ist ein Schnellkäfer, dessen Larven als Räuber von der seltenen Hirschkäferart *Aesalus scarabaeoides* (7) leben. Dieser benötigt am Boden liegendes, feuchtes, braunfaules Holz und erreicht nur im Lainzer Tiergarten eine ausreichend hohe Populationsdichte, die das Überleben von *Ampedus quadrisignatus* ermöglicht, überall sonst in Österreich ist jener bereits ausgestorben.

urwaldähnlichen Charakter haben. Überall sonst findet man die Wälder in bewirtschaftete Forste umgewandelt, wo in meist gleichaltrigen Beständen alle Bäume, bevor sie ein „reifes" Alter erreichen könnten, geschlägert werden. Abgestorbene Bäume werden im Sinne einer „sauberen" Forstwirtschaft sofort beseitigt. Totholz ist, wenn überhaupt, nur am Boden, in Form von abgefallenen Ästen, vorhanden. So ist eine große und mannigfaltige Gruppe von einst häufigen und weitverbreiteten Tieren, aber auch so mancher Holzfäuleerreger unter den Pilzen heute weitgehend verschwunden und findet sich in der Roten Liste der in Österreich ausgestorbenen oder gefährdeten Arten wieder.

Aus diesem Grund bildet der Johannser Kogel im Nordwesten des Lainzer Tiergartens ein Naturwaldreservat von überregionaler Bedeutung. Seine uralten Eichen und das reichlich vorhandene Totholz bilden eines der letzten Refugien für zahlreiche sogenannte Urwaldrelikte, für Arten, die nur mehr ganz vereinzelt gefunden werden können oder, wie der wunderschöne gelbe Schnellkäfer *Ampedus quadrisignatus,* österreichweit überhaupt nur noch hier vorkommen.

Mit der Errichtung des Biosphärenparks Wienerwald hat sich die Situation für diese Lebewesen deutlich verbessert. In über 5.000 Hektar ökologisch besonders wertvollen Waldbeständen, den Kernzonen, unterbleibt in Zukunft jegliche forstwirtschaftliche Nutzung, sodass sich die Natur weitgehend ohne Einfluss des Menschen entwickeln kann. Langfristig könnten sich dort für die Welt der Holzbewohner neue Oasen der Artenvielfalt in einer sonst weitgehend verarmten Landschaft herausbilden.

Roland Berger

Braunfäule – Weißfäule – Moderfäule

Bei der Art und Weise, wie Holz von Pilzen abgebaut wird, können drei Typen unterschieden werden: Braunfäule, Weißfäule und Moderfäule.

Bei der **Braunfäule** werden nur die Kohlehydrate des Holzes (Zellulose und Hemizellulosen) abgebaut. Das nicht abgebaute, braune Lignin bleibt in veränderter Form übrig, wovon sich die Bezeichnung dieses Fäuletyps ableitet. Das Holz weist Quer- und Längsrisse auf, wird mürbe, zerfällt würfelförmig und verliert rasch an Festigkeit und Gewicht. Im Endstadium der Holzzersetzung verbleibt eine braune Masse, die mühelos zwischen den Fingern zu Staub zermahlen werden kann. Dieser Fäuletyp tritt häufiger an Nadelholz als an Laubholz auf. Braunfäule wird ausschließlich von Ständerpilzen hervorgerufen. In Wien häufige Arten sind der Birkenporling *Piptoporus betulinus,* der Rotrandige Baumschwamm *Fomitopsis pinicola,* der Eichenwirrling *Daedalea quercina* und der Schwefelporling *Laetiporus sulphureus.*

Weißfäulepilze bauen Lignin ab, später oder zugleich aber auch Zellulose und Hemizellulosen. Im typischen Fall hellt sich das Holz durch den Lignin-Abbau auf und bekommt eine weißliche Farbe. Es schwindet gleichmäßig und wird faserig. Querrisse treten bei diesem Holzfäuletyp meistens nicht auf und die Festigkeit bleibt länger erhalten als bei braunfaulem Holz. Bei manchen Weißfäuleerregern zeigen sich als charakteristisches Merkmal dunkle Linien im Holz, sogenannte Zonen- oder Demarkationslinien. Sie bestehen aus braun bis schwarz pigmentierten, blasenartigen Pilzhyphen, die dichte Myzelschichten bilden. Damit grenzt sich der Fäulepilz gegen andere Pilzarten oder andere Individuen des gleichen Fäuleerregers, aber auch gegen Bereiche mit geringerer Holzfeuchtigkeit oder gegen gesundes Holz ab. Weißfäule wird vorwiegend von Ständerpilzen, aber auch von einigen Schlauchpilzen hervorgerufen. Man findet sie häufiger an Laub- als an Nadelbäumen. Beispiele für häufige Weißfäuleerreger sind *Hallimasch Armillaria* spp., Zunderschwamm *Fomes fomentarius,* Eichen-Feuerschwamm *Phellinus robustus,* Trameten und die Kohlenbeere *Hypoxylon fragiforme.*

Der dritte Fäuletyp, die **Moderfäule,** ist vor allem dadurch charakterisiert, dass bevorzugt ein Teil der verholzten Zellwand, die sogenannte Sekundärzellwand, angegriffen wird. Von Moderfäule betroffenes Holz fühlt sich meist weich und feucht-schmierig an und ist grau bis schwarz gefärbt. Wie bei der Braunfäule treten im trockenen Zustand Querrisse auf und es werden vorwiegend Zellulose und Hemizellulosen abgebaut. Moderfäule tritt häufig unter feuchten Bedingungen an Lagerholz oder verbautem Holz auf, sie kommt aber auch an lebenden Bäumen vor und ist etwa an der „natürlichen Astreinigung“ bei Bäumen stark beteiligt. Dabei bewirkt sie das Vermorschen von absterbenden und toten Ästen und beschleunigt so deren Abbrechen. Dieser Fäuletyp wird etwa vom Brandkrustenpilz *Kretzschmaria deusta* und vom Leberreischling *Fistulina hepatica* hervorgerufen.

Thomas Kirisits

Braunfäule

Weißfäule

Viele seltene Tierarten

Die vielen Altbäume im Lainzer Tiergarten bieten Höhlenbrütern optimale Bedingungen, allen voran den Spechten, die durch ihre „Zimmererarbeit“ auch für andere Höhlenbrüter Nistplätze schaffen. Sehr versteckt lebt der krähengroße Schwarzspecht *Dryocopus martius,* dessen markanter, lauter Flugruf „krrü krrü krrü…“ jedoch vielen Menschen bekannt ist. Er ist so kräftig, dass er seine geräumigen Bruthöhlen sogar in das harte Holz lebender Buchenstämme schlagen kann. In den Folgejahren ziehen in diese Höhlen dann gerne Hohltauben *Columba oenas* als „Nachmieter“ ein.

Aus der Gattung der Buntspechte kommen im Lainzer Tiergarten vier Arten vor: der bis in die Innenstadt verbreitete Große Buntspecht *Dendrocopos major,* der etwa meisengroße Kleinspecht *Dendrocopos minor* und die beiden, auf den ersten Blick vom Großen Buntspecht gar nicht einfach zu unterscheidenden Arten Mittelspecht *Dendrocopos medius* und Weißrückenspecht *Dendrocopos leucotos.* Der Mittelspecht hat im Lainzer Tiergarten eines seiner bedeutendsten Vorkommen in ganz Österreich. Der sehr seltene Weißrückenspecht gilt als anspruchsvoller „Urwaldbewohner“. Während diese vier Arten ihre Nahrung vorwiegend an Stämmen und Ästen suchen, jagen Grau- und Grünspecht *Picus canus* und *Picus viridis* hauptsächlich Ameisen am Boden

Die Wasserfledermaus *Myotis daubentonii* fängt Insekten knapp über der Wasseroberfläche fliegend. Im Lainzer Tiergarten findet man sie am Hohenauer Teich, am Roten Wasser und am Grünauer Teich. Ihre Wochenstuben hat sie in alten, hohlen Bäumen.

und in Bodennähe, der Grünspecht sogar mit Vorliebe auf Wiesen. Unter den „Nachmietern" der kleineren Spechtarten sind im Lainzer Tiergarten Zwergschnäpper *Ficedula parva* und Halsbandschnäpper *Ficedula albicollis* relativ häufig, die im hohen Blätterdach des Waldes im Flug Jagd auf Insekten machen.

Die großen, vielfältigen und durch Freizeitnutzung relativ wenig beeinträchtigten Waldgebiete im Lainzer Tiergarten könnten aufgrund ihrer Lebensraumqualität vielleicht bald auch vom Zwergadler wiederbesiedelt oder vom Schwarzstorch neu besiedelt werden, wie einzelne Sichtungen hoffen lassen. Bekannt ist der Lainzer Tiergarten auch für seine Fledermäuse. Von den 28 aus Österreich bekannten Arten kommen 15 im Lainzer Tiergarten vor. Fledermäuse beziehen ihr Quartier entweder in Felshöhlen und allenfalls auch in Dachböden oder in hohlen Bäumen und Spechthöhlen. Ab April bis Mai bringen die Weibchen in sogenannten Wochenstuben die Jungen zur Welt und ziehen sie auf. Die Kleine Hufeisennase *Rhinolophus hipposideros* hat eine ihrer Wochenstuben im Dachboden der Hermesvilla eingerichtet, wo sich jedes Jahr Hunderte Muttertiere einfinden.

Im Naturschutzgebiet Lainzer Tiergarten werden im Rahmen des Management-Plans die Auswirkungen des Wildbestands auf die Vegetation regelmäßig kontrolliert und die Abschussquoten entsprechend festgelegt.

Traditionsgemäß wird im Lainzer Tiergarten, einem der ältesten Wildtierparks Europas, ein artenreicher Wildbestand gehalten: Derzeit leben hier etwa 500 Wildschweine *Sus scrofa,* die in guten Jahren bis zu 1.000 Junge bekommen können. Auf einer Wanderung durch den Lainzer Tiergarten bekommt man daher dieses sogenannte Schwarzwild relativ oft zu sehen. Das sehr intelligente Wildschwein ist die Stammform unserer Hausschweinerassen und wie diese ein Allesfresser. Rothirsche *Cervus elaphus* sind eher scheue Waldbewohner und man bekommt sie kaum zu Gesicht – im Gegensatz zu dem im Lainzer Tiergarten angesiedelten, teilweise recht zutraulichen Damwild *Dama dama,* das von Besuchern oft mit dem Rotwild verwechselt wird. Das Rotwild ist – nicht nur im Lainzer Tiergarten – forstlich problematisch, weil es die Angewohnheit hat, lebende Baumstämme zu schälen und ihre Rinde zu fressen. Mufflons *Ovis aries musimon* sind die wildlebende Stammform aller Hausschafe. In Mitteleuropa waren sie bereits ausgestorben, als sie Kaiser Maximilian II. 1566 aus ihren Rückzugsgebieten in Sardinien und Korsika wieder auf das Festland, genauer nach Österreich in den Park von Schloss Neugebäude (heute Teil des Wiener Zentralfriedhofs) bringen ließ. Der Mufflonbestand im Lainzer Tiergarten geht auf diese Tiere zurück, deren Nachkommen Prinz Eugen im Belvedere hielt und die später nach Schönbrunn und schließlich in den Lainzer Tiergarten verlegt wurden.

Der Frühlingsmistkäfer gräbt den Kot von Wildtieren als Nahrung für seine Larven ein und beschleunigt so dessen Zersetzung.

Eine Tiergruppe profitiert ganz besonders vom hohen Wildbestand im Lainzer Tiergarten: Mistkäfer, die den Kot der zahlreichen Wildtiere aufarbeiten, haben hier ein reiches Betätigungsfeld. Den metallisch blau glänzenden Frühlingsmistkäfer *Geotrupes vernalis* und seine schwarzen Verwandten findet man von Mai bis Ende September im ganzen Tiergarten sehr häufig behäbig krabbelnd, aber auch zertreten oder überfahren auf Wegen und Forststraßen. Betrachtet man diese interessanten Tiere aus der Nähe, sind ihre kräftigen Grabbeine gut zu erkennen, mit denen sie Dung als Nahrung für ihre Brut im Boden vergraben. Fast immer findet man kleine, hellbraune „Punkte" auf der Unterseite oder den Beinen der Mistkäfer, es sind die Larven der Käfermilbe *Parasitus coleoptratus.* Anders als ihr Name vermuten ließe, sind sie keine Parasiten, sondern benutzen die Käfer nur als „Taxi" zum nächsten Kothaufen, wo sie fressen und sich dann zu geschlechtsreifen Tieren entwickeln.

Bei näherer Untersuchung von Wildlosung fällt eine Fülle kleiner und kleinster, oft ganz verschieden gefärbter Mistkäfer auf, die zumeist den Gattungen *Onthophagus* und *Aphodius* angehören. Viele dieser Arten sind auf bestimmte „Herkunft", Alter, Feuchtigkeit oder Konsistenz des Kotes spezialisiert. Die Männchen von *Onthophagus taurus* haben charakteristische, stierähnliche Kopfhörner, die sie für den Territorialkampf verwenden.

Eine ganz große Besonderheit des Lainzer Tiergartens ist das Vorkommen parasitischer Pflanzenwespen aus der Familie *Orussidae.* Die Larven fast aller Pflanzenwespen ernähren sich von pflanzlicher Kost. Die überaus seltene Art *Orussus abietinus* hingegen parasitiert vor allem die Larven großer Prachtkäfer. Im Lainzer Tiergarten wurde die Art an toten Eichenästen beobachtet, die vom Eichenprachtkäfer *Eurythyrea quercus* (→ Bild S. 323) bewohnt waren. Noch seltener ist die kleine Art *Orussus unicolor,* welche in Österreich nur im Lainzer Tiergarten und in der Wildgrube am Fuße des Kahlenberges gefunden wurde. Ihre Biologie ist nahezu unerforscht.

Bunte Wiesen und Gewässer

Pfeifengraswiese mit Sibirischer Schwertlilie im Lainzer Tiergarten

Neben den im Lainzer Tiergarten flächenmäßig und optisch dominierenden Wäldern finden sich hier auch zahlreiche ausgedehnte **Wiesen.** Da sie weniger oder gar nicht gedüngt werden und standörtlich sehr unterschiedlich sind, hat sich hier eine außergewöhnliche Vielfalt an teils sehr seltenen Pflanzengesellschaften erhalten können. Unter den Magerwiesen sind bunte, blühende Trespen-Halbtrockenrasen mit Frühlings-Himmelschlüssel *Primula veris,* Weiß-Fingerkraut *Potentilla alba,* Karthäuser-Nelke *Dianthus carthusianorum,* verschiedenen Orchideen wie *Orchis* spp., *Anacamptis* spp. und *Dactylorhiza* spp. und vielen anderen Arten hervorzuheben. Auch die unterschiedlichen Fettwiesen sind artenreich. Häufige Feucht- und Nasswiesengesellschaften sind Pfeifengras-Streuwiesen mit dem selten gewordenen Lungen-Enzian *Gentiana pneumonanthe* und der Sibirischen Schwertlilie *Iris sibirica.*

Floristische Besonderheiten finden sich auf kleinen bodensauren Heidewiesen. Im Gegensatz zu vielen Wiesen des übrigen Wienerwaldes, die seit Jahrzehnten trockengelegt sind und mit Kunstdünger oder Spritzmitteln behandelt wurden, blieben hier einige solche naturnahe Magerwiesen mit hohem Naturschutzwert erhalten. Seltenheiten sind etwa Frühlings-Enzian *Gentiana verna,* Kreuz-Enzian *Gentiana cruciata* und Österreich-Kranzenzian *Gentianella austriaca,* die sonst in tieferen Lagen infolge der landwirtschaftlichen Intensivierung heute fast überall verschwunden sind und daher fast nur noch im Gebirge vorkommen.

Durch die Weide- und Wühltätigkeit des zahlreichen Wildes leiden zwar einerseits die Fettwiesen sowie die Verjüngung der Wälder und ihre Krautschicht. Andererseits sind auf einigen von den Wildschweinen stark beanspruchten Wiesen, wie etwa auf der

Die Gelbbauchunke bevorzugt zum Ablaichen kleine, seichte, gut besonnte Tümpel und Lacken mit Bodenschlamm. Charakteristisch ist die auffällig gelbe Fleckung der Unterseite, die beim Abwehrverhalten eine bedeutende Rolle spielt. Bei Bedrohung nehmen die Tiere eine kahnförmige Stellung ein und präsentieren die bunt gefärbten Bereiche.

Der Galizische Sumpfkrebs hat seinen Verbreitungsschwerpunkt in Osteuropa, die Westgrenze liegt im Wiener Raum. Er wurde bereits vor 200 Jahren zum Besatz von Teichen verwendet. Im Wiener Raum ist daher oft nicht zweifelsfrei feststellbar, ob die Vorkommen natürlich sind oder durch Besatz entstanden, wie hier im Grünauer Teich.

Grünauer Teichwiese und der kleinen Bischofwiese, dadurch offene, durch den Tierkot extrem nährstoffreiche Böden entstanden, auf denen keine einzige Wiesenpflanze mehr existieren kann. Doch – man möchte es kaum glauben – die Flora hält selbst für solche Stellen Spezialisten bereit: Dazu zählen etwa die ihrem deutschen Namen nach hierher passende Stink-Hundskamille *Anthemis cotula,* der auch als Giftpflanze berühmte Stechapfel *Datura stramonium,* Feuchtacker-Groß-Wegerich *Plantago major subsp. intermedia,* Kleines Tausendguldenkraut *Centaurium pulchellum* sowie der heute sehr seltene Dorf-Gänsefuß *Chenopodium urbicum.* Einstmals, als es im Pannonicum noch Großvieh gab, profitierten diese Arten davon, dass sich die abends von der Weide heimkehrenden Tiere auf der Dorfstraße erleichterten, bevor sie in ihre Ställe zurückfanden, und waren im Wiener Raum noch weit verbreitet. Heute sind sie allesamt durch die Modernisierung der Landwirtschaft und die „Vereinheitlichung“ der Wiesen mittels Kunstdünger und Gülle sehr selten geworden. Glücklicherweise ist die Wühltätigkeit der Wildschweine auf den Wiesen fast ausschließlich auf die Fettwiesen beschränkt, sodass die botanisch interessanten Feucht- und Magerwiesen verschont bleiben.

Arten, die in Wien ausschließlich im Lainzer Tiergarten vorkommen, sind Braun-Segge *Carex nigra,* Geißraute *Galega officinalis* – eine verwilderte und eingebürgerte ehemalige Arzneipflanze-, Mauer-Gipskraut *Gypsophila muralis,* Rasen-Simse *Juncus bulbosus,* Sumpfquendel *Peplis portula,* Schwarz-Knopfried *Schoenus nigricans,* Jacquin-Greiskraut *Senecio germanicus subsp. germanicus,* Acker-Spörgel *Spergula arvensis* und Akelei-Wiesenraute *Thalictrum aquilegiifolium.* Von den österreichweit stark gefährdeten und vom Aussterben bedrohten Pflanzen haben Kleinling *Centunculus minimus,* Eiblatt-Tännelkraut *Kickxia spuria,* Gras-Platterbse *Lathyrus nissolia* und Ysop-Blutweiderich *Lythrum hyssopifolia* hier, in diesem großen Wild- und Naturpark, ihren Verbreitungsschwerpunkt in Wien. Und dies gerade wegen der Einflüsse, die durch den hohen Wildbestand gegeben sind, und natürlich auch aufgrund der extensiven Bewirtschaftung.

Im Lainzer Tiergarten gibt es eine Vielfalt an **Gewässern**. In Kleinstwasserbiotopen wie Quellwiesen, Waldbächen, Waldtümpeln, Bombentrichtern und Wagenspuren hat sich hier eine der größten Populationen Österreichs der Gelbbauchunken *Bombina variegata* erhalten. Diese europaweit gefährdete Amphibienart nimmt bei Bedrohung die sogenannte Kahnstellung ein, das heißt sie liegt kreuzhohl, die Beine angezogen (aber nicht auf dem Rücken, wie oft in der älteren Literatur behauptet) und präsentiert zur Abschreckung die kontrastreich gefärbten Unterseiten der Beine und Ränder des Bauches. Die gelb-schwarze Fleckung heißt „Ich bin giftig!“ und dies wird von potenziellen Räubern auch sofort verstanden. Selbst das Schwarzwild, das sonst Kleintiere aller Art bis hin zu jungen Feldhasen und Rehkitzen jagt und verzehrt, respektiert das.

Im Gegensatz zu den naturnahen Bächen, in denen bemerkenswerte Bestände von Elritzen *Phoxinus phoxinus* und Koppen *Cotto gobius* vorkommen, sind die zwei großen Stillgewässer im Lainzer Tiergarten künstlichen Ursprungs: Der Hohenauer Teich diente einst der Wasserversorgung des Schönbrunner Parks, heute reguliert er den Wasserstand des Lainzerbaches. Wegen seiner Nähe zum Lainzer Tor und der riesigen, leicht zu beobachtenden Karpfen ist er ein Anziehungspunkt für die zahlreichen Besucher des Hermesvilla-Parks. Der Grünauer Teich wurde zur Wasserversorgung des Wildes in trockenen Sommermonaten errichtet, er lieferte im 19. Jahrhundert auch Eis für die Hütteldorfer Brauerei. Heute ist er naturnah gestaltet und beheimatet Biber und Galizischen Sumpfkrebs. In den letzten Jahren siedelten sich auch Graugänse *Anser anser* an und Graureiher *Ardea cinerea* und Silberreiher *Egretta alba* finden sich gelegentlich als Besucher ein.

Inhalt

10

Luise Schratt-Ehrendorfer

Donau und Auenlandschaft
Ein Lebensraum voller Gegensätze

Die vielfältigen Grüntöne der artenreichen Verlandungsvegetation und des Auwaldes sind Ausdruck der mannigfaltigen Standorttypen am Übergang vom Altwasser zum höhergelegenen Auniveau (Mühlleitner Furt, vgl. → S. 339–341).

Die Donauauen – Nationalpark in der Stadt

Als Ende des 19. Jahrhunderts die Flussregulierung des Donaustroms weitgehend abgeschlossen war, die Donau nunmehr näher an der Stadt floss, und die Stadt damit an den Fluss rückte, widmete ihr Johann Strauß den Walzer, der schließlich zur heimlichen Hymne Wiens wurde. Ein Biologe mag die melancholischen Passagen des Donauwalzers als Abgesang auf die ausgedehnten Überschwemmungsgebiete und die unwiederbringlich zerstörte Insellandschaft empfinden, und dennoch: trotz der großen und tiefgreifenden Veränderungen ist heute nirgends in Europa der Lebensraumtyp „mitteleuropäische Tieflands-Auen" so gut und charakteristisch erhalten wie in den Donauauen zwischen Wien und der Staatsgrenze im Osten. Die vielfältigen Lebensgemeinschaften beherbergen noch immer eine große Zahl von zum Teil sehr seltenen und gefährdeten Pflanzen und Tieren. Die Lobau im Südosten von Wien ist daher zu Recht Teil des Nationalparks Donau-Auen und immer mehr Wiener wissen, dass sich ein Besuch der Auen lohnt, und das nicht nur zur Zeit der Schneeglöckchenblüte.

Die Donau als Landschaftsgestalterin

Nachdem die Donau, aus dem Tullner Feld kommend, die Wiener Pforte zwischen Leopoldsberg und Bisamberg passiert hatte, nahm ihre Strömungsgeschwindigkeit vor der Donauregulierung aufgrund des geringeren Gefälles im Wiener Becken ab. Dadurch verringerte sich ihre Schleppkraft und ein Teil der Schotterfracht wurde abgelagert. Der Fluss spaltete sich in zahlreiche Arme auf. In dem weitläufigen Inselsystem wurden bei sommerlichen Hochwassern und winterlichen Eisstößen die großen Schottermassen regelmäßig umgelagert, sodass die Donau und ihre Seitenarme immer wieder in neue Betten gedrängt wurden. Ihr Überschwemmungsgebiet erreichte im Bereich der Lobau mit fünf Kilometern Breite die größte Ausdehnung auf der österreichischen Fließstrecke. Mit den frisch abgelagerten Schotterbänken entstanden laufend vegetationsfreie Pionierstandorte. Viele pflanzliche und tierische Spezialisten, die diese dynamischen Lebensräume nutzten, haben mit der Donauregulierung ihre Lebensgrundlage verloren und sind heute im Wiener Raum selten geworden oder ausgestorben.

Seit dem Ende der letzten Eiszeit hat sich die Donau mit ihrem weit verzweigten Auensystem in die unterste der eiszeitlichen Schotterterrassen eingeschnitten. Diese jüngste Eintiefung erfolgte in der erdgeschichtlich überaus kurzen Periode der letzten 10.000 Jahre. Die Praterterrasse liegt daher, durch eine niedere Geländestufe vom heutigen Auengebiet getrennt, nur rund acht Meter über dem Flussniveau und war bis zur Donauregulierung regelmäßig von Hochwassern betroffen.

Während der Hafen des römischen Militärlagers Vindobona noch am Hauptstrom lag, floss im frühen Mittelalter nur mehr ein Seitenarm der Donau entlang der Innenstadt. Dieser „Wiener Arm" entspricht teilweise dem heutigen Donaukanal. Noch in der Neuzeit verlagerte sich der Donau-Hauptarm mehrfach von der Innenstadt weg.

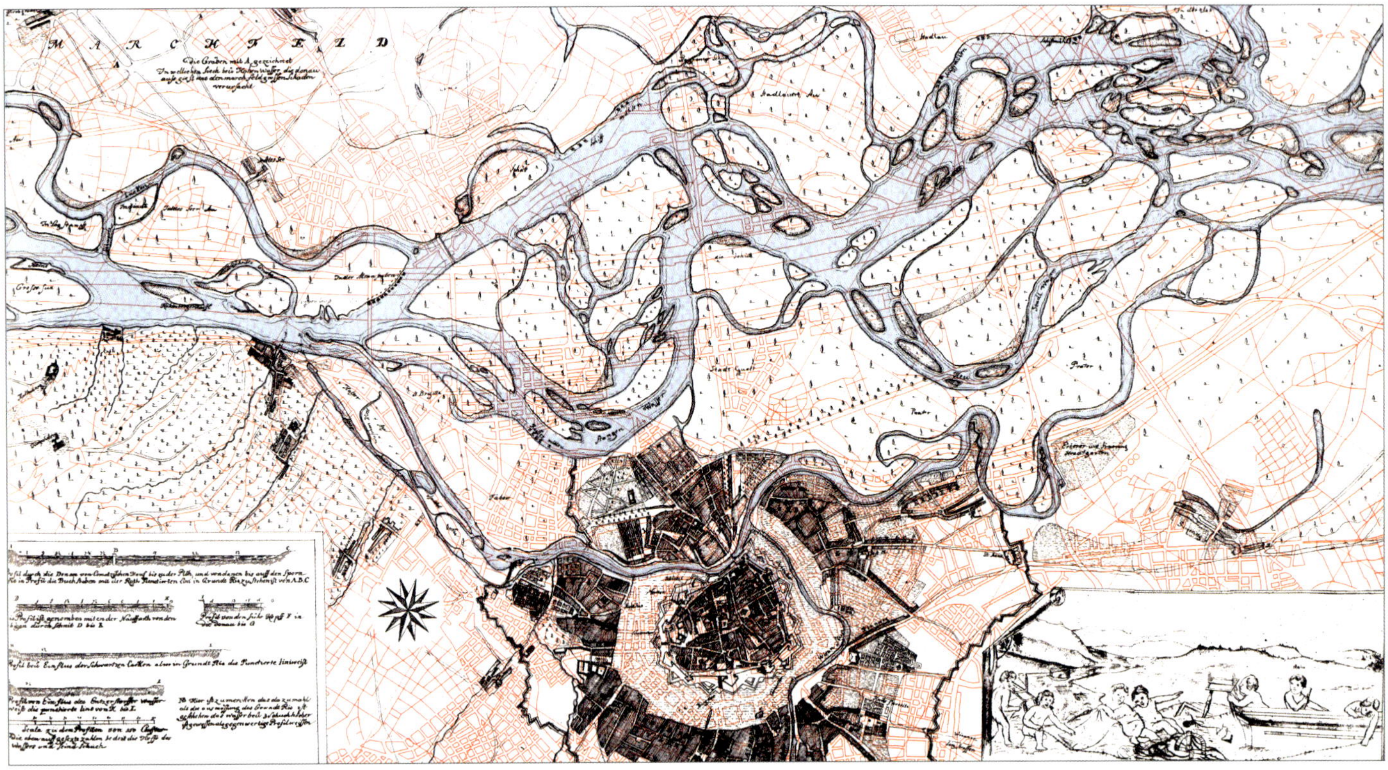

„MAPPA Des Donau Stroms Sambt denen von selben ausgehenden Armen Und darinen befindlichen Haüffen wie auch der Tieffen dises Stroms...“ Darstellung von Joseph Haas (1752) basierend auf einer Bestandsaufnahme von Vincenzo Coronelli (vermutlich aus dem Jahr 1715). Als Folge der Donauregulierung sind die ehemals zahlreichen natürlichen Inseln im Raum von Wien heute vollständig verschwunden.

Die Alte Donau ist der Rest des ehemaligen Hauptbettes, das sich der Fluss Anfang des 18. Jahrhunderts schuf. Außerhalb der Lobau finden sich heute naturnahe Reste ehemaliger Donaugewässer nur mehr im Prater. Sie werden seit der Donauregulierung ausschließlich durch Grundwasser gespeist und verfügen im Gegensatz zum Donaukanal noch über eine naturnahe Verlandungsvegetation.

Die Donau bei Wien: ein Gebirgsfluss im Mittellauf (→ Tabelle S. 333)

Die beiden Quellflüsse der Donau entspringen im Schwarzwald und damit in einem Mittelgebirge. Dennoch hat die Donau im Raum von Wien nach ihren hydrologischen Kenndaten den Charakter eines Gebirgsflusses. Dafür ist der Inn verantwortlich, der bei Passau in die Donau mündet, und dem die Donau ihr „Temperament“ verdankt. Dieser wichtigste Donauzubringer oberhalb von Wien zeigt ein nivales Abflussregime: Im Winter, wenn das Wasser in den Alpen als Schnee und Eis gespeichert ist, führt er Niederwasser. Im Frühsommer bewirkt die Schneeschmelze ein Ansteigen der Wasserführung, was beim Zusammentreffen mit hohen Niederschlägen Hochwasser auslösen kann.

Ein Fluss wird gezähmt: die Donauregulierung und ihre Folgen

Nach verheerenden Hochwassern in den Jahren 1830 und 1862 wurde die Donau durch einen Durchstich zwischen Nussdorf und Albern in einem einzigen, fast vollständig neu geschaffenen Bett zusammengefasst. Der Hubertusdamm, der Wiener Abschnitt des Marchfeldschutzdammes, trennte nun die Donau von ihrem ehemaligen Hauptlauf. Im Jahr 1886 waren die Regulierungsarbeiten so weit vorangeschritten, dass der letzte Seitenarm die Verbindung zum Strom verloren hatte. Die abgedämmten Altwässer und einstigen Inseln waren nun nicht mehr dem direkten Einfluss des Stromes durch Überschwemmungen, Erosion und Ablagerungen ungehindert ausgesetzt, der frei überschwemmbare Bereich zwischen offenem Strom und Damm war auf ein maximal 400 bis 450 Meter breites Band eingeengt worden. Schon vier Jahre

Die Donau bei Wien – einige hydrologische Kenngrößen

Länge, zurückgelegt bis Wien:	ca. 921 km
Fließstrecke in Österreich:	350,5 km
Gesamtlänge bei der Mündung ins Schwarze Meer:	etwa 2.850 km (Quelle umstritten, Mündung veränderlich)
Breite in Wien:	ca. 300 m
Tiefe:	In Wien wegen Stau des Kraftwerks Freudenau nicht aussagekräftig. In den frei fließenden Strecken, Wachau und Donau östlich von Wien, variiert die Tiefe zwischen etwa 2,0 bis 2,5 m bei Niederwasser, 4 m bei Mittelwasser und 7,5 bis 11 m bei Hochwasser. In den Kolkbereichen und den gestauten Abschnitten ist die Tiefe entsprechend größer.
Einzugsgebiet bis Wien:	101.731 km² am Pegel Reichsbrücke
Wasserspiegelgefälle:	gemittelt über den gesamten österreichischen Abschnitt ca. 0,45 Promille (= 45 cm pro km)
Mittlere Fließgeschwindigkeit:	von ca. 1 m/s bei Niederwasser bis ca. 3,5 m/s bei Hochwasser in den freien Fließstrecken. In den Staubereichen vor allem bei niedrigem Durchfluss natürlich auch geringere Fließgeschwindigkeiten.
Niederwasserführung:	von 680 m³/s in OÖ bis 910 m³/s in Wien
Mittelwasserführung:	von 1.430 m³/s in OÖ bis 1.915 m³/s in Wien
Hochwasserführung:	Durchflüsse für das 100-jährliche Hochwasser: Linz: 8.530 m³/s Wachau: 11.170 m³/s Wien: 10.400 m³/s Für ein mittleres jährliches Hochwasser liegen die Werte zwischen ca. 4.200 m³/s in OÖ und ca. 5.700 m³/s in NÖ und Wien.
Höchster, je beobachteter Abfluss (August 1501):	geschätzt ca. 14.000 m³/s
Verhältnis von Niederwasser zu Mittelwasser zu jährlichem Hochwasser:	1 : 2 : 6,3
Schwankungsbreite seit 1951 zwischen Niedrigstwasser und „sehr starkem Hochwasser" beim Pegel Reichsbrücke:	ca. 1 : 20 (504 m³/s Niedrigstwasser im Jänner 1954 und 10.200 m³/s Hochwasser im August 2002)

Quelle: via donau – Österreichische Wasserstraßen-Gesellschaft m. b. H.

später durchbrach ein Hochwasser den Schutzdamm bei Schönau in Niederösterreich. Mit dem „Schönauer Schlitz" wurde daraufhin eine Öffnung im Hubertusdamm angebracht, sodass nun rückstauende Hochwasser über das Kühwörther Wasser und Mittelwasser bis zum Schwarzen Loch und zum Eberschüttwasser vordringen können. Das hatte zwei wichtige biologische Konsequenzen: Die Untere Lobau gewann in bescheidenem Maße wieder etwas von ihrer ursprünglichen Hochwasserdynamik zurück und viele Organismen konnten nun wieder zwischen dem offenen Strom und den abgedämmten Altwässern wandern.

Weil sich nach der Regulierung der Donaulauf verkürzte, konnte der Strom schneller abfließen. Damit entleerte sich der Schotterkörper und der mittlere Grundwasserspiegel sank. Viele Bereiche der Au fielen dadurch trocken und Arten, die auf Feuchtstandorte spezialisiert sind, wurden durch Generalisten oder sogar durch Spezialisten trockener Lebensräume abgelöst. In den heute großteils abgedämmten Auen ist die Dynamik im Wesentlichen auf Schwankungen des Grundwassers reduziert.

Blick über die Donau, über das ehemalige Überschwemmungsgebiet, Kaisermühlen und die Alte Donau nach Nordwesten: Das Überschwemmungsgebiet wurde weitgehend gehölzfrei gehalten, um ein rasches Abfließen der Hochwasser zu ermöglichen.

Wenn die Donau Hochwasser führt, kann das Grundwasser in Geländesenken oder Flutmulden und ehemaligen Gerinnen als Seihwasser an die Oberfläche treten. Anstieg und Abfall des Grundwasserpegels erfolgen jedoch mit einer zeitlichen Verzögerung, die umso größer ausfällt, je weiter die Entfernung zum Strom ist.

Das Grundwasser wird beim Sickern durch Schotter und Sand so weit gereinigt, dass es in der Unteren Lobau sogar als Trinkwasser gewonnen werden kann. Für die Nährstoffbilanz der Gewässer ist entscheidend, ob ihre Versorgung über nährstoffarmes und sedimentfreies Grundwasserfiltrat erfolgt oder mit Donauwasser, das bei Hochwasser über den „Schönauer Schlitz“ einströmt und stark nährstoff- und sedimentbeladen ist.

Ende des 20. Jahrhunderts wurde schließlich das sogenannte Überschwemmungsgebiet, ein knapp 400 Meter breiter Wiesenstreifen entlang des linken Donauufers, zur Neuen Donau und der 21 Kilometer langen Donauinsel umgestaltet. Das Kraftwerk Freudenau im Südosten von Wien wurde 1998 fertiggestellt. Durch den Stau sollte auch der Grundwasserpegel steigen. Ob die vorhergesagten Änderungen und damit ein positiver Effekt auf die Vegetation des Unteren Praters wirklich eintreffen werden (→ Kasten S. 335), bleibt vorerst abzuwarten. Auf die stromabwärts gelegenen, naturnahen Aubereiche im Nationalpark Lobau haben die beiden Bauten nur verhältnismäßig geringe Auswirkungen.

Wegen der flussaufwärts gelegenen Kraftwerke bleibt heute der Geschiebenachschub aus und die Donau tieft sich laufend ein. Um diesen Prozess und die damit verbundene weitere Grundwasserabsenkung zu stoppen, versucht man, die Donausohle durch Zugabe von grobem Schotter zu stabilisieren (Kolmatierung).

Es wurde erwogen, abgedämmte Bereiche der Lobau durch einen teilweisen Rückbau des Hubertusdamms wieder mit der Donau zu vernetzen. Aus ökologischer Sicht

Der Prater – ein Stück Auwald im Wandel

Im Ostteil des Praters, dem sogenannten Grünen Prater, sind noch rund 300 Hektar ehemaliger Auwald in unmittelbarer Nachbarschaft zum verbauten Stadtgebiet erhalten, wenn auch durch Verkehrswege und vielerlei Bauten zerschnitten. Das ehemalige kaiserliche Jagdgebiet wurde 1766 von Josef II. für die Bevölkerung geöffnet. 1875 schnitt die Donauregulierung das Areal von Überschwemmungen ab und trennte die Seitenarme vom Strom, der Auwaldcharakter ging großteils verloren. Schon 1832 war der Donaukanal reguliert worden; letzte Reste des alten Laufes sind im Lusthauswasser und im Mauthnerwasser erhalten. Trotz der Grundwasserabsenkung blieben gewaltige Schwarz- und Silber-Pappeln erhalten, die aber heute aus Altersgründen allmählich absterben. Der Prater ist dadurch reich an Totholz. Die liegenden oder noch stehenden Stämme abgestorbener Bäume werden zwar von manchem Besucher als unordentlich empfunden, sie sind aber von großem ökologischen Wert für Spechte und andere Vögel und für holzbewohnende Insekten. Besonders bemerkenswert ist ein kleiner Bestand von starken Feld-Ulmen, wie man sie sonst wegen des Ulmensterbens in Österreich nirgends mehr findet. Da der Prater nie forstlich bewirtschaftet wurde – heute ist das Stadtgartenamt für die Betreuung zuständig – fehlen die sonst in den Donauauen so verbreiteten Hybridpappeln. Doch wurden zahlreiche fremdländische Gehölzarten eingebracht, wie Rosskastanie, Gleditschie, Robinie und Götterbaum sowie einige Rot-Buchen, die in den Auen sonst nicht vorkommen.

Nur ein ganz schmaler Streifen entlang des Lusthaus- und Mauthnerwassers besitzt noch die Merkmale einer Weichholzau. Ansonsten werden die Reste der Pappelbestände durch verschiedene Ahorn-Arten und Esche unterwandert und nach und nach ersetzt. Dabei ist nur der Feld-Ahorn im Gebiet heimisch, Berg- und wohl auch Spitz-Ahorn wurden künstlich eingebracht, vermehren sich aber aufgrund ihrer reichen Samenproduktion kräftig. Sie beschatten den Boden stark, weshalb es, aus Lichtmangel am Boden, kaum zu einer Verstrauchung kommt, wie sie sonst für die Auen typisch ist, wenn Altbestände absterben. Auch die Krautschicht ist dadurch artenarm, wohl aber auch deshalb, weil Erholungsuchende durch Betritt, Nährstoffanreicherung und die Entnahme von Pflanzen der Bodenflora stark zusetzen. Das sonst so häufige Schneeglöckchen etwa dürfte bis auf einige Reste den Blumenpflückern und Pflanzengräbern zum Opfer gefallen sein.

Der Stau des Donau-Kraftwerks Freudenau hat die Möglichkeit eröffnet, durch ein ausgeklügeltes System von Entnahme- und Schluckbrunnen den Grundwasserstand im Prater zu heben und dabei teilweise wieder die für die Au typischen Schwankungen zu erzeugen. Aus Rücksicht auf die vielen Bauten und deren Fundamente sind der Grundwasserhebung allerdings enge Grenzen gesetzt. Auch Überschwemmungen können nicht wieder zugelassen werden. Eine annähernd natürliche Auendynamik ist daher nicht mehr herstellbar; lediglich die Vitalität der Auwaldbestände kann verbessert und der Wasserstand in den Altwässern gehoben werden. Manche Ökologen fordern, durch forstliche Maßnahmen im Prater wieder Bestände von Weichholzauen zu begründen. Da die heutigen Standortbedingungen aber einer solchen Auwald-Pioniergesellschaft nicht mehr entsprechen, erscheint es wohl sinnvoller, zwar die alten Aubäume so lange wie möglich zu erhalten, sonst aber die Entwicklung zu einem Eschen- und Ahornreichen Niederungswald zu akzeptieren.

Kurt Zukrigl

Ahorn-Arten und die Gewöhnliche Esche sind heute die prägenden Waldbäume im Prater. Die knorrigen, überalterten Baumriesen der ehemaligen Weichholzau brechen hingegen mehr und mehr zusammen.

Der Wiener Prater, einst ein Jagdgebiet am Rande Wiens mit intakter Auendynamik, ist heute fest im Griff der Stadt.

sind solche Dynamisierungsvorhaben in Hinblick auf verschiedene Pflanzen- und Tiergruppen sehr unterschiedlich zu bewerten. Das Dilemma lässt sich am Beispiel der Fische und der Wasserpflanzen illustrieren. Beide gehören zu den am meisten gefährdeten Organismengruppen. Die am stärksten bedrohten Donaufische benötigen für ihre Entwicklung eine gute Vernetzung der Altarme mit dem Strom, sie ertragen auch die hohen Nährstoffgehalte der Donau, ohne geschädigt zu werden. Viele Wasserpflanzen hingegen reagieren sehr empfindlich auf die hohen Nährstoffgehalte des Donauwassers, das heute gegenüber früher ein Vielfaches von Stickstoff- und Phosphorverbindungen enthält.

Schüttel, Haufen, Werder: Landschaftsrelief und Vegetation der Donauauen

Große Stromtäler sind weite Talebenen, die sich meist durch ein lebhaftes Kleinrelief auszeichnen. Auch wenn die Niveauunterschiede höchstens einige Meter betragen, so haben sie doch eine große Auswirkung auf die Ausbildung der Vegetation, die oft schon empfindlich auf wenige Zentimeter Höhendifferenz reagiert. Tief gelegene, nasse Überschwemmungsbereiche wechseln mit hoch gelegenen, überaus trockenen Standorten, die sehr treffend als „Heißländen" bezeichnet werden. In den Donauauen kann man mit etwas Gespür für die Landschaft auch heute noch Schotter- und Sandbänke erkennen, die die Donau in der Zeit vor ihrer Regulierung bis zu einer Höhe von etwa 1,5 Metern über Mittelwasser abgelagert hat. Wegen ihrer Entstehungsgeschichte werden sie Schüttel (von „anschütten" der Grobsedimente) oder wegen ihrer scheinbar regellosen Form „Haufen" genannt. So entstanden etwa der Mitterhaufen mit tropfenförmigem Grundriss als Schotterinsel in der Strommitte und der Ländhaufen als sichelförmige Aufschüttung am Gleitufer einer Strombiegung. Verlandete Gerinne werden als „Grund" und alte Inseln als „Werder" bezeichnet.

Ablagerungen, die mehr als einen halben Meter über das Mittelwasser ragen, werden rasch von Pflanzen besiedelt. Bei hohen Wasserständen verringert sich an ihnen die Strömungsgeschwindigkeit und vor allem feinkörnige Sedimente fallen aus. Eine weitere Erhöhung und mit Voranschreiten der Bodenbildung eine zunehmende Besiedlung durch Pflanzen sind die Folge. Offene, vegetationsfreie Pionierstandorte über Schotter-, Sand- und Siltablagerungen können nur bei intakter Flussdynamik entstehen. Sie gehören daher heute an der Donau, wie mit wenigen Ausnahmen auch weltweit, zu den gefährdetsten Lebensraumtypen überhaupt. Nur mehr selten bilden Sedimente neue Anlandungen, an denen pflanzliche und tierische Pionierarten die Besiedlung mit sogenannten Anfangsgesellschaften einleiten. Mit fortschreitender Bodenbildung werden die Pioniergemeinschaften zunächst von Folge- und schließ-

Die Zusammensetzung und Verteilung der Vegetation an einem bestimmten Auenstandort ist abhängig von der Lage über dem Mittelwasser, von der mittleren Überflutungsdauer, vom Abstand zum Grundwasserspiegel und vom Relief und Reifungsgrad des Bodens. Die Tabelle zeigt, wie eine Änderung dieser abiotischen Faktoren mit der Entwicklung von einer Anfangs- über die Folge- zur Endgesellschaft einhergeht.

	Anfangs-(= Pionier-) gesellschaft	Folgegesellschaft	Endgesellschaft
Lage	am strömenden Wasser	im Allgemeinen noch innerhalb der Seitenarme	im Allgemeinen außerhalb der landseitigen Altarme
Überschwemmung	regelmäßig, ungehindert	weniger oft, Abschirmung durch Uferwälle	episodisch, alle paar Jahre
Grundwasserspiegel-schwankung	sehr stark	dem Strom in Zeit und Höhe nachhinkend	gering
Boden	Roh-Auboden	brauner Auboden mit Humushorizont	„gereifte" braune Auböden mit gut ausgebildetem Humushorizont
Alter	bis ca. 100 Jahre	500–1.000 Jahre	über 1.000 Jahre

Außer im Strombett der Donau gibt es heute in den Wiener Donauauen fast nirgends mehr vegetationsfreie Schotterablagerungen. Wenn sich wo noch kleine Schotterflächen finden, sind sie fast immer mit Feinsediment überzogen, was eine schlechtere Durchlüftung der Au-Rohböden bewirkt.

lich von Endgesellschaften, in der Regel von Auwäldern, abgelöst. Die Donau bezieht ihr Geschiebe aus Silikat- und Kalkgebieten. Die Auböden enthalten so viel Kalk, dass die Flora der Donauauen von kalkzeigenden Arten geprägt ist.

Die Donau – eine bedeutende Wanderroute

Die Donau, eine der wichtigsten West-Ost-Achsen Europas, wird seit Urzeiten als Verkehrsweg genutzt. Aber schon lange vor den ersten Menschen wählten Tiere und Pflanzen diese Wanderroute für ihrer Ausbreitung. Zwischen den Quellflüssen im Schwarzwald und der Mündung ins Schwarze Meer nimmt der Wiener Raum entlang des Flusslaufes eine besondere ökogeographische Position ein. Viele alpine Arten, wie die Lavendel-Weide *Salix eleagnos,* leben hier auf einem nach Osten vorgeschobenen außeralpinen Vorposten. Andererseits besitzen östlich verbreitete Arten im Raum von Wien ihr westlichstes Vorkommen, wie der Wolga-Zander *Sander volgensis.* Vielfache Störungen entlang des Stromes haben die Wanderroute heute für viele Arten unbrauchbar gemacht So können zum Beispiel wegen der Kraftwerksbauten verschiedene Stör-Arten auf ihren Laichzügen vom Schwarzen Meer aus nicht mehr die obere Donau ereichen. Für andere Arten, wie den Seeadler *Haliaeetus albicilla,* hofft man, im Nationalpark Donauauen wieder ganzjährig geeignete Bedingungen schaffen zu können, indem Ruhezonen eingerichtet werden. Während der imposante Greifvogel, der an die Auen gebunden ist, in den östlichen Nachbarstaaten erfolgreich brütet, lebt er in den österreichischen Donauauen zur Zeit nur als Wintergast.

Das weißblühende Busch-Windröschen besiedelt in den Alpen Standorte bis etwa 2.000 Meter Seehöhe, in den Donauauen unterhalb von Wien klingen die Vorkommen mit sehr kleinen Populationen aus. Das wärmebedürftigere Gelbe Windröschen hingegen bildet in den Hartholzauen vielfach ausgedehnte Bestände.

1

2

3

4

Alpenkammmolch (1) und Donaukammmolch (2) unterscheiden sich geringfügig in Körpergröße und Färbung, in der Länge der Extremitäten sowie der Anzahl rippentragender Wirbel. Erschwerend für eine richtige Bestimmung kommt hinzu, dass die beiden Kammmolcharten an ihrer Arealgrenze im Wiener Raum durch Hybridpopulationen miteinander verbunden sind. Der zierlichere Donaukammmolch siedelt in Österreich vor allem in Gebieten bis etwa 200 Meter Seehöhe. Der Alpenkammmolch hat seine Hauptvorkommen zwischen 200 und 600 Meter Seehöhe, einzelne Populationen konnten aber sogar noch auf 1.480 Meter Seehöhe nachgewiesen werden.

Polygonatum multiflorum/P. latifolium. Auf die kleinen Unterschiede kommt es an! Wie die beiden Kammmolche (oben) sehen auch die beiden Weißwurz-Arten auf den ersten Blick sehr ähnlich aus. Die Blütenhülle der Wald-Weißwurz (3) ist aber „tailliert", das heißt über dem Fruchtknoten zusammengezogen, und die Pflanze ist kahl. Dagegen ist die Blütenhülle der Auen-Weißwurz (4) nicht zusammengezogen und weist vor allem auf den Blattunterseiten eine sehr feine, kurze Behaarung auf, die mit freiem Auge nur schwer zu erkennen ist.

Der Artenreichtum der Wiener Donauauen beruht zu einem Gutteil darauf, dass Arten kühlerer Lagen mit Arten aus wärmeren, meist südöstlichen Gebieten, zusammentreffen. Beispiele dafür sind die Artenpaare Wald- und Auen-Weißwurz *Polygonatum multiflorum* und *P. latifolium* sowie Busch-Windröschen *Anemone nemorosa* und Gelbes Windröschen *A. ranunculoides.* Aus dem Tierreich sind Alpenkammmolch *Triturus carnifex* und der in Donau- und Theißebene pannonisch verbreitete Donaukammmolch *T. dobrogicus* zu nennen.

In keinem naturnah erhaltenen mitteleuropäischen Lebensraum findet sich eine größere Zahl von Neubürgern, also Arten, die erst seit jüngerer Zeit bei uns vorkommen, als in Auen. Diese Neuzuzügler nutzen die günstigen Wanderungsmöglichkeiten entlang von Flüssen und sind heute oft besser an die geänderten Umweltbedingungen angepasst als die meisten heimischen Arten.

Beeinflussung der Au durch den Menschen

Während die stadtnah gelegenen Reste der Donauauen sehr stark verändert wurden, bewahrte sich die Lobau einen wesentlich naturnäheren Zustand. Teile der Oberen Lobau werden zwar heute als Siedlungsgebiet, als Standort des Ölhafens Lobau, als Äcker oder anderweitig genutzt. Zwischen Panozzalacke und Fuchshäufel oder etwa im Gewässerbogen des Oberleitner Wassers und Großenzersdorfer Arms haben sich aber biologisch äußerst wertvolle Augebiete bis heute erhalten. Südöstlich des künstlich geschaffenen zweiten Beckens des Donau-Oder-Kanals schließt die Untere Lobau an, die bei Schönau bis auf niederösterreichisches Gebiet reicht. Obwohl auch sie durch den Marchfeldschutzdamm vom Strom weitgehend abgedämmt ist, stellt sie wegen der großen Vielfalt unterschiedlicher Lebensräume ein Kleinod der österreichischen Donauauen dar.

Die Lebensräume der Au

Standortvielfalt auf engem Raum

Abhängig vom Geländeniveau liegen Nass- und Trockenstandorte in den Auen oft sehr nahe beieinander. Das belegt der folgende Transekt durch die Mühlleitner Furt. Die folgende Doppelseite zeigt einen Nord-Süd verlaufenden Transekt durch die Mühlleitner Furt, der die Mannigfaltigkeit der Auenvegetation in Abhängigkeit von der Lage über der Wasserlinie veranschaulicht. Führt die Donau Hochwasser, strömt über den Schönauer Schlitz das Wasser in die Altarme der Lobau. Das Kühwörther Wasser ist dann mit der Donau verbunden und das rückstauende Hochwasser reicht bis zur Mühlleitner Furt. Die Wasserstandslinie in der Transekt-Zeichnung entspricht einem Pegelstand der Donau bei Orth von etwas mehr als vier Metern (einjähriges Hochwasser, HQ_1). Dies geschah bisher im langjährigen Schnitt an 18 Tagen im Jahr. Wenn der Donaustrom den höchsten schiffbaren Wasserstand (HSW) aufweist, das entspricht einem Pegel in Orth von knapp sechs Metern, ist beinahe der gesamte Querschnitt des Transektes von Böschung zu Böschung, vom Hochufer bis zur Auwaldstufe überflutet. Nach dem Umbau der Wehranlage in der Gänsehaufentraverse kann seit dem Jahr 2002 die Ein- und Ausströmdynamik der Augewässer variabel gesteuert werden. Damit sollte es möglich sein, die Wassergüte in den Altwässern zu verbessern und eine auentypischere Dynamik der Wasserstände zuzulassen. Der umliegende Auwald bleibt allerdings zu einem großen Teil weiterhin abgedämmt und wird erst bei Starkhochwassern (ab dem fünfjährlichen Hochwasser, HQ_5) überflutet.

Die Mühlleitner Furt liegt in der Unteren Lobau zwischen dem Mittelwasser und dem Kühwörther Wasser. Sie ist ein seichter Abschnitt im großen, heute abgedämmten Gewässerzug, der vor der Donauregulierung die Hauptabflussrinne des Flusssystems bildete. Die weiße Linie markiert den auf der folgenden Seite dargestellten Transekt (A–B) durch die Mühlleitner Furt.

Transekt durch die Mühlleitner Furt in der Unteren Lobau mit schematischer, überhöhter Darstellung der Vegetation

Werner Lazowski / Matthias Mann

Ehemaliges Hochufer der Donau (Böschung)	Nebenarm (ehemalige Tiefenrinne)	Insel	Verlandungszone Mühlleitner Furt (Kühwörther Wasser)	
frisch	nass	feucht		wechselnass
Brauner Auboden	Saprobel (randlich zeitweise trocken-fallende Schlammböden)			
Frische Harte Au	Seebinsen-, Igelkolbenröhricht und Tannenwedelflur	Purpurweidenau	Schilfröhricht	Seebinsenröhricht
Zweistämmige, mehrgipfelige Schwarz-Pappel am Wegrand	In Gemeinschaft mit unter-getauchten Makrophyten (z. B. Hornkraut)	Nördlicher Bereich der Insel etwas tiefer gelegen und häufiger überflutet		Lockerer Bestand innerhalb des Seggenriedes
Hochwasser-Anschlaglinie		Zeitweise überfluteter Standort, Bei HW1 überschwemmt	Ständig überfluteter Standort	
Schwarz-Pappel Auen-Brombeere Aufrechtes Glaskraut Eingriffel-Weißdorn Europ. Pfaffenkäppchen Flatter-Ulme Gewöhnliche Esche Gewöhnliche Waldrebe Gewöhnlicher Schneeball Giersch Haselnuss Judenkirsche Liguster Robinie Roter Hartriegel Scharbockskraut Schwarzer Holunder Stiel-Eiche Traubenkirsche Walnuss	Ästiger Igelkolben (RL) Blasen-Segge (RL) Blutweiderich Braunes Zypergras (RL) Echtes Pfeilkraut (RL) Lanzettblättriger Froschlöffel (RL) Quirl-Tausendblatt (RL) Rauhes Hornblatt Schilf Schwanenblume (RL) Schwimmendes Laichkraut Seebinse Steife Segge Tannenwedel (RL) Wasserknöterich Wasser-Minze Wasser-Schwertlilie Wasser-Sumpfkresse Wurzelnde Waldbinse (RL)	Auen-Brombeere Blutweiderich *Campylium polygamum* (RL) Faulbaum Gewöhnlicher Schneeball Gilbweiderich Kamm-Segge (RL) Kamm-Segge (RL) Knoblauch-Gamander (RL) Kriechender Hahnenfuß Kriechendes Fingerkraut Lanzettliches Reitgras (RL) Purpurweide Rohrglanzgras Schilf Steife Segge Sumpf-Helmkraut Ufersegge (RL) Verlängertes Labkraut Wasser-Minze Wasser-Schwertlilie Weidenblättriger Alant (RL) Weißes Straußgras Wildbirne	Ähren-Tausendblatt Blutweiderich Breitblatt-Rohrkolben Fluß-Ampfer Gewöhnlicher Wasserschlauch (RL) Grosses Nixenkraut Rauhes Hornblatt Schilf Seebinse Spreizender Hahnenfuß Wasserknöterich Wasser-Sumpfkresse Echtes Pfeilkraut (RL) Flutendes Sternlebermoos (RL) Froschbiss (RL) Glänzendes Laichkraut (RL)	Steife Segge Armleuchteralgen (RL) Blasen-Segge (RL) Blutweiderich Echtes Pfeilkraut (RL) Froschbiß (RL) Gelbe Teichrose (RL) Gewöhnlicher Froschlöffel Gewöhnlicher Wasserschlauch (RL) Glänzendes Laichkraut (RL) Glieder-Simse Großer Hahnenfuß (RL) Schild-Ehrenpreis (RL) Schwanenblume (RL) Seebinse Tannenwedel (RL) Verlängertes Labkraut Wasserknöterich Wasser-Minze Wasser-Schwertlilie

Das Geländerelief im Bereich der Mühlleitner Furt wurde durch die Donau geformt. Eine breite, tief gelegene, jährlich überflutete Flachuferzone mit Verlandungsgesellschaften und Purpurweidenau kontrastiert mit hoch aufgeschütteten Schotter- und Sandstandorten, die alte Inselkerne darstellen und als Heißländen eine ausgeprägte Trockenvegetation tragen. Diese Vielfalt der Lebensbedingungen bildet die Basis für eine große Artenmannigfaltigkeit. Tatsächlich repräsentiert der dargestellte Transekt einen Höhepunkt der Biodiversität in Wien! So wurden dort auf einer Strecke von nur etwas mehr als 400 Metern über 200 Farn- und Blütenpflanzen festgestellt. 32 davon scheinen in der „Roten Liste gefährdeter Arten Österreichs“ (RL) auf. Dies untermauert die Bedeutung der Lobau für die Erhaltung gefährdeter Arten, sowohl für Pflanzen wie für Tiere (HSW, HQ_1 → S. 339).

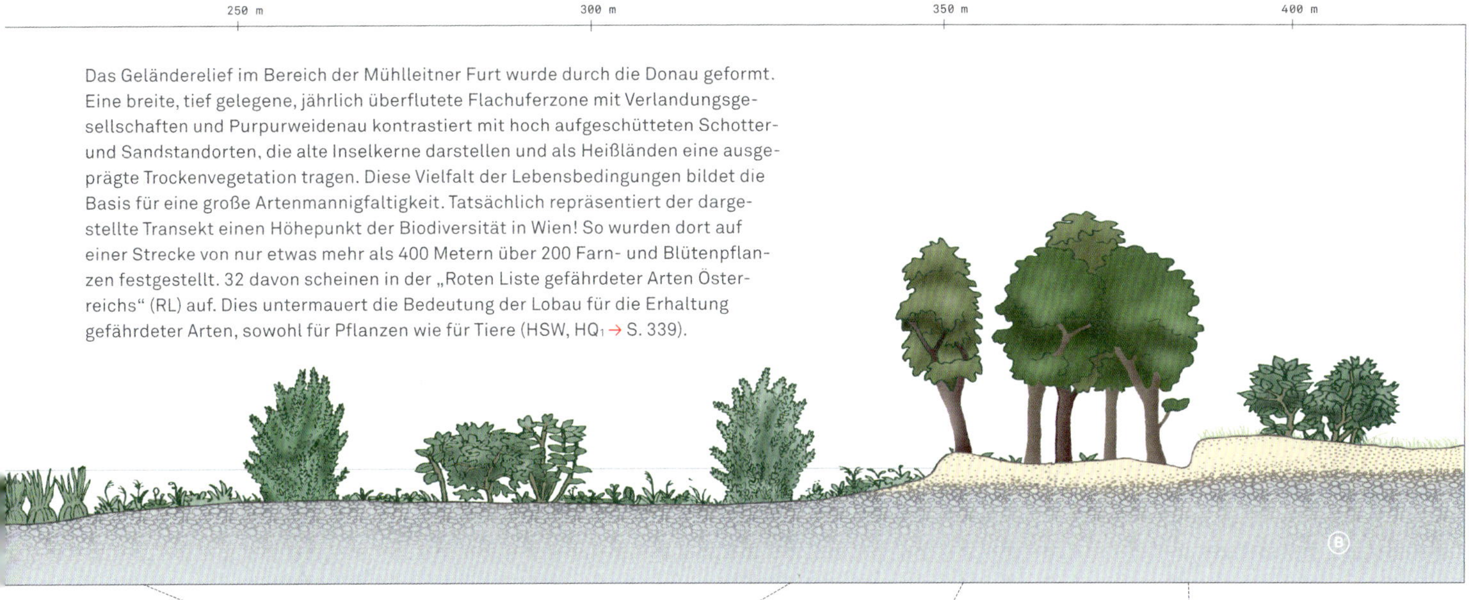

	Ehemaliges Gleitufer der Donau	(ehemaliger) Uferwall mit Böschung	Auwaldstufe	Heißlände
	wechselfeucht	trocken	feucht – wechseltrocken	trocken
Mineralischer Untergrund des ehemaligen Flußbettes, nur gering mit Schlamm bedeckt (Saprobel)	Rendzina-artiger A-C-Boden (Oberboden flachgründig und humos, Untergrund Kies, hoher Skelettanteil)		Grauer Auboden: Sand (Fein- und Mittelsand), Kieseinschlüsse, keine Rosthäutchen, Untergrund: Kies (Schotter)	Pararendzina: Oberboden humos (0–15 cm), darunter Sand, ab 50 cm Kies
Steifseggenried	Purpurweidenau	Schwarzpappel-Heißlände	Pappelau	Auen-Trockenrasen und Auen-Trockenbusch
Sockelhöhe der Bultseggen: 25–65 cm	Azonale Dauergesellschaft	Lockerer Schwarzpappelbestand, im Gebüsch stockend	Mit Übergängen zu feuchteren Standorten (Feuchte Weißdornau)	Auf gleichem Standort miteinander verzahnte, Sukzessionsstadien bildend
Zeitweise trockenfallender Standort, Au-Niedermoor	Vom HW1 (Donau) erreicht und bei HSW vollständig überschwemmt	Böschung bildet Hochwasser-Anschlaglinie (HW1-HW2)		
Steife Segge Blutweiderich Gemeines Sumpfried (RL) Gewöhnlicher Wasserschlauch (RL) Gilbweiderich Glieder-Simse Lanzettblättriger Froschlöffel (RL) Lanzettliches Reitgras (RL) Nadel-Sumpfried (RL) Rohrglanzgras Salz-Bunge (RL) Verlängertes Labkraut	Eingriffel-Weißdorn Faulbaum Feld-Ulme Filzige Segge Kriech-Straußgras Liguster Purpurweide Roter Hartriegel Stiel-Eiche Sumpf-Labkraut Sumpf-Löwenzahn (RL) Weidenblättriger Alant (RL) Weinrose Wildbirne **Zeiger für trockenere Standorte** Gewöhnlicher Kreuzdorn Echtes Labkraut Filzige Segge (RL) Furchen-Schwingel Gewöhnliche Rasenschmiele Gewöhnliches Rispengras Hügel-Schafgarbe Kleine Bibernelle Land-Reitgras Sand-Veilchen Weidenblättriger Alant Wiesen-Flockenblume Wiesen-Leuenzahn	Berberitze Echter Steinsame Eingriffel-Weißdorn Europ. Pfaffenkäppchen Feld-Ulme Gewöhnlicher Kreuzdorn Hecken-Veilchen Herbstzeitlose Hunds-Rose Kornelkirsche Liguster Maiglöckchen Nickendes Perlgras Raues Veilchen Roter Hartriegel Sanddorn Schlehdorn Schwarz-Pappel (RL) Stiel-Eiche Wolliger Schneeball	Auen-Brombeere Behaarte Segge Gemeiner Beinwell Gewöhnliche Rasenschmiele Giersch Glanz-Wiesenraute (RL) Land-Reitgras Liguster Riesen-Goldrute Rohrglanzgras Roter Hartriegel Schwarz-Pappel (RL) Ufer-Segge (RL) Wald-Zwenke Weiß-Pappel Steinbrech-Felsennelke Sternhaariges Fingerkraut Stiel-Eiche Träubelhyazinthe Wolliger Schneeball Zypressen-Wolfsmilch **Gebüschsaum** Feld-Mannstreu Glatthafer Kleine Bibernelle Ruten-Schöterich Tüpfel-Johanniskraut Zittergras	Auen-Weißwurz Aufrechte Trespe Berberitze Echter Gamander Efeu Eingriffel-Weißdorn Europ. Pfaffenkäppchen Furchen-Schwingel Gewöhnliche Heckenkirsche Gewöhnliche Waldrebe Gewöhnlicher Kreuzdorn Glanz-Segge (RL) Grauscheidiges Federgras Hecken-Veilchen Helm-Knabenkraut Hunds-Rose Kleiner Wiesenknopf Kleines Knabenkraut Kleines Knabenkraut (RL) Kornelkirsche Langblatt-Golddistel (RL) Liguster Maiglöckchen Mehlige Königskerze Roter Hartriegel Schopfige Kreuzblume Schweizer Moosfarn (RL) Seidenhaar-Backenklee Sonnenröschen Spargelklee (RL)

Leben im Strom

Strömungsgeschwindigkeit, Gewässertiefe, Wasserstandsschwankungen im Jahreslauf, Lichtangebot und chemische Beschaffenheit bestimmen als wesentliche Faktoren den Artenbestand der verschiedenen Augewässer. Während die lichtabhängigen Wasserpflanzen an die Oberflächengewässer gebunden sind, treten im Porensystem des Grundwassers neben Bakterien sogar Kleinsttiere auf, die zusammen mit den hydrologischen Aspekten des Donaugrundwassers im Kapitel „Grundwasser" (→ S. 110) besprochen werden.

Aquatische Lebensräume verändern sich rascher als terrestrische Standorte. Dies liegt vor allem daran, dass wasserlösliche Nährstoffe und Verschmutzungen sehr schnell und massiv die Lebensbedingungen für Organismen verändern können. Darüber hinaus bieten die verbindenden Wasserläufe für viele Organismen besonders gute Wandermöglichkeiten und fördern damit die Veränderung und Vereinheitlichung von Fauna und Flora. Dieser erst relativ „junge" Artenwandel wurde für den nördlichen Oberrhein in Deutschland quantitativ untersucht. Dort hat sich gezeigt, dass 15 Prozent der Arten, aber 70 Prozent der Individuen der größeren Tiere am Gewässerboden Neozoen sind! Nun haben gerade in aquatischen Ökosystemen Neobiota (→ S. 183) häufig gravierende Auswirkungen auf die Nahrungsnetze und Stoffkreisläufe und wirken vereinheitlichend auf die Zusammensetzung der Lebensgemeinschaften. Noch könnten Renaturierungsmaßnahmen und die Verminderung von Nährstoff- und Schadstoffeinträgen viele negative Entwicklungen wieder umkehren oder zumindest mildern. Denn zum Glück sind bis heute erst relativ wenige Arten der bodenständigen Flora und Fauna der Donau bei Wien tatsächlich völlig verschwunden. Im Folgenden soll als Leitmotiv für die exemplarische Besprechung ausgewählter Lebewesen des Donaustroms und seiner Altwässer der rasante Artenwandel, der mit vielen interessanten biologischen Aspekten verknüpft ist, im Vordergrund stehen.

Plankton: pflanzliche und tierische Kleinlebewesen im Strom

In Fließgewässern können sich nur Lebensraumspezialisten behaupten, die an die herrschende Strömung angepasst sind. Sogar im Boden wurzelnde Blütenpflanzen ertragen die hohe Strömungsgeschwindigkeit der Donau bei Wien nicht. Umso erstaunlicher ist es, dass man bei Planktonzügen mit feinstmaschigen Nylonnetzen zahlreiche frei im Donauwasser schwebende pflanzliche und tierische Kleinlebewesen nachweisen kann. Diese ein- bis vielzelligen, meist mit freiem Auge nicht sichtbaren Organismen sind aber in der Regel nicht spezielle Fließwasserformen, wie sie in ruhigeren Unterläufen von Flüssen auftreten. Sie werden vielmehr aus den Altwässern, aus ruhigeren Buchten oder von Ufersteinen in den Strom gespült und dann passiv vom Wasserkörper flussabwärts getragen.

Das pflanzliche Plankton in der Donau setzt sich aus rund 700 Arten zusammen, die je nach Jahreszeit unterschiedlich häufig sind. Kieselalgen dominieren mit etwa 70 Prozent nicht nur arten-, sondern auch mengenmäßig. Mit ihren harten Kieselschalen sind sie besonders gut an die mechanische Beanspruchung durch das strömende Wasser angepasst. In der warmen Jahreszeit zeigt ein größerer Anteil von Grünalgen und Blaualgen im Plankton ein erhöhtes Nährstoffangebot an, oft kombiniert mit niedrigem Sauerstoffgehalt. Ihren Namen haben die Blaualgen übrigens von ihren photosynthetisch wirksamen Farbstoffen, die bei ihnen meist blaugrün gefärbt sind. Im Gegensatz zu den höher entwickelten Algen haben die Blaualgen keinen echten Zellkern und werden daher im System der Organismen als Cyanobakterien zu den Bakterien gestellt. Sie waren vor etwa drei Milliarden Jahren für die Ausbildung der Sauerstoffatmosphäre der Erde maßgeblich.

Im tierischen Plankton dominieren neben weiteren Kleintieren vor allem einzellige Wimpertierchen (Pantoffeltierchen und Glockentierchen) sowie die ebenfalls vielgestaltigen Rädertierchen und Kleinkrebse. Mengenmäßig ist das Zooplankton überall dem pflanzlichen Plankton weit unterlegen.

Schneller Faunenwandel

In den letzten Jahrzehnten hat sich die Zusammensetzung des Donauplanktons sehr stark verändert, in einigen Organismengruppen sogar mehrfach innerhalb weniger Jahrzehnte. Neue Arten lösten als Zuwanderer die bisherigen Hauptvertreter in der Dominanz ab und wirkten modifizierend auf die Nahrungsnetze und Stoffkreisläufe. Verantwortlich für diese nach wie vor ablaufenden Veränderungen sind vor allem die Nährstoffanreicherung, die auch zu einem Anstieg des Salzgehalts des Donauwassers führt, und die veränderte Bodenstruktur. Wanderungen gegen die Fließrichtung der Donau erfolgen nicht allein durch aktive Fortbewegung, vor allem über lange Distanzen spielt die Verschleppung durch den Schiffsverkehr eine wichtige Rolle. Arten, die ehemals nur in brackischen Gewässern des Donaudeltas vorkamen, überwinden seit der Öffnung des Rhein-Main-Donau-Kanals im Jahr 1992 sogar die europäische Wasserscheide, über die heute in beide Richtungen eine Wanderung und anthropogene Ausbreitung von aquatischen Organismen möglich ist.

Gut belegt ist die Einwanderungsgeschichte von Flohkrebsen aus den Familien der *Gammaridae* und *Corophiidae*. Arten dieser Süßwasserkrebse, die ehemals im Gebiet des Schwarzen und Kaspischen Meeres ihre Hauptverbreitung hatten, finden sich heute auch in der österreichischen Donau. Der Süßwasser-Röhrenflohkrebs *Chelicorophium curvispinum* wurde hier erstmals bereits Anfang des 20. Jahrhunderts beobachtet. Er bewohnt selbstgebaute Schlammröhren und verändert bei hohen Individuenzahlen durch die Bildung von Schlammüberzügen auf dem steinigen Untergrund seinen Lebensraum. Wie die meisten Neozoen besiedelt er nährstoffreiche Habitate, hat eine hohe Fortpflanzungsrate und nutzt ein weites Nahrungsspektrum.

1

2

1 Der Schlickkrebs oder Süßwasser-Röhrenflohkrebs bewohnt Steine und andere feste Substrate. Die kleinen Krebse bauen darauf ihre Wohnröhren mit Partikeln, die sie mit ihren großen Antennen aus dem Wasser fischen. Diese Wohnröhren können einen durchgehenden filzigen Belag bilden, der andere Tiere wie Muscheln und Schnecken, die ebenfalls auf Steinen leben, ausschließt oder erstickt.

2 Der Große Höckerflohkrebs hat vom Donaudelta ausgehend bisher vor allem größere Wasserstraßen und kürzlich auch den Bodensee erobert.

Die heimischen wie auch die zugewanderten Flohkrebs-Arten stellen neben Insektenlarven eine der wichtigsten Nahrungsquellen für Fische dar. Der Große Höckerflohkrebs *Dikerogammarus villosus*, ein jung zugewandertes Neozoon, das erst seit den frühen 1990er-Jahren in der Donau bei Wien vorkommt, ist jedoch wegen seiner Körpergröße von bis zu 30 Millimetern für Jungfische nicht nutzbar. Mit seinen starken Mundwerkzeugen ist er ein bedrohlicher Nahrungskonkurrent für heimische Arten wie den Flussflohkrebs *Gammarus roeseli* und den Bachflohkrebs *G. fossarum*. Wegen seiner räuberischen Lebensweise wird dieser Kleinkrebs, dessen vielsagender englischer Name „killer shrimp" ist, für den teilweise dramatischen Rückgang heimischer Kleintiere auf den Gewässerböden verantwortlich gemacht.

In vielen weiteren Tiergruppen der Donau, wie den Strudel- und Ringelwürmern oder den Egeln, kann man diesen Faunenwandel ebenfalls beobachten. Im Folgenden sollen noch Beispiele von Muscheln und Schnecken angeführt werden. Die Wander- oder Zebramuschel *Dreissena polymorpha* stammt aus dem Gebiet des Schwarzen und Kaspischen Meeres und wurde bereits vor 1920 in der Donau bei Wien beobachtet. Meist sitzen zahlreiche Individuen mithilfe eines klebrigen Sekrets büschelig an Ufersteinen oder anderen festen Substraten und filtrieren ihre Nahrung aus dem Wasser. Die charakteristisch dreikantige Muschel kann auch in mäßig verunreinigtem Wasser leben. Die Weitgerippte Körbchenmuschel *Corbicula fluminea* stammt aus Ostasien. Sie kam vermutlich mit Ballastwasser über Nordamerika nach Europa und

1

2

3

1/2 Während die Wandermuschel (1) vor allem von den erhöhten Nährstoffgehalten des Donauwassers profitiert, kommen der Körbchenmuschel (2) auch die schlammigen Uferbereiche zugute. Seit die Staukette oberhalb von Wien den Nachschub von Grobsedimenten verhindert, steht dieser Lebensraumtyp vermehrt zur Verfügung.

3 Die hübsch gezeichneten, etwa elf Millimeter großen Gehäuse der Donau-Kahnschnecke wurden in der Jungsteinzeit als Schmuck getragen.

hier über den Rhein-Main-Donau-Kanal nach Österreich, wo sie 1999 in der Donau bei Deutsch-Altenburg erstmals nachgewiesen wurde. Nach explosionsartiger Ausbreitung hat die Art mittlerweile auch Wien erreicht und ist hier auf sandigen bis schlammigen Uferpartien bereits in großer Zahl zu finden.

Wenn Arten wie diese beiden Muscheln sich so stark vermehren, können sie durch ihr Massenauftreten die natürliche Artenvielfalt beeinträchtigen. So gilt zum Beispiel die kiemenatmende Donau-Kahnschnecke *Theodoxus danubialis,* die wie die Wandermuschel auf Steinen des Stromufers lebt, heute im Hauptstrom der Donau als verschollen. Sie kommt nur noch in einigen Nebengewässern mit kleinen Restpopulationen vor. Die Veränderungen der letzten Jahrzehnte haben die Wettbewerbsbedingungen zuungunsten der Donau-Kahnschnecke verändert. Davon profitieren nicht nur die oben genannte Wandermuschel, sondern auch die Gemeine Kahnschnecke *Theodoxus fluviatilis,* die erst vor Kurzem erstmals in der Donau bei Wien nachgewiesen wurde. Eine Rückwanderung der Donau-Kahnschnecke ist nur bei einer Verbesserung der Wasserqualität des Hauptstroms zu erwarten.

Donaulachs und Moderlieschen: die Fische der Donau und ihrer Altwässer

In einem „Lobspruch der Stadt Wien" aus dem Jahr 1548 wird *„der seltenen Fische große Zahl"* erwähnt, die es zu kaufen gab. Marktberichte belegen seit dem Mittelalter die wirtschaftliche Bedeutung der Fischerei bei Wien und nennen dabei die mittlerweile verschwundenen Stör-Arten Hausen *Huso huso,* Waxdick *Acipenser güldenstaedti,* Glattdick *Acipenser nudiventris* und Sternhausen *Acipenser stellatus* sowie heute selten gewordene Arten wie den Huchen *Hucho hucho.* 1994 ist in „Die Fische der Donau – Gefährdung und Schutz" zu lesen: *„Heute sind in der Donau selbst jene Fischarten gefährdet, die noch vor wenigen Jahrzehnten in großen Mengen vorkamen".* Trotzdem gibt es in der Donau bei Wien im Vergleich zu anderen europäischen Fließgewässern immer noch relativ viele Fischarten. Dieser Artenreichtum ist einerseits auf die geographische Lage mit Verbindung zum Schwarzen Meer und zu den Alpen zurückzuführen und andererseits Ausdruck der großen Standortdifferenzierung im breiten Augebiet der freien Fließstrecke unterhalb von Wien. Hier sind noch alle wesentlichen Habitattypen erhalten, wenn auch flächenmäßig eingeschränkt. Die Untere Lobau zeigt vor allem im Gebiet des Schönauer Schlitzes, wo die Donau in offener Verbindung mit den Gewässern der Au steht, eine besonders hohe Artenvielfalt. Die unterschiedlichen Gewässerabschnitte mit ihren stark variierenden Standortverhältnissen (Intensität der Durchströmung, Tiefe, Bodenbeschaffenheit, Temperatur, Trübe, Besiedlung mit Algen und Blütenpflanzen) schaffen die Voraussetzung für vielfältige Lebensgemeinschaften. Von den insgesamt 60 Fischarten bei Wien zählen 50 zur heimischen Fauna, wobei etwa ein Viertel davon in Mitteleuropa auf die Donau und ihre Nebengewässer beschränkt oder hier überhaupt endemisch ist. Die heimischen Donaufische

Der Huchen war einst ein wirtschaftlich bedeutender Speisefisch der Donau und ihrer Nebenflüsse, heute ist er vom Aussterben bedroht. Uferverbauungen, die zunehmende Wasserverschmutzung und Wehranlagen ohne Fischtreppen, die dem Huchen den Weg zu seinen Laichplätzen versperren, setzen den Beständen arg zu.

bilden nach ihrem Habitatwechsel im Lebenszyklus der Jungfische und der erwachsenen Fische unterschiedliche ökologische Gruppen, die im Folgenden exemplarisch etwas ausführlicher besprochen werden:

Die **anadromen Fische** sind Wanderfische, die vorwiegend im Salzwasser des Schwarzen Meeres leben. Nach der Geschlechtsreife ziehen sie saisonal flussaufwärts zu ihren Laichplätzen im Süßwasser. Zu dieser Artengruppe zählen die großen Stör-Arten, die ehemals zur Alltagskost der Wiener Dienstboten, gehörten jedoch schon vor der Donauregulierung als Folge von Überfischung bei Wien ausgestorben oder sehr selten waren. Seit der Errichtung der Staustufen am Eisernen Tor im Jahr 1972 ist diese Gruppe aus dem Bereich der gesamten mittleren Donau verschwunden (→ S. 197).

Die **rhithralen Arten** ziehen zumindest zur Fortpflanzung in klare, stark strömende, sandig-kiesige, sommerkalte, sauerstoffreiche, saubere Donauzubringer. Diese Fließgewässer werden wegen der hier vorherrschenden Arten fischereilich als Forellen- und Äschenregion bezeichnet. Eine charakteristische Art dieser Gruppe, die sich in der Donau bei Wien findet, ist die dämmerungs- und nachtaktive Aalrutte *Lota lota,* die einzige Vertreterin der Dorsche im Süßwasser. In den Wintermonaten unternimmt sie Wanderungen in die Donauzuflüsse, um dort abzulaichen. Sie ist ein geschätzter Speisefisch und ernährt sich selbst vorwiegend von bodenlebenden Tieren: im Jugendstadium von Wirbellosen, mit zunehmender Größe vor allem von Fischen, aber auch von Laich. Der Huchen oder Donaulachs, der im März und April zum Laichen flussaufwärts wandert, gilt als der edelste Speisefisch der Donau. Rekordexemplare können etwa 1,50 Meter lang und bis zu 50 Kilogramm schwer werden. Auch der Huchen lebt räuberisch, bei Wien hauptsächlich von „Weißfischen", wie eine Reihe schwer unterscheidbarer Karpfenfisch-Arten zusammenfassend oft genannt wird. Bei Wien ist der Huchen heute fast verschwunden und in seinem gesamten Verbreitungsgebiet an der mittleren und oberen Donau mit ihren alpinen Nebenflüssen äußerst gefährdet.

Zu den **rheophilen,** das heißt **strömungsliebenden Arten** zählen Flussfische, die bevorzugt über Kies oder grobem Sand ablaichen. Zumindest für ihre Fortpflanzung sind sie auf unterschiedlich strukturierte Habitate der sogenannten Barbenregion angewiesen, der die Donaugewässer bei Wien zuzurechnen sind. In den entsprechenden Flussabschnitten sind die sommerlichen Wassertemperaturen höher und die Strömungsgeschwindigkeit geringer als in der Forellen- und Äschenregion. In dieser Gruppe sind es vor allem Fische aus der Karpfen-Familie, die mit zahlreichen Arten und großen Mengen die Fischfauna der Donau bei Wien prägen. Unter den strömungsliebenden Arten gibt es solche, die ihren gesamten Lebenszyklus im Hauptfluss durchlaufen und andere, die bestimmte Lebensabschnitte in Altarmen oder Zuläufen verbringen.

Nase *Chondrostoma nasus* und Barbe *Barbus barbus* sind Charakterarten der freien Fließstrecke unterhalb von Wien. Zusammen mit Hasel *Leuciscus leuciscus,* Russnase *Vimba vimba,* Aitel *Leuciscus cephalus* und Frauennerfling *Rutilus pigus virgo,* alle sechs aus der Karpfen-Familie, zählen sie zu den häufigsten, ganzjährig im Strom lebenden Fischen. Der Sterlet *Acipenser ruthenus* ist bei Wien nur mehr in Restbeständen vorhanden, seine Populationen werden zurzeit durch Besatzmaßnahmen gestärkt. Früher gelangte er auf seinen flussaufwärts führenden Laichwanderungen bis in das Gebiet von Ulm. Ursache für den artbedrohenden Rückgang ist wohl das Verschwinden von ruhigen Buchten und Seitenarmen im regulierten Stromlauf. Als Bodenfisch findet der Sterlet außerdem im stark bewegten Geschiebe der Stromsohle vergleichsweise reduzierte Nahrungsbedingungen.

1 Die Aiteln kommen auch in den nicht zu rasch fließenden Abschnitten der größeren Wienerwaldbäche vor.

2 Der Sterlet ist die kleinste Störart, er lebt im Gegensatz zu seinen Verwandten ganzjährig im Süßwasser.

3 Als schlechte Schwimmerin lebt die Koppe am Gewässergrund, wo sie sich tagsüber zwischen Steinen versteckt und erst ab der Dämmerung nach Nahrung sucht.

Die Familie der Barsche stellt mit Schrätzer *Gymnocephalus schraetser,* Streber *Zingel streber* und Zingel *Zingel zingel* Arten der freien Fließstrecke, die im Donau- und Schwarzmeer-Raum endemisch vorkommen und sich von Bodentieren ernähren. Die Koppe *Cottus gobio* aus der Familie der Groppen ist hingegen weit verbreitet. Da sie hohe Ansprüche an den Sauerstoffgehalt und an die Wasserqualität hat, ist sie europaweit im Rückgang. Sie gehört neben weiteren Donaufischen zu den Tier- und Pflanzenarten, für deren Erhaltung nach dem Naturschutzrecht der Europäischen Union eigene Schutzgebiete ausgewiesen werden müssen. Die Koppe hat eine zurückgebildete Schwimmblase und kann daher ihr spezifisches Gewicht nicht an das des Wassers angleichen.

Von den ehemals im Wiener Donauabschnitt vorkommenden Neunaugen seien hier noch das Fluss-Neunauge *Lampetra fluviatilis* und das Bach-Neunauge *L. planeri* angeschlossen. Obwohl diese Tiergruppe kleinen Aalen ähnlich sieht, handelt es sich dabei doch um keine „echten" Fische. Neunaugen werden zu den stammesgeschichtlich älteren Rundmäulern gerechnet. Sie haben keine Kiefer, sondern ein rundes Saugmaul, mit dem sie sich an Steinen festsaugen können. Den größten Teil ihres Lebens verbringen sie als Larven im Feinsediment des Stroms, als geschlechtsreife Tiere laichen sie an kiesigen Stellen. Ihr Name kommt von den sieben äußerlich sichtbaren Kiemenöffnungen, die fälschlich als Augen angesehen wurden und zusammen mit Nasenöffnung und Auge auf jeder Körperseite neun Augen vortäuschen. Neunaugen fanden auch in der Küche Verwendung, wo sie unter dem Namen „Lamprete" ähnlich wie Aale zubereitet wurden. Die heimischen Neunaugen-Arten sind wegen ihrer komplexen Habitatansprüche heute massiv gefährdet und ihre Verwendung zu kulinarischen Zwecken ist daher strikt untersagt.

Ein zweiter Typ der rheophilen Arten lebt während bestimmter Lebensabschnitte in Donauzuflüssen oder in Altarmen, die zur Nahrungssuche oder als Wintereinstand genutzt werden. Auch diese Gruppe ist bei Wien vor allem durch Karpfenfische vertreten, zum Beispiel durch die „donautypischen" Arten Nerfling *Leuciscus idus,* Zobel *Abramis sapa* und Zope *Abramis ballerus.* Nerflinge galten früher als „Brotfische" der Berufsfischerei und wurden in namhaften Mengen am Fischmarkt verkauft. Der Steinbeißer *Cobitis taenia,* aus der den Karpfenfischen nah verwandten Familie der Schmerlen, bevorzugt flache Partien sauerstoffreicher Gewässer. Während des Tages gräbt sich der nachtaktive Fisch in steiniges oder sandiges Substrat ein und schützt sich so vor Raubfischen.

Eurytope, das heißt **strömungsindifferente Arten,** finden sich aus verschiedenen Fisch-Familien in der Donau, sowohl im Hauptstrom wie auch in den verschiedenen Nebengewässern, die sich hinsichtlich Temperatur, Trübe, Laichsubstrat, Nahrungsangebot und Einstandsmöglichkeiten unterscheiden. Die meisten Arten dieser Lebensräume haben ihren Schwerpunkt in der „Brachsenregion", die im langsam fließenden Unterlauf von Flüssen ausgebildet ist. Die sommerlichen Wassertemperaturen können

1

2

1 Rotauge (Bild) und Rotfeder (→ S. 348) ernähren sich überwiegend von Pflanzen und bilden selbst eine wichtige Nahrungsquelle für Raubfische wie Hecht, Huchen oder Zander.

2 Das lange, weite Maul des Hechts ist mit mehreren Reihen dicht nebeneinander stehender Zähne besetzt. Die Zähne sind nach hinten gerichtet und verhindern so die Flucht der Beutetiere.

dort 20 Grad Celsius erreichen und für einen niedrigen Sauerstoffgehalt mitverantwortlich sein; im Winter können die Gewässer zufrieren. Über feinen, sandigen oder schlammigen Sedimenten dienen oft dichte Wasserpflanzenbestände als Laichsubstrat oder bieten Deckung. Zu den häufigsten Vertretern dieser ökologischen Gruppe zählen in den Donauauen bei Wien die weit verbreiteten Fischarten Brachse *Abramis brama,* Güster *Blicca björkna* und Rotauge *Rutilus rutilus.* Da die Brachse eine hohe Vermehrungsrate aufweist und menschenbedingte Gewässerstörungen gut ertragen kann, zählt sie zu den wenigen Arten, die in der Donau bei Wien nicht im Rückgang sind. Das Fleisch dieses Fisches wie auch das des Flussbarsches ist wohlschmeckend, aber leider sehr grätenreich. Geschätzte Speisefische der Brachsenregion sind hingegen der Wels *Siluris glanis,* der vor der Donauregulierung bis zu 250 Kilogramm schwer wurde, der einzelgängerisch lebende Hecht *Esox lucius,* der Zander *Stizostedion lucioperca,* auch Schill oder Fogosch genannt, und der Wildkarpfen *Cyprinus carpio carpio.* Donaukarpfen erzielten früher nach der Marktordnung der Stadt Wien wegen ihres feinen, zarten Fleisches höhere Preise als die aus Teichen. Im Gegensatz zu Wels, Hecht und Zander, die als Raubfische kleinere Fische jagen, lebt der Karpfen als Friedfisch, wie die Brachse, von kleinen Bodentieren. Die Laube *Alburnus alburnus* ist ein Weißfisch der oberen Wasserschichten und kommt auch heute noch sehr zahlreich in der Donau vor. Sie ernährt sich hauptsächlich von Plankton und „Anflug", das sind meistens Landinsekten und andere Gliederfüßer, die knapp oberhalb der Wasseroberfläche fliegen oder auf das Wasser fallen. Die Schuppen der Laube dienten früher als Ausgangsprodukt zur Herstellung von Imitatperlen. Die Marmor-Grundel *Proterorhinus marmoratus* ist im Schwarzmeer-Raum endemisch und kommt in Österreich nur in der Donau und ihren Altwässern vor. Es ist nicht geklärt, ob sich die Art erst vor wenigen Jahrzehnten hier eingebürgert hat, oder ob sie sich nach vorübergehendem Aussterben wieder ansiedeln konnte. Zur Fortpflanzung klebt das Weibchen der Marmor-Grundel die Eier an die Unterseite von Steinen, wo sie dann vom Männchen bewacht werden. Die Bauchflossen sind zu einer Saugscheibe verwachsen, mit der sich die Tiere an hartem Substrat anhaften können, um der Strömung Widerstand zu leisten.

Stagnophile, stillwasserliebende Arten leben ganzjährig in ruhigen, oft gänzlich vom Hauptstrom abgeschnittenen, meist pflanzenreichen Altarmen, die der Brachsenregion zuzuordnen sind. Da die Fische der ruhigen Altarme auch Seen und Kleingewässer besiedeln, zeigen die meisten ein weites Verbreitungsgebiet. Dies steht im Gegensatz zu den Arten aus dem Strom, die häufig an den Donauraum und östlich angrenzende, pontokaspische Flussgebiete gebunden sind. Die Arten der Altarme sind je nach Kleinstandort mehr oder weniger stark an zeitweilige Sauerstoffarmut angepasst, manche ertragen sogar, in feuchtem Schlamm eingegraben, die kurzfristige Austrocknung ihres Lebensraumes. Die Karpfenfische und ihre nächsten Verwandten

Die Rotfeder ist ein Schwarmfisch pflanzenreicher Gewässer, wo sie ihre klebrigen Eier an der Wasservegetation ablegt.

stellen mit Moderlieschen *Leucaspius delineatus,* Rotfeder *Scardinius erythrophtalmus,* Schleie *Tinca tinca,* Bitterling *Rhodeus sericeus amarus,* Karausche *Carassius carassius* und Schlammpeitzger *Misgurnus fossilis* die arten- und individuenreichste Gruppe dar. Ihre Nahrung umfasst neben Kleintieren zu einem großen Teil auch Plankton und Wasserpflanzen. Während die Rotfeder mitunter noch intakte Populationen aufweist und auch die gegen Sauerstoffarmut besonders resistente Schleie ungefährdet ist, werden Schlammpeitzger, Moderlieschen und Bitterling für das österreichische Donaugebiet als vom Aussterben bedroht, stark gefährdet beziehungsweise als gefährdet eingestuft. Ursache dafür ist in erster Linie der Mangel an geeigneten Kleingewässern. Dabei handelt es sich bei diesen kleinen Fischen um wahre Überlebenskünstler. Der nachtaktive Schlammpeitzger gräbt sich etwa bei Austrocknung des Gewässers in den Schlammboden ein und kann so unter sauerstoffärmsten Bedingungen auch für längere Zeit überdauern. Zusätzlich zur Kiemenatmung verfügt der Schlammpeitzger auch über Darmatmung. Er schluckt an der Wasseroberfläche atmosphärische Luft, die dann im Darm veratmet wird. Beim Moderlieschen pflegen die Männchen die an Pflanzenstängel angehefteten Eier, indem sie ihnen bei der Bewachung durch Flossenschlag sauerstoffreicheres Frischwasser zuführen. Eine noch speziellere Fortpflanzungsstrategie hat der Bitterling entwickelt: Die Weibchen legen mittels einer Legeröhre meist zwei bis drei Eier in den Kiemenraum von zahlreichen Teich- oder Flussmuscheln, die dort über das Atemwasser der Muscheln mit den Spermien der Männchen befruchtet werden und sich geschützt entwickeln können. Der Rückgang großer Muschelarten gefährdet somit auch die Populationen des Bitterlings.

Aus den Familien der Barsche und der Hundsfische sind für die stagnophilen Gewässern noch Wolga-Zander *Sander volgensis* und Europäischer Hundsfisch *Umbra krameri* zu nennen. Beide kommen nur im Wiener Donauraum und in östlich angrenzenden Flussgebieten vor. Der Hundsfisch galt in Österreich bereits als ausgestorben, bis er 1992 in den Donauauen im Fadenbach wiederentdeckt wurde. Da dieser Fisch flache, pflanzenreiche Kleingewässer mit schlammigem Grund bevorzugt, ist die Erhaltung des Fadenbaches eine wichtige Voraussetzung für die Erhaltung der Art in den österreichischen Donauauen. Wie der Schlammpeitzger nimmt auch der Hundsfisch bei Sauerstoffmangel zusätzlich zur Kiemenatmung atmosphärische Luft auf und kann bei Bedarf fast vollständig damit auskommen. Beim Hundsfisch übernimmt das Weibchen die Brutpflege, indem es die selbst angelegte Grube nach der Eiablage verschließt und bis zum Schlüpfen der Jungfische bewacht. In sehr kleinen Gewässern verhalten sich die Jungfische kannibalisch und sichern sich so die beschränkten Ressourcen.

Zuletzt sollen hier noch einige gebietsfremde Fischarten des Donaustroms und der Donauauen bei Wien angeführt werden. Sie wurden vom Menschen eingebracht, sei es als Speisefisch wie Seeforelle *Salmo trutta* forma *lacustris,* Reinanke *Coregonus* oder Flussaal *Anguilla anguilla,* sei es, um Wasserpflanzen zurückzudrängen wie der Graskarpfen *Ctenopharyngodon carpio,* oder durch unbeabsichtigtes Einbringen von Laich über Schiffe wie einige Grundel-Arten, oder auch durch das Aussetzen von Aquarienfischen wie im Fall des Sonnenbarsches *Lepomis gibbosus* und des Zwergwelses *Ameiurus nebulosus.* Die ökologischen Auswirkungen der gebietsfremden Fischarten können sehr unterschiedlich sein. Der Graskarpfen, der täglich etwa das 1,2-fache seines eigenen Körpergewichts an Pflanzennahrung zu sich nimmt, kann zum Beispiel Wasserpflanzenbestände so stark dezimieren, dass anderen Fischen Nahrung, Versteck sowie Laich- und Brutmöglichkeit genommen werden. Verschiedene Grundel-Arten (Kessler-Grundel *Neogobius kessleri,* Schwarzmund-Grundel *N. melanostomus,* Nackthals-Grundel *N. gymnotrachelus*) fanden nach der Donauregulierung durch ihre hohe Anpassungsfähigkeit in den Blockwürfen der Donau einen neuen, von heimischen

Der Fadenbach: Lebensraum des Hundsfisches

Der Fadenbach ist ein ökologisch äußerst wertvolles, aber fast vergessenes Nebengewässer am Nordufer der Donau. Sein vielfach gewundenes Bett erstreckt sich über eine Länge von etwa 31 Kilometern vom Kühwörther Wasser in der Wiener Lobau ostwärts bis zum Rosskopfarm bei Stopfenreuth. Der ursprüngliche Verlauf wurde durch den Bau des Marchfeldschutzdammes stark verändert, die Verbindung zum Kühwörther Wasser abgedämmt und einige Schlingen des Bachbettes abgeschnitten, die dann durch schnurgerade Gräben verbunden wurden. Für die Wasserführung ist derzeit allein der Grundwasserstand maßgeblich, in weiten Bereichen präsentiert sich der Fadenbach nur noch als Tümpelkette mit deutlicher Tendenz zur Austrocknung. Besondere Aufmerksamkeit erlangte der Fadenbach als Lebensraum des ausgestorben geglaubten Hundsfisches *Umbra krameri*, der im Jahr 1992 hier wiederentdeckt wurde. Aus ökologischer Sicht hat die Verbesserung der Wasserführung des Fadenbaches also höchste Priorität. Um jedoch eine kontinuierliche Durchströmung zu erreichen, ist vor allem eine kontrollierte Wiederherstellung der unterbrochenen Verbindung zum Kühwörther Wasser erforderlich. Ein entsprechendes Revitalisierungsprojekt zur Dotierung des Fadenbachs wurde im Herbst 2008, nach 100-jähriger Abdämmung der Verbindung zur Donau, begonnen. Schon in den Jahren davor waren Verlandungen des Bachbettes systematisch ausgebaggert worden (1–4). Durch diese Maßnahmen konnten die Zukunftsaussichten für dieses Gewässer und seine reichhaltige Flora und Fauna entscheidend verbessert werden. ***Gottfried Pausch***

Hundsfisch

1

2

3

4

Arten nicht so gut nutzbaren Lebensraum. Sie haben wahrscheinlich durch den Schiffsverkehr ihre Verbreitung flussaufwärts gefunden und verdrängen heute durch Nahrungskonkurrenz und erhöhten Fraßdruck auf Laich und Kleinfische einheimische Bodenfischarten wie Koppe, Zingel, Streber und Schrätzer.

Die stärkste Gefährdung geht für die Donaufische jedoch vom Wandel des Lebensraums und vom Verlust einzelner Habitate aus. So hat etwa die Sicherung des Donauufers durch Blockwurf die Uferanschlagslinie wesentlich vereinheitlicht und das Angebot von Uferstrukturen wie Kiesbänken und Flachufern stark verringert. Damit fallen große Flachwasserbereiche mit verminderter Strömungsgeschwindigkeit weg, die vor allem für das Ablaichen und das Aufkommen der kleinen Jungfische so wichtig sind. Vielfach wurden Seitenarme vom Hauptstrom abgeschnitten und damit die Wanderungsmöglichkeit zwischen Strom und Altwässern unterbunden. In manchen Bereichen versucht man heute die Verbindung zwischen Strom und Hinterland wiederherzustellen. Außerdem wurden beim Kraftwerk Freudenau und bei Klosterneuburg Aufstiegshilfen geschaffen, um Fischwanderungen in der Donau wieder zu ermöglichen. Die gewerbliche Fischerei, die bereits in vergangenen Jahrhunderten einen drastischen Rückgang der Fischbestände bewirkt hat, ist inzwischen verboten. Die Sportfischerei mit Angeln und Daubeln wird im Nationalpark Donau-Auen durch einen fischereilichen Managementplan geregelt. Die traditionsreiche Daubel-Fischerei mit Netzen, die in Ufernähe versenkt und wieder aus dem Wasser gehoben werden, spielt heutzutage nur mehr eine untergeordnete Rolle. Maßnahmen wie die Restrukturierung von Uferbereichen und Flachwasser-Schotterhabitaten oder die Dezimierung des Graskarpfen, zum Beispiel in der Alten Donau, sollen langfristig die natürliche Vermehrung der heimischen Fischarten wieder begünstigen.

Im Text erwähnte Fische der Donau und ihrer Altwässer: so vielgestaltig können Süßwasserfische in Anpassung an verschiedene Lebensräume aussehen.

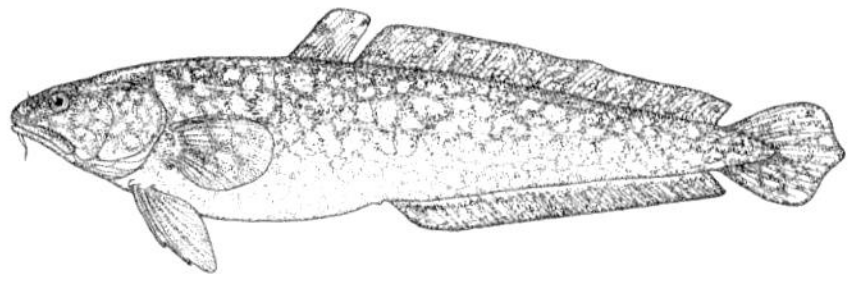

Aalrutte

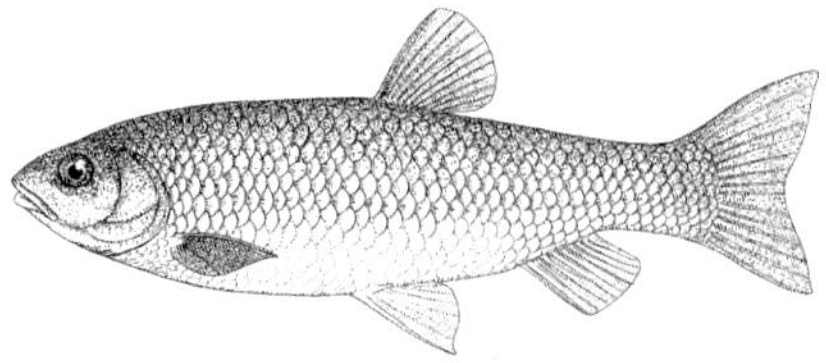

Aitel

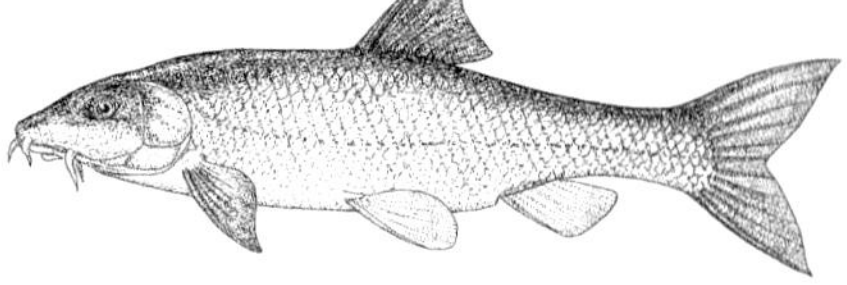

Barbe

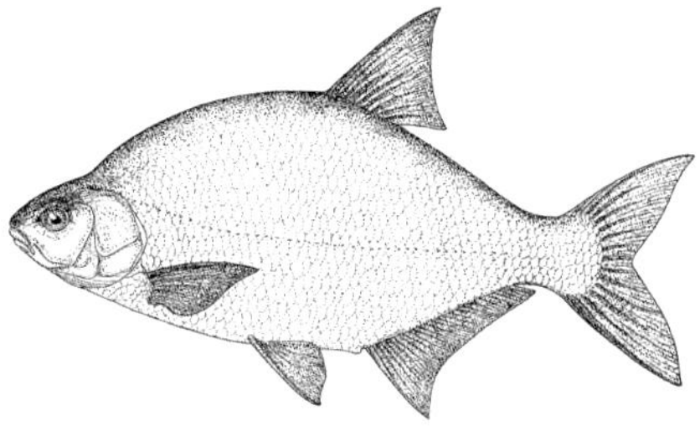

Brachsen

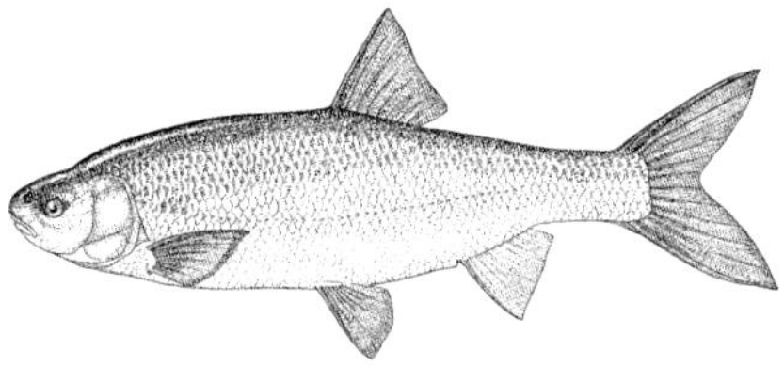

Frauennerfling

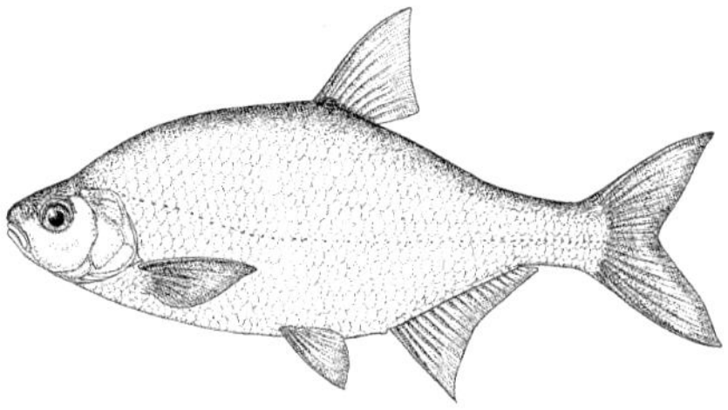

Güster

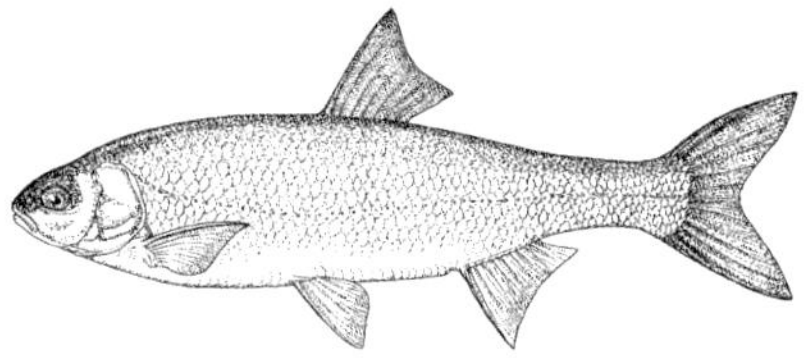

Hasel

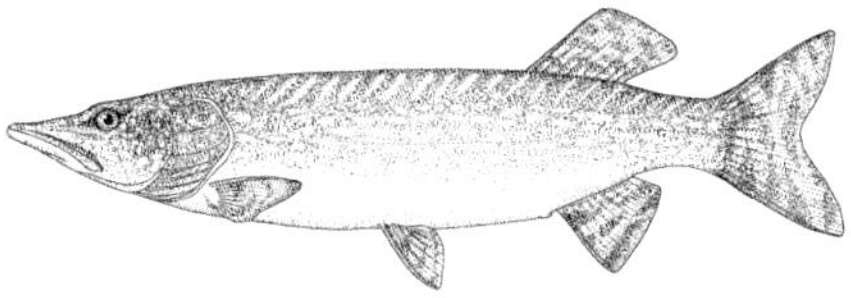

Hecht

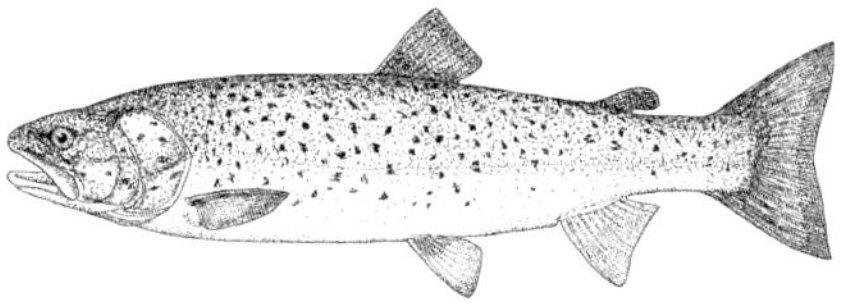

Huchen

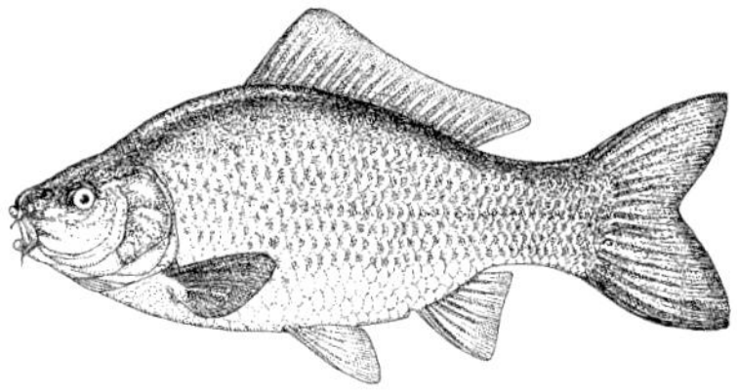

Karpfen

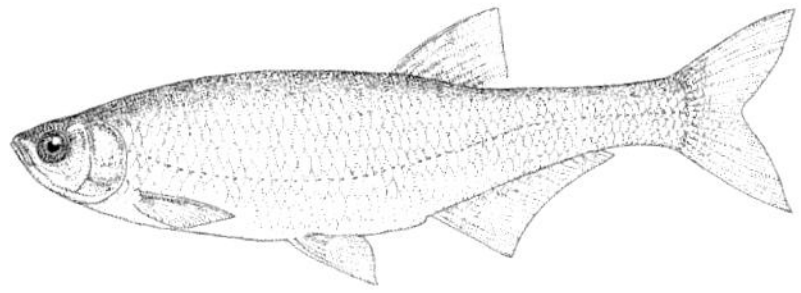

Laube

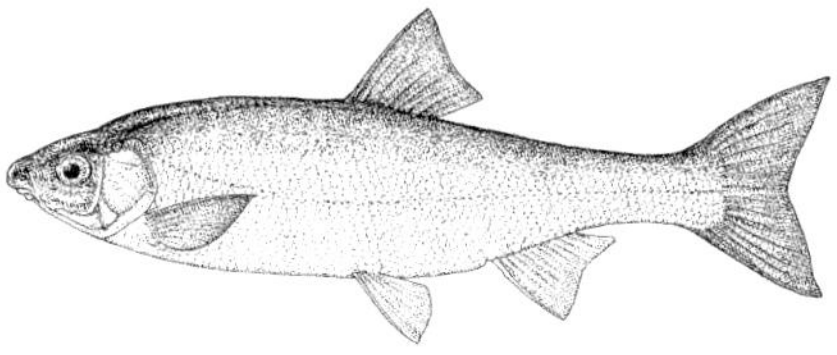

Nase

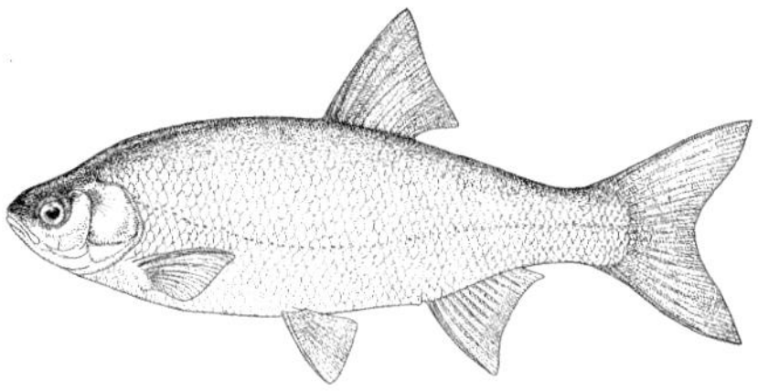

Nerfling

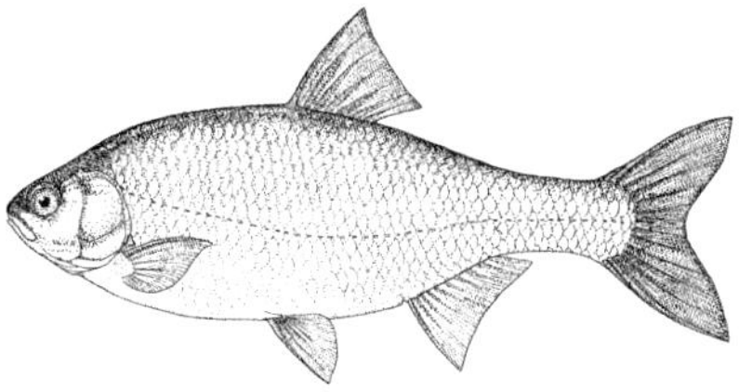

Rotauge

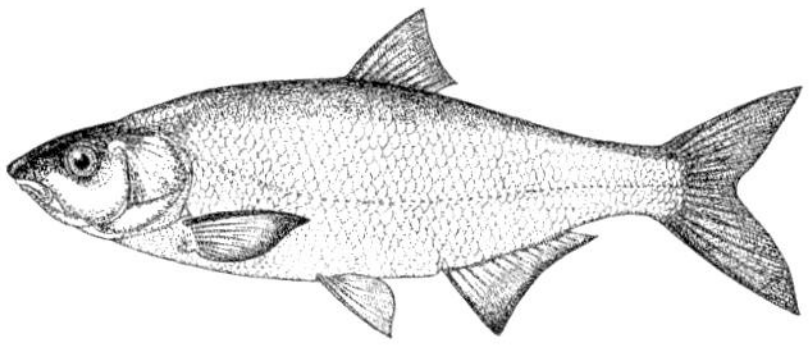

Russnase

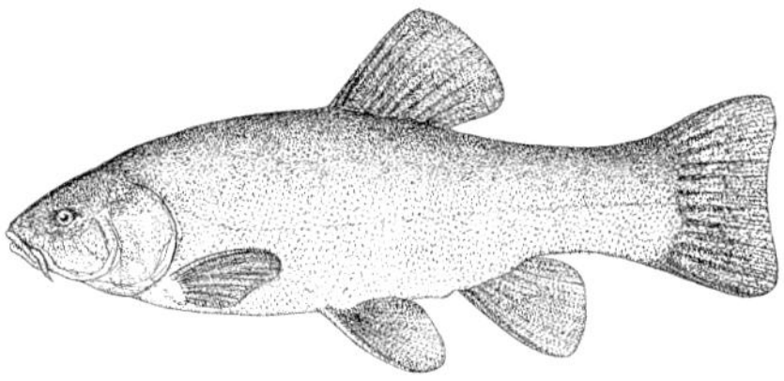

Schleie

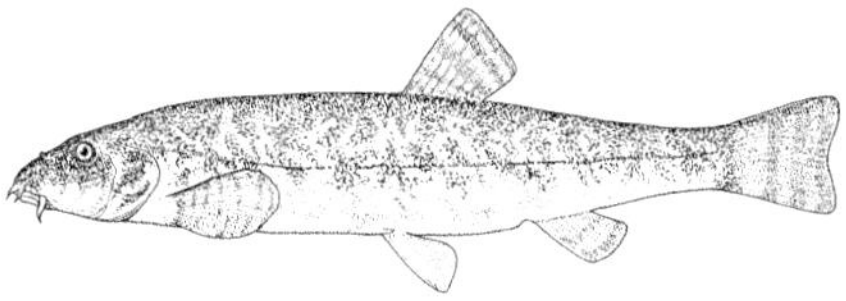

Schmerle

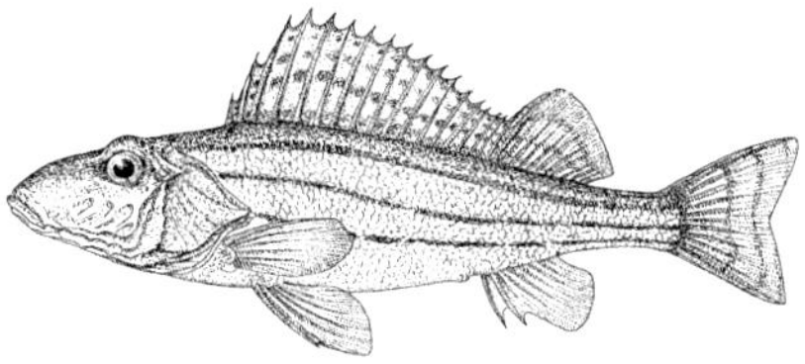

Schrätzer

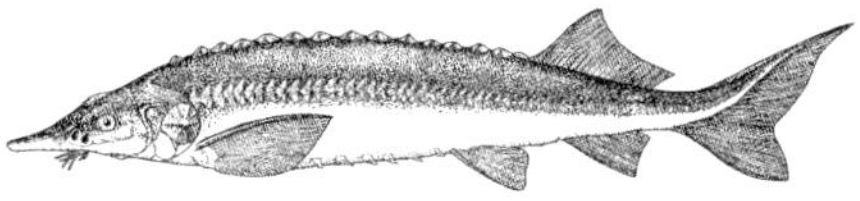

Sterlet

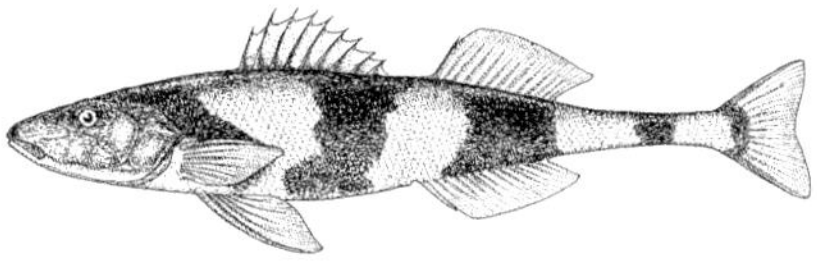

Streber

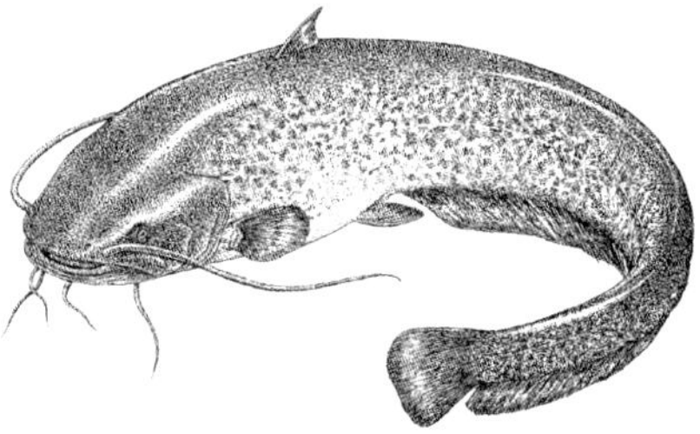

Wels

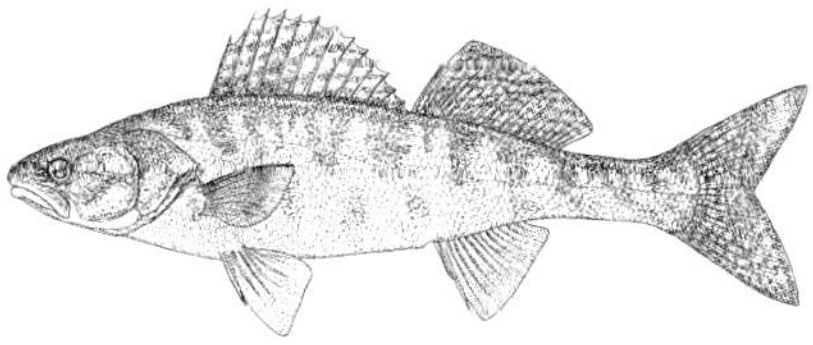

Zander

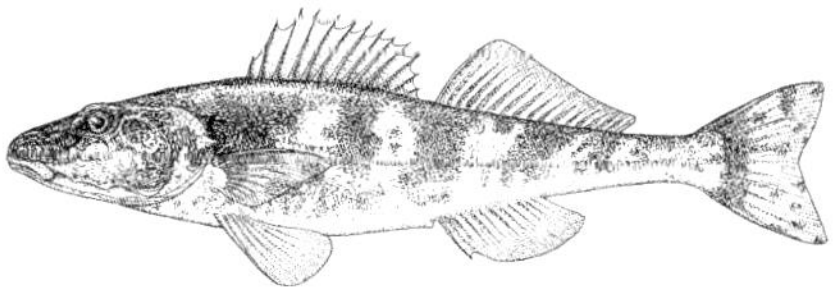

Zingel

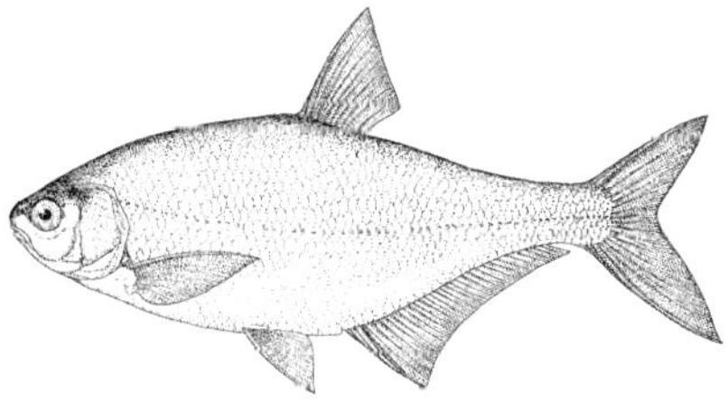

Zope

Donauufer: Lebensräume zwischen Wasser und Land

Flussufer vor der Donauregulierung

Ähnlich wie hier am Tagliamento in Oberitalien präsentierten sich einst, vor der Donauregulierung, die flussnahen Standorte der Donau im Wiener Raum. Der Tagliamento ist heute die letzte ausgedehnte Wildflusslandschaft im gesamten Alpenraum, in der flussdynamische Prozesse noch großräumig ablaufen. Leider droht dem „König der Alpenflüsse", wie er auch bezeichnet wird, nun ebenfalls die Zerstörung durch geplante gigantische Regulierungs- und Schotterabbauprojekte.

Als das Gewässersystem der Donau noch weit verzeigt war, gab es ausgedehnte flussnahe Flachwasserzonen mit Schotter- und Sandbänken, die je nach Wasserstand der Donau periodisch überflutet oder trocken gefallen waren. Der dramatische Rückgang solcher Uferstrukturen ist nicht nur für die besondere Gefährdung der Flussfische mitverantwortlich. In keinem anderen Bereich der Donauauen unterhalb von Wien sind als Folge der Regulierung mehr Pflanzenarten und sogar Lebensgemeinschaften verschwunden. Es handelt sich dabei um Biozönosen, die in unregelmäßigen Abständen immer wieder von Natur aus durch Hochwasser gestört oder sogar zerstört wurden. Bei diesem „Zurück an den Start"-Unternehmen leiteten Pionierarten wie die Ufertamariske (= Deutsche Tamariske) *Myricaria germanica* über sandreichem Schotter und der Kleine Rohrkolben *Typha minima* über sandigen Substraten die Sukzession der pflanzlichen Wiederbesiedlung immer wieder aufs Neue ein. Beide Arten – heute im Raum von Wien ausgestorben – haben ihre Hauptverbreitung auf jungen Sedimentablagerungen (Alluvionen) entlang der Alpenflüsse. Vor der Donauregulierung kamen sie entlang der Donau an geeigneten Standorten sogar bis in das Pannonische Gebiet hinein vor.

Die Ufertamariske, ein bis zu zwei Meter hoch werdender Strauch, ist heute entlang der gesamten Donau ausgestorben und wegen der harten Flussverbauung der Alpenflüsse höchst bedroht. Größere Vorkommen gibt es in Österreich noch am Lech und in Oberitalien am Tagliamento.

Gerade der Bewuchs der offenen, frisch abgelagerten Sedimente über bewegtem, sauerstoffreichem Grundwasser spiegelte den noch recht wilden Mittelgebirgscharakter der Donau wider. Betrachtet man die Schwemmböden entlang des Tagliamento, so kann man eine ungefähre Vorstellung vom Aussehen der Donauarme vor der Regulierung gewinnen.

Siegfried Reissek war der einzige Botaniker, der in der Zeit vor der Donauregulierung ausführliche vegetationskundliche Beobachtungen anstellte und diese im Jahr 1860 in einem unveröffentlichten Manuskript festhielt. Augenscheinlich fasziniert von der rasanten Vegetationsentwicklung an den gefährdeten Flussuferstandorten, schildert er ausführlich das Schicksal der Pionierarten: von ihrer Ansiedlung bis zu ihrer Verdrängung, sei es durch Hochwasser oder, gerade wegen der ausbleibenden

Störung durch Hochwasser, durch Konkurrenten. Zum Kleinen Rohrkolben schreibt Reissek zum Beispiel: „*Ausschließlich in der ersten Waldgeneration der Inseln. ... Ihre Standplätze befinden sich stets im tiefen, lockeren Sande in der Nähe des Wassers,... Die Rhizome wuchern stark im Sande und geben zur Bildung von Gruppen oder kleinen Beständen Veranlassung. ... Gemeiniglich findet man an Plätzen, wo sie häufig ist, wenn sich mittlerweile Wald gebildet, keine Spur mehr von ihr. Deswegen können Standortsangaben schon nach wenigen Jahren als falsch erscheinen, ohne es doch in Wirklichkeit zu sein.*“

Oder zur Ufertamariske: „*Eine Charakterpflanze junger Inseln und der ersten Waldgeneration der Inseln. ... Nur wenn es ihnen gelingt, sich in dem unterliegenden Kies durchzuarbeiten und darin anzuwurzeln, haben sie nun die Flut weniger zu fürchten. ... In den meisten Fällen werden sie von dem umgebenden Gehölz bald überholt und in den Schatten gesetzt. Sie kränkeln dann, bleiben steril, verdorren Zweig um Zweig und gehen zuletzt ein, wenn sich der Wald über ihnen geschlossen ...*“

Der Blütenstand der Ufertamariske ist aus vielen blassrosa Einzelblüten zusammengesetzt.

Damit dokumentiert Reissek nicht nur den raschen Vegetationswandel. Er erklärt darüber hinaus die verschiedenen Strategien, mit denen sich die beiden Arten an ihrem Standort behaupten. Der Kleine Rohrkolben festigt den leicht verfrachtbaren Sand durch dichte Ausläuferbildung, während sich die „einzelkämpferische“ Ufertamariske tief in gröberem Substrat verankert, um nicht von jedem kleineren Hochwasser entwurzelt und weggeschwemmt zu werden. Blieb die Störung aber aus, so wurden die Ufertamariske und der Kleine Rohrkolben von Gehölzen der Weichholzau überwachsen. Zuerst von Strauchweiden, die ihrerseits bei weiterhin ausbleibender Störung von baumförmigen Weide- oder Pappel-Arten verdrängt wurden.

Von den unterschiedlichsten tierischen Bewohnern, die auf offene Schotter- und Sandufer angewiesen sind, seien hier beispielhaft die schotterbrütenden Vögel Lachseeschwalbe *Gelochelidon nilotica*, Flussuferläufer *Actitis hypoleucos* und Flussregenpfeifer *Charadrius dubius* genannt. Alle Schotterbrüter legen ihre Eier an Stellen bestimmter Sediment-Korngrößen, wo sie sehr gut getarnt sind. Die Flussseeschwalbe *Sterna hirundo* und der Triel *Burhinus oedicnemus,* die früher ebenfalls auf den weitläufigen, unbewachsenen Schotterflächen brüteten, sind heute aus den Donauauen zusammen mit diesen „Haufen“ verschwunden.

Im niederösterreichischen Teil des Nationalparks Donau-Auen versucht man seit einigen Jahren durch Restaurierungsmaßnahmen das Donauufer wieder reicher zu

Kronprinz Rudolf und Brehm berichten noch 1879 in „Ornithologische Beobachtungen in den Auwäldern der Donau bei Wien“, dass sich der Flussregenpfeifer „allerorten“ auf den Inseln und Uferbänken der Donauauen findet. Heute kommen im Nationalpark Donau-Auen nur mehr wenige Paare von diesem Watvogel vor, der mit seiner Lebensweise ganz auf die unsicheren Bedingungen dynamischer Wildflüsse angewiesen ist, denn er benötigt immer neu geschaffene, offene und fast vegetationslose Schotter- und Sandflächen.

strukturieren und die Wasserdynamik der Altarme durch Anschluss an die Donau zu erhöhen. Durch starke Hochwasser, die nun wieder eindringen können, werden in Seitenarmen der Donau vegetationsfreie Abrisskanten und damit Nistmöglichkeiten für Eisvogel *Alcedo atthis,* Uferschwalbe *Riparia riparia,* Schermaus *Arvicola amphibius* oder verschiedene Insekten geschaffen. Ein Wiederansiedlungsprojekt für die Ufertamariske brachte allerdings nicht den erhofften Erfolg. Man muss wohl akzeptieren, dass sich nicht alle ökologischen Verschlechterungen gänzlich rückgängig machen lassen.

Ufervegetation an einem strömungsberuhigten Nebenarm bei Schönau an der Donau: wasserseitig eine Staudenflur mit Brennnessel und Glanz-Rohrgras, dahinter Strauchweiden, die landseitig von baumförmigen Silber-Weiden abgelöst werden.

Donauufer heute

Knapp östlich der Wiener Stadtgrenze ist in der nicht abgedämmten Au bei Schönau die Ufervegetation der Donau gut ausgebildet, zumal auch noch ein strömungsberuhigter Nebenarm erhalten ist, der zur Standortdifferenzierung beiträgt. Auch aus fischökologischer Sicht sind diese strukturierten Uferzonen als Brutgebiete von Bedeutung. An den flussnächsten Schotter- und Sandbänken der Donau, die sehr lange im Jahr von Wasser bedeckt sind, können keine Gehölze wachsen. Nur eine Handvoll krautiger Arten sind hier regelmäßig zu finden, darunter besonders auffällig und häufig die dottergelb blühende Wilde Sumpfkresse *Rorippa sylvestris.* Als nächster Vegetationsgürtel schließt ein schmaler Streifen hochwüchsiger krautiger Arten an. Das schilfähnliche Rohr-Glanzgras *Phalaris arundinacea* ist hier die charakteristische Art, die durch das Ansammeln von Feinsedimenten die Uferbereiche erhöht. Nach starken Hochwassern, die die Uferbereiche mit mächtigen Feinsanddecken überziehen, kann jedoch das Rohr-Glanzgras, wenn seine Sprosse nicht rasch genug die Sandauflagen durchwachsen, durch das einjährige Drüsige Springkraut *Impatiens glandulifera* verdrängt werden. Das attraktiv, meist purpurrot, seltener rosa oder weiß blühende Drüsige Springkraut ist ein Neubürger aus dem Himalaja (→ Bilder S. 183 u. 312). Noch Anfang der 1970er-Jahre war es in den Donauauen eine Seltenheit, hat sich aber in den letzten Jahrzehnten vor allem über frisch abgelagerten, gewässernahen Feinsedimenten massiv ausgebreitet.

Der oben angesprochene Nebenarm der Donau ist bei Hochwasser durchströmt, weist am Gewässerboden aber dennoch eine Schlammauflage auf. Weil er aber die Wasserstandsschwankungen des Hauptstromes mitmacht, kann sich kein dichter Wasserpflanzenbewuchs entwickeln. Schwächere Strömung als im Hauptstrom, Schlammauflage am Gewässergrund und trotzdem keine dichte Wasserpflanzenvegetation: Genau das sind die Bedingungen, wie sie die Donau-Sumpfdeckelschnecke *Viviparus acerosus* benötigt und nur mehr sehr selten vorfindet.

Die artenarme Ufervegetation besteht nur aus strömungstoleranten Arten, die auch die stark schwankenden Wasserstände und ein allfälliges Trockenfallen im Herbst ertragen. Hier vertritt die Ufer-Sumpfkresse *Rorippa amphibia* die Wilde Sumpfkresse der Schotterbänke.

1 Das dichte Wurzelsystem des Rohr-Glanzgrases passt sich durch Stockwerksbildung an die labilen Flussuferstandorte an und ermöglicht so die Bildung erstaunlich stabiler Bestände.

2 Die kriechenden Stängelabschnitte der Ufer-Sumpfkresse sind an den Knoten stark bewurzelt und können so der Strömung widerstehen. Die vorderen, unbewurzelten Sprossabschnitte steigen im anschwellenden Hochwasser mit auf und heben gegebenenfalls die Blüten gerade noch über das Wasser.

1

2

Weichholzau: ein dynamischer Lebensraum

Unterschiedlich breite Säume von Strauchweiden, denen sich landseitig Baumweiden und Pappeln anschließen, bilden nach dem Aussterben der Ufertamariske die vorderste Gehölzfront zur Donau hin. Nicht etwa wegen des häufig durchnässten, weichen Bodens, sondern wegen des leichten und relativ weichen Holzes dieser Pionierarten werden solche Bestände als **Weichholzauen** bezeichnet. Potenziell geeignete Standorte sind für sie heute an der Donau bei Wien nur sehr eingeschränkt verfügbar, da der Marchfeldschutzdamm in der Lobau so nahe am Strom verläuft und große

1

2

1 Donauhochwasser in der Weichholzau: Nur noch selten findet man – wie hier im südöstlichsten Teil der Unteren Lobau – Silberweiden-Bestände, die nicht überaltert sind.

2 Als Intensivwurzler kämmen vor allem die Weiden Feinsedimente aus dem Hochwasser, tragen damit im Laufe der Zeit zur Erhöhung der Standorte bei und festigen die Uferpartien.

Teile des freien Überschwemmungsgebietes als Wiesen genutzt werden. Pflanzen der Weichholzau halten in der Regel die mechanische Belastung durch die Strömung der Überschwemmungen gut aus. Die schmalen Weidenblätter leisten dem Wasserstrom nur wenig Widerstand. Die windausgebreiteten Samen der Weiden und Pappeln sind nur wenige Tage keimfähig und benötigen innerhalb kürzester Zeit ein geeignetes, gut durchfeuchtetes Keimbett. Sie sind sehr klein und leicht und enthalten daher kaum Reservestoffe, weswegen die Keimpflanzen schon sehr früh fast vollständig auf die eigene, lichtbedürftige Photosynthese angewiesen sind. Weiden und Pappeln sind also Licht- und Rohbodenkeimer. Wo einmal Weiden- und Pappelbestände ausgebildet sind, kann sich niemals eine zweite Generation dieser Weichhölzer entwickeln – es sei denn, stark erosive Hochwasser oder winterliche Eisgänge, die ehemals in der Lage waren, ganze Inseln mehr oder weniger abzuhobeln, schaffen für Pionierarten wieder freien Entwicklungsraum. Die Fortpflanzung kann gerade bei Weiden-Arten auch über abgebrochene Zweige erfolgen. Sie bewurzeln sich leicht und wachsen sogar an, wenn sie mit der Triebspitze nach unten im Substrat eingegraben sind. Das rasche Jugendwachstum wird durch ein wenig widerstandfähiges Holz erkauft, sodass Weiden und Pappeln früh stammfaul werden und kein hohes Alter erreichen.

Die Strauchweiden des Donauufers sind Anfangsgesellschaften der Waldentwicklung und fügen sich je nach Korngröße des Substrats und je nach Lage des Standortes über dem Mittelwasser in das Standort-Mosaik ein. Purpur-Weide *Salix purpurea* und Lavendel-Weide *Salix eleagnos* bilden Uferstrauch-Initialgesellschaften, die nur mehr von stärkeren Hochwassern überschwemmt werden. Beide Arten stammen aus den Gebirgs-Auen der Alpen und sind mangels geeigneter Grobschotterablagerungen an

Die Purpur-Weide ist in den Donauauen bei Wien heute stark gefährdet. Man findet zwar immer noch Keimlinge und Jungpflanzen dieser bodenfestigenden Pionierart; da die Keimbetten aber fast immer unterhalb der Mittelwasserlinie liegen, sterben die Jungpflanzen meist rasch ab.

ihren Tieflagenstandorten entlang des Donauufers heute beinahe verschwunden. Sanddorn *Hippophaë rhamnoides* und Schwarz-Pappel *Populus nigra,* ihre ehemals häufigen Begleitarten auf höheren Anlandungen, wachsen heute nur mehr donaufern auf den Trockenstandorten der abgedämmten Au (→ S. 383). Bruch-, Mandel- und Korb-Weide *(Salix fragilis, S. triandra, S. viminalis)* bevorzugen sandige Sedimente, wobei die Mandel-Weide auf höheren Uferkanten Staunässe meidet und die Korb-Weide ständig feuchte, tonig-lehmige Substrate bevorzugt. Vor allem die Korb-Weide, deren Zweige gut als Flechtmaterial geeignet sind, kann man auch heute noch da und dort antreffen.

Im Sommer, wenn die silbrig behaarten Blätter im Sonnenlicht glänzen, ist die Silber- oder Weiß-Weide *Salix alba* als großwüchsigste heimische Weiden-Art entlang der Donau nicht zu verkennen. Der landschaftsprägende Baum charakterisiert die Auwaldgesellschaften an Flüssen und Strömen mit geringem Gefälle und sauerstoffärmeren, nährstoffreicheren, oft mächtigen Feinsubstratauflagen. Seit der Donauregulierung sind nun beinahe 150 Jahre vergangen und an vielen Stellen erreichen die damals etablierten Silber-Weiden ihr Höchstalter und brechen zusammen. Fast überall hat sich in den letzten Jahrzehnten unter den lückigen und lichtdurchlässig gewordenen Kronen über mächtigen Feinsedimentauflagen der Eschen-Ahorn *Acer negundo* explosiv ausgebreitet. Der kleine, bis höchstens 20 Meter hohe Baum mit eschenähnlichen Fiederblättern stammt aus den Auen des östlichen und mittleren Nordamerikas. Noch ist nicht abzusehen, ob der Eschen-Ahorn die ufernahen Partien für längere Zeit dominieren oder ob er bei fortschreitender Bodenreifung bald von Arten

Die Au-Brombeere (1) und der Schwarze Holunder (2) sind zwei Wildobstarten, die unter ausreichend feuchten und nährstoffreichen Bedingungen auch an Standorten außerhalb der Auen wachsen. Als Kulturfolger des Menschen ist der Schwarze Holunder häufig im Siedlungsbereich zu finden.

1

2

Bei Berührung brechen die Brennhaare der Brennnessel an ihren deutlich erkennbaren Sollbruchstellen ab. Wie mit einer Spritze werden dann die reizauslösenden Inhaltsstoffe unter die Haut injiziert. Viel zahlreicher sind aber die positiven Aspekte der Pflanze: Die Raupen zahlreicher Schmetterlinge – unter anderem Admiral, Kleiner Fuchs und Tagpfauenauge – leben und fressen an den Brennnesseln, und der Mensch verwendet sie als Blattgemüse, Heiltee, Färbemittel, Faserpflanze, Pflanzenjauche sowie als Chlorophyllquelle.

der Hartholzauen verdrängt werden wird. Im Unterwuchs der Silberweiden-Au gedeihen als häufige Arten durchwegs Nährstoffzeiger, die den düngenden Einfluss der Hochwasser dokumentieren: zum Beispiel Hopfen *Humulus lupulus,* Au-Brombeere *Rubus caesius,* Schwarzer Holunder *Sambucus nigra,* Gilbweiderich *Lysimachis vulgaris* und Sumpf-Ziest *Stachys palustris* sowie in bereits etwas trockeneren Bereichen Gefleckte Taubnessel *Lamium maculatum* und Knoblauchsrauke *Alliaria petiolata.*

Bestände der Silber-Pappel *Populus alba* lösen die Weiden als Folgegesellschaften auf noch höher gelegenem Geländeniveau der Au ab, sie werden nicht mehr regelmäßig überschwemmt, müssen aber starke Grundwasserschwankungen ertragen. Auch sie sind heute vielfach überaltert, bilden aber gerade in der offenen Au noch vitale Bestände und stellen das Bindeglied zwischen den Weich- und Hartholzauen dar. Während die im Frühjahr blühenden Zwiebel- und Knollenpflanzen die bodenfeuchte Silberweiden-Au noch meiden, sind sie in den Silberpappel-Waldgesellschaften mit dem Knöllchentragenden Scharbockskraut *Ficaria verna* bereits vertreten. Weitere nährstoffzeigende Arten dieses Waldtyps sind Gundelrebe *Glechoma hederacea,* Brennnessel *Urtica dioica,* Klett-Labkraut *Galium aparine* und Giersch *Aegopodium podagraria.*

1 Das Klett-Labkraut verfügt als einjährige, nährstoffzeigende Art über gute Anpassungen, die es auch für ein Leben in gedüngten Äckern prädestiniert. So ist die Art heute auch ein weit verbreitetes und häufiges Ackerbeikraut.

2 Zu den Futterpflanzen der Raupen des Kleinen Schillerfalters zählen vor allem Pappeln und Weiden.

1

2

Wenn die Donau heute über ihre befestigten Ufer tritt, setzt sie nur Feinsedimente ab, die so hoch über der Mittelwasserlinie keine geeigneten Standorte für Weiden bieten. Stattdessen wachsen an den Uferböschungen gräserreiche Staudenfluren.

Die Silber-Pappel kann sich über ihre Wurzelsprosse sehr gut regenerieren, wesentlich besser als die Schwarz-Pappel, die ehemals ihren Schwerpunkt an etwas feuchteren Standorten als die Silber-Pappel aufwies. Heute ist die Schwarz-Pappel als Folge der Flussregulierungen eine der gefährdetsten Gehölzarten Europas, auch die Bestände der Lobau sind überaltert und am Zusammenbrechen. Auffällig geradstämmige und einartige Pappel-Bestände sind Hybridpappel-Kulturen. Die Hybrid- oder Kanada-Pappel *Populus ×canadensis* ist die Kreuzung der heimischen Schwarz-Pappel mit einer amerikanischen Pappel-Art und wurde wegen ihrer raschen Wüchsigkeit und ihrer gut zu verarbeitenden geraden Stämme vor allem in der Zeit nach dem Zweiten Weltkrieg aufgeforstet. Für bestimmte Vogelarten, die große und schwere Nester bauen und auf Trägerbäume mit starken Kronästen angewiesen sind, haben die Hybrid-Pappeln mitunter positive Effekte. Langfristig wird jedoch angestrebt, die Hybrid-Pappeln im Nationalpark Donauauen aus ökologischen Gründen durch heimische Baumarten zu ersetzen.

Manche tierische Organismen der Weichholzauen sind an bestimmte Weichholzarten gebunden. Wenn es zum Beispiel an Schönwettertagen von den Silber-Weiden regnet, ist das der sogenannte „Kuckucksspeichel“ der Weiden-Schaumzikade *Aphrophora salicina*. Die Männchen der Beutelmeise *Remiz pendulinus* polstern mit „Pappelwolle“, den vom Wind verblasenen Samenfäden der Weiden und Pappeln, ihre charakteristischen beutelförmigen Nester an herabhängenden Zweigen in Gewässernähe. Besonders die Bodentiere der Weichholzau müssen in der Lage sein, die regelmäßigen Überschwemmungen zu überdauern: sei es durch Flucht, sei es durch spezielle Anpassungen. Bei Hochwasser ist es eindrucksvoll zu beobachten, wie beinahe jedes treibende Holzstück von Kleintieren als Floß genutzt wird oder wie sie sich an Blatt- und Triebspitzen sammeln, die über das Wasser ragen.

Wo am heutigen, künstlich befestigten Donauufer wegen der Daubelfischerei oder aus anderen Gründen keine Gehölzvegetation aufkommen kann, bilden sich Ersatzgesellschaften aus hochwüchsigen krautigen Arten. Sie müssen die wechseltrockenen Verhältnisse auf den sandigen, schlecht Wasser speichernden Uferböschungen und Uferwällen ertragen können. Bezeichnend für diese Bedingungen sind Echter Beifuß *Artemisia vulgaris* sowie die Gräser Wehrlose Trespe *Bromus inermis* und Kriech-Quecke *Elymus repens*.

1 Während die Laubholz-Mistel *Viscum album* vor allem auf Weiden und Pappeln wächst, sind die Vorkommen der Riemenmistel *Loranthus europaeus* auf die Stiel-Eichen beschränkt (→ Bilder S. 401).

2 Die Weiden-Schaumzikade muss große Mengen an Pflanzensaft saugen, um genügend Kohlenhydrate und Eiweiße aufzunehmen. Das überschüssige Wasser wird zur Erzeugung der schützenden Schaummasse verwendet und fällt so reichlich an, dass es von den Bäumen tropft.

3 Die Männchen der Beutelmeisen bauen die weichen Nester aus Pappelwolle und Pflanzenfasern an herabhängenden Zweigen in der Nähe von Gewässern.

1

2

3

Die Altwässer der abgedämmten Au

Stille Wasser sind nicht immer tief: physikalisch-chemische Gewässereigenschaften

Die langgestreckten Altwässer der Wiener Donauauen weisen weitgehend den Charakter von Stillgewässern auf und werden daher oft als „Auseen“ bezeichnet. Wegen ihrer geringen Tiefe sollte man sie jedoch richtiger Auweiher nennen. Im Gegensatz zu den noch seichteren Autümpeln führen sie permanent Wasser. Im Unterschied zum fließenden Strom bilden sich in den abgedämmten Altwässern tiefgründige Schlammböden, die nicht selten wegen Sauerstoffarmut zur Faulschlammbildung neigen. Auch die physikalisch-chemischen Verhältnisse variieren stark zwischen Strom und Augewässern.

Das Fließgewässer Donau weist bei niedrigeren Wassertemperaturen deutlich höhere Sauerstoffgehalte auf als die Altwässer und ist getreu dem Merkspruch „Fließt das Wasser über sieben Stein, ist es wieder rein“ in viel stärkerem Maße zur Selbstreinigung fähig. Stillgewässer sind wegen ihrer geringeren Selbstreinigungskraft besonders empfindlich gegen Nährstoffeinträge und Belastungen. Die elektrische Leitfähigkeit, eine Kenngröße für alle im Wasser gelösten Ionen, kann als Verschmutzungs- und Trophiezeiger angesehen werden. Sie ist in den seenartigen Altwässern, die gleichsam Nährstofffallen darstellen, erwartungsgemäß höher als im Donaustrom. Das gilt ebenso für die Stickstoff- und Phosphorverbindungen, die Hauptnährstoffe der Algen und Wasserpflanzen. Nach dem vierstufigen Trophiesystem, das Stillgewässer nach ihrer nährstoffabhängigen Produktivität klassifiziert, sind die Donaualtwässer Wiens als mesotroph (= mäßig produktiv/nährstoffreich) oder häufiger als eutroph

Der Einfluss der Donau auf das Nährstoffregime der Lobau-Altwässer

Überschwemmungsflächen und Augebiete, die mit einem Fluss in Verbindung stehen, steigern den Nährstoffrückhalt und damit verbunden das Selbstreinigungspotenzial des Fließgewässers. Die Gewässer der Lobau wurden durch die Schutzdammbauten vom Strom weitgehend abgetrennt und werden von Hochwassern mit ihrer erosiven und ausspülenden Wirkung nicht mehr erfasst. Ihre Wasserversorgung erfolgt nur mehr über das Grundwasser, das durch den Marchfeldschutzdamm hindurchsickert. In der Unteren Lobau stehen die Gewässer auch noch über den Schönauer Schlitz durch rückstauende Hochwasser mit der Donau in Verbindung. Je nachdem wie der Wasserzutritt erfolgt, hat dies unterschiedliche Auswirkungen auf die nährstoffchemische Situation der einzelnen Gewässer und in weiterer Folge auf deren Lebensgemeinschaft. Das Donauwasser weist heute gegenüber vergangenen Zeiten mehrfach erhöhte Nährstoffkonzentrationen auf, und die Lobau-Altwässer, die wegen der fehlenden Durchströmung wie Nährstofffallen wirken, sind daher durch die Einträge aus der Donau alle mehr oder weniger stark belastet. Wie in der nebenstehenden Graphik am Beispiel von Phosphat gezeigt wird, nimmt diese Belastung mit zunehmender Entfernung der Gewässer von der Donau rasch ab, denn die Wasserversorgung der Gewässer erfolgt hauptsächlich über Grundwasser, das bei seinem Weg durch den Schotterkörper gereinigt wird. Aber auch dort, wo eine direkte Verbindung der Gewässer, über den Schönauer Schlitz, mit der Donau gegeben ist und bei starkem Hochwasser durch den Rückstau nährstoffbelastetes Donauwasser eindringt, zeigt sich deutlich die Abnahme der Belastung mit zunehmender Entfernung. In den entfernt gelegenen Gewässern spielen interne Prozesse wie die Rücklösung von gebundenem Phosphat eine übergeordnete Rolle, doch steigern auch hier die Nährstoffeinträge aus der Donau, wenn auch in geringerem Ausmaß, die Produktivität der Gewässer und tragen zu deren beschleunigter Verlandung bei. *Thomas Hein*

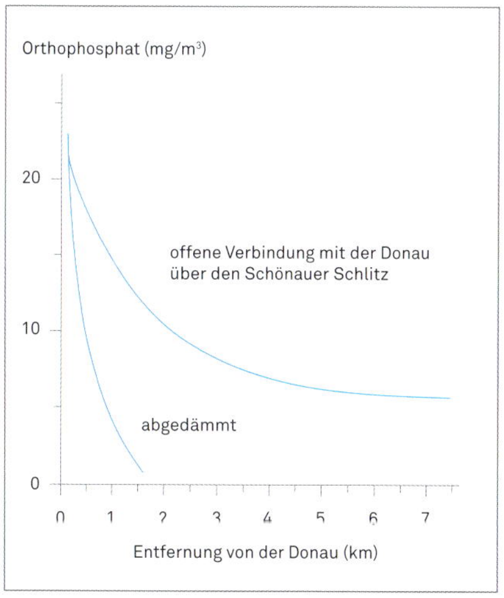

Mittlere Orthophosphat-Konzentrationen in Altwässern der Unteren Lobau. Die obere Kurve zeigt die Orthophosphat-Abnahme mit der Entfernung vom Schönauer Schlitz, in Gewässern, die eine direkte Verbindung mit der Donau haben, die untere die Abnahme in abgedämmten Gewässern, nach Passieren des Schotterkörpers hinter dem Marchfeldschutzdamm.

Das kleine, knapp vier Meter tiefe Schwarze Loch in der Unteren Lobau weist eine stabile sommerliche Schichtung auf, was nach längeren Schönwetterperioden zu einer Temperaturdifferenz von etwa zehn Grad Celsius zwischen Wasseroberfläche und Grund führen kann. Das Oberflächenwasser zeigt dabei, verglichen mit der Tiefenschicht, größere tages- und jahreszeitliche Temperaturschwankungen, höheren Sauerstoffgehalt und höheren Lichtgenuss. In der darunterliegenden Sprungschicht nehmen Temperatur, Sauerstoffgehalt und Strahlungsintensität sehr rasch ab, sodass in der Tiefenschicht keine Photosynthese mehr möglich ist.

(produktiv/nährstoffreich) einzustufen. Selten herrschen in Kleingewässern wie im Schwarzen Loch auch hypertrophe Bedingungen. Das Tiefenwasser ist dann durch die große Biomasseproduktion im Laufe des Sommers zeitweise sauerstofffrei und es kommt zur Bildung von Schwefelwasserstoff.

Sowohl das Wasser der Donau wie auch das der Altwässer ist kalkhaltig. Das schlägt sich in einer durchwegs basischen Gewässerreaktion nieder, wobei die Auweiher die höheren pH-Werte aufweisen.

Da Wasser ein schlechter Wärmeleiter ist, bewirkt die sommerliche Erwärmung der oberen Wasserschichten in stehenden Gewässern – im Gegensatz zu Fließgewässern – die Bildung eines vertikalen thermischen Gradienten. Diese Temperaturschichtung erschwert Austauschvorgänge zwischen den Wasserschichten, was zur Bildung einer chemischen Schichtung führt. In allen Lobau-Altwässern wird diese Wasserschichtung zumindest im Frühjahr und im Herbst durch Zirkulation vollständig durchmischt. Die meisten der Gewässer sind aber so seicht, dass ihre Schichtung auch im Sommer durch Wind immer wieder gebrochen wird. Die gelösten und die suspendierten Stoffe sowie das Plankton sind daher in diesen Gewässern gleichmäßiger verteilt als zum Beispiel im windgeschützten Schwarzen Loch, das im Sommer regelmäßig sauerstofffreie Verhältnisse über dem Gewässergrund aufweist. Unter diesen Umständen sind dort nur mehr anaerobe, chemoautotrophe Bakterien anzutreffen, die ohne Sauerstoff und Licht auskommen.

Leben in und an den Altwässern der Donau

In und an den Altwässern verändert sich die Vegetation entlang eines ökologischen Gradienten, der eine Zonierung der Verlandungsvegetation von der Gewässermitte bis zum Ufer bestimmt. Vor allem die naturbelassenen Altwässer der Unteren Lobau, aber auch einige Gewässer in der Oberen Lobau und im Prater weisen eine artenreiche Ufervegetation auf. Da können das künstlich geschaffene Becken des Donau-Oder-Kanals, die ausgebaggerten Altarme in der Oberen Lobau, der Stauraum Freudenau oder stark genutzte Gewässer wie die Alte Donau nicht mithalten. Denn diese anthropogen beeinflussten Gewässer sind meist so steilufrig, dass sie wesentlich weniger Kleinstandorte bieten.

Blick in die Freiwasserzone des Großenzersdorfer Arms: Durch die Massenentwicklung einzelliger Algen ist das Wasser grünlich gefärbt.

Freiwasserzone

Bei den Altwässern unterscheidet man, wie bei Seen, eine Freiwasserzone und eine Bodenzone. In der Freiwasserzone findet man das passiv verfrachtbare Plankton naturgemäß in einer größeren Dichte als im Donaustrom. Oft kann man Massenentwicklungen verschiedener Plankton-Organismen allein schon an der charakteristischen Färbung der Gewässer, der sogenannten „Wasserblüte", erkennen. Je nach Jahreszeit und Temperatur lösen einander verschiedene Arten in der Dominanz ab. Im Frühjahrsplankton dominieren neben verschiedenen Geißel- und Grünalgen vor allem die Kieselalgen: bis zu 2.000 Individuen kann man in einem einzigen Kubikzentimeter Donau-Altwasser zählen! Im Sommer nimmt der Anteil an Blaualgen (Cyanobakterien) zu. Vor allem sehr nährstoffreiche Weiher sind dann je nach Art grau-, blau- oder dunkelgrün gefärbt. Eine bräunliche Wasserfärbung weist hingegen auf eine Massenvermehrung verschiedener Panzergeißler hin, die zwei lange Geißeln und einen zweiteiligen Zellulosepanzer mit einer Querfurche aufweisen. Ihre Färbung wird durch Carotinoide verursacht, Farbstoffe, die das Chlorophyll überdecken. Auch der Anteil an Bakterien ist im Sommerplankton besonders hoch. Nimmt die Wassertemperatur ab, werden die wärmeliebenden Arten durch Vertreter des Herbstplanktons abgelöst, dann dominieren wieder Kieselalgen und verschiedene Geißelalgen, weniger häufig sind auch Grünalgen beigemischt. Das tierische Plankton wird wie in der Donau vor allem von Rädertierchen, Kleinkrebsen und Wimpertierchen beherrscht, wobei auch in diesen Verwandtschaftsgruppen Warm- und Kaltwasserarten einander im Jahreslauf ablösen. Wie für die Donau wurden auch für ihre Altwässer starke Veränderungen in der Zusammensetzung des Phyto- und Zooplanktons festgestellt. Hauptverantwortlich für diese Entwicklung ist in erster Linie der veränderte Gewässerchemismus.

Neuere Methoden, die vielfach auf DNA-Analyse beruhen, erlaubten es in den letzten Jahren, auch das Nanoplankton eingehender zu untersuchen. So bezeichnet man alle Organismen im Wasser, die kleiner als 60 Mikrometer sind. Die Untersuchungen zeigen, dass Bakterien und Viren eine besonders wichtige Rolle in den Stoffkreisläufen der Gewässer spielen.

Organismen, die im Grenzbereich von Wasser und Luft in den obersten Millimetern des Wasserkörpers leben, nutzen seine Oberflächenspannung als Anheftungs- und Fortbewegungsfläche. Diese Gruppe umfasst Kleinstorganismen wie Algen, Pilze und Bakterien. Sie sind Nahrungsquelle für Kleintiere und haben als Bewohner der Grenzlamelle eine wichtige Funktion bei der Diffusion der Gase in das und aus dem Wasser. Größere Organismen, die an der Wasseroberfläche schwimmen oder darauf laufen, sind etwa die Wasserspringer, die zu den Springschwänzen *(Collembola)* gehören und auf der Wasseroberfläche nach Pflanzennahrung suchen, sowie die räuberischen Wasser- und Teichläufer *Gerridae* aus der Verwandtschaft der Wanzen. Die Große Spitzschlammschnecke *Lymnaea stagnalis* kriecht mithilfe von Schleimabsonderungen an der Unterseite des Wasserhäutchens und weidet die Organismen dieses Grenzbereichs ab.

Die Große Spitzschlammschnecke kommt zum Atmen an die Wasseroberfläche. Bei Gefahr stößt diese Lungenschnecke Luft aus, um rasch abzusinken. Die verwachsene Verletzung am Gehäuse zeugt von ihrer hohen Regenerationsfähigkeit.

Höhere Wasserpflanzen: frei schwebend oder festgewachsen

Obwohl die Höheren Wasserpflanzen (Hydrophyten) in stehenden Gewässern, im Vergleich zum Phytoplankton nur eine geringe Produktionsleistung erbringen, sind sie als Strukturbildner von überragender Bedeutung für die biologische Mannigfaltigkeit in den Gewässern. Anders als die Grünalgen, von denen alle Landpflanzen abstammen, haben die Blütenpflanzen den Lebensraum Wasser sekundär besiedelt und mussten sich an das wässrige Milieu erst wieder anpassen. Mit mehr als 40 Arten sind die

Plankton: pflanzliche und tierische Kleinlebewesen der Gewässer

Jedes Gewässer wird von einer Vielzahl von Kleinlebewesen bewohnt. Sie sind für ein aquatisches Ökosystem von entscheidender Bedeutung, beeinflussen sie doch die Umsetzungsprozesse, also die Auf- und Abbauprozesse im Stoffkreislauf. Die im Wasserkörper frei schwebenden Lebewesen werden unter dem Begriff Plankton zusammengefasst. Im Wesentlichen lassen sich drei Gruppen unterscheiden:

Das **pflanzliche Plankton** (Phytoplankton) steht an der Basis des Nahrungsgefüges, da es durch Photosynthese zur Bildung von organischer Substanz befähigt ist. Es besteht aus mikroskopisch kleinen, meist einzelligen Algen. Die kleinsten Vertreter sind nur wenige Tausendstel Millimeter groß. Viele Algenarten bilden Kolonien, die mitunter eine mit dem freien Auge erkennbare Größe erreichen können. Je nach Organisation und Bauplan ordnet man die Algen verschiedenen Klassen zu. Im Plankton unserer Gewässer herrschen vielfach Vertreter aus den Klassen der Kieselalgen *(Bacillariophyceae)*, der Grünalgen *(Chlorophyceae)* und der Blaualgen (Cyanobakterien) vor. Daneben sind aber auch eine Reihe von kleinzelligen Flagellaten (etwa: *Cryptophyceae*) und die vergleichsweise riesigen Formen aus der Gruppe der Panzerflagellaten *(Dinophyceae)* von Bedeutung.

Die Biomasse des Phytoplanktons dient dem **tierischen Plankton** (Zooplankton) als Nahrungsgrundlage. Bei diesem unterscheidet man drei Großgruppen: die Wimpertierchen (Ciliaten), die Rädertiere (Rotatorien) und die Krebstiere (Copepoden, Cladoceren). Letztere sind vor allem den Aquarianern unter dem Begriff „Wasserflöhe" bestens bekannt. Im Unterschied zum Phytoplankton sind beim Zooplankton die größeren Organismen meist gute Schwimmer, was sie zu Wanderungen und aktivem Aufsuchen von für sie günstigen Lebensbereichen im Gewässer befähigt. Das Zooplankton bildet die Nahrungsgrundlage für zahlreiche Fischarten.

Als dritte Planktongruppe sorgt eine Vielzahl von **Bakterien** (Bakterioplankton) für den Abbau von organischer Substanz und deren Remineralisation und somit für die Rückführung in Form von anorganischer Materie in den Stoffkreislauf.

Das Plankton ist für die Wasserqualität eines Gewässers von entscheidender Bedeutung, wobei die Intensität der Umsetzungsprozesse im Plankton stark vom Nährstoffangebot, dem Nahrungsgefüge und den abiotischen Umgebungsfaktoren abhängt. Bei geringem Nährstoffangebot und dementsprechend geringer Produktion ist das optische Erscheinungsbild des Gewässers klar und „sauber", während es bei erhöhtem Nährstoffangebot (Eutrophierung) durch die intensive Produktionsleistung zu Vegetationsfärbungen, verstärkter Trübe und dadurch zu einem ästhetisch unbefriedigenden Eindruck kommt.

Martin Dokulil / Karl Donabaum

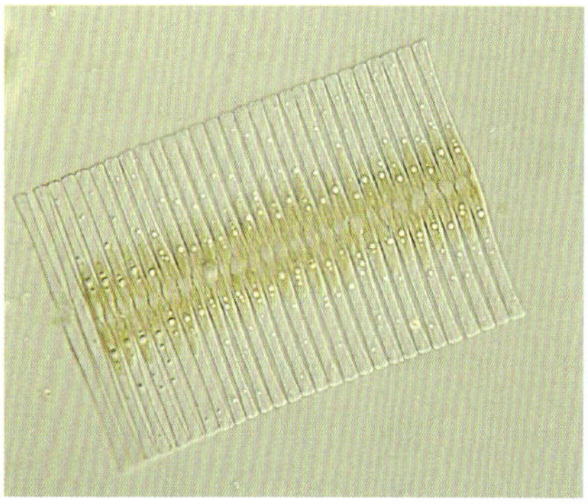
1

2

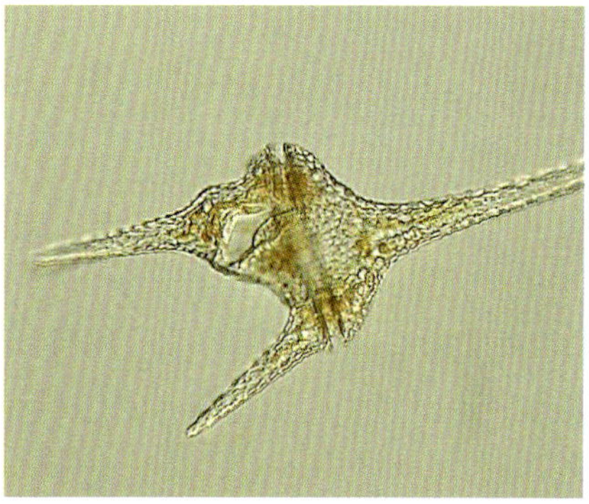
3

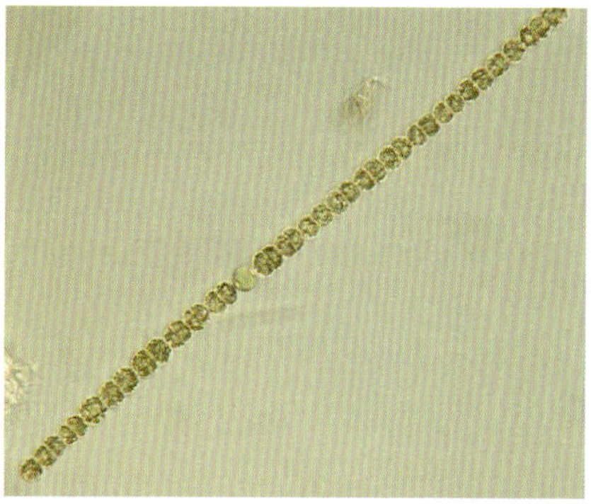
4

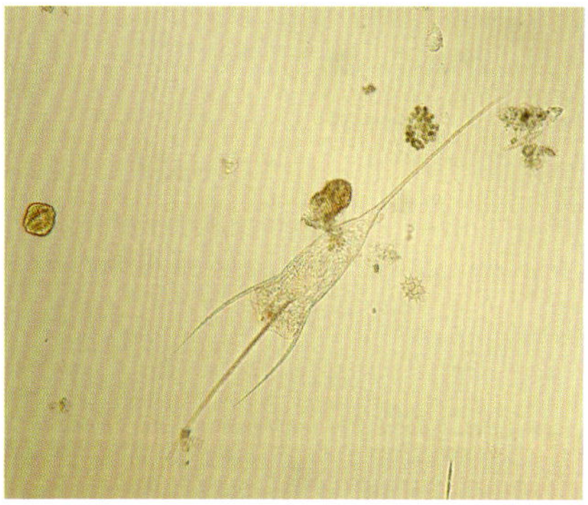
5

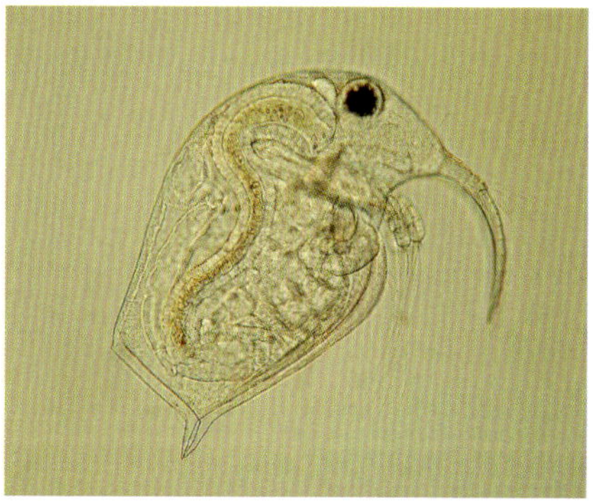
6

1 Kieselalge *Fragilaria crotonensis*

2 Grünalge *Scenedesmus magnus*

3 Panzerflagellat *Ceratium hirundinella*

4 Blaualge *Anabaena planctonica*

5 Rädertier *Kellicotia longispina*

6 Kleinkrebs *Bosmina longirostris*

Die Kleine Wasserlinse kommt in unserem Klima nur sehr selten zur Blüte und vermehrt sich daher fast ausschließlich vegetativ, das heißt durch Klonung. Dabei wachsen seitlich aus den Mutterpflanzen Sprosse, die mit ihnen verbunden bleiben oder sich auch ablösen können. Gemeinsam mit der etwas größeren Teichlinse bildet die Kleine Wasserlinse, vor allem an besonnten Standorten, häufig Mischbestände.

Wasserpflanzen in den Lobau-Gewässern reich vertreten. Drei Großgruppen können nach ihren Lebensformen unterschieden werden:

Die **Wasserschweber** sind wurzellos oder haben rückgebildete Wurzeln, die hauptsächlich der Stabilisation beim Schweben im Wasser dienen. Sie werden leicht durch Wind und Strömung vertragen und sind daher häufig in ruhigeren Buchten oder zwischen anderen Wasserpflanzen und im Röhricht anzutreffen. Die eigentümlichen linsenförmigen Vegetationskörper der Wasserlinsengewächse sind von einem Luftgewebe durchzogen. Durchlüftungsgewebe sind überhaupt bei allen Wasser- und Sumpfpflanzen ein wichtiges Anpassungsmerkmal. Sie dienen dem Gasstoffwechsel, der im wässrigen Milieu wegen des geringeren Partialdruckes der Gase erschwert ist, und verleihen den Pflanzen Auftrieb. Die einwurzelige Kleine Wasserlinse *Lemna minor* ist die weitaus häufigste Vertreterin der Wasserlinsengewächse und bildet sehr oft eine geschlossene Decke an der Wasseroberfläche.

Viel seltener bildet der attraktiv weiß blühende Froschbiss *Hydrocharis morsus-ranae* seine Schwimmblatt-Teppiche. Die Blätter der ausläuferbildenden Rosettenpflanze glänzen auffällig und sind wie bei vielen Wasserpflanzen zur Erleichterung des Gasstoffwechsels besonders wasserabstoßend. Die kalte Jahreszeit überdauert die Pflanze mit Winterknospen, die auf den Gewässergrund absinken, um im Frühjahr wieder auszutreiben und an die Wasseroberfläche aufzusteigen. Diese Strategie, die mit vegetativer Fortpflanzung verknüpft ist, wenden zahlreiche Wasserpflanzen an – unter anderem auch die Krebsschere *Stratiotes aloides,* die noch um 1860 in der Lobau große Bestände bildete, häufig zusammen mit dem Froschbiss. Die wenigen Vorkommen, die man heute wieder finden kann, wurden durch die Wiener Magistratsabteilung 45

1 Selbst eine so große Pflanze wie der Froschbiss hat als Wasserschweber keine Wurzeln und nimmt die Nährstoffe ausschließlich aus dem Wasser auf.

2 Es ist nicht ganz geklärt, warum die Krebsschere heute im Wiener Raum und in Niederösterreich so gut wie ausgestorben ist. Möglicherweise bevorzugt sie frisch vom Strom abgegliederte Seitenarme und die heutigen Altarme sind ihr „chemisch zu alt“.

1

2

Grüne Mosaikjungfer

Die extrem seltene Grüne Mosaikjungfer erreicht eine Körperlänge von rund 7 cm und eine Flügelspannweite von fast 9 cm.

Libellen besiedeln insgesamt ein weites Spektrum von Lebensräumen, das von Quellen, Bächen und Flüssen über Moore und Seen bis zu Küstentümpeln reicht. Sie sind aber auch klassische Bewohner von Augewässern. Wohl nicht zuletzt wegen ihrer prächtigen Körperfärbung, auffallenden Größe und erstaunlichen Flugkünste, hat diese Tiergruppe einen hohen Bekanntheitsgrad in breiten Bevölkerungskreisen. Libellen gelten auch als hervorragende Bioindikatoren, da sie teilweise hohe Ansprüche an die Qualität und Naturnähe ihres Lebensraumes stellen. Einzelne Arten zeigen besonders eng ausgeprägte Beziehungen zu Vegetationsstrukturen. Ein gutes Beispiel dafür ist die Grüne Mosaikjungfer *Aeshna viridis,* eine auffallend schöne und große Libelle. Der Artname bezieht sich auf die bei beiden Geschlechtern ausgeprägte grüne Thoraxfärbung. Bei den Weibchen ist auch der übrige Körper grün gezeichnet, beim Männchen das gesamte Abdomen schwarz-blau gescheckt. Die Grüne Mosaikjungfer zählt zu den am stärksten gefährdeten Libellen-Arten und wird in vielen Roten Listen als vom Aussterben bedroht eingestuft. Der Grund dafür ist ihre Abhängigkeit von dichten Beständen der Krebsschere, einer Wasserpflanze, die Gräben, Altwässer und Teiche mit guter Wasserqualität besiedelt. Infolge der Zerstörung vieler aquatischer Lebensräume sind die Vorkommen der Krebsschere in den letzten Jahrzehnten stark zurückgegangen. Da die Eiablage der Weibchen ausschließlich an den stacheligen Blättern dieser Wasserpflanze erfolgt, würde mit deren Verschwinden auch diese schöne Libellen-Art aussterben. Den noch verbliebenen Beständen in den Auen um Wien kommt somit eine wichtige Bedeutung zur Erhaltung dieser selten gewordenen Art zu.

Otto Moog

eingebracht. Sie vermehrt die Krebsschere und bringt sie bei Wasserbauvorhaben aus. Es ist zu hoffen, dass damit eine der seltensten heimischen Libellen, die Grüne Mosaikjungfer, die auf die Krebsschere angewiesen ist, vor dem Aussterben bewahrt werden kann.

Die Blüten des Rauen Hornblattes sind sehr unscheinbar; der Pollentransport und die Bestäubung erfolgen im Wasser.

Das Raue Hornblatt *Ceratophyllum demersum* hat sich als Folge der Nährstoffzunahme während der letzten Jahrzehnte in den Donau-Altwässern explosionsartig ausgebreitet. Die starren, zerbrechlichen Blätter sind ein- bis zweimal gabelig zerteilt. Da selbst wurzelnde Wasserpflanzen einen Großteil der Nährstoffe nicht über die Wurzeln sondern über den Pflanzenkörper aufnehmen, bilden viele von ihnen stark verzweigte Blätter mit schmalen Blattzipfeln, um auf diese Weise ihre Oberfläche zu vergrößern.

Der Gewöhnliche Wasserschlauch *Utricularia vulgaris* besitzt ähnlich gebaute Sprosse wie das Raue Hornblatt und nimmt die gleiche ökologische Position knapp unter der Wasseroberfläche ein; die auffallenden gelben Blüten erheben sich allerdings über die Wasseroberfläche. Durch Unterdruck, der sich in kleinen Fangblasen an den Blattzipfeln bildet, saugt diese fleischfressende Pflanze Kleinstlebewesen ein. Diese spektakuläre Fähigkeit ermöglicht es den Wasserschlauch-Arten, auch nährstoffärmere Standorte zu besiedeln. Bei dem heutigen hohen Nährstoffangebot ist dies leider

Zur Blütezeit ist der untergetaucht lebende Gewöhnliche Wasserschlauch nicht zu übersehen. In den Fangblasen erzeugen Drüsen Enzyme zur Verdauung der gefangenen Kleinstlebewesen.

1

2

1 Am Stängel zeigt das abgebildete Glanz-Laichkraut einen Überzug aus Kalk, der bei der Photosynthese ausfällt. Gegen Ende der Vegetationsperiode sind alle älteren Pflanzenteile dicht von Kalk umhüllt.

2 Das Fischkraut (rechts im Bild) zählt österreichweit zu den stark gefährdeten Arten und ist heute in den Donauauen bei Wien ausgestorben. Das Krause Laichkraut (links im Bild) ist an seinem stark gewellten Blattrand leicht zu erkennen.

nicht mehr gefragt und so erklärt sich der Rückgang des hochspezialisierten Ernährungskünstlers in der Konkurrenz gegenüber dem Rauen Hornblatt, dem ausgezeichneten Verwerter reichlich vorhandener Nährstoffe.

Die wurzelnden, **untergetaucht lebenden Wasserpflanzen,** die zum Teil vollständig im Wasser leben, teilweise aber wenigstens ihre Blütenstände über das Wasser heben, bilden zahlenmäßig die größte Gruppe. In fast jedem Altwasser wächst zumindest eine Art der Laichkräuter. Die kleinwüchsigen, leicht zu übersehenden, schmalblättrigen Formen, wie das seltene Stachel-Laichkraut *Potamogeton friesii,* wachsen in Kleingewässern und im Unterwuchs größerer Wasserpflanzen in Auweihern. Die großwüchsigen, breitblättrigen Arten, wie Glanz-Laichkraut, Durchwachsenes Laichkraut und Krauses Laichkraut (*Potamogeton lucens, P. perfoliatus* und *P. crispus*) sind auf tiefere Gewässer beschränkt. Die Arten zeigen aber auch Präferenzen für unterschiedliche hydrochemische Gegebenheiten: so kommen vor allem das Krause Laichkraut und das schmalblättrige Kamm-Laichkraut *Potamogeton pectinatus* in den nährstoffreicheren Gewässern besonders reichlich vor, während die Bestände des österreichweit gefährdeten Glanz-Laichkrauts bei zunehmender Nähstoffbelastung abnehmen. Eine nahe Verwandte der Laichkräuter, das Fischkraut *Groenlandia densa,* besiedelt langsam fließende, nur mäßig nährstoffreiche, unverschmutzte Gewässer. Es ist wie die Wasserfeder *Hottonia palustris* heute aus den Donau-Altwässern bei Wien verschwunden.

Viele Wasserpflanzen reagieren sehr fein auf geänderte Gewässerverhältnisse und können als Indikatorpflanzen herangezogen werden. Da die Nährsalze in Gewässern in gelöster und somit pflanzenverfügbarer Form vorliegen, wirkt sich ihre Zunahme durch Ausschwemmung aus landwirtschaftlichen Flächen und Abwassereinleitungen direkt aus. Daher sind die Hydrophyten die weltweit am stärksten gefährdete ökologische Gruppe der Blütenpflanzen. In der Unteren Lobau läuft dieser Verdrängungsprozess umso rascher ab, je häufiger die Altwässer über den Schönauer Schlitz von eutrophierendem Donau-Rückstauwasser erfasst werden. Wegen ihrer hohen Ionenverträglichkeit können manche dieser Arten, wie Raues Hornblatt oder Kamm-Laichkraut oder der Neubürger Großes Nixenkraut *Najas marina* sogar in Brackwässern der Meeresküsten gedeihen!

Der Haarblatt-Hahnenfuß wächst häufig in seichten, schlammigen Gewässern, die im Sommer trockenfallen können.

Für die Verteilung der drei weißblühenden Wasserhahnenfuß-Arten in Wien sind weniger der Gewässer-Chemismus als vor allem Gewässertiefe und Sediment verantwortlich: der Zarte Wasser-Hahnenfuß *Ranunculus rionii* besiedelt als einjährige Art früh austrocknende Kleingewässer und früh trockenfallende Gewässerränder, der Spreizende Wasserhahnenfuß *R. circinatus* erträgt nur kurzzeitiges Trockenfallen des Standortes, während der Gewöhnliche Haarblatt-Hahnenfuß *R. trichophyllus* mit seinen Landformen auch längere Landphasen erträgt.

Die fein zerteilten Blätter des Ähren-Tausendblatts *Myriophyllum spicatum* sind kalkinkrustiert und können so leicht vom Quirl-Tausendblatt *M. verticillatum*

Die zwei Tausendblatt-Arten der Donau-Altwässer wachsen hier durcheinander: das dichter beblätterte, hellgrüne Quirl-Tausendblatt zusammen mit dem lockerer beblätterten, kalkinkrustierten und daher graugrünen Ähren-Tausendblatt.

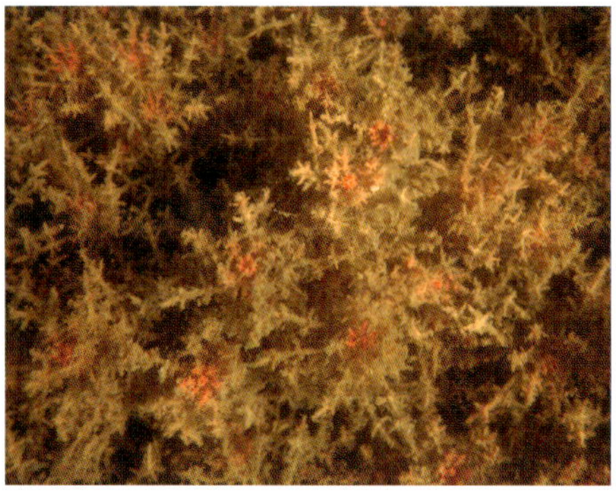

Die Steifhaarige Armleuchteralge gleicht im Aufbau ihres Pflanzenkörpers den Höheren Pflanzen. Als Sporenpflanze bildet sie aber keine Blüten und Früchte.

unterschieden werden, das weiche, schlaffe Blattzipfel ohne Kalküberzüge aufweist. Dahinter stehen unterschiedliche Weisen der Photosynthese. Das Ähren-Tausendblatt bedient sich eines Modus, der erst Mitte des 20. Jahrhunderts vom österreichischen Limnologen Franz Ruttner aufgedeckt wurde. Dieser Weg erlaubt es einigen submersen Wasserpflanzen und Algen, den geringen Gehalt an freiem Kohlendioxid in basischen Gewässern auszugleichen. Denn sie assimilieren nicht ausschließlich freies Kohlendioxid wie die Landpflanzen, sondern nutzen auch Hydrogenkarbonat als CO_2-Quelle. Dabei wird das Gleichgewicht von gelöstem Kalziumhydrogenkarbonat und Kohlendioxid so verschoben, dass Kalziumkarbonat ausfällt, das dann die assimilierenden Pflanzenteile überzieht. Die unterschiedlichen Wege der Kohlendioxidaufnahme manifistieren sich auch im charakteristischen Verteilungsmuster der beiden Tausendblatt-Arten und spiegeln den unterschiedlichen CO_2-Gehalt des Wassers wider: Etwa in der Panozzalacke beschränkt sich das kalküberzogene Ähren-Tausendblatt auf die tieferen Gewässerabschnitte, während das Quirl-Tausendblatt mit seiner Landform vor allem an herbstlich trockenfallenden Gewässerrändern wächst.

Schließlich seien als submerse Wasserpflanzen noch die Armleuchteralgen *(Characeae)* erwähnt. Fast alle Arten sind ausgesprochene Pionierpflanzen, die schottrige Substrate bevorzugen. Unmittelbar nach der Donauregulierung, als die damals neu entstandenen Altwässer großteils Schotter-Rohböden aufwiesen, dürften ebenfalls die Armleuchteralgen dominiert haben. Als „Feinsedimentfallen" und durch ihren organischen Bestandesabfall trugen sie zur Bildung der Unterwasserböden bei. Erst in den Schlammböden fanden dann die dicken unterirdischen Sprosse der Blütenpflanzen geeignete Bedingungen. Im relativ jungen Becken des Donau-Oder-Kanals, der zwischen 1939 und 1942 ausgebaggert wurde, bedecken heute noch ausgedehnte Bestände der stark kalkinkrustierten Steifhaarigen Armleuchteralge *Chara hispida* den gesamten Beckengrund.

Da und dort erlebt man in der Oberen Lobau exotische Überraschungen: Großes Schmalrohr *Lagarosiphon major,* Dichte Wasserpest *Egeria densa* oder Nordamerikanische Haarnixe *Cabomba caroliana* sind beliebte Aquarienpflanzen, die offenbar ihren Besitzern über den Kopf wuchsen und schließlich in die Donau-Altwässer ausgelagert wurden. Wärmebedürftige Arten wie die Haarnixe verschwinden wieder sehr schnell, die beiden anderen haben sich ebenso wie die Sumpfschraube *Vallisneria spiralis* im Becken des Donau-Oder-Kanals lokal eingebürgert. Es ist zu hoffen, dass sie nicht eines Tages beginnen werden, sich massiv auszubreiten und damit zu Problem-Arten zu werden.

Die Gelbe Teichrose *Nuphar lutea* und die Weiße Seerose *Nymphaea alba* sind die häufigsten und auffallendsten Vertreter der **wurzelnden Wasserpflanzen mit Schwimmblättern.** Beide Arten verfügen über eine große ökologische Amplitude und verhalten sich weitgehend indifferent gegenüber dem Nährstoffgehalt. Da die Teichrose mit ihren zarten Unterwasserblättern das Trockenfallen schlechter erträgt

Die stärkereichen Rhizome der Gelben Teichrose wurden früher in Notzeiten vielerorts als Nahrungsmittel genutzt.

1

2

Wäre es nicht zuverlässig dokumentiert, man würde es kaum glauben: Die Weiße Seerose wurde erst um 1925, angeblich aus dem Laxenburger Schlosspark, in die Lobau eingebracht und ist damit dort ein junges Element der Wasserpflanzenflora. Sie ist weniger strömungsverträglich als die Gelbe Teichrose, die in den Donauauen seit jeher heimisch ist.

als die Seerose, liegt ihr Schwerpunkt eher in der Mitte der Gewässer. In den seichteren Gewässerpartien dominiert hingegen die Seerose, die keine Unterwasserblätter bildet.

Die Wasserpflanzen erhöhen die Habitatdiversität der Gewässer und ermöglichen es damit den Tieren, auch bei ähnlichen Nahrungsansprüchen Konkurrenz zu vermeiden. Fehlen in einem Gewässer Wasserpflanzen, so führt dies zu einer Abnahme der Artenvielfalt und der Individuendichte sowohl beim Plankton als auch bei größeren Tieren. Der Zusammenhang erklärt sich so: Wasserpflanzen sind Aufwuchsmedien für weitere Primärproduzenten wie einzellige Algen, Wasserpilze und Bakterien, die von vielen Tieren als Nahrung abgeweidet werden. Die Pflanzen sind aber auch selbst Nahrungsquelle, bieten Besiedlungsfläche und Eiablageplätze, sie schaffen im Inneren der Wasserpflanzenbestände strömungsarme, geschützte Rückzugsräume, und schließlich werden vor allem Schwimmblätter von Insekten aller Größen, aber auch von Amphibien und anderen Tieren genutzt: zum Aufwärmen, zum Trocknen, zum Jagen, zum Rasten, zur Paarung, zum Fressen und zur Fortbewegung.

Tiere der Altwässer und wie sie Luft holen

Die vielfältigen Strategien der Sauerstoffversorgung zählen auch bei den Tieren zu den wichtigsten Anpassungen an das Leben im Wasser. Sehr kleine Tiere, oft Organismen im Larvenstadium, oder Tiere mit durchlässiger Körperoberfläche können ihren Sauerstoffbedarf über die Haut decken. Die Schlammröhrenwürmer der Gattung *Tubifex* und die Larven der Zuckmücken *Chironomidae* weisen bei fast allen Arten rote Färbungen auf, die auf ihre hämoglobinhaltige Körperflüssigkeit zurückzuführen sind. Die starke Affinität des Hämoglobins zu Sauerstoff ermöglicht es den Organismen, sowohl in der Donau als auch in ihren Altwässern sauerstoffarme Standorte, auch über Faulschlammböden, zu besiedeln. Über die Haut atmen in den Donau-Altwässern aber auch die Wasserassel *Asellus aquaticus,* die Egel-Arten und Würmer aus verschiedensten Verwandtschaftsgruppen. Ja, selbst Tiere mit spezialisierten Atmungsorganen wie Süßwasserschnecken, Amphibien und Fische geben die Hautatmung nicht ganz auf. Vor allem die Gliederfüßer (Arthropoden) können wegen ihres Chitinpanzers nur eingeschränkt über ihre Körperoberfläche atmen. Sie haben daher spezielle Atemtechniken entwickelt. Der Wasserskorpion *Nepa rubra* verfügt über ein Atemrohr, das er beim Lauern auf Beute knapp unterhalb der Wasseroberfläche als Schnorchel einsetzt. Diese Wanzen-Art ist regelmäßig in Wasserpflanzenbeständen seichter Uferabschnitte zu beobachten und verdankt ihren Namen den zu Fangbeinen umgebildeten Vorderbeinen. Zusätzlich hält der Wasserskorpion unter den Flügeln einen Luftvorrat, der aber in erster Linie hydrostatische Funktion hat und nur bei Bedarf auch als physikalische Kieme genutzt wird. Zahlreiche Insektenlarven, wie die der Kleinlibellen oder Eintagsfliegen, bilden zur Vergrößerung ihrer Oberfläche Körperausstülpungen, die als Tracheenkiemen bezeichnet werden. Die im Wasser lebenden Käfer und Wasser-Wanzen oder die Wasserspinne der Donau-Altwässer besitzen keine Kiemen, sondern tragen eine Luftblase als physikalische Kieme mit sich, in die ständig Sauerstoff aus dem umgebenden Wasser nachdiffundiert. Die Blase schrumpft allerdings und muss daher von Zeit zu Zeit durch Auftauchen erneuert werden. Besonders bemerkenswert ist in dieser Hinsicht die Wasserspinne *Argyroneta aquatica,* die einzige heimische Spinnenart, die im Wasser lebt und die man etwa im Bereich der Mühlleitner Furt finden kann. Sie befestigt ihre Netze an untergetauchten Pflanzenteilen der Röhrichtzone. Diese dicht gesponnenen „Taucherglocken" füllt sie dann für sich und ihre Brut mit der benötigten Atemluft, die sie zwischen den Beinen und Haaren des Hinterleibes unter das Wasser transportiert. Käfer sind in pflanzenreichen Altwässern mit zahlreichen Arten vertreten. Zu den Wasserkäfern im

Die Wasserassel lebt oft massenhaft zwischen verfaulenden Wasserpflanzen auf Schlammböden.

engeren Sinn zählen etwa der Kolbenwasserkäfer *Hydrous piceus* oder der Stachelwasserkäfer *Hydrophilus caraboides;* sie sind schlechte Schwimmer und leben fast ausschließlich von Pflanzen. Die abgeflachten Schwimmkäfer, wie der Gelbrandkäfer *Dytiscus marginalis,* der Furchenschwimmer *Asciulius sulcatus* oder der über drei Zentimeter große Gaukler *Cybister lateralimarginalis* leben hingegen räuberisch. Spezialisten, wie eine im Sandboden der Donau lebende Wasserwanze der *Gattung Aphelocheirus,* müssen nie auftauchen, um zu atmen. Sie besitzen ein Plastron, das sind feinste dicht stehende und wasserabstoßende Härchen am Hinterleib, die die Ausbildung eines Luftfilms ermöglichen, der wegen der hohen Grenzflächenspannung zwischen Wasser und Luft nicht schrumpft.

Die Amphibien, von denen im Nationalpark Donauauen fast drei Viertel aller in Österreich heimischen Arten vorkommen, ziehen je nach Entwicklungsstadium verschiedene Organe zur Atmung heran. Die im Wasser lebenden Larven der Schwanzlurche, etwa die des Donau-Kammmolchs *Triturus dobrogicus,* verfügen über äußere Kiemenbüschel. Bei den Kaulquappen der Froschlurche liegen die Kiemen geschützt im Körperinneren und benötigen daher ständig Zufuhr von Atemwasser. Die feinen Kiemen würden an Land zusammenfallen und damit funktionsunfähig werden. Im Laufe der Metamorphose werden sie durch eine Lungen- und Hautatmung abgelöst. Bei den Froschlurchen tritt zusätzlich Mundbodenatmung auf, ein „Blasebalgmechanismus" sorgt dabei für einen ständigen Gasaustausch im gut durchbluteten Mund- und Rachenraum der Frösche und Kröten. – Eine Studie über die Amphibien der Wiener Donauinsel zeigt, dass die Artenvielfalt stark vom Angebot verschiedener Habitat-Strukturen abhängt. Vor allem bei Arten, die Gewässer mit geringem Pflanzenbewuchs brauchen, nehmen mit fortschreitender Verlandungstendenz ihres Lebensraums die Populationsgrößen ab. Andererseits können auch Sekundärbiotope, die naturnah gestaltet sind, eine artenreiche Amphibienfauna aufweisen. Die Nutzung der Gewässer im Jahreslauf ist bei den einzelnen Amphibien sehr unterschiedlich. Seefrosch *Pelophylax ridibundus,* Teichfrosch *Pelophylax esculentus* und ihre durch Kreuzung entstandenen, schwer unterscheidbaren Hybriden, verbringen den überwiegenden Teil des Jahres im und am Gewässer. Man wird auf die gut getarnten, grünlich gefärbten und schwarz gefleckten Tiere vor allem dann aufmerksam, wenn sie bei Gefahr von ihren Ruheplätzen aus ins Wasser springen. Auch die standortstreue Rotbauchunke *Bombina bombina,* eine der häufigsten Amphibien-Arten der Donauauen, nutzt die Gewässer nicht nur als Laichplatz, sondern auch als Sommerhabitat. Im Gegensatz dazu sind Knoblauchkröte *Pelobates fuscus,* Erdkröte *Bufo bufo* oder Laubfrosch *Hyla arborea* nur zur jeweiligen Laichzeit in Gewässern zu finden.

Als häufigste Schlange der Wiener Donauauen siedelt die Ringelnatter *Natrix natrix* vor allem in Gewässernähe und erreicht hier auch österreichweit besonders hohe Populationsdichten. Die gute Schwimmerin und Taucherin ernährt sich als Jungtier

1

2

1 Der Seefrosch überwintert im Gewässersediment und zeigt damit eine besonders enge Bindung an Gewässer.

2 Das Erdkrötenmännchen umklammert ein Weibchen, lässt sich huckepack zum Laichgewässer tragen und bleibt oft tagelang in dieser Position. Sobald das Weibchen die Eier in Form von langen Laichschnüren ausstößt, gibt das Männchen sein Sperma ins Wasser ab, sodass es zu einer äußeren Befruchtung kommt.

1 Die gelben Halbmonde hinter dem Kopf sind ein charakteristisches Merkmal der Ringelnatter.

2 Die Würfelnatter lebt fast ausschließlich von Fischen, die sie während ausgedehnter Tauchgänge erbeutet.

1

2

häufig von Kaulquappen, ältere Tiere sind die Hauptfressfeinde ausgewachsener Amphibien. Seltener jagen die Ringelnattern, die ihre Beute lebendig verschlingen, auch Fische und Kleinsäuger. Die Würfelnatter *Natrix tesselata* zeigt ein sehr ähnliches Verhalten wie die Ringelnatter, ist aber noch stärker an aquatische Lebensräume gebunden. Im Gegensatz zur Ringelnatter jagt sie gezielt und lauert am Gewässergrund ihren Nahrungstieren auf. Durch Gewässerregulierung ist diese wärmeliebende Schlange im Bestand stark bedroht und gebietsweise bereits völlig verschwunden. Die Würfelnatter gilt in Österreich als stark gefährdet und wird in der Europäischen Union als prioritär zu schützende Art eingestuft. Im Wiener Stadtgebiet finden sich von dieser Art, im Gegensatz zur weit verbreiteten Ringelnatter, nur mehr einige wenige, voneinander getrennte Populationen.

Röhricht- und Seggenzone: Leben unter- und oberhalb der Mittelwasserlinie

Vor allem die großen Altwässer der Unteren Lobau werden im Bereich von einem knappen Meter unter- bis einen knappen Meter oberhalb der Mittelwasserlinie von hochwüchsigen Röhricht- und Seggenbeständen gesäumt. Wegen ihrer Ausläufer bilden die Arten des Uferbereichs häufig einartige Reinbestände, die nicht selten mosaikartig miteinander, aber auch mit Wasserpflanzengesellschaften, verzahnt sind. Der dichtwüchsige Röhricht- und Seggengürtel ist nur dort lückig, wo Hirsche am Wildwechsel durch regelmäßigen Betritt vegetationsarme Störstellen schaffen.

Die artenarmen Bestände der hockerartigen Steif-Segge werden vielerorts, wie hier an der Gänshaufentraverse in der Unteren Lobau, vom hochwüchsigen Schilf unterwandert. Wegen der sommerlichen Beschattung verliert die Segge mit der Zeit an Konkurrenzkraft und unterliegt schließlich dem Schilf, das dann seinerseits Dominanzbestände ausbildet.

An der unterschiedlichen Breite der Verlandungszonen ist die Entstehung der langgestreckten Altwässer aus ehemaligen Flussarmen deutlich erkennbar: am ehemaligen Steilufer sind sie schmal, am Flachufer breit. Sie sind dort ausgebildet, wo der Standort für Wasserpflanzen zu lange im Jahr trocken fällt, für Landpflanzen aber über das gesamte Jahr hinweg zu feucht ist. Im Vergleich zu den Flussuferstandorten an der Donau sind die Böden der Altwässer staunass und daher viel sauerstoffärmer: eine Erschwernis für Pflanzen und Tiere. Denn bereits wenige Millimeter unter der Oberfläche können die Böden sogar sauerstofffrei sein und wegen der Bildung von Schwefelwasserstoff übel nach faulen Eiern riechen. Bodenlebende Kleintiere solcher Standorte zeigen eine erstaunliche Toleranz gegenüber diesem Zellgift. Die Larven der Schilfkäfer *Donacia* bohren als Sauerstoffparasiten die Luftgewebe mancher Wasser- und Röhrichtpflanzen an, um Atemluft zu gewinnen. Dabei ist jede Art aus der Verwandtschaft der Schilfkäfer, die in den Donau-Altwässern mit etwa zehn Arten vertreten ist, auf bestimmte Pflanzen oder Pflanzengruppen spezialisiert, die sie auch als Futterquelle nutzen. Ebenso wie die Wasserpflanzen meiden auch Röhricht- und Seggen-Arten als Flachwurzler die tieferen, sauerstoffärmeren Bodenschichten. Um trotzdem Standfestigkeit zu erreichen und nicht durch Wind und Wellenschlag entwurzelt zu werden, bilden viele von ihnen durch Ausläufer verbundene dichte Bestände.

Die große Phytomassebildung der Steif-Segge verursacht mächtige Bodenauflagen und ist damit der wichtigste Faktor bei der biogenen Verlandung.

Unmittelbar nach der Donauregulierung bestanden die Uferpartien der Altwässer großteils aus Schotter-Rohböden. Das waren keine günstigen Bedingungen für das flachwurzelnde Schilf *Phragmites australis* sowie für morphologisch ähnlich gebaute Gräser, Binsen und Rohrkolben, deren Ausläufer wenigstens einige Zentimeter Bodenauflage benötigen. In dieser Pionierphase bildete daher (entgegen dem allgemeinen Lehrbuchschema) nicht das Schilf, sondern die tiefwurzelnde Steif-Segge *Carex elata* die vorderste Front der geschlossenen Verlandungszone. Diese hochwüchsige Großseggen-Art erträgt starke Wasserstandsschwankungen und verfügt über spezielle Stoffwechselanpassungen, die es ihr erlauben, in den sauerstoffarmen Böden die Ionenaufnahme aufrecht zu erhalten. Weiter ausgedehnte Bestände, meist schon von Schilf unterwandert, treten heute vor allem noch an den großen Altwässern der Unteren Lobau auf, wo die Verlandungsdynamik wegen der Gewässergröße am langsamsten voranschreitet.

Die männlichen Blüten im oberen Teil des Blütenstandes vom Breitblättrigen Rohrkolben sind bereits abgefallen. Auch der dunkelbraune, weibliche Teil löst sich nach der Fruchtreife auf, wobei fädige Haare die Windausbreitung der kleinen Früchte unterstützen.

Charakteristische und vollständige Verlandungsabfolgen sind am Kühwörther Wasser ausgebildet. Von den Röhricht-Arten dringt die Grüne Teichbinse *Schoenoplectus lacustris* über flach- bis tiefgründigerem Boden am weitesten in die Gewässer vor, gefolgt vom Schmalblättrigen Rohrkolben *Typha angustifolia,* seltener und meist in noch etwas flachgründigeren Gewässerabschnitten auch vom Breitblättrigen Rohrkolben *T. latifolia,* die beide dickere Bodenauflagen brauchen. Um die Mittelwasserlinie herum und meist erst ab etwa zwanzig Zentimetern Bodenauflage schließt das Schilf an, die weitaus häufigste Röhricht-Art. Von den Prater-Altwässern bis in die Untere Lobau bildet es die ausgedehntesten Verlandungsgesellschaften und ist nur an den meist nach Baggerungen steilufrigen Gewässern der Oberen Lobau seltener. Selbst hektargroße Bestände, wie etwa jener, der in der Unteren Lobau am Lausgrund die Verlandungsserie abschließt, können durch vegetative Vermehrung über Ausläufer entstanden sein.

Weil die hochproduktiven, bis zu vier Meter hohen Schilf-Bestände im Inneren sehr lichtarm sind, findet man meist nur an den Rändern einige Begleitarten, zum Beispiel die attraktiv gelb blühende Wasser-Schwertlilie *Iris pseudacorus* oder die Zaunwinde *Calystegia sepium.* Der floristischen Armut dieser Schilf-„Wälder“ steht eine vergleichsweise reiche Tierwelt gegenüber: Die hohlen Stängel von Rohrkolben

1 Die Wasser-Schwertlilie wächst an nährstoffreichen Nassstandorten.

2 Die großen Trichterblumen der Zaunwinde werden unter anderem von Schwebfliegen bestäubt.

1

2

3 In der zweiten Hälfte des 19. Jahrhunderts hielt es der Botaniker Siegfried Reissek für möglich, dass das Moor-Reitgras unter den damals noch sehr dynamischen Bedingungen der Donauauen bei Wien verschwinden könnte. Heute bildet die Art vor allem in der abgedämmten Lobau große Bestände.

4 Sumpf-Löwenzahn bezeichnet eine Gruppe nah verwandter Arten, die heute fast überall im Pannonikum als Folge der Zerstörung von Feuchtstandorten verschwunden sind.

5 Die eingeschlechtigen, kugeligen Teilblütenstände sind beim Ästigen Igelkolben übereinander angeordnet. Die weiblichen Blütenstände mit den weißen Narbenästen sitzen unten, die männlichen Blüten mit den gelb gefärbten Antheren darüber. In Anpassung an die Windbestäubung sind die Kronblätter stark reduziert, sodass sie den Pollentransport von den Antheren zu den Narbenästen nicht behindern können.

und Schilf werden von vielen Kleintieren zur Überwinterung besiedelt und zahlreiche Vögel nutzen das große Angebot der unterschiedlichen Strukturen.

An die Röhrichtzone schließt landeinwärts die Großseggen-Zone an. Sie wird von verschiedenen hochswüchsigen Arten gebildet, die meist artenarme Bestände bilden. Die Steif-Segge ist an den Donau-Altwässern die häufigste Großseggen-Art. Wegen ihrer Bedeutung für die Bodenbildung an den ehemals mineralischen Altwasserufern wurde sie mit ihren wasserseitigen Vorkommen bereits besprochen. An vielen Stellen der Unteren Lobau bildet die Steif-Segge aber auch an das Schilf landseitig anschließende Bestände, die aber ebenfalls einen Rückgang zeigen.

Zu den Großseggen-Gesellschaften werden auch die Bestände des Moor-Reitgrases *Calamagrostis canescens* gestellt, das über den sauerstoffreicheren Böden hydrologisch intakter Auen nur selten geeignete Standorte findet. Die reduzierte Dynamik in der abgedämmten Au kommt dieser Art jedoch sehr zugute. Heute verdrängt die ehemalige Rarität die absterbenden Horste der Steif-Segge, die anmoorige Bedingungen

3

4

5

Die Untere Lobau – ein bedeutendes Brutgebiet für Schilf- und Wasservögel

Von den vielen Verlusten an natürlichen und naturnahen Lebensräumen vor allem im letzten Jahrhundert, infolge der zunehmenden Zerstörung von Naturlandschaften und ihrer Umgestaltung für Siedlungen und die Landwirtschaft, waren Feuchtgebiete ganz besonders stark betroffen. Folglich sind Vogelarten, die diese bewohnen – überwiegend Zugvögel – mit besonders hohem Anteil in den Roten Listen vertreten und ihr Schutz durch internationale Abkommen wie die EU-Vogelschutzrichtlinie wurde notwendig.

In der Unteren Lobau ist auf Wiener Stadtgebiet ein echtes Feuchtgebiets-Juwel erhalten geblieben. Das Gebiet beherbergt trotz geringer Flächenausdehnung ein beinahe vollständiges Spektrum an Arten mit Bindung an Stillgewässer mit Verlandungsröhricht. In Summe wurden bisher immerhin knapp 80 für Feuchtgebiete typische Arten festgestellt. Intensive Erhebungen von BirdLife Österreich in den Jahren 1998 bis 2001 haben bestätigt, dass die verlandeten ehemaligen Seitenarme der Donau, insbesondere die drei größten Augewässer Kühwörter Wasser, Mittelwasser und Eberschüttwasser, eines der bedeutendsten österreichischen Brutgebiete für Schilfvögel darstellen. Aus diesem Grund ist die Untere Lobau Vogelschutzgebiet nach der EU-Vogelschutzrichtlinie und Ramsar-Schutzgebiet (→ S. 204).

Zu den häufigsten, in hoher Dichte brütenden Arten zählen Singvögel wie die auf Schilfhalmen kletternden und auffallend kratzend-rhythmisch singenden Teich-, Drossel- und Schilfrohrsänger sowie der „elektrisch" schnurrende Rohrschwirl und die Samen fressende Rohrammer. Sie alle besetzen im Schilf unterschiedliche ökologische Nischen; Kriterien sind etwa die Dichte und Dicke der Halme und das Vorhandensein von Altschilf und einer Schicht geknickter Halme. Teils kletternd, teils schlüpfend und teils watend, aber stets heimlich, bewegen sich zwei weitere Schilfbewohner fort: die Wasserralle und die kleinste einheimische Reiherart, die seltene Zwergrohrdommel. Selbst Schilfspezialisten mit sehr hohen Lebensraum-Ansprüchen, die in Österreich sonst fast ausschließlich am Neusiedler See zu finden sind, wurden zur Brutzeit beobachtet (Rohrdommel, Purpurreiher, Kleines Sumpfhuhn und Blaukehlchen) oder besuchen die Untere Lobau regelmäßig außerhalb der Brutzeit (Bartmeise, Mariskensänger). Zu den Wasservögeln im engeren Sinn zählen häufigere Arten wie die Stockente und zwei weitere Rallen, das Teich- und Blässhuhn, aber auch Zwergtaucher und Höckerschwan. Weitere Brutvögel sind die Graugans, die hier neben den March-Thaya-Auen einen ihrer wenigen natürlichen österreichischen Brutplätze hat, und die in ihrem Bestand stark rückläufige, auf nährstoffarme Gewässer angewiesene und versteckt lebende Krickente, von der erst kürzlich einige Brutpaare entdeckt wurden.

Während die Zahl der Brutpaare von wassergebundenen Arten in feuchten Jahren deutlich ansteigt, fällt sie in Trockenjahren auf einen Bruchteil davon ab; dann allerdings können sogar Flussregenpfeifer und Kiebitze am Grund der ausgetrockneten Altarme brüten. Ein idealer Beobachtungspunkt für Wasservögel ist der Aussichtsturm an der Gänshaufentraverse. Im Frühjahr kann man von dort aus Hundertschaften verschiedener Entenarten sowie etwa Gänsesäger und Haubentaucher auf den offenen Wasserflächen beobachten und im Spätsommer jagen oft Hunderte von Schwalben über dem Wasser. Zu den regelmäßig und leicht zu sehenden Nahrungsgästen gehören Lachmöwen, Silber- und Graureiher. Nicht so leicht zu entdecken sind Eisvogel, Bekassine und Beutelmeise. Eine weitere Besonderheit sind die im Sommerhalbjahr andauernd am Himmel über der Unteren Lobau kreisenden Schwarzmilane, die hier den dichtesten Bestand in Österreich haben. ***Johannes Frühauf***

1

2

1 Bekassine *Gallinago gallinago*
2 Purpurreiher *Ardea purpurea*
3 Drosselrohrsänger *Acrocephalus arundinaceus*
4 Schilfrohrsänger *Acrocephalus schoenobaenus*
5 Rohrschwirl *Locustella luscinioides*
6 Wasserralle *Rallus aquaticus*
7 Zwergrohrdommel *Ixobrychus minutus*
8 Rohrdommel *Botaurus stellaris*
9 Blaukehlchen *Luscinia svecica*
10 Teichhuhn *Gallinula chloropus*
11 Zwergtaucher *Tachybaptus ruficollis*
12 Graugans *Anser anser*
13 Krickente *Anas crecca*
14 Kiebitz *Vanellus vanellus*
15 Haubentaucher *Podiceps cristatus*
16 Silberreiher *Casmerodius albus*
17 Schwarzmilan *Milvus migrans*

3

4

5

6

7

8

9

10

11

12

13

14

15

16

17

Gelsen

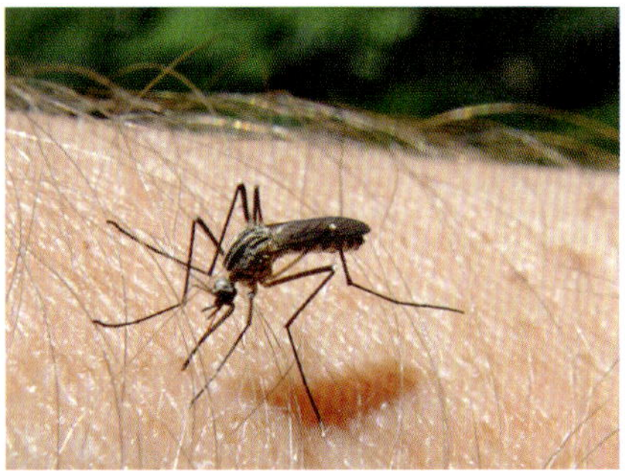

In Österreich kommen 41 Arten der Familie *Culicidae* (Stechmücken = Gelsen) vor, 31 davon in den Augebieten der Donau und an der March. Sie zeigen eine außerordentliche ökologische und biologische Vielfalt. Bei allen Arten sind die Weibchen Blutsauger und die Larven leben als Nahrungsfiltrierer in überwiegend stehenden Gewässern. Diese Artenvielfalt beruht auf unterschiedlichen ökologischen Ansprüchen. Entsprechend kann man nach ihrer Lebensweise folgende Typen unterscheiden:

„Überschwemmungsgelsen" legen ihre Eier hauptsächlich in ausgetrockneten Habitaten von Überschwemmungsgebieten ab. Bei Hochwasser entwickeln sich die „wartenden" Eier synchron und es kann zu Massenauftreten Nahrung suchender Weibchen kommen. Das Habitat kann auch durch Regen oder Schneeschmelze mit Wasser gefüllt werden. Es handelt sich also um Arten, die in Au- und Aurandgebieten anzutreffen sind und unter bestimmten Umständen, wie bei großflächigen Überschwemmungen, in enormer Dichte auftreten können. Der Lebensformtyp der „Überschwemmungsgelse" ist in den heimischen Augebieten durch Arten der Gattung *Aedes* vertreten. Das Überwinterungsstadium dieses Typus ist das Eigelege, die Adulten sind bei diesen Arten generell relativ kurzlebig.
„Hausgelsen" benötigen für ihre Entwicklung keine Überschwemmungsgebiete. Die Weibchen überwintern an frostsicheren Orten, mitunter auch innerhalb menschlicher Behausungen, und die Eiablage erfolgt, anders als bei den „Überschwemmungsgelsen", direkt in bereits bestehenden Wasseransammlungen. Zu ihnen gehören hauptsächlich Vertreter der Gattung *Culex*, aber auch verwandte Typen wie *Anopheles, Culiseta* und *Coquillettidia*.
Andere Arten bevorzugen folgende Biotop-Typen: Manche leben vorwiegend in größeren schilfbewachsenen Teichen oder Seen *(Anopheles, Culex modestus)*, andere geben sich sogar mit tieferen, mit Wasser gefüllten Radspuren zufrieden (viele *Aedes*-Arten), andere mit dem Wasser in Regentonnen und anderen künstlichen Behältern *(Culex pipiens, Culiseta annulata)* und wieder andere bevorzugen mit Wasser gefüllte Baumlöcher, sogenannte Dendrothelmen *(Anopheles plumbeus, Aedes geniculatus, Aedes nigripes)*. Die in Augebieten als Lästlinge auftretenden Arten sind bei uns vor allem die Arten *Aedes vexans, Aedes flavescens, Aedes geniculatus, Aedes sticticus* und in Grenzen auch *Aedes intrudens*.

Hannes Paulus

bieten. An der Mühlleitner Furt sind bereits besonders vitale und große Bestände entwickelt. Als Begleitart seien die Bertram-Schafgarbe *Achillea ptarmica* und ein Vertreter der hochgefährdeten, systematisch schwierigen, Sumpf-Löwenzähne *Taraxacum* sect. *Palustria* genannt.

Zahlreiche weitere Arten sind vor allem in der Unteren Lobau noch am Aufbau der Röhricht- und Großseggenzone beteiligt, bilden aber nur sehr kleine Bestände, zum Beispiel Ästiger Igelkolben *Sparganium erectum*, Schlank-Segge *Carex acuta*, Ufer-Segge *Carex riparia* und Kamm-Segge *Carex disticha*.

Die Arten der Wasserfenchel-Kleinröhrichte besiedeln seichte, nährstoffreiche Kleingewässer, die periodisch trockenfallen. Solche Überschwemmungstümpel sind einer von mehreren Lebensräumen für auentypische Tiere, die selbst hartgesottene Naturfreunde nerven können – die Gelsen.

Landseitig an die Röhrichtzone schließt am Nordufer des Mittelwassers eine Flachmoorzone an, die am Bild niedrigerwüchsig und grün erscheint. Der „Kanal" wurde von Bibern als Zugang zum Mittelwasser angelegt.

Flachmoore: neu in den Donauauen!

Bei all den bisher beklagten Verlusten und Rückgängen darf nicht übersehen werden, dass an einigen abgedämmten Altwässern der Unteren Lobau neuerdings seltene heimische Arten auftreten, die bisher in den Donauauen bei Wien nicht vorgekommen sind. Sie entsprechen dem Vegetationstyp Kleinseggen-Moor, der in Niederösterreich sonst nur im Waldviertel und im Alpengebiet vorkommt. Geeignete Standorte sind gekennzeichnet durch schlecht durchlüftete, nährstoffärmere, wenig produktive, nasse Torfböden mit einem hohen Anteil unzersetzten Pflanzenmaterials. Sie bilden sich heute vor allem im Verlandungsgürtel des Eberschütt- und Mittelwassers. Neben den Klein-Seggen, die mit drei charakteristischen Vertretern in diesen neu gebildeten Flachmooren vorkommen (Hirse-Segge *Carex panicea*, Große Gelb-Segge *Carex flava* und Kleine Gelb-Segge *Carex oederi*) finden sich hier als Begleitarten der Sumpf-

An den Flachmoorstandorten, die während der letzten Jahrzehnte am Eberschüttwasser entstanden sind, hat sich die Sumpf-Ständelwurz, eine attraktive Orchideen-Art, angesiedelt.

Baldrian *Valeriana dioica,* die Kriech-Weide *Salix repens,* die Sumpf-Ständelwurz *Epipactis palustris,* die Fleischrote Fingerwurz *Dactylorhiza incarnata* und der Sumpffarn *Thelypteris palustris* – allesamt Arten, die neu für die Donauauen sind. Dass sich so viele neue Arten in so kurzer Zeit einstellen konnten, verdanken sie ihrer Ausbreitungsstrategie: Sie haben winzige, sehr gut flugfähige Früchte, Samen oder Farnsporen, die mit dem Wind weit transportiert und ausgebreitet werden können und die so die neu entstandenen Habitate in der Lobau erreichten. Zurzeit ist nicht abzusehen, ob diese biologisch höchst wertvollen Standorte gehölzfrei bleiben oder ob sie mit dem Faulbaum *Frangula alnus* und der Asch-Weide *Salix cinerea* zuwachsen werden.

Biber: Baumeister und Landschaftsgestalter

Biber *Castor fiber* waren einst in den Donauauen daheim. Doch Mitte des 19. Jahrhunderts waren sie in fast ganz Europa ausgerottet. Nur noch vier isolierte Populationen – weit auseinandergerissen – waren übrig geblieben. Das schöne Pelzwerk, ihr schmackhaftes, als Fastenspeise erlaubtes Wildbret und nicht zuletzt die vielfältige Verwendung in der Naturheilkunde machten die großen Nager zur begehrten, seit dem Mittelalter allerdings immer seltener werdenden Jagdbeute. Schließlich wurde der letzte von ihnen vor den Toren Wiens bei Fischamend 1863 erlegt.

Doch jetzt schwimmen sie wieder in den Donauauen. Wie kam es dazu? Einem „Trend“ der 1960er- und 1970er-Jahre folgend, begann man auch in Österreich über eine Art Wiedergutmachung nachzudenken und versucht ausgerottete Tier- und Pflanzenarten wieder anzusiedeln und damit aus den Fugen geratene Ökosysteme zu stabilisieren. Mit nicht allzu vielen Arten gelang dieses Experiment, eines der positiven Beispiele ist der Biber. Um 1980 wurden 20 Individuen in den linksufrigen Altwässern der Unteren Lobau und noch einmal so viele im angrenzenden Niederösterreich ausgewildert. Die Tiere stammten zum Großteil aus polnischen Beständen, die sich bereits wieder erholt hatten.

Warum das „Comeback des Bibers“ so außerordentlich gut gelang, so gut, dass sogar bereits allerorten wieder nach Bestandsregulierung, das heißt Dezimierung gerufen wird, liegt an seiner Lebensweise. Er stellt nur sehr geringe Ansprüche an seinen Lebensraum und besitzt die ausgeprägte Fähigkeit, diesen mit eigener Kraft zu gestalten und an seine Erfordernisse anzupassen. Zu Recht trägt er seinen alten Namen „Meister Bockerer“, was in früherer Zeit „Zimmermann“ bedeutete: Er fällt Bäume mit durchaus respektgebietendem Durchmesser, zerschneidet und bearbeitet sie und verwendet schließlich die Äste als Baumaterial für Dämme und Burgen.

Biber gestalten Lebensräume aber nicht nur für sich selbst, sondern schaffen durch ihre umfangreiche Tätigkeit Grundlagen für viele andere Ufer- und Wasserbewohner. Sie vergrößern die Vielfalt an Strukturen und schaffen und erhalten Feuchtlebensräume. Dadurch wächst die Zahl der Tier- und Pflanzenarten im Habitat stark an.

Dank eines Wiederansiedelungsprojekts ist der Biber seit etwa 30 Jahren wieder heimisch in den Donauauen bei Wien. Mittlerweile dringt er über den Donaukanal (Bild Mitte) unübersehbar bis ins Innere der Stadt vor. In der Fauna von Auenlandschaften hat der Biber eine unverzichtbare Schlüsselfunktion, die in den Donauauen bereits jetzt deutlich erkennbar ist.

Die Hartholzau

Purpur-Weide und Stiel-Eiche: überstürzte Sukzessionen von der Weichholz- zur Hartholzau

Unter den besonderen Bedingungen der Unteren Lobau treten Arten mit so gegensätzlichen Standortansprüchen wie die schmalblättrige Purpur-Weide (links) als Vertreterin der Anfangsgesellschaften offener Schotterstandorte und die Stiel-Eiche (rechts) als Art „reifer" Auwälder über gut entwickelten Böden gemeinsam auf.

Im Anschluss an die Verlandungsgesellschaften werden die Altwässer der Lobau von Weichholz-Beständen gesäumt. Strauchweiden kommen, im Gegensatz zu den Überschwemmungsauen, wegen der fortgeschrittenen Sukzession nur mehr lokal vor oder sind mit der Asch-Weide *Salix cinerea,* einer auenuntypischen Art anmooriger Standorte, vertreten. Auch die Silber-Weide und die Pappeln erreichen heute fast überall in der Lobau ihr natürliches Lebensende. Im Wesentlichen hinkt dieser Prozess gleichsinnigen Veränderungen im Prater, wo die Zerfallsphase der Weichhölzer schon um 1960 weit fortgeschritten war, zeitlich nur hinterher. An den Altwässern des Praters und entlang der Wege durch die Lobau müssen riesige Silber-Weiden sowie Weiß- und Schwarz-Pappeln aus Sicherheitsgründen gefällt werden. Abseits der Wege brechen sie in der Lobau zusammen oder werden in Gewässernähe von Bibern beinahe ausnahmslos gefällt.

Auch wenn es eine schmerzliche Erkenntnis sein mag: Im gesamten Bereich der abgedämmten Auen ist die Zeit der Weichholzauen abgelaufen. Der starke Besatz mit der halbparasitischen Laubholz-Mistel *Viscum album* in den Baumkronen von Silber-Weiden und Pappeln sowie der starke Befall von Silber-Pappeln mit der vollparasitischen Schuppenwurz *Lathraea squamaria* sind Indizien für die Überalterung der Bestände. Auch der Schwefelporling *Laetiporus sulphureus,* ein leuchtend schwefelgelber Porenpilz auf Stämmen der Silber-Weide und seltener auch auf Pappeln, besiedelt vorwiegend überalterte oder geschädigte Bäume. Er erzeugt im Holz durch den Abbau von Zellulose Braunfäule, wodurch das Absterben des Wirtsbaumes beschleunigt wird. Der Schwarzbraune Pappelbecherling *Encoelia fascicularis* ist ein weiterer charakteristischer Pilz der Weichholzauen, man findet seine dunkel gefärbten, schüsselförmigen Pilzkörper vor allem an alten Pappelästen. In den Wiener Donauauen gibt es etwa gleich viele holzbewohnende Pilzarten wie in den Wäldern des Wienerwalds. Sie beherbergen aber wesentlich weniger Mykorrhizapilze (→ S. 274), die

1 Die vollparasitische und daher fast chlorophyll-freie Schuppenwurz blüht sehr zeitig im Frühjahr, wenn die Laubstreu noch braun und nicht zersetzt ist.

2 Der Schwefelporling ist in jungem Zustand gekocht essbar. Er erinnert im Geschmack an Hühnerfleisch und wird daher im Englischen als „Chicken of the Woods" bezeichnet.

1

2

symbiontisch mit Bäumen leben. Mykorrhizapilze bevorzugen in der Regel gut entwickelte, ausgereifte und vor allem nährstoffärmere Substrate und meiden daher die relativ jungen, nährstoffreichen Auwaldböden.

Vor der Donauregulierung ist die Entwicklung des Auwaldes von der Weichholz- zur Hartholzau schrittweise verlaufen. An neu entstandenen Standorten bildeten zunächst Pioniergehölze über den Rohböden Anfangsgesellschaften, über Folgegesellschaften entwickelten sich diese zu den Endgesellschaften der Hartholzau. Die Anfangsgesellschaften bestanden aus Ufertamariske oder Strauch-Weiden, denen auf höherem Niveau zuerst die Silberweiden-Au und an den trockensten Standorten die Schwarzpappel-Au folgten. Die Folgegesellschaften setzten sich auf reiferen Böden, in Abhängigkeit vom Geländeniveau, aus verschieden ausgeprägten Pappel-Beständen zusammen. Die Endgesellschaften auf den reifen Auböden bildeten die Hartholzau, die je nach Abstand zum Grundwasser feuchte bis trockene Ausbildungen aufwies.

Heute will man oft seinen Augen nicht trauen: An einigen Stellen der Lobau, zum Beispiel an der Mühlleitner Furt oder nördlich des Mittelwassers, wachsen Arten der Anfangs- und der Endgesellschaften gleichzeitig am selben Wuchsort durcheinander! Zum Beispiel die Purpur-Weide *Salix purpurea* als Art der Pioniergehölze zusammen mit der Stiel-Eiche *Quercus robur* (→ Bild S. 376), der kennzeichnenden Art der Hartholzauen. Oder der Purpurblaue Steinsame *Buglossoides purpurocaerulea* der pannonischen Trockenwälder nicht nur in der hochgelegenen Hartholzau, sondern auch in

Die Silber-Weiden und Silber-Pappeln der Weichholzau lassen sich im Bild anhand ihrer silbrigen Kronen von dem dunkel-blaugrünen Kronendach der Hartholzau unterscheiden.

einem, immerhin bereits kümmernden, Schilfbestand. Diese Vegetationsabfolge, bei der unmittelbar auf die Anfangsgesellschaft die Endgesellschaft folgt, wird als „überstürzte Sukzession" bezeichnet und bezeugt einmal mehr die radikalen ökologischen Veränderungen besonders in der abgedämmten Au. Es ist daher oft schwierig, die vorgefundenen Waldgesellschaften den bekannten Typen zuzuordnen. Und oft kann man an der aktuellen Baumartenzusammensetzung eines Wuchsortes nur mehr schwer die heutigen Standortbedingungen ablesen. Als langlebige Organismen überdauern viele Gehölze an einer Stelle noch einige Zeit, selbst wenn die vorangeschrittene Bodenreifung oder der weiter abgesunkene Grundwasserspiegel mittlerweile für trockenheitsertragende Arten besser geeignet wäre. Hinzu kommt, dass mancherorts forstwirtschaftliche Eingriffe die Waldzusammensetzung ändern. Schwarze Walnuss (= „Schwarznuss") *Juglans nigra* und Echte Walnuss *Juglans regia* wurden wegen des Holzes aufgeforstet, besonders trockene Standorte versuchte man mit Robinie *Robinia pseudacacia,* Götterbaum *Ailanthus altissimus* sowie Rot-Föhre *Pinus sylvestris* forstlich zu nutzen, die Rosskastanie *Aesculus hippocastanum* wurde als Alleebaum und Wildfutter eingebracht. Im Nationalpark ist man bestrebt, vor allem den raschwüchsigen Götterbaum und die bodenverändernde Robinie gezielt zu entfernen.

„Verhärtung" der Au: Bäume, Sträucher, Lianen

Heute sind die abgedämmten Wiener Donauauen mit Ausnahme besonders nasser und besonders trockener Bereiche fast überall „hartholztauglich" und werden großteils nie mehr überschwemmt. Diese Stieleichen-Ulmen-Eschen-Auwälder, die je nach Abstand zum Grundwasser, Stärke der Grundwasserschwankungen, Bodenreife und Nährstoffangebot in ihrer Zusammensetzung vielfältig variieren, nehmen flächenmäßig den weitaus größten Raum ein und werden sich in Zukunft noch weiter ausdehnen. Sie bilden die gehölzreichen Endgesellschaften in den sommerwarmen, mitteleuropäischen großen Flusstälern und weisen in den Donauauen bei Wien aus bio-geographischen Gründen eine besonders große Vielfalt bei den krautigen Arten auf.

Häufige Baumarten sind grob gereiht nach ihren abnehmenden Feuchtigkeitsansprüchen Edel-Esche *Fraxinus excelsior,* Feld-Ulme *Ulmus minor,* Flatter-Ulme *Ulmus laevis,* Stiel-Eiche *Quercus robur,* Winter-Linde *Tilia cordata,* Feld-Ahorn *Acer campestre*

1 Im Mai prägen ausgedehnte Bestände des Bär-Lauchs den Unterwuchs vor allem der eschenreichen Hartholzwälder.

2 Morcheln verschaffen ganz besondere kulinarische Genüsse. Man findet sie nicht wie die meisten anderen Speisepilze im Herbst, der Hochsaison für Pilzsammler, sondern im Frühjahr.

1

2

1 Je heller die weißen Fellflecken ausgebildet sind, desto jünger ist das Rehkitz. Neu geborene Rehkitze flüchten nicht vor Fotografen oder vor anderen Beunruhigungen, sondern drücken sich an den Boden. Die Jungtiere sind fast geruchsfrei und werden daher nicht so leicht von Fressfeinden aufgespürt.

2 Ende April und im Mai, wenn die Rehkitze von den Muttertieren „gesetzt" werden, ist der Bär-Lauch in voller Blüte. Als Gemüsepflanze sollte er vor dem Blühen genutzt werden, da die Blätter später durch die Anreicherung von bestimmten Inhaltsstoffen einen unangenehmen Geschmack entwickeln.

und Hainbuche *Carpinus betulus*. Da und dort tritt vor allem in der Unteren Lobau auch die Quirl-Esche *Fraxinus angustifolia* auf und zeigt mit ihren zerstreuten Vorkommen Anklänge an den Pannonischen Quirleschen-Ulmen-Eichen-Wald, der für die Hartholzau im Unterlauf der March so charakteristisch ist. Im Frühling wachsen vor allem im Umkreis der Eschen als hochgeschätzte Speisepilze verschiedene Arten der Morcheln und Verpeln *Morchella* und *Verpa*, die mit ihren bräunlichen, grubigen Hüten in der Laubstreu oft kaum auffallen. Die ähnliche Zipfel-Lorchel *Gyromitra fastigiata* ist giftig und sollte nicht mit den echten Morcheln verwechselt werden.

Auch biotische Faktoren bestimmen die Waldzusammensetzung. So hat etwa das Ulmensterben, ausgelöst durch zwei parasitische Kleinpilze, die durch den Ulmensplintkäfer übertragen werden, vor allem bei der Feld-Ulme zu großen Ausfällen

Das größte Säugetier der Donauauen: der Auhirsch

Mit etwas Glück kann man den Europäischen Rothirsch *Cervus elaphus* beim Durchschwimmen der Gewässer oder im Spätsommer bei der spektakulären Brunft beobachten. Dieses Rotwild besiedelt in Österreich alle größeren Waldgebiete und nutzt zum Teil sogar die Rasenstufe der Alpen. Das dichte Straßennetz und die Besiedelung im Umraum der Donauauen verhindern aber heute die einst ausgedehnten Wanderungen der Tiere. Die Errichtung eines Alpen-Karpaten-Korridors soll künftig wieder eine Vernetzung der isolierten Populationen und einen Genaustausch ermöglichen. Der Hirsch ist das größte Säugetier der Donauauen; wegen des großen Nahrungsangebots erreicht er hier ein besonders hohes Gewicht und wird als „Auhirsch" bezeichnet. Hirsche sind Wiederkäuer und fressen große Mengen an Pflanzen; zusammen mit dem Verbiss der Rehe, die wegen ihres kleineren Pansens viel selektiver als die Rothirsche besonders nährstoffreiche Pflanzenteile aufnehmen, kann das zu Problemen bei der Entwicklung der Auwaldbestände führen. Im Nationalpark müssen daher die Rotwildbestände mangels natürlicher Feinde durch Abschuss reguliert werden. Ein Managementplan sichert aber für das Gebiet eine überlebensfähige Populationsgröße.

Luise Schratt-Ehrendorfer

Die Wilde Weinrebe erreicht auf Wiener Stadgebiet, wo es nur mehr etwa 25 Individuen dieser Art gibt, ihre nordwestliche Verbreitungsgrenze im Donauraum.

1 Das Wunder-Veilchen kennzeichnet die trockeneren Ausbildungen der Hartholzauen auf gereiften, humosen Böden.

2 Das Hohe Veilchen trägt seinen Namen zu Recht: Es ist eine „schlanke", vergleichsweise hochwüchsige Art feuchterer Standorte.

geführt. Aber auch der starke Befall der Eichen durch die Riemenmistel *Loranthus europaeus* sowie der besonders starke Verbiss von Linde, Eiche und Feld-Ahorn durch das Rotwild beeinträchtigen die Baumartenmischung.

Im Gegensatz zu den Weichholzauen wachsen in den Hartholzauen auch zahlreiche Sträucher. Die folgende Auswahl ist wieder nach abnehmendem Feuchtigkeitsanspruch gereiht: Roter Hartriegel *Cornus sanguinea,* Eingriffeliger Weißdorn *Crataegus monogyna,* Gewöhnliche Heckenkirsche *Lonicera xylosteum,* Liguster *Ligustrum vulgare* und Gelber Hartriegel (= Dirndlstrauch) *Cornus mas.*

Zu den Holzpflanzen der Auen zählen auch hochwüchsige Lianen, die durch ihre kletternde Lebensform mit weniger Stoffaufwand ans Licht kommen als die Bäume mit ihren mächtigen Stämmen. Die lichtliebende Gewöhnliche Waldrebe *Clematis vitalba* hängt als Hüll-Liane ihre Sprosse außen in die Baumkronen, die Wilde Weinrebe *Vitis vinifera* subsp. *sylvestris* bildet ihre Blätter auch im Kroneninneren der Stützbäume aus. Diese hochgefährdete Art besiedelt vor allem sandige Uferwälle am Übergang der Weichen zur Harten Au. Die Wilde Weinrebe wurde in Mitteleuropa in prähistorischer Zeit als Wildobst genutzt, ihre Kulturnahme und züchterische Veränderung begann aber vermutlich in Südwestasien. Die Gewöhnliche Jungfernrebe *Parthenocissus inserta,* auch „Wilder Wein" genannt, stammt aus dem östlichen Nordamerika und ist heute in den Donauauen eingebürgert.

Wiener Blaustern und Wunder-Veilchen, Rötel- und Waldspitzmaus

„Ihre Augerln war'n so blau als wie die Veigerln in der Au": Es ist nicht bekannt, welche der fünf Veilchen-Arten aus den Hartholzauen in dem bekannten Wienerlied „Drunt in der Lobau" besungen wird. Wohl nicht das helllila blühende Wunder-Veilchen *Viola mirabilis,* das trockenere Ausprägungen der Hartholzau mit einem hohen Eichen- und Hainbuchen-Anteil gut charakterisiert. Das Hohe Veilchen *Viola elatior* relativ gut durchfeuchteter, eschenreicher Waldtypen wird vermutlich auch nicht gemeint sein. Vielleicht aber das Hecken-Veilchen *Viola suavis,* das Wald-Veilchen *Viola reichenbachiana* oder das März-Veilchen *Viola odorata,* deren ökologische Schwerpunkte dazwischenliegen. Möglicherweise ist ja auch eine Art der Wiesen oder Heißländen gemeint? Am wahrscheinlichsten ist aber, dass sich der Poet der Mannigfaltigkeit der Veilchen gar nicht bewusst war. Doch das Beispiel zeigt, dass der Reichtum an krautigen Arten im Unterwuchs der Hartholzau groß ist und dass er auf einer hohen Zahl unterschiedlicher Standortausprägungen beruht. Wie die Veilchen blüht der Großteil der krautigen Pflanzen zwischen Vorfrühling und Frühsommer.

Viele Geophyten „weichen dem schattigen Sommer aus" und sind überhaupt nur zu dieser Zeit oberirdisch entwickelt. Sie überdauern den für die Photosynthese ungünstigen Sommer mit unterirdischen Speicherorganen in der Erde. Dafür treiben sie nach dem Winter sehr rasch aus und nützen das Frühlingslicht, solange die Bäume noch nicht voll ausgetrieben haben. Die ersten Schneeglöckchen *Galanthus nivalis* blühen in milden Wintern bereits im Februar, bald darauf folgt der Wald-Gelbstern *Gagea lutea.* Der Wiener Blaustern *Scilla vindobonensis,* wie die zwei vorigen Arten eine Zwiebelpflanze, stammt aus einem systematisch schwierigen Verwandtschaftskomplex und wurde erst vor etwa 40 Jahren mithilfe von Chromosomen-Untersuchungen als eigenständige Art erkannt. Während der Wiener Blaustern im Prater stellenweise sehr häufig ist, muss man in der Lobau nach ihm suchen. Als Knollengeophyt, bei dem nicht die Blattbasen, sondern die Achsen als Speicherorgane verdickt sind, sei der erst Anfang Mai blühende Südöstliche Aronstab *Arum cylindraceum* angeführt. Die stanitzelartige Hochblatthülle ist auf der Innenseite so glatt, dass Fliegen und Mücken, die durch den intensiven Geruch nach Fäkalien der Pflanze ange-

1

2

1 Die Frühjahrsgeophyten haben nur sehr kurze Zeit für ihre Entwicklung und setzen ihre Ressourcen daher besonders sparsam ein: Die grünen Blütenmale auf dem inneren Kreis der Blütenhüllblätter des Schneeglöckchens bestehen aus Chlorophyll.

2 Im Gegensatz zu verschiedenen Gelbstern-Arten, die an das Leben in den kargen Trockenrasen angepasst sind, „leistet" sich der Wald-Gelbstern an den nährstoffreicheren und feuchteren Auwaldstandorten deutlich breitere Laubblätter.

lockt werden, in diese „Kesselfalle" stürzen. Bei ihren Befreiungsversuchen bestäuben sie dann die kompliziert gebauten Blütenstände. Das Gelbe Windröschen *Anemone ranunculoides* (→ Bild S. 337) ist ein häufiger Rhizomgeophyt, bei dem die Speicherorgane unterirdische Ausläufer sind. Die Früchte des Gelben Windröschens tragen nährstoffreiche Anhängsel, die Elaiosomen, die von Ameisen verschleppt und dabei ausgebreitet werden. Viele weitere Arten im Unterwuchs der Hartholzau bilden Elaiosomen, nicht aber Pflanzen von Feuchtstandorten. Die Investition wäre vergeudet, da Ameisen feuchte Lebensräume meiden.

Die krautigen Arten haben eine wesentlich kürzere Lebensspanne und reagieren daher viel früher auf veränderte Umweltbedingungen als die Bäume und Sträucher. Viele Beobachtungen deuten darauf hin, dass die Biozönosen der Hartholzauen mit ihrem kompletten Arteninventar an Pflanzen, Tieren, Pilzen und Mikroorganismen dabei sind, sich an die Eichen-Hainbuchen-Mischwälder des Pannonikums fortschreitend anzugleichen. Von der Entwicklung der Grundwasserstände und ihren Schwankungsbreiten wird es abhängen, ob wenigstens auf tieferem Au-Niveau langfristig der Hartholzauen-Charakter erhalten bleibt.

Das Artenspektrum der tierischen Bewohner in den überschwemmungsfreien Hartholzauen gleicht stark den Artengemeinschaften der pannonischen Wälder. Unter den Insekten bezeugt etwa das häufige Vorkommen des Hirschkäfers den hohen Anteil an alten Eichen. Bei den Singvögeln kommen weitverbreitete Waldarten wie Buchfink, Kohlmeise oder Rotkehlchen häufig vor.

Die Kesselfallen- oder Gleitfallenblumen des Südöstlichen Aronstabs bestehen aus einem Hochblatt, das den eigentlichen Blütenstand wie ein Stanitzel umhüllt. Das bräunliche Ende des Blütenstandes riecht zur Blütezeit so wie es aussieht: wie ein Hundstrümmerl. Kleine Fliegen, die durch den Geruch angelockt werden, fallen wegen der glatten Innenseite des Hochblattes (1) in den Kessel und bestäuben dabei die zuerst reifenden weiblichen Blüten (2), Sperrhaare (3) versperren ihnen zunächst den Weg in die Freiheit. Erst wenn die Antheren (4) herangereift sind und ihren Pollen auf die Insekten entladen haben, welken die Sperrhaare und die Fliegen können die Falle wieder verlassen.

An Waldsäumen wächst die Osterluzei *Aristolochia clematitis*, die auschließliche Futterpflanze der Raupen des Osterluzeifalters *Zerynthia polyxena*. Der attraktive Falter gilt in Österreich als „vom Aussterben bedroht“ und hat nur sehr kleine Populationen in lichtreichen Bereichen der Hartholzauen.

Eine Tiergruppe, die in der Lobau vor allem in den Auwäldern ihre größte Diversität aufweist, sind die Kleinsäuger, auch wenn die für Bachufer und Sümpfe typischen Arten wie Wasserspitzmaus *Neomys fodiens*, Sumpfspitzmaus *N. anomalus* und Wasserratte *Arvicola terrestris* hier fehlen oder nur sehr selten nachgewiesen wurden. Das Kriterium, das die Zusammensetzung der Kleinsäugerzönose der Wiener Donauauen bestimmt, ist offenbar die Fähigkeit, katastrophale Bestandseinbrüche nach Hochwassern durch große Fruchtbarkeit in Kürze auszugleichen und die wieder trockengefallenen Gebiete rasch neu zu kolonisieren. Mit Ausnahme der Zwergmaus *Micromys minutus*, der einzigen speziell an Verlandungszonen angepassten Art, die im Schilfsaum der Altarme und in Hochstaudenfluren als spezialisierte Halmkletterin in einem Hochnest lebt, verfügen die anderen Kleinsäuger der Lobau nämlich über keine sicheren Mechanismen, Überschwemmungen zu überstehen. Ihre einzige Chance ist es, durch passives Treiben auf zusammengeschwemmten Ästen rechtzeitig

Die Vogelwelt der Hartholzwälder gleicht der anderer Waldgebiete Wiens und Österreichs: Buchfink (1), Kohlmeise (2), Rotkehlchen (3) und Zaunkönig (4) sind weitverbreitete Arten, die man genauso gut in den Laubmischwäldern des Wienerwalds beobachten und belauschen kann. Sie besiedeln aber auch Parkanlagen, Friedhöfe und größere Gärten des Wiener Stadgebiets, sofern Baum- und Strauchbestände geeigneten Lebensraum bieten.

1

2

3

4

Festland zu erreichen. Die häufigsten Kleinsäuger sind hier Rötelmaus *Clethrionomys glareolus,* Waldspitzmaus *Sorex araneus* und Gelbhalsmaus *Apodemus flavicollis.* Es handelt sich um typische Waldarten, die auch in Laub-, Misch- und Nadelwäldern verbreitet sind. Die ökologischen Ansprüche der anderen nachgewiesenen Arten, wie Zwergspitzmaus *Sorex minutus,* Feld-, Wald- und Kurzohrmaus *(Microtus arvalis, Apodemus sylvaticus, Microtus subterraneus)* sind recht generell und werden in der Lobau, die nur von rückströmenden, wenig dynamischen Hochwassern überflutet wird, lokal erfüllt.

Heißländen: Trockenstandorte in der Au

Am buntesten präsentieren sich die Heißländen im Mai, hier am Fuchshäufel in der Oberen Lobau: purpurrot blühend die Kleine Hundswurz *Anacamptis morio,* eine Orchideen-Art, gelbgrün gefärbt die Steppen- und die Zypresssen-Wolfsmilch sowie weißblühend der Koch-Milchstern *Ornithogalum kochii.* Die vertrocknenden Gräser zeigen wegen mangelnder Wasserversorgung schon so früh im Jahr eine bräunliche Verfärbung.

Auen verfügen naturgemäß über ein großes Spektrum an Nass- und Feuchthabitaten. Doch finden sich gerade hier auch Trockenstandorte. Bis zur Regulierung setzte die Donau besonders zwischen Wien und Schönau große Schotterhaufen ab, die sich durch Sandablagerungen bei Hochwassern zusätzlich erhöhten und so zu grundwasserfernen, kaum mehr überschwemmten Bereichen wurden. Solche ökologisch hochinteressanten Trockenstandorte in der Au werden im Wiener Raum „Heißländen" genannt.

Der Begriff „Heißland" wurde vermutlich das erste Mal gegen Mitte des 20. Jahrhunderts und in Klammern als Synonym für die „Kalksteppen der Donauauen" genannt – bezeichnenderweise in einer Publikation mit dem Namen *„Von der Versteppung der Donauauen"*, in der die Nutzung der Heißländen für Sanddornkulturen in

1 Die Früchte des Sanddorns sind reich an Vitamin C und werden zu Säften und Marmeladen verarbeitet.

2 Der kleinwüchsige Schweizer Moosfarn benötigt lichtreiche, offene Standorte und wird heute durch das Vergrasen der Heißländen zurückgedrängt.

3 Die Steppen-Wolfsmilch kommt in Österreich außerhalb der Donauauen nur in besonders flachgründigen Trockenrasen vor.

4 Die Raupen des Wolfsmilchschwärmers *Hyles euphorbiae* fressen fast ausschließlich an der Zypressen-Wolfsmilch. Die Falter sind aufgrund des Giftes der Futterpflanze für Fressfeinde ungenießbar.

1

2

3

4

Dieses Boot auf einer Heißlände der Unteren Lobau wurde nach dem Trockenfallen des Standortes nicht abtransportiert und ist heute Zeuge der ehemaligen Verhältnisse. Vor der Donauregulierung war dieses Heißländenstück in der Unteren Lobau Teil eines schiffbaren Donau-Seitenarms!

Erwägung gezogen wird. Wenn die vielsagende Bezeichnung „Heißland" so jung ist, erhebt sich die Frage, ob dieser Standortstyp auch schon vor der Donauregulierung hier überhaupt existiert hat? Zum Glück gibt es die Aufzeichnungen Reisseks, der schon 1860 fast alle Pflanzenarten angibt, die auch heute die trockensten Standorte der Lobau kennzeichnen. Seine Standortbeschreibungen, etwa für den Sanddorn *Hippophaë rhamnoides,* machen aber deutlich, dass die Heißländen offenbar wesentlich kleinflächiger ausgebildet waren, einer sehr schnellen Sukzession unterlagen und dass ihre räumliche Lage stark wechselte. Durch die Donauregulierung waren dann mit einem Schlag mineralische Flussbetten auf größeren Flächen trockengefallen und der Grundwasserstand teilweise um mehrere Meter abgesunken. In den nun großen offenen Schotter-, Sand- und Siltflächen waren sogar die Lebensraumansprüche des Triel *Burhinus oedicnemus* erfüllt.

Luftbilder belegen, dass seit 1938 die offenen Heißländenflächen dramatisch zurückgegangen sind. Eine Biotoptypenerhebung aus Farbinfrarotbildern macht deutlich, wie sie zunehmend verbuschen und schließlich gänzlich mit Gehölzen zuwachsen. Vor allem die Standorte der konkurrenzschwachen Trockenmoos-Flechten-Gesellschaften wurden seit Untersuchungen um 1940 extrem eingeengt. Die offene Bartgras-Gesellschaft wurde großteils von Trespen-Wiesen abgelöst, die in frühen Stadien noch keine dichte Grasnarbe aufweisen und besonders artenreich sind. Wenn sie aber, wie heute etwa beim Wasserwerk Lobau, sehr dicht schließende monotone Grasfilze ausbilden, sind sie floristisch stark verarmt. Als charakteristische Pioniergehölze wachsen an den ehemaligen Extremstandorten auch heute noch Sanddorn und die inzwischen selten gewordene Lavendel-Weide *Salix eleagnos.*

Große Bereiche der ehemals weitgehend offenen Heißländen, vor allem über sandigen Böden, sind heute dicht von Gehölzen bestanden, wobei verbissresistente Sträucher dominieren. Die weitaus wichtigste Rolle spielt dabei der Eingriffelige Weißdorn *Crataegus monogyna,* aber auch Liguster *Ligustrum vulgare,* Gelber und Roter Hartriegel *Cornus mas* und *C. sanguinea* sowie die Kleinblütige Rose *Rosa micrantha* kommen regelmäßig vor. Waldbildende Bäume wie Stiel-Eiche *Quercus robur,*

Rückgang der Heißländen innerhalb von 70 Jahren:

Die Luftbilder zeigen in ihrem unteren Teil das Mittelwasser östlich der Kreuzgrund-Traverse (gerade weiße Linie links).

1938: In der oberen Aufnahme erkennt man eine große weiße Fläche mit einer halbinselartig nach Osten vorragenden Spitze; es ist dies eine ausgedehnte Schotterheißlände, die im lokalen Sprachgebrauch als „Lehnerin" bezeichnet wird. Sie ist ein Teil des ehemaligen Flussbetts, der in Folge der Donauregulierung, 50 Jahre davor, trocken gefallen ist. Nur vereinzelt haben sich seither darauf Gehölzgruppen entwickeln können. Das dreieckige Waldstück in der Bildmitte liegt etwas höher oberhalb der ehemaligen Uferlinie. Rechts von dem Waldstück sind kleine, quer liegende Ackerstreifen zu erkennen.

1986, knapp 50 Jahre später, hat sich auf der Schotterheißlände ein lockeres Gehölz ausgebildet, das mit kleinen offenen Rasenabschnitten mosaikartig verzahnt ist. Nur mehr ganz punktuell sind kleine helle Schotterflächen auszumachen.

2007, nur 21 Jahre später, sind durch die fortschreitende Vegetationsentwicklung auch diese Flächen weitgehend zugewachsen. Die ehemaligen Ackerstreifen haben sich zu Trockenrasen und Magerwiesen weiterentwickelt. Im Mittelwasser fällt die Zunahme der Röhricht- und Seggenzone als Zeichen fortschreitender Verlandung auf.

1938

1986

2007

Die Fotos aus der Unteren Lobau stammen wohl nicht vom selben Aufnahmepunkt. Sie zeigen aber, dass es im Jahr 1955 (linkes Bild) noch beinahe unbewachsene Heißländen mit offenen Schotterflächen und relativ jungen, vitalen Schwarz-Pappeln gab. Heute (rechtes Bild aus dem Jahr 2000) sind selbst die trockensten Heißländen weitgehend mit Vegetation bedeckt, die in besonders trockenen Sommern (wie im Bild) strohfarben verdorrt; die überalterten, knorrigen Schwarz-Pappeln bilden wegen absterbender Zweige gelichtete Kronen, durch die man durchschauen kann.

1955

2000

1

2

3

1/2 Das Helm-Knabenkraut *Orchis militaris* ist eine Nektarteuschblume, die zwar Blütensporne ausbildet, darin aber keinen Nektar produziert. In den überaus reichen Beständen der Lobau lernen die Insekten und fallen nicht mehr so oft auf die Täuschung herein. Im Fruchtstand (2) entwickeln sich mangels Bestäubung nur wenige Früchte.

3 Die verschiedenen Orchideen-Arten weisen gestaffelte Blütezeiten auf. Die Wanzen-Orchis ist eine der am spätesten blühenden Orchideen der Heißländen. Sie erreicht ihre Vollblüte erst, wenn das Helm-Knabenkraut bereits am Verblühen ist.

Hainbuche *Carpinus betulus* und Winter-Linde *Tilia cordata* werden so stark vom Wild verbissen, dass sie strauchförmig bleiben und sich nur selten zu Bäumen weiterentwickeln. Die lockere Verbuschung fördert Saumelemente wie Steppen-Aschkraut *Tephroseris integrifolia,* Kamm-Wachtelweizen *Melampyrum cristatum* oder Steppen-Anemone *Anemone sylvestris.* In stark verbuschten Abschnitten ist die Vielfalt an Pflanzen und Tieren wegen des Lichtmangels und der Strukturarmut aber äußerst gering. Gleiches gilt für die Artenvielfalt bei den Tieren. Typische Heißländen-Tiere, wie etwa die Smaragdeidechse *Lacerta viridis* (→ Bilder S. 176 und 406), haben ihre Hauptverbreitung häufig in Trockenrasen oder Buschwäldern des Pannonikums. Vor allem an Schwarz-Pappeln gebundene Tiere, insbesondere totholzbewohnende Gliederfüßer, sind aber ein wertvolles faunistisches Spezifikum der Heißländen.

Ohne geeignete Management-Maßnahmen werden die Heißländen mehr und mehr zuwachsen und von monotonen Gebüschen beherrscht werden. Zumindest kleinflächig wurde durch das Abziehen des Oberbodens schon erfolgreich die Sukzession zurückgesetzt und so Pionierarten das Überleben in den Donauauen ermöglicht.

Das Gros der Heißländenvegetation bilden trockenheitsertragende Arten des Pannonischen Gebiets, die sehr oft östlichen (Steppen-Wolfsmilch *Euphorbia seguieriana,* Grauscheidiges Federgras *Stipa pennata*) oder submediterran-mediterranen (Sand-Fingerkraut *Potentilla incana,* verschiedene Orchideen-Arten) Formenkreisen angehören. Daneben werden die Heißländen auch von Arten der Gebirgs-Auen besiedelt (Sanddorn *Hippophaë rhamnoides* und Schweizer Moosfarn *Selaginella helvetica*). Das gemeinsame Vorkommen östlicher, submediterran-mediterraner und alpiner Florenelemente verleiht den Heißländen ihre einzigartige und unverwechselbare floristische Ausprägung.

Eine der österreich- und darüberhinaus mitteleuropaweit seltensten und gefährdetsten Arten der Unteren Lobau mit Hauptvorkommen auf den Heißländen ist die Wanzen-Orchis *Anacamptis (Orchis) coriophora.* Vor allem die Heißländen in der Unteren Lobau, aber auch am Fuchshäufel in der Oberen Lobau sind ein El Dorado für Orchideenliebhaber und ziehen im Mai viele Besucher an.

Die Heißländen weisen zwar im Vergleich mit den anderen Auenhabitaten die artenärmste Pilzflora auf, sie beherbergen aber relativ viele Arten, die ganz spezielle Substrate besiedeln. Als Rohbodenspezialist findet sich zum Beispiel in dem relativ

Die langen, schlanken Beine des Feld-Sandlaufkäfers sind für jagende Insekten charakteristisch. Der Käfer jagt auf Flächen, die nicht oder nur spärlich bewachsen sind, wo daher das Abheben und Landen nicht durch Vegetation behindert wird. Er lebt von kleineren Insekten, die er, nachdem er deren Außenskelett mit seinen spitzen Zähnen durchbeißt, aussaugt.

nährstoffarmen Lebensraum der Schleierling *Cortinarius cedriolens.* Er hat seinen Verbreitungsschwerpunkt in Gebirgsfichtenwäldern und besitzt in den Heißländen einen dealpinen Arealaußenposten. Von den Pilzen wärmerer Klimate wächst der Sanddorn-Feuerschwamm *Phellinus hippophaecola* ausschließlich auf Sanddorn, während die submediterran-mediterran verbreitete Steppentrüffel *Gastrosporium simplex* auf abgestorbenen Wurzeln und Blattscheiden von Gräsern lebt. Das Lobau-Sandhäubchen *Conocybe lobauensis* und der Freudige Kahlkopf *Psilocybe laetissima* wurden erst in jüngerer Zeit auf Heißländen der Lobau neu für die Wissenschaft beschrieben: Selbst in Mitteleuropa können noch immer neue Arten entdeckt werden!

Trotz der generell rasch voranschreitenden Sukzession der Heißländen haben sich in der Lobau bis heute an einigen Stellen Rohbodenstandorte erhalten können, an denen der mineralische Untergrund die Oberfläche bildet. Sie beherbergen eine eigenständige Laufkäfergemeinschaft mit dem Feld-Sandläufer *Cicindela campestris* (links) als Charakterart. Gehen die offenen Bodenstellen durch die Bodenbildung verloren, verschwindet auch diese Art. Ist die Sukzession bereits so weit fortgeschritten, dass Sträucher massiv eindringen, dann verlieren selbst häufige Bewohner von Trockenrasen, wie etwa der Laufkäfer *Calathus fuscipes,* ihren Lebensraum. Es finden sich dann häufige Arten aus den umliegenden Auwäldern ein, wie der Große Breitkäfer *Abax ater* und *Abax parallelus.*

Auwiesen: bunt oder grün

Diese bunte Mähwiese liegt im Überschwemmungsgebiet der Unteren Lobau. Während die sehr tief gelegenen, nährstoffreicheren Auwiesen wegen der Dominanz von Gräsern recht einheitlich grün gefärbt sind, weisen die etwas trockeneren, nährstoffärmeren Wiesenabschnitte auf den höheren Geländeniveaus sehr artenreiche Fettwiesen mit Margeriten, Rot-Klee und Wiesen-Salbei auf.

Gehölzfreie Standorte finden sich im mitteleuropäischen Klima nur unter Extrembedingungen, so zum Beispiel die alpinen Rasen aufgrund der Kälte oder die Verlandungszonen von Gewässern aufgrund der ganzjährigen Nässe. Abgesehen von diesen Verlandungsbereichen sind alle Landstandorte der Wiener Donauauen „waldfähig", wie sich Forstleute ausdrücken würden, sogar die trockenen Heißländen. Geobotaniker würden sagen: „Die natürliche Vegetation ist Wald" oder, an heute waldfreien Standorten: „Die potenzielle Vegetation ist Wald". Für die Wiesen der Donauauen bedeutet das erstens, dass sie durch Rodung des Auwaldes und Nutzung durch zwei-

Der Wachtelkönig – nächtlicher „Wiesenknarrer" auf den Überschwemmungswiesen in der Unteren Lobau

Der Wachtelkönig ist eine Charakterart großer ungestörter Wiesenflächen. Schutzmaßnahmen, die helfen sollen sein Überleben zu sichern, verbessern auch die Lebensbedingungen weiterer besonders schutzwürdiger Vogelarten der Unteren Lobau wie Weißstorch, Wespenbussard, Schwarzmilan und Neuntöter.

Der Wachtelkönig ist eine knapp 30 Zentimeter große, schlanke, hochbeinige und langhalsige Ralle mit blaugrauem Kopf und ziegelroten Flügeln. Der Zugvogel bewältigt alljährlich eine Flugstrecke von etwa 15.000 bis 20.000 Kilometern und trifft aus seinem Überwinterungsgebiet in Afrika südlich des Äquators erst im Mai im Brutgebiet ein. Unverwechselbar ist sein unermüdlich, pausenlos und fast ausschließlich nachts vorgetragener, bis einen Kilometer weit hörbarer Reviergesang, ein 110 Dezibel (!) lautes Knarren, das namensgebend für seinen wissenschaftlichen Namen *Crex crex* war. Weltmeisterlich ist auch sein Fortpflanzungsverhalten: Die Männchen verpaaren sich mit mehreren Weibchen pro Saison jeweils nur wenige Tage zur Befruchtung (sequenzielle Polygamie). Die Henne legt – ungewöhlich für einen Zugvogel – zweimal pro Jahr ein Gelege mit acht bis zwölf Eiern, wobei sogar – einzigartig unter den Vögeln – mehr als ein Ei pro Tag gelegt wird! Der nahrungsreiche Lebensraum befähigt die Weibchen, die Brut alleine aufzuziehen, die Jungen sind sehr früh, im Alter von etwa zwei Wochen, selbstständig.

Trotz dieser Lebenstüchtigkeit ist die Art heute in Österreich und in vielen anderen Ländern Europas vom Aussterben bedroht. Noch zu Ende des 19. Jahrhunderts war der Wachtelkönig auch in den Donauauen sehr häufig. Von Kronprinz Rudolf und Alfred Brehm stammt folgende Schilderung: *„Der Wiesenknarrer bevölkert alle mit hohem Grase bewachsenen Wiesen, die mit niederem Weidendickichte und Hochgräsern bestandenen Inseln und die Felder zu beiden Seiten des Stromes."* Im Gefolge der Donauregulierung wurden die geeigneten Lebensräume jedoch weitestgehend zerstört und in jüngerer Zeit trat der Vogel, der als „Ureinwohner" sumpfiger Naturwiesen der Donauauen gelten kann, hier nur mehr als seltener Gast auf.

1999 wurde in der Unteren Lobau erstmals seit Jahrzehnten wieder ein Wachtelkönig-Brutpaar festgestellt. Dieses konnte dank sofort eingeleiteter Schutzmaßnahmen erfolgreich Jungvögel aufziehen. Geeignete Lebensräume sind in der Unteren Lobau derzeit nur sehr spärlich anzutreffen, denn die Ausdehnung offener Heuwiesenflächen wurde durch die Ausbreitung von Gehölzen als Folge nachlassenden Interesses an der Viehhaltung zunehmend geringer. Besonders nachteilig aber wirken sich die heute üblichen frühen Mähtermine, die zu schnell arbeitenden modernen Mähwerke und die übliche Mähmethode aus. All dies verhindert, dass Jungvögel im Gebiet hochkommen können. Ein im Jahr 2000 fertiggestellter detaillierter Management-Plan soll eine dauerhafte Ansiedlung des stark gefährdeten Wiesenbewohners auf den Überschwemmungswiesen der Unteren Lobau ermöglichen. Der Plan enthält konkrete Vorschläge für Maßnahmen zur Verbesserung des Lebensraums. Dazu zählen die Verschiebung der Mähtermine und besondere Vorsichtsmaßnahmen bei der Mahd selbst. Weiters sollen Freiflächen offengehalten beziehungsweise Gehölze gezielt zurückgedrängt werden, besondere Lebensraumstrukturen neu angelegt und gepflegt, verbrachende Wiesen wieder unter Nutzung gestellt und einzelne Wegabschnitte stillgelegt werden. Damit, so hofft man, kann dieser seltene Vogel bei uns wieder heimisch werden.

Johannes Frühauf

malige Mahd im Jahr entstanden sind, und zweitens, dass sie sich bei ausbleibender Mahd wiederbewalden würden. Findet die Mahd nur unregelmäßig statt, so können sich die gräserdominierten Wiesen zu Staudenfluren entwickeln, in denen breitblättrige Kräuter charakteristisch sind.

Die floristische Zusammensetzung der Wiesen hängt in erster Linie von der Wasserverfügbarkeit, vom Nährstoffangebot und vom Substrat ab. Pflanzen können Nährstoffe nur in gelöster Form aufnehmen, daher sind die feuchteren Wiesen, wie etwa große Flächen der Überschwemmungswiesen zwischen Donau und Hubertusdamm, meist „sehr grün". Hochwüchsige Gräser überwiegen und nur wenige andere Kräuter können mit ihnen mithalten. Je weniger Nährstoffe verfügbar sind, umso artenreicher werden die Wiesen. Viele solche „bunten" Wiesen finden sich in der Unteren und einige auch in der Oberen Lobau. Meist handelt es sich dabei um Trespen-*(Bromus erectus-)*Wiesen, die sich auf Heißländenstandorten entwickelten.

Die Wiesen erhöhen das Strukturangebot in einem Gebiet, das sonst beinahe vollständig bewaldet wäre. Wie das Beispiel des Wachtelkönigs *Crex crex* zeigt, nutzte dieser hochgradig gefährdete Vogel vor der Donauregulierung die gehölzarme Grasvegetation der ehemaligen Inseln. Heute nimmt er anthropogen entstandene Wiesen am Fluss als Ersatzlebensräume an, deren weitere Bewirtschaftung stellt daher auch ein Anliegen des Naturschutzes dar.

Der Hubertusdamm: ein artenreicher Sekundärlebensraum

Der Hubertusdamm verhindert, dass die sedimentbefrachteten und daher bräunlich gefärbten Donauhochwässer größere Teile der Lobau überfluten. Nördlich des Dammes (im Bild links) ist die Auendynamik auf Grundwasserschwankungen beschränkt.

Außerhalb des bebauten Wiener Stadtgebietes wird der donaubegleitende Hubertusdamm, wie im weiterführenden niederösterreichischen Abschnitt, auch als Marchfeldschutzdamm bezeichnet. Je nach Alter und unterschiedlicher Ausführung des Bauwerks haben sich auf dem teilweise schon über hundert Jahre alten Damm vielfach beachtlich artenreiche sekundäre Lebensgemeinschaften entwickelt. Wegen der regelmäßigen Mahd sind es verschiedene Wiesentypen, die vor allem an besonnten, nicht zu nährstoffreichen Dammböschungen oft zahlreiche Orchideen aufweisen. Am häufigsten tritt am Damm das Kleine Knabenkraut *Anacamptis* (= *Orchis*) morio auf, dessen Bestände lokal stark schwanken können. Verantwortlich dafür sind Wildschweine auf Nahrungssuche, die diese Standorte – wie übrigens auch orchideenreiche Heißländen – nach den nährstoffreichen Knollen durchwühlen. Diese massiven Störungen der Vegetation führen zwar zum beinahe vollständigen Verschwinden der Orchideen an den gestörten Stellen. Mittelfristig sind es aber oft gerade solche offenen, vegetationsarmen Standorte, an denen sich die konkurrenzschwachen Orchideen-Arten wieder besonders gut regenerieren können. Aus zoologischer Sicht ist der Damm unter anderem als Lebensraum der Europäischen Sumpfschildkröte *Emys orbicularis* von Bedeutung, die außerdem auch die Heißländen als Brutplätze nutzt.

Als im Jahr 2002 das Donauhochwasser in Wien den höchsten Stand seit 1890 erreichte, wurde zum „Verbesserten Donauhochwasserschutz" eine Verstärkung des Marchfeldschutzdammes zwischen dem Ölhafen Lobau und dem Schönauer Schlitz beschlossen. 2008 wurde in einer ersten Phase unter anderem der Hubertusdamm im

Bereich des Schwarzen Lochs erneuert. Im frisch angelegten Zustand wirkte der erhöhte und deutlich massivere Dammbau abschreckend. Die Entwicklung vielfältiger Lebensgemeinschaften möge dieses Bild in Zukunft mildern!

Die Europäische Sumpfschildkröte – ein seltener Überlebenskünstler unserer Breiten

Erst in jüngster Zeit, nachdem Brutplätze und Jungtiere aller Größenklassen entdeckt wurden, konnte eindeutig geklärt werden, dass es in den Donauauen zwischen Wien und der ungarischen Grenze überlebensfähige Populationen der Europäischen Sumpfschildkröte *Emys orbicularis* gibt. Noch ist nicht restlos geklärt, ob die Tiere echte Eingeborene oder Abkömmlinge ausgesetzter Importtiere sind. Archäologische Befunde, ähnliche Körpermerkmale bei Nachbarpopulationen, aber deutliche Unterschiede zu Körpermerkmalen anderer europäischer Vorkommen sowie der erbrachte Nachweis der erfolgreichen Fortpflanzung sprechen jedoch dafür, dass die Tiere alten einheimischen Ursprungs sind.

Die bevorzugten Wohngewässer der Europäischen Sumpfschildkröte sind Auengewässer mit reich strukturierten Uferabschnitten, Totholz und flachen, unter Sonneneinstrahlung leicht erwärmbaren Stillwasserbereichen. Hier findet sie ihre Nahrung, die vorwiegend aus Schnecken, Insekten(larven) und Krebstieren besteht, und Rastplätze, die sie zum Sonnenbaden benötigt. Im April und Mai kommt es zur Paarung. Vier bis acht Wochen danach verlässt das Weibchen sein Wohngewässer und sucht einen überschwemmungssicheren, sonnenexponierten Nistplatz auf. Die erst im Alter von zehn Jahren geschlechtsreifen Weibchen legen jährlich ihre Eier in selbstgegrabenen birnförmigen Kammern ab. In der Regel werden zehn bis 15 Eier pro Gelege abgegeben, wobei manche Tiere etwa drei Wochen nach dem Erstgelege ein weiteres produzieren. Bis zum Schlupf der Jungtiere vergehen rund 100 Tage. Für gewöhnlich kommen dann die etwa drei Zentimeter langen Schlüpflinge im Spätsommer und Frühherbst aus ihre Erdhöhle, gelegentlich überwintern sie jedoch noch darin und verlassen den Nistplatz erst im darauffolgenden Frühjahr. Diese ungewöhnliche Überwinterung in der Nistkammer wird als Anpassung an die kalten heimischen Winter gedeutet. In der Regel ist die Sumpfschildkröte von April bis September aktiv, während sie den Rest des Jahres im Schlamm vergraben die kalte Jahreszeit überdauert.

Die erstaunliche Tatsache, dass in unseren Breitengraden Schildkröten heimisch sind, zeugt von der außerordentlichen evolutions- und verhaltensbiologischen Leistung dieser wärmeliebenden und sonst durchwegs tropischen Tiergruppe, auf unsere Umwelt und die rauen Klimabedingungen zu reagieren.

Die Europäische Sumpfschildkröte kann in der Lobau am besten beim Sonnenbaden beobachtet werden. Häufig wählt sie dazu umgefallene Baumstämme.

Die „Große Praterlandschaft“ von Ferdinand Georg Waldmüller

Rückblick und Vorausschau

Im Jahr 1849 schuf Ferdinand Georg Waldmüller die „Große Praterlandschaft“, ein eindrucksvolles Beispiel seiner naturgetreu ausgeführten Landschaftsmalerei. Mit großem Realismus dokumentierte er einen parkartig aufgelockerten Bestand uralter Stiel-Eichen, dessen Lichtstimmung und Menschenleere große Ruhe ausstrahlt. Der stadtnahe Prater war aber schon zur Zeit Waldmüllers kein wirklich ruhiger Ort, sondern ein gern genutztes Naherholungsgebiet der Wiener Bevölkerung, das bereits manche Eingriffe in die Natur erfahren hatte. Die Veränderungen, die schon wenig später, ausgelöst durch die Donauregulierung und die fortschreitende Stadterweiterung folgen sollten, waren dagegen um ein Vielfaches einschneidender und wurden mit vielen Beispielen in diesem Kapitel dargestellt.

Auch in Zukunft wird es durch die vergangenen und andauernden Aktivitäten des Menschen Veränderungen im Naturhaushalt des Nationalparks Donau-Auen geben. Ein Nationalpark in der Stadt – das schafft viele Nutzeransprüche und folglich eine komplexe Ausgangssituation, wenn es darum geht, dieses einzigartige Naturerbe zu bewahren. Entscheidend werden dabei jedenfalls Maßnahmen sein, die die hydrologischen Bedingungen beeinflussen. Die politischen und ökologischen Rahmenbedingungen sind heute eng gesteckt. Um eine positive Entwicklung der biologisch wertvollen Lebensräume zu gewährleisten, sollte bei einem Minimum an Nährstoff- und Sedimenteinträgen ein Maximum an Dynamik ermöglicht werden.

Inhalt

Trockenräume

11

Manfred A. Fischer / Karl Mazzucco

Pannonische Hügel und Ebenen
Östlich getönte bunte Steppe

Steppe am Stadtrand – die Perchtoldsdorfer Heide im Spätsommeraspekt mit Feld-Mannstreu

An der biogeographischen Grenze

Treffpunkt von Ost und West – zumindest für Pflanzen und Tiere

Wir Wiener behaupten oft und sind stolz darauf, zwischen dem Osten und dem Westen zu vermitteln, auch wenn bis vor Kurzem viele gar nicht wussten, was nur wenige Dutzend Kilometer östlich und nördlich von Wien liegt. Bezüglich der Pflanzen- und Tierwelt ist das anders: Die Grenzlage ist keine bloße Redensart, für den Naturforscher war das immer schon ein wichtiges und spannendes Thema.

Wien liegt tatsächlich an einer der markantesten biogeographischen Grenzen innerhalb Europas: Ganz augenfällig ist zunächst, dass in Wien das niederschlagsreiche, kühle Bergland – die Alpen in Gestalt des Wienerwaldes – an die trockene, sommerwarme Ebene des Donautals und Wiener Beckens grenzt. Dies allein wäre aber nicht weiter bemerkenswert, denn eine solche Lage haben viele Städte. Entscheidend

Der trockene steile Südhang des Leopoldsbergs mit pannonischer Flora. Im Vordergrund eine reiche Population der weiß blühenden Strahldohle *Orlaya grandiflora;* im Hintergrund links unten sind Exemplare der Pracht-Königskerze *Verbascum speciosum* zu erkennen.

wichtig ist vielmehr die – nicht auf den ersten Blick erkennbare – **großklimatische Grenze:** In Wien trifft das durch reichliche sommerliche Niederschläge charakterisierte subozeanische west-**mitteleuropäische Klima,** das von Westen her bis zum Wienerwald reicht, mit dem subkontinentalen **pannonischen Klima** und seinen ausgeprägt warm-trockenen Sommern zusammen: Liegt der Westrand der Stadt – Hadersdorf und Hainbach – klimatologisch und biogeographisch noch im westlichen Mitteleuropa, so gehören die größten Teile der Stadt, vor allem aber die „transdanubischen" Bezirke am Ostrand, schon zum Pannonicum und damit in naturkundlicher Hinsicht gleichsam zu Osteuropa (→ Karten S. 37 und 397). Besonders eindrucksvoll ist diese Grenzlage auf dem Leopoldsberg (→ S. 439): Der Nordwesthang gegen Klosterneuburg ist subozeanisch beeinflusst, mit Rotbuchenwald, der Südosthang gegen das Wiener Becken hingegen pannonisch, mit einem Flaumeichenwald und Steppenrasen auf den Lichtungen. Gewiss, auf jedem Berg der Nordhemisphäre ist der Südhang wärmer und trockener als der Nordhang. Wien jedoch ist anders: Viele Pflanzen- und Tierarten des Ostens erreichen am Alpenostrand, im Raum von Wien, ihre Westgrenze, und viele westliche Arten dringen nicht weiter in den Osten vor. Zu der offenkundigen orographischen Grenzsituation (Schattseite/Sonnseite; nordöstlicher Rand der Alpen) kommt also die Position an einer hochrangigen biogeographischen Grenze hinzu.

Was heißt nun **pannonisch?** Der Begriff des Klimatologen deckt sich nicht ganz mit dem des Biologen und noch weniger mit dem des Historikers (die Bezeichnung kommt von der „provincia Pannonica" des antiken Römerreichs, die sich viel weiter nach Westen erstreckt hat). Am klarsten definieren es die Botaniker, denn die Pflanzen zeigen die naturräumlichen Verhältnisse am besten an: Die Pannonische Florenprovinz, kurz Pannonicum genannt, umfasst hauptsächlich die Große und die Kleine Ungarische Tiefebene, damit ganz Ungarn, und die rundum angrenzenden Ebenen- und Hügellandschaften. Genauer betrachtet, reicht das pannonische Gebiet von Süd-Mähren und der südlichen Slowakei im Norden ins westliche Rumänien zum Westrand Siebenbürgens im Osten, umfasst die Vojvodina im Süden und das östlichste Österreich im Westen. Innerhalb Österreichs gehören fast das gesamte Mittel- und Nord-Burgenland, die Ränder des Leithagebirges, der niederösterreichische und Wiener Alpenostrand (die „Thermenlinie"), die Hainburger Berge, das Wiener Becken, das Marchfeld und das Weinviertel, botanisch gesehen, zum Pannonicum. Auch die südexponierten Hänge der Wachau zählen noch zum pannonischen Gebiet, der Kontrast zur Mitteleuropäischen Florenregion, der der Dunkelsteiner Wald und das Waldviertel angehören, ist dort besonders augenfällig. Die für das Pannonicum bezeichnenden Arten, die der mitteleuropäischen Florenregion fehlen, haben keineswegs alle eine östliche Hauptverbreitung (→ S. 176); vielmehr finden sich hier auch zahlreiche submediterrane Arten wie die Flaum-Eiche *Quercus pubescens* und der Diptam *Dictamnus albus* und unter den Tieren die Mittelmeer-Holzbiene *Xylocopa valga,* das Wiener Nachtpfauenauge *Saturnia pyri* und die Südliche Krabbenspinne *Thomisus onustus.*

Wer „pannonisch" hört, denkt zuerst an waldlose Trockenlandschaft, vor allem an Steppenrasen. Das Pannonicum war jedoch ursprünglich zumindest überwiegend Waldland. Reste dieser Trockenwälder sind heute sehr spärlich, im Wiener Raum gehören dazu etwa Flaumeichenwälder wie auf dem Leopoldsberg und Zerreichenwald-Fragmente. Die Pannonische Florenprovinz ist der westlichste Abschnitt der umfassenden Pontisch-Südsibirischen Florenregion, die allgemein durch die Dominanz von Steppen charakterisiert ist. Im Pannonicum jedoch hat erst der Mensch durch Rodung der Urwälder und Schaffung von Viehweideland den Steppencharakter

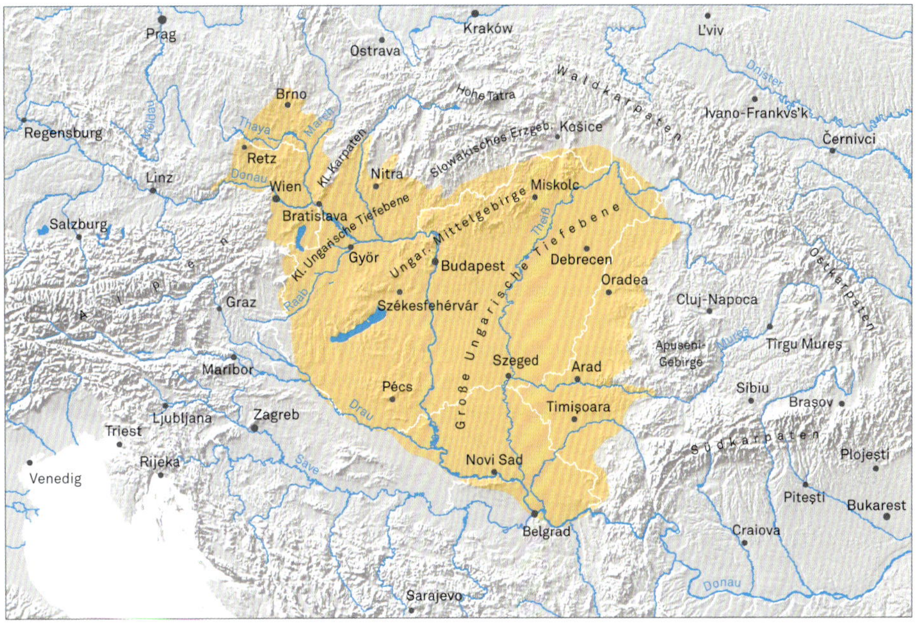

Die Pannonische Florenprovinz umfasst ganz Ungarn und die Hügel und Ebenen rundherum: südliche Slowakei, westliches Rumänien (West-Siebenbürgen), nördliches Serbien (Vojvodina), östliches Österreich (östl. Niederösterreich und nördl. Burgenland) und südöstliches Tschechien (Süd-Mähren).

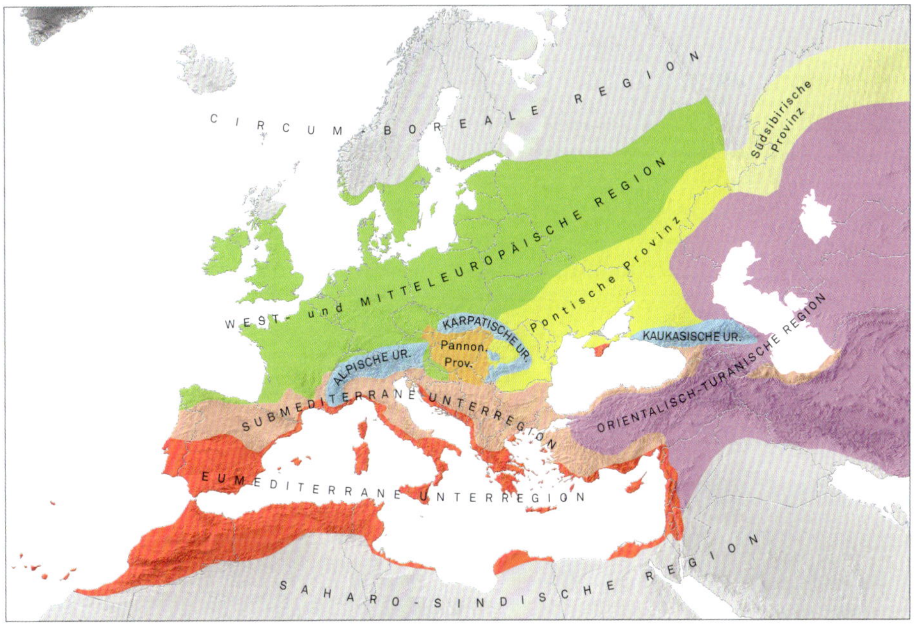

Vereinfachte Übersicht über die Florengebiete in der Umgebung der Pannonischen Florenprovinz.
Die Pannonische Florenprovinz (orange) ist der westlichste Teil der Pontisch-Südsibirischen Florenregion. Östlich schließt die Pontische Florenprovinz (dunkelgelb) an, die sich noch weiter östlich in der Südsibirischen Florenprovinz (hellgelb) fortsetzt. – Nordwestlich der Pontisch-Südsibirischen Region liegt die Mittel- und Westeuropäische Region (grün); südlich (in Südeuropa) schließen die Submediterrane (rosa) und die Eumediterrane Unterregion (rot) an; östlich davon liegt die Orientalisch-Turanische Region (violett). – Sonderfälle sind die drei Gebirgsmassive (blau): Alpische Unterregion, Karpatische Unterregion und Kaukasische Unterregion.

bewirkt oder verstärkt. Erst östlich der Pannonischen Florenprovinz, vom Schwarzen Meer bis Südsibirien, herrschen **klimatisch** bedingte Steppen. Auch das heute dominierende Ackerland ist gewissermaßen eine künstliche Steppenvegetation – unsere Getreidearten waren ursprünglich Steppenpflanzen!

Innerhalb des pannonischen Gebiets gibt es jedoch nicht nur Trockenstandorte, sondern auch feuchte und nasse Standorte: die Wiener Aulandschaften werden in einem eigenen Kapitel behandelt (→ S. 329). Im Folgenden wird daher hauptsächlich von den Biozönosen der trockenen Habitate und nur ganz am Rande auch von feuchten Wiesen die Rede sein.

Im pannonischen Gebiet sind Art und Ausmaß der menschlichen Einflussnahme und Umgestaltung viel älter als im biogeographischen Mitteleuropa, wo manche Berggegenden erst im Mittelalter besiedelt und kultiviert worden sind. Ganz anders im pannonischen Osten, wo die Jungsteinzeit mit Sesshaftwerden und Landwirtschaft schon etwa 8.000 Jahre vor heute begonnen hat. Der Wald war ursprünglich der

Hauptfeind des Menschen, hier aber, an seiner ökologischen Trockengrenze, war es verhältnismäßig leicht, ihn zurückzudrängen, in Weideflächen umzuwandeln und die dafür hervorragend geeigneten Schwarzerde-Steppenböden für den Ackerbau zu nutzen.

Entsprechend dem breiten Spektrum der Landnutzungsformen findet man im Pannonicum auch heute eine große Vielfalt an mehr oder weniger stark anthropogen beeinflussten Lebensräumen und Lebensgemeinschaften: naturnahe Trockenwälder und deren Säume, naturnahe Steppenrasen, ehemalige Weiderasen auf ursprünglichem Waldland (sogenannte Wiesensteppen), ebenso auch naturfernere Habitate wie Äcker und Weingärten, verbautes Siedlungsland mit Ruderalfluren und künstliche Wälder (Forste). „Naturnah" bedeutet: möglichst wenig vom Menschen durch Bodenbearbeitung und Neupflanzung verändert. Selbstverständlich gibt es, entsprechend der Art und Weise sowie der Intensität der menschlichen, hauptsächlich land- und forstwirtschaftlichen Eingriffe, alle nur denkbaren Zwischenstufen zwischen naturnah und naturfern. Trotzdem lassen sich die ersten vier Haupttypen als eher „naturnah" zusammenfassen und den übrigen, noch stärker durch menschliche Aktivitäten geprägten, gegenüberstellen. Es muss betont werden, dass die Begriffe „naturnah" und „naturfern" kein Werturteil sind. Reichtum und Vielfalt der Organismenwelt haben mit dem Eingreifen des Menschen seit der Jungsteinzeit insgesamt beträchtlich zugenommen. So ist insbesondere die relativ naturferne traditionelle Grünland- und Ackerlandschaft vielfältig und artenreich, ökologisch wertvoll und daher erhaltenswert. Erst die sehr starke Intensivierung der Landnutzung in neuester Zeit führte zu bedenklicher Verarmung der Biozönosen. Viele der für das Pannonicum charakteristischesten Insektenarten, etwa viele Wildbienen, waren mit dem Ackerbau aus dem Südosten in unser Gebiet gelangt, haben in der agrarischen Kulturlandschaft Acker- und Wegränder, Brachen, Ruderal- und Segetalstandorte zumindest als Teillebensräume genutzt und sind erst mit den drastischen Veränderungen der Agrarlandschaft in der zweiten Hälfte des letzten Jahrhunderts entweder ausgestorben oder auf naturnahe Flächen als suboptimale Habitate ausgewichen.

Selbstverständlich gibt es im Pannonicum auch Feucht-Habitate. So etwa südlich von Wien, in der sogenannten Feuchten Ebene, wertvolle Reste von Niedermooren und Feuchtwiesen, zum Teil Naturschutzgebiete (bei Moosbrunn, Gramatneusiedl, Mitterndorf und bei Laxenburg), zum Teil erst kürzlich großteils zerstört (bei Ebreichsdorf); sie werden in diesem Buch nicht behandelt.

Wien liegt, biogeographisch gesehen, an der Grenze zwischen dem west-mitteleuropäischen Gebiet (im Westen) und dem ost-mitteleuropäischen, pannonischen Gebiet (im Osten). Der Blick vom pannonischen Bisamberg gegen Nordwesten zeigt im Hintergrund links den nördlichen Flysch-Wienerwald. Die Auwälder an der Donau, das Weinviertel (im Hintergrund rechts) und der Bisamberg (im Vordergrund) liegen im Pannonicum, das überwiegend landwirtschaftlich genutzt wird (Bildmitte) und relativ dicht besiedelt ist (die Stadt Korneuburg mit kalorischem Kraftwerk im Mittelgrund rechts), aber auch noch Inseln ökologisch hochwertiger Trockenvegetation aufweist (Abhänge des Bisambergs im Vordergrund).

Vielfalt pannonischer Lebensgemeinschaften

Die naturnahen Biozönosen

Die Landschaften niederer Lagen sind vom Menschen ganz allgemein viel stärker umgestaltet worden als jene der Gebirge. Dies gilt insbesondere für die pannonische Trockenlandschaft. Die ursprünglichen Wälder blieben in siedlungsfernen, für Beweidung ungünstigen Gegenden sowie dort, wo wegen der Ungunst des Geländes Ackerbau nicht möglich war, erhalten. Waldreste, meist durch Waldweide stark degradiert, waren zwar auch für Brennholzgewinnung wichtig, dennoch erhielten sich Waldflächen in etwas größerem Umfang (sogenannte Remisen) hauptsächlich auf herrschaftlichen Besitzungen, wo sie der Jagd dienten. Das bis ins spätere 19. Jahrhundert im Pannonicum vorherrschende Weideland zeigt eine sehr charakteristische Vegetation, Flora und Fauna, die das sommertrockene Klima deutlich widerspiegeln und sich dadurch von der Weidelandschaft der Gebirge stark unterscheiden. Die entsprechend angepasste Organismenwelt konnte sich hier ausdehnen, viele Arten sind zudem wahrscheinlich erst seit der Jungsteinzeit aus den östlicher gelegenen echten Steppen eingewandert. Die nicht nur nach Tiefgründigkeit und Wasserversorgung des Bodens, sondern auch nach Art und Intensität der Beweidung verschiedenen Biozönosen dieser Viehweiden (Hutweiden) haben daher so deutlich ausgeprägten Steppencharakter und einen derart eindrucksvollen Artenreichtum, dass die Botaniker des 19. Jahrhunderts diese weitgehend waldfreie Landschaft sogar für ursprünglich hielten. Im Vergleich zum Ackerland ist sie jedenfalls als relativ naturnahe Halbkulturformation zu bezeichnen.

1 Flaum-Eichen an einem Südhang oberhalb der Weingärten der Hagenau in Perchtoldsdorf

2 Weingärten vor Flaumeichenwäldern und Trockenrasen am Südhang des Leopoldsberges, vom Kahlenbergerdorf aus gesehen

1

2

Die unauffälligen Blüten (links) des Warzen-Spindelstrauchs *Euonymus verrucosa* riechen unangenehm, sie locken Fliegen als Bestäuber an. Sehr auffallend sind hingegen die an Vögel adressierten Früchte (rechts): Der orangefärbige Samenmantel (Arillus) umhüllt den schwarzen Samen, darüber hängt die purpurne Kapselwand. Saftige Kapsel und Arillus sind typische Merkmale tropischer Sippen: Der Spindelstrauch gehört tatsächlich zur überwiegend tropischen Familie der *Celastraceae*.

Reste naturnaher Trockenwälder

Eine typische Waldgesellschaft trockener Standorte im pannonischen Raum ist der **Flaumeichenwald**. Die Flaum-Eiche *Quercus pubescens* – benannt nach der flaumigen Behaarung der Laubblattunterseiten, jungen Zweige und Knospen – ist eine submediterrane Art. Im Wiener Raum kann sie als Relikt der nacheiszeitlichen Wärmezeit betrachtet werden, die sich bei der folgenden Klimaverschlechterung auf die wärmsten und trockensten Standorte zurückgezogen hat. Allerdings stößt sie an ihre Existenzgrenzen, wo die Wasserspeicher-Kapazität des Bodens zu gering wird, etwa an seichtgründigen Felsrippen mit nur sehr geringer Feinbodenauflage oder auf wasserdurchlässigen Schotter- und Sandböden, wo die Wurzeln das Grundwasser nicht mehr erreichen können.

Der Flaumeichenwald findet sich in zwei Ausbildungen: als Buschwald mit nur wenige Meter hohen krüppeligen Exemplaren und als „Hochwald" mit doch acht bis 15 Meter hohen Bäumen. Vor allem im Buschwald finden sich öfters offene Stellen mit Trockenrasenflecken, weshalb man auch von einem Steppenwald sprechen kann. Das Mosaik von offenen Stellen und Gebüschen ist primär durch Unterschiede in der Bodengründigkeit bedingt, kann aber durch Wirtschaftseinflüsse verstärkt werden, besonders durch Beweidung mit Schafen oder Ziegen. Neben der Flaum-Eiche sind viele Straucharten vorhanden: insbesondere Filz-Schneeball *Viburnum lantana,* Dirndlstrauch (Gelb-Hartriegel) *Cornus mas,* Warzig-Spindelstrauch *Euonymus verrucosa,* Steinweichsel *Prunus mahaleb,* Rot-Hartriegel *Cornus sanguinea,* Liguster *Ligustrum vulgare* und Einkern-Weißdorn *Crataegus monogyna.*

Mit etwas Glück kann man in Trockenwäldern und Gebüschen seltene Orchideen finden, so das prächtige Purpur-Knabenkraut *Orchis purpurea* (links) und die bizarre Adria-Riemenzunge *Himantoglossum adriaticum* (Mitte) oder den ganz seltenen, blattgrünlosen Dingel *Limodorum abortivum* (rechts), der parasitisch auf seinen Wurzelpilzen lebt. Diese drei Orchideenarten haben submediterrane Verbreitung und sind bei uns mehr oder weniger stark gefährdet.

1 Auffallend blüht im Vorfrühling der Dirndlstrauch (Kornelkirsche) *Cornus mas*. Seine dunkelroten Steinfrüchte reifen im Spätsommer und werden zu Marmeladen und Obstbrand verarbeitet.

2 Eine charakteristische Art der Krautschicht ist die im Frühling blühende submediterrane Purpurblau-Rindszunge (P.-Steinsame) *Buglossoides (Lithospermum) purpurocaerulea*.

3 Der Ölbaum-Seitling *Omphalotus olearius* bildet seine büschelig stehenden Fruchtkörper besonders an der Basis von Zerr-Eichen. Diese seltene, wärmeliebende Art hat ihren Verbreitungsschwerpunkt in den Mittelmeerländern, wo sie auf dem Ölbaum wächst. Eine Besonderheit ist das schwache Leuchten der Fruchtkörper, das man bei völliger Dunkelheit beobachten kann.

4 Die Fruchtkörper des wärmeliebenden Ringlos-Hallimasch *Armillaria tabescens* wachsen in Büscheln, besonders an vermodernden Strünken der Zerr-Eiche. Im Gegensatz zum häufigen Gewöhnlichen Hallimasch *A. mellea* fehlt ihm der Ring am Stiel. Er ist nur im Wiener Anteil des Wienerwalds verbreitet und erreicht hier die Nordgrenze seines geschlossenen Areals, sonst ist er sehr selten.

1

2

3

4

Flaumeichen-Buschwälder wachsen überwiegend auf sonnseitigen Karbonatböden (Rendzina oder steinigen Mischböden mit Braunlehmmaterial). Viele Bestände sind wohl Degradationsstadien früherer höherwüchsiger Wälder nach jahrhundertelanger Niederwaldnutzung (Stockausschlagbetrieb) für Brennholzgewinnung und Beweidung. Andererseits werden viele potenzielle Flaumeichenwald-Standorte heute von Trockenrasen, Weingärten oder Schwarzföhrenforsten eingenommen.

Auf etwas tiefergründigen, lehmigeren Böden waren Hochwälder der Flaum-Eiche ursprünglich auf den wärmsten Abdachungen des Wienerwaldes und den höheren und mittleren Terrassen des Wiener Beckens weit verbreitet, während sie heute nur noch fragmentarisch erhalten sind. Zur Flaum-Eiche gesellen sich hier die weiter verbreitete Trauben-Eiche *Quercus petraea,* der Feld-Ahorn *Acer campestre,* die Holz-Birne *Pyrus pyraster,* die Elsbeere *Sorbus torminalis* (→ S. 320), auch schlechtwüchsige Edel-Eschen *Fraxinus excelsior* und einzelne Hainbuchen *Carpinus betulus.*

Die gleichfalls submediterrane, südosteuropäisch zentrierte Zerr-Eiche *Quercus cerris* ist die zweite für den pannonischen Raum typische Eichenart, reicht aber darüber hinaus in die Hügelstufe des Wienerwalds. An den spitzlappigen, unterseits dünn graufilzigen Laubblättern, den borstenförmigen Nebenblättern um die Knospen, der sehr breitrissigen Borke und an den auffallend struppig-borstigen Fruchtbechern mit

Die Riemenmistel (Eichenmistel) *Loranthus europaeus* ist ein Halbschmarotzer, der – im Unterschied zur viel weniger wählerischen Mistel – nur Eichen (und selten Edelkastanien) befällt. In Mitteleuropa insgesamt sehr selten, ist die Riemenmistel in Wien und im übrigen Pannonicum recht häufig. Die Art ist zweihäusig und wirft die Laubblätter im Herbst ab (bei der echten Mistel sind sie immergrün). Die weiblichen Pflanzen sind im Winter leicht zu erkennen, weil sie über und über gelbe Beeren tragen (bei der Mistel sind die Beeren weiß). Geerntet werden sie von Vögeln, neben dem Seidenschwanz besonders von der Misteldrossel *Turdus viscivorus*. Das Innere der Beeren ist sehr stark klebrig, die Samen behalten ihre Klebrigkeit auch nach der Passage durch den Darm des Vogels und bleiben daher an Zweigen hängen, wo sie auskeimen, den Ast anbohren und eine neue Pflanze bilden. Die alten Römer bereiteten aus diesen Beeren Vogelleim (zum Vogelfang) und verspotteten daher die Misteldrossel mit „turdus ipse sibi cacat malum" („die Drossel kackt sich ihr eigenes Unglück"). Die Riemenmistel heißt im klassischen Latein viscum, die Fachausdrücke Viskose und Viskosität (Zähflüssigkeit) sind davon abgeleitet. Die neuzeitlichen Botaniker haben dieses Wort jedoch für die (übrigens gar nicht sehr nahe verwandte) Mistel verwendet, die daher botanisch-lateinisch *Viscum* heißt.

großen Eicheln ist sie leicht zu erkennen. Zusammen mit Trauben-Eiche und Elsbeere bildet sie wärmeliebende Eichenmischwälder auf sandig-lehmigen und mehr oder weniger basenarmen Standorten. Hier finden sich weniger submediterrane als subkontinentale Arten, etwa das Weiß-Fingerkraut *Potentilla alba,* das aber im Wienerwald hauptsächlich auf Wiesen wächst.

Zerreichenwälder und Eichen-Hainbuchen-Wälder (→ S. 276) waren wohl als natürliche Vegetation auf den tiefgründigeren und frischeren Böden des Wiener Beckens und in den östlichen Randbereichen des Flysch-Wienerwaldes weit verbreitet. Leider gingen viele dieser pannonischen Wälder später durch Nutzung verloren oder wurden durch die Aufforstung mit Robinien gestört beziehungsweise ersetzt (→ S. 432).

Die **Insektenwelt** der trocken-warmen Eichenwälder in und um Wien ist überaus reichhaltig. Weit über Tausend Insektenarten sind an Eichen gebunden. Viele Arten, die auch in anderen Eichenwäldern vorkommen, bekommt man im niedrigwüchsigen Flaumeichen-Buschwald leichter zu Gesicht. So findet man häufig die Raupennester des Eichen-Prozessionsspinners *Thaumetopoea processionea* und begegnet auch einem ihrer Räuber, dem zu den Aaskäfern zählenden Vierpunktigen Raupenjäger *Xylodrepa quadripunctata.* Im späten Frühjahr ist die Eichen-Schmuckwanze *Rhabdomiris striatellus* zu beobachten, und nicht selten treten auch zwei Rüsselkäfer, der Eichenwickler *Attelabus nitens* und der Eichelstecher *Curculio venosus* auf.

Eichenprozessionsspinner *Thaumetopoea processionea*

Die Raupen des Eichenprozessionsspinners (links) leben gesellig in großen Gruppen. Zur Häutung verfertigen sie gemeinsam ein Gespinst, das mehrere Jahre am Baum hängen bleiben kann (rechts). Der erwachsene Falter ist recht unscheinbar (Mitte).

Abends marschieren die Raupen dieser Art in Gruppen von 20 bis 30 Individuen im „Gänsemarsch“ zu den Nahrungsstellen in den Laubkronen der Eichen, morgens kehren sie ebenso zurück in ihr Nest; daher der Name „Eichen-Prozessionsspinner“. Er ist ein ziemlich häufiger Bewohner pannonischer Eichenwälder rund um Wien, der besonders nach warmen, trockenen Wintern zur Massenvermehrung neigt. Seit Anfang der 1990er-Jahre tritt er auch innerhalb des Stadtgebiets vermehrt auf. Die Eier werden im Herbst in länglichen, plattenförmigen Gelegen mit bis zu 200 Eiern an Eichenzweigen abgelegt. Die Raupen schlüpfen mit dem Blattaustrieb. Sie häuten sich fünfmal, nach der vorletzten Häutung legen sie in Astwinkeln oder am Stamm große Gespinste an, in denen sie den Tag verbringen. Dort erfolgt gewöhnlich im Juni die Verpuppung. Die Falter schlüpfen ab Ende Juli und sind nachtaktiv.

Ab der zweiten Häutung entwickeln die Raupen einen Spiegel von kleinen, mit Stacheln versehenen Gifthaaren, der mit jeder Häutung größer wird und zuletzt den ganzen Rücken bedeckt. Bei Hautkontakt mit Menschen dringen die Haare in die Haut ein und entlassen das Gift, das aus Proteinen besteht. Es verursacht Hautrötung, Schwellungen, Brennen und Bläschenbildung. Die Symptome klingen meist nach zwei bis drei Tagen wieder ab. Besonders bei Allergikern kann die Reaktion jedoch sehr stark sein. In solchen Fällen und insbesondere auch, wenn Haare in die Augen gelangt sind, ist eine Behandlung durch den Arzt notwendig.

Karl Mazzucco

Andere Insekten, meist submediterraner Verbreitung, sind auf den Flaumeichenwald beschränkt. Erwähnt seien zwei zu den Spinnern gehörende nachtaktive Schmetterlinge, die im Süden weit verbreitet, an der Wende vom 18. zum 19. Jahrhundert in der Umgebung Wiens für die Wissenschaft entdeckt und beschrieben worden sind: der Südliche Mondvogel *Phalera bucephaloides* und der Rostspinner *Ocneria rubea*.

Eine dritte Gruppe von Insekten gehört eigentlich zu den Bewohnern von Saumgesellschaften. Wegen der Lückigkeit des Flaumeichenwaldes sind sie jedoch nirgends so häufig anzutreffen wie hier. Zu ihnen zählen der Würfelfalter *Hamearis lucina* und das Weißbindige Wiesenvögelchen *Coenonympha arcania*. Auf der Schwalbenwurz *Vincetoxicum hirundinaria* findet man geradezu massenhaft die Dornzikade *Centrotus cornutus*, und an bestimmten Doldenblütlern kann einer unserer größten Rüsselkäfer, der seltene, flugunfähige Schwarze Möhrenrüssler *Liparus dirus*, beobachtet werden, ein besonderes Juwel der Thermenlinie.

Auch die Spinnen sind im Flaumeichen-Buschwald in großer Arten- und Individuenzahl vertreten – ihre Insektenbeute ist hier ja reichhaltig. Besonders auffallend ist die Eichenblatt-Radnetzspinne *Aculepeira ceropegia*: Gut sichtbar sitzt sie mitten in ihrem Netz, das zwischen Büschen ausgespannt ist. Zahlreiche Arten von Spring- und Krabbenspinnen lauern auf den Eichenblättern sowie auf den Blüten verschiedener Pflanzen, und zwischen der Laubstreu sieht man im Frühjahr dicke Wolfsspinnen

Der Steirische Fanghaft *Mantispa styriaca*

Er gehört sicherlich zu den eindrucksvollsten Insekten Österreichs. Frühere Forscher haben den Steirischen Fanghaft als kleine Gottesanbeterin angesehen. Systematisch wird diese Art heute zu den Fanghaften *Mantispidae* gestellt, einer vorwiegend tropisch und subtropisch verbreiteten Familie innerhalb der Netzflügler *Neuroptera*, zu denen auch Florfliegen, Ameisenjungfern und Schmetterlingshafte zählen.

Der Entwicklungszyklus des Fanghaft wurde von den beiden Wiener Entomologen Friedrich Brauer (1832–1904) und Alois Rogenhofer (1831–1897) aufgeklärt. Brauer publizierte bereits im Alter von 20 Jahren erste Beobachtungen zu den Larvenstadien und beschäftigte sich sein ganzes Leben mit der Biologie dieser Art.

Die Weibchen legen mehrere Tausend gestielte Eier, vorwiegend an älteren Bäumen. Die ersten Larven dringen nach der Überwinterung in Spinnenkokons ein, wo sie sich von den Eiern und dort lebenden Spinnenlarven ernähren und schließlich nach dem dritten Larvenstadium auch verpuppen. Die erwachsenen Tiere, die von Ende Mai bis August anzutreffen sind, leben räuberisch von anderen Insekten. Ihre großen Komplexaugen ermöglichen eine rasche optische Orientierung beim Ergreifen der Beute mit den Fangbeinen.

Die Tiere sind trotz ihrer großen, meist glasklar durchsichtigen Flügel eher schlechte Flieger.

Das Vorkommen des Fanghaft ist ein Indikator für wärmebegünstigte Standorte. In Österreich ist die Art heute in isolierten Populationen auf die östlichen und südlichen Landesteile beschränkt. In der Wiener Umgebung befinden sich die bedeutendsten Vorkommen an warmen Standorten entlang der Thermenlinie auf dem Glaslauterriegel und dem Heferlberg bei Pfaffstätten, am Kalenderberg und Eichkogel bei Mödling sowie auf der Perchtoldsdorfer Heide. Ein alter Fund liegt auch aus Wien (Gersthof) vor, wo die Art zu Zeiten Brauers „eben nicht selten" war. Heute gilt der Fanghaft österreichweit als stark gefährdet. ***Wolfgang Rabitsch***

Die Ähnlichkeiten des Steirischen Fanghaft (links) mit der viel bekannteren und größeren Gottesanbeterin *Mantis religiosa* (rechts, vgl. auch → S. 419) beruhen auf Konvergenz, das heißt sie sind in der Evolution durch gleichartige Funktion, aber nicht durch gemeinsame Abstammung entstanden. Konvergente Anpassungen an die räuberische Lebensweise bei beiden Arten sind die zu Fangbeinen umgestalteten Vorderbeine (Schiene und Fuß sind klappmesserartig gegen den verdickten, stark bedornten Schenkel einschlagbar), das auffallend verlängerte erste Brustsegment und die großen Komplexaugen.

Die Äskulapnatter *Elaphe longissima* ist mit bis zu knapp zwei Metern Länge die größte einheimische Schlange. Um Wien kommt sie hauptsächlich im Bereich der Eichenwälder vor und wird bis in die Villenviertel der Stadt hinein gefunden. Sie kann gut klettern, deshalb trifft man sie öfters in Bäumen hängend oder zusammengerollt in Astgabeln an. Die ungiftige, etwas träge Schlange kann zwar zubeißen, wenn man sie ergreift, lässt aber gleich wieder los. Sie ernährt sich von Eidechsen, Mäusen, Vogeleiern und Jungvögeln und überwintert von September bis April in geeigneten Verstecken. Im Juni legen die Weibchen fünf bis zehn Eier gut geschützt in weicher Erde oder unter Laub ab, zwei Monate später schlüpfen die Jungen, die zu diesem Zeitpunkt bereits einen Viertelmeter groß sind.

Lycosidae ihre Eikokons nachziehen. Gelegentlich kann man beobachten, wie eine dieser Spinnen nach kurzem Kampf von einer Wegwespe (Familie *Pompilidae*) überwältigt, mit Nervengift gelähmt und als Larvennahrung in einen Bau oder ein Versteck getragen wird. Auch für die seltene Buckelfliege *Ogcodes pallipes,* deren Larven im Abdomen von Spinnen parasitieren, herrschen hier günstige Lebensbedingungen. Ein anderer Parasit von Wolfsspinnen ist der Steirische Fanghaft (→ S. 403).

Für Wirbeltiere sind die Trockenwälder, besonders der Flaumeichen-Buschwald, wegen ihrer Kleinräumigkeit und der geringen Verfügbarkeit von Wasser weniger geeignet. Lediglich die Äskulapnatter *Elaphe longissima* kann man hier regelmäßig antreffen.

Säume, Mäntel und Gebüsche

Saumgesellschaften heißen die überwiegend aus Hochstauden bestehenden Pflanzengemeinschaften am Waldrand. Die pannonischen Waldsäume sind sehr artenreich und zur Hauptblütezeit Ende Mai bis Mitte Juni ungemein farbenprächtig. Die Standortbedingungen erweisen sich hier an der Wald/Steppen-Grenze als besonders günstig: Der Boden ist tiefgründig wie im Wald und die Wasserversorgung durch die randliche Traufsituation verbessert. Auch die Lichtverhältnisse sind vorteilhafter als im Wald und fast so gut wie in der anschließenden Wiesensteppe. Dazu kommt am Waldrand der bessere Schutz vor Wind und allfälligem Mähen.

Die beiden namensgebenden Arten dieser Waldsteppen-Saumgesellschaft sind auffallend blühende Stauden: Diptam *Dictamnus albus* und Blut-Storchschnabel *Geranium sanguineum*. Weitere charakteristische und meist ebenfalls submediterrane Arten sind: Bunt-Flockenblume *Cyanus (Centaurea) triumfettii,* eine ausdauernde Verwandte der Kornblume, und Färber-Meier *Asperula tinctoria,* ein früher als Färbepflanze genutzter Verwandter des Krapps mit orangerotem Rhizom, und die Anfang Juni blühende Aufrecht-Waldrebe *Clematis recta,* eine krautige, nicht kletternde Verwandte der Gewöhnlichen Waldrebe. Der als Heilpflanze berühmte Arznei-Baldrian ist durch eine eigene Unterart trocken-warmer Standorte repräsentiert: *Valeriana officinalis subsp. tenuifolia (= V. wallrothii)*. Auch die wilde Echt-Schwarzwurz *Scorzonera hispanica* findet sich hier. Sie ist die Stammsippe der als Wurzelgemüse bekannten Schwarzwurzel und submediterran verbreitet.

Entlang von Waldrändern und Gebüschen finden sich artenreiche, bunte Säume, in denen meist der Diptam den Ton angibt.

1

2

3

1 Der Blut-Storchschnabel *Geranium sanguineum* ist niederwüchsig, bildet aber dichte Bestände. Die etwa 3 cm großen Blüten sind im Mai und Juni zu sehen, die Laubblätter färben sich im Herbst blutrot und sind für den Artbeinamen verantwortlich.

2 Der Kamm-Wachtelweizen *Melampyrum cristatum* ist – wie alle seine Gattungsgenossen – ein einjähriger Halbschmarotzer. Typisch sind der vierkantige Blütenstand und die zweifärbige Krone.

3 Der prächtige Diptam *Dictamnus albus* ist eine submediterran verbreitete Staude mit eschenähnlichen Fiederblättern. Die großen, einfachsymmetrischen Blüten werden von der auffallenden Holzbiene *Xylocopa valga,* noch häufiger von der Hummel *Bombus pratorum* und der Mauerbiene *Osmia rufa* besucht. Die Pflanze steht Ende Mai in Blüte, sie duftet stark zitronenartig und verrät dadurch ihre Verwandtschaft mit der zur selben Familie gehörenden Gattung *Citrus.* Bitte nicht berühren, der Diptam enthält Stoffe, die in Verbindung mit Sonnenlicht bei manchen Menschen Brandblasen hervorrufen!

Manchmal ist den höherwüchsigen Sträuchern noch ein **Mantelgebüsch** aus meist nur etwa einen halben Meter hohen Kleinsträuchern vorgelagert. Hier finden sich etwa die Bibernell-Rose *Rosa spinosissima (= R. pimpinellifolia),* der Felsen-Kreuzdorn *Rhamnus saxatilis* oder die Zwerg-Weichsel *Prunus fruticosa,* eine typische östliche Steppenpflanze. Sie bildet mit der Kultur-Weichsel Hybriden, die zwar selten Früchte hervorbringen, sich aber durch Wurzelsprosse stark vegetativ vermehren und dadurch zur Verbuschung pannonischer Steppenrasen beitragen, weshalb sie vom Naturschutz bekämpft werden müssen.

Auf längere Zeit nicht mehr beweideten Flächen breiten sich verschiedene Sträucher aus, zunächst die ehemals im Weideland häufigen, weil mittels Dornen oder Stacheln weideresistenten Sträucher, allen voran der Einkern-Weißdorn *Crataegus monogyna,* aber auch Wild-Rosenarten und der im Vorfrühling schon vor der Blattentfaltung auffallend weiß blühende Schlehdorn *Prunus spinosa.* Er ist eine der Stammarten der Kulturpflaumen Rückkreuzungen bilden große, aber meist unfruchtbare Sträucher. Mit seinen stechenden Nadeln besonders wehrhaft ist auch der Wacholder *Juniperus communis subsp. communis.* Daneben finden sich hier aber auch wehrlose Straucharten, wie Liguster *Ligustrum vulgare* und Rot-Hartriegel *Cornus sanguinea.*

4 Die östlich verbreitete Zwerg-Weichsel *Prunus fruticosa* ist eine der Elternarten unserer Kultur-Weichsel; ihre Früchte sind klein, sauer, aber wohlschmeckend.

5 Die Bibernell-Rose *Rosa spinosissima* hat viele, dünne, nadelartige Stacheln und schwarze Hagebutten. Sie bildet reichlich Ausläufer und wird im Trockenrasen meist kaum kniehoch.

4

5

Der Ruhm wie alle Schwindelware,
Hält selten über tausend Jahre.
Zumeist vergeht schon etwas eh'r
Die Haltbarkeit und die Kulör.

Ein Schmetterling voll Eleganz,
Genannt der Ritter Schwalbenschwanz,
Ein Exemplar von erster Güte,
Begrüßte jede Doldenblüte
Und holte hier und holte da
Sich Nektar und Ambrosia.

Mitunter macht er sich auch breit
In seiner ganzen Herrlichkeit
Und zeigt den Leuten seine Orden
Und ist mit Recht berühmt geworden.

Die jungen Mädchen fanden dies
Entzückend, goldig, reizend, süß.
Vergeblich schwenkten ihre Mützen
Die Knaben, um ihn zu besitzen.
Sogar der Spatz hat zugeschnappt
Und hätt' ihn um ein Haar gehabt.

Jetzt aber naht sich ein Student,
Der seine Winkelzüge kennt.
In einem Netz mit engen Maschen
Tät er den Flüchtigen erhaschen,
Und da derselbe ohne Tadel,
Spießt er ihn auf die heiße Nadel.

So kam er unter Glas und Rahmen
Mit Datum, Jahreszahl und Namen
Und bleibt berühmt und unvergessen,
Bis ihn zuletzt die Motten fressen.

Man möchte weinen, wenn man sieht,
Daß dies das Ende von dem Lied.

Wilhelm Busch, 1874

1

2

1/2 Die Raupe des Schwalbenschwanzes frisst an Doldenblütlern und am Diptam. Durch ihre Zeichnung ist sie im Blattgewirr der Futterpflanzen gut getarnt.

Die **Tierwelt der Saumgesellschaften** ähnelt jener der Flaumeichen-Buschwälder. Am Diptam fressen nur ganz wenige **Insekten**, etwa die Raupe des Schwalbenschwanzes *Papilio machaon*. Auch der Blut-Storchschnabel findet in der Insektenwelt wenig Anklang. Lediglich eine kleine Keulhorn-Blattwespe *Amasis obscura* besucht regelmäßig seine Blüten. Ganz anders dagegen verhält es sich mit den zahlreichen Fressgästen der Zwerg- und Hybrid-Weichsel und der Wildrosen-Arten. Zu den bekanntesten zählen die Raupen des Segelfalters *Iphiclides podalirius*. Die Weibchen dieses wunderschönen Schmetterlings legen ihre Eier mancherorts mit Vorliebe auf die jüngsten Wurzelschösslinge der Hybrid-Weichsel, die sich am weitesten in den Trockenrasen vorgewagt haben. Wird die Bekämpfung dieser Schösslinge zu radikal betrieben, vernichtet man die ganze Segelfalter-Brut (und nicht nur diese). Gerade der Segelfalter macht dem Naturliebhaber viel Freude mit seinen Flugspielen, die er mit seinen Artgenossen oft in größerer Anzahl um Hügelgipfel herum veranstaltet. Was für die Hybrid-Weichsel gilt, gilt auch für die Wildrosen. Gerade auf die kleinsten Sträucher, die oft mitten im Trockenrasen aufkommen, legt das Kleine Nachtpfauenauge *Saturnia pavonia* seine Eispiegel. Auch einer der seltensten Glasflügler Österreichs, *Pennisetia bohemica*, wählt solche Rosensträucher zur Eiablage aus, an deren Wurzeln sich die Raupen dann zwei Jahre lang entwickeln.

Zu den häufigsten tagfliegenden Schmetterlingen in den pannonischen Säumen gehört das Weißfleck-Widderchen *Syntomis phegea*. Obwohl es den Blutströpfchen (Zygaenen) ähnlich sieht, ist es mit ihnen nicht näher verwandt. Die pelzige kleine

Erwachsene Männchen der Smaragdeidechse prunken zur Fortpflanzungszeit mit ihrer leuchtendblauen Kehle.

Singzikaden

„Glücklich leben die Zikaden, denn sie haben stumme Weiber." Der wenig freundliche Ausspruch des griechischen Dichters Xenarchos beruht auf dem Umstand, dass nur die Männchen der Singzikaden *Cicadidae* jene Gesänge produzieren, die man gerne mit Urlaub am Mittelmeer in Verbindung bringt. Die Gesangsmuster sind artspezifisch und dienen der Partnerfindung.

Die Lautproduktion erfolgt mithilfe des Trommelorganes. Zwei Cuticularplatten an den Seiten des Hinterleibes werden durch je einen kräftigen Muskel abwechselnd oder gleichzeitig in Schwingung versetzt. Jedes Hin und Her der jeweiligen Platte erzeugt ein Knacken, ähnlich wie beim Eindellen eines Dosenbodens. Die dabei produzierten Lautstärken sind beträchtlich und können bis zu 120 Dezibel erreichen. Die „Ohren" (Tympanalorgane) der Singzikaden liegen direkt neben den Trommelorganen und werden während des eigenen Gesanges „abgeschaltet". Einige Arten erzeugen ihre Gesänge in einem Frequenzbereich, der außerhalb des menschlichen Hörvermögens liegt, sie erscheinen uns stumm.

Die Larven der Singzikaden leben im Boden, wo sie sich mithilfe ihrer schaufelartigen Grabbeine fortbewegen. In ihrer mehrere Jahre dauernden Entwicklung durchlaufen sie in der Regel fünf Larvenstadien. Im letzten häuten sie sich dann an der Bodenoberfläche zur Imago. Als Singzikaden ernähren sie sich durch das Saugen von Pflanzensäften.

Für Österreich sind sechs Singzikadenarten bekannt, drei davon kommen auch in Wien vor: Die Blutrote Singzikade *Tibicina haematodes* ist eine mitteleuropäisch-mediterrane Art, die von mehreren Fundorten am Ostrand des nördlichen Wienerwaldes, wie etwa vom Cobenzl, bekannt ist. Die Larven leben bevorzugt am Schlehdorn *Prunus spinosa*, die Erwachsenen saugen auch an Weinreben, weshalb die Art oft in Weingärten gefunden wird. Die Bergsingzikade *Cicadetta montana*, eine paläarktisch verbreitete Art, ist die häufigste Singzikade in Österreich, man findet sie vor allem im Wienerwald zwischen Bisamberg und Kalksburg sowie an der Thermenlinie in lockeren Gehölzbeständen, trocken-warmen Waldrändern und Halbtrockenrasen. Die Zwergsingzikade *Cicadivetta tibialis* ist eine südosteuropäisch-submediterrane Art und für das Pannonicum besonders charakteristisch. Sie kommt vereinzelt auf dem Bisamberg und auf dem Leopoldsberg, jedoch häufig an einigen Stellen entlang der Thermenlinie vor und ist am Gesang leicht zu erkennen.

Auch die Manna- oder Eschenzikade *Cicada orni* ist eine südosteuropäisch-mediterrane Art und laut Wiener Naturschutzverordnung streng geschützt, sie ist jedoch nicht aus Wien, sondern nur von der südwestlich angrenzenden Thermenlinie bekannt.

Alle in Österreich vorkommenden Singzikaden bevorzugen wärmebegünstigte Standorte. Obwohl bislang keine Arealerweiterung oder Bestandeszunahme festgestellt wurde (vermutlich wegen der vergleichsweise langsamen Populationsdynamik infolge der mehrjährigen Entwicklung), könnten sich Singzikaden in der Zukunft als Indikatoren für die prognostizierte langfristige Klimaerwärmung eignen.

Wolfgang Rabitsch

1

2

3

4

1 Rote Singzikade

2 Mannazikade

3 Bergsingzikade

4 Zwergsingzikade

Raupe lebt auf niedrigen Pflanzen, läuft im April auf der Suche nach einem geeigneten Verpuppungsquartier nicht selten über Wege und wird dort oft von Spaziergängern zertreten. Auch der Schmetterling, der im Juni/Juli fliegt, fällt mit seinem trägen Flattern nicht selten Mountainbikern, Autos, ja, sogar Fußgängern zum Opfer. Zwei andere auffallende Sommerschmetterlinge sind der Große und der Kleine Waldportier *Hipparchia fagi* und *H. alcyone*, Augenfalter, die im Juli/August gern am Weg oder an Baumstämmen sitzen und beim Näherkommen mit langen „Flattersprüngen" flüchten.

Ein typischer Bewohner des Saumbereichs ist die Sattelschrecke *Ephippiger ephippiger*. Die Männchen dieser großen Laubheuschrecke lassen von kleinen Büschen aus im August/September unermüdlich ihren Doppelruf hören, auf den die Weibchen

Das Weißfleck-Widderchen ist in manchen Jahren massenhaft auf waldnahen Wiesen und manchmal sogar im Wald zu sehen.

gleichartig antworten. Die Sattelschrecke besitzt ihr Hauptvorkommen in Österreich entlang der Thermenlinie, wo diese europaweit gefährdete Art stellenweise noch gute Bestände aufweist.

Von den **Wirbeltieren** hat die Smaragdeidechse *Lacerta viridis* (→ Bild S. 406) in den Säumen ihr Hauptvorkommen. Diese größte heimische Eidechse findet hier die nötige Deckung, um sich vor Feinden verstecken zu können. In der Umgebung Wiens ist die Smaragdeidechse durch die vielen freilaufenden Hunde und Katzen sowie das Verschwinden der Lebensräume in ihrem Bestand gefährdet.

Wiesensteppe

Die waldfreien Flächen im pannonischen Bereich werden von recht verschiedenen Pflanzengesellschaften besiedelt, was vor allem durch unterschiedliche Bodenverhältnisse bedingt ist. Besonders wichtig ist dabei die Mächtigkeit des Bodens, weil davon Nährstoffangebot und vor allem Feuchtigkeitsversorgung abhängen. Dementsprechend lässt sich eine ökologische Abfolge von tiefgründigen zu seichtgründigen Böden beobachten: von der Wiesensteppe über die Rasensteppe zur Felssteppe.

Die Aufrecht-Trespe *Bromus erectus* (links) ist das wichtigste Leitgras der Halbtrockenrasen. Die Staubbeutel sind auffallend groß und goldgelb. Die weidefeste Fieder-Zwenke *Brachypodium pinnatum* (rechts) lässt sich mit keiner anderen Grasart verwechseln.

Die **pannonische Wiesensteppe** ist ein sehr arten- und blütenreicher Halbtrockenrasen auf ehemaligem Waldboden, entstanden durch Rodung des Waldes und extensive Beweidung und Schwendung über lange Zeiträume, insgesamt wohl seit der Jungsteinzeit. Diese Steppenrasen auf waldfähigen Böden sind heute – nachdem die Weidewirtschaft aufgehört hat – in ihrem Weiterbestand durch Aufforstung oder natürliche Verbuschung gefährdet und daher vordringliches Objekt des Naturschutzes. Dessen Aufgabe ist es, die Verbuschung und Wiederbewaldung, also die natürliche Rückentwicklung, zu verhindern, um die ökologisch und landschaftshistorisch wertvollen Steppenrasengesellschaften zu erhalten. Dies geschieht mittels Schwenden und naturschutzfachlich überwachter Beweidung, meist mit Schafen.

Im eigentlichen, pontischen Steppengebiet sind die Böden typischerweise relativ tiefgründige Schwarzerden (= Tschernoseme) (→ S. 145), bei uns finden sich meist nur Annäherungsformen. Sie eignen sich gut als Ackerböden. Die Landwirtschaft im pannonischen Raum wurde im 19. und verstärkt im 20. Jahrhundert einseitig und großräumig umgestellt: weg von der Viehwirtschaft und hin zu einer intensiven Ackerwirtschaft. Dabei sind die ehemaligen Weiderasen zu Äckern umgebrochen

Am Südhang des „Guglhupf", eines kleinen Hügels auf der Perchtoldsdorfer Heide, ist der Übergang von der Wiesensteppe zur Rasensteppe besonders schön ausgebildet. Um diese Steppenrasen zu erhalten, müssen sie regelmäßig entbuscht und beweidet werden.

1

2

3

4

5

6

1 Die Schwarz-Küchenschelle oder „Osterglocke“ *Pulsatilla pratensis subsp. nigricans* blüht drei bis vier Wochen nach der Großen Kuhschelle. Sie besiedelt tiefgründigere Standorte als diese (→ S.423).

2 Die Weinbergs-Traubenhyazinthe *Muscari neglectum (= M. racemosum)* ist ein Zwiebelgeophyt. Sie blüht im zeitigen Frühling und kann in guten Jahren dichte Bestände ausbilden.

3 Der Regensburg-Zwerggeißklee *Chamaecytisus ratisbonensis* blüht im April bis Mai. Dieser niederwüchsige Zwergstrauch kommt zwar auch in Bayern vor, ist in den Steppenrasen des Pannonicums jedoch sehr häufig.

4 Die Blüten der Gelb-Sommerwurz *Orobanche lutea* duften ähnlich wie die der Zyklame. Dieser Vollparasit schmarotzt auf verschiedenen Schmetterlingsblütlern; im Bild ist der reichlich blühende Seidenhaar-Backenklee *Dorycnium germanicum* als Wirt erkennbar.

5 Die Ragwurz-Arten *Ophrys* spp. sind wegen ihrer „Sexualtäuschblumen“ berühmt: Die Blüten imitieren die Weibchen bestimmter Wildbienenarten bzw. einer Grabwespenart, um deren Männchen zur Bestäubung anzulocken (→ S.437). Eine Ausnahme ist die zur Selbstbestäubung übergegangene seltene Bienen-Ragwurz *Ophrys apifera*. Deutlich erkennbar ist im Bild, wie sich ein Pollinarium (Pollenpaket) auf die Narbe herabsenkt. Alle vier in Österreich wachsenden *Ophrys*-Arten kommen in pannonischen Trockenrasen vor.

6 Die Breitblatt-Platterbse *Lathyrus latifolius* liebt trocken-warme, kalkreiche Magerwiesen. In Wien findet man sie z. B. auf dem Leopoldsberg.

worden, sodass Wiesensteppen im ganzen pannonischen und darüber hinaus auch im pontischen Gebiet der echten Steppen in der südlichen Ukraine heute zur Rarität geworden sind. Wo es sie noch gibt, finden sich viele Arten, die an Beweidung angepasst sind: Solche Pflanzen sind entweder dornig oder stachelig, oder sie enthalten Scharf- oder Giftstoffe, mit denen sie sich vor dem Gefressenwerden schützen. In Form einer Grundrosette flach dem Boden aufliegende Laubblätter schützen gleichfalls vor Befraß, und auch stark filzig oder borstig behaarte Blätter werden vom Weidevieh nicht gern angenommen. Entsprechend dem Jahresgang der Niederschläge ist die farbenprächtige Hauptblütezeit der Steppenrasen von Mitte Mai bis Mitte Juni; im trockenen Hochsommer stehen nur noch wenige Arten in Blüte. Erst im

Extensive Beweidung ist eine wichtige Methode, pannonische Wiesensteppen zu erhalten, weil damit eine Wiederbewaldung verhindert wird (Perchtoldsdorfer Heide).

1

2

3

1 Im beginnenden Sommer entfaltet der Langfahnen-Tragant (Esparsetten-T.) *Astragalus onobrychis* seine leuchtend-tiefpurpurroten Blüten.

2 Der Steppen-Rapsdotter (Windsbock) *Rapistrum perenne* wird zur Fruchtreife zu einem Steppenroller (rechts vorne: vertrocknete Pflanze vom Vorjahr); damit hängt sein kugeliger Wuchs zusammen (→ Kasten S. 412).

3 Die Kronblätter des Gelb-Leins *Linum flavum* werden von der Mocsary-Mauerbiene (Gelbleinbiene) verwendet, um damit die Eingänge zu ihren Nestern zu tapezieren.

Spätsommer wird es wieder bunter auf der „Heide". Die Unterschiede gegenüber den mitteleuropäischen Mähwiesen sind somit recht deutlich, und dass hier ganz andere Pflanzenarten wachsen, ist auch verständlich.

In der Wiesensteppe leben etliche lichtliebende Magerrasen-Arten, die auch außerhalb des pannonischen Gebiets verbreitet sind. Sie sind im Vergleich zu den Fettwiesenarten anspruchslos und müssen jedenfalls die sommerliche Trockenheit ertragen können. Es verwundert nicht, dass viele Arten der Steppenrasen ihre Hauptverbreitung (und auch ihre nächsten Verwandten) im Südosten haben: in den pontischen und ostmediterranen bis südwestasiatischen waldarmen bis baumfreien Trockenlandschaften. Beachtenswert in ökogeographischer Hinsicht ist auch die Tatsache, dass etliche ausgeprägte Steppenpflanzengattungen wie etwa Wermut *Artemisia,* Tragant *Astragalus,* Steinbrech *Saxifraga* und Mannsschild *Androsace* nicht nur in Tiefland-Steppen, sondern auch in der alpinen Vegetation, oberhalb der Baumgrenze vertreten sind: Neben reichlich Hochgebirgspflanzen haben sie auch Bewohner der eigentlichen Steppen hervorgebracht, so etwa Finger-Steinbrech *Saxifraga tridactylites* und Acker-Mannsschild *Androsace maxima.* Der Grund dafür sind ökologische Gemeinsamkeiten der Wärme- und Kältesteppen: In beiden ist Trockenresistenz gefordert, in den Kältesteppen, weil dort der lange Zeit gefrorene Boden das Nachschaffen von Wasser unmöglich macht. Dazu kommt der hohe Lichtgenuss in beiden waldfreien Ökosystemen.

4 Im Spätsommer erscheinen die Blütenkörbe des Goldschopfs *Galatella (Aster) linosyris.* Dieser untypischen Art aus der Asternverwandtschaft fehlen die Strahlblüten. Wenn sie nicht blüht, erkennt man sie an den sehr schmalen, fast fadenförmigen Laubblättern.

5 Eine der schönsten Orchideen der Trockenrasen ist das Helm-Knabenkraut *Orchis militaris.*

4

5

1 Ein weithin bekannter Frühblüher ist der Frühlings-Adonis *Adonis vernalis*, eine Giftpflanze, die früher als herzwirksame Arzneipflanze verwendet wurde. Die auffallende und deshalb schon seit Langem unter Naturschutz stehende Art ist ein Musterbeispiel für südsibirisch-pontisch-pannonische Gesamtverbreitung, ihr Areal reicht vom östlichen Mitteleuropa bis ins westliche Südsibirien und an den Fuß des Altai-Gebirges (→ Kasten S. 177).

2 Am Frühlings-Adonis saugend findet man häufig die Ritterwanze *Lygaeus equestris*, die die Giftstoffe der Pflanze zur eigenen Verteidigung nutzt und ihre Ungenießbarkeit durch die auffallende rot-schwarze Färbung anzeigt. Sie lebt auch an anderen Pflanzen mit giftigen Inhaltstoffen, wie der Schwalbenwurz *Vincetoxicum hirundinaria*.

3/4 Der Edel-Gamander *Teucrium chamaedrys* ist eine alte Volksarzneipflanze. Die beiden Zipfel der Oberlippe sind bei dieser Lippenblütlergattung zur Unterlippe „hinuntergerutscht". – An der Pflanze lebt die nur 3–4 mm kleine Edelgamander-Netzwanze *Copium clavicorne*. Nach der Paarung im Frühling legen die Weibchen mehrere Eier in die Blütenknospen der Wirtspflanzen. Im Verlauf der Larvenentwicklung entsteht eine blasig aufgetriebene Blütengalle, die sich schließlich im Sommer öffnet und ein erwachsenes Tier entlässt. Kannibalismus unter den Larven sorgt dafür, dass sich in jeder Galle jeweils nur ein Tier entwickelt.

1

2

3

4

Einige der wichtigeren und besonders bemerkenswerten Arten, die in der pannonischen Wiesensteppe ihren Schwerpunkt haben, verdienen hier genannt zu werden: Der Furchen-Schwingel *Festuca rupicola* hat borstenförmige, gefaltete Laubblätter, die gegen Wassermangel sichtlich gut gerüstet sind. Leuchtend purpurn blühen die Groß- oder Skabiosen-Flockenblume *Centaurea scabiosa,* die Riesen-Kreuzblume *Polygala major* und die ähnliche, aber kleinerblütige Schopf-Kreuzblume *P. comosa*. Kräftig gelbe Blüten haben das niederwüchsige Eiblatt-Sonnenröschen *Helianthemum nummularium subsp. obscurum (= H. ovatum),* der Pannonien-Goldlack oder Duft-Schöterich *Erysimum odoratum* und das Flecken-Ferkelkraut *Hypochaeris maculata,* dessen große Rosettenlaubblätter unregelmäßige blutrote Flecken aufweisen. Eine hellgelbe Farbkomponente steuern die Gelb-Skabiose *Scabiosa ochroleuca* und der Aufrecht-Ziest *Stachys recta* bei.

5 Der Gelb-Lauch *Allium flavum* ist nicht nur schön anzusehen, sondern lebensnotwendig für die seltene Seidenbiene *Colletes graeffei*, die bei uns ausschließlich seine Blüten besucht.

6 Die Nick-Ringdistel *Carduus nutans* zeigt jene Stellen im pannonischen Weiderasen an, wo das Weidevieh länger verweilt und dabei den Boden aufreißt. So entsteht ein Spezialstandort, an dem sich nur Kurzlebige behaupten können. Infolge der hier bevorzugt anfallenden Exkremente der Weidetiere werden diese „Geilstellen" außerdem überdüngt und daher nur von sogenannten Störungszeigern besiedelt. Andere Arten dieses Habitats sind die Echte Hundszunge *Cynoglossum officinale* und der Kletten-Igelsame *Lappula squarrosa*, dessen Blüten an Vergissmeinnicht erinnern.

5

6

Wie nützen die Steppenpflanzen den Wind? – Von Windblütlern und Steppenrollern

Das Musterbeispiel für einen Steppenroller ist die auf Trockenstandorten des Pannonicums recht häufige Feld-Mannstreu *Eryngium campestre*, eine stachelige, distelartige und daher höchst weideresistente Pflanze. Die unscheinbaren, grünlichen Blüten stehen in dichten Köpfchen beieinander und erscheinen im Hochsommer. Im Herbst rollt sie über das Land und verstreut so ihre Früchte.

Nicht wenige Pflanzen machen sich Luftströmungen als Transportmittel zunutze. Dazu bieten sich insbesondere den Steppenpflanzen in ihrem windreichen Lebensraum günstige Voraussetzungen. Bei den Windblütlern (Anemogamen) dient der Wind zum Pollentransport. Es ist kein Zufall, dass unter den krautigen Pflanzen die meisten Windblütler Steppenpflanzen sind, wie etwa die Gattung *Artemisia* (Beifuß und Wermut). Auch der Klein-Wiesenknopf *Sanguisorba minor* (→ Bild S. 423) hat sich zwecks Eroberung des Steppenlebensraumes auf Windblütigkeit umgestellt, obwohl das für ein Rosengewächs – anthropomorph ausgedrückt – nicht so leicht gewesen sein kann.

Aber auch für die Ausbreitung der Früchte und Samen wird der Wind in Anspruch genommen (Anemochorie). Bei vielen Korbblütlern fliegen sie mithilfe des Pappus – des umgewandelten Kelches. Süßgräser benützen zum Fliegen Anhänge der Deckspelze, in die die Frucht eingehüllt ist, so etwa Federgras *Stipa pennata* agg. und Wimper-Perlgras *Melica ciliata*. Bei den Küchenschellen (*Pulsatilla* spp.) verlängert sich der Griffel nach dem Blühen und bildet einen Federschweif, der als Flugorgan dient, das Steppen-Windröschen *Anemone sylvestris* hat einen Filz feiner Wollhaare auf seinen Früchtchen. Bei den Steppenrollern bricht zur Fruchtreife im Spätsommer oder Herbst der Stängel am Grund an einer vorgebildeten Bruchstelle ab, sodass der ganze, dann schon dürre oberirdische Vegetationskörper mit den reifen Früchten bzw. Samen vom Wind getrieben über das weite offene Land rollt, wobei diese Diasporen großräumig verstreut werden. Passenderweise haben diese Steppenroller eine kugelige Gestalt, was durch eine gleichmäßg in alle Richtungen gehende Verzweigung erreicht wird. Die Steppenroller werden auch „Steppenhexen“ oder „Buriane“ genannt. Sie gehören ganz verschiedenen Familien an, es handelt sich also um konvergente Bildungen, zum Beispiel bei Feld-Mannstreu *Eryngium campestre*, Sicheldolde *Falcaria vulgaris*, Steppen-Rossfenchel (-Sesel) *Seseli campestris*, Steppen-Rapsdotter *Rapistrum perenne*, Besen-Radmelde *Bassia (Kochia) scoparia*, Rispen-Gipskraut *Gypsophila paniculata* und Visiani-Lotwurz *Onosma visianii*.

Manfred A. Fischer

Der Mittel-Wegerich *Plantago media* mit seinen blasslila gefärbten Staubfäden ist eine typische Weiderasen-Rosettenpflanze. Als häufiger, bleich gelblich-bräunlicher Parasit auf Schmetterlingsblütlern fällt die Blutrot-Sommerwurz *Orobanche gracilis* auf. Ein anderer, höchst eigenartiger Vollschmarotzer ist der Thymian-Teufelszwirn *Cuscuta epithymum,* auch Kleeseide genannt: Die Pflanze hat weder Wurzeln noch Laubblätter; ihr wichtigstes Organ sind Saugwarzen (Haustorien), mit denen sie andere Pflanzen – keineswegs nur Klee und Thymian – anzapft. Weiß leuchten u. a. die Pannonisch-Schafgarbe *Achillea pannonica*, das Meergrün-Labkraut *Galium glaucum* und im Hochsommer die Hirschwurz *Cervaria rivini (= Peucedanum cervaria),* ein kräftiger Doldenblütler. Dazu kommt im Spätsommer das Blau der Berg-Aster *Aster amellus*.

Ungeheuer reichhaltig ist die **Insektenwelt der Wiesensteppen.** Nirgendwo kann man besser die mannigfaltigen Beziehungen zwischen den einzelnen Insektenarten beobachten als in pannonischen Trockenrasen. Für Entomologen und Naturfotografen ist dieser Lebensraum geradezu ein Paradies.

Im Frühjahr ziehen einige große, flugunfähige **Käfer,** die am Boden herumwandern, die Aufmerksamkeit auf sich: Da sind zunächst die Grasböcke (Erdböcke, Gattung *Dorcadion*), deren Name darauf zurückzuführen ist, dass die Larven unter der Erde an Graswurzeln fressen. Alle drei heimischen Arten sind so typische Vertreter der pannonischen Trockenrasen, dass sie als Wappentiere dieses Lebensraumes gelten könnten. Sie erreichen denn auch im Wiener Raum die Westgrenze ihres Areals in Europa. Alle drei Arten sind in ihrem Bestand gefährdet. Wegen ihrer Flugunfähigkeit haben sie unter der Fragmentierung ihres Lebensraumes in unserer Kulturlandschaft sehr zu leiden.

1

2

3

4

5

6

1 Der Braune Grasbock kommt am Bisamberg und an der Thermenlinie noch ziemlich häufig vor.

2 Der Schwarze Grasbock war früher ebenso weit verbreitet wie der braune Verwandte, ist aber heute fast nur mehr an der Thermenlinie südlich von Mödling zu finden.

3 Der Gestreifte Grasbock ist die seltenste der drei Arten. Von ihm bestehen im Raum Wien nur mehr kleine Restvorkommen.

4/5 Zwei verschiedene Ölkäfer aus dem Wiener Raum: *Meloë uralensis* (4) kommt in Österreich nur auf Trockenrasen im pannonischen Bereich vor. Der größere *Meloë violaceus* (5) ist hingegen feuchtigkeitsliebend und daher mehr im Au- und Wienerwald verbreitet.

6 Der Totenkäfer *Blaps lethifera* ist, wie etwa am Eichkogel bei Mödling, in den frühen Morgenstunden in der Nähe von Dachsbauten und anderen Erdhöhlen zu finden.

Die Ölkäfer (Gattung *Meloë*) sind mit mehreren Arten vertreten: *Meloë uralensis* ist auf das Pannonicum beschränkt, und *Meloë scabriusculus* kommt weiter westlich nur mehr selten vor. Die auffallenden, blauschwarz gefärbten Käfer mit dem dicken Hinterleib brauchen Feinde aus der Vogelwelt nicht zu fürchten, weil sie in der Lage sind, bei Bedrohung Öltröpfchen (deutscher Name!) mit dem hautreizenden Gift Cantharidin abzugeben. Ihr Lebenszyklus ist erstaunlich kompliziert: Die Weibchen legen im Frühjahr Tausende von Eiern in kleine, selbst gegrabene Vertiefungen im Boden. Aus diesen schlüpfen winzig kleine, braungelbe, lauffreudige sogenannte Triungulinus-Larven, die Blüten aufsuchen. Dort klammern sie sich an blütenbesuchende Insekten. Nur eine kleine Minderheit von Larven hat dabei das Glück, das Weibchen einer Wildbiene zu erwischen und damit die Möglichkeit, seine Entwicklung fortzusetzen. Die Wildbiene trägt nämlich die Larve in ihren Bau, wo diese sich in eine fußlose Larve verwandelt, sich von der Bienenbrut und den angehäuften Pollenvorräten ernährt und im nächsten April als neuer Käfer schlüpft.

Als letzte Gruppe der flugunfähigen großen Frühlingskäfer seien die Totenkäfer *Blaps* angeführt. Die hochbeinigen, schwarzen Tiere können in den frühen Morgenstunden in der Nähe von Dachs-, Ziesel- oder Kaninchenbauten gefunden werden, in denen sie sich tagsüber verstecken. Käfer und Larve ernähren sich von faulendem Pflanzenmaterial.

Recht charakteristische Trockenrasen- und Trockengebüschbewohner finden sich auch unter den Sackkäfern. Ihren Namen verdanken sie dem aus Kot und anderen Materialien versponnenen Sack, der ihre Larven umgibt. Die Weibchen der freilebenden, meist braunen und schwarzgefleckten Käfer verpacken die Eier mit Kotplättchen, die in einem speziellen Apparat im Enddarm geformt werden, und lassen sie auf den Boden fallen. Ameisen tragen die Päckchen als Baumaterial in ihr Nest, wo sich die Larven gut geschützt vor Parasitoiden und Räubern entwickeln können. Sie leben hier von Nahrungsresten der Ameisen, aber wohl auch von deren junger Brut. Der Sack und ein stark chitinisierter Vorderkopf, der die Sacköffnung hermetisch

1 Das Zierliche Prachtkäferchen (hier ein Weibchen) kommt dort häufig vor, wo die blütenreiche Wiesensteppe mit Rosaceen-Büschen oder -Bäumen verbunden ist.

2 Die Larven des Prachtkäfers *Acmaeoderella flavofasciata* leben in Eichen.

3/4 Auch der Veränderliche Widderbock (3) und der Spitzdeckenbock (4) sind, wie die beiden Prachtkäfer, Beispiele dafür, dass die ökologische Nische vieler Insekten, die die Wiesensteppe bevölkern, aus Teilhabitaten besteht, die verschiedenen Lebensräumen angehören: ihre Larven leben im Holz abgestorbener Äste von Laubbäumen. Bei der Pflege der Wiesensteppe sind solche ökologischen Aspekte zu beachten.

1

2

3

4

abschließt, schützen die Larven vor der Verfolgung durch die Ameisen. Die Verwandlung zum Käfer erfolgt ebenfalls im Sack. Die Larve verbleibt dabei je nach Art im Bau oder kriecht kurz vor der Verpuppung heraus und heftet den Sack, aus dem dann später der Käfer schlüpft, an einen Grashalm. *Lachnaea sexpunctata* ist die häufigste Art, *Labidostomis humeralis* weit verbreitet, *Tituboea macropus* selten.

Eine andere auffallende Gruppe von Käfern sind die Blütenbesucher. Diese Ernährungsform findet sich bei den verschiedensten Käferfamilien: Aus der Familie der Pflanzenkäfer *Alleculidae* stammen zwei der häufigsten Sommerblütengäste: *Podonta nigrita* und *Cteniopus flavus*. Der erste markiert in seiner Verbreitung geradezu das Pannonicum, indem er an der Thermenlinie noch ungemein häufig ist, weiter westlich aber vollkommen fehlt. Durch seine Häufigkeit fällt er oft Räubern wie Spinnen, Raubfliegen und Raubwanzen zum Opfer. Die zweite Art bevölkert manchmal in großer Zahl die Blüten von Doldenblütlern. *Oxythyrea funesta* aus der Familie der Blatthornkäfer kommt entlang der Thermenlinie allenthalben häufig vor, weiter westlich im Donautal jedoch nur mehr sporadisch. Seine Larve lebt ähnlich wie die des verwandten Rosenkäfers unterirdisch von verrottendem pflanzlichen Material. Die Prachtkäfer sind durch das Zierliche Prachtkäferchen *Anthaxia nitidula* vertreten. Die Männchen sind einheitlich grün glänzend, die Weibchen haben ein rotgoldenes Halsschild. Die Larven leben im Holz von Rosengewächsen. Einige Arten von Bockkäfern sind ebenfalls charakteristisch für die blütenbesuchende Käfergilde: die wichtigsten davon sind der Spitzdeckenbock *Stenopterus rufus* und der Veränderliche Widderbock *Chlorophorus varius*. Ihre Larven leben im Holz abgestorbener Äste von Laubbäumen.

In großer Artenzahl sind die **Hautflügler** (Bienen, Wespen und Ameisen) vertreten. Aus der Gruppe der Gespinstblattwespen *Pamphiliidae* kann man auf Blüten häufig die drei bei uns vorkommenden Arten der Gattung *Megalodontes* beobachten. Ihre Larven leben auf der in Wiesensteppen häufigen Hirschwurz *Cervaria rivini (= Peucedanum cervaria)* und deren Verwandten.

Wildbienen *Apidae*

Wenn von Bienen gesprochen wird, verstehen die meisten Menschen darunter die Honigbiene *Apis mellifera*, ein domestiziertes Nutztier wie Rind, Schaf und Schwein, das unter aufwendiger Pflege durch Bienenzüchter (Imker) für den Menschen Honig und andere wichtige Produkte liefert (→ S. 481). Dass es allein in Niederösterreich über 600 verschiedene Arten von Wildbienen gibt, ist weithin unbekannt. Nur wenige von diesen Wildbienenarten leben in Staatenverbänden wie die Honigbiene, zum Beispiel die Hummeln, die auch zu den Wildbienen gehören. Anklänge an richtige Sozialverbände gibt es auch bei manchen Furchenbienen. Die meisten Wildbienen-Arten leben aber solitär, das heißt, jedes Weibchen baut ein eigenes Nest. Diese Bienennester werden an sorgfältig ausgewählten Orten, je nach Art in der Erde, in Holz, in Pflanzenstängeln oder in Schneckenhäusern angelegt. Im Inneren baut das Weibchen einige Zellen und deponiert Pollenvorräte, manchmal zusätzlich auch Nektar. Nach der Eiablage in der letzten Zelle wird der Nesteingang verschlossen, die Larven entwickeln sich selbstständig zu neuen Bienen. Wildbienen betreiben also Brutvorsorge und können damit die Larvensterblichkeit erheblich reduzieren. Die Zahl der gelegten Eier pro Weibchen braucht daher nur gering zu sein (im Mittel etwa zehn), um eine ausgeglichene Populationsentwicklung zu gewährleisten, während Insekten ohne Brutvorsorge mehrere Dutzend (Tagfalter), Hunderte (Spinner) oder gar Tausende (Ölkäfer) Eier legen müssen, um den gleichen Effekt zu erzielen.

Manche Bienen sammeln opportunistisch wie die Honigbienen an (fast) allen Pollenquellen, die sich darbieten, so etwa die Furchenbienen, andere wiederum sind hoch spezialisiert auf bestimmte Blütenformen und besuchen nur wenige Pflanzen oder gar nur eine Art (Gelbleinbiene, Gelblauch-Seidenbiene). Von solchen oligo- beziehungsweise monolektischen Bienen profitieren natürlich auch die Blütenpflanzen, weil keine andere Insektengruppe so effizient zur Bestäubung beiträgt wie die Bienen, die rasch und über größere Strecken von Blüte zu Blüte derselben Pflanzenart fliegen. Der Pollen wird in bestimmten dafür eingerichteten Strukturen des Körpers, wie Körbchen an den Seiten des Vorderkörperendes, Beinbürsten oder Bauchbürsten, gesammelt und transportiert. Pollen findet sich aber natürlich auch an anderen Körperstellen, die beim Blütenbesuch mit der Narbe in Berührung kommen.

Karl Mazzucco

Sägehornbiene

Sandbiene

Blattschneiderbiene

Es ist erstaunlich, wie viele Blütenpflanzen der pannonischen Wiesensteppen von darauf spezialisierten Bienenarten bestäubt werden, beispielsweise der Gelbe Zahntrost *Odontites lutea* von der Zahntrost-Sägehornbiene *Melitta tricincta*, der Rapsdotter *Rapistrum perenne* von der Sandbiene *Andrena scita*, die Gelb-Skabiose *Scabiosa ochroleuca* von der Sandbiene *Andrena marginata*, der Zwerggeißklee *Chamaecytisus* von der Sandbiene *A. aberrans*, der Aufrecht-Ziest *Stachys recta* von der Schlürfbiene *Rophites algirus*, der Goldschopf *Galatella (Aster) linosyris* von der Seidenbiene *Colletes similis*, der Gelb-Lauch *A. flavum* von der Seidenbiene *C. graeffei* und den Blattschneiderbienen *Megachile pilidens* und *M. rotundata*, der Gelb-Lein *Linum flavum* von der Mauerbiene *Hoplitis mocsaryi* (→ Bilder S. 416) und die Breitblatt-Platterbse *Lathyrus latifolius* von zwei größeren Arten der Blattschneiderbiene *Megachile*. Honigbienen sind Konkurrenten der Wildbienen: Wo viele Bienenstöcke stehen, sind Wildbienen selten. Die Gemeine Rollwespe *Tiphia femorata* sitzt sehr häufig auf Blüten, wo sie Nektar aufnimmt. Die große Borstige Dolchwespe *Scolia hirta* ist bevorzugt auf blühender Mannstreu zu finden. Die Weibchen beider Arten graben sich zu großen Blatthornkäferlarven vor, die in der Erde leben, lähmen sie durch einen Stich und legen ein Ei darauf. Die jungen Larven saugen diese Engerlinge dann aus, töten sie schließlich und

1

2

3

4

5

6

1–3 Die Gelblein-Mauerbiene *Hoplitis mocsaryi* ist eine der seltensten Bienenarten Europas. Sie tapeziert die Eingänge ihrer in die Erde gebauten Nester mit Blütenblättern des Gelb-Leins und sammelt an dieser Pflanze auch den Pollen für ihren Nachwuchs.

4 Die Dolchwespe *Scolia hirta* ist im Spätsommer wegen ihrer Größe und schwarz-gelben Färbung eine der auffallendsten Besucher der Feld-Mannstreu-Blüten.

5 Der Heuschreckenfänger *Sphex funerarius* hat innerhalb von zehn Jahren das ganze österreichische Pannonicum wiederbesiedelt, nachdem er dort jahrzehntelang nicht mehr beobachtet werden konnte.

6 Die Rotbeinige Sandwespe *Ammophila heydeni* trägt in ihre Bauten gelähmte Raupen von Spannerschmetterlingen oder Weißlingen ein. Bevor sie den Bau zur Jagd verlässt, verschließt sie den Eingang mit einem passenden Steinchen, das sie bei der Rückkehr wieder entfernt.

fressen sie leer. Die Spinnenameise *Myrmilla calva* schmarotzt in den Nestern von Furchenbienen. Von den Sandwespen *(Ammophila)* aus der Familie der Grabwespen ist die Rotbeinige Sandwespe *Ammophila heydeni* auf den pannonischen Trockenrasen bemerkenswert. Sie ist im gesamten Mediterranraum häufig und gelangt nur innerhalb des Pannonicums weiter nach Norden. Hier ist sie bis Südmähren und nach Westen bis Spitz an der Donau vorgedrungen. Eine andere besonders auffallende Grabwespenart ist der Große Laubheuschreckenfänger *Sphex funerarius (= S. rufocinctus)*, neben dem Mauerspinnenfänger *Sceliphron destillatorius* die größte heimische Grabwespenart. Sie war Ende der 1980er-Jahre in Österreich so gut wie ausgestorben, begann sich aber zehn Jahre später wieder stürmisch auszubreiten. An der Thermenlinie bildet sie an einigen Stellen (meist auf Wegen!) große Nistaggregationen mit bis zu hundert Nestern, an denen man das Treiben, das dort herrscht, gut beobachten kann. Anders als bei der Rotbeinigen Sandwespe reichen ihre Nester tiefer und bestehen aus mehreren Kammern. Die Tiere tragen Laubheuschrecken verschiedener Arten ein, wobei sie sich nicht selten gegenseitig die vor dem Nest abgelegte Beute stehlen. Obwohl furchterregend groß, sind sie friedlich und attackieren den Beobachter nicht.

Von den zahlreichen **Schmetterlingen** pannonischer Trockenrasen seien hier nur wenige Arten erwähnt: Der Wiesen- oder Trauerspinner *Penthophera morio* ist in manchen Jahren außerordentlich häufig. Die Männchen flattern im Mai/Juni tagsüber auf der Suche nach Weibchen niedrig über die Rasen, die Weibchen haben reduzierte Flügel und sind flugunfähig. Als Raupe frisst diese Art an Gräsern, als Schmetterling nimmt sie wie alle anderen Spinner keine Nahrung mehr auf. Ihr Verbreitungsgebiet reichte ursprünglich im Westen bis nach Südbayern und Vorarlberg, die westlichen Populationen sind jedoch heute im Aussterben begriffen. Vom Wolfsmilch-Ringelspinner *Malacosoma castrensis* bekommt man die nachtaktiven Schmetterlinge kaum je zu Gesicht, dafür fallen die Nester der auf niedrigen Kräutern lebenden blaugestreiften bunten Raupen im April/Mai umso mehr auf. Auch vom Purpurbär *Rhyparia*

Die pannonische Minderheit unter den Ameisen Wiens

Die Ameisen des Großraums Wien sind mehrheitlich Arten, die auch in allen Nachbarländern vorkommen. Einige Arten aber haben einen pontisch-mediterranen Verbreitungsschwerpunkt, sie erreichen in Wien ihre nordwestliche Verbreitungsgrenze und stellen hier eine faunistische Besonderheit dar. Diese erklärt sich, wie bereits eingangs dieses Kapitels ausgeführt, durch die Lage Wiens genau im Überschneidungsbereich zweier biogeographischer Zonen.

Eines dieser östlichen Faunenelemente ist die Kleinköpfige Drüsenameise *Liometopum microcephalum* (1), die in ihren ökologischen Ansprüchen stark spezialisiert ist: Sie benötigt alte, frei stehende Bäume (2). Hoch oben im Stamm oder in mächtigen Ästen erweitert sie bestehende Hohlräume und legt darin ihre oft riesigen Nester an. Die etwa 5 mm großen, orange und schwarz gefärbten Tiere sondern aus ihrer Analdrüse ein auch für den Menschen auffällig riechendes Sekret ab, das ihnen offenbar wesentlich bei der Überwältigung anderer und auch größerer Insekten behilflich ist. Jedenfalls dominiert *L. microcephalum* nicht nur den Nestbaum, sondern ist auch am Boden aktiv: Die vielen Arbeiterinnen können regelrechte Straßen „austreten", die vegetationsfrei gehalten werden. So begeben sich die Tiere auf die Jagd, suchen Bestände von Rindenläusen auf, um sie zu melken, und erklettern auch andere Bäume in der Umgebung. Damit kann sich das Revier eines einzigen Nests bis auf 600 Quadratmeter ausdehnen. Als Beutetiere werden vor allem andere Insekten, wie Blattläuse oder andere Ameisenarten, aber auch viel größere Tiere wie Tausendfüßer und Regenwürmer eingetragen. Der drastische Rückgang geeigneter Neststrukturen – vor allem durch das Fällen alter Bäume und durch ökologisch unsachgemäßen Astschnitt – hat einige Populationen zum Erlöschen gebracht, andere wurden dezimiert und so ist die Art heute gefährdet.

Als weiteres Faunenelement des pannonischen Gebiets sei die kleine Kämpferische Rasenameise *Tetramorium ferox* (3) aus der Unterfamilie der Knotenameisen vorgestellt. Die etwa 3 mm große, rötlich bis schwärzlich braune Art ist selten und benötigt sehr heiße, trockene Lebensräume. Das waren ursprünglich ausschließlich Felsfluren und Trockenrasen. Heute finden sich aber, sehr zum Erstaunen der Ameisenforscher, vereinzelt auch Nester in sehr trockenen Rasenflächen der „Großstadtwüste" der Wiener Innenstadt. Über die Lebensweise der Art weiß man nur wenig. Sie ist eine von sechs bekannten Arten der Gattung Rasenameise *Tetramorium* in Mitteleuropa. Da diese Arten äußerlich kaum unterscheidbar sind und überlappende ökologische Ansprüche haben, sind ihre Verwandtschaft und Biologie noch weitgehend ungeklärt – der Bedarf an wissenschaftlicher Grundlagenforschung ist also auch vor unserer Haustür noch recht groß.

Florian M. Steiner / Birgit C. Schlick-Steiner

1

2

3

purpurata findet man hauptsächlich die Raupen: Sie sitzen einzeln und oft gut sichtbar auf niedriger Vegetation und fressen auch tagsüber. Im Mai sind sie ausgewachsen etwa fünf Zentimeter lang und kommen in zwei Farbvarianten vor: rotbraun und gelblich. Der Falter hat gelbe Vorder- und rote, dunkel gefleckte Hinterflügel. Er fliegt im Juni und Juli in den späten Nachtstunden und lässt sich tagsüber nur selten aufscheuchen.

Zwei weitere Bärenspinner, der Kaiserbär *Phragmatobia caesarea* sowie der Steppenbär *Watsonarctia deserta,* sind besondere Kostbarkeiten unserer Trockenrasen, weil ihre Bestände europaweit stark im Rückgang begriffen sind. Den Kaiserbär kann man gelegentlich in den frühen Morgenstunden auf Gräsern sitzend finden.

Die Männchen des Braunen Löwenzahnspinners *Lemonia dumi* rasen im Spätherbst im unsteten Flug und mit plötzlichen Wendungen über die Trockenrasen. Daher fällt es manchmal schwer, die Tiere im Auge zu behalten. Ein guter Beobachtungsplatz ist zum Beispiel die Perchtoldsdorfer Heide. Die Art ist europaweit gefährdet. Sie reagiert empfindlich auf starke Beweidung, aber auch auf Strauchbewuchs ihres Lebensraumes.

1

2

3

4

5

6

1/2 Die großen Antennen der Männchen der Trauerspinner dienen als hoch sensibles Geruchssinnesorgan, mit dem sie die von den Weibchen abgegebenen Sexualduftstoffe wahrnehmen.

3 Den Purpurbär bekommt man tagsüber selten zu Gesicht. Häufiger findet man seine Raupen.

4/5 Sehr auffällig gefärbt ist der Schwarze Bär *Arctia villica*, er findet sich nicht ganz so selten auf Trockenrasen. Besonders bemerkenswert ist die unterschiedliche Färbung von Oberseite und Unterseite des Schmetterlings.

6 Ein großer Augenfalter, der Blauäugige Waldportier *Minois dryas*, eine europaweit bedrohte Art, verdient unser Interesse, weil die Weibchen ihre Eier nur in ungemähte, unbeweidete Wiesen fallen lassen. Die Raupe nährt sich von Gräsern.

Raupennest des Wolfsmilch-Ringelspinners

Bläulinge und Blutströpfchen kommen in den Steppenrasen in viel größerer Artenzahl als auf den Wienerwaldwiesen vor. Zwei Beispiele: Der Weißdolch-Bläuling *Polyommatus damon* (→ Kasten S. 300) fliegt im Juli und August. Er ist empfindlich gegen intensive Schafbeweidung, weil die Futterpflanze der Raupen, die Sand-Esparsette *Onobrychis arenaria,* von Schafen wegen ihres hohen Stickstoffgehaltes bevorzugt gefressen wird. Das hübsche Blutströpfchen *Zygaena laeta* ist pontisch-mediterran verbreitet und ein seltener, aber typischer Bewohner des Pannonicums.

Auch unter den **Zweiflüglern** (Fliegen und Mücken) weist die pannonische Wiesensteppe bemerkenswerte Arten auf. Während aber die Fliegen und Mücken der Wälder vielfach zarte Tiere sind, deren Larven als Destruenten wirken, leben die kräftigen Fliegenarten der trockenen Habitate mehrheitlich als Räuber oder Parasitoiden. So sind etwa die Raubfliegen *Asilidae* durch zahlreiche, teilweise mediterran verbreitete Arten vertreten. Sie sind Wartenjäger (Ansitzjäger), sitzen dementsprechend an Stellen mit guter Aussicht, und fangen, wie eine Bachstelze, vorbeifliegende Insekten aus der Luft. Über die Lebensweise der im Boden lebenden Larven ist wenig bekannt. Die größte Art, *Stenopogon sabaudus,* kommt an heißen Südhängen vor.

Besonders reich an charakteristischen mediterranen oder submediterranen Arten ist die Familie der Woll- und Trauerschweber *Bombyliidae.* Die Larven sind Parasitoide von verschiedenen Insektenlarven aus den Gruppen der Bienen, Heuschrecken und Schmetterlinge, manche parasitieren sogar in anderen Parasitoiden (Hyperparasitismus). Häufig kann man beobachten, wie Weibchen von Arten dieser Gruppe in aufrechter Haltung das behaarte Hinterleibsende unter schnellem Flügelzittern in eine sandige Bodenstelle stecken, um Sand zum Einstäuben der Eier aufzunehmen, ein Verhalten, das im Fachjargon mancher Wiener Biologen „beserln" genannt wird. Die Eier werden aus dem Flug in die Richtung eines möglichen Wirtes, etwa zum Eingang eines Bienenbaues, geschossen. Die geschlüpfte Larve legt dann den restlichen Weg zum Opfer „zu Fuß" zurück. Der Gefleckte Wollschweber *Bombylius discolor* saugt im Frühling gern an der Weinberg-Traubenhyazinthe *Muscari neglectum.* Seine Larven parasitieren

1

2

3

1 Das Weibchen der Gottesanbeterin ist größer und dicker als das Männchen. Ökonomischerweise wird das Männchen nicht selten nach der Paarung, wenn es seine Pflicht getan hat, aufgefressen.

2/3 Die Sägeschrecke zählt zu den größten und zugleich seltensten Insekten Europas. Man kennt von ihr nur Weibchen, ihre Larven entwickeln sich aus unbefruchteten Eiern (Parthenogese).

Teufel, eine Raubwanze in Lauerstellung

Die Blauflügelige Ödlandschrecke *Oedipoda caerulescens* ist die auffallendste Feldheuschrecke des pannonischen Lebensraums. Ihren Namen verdankt sie den blauen Hinterflügeln, die beim Auffliegen des ansonsten perfekt getarnten Tiers sichtbar werden.

bei Wildbienen. Den Trauerschweber *Lomatia lateralis* findet man im Sommer häufig auf Blüten sitzend oder beim „Beserln"; er parasitiert auf Schmetterlingsraupen.

Von den zahlreichen **Wanzen**arten sei lediglich ein Vertreter mit mediterraner Verbreitung erwähnt, der Teufel *Phymata crassipes.* Diese Raubwanze lauert in Blüten auf anfliegende Insekten, die sie mit ihren zu Fangorganen umgestalteten Vorderbeinen festhält und aussaugt.

Die zu den **Fangschrecken** gehörende Gottesanbeterin *Mantis religiosa* (→ vgl. auch Bild S. 403) erreicht in den südlich von Wien gelegenen Trockenrasen ihre höchste Dichte, kommt aber auch in Wien und auf Wienerwaldwiesen vor. Ihr Name bezieht sich auf die beim Sitzen eingenommene Haltung mit angewinkelten Vorderbeinen. Diese sind zu effizienten Fangorganen umgestaltet, mit denen sie vorbeikommende Insekten erbeutet, wobei sie auch vor Hummeln und Wespen nicht zurückschreckt. Die Gottesanbeterin ist im Spätsommer und Herbst ausgewachsen, die Weibchen heften dann charakteristische Eipakete (Eikokons) an Pflanzenstängel, aus denen im Folgejahr die neue Generation schlüpft.

Die größte europäische **Heuschrecke**, die Sägeschrecke *Saga pedo,* ist wie die Gottesanbeterin eine Räuberin. Das flugunfähige Tier wird bis zu siebeneinhalb Zentimeter groß. Trotzdem entdeckt man sie nur schwer, weil sie perfekt getarnt ist und sich bei Annäherung völlig ruhig verhält.

Unter den **Spinnen** ist die Krabbenspinne *Thomisus onustus* ein typischer Bewohner pannonischer Wiesensteppen. Sie lauert mit weit ausgespannten Fangbeinen auf Blüten, bis ein Beutetier in ihre Nähe kommt. Dieses wird blitzschnell erfasst, hinter dem Kopf gebissen und damit gelähmt. Als Fotograf findet man manchmal an einer Blüte ein seltenes Insekt, pirscht sich an und freut sich, dass sich das lang gesuchte Objekt nicht davonmacht. Erst spät bemerkt man, dass eine Krabbenspinne hier ihr Opfer festhält: *Thomisus onustus* ist nämlich farblich oft so gut an die Blütenfarbe angepasst, dass das erbeutete Insekt leichter entdeckt wird als die Spinne selbst. Die Art kann ihre Färbung von weiß auf gelb und violett verändern und damit dem gewählten Sitzplatz anpassen, wobei die Umfärbung jeweils ein, zwei Tage dauert. Die Gattung *Thomisus* ist hauptsächlich mediterran verbreitet. Eine andere Krabbenspinne, die kleine, grüne, locker langhaarige und beborstete *Heriaeus mellotei,* sitzt gemäß ihrer Färbung auf Gräsern und grünen Pflanzenteilen.

1

2

1 Die Krabbenspinne *Thomisus onustus* wartet in Lauerstellung auf einen nahrhaften Blütenbesucher.

2 Die Rote Röhrenspinne mit Hauptverbreitung im südlichen Europa ist eine der schönsten Spinnen Europas. Bevorzugte Habitate im Wiener Raum sind sonnige, windgeschützte Hanglagen mit sandigem Boden und lückiger Vegetation.

Im September kann man an warmen, sonnigen Tagen um die Mittagszeit der Roten Röhrenspinne *Eresus cinnaberinus* begegnen; sie ist die schönste unter den Spinnen der pannonischen Trockenrasen. Nur die Männchen mit ihren schwarz-weiß geringelten Vorderbeinen und dem scharlachroten Hinterleib, auf dem vier schwarze, meist weiß gerahmte Flecken sichtbar sind, laufen auf der Suche nach Weibchen umher. Die viel größeren, einfärbig schwarzen Weibchen sitzen einstweilen in einer mit Gespinst ausgekleideten Röhre im Erdboden. Das Gespinst verbreitert sich vom Röhreneingang aus zu einem größeren Fangteppich, von dem aus einzelne Fäden in die umgebende Vegetation laufen. Findet ein Männchen ein unverpaartes Weibchen, so bleibt es in dessen Nest. Beide ernähren sich von der Beute, die über die Fangeinrichtung anfällt.

Weniger reichhaltig als bei Insekten und Spinnen ist die Artenvielfalt bei den **Schnecken** der pannonischen Wiesensteppe. Hier können nur Arten leben, die in der Lage sind, die Trockenzeit zu überstehen. Die Weiße Heideschnecke *Xerolenta obvia* kriecht, um den Wasserverlust zu minimieren, zu Beginn der Trockenphase auf höherwüchsige Pflanzen, heftet sich hier fest und verschließt die Mündung des Hauses durch eine durchsichtige Membran, die nur eine kleine Öffnung für die notwendige Sauerstoffzufuhr enthält. In dieser Position kann sie viele Tage und Wochen verharren. Manche Pflanzen sind im Juli und August geradezu übersät mit übersommernden Heideschnecken. In gleicher Weise kann auch die Gerippte Bänderschnecke *Cepaea vindobonensis,* eine östlich verbreitete Schneckenart, Trockenzeiten überstehen. Gele-

3 Weiße Heideschnecke

4 Gerippte Bänderschnecke

3

4

Die Schlingnatter wird wegen ihres scheinbaren „Zick-Zackbandes" – ein dunkler Fleck am Kopf setzt sich in einer mindestens zweireihigen Fleckung auf der Körperoberseite fort – immer wieder mit der Kreuzotter verwechselt. Diese kommt jedoch im Wienerwald, in Wien und im Alpenvorland nicht vor.

gentlich lässt sich der Schneckenkäfer *Phosphuga atrata* beim Verzehr von Schnecken beobachten, wobei er sich über die Mündung des Schneckenhauses zur Bewohnerin vorarbeitet. Die leeren Gehäuse können dann einigen Arten von Mauerbienen *Osmia rufohirta, O. spinulosa, O. aurulenta* als Nest dienen.

Nur wenige **Wirbeltiere** vermögen ausschließlich in offenen pannonischen Biotopen zu leben. Unter den **Reptilien** ist es neben der Smaragdeidechse (→ Bild S. 406) die Schlingnatter *Coronella austriaca,* der man des Öfteren auf Trockenrasen begegnet, zumal dann, wenn Deckungsmöglichkeit gegeben ist. Leider wird sie wegen ihrer dunklen Rückenzeichnung manchmal für eine Kreuzotter gehalten und erschlagen. Es sei hier ausdrücklich betont, dass keine der in Wien und Umgebung frei lebenden Schlangen giftig oder für den Menschen gefährlich ist (ausgenommen die fallweise aus Terrarien entkommenen oder ausgesetzten exotischen Giftschlangen). Übrigens gibt es überhaupt keinen vernünftigen Grund, die außerhalb des in diesem Buch behandelten Gebietes vorkommenden heimischen Giftschlangen zu erschlagen!

Das Ziesel *Spermophilus citellus (= Citellus citellus)* gehört zu den Nagetieren. Seine Verbreitung (→ S. 177) reicht in Österreich nicht über den pannonisch beeinflussten Bereich hinaus. Es benötigt als Lebensraum unverbuschte, offene Flächen mit geschlossener, niedriger Vegetation. Ende März erwachen die Tiere aus dem Winterschlaf. Sie sind tagaktiv und ernähren sich von verschiedenen Kräutern, Gräsern, Samen und gelegentlich Insekten. Dem Kenner verrät ein scharfer, hoher, kurzer Pfiff ihre Anwesenheit. Einmal auf sie aufmerksam geworden, kann man die oft in Kolonien lebenden Tiere bald laufend oder „Männchen machend" beobachten. Jedes erwachsene Tier besitzt seinen eigenen Bau, der mit mehreren Eingängen und einer Nestkammer ausgestattet ist. Im Juni erscheinen die im Bau zur Welt gebrachten Jungen erstmals an der Oberfläche. Im Oktober ziehen sich die Tiere zum Winterschlaf in den Bau zurück. Von den vielen Feinden des Ziesels sei der Steppeniltis *Mustela eversmannii* genannt, ebenfalls eine rein pannonische Tierart. Er erreicht im Nordosten und Osten die Wiener Stadtgrenze, meidet aber im Gegensatz zum Waldiltis *Mustela putorius* das verbaute Gebiet. Ein viel ernsteres Problem stellen aber, etwa für die Zieselkolonien auf der Perchtoldsdorfer Heide und am Bisamberg, zwei der letzten im Nahbereich Wiens, die vielen frei laufende Hunde dar.

Ziesel sind tagaktiv. Die überwiegend optisch orientierten Tiere machen häufig „Männchen", um rechtzeitig Feinde entdecken zu können. Im Gegensatz zum Feldhamster sammeln Ziesel keine Vorräte für den Winter, sie zehren dann ausschließlich von den über den Sommer angefressenen Fettreserven.

An verschiedenen Stellen in der Umgebung Wiens treten gelegentlich Kaninchen *Oryctolagus cuniculus* auf. Hin und wieder führen Seuchenzüge der Myxomatose, einer Pockenviruserkrankung, zum lokalen Aussterben dieser Tierart. In vielen Teilen der Erde, so auch in Österreich, ist diese ursprünglich von der Iberischen Halbinsel stammende Art wiederholt ausgesetzt worden beziehungsweise aus der Haltung

Das Wildkaninchen *Oryctolagus cuniculus* ist die Stammform aller bei uns bekannten Hauskaninchen. Indem es aufkommende Sträucher verbeißt, spielt es für die „Pflege" pannonischer Wiesensteppen eine nützliche Rolle, kann aber eine Beweidung nicht ersetzen.

entkommen. Bei überhöhten Beständen kann ihre Fraßtätigkeit auch negative Auswirkungen auf die Vegetation haben. In Australien wird der Erreger der Myxomatose zur Bestandesregulation der Kaninchen eingesetzt.

Vögel spielen für die Wiesensteppen im Wiener Raum nur eine geringe Rolle. Für die Ansiedlung echter Wiesen- oder Steppenarten sind die vorhandenen Restflächen meist viel zu klein. Auch die Sommertrockenheit ist ein Hindernis für die Besiedlung durch manche Vogelarten.

Rasen- und Felssteppen

Unter dem Begriff **Rasensteppe** kann man die pannonischen Volltrockenrasen zusammenfassen, die auf den flachgründigen, aber feinerdereichen Standorten herrschen und großteils zu den Wallisschwingelrasen gehören. Hier lässt der Boden keinen Waldwuchs zu. Teils handelt es sich um edaphisch bedingte Primärsteppen, teils sind sie nach jahrhundertelanger Beweidung als Folge von Bodenerosion entstanden. Im Unterschied zur Wiesensteppe ist die Vegetationsdecke nicht geschlossen. Die Rasensteppen leiten zu den anschließend behandelten Felssteppen über. Wallis-Schwingel *Festuca valesiaca,* ein auffallend dünnblättriges Horstgras, und Sichel-Luzerne („Sichelklee") *Medicago falcata,* eine gelbblühende Stammart der Luzerne, sind die namengebenden pflanzensoziologischen Leitarten dieser Volltrockenrasen. Auch die übrigen Arten sind ausgeprägte Xerophyten, das heißt, sie sind zumindest zeitweise (im Hochsommer) dem Trockenstress angepasst.

Leben im Trockenen – Xerophyten

Zeitweise trockene Standorte, wo also eine der beiden wichtigsten Lebensgrundlagen der Pflanzen (Wasser und CO_2) knapp ist, bedeuten für die Gefäßpflanzen eine große Herausforderung, denn im Unterschied zu Moosen und Flechten können ihre Vegetationskörper (mit sehr wenigen Ausnahmen) nicht zeitweise austrocknen ohne abzusterben. Einige Wochen hochsommerlicher Trockenheit genügen, um den nicht speziell angepassten Arten das Leben unmöglich zu machen. Daher ist es erstaunlich, wie vielfältig und artenreich die Flora trockener Habitate ist.

Den Trockenstress bewältigen die Pflanzen mit recht unterschiedlichen Strategien. Die Maßnahmen sind an gewissen Eigentümlichkeiten des Pflanzenkörpers zu erkennen (Xeromorphosen): Mit ausgedehntem Wurzelsystem versuchen einige, in der Tiefe Grundwasser zu erreichen, flach streichende Wurzeln hingegen dienen der Aufnahme von nicht weit in den Boden eindringender Feuchtigkeit kurzer Regenfälle.

Festigungsgewebe im Laubblatt verhindern ein zu rasches Welken: Hartlaubigkeit (Sklerophyllie) ist die Folge. Noch wichtiger ist aber die Einschränkung der Transpiration auf verschiedenste Weise. Die für den Gasaustausch (auch die lebenswichtige CO_2-Aufnahme!) zuständigen Stomata (Spaltöffnungen), normalerweise auf der Blattunterseite, können sich zeitweise, etwa in der Mittagshitze, schließen; bei Trockenpflanzen ist ihre Zahl verkleinert und oft sind sie verborgen, etwa durch ein Haarkleid.

Die Verkleinerung der Blattfläche ist ein auffallendes Merkmal der Xerophyten; deren Aufteilung in schmale Abschnitte dient übrigens auch der Kühlung (z. B. Frühlings-Adonis *Adonis vernalis,* Sesel-Arten *Seseli* spp.). Die Blattunterseite ist vielfach durch den umgerollten Blattrand verkleinert (z. B. Berg-Gamander *Teucrium montanum*); trockenresistente Schwingel-Arten *Festuca* spp. haben schmale, V-förmig gefaltete Blattspreiten. Der Verringerung der Verdunstung dienen auch verdickte Cuticula und Wachsüberzüge, erkennbar als bläulichgraue Färbung (z. B. Österreich-Schwarzwurz *Scorzonera austriaca,* Gelb-Lauch *Allium flavum*) und starke, filzige, Graufärbung bewirkende Behaarung (z. B. Grau-Sonnenröschen *Helianthemum canum*, Silberscharte *Jurinea mollis*). Je trockener der Standort ist, umso geringer ist die Phytomasse und umso größer daher der Fressdruck von Seiten der Tiere; die Pflanzen wehren sich dagegen mittels Dornen und Stacheln.

Die Einschränkung der Transpiration ist freilich mit dem gewaltigen Nachteil verbunden, dass dadurch in der Regel auch die Photosyntheseleistung verringert wird. Xerophyten sind daher mit „normalen" Pflanzen nicht konkurrenzfähig und können in der Natur deshalb nur an Trockenstandorten existieren.

Eine ganz andere Strategie ist die Wasserspeicherung in verschiedenen Organen, wie bei der Blattsukkulenz etwa der Dickblattgewächse Crassulaceen (Donarsbart *Jovibarba*, Mauerpfeffer *Sedum*). Noch raffinierter ist der sogenannte CAM-Stoffwechsel, bei dem die lichtunabhängigen Prozesse der Photosynthese in die kühleren Nachtstunden verlegt werden, wenn die Stomata offen bleiben können, um CO_2 aufzunehmen.

Am sichersten aber ist die radikale Vermeidung der Austrocknungsgefahr dadurch gewährleistet, dass die Pflanze während der kritischen Zeit gleichsam einen Trockenschlaf hält: Die Geophyten verbringen den Sommer unterirdisch (wie Gelbstern *Gagea*, Traubenhyazinthe *Muscari* und Milchstern *Ornithogalum*) und die Annuellen (Einjährigen) als wohlgeschützte Samen.

Manfred A. Fischer

1

2

3

4

1 Vielleicht die bekannteste Art der pannonischen Rasensteppe ist die berühmte Groß-Küchenschelle („Kuhschelle") *Pulsatilla grandis.* Sie blüht im März und April, die mehrfach fiederschnittigen, schmalzipfeligen Laubblätter erscheinen erst danach. Sie ist eine typische Bewohnerin der pannonischen Florenprovinz und steht selbstverständlich unter Naturschutz.

2 Im ersten Vorfrühling blüht auch die Erd-Segge *Carex humilis,* eine der 108 in Österreich wachsenden Seggen-Arten. Die Erd-Segge bildet zentrifugal wachsende Horste, die in der Mitte allmählich absterben, wodurch eigenartige „Hexenringe" entstehen (→ Bild S. 284).

3 Der Klein-Wiesenknopf *Sanguisorba minor* ist ein sehr häufiger Trockenzeiger. Dass es sich um ein Rosengewächs *Rosaceae* handelt, ist nicht so leicht zu erkennen, die Blüten wurden nämlich im Zusammenhang mit Windbestäubung vereinfacht und eingeschlechtig: Die obersten Blüten jedes Blütenstands sind weiblich, sie öffnen sich zuerst (Vorweibigkeit) und fallen durch ihre dunkelpurpurnen Narben auf. Etwas später öffnen sich die männlichen Blüten weiter unterhalb. Die Laubblätter sind gefiedert und riechen angenehm würzig, erzeugen den typischen „Steppenduft". Als Würzkraut und Volksarzneipflanze wird die Art fälschlich auch „Bibernelle" genannt und deshalb nicht selten mit der echten Bibernelle *Pimpinella,* einem Doldenblütler, verwechselt.

4 Das Areal der Sibirien-Glockenblume *Campanula sibirica* reicht bis in die südsibirischen Steppen.

Ausdauernde Xerophyten haben ein ausgedehntes Wurzelsystem und konkurrieren miteinander hauptsächlich unterirdisch! Im trockenen Sommer entstehen dadurch oberirdisch Lücken im Pflanzenkleid. Im Frühling ist in diesen feinerdereichen Lücken jedoch noch genügend „Winterfeuchtigkeit", um Gemeinschaften bestimmter frühblühender Winterannuellern zu versorgen. Diese Winzlinge keimen im Herbst und kommen zeitig im Vorfrühling zur Blüte, sie fruchten sehr bald und sterben noch vor dem Spätfrühling und Sommer ab, wenn ihr Standort austrocknet. Neben dem Finger-Steinbrech *Saxifraga tridactylites* finden sich an solchen Standorten etwa auch die Kreuzblütler Frühlings-Hungerblümchen *Draba (Erophila) verna* agg., Durchwachs-Kleintäschelkraut *Microthlaspi (Thlaspi) perfoliatum* und Steppenkresse (Felskresse) *Hornungia petraea* – eine nahe Verwandte der ausdauernden Gämskresse *Hornungia (Pritzelago = Hutchinsia) alpina* der Alpen – sowie aus der Familie der Nelkengewächse *Caryophyllaceae* verschiedene einjährige Hornkraut-Arten *Cerastium* spp. – Auf abgestorbenen Stängeln und Laubblattscheiden von Gräsern wächst der Gras-Schwindling *Marasmius curreyi,* ein Basidienpilz. Die Fruchtkörper der Schwindlinge vertragen vorübergehende Austrocknung – sie schwinden nur scheinbar dahin, denn bei Befeuchtung „leben sie wieder auf".

Die pannonischen **Felssteppen** sind Primärsteppen, die ihre Existenz den schlechten (trockenen, nährstoffarmen, flachgründigen) Bodenbedingungen verdanken. Man nennt sie daher edaphische Steppen im Unterschied zu jenen Primärsteppen viel weiter im Osten, die dort durch das waldfeindliche Klima bedingt sind: Letztere sind die eigentlichen Steppen, wie sie in der Pontischen Florenprovinz, das ist in der südlichen Ukraine und im südöstlichen Russland, voll entwickelt sind. Bei den edaphischen Felssteppen ist der Boden extrem seichtgründig, dazwischen tritt überall der felsige Untergrund zutage. Die im Folgenden erwähnten Arten finden sich über Karbonatgestein. Der nackte Fels ist nur scheinbar nackt, denn auf ihm leben Flechten, manche endolithisch unterhalb der Felsoberfläche wie etwa Arten der Gattung *Lecidea.* Vorsichtiges Abschaben offenbart die grünen Algen, also die Symbiosepartner des

1 Schon im Vorfrühling blüht die Österreich Schwarzwurz *Scorzonera austriaca*. Ihre Laubblätter sind stark gewellt und gebogen, ledrig, blaugrün, bereift und damit gut vor zu starker Verdunstung geschützt.

2 Das Liege-Nadelröschen *Fumana procumbens*, auch Niederliegendes Heideröschen genannt, ist ein Zwergsträuchlein mit nadelförmigen, immergrünen Laubblättern, das sich an die Felsoberfläche schmiegt. Die Blüten sind nur vormittags geöffnet, gegen Mittag fallen die Kronblätter ab. Die Gattung ist nahe verwandt mit dem Sonnenröschen *Helianthemum*.

3 Nach dem Blühen, wenn die Ährchen sich mit einem abstehenden Haarkleid schmücken, wird das Wimper-Perlgras *Melica ciliata* zu einer der dekorativsten Arten der Felssteppe.

Flechtenpilzes. Sehr bescheiden sind auch die übrigen Kryptogamen: gewisse Krusten- und Laubflechten wie *Squamarina cartilaginea* oder *Cladonia* spp. sowie Moose, etwa aus der Gattung *Grimmia*. Wegen der kargen Standortverhältnisse können hier nur sehr anspruchslose und gleichzeitig konkurrenzschwache Arten gedeihen. Unter den Gefäßpflanzen sind dies auffallend viele Zwergsträucher wie Herz-Kugelblume *Globularia cordifolia* (Laubblätter ledrig, immergrün; Blüten blau in dichten Köpfchen) und Wild-Thymian-Arten (*Thymus* spp.; Blüten purpurrosa). Die Arten der Felssteppe lassen verständlicherweise noch deutlicher als die der Rasensteppe Anpassungen an die sommerliche Dürrezeit erkennen (→ Kasten S. 422).

Die **Tierwelt** ist umso artenärmer, je flachgründiger, trockener und heißer der Lebensraum wird. Dies gilt auch für die Insekten der pannonischen Felssteppen, deren Arten fast alle mediterrane Hauptverbreitung aufweisen. Aus der Gruppe der **Wildbienen** kommen meist nur solche Arten vor, die ihr Nest nicht im Boden, sondern in Felsspalten, unter Steinen, in Schneckenhäusern, an Felsen oder in Käferbohrgängen im Holz anlegen. Die kleine Mauerbiene *Osmia andrenoides*, leicht kenntlich durch den roten Hinterleib, benützt die leeren Gehäuse der Schnecke *Zebrina detrita* als Nest. Eine grünblaue Mauerbiene gleicher Größe, *Osmia gallarum*,

Der Schmetterlingshaft *Libelloides macaronius* fliegt im Sommer bei sonnigem Wetter über den Trocken- und Halbtrockenrasen. An geeigneten Stellen können oft mehrere Exemplare gleichzeitig beobachtet werden. Zieht eine Wolke vor die Sonne, setzen sich die Tiere sofort auf niedrige Pflanzen oder Grashalme, wobei sie die Flügel dachartig zusammenklappen.

Die Wollbiene *Anthidium septemdentatum* benötigt das Mikroklima der Felssteppen für ihre Entwicklung, kommt aber überwiegend dort vor, wo Felssteppen an tiefgründigere Flächen grenzen, weil dort das Blütenangebot besser ist.

nistet unter Steinen. Als Futterpflanzen dienen beiden Arten Gewöhnlicher Steinquendel *Clinopodium acinos (Acinos arvensis),* Gamander *Teucrium* und andere kleinblütige Pflanzen aus den Familien Lippenblütler *Lamiaceae* und Schmetterlingsblütler *Fabaceae.* Eine große Wollbiene, *Anthidium septemdentatum,* baut ihr Nest bei uns meist in Felsspalten. Auf der Rispen-Flockenblume *Centaurea stoebe* sammelt die Blattschneiderbiene *Megachile flabellipes* Pollen; auch sie nistet unter Steinen. Alle vier Arten sind im Mediterrangebiet weit verbreitet und kommen weiter nördlich nur an ganz wenigen klimabegünstigten Stellen vor.

Unter den **Käfern** ist ein hauptsächlich in Südeuropa verbreiteter echter Pillendreher, *Sisyphus schaefferi,* an Stellen zu finden, wo sich das Wild sammelt. Aus dem Mist formen die Käfer Kugeln und ziehen sie dann mit den langen Vorderbeinen oder schieben sie mit den Hinterbeinen zu einer günstigen Stelle, um sie dort zu vergraben. Dabei können auch beide Partner gleichzeitig eine Mistkugel rollen, wobei der eine zieht, der andere schiebt. Das Weibchen formt aus dem Mist in der unterirdischen Brutkammer eine Brutbirne, legt ein Ei darauf und verlässt die Kammer, in der sich dann die Larve vom Mistvorrat ernährt.

Von den **Fliegen** ist der seltene Wollschweber *Bombylius fimbriatus* in seinem Vorkommen auf die Felssteppe beschränkt – eine weitere Charakterart dieses Lebensraums ist der Östliche Schmetterlingshaft *Libelloides macaronius,* ein wunderschöner **Netzflügler,** der Insekten im Flug erbeutet. Seine Larven leben räuberisch am Boden und brauchen zwei Jahre für ihre Entwicklung. Zwei **Heuschrecken**-Arten sind besonders charakteristisch für trocken-heiße, spärlich bewachsene Hänge: der Verkannte Grashüpfer *Chorthippus mollis* und die Italienische Schönschrecke *Calliptamus italicus,* letztere mit roten Hinterflügeln, aber ohne Schnarrlaut beim Auffliegen.

Schließlich sei noch eine **Schnecke**, die Zebraschnecke (Große Turmschnecke) *Zebrina detrita,* erwähnt. Sie bewohnt noch heißere und trockenere Standorte als die Weiße Heideschnecke und kann deshalb auch auf Felssteppen leben, benötigt allerdings Karbonatböden.

1 Die Italienische Schönschrecke ist perfekt getarnt. Nur beim Auffliegen fällt sie durch ihre roten Hinterflügel auf.

2 Die Zebraschnecke überdauert sommerliche Trockenperioden mit einem Sommerschlaf. Oft gräbt sie sich dazu – im Gegensatz zur Heideschnecke – in den Boden ein.

3 Die Mauereidechse zeichnet sich durch ihren besonders langen Schwanz aus und kann auch an senkrechten Strukturen gut klettern. Sie hält keinen echten Winterschlaf und ist bei warmem Wetter auch im Winter aktiv.

1

2

3

Wie kamen die Steppenpflanzen und Steppentiere nach Wien?

Dabei geht es um die Frage, in welchem Ausmaß die Natur und inwieweit der Mensch zur heutigen Verbreitung beigetragen haben (→ S. 179). Sind die Steppenarten schon nach der Eiszeit während einer Phase mit wärmerem und trockenerem Klima („postglaziale Wärmezeit") eingewandert oder hat erst die Rodung der ursprünglichen Wälder und die Schaffung von offenem Weideland durch den jungsteinzeitlichen Menschen eine solche Einwanderung aus dem Osten möglich gemacht oder zumindest begünstigt? Oder gab es schon vor der menschlichen Rodungstätigkeit so viel Großwild, dass gar kein geschlossener Wald herrschte, sondern reichlich Steppeninseln vorhanden waren und die pannonische Vegetation daher großflächig aus sogenannter Waldsteppe bestanden hat (→ Kasten S. 216)? Oder reicht vielleicht die heutige Klimasituation zur Erklärung solcher Wanderbewegungen aus? Alle diese Hypothesen wurden und werden erörtert, wobei sich die einschlägigen Forscher – Klimatologen, Quartärgeologen, Vegetationsforscher und Biogeographen – heute ziemlich sicher sind, dass je nach Art oder Organismengruppe sämtliche der oben erwähnten Gesichtspunkte und Faktoren maßgeblich waren.

Manfred A. Fischer

Von den **Wirbeltieren** im Lebensraum Felssteppe ist die Mauereidechse *Podarcis muralis* hervorzuheben. Sie ist die seltenste unter den heimischen Eidechsen und kommt in Ostösterreich nur in dem kleinen Gebiet von der Wiener Stadtgrenze bei Kalksburg und Kaltenleutgeben entlang der Thermenlinie bis zu den Kalkhochalpen vor.

Die stark vom Menschen geprägten Biozönosen

Das Umbrechen des Bodens mit dem Pflug ist für die darauf lebenden Pflanzen und Tiere begreiflicherweise eine Katastrophe, ein schwerwiegender Eingriff in das Ökosystem. Das Pflanzenkleid der Äcker und Weingärten (Segetalstandorte), aber auch jenes im Siedlungsbereich des Menschen (Ruderalstandorte) unterscheidet sich daher noch stärker von der ursprünglichen Situation als dies beim Grünland der Fall ist. Radikal verändert werden die ursprünglichen Ökosysteme auch durch das Aufbringen künstlicher Baumbestände (Forste). Über diese Lebensräume Wiens wird im Folgenden berichtet. Die gepflanzten Gehölze und die Ruderalvegetation des verbauten Stadtgebietes werden dagegen im Kapitel Pflanzen der Großstadt (→ S. 487) behandelt.

Äcker

Die Erfindung des Ackerbaus in der Jungsteinzeit war eine der größten und folgenschwersten Taten der Menschheit; sie führte zur „neolithischen Revolution" und begründete eine neue Ära der Geschichte. Daher steht die Bodenkultur am Beginn dessen, was wir Kultur nennen, und ursprünglich bezeichnete dieses Wort ja den Ackerbau.

Geschädigt werden durch den Pflug vor allem ausdauernde Pflanzen, jedoch keineswegs alle, denn gar nicht wenige können dennoch überleben, sofern sie nämlich über entsprechende unterirdische Organe verfügen. Manche werden durch die Bodenbearbeitung geradezu gefördert. So entwickelt etwa die Acker-Kratzdistel *Cirsium arvense* sogenannte Wurzelsprosse: Neue Triebe entspringen aus den Wurzeln. Die Kriech-Quecke *Elymus repens* bildet lange unterirdische Ausläufer; wenn sie vom Pflug zerstückelt werden, entspricht dies einer vegetativen Vermehrung durch Stecklinge. Der Landwirt bezeichnet solche im Ackerland erfolgreichen Arten als „Unkräuter", weil er sie nicht aussät und als Konkurrenten der Nutzpflanzen betrachtet.

Wien hat gar nicht so wenig an landwirtschaftlich genutzten Flächen: Immerhin knapp ein Sechstel der gesamten Stadtfläche wird für Ackerbau, für Gartenbau – vor allem Gemüseproduktion – oder Weinbau genutzt. Auch dieser Lebensraum gehört zur Stadt und ist biologisch so reich, dass er unsere Aufmerksamkeit verdient.

Unkraut oder Beikraut?

Aus der Sicht des wirtschaftenden Menschen gibt es gute und böse, nämlich nützliche und schädliche Pflanzen und Tiere. Die Kulturleistung des Menschen besteht darin, diese Unterscheidung zu treffen und das Böse zu bekämpfen. Jahrtausendelang war das überlebensnotwendig und gar nicht unmoralisch. Mit dem Aufkommen der Wissenschaften im 19. Jahrhundert hat sich der Glaube verstärkt, man habe die Natur weitgehend im Griff. Erst in jüngster Zeit setzt sich die Erkenntnis durch, dass der Mensch im Kampf gegen das vermeintlich Böse in der Umwelt Gefahr läuft, seine eigene Lebensgrundlage zu zerstören. Das führt zum Umdenken: Die anthropozentrische, utilitaristische Einteilung der Umwelt in Gut und Böse lässt sich nicht länger aufrechterhalten.

Wörter und Namen sind nicht nur die äußerliche Hülle für Begriffe, für gewöhnlich verbindet man mit dem Wort viel mehr als nur den Inhalt, nämlich oft auch noch eine Ideologie, zumindest aber Emotionen. Um hier gegenzusteuern, wurden die Raubvögel zu Greifvögeln, die Raubtiere zu Beutegreifern und die Unkräuter zu Beikräutern. – „Unkraut" war das Gegenteil zu „Kraut". Viele Pflanzen sind aber Unkraut (im Acker) und Kraut (Heilpflanze) zugleich. Für den einfachen Menschen, der nur an sich selbst denkt, waren die „Kräuter" die „Nützlinge" unter den Pflanzen: Arzneipflanzen, Nahrungspflanzen, Gewürze, Rohstofflieferanten etc. Alle anderen waren Unkräuter, geschaffen bloß, um ihn zu ärgern. Heute erkennen wir jedoch immer mehr, dass diese einseitige Denkweise mit dazu beiträgt, unsere Umwelt zu zerstören.

Manfred A. Fischer

Sehr stark gefördert durch das jährliche Umbrechen des Bodens werden kurzlebige Arten, die ihren Entwicklungszyklus in einem einzigen Jahr vollenden. Sie bilden keine Überdauerungsorgane im Boden, sondern überdauern die für das Wachstum ungünstige Jahreszeit in Form kleiner Diasporen (meist Samen oder einsamiger Früchte). Diese sogenannten Einjährigen oder Annuellen nennt der Gärtner „Sommerblumen", der Landwirt „Samenunkräuter", im System der Lebensformen heißen sie Therophyten. Besonders im Klimabereich der Steppen und des Mediterranraumes sind sie artenreich vertreten, weil dort die sommerliche Trockenheit, in den kontinentalen Steppen zusätzlich die winterliche Kälte, eine beziehungsweise zwei Vegetationspausen erzwingen, welche die Einjährigen dank ihres kurzen Entwicklungszyklus meistern können. Die Mehrzahl unserer Ackerkulturpflanzen, wie Weizen, Gerste, Roggen, Hafer, Raps und Sonnenblume, sind solche Einjährige und stammen aus den erwähnten Regionen beziehungsweise klimatisch analogen Gegenden Nordamerikas. Genauso haben fast alle anderen therophytischen Segetalpflanzen (dies ist der Fachausdruck für die Begleiter der Ackerkulturpflanzen) in den Steppengebieten Südwest-Asiens ihre Urheimat. Um den negativ besetzten Ausdruck „Unkraut" zu meiden, spricht man bei ihnen neutral von Beikräutern oder Ackerwildpflanzen. Man sollte sie nämlich keinesfalls nur negativ sehen, es gibt unter ihnen nicht nur schön blühende und interessante, sondern vielfach auch nützliche Pflanzen. Viele haben sich an die Lebensbedingungen im Acker so weit angepasst, dass man sogar von Domestikation sprechen kann. Es verwundert daher nicht, dass aus etlichen von ihnen wertvolle Kulturpflanzen entstanden sind. Ein prominentes Beispiel ist der Roggen, dessen Vorfahren als „Unkraut" in südwestasiatischen Weizenäckern wuchsen.

Die Beikrautfluren der Äcker, Weingärten und des Gartenkulturlandes kann man als Segetalgesellschaften zusammenfassen. Viele Segetalarten sind alte, treue Begleiter des Menschen, einige schon seit der Jungsteinzeit. Die meisten von ihnen sind nämlich nicht ureinheimisch, sondern mit dem Getreidebau aus dem Nahen Osten und dem Mittelmeergebiet zu uns eingewandert (→ S. 180). Inzwischen längst eingebürgert, gehören sie zur Wildflora und sind in vielfacher Hinsicht interessant. Dem ökologisch gebildeten Landwirt verraten sie sehr viel über die Eigenschaften des Bodens und den meisten Menschen stehen sie näher und sind sie somit viel vertrauter als die Arten der ureinheimischen Flora. Es gibt wohl keinen Wiener, der nicht Klatsch-Mohn („Mohnblume") *Papaver rhoeas* kennt oder noch nicht von der Kornblume *Cyanus segetum (= Centaurea cyanus)* gehört hat. Wie nicht anders zu erwarten, finden sich neben diesen „klassischen" Segetalarten auch solche, die heute in Mitteleuropa am Rand des Aussterbens stehen, wie etwa Acker-Schwarzkümmel *Nigella arvensis* und Acker-Mannsschild *Androsace maxima*.

Von der ursprünglich reichhaltigen Beikrautvegetation der Getreideäcker sind infolge des Einsatzes von Herbiziden und Bioziden heute meist nur noch wenige

1

2

1 Kompliziert gebaute Blüten hat der Acker-Schwarzkümmel *Nigella arvensis:* Nektarblätter, Staubblätter und Griffeläste bilden eine Umlaufgalerie, auf der die Blütenbesucher zur Bestäubung gezwungen werden. In Wien gefährdet und streng geschützt

2 Der Acker-Mannsschild (Riesen-M., Kelch-M.) *Androsace maxima* ist ein einjähriger Verwandter der prächtigen hochalpinen polsterbildenden *Androsace*-Arten und in ganz Österreich vom Aussterben bedroht. In dem riesigen Kelch hat er als Selbstbestäuber eine stark verkleinerte Blumen-Krone.

1

2

3

1 Den weißlichen, langen, unterirdischen Ausläufern verdankt die Kriech-Quecke *Elymus (Agropyron) repens* ihren Erfolg im Ackerland. Diese Ausläufer werden übrigens volksarzneilich genutzt. Der wienerische Dialektname „Beier“ hat nichts mit dem Nachbarvolk zu tun, sondern geht auf dieselbe indogermanische Wurzel zurück wie das altgriechische „pyron“ = Weizen. Tatsächlich ist die Quecke eine ziemlich nahe Verwandte des Weizens.

2 Der Sautod-Gänsefuß *Chenopodium hybridum* hat unangenehm riechende Laubblätter, die auch gestaltlich an jene des Stechapfels erinnern. In früheren Zeiten hielt man ihn für ein Kreuzungsprodukt zwischen Gänsefuß (Blüten) und dem sehr giftigen Stechapfel (Laubblätter), der botanisch-lateinische Artbeiname setzt diesem Irrtum ein Denkmal. Und wohl auch der deutsche Name, denn ob die Art tatsächlich für Schweine giftig ist, erscheint aufklärungsbedürftig.

3 Der Gewöhnliche Stechapfel *Datura stramonium* stammt aus Nordamerika und ist sehr giftig. Die Blüten öffnen sich des Nachts, duften stark und werden durch Nachtfalter bestäubt. Der deutsche Name bezieht sich auf die eigenartigen, eiförmigen bis kugeligen, stacheligen und vierklappigen Fruchtkapseln.

häufiger anzutreffen, so etwa Acker-Stiefmütterchen (Acker-Veilchen) *Viola arvensis,* Acker-Steinsame (Acker-Rindszunge) *Buglossoides arvensis,* Österreich-Hundskamille *Anthemis austriaca,* Einjahrs-Ziest (Kleines Vusperkraut) *Stachys annua* und Gewöhnlicher Feldrittersporn *Consolida regalis.* Ein sich höchst erfolgreich behauptendes Beikraut ist auch die Besen- oder Sophienrauke *Descurainia sophia,* ein Kreuzblütler mit winzigen, sehr schmalen, gelben Kronblättern. Viele einstmals häufige Arten wie Kornblume, Klatsch-Mohn, Acker-Senf *Sinapis arvensis* sind heute selten und am ehesten am Ackerrand und an Ruderalstellen zu finden. Andere sind in weiten Gebieten überhaupt verschwunden und höchstens gelegentlich noch in Bio-Äckern oder lückigen Brachen anzutreffen. So etwa die Kornrade, der Groß-Venusspiegel und der Sommer-Adonis, der mit seinem in Europa als Blütenfarbe seltenen Rot („Klatschmohn-Rot“) weithin leuchtet (→ Bild S. 195). Neuerdings gibt es allerdings auch Versuche, manche regional ausgestorbene oder vom Aussterben bedrohte Arten wieder einzubringen, etwa auf Ackerbrachen.

Die Hackfruchtäcker, besonders für den Anbau von Zuckerrüben oder Mais, sind nährstoffreicher als Getreideäcker, werden stärker bearbeitet und später bestellt. Sie haben besondere Beikrautarten, wie Weiß-Gänsefuß *Chenopodium album,* Schwarz-Nachtschatten *Solanum nigrum,* Stechapfel, Bilsenkraut und die besonders in Maisäckern häufige Gewöhnliche Hühnerhirse *Echinochloa crus-galli.* Viele von ihnen konnten sich auch in Ersatzlebensräumen ansiedeln, nämlich in offenen und nährstoffreichen Ruderalfluren. Andere, wie der wunderschöne Stundeneibisch *Hibiscus trionum,* sind in Wien heute kaum mehr zu finden.

4 Der Groß-Venusspiegel *Legousia speculum-veneris* ist ein wärmeliebendes Glockenblumengewächs. Als seltenes, einjähriges Ackerbeikraut im Nordosten und Süden Wiens (und im südlichen Wiener Becken) ist er stark gefährdet und streng geschützt.

5 Eine der wichtigsten Hexen-, Zauber- und Rauschgiftpflanzen war bis in die frühe Neuzeit das Schwarz- Bilsenkraut *Hyoscyamus niger.* Der Genuss der Samen erzeugt u. a. die Halluzination des Schwebens. Die Früchte sind eigenartige, mit dem Kelch verwachsene Deckelkapseln.

4

5

Biologischer Landbau in Wien

Nach dem Motto „wachsen oder weichen" zwingen die stetig sinkenden Erlöse für landwirtschaftliche Produkte die Bauern heute mehr denn je zur Vergrößerung und Intensivierung oder zur Aufgabe ihrer Betriebe. Eine Alternative dazu bietet die biologische Landwirtschaft: mineralische Düngemittel, chemische Spritzmittel und gentechnisch veränderte Organismen sind hier verboten, eine artgerechte Tierhaltung ist vorgeschrieben, insgesamt ein ganzheitliches und nachhaltiges Produktionssystem. Der erhöhte Arbeitsaufwand wird den Bauern durch bessere Produktpreise und Förderungen abgegolten, staatliche Kontrollen garantieren dem Konsumenten die Einhaltung der gesetzlichen Regelungen (EU-Verordnung 2092/91).

Der Konsument profitiert durch optimale Lebensmittelqualität, die Umwelt durch geringere Belastungen an Nitrat und Spritzmittelrückständen sowie durch eine höhere Artenvielfalt. Wissenschaftliche Nachweise dafür wurden bereits in den 1980er-Jahren am Wiener Boltzmann-Institut für Biologischen Landbau, heute Bio-Forschung Austria, erbracht. So bevorzugten Kaninchen, Hühner und Laborratten in Futterwahlversuchen Bio-Gemüse und -Getreide und reagierten auf Bio-Futter mit signifikant besseren Fruchtbarkeitswerten. In Bio-Äckern der Oberen Lobau wurden wesentlich mehr Beikraut- und Laufkäferarten nachgewiesen als in benachbarten, konventionell bewirtschafteten.

Die Nachfrage nach Bio-Produkten ist sehr hoch: Nach Umfrageergebnissen kaufen über 30 Prozent der 1,6 Millionen WienerKonsumentInnen häufig Bio-Produkte, 90 Prozent zumindest gelegentlich. In den letzten Jahren wird dieses gewaltige Absatzpotenzial von der Wiener Landwirtschaft stärker wahrgenommen. Während im Jahr 2001 erst acht Wiener Betriebe auf 240 Hektar nach den Richtlinien des biologischen Landbaus produzierten, hat sich der Anteil an Bio- bzw. Umstellungs-Betrieben bis 2006 mit 19 mehr als verdoppelt, ihr Flächenanteil mit 1.122 Hektar fast verfünffacht. Die Landwirtschaftsbetriebe der Stadt Wien nehmen dabei mit 757 Hektar biologisch bewirtschafteter Ackerbauflächen auf dem Stadtgebiet eine Vorreiterrolle ein.

Die Wiener Stadtverwaltung fördert den Absatz von Bio-Produkten durch Großabnahme (mindestens 30 % Anteil) beim Einkauf von Nahrungsmitteln für öffentliche Einrichtungen (Kindertagesheime, Schulen, Spitäler und Altersheime) und durch Schaffung von Landparteien-Standplätzen für Biobauern auf den Wiener Märkten.

Bernhard Kromp

Weingärten

Wien ist nicht denkbar ohne den Wein und den Weinbau. Die Wiener Weingärten breiten sich hauptsächlich im Norden, Westen und Südwesten der Stadt aus. Im Folgenden werden sie im Hinblick auf ihre Pflanzen- und Tierwelt besprochen.

Besonders im ersten Frühling zeigen manche Weingärten bunt blühende Segetalfluren. Man findet purpurn blühende Taubnesseln *Lamium purpureum* und *L. amplexicaule,* Reiherschnabel *Erodium cicutarium* und Erdrauch-Arten *Fumaria officinalis* und *F. vaillantii,* verschiedene weiß blühende Mierenähnliche *Caryophyllaceae-Alsinoideae,* blau blühende Ehrenpreis- *Veronica-* und Vogerlsalat- *Valerianella*-Arten, gelb blühenden Acker-Gelbstern *Gagea villosa,* Sonnwend-Wolfsmilch *Euphorbia helioscopia* und Acker-Greiskraut (Gewöhnliches G.) *Senecio vulgaris,* dem als obligatem Selbstbestäuber die Strahlblüten fehlen; im Sommer erscheinen dazu noch die ziegelroten Blüten des Acker-Gauchheils *Anagallis arvensis.* Manche dieser Segetalarten konnten sich in den Weingärten eher halten als in herbizidverseuchten Intensiväckern.

Längst hat man im Weinbau den ökologischen Wert der Beikräuter erkannt, sie haben vielfache positive Wirkung, vor allem verhindern sie die Austrocknung des Bodens, was besonders im pannonischen Klima wichtig ist. Sie kommen von selbst, ohne Ansaat, und einige sind auch als Wildsalat interessant. Diese reiche Segetalflora wird allerdings durch die neuerdings in Mode gekommenen Ansaaten von Roggen, Wicken und anderen standortfremden Arten bedroht. Auch starke Düngung bringt die Pracht zum Verschwinden, dann macht sich unter anderem die Pfeilkresse *Lepidium (Cardaria) draba* breit.

Als historisch „belastete" Giftpflanze sei der Fleckenschierling *Conium maculatum* erwähnt, eine ursprünglich mediterrane Art, die in warmen Lagen Mitteleuropas

Blick von einer ehemaligen Weingartenbrache im Mukental (Wien 19), die sich zu einem interessanten pannonischen Trockenrasen gewandelt hat, Richtung Westen. Die tieferen Lagen sind von Weingärten geprägt, darüber schließen Wiesen und der Wienerwald an.

eingebürgert ist. Im alten Griechenland wurde sie bekanntlich zur Entfernung unliebsamer Philosophen verwendet. Dieser berühmte „Schierling“ ist in manchen Teilen Wiens nicht selten und kommt auch in Ruderalfluren vor. Sein Doppelgänger, die Kerbelrübe *Chaerophyllum bulbosum,* dient seit altersher als Wurzelgemüse. Als Wildsalat verwendbar ist auch der bekannte Hühnerdarm (Vogelmiere, Mittlere Sternmiere) *Stellaria media* (→ S. 181).

Reichhaltig ist auch die Tierwelt der Wiener Weingärten. Sie bilden den idealen Lebensraum für zwei Arten von Spiralhornbienen *Systropha curvicornis* und *S. planidens.* Beide sammeln Pollen ausschließlich an den Blüten der Acker-Winde *Convolvulus arvensis,* die man hier in den Weingärten häufig findet, sofern sie nicht künstlich begrünt sind. Nektar saugen diese Bienen jedoch auch an anderen Pflanzen, besonders gerne an Disteln in der näheren Umgebung. Spiralhornbienen heißen die Tiere, weil bei den Männchen die letzten Fühlerglieder zu einem Dreieck zusammengerollt sind. Ihre Nester sind gegen Bodenbewegungen empfindlich und werden deshalb am Rande festgetretener Wege oder an anderen lückig bewachsenen Stellen außerhalb des Weingartens angelegt. Dort kann man auch einen Brutschmarotzer der Spiralhornbienen entdecken, die im westlichen Europa vom Aussterben bedrohte Kraftbiene *Biastes brevicornis.* Ihre Weibchen haben einen roten Hinterleib, während die Männchen ganz schwarz sind.

Acker- und Weingartenbrachen sind die bevorzugten Lebensräume einer Reihe von charakteristischen Insekten im pannonischen Österreich. Nur zwei davon seien

1

2

1 Gewöhnlicher Vogerlsalat *Valerianella locusta* (Bild) und Kiel-Vogerlsalat *V. carinata* sind als Salatpflanzen außerhalb Wiens auch unter den Namen Feldsalat und Rapunzel bekannt. In nicht überdüngten Äckern, Weingärten und Brachen findet man im Winter an manchen Stellen ihre charakteristischen Blattrosetten. In früheren Zeiten lieferten Wildvorkommen dieser Gattung den wichtigsten Wintersalat; Kulturrassen hat man erst viel später gezüchtet.

2 Der Acker-Gelbstern *Gagea villosa* ist ein heute ziemlich selten gewordener segetaler Zwiebelgeophyt. Am ehesten findet man ihn in Weingärten, wo er im Vorfrühling erscheint.

1 Das Wilde Echt-Kerbelkraut *Anthriscus cerefolium var. longirostris* ist die Wildrasse des Küchen-Kerbels *var. cerefolium.* Sie kommt nur im Pannonicum vor, und zwar an eutrophen halbschattigen Standorten, in ruderalen Gebüschen am Rand von Weingärten und auch in Robinienforsten. Die frischen Laubblätter lassen sich genauso wie jene der Kulturrasse der Küchengärten verwenden: als Würzkraut mit dem bekannten Kerbelgeschmack (ähnlich Fenchel und Anis). Der deutsche Name „Kerbel" leitet sich übrigens von lateinisch cerefolium und dieses von altgriechisch chaerophyllon („erfreuliches Blatt") ab.

2 Den Gelb-Günsel *Ajuga chamaepitys* – einst ein „Unkraut", das „zu nichts Nutz ist" – findet man nur in steinigen, kalkreichen, nicht überdüngten und nicht herbizid-vergifteten Äckern und Weingärten. Dementsprechend ist er heute ziemlich selten und stark gefährdet. Der Artbeiname bedeutet übersetzt „Zwergtanne". Seine Laubblätter sind in linealische (tannennadelförmige) Abschnitte zerteilt, sie duften harzig, fast ähnlich wie Tannennadeln.

1

2

Ein Weinhähnchen auf einem Weingartenpfirsich. Die unscheinbare Grille ist verantwortlich für die wunderschöne abendliche Klangkulisse der Wiener Weingärten.

hier herausgehoben: Die Bitterkrauteule *Melicleptria cardui* ist ein tag- und abendaktiver hübscher, kleiner Schmetterling mit streng pannonischer Verbreitung: Ostösterreich, Ungarn, Südslowakei, Südmähren. Er fliegt im Juli und saugt untertags gern an verschiedenen Blüten. Die Raupen fressen ausschließlich an den Blütenköpfchen von Habichtskraut-Bitterkraut *Picris hieracioides,* die Verpuppung erfolgt in einem Gespinst an der Erdoberfläche. Die Art war schon fast ausgestorben, durch die Zunahme von mehrjährigen Acker- und Weinbergbrachen haben sich die Bestände jedoch wieder erholt. Das Weinhähnchen *Oecanthus pellucens* ist die Charaktergrille der Weinbaugebiete und auch im Rheingebiet zu finden. Sein ungemein stimmungsvoller Gesang, für viele der schönste von allen einheimischen Grillen, ist an lauen Abenden in der Dämmerung und in den ersten Nachtstunden zu hören. Allein seinetwegen lohnt sich für romantisch veranlagte Menschen ein Spaziergang in der Dunkelheit durch die Weingärten.

Weitere stark anthropogen veränderte Pflanzengesellschaften

Ruderalfluren sind insofern natürlich, als es sich eben um Wildwuchs handelt. Aus naturkundlicher und ökologischer Sicht viel weniger erfreulich sind hingegen stark gedüngte Intensivwiesen mit nur sehr wenigen (wenn auch überaus wuchskräftigen) Arten. Das gleiche gilt für Kunstrasen, wo oft nur eine einzige, oft nicht heimische oder ökologisch unpassende Art zur künstlichen „Begrünung" eingebracht worden ist. Schlimm ist es vor allem, wenn man derartiges „Begrünen" dann noch für eine umweltfreundliche Maßnahme hält! Auch das Aussäen oder Aussetzen von Zierpflanzen in der Natur („Ansalben") ist ein störender Eingriff, Naturverfälschung und ein grobes Umweltvergehen und überdies naturschutzgesetzlich verboten! Liebe Leserin, lieber Leser, helfen Sie mit, unsere Mitmenschen aufzuklären über ökologisch richtiges, verantwortungsbewusstes Verhalten, über das, was Natur ist und was ihr und den echten Freunden der Natur gut tut!

Aufforstungen

Größerflächige naturferne Aufforstungen gibt es im trockenen Wiener Pannonicum glücklicherweise nicht. Zu erwähnen sind außer Schwarzföhren-Anpflanzungen jedoch die bedenklichen Robinienforste.

„Neue Wälder" für Wien: Auf ehemaligen Ackerböden im Nordosten und Südwesten der Stadt werden seit den 1980er-Jahren jährlich vom Wiener Forstamt unter Mithilfe von Bürgerinnen und Bürgern der Stadt Aufforstungsaktionen mit heimischen Baum- und Straucharten durchgeführt.

Die Robinie oder Falsche Akazie *Robinia pseudacacia* ist mit ihren weißen, in hängenden Trauben angeordneten Blüten (→ Bild S. 185) ein attraktiver und in Wien recht populärer Baum. Ihr Holz ist hart und sehr dauerhaft und wurde besonders für Weingartensteher und Holzpflöcke verwendet, weswegen diese Baumart forstlich kultiviert wird, zumal sie auch in trockenen Lagen und auf schlechten Böden gut wächst. Auch von Imkern wird sie als „Bienenweide" gern gepflanzt. Wegen ihrer Eigenschaft, den Boden mit Stickstoff anzureichern (→ S. 185), ist ihre Verbreitung in Aufforstungen und auf naturnahen Standorten im Osten Österreichs aber ein großes ökologisches Problem: Wo sie wächst, verändert sich in der Folge vollständig der Unterwuchs, bald herrschen dort nur noch stickstoffliebende Arten vor, welche die bodenständige Flora verdrängen. Typische Stickstoffzeiger im Unterwuchs einer Robinienaufforstung sind unter anderem Schwarz-Holunder *Sambucus nigra,* Ruderal-Trespe *Bromus sterilis,* Schwarznessel *Ballota nigra,* Wiesen-Kerbel *Anthriscus sylvestris,* Schöllkraut *Chelidonium majus,* Groß-Brennnessel *Urtica dioica,* Groß-Klette *Arctium lappa,* Hecken-Ehrenpreis *Veronica sublobata,* Rot-Zaunrübe *Bryonia dioica,* Stadt-Nelkenwurz *Geum urbanum,* Lauchkraut *Alliaria petiolata,* Taumel-Kälberkropf *Chaerophyllum temulum* und Echt-Beifuß *Artemisia vulgaris.* Außerdem breitet sich die Robinie mit ihren Wurzelausläufern in wertvolle Trockenrasen hinein aus. Aus ökologischer Sicht ist sie im pannonischen Gebiet deshalb eine ausgesprochen gefährliche Gehölzart.

Pannonische Biotope im Raum von Wien und ihre Besonderheiten

Naturnahe Trockenbiotope am Südrand des Weinviertels

Der Kronawettberg bei Hagenbrunn

Am Bisamberg erreicht die Wiener Landesgrenze den südlichen Rand der Hügellandschaft des Weinviertels. Neben ausgedehntem Kulturland (Äcker und Weingärten) finden sich hier auch naturnahe pannonische Waldreste und, als Überbleibsel der ehemals viel großflächigeren Weidelandschaft, auch verstreut sehr kleine pannonische Trockenrasen. Der Kronawettberg, knapp zwei Kilometer nördlich der Landesgrenze am Westrand der Ortschaft Hagenbrunn, ist ein 295 Meter hoher Hügel, der fast gänzlich von Siedlungen eingenommen wird. Im Gipfelbereich und am anschließenden Südhang finden sich aber noch kleine verbuschte Reste früheren Weidelandes mit etlichen schönen Wiesensteppen-Arten wie etwa Langfahnen-Tragant *Astragalus onobrychis* (→ Bild S. 410), Gelb-Lein *Linum flavum* (→ Bilder S. 410 und 416) und blau blühende Zotten-Lein *L. hirsutum* sowie Acker-Wachtelweizen *Melampyrum arvense* (→ Bild S. 436) und Österreich-Zwerggeißklee *Chamaecytisus austriacus*. Dieser unterscheidet sich von seinen Schwesterarten insbesondere durch seine grau-seidige Behaarung und wächst gern auf Löss-Böden. Außerdem gibt es hier eine winzige Population einer der seltensten und akut vom Aussterben bedrohten Arten Mitteleuropas: Der Pannonien-Pippau *Crepis pannonica* (→ Bild S. 435) kommt in Österreich sonst nur noch auf dem nahen Bisamberg vor. Die Gemeinde Hagenbrunn ist bemüht, diese kleinen naturnahen Restflächen von Verbauung freizuhalten.

Einer der schönsten pannonischen Biotope im Wiener Raum ist die Perchtoldsdorfer Heide (→ S. 444). Auf den seichtgründigen, trockenen Böden auf Dolomit-Untergrund stehen inmitten der pannonischen Trockenrasen einzelne Sträucher, darunter die Anfang Mai in Blüte stehende Felsenbirne *Amelanchier ovalis*. Im Hintergrund ist der Rand des Schwarzföhrenforstes zu sehen, der in der Mitte des 20. Jahrhunderts gepflanzt worden ist, nachdem die Perchtoldsdorfer Heide als Weideland unnötig geworden war, ihr Naturschutzwert aber noch nicht richtig erkannt wurde.

Der Bisamberg aus der Luft. Deutlich ist das Mosaik aus Weingärten, Trockenrasen, Brachen und Wäldern zu sehen, das ihn als Lebensraum so vielfältig und wertvoll macht.

Der Bisamberg

Geologisch gesehen ist der Bisamberg der äußerste Nordost-Zipfel des Flysch-Wienerwaldes; biogeographisch gehört er aber mehr zum Weinviertel. Fast zur Gänze in Niederösterreich gelegen, ist er großteils – nämlich auf dem 300–350 Meter hohen Plateau – mit Eichen-Hainbuchen-Wald bestanden. Die zur Donau hin abfallenden Westhänge hingegen gehören zu den biologisch interessantesten und wertvollsten Flächen des Wiener Raums. Zwar zerstückelt durch Weingärten, Aufforstungen und einzelne Siedlerhäuser mit Gärten, finden sich hier über lehmig verwitternden Kalksandsteinen und Mergeln Trockenrasen und Buschwaldfragmente mit reicher pannonischer Flora und Fauna, darunter einige bemerkenswerte floristische und faunistische Besonderheiten. Die seichtergründigen Stellen tragen eine pannonische Rasensteppe mit Beständen der Zwerg-Schwertlilie *Iris pumila.* Diese Halbtrockenrasen wurden einst durch Weidevieh offen gehalten. Die stark drängende Verbuschung versucht man heute im Zuge eines EU-geförderten LIFE-Projektes durch Schwenden und neuerliche Beweidung hintanzuhalten.

In den **Wiesensteppen** finden sich unter anderem die Heilwurz *Seseli libanotis,* ein auffallend kräftiger Doldenblütler, und alle vier in Österreich vorkommenden Ragwurz-Arten: Spinnen-R. *Ophrys sphegodes,* Hummel-R. *O. holoserica,* Bienen-R. *O. apifera,* Fliegen-R. *O. insectifera.* Leider werden diese Biotope von falschen Naturfreunden zur Ansalbung verschiedener, hier nicht heimischer, mediterraner Orchideen missbraucht. Am Rand der trocken-warmen Gebüsche und Flaumeichenwald-Fragmente sind Zwergweichsel-Mantelgebüsch und Diptam-Blutstorchschnabel-Saum schön entwickelt.

An einer Stelle gibt es hier eines der ganz wenigen Vorkommen des Waldsteppen-Wermuts (-Beifußes) *Artemisia pancicii,* eines pannonischen Endemiten, der im österreichischen Pannonicum nur noch an sehr wenigen weiteren Stellen existiert und laut FFH-Richtlinie prioritär zu schützen ist. Diese Art hat eine wechselvolle Entdeckungsgeschichte. Sie wurde erstmals im Juli 1867 in der pannonischen Sandsteppe bei Deliblato in der Vojvodina (Serbien) beobachtet, konnte aber wegen der sehr späten Blütezeit und verschiedener Missgeschicke bei der Kultivierung jahrzehntelang (!) nicht identifiziert werden. 1881 hat sie der ungarische Botaniker Janka – in der Meinung,

Die Zwerg-Schwertlilie *Iris pumila* blüht in Zitronengelb bis fast Weiß, Blau und Purpurlila. Die Farbenvielfalt der Zwerg-Schwertlilie verleitet besuchende Insekten, hauptsächlich Hummeln, die in diesen Blüten weder Nektar noch ausreichend Pollen als Nahrung vorfinden, von Farbvariante zu Farbvariante zu fliegen. Da die Insekten für die Bestäubung keine Gegenleistung erhalten, also gewissermaßen um den Lohn ihrer Arbeit geprellt werden, spricht man in einem solchen Fall von Täuschblumen.

Zwei absolute Raritäten vom Bisamberg:

1 Pannonien-Pippau *Crepis pannonica*

2 Das Sommergrün-Immergrün *Vinca herbacea* heißt auch, genau übersetzt, „Krautiges Immergrün", obwohl es kaum „krautiger" ist als das allbekannte Gewöhnliche Immergrün. Jedenfalls aber ist es eine Spezialität des Bisambergs.

1

2

Waldsteppen-Wermut *Artemisia pancicii*, Laubblätter (oben) und Blühtrieb (unten). Diese höchst bemerkenswerte, in der pannonischen Florenprovinz endemische, aber stark disjunkt verbreitete Art blüht erst im Herbst. Ihre Laubblätter sind – für die Gattung ungewöhnlich – nicht aromatisch, werden vom Weidevieh gern gefressen, und vielleicht ist die Art deshalb so selten geworden.

es handle sich um eine *Chrysanthemum*-Art – dem Erstfinder Josif Pančić, dem Pionier der floristischen Erforschung Serbiens, gewidmet. Erst 1910 gelang es ungarischen Botanikern (die Fundstelle gehörte damals zu Ungarn) zwar, die rätselhafte Pflanze als eine Wermut-Art zu erkennen, allerdings noch nicht als eigene, neue Art. Auf dem Bisamberg wurde die Art im Jahre 1933 entdeckt und von dem Wiener Botaniker K. Ronniger als identisch mit der in Deliblato gefundenen erkannt, und zwar erstmals als neue Wermut-*Artemisia*-Art, nachdem sie vorher (1881) der falschen Gattung und dann (1910) einer falschen Art zugeordnet worden war. Außerhalb Österreichs kommt sie sonst nur noch an einem Punkt in Südmähren vor und ist auch dort höchst gefährdet.

Nur mit sehr geschultem Floristenblick und etwas Glück kann man am Bisamberg eine noch größere Besonderheit antreffen: den Pannonien-Pippau *Crepis pannonica,* eine pontisch-pannonische Art, die in Österreich nur noch vier Kilometer weiter nordöstlich, am oben erwähnten Kronawettberg bei Hagenbrunn, in wenigen Individuen auftritt und in den Nachbarländern ausgestorben oder bloß noch von einer einzigen Stelle bekannt ist. Diese Art gehört wohl ebenfalls zur Steppenwaldsaum-Flora, bevorzugt aber eher offene Mergelböden. Eine weitere interessante Art der lichten Steppenwaldreste des Bisamberg-Westhanges ist das im zeitigen Frühling blühende Sommergrün-Immergrün *Vinca herbacea,* ein Verwandter des aus dem Wienerwald und unseren Gärten weithin bekannten Gewöhnlichen oder Kleinen Immergrüns *Vinca minor.* Es kommt heute in Österreich anscheinend sonst nirgends mehr vor. Die Laubblätter dieser pannonisch-pontisch-submediterran verbreiteten Art sind schmäler als bei ihrer „gewöhnlichen" Schwesternart und verschwinden oft schon während des Sommers, sind also nicht immergrün, daher der paradoxe Artname.

Viele der im Abschnitt über die pannonischen Lebensgemeinschaften (Biozönosen) (→ S. 399) besprochenen **Insekten** und **Spinnen** können auf den Südwesthängen des Bisamberges gefunden werden: Beispielsweise die Sägeschrecke, der Braune Grasbock, die Rote Röhrenspinne. Die für Rasen- und Felssteppen charakteristische Mauerbiene *Osmia andrenoides* hat hier ihr individuenreichstes Vorkommen im Wiener Raum. Die Südwesthänge des Bisamberges weisen aber auch einige Besonderheiten gegenüber anderen pannonischen Trockenrasen auf: Die südosteuropäische Mauerbiene *Osmia tergestensis,* die an anderen Stellen Ostösterreichs nur ganz vereinzelt gefunden wird, hat hier ihr Hauptvorkommen. Die seltene südosteuropäische Grabwespe *Gorytes nigrifacies,* die ihr Nest mit gelähmten Zikaden verproviantiert, wurde in Österreich bis jetzt nur hier entdeckt. Auch der kleine Ameisenkäfer *Chilotoma musciformis,* ein typischer Trockenrasenbewohner, lässt sich hier noch beobachten. Er ist nach der österreichischen Roten Liste eine gefährdete Tierart und ist an vielen anderen ehemaligen Fundorten, zum Beispiel auf dem Eichkogel bei Mödling, seit längerer Zeit nicht mehr nachgewiesen worden.

Populationsgröße und Überlebensfähigkeit von Tier- und Pflanzenarten

Die Populationen von Tier- und Pflanzenarten in einem isolierten Gebiet, etwa einem Naturschutzgebiet, müssen eine bestimmte Mindestgröße haben, damit sie dort längerfristig überleben können. Dabei kann die Populationsgröße durch viele Faktoren reduziert werden, bei Arten der Trockenrasen etwa durch den Bau von Straßen und Gebäuden, durch Umwandlung in Äcker oder Weingärten, durch Aufforstung, Mountainbiken, frei laufende Hunde, durch den Eintrag von Schadstoffen und Dünger aus der Luft oder durch falsche Pflege und Verbuschen des Lebensraums. Aber selbst, wenn alle diese Schadeinwirkungen weitgehend ausgeschlossen sind, wird man beobachten, dass die Populationsgrößen der einzelnen Arten von Jahr zu Jahr starken Schwankungen unterworfen sind.

In besonders hohem Ausmaß gelten diese Überlegungen für die Tiere. Neben der Witterung haben dabei die Nahrungsressourcen wie Futterpflanzen, Beute- und Wirtstiere, aber auch die Feinde, also Räuber, Parasitoide und Parasiten, einen großen Einfluss auf die Populationsdynamik. Gerät eine Population unter eine gewisse Minimalgröße, gibt es kaum mehr eine Chance auf Erholung, und das Aussterben ist gleichsam vorprogrammiert. Bei Arten, für deren Überlebensstrategie genetische Vielfalt notwendig ist, führt eine zu geringe Populationsgröße zur Inzuchtdepression, Genvarianten (Allele) gehen verloren und damit wird die Anpassungsfähigkeit an wechselnde Umweltbedingungen verringert. Bei Arten mit anderen Überlebensstrategien reicht die verringerte Individuenzahl nicht mehr aus, um in günstige Lebensräume auszuweichen. Solche Ausweichmanöver können nur dann erfolgreich sein, wenn die Mobilität einer Tier- beziehungsweise Pflanzenart groß genug ist, um unbewohnbare Flächen zwischen potenziellen Lebensräumen zumindest gelegentlich zu überwinden. So können sie Metapopulationen aufbauen, die aus mehreren kleineren Teilpopulationen bestehen. Sollten einzelne dieser Teilpopulationen aussterben, kann ihre Stelle aus der Nachbarschaft bald wiederbesiedelt werden.

Die in diesem Abschnitt besprochenen, mehr oder weniger großen naturnahen Trockenbiotope ermöglichen vielen mobilen Tier- und Pflanzenarten den Aufbau solcher Metapopulationen. Manche dieser Gebiete, wie der Kronawettberg und der Falkenberg, sind so klein, dass sich eigenständige Populationen spezialisierter Insektenarten dort kaum längere Zeit halten können, andere wiederum, wie die Südwestflanke des Bisambergs, sind groß genug, dass sie Populationsüberschüsse an andere Gebiete abgeben können, wie dies bei der Mauerbiene *Osmia tergestensis* der Fall zu sein scheint, oder dass sich empfindliche Arten wie der Ameisenkäfer *Chilotoma musciformis* behaupten können. Insgesamt fördert das Vorhandensein mehrerer gleichartiger Lebensräume in Entfernungen, die von den Arten überwunden werden können, das Fortbestehen dieser Arten erheblich. Daher ist in der Naturschutzpolitik darauf zu achten, dass auch kleinere Trockengebiete, die für sich allein keine Zukunft hätten, als „Trittsteine" erhalten bleiben.

Karl Mazzucco

Der **Falkenberg** ist kein eigener Berg, sondern der bereits auf Wiener Stadtgebiet liegende Südostrand des Bisambergs. Abseits einer großen Wiesenfläche, die eine große Zieselkolonie beherbergt, gibt es neben einem Kinderspielplatz ein naturkundliches Juwel: einen zwar nur wenige Hundert Quadratmeter großen, aber sehr artenreichen pannonischen Halbtrockenrasen mit Saumvegetation an den umgrenzenden Gebüschen aus Feld-Ahorn, Einkern-Weißdorn, Rot-Hartriegel, Liguster, Schlehdorn, Feld-Ulme und Woll-Schneeball. Die meisten der etwa Hundert verschiedenen krautigen Pflanzenarten sind im Frühsommer gut entwickelt und blühen farbenfroh, darunter auch vier gefährdete und daher bemerkenswerte: Österreich-Zwerggeißklee, Trauer-Nachtviole, Acker-Wachtelweizen und Groß-Ehrenpreis *Veronica teucrium,* eine Art, die wegen ihrer Schönheit zur Blütezeit auch als Gartenzierpflanze kultiviert wird.

1

2

1 Die Blüten der Trauer-Nachtviole *Hesperis tristis* erscheinen schon im April, sie sind nur nachts voll entfaltet, duften stark und werden von Nachtfaltern bestäubt. Die eigenartige Färbung der Kronblätter war Anlass für den Artbeinamen. Die Schoten dieses recht untypischen Kreuzblütlers stehen sparrig ab und sind auffallend lang; es handelt sich offenbar um einen Steppenroller.

2 Der Acker-Wachtelweizen *Melampyrum arvense* besticht durch die Farbkombination purpurn/gelb. Als ehemaliges Ackerbeikraut ist er heute nur mehr in Weingartenbrachen nicht allzu selten.

Sexualtäuschung bei der Bestäubung der Ragwurz-Arten

Die Grabwespe *Argogorytes mystaceus* auf einer Fliegen-Ragwurz. Die Blüten der Orchidee imitieren den Duft und das Aussehen der Grabwespenweibchen so gut, dass die Männchen auf diesen Trick hereinfallen und beim Versuch, sich mit den vermeintlichen Weibchen zu paaren, die Orchideen bestäuben.

Die Arten der Orchideengattung Ragwurz *Ophrys* locken ihre Bestäuber durch ein Täuschungsmanöver an. Sie produzieren Gerüche, welche den Sexuallockstoffen der Weibchen bestimmter Bienen- oder Wespenarten so weitgehend entsprechen, dass die Männchen die Blüten anfliegen. Da die Lippe der Blüten nun auch noch in Gestalt und Behaarung ein Weibchen der betreffenden Art imitiert, lassen sich die Männchen dort nieder und versuchen zu kopulieren. Bei dieser „Pseudokopulation" werden die Pollinarien, das sind die gestielten und auf einem klebrigen Fuß sitzenden Pollenpakete, je nach *Ophrys*-Art auf der Stirn oder auf einem Hinterleibssegment des Besuchers angeklebt. Die Ragwurzarten profitieren dabei von dem Umstand, dass bei den als Bestäuber missbrauchten Bienen und Wespen die Männchen oft um Wochen früher im Jahr zu fliegen beginnen als die Weibchen.

Das System der Sexualtäuschung funktioniert auch nur solange, bis die Weibchen der Bestäuberart schlüpfen. Das am längsten bekannte derartige System ist die Bestäubung der Fliegen-Ragwurz *Ophrys insectifera* durch die Männchen der Grabwespe *Argogorytes mystaceus.* Beide Arten kommen auch auf dem Bisamberg vor. Unter den idealen Bedingungen an den Südwesthängen des Berges konnten eingehende Studien auch die entsprechenden, auf Sexualtäuschung beruhenden Beziehungen zwischen der Spinnen-Ragwurz *Ophrys sphegodes* und ihrem Bestäuber, der Sandbiene *Andrena nigroaenea,* nachweisen. Auf dem Bisamberg kommt aber auch die Bienen-Ragwurz *Ophrys apifera* vor. Sie hat sich den „Engpässen" dieser hochspezialisierten Ragwurz-Bestäubungsstrategie durch den Übergang zur „sicheren" Selbstbestäubung entzogen.

Karl Mazzucco

Das Naturdenkmal Stammersdorfer Alte Schanzen

Knapp am Nordostrand Wiens zwischen Hagenbrunner und Brünner Straße im 21. Bezirk befinden sich Reste von Graben- und Wallanlagen, die aus der Zeit der preußischen Kriege um 1866 stammen. Geologisch gehören die Schanzen zur Laaerbergterrasse (→ S. 81). In Zentralbereichen ist seinerzeit der Oberboden abgeschoben worden, mit dem anfallenden Material hat man die Wälle aufgeschüttet. Im Zweiten Weltkrieg waren hier Stellungen von Fliegerabwehrkanonen, danach wurde das Gelände bis in die 1970er-Jahre beweidet. Im Umkreis von etwa einem Kilometer sind insgesamt vier Schanzen erhalten geblieben, dazwischen liegt Ackerland. „Alte Schanzen" gibt es in Wien auch noch anderswo, etwa auf dem Bisamberg, im Vorland der Lobau und in Siebenhirten.

Die Vegetation dieses bemerkenswerten Naturdenkmals umfasst die für ehemals beweidete Trockenstandorte typischen Gesellschaften. **Rasensteppen** sind in den eingeebneten Zentralbereichen der beiden mittleren Schanzen sekundär auf sehr seichtgründigem Boden über Kies entstanden. Auf trockenen, durchlässigen Tschernosemen und Paratschernosemen finden sich dagegen **Wiesensteppen.** Charakteristische Arten sind Siebenbürgen-Perlgras *Melica transsylvanica,* die ausläuferbildende Blau-Quecke *Elymus hispidus* subsp. *hispidus* und das Dicke Wiesen-Labkraut *Galium pycnotrichum,* eine pannonische Sippe, eng verwandt mit dem Großen Wiesen-L. *G. album.* Besonders auf den Böschungen ist die Österreich-Königskerze *Verbascum chaixii* subsp. *austriacum* häufig, und an einzelnen Stellen tritt auch massenhaft die Kleine Wiesenraute *Thalictrum minus* auf. Bemerkenswert sind neben Frühlings-Adonis *Adonis vernalis,* Gelb-Lauch *Allium flavum* und Ähren-Blauweiderich *Veronica (Pseudolysimachion) spicata* (in der Rasensteppe) auch die in Wien prioritär zu schützenden Arten Österreich-Zwerggeißklee *Chamaecytisus austriacus* und Bunt-Schwertlilie *Iris variegata.* Auf der nordöstlichsten Schanze ist der seltene Bunt-Bergfenchel *Seseli pallasii* auffallend häufig, eine Art, die bis vor Kurzem in Wien fälschlicherweise als ausgestorben galt!

Auf den Alten Schanzen findet sich der größte Bestand der sehr seltenen Bunt-Schwertlilie in Wien.

1 Die Einkielige Netzwanze *Derephysia cristata* lebt bevorzugt in sandigen Trockenrasen und ist wegen der versteckten Lebensweise – auch für das geübte Auge - nur sehr schwer zu entdecken.

2 Die Weichwanze *Anapus longicornis* tritt in beiden Geschlechtern meist mit verkürzten Flügeln auf. Selten kommen aber auch voll geflügelte, flugfähige Individuen vor.

1

2

Dichte Bestände von **Gehölzen** und **Saumgesellschaften** finden sich besonders in den Gräben. Der Diptam *Dictamnus albus* ist reichlich vertreten. In den Gehölzen dominieren Eingriffel-Weißdorn *Crataegus monogyna,* Rot-Hartriegel *Cornus sanguinea,* Feld-Ahorn *Acer campestre,* Schlehe *Prunus spinosa* und Hybrid-Weichsel *Prunus ×eminens.* An einer Stelle wächst die seltene Rosenart *Rosa jundzillii,* nicht weit davon die niederwüchsige, aber prächtig blühende Essig-Rose *Rosa gallica,* eine ihrer mutmaßlichen Elternsippen. Auf der südöstlichsten Schanze stockt ein **Flaumeichen-Buschwald;** daneben gibt es in den Gräben aber auch Robinienbestände mit den Eutrophierungszeigern Schwarz-Holunder *Sambucus nigra* und einer Krautschicht, in der Schwarznessel *Ballota nigra* vorherrscht.

Die Rasensteppen befinden sich in stabilem Zustand, Veränderungen durch **Sukzession** sind nicht erkennbar. Allerdings nehmen in den Randbereichen untypische Gräser zu, unter ihnen Nährstoffzeiger wie Wehrlos-Trespe *Bromus inermis.* In den Wiesensteppen kommen vielfach Saumarten auf, wie Blut-Storchschnabel *Geranium sanguineum* und Schmalblatt-Vogel-Wicke *Vicia tenuifolia.* Auch einwandernde Gehölze, die sich vegetativ ausbreiten können, wie die Schlehe *Prunus spinosa* und die Hybrid-Weichsel, bedrohen das Weiterbestehen der Trockenrasen und zeigen an, dass die Flächen schon längere Zeit nicht mehr genutzt werden.

Österreich-Zwerggeißklee *Chamaecytisus austriacus.* Laubblätter 3-zählig, silbergrau, anliegend seidenhaarig; Blüten in endständigen Köpfchen

Die offenen Halbtrocken- und Trockenrasen haben einen großen Artenreichtum und damit hohen Naturschutzwert; drei der Schanzen sind daher als Natura-2000-Gebiete nominiert worden. Für diese gilt ein „Verschlechterungsverbot", das heißt, ihr ökologischer Wert muss zumindest auf gleichem Niveau gehalten werden. Seit 2004 werden vom Forstamt der Stadt Wien **Pflegemaßnahmen** durchgeführt. Dafür wurden bereits 1999 Monitoring-Flächen eingerichtet, die als Testflächen für verschiedene Varianten des Managements (Beweidung, Mahd, Häckseln) und das Studium der Sukzessionen dienen. Damit soll die Lebensraumqualität der Schanzen auf Dauer bewahrt werden.

Auch zoologisch sind die Alten Schanzen in Stammersdorf bemerkens- und schützenswert. In allen bisher näher untersuchten Insektengruppen (Grabwespen, Heuschrecken, Tagfalter, Wildbienen, Wanzen) wurden Besonderheiten festgestellt. Unter den Wanzen ist die Einkielige Netzwanze *Derephysia cristata* hervorzuheben, eine in Österreich seltene Art an Trockenstandorten, die in Wien bislang nur von diesen Schanzen bekannt ist und in Niederösterreich nach der Roten Liste den Status „vom Aussterben bedroht" hat. Die nur 2–3 Millimeter kleine, wegen der verkürzten Flügel flugunfähige Wanze lebt im Wurzelhalsbereich von Feld-Beifuß *Artemisia campestris.* Flugunfähig ist auch die in Österreich nur im pannonischen Raum vorkommende Weichwanze *Anapus longicornis;* sie lebt auf der Bodenoberfläche an trockenen, exponierten und lückigen Stellen und saugt am Pferde-Sesel *Seseli hippomarathrum* und anderen Doldenblütlern. Mit den kräftigen Hinterbeinen kann diese Wanze weite Sprünge vollbringen und sich so geschickt ihren Feinden (aber auch dem Auge des Beobachters) entziehen.

Naturnahe Trockenbiotope am Ostrand des Flysch-Wienerwaldes

Leopoldsberg und Umgebung

Der nach Südosten und Süden gewendete Hang des Leopoldsberges ist von einem deutlich pannonisch geprägten Steppenwald bedeckt, in dem die Flaum-Eiche dominiert. Dieser trocken-warme, submediterran-pannonische Wald bildet einen eindrucksvollen Gegensatz zu den mitteleuropäisch geprägten Wäldern der Nordhänge gegen Klosterneuburg. Die Grenzlage Wiens zwischen dem mitteleuropäisch-subozeanischen und dem pannonisch-subkontinentalen Klima ist hier sehr deutlich zu erkennen (→ Karte S. 37).

Über den Südostkamm des Leopoldsberges, die sogenannte Nase, führt ein steiler, asphaltierter Promenadenweg mitten durch den Flaumeichenwald auf kalkreichem Flyschsandstein (Boden: Pararendzina), der schöne, botanisch interessante Einblicke gewährt. Der krautige Unterwuchs des lockeren Waldes ist reich an den für diesen Waldtyp charakteristischen wärmeliebenden Arten wie Diptam *Dictamnus albus,* Purpurblauer Rindszunge *Buglossoides (Lithospermum) purpurocaerulea* und Purpur-Knabenkraut *Orchis purpurea.* Auffallend häufig ist die Kronen-Kronwicke *Coronilla coronata.* In den Waldlücken beeindrucken prächtig blühende pannonische Saum- und Wiesensteppenarten wie Filz-Glockenblume *Campanula bononiensis,* Schwert-Alant *Inula ensifolia,* Rispen-Zaunlilie *Anthericum ramosum* und viele andere. Auf dem nur schwer zugänglichen, steilen Südhang gibt es Lichtungen mit pannonischer Waldsteppenvegetation, wo auch einige Besonderheiten vorkommen, wie Pracht-Königskerze *Verbascum speciosum,* Wild-Nachtviole *Hesperis sylvestris* und Österreich-Ackerkohl *Conringia austriaca,* der hier den einen von nur zwei Fundorten in Österreich hat (→ S. 287).

Blick vom Westen auf den Südhang des Leopoldsbergs mit dem Kuchelauer Hafen, der Donau, der Donauinsel und dem Entlastungsgerinne Neue Donau im Hintergrund. Am Gipfel ist die dem Hl. Leopold geweihte Kirche, am Südfuß sind Weingartenbrachen der „Eisernen Hand" und der Nordrand des Kahlenbergerdorfs zu erkennen. In der Bildmitte der südexponierte Hang mit Flaumeichenwald und einer Raseninsel – ein biologisch hochinteressanter pannonischer Biotop-Komplex.

Der Orchideen-Ehrenpreis oder Orchideen-Blauweiderich *Veronica orchidea (Pseudolysimachion orchideum)* erreicht im Wiener Raum die absolute Westgrenze seines Areals. Die Kronzipfel sind sehr schmal, spitz und schraubig gedreht und verfärben sich schließlich blassgelblich. Die Blüten riechen eigenartig, wie verbranntes Haar.

Inmitten naturnaher Eichen-Hainbuchenwälder liegt die Kreuzbühelwiese bei Neuwaldegg (17. Bezirk), eine wechselfeuchte Magerwiese. Neben häufigen Arten wie etwa Klein-Mädesüß *Filipendula vulgaris*, Weidenblatt-Alant *Inula salicina* und Betonie *Betonica officinalis* wachsen hier eine Reihe seltener Arten wie Blassgelb-Klee *Trifolium ochroleucon*, Kümmelsilge *Selinum carvifolia* und an den feuchtesten Stellen Groß-Wiesenknopf *Sanguisorba officinalis* und Sibirien-Schwertlilie *Iris sibirica*.

Bemerkenswerte pannonische Vegetation gibt es auch auf Magerwiesen bei der „Eisernen Hand" und an einer Stelle am Südwesthang des überwiegend von Weingärten bedeckten **Nussbergs,** linksseitig oberhalb des **Mukentals,** am Schreiberbach. Zwischen winzigen Resten xerothermen Buschwaldes liegt hier ein verschwiegener kleiner Fleck pannonischen Trockenrasens, unter anderem mit Berg-Aster *Aster amellus,* Hirschwurz *Peucedanum cervaria,* Adria-Riemenzunge *Himantoglossum adriaticum* und dem seltenen, balkanisch-pannonischen Bart-Wachtelweizen *Melampyrum barbatum.*

Einer Strandterrasse des Miozänmeeres entspricht der **Burgstall** (→ Bild S. 34), ein Hügel südlich des Kahlenbergerdorfs. Er trägt auf der Südseite, gegen die Eichelhofstraße zu, Weingärten, in denen etwa die seltene Acker-Borstendolde *Torilis arvensis* als Segetalart vorkommt. Gipfelbereich und Nordhang sind von xerothermen Waldresten bedeckt. Am eutrophierten Waldrand findet man das einjährige pannonisch-ruderale Scharfkraut (Schlangenäuglein) *Asperugo procumbens,* ein violettblau blühendes Raublattgewächs (Boraginacee) mit eigenartigem, stark vergrößertem, grobzähnigem Fruchtkelch.

Am Nordwestrand Wiens (Bezirke Döbling, Währing, Hernals, Penzing)

Am Südfuß des Hermannskogels, der höchsten Erhebung auf Wiener Boden, erstreckt sich die **Rohrerwiese,** eine biologisch bemerkenswerte Magerwiese. Sie ist botanisch auffallend artenreich und enthält nicht nur Orchideen wie Brand-Knabenkraut *Neotinea (Orchis) ustulata,* sondern auch einige Besonderheiten, so das submediterrane Kelchgras (Kelch-Traubenhafer) *Danthonia alpina,* dessen botanisch-lateinischer Artbeiname allerdings in die Irre führt. Diese Art steht in Österreich auf der Roten Liste, kommt sonst nur noch (sehr selten) in Niederösterreich und im Burgenland vor und hat hier am Nordwestrand Wiens einige der sehr wenigen Fundpunkte in Österreich; diese reichen auf der Wiese unmittelbar westlich hinter dem Griaß-di-a-Gott-Wirt auch noch auf niederösterreichisches Territorium.

Auf dem **Neuberg** nördlich von **Salmannsdorf** findet der botanisch interessierte Naturfreund eine sehr seltene, pontisch-pannonische Ehrenpreis-Art, den Orchideen-Ehrenpreis (Orchideen-Blauweiderich) *Veronica (Pseudolysimachion) orchidea.* Diese im Sommer blühende Verwandte des Heide-Ehrenpreises ist vom Botaniker H. J. N. v. Crantz (1722–1799), einem Zeitgenossen N. J. Jacquins und C. v. Linnés, in Wien-Ottakring für die Wissenschaft entdeckt und erstbeschrieben worden *(„in virgultis prope Ottakling")*. Dort, an ihrem locus classicus, wie die Botaniker sagen, ist sie allerdings schon seit Längerem ausgestorben. Heute findet man sie auf Wiener Boden nur noch auf dem Salmannsdorfer Neuberg und auf der Todtenwiese bei Kalksburg.

Pannonisch getönte Wiesen und Wälder finden sich auch am Südhang des **Michaelerbergs** und des **Schafbergs.** Die süd-exponierte Schafbergwiese trägt im oberen Teil einen Aufrecht-Trespen-Halbtrockenrasen, leider durch Lagern und Betritt negativ beeinträchtigt. Verwilderte Obstbäume zeugen von ehemaliger Nutzung als Streuobstwiese. Erst vor wenigen Jahren wurde hier ein sehr seltenes, längere Zeit als in Österreich ausgestorben geglaubtes Hyazinthengewächs wiederentdeckt: der Pyramiden-Schaftmilchstern *Loncomelos (Ornithogalum) brevistylum (= O. pyramidale),* eine zur Blütezeit ab Ende Juni recht auffallende Pflanze. An den Waldrändern bildet der erst im Spätsommer voll entwickelte Elsass-Haarstrang *Peucedanum alsaticum* eindrucksvolle Bestände; es handelt sich um einen hochwüchsigen, stark verzweigten Doldenblütler mit gelben Blüten.

Auch die Wälder des Kreuzbühels (östlich unterhalb des Exelbergs) und die ihm nördlich vorgelagerten Magerwiesen sind artenreich und botanisch wertvoll. Eine der

Die Beindrechslerwiese ist eine artenreiche, großteils halbtrockene Magerwiese. In ihrer Mitte steht eine prächtige alte Zerr-Eiche. Ein angrenzender ehemaliger Acker entwickelt sich seit den 1990er-Jahren allmählich zu einer Magerwiese.

schönsten Wiesen Wiens ist die untere **Kreuzbühelwiese** mit trockenen und (wechsel)feuchten Abschnitten. In letzteren findet man unter anderem die selten gewordene, im Juni prächtig blühende Glanz-Wiesenraute *Thalictrum lucidum,* nach der Roten Liste „gefährdet". Auch die westlich anschließenden Wiesen (insbesondere Beindrechslerwiese und Große Stockwiese) sind, weil nicht gedüngt und nur extensiv bewirtschaftet, bemerkenswert artenreich. Eine Seltenheit ist hier etwa die Süd-Skabiose *Scabiosa triandra* und das Bunt-Vergissmeinnicht *Myosotis discolor.*

Am Südhang des Kolbeter Bergs („Kalbender Berg") in Hadersdorf, im 14. Wiener Gemeindebezirk, erstreckt sich zwischen dem verbauten Gebiet und dem Waldrand trockeneres bis feuchteres Magerwiesengelände, die sogenannte **Salzwiese.** Zum Teil in Verbuschung begriffen, jedoch vom Forstamt betreut, enthält sie etliche floristische Kostbarkeiten wie Sibirien- und Gras-Schwertlilie *Iris sibirica* und *I. graminea* und Essig-Rose *Rosa gallica,* die heimische Wildrose mit den größten Blüten.

Die St. Veiter Klippenzone

Der westliche Rand des 13. Bezirks (Hietzing) liegt zwar noch im Flysch-Wienerwald, zeichnet sich aber geologisch durch seine Jura-Kalkklippen aus (→ S. 68), was sich in der abwechslungsreicheren Pflanzenwelt widerspiegelt. Die Namen der Hügel zwischen Ober St. Veit und Lainz – **Roter Berg, Gemeindeberg** und **Girzenberg** – haben bei Naturfreunden einen guten Klang, finden sich hier doch Überbleibsel der pannonisch getönten, trockenwarmen Vegetation in Form von Waldresten mit vielen Zerr-Eichen, Gebüschen mit Dirndlstrauch und Warzen-Spindelstrauch und Halbtrockenrasen. All dies leider nur in höchst fragmentarischer Form, da dieses Gebiet in vielfacher Weise als Erholungsraum genutzt wird. Sogar einzelne Exemplare des Diptams gibt es hier, ebenso andere charakteristische Wald- und Saumarten wie Rosskümmel *Laser trilobum,* Langhaar-Gundelrebe *Glechoma hirsuta,* Purpurblau-Rindszunge *Buglossoides purpurocaerulea,* Aufrecht-Waldrebe *Clematis recta,* Steppen-Windröschen *Anemone sylvestris* und Hoch-Fingerkraut *Potentilla recta* finden und sogar Steppenrasenarten wie Seidenhaar-Backenklee *Dorycnium germanicum* und Goldschopf *Galatella (Aster) linosyris.*

Der Rote Berg – eine Enklave des Wienerwaldes im Stadtgebiet – wird als Erholungsgebiet intensiv genutzt.

Der Hirschkäfer

Bei jeder Begegnung und Beobachtung löst er Erstaunen und Bewunderung aus, der Hirschkäfer *Lucanus cervus,* eine der eindrucksvollsten Erscheinungen der heimischen Käferwelt. Besonders spektakulär sind die fliegenden Hirschkäfer. Die großen Tiere – Männchen können eine Länge von bis zu neun Zentimetern erreichen, Weibchen werden immerhin fünf Zentimeter groß – fliegen offensichtlich mit großer Anstrengung, meist nur wenige Minuten und nur wenige Meter über dem Boden. Während seiner fünf bis sechs Jahre dauernden Entwicklung lebt der Käfer als Larve im morschen und vermodernden Holz verschiedener Laubbaumarten, bevorzugt aber in Eichenholz. Unter weniger günstigen Bedingungen entwickeln sich kleinere Kümmerformen, die sogenannten Rehkäfer der Aberration *capreolus.* Die Verpuppung und Umwandlung zum erwachsenen Tier erfolgt im Boden, dann beginnt je nach Witterung zwischen Mitte Juni und Ende Juli in der Dämmerung die Partnersuche. Weibchen besetzen vereinzelt auftretende offene, Rindenstellen an alten Eichen, an denen Gefäßsaft austritt und rasch in Gärung übergeht. Die freiwerdenden Gerbsäuren und der Alkoholgeruch locken die Männchen an. Auch gärende Kirschen und andere alkoholhältige Flüssigkeiten haben eine hohe Attraktivität für männliche Hirschkäfer: Diese werden gelegentlich Opfer ihrer „Trinksucht", fallen in Mostfässer oder enden orientierungslos als leichte Beute von Feinden.

Besonders angelockt werden die Männchen aber natürlich auch durch die Duftstoffe (Pheromone) der Weibchen. An entsprechenden Rendezvous-Plätzen (in der Fachliteratur auch „Rammelbäume" genannt) treffen sich mitunter Dutzende Männchen, die dann um die Gunst weniger Weibchen kämpfen. Rivalisierende Männchen duellieren sich dabei mit den durch enorm kräftige Muskulatur im Kopf verankerten, hirschgeweihartig verlängerten Oberkiefern (Mandibeln) und versuchen ihren Konkurrenten mittels einfacher Hebetechniken vom Stamm oder Ast zu schleudern. In den meisten Fällen kommt schließlich der Sieger zum Zug, manchmal gelingt es aber auch kleineren Männchen, die Gunst des Augenblicks zu nutzen und unbemerkt – während des Kampfes zweier Männchen – das wartende Weibchen zu begatten. Während und noch stundenlang nach der Kopula bleibt das Männchen über dem Weibchen und bewacht es vor weiteren Konkurrenten. Die Weibchen legen schließlich rund ein Dutzend Eier in den Boden ab. Nach dem Schlüpfen suchen die Larven ihre Nahrungsplätze im Holz auf.

Feinde des Hirschkäfers sind Wildschweine, welche nach Aufwühlen des Bodens die Larven fressen. Erwachsene Tiere werden vor allem von Vögeln (Spechten, Eichelhähern, Krähen) als Nahrung geschätzt, und so findet man besonders im Herbst unter Spechthöhlen oft Dutzende „Trophäen": Köpfe mit Mandibeln, die von den Vögeln nicht verzehrt werden.

In der Roten Liste ist die Art als „potenziell gefährdet" eingestuft. Für Österreich besteht nach FFH-Richtlinie der EU (Anhang II) die gesetzliche Verpflichtung, für den Schutz der Hirschkäfer zu sorgen. Um ihre Überlebenschancen zu erhöhen, sind ein naturnaher Waldbau und der Erhalt von älteren, in der Zerfallsphase befindlichen Eichenstümpfen und von morschem Holz erforderlich.

Wolfgang Rabitsch

Wenig weiter südlich erstreckt sich der **Hörndlwald,** ein Rest des ehemaligen östlichen Abschnitts des Lainzer Tiergartens, der nach dem Ersten Weltkrieg der Errichtung von Siedlungen geopfert worden ist. Der Hörndlwald ist somit eine Exklave des Lainzer Tiergartens, ein Stück Natur, das großteils aus Traubeneichen- und Zerreichenwald besteht und in dem eine stabile Population eines wohl jedem Naturliebhaber bekannten Käfers vorkommt, nämlich des Hirschkäfers *Lucanus cervus.* Der westlich anschließende Lainzer Tiergarten selbst, der an anderer Stelle (→ S. 317) ausführlich behandelt wird, zeichnet sich besonders an seinem Ostrand durch pannonisch getönte Wälder mit reichlich Zerr-Eiche und durch seine botanisch wertvollen Magerwiesen mit einigen pannonischen Arten aus.

Naturnahe Trockenbiotope am Ostrand des Kalk-Wienerwaldes

Der südwestlichste Zipfel Wiens

Der Westrand des 23. Bezirks (Liesing) bietet in naturkundlicher Hinsicht gleich mehrere Höhepunkte: das Gütenbachtal bei Kalksburg im Grenzbereich zwischen Flysch- und Kalk-Wienerwald, den Neuberg mit der Himmelswiese unmittelbar nördlich von Kalksburg sowie südlich davon den Zugberg und den Kalksburger

Die Eichwiese im Gütenbachtal ist das größte zusammenhängende Wiesengebiet in Wien. Durch naturnahe Waldränder, Gebüsche, Magerwiesen und Bäche ist sie eines der artenreichsten Gebiete auf Wiener Boden. Die Bachau am Gütenbach ist am linken Bildrand gut erkennbar.

Eichkogel, die beide bereits gänzlich aus mesozoischen Karbonatgesteinen bestehen und damit Wien an den Nördlichen Kalkalpen teilhaben lassen.

Das **Gütenbachtal** erstreckt sich vom Südrand des Lainzer Tiergartens in südöstlicher Richtung gegen Kalksburg zu, wo der Gütenbach (er entspringt im Lainzer Tiergarten) in die Reiche Liesing mündet. Es gehört zum Wienerwald, liegt an der Grenze zwischen Flysch- und Kalk-Wienerwald, hat aber doch stark pannonische Prägung und wird deshalb in diesem Kapitel behandelt. Es sind vor allem die vielfältigen und artenreichen Wiesen zu beiden Seiten des Gütenbachtals, die dieses Gebiet auszeichnen und biologisch wertvoll machen. Besonders schön ist die **Auerwiese** am Südwesthang des – naturkundlich gleichfalls interessanten – Maurer Eichenwaldes. Hier, in einer wechselfeuchten Magerwiese, wächst auch schon eine der ganz großen Besonderheiten der österreichischen Flora: das Südliche Lungenkraut *Pulmonaria australis.* Es bringt im April seine tiefblauen Blüten hervor und ist nah verwandt mit dem gleichfalls seltenen Schmalblatt-Lungenkraut *P. angustifolia.* Reizvoll sind auch **Jägerhauswiese** und **Todtenwiese,** welche die westliche Fortsetzung des als Liege- und Sportwiese geschätzen Geländes um den Pappelteich bilden. Die lokale Pflanzenwelt der Todtenwiese macht ihren pannonischen Charakter am äußersten nördlichen Rand der Kalkalpen deutlich: Über kalkigem Substrat treten hier – im Kontrast zur Auerwiese – „plötzlich" Grauscheiden-Federgras *Stipa pennata* und Weinberg-Traubenhyazinthe *Muscari neglectum* auf. Außerdem beherbergt diese Wiese das einzige Wiener Vorkommen des in Österreich vom Aussterben bedrohten Saumfleck-Perlmutterfalters *Brenthis hecate.* Er wurde 1775 aus der Wiener Umgebung erstmals für die Wissenschaft beschrieben und kommt heute in Österreich nur mehr in Wien und an wenigen Plätzen in Niederösterreich vor.

Der vom Aussterben bedrohte Saumfleck-Perlmutterfalter bewohnt Magerwiesen mit einzelnen Büschen oder angrenzendem Waldsaum. Er ist an den zwei Reihen dunkler Flecken auf Ober- und Unterseite beider Flügelpaare erkennbar.

An Quellaustritten in der Eichwiese findet sich der letzte größere Bestand der Sumpfdotterblume *Caltha palustris* in Wien.

Besonders bemerkenswert ist auch die große **Eichwiese,** die zwar zum Teil aus Ackerland besteht, aber im nördlichen Abschnitt ganz prächtige, vor allem wechselfeuchte bis feuchte Pflanzengesellschaften enthält: Pfeifengraswiesen mit der vom Aussterben bedrohten Feuchtwiesen-Pracht-Nelke *Dianthus superbus subsp. superbus.*

Das Federgras *Stipa pennata* agg. zeigt Steppenstandorte an. Fast alle Arten dieser Gattung leben in Trockengebieten. In Österreich gibt es sieben Arten, in verschiedenen Fels-, Sand- und Rasensteppen. Bald nach dem Blühen vergrößern sich die Grannen, sie werden sehr lang und sind außerdem dicht zottig behaart. Die Pflanzen sind dadurch auffallend und unverwechselbar. Die reifen Früchte werden vom Steppenwind davongetragen. Nach der Landung wirken sie als raffinierte Bohrmaschinen: Schwankungen der Luftfeuchtigkeit bewirken Drehbewegungen der Grannen, wodurch sich die Früchte mittels ihrer harten Spitze in den Boden bohren. Aufrechte Borsten verhindern dabei, dass sie sich wieder herausdrehen.

kurzer Zeit zu einem Schwarzföhrenpionierwald verwandeln, wenn dies die Schafe und Naturschützer nicht zu verhindern wüssten. Wie diese spontane Sukzession verläuft, zeigt eine von Prof. Rosenkranz vor dem Zweiten Weltkrieg geschaffene eingezäunte Fläche, ein Naturdenkmal, das seit Jahrzehnten wissenschaftlich beobachtet wird. Bedroht werden die Trockenrasen an einigen Stellen auch durch Robinie, Götterbaum und die mittels Wurzelbrut wuchernden Sträucher der Hybrid-Weichsel *Prunus ×eminens* und Schlehdorn *Prunus spinosa*. Um die Verbuschung hintanzuhalten, setzt die Marktgemeinde Perchtoldsdorf aufgrund wissenschaftlicher Pflegepläne seit 1985 Schafe zur Heidepflege ein. Eine örtliche Privatinitiative, der Verein „Freunde der Perchtoldsdorfer Heide“ hat mit zahlreichen Freiwilligen seit dem Jahr 2000 große Flächen auf der Heide entbuscht und damit die Trockenrasen wiederhergestellt. Darüber hinaus wurden Maßnahmen zur Besucherlenkung und Bewusstseinsbildung umgesetzt: Informationstafeln, ein Lehrpfad und regelmäßige Führungen und Informationsveranstaltungen helfen mit, die Störungen der Heide durch ungelenkten Besucherdruck zu reduzieren.

Auch wegen ihrer **Tierwelt** ist die Perchtoldsdorfer Heide bekannt. Bemerkenswert ist die Insektenwelt, in der etwa die Gottesanbeterin *Mantis religiosa* recht häufig anzutreffen ist, relgelmäßig aber auch die äußerst seltene Sägeschrecke *Saga pedo*, die hier eines der ganz wenigen Vorkommen in Österreich hat. Was die Kleintierwelt betrifft, sind die vorherrschenden Rasensteppen eher arm an Wildbienen, jedoch reich an Spinnen- und Heuschreckenarten; sie weisen auch einige der bereits auf Seite 425 angeführten Besonderheiten wie den Schmetterlingshaft oder die Mauerbienen *Osmia andrenoides* und *O. gallarum* auf. Die Wiesensteppen hingegen beherbergen kleine Populationen bedeutsamer Wildbienenarten, wie die südeuropäische Langhornbiene *Tetralonia fulvescens*, die auf dem Schwert-Alant *Inula ensifolia* sammelt, und die Gelblein-Mauerbiene *Hoplitis mocsaryi*. Diese Arten können offenbar nur aufgrund ihrer Metapopulationsstruktur überleben, wobei der Bisamberg und der Mödlinger Eichkogel zusammen mit der Perchtoldsdorfer Heide die wichtigsten Eckpfeiler bilden.

Sehr bekannt ist das Vorkommen des Europäischen Ziesels *Spermophilus citellus* (→ S. 421) auf der Heide, die eines der letzten Rückzugsgebiete der Art im Wiener Raum darstellt. Früher ließen sich die Heidebesucher an bestimmten Stellen kaum vom Füttern der putzigen Nager abhalten, wodurch es zur Vermehrung dieser Steppentiere kam. Im Jahr 2004 war die Zieselpopulation der Heide durch freilaufende Hunde, Aaskrähen, die durch ausgestreutes Futter angelockt werden und Jungziesel auch direkt erbeuten, und sonstige Beunruhigungen auf weniger als 50 Tiere abgesunken und damit an den Rand des Aussterbens geraten. In der Folge eines Schutzprogramms beginnt sie sich aber nun wieder zu erholen – stellenweise ist die Flora auch wegen des Missbrauchs der Heide als Hunde-Klo (durch Eutrophierung) beeinträchtigt. Die Fauna, vor allem Insekten und Reptilien, leidet unter den vielen Besuchern, Mountainbikern und Hunden. Durch Schutzmaßnahmen und Information der Besucher konnten auch diese Probleme in den letzten Jahren deutlich entschärft werden.

Der **Hochberg** inmitten von Perchtoldsdorf, der Kalvarienberg der Pfarrgemeinde, ist teilweise von pannonischer Trockenvegetation, vor allem Steppenrasen bedeckt, verbuscht aber stark. Seit 2009 wird er auf Initiative des Biosphärenparks Wienerwald wieder entbuscht und beweidet. Höchst bemerkenswert ist der **Kleine Sattel** nordnordwestlich von Gießhübl, der nicht nur südseitig pannonische Trockenrasen, sondern am Rand eines Gipfeleschenwaldes bemerkenswerte Vorkommen sehr seltener submediterraner Arten aufweist, wie Simsen-Hasenohr *Bupleurum praealtum* und Glanz-Storchschnabel *Geranium lucidum*.

Natürlicher, autochthoner Schwarzföhrenwald in der Mödlinger Klause (am Nordhang des Frauensteins)

Blick aus der Brühl nach Osten (Richtung Mödling): links der Kalenderberg und rechts der Frauenstein mit einem besonders schönen autochthonen Schwarzföhrenwald. Laubbäume finden sich nur im Tal entlang des Mödlingbaches.

Kalenderberg, Brühl und Frauenstein bei Mödling

Zwischen **Kalenderberg** und Frauenstein hat der Mödlingbach die Brühl oder **Mödlinger Klause** geschaffen, eine romantische Schlucht, die schon Ludwig van Beethoven begeisterte. Im Zeitalter der Romantik, Anfang des 19. Jahrhunderts, wurde die Klause landschaftlich umgestaltet, etwa durch Nachpflanzung von Schwarz-Föhren und, dem damaligen Zeitgeschmack entsprechend, durch Errichtung künstlicher „antiker" Ruinen („Schwarzer Turm", „Amphitheater"). Auf den steilen Dolomitfelsen, vor allem am nordschauenden Hang der Schlucht, stockt noch heute ein natürlicher Schwarzföhrenwald mit einer bemerkenswerten Flora. So findet sich nur hier ein Stenoendemit, nämlich die Neilreich-Feder-Nelke *Dianthus plumarius subsp. neilreichii*. Auf den Felsen der Klause baut die Mörtelbiene *Megachile parietina* ihre gemauerten Nester. Die schwarzen Weibchen fallen dem Wanderer dadurch auf, dass sie auf Wegen das Baumaterial für ihre Nester aufnehmen. Der südlich anschließende Frauenstein ist bekannt wegen schöner Felssteppen über Dolomit. Hier wächst etwa die

1 Die Neilreich-Feder-Nelke, eine der Spezialitäten der Felsfluren im Schwarzföhrenwald

2/3 Die Mörtelbiene *Megachile parietina* nistet meist in größeren Aggregationen an Felsen. Die bräunlichen Männchen unterscheiden sich in der Färbung deutlich von den hier abgebildeten schwarzen Weibchen.

1

2

3

Die Visiani-Lotwurz, eine östlich-submediterrane Art der Felssteppen und lichten Schwarzföhrenwälder

eigenartige und seltene Visiani- (Dalmatien-)Lotwurz *Onosma visianii,* ein Raublattgewächs, das aus seinen Blattrosetten nur einmal einen pyramidenförmigen Blütenstand mit hängenden gelben Röhrenblüten bildet, danach bei der Fruchtreife zum Steppenroller wird und abstirbt. Dazu kommen unter anderem Schopf-Milchstern *Ornithogalum pannonicum,* Christusaugen-Alant *Inula oculus-christi,* Liege-Ehrenpreis *Veronica prostrata* und Purpur-Schwarzwurz *Scorzonera purpurea,* die übrigens recht treffend mundartlich „Kakaoblume" genannt wird, weil den Blütenkörben tatsächlich ein schokoladeähnliches Aroma entströmt.

Zwischen Alpen und pannonischem Tiefland

Der Mödlinger Eichkogel – ein Naturjuwel europäischen Ranges

Am Südrand der Stadt Mödling erhebt sich, dem Anninger östlich vorgelagert, ein kleiner, aber markanter Hügel, auf dessen Kuppe anstelle eines natürlichen Flaumeichenwaldes Schwarz-Föhren aufgeforstet wurden. Für den Eichkogel sind solche starken und mannigfachen menschlichen Eingriffe in die natürliche Vegetation bezeichnend, so paradox dies klingen mag.

Den geologischen Untergrund des Eichkogels bilden jungmiozäne Süßwasserkalke, die während der Endphase des Miozän-Meeres hier abgelagert worden sind, nachdem die Meeresbucht des Wiener Beckens vom Mittelmeer abgeschnürt und zu einem Süßwassersee geworden war (→ S. 75). In geologischer, vor allem aber auch in biogeographischer Hinsicht gehört der Mödlinger Eichkogel nicht mehr zum Wienerwald, damit auch nicht mehr zu den Alpen, obwohl er nur durch einen unauffälligen Sattel von diesen getrennt ist. Seine Lebensbedingungen unterscheiden sich von jenen des kaum zwei Kilometer entfernten Frauensteins hauptsächlich infolge der andersartigen Gesteinsunterlage, denn die jungen, weichen Süßwasserkalke verwittern leicht zu tiefgründigen Böden, ganz im Gegensatz zum harten Dolomit um die

Auf dem Eichkogel sind verschiedene naturnahe pannonische Biozönosen eng mosaikartig miteinander und auch mit mehr oder weniger intensiv genutztem Kulturland verzahnt: Fels-, Rasen- und Wiesensteppen, Saumgesellschaften und Trockenwald-Fragmente einerseits (im Bild oberhalb der Weingärten erkennbar), Weingärten, Ackerflächen, Ackerbrachen und Ruderalfluren andererseits (im Vordergrund). Der Gipfel ist von einem nicht-autochthonen, gepflanzten Schwarzföhrenforst bedeckt.

Der Steppen-Spitzkiel *Oxytropis pilosa* (oben) und das Knollen-Brandkraut *Phlomis tuberosa* (unten) sind zwei der botanischen Besonderheiten des Mödlinger Eichkogels.

Mödlinger Klause. Die Organismenwelt des Eichkogels nimmt eine Mittel- und Übergangsstellung zwischen den Alpen (dem Wienerwald, der mitteleuropäischen und der alpinen Florenregion) auf der einen Seite und dem pannonischen Becken (der pontisch-pannonischen Florenregion) auf der anderen Seite ein. Das ist mit ein Grund für den unglaublichen Reichtum an floristischen und vor allem faunistischen Besonderheiten und Seltenheiten, denen der Mödlinger Eichkogel – jedenfalls unter Biologen – seine Bekanntheit in ganz Europa verdankt.

Aus der **Pflanzenwelt** des Eichkogels sind besonders die im April bunt blühenden Populationen der Zwerg-Schwertlilie *Iris pumila* auch außerhalb der Biologen-Kreise bekannt. Die Fels- und Rasensteppen auf den gegen Gumpoldskirchen geneigten Südhängen beherbergen Raritäten wie etwa Steppen-Spitzkiel *Oxytropis pilosa,* Pontisch-Wermut *Artemisia pontica* und insbesondere den sehr seltenen auf ihm parasitierenden Blaugrau-Blauwürger (Weißwoll-Sommerwurz) *Phelipanche caesia (Orobanche lanuginosa).* Bemerkenswert sind auch die reichen Wiesensteppen und die prächtig entwickelten Diptam-Saumgesellschaften, in denen unter anderem Seltenheiten wie Knollen-Brandkraut *Phlomis tuberosa* und Deutsch-Alant *Inula germanica* vorkommen.

Die **Insektenwelt** ist überaus mannigfaltig, enthält außerordentlich seltene Arten und verleiht dem Eichkogel als Naturschutzgebiet internationale Bedeutung. Die Gelblein-Mauerbiene *Hoplitis mocsaryi* und die Gelblauch-Seidenbiene *Colletes graeffei* gehören zu den seltensten Bienen Europas. Von beiden sind jeweils nur zwei bis drei Dutzend Fundorte insgesamt bekannt (→ S. 415). Zwei mediterrane Arten von Pillenwespen, *Eumenes lunulatus* und *E. pomiformis,* sind nur hier regelmäßig anzutreffen. Der Bockkäfer *Leptura unipunctata,* eine gefährdete Tierart, ist in Niederösterreich so gut wie nur noch auf dem Eichkogel zu finden, desgleichen der Ameisenkäfer *Tituboea macropus,* nach der Roten Liste der gefährdeten Tierarten Österreichs ebenfalls stark gefährdet. Auch die Raubfliege *Dioctria flavipennis* gehört zu den großen Besonderheiten des Eichkogels, ebenso der mediterrane Trauerschweber *Lomatia erinnys.* Der für die Südhänge charakteristische Spanner-Schmetterling *Dyscia conspersaria* gilt als stark gefährdet ebenso wie viele andere Schmetterlingsarten des Eichkogels. Der Glasflügler *Pennisetia bohemica* wurde hier für Österreich neu entdeckt. Für die Wissenschaft neu beschrieben wurde von diesem randpannonischen Hügel der kleine Blattkäfer *Phyllotreta austriaca;* bis jetzt konnte er nirgendwo anders in Österreich gefunden werden.

Das heutige Vegetationsmosaik des Mödlinger Eichkogels ist das Ergebnis mannigfacher Nutzungen dieses siedlungsnahen Hügels seit Jahrhunderten. Beweidung und Holznutzung waren hier lange Zeit überwiegend extensiv, deshalb fanden viele Biozönosen und Organismen hier ein Rückzugs- und Erhaltungsgebiet, denn die intensive Nutzung für Acker- und Weinbau ist erst jungen Datums. Mithilfe von Öko-Monitoring und Naturschutz-Management wird anhand detaillierter Pflegepläne versucht, die biologische Vielfalt des Mödlinger Eichkogels zu erhalten. Diese Maßnahmen betreffen alle interessanten Biotope, unabhängig davon, ob sie natürlich, also vor-jungsteinzeitlich, oder durch landwirtschaftliche Aktivitäten des Menschen bedingt sind. In noch größerem Ausmaß als auf der Perchtoldsdorfer Heide muss hier beispielsweise dem Vordringen der Hybrid-Weichsel *Prunus ×eminens* (= Zwerg-Weichsel *P. fruticosa* × Kultur-Weichsel *P. cerasus*) Einhalt geboten werden, was unter anderem mittels vorsichtiger, mosaikartiger Beweidung durch Schafe oder auch Rinder geschieht.

Auch für den Eichkogel gilt, dass Naturschutzgebiete gleichermaßen oft auch Kulturschutzgebiete sind, also Denkmäler historischer Bewirtschaftungsweisen und Landschaftsgestaltung. Die aktuelle und oft nicht unproblematische Aufgabe ist es nun, nicht nur die naturschutzfachlich notwendigen Maßnahmen durchzuführen, sondern diese auch mit der aktuellen landwirtschaftlichen Nutzung der Weingärten und Äcker innerhalb des Naturschutzgebietes abzustimmen, seine touristische Nutzung als Erholungsgebiet in für die Natur akzeptable Bahnen zu lenken und Begehrlichkeiten, ihn als Sportplatz und Hundeauslaufzone zu nutzen, abzuwehren. Dass in einem derart hochrangigen Schutzgebiet die naturschutzfachlichen Gesichtspunkte eindeutig Vorrang haben, ist zwar wissenschaftlich unbestritten, setzt aber ein entsprechendes Verständnis von Seiten der Grundbesitzer, der umgebenden Wohnbevölkerung, der Ausflügler und nicht zuletzt der zuständigen politischen Gebietskörperschaften voraus.

Pannonisches im Süden

Die südlichen Trockenhügel: Schönbrunn, Laaer Berg, Johannesberg

Wo gibt es heute im Süden von Wien noch Reste der ehemals dort durchgehend vorhanden gewesenen pannonischen Vegetation und Tierwelt? Bloß Spuren sind davon erhalten geblieben – doch es lohnt sich, auch diesen nachzugehen und sie zu studieren.

Im oberen (südlichen) Teil des **Schönbrunner Schlossparks** ist der Baumbestand teilweise noch weitgehend natürlich und reich an Zerr-Eichen. Im Unterwuchs, der hier ganz von Efeu beherrscht wird, gibt es allerdings kaum noch spezifisch pannonische Arten. Bemerkenswerte pannonische Vegetation gab es einst auf dem **Laaer Berg;** davon existieren heute bloß noch einige alte Flaum-Eichen-Individuen im Bereich des „Böhmischen Praters" (Naturdenkmal Laaerwald). Dieses Waldfragment stockt auf Paratschernosem über silikatischen Schottern, deshalb fehlen auch viele kalkliebende Arten, etwa der Dirndlstrauch; außerdem entspricht der Unterwuchs nicht jenem der natürlichen Waldgesellschaft.

In den 1950er-Jahren wurde das Gelände der ehemaligen Ziegelgruben auf dem Laaer Berg, die heute zu Teichen geworden sind, großflächig aufgeforstet und zum „Erholungsgebiet Laaer Wald" umgestaltet. Dabei hat man einen naturnahen, standortgemäßen Laubwald angestrebt – was nur teilweise geglückt ist, denn diese Laubforste bestehen zwar aus verschiedenen Laubholzarten, die Krautschicht fehlt jedoch fast völlig oder besteht aus Ruderalarten.

1

2

1 Der renaturierte Laaer Wald mit dem Teich in der ehemaligen Ziegelgrube

2 Der alte Löss-Hohlweg am Johannesberg bei Unterlaa (Bildmitte) ist ein naturkundliches Juwel inmitten der intensiv genutzten Agrarlandschaft.

Auf dem südlich an den Laaer Berg anschließenden **Goldberg** gab es noch bis in die 1960er-Jahre Reste pannonischer Trockenrasen. Sie verschwanden fast gänzlich mit der Errichtung des „Erholungsparks Laaer Berg" und des Kurparks Oberlaa. Der Name „Goldberg" weist übrigens nicht auf ein Goldbergwerk hin, sondern hängt mit der ehemaligen Nutzung als Weideland zusammen: Der Namensbestandteil „Gold" ist Verballhornung der mundartlichen Form des Wortes „galt", das (in diesem Zusammenhang) „unfruchtbar" bedeutet. Die „Goldberge", deren es im pannonischen Gebiet mehrere gibt, sind trockene, seichtgründige Hügel, die nicht in fruchtbares Ackerland oder Weingartenland umgewandelt werden konnten, landwirtschaftlich also nicht nutzbar, sondern höchstens als karges Weideland verwendbar waren. Aus diesem Grund konnten sich hier aber bevorzugt pannonische Steppenpflanzen halten.

Südlich der Ortschaft Unterlaa, am rechten Ufer des Liesingbaches, erhebt sich der **Johannesberg.** Das Wort „erhebt" ist in diesem Fall ein Euphemismus, die relative Höhe dieses „Berges" beträgt nämlich genau 20 Meter, das Gipfelplateau liegt exakt 200 Meter über dem Meer und wird von der umfangreichen Anlage des Umspannwerks Südost gekrönt, um nicht zu sagen „umsponnen". Am Nordhang des Johannesberges erstrecken sich Getreideäcker. Hier wurde Anfang der 1990er-Jahre im Zuge floristischer Kartierungsarbeiten ein längst nicht mehr benützter, schon stark verbuschter Löss-Hohlweg entdeckt, der nicht nur Fragmente pannonischer Vegetation, sondern darin einige extreme Raritäten enthält. Der Magistrat der Stadt Wien hat diesen Hohlweg deswegen zum Naturdenkmal erklärt, das Forstamt sorgt für die naturschutzfachliche Betreuung. Auf der steilen offenen Böschung wachsen unter anderem Österreich-Zwerggeißklee *Chamaecytisus austriacus* und Steppen-Salbei *Salvia nemorosa,* aber auch die Pannonien-Wolfsmilch *Euphorbia glareosa,* die schon August Neilreich in seiner „Flora von Wien" 1846 für den Johannesberg angibt. Heute wächst sie im Wiener Raum sonst nur noch in einer – gleichfalls winzigen Population auf der Perchtoldsdorfer Heide – dort als weideresistentes Relikt und Zeugin ehemals intensiver Beweidung. Weitere Spezialitäten des Naturdenkmals Johannesberg sind Löss-Löwenzahn *Taraxacum serotinum,* Österreich-Salbei *Salvia austriaca,* Dolliner-Bergflachs *Thesium dollineri,* Österreich- und Rau-Tragant *Astragalus austriacus, A. asper.* Auch ein seltener Fremdling aus dem Osten hat sich in diesem Hohlweg etabliert: der Siebenbürgen-Schuppenkopf *Cephalaria transsylvanica,* ein skabiosenähnliches Kardengewächs mit cremeweißen Kronen und blaulila Staubblättern.

Pannonien-Wolfsmilch *Euphorbia glareosa* an der Oberkante des Hohlwegs am Johannesberg, am einzigen Fundort in Wien.

In Siebenhirten liegt der **Kellerberg,** so genannt wegen der heute verfallenen, umfangreichen Kelleranlagen der ehemaligen Siebenhirtner Brauerei. Er wurde vor

Natürliche Vorkommen des Österreich-Salbeis, einer Art der beweideten Steppenrasen, sind selten geworden.

Kurzem vom Forstamt renaturiert und birgt neben den neueren Aufforstungen pannonisch geprägte Trockenvegetation „aus zweiter Hand".

Schließlich soll noch der allerwinzigste Rest des Pannonicums auf Wiener Stadtgebiet erwähnt werden: Auf der südexponierten Böschung der **Schnellbahntrasse** am Südrand des Schweizer Gartens im 3. Bezirk, zwischen den Haltestellen Südbahnhof und Rennweg, lebt in einem Trockenrasenfragment unmittelbar neben dem Gleiskörper eine kleine Population des Österreich-Salbeis *Salvia austriaca*. Anfang Mai erfreut er pflanzenkundige Schnellbahnreisende mit seinen leuchtend gelblichweißen Blüten. Die Lokalität ist historisch bemerkenswert, handelt es sich bei dieser Böschung doch um einen Rest des ehemaligen Linienwalls, einer Befestigungsanlage rund um Wien. Die Verbindungsbahn wurde in den Graben vor dem Wall gelegt (in der Nähe sind auch Teile der alten Ziegelmauern noch erhalten). Diese sehr selten gewordene pannonische Salbei-Art ist ehemals auch an anderen Stellen in Wien beobachtet worden, hat aber hier und am Johannesberg ihre einzigen Wiener Vorkommen.

Stärker vom Menschen geprägte pannonische Biotope

In Felssteppen, aber auch an Weingartenrändern anzutreffen ist die Groß-Strahldolde mit den stark vergrößerten randständigen Kronblättern.

Weingärten und Äcker in und um Wien

Die meisten Wiener **Weingärten** liegen an den Hängen des Wienerwaldes am Westrand der Stadt sowie an den Südhängen des Bisambergs und Laaer Bergs, einige auch in der pannonischen Ebene. Ihre Segetalflora ist als Folge des heute fast überall intensiv betriebenen Weinbaues recht verarmt. Oftmaliges Pflügen, Düngung und Biozideinwirkung machen die Weingärten ökologisch gesehen zu extremen Lebensräumen. Daher gibt es nur noch wenige Pflanzenarten und unter ihnen hauptsächlich „Allerweltsarten", die sich hier behaupten können. Dennoch: Sehr zerstreut findet man – mit viel Geduld und guten floristischen und faunistischen Kenntnissen – die eine oder andere interessante Pflanzen- und Tierart. Brachgefallene Weingärten bieten gelegentlich eine Rückzugsmöglichkeit für seltene Arten. Dies gilt insbesondere für das **Weinbaugebiet Gumpoldskirchen**, südlich von Wien. Als Beispiele seien vier hier vorkommende Doldenblütler genannt: die markante Strahlendolde *Orlaya grandiflora* (sie fällt durch ihre strahlenden, weil stark vergrößerten Randblüten auf), der stattliche Zirmet *Tordylium maximum*, die in letzter Zeit erfreulicherweise wieder etwas häufiger gewordene Acker-Borstendolde *Torilis arvensis* und das höchst unscheinbare, vom Aussterben bedrohte Ungarn-Hasenohr *Bupleurum affine*, eine Art nur für Kenner und Liebhaber!

Das Verbot von Herbiziden in biologisch bewirtschafteten Äckern erlaubt die Entwicklung von bunten Beikräutern. In den Bildern zu sehen: Klatsch-Mohn *Papaver rhoeas*, Österreich-Hundskamille *Anthemis austriaca*, Venusspiegel *Legousia speculum-veneris* und Kornblume *Cyanus segetum*.

Weingartenbrache mit Pfirsichbäumen am Südhang des Mukentales (Wien 19).

Durch eine zunehmend biologische Bewirtschaftung haben auch die weitgehend bereits verschwunden gewesenen Segetalpflanzen der **Äcker und Ackerbrachen** eine neue Chance bekommen. In der **Oberen Lobau** und deren Vorland etwa findet sich ein hübscher, purpurlila blühender, einjähriger Kreuzblütler, der in Wien erst seit 1953 bekannt ist und anscheinend dabei ist, sich auszubreiten: die aus dem Osten stammende Zart-Gliederschote *Chorispora tenella*. Beikrautreiche Äcker und Ackerbrachen gibt es vereinzelt, so im Norden bei Stammersdorf und Gerasdorf und in der Ebene des Wiener Beckens etwa östlich von Baden und Bad Vöslau. Hier kann man bemerkenswerte Arten finden, etwa den tief violettblau blühenden Groß-Venusspiegel *Legousia speculum-veneris,* ein einjähriges Glockenblumengewächs, die unscheinbare Spatzenzunge *Thymelaea passerina* und das eigenartige, unverkennbare Durchwachs-Hasenohr *Bupleurum rotundifolium,* das schon Leonhard Fuchs in seinem berühmten „New Kreüterbuch" (1543) abgebildet hat.

Um vom Aussterben bedrohte Segetalarten zu erhalten, werden ihre Samen in manche Ackerrandstreifen und Ackerbrachen künstlich eingesät. Eine solche Versuchs- und Studienfläche findet man zwischen dem „Herrenholz" und dem Naturdenkmal „Alte Schanzen" (→ S. 437) am Nordrand Wiens. Die Kuhnelke *Vaccaria hispanica,* ein hübsches, rosablühendes Nelkengewächs, wächst hier Seite an Seite mit Kornrade und Kornblume und der ehemals als Getreide genutzten Roggen-Trespe *Bromus secalinus.*

Der Färber-Waid fühlt sich auch im Bahnbereich wohl.

Einige bemerkenswerte anthropogene städtische Biotope

Ruderalflächen gibt es überall, kleinflächig besonders im Inneren der Stadt (→ S. 517), größerflächig besonders in „Transdanubien" und in den Industriegebieten im Süden Wiens. Interessante Arten findet man zum Beispiel im Bezirk Simmering, südlich des Zentralfriedhofs, etwa bei **Kledering:** Hier ist der Färber-Waid *Isatis tinctoria* ein gutes Beispiel für ein Kulturrelikt, ebenso wie der hier gleichfalls zu beobachtende

Der Violett-Blauwürger *Phelipanche purpurea* schmarotzt auf Echt-Schafgarbe *Achillea millefolium* agg. oder Echt-Beifuß *Artemisia vulgaris*.

Am Nordfuß des berühmten Eichkogels bei Mödling gibt es am Straßenrand eine botanische Spezialität, das Geradfrüchtige Hornköpfchen *Ceratocephala orthoceras (C. testiculata)*. Der einjährige Winzling ist ein naher Verwandter des Hahnenfußes *Ranunculus*. Sein Hauptverbreitungsgebiet ist Südosteuropa und Westasien. Vor 150 Jahren war die Art in Wien, in Hohlwegen, auf offenen Wegböschungen und in Sandgruben noch nicht so selten. Heute ist sie dort überall verschwunden und das letzte Vorkommen in Mödling ist extrem gefährdet. Sonst kommt das Hornköpfchen in Österreich nur noch auf einer Straßenböschung im Nordburgenland vor. Es blüht im zeitigen Vorfrühling (oben), die gehörnten Früchtchen (unten) sind für den Gattungsnamen verantwortlich.

Färber-Wau *Reseda luteola*. Einstmals waren diese Pflanzenarten wirtschaftlich sehr wichtig und gehörten, neben dem Krapp *Rubia tinctorum* zu den drei bedeutendsten Farbstoffpflanzen unserer Breiten. Der Färber-Waid lieferte den „Deutschen Indigo", also einen blauen Farbstoff, der Wau einen gelben.

Einige auffallende pannonische Pflanzenarten verdanken ihr Vorkommen Begrünungssaaten, etwa an Straßen- und Bahnböschungen, aber auch sogenannten Ansalbungen, das heißt, dem absichtlichen Einbringen von Arten, die natürlicherweise hier nicht vorhanden wären, in die freie Landschaft, ohne dass dafür land- oder forstwirtschaftliche oder sonstige Nutzungs-Motive gegeben sind. Meist handelt es sich um schön blühende oder auch – tatsächlich oder bloß vermeintlich – seltene Arten, die zum Spaß oder aus falsch verstandenem Naturschutz ausgesetzt wurden. Naturschutzgesetze verbieten diese Florenverfälschung. So kann man etwa in der Umgebung des Zentralfriedhofs Pracht-Königskerze *Verbascum speciosum,* Ungarn-Salbei *Salvia aethiopis* (weißblühend) und Sand-Lotwurz *Onosma arenaria* (gelbblühend) bewundern, die letzten beiden Arten interessante Steppenroller, die vielleicht in früheren Zeiten in dieser Gegend spontan vorhanden waren.

Manche **städtischen Grünflächen** („Beserlparks") überlässt das Stadtgartenamt im Zusammenwirken mit der Naturschutzabteilung bewusst dem wilden Treiben der Wildpflanzen, wenn auch gelegentlich mit etwas botanischer Nachhilfe. Daher kann man dort neben den weit verbreiteten Wiesenpflanzen, wie etwa Gänseblümchen und Buntkronwicke, auch typisch pannonische Ruderalpflanzen wie Graukresse *Berteroa incana,* die übrigens ehemals wegen ihrer ölreichen Samen als Ölpflanze genutzt worden ist, und Weg-Ringdistel *Carduus acanthoides,* Wiens häufigste Distel, beobachten. Als Beispiel sei der Gaudenzdorfer Gürtel genannt; seine Rasenflächen („Stadtwildnis") unmittelbar westlich der U4-Station Margaretengürtel erfreuen bemerkenswerterweise Hunde und Botaniker. Große Bestände des Steppen-Salbeis leuchten weithin violett vom Frühling bis in den Herbst. Aber auch Neueinwanderer sind zu beobachten: Die Fremd-Bibernelle *Pimpinella peregrina* wurde hier durch Rasensaatgut eingeschleppt. Ob es ihr in Gaudenzdorf auf Dauer gefallen wird?

Auf dem ehemaligen Schlachthof-Gelände des Zentralviehmarkts St. Marx (3. Bezirk), zwischen Baumgasse und Viehmarktgasse, wurde kürzlich eine sehr seltene Schmarotzerpflanze auf dem Echt-Beifuß *Artemisia vulgaris* entdeckt: der violett blühende Violett-Blauwürger *Phelipanche (Orobanche) purpurea*. Die Wiener Umweltschutzabteilung (MA 22) bemüht sich, diese Kostbarkeit in der unmittelbar benachbarten „Stadtwildnis" zu erhalten; die Ruderalpflanzen sind hier nämlich auf ganz natürliche Weise vom Verschwinden bedroht, denn diese unter Naturschutz stehende „Stadtwildnis" führt die natürlichen Wiederbewaldungsprozesse ehemaliger Ruderalfluren vor Augen.

Auch in größeren **Parkanlagen** gibt es nicht nur Ziergewächse, sondern auch ungeplante bis unerwünschte Arten, die sich durch die Gärtner nicht stören lassen. Darunter tragen einige nicht nur der bekanntlich sehr weitherzigen Ästhetik der professionellen Botaniker Rechnung, sondern auch jener der Gärtner und übrigen „normalen" Bürger: Die Wild-Tulpe *Tulipa sylvestris* stammt aus Südeuropa, war einstmals ein Acker- und Weingartenbeikraut und ist heute in Parkanlagen Mitteleuropas gar nicht so selten. Allerdings macht sie sich nur in manchen Jahren durch ihre auffallenden gelben Blüten bemerkbar, etwa im Draschepark an der Liesing (im 23. Bezirk), im Schönbrunner Schlosspark und im Volksgarten.

Bekanntermaßen floristisch reich und interessant sind die Ruderalfluren der **Bahnanlagen** (→ S. 520). Für den Wiener Raum ist natürlich die pannonische Prägung dieser „eisenbahnfreundlichen" Flora bezeichnend. (Die Botaniker nennen

In trockenen Jahren, wie 2003, werden die Bahngeleise nicht mit Herbiziden behandelt, wodurch sich bunte „Eisenbahnpflanzen“ – wie hier am Frachtenbahnhof Liesing (im Bild: blühender Natternkopf) – entwickeln können.

Spät-Bitterling

solche Arten halb scherzhaft „siderodromophil“.) Vieles zu beobachten gibt es etwa entlang der Pottendorfer Bahnlinie im Bereich des Bahnhofs Inzersdorf-Blumental. Die unscheinbare, insgesamt recht seltene Kopfnelke *Petrorhagia prolifera* und „klassische“ Eisenbahnpflanzen wie Purpur-Storchschnabel *Geranium purpureum* (Heimat: Mittelmeerländer) und Schmalblatt-Greiskraut *Senecio inaequidens* (Heimat: Südafrika) sind hier zu bewundern.

Wiens reichhaltigste Bahnhofsflora – unter Biologen längst berühmt – kann man jedoch auf dem seit dem Zweiten Weltkrieg stillgelegten ehemaligen **Frachtenbahnhof Breitenlee** im Marchfeld am Ostrand Wiens (22. Bezirk) studieren. Hier lohnt zu jeder Jahreszeit ein Besuch. Im Unterschied zu in Betrieb befindlichen Bahnanlagen ist dieser ehemals umfangreiche Verschiebebahnhof auch leicht zugänglich. Er wurde übrigens anstelle einer ausgedehnten Sanddüne errichtet. Seit dem Ende der Österreichisch-Ungarischen Monarchie vor beinahe hundert Jahren wurde er nur noch wenig und schließlich seit mehr als 60 Jahren fast überhaupt nicht mehr benützt. Die meisten Gleise sind längst entfernt. Es hat sich ein eigenartiger Pappelwald aus Schwarz-, Silber- und Zitter-Pappeln mit vielen Sträuchern im Unterwuchs entwickelt. Besonders interessant sind die offen gebliebenen Bereiche auf Gleisschotter. Neben häufigen Arten wie Besen-Radmelde *Bassia (Kochia) scoparia* und Sicheldolde *Falcaria vulgaris* – beides Steppenroller – hat sich hier ein weiterer Steppenroller als Neueinwanderer ausgebreitet: der aus Osteuropa stammende Doldenblütler Feld-Sesel *Seseli campestre*, den es sonst nirgends in Österreich gibt. Kleine Kostbarkeiten sind Spatzenzunge *Thymelaea passerina* – obwohl mit dem Seidelbast verwandt, eine absolut unscheinbare einjährige Pflanze – und Spät-Bitterling *Blackstonia acuminata*,

Nur mehr Brückenpfeiler erinnern heute auf dem Areal des ehemaligen Frachtenbahnhofs Breitenlee an seine einstige Nutzung. Der größte Teil ist mit Wäldern, Gebüschen und Trockenwiesen bewachsen.

ein sonderbares einjähriges Enziangewächs mit gelben Blüten und paarweise miteinander verwachsenen Stängelblättern.

Klassische Neophyten aus Nordamerika sind die Nachtkerzen-Arten *Oenothera* spp., die auch außerhalb der Bahnhöfe weithin Schotterstandorte in Europa besiedeln. Hier haben sie sogar im Laufe weniger Hundert Jahre neue Arten herausgebildet und damit übrigens auch zur Entdeckung der Mutationen (sprunghaften Erbänderungen) beigetragen. Bemerkenswert auf dem Breitenleer Frachtenbahnhof ist die wahrscheinlich weither aus Osteuropa oder Westasien stammende *Artemisia repens*, eine nahe Verwandte des Österreich-Wermuts *A. austriaca*. Entdeckt hat sie hier der Botaniker K.-H. Rechinger unmittelbar nach dem Zweiten Weltkrieg. Damals war es ihm noch nicht möglich, seine botanischen Forschungen in Griechenland, der Türkei und im Iran wieder aufzunehmen. So hat er den Spieß umgedreht: Er besuchte nicht die Flora des Orients, sondern die Wiener Bahnhöfe, wo orientalische Pflanzenarten – verschleppt durch die Eisenbahn – Wien besuchen oder sich hier angesiedelt haben.

Die Zypressen-Wolfsmilch *Euphorbia cyparissias* ist eine der auffallendsten Pflanzen des zeitigen Frühlings. Auf trockenen, halbruderalen Wiesen ist sie fast allgegenwärtig (1). Nicht selten findet man Individuen (2), die ganz anders aussehen, scheinbar zu einer anderen Art gehören, aber nie zum Blühen kommen. Die Unterseiten der Laubblätter sind von orangebraunen Pusteln bedeckt, denen ein süßer Honigduft entströmt. Es handelt sich um die Äzidiosporen des Erbsen-Rostpilzes *Uromyces pisi*, der die Wolfsmilch befallen hat und das Blühen verhindert. Dieser parasitische Pilz benützt seinen Wirt zur Bildung und Ausbreitung seiner Sporen mittels angelockter Insekten. Die Laubblätter sind breiter als bei der gesunden Pflanze, die Sporen haben also hier mehr Platz für ihre Entwicklung. Übrigens führt dieser Rostpilz ein Doppelleben: Er befällt im Zuge seiner Entwicklung abwechselnd Wolfsmilch und Schmetterlingsblütler, es liegt also ein sogenannter Wirtswechsel vor. Im Herbst färbt sich die Zypressen-Wolfsmilch oft auffallend orangerot (3).

1

2

3

Kaum zu glauben, wie sich das ehemalige Frachtenbahnhofsgelände im Verlauf mehrerer Jahrzehnte zu einem biologisch reichen Leider-noch-nicht-Naturschutzgebiet entwickelt hat.

Der Reichtum an unterschiedlichen Kleinstandorten im ehemaligen Bahnhofsgelände Breitenlee ist maßgeblich für dessen floristischen Reichtum. Denn hier wachsen keineswegs nur typische Eisenbahnpflanzen und andere Ruderalarten wie Bienen-Kugeldistel *Echinops sphaerocephalus* und Kicher-Tragant *Astragalus cicer* neben Schotter-Pionieren wie Sand-Schachtelhalm *Equisetum ramosissimum,* sondern auch Steppenpflanzen wie Golddistel *Carlina vulgaris* agg., Ohrlöffel-Leimkraut *Silene otites,* Ginster-Leinkraut *Linaria genistifolia* und Büschel-Miere *Minuartia fastigiata.* All dies rechtfertigt die Bemühungen der Stadt Wien, dieses einzigartige Gebiet unter Naturschutz zu stellen und durch gezielte Pflegemaßnahmen zu erhalten.

Als Teil des pannonisch geprägten Marchfeldes wurde dieser ehemalige Verschiebebahnhof erst in jüngerer Zeit auch von Zoologen vermehrt beachtet. Dabei hat man seine herausragende Bedeutung als Lebensraum auch für xerotherme **Tierarten** bald erkannt. So findet man in diesem Biotop etwa das einzige für Wien bekannte Vorkommen des Rostbindigen Samtfalters *Arethusana arethusa* sowie weitere Tagfalterarten mit hoher Schutzpriorität, wie das Blaukernauge *Minois dryas* und den Weißen Waldportier *Brintesia circe,* deren Raupen an verschiedenen Gräsern magerer und trockener Standorte leben. Besonders die kleinflächig und zerstreut im Gebiet vorkommenden Bereiche über sandigem Untergrund, die nur lückig bewachsen und zum Teil auch ruderalisiert sind, bieten geeignete Lebensbedingungen für gefährdete sandliebende Arten, wie die Bodenwanze *Tropidophlebia costalis* und die nur an bestimmten Korbblütlern Pollen sammelnde Langhornbiene *Tetralonia dentata.* Zahlreiche weitere, seltene Arten haben die Zoologen bereits festgestellt, wie die bevorzugt am Zwerg-Schneckenklee *Medicago minima* saugende Stelzenwanze *Berytinus geniculatus* und die ausschließlich am Zahntrost *Odontites* lebende Sägehornbiene *Melitta tricincta.* Auch die zuletzt vor über hundert Jahren für Wien von der Türkenschanze gemeldete Wildbiene *Ceratina acuta* wurde hier kürzlich wiedergefunden. Die halboffene, durch Erholungsnutzung kaum gestörte Landschaft des Frachtenbahnhofs Breitenlee ist auch für Vögel interessant – so konnten hier erst kürzlich Ziegenmelker *Caprimulgus europaeus* und Sperbergrasmücke *Sylvia nisoria* nachgewiesen werden. Sicherlich sind noch weitere Überraschungen auf dem Bahnhofsgelände Breitenlee zu erwarten. Die Bemühungen um den Schutz dieses besonders wertvollen Standorts werden also auch aus zoologischer Sicht unterstützt.

Inhalt

Stadt

12

Wolfgang Punz (Koordinator)

Steinernes Herz
Das dicht verbaute Stadtgebiet

Stein, Asphalt, Glas und zusehends Metall – so stellt sich, abgesehen von den Grüninseln und dem Wasser des Donaukanals, das dicht verbaute Stadtgebiet dar.

Die Stadtwüste lebt

Wo beginnt die Stadt?

Ich bin ein Kind der Stadt. Die Leute meinen
Und spotten leichthin über unsereinen,
Dass solch ein Stadtkind keine Heimat hat.
In meine Spiele rauschten freilich keine
Wälder. Da schütterten die Pflastersteine.
Und bist mir doch ein Lied, du liebe Stadt!
(Anton Wildgans)

Spottet da noch einer – *leichthin?* Ein rundes Jahrhundert nach Entstehung dieses Gedichts lebt weltweit bereits die Hälfte der Bevölkerung in Städten, in Zentraleuropa sind es je nach Definition von Stadt schon bis zu 90 Prozent der Menschen. Bezogen die Siedlungen früher ihre Nahrungsmittel und ihr Heizmaterial aus dem Umland, so bedienen sich die Städte heute der ganzen Welt. Globalisiert ist das Einzugsgebiet der Stadt, und weiträumig verteilt sie auch ihre flüssigen und gasförmigen Schadstoffe.

Was ist für uns „Stadt", wo beginnt sie in unserem Kopf? Da helfen keine Definitionen und keine politischen Stadtgrenzen. Ein Wiener wird Breitensee als städtisch empfinden, Breitenlee eher als Dorf. Ähnliches gilt für Unter St. Veit und Unterlaa, für Mariabrunn und Süßenbrunn.

Nähert man sich Wien von außen, vom Westen, aus dem Wienerwald, so findet sich mancherorts noch ein Saum von Weingärten, und dann beginnt das besiedelte Gebiet, zunächst als kontrastreiches Nebeneinander von Natur- und Kulturlandschaft. Zum Zentrum hin werden die großen Grünflächen der Villen, Häuser und Wohnhausanlagen, der Schrebergärten, Friedhöfe und Parkes allmählich kleiner. Schließlich bleiben innerhalb des Gürtels nur noch kleinste Flecken Grün übrig, sieht man von den historischen Parkanlagen im Bereich der Ringstraße ab. Auch die Nischen für die

Breitensee hatte schon vor hundert Jahren städtischen Charakter, während Breitenlee auch heute noch als dörflich empfunden wird – nicht zu Unrecht, ist doch der heutige Bezirksteil die größte Bauerngemeinde Wiens.

Spannungsvolles Nebeneinander von Wohnhausanlage, Weingarten und Gebüsch in Liesing

Tierwelt werden immer enger. Die Lebensbedingungen ändern sich, nicht nur für den Menschen.

Gleichwohl ist das Innere der Stadt nicht ohne Leben. Angepasste, zum Teil ursprünglich fremdländische Arten wie Robinie, Götterbaum und Sommerflieder treten hervor. Auf Bahndämmen, auf Brachflächen und in Pflasterritzen wachsen Ruderalpflanzen, also „Gstättenbewohner", die sich in diesem Lebensraum gut eingewöhnt haben. Auf überdachtem Gesims brütet der Mauersegler, Fledermäuse rasten hinter Fassadenplatten. Und sogar in seinem engsten Wohn- und Wirkbereich ist der Stadtmensch von Organismen umgeben. Wenn er diese auch oft gnadenlos verfolgt, selbst wenn es sich um harmlose Silberfischchen handelt, so ist er doch auch in der saubersten Wohnung nie allein zu Haus.

Auf der Suche nach dem verlorenen Grün

„Die Stadt ist der schärfste Gegensatz des Landes. In der Stadt ist die Natur ein künstliches Produkt des Menschen." (Egon Friedell)

„Wien gehört mit seinem Wald- und Wiesengürtel zu den am besten grün versorgten Großstädten Europas. … Jedem Wiener stehen pro Kopf 127 Quadratmeter Vegetationsfläche zur Verfügung." (Ökosystemstudie Wien)

Was von beidem stimmt nun? Dass im Herzen der Stadt in erster Linie Gebäude wachsen, ist offensichtlich. Bleibt da im Häusermeer noch Platz für „Natur"? Die Antwort soll eine Reise quer durch das heute dicht verbaute Stadtgebiet geben: Sie folgt der Straßenbahnlinie D, welche Wien auf einer Länge von zehn Kilometern in 40 Minuten durchfährt, vom Südbahnhof auf der Arsenalterrasse im Süden, vorbei an der Inneren Stadt bis nach Nussdorf am Fuß des Kahlenbergs im Norden. Eingezeichnet ist sie auf der unten stehenden Luftaufnahme und zum Vergleich im selben Maßstab auf einer etwa 230 Jahre alten Karte.

Ausschnitt aus der Perspektivkarte Wien von Schweickhardt von Sickingen aus dem Jahr 1832 und dem multispektralen Scanner-Bild 2000 (re. → S. 539). In beiden Karten ist die heutige Fahrtroute der Straßenbahnlinie D vom Südbahnhof nach Nussdorf eingezeichnet.

1

2

3

1 „Botanische Gärten" zwischen Bahngleisen: Nicht nur bunt und wunderschön, sondern auch artenreich und vielfältig ist die Flora der Eisenbahnanlagen.

2 Selbst auf so exponierten Standorten wie den Schutzblechen über den Oberleitungen (aber natürlich auch auf Bahnschotter) findet man häufig Massenentfaltungen des Dreifinger-Steinbrechs *Saxifraga tridactylites*. Dazu gesellen sich typische Stadtmoose wie *Bryum argentum* und *Ceratodon purpureus*.

3 Die Vierpunktige Sichelschrecke *Phaneroptera nana* kommt in Gärten und auf Gstätten vor und nimmt derzeit in ihrem Bestand zu.

An der Einstiegsstelle beim Südbahnhof befindet sich der Schweizergarten, ein Großpark, der vor hundert Jahren auf den öden Flächen außerhalb des ehemaligen Linienwalls angelegt worden ist. Gärtnerisch gepflegtes, kultiviertes Grün, von der Schnellbahn und einer Straße durchschnitten, doch groß genug für Naherholung in grünem Ambiente. Gleich daneben liegt der alte Südbahnhof mit seinen weitläufigen Gleis- und Gewerbeanlagen. Wäre das Betreten der Bahnanlagen nicht untersagt, so könnten wir hier vielfältiges Leben beobachten. Im trockenen, heißen und nährstoffarmen Gelände zwischen den Verschubgeleisen gedeihen etwa Stink-Storchschnabel *Geranium robertianum,* Gewöhnlicher Natternkopf *Echium vulgare,* Steppenpflanzen wie Rispen-Flockenblume *Centaurea stoebe* und die im Hochsommer prächtige Sicheldolde *Falcaria vulgaris,* die im Herbst ein Steppenroller ist. An den Stängeln kleben die flachen Gehäuse der Heideschnecke *Xerolenta obvia* – sie erwacht erst bei feuchtem Wetter wieder aus ihrer Trockenstarre. Die nachtblaue Holzbiene *Xylocopa violacea* beeindruckt durch ihre Größe, der Schachbrettfalter *Melanargia galathea* durch sein markantes Flügelmuster. Von den jagenden Wolfspinnen fallen besonders die Weibchen auf, weil sie einen weißen, kugeligen Eikokon am Hinterleib befestigt mit sich tragen.

Am Frachtenbahnhof liegen etwas größere ungenutzte Flächen. Hier gibt es auch Sträucher wie Schwarz-Holunder, Sommerflieder und sogar Bäume wie Robinie und Götterbaum. Bei genauerer Betrachtung entdeckt der Botaniker oft auch

Tiere im Botanischen Garten der Universität Wien (In Erinnerung an Alexander Pernstich 1971–2005)

Parks, Gärten und Friedhöfe sind mitunter wichtige „Refugialgebiete" für Tierarten in innerstädtischen Bereichen, manchmal sprichwörtliche Oasen in einer Großstadtwüste. Der Botanische Garten der Universität Wien, 1754 durch Maria Theresia gegründet, ist diesbezüglich ein ganz besonderer Brennpunkt der Artenvielfalt inmitten der dicht verbauten Stadt.

Neben der Präsentation und dem Studium der Pflanzen für botanisch Interessierte und dem Erholungswert für Ruhesuchende bietet er auch einen Lebensraum für zahlreiche Tierarten. Anlässlich seines 250-jährigen Bestehens wurde auf Initiative von Alexander Pernstich die Tierwelt des Botanischen Gartens genauer unter die Lupe genommen. Zwei Jahre lang arbeiteten 22 Spezialisten an einer Inventarisierung der tierischen Bewohner. Das beeindruckende Ergebnis wurde im Jahr 2004 in Buchform publiziert: Über 700 Tierarten wurden auf dem nur acht Hektar umfassenden Areal inmitten der Großstadt festgestellt, und besonders sensationell: 18 davon erstmals für Österreich! Beispielsweise kommen hier 20 Prozent aller in Österreich bekannten Wildbienen-Arten vor. Weitere, noch unbearbeitete Tiergruppen (und Entdeckungen) warten auf ihre Erforschung.

Die Gründe für diesen hohen Reichtum an Tierarten liegen einerseits in der großen, im Freiland kultivierten Pflanzenvielfalt. Rund 4.500 verschiedene Arten können hier als Nahrungsquelle dienen. Dazu kommt die „insektenfreundliche" Betreuung des

Botanischen Gartens. So ermöglicht etwa ein gestaffelter Zeitplan bei der Wiesenmahd und das Belassen von Totholz vielen Tieren ein Überleben.

Wolfgang Rabitsch

Wien, vom Belvedere aus gesehen, Canaletto 1759/60. Blick über die Gartenanlagen des Schlosses und des Schwarzenbergparks hinunter zur Innenstadt.

Der Bürgermeister Dr. Michael Häupl persönlich (rechts) hilft bei der Weinlese im kleinsten Weingarten Wiens mitten in der Steinwüste des Schwarzenbergplatzes.

fremdländische Arten, die wahrscheinlich per Bahn eingereist und hier heimisch geworden sind. Ein solcher Neuzuwanderer ist das Schmalblatt-Greiskraut *Senecio inaequidens* (→ S. 520, Bild S. 521) aus Südafrika, dessen gelbzungige Blütenkörbe noch im November zu sehen sind. Bahnhofsareale zählen zu den artenreichsten städtischen Lebensräumen, die überdies durch die Gleisstrecken großflächig vernetzt sind.

Nach der Querung des Gürtels, einer der Hauptverkehrsadern Wiens, die Ende des 19. Jahrhunderts anstelle des Linienwalls, der äußeren Verteidigungslinie der Stadt, errichtet worden ist, geht die Fahrt durch die Prinz-Eugen-Straße stadteinwärts. Hier lagen einst die Vorstädte, ein Ring von Ortschaften, wo sich ab dem 18. Jahrhundert Adelspaläste mit repräsentativen Gärten breit gemacht haben. Von der barocken Herrlichkeit ist der Garten von Schloss Belvedere erhalten geblieben. Im Gegensatz zu den kunstvollen geometrischen Anlagen steht der öffentlich zugängliche Botanische Garten der Universität Wien, der fast zur selben Zeit gegründet wurde. Er beherbergt Pflanzen aus aller Welt, exotische wie einheimische Arten. Erstaunlich reich ist auch seine Tierwelt, die hier, in dieser Grünoase im dicht verbauten dritten Bezirk, einen Rückzugsraum findet. Näher dem Gürtel liegt der kleine, aber ebenfalls sehr artenreiche „Alpengarten Belvedere".

Der D-Wagen erreicht nun den Schwarzenbergplatz. Am Ende des Platzes umgibt eine modern gestaltete Grünanlage das „Russendenkmal" und den Hochstrahlbrunnen. Stadteinwärts erstreckt sich eine vegetationsfreie Stein- und Betonfläche von einigen Tausend Quadratmetern, neu errichtet im Zuge der Umbauarbeiten um die Jahrtausendwende, die jegliche stadtökologische Vorgabe vermissen lässt. Nur die querende Lothringerstraße präsentiert sich mit einem breiten grünen Mittelstreifen. Stadteinwärts mündet der Schwarzenbergplatz in die Ringstraße mit ihrer mehrreihigen Allee.

Doch noch bevor der D-Wagen in den Ring einbiegt, erblicken wir zur rechten Hand vor dem Gebäude Schwarzenbergplatz 1 den kleinsten Weingarten Wiens: Ein

„Weite nach allen Seiten" (Hans Weigel): die große, von Heldenplatz, Volksgarten und Rathausplatz gebildete, von den Palais und gründerzeitlichen Bauten gesäumte Grüninsel im Herzen Wiens.

Spiel mit der Tradition, gewiss, aber er erinnert daran, dass die Stadt vor 500 Jahren „*in Mitten eines grossen Weingartens*" lag – so der Geschichtsschreiber des Ungarnkönigs Matthias Corvinus (1443–1490). Heute bedecken die Weingärten in Wien mit 7,5 Quadratkilometern rund 1,8 Prozent des Stadtgebiets. Als Teil der typischen Wiener Kulturlandschaft werden sie hoffentlich erhalten bleiben.

Wir setzen unsere Fahrt auf der Ringstraße fort. An ihrer Stelle und bis hinaus zur konzentrisch angelegten „Lastenstraße" umschloss noch gegen Mitte des 19. Jahrhunderts das Glacis als offener breiter Ring die Stadt. Es war Exerzierfeld, Cordon sanitaire und Naherholungsgebiet in einem. Die prächtigen Baumalleen der Ringstraße verdanken wir der Gründerzeit, in der die Freiraumgestaltung getragen war von ästhetischen Überlegungen und – damals schon! – dem Wissen um die umwelthygienische Funktion der Stadtbäume. Die Parks und Gartenanlagen an der Ringstraße sind teils Ziergärten im strengen französischen Stil, wie am Maria-Theresien-Platz, und teils Landschaftsgärten, wie der nach englischem Vorbild angelegte Rathauspark. In diesem befindet sich ein beeindruckender Baumbestand mit einigen Raritäten, darunter die wärmebedürftige, immergrüne Großblatt-Magnolie *Magnolia grandiflora* aus den südöstlichen USA und eine schlitzblättrige Mutante der Rot-Buche. Im Gebüsch versteckt sich die Asien-Kermesbeere *Phytolacca esculenta* als freundlich geduldetes „Unkraut". Heldenplatz und Votivpark sind von weiten Rasenflächen dominiert. Natur gibt es, in Gestalt der nicht vom Stadtgartenamt geplanten Beikräuter, auch im Kunstrasen und im bescheidenen Grün zwischen den Ringstraßenbäumen. Mit Rasenziegeln eingeschleppt, leben hier sogar seltene pannonische Arten wie der Zwerg-Gelbstern *Gagea pusilla*. Der unglaublich trittresistente Vogelknöterich *Polygonum aviculare* markiert jene Stellen, wo sich die Fußgänger nicht an das Betretungsverbot halten. Mehr bewundert wird freilich das großzügig angelegte Rosarium im Volksgarten.

Kein Corso und kein Reitweg mehr, wird der Ring doch von Fußgängern, Läufern und Radfahrern frequentiert.

1

2

1 Eine Wohltat, nicht nur für die Augen: der grüne Baum im Hinterhof als Spielplatz und Erholungszone.

2 Im Sommer schattenspendend, feucht, kühl, im Winter ohne Laub: der Hofbaum und seine wohltuende Wirkung im dicht verbauten Gebiet.

Wer an ungewöhnlichen Orten nach Natur sucht, dem begegnet sie auch in den inneren Bezirken. Da und dort zwischen Pflastersteinen gedeiht das graugrün glänzende, winzige Silbermoos *Bryum argenteum*, vielleicht gemeinsam mit dem nicht viel größeren Liege-Mastkraut *Sagina procumbens*, dem Einjahrs-Rispengras *Poa annua*, oder dem Klein-Liebesgras *Eragrostis minor*. Nebenan sprießt Wildgemüse in Form des Portulak *Portulaca oleracea*, dessen Kulturform im Orient verwertet wird. In ungepflegten Ecken keimt oft die Gewöhnliche Birke *Betula pendula*, ein Pioniergehölz mit winzigen, allgegenwärtigen Flugfrüchten. Die jugendlichen Exemplare des Spitz-Ahorns *Acer platanoides* sind Nachkommen der Alleebäume. Fluginsekten und Spinnen, die sich an einem seidenen Faden vom Wind verfrachten lassen, sind die Pioniere einer ähnlich bunt gemischten Tiergemeinschaft.

Bei der Börse verabschiedet sich die Straßenbahn von der Innenstadt. Direkt vor den Toren der Rossauer Kaserne liegt der Erwin-Ringel-Park, ein typischer Beserlpark. Grünanlagen von diesem Typ werden von der Stadtbevölkerung ausgesprochen intensiv und vielseitig genutzt: Mütter mit Kleinkindern, Skateboarder, Angestellte in der Mittagspause, Pensionisten und Hundebesitzer. Sie alle hätten nichts dagegen, wenn die zur Verfügung stehende Fläche etwas größer wäre.

Die Tramway durchfährt nun im 9. Bezirk großteils geschlossene Blockrandbebauung. Viele Innenhöfe sind bis auf schmale Lichtschächte verbaut. Einige größere Höfe mit altem Baumbestand, Sträuchern und Beeten bieten den Hausbewohnern Abwechslung und im Sommer durch Kühlung, Staubbindung und Luftbefeuchtung ein angenehmes Mikroklima. Wenngleich mancher Wiener über den Schatten jammert, den ihm sein Hofbaum beschert, sind die Vorteile für das Stadtklima und damit für Gesundheit und Wohlbefinden der Bevölkerung nicht zu leugnen. In der Regel ist am Spektrum der Bäume und Sträucher, die hier wachsen, die Baugeschichte abzulesen: Eine höhere Artenzahl zeigt meist ältere Bausubstanz an. Die häufigsten Arten sind Spitz-Ahorn *Acer platanoides*, Kaiser-Linde *Tilia cordata* × *T. platyphyllos*, Bastard-Platane *Platanus* ×*hispanica* und Rosskastanie *Aesculus hippocastanum*. Selbst alte Weinstöcke findet man bisweilen noch in Höfen aus der Vorgründerzeit. Zu den häufigsten Sträuchern zählen Forsythie *Forsythia* ×*intermedia*, verschiedene *Cotoneaster*-Arten und die mannshohe Japan-Hortensie *Hydrangea macrophylla* agg.

Wohnhausanlagen mit großflächigen Grünarealen zwischen den einzelnen Blöcken sollen den Eindruck vermitteln, dass das Grün gewissermaßen die Anlage „durchfließt". Über die subjektive, meist wohltuende Empfindung und die objektiv messbare mikroklimatische Verbesserung hinaus können derartige Konzepte auch einen Beitrag zur ökologisch bedeutsamen Vernetzung von Grünzonen liefern. Voraussetzung ist allerdings eine kluge und nicht allzu radikale Pflege des Grüns.

Bäume, Sträucher, Blumenbeete – und alles wächst von selbst: Spontanvegetation auf Gewerbe- und Industrieflächen.

Die Route führt am Franz-Josefs-Bahnhof vorbei, dem 1869 das Palais Althan mit seinen großzügigen Gartenanlagen weichen musste. Der Bahnhof wurde in neuerer Zeit zum Teil mit dem Universitätskomplex Althanstraße überbaut, einem Gebäudetyp nach der Mode des späten 20. Jahrhunderts, mit fast flächendeckender Dach- und Hofbegrünung. Bald können wir einen Blick auf eine Zeile von Ginkobäumen *Ginkgo biloba* werfen. Diese stadtluftresistente Baumart, ein lebendes Fossil aus Mittel-China, ist eine botanische Besonderheit, die bereits Goethe zu würdigen wusste. Hier betont sie eine Front des Biologiezentrums der Universität Wien.

Auf der Weiterfahrt liegen rechter Hand die Anlagen der U-Bahn und der Franz-Josefs-Bahn. An die Auvegetation vergangener Jahrhunderte erinnern nur noch Namen wie Spittelau und Rossau. Selbst aus der fahrenden Tramway sind hier wild wachsende Pflanzen zu sehen, meist auf Betriebsgelände. Handels-, Gewerbe- und Industrieflächen machen mit rund 30 Quadratkilometern des Wiener Stadtgebiets etwa ein Sechstel des bebauten Areals aus. Trotz ihres geringen Grünanteils sind sie insgesamt recht artenreich, weil sich in ungenutzten Teilflächen niemand um die Pflege – also um die Vernichtung des „Unkrauts“ – kümmert, und Gepflanztes wie Ungepflanztes hier weiterwuchert. Löwenzahn-Arten *Taraxacum officinale* agg., Echter Beifuß *Artemisia vulgaris,* Hopfenklee *Medicago lupulina,* Hühnerdarm *Stellaria media,* Arten der Echten Schafgarbe *Achillea millefolium* agg., Schmalblättriges Wiesen-Rispengras *Poa angustifolia,* Hirtentäschel *Capsella bursa-pastoris,* Kanada-Berufkraut *Erigeron (Conyza) canadensis* und viele andere dominieren auf derartigen Flächen. Bei den Sträuchern und Bäumen fallen Schwarz-Holunder *Sambucus nigra,* Hunds-Rosen *Rosa canina* agg., Flieder *Syringa vulgaris* sowie Götterbaum *Ailanthus altissima,* Hänge-Birke *Betula pendula* und Schwarz-Pappel *Populus nigra* auf. Streifenwanzen *Graphosoma* spp. sitzen auf den Blütendolden der Wilden Karotte wie rot und schwarz gebänderte Abzeichen. Gelb und Schwarz sind die Signalfarben der Zebraspinne *Argiope bruennichi,* die im Zentrum ihres kunstvollen Radnetzes einen besonders hübschen Anblick bietet.

Vorbei geht es am Wertheimsteinpark, der schon zur Biedermeierzeit als Sehenswürdigkeit galt, als er noch „wild“ vom Krottenbach durchflossen wurde. Von diesem ist nicht mehr viel zu sehen, und doch klingt hier – freilich durch Gartenkunst verändert – ein Stück alte Döblinger Landschaft an. Wir erkennen das Steilufer jenes

Üppiges Pflanzenleben auf der „Gstättn“ (Aspangbahnhofgründe)

1 Ob die Pastorale heute anders klingen würde? Immerhin ist er noch da, der Schreiberbach, einer der wenigen unverrohrten Bachläufe Wiens, der Beethoven zu seiner sechsten Symphonie inspiriert haben soll.

2 Alter Ortskern am Rand des bebauten Gebiets von Wien: der Heiligenstädter Pfarrplatz mit dem Beethovenhaus

1

2

Donauarmes, der heute in das Korsett des Donaukanals gezwängt ist. Erstmals sieht man an den nach Südwesten ansteigenden Geländestufen etwas naturnähere Grundstücke mit verwilderten Gartenresten.

Die Straßenbahn fährt am Karl-Marx-Hof vorbei, dem eindrucksvollen Beispiel einer kommunalen Wohnhausanlage aus der Zwischenkriegszeit, dem größten Wohnhaus Wiens. Teil des architektonischen Konzepts neuerer Großwohnhausanlagen sind parkähnliche Flächen, die gleichsam durch die Anlage fließen.

Schließlich erreichen wir die Endstation der Straßenbahnlinie D in Nussdorf. Direkt neben der Ausstiegsstelle befand sich bis vor Kurzem eine unverbaute Parzelle, eine Stadtbrache. Nur wenige dieser „Gstätten" sind auf unserer Fahrt in Sichtweite gewesen, und sie werden auch immer seltener. Dabei sind sie in jeder Phase ihrer raschen Vegetations- und Faunenentwicklung von ökologischem Wert. Auf eher trockenen, nährstoffarmen Stellen beginnt die Besiedlung mit Natternkopf *Echium vulgare*, Steinklee *Melilotus officinalis*, Gewöhnlicher Königkerze *Verbascum phlomoides*, Habichtskraut-Bitterkraut *Picris hieracioides*, Dach-Trespe *Bromus tectorum* und Wilder Möhre *Daucus carota*, um sich vielleicht über Trockenwiesen und Schilf-Reitgras-Fluren *(Calamagrostis epigeios)* zu Bocksdorngebüschen *(Lycium barbarum)* und Robinienwäldern weiterzuentwickeln. Ist der Boden jedoch feuchter und nährstoffreicher, dann findet man Flecken-Taubnessel *Lamium maculatum*, Schwarznessel *Ballota nigra*, Groß-Brennnessel *Urtica dioica*, Rainfarn *Tanacetum vulgare* und Kanada- und Riesen-Goldrute *Solidago canadensis* und *S. gigantea*. Später stellen sich vielleicht Birke, Zitter-Pappel, Schwarz-Holunder, Götterbaum und schließlich ein Spitz-Ahorn-„Stadtwald" ein. Die so geschaffene Stadtwildnis wird aber auch gern als Spiel- und Erholungsplatz angenommen, wenn sie groß genug und zugänglich ist.

„Je älter ich werde, umso stärker kommt mir zu Bewusstsein, was wir unseren Kindern genommen haben. Der Lebensraum der Schmetterlinge ist zugleich der wunderbarste Erlebensraum für Kinder. Er vermag zur Entwicklung von Naturliebe und Natursehnsucht beizutragen. Die wichtigste Voraussetzung für jenen Friedenspakt mit der Natur, zu dem wir finden müssen, wenn die nächste Generation überleben soll."
Konrad Lorenz (1903–1989, Nobelpreisträger 1973)

Der Duchschlupf zwischen Mauer und Zaun als Tor zu der ökologisch interessanten, humanökologisch unendlich wertvollen Naturerlebniswelt Stadtbrache

Häufiger jedoch wird eine solche Baulücke, bis sie wieder verbaut wird, als Parkplatz genutzt. Um Management und „Bewerbung" von Stadtbrachen als neue Formen des Stadtnaturschutzes kümmert sich in Wien die Umweltschutzabteilung des Magistrats (MA 22) in professioneller Weise.

Die Endstation der Linie D trägt den Namen Beethovengang. Mit dem Wasser des Schreiberbaches ist dem Meister die Inspiration für das Andante seiner Pastorale zugeflossen: *„Hier habe ich die Szene am Bach geschrieben, und die Goldammern da oben, die Wachteln, Nachtigallen und Kuckucke ringsum haben mitkomponiert."* Wir gehen noch ein Stück weiter durch die Reste des alten Ortskerns von Nussdorf/Heiligenstadt. Ansatzweise trifft man hier auf Landschaftselemente, wie sie früher auch weiter stadteinwärts vorhanden waren: große Obstgärten, ein offener Bachlauf, wild wuchernde Sträucher. Schon sehen wir zwischen zwei Wohnblöcken die ersten Weingärten. Und etwas oberhalb liegen die Friedhöfe von Nussdorf und Heiligenstadt, auch sie eine Art von Grünoasen, die seit mehr als hundert Jahren keinen Platz im dicht verbauten Gebiet mehr haben.

Leben im Stress

Wenn sich im Frühjahr das erste Grün der Bäume zeigt und der bunte Blütenteppich Parkanlagen und Schrebergartenrabatten überzieht, könnte man meinen, dass die Stadt die vom Menschen seit jeher gewollte lebenswerte Umwelt sei. Doch schon wenige Monate später zeigen braune Flecken an den Blättern kränkelnder Bäume und mit dicken Staubschichten überzogene Pflanzen, dass der Natur in der Stadt zu viel aufgebürdet wird: zu viel an Trockenheit und Hitze, zu viel an meist schwermetallhältigem Staub, zuviel an Schadgasen und zu viel an Streusalz. Es ist der Mensch, der die von ihm selbst geschaffene städtische Natur gefährdet und sich damit letztlich selber schadet.

Die Energiebilanz der Stadt errechnet sich anders als jene des Grünraumes. Sie ergibt sich aus der summarischen Wirkung ökologischer und anthropogener Einflüsse. Die Bodenverdichtung, die verringerte Verdunstungskühlung durch den schnellen Abtransport des Wassers in Kanäle, die Wärmekapazität von Straßenasphalt und Baukörpern sowie die Staub- und Dunstglocke über der Stadt verstärken die Wärmeströme, trotz gedämpfter Sonneneinstrahlung, zum Glashauseffekt. Die Energiefreisetzung durch Hausbrand und Verkehr macht die Stadt vollends zu einer Wärmeinsel (→ S. 92). Die Eingriffe in den Wasserhaushalt durch Bodenversiegelung und Kanalisierung von Gewässern reduzieren die Verdunstung. Dem wirken höhere, die Verdunstung fördernde Temperaturen entgegen, doch ist generell die Feuchtigkeit in der Stadt geringer. Diese allgemeingültigen Beobachtungen verschleiern allerdings die Tatsache, dass jede Stadt ein mosaikartiges Klimamuster aufweist, das je nach Größe der Stadt, ihrem Grünanteil, dem Austausch mit dem Umland und nach Tages- und Jahreszeit variiert.

Im Allgemeinen sind Pflanzen an die extremen Bedingungen ihrer Standorte durch Abhärtungsprozesse angepasst. Gelegentlich wird aber an Stadtbäumen Hitzelaubfall beobachtet, besonders wenn sich trockene Luft durch Wärmerückstrahlung von Häusern und Straßen aufheizt. Auch Straßenstaub kann Hitzeschäden an Pflanzen verursachen. Die Übertemperaturen erhöhen die pflanzliche Atmung, mit negativer Rückwirkung auf die Produktivität, vor allem bei Bäumen. Niedrige Luftfeuchtigkeit steigert die Transpiration, was bei schlechter Wassernachlieferung aus dem Boden Trockenschäden zur Folge hat. Trotz dieser oft schwierigen sommerlichen Situation sind die Vorteile des Stadtklimas für die Vegetation im Frühjahr nicht zu übersehen. Die höheren Temperaturen an Straßenrändern und in den Vorgärten begünstigen den Austrieb der Pflanzen im Vergleich zum Grün in den Hinterhöfen, im Innern der Parkanlagen oder im städtischen Umland. Darüber hinaus ermöglicht es das Stadtklima südländischen Pflanzenarten, in Mitteleuropa Fuß zu fassen.

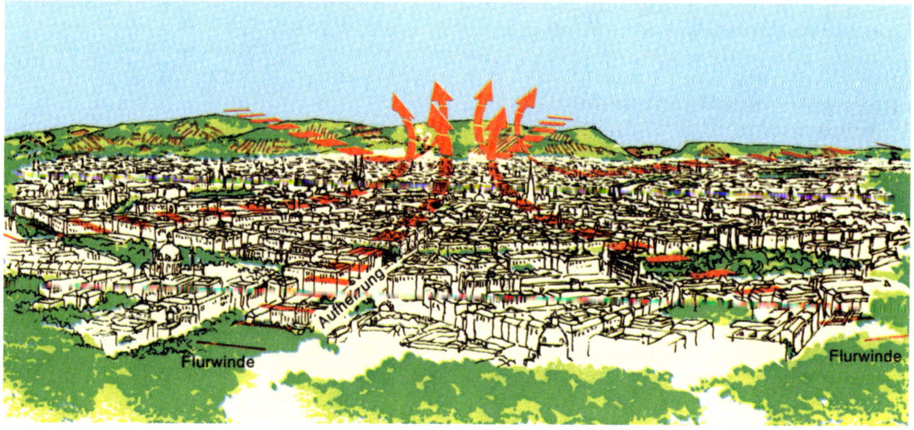

Die im bebauten Gebiet überwärmte Luft steigt auf, von außen strömt kühle Luft ins Zentrum nach. Sind großzügige Baumpflanzungen in der Stadt vorhanden, so filtern sie die nachströmenden, bodennahen Luftmassen. Ist eine städtische Dunstglocke vorhanden (nicht abgebildet), wird diese Dynamik vermindert: Die direkte Sonneneinstrahlung wird verringert, die diffuse Strahlung aber erhöht; gleichzeitig kommt es zur Anreicherung von Schadstoffen.

Schadstoffe in Luft und Boden

Schwefeldioxid: SO_2-Emissionen, die als Schwefelsäure wirksam werden, sind in der kalten Jahreszeit durch den Einsatz schwefelhältiger Heizmaterialien erhöht. Besonders empfindlich reagieren Flechten auf SO_2. Sie nehmen an Artenanzahl und Deckungsgrad in Richtung Stadtzentrum ab (→ S. 523). Bei Sträuchern und Bäumen machen sich die SO_2-Schäden durch vorzeitiges Altern, Kronenauflichtungen, Nekrosen und Chlorosen bemerkbar.

Stickoxide: Die bei Verbrennungsvorgängen freigesetzten Stickstoff-Sauerstoff-Verbindungen, wie das NO_2, sind für sich allein betrachtet wesentlich weniger toxisch als SO_2. Doch auch sie können ähnliche Reaktionen bei Pflanzen auslösen. Stickoxide gelten gemeinsam mit den Kohlenwasserstoffen als Vorläufersubstanzen von photochemischen Oxidantien. Unter Beteiligung des Sonnenlichtes bilden sich daraus Luftverunreinigungen wie das pflanzenschädigende, aber auch für den Menschen schädliche bodennahe Ozon. Die Düngewirkung der aus dem NO_2 gebildeten Nitrite und Nitrate kann speziell auf nährstoffarmen Böden ein Ungleichgewicht der Nährstoffe bewirken und standortangepasste Pflanzen bedrohen.

Staub: Staub verändert die Absorptions-, Reflexions- und Transmissionseigenschaften der Blätter. Die Temperatur der Pflanzenorgane kann sich dabei so stark erhöhen, dass Verbrennungsschäden auftreten. Langfristig gesehen beeinträchtigt die Wärmebelastung durch verstaubte Organe die Produktivität und den Wasserhaushalt der Pflanze. Das gilt auch für die verstärkte Reflexion im sichtbaren Spektralbereich, da durch sie weniger von dem für die Photosynthese benötigten Sonnenlicht in die Zellen dringt. Verstärkt werden diese negativen Wirkungen noch dadurch, dass Staub die Spaltöffnungen der Blätter in ihrer Bewegung hindert.

Schwermetalle: Staub kann reich an Schwermetallen sein. Die Giftigkeit wurde vielfach nachgewiesen. Eine Eigenart von Schwermetallen ist ihre Anreicherung im Boden und in den Pflanzen, woraus eine lange Verweilzeit in den Nahrungsketten resultiert. Bekanntestes Beispiel ist wohl das Blei, welches früher als Antiklopfmittel dem Benzin zugesetzt wurde. Die langfristigen Folgen für die Ökosysteme sind noch ungenügend erforscht.

Erdgas: Durch undichte Gasleitungen können lokal Bäume absterben. Der letale Effekt ist nicht auf Inhaltsstoffe des Erdgases zurückzuführen, sondern auf die Verdrängung der Bodenluft durch das Gas. In der Folge wird der Sauerstoff knapp, die Wurzelatmung unterbunden, und der Baum stirbt.

Giftige organische Verbindungen, welche bei industriellen Prozessen und beim Verbrennen von fossilen Brennstoffen entstehen, sind eine äußerst problematische und in ihren Wirkungen auf die Lebewesen erst sehr wenig untersuchte Stoffgruppe.

Streusalz: Trotz des bereits bestehenden, doch kurzfristig immer wieder aufgehobenen Verbotes der Anwendung von NaCl-hältigen Auftausalzen, sind Salzschäden heute noch immer die auffälligsten Schadsymptome an Stadtpflanzen. Bei Bäumen ist das Braunwerden der Blattränder frühzeitig im Jahr nicht zu übersehen. Vorzeitiger Blattfall als Folge von Wasserstress und toxischen Einflüssen verkürzt die Produktionsperiode. Die Kronen lichten sich, die Bäume verkümmern langsam und müssen buchstäblich verhungern (→ S. 513).

Rudolf Maier / Wolfgang Punz

1

2

3

4

5

6

1 Hohe Staubbelastung beeinträchtigt den Lichteinfall, verstopft die Spaltöffnungen (und setzt damit ihren Gasstoffwechsel herab), verändert den pflanzlichen Temperaturhaushalt und kann – je nach Art des Staubs – auch unmittelbar toxisch wirken.

2 Verbräunte Nadeln bei der Föhre als Reaktion auf intensiven Schwefeldioxid-Stress

3 Der erhöhte Salzstress im unmittelbaren Haltestellenbereich führt zur Braunfärbung großer Teile der Baumkrone.

4 Das typische Schadbild, das mittlerweile jedem Wiener vertraut ist: salzgeschädigte Rosskastanienblätter

5 Die herbstliche Blüte der Rosskastanienbäume (ein Bild aus dem September!) ist in der Regel durch Stress, hier wohl durch die Streusalzbelastung bedingt.

6 Spitzenbräune als typischer Fluorid-Schaden bei einer Tulpe

Bioindikation

Bereits Mitte des 19. Jahrhunderts brachte man in den großen Industrieorten Mittelenglands den Rückgang von Flechten, Moosen und Schmetterlingen mit der schlechter werdenden Umweltqualität, vor allem mit den „Rauchgasen“ der Industrie, in Verbindung. Die Wissenschaft hat erkannt, dass Pflanzen und Tiere Auskunft über den Zustand der Umwelt geben können. Der Fachausdruck dafür ist Bioindikation. Dabei sind natürlich nicht alle Lebewesen gleichermaßen als Bioindikatoren geeignet.

Eine der bekanntesten Indikator-Pflanzen ist der Tabak *Nicotiana tabacum (Sorte Bel-W3)*. Was vielen amerikanischen Tabakanbauern in den 1950er-Jahren den finanziellen Ruin gebracht hat, wird heute zur Überwachung der Ozonbelastung genutzt: Unter **Ozon**einfluss bekommen die Blätter des Tabaks weiße Flecken und werden nekrotisch. Die Menge und Dauer des einwirkenden Ozons sind dabei streng proportional zur Menge an Nekrosen. Dieses Verfahren ist mittlerweile durch eine Richtlinie des VDI (Verein Deutscher Ingenieure) standardisiert und wird in vielen Städten Europas eingesetzt. Aufgrund seiner Einfachheit kann es sogar im Schulunterricht demonstriert werden.

Die bekanntesten und besten pflanzlichen Indikatoren zur Erfassung von **Schwermetallen** sind nach heutigen Erfahrungen Moose; früher wurde für diesen Zweck auch das Welsche Weidelgras *Lolium multiflorum* eingesetzt. Fische und Säugetiere, wie etwa Ratten, sind aufgrund ihrer Stellung als Endglieder in der Nahrungskette klassische Bioindikatoren in Stadtökosystemen. Aus den Schwermetallgehalten, die in den Lebewesen gemessen werden, können Rückschlüsse auf die Konzentrationen in der Umwelt gezogen werden.

Zur Bioindikation einzelner giftiger **organischer Verbindungen** werden Analysen an Taubeneischalen, Fichtennadeln oder Kohlblättern durchgeführt.

Schwefeldioxidemissionen sind zwar seit der Einführung von schwefelfreien Brennstoffen und der Verbesserung der Filtertechnologie in Kraftwerken stark zurückgegangen; wo vorhanden, bewirken sie noch immer Verbräunungen am Laub von Bäumen sowie Schäden an Moosen und Flechten. Bei letzteren wird auch das Spektrum der vorkommenden Arten verändert, sodass man sie gut als Indikatoren verwenden kann.

Die Schadbilder der **Stickoxide** unterscheiden sich kaum von den Schäden des Schwefeldioxids. Veränderungen in der Zusammensetzung von Organismengruppen lassen aber Rückschlüsse auf das Vorherrschen des einen oder anderen Schadstoffes zu. Zeichnet man das Vorkommen empfindlicher Organismen im Stadtgebiet auf einer Karte ein, so gibt diese Karte auch Auskunft über die Verbreitung der Schadstoffe. In Wien wurde dies unter anderem für Flechten (→ Karte S. 523) und Collembolen durchgeführt.

Generell unterscheidet man zwei Typen von Bioindikatoren: Die **Reaktionsindikatoren** reagieren mehr oder weniger sensibel auf einen bestimmten Schadstoff. Durch Veränderungen wie das Verfärben von Blättern zeigen sie an, dass dieser Schadstoff in größerem Ausmaß vorhanden ist. Die Symptome lassen jedoch keine exakten Rückschlüsse auf die Menge des einwirkenden Schadstoffes zu. Bei **Akkumulationsindikatoren** ist die Menge des aufgenommenen Schadstoffes abhängig vom Schadstoffeintrag. Durch chemische Analysen und andere Messungen lassen sich genaue Rückschlüsse auf die Menge der deponierten Schadstoffe ziehen. Ein Beispiel ist etwa die Aufnahme von Schwermetallen durch Moose.

Ausgewählte Tabak-Sorten reagieren extrem empfindlich auf erhöhte Ozon-Konzentrationen. Das starke Oxidationsmittel Ozon wird dabei in der Pflanze nicht angereichert, greift jedoch die Membranen aller Zellbestandteile an und verursacht sichtbare Vergilbungen (Chlorosen) und Zerstörungen des Blattgewebes (Nekrosen).

Warum benutzt man überhaupt Bioindikatoren? Die verwendeten Organismen sind Teil der Nahrungskette und somit des gesamten Ökosystems. In vielen Fällen erweisen sich Bioindikatoren gegenüber rein technischen Messungen als überlegen, da sie nicht nur einen Schadstoff anzeigen, sondern über die gesamte, oftmals komplexe Wirkung der Umweltgifte Auskunft geben.

Harald Zechmeister

Die Böden der Stadt sind weitgehend künstlich, entstanden durch Aufschüttung und Planierung von Erdreich oder künstlichem Material wie Bauschutt, Schlacke und Müll. Vergrabene Abfälle aller Art überdüngen den Boden, verseuchen als sogenannte Altlasten das Grundwasser und gefährden damit ein Trinkwasserreservoir der Stadt. Der große Wasserverbrauch, die Kanalisierung und die Bodenversiegelung, aber auch Aufschüttungen senken den Grundwasserspiegel. Die erhöhten Bodentemperaturen steigern die Verdunstung, die Stadtböden trocknen schneller aus. Auf verdichteten Böden, die einen Teil ihrer Grob- und Feinporen verloren haben, werden Wasseraufnahme und Gasaustausch der Pflanzen zusätzlich behindert.

Da die Stadtböden meist humusarm und schuttreich sind, ist auch die Nährstoffsituation im Straßenbereich am schlechten Wachstum der Bäume mit schuld. Aufschüttungen mit Baumaterial erhöhen den pH-Wert und wirken sich somit auch ungünstig auf die im Wurzelraum lebenden Mykorrhizapilze aus, die den Pflanzen Nährstoffe aus dem Erdreich erschließen.

Tiere im Stadtgebiet – ein Überblick

Von Ubiquisten und echten Städtern

Die Tiere im mehr oder weniger dicht verbauten Stadtgebiet von Wien sind entweder Allerweltsarten, Arten des Umlands oder Kulturfolger.

Die Umweltansprüche der Allerweltsarten (Ubiquisten) sind bescheiden. Florfliege *Chrysoperla carnea* (→ Bild S. 484) und Siebenpunkt-Marienkäfer *Coccinella septempunctata* benötigen zum Beispiel nur Gewächse, die von Blattläusen befallen sind. Hinsichtlich des Mikroklimas sind sie wenig empfindlich. Solche Tiere können neu entstandenen Lebensraum schnell auffinden und eignen sich daher besonders als Pioniere in hoch variablen Ökosystemen, etwa in der Agrarlandschaft und im Siedlungsgebiet. Windverdriftung spielt dabei meist die Hauptrolle, doch gibt es auch Arten, die aktiv und über große Strecken wandern. Wanderinsekten überschwemmen alljährlich zu Abermillionen das ganze Stadtgebiet.

Arten des Wiener Umlandes verteilen sich im Stadtgebiet nach ihren ökologischen Ansprüchen. Soweit das Wienerwald-Klima reicht und der landschaftsgestaltende Mensch es zulässt, treten in den westlichen Randbezirken Tiere des Wienerwaldes auf, speziell solche des Eichen-Hainbuchen-Waldes und der Waldschläge. Dazu gehören Arten wie Kaisermantel, Hirschkäfer, Glockenblumen-Sägehornbiene, Äskulapnatter, Gelbhalsmaus und Mittelspecht.

Im Osten, Norden und Süden Wiens ist entlang von Bahndämmen, auf Brachen und ähnlichen „Gstättn" (Ruderalstandorten) der pannonische Einfluss deutlich, wie etwa die Krabbenspinne *Thomisus onustus*, der Blütenbock *Chlorophorus varius* und die

Das Wiener Nachtpfauenauge *Saturnia pyri* wurde Ende des 18. Jahrhunderts aus der Umgebung Wiens für die Wissenschaft neu beschrieben. Der submediterrane Schmetterling benötigt geschützte, warme Standorte, an denen sich seine Raupen auf alten Obstbäumen und anderen Laubgehölzen entwickeln. Natur-Gärten und nicht mehr genutzte Fabriksgelände mit Laubbäumen gehören heute zu seinen letzten Refugien in Wien.

Wanderinsekten

Während die meisten Insekten lebensfeindliche Jahreszeiten in einem Ruhestadium überdauern, wandern andere in wirtlichere Gegenden. Sie ziehen im Frühjahr Hunderte Kilometer nach Norden und im Sommer und Herbst wieder zurück. Anders als bei den Zugvögeln bestreiten aber nicht dieselben Individuen den Nord- und Südflug. Nach dem Schlüpfen aus der Puppe sind bei echten Wanderinsekten die Keimdrüsen im Hinterleib noch unentwickelt. Ihren Platz nimmt ein mächtiger Fettkörper ein, der als Energiespender während der folgenden Wanderung aufgebraucht wird. Dann erst reifen die Keimdrüsen, Eier werden im neuen Gebiet abgelegt, Larven entwickeln und verpuppen sich, und einige Wochen nach der Eiablage schlüpft die nächste Insektengeneration. Je nach Jahreszeit (Tageslänge!) wandert diese nun weiter nach Norden oder zurück in den Süden. Dabei müssen obligate Weitstreckenwanderer außergewöhnliche Flugleistungen erbringen. Man findet sie nur in wenigen Insektenordnungen.

Unter den Schmetterlingen ist die Gammaeule *Autographa gamma* sicherlich das häufigste Wanderinsekt Wiens. Sie ist überwiegend nachtaktiv, wird aber tagsüber häufig aufgescheucht. Ihre gut getarnten grünen Raupen fressen die verschiedensten Pflanzen und finden sich überall in Gärten, in Hinterhöfen, auf Dachterrassen, Balkonen, in Blumenkästen, ja sogar auf Topfpflanzen am Fenster, wo ihr Appetit den Blumenbesitzern wenig Freude bereitet. Während diese die unscheinbaren Pflanzenfresser meist gar nicht entdecken, macht die Deutsche Wespe *Vespula germanica* regelrecht Jagd auf die Eulenraupen, um ihre Larven mit eiweißreicher Kost zu versorgen. In welchen Massen Gammaeulen nachts in größerer Höhe über dem Boden ziehen, kann man im Hochgebirge erkennen, wenn sie bei günstigem Wetter zu Millionen einsame Lichtquellen anfliegen.

Ein zweiter prominenter Weitwanderer unter den Schmetterlingen ist der Distelfalter *Vanessa cardui*. Das Wanderverhalten dieses Tagschmetterlings lässt sich in der Großstadt gut beobachten, weil er anders als die Gammaeule in Bodennähe fliegt und trotz der vielen Hindernisse die Richtung streng beibehält. Stößt er an eine Hauswand, fliegt er schräg nach oben, um dann sofort wieder die Wanderrichtung einzuschlagen. Den Raupen bietet die Großstadt wenig, lediglich auf Ruderalstandorten und

1

2

3

4

5

1 Raupe der Gammaeule

2 Falter der Gammaeule

3 Distelfalter

4 Schwebfliege *(Episyrphus balteatus)*

5 Larve von *Episyrphus balteatus*

Bahndämmen kommen jene Disteln, Malven und andere Pflanzen vor, die der Distelfalter mit Eiern belegt. Nicht selten kann man in Wien auch Tiere beobachten, die nach der Wanderung rasten oder an den Blüten des Sommerflieders *Buddleja davidii* saugen.

Weniger bekannt ist das Wanderverhalten mancher Schwebfliegen. Wer einmal versucht hat, den Flug einer Fliege im Freien zu verfolgen, versteht, dass ihre Wanderungen lange unerkannt blieben, obwohl sie bei Sonnenschein und in riesigen Massen stattfinden. Entdeckt wurden sie erst, als man Nord-Süd-gerichtete Alpenpässe mit feinen Netzen absperrte. Die Hauptwanderarten *Scaeva pyrastri, Episyrphus balteatus, Sphaerophoria scripta* und *Metasyrphus corollae* werden wegen ihrer schwarzgelben oder schwarz-weißen Warntracht oft mit Wespen verwechselt, sind aber völlig harmlos. Sie gehören in der Großstadt zu den vertrauteren Insektengestalten, zumal sie sich auch gerne auf Menschen setzen, um Schweiß zu lecken. Ihre Larven haben eine eigene Methode der Blattlausjagd: sie haken sich mit dem Mund am Rücken des Opfers ein, reißen es hoch und saugen es unverzüglich aus. Eine einzige Larve verbraucht während ihrer Entwicklung an die 700 Blattläuse – gründliche Blattlausbekämpfung ohne unerwünschte Nebenwirkung!

Auch einige wandernde Libellen-Arten, meist aus der Gattung *Sympetrum*, können im Sommer in Wien auf Dachterrassen und an Ruderalstellen beobachtet werden.

Manche Insekten wandern nicht obligat und kontinentweit, sondern nur unter bestimmten Umständen und über kürzere Distanzen, etwa wenn die Nahrung knapp wird, wenn eine Massenvermehrung einsetzt oder ungünstige Witterungsbedingungen das Wegziehen notwendig machen. Ihre Züge sind meist nicht streng Nord-Süd-gerichtet. ***Karl Mazzucco***

Donau-Sandbiene

Die Donau-Sandbiene *Andrena danuvia* wurde von dem Wiener Forscher Bruno Pittioni in den 1930er-Jahren im 19. Wiener Gemeindebezirk gegenüber dem Gymnasium Krottenbachstraße entdeckt, aber erst 1950 für die Wissenschaft beschrieben. Die Straßenböschung, an der Pittioni Hunderte Nester gefunden hatte, musste Baumaßnahmen weichen, die Donau-Sandbiene wurde später jedoch in Parks und Gärten überall in Wien festgestellt. Sie nistet sogar in den Baumrabatten neben der Fahrbahn von Ringstraße und Gürtel. Die größte Aggregation befindet sich derzeit im kleinen Park bei der Kirche auf dem Dornbacher Rupertusplatz, wo man im Frühling Tausende Bienennester zählt.

Das Verbreitungsgebiet ist winzig: Es reicht bloß von Klosterneuburg bis Bratislava und von Südmähren bis Wiener Neustadt. Auf dem offenen Land kommt die Biene ziemlich vereinzelt vor, nur in Wien findet man große Nestaggregationen. Warum? Zur Anlage ihrer Erdnester bevorzugt das Tierchen abgetretene, nackte Stellen, die reichlich mit Hundekot garniert sind. Wildbienen, bei denen mit Ausnahme weniger sozialer Arten jedes Weibchen ein eigenes Nest anlegt, tragen Pollen und Nektar als Nahrung für den Nachwuchs in ihre Bauten ein. Wo solche Vorräte lagern, finden sich schnell Parasiten, die ohne Anstrengung davon zehren wollen. Der Nestparasit der Donau-Sandbiene ist eine Wespenbienen-Art. Am offenen Land und in Gärten ist das Zahlenverhältnis zwischen Sand- und Wespenbienen etwa 1:1, in den Nestaggregationen mit reichlich Hundekot aber 20 bis 30:1, der Fortpflanzungserfolg der Donau-Sandbiene ist also an diesen Stellen wesentlich höher. Wien hat eine besondere Verantwortung für das Weiterleben dieser Tierart.

Karl Mazzucco

Dolchwespe *Scolia hirta* zeigen. Selbst im Botanischen Garten der Universität Wien im dritten Bezirk siedeln zahlreiche pannonische Arten. Im Prater und an der Alten Donau kommen typische Bewohner der Donauauen hinzu, besonders solche, die, wie die Sandbiene *Andrena ventralis,* an Weiden oder Pappeln gebunden sind.

Auch dem mit 13–14 Zentimetern Spannweite größten Schmetterling der einheimischen Fauna, dem Wiener Nachtpfauenauge *Saturnia pyri* (→ Bild S. 472), kann man im Mai in Simmering, Favoriten, im südlichen Meidling, in Stammersdorf und in der Donaustadt noch gelegentlich begegnen. Noch – denn die Art ist generell stark gefährdet.

Je stärker die urbanen Faktoren den Lebensraum bestimmen, desto mehr treten die Arten des Umlandes zurück und die eigentlichen Bewohner des „Steinernen Herzens" rücken in den Vordergrund. Dabei gibt es verschiedene, meist in Kombination auftretende Gründe, warum gewisse Tierarten zu Stadtspezialisten werden:

1. Das Stadtklima. Manche wärmeliebenden Insekten und Spinnen finden in der trocken-heißen Stadt eher Existenzmöglichkeiten als im Umland. So besiedeln die Pelzbiene *Anthophora quadrimaculata* und die Blattschneiderbiene *Megachile apicalis* regelmäßig sonnige Baulücken und kleine Grünflächen zwischen den Häusern, sofern Lippenblütler oder Korbblütler genügend Nahrung bieten und Niststellen vorhanden sind. Aus Niederösterreich sind nur wenige Funde dieser Arten von extrem heißen Südhängen bekannt. Die Maskenbiene *Hylaeus punctatus* und die Sandbiene *Andrena pauxilla* werden im weiten Umkreis derzeit überhaupt nur im Stadtgebiet Wiens beobachtet.

2. Die Stadtstruktur – eine Felswüste: Für einige Vögel und Fledermäuse ist Wien wegen der künstlichen Felsenlandschaft attraktiv. Die kleine, grün glänzende Furchenbiene *Lasioglossum nitidulum* baut ihre Nester an stark besonnten Stellen im mürben Mörtel von Hauswänden. Sie wurde bis jetzt nur in der Stadt gefunden.

3. Das Nahrungsangebot: Der Mensch legt Vorräte an und produziert Abfälle. Durch Pflanzungen in Parks, Gärten und Blumentrögen stellt er unbeabsichtigt große Mengen an Nektar, Pollen, Beeren, Früchten und stickstoffreichen Pflanzenteilen zur Verfügung. Außerdem füttert er die Sympathieträger unter den Wirbeltieren, wovon

Junge Lachmöwe. Die Wiener füttern die Tiere am Donaukanal mit zugeworfenen Brotstückchen, die sie elegant aus dem Flug heraus fangen.

auch andere (nicht immer sympathische) Arten profitieren. Eine Biene, die man als echte Wienerin bezeichnen kann, nutzt die Blütenpracht der Sträucher und Bäume im April: die Donau-Sandbiene (→ S. 474).

Manche Tiere nutzen nur zu bestimmten Jahreszeiten das urbane Nahrungsangebot. Unter den Wiener Wintergästen ernähren sich neben den Saatkrähen *Corvus frutilegus* auch die Lachmöwen *Larus ridibundus* vom Abfall der Großstadt, meist sogar an den gleichen Stellen wie die Krähen. Seit etwa zwanzig Jahren kommt die Wacholderdrossel *Turdus pilaris* regelmäßig in die Gärten der Wiener Grünbezirke, um Beeren und hängengebliebenes Obst zu verzehren. Der Seidenschwanz *Bombycilla garrulus* tritt schon seit Längerem in unterschiedlicher Häufigkeit in den Parks und Gärten Wiens auf. Er erscheint gewöhnlich erst nach Neujahr in größeren Trupps und fällt durch sein starenartiges Flugbild und den fein trillernden Ruf auf.

Die Zusammensetzung der Brutvogelfauna einer Großstadt lässt sich nicht allein ökologisch erklären, sondern ist zum Teil das Ergebnis von Zufall und Tradition. In verschiedenen Teilen Europas sind unterschiedliche Vogelarten zu Städtern geworden. Ringeltaube und Heckenbraunelle kennzeichnen die Parks von Paris und London, im Stadtkern von Kopenhagen oder Stockholm fallen Wacholderdrossel und Elster auf. In Wien wurde noch Mitte des letzten Jahrhunderts das Klangbild der zentral gelegenen Parks von den Gesängen der Singdrossel *Turdus philomelos* und der Klappergrasmücke

1

2

1 Einer der besten Sänger in der heimischen Vogelwelt ist die Singdrossel. Ihr lautschallender Gesang ist leicht zu erkennen: Sie wiederholt die verschiedenen Motive mehrmals.

2 Der Name der Klappergrasmücke weist auf den einfachen Klapper-Gesang hin.

Sylvia curruca beherrscht. Beide Arten sind inzwischen nicht nur aus dem Zentrum, sondern auch aus den Grünbezirken fast verschwunden. Zwei andere Arten haben sich im gleichen Zeitraum hingegen ausgebreitet: die Mönchsgrasmücke *Sylvia atricapilla,* die wohl die Klappergrasmücke verdrängt hat, und die Aaskrähe *Corvus corone* mit ihren beiden Unterarten Nebel- und Rabenkrähe (→ S. 178). Die Aaskrähe, noch in den 1960er-Jahren kaum in den Innenbezirken zu beobachten, besiedelt heute Wien in großer Dichte. Sie plündert gern die Nester von frei brütenden Vögeln und Eichhörnchen und hat wohl zu deren Rückgang in Wien beigetragen. Damit in Zusammenhang stehen wahrscheinlich auch das Verschwinden der Singdrossel und die Reduktion der Amselpopulationen im engeren Stadtgebiet. Ein anderer Krähenvogel, die Dohle *Corvus monedula,* war früher ein zwar seltener, aber charakteristischer und regelmäßiger Bewohner der Gebiete entlang der Ringstraße und ein häufiger Brutvogel des Praters. Das letzte Brutpaar am Ring brütete an der Universität und verschwand Ende des 20. Jahrhunderts mit der Zerstörung des Nistplatzes im Zuge einer Renovierung. Im Prater fielen die Nistbäume der Dohlen der Motorsäge zum Opfer. Auch das melancholische Lied der Haubenlerche *Galerida cristata,* früher ein typischer Bewohner der Gärtnereien am nordöstlichen, östlichen und südlichen Stadtrand, kann man heute kaum mehr hören, sodass in Wien die Bilanz zwischen Neuansiedlung und Verschwinden von Vogelarten in den letzten 50 Jahren leider negativ ausfällt.

Alljährlich verunglücken in Wien Hunderttausende Zugvögel und selbstständig gewordene Jungvögel an Hochhäusern und an den so beliebten Glaswänden und Spiegelfenstern. Nächtlich ziehende Singvögel streben in der Morgendämmerung aus der mehrere hundert Meter hohen Zugbahn dem Erdboden zu, auch im Stadtgebiet. Dort suchen sie von Deckung zu Deckung fliegend nach einem artgerechten Aufenthalt für den Tag. Prallen sie dabei gegen eine Glasfassade, sterben sie meist rasch an einer Gehirnblutung. Auch für Insekten kann die Stadt zur Falle werden. Wenn sie der Wind im Frühjahr oder Herbst bei schönem Wetter in die noch kalten Häuserschluchten weht, landen sie starr und bewegungsunfähig auf den Straßen und Gehsteigen, wo sie überfahren oder zertreten werden.

Jäger und Gejagte

Der Dachs ist in den Grünbezirken Wiens weitverbreitet, doch bekommt man ihn wegen seiner streng nächtlichen Aktivitäten und seiner Vorsicht gewöhnlich erst nach Mitternacht zu Gesicht.

Nacht oder Tag, Morgen- oder Abenddämmerung – auch in der Stadt sind Jäger zu jeder Zeit auf Beute aus. Während fast alle Vögel, mit Ausnahme der Eulen, ihrem Nahrungserwerb bei Tageslicht nachgehen, werden die meisten Säugetiere bei Einbruch der Dunkelheit aktiv; bei Sonnenaufgang sind sie dann bereits wieder in ihrem Schlafquartier.

Fuchs, Steinmarder und Dachs ziehen über Grünkorridore aus dem waldreichen Umland durch die Außenbezirke Wiens bis ins dicht besiedelte Stadtzentrum. Diese Arten sind in ihrem Verhalten sehr flexibel: sie können sich an höchst unterschiedliche Lebenssituationen anpassen, besetzen Territorien als Einzelgänger oder Kleinfamilien und nehmen sowohl tierische als auch pflanzliche Nahrung an. Einen ungestörten Platz zum Aufziehen der Jungen und zum „Übertagen" finden sie oft auch in der Stadt.

Am schwersten von den Dreien hat es der Dachs *Meles meles.* Er ist eigentlich nicht für das Stadtleben geschaffen. Dieser große Marderartige wühlt mit Vorliebe im weichen Boden nach Larven und Würmern, ist aber kein geschickter Jäger. Er gräbt Mäusestuben aus, plündert die Nester von Bodenbrütern, frisst auch Aas und liebt süßes Fallobst. So wagt er sich zwar manchmal in große Parkanlagen der Stadt, bevor-

1

2

Fuchs (1) und Steinmarder (2), beide Arten dringen bis in die inneren Stadtbezirke vor.

zugt aber doch die Grünbezirke. Weil er seinen Bau gern unter Schuppen oder Gartenhäusern gräbt, wird er nur in wenigen Gärten auf Dauer geduldet. Auch die mit Kot und Harn gefüllten Gruben, die der Dachs an seinen Reviergrenzen anzulegen pflegt, bringen ihm unter den Gartenbesitzern wenig Sympathie ein.

Für Fuchs *Vulpes vulpes* und Steinmarder *Martes foina* dagegen ist der Tisch reich gedeckt. Alles ist leicht zu erbeuten, ob es sich um kleine oder größere Nagetiere handelt, um Stadttauben oder um Speisereste in den Mistkübeln. Auch die Wohnungssuche gestaltet sich nicht allzu schwierig. Während sich der Fuchs eher in den großen Parks niederlässt und das verbaute Gebiet nur als Jagdrevier nutzt, bezieht der Steinmarder auch ältere Gebäude, Keller und Dachböden, wo er durch nächtlichen Lärm und seinen strengen Geruch auffällt. Richtig unbeliebt machte sich der Steinmarder allerdings erst, als er eine Zuneigung zu Autobestandteilen fasste: Die experimentier- und erkundungsfreudigen Tiere schlüpfen in den Motorraum, beißen in Plastik- und Gummischläuche und zerfetzen Dämmmaterialien. Dieses merkwürdige Verhalten tauchte zuerst 1979 in der Schweiz, dann um 1985 im Norden Deutschlands spontan auf. Vielleicht wurde es durch Imitationslernen – „ein Marder macht's dem anderen nach" – weiter nach Süden und Osten verbreitet. Das stark einzelgängerische Verhalten der Tiere spricht freilich gegen diese Vermutung.

Und die Gejagten? Es sind vor allem Mäuse und Ratten, von denen weit mehr in der Stadt leben als Menschen. Mit Mäusen ist vorwiegend die Hausmaus *Mus musculus* gemeint, in Gärten und Parkanlagen können auch Wald- und Wühlmäuse zahlreich sein. Die Wanderratte *Rattus norvegicus,* als Kulturfolger des Menschen aus Zentralasien eingewandert, ist erst seit dem 18. Jahrhundert in Österreich nachgewiesen. Im Gegensatz zur Hausratte, die in Wien verschwunden ist und zu den gefährdeten Tierarten gehört, liebt die Wanderratte feuchte Lebensräume und hält sich daher in den Kanälen der Stadt auf. Auf Nahrungssuche huschen die Tiere nächtens durch Straßen und Grünanlagen, wo die tierliebenden Wiener mit ihrer Begeisterung für das Vogerlfüttern den Speisezettel der Ratten ganz wesentlich bereichern.

Als Überträger und Reservoir für Krankheitskeime, die auch den Menschen infizieren, muss die Wanderratte regelmäßig bekämpft werden.

Die Gassen der Stadt werden oft mit Schluchten, die Fassaden der Gebäude mit Felswänden verglichen. Tatsächlich besitzen die hoch aufragenden Kirchtürme, Wohnhäuser und Bürogebäude Eigenschaften einer schroffen Felslandschaft. Das ist der Grund, warum sich hier gewisse Tierarten besonders wohlfühlen. So beherbergt Wien, wie viele andere Metropolen auch, eine stattliche Anzahl von Turmfalken und noch viel mehr Stadttauben, die von der Felsentaube abstammen. Mauersegler brüten hier, und auch für Hausrotschwanz und Haussperling passen Häuser und Mauern in das Lebensraum-Suchbild.

Turmfalke am Gesims eines Stadthauses

Ein Stadtjäger des helllichten Tages ist der Turmfalke *Falco tinnunculus*. Schon der Name verweist auf seine bevorzugten Aufenthaltsorte. Die höchsten Gebäude der Stadt sind für Turmfalken Nistplatz und geschützter Aufzuchtsort für die Jungen; sogar auf Fensterbrettern oder in Balkon-Blumenkästen an hohen Wohnhäusern bauen sie ihr dürftiges Nest, meist ein Haufen schlampig zusammengetragenen Materials. Viel eher nisten sie jedoch in den offenen Nischen alter Kirchtürme. Zur Jagd fliegen die kleinen Greifvögel häufig ins freie Umland. Hier zeigen sie ihren typischen Rüttelflug und erbeuten auf Feldern, Wiesen und Straßenrändern vorwiegend Mäuse. Da der Turmfalke in der Stadt nicht nur hinter Nagetieren und Stadttauben her ist, sondern sich auch an den geliebten Kleinvögeln vergreift, wird er von manchen Wienern wenig geschätzt. Beutetiere sind immer in reichlicher Zahl vorhanden, besonders an Futterhäuschen, wo sie ihm und den streunenden Hauskatzen geradezu „serviert" werden. Der begrenzende Faktor für die städtische Turmfalkenpopulation ist das Nistplatzangebot. Nisthilfen an sonst unbenutzbaren glatten Fassaden könnten die Zahl der Brutpaare in der Stadt deutlich erhöhen.

Auch der Hausrotschwanz *Phoenicurus ochruros* ist eigentlich ein Bewohner felsigen Geländes. Das Häusermeer der Stadt kommt daher seinen Lebensansprüchen sehr entgegen, besonders dort, wo Dachterrassen und kleine Grünanlagen für ein ausreichendes Insektenangebot sorgen. Frühaufstehern unter der Bevölkerung des Steinernen Herzens und spät heimkehrenden Konsumenten des Wiener Nachtlebens ist sein Gesang, der aus zwei durch ein kratzendes Geräusch verbundenen Trillerpassagen besteht, ein Begriff. Als erster Vogelgesang kündet er im städtischen Wien noch bei völliger Dunkelheit das Herannahen des Morgens.

Wo waren die Haussperlinge *Passer domesticus*, als es noch keine Häuser gab? Ursprünglich vermutlich in lockeren Baumsavannen im mittleren Osten lebend, schlossen sie sich schon vor rund 10.000 Jahren dem Menschen an und breiteten sich als Kulturfolger über ganz Europa und später über alle Kontinente aus. Heute sind sie mit Ausnahme der Tropen fast überall auf der Erde anzutreffen, wo sich Menschen das ganze Jahr über aufhalten. Doch zeigt sich, dass die Vögel, auch wenn sie bisweilen in Nischen an Hochhäusern brüten, Schwierigkeiten haben, sich an die Bedingungen der Innenstadt anzupassen, und so werden sie dort in letzter Zeit immer seltener.

Die Farbtafel in „Naumann's Naturgeschichte der Vögel Mitteleuropas" aus dem Jahr 1901 zeigt den Mauersegler (zusammen mit einem Alpensegler: weiße Kehle und weißer Vorderbauch) in seinem ursprünglichen Felslebensraum. Vermutlich im Mittelalter begannen die Flugkünstler, diesen erfolgreich gegen die urbane Steinlandschaft einzutauschen. Hier brüten sie heute in vielerlei Hohlräumen an mehrgeschoßigen Steinbauten.

In Wien auch in der inneren Stadt oft zu beobachten: der Große Abendsegler, der schnellste Flieger unter den einheimischen Fledermäusen

Der Mauersegler *Apus apus* ist trotz oberflächlicher Ähnlichkeit nicht näher mit den Schwalben verwandt. Den Großteil seines Lebens verbringt er in der Luft, er schläft sogar im Fliegen. An warmen Juliabenden sammeln sich oft große Scharen der flüggen Jungvögel zu Flugspielen und schaffen dabei mit ihrem hohen „Sriiiii" eine charakteristische Lautkulisse des Stadtsommers. Mauersegler nisten in Mauernischen und unter Dachrinnen, wobei die Weibchen nur zwei Eier pro Saison legen. Sie verbringen nur vier Monate in unseren Breiten. Die Zeit ist also knapp und manchmal sind spät geschlüpfte Junge zum Abflugtermin Ende Juli noch nicht flugtauglich für den langen Weg nach Süden.

Während Mauersegler ihre Fluginsekten am Tag erbeuten, sind Fledermäuse nachtaktive Flieger. Wien beherbergt eine erstaunliche Vielfalt aus dieser einzigen voll flugfähigen Säugetiergruppe: Von den 28 Arten der aktuellen Fauna Österreichs wurden 21 auch in Wien nachgewiesen, darunter vor Kurzem sogar die (zu Unrecht so genannte) Alpenfledermaus *Hypsugo savii,* die in Österreich 130 Jahre lang verschollen war. Die meisten Arten leben in den Schutzgebieten der Grünbezirke, so etwa im Lainzer Tiergarten, wo es noch Bestände alter Bäume mit entsprechenden Höhlen als Schlupfwinkel gibt. Denn Fledermäuse benötigen ruhige, wettergeschützte Schlafplätze, ebenso Sommerquartiere, in denen die Jungen geboren werden, und frostfreie Winterquartiere, die oft weit von diesen „Wochenstuben" entfernt sein können.

Die Zwergfledermaus wohnt in engen Spalten und Ritzen, etwa hinter Holzverkleidungen, Eternit-Verschalungen und Blech-Verwahrungen an der Außenseite von Gebäuden. In einem Raum von der Größe eines Telefonbuches haben gut 25 Zwergfledermausweibchen mit ihren Jungtieren, also mehr als 50 Tiere, Platz.

Für einige Arten bieten sich Dachböden alter Häuser als Unterkunft an. Die ziemlich große Breitflügelfledermaus *Eptesicus serotinus* ist so ein typischer Hausbewohner. Auffälliger ist jedoch die häufigste Fledermaus Wiens, der Abendsegler *Nyctalus noctula,* der sein Paarungs- und Winterquartier oft mitten in der Stadt bezieht. An schönen Winterabenden kann man die Balzflüge der stattlichen Fledermäuse rund um die Peterskirche beobachten. Die Zweifarbfledermaus *Vespertilio murinus* ist dem Abendsegler in mancher Hinsicht ähnlich. Beide kommen zur Überwinterung gern in die Stadt, während sie ihre Jungen in Baumhöhlen zur Welt bringen. Im Oktober können Menschen mit gutem Hörvermögen an verschiedenen Stellen der Innenstadt die für eine Fledermaus niedrigfrequenten Balzrufreihen der Zweifarbfledermaus vom Nachthimmel hören. Allerdings wird es wegen baulicher Veränderungen an alten Häusern und Kirchen – viele Dachböden werden dicht gemacht, um Tauben auszusperren – für Fledermäuse immer schwieriger, Quartier zu finden. Die nächtens jagenden Insektenfresser sind überall gefährdet, manche sind vom Aussterben bedroht. Auch in der Stadt verdienen sie eine spezielle Förderung.

Dagegen kann bei den Stadttauben, zumindest von Seiten der Stadtverwaltung, von Förderung sicherlich keine Rede sein. Bei ihnen bemüht man sich, die ungebremste Vermehrung einzudämmen, denn sie schädigen Gebäude durch ihre Ausscheidungen und stellen als mögliche Überträger von Krankheitserregern ein Hygieneproblem dar. Unsere verwilderten Haustauben stammen von den im südlichen Europa an Felswänden und Klippen brütenden Felsentauben *Columba livia* ab. Sie sind die prädestinierten Stadtbewohner schlechthin: fast überall finden sie Brutplätze, und an Nahrung fehlt es nie. Wohlstandsmüll und Futterspenden vermeintlicher Tierfreunde mästen sie das ganze Jahr über. Marder und Turmfalken allein werden das Taubenproblem in der Stadt nicht lösen!

Die Anpassungsfähigkeit mancher Tiere, die selbst in den betonierten Zentren der Stadt überleben, ist zweifellos faszinierend. Ein großer Fehler wäre es jedoch, darüber den Schutz von „echten" Naturräumen und naturnahen Landschaften zu vernachlässigen. Um die Artenvielfalt zu erhalten, genügt es nämlich nicht, „Sekundärbiotope" im städtischen Raum und seinem Umfeld zu schaffen.

Von Russen und Raben

Charakteristisch für die erwachsenen Saatkrähen ist ein grau erscheinender, „nackter" Schnabelgrund, ein eindeutiges Unterscheidungsmerkmal zu den anderen Krähenarten (→ S. 178).

So richtig kündigt sich der Winter in Wien an, wenn „die Russen" eintreffen – das ist etwa um den 20. Oktober, manchmal auch früher –, und er endet, wenn sie im März wieder abfliegen. Russen oder Raben, so nennen die Wiener mehr oder weniger liebevoll die zigtausend Saatkrähen *Corvus frugilegus,* die an verschiedenen, über Jahrzehnte hinweg traditionell gleichbleibenden Schlafplätzen in der Stadt verteilt die Nächte verbringen. Die Steinhofgründe mit dem Gallitzin- oder Wilhelminenberg und der Wiener Prater sind die größten dieser Schlafstellen. Abends sitzen hier die schweigenden großen Vögel dicht an dicht auf den winterkahlen Bäumen. Am Morgen ziehen sie dann krächzend in riesigen Scharen in das umliegende flache Land, um auf den Feldern nach Nahrung zu suchen.

Fälschlicherweise werden die Saatkrähen als Flurschädlinge angesehen. Sie machen sich jedoch nicht über die Wintersaat her, sondern stochern nach Insektenlarven, Würmern und anderem Kleingetier. Mit ihren kräftigen Schnäbeln können sie Schnee und Eis durchdringen, um Fressbares zu finden. Nachmittags oder abends, jedenfalls vor Sonnenuntergang, zieht die schwarze Schar wieder in die Stadt.

Die Bezeichnung Krähe ist ein lautmalerischer Name, der ihre typischen Lautäußerungen nachahmt. Im Althochdeutschen nannte man sie „krâwa", im Mittelhochdeutschen wurde sie zur „krâ[e]", „kræje", „kreie" oder „krowe".

Der Wiener Spitzname „Russen" ist nicht ungerechtfertigt. Denn die Wintergänse kommen, wie Beringungsbefunde zeigen, aus Gebieten südlich von Moskau zu uns. Nur wenige Saatkrähen kommen im Frühjahr aus ihren westlicher liegenden Winterquartieren in den Wiener Raum, um hier vor allem im östlichen Niederösterreich und Burgenland zu brüten. Die letzte auf Wiener Stadtgebiet bekannte größere Brutkolonie befand sich im sogenannten „Rabenwaldl"; sie erlosch um 1940, erst seit wenigen Jahren gibt es wieder eine kleine Brutkolonie in Floridsdorf.

Da die Saatkrähen als „Schadtiere" angesehen wurden, hat man sie lange Zeit verfolgt, geschossen, vergiftet, gefangen und ihre Nester zerstört. Aber auch in die Kochtöpfe wanderten sie, als sogenanntes „Krah'ngulasch". Die nun unter Schutz gestellten Bestände der Wintergäste erholen sich bisher kaum und nehmen weiterhin stark ab.

Imkerei und Bienenforschung in Wien

Die Honigbiene spielt eine Schlüsselrolle im Beziehungsgeflecht Mensch-Kulturlandschaft. Vor allem ihre Bestäubungsleistung bei den landwirtschaftlichen Nutzpflanzen macht die Honigbiene, gemessen am volkswirtschaftlichen Nutzen, zum drittwichtigsten Haustier nach Rind und Schwein.

Die pulsierende Großstadt Wien ist ein guter Lebensraum für Bienen. Das mag auf den ersten Blick verwundern, und noch mehr überrascht vielleicht die Tatsache, dass der Wiener Landesverband des Österreichischen Imkerbundes rund 450 Mitglieder zählt, die zusammen 4.500 Bienenvölker betreuen. Viele davon sind freilich im Umland der Stadt aufgestellt, doch zumindest 1.000 Völker stehen im Stadtgebiet in Hausgärten, aber auch in Stadtwäldern und Auen. Die jährliche Honigernte der Wiener Imker beträgt etwa 111 Tonnen. In den letzten Jahrzehnten zeichnet sich sogar ein Trend ab, dass der Ertrag im urbanen Raum von Wien höher ist als der auf dem Lande. Dank der vielen Gärten und Parks und dem ausgedehnten Grüngürtel finden die Bienen in der Stadt eine bessere und vor allem kontinuierlichere Bienenweide als in der Agrarlandschaft. Dort herrscht zwar zu bestimmten Zeiten, etwa wenn der Raps blüht, ein großes Angebot, sobald diese Tracht aber vorbei ist, stehen die Bienen oft vor einer großen Leere, denn die Intensivierung der Landwirtschaft hat dazu geführt, dass die Landschaft auf weiten Strecken blütenleer geworden ist. Einst bunte Blumenwiesen wurden durch Düngung in monotone Intensivwiesen umgewandelt, blühende Ackerunkräuter werden mit Herbiziden weggespritzt und auf Brachflächen ist der Pflug meister schneller, als die Vegetation zu blühen beginnt.

Die Honigbiene *Apis mellifera* ist neben dem Seidenspinner das einzige Haustier unter den Insekten. Zu ihr pflegt der Mensch seit frühesten Tagen seiner Kulturgeschichte ein besonderes Verhältnis. Schon vor 7.000 Jahren begann man in Zentralanatolien mit der gezielten Haltung von Bienen. Im alten Ägypten waren auf dem Nil die ersten Wanderimker unterwegs, um das Lebenselixier Honig zu gewinnen, das als Speise der Götter galt. Aus der griechischen Antike sind zahlreiche Rezepte und Anwendungen überliefert, die vor allem die Heilwirkung von Honig und anderen Bienenprodukten zum Inhalt haben. Bereits Aristoteles hat die Bienen wissenschaftlich studiert und ein Buch über sie verfasst. Plinius, der exzellente Naturbeobachter, hat schon im 1. Jahrhundert nach Christus vom Anbau von Honigpflanzen an Bienenständen berichtet. In Vergils Lehrgedicht „Georgica" wird die Vorstellung überliefert, dass Bienen mythische Wesen seien, Erben des Goldenen Zeitalters, die den Tau von den Blüten als Honig ernten. Im Mittelalter galt die Biene als Symbol der Jungfräulichkeit, und Honig wurde mit Muttermilch verglichen. Bienen faszinieren die Menschen seit jeher, auch weil sie in staatenähnlichen Gemeinschaften leben. So diente den Kirchenvätern der Bienenstaat als Vorbild für den idealen Staat des Menschen.

> Das Donaugebiet ist uraltes Bienenland. Herodot berichtet im 5. Jahrhundert v. Chr.: *„...an der Donau gibt es so zahllose Bienen, dass es da fast unmöglich ist, frei zu wandeln, ohne von ihnen belästigt zu werden."*

Mit der Verbreitung des Christentums erlebte die Bienenzucht besonders im Mittelalter eine außergewöhnliche Blütezeit, denn für Kirchen und Klöster war das Wachs, besonders für die Herstellung von Kerzen, unverzichtbar. Auch Honig war zu allen Zeiten sehr begehrt. Er diente ursprünglich vorwiegend als Heilmittel, war aber auch als Süßungsmittel unentbehrlich, da bis zum Aufkommen des Rohrzuckers ausschließlich mit Honig gesüßt wurde. Bienenhaltung war somit ein lohnender Zweig und fixer Bestandteil jeder Landwirtschaft. Die Vorgänger der heutigen Zuckerbäcker und Konditoren waren die Lebzelter, die gemeinsam mit den Wachsziehern in einer eigenen Zunft vereint waren. In Wien ist bereits im Jahre 1368 ein Lebzelter namentlich beurkundet. Heute erinnern noch hölzerne Model an diese alte Handwerkskunst.

Aufeinandergestapelte „Klotzbeuten", Bienenbehausungen aus ausgehöhlten Baumstämmen, auf einem mittelalterlichen Stich

Nach dem Dreißigjährigen Krieg kam die Imkerei fast völlig zum Erliegen. Sie erholte sich erst wieder in der zweiten Hälfte des 18. Jahrhunderts. Mit der Gegenreformation stieg der Wachsbedarf wieder an und man erinnerte sich der wirtschaftlichen

Bienen-Vater.

Die Praxis mit der Theorie
Laß' gehen Hand in Hand,
In schwesterlicher Harmonie
Zu Deinem Bienenstand.

Organ
des Vereines zur Förderung der Bienenzucht in Nieder-Oesterreich.

Nr. 1. Wien, 1. Mai 1869. Jahrgang I.

1860 wurde ein Verein zur Förderung der Bienenzucht in Wien und Niederösterreich gegründet. Am 1. Mai 1869 erschien die erste Ausgabe des „Bienen-Vaters".

Bedeutung von Honig und Honigprodukten. Gleichzeitig ermöglichte die durch die Aufklärung geförderte Naturforschung die Entwicklung der Bienenzucht und die Entdeckung neuartiger Betriebsweisen in der Imkerei.

Österreich und insbesondere das heutige Wiener Stadtgebiet und seine Umgebung sind ein altes traditionelles Bienenland, in dem auch die staatliche Bienenförderung und -forschung eine lange Tradition haben: 1769 ließ Maria Theresia die erste „Schule zur Förderung der Bienenzucht" im Augarten errichten, die zum Vorbild für alle im Reich entstandenen Imkerschulen wurde. Mit ihrem Patent zur Förderung der Bienenzucht und dem Schutzbrief für die Imkerei verfolgte sie auch sozialpolitische Ziele, und so heißt es in ihrem Dekret: *„...stellt die Imkerei eine edle, anregende Beschäftigung dar, die den Imker von Müßigang abhält, (...) als Quell von Segen und Freude für Mensch und Vaterland und zur Mehrung des Wohlstandes dient."*

Bereits 1781 wurde die Bienenschule aufgrund von allgemeinen Sparmaßnahmen wieder geschlossen und erst 170 Jahre später, im Jahr 1949, nahm neuerlich eine staatliche Imkerschule, die Bundeslehr- und Versuchsanstalt für Bienenkunde, ihre Lehrtätigkeit auf. Die Imker in Wien standen nach dem Zweiten Weltkrieg vor einer gewaltigen Aufgabe, denn mehr als die Hälfte aller Bienenvölker war vernichtet, die Imkerschule im Prater total zerbombt und ausgebrannt. Das neu entstandene Institut für Bienenkunde wurde vom österreichischen Staat übernommen und zählte schon bald zu einer der angesehensten und modernsten Einrichtungen dieser Art in Europa.

Heute ist das Institut für Bienenkunde – abermals als Resultat von Sparmaßnahmen – mit stark eingeschränktem Aufgabenbereich in die Österreichische Agentur für Gesundheit und Ernährungssicherheit (AGES) eingegliedert, sodass ein Großteil der Forschungs- und Beratungsaufgaben nicht mehr wahrgenommen werden kann. Die weltweit herausragende Stellung in der Bienenforschung, die sich Österreich seit Maria Theresia durch Forscher wie den berühmten ersten Bienenlehrer der Theresianischen Imkerschule, den aus Krain stammenden Anton Janscha, bis hin zu dem Nobelpreisträger Karl von Frisch erworben hat, ist nun in Gefahr, durch strukturelle und finanzielle Einschränkungen wieder verloren zu gehen.

In Wien sorgt die Imker-Feuerwehr dafür, dass ausgeschwärmte Bienenvölker wieder eingefangen werden. Sie beseitigt auch Wespennester und bringt Hornissen, die unter strengem Naturschutz stehen, in den Wienerwald.

Heimliche Hausgenossen

Häuser werden nicht nur von jener Spezies bewohnt, die sie gebaut haben. Außen und innen, vom Keller bis zum Dach, bietet das Haus unterschiedliche Lebensräume für jeweils charakteristische Tiere. Daher ist das Beziehungsgefüge zwischen dem Menschen, der Gebäudefauna und der häuslichen Umwelt ein wesentliches Thema der Stadtökologie.

Ausscheidungen von Bakterien, Algen und Pilzen greifen gemeinsam mit Luftschadstoffen die Außenhaut der Gebäude an. Auf Mauervorsprüngen und in Ritzen, wo sich die Abbauprodukte mit eingewehtem Straßenstaub und Organismenresten vermengen, finden winzige Tiere und manchmal sogar Blütenpflanzen Halt und Nahrung. Die Mauerblümchen der Stadthäuser ernähren allerdings nur wenige saftsaugende Insekten und Fadenwürmer. Die meisten tierischen Dauersiedler auf der Fassade leben von Mikroorganismen, von fein zerteiltem Bio-Abfall oder räuberisch. Alle müssen mit extremen Schwankungen des Mikroklimas zurechtkommen. Asseln, Springschwänze und Milben verkriechen sich bei Hitze und Trockenheit in behaglichere Winkel, Bärtierchen (→ Bild S. 152) bilden widerstandsfähige Tönnchen und warten scheintot auf bessere Zeiten.

Eine nur drei Millimeter große Spinne wurde in den letzten Jahrzehnten zum prominentesten Tier an den Wiener Hauswänden: die Mauerspinne *Dictyna civica*. Ihr Werk sind jene dunkelgrauen Sprenkel, die an Abdrücke eines schmutzigen Tennisballes erinnern. Die Mauerspinnen selbst bekommt man kaum zu sehen. Sie verbergen sich unter ihren Gespinsten in kleinsten Unebenheiten der Fassade. Das handtellergroße Gespinst enthält feinst gekräuselte Seidenfäden, in denen sich die Beutetiere verfangen. Leider filtert es auch Staub- und Rußteilchen aus der Luft. Damit wird das Netz zu einem doppelten Problem: für uns aus ästhetischen Gründen und für die Spinne aus funktionalen. Um nicht zu verhungern, muss sie immer wieder ein frisches Fangnetz weben. Das alte haftet dann als dunkelgrauer Schleier an der Wand.

Der Kampf gegen die Graffiti der Mauerspinne verlief bisher erfolglos.

WIEN MITTWOCH, 15. AUGUST 2001

Kampf der Gemeindebau-Spinne

Ihre dunklen Netze lassen neue Hausfassaden im Nu sehr alt aussehen

VON ANTON BINA

Igittigitt! Das blanke Grausen kommt in letzter Zeit immer mehr Bewohnern neuer oder renovierter Häuser, wenn sie einen Blick auf ihre Fassade richten: Die bis vor kurzem noch so prunkvoll wirkende Außenhaut ist nämlich mit dunklen Flecken überzogen.

„Die dunklen Spinnennetze an Fassaden sorgen bei Mietern für berechtigten Unmut."
STADTRAT W. FAYMANN

Wurde wieder einmal gepfuscht? Nagt schon wenige Monate nach Fertigstellung gar der Schimmel an der Fassade?

Falsch getippt! Baumeister und Maurer sind schuldlos an dem grauslichen Fiasko. Schuld ist die vor etwa sechs Jahren aus südlichen Ländern „illegal" zu uns übersiedelte Kräuselnetzspinne.

Das ist die für Menschen harmlose, aber Fassaden mit Netzen überziehende Kräuselnetzspinne

WIENER WOHNEN

Dieses lästige, aber zum Glück für Menschen völlig ungefährliche Tierchen dürfte vor sechs Jahren auf unbekannten Wegen von den Küstenregionen der Adria nach Österreich eingeschleppt worden sein. Vorerst ärgerten sich nur wenige Hausbesitzer und Wohnungsmieter über dunkle Fassadenflecke, die sich bei näherem Hinsehen als dunkle Spinnennetze erwiesen. Doch dann vermehrten sich die „Viecher" derart, dass Wiens größter Hausbesitzer, „Wiener Wohnen", Alarm schlug.

Immer mehr frisch getünchte Fassaden von Gemeindebauten waren und sind mit den dunklen Netzen überzogen, immer häufiger wurden die Klagen der Mieter über den vermeintlichen Pfusch.

Natürlich betrifft die optische Plage nicht nur Gemeindebaufassaden. Wiener Genossenschafts- und Eigentumshäuser sind ebenso betroffen wie Hausfassaden in anderen Bundesländern.

Wien sagt der Kräuselnetzspinne nun den Kampf an. Wohnbaustadtrat Werner Faymann will sie nicht vergiften – „dazu ist der Befall zu großflächig". Er gab grünes Licht für eine wissenschaftliche Studie, die spätestens in zwei Jahren Antworten auf folgende Fragen geben soll:

Was ist der Grund dafür, dass das adriatische Spinnentier manche neue Hausfassaden lieber hat als andere genauso neue, die sie verschont?

Welche Materialkomponenten verhindern die Einnistung des Getiers?

Das Ergebnis soll dafür sorgen, dass nach künftigen Fassadenerneuerungen nur noch der Kräuselnetzspinne das Grausen kommt.

„Kampf der Gemeindebau-Spinne" schrieb eine Zeitung und garnierte den Bericht mit dem Bild eines Weberknechts, der an den Naturgraffiti völlig unbeteiligt, aber leichter zu fotografieren ist. Auch für die „echte" Mauerspinne (Bild oben) lässt sich übrigens keine Vorliebe für den kommunalen Wohnbau belegen.

Das Taubenschwänzchen *Macroglossum stellatarum* (im Bild an Lavendel) ist ein Wanderfalter. Die kleinen, tagaktiven Schwärmer fliegen im Frühling aus Südeuropa über die Alpen. Ihre Nachkommen können in Österreich nur ausnahmsweise überwintern.

Junge Mauerspinnen überwinden erstaunliche Distanzen. Mit einem langen Seidenfaden als Segel werden sie vom Wind verfrachtet, oft weit nach Norden. Dort können sie nur an klimatisch günstigen Orten – vor allem in Städten – Fuß fassen. Die nächste Generation wagt auf gut Glück einen weiteren Vorstoß, und so hat die ursprünglich mediterrane Mauerspinne mittlerweile sogar Skandinavien erreicht. Bei allem Ärger über die gescheckten Fassaden verdient *Dictyna civica* Bewunderung für ihr meteorologisches Gespür. Mit hochsensiblen Sinnesorganen findet sie die angenehmsten Wohnorte auf der Hauswand. Durchgänge, Fensternischen und einspringende Kanten sind daher besonders dicht gemustert.

Begrünte Balkone sind Ballungszentren tierischen Lebens an der Gebäudeaußenseite. Die Honigbiene *Apis mellifera* und ihre „wilden" Verwandten sammeln hier Nektar und Pollen, die kleine Furchenbiene *Lasioglossum laticeps* gräbt Brutröhren in die Pflanzenerde, während die pelzige, an eine Hummel erinnernde Mauerbiene *Osmia cornuta* eine Mauerritze oder ein Bohrloch als Nistplatz wählt. Mit ein wenig Glück kann man beobachten, wie das Taubenschwänzchen, nach Art der Kolibris vor dem Blumentrog schwirrend, Nektar aus Petunien- und Pelargonienblüten trinkt.

Schwebfliegen, der Name deutet es schon an, beherrschen ebenfalls die Kunst, scheinbar regungslos in der Luft zu stehen. Wenn der Balkongärtner auf Insektizide

1 Im Grünstreifen vor dem Haus lebt die Südliche Eichenschrecke *Meconema meridionale*. Nicht selten klettert sie über die Fassade zu den Balkongärten hinauf, manchmal verirrt sie sich in eine Wohnung. Die flügellose Art kam erst in den 1950er-Jahren nach Wien, vielleicht durch unbeabsichtigten Import.

2 Die Florfliege *Chrysoperla carnea* kommt im Spätsommer gern ins Haus und verfärbt sich während der Überwinterung ins Bräunliche. Ihre Larve ist ein potenter Vertilger von Schadinsekten. Auch aus diesem Grund sollten wir dem hübschen Netzflügler Quartier geben.

1

2

verzichtet, werden die Blattläuse von Schwebfliegenlarven (meist *Episyrphus balteatus*) und von Marienkäfern in Schach gehalten. Der kleine Zweipunkt-Marienkäfer *Adalia bipunctata* ist in der Innenstadt häufiger und als Blattlausvertilger wirkungsvoller als der jedem Kind vertraute Siebenpunkt *Coccinella septempunctata*.

Viele Großstädter teilen ihren Wohnbereich freiwillig mit behaarten und gefiederten Wirbeltieren, aber ungern mit spontan zugezogenen Spinnen und Insekten. Verständlich ist die Abneigung gegen Vorrats- und Hygieneschädlinge. Sie sollten aus Küche und Stube verbannt werden. Allzu oft jedoch trifft der Bann (oder der Strahl aus der Spraydose) unschuldige Hausgenossen, die sich vielleicht – wie die nützliche Florfliege – nur über den Winter einmieten wollten.

Aus einem anderen Motiv kommt die Orientalische Mauerwespe *Sceliphron curvatum* zu Besuch. Sie nistet häufig in Gebäuden und zeigt neuerdings auch in Wien ihre spannende Variante zum Thema Brutfürsorge (→ S. 191). Die Art war bis 1979 nur aus Indien und Nepal bekannt und ist vermutlich mit einem Gütertransport nach Europa eingeschleppt worden.

Viel länger, wahrscheinlich schon seit Jahrhunderten, lebt das allgegenwärtige Silberfischchen *Lepisma saccharina* in Wiener Häusern. In letzter Zeit häufen sich die Funde des etwas größeren Streifenfischchens, und eine dritte, nah verwandte Fischchenart wurde 2001 erstmals in Wien nachgewiesen.

Die drei Fischchen dürften aus Südeuropa stammen. Dort treten sie auch in naturnahen Lebensräumen auf, während ihre Bindung an beheizte Räume gegen Norden immer enger wird. Im Wiener Raum findet man Silber- und Streifenfischchen gelegentlich unter freiem Himmel, doch stets in der Nähe von Gebäuden. Bekannte Hausspinnen wie die Zitterspinne *Pholcus phalangioides* und die Winkelspinne *Tegenaria atrica* kamen ebenfalls aus wärmeren Gefilden nach Österreich. Erst vor Kurzem erschien *Cheiracanthium mildei* in Wiener Wohnungen. Aus ihrer südeuropäischen Heimat wurde diese Spinne auch in die USA verschleppt, wo sie in einigen Städten der Ostküste zur häufigsten Hausspinne geworden ist und bald in Verruf geriet, weil sie sich, in die Enge gedrängt, kräftig zu wehren weiß. Ihr Biss ist schmerzhaft, hat aber keine ernsten Folgen.

In Zukunft ist mit weiteren Neuankömmlingen in unseren Häusern zu rechnen, weil synanthrope Arten – Tiere mit einer Vorliebe für menschliche Behausungen – oft als blinde Passagiere reisen. Bei manchen, die im Gefolge des Menschen weite Gebiete oder die ganze Welt erobert haben, kann die Urheimat nicht mehr ermittelt werden. Ein Beispiel für ein solches synanthropes Tier ungewisser Herkunft ist die in Europa weitverbreitete und seit 2003 auch aus Wien bekannte Staublaus *Dorypteryx domestica*. Sie wurde 1958 aus Zimbabwe beschrieben, aber dort lebt sie ebenfalls nur in Gebäuden. Der in Wiener Wohnungen nur noch selten auftretende Bücherskorpion *Chelifer cancroides* wird sich über das neue Beutetier freuen.

1 Robust gebaut und längsgestreift: trotzdem wird das Streifenfischchen *Ctenolepisma lineata* meist für ein gewöhnliches Silberfischchen gehalten.

2 Die Federfußspinne *Uloborus plumipes* webt ein kunstvolles Radnetzchen. Ungewollt aus dem Mittelmeergebiet eingeführt, bewohnt sie heute Gewächshäuser in ganz Europa und wird mit Zierpflanzen ab und zu mitgekauft. Sie und ihre Verwandten sind die einzigen Spinnen ohne Giftdrüsen.

Ameisen können als Mitbewohner lästig fallen. Für Unmut sorgt in Wiener Haushalten vor allem die Zweifarbige Wegameise *Lasius emarginatus,* eine wärmeliebende Art mit anspruchsloser Ernährung. Im Freien dominiert hingegen die Schwarzgraue Wegameise *Lasius niger* in den inneren Stadtzonen. Auch sie unternimmt Streifzüge in die Wohnung, baut ihr Nest aber eher in Grünstreifen oder Betonfugen. Zur sommerlichen Schwarmzeit kann man auf den Gehsteigen beobachten, wie besamte Weibchen die Flügel abwerfen und jede Ritze auf ihre Eignung als Nistplatz prüfen. Die aus den Subtropen (und nicht aus Ägypten) eingeschleppte Pharaoameise *Monomorium pharaonis* überlebt bei uns nur in konstant warmen Gebäuden. Im Vergleich zu anderen Hausameisen zeigt sie eine geringere Vorliebe für Süßes. Sicherlich steckt ein wahrer Kern in der Gruselgeschichte, dass die winzigen Tiere auf der Suche nach eiweißreicher Nahrung auch unter die Wundverbände bettlägeriger Patienten kriechen. In Wien ist das Auftreten von Pharaoameisen seit 1984 meldepflichtig. Die Bekämpfung des Hygieneschädlings ist Spezialistensache, weil gängige Fallen und Sprühmittel wenig ausrichten. Die Pharaoameise legt nämlich kein zentrales Nest mit einer einzigen Königin an, sondern bildet Kolonien mit bis zu 2.000 Königinnen.

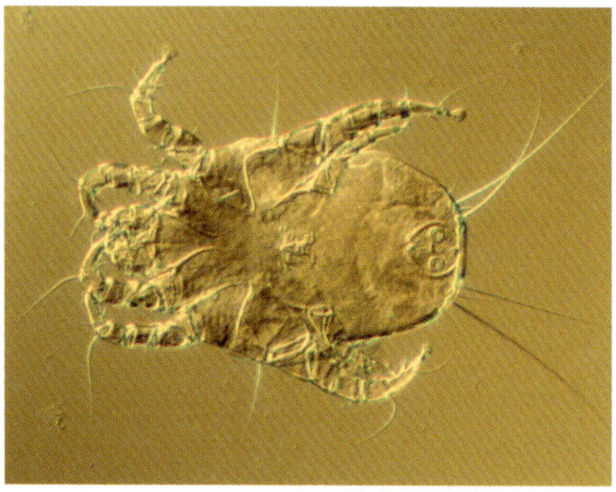

Mit freiem Auge kaum zu sehen, aber eine imposante Erscheinung unter dem Mikroskop: ein Männchen der Hausstaubmilbe *Dermatophagoides pteronyssinus*

Unter den hygienisch bedenklichen Insekten haben es sonst nur die Schaben zu einer eigenen magistratischen Verordnung gebracht. Sie verpflichtet dazu, bei Schabenbefall unverzüglich einen befugten Schädlingsbekämpfer heranzuziehen. Natürlich sind nicht die harmlosen Waldschaben gemeint, sondern synanthrope Arten wie die Küchenschabe *Blatta orientalis* oder die Deutsche Schabe *Blattella germanica,* die als Vorratsschädlinge, vor allem aber als Krankheitsüberträger nicht bagatellisiert werden dürfen. Schaben lösen auch allergische Erkrankungen aus, wenngleich sie diesbezüglich in unserem Bewusstsein von den Hausstaubmilben verdrängt wurden. Der Markt reagierte darauf mit allerlei Antimilben-Produkten.

Staubläuse, Springschwänze und andere unauffällige Gliederfüßer spielen als Allergen-Produzenten eine untergeordnete Rolle, sie können aber durch ihre tatsächliche oder eingebildete Anwesenheit bei einem Teil der Bevölkerung psychische Leiden verursachen. Das Spektrum reicht von übertriebenen Putz- und Vernichtungsaktivitäten bis zum Wahn, immer wieder von Ungeziefer attackiert zu werden. Freilich ist man selbst bei einwandfreien Wohnverhältnissen nicht vor einem Aderlass gefeit. Dafür sorgen Zecken und Wanzen aus Taubennestern an der Hausfassade, von Hunden und Katzen abgesprungene Flöhe, und nicht zuletzt die Gelse *Culex pipiens,* die den Namen „Gemeine Stechmücke" in beiderlei Wortsinn verdient. Ihre Larven können sich auch mitten in der Stadt in kleinsten Wasseransammlungen entwickeln.

Materialschädlinge wie die Kleidermotte *Tineola bisselliella* haben in den letzten Jahrzehnten an Bedeutung verloren. Schwieriger ist die Vorbeugung gegen Vorratsschädlinge. Brotkäfer *Stegobium paniceum* und Dörrobstmotte *Plodia interpunctella* können sich in der saubersten Küche stark vermehren, ehe man die Brutstätte entdeckt. Mit der Entsorgung der befallenen Lebensmittel ist der Spuk vorbei. Die vorerst unauffälligen Insekten können allerdings jederzeit wieder zufliegen oder eingetragen werden.

Im Katalog zur Wiener Weltausstellung 1873 versicherte ein Wanzenpulver-Produzent: *„Schon nach dem ersten Gebrauche unseres Ausrottungsmittels werden alle den Menschen, Thieren und Pflanzen schädliche und lästige Insecten als: Wanzen, Motten, Fliegen, Flöhe, alle Gattungen Läuse, Ameisen, Schaben etc. etc. gänzlich ausgerottet."* So weit ist es nicht gekommen, auch später nicht, als DDT eine ähnliche Wirkung verhieß. Entgegen einer verbreiteten Meinung hat sogar ein Restbestand der Bettwanze in Wien die haushaltshygienische Revolution überdauert. Aufmerksamkeit ist also immer geboten. Ebenso aber eine gewisse Gelassenheit: Von den meisten Tieren, die in unserer Wohnung Unterschlupf suchen, haben wir nichts zu befürchten.

Pflanzen der Großstadt

Die grüne Stadt

Tiere haben es scheinbar leicht, denn sie sind mobil. Was aber kann eine Pflanze tun, wenn das Schicksal sie in das dicht verbaute Gebiet verschlagen hat? Nur in den Kindermärchen ziehen Pflanzen ihre Wurzelfüße aus dem Boden und machen sich davon. In der Alltagsrealität ertragen sie ihr Geschick – oder gehen ein. Und doch sind auch Pflanzen mobil, wenn auch nicht als Einzelindividuen: Mithilfe ihrer Diasporen, das sind alle der Ausbreitung dienenden Bildungen wie Früchte, Samen, Rhizome und Brutkörper sind sie sehr wanderungsfreudig und reagieren auf kleinste Umweltänderungen. Kaum entsteht irgendwo eine geschlägerte Fläche, ein Erdhaufen, eine neue Böschung, ein unbebautes Grundstück sofort sind die passenden Pflanzenarten zugegen und bilden standorttypische Pflanzengesellschaften. Die Artengarnitur erlaubt dem Botaniker nicht nur genaue Aussagen über die jeweilige Standortqualität zu machen, sondern gibt auch Hinweise über eher kurzfristige Änderungen: langer Herbst, milder Winter, trockener oder feuchter Frühling, mehr oder weniger Streusalz – all das zeichnet die Flora getreulich nach.

Das Bild der Stadt wird in erster Linie von der Nutzung durch den Menschen geprägt. Das äußert sich im sehr unterschiedlichen Ausmaß der Bodenversiegelung:

1

2

3

4

Bei den Pflanzenstandorten im städtischen Siedlungsraum lassen sich vier Typen unterscheiden:

1 Reste der **ursprünglichen naturnahen Vegetation:** Im dicht besiedelten Gebiet sind davon höchstens kleine Relikte erhalten, etwa Waldreste in Parkanlagen oder Villengärten. Links im Bild: Eichenmischwald am Westhang des Küniglberges.

2 **Land- und forstwirtschaftlich genutzte Standorte:** Hier handelt es sich hauptsächlich um Flächen am Rand der Stadt, wie Wein-, Obst- und Gemüsegärten und Äcker, welche das dicht besiedelte Gebiet kaum berühren. Diesen Lebensräumen ist die Segetalflora zugeordnet (→ S. 426).

3 **Die spontane Stadtvegetation:** Alle Pflanzen, welche sich in der Stadt ohne direktes Zutun des Menschen ansiedeln, gehören zur **Ruderalflora** (→ S. 518).

4 **Vom Menschen aufgezogene Pflanzen.** Hierher gehört die Mehrheit der Stadtpflanzen: Zierbäume, Ziersträucher, Zierstauden, Frühlings- und Sommerblumen in den Alleen, Grünflächen, Parks und Gärten (wie hier am Karlsplatz) sowie die Vielzahl der Zimmerpflanzen in den Wohnungen (→ S. 488)

Der Grünanteil liegt bei Parks, Friedhöfen, aber auch bei Kleingartenanlagen und Flächen mit Einzelwohnhäusern bei fast drei Viertel, während dicht verbaute Gebiete durchschnittlich nur 17 Prozent „grüne" Flächen aufweisen (→ S. 533).

Aus aller Herren Ländern, gepflanzt von Menschenhand

Wenn hier zu allererst von den Bäumen die Rede sein wird, so hat das gute Gründe. Alleen, Baumzeilen oder auch Einzelbäume prägen das Bild vieler städtischer Lebensräume, so besonders auch in Wien. Darüber hinaus haben Menschen auch eine emotionale Beziehung zu Bäumen. Das verdeutlichen Lieder und Gedichte wie „Der Lindenbaum", „Im Prater blüh'n wieder die Bäume" (gemeint ist die Rosskastanie), „Draußen in Sievering blüht schon der Flieder" und andere, die mit Wien schier unverwechselbar in Verbindung gebracht werden. Dabei ist es auch kein Wunder, dass sich, im Zusammenhang mit Schlägerungen von Bäumen, immer wieder Schlagzeilen von geplantem oder geschehenem „Baum*mord*" in der Zeitung finden. Der Ursprung dieser emotionalen Verbundenheit ist uralt. Wahrscheinlich ist es der Nutzwert von Bäumen, etwa als Obst-, Holz- und Schattenspender, der dafür ausschlaggebend war, vielleicht auch die alte magische Vorstellung, dass jeder Baum „beseelt" sei. Immerhin findet sich schon in der Bibel die erste „Baumschutzverordnung": *„Wenn du eine Stadt belagerst, sollst du ihrem Baumbestand keinen Schaden zufügen, du darfst von den Bäumen essen, sie aber nicht fällen"* (5. Buch Moses).

Die Kehrseite dieser tief verwurzelten Beziehung zum Baum ist allerdings die leider gerade in Wien häufig anzutreffende Missachtung und Unkenntnis der Steppe, also der Trockenlandschaft, deren Schutz gerade heute so wichtig ist (→ S. 393). Mit dem „narrischen Kastanienbaum" (narrisch, gesprochen „naarisch", bedeutet im Wienerischen soviel wie „verrückt") beschreibt dieses Lied eine auffallende ökophysiologische Erscheinung, die den Wienerinnen und Wienern wohlvertraut ist: In warmen Herbsten – in den letzten Jahren vielleicht sogar fast regelmäßig – erleben etliche Rosskastanienbäume (wie übrigens auch mehrere Straucharten) eine zweite Blühphase. Günstiges Herbstwetter, zusätzlich wohl Trocken- und Salzstress, vielleicht auch die Rosskastanienminiermotte (→ S. 187), bewirken frühen Blattfall, fördern gleichzeitig aber Blütenbildung zur Unzeit (Blütenbildung ist bei Pflanzen auch eine Reaktion auf Stress).

Das Wienerlied vom Narrischen Kastanienbaum verdeutlicht die geradezu persönliche Beziehung, welche viele Menschen mit Bäumen verbindet:

Da schüttelt die Kastanie,
auf mich herab den Blütenschnee.
Es rauscht in ihren Zweigen,
die sich hernieder neigen.
Die Welt erschien mir wie im Traum,
mir war's als flüsterte der Baum,
kurz ist der Frühlingssegen,
auf allen Erdenwegen.
Du narrischer Kastanienbaum,
du blühst erst im August.
Warum erwacht so spät in dir,
des Frühlings Lebenslust.
Du narrischer Kastanienbaum,
du bildest dir wohl ein,
du könntest wo der Herbst schon naht,
ein junger Frühlingsstürmer sein.

Die Gehölze im Stadtinnern sind fast alle gepflanzt: die Alleebäume in den Straßen, die Bäume und Sträucher der begrünten Wohnhausanlagen und kleineren und größeren Parks. Nur an Ruderalstellen, abseits intensiver gärtnerischer Betreuung, gibt es Wildwuchs. Hier finden sich als Pioniere vor allem Hänge-Birke, Götterbaum, Spitz-Ahorn, Edel-Esche und Paulownie. Ein prominentes Beispiel ist der Götterbaum an der Südseite des Stephansdoms, der sogar die Intentionen der Denkmalpfleger überlebt hat und nun selbst ein Denkmal ist (→ S. 186). Die meisten gepflanzten Stadtgehölze sind Exoten, das heißt, in Österreich (und in ganz Mitteleuropa) nicht heimische Arten. Diese Fremdlinge stammen hauptsächlich aus Südeuropa (Balkanhalbinsel: wie Rosskastanie und Flieder), aus Ostasien (wie Perlschnurbaum und Forsythie) oder aus Nordamerika (wie Eschen-Ahorn und Mahonie). Die Heimatgebiete der fremden Laubgehölze liegen durchwegs in der Nemoralen Zone (→ S. 173), das ist der Bereich der sommergrünen Gehölze der temperaten Nordhemisphäre. Innerhalb dieser Zone ist der Artenreichtum in Ostasien am größten, dann folgt das östliche Nordamerika, während die Laubholzflora in Europa am ärmsten ist – eine Auswirkung der hier besonders zerstörerischen Eiszeiten. So leben von den insgesamt

1

2

3

Das Wiener Stadtgartenamt betreut heute rund 19 Quadratkilometer Parkanlagen, das sind knapp fünf Prozent der Fläche Wiens. Damit die Wiener ihre städtischen Parkanlagen in aller Ruhe auch genießen können, sind rund 19.000 Parkbänke aufgestellt. An die 85.000 Alleebäume säumen die Straßen der Stadt. Besonders stolz ist man auf die Rosarien, von denen eines im Volksgarten liegt. Das größte Rosarium befindet sich aber in Hirschstetten im Wiener 22. Bezirk. Dort sehen die Besucher nicht nur 1.500 Rosensorten in 10.000 Exemplaren, sondern man erhält auch kostenlos Anleitungen zur richtigen Pflege.

1 Rathauspark

2 Rosarium Hirschstetten

3 Allee im Augartenpark

111 Ahorn-Arten nur 14 in Europa. Für einige Gattungen und Familien zeigen Fossilfunde, dass sie vor dem Pleistozän auch in Europa vorhanden waren, wie etwa die Familie der Magnoliengewächse, aus der sich etliche Arten (in den Gattungen Magnolie und Tulpenbaum) in den Wiener Parkanlagen sichtlich sehr wohl fühlen. Dennoch stammen keineswegs alle aus mehr oder weniger fernen Ländern, auch etliche heimische Arten werden gern gepflanzt. Obwohl bei der Auswahl der Stadtgehölze auch Modetrends eine Rolle spielen, ist auf längere Sicht doch entscheidend, welche Arten ohne zu großen Pflegeaufwand das Wiener Klima und die urbanen Bedingungen ertragen.

Wenn man bedenkt, dass es in der gesamten österreichischen Flora nur rund 65 Baumarten und rund 120 Straucharten gibt, ist die Vielfalt der kultivierten Gehölze eindrucksvoll. Selbstverständlich gibt es darüber hinaus im Arboretum des Schönbrunner Schlossparks, im Türkenschanzpark, im Botanischen Garten der Universität Wien und in anderen botanisch spezialisierten Parkanlagen sowie nicht zuletzt in so manchen Privatgärten eine noch viel größere Artenfülle zu bewundern.

Bäume

Unter den **heimischen Baumarten** sind der im Vorfrühling gleichzeitig mit dem Laubaustrieb blühende und dabei charakteristisch süß-säuerlich duftende Spitz-Ahorn und die Linden-Arten mit ihren Hybriden die am häufigsten gepflanzten Einheimischen. Der in Berglagen wild wachsende Berg-Ahorn ist etwas seltener als der Spitz-Ahorn. Den im Wiener Raum, im Eichen-Hainbuchen-Wald des Wienerwaldes, sehr häufigen Feld-Ahorn trifft man in der Stadt nur selten als Baum an. Viele Hecken in den historischen Gärten werden aber von dieser Art gebildet, so etwa im Garten des Unteren Belvedere. Auch die vier heimischen Eichen-Arten findet man verhältnismäßig selten. Etwas häufiger ist die immergrüne **Stechpalme** anzutreffen, eine zweihäusige Art Westeuropas mit ozeanischer Verbreitung, die noch bis in die wintermilden Lagen der montanen Buchenwälder der niederösterreichischen Kalkvoralpen vorkommt. Die weiblichen Individuen dieser uralten Kult- und Zauberpflanze, die auch in Bauerngärten oft kultiviert wird, bringen leuchtend rote, giftige Beeren hervor. Andere heimische Baumarten wie die Wildrassen von Buche, Wacholder, Espe, Sal-Weide, Flatter-Ulme, Mehlbeere und Eberesche sucht man im Stadtgebiet ziemlich vergeblich. Auch Obstbäume, einschließlich Wildobst, kommen in den Grünanlagen der dicht verbauten Stadt kaum vor.

Die insektenbestäubten Blüten der Blumen-Esche unterscheiden sich von jenen der windbestäubten Edel-Esche sehr deutlich: Sie erscheinen Mitte Mai, sind in endständigen Rispen angeordnet, weiß, nektarreich und duftend.

Im Stadtbild eindeutig wichtiger sind die verschiedensten **Exoten:** Am wenigsten exotisch ist die weiter südlich verbreitete, submediterrane **Blumen-Esche** (Manna-Esche, Schmuck-Esche) *Fraxinus ornus,* die zwar in Wien, Burgenland und Niederösterreich ziemlich sicher nicht heimisch ist, aber bereits in Südkärnten wild vorkommt.

Heimische und exotische Baumarten der Alleen und Parkanlagen Wiens

Erklärung der Abkürzungen: As = Asien, BalkHI = Balkanhalbinsel, MAs = Mittelasien, Medit. = Mediterraneis, NAm = Nordamerika, OAs = Ostasien, SEur = Südeuropa, Submedit. = Submediterraneis, SW-As = Südwestasien, WAs: Westasien, VoAs = Vorderasien, Die Reihung der Arten erfolgt nach der ungefähren Häufigkeit in Wien.

Heimische

Laubhölzer

Häufig anzutreffen:

Spitz-Ahorn *Acer platanoides* (sehr häufig)
Berg-Ahorn *Acer pseudoplatanus* (etwas weniger häufig)
Edel-Esche, Gewöhnliche E. *Fraxinus excelsior*
Winter-Linde *Tilia cordata*
Sommer-Linde *Tilia platyphyllos*
Kaiser-Linde, Holland-L. *Tilia cordata* × *T. platyphyllos*
Hänge-Birke, Gewöhnliche B. *Betula pendula*
Schwarz-Pappel *Populus nigra* (Wildrasse) (→ S. 358)
Silber-Pappel, Weiß-P. *Populus alba* (→ S. 357)

Seltener anzutreffen:

Eberesche, Vogelbeere *Sorbus aucuparia*
Stechpalme, Stechlaub *Ilex aquifolium*
Feld-Ulme *Ulmus minor*
Berg-Ulme *Ulmus glabra*
Feld-Ahorn *Acer campestre*
Hainbuche, Weißbuche *Carpinus betulus*
Stiel-Eiche *Quercus robur*
Trauben-Eiche *Quercus petraea*
Zerr-Eiche *Quercus cerris*
Rot-Buche *Fagus sylvatica* (Wildrasse)

Nadelhölzer

Schwarz-Föhre *Pinus nigra*
Rot-Föhre, Weiß-Kiefer *Pinus sylvestris*
Gewöhnliche Fichte *Picea abies*
Europa-Lärche *Larix decidua*
Europa-Eibe *Taxus baccata*

„Exoten" (Nichtheimische)

Laubhölzer

Häufig anzutreffen:

Weiße Rosskastanie *Aesculus hippocastanum* (BalkHI) (→ S. 187 u. 491)
Robinie, Falsche Akazie *Robinia pseudacacia* (NAm) (→ S. 491)
Baum-Hasel *Corylus colurna* (BalkHI u. VoAs) (→ S. 493)
Silber-Linde *Tilia tomentosa* (BalkHI)
Perlschnurbaum, Pagodenbaum *Sophora japonica* (China) (→ S. 492)
Kölreuterie, Blasenbaum *Koelreuteria paniculata* (OAs) (→ S. 493)
Ölweide *Elaeagnus angustifolia* (WAs) (→ S. 493)
Sibirien-Ulme *Ulmus pumila* (M- u. OAs)
Götterbaum *Ailanthus altissima* (China) (→ S. 491)
Paulownie, Blauglockenbaum, Kiribaum, Japanischer Kaiserbaum *Paulownia tomentosa* (China) (→ S. 491)
Eschen-Ahorn *Acer negundo* (NAm)
Silber-Ahorn *Acer saccharinum* = *A. dasycarpum* (NAm)
Gleditschie, Lederhülsenbaum *Gleditsia triacanthos* (NAm) (→ S. 493)
Nordamerika-Zürgelbaum *Celtis occidentalis* (NAm)
Süd-Zürgelbaum *Celtis australis* (Medit.)
Trompetenbaum, Bohnenbaum, „Wetschinabaum" *Catalpa bignonioides* (NAm) (→ S. 493)
Weiß-Maulbeerbaum *Morus alba* (OAs) (→ S. 491)
Blumen-Esche *Fraxinus ornus* (Submedit.) (→ S. 489)
Rot-Esche, Flaum-E. *Fraxinus pennsylvanica* (NAm)

Seltener anzutreffen:

Schweden-Mehlbeere *Sorbus* ×*intermedia* = *S. aria agg.* × *S. aucuparia* × *S. torminalis* (NEur)
Judasbaum *Cercis siliquastrum* (Medit.) (→ S. 514)
Kirschpflaume *Prunus cerasifera* (SW-As)
Beeren-Apfel (Sorten) *Malus baccata* cvv. (OAs)
Kaukasus-Flügelnuss *Pterocarya fraxinifolia* (SW-As)
Walnuss *Juglans regia* (SO-Europa, WAs)
Simon-Pappel, „Birken"-Pappel *Populus simonii* (OAs)
Grannen-Kirsche *Prunus serrulata* (OAs)
Tulpenbaum, Amerika-Tulpenbaum *Liriodendron tulipifera* (NAm) (→ S. 491)
Osagedorn, Milchorange *Maclura pomifera* (NAm)
Amerikanischer Amberbaum *Liquidambar styraciflua* (NAm)

Nacktsamer (Nadelhölzer)

Häufig anzutreffen:

Serbien-Fichte *Picea omorika* (BalkHI)
Atlas-Zeder *Cedrus atlantica* (W-Medit.)
Orient-Lebensbaum *Thuja [Biota, Platycladus] orientalis* (WAs)
Tränen-Föhre (-Kiefer) *Pinus wallichiana* = *P. griffithii* (Himalaja)
Stech-Fichte, Blau-F., „Silbertanne" *Picea pungens* (NAm)
Douglasie, „Douglastanne" *Pseudotsuga menziesii* (NAm)
Amerika-Lebensbaum *Thuja occidentalis* (NAm)
Lawson-Scheinzypresse *Chamaecyparis lawsoniana* (NAm)

Seltener anzutreffen:

Spanien-Tanne, „Igel"-Tanne *Abies pinsapo* (W-Medit.)
Kolorado-Tanne *Abies concolor* (NAm)
Nordmann-Tanne *Abies nordmanniana* (NO-Türkei, W-Kaukasus)
Panzer-Föhre, Schlangenhaut-Kiefer *Pinus heldreichii* (BalkHI)
Weymouth-Föhre (-Kiefer), Strobe *Pinus strobus* (NAm)
Kalifornien-Flusszeder, Rauchzypresse *Calocedrus decurrens* (NAm)
Ginko *Ginkgo biloba* (China)
Urweltmammutbaum *Metasequoia glyptostroboides* (China)
Riesenmammutbaum *Sequoiadendron giganteum* (NAm)

Cultigene (vom Menschen geschaffene domestizierte, gezüchtete Gehölze)

Bastard-Platane *Platanus* ×*hispanica* = *P.* ×*hybrida* = *P.* ×*acerifolia* = *P. occidentalis* (NAm.) × *P. orientalis* (Medit.)
Spitz-Schwarz-Pappel, Spitz-P., Pyramiden-P. *Populus nigra* cv. 'Italica' (→ S. 494)
Hybrid-Pappel, „Kanada-Pappel" *P. deltoidea* × *P. nigra* = *P.* ×*canadensis* s. lat.
Rote Rosskastanie *Aesculus* ×*carnea* = *Ae. hippocastanum* × *Ae. pavia*
Tulpen-Magnolie *Magnolia* ×*soulangiana* = *M. denudata* × *M. liliiflora* (beide Eltern: China)
Bastard-Eberesche *Sorbus hybrida* agg.
Trauer-Weide *Salix alba* cv. 'Tristis'
Trauer-Weide *Salix alba* × *S. babylonica*
Krim-Linde *Tilia* ×*euchlora* = *T. cordata* × *T. dasystyla*
Blut-Rot-Buche, „Blutbuche" *Fagus sylvatica* cv. 'Atropunicea'
Farnblättrige Rot-Buche *Fagus sylvatica* cv. „Laciniata"
Trauer- Rot-Buche *Fagus sylvatica* cv. 'Pendula'
Leylandzypresse × *Cupressocyparis leylandii* = *Chamaecyparis nootkatensis* (NAm.) × *Cupressus macrocarpa* (Kalifornien)

Manfred A. Fischer

Die Blüten der Weißen Rosskastanie sind zygomorph, d. h. sie haben nur eine einzige Symmetrieebene, die sieben Staubblätter sind herabgebogen. Die purpurn verfärbten Saftmale signalisieren, dass kein Nektar mehr zu holen ist.

Die „wienerischste“ Baumart ist zweifellos die im Frühjahr mit Blütenstandskerzen geschmückte **Weiße Rosskastanie** *Aesculus hippocastanum* (→ S. 187). Die natürlichen Vorkommen dieser Art sind heute auf einige wenige Reliktpopulationen auf der Balkanhalbinsel beschränkt. Nach Wien kam sie erst in der Türkenzeit. Wie schafft sie es, mehrere Wochen lang in voller Blütenpracht auszuharren? Die weißen „Blütenkronen“ haben einen gelben Fleck, ein sogenanntes Saftmal, das sich später purpurn verfärbt. Den als Bestäuber angelockten Insekten erscheint die Krone UV-färbig, das gelbe Saftmal bildet einen Farbkontrast und duftet überdies. Die älteren Blüten mit dem uns Menschen purpurn erscheinenden Saftmal sind für das Insekt hingegen unattraktiv und werden daher nicht besucht. Würden diese, für die Bestäubung unwichtig gewordenen Blüten ihre Krone abwerfen, wie dies bei den meisten Pflanzen der Fall ist, hätte der ganze Blütenstand, die „Kerze“, nicht die zur Insektenanlockung nötige optische Fernwirkung. Würden die verblühten Blüten jedoch den Insekten nicht signalisieren, dass sie nicht mehr besuchenswert sind, müssten die Bestäuber so häufige Frustrationen hinnehmen (kein Nektar vorhanden!), dass sie das Interesse an der Rosskastanie verlören. Die meisten Blüten in einer „Kerze“ sind bloß männlich, nur wenige hingegen zwittrig und zur Fruchtbildung befähigt, falls sie bestäubt werden. Dies ist wegen der Größe und des Gewichts der Kapselfrüchte, die nur ein oder zwei vergleichsweise riesengroße Samen enthalten, durchaus zweckmäßig. Diese Samen erinnern äußerlich an die essbaren Nüsse der Echten Kastanie, die auch Edelkastanie oder Esskastanie genannt wird, woraus sich die Namensähnlichkeit erklärt. „Rosskastanie“ hieß die Baumart übrigens bereits bei den Osmanen „atkestanesi“ (at = Pferd, kestane = Kastanie). Edelkastanie und Rosskastanie sind nicht miteinander verwandt und haben außer dem Namen nichts miteinander gemeinsam.

Die **Robinie** *Robinia pseudacacia,* bekannter als „Akazie“ (die echte Akazie *Acacia* sieht ganz anders aus!), ist in Alleen und Parkanlagen wegen der stark duftenden, dekorativen Blütentrauben, die Mitte Mai erscheinen, sehr beliebt, im pannonischen Gebiet jedoch ein gefährlicher Waldzerstörer (→ S. 432).

Der **Götterbaum** *Ailanthus altissima* gehört zur kleinen, vor allem in Südostasien beheimateten Familie der Bitterholzgewächse *Simaroubaceae.* Er hat riesige, dekorative Fiederblätter und blüht im Juni: Den gelben, aufrechten Rispen entströmt ein Duft, der jenem der Berberitzenblüten ähnelt. Aus den Blüten der weiblichen Bäume entwickeln sich Doppelflügelnüsse, die zur Reifezeit in eleganten Spiralen durch die Luft wirbeln.

Der **Blauglockenbaum** (Paulownie) *Paulownia tomentosa,* benannt nach der Tänzerin Anna Pavlovna, der Tochter des russischen Zaren Pavel I., stammt, obwohl auch Japanischer Kaiserbaum genannt, aus China. Die sehr markanten, violettblauen, Anfang Mai erscheinenden Blüten stehen in aufrechten Rispen. Im Winter sind die lange stehen bleibenden eiförmigen Kapseln und die schon lange vor der Blütezeit entwickelten, pelzig behaarten Blütenknospen sehr auffallend.

Der Tulpenbaum, heimisch in Nordamerika, findet als Park- und Zierbaum seit dem 17. Jahrhundert auch in Europa Verbreitung.

Der **Tulpenbaum** *Liriodendron tulipifera,* ein stattliches Magnoliengewächs, hat eigenartige vierlappige Laubblätter und im Mai tulpenähnliche grün-orange Blüten. Heute gibt es nur noch eine zweite Art in China, im Jungtertiär war die Gattung aber auch in Mitteleuropa vertreten.

Der **Weiß-Maulbeerbaum** *Morus alba* stammt aus Ostasien, wird heute weltweit in wärmeren Klimalagen kultiviert, besonders in Südeuropa und im Orient. Außer seiner wichtigen Rolle als Futterpflanze für die Seidenraupe dient er auch der Obstgewinnung. Die Maulbeeren sind süß und wohlschmeckend, wenn auch keine Beeren im botanischen Sinn, sondern fleischige Kätzchenfruchtstände. Ihr weißes, süßes „Fruchtfleisch“ entsteht aus den Blütenhüllblättern, welche die eigentlichen Früchte, winzige Nüsse, umgeben.

Als stadtluftverträglich und salzresistent hat sich auch der **Perlschnurbaum** (Japanischer Schnurbaum) *Sophora japonica* erwiesen. Deshalb wird dieser Schmetterlingsblütler, der nicht aus Japan, sondern aus China stammt, auch gern als Alleebaum gepflanzt. Seine Laubblätter erinnern an die der Robinie, die Blütenstände sind allerdings aufrechte, ausladende Rispen. Die Blüten erscheinen Anfang des Hochsommers, sind cremeweiß, und ihre Staubfäden sind – für die Familie ungewöhnlich – nicht miteinander verwachsen. Eigenartig sind auch die grünen, perlschnurartig gegliederten, fleischigen Früchte (rechts), die sich nicht öffnen und von den im Winter durchziehenden Seidenschwänzen gern verspeist werden.

Die **Douglasie** *Pseudotsuga menziesii* (Familie: Föhrengewächse) unterscheidet sich sowohl von der Fichte als auch von der Tanne in mehrfacher Hinsicht: Die Nadeln sind zwar flach, sitzen aber weder auf einem scheibchenförmigen Fuß wie bei der Tanne noch auf einem holzigen Stielchen wie bei der Fichte; im Unterschied zu beiden duften die Nadeln zerrieben orangenartig. Auch die Zapfen kann man weder mit Fichten- noch mit Tannenzapfen verwechseln.

Die Ginkogewächse waren besonders im Mittelalter der Erdgeschichte (Mesozoikum) formenreich und weitverbreitet, in Europa starben die letzten Vertreter von **Ginko** zu Beginn der Eiszeiten aus. Eine einzige Art hat in Ostasien bis zur Gegenwart überlebt, *Ginkgo biloba*. Diesem in mehrfacher Hinsicht interessanten und berühmten Baum hat Goethe ein Gedicht gewidmet. Seine gabelnervigen, fächerförmigen Laubblätter sind zweigestaltig: diejenigen der Langtriebe meist tief zweispaltig, jene der Kurztriebe höchstens an der Spitze seicht eingeschnitten. Die männlichen Blüten (die Art ist zweihäusig) gleichen kleinen Kätzchen mit Staubblättern, die weiblichen sitzen meist zu zweit als nackte Samenanlagen an einem längeren Stiel. Wegen der sehr unangenehm riechenden, außen fleischigen Samen werden fast nur männliche Bäume gepflanzt; gelegentlich findet man aber solche, denen ein weiblicher Ast aufgepfropft worden ist. Aus den Laubblättern wird ein Medikament gewonnen, das gedächtnisstärkend wirken soll.

Der **Riesenmammutbaum** *Sequoiadendron giganteum* wächst in seiner Heimat Kalifornien zu einem der allergrößten Bäume der Welt heran, mit Stammdurchmessern von mehr als acht Metern und einem Alter von über 3.000 Jahren. Seine Borke ist auffallend weich und schützt vor Waldbränden, die Nadeln sind kurz und fast schuppenartig.

Sensationell war die Entdeckung lebender **Urweltmammutbäume** der Gattung *Metasequoia* in China (Sichuan, Hupeh) in den 40er-Jahren des 20. Jahrhunderts: Zuvor waren sie nämlich schon längere Zeit und auch in Europa als Fossilien bekannt gewesen. Die einzige überlebende Art ist also ein „lebendes Fossil" im wörtlichen Sinn. Gleich nach dem Zweiten Weltkrieg kam er in die botanischen Gärten, in Mitteleuropa gedeiht er prächtig und wird gern gepflanzt.

Unter den Föhren fallen zwei Arten auf, bei denen die Nadeln zu fünft am Kurztrieb beieinander stehen: die asiatische **Tränen-Föhre** mit sehr langen und die nordamerikanische **Weymouths-Föhre** mit kürzeren Nadeln. Letztere wurde einst als

Kölreuterie

Die **Gleditschie** (Lederhülsenbaum) *Gleditsia triacanthos*, so benannt nach dem Berliner Forstbotaniker J. G. Gleditsch (1714–1786), wird wegen ihrer „Stadtresistenz" neuerdings gern angepflanzt. Auffallend sind ihre doppelt gefiederten Laubblätter. Der Stamm trägt bei der Wildform sehr kräftige, verzweigte Dornen (rechts), die so gefährlich sind, dass in den Wiener Gärten und Alleen, etwa in der Mariahilfer Straße, nur eine dornenlose Varietät kultiviert wird. Unscheinbar und grünlich sind die im Sommer erscheinenden Blüten, umso auffallender dagegen die 40 Zentimeter langen, flachen, gewundenen Früchte (Mitte) der weiblichen Bäume. Die Gleditschie stammt aus Nordamerika und ist mit dem mediterranen Bockshörndlbaum verwandt; beide gehören zu den Tamarindengewächsen *(Caesalpiniaceae)*.

Forstbaum eingeführt, hat sich aber als solcher nicht bewährt, weil sie oft dem Blasenrost, einer durch einen Rostpilz verursachten Krankheit, zum Opfer fällt.

Die **Baum-Hasel** *Corylus colurna* wird seit einigen Jahren häufig gepflanzt. Sie ist eine nahe Verwandte der immer nur strauchigen heimischen Hasel; ihre Verbreitung reicht von der östlichen Balkanhalbinsel bis Vorderasien. Die Becher um die ebenfalls essbaren Haselnüsse der Baum-Hasel sind größer, auffallend zerschlitzt und drüsig.

Die **Schmalblatt-Ölweide** *Eleagnos angustifolia* ist ein salzresistenter Steppenwaldbaum aus Asien, als Wiener Stadtbaum demnach ideal geeignet. Ihre Laubblätter erinnern an die der heimischen Silber-Weide und sind mit silbrigen Schuppenhaaren dicht bedeckt, während die vierzähligen, gelben, duftenden Blüten jenen des Ölbaums ähneln. Daraus erklärt sich der Gattungsname. Wegen seiner Salzresistenz wurde dieser städtische Zierbaum auch forstlich angepflanzt: im burgenländischen Seewinkel, östlich vom Neusiedlersee.

Ende Juni fällt die **Kölreuterie** *Koelreuteria paniculata* (oder Blasenbaum, Blasenesche) mit ihren zitronengelben Blüten auf, die in aufrechten Rispen angeordnet sind. Bemerkenswert sind auch ihre blasenförmigen Kapselfrüchte und die großen Fiederblätter. Die Art stammt aus Ostasien und trägt den Namen des deutschen Botanikers J. G. Kölreuter (1733–1806), der die Sexualität der Pflanzen überzeugend und endgültig bewiesen hat.

Der **Zürgelbaum** *Celtis* hat wechselständige, eilanzettliche, spitze Laubblätter, unscheinbare Blüten und kleine, kugelige Steinfrüchte. Am häufigsten wird der Nordamerikanische Zürgelbaum kultiviert, neuerdings aber auch der submediterrane, in Südtirol wild wachsende Süd-Zürgelbaum, dessen Früchte süß schmecken. Ähnlich wie Perlschnurbaum und Robinie zeichnen sich auch diese Zürgelbäume durch eine hohe Verträglichkeit gegenüber Großstadtluft und Auftausalzen aus.

Als Ahorn ist der nordamerikanische **Eschen-Ahorn** *Acer negundo* zur Blütezeit nicht ohneweiters erkennbar: Er ist nämlich zweihäusig und bildet im Vorfrühling an Windbestäubung angepasste, sehr unscheinbare Blüten. Die weiblichen Bäume entwickeln allerdings unverkennbare Ahorn-Flügelfrüchte. Die Äste des Eschen-Ahorns sind deutlich bereift, seine Laubblätter gefiedert. Nicht selten trifft man eine panaschierte Sorte. Der gleichfalls aus Nordamerika stammende **Silber-Ahorn** *Acer saccharinum* blüht noch viel zeitiger, schon Anfang März, die Blüten sind kaum von den Winterknospen zu unterscheiden und enthalten trotz überwiegender Windbestäubung etwas Nektar, der die ersten Bienen anlockt. Die Laubblatter sind dekorativ geschnitten, unterseits silbrig behaart und verfärben sich im Herbst leuchtend purpurrot.

Die großen herzförmigen Laubblätter des **Trompetenbaumes** *Catalpa bignonioides* aus Nordamerika haben große Ähnlichkeit mit denen des Blauglockenbaums. Die aufrechten, kerzenförmigen Blütenrispen ähneln sehr entfernt denen der Rosskastanie, die Blüten sind aber viel größer, verwachsenkronblättrig und erscheinen erst im

Trompetenbaum

Ebenso künstlich wie die Hybrid-Pappel ist die **Rote Rosskastanie** *Aesculus ×carnea*, sie ist das Produkt der künstlichen Kreuzung und Chromosomensatzverdopplung (also „Allopolyploidie") der europäischen Weißen Rosskastanie *Aesculus hippocastanum* mit der dunkelrot blühenden, strauchigen, bei uns fast nirgends kultivierten Echten Pavie *Aesculus pavia* aus Nordamerika.

Juli. Eigenartig sind die sehr langen, schotenartigen, röhrenförmigen Kapselfrüchte, weswegen die Wiener diese Baumart früher „Wetschinabaam" genannt haben, weil die Früchte an die seinerzeit beliebten „Virginia"-Zigarren erinnerten.

Die dritte Gruppe bilden die **vom Menschen mitgestalteten Sippen,** also Kultursippen, die es in der Natur nicht gibt. Gewisse genetische Missbildungen und Defekte treten als Mutationen in Wildpopulationen auf, können sich aber nicht halten, weil sie im „Kampf ums Dasein" unterliegen. Der Gärtner kultiviert und vermehrt solche erbgeschädigten Pflanzen normalerweise klonal (durch genetisch identische vegetative Abkömmlinge). Ähnliches gilt für künstliche Hybridsippen.

Die häufigste und bekannteste „Kultur-Mutante" ist die auch auf → S. 507 besprochene Spitz- oder Pyramiden-Pappel, richtiger: **Spitz-Schwarz-Pappel** *Populus nigra* cv. 'Italica'. Die Mutation bewirkt eine sogenannte Fastigiata-Varietät, bei der die meisten Äste senkrecht stehen und dem Baum einen säulenförmigen Habitus verleihen. Fast alle Individuen stammen von einem einzigen männlichen Exemplar ab, wurden vegetativ vermehrt, bilden also einen Klon und sind deshalb alle männlich. Weibliche und nicht ganz so schlanke Individuen sind nur sehr selten anzutreffen, etwa im Wiener Stadtpark. Nicht wenige Menschen kennen nur diese Spitz-Pappeln und sind sich nicht bewusst, dass es sich dabei um Träger einer Erbkrankheit handelt und die echten, normalen Schwarz-Pappeln in den Donauauen wild wachsen (→ S. 358). In noch höherem Grad „künstlich" sind die euroamerikanischen **Hybrid-Pappeln,** auch „Kanada-Pappeln" genannt, die aus verschiedenen künstlichen Kreuzungen zwischen der europäischen Schwarz-Pappel und amerikanischen nahen Verwandten entstanden sind. Sie wurden seinerzeit in den Donauauen in großem Maß zwecks Holzproduktion angepflanzt, stören aber heute im Nationalpark Donau-Auen die natürliche Vegetation.

Die Platanen „säubern sich", indem sie, neben dem für alle Bäume typischen Abwerfen von Ästen, auch noch etappenweise große Borkenstücke abstoßen.

Vielleicht die auffallendste, weil besonders markante und auch sehr hochwüchsige Baumart der Stadt ist die allseits bekannte **Platane.** Weniger bekannt ist vielleicht, dass auch sie dem Menschen ihre Existenz verdankt, also nicht aus der Natur, sondern aus der europäischen Gartenkultur stammt: Vieles spricht nämlich dafür, dass sie erst in der Neuzeit aus der Kreuzung von zwei, seit einigen Millionen Jahren durch den Atlantik voneinander getrennten Arten entstanden ist, nämlich aus der in südeuropäischen Flussauen heimischen Orient-Platane *Platanus orientalis* und der nordamerikanischen Art *Platanus occidentalis.* Dementsprechend muss sie als Hybridsippe richtig *Platanus*

Die unter Denkmalschutz stehende Jacquin-Platane am Rennweg

×hispanica (= *P. ×acerifolia*) heißen. Ihre Borke löst sich in großen Platten vom Stamm, der dadurch ein eigentümlich buntfleckiges Aussehen bekommt. Die Laubblätter sind ahornähnlich gelappt, die unscheinbaren Blüten stehen in kleinen, kugeligen männlichen und weiblichen Blütenständen; aus letzteren entwickeln sich morgensternartige, zuletzt zerfallende Fruchtstände. Eine mächtige, wohl mindestens 300 Jahre alte Platane am Rennweg vor dem Eingang ins Institut für Botanik der Universität Wien ist ein Naturdenkmal. In ihrem Schatten erteilte einst Mozart der Tochter seines Freundes Nikolaus von Jacquin, des berühmten Botanikprofessors, Geigenunterricht.

Von einigen Baumarten werden Trauer-Mutanten, sogenannte Tristis-Varietäten, kultiviert: Sie haben stark hängende Zweige und sind sozusagen das Gegenteil der Fastigiata-Mutanten. Die häufigsten und bekanntesten sind die Trauer-Weiden: Hauptsächlich sind es Tristis-Mutanten der Silber-Weide *Salix alba* cv. 'Tristis', andere sind vermutlich Hybriden zwischen Silber-Weide und Chinesischer Hänge-W. *Salix alba* × *S. babylonica*. Seltener, meist auf Friedhöfen, findet man auch „trauernde" Eschen und Buchen; sie müssen auf einen normalen, geradwüchsigen Stamm gepfropft werden. Eine solche Trauer-Buche steht etwa hinter dem Schönbrunner Palmenhaus. Weniger gärtnerische Kunst verlangen die Schlitzblatt-Varietäten; das sind Mutanten (Laciniata-Mutanten) mit untypisch stark eingeschnittenen bis zerteilten Laubblattspreiten. Bekannte Beispiele sind entsprechende Rassen der Buche, der Hainbuche und der Birke. Ein schlitzblättriger Schwarz-Holunder steht bei der St.-Anna-Kapelle in Neuwaldegg. Eine wichtige Rolle bei den Ziergehölzen spielen die Rotblatt-Mutanten, von denen die Blut-Buche vielleicht am bekanntesten ist. Bei diesen Mutanten wird zuviel Anthocyan produziert und damit das Chlorophyll überlagert, was die Photosynthese und damit die Produktivität und Konkurrenzkraft etwas beeinträchtigt. Aus biologischer Sicht muss man also auch dieses Merkmal als Erbkrankheit bezeichnen.

Sträucher

Mehr noch als bei den Baumarten herrschen bei den Sträuchern in den Gärten Wiens die Exoten vor. Die züchterischen Eingriffe sind hier ebenfalls stärker, Hybriden und Kulturvarietäten überwiegen. Zuchtziele sind schönes Laub, bevorzugt nichtgrüne Mutanten wie Blut- und Gold-Sorten und Panaschierungen, schöne Herbstverfärbung des Laubs, reiche Blütenentwicklung und Vielfalt der Blütenfarben. Besonders angestrebt werden von den Züchtern auch widernatürliche Blütenfüllungen, die als Kitsch-Züchtungen anzusehen sind, weil dabei alle Eigentümlichkeiten der Blüte verloren gehen: Bei derartigen „Flore-pleno-Sorten" bestehen die Blüten fast nur noch aus bunten Kronblättern, die Staub- und Fruchtblätter sind verkümmert, was eine vegetative, klonale Vermehrung nötig macht. Auch bizarre, möglichst unnatürliche Wuchsformen werden oft als dekorativ und interessant empfunden. Die Gewächse der Park- und Gartenanlagen sind also mehr (Gärtner-)Kunst als Natur. Dennoch sind sie auch aus botanischer Perspektive nicht uninteressant, eröffnen sie doch einen Blick in fremde Florenwelten – von Kalifornien bis China.

Die Lorbeerkirsche („Kirschlorbeer") stammt aus dem feucht-warmen Gebiet am Süd- und Ostrand des Schwarzen Meers (Nord-Türkei bis West-Kaukasus).

Zu den sehr wenigen kultivierten **heimischen Straucharten** gehört der Sanddorn mit schmalen schuppenhaarig-silbrigen Laubblättern. Seine weiblichen Exemplare tragen orangefarbene, essbare Beerenfrüchte (aus denen man vitaminreichen Sanddornsaft erzeugen kann). Er wächst wild in den Schotterauen der Alpenflüsse und der Donau bei Wien. Auch einige heimische Weiden-Arten werden gelegentlich angepflanzt. Der in klimamilden Lagen Österreichs gleichfalls wildwachsende Gewöhnliche Liguster mit seinen schwarzen, leicht giftigen Steinbeeren wird zusehends durch den Wintergrünen Liguster aus Japan ersetzt. Der Gewöhnliche Schneeball unserer

Exotische Straucharten in Wiens Grünanlagen

(Abkürzungen siehe Kasten: Bäume → S. 490)

Laubhölzer:

Häufig:

Garten-Goldregen *Laburnum ×watereri = L. anagyroides × L. alpinum* (Eltern: SEur bzw. SAlpen)
Pfeifenstrauch, Falscher Jasmin *Philadelphus coronarius* (SEur)
Immergrüner Buchs *Buxus sempervirens* (SEur) (die Sorte cv. „Bullata" hat halbkugelig verkrümmte Laubblätter)
Feuerdorn *Pyracantha coccinea* (SEur)
Tamarisken-Arten *Tamarix* spp. (SEur)
Gewöhnlicher Flieder *Syringa vulgaris* (BalkHI) (→ S. 506)
Tataren-Heckenkirsche *Lonicera tatarica* (OEur bis ZAs)
Immergrüne Kriech-Heckenkirsche *Lonicera pileata* (China)
Kolchis-Lorbeerkirsche, „Kirschlorbeer" *Prunus laurocerasus* (Kaukasien)
Hybrid-Forsythie, Goldflieder *Forsythia ×intermedia = F. viridissima × F. suspensa* (beide Eltern: OAs)
Spierstrauch *Spiraea ×vanhouttei = S. cantoniensis × S. trilobata* (beide Eltern: OAs) und andere Arten und Hybriden
Rotblättrige Thunberg-Berberitze *Berberis thunbergii* cv. 'Atropurpurea Nana' (Japan)
Wintergrüner Liguster *Ligustrum ovalifolium* (Japan)
Winter-Jasmin *Jasminum nudiflorum* (China)
Schmetterlingsflieder, Sommerflieder, Schmetterlingsstrauch *Buddleja davidii* (OAs)
Bastard-Weigelie *Weigela*-Hybriden (Eltern: OAs)
Runzel-Schneeball *Viburnum rhytidophyllum* (China)
Duft-Schneeball *Viburnum farreri = V. fragrans* (OAs)
Kartoffel-Rose *Rosa rugosa* (OAs)
Steinmispel-, „Zwergmispel"-Arten *Cotoneaster* spp. (OAs)
Japan-Spindelstrauch *Euonymus japonicus* (OAs)
Echter Fächer-Ahorn *Acer palmatum* (OAs) in vielen Sorten
Fächer-Ahorn *Acer japonicum* (Japan) in vielen Sorten
Perückenstrauch *Cotinus coggygria* (Submedit.)
Bastard-Zierquitte *Chaenomeles ×superba = Ch. japonica × Ch. speciosa* (Eltern: Japan bzw. China)
Blaubart, Bartblume *Caryopteris ×clandonensis = C. incana × C. mongolica* (beide Eltern: OAs)
Straucheibisch *Hibiscus syriacus* (OAs)
Rau-Deutzie *Deutzia scabra* cv. 'Candidissima' (Japan)
Seiden- oder Weißbeeren-Hartriegel *Cornus sericea, C. stolonifera* (östl. NAm)
Hirschkolben-Sumach, Essigbaum *Rhus typhina = Rh. hirta* (östl. NAm)
Blut-Ribisel *Ribes sanguinum* (westl. NAm)
Gold-Ribisel *Ribes aureum* (westl. NAm)
Bastard-Mahonie *Mahonia aquifolium × M. repens* (beide Eltern: westl. NAm)
Schneebeere und Korallenbeere *Symphoricarpus rivularis* [*S. racemosus*] und *S. orbiculatus* (westl. NAm)

Seltener:

Gewöhnlicher Blasenstrauch *Colutea arborescens* (SEur)
Besenginster *Cytisus scoparius = Sarothamnus scoparius* (Eur)
Mannsblut, Blut-Johanniskraut *Hypericum androsaemum* (SEur, WAs)
Fingerstrauch, Fünffingerstrauch *Dasiphora fruticosa = Potentilla fruticosa* (Eurasien)
Pontischer Rhododendron *Rhododendron ponticum* (Anatolien, Kaukasien)
Gelb-Azalee, „Pontische Azalee" *Rhododendron luteum = Rh. flavum* (Anatolien, Kaukasien)
Gewöhnlicher Erbsenstrauch *Caragana arborescens* (Asien)
Fiederspiere *Sorbaria* spp. (Asien)
Goldröschen, Goldkerrie, Ranunkelstrauch *Kerria japonica* (OAs)
Schneekerrie, Scheinkerrie *Rhodotypos scandens = Rh. tetrapetala* (OAs)
Duft-Heckenkirsche *Lonicera fragrantissima* (OAs)
Hortensien-Arten *Hydrangea* spp. (OAs bzw. NAm)
Gewöhnlicher Scheinindigo, Bleibusch *Amorpha fruticosa* (östl. NAm)
Schneeball-Blasenspiere, Knackbusch *Physocarpus opulifolius* (östl. NAm)
Schwärmer-Rosskastanie, Strauch-R. *Aesculus parviflora* (östl. NAm)
Virginien-Zaubernuss *Hamamelis virginiana* (NAm)
Kleeulme, Lederstrauch *Ptelea trifoliata* (NAm)
Dorn-Aralie, Herkuleskeule, Teufels-spazierstock *Aralia spinosa* (östl. NAm)

Nadelhölzer:

Pfitzer-Wacholder *Juniperus ×pfitzeriana = J. chinensis* (OAs) × *J. sabina* (Eur)
Nordamerikanischer Kriech-Wacholder *Juniperus horizontalis* (NAm)

Manfred A. Fischer

Auwälder wird als Zierstrauch nur in der Kulturrasse (cv. 'Roseum') mit ausschließlich großen, sterilen Blüten gezogen, wobei die Blütenstände nicht schirmartig flach, sondern kugelig und schneeballförmig sind. Bei der Wildrasse sind nur die Randblüten groß und steril. Hier liegt der interessante Fall vor, dass eine ganze Gattung *(Viburnum)* nicht nach einer Wildart, sondern einer Zierrasse benannt ist. Der Besenginster wird in Ziersorten mit verschiedenfarbigen Blüten kultiviert. Der Perückenstrauch *Cotinus coggygria* ist insofern ein Sonderfall, als er bei uns nur ein einziges (vermutlich) natürliches Vorkommen am Ostrand des Kalk-Wienerwalds bei Bad Vöslau hat. Gärtnerisch wird freilich hauptsächlich eine purpurlaubige Sorte verwendet. Die heimischen Arten Berberitze *Berberis vulgaris* und Dirndlstrauch *Cornus mas* sind

Der Perückenstrauch in Herbstfärbung

Der Pfeifenstrauch, wegen der stark süß duftenden Blüten auch „Falscher Jasmin“ genannt, kommt in der Oststeiermark (in der Weiz-Klamm) in einer Wildrasse vor.

Der Straucheibisch *Hibiscus syriacus* ist kein Eibisch und stammt auch nicht aus Syrien, sondern aus Ostasien – in Südkorea ist er Nationalblume.

nur höchst selten in Parkanlagen zu finden, Gleiches gilt für die Wildsippe der Gewöhnlichen Hasel *Corylus avellana*. Diese und ihre vorderasiatische Verwandte Lambertsnuss *C. maxima* werden allerdings oft als Rotblatt-Mutante *(f. atropurpurea)* kultiviert. Eine bizarre Wuchsweise hat eine andere Mutante, nämlich die Korkenzieher-Hasel *C. avellana* cv. ‘Contorta’, bei der alle Äste schraubenförmig gewunden sind. Der Rotdorn *Crataegus monogyna* cv. ‘Rubra Plena’ ist eine purpurrotblühende und gefülltblütige Ziersorte des heimischen Eingriffel-Weißdorns.

Unter den heimischen Nadelhölzern werden die Latsche (Leg-Föhre) *Pinus mugo*, die wild im oberen Waldgrenzbereich der Alpen und in Hochmooren verbreitet ist, und der Sebenstrauch *Juniperus sabina*, eine ebenfalls in den Alpen wildwachsende, schuppenblättrige, giftige Wacholder-Art, mancherorts kultiviert angetroffen.

Die weitaus meisten **exotischen Ziersträucher** sind in Ostasien beheimatet, andere stammen aus dem südlichen, mediterranen Europa oder aus Nordamerika. An erster Stelle unter den Exoten ist natürlich der Flieder *Syringa vulgaris* zu nennen, der Ende April zu blühen und duften beginnt und damit den Vollfrühling einleitet, ob auf dem Heldenplatz, am historischen St. Marxer Friedhof oder in jedem Beserlpark – überall ist er beliebt, gleichsam ein wienerischer Strauch, obwohl er auf der Balkanhalbinsel beheimatet ist (→ S. 506). Im Winter, im laublosen Zustand, blühen Duft-Schneeball (weiß bis leicht rosa), Duft-Heckenkirsche (weiß) und Winter-Jasmin (gelb, Laubblätter dreizählig). Der wegen seiner weißen, stark duftenden Blüten (Aromatisierung chinesischer Tees) bekannte Echte Jasmin *Jasminum officinale* hat Fiederblätter und ist nicht winterhart. Im Vorfrühling blühen unter anderem Forsythie, Blut-Ribisel (wie Schwarz-Ribisel duftend, Beeren essbar) und Zierquitte (Früchte essbar, ähnlich der echten Quitte). Auch der Buchs blüht im Vorfrühling, als Windblütler hat er unscheinbare, getrenntgeschlechtige Blüten. Die meisten Sträucher blühen im Vollfrühling, so etwa Berberitzen (die meisten Arten ostasiatisch, einige südamerikanisch; insgesamt gibt es mehr als 500 Arten, davon 200 allein in China) und die sehr nahe verwandten Mahonien (neuerdings verwildernd), der Garten-Goldregen und die verwandten anderen Ginsterförmigen, ebenso die übrigen Schmetterlingsblütler wie Blasenstrauch und Erbsenstrauch; weiters Rhododendren (viele Bastarde und Gartenrassen), Spiersträucher (viele Arten und Hybriden), Rosen (fast ausschließlich gärtnerische Produkte), Steinmispel *Cotoneaster* (viele Arten und Sorten), Weigelie (mit Blüten in vielen Farbvarianten von Weiß bis tief Purpurrot) und Pfeifenstrauch (in Wien „Jasmin“ genannt) sowie die mit diesem verwandten Gattungen Deutzie und Hortensie. Im Sommer, einige bis weit in den Herbst hinein, blühen Liguster (weiß), Fingerstrauch (gelb, selten weiß) – ein holziger Verwandter des Fingerkrauts – , Straucheibisch (Sorten mit weißen bis purpurlila Blüten) und Sommerflieder. Eine Besonderheit ist die strauchige Schwärmer-Rosskastanie, deren nächtlich geöffnete, weiße Blüten von Nachtschmetterlingen besucht und bestäubt werden. Eigenartig ist der Scheinindigo mit braunschwarzen Schmetterlingsblüten, deren Krone nur aus der Fahne besteht. Im Spätsommer und Herbst blüht leuchtend blau der Blaubart, ein aromatisches Gewächs, das sich durch den ysop-ähnlichen Geruch als Lippenblütler zu erkennen gibt. Ganz spät und gelb blüht die Virginien-Zaubernuss.

Manche Arten, wie Feuerdorn, Sanddorn, Schnee- und Korallenbeere werden wegen ihres bis in den Winter bleibenden Fruchtschmucks kultiviert, andere, weil ihre Laubblätter immergrün sind, was in unseren Breiten dankbar gewürdigt wird: Buchs, Lorbeerkirsche, Japan-Spindelstrauch, Mahonie; wieder andere wegen der prächtigen Herbstfärbung der Laubblätter: so etwa Hirschkolben-Sumach und Fächer-Ahorn. Der Zierwert der Tamarisken, einer Gattung, die in sehr trockenen

1

2

3

1 Die Schwärmer-Rosskastanie *Aesculus parviflora* ist ein Strauch, der in den südöstlichen USA beheimatet ist.

2 Der Feuerdorn *Pyracantha coccinea* – hier mit winterlichem Raureif – wird in rot- und gelbfrüchtigen Sorten häufig kultiviert.

3 Die Mahonie *Mahonia aquifolia* blüht gelb im Frühling mit ähnlichen Blüten wie die Berberitze. Ihre Früchte (Bild) sind essbar; sie verwildert neuerdings im Wienerwald.

und salzigen Extremlebensräumen Südeuropas und Asiens beheimatet ist, liegt in ihrem zart-duftigen Habitus, der durch die winzigen, schuppen- bis nadelförmigen Laubblätter bedingt ist. Gern angepflanzt werden als immergrüne und niederwüchsige Nadelhölzer auch Ziersorten verschiedener nordamerikanischer und ostasiatischer schuppenblättriger Wacholder-Arten *(Juniperus)*.

Lianen

Mit dem Begriff „Liane" bezeichnet man holzige Kletterpflanzen, also kletternde Sträucher. Krautige Kletterpflanzen, wie den heimischen Hopfen, sollte man **nicht** „Lianen" nennen. In der österreichischen Flora gibt es nur sechs Arten von Lianen. Eine davon ist der Europäische Efeu *Hedera helix*, der in Parkanlagen zwar oft anzutreffen, aber bei den Gärtnern nicht immer beliebt ist. Als Zierlianen gern kultiviert werden exotische Waldreben, *Clematis*-Arten (einige ostasiatisch, andere nordamerikanisch) und etliche der mit der Heckenkirsche ganz nah verwandten Geißblatt-Arten *(Lonicera subg. Caprifolium)* (hauptsächlich aus Süd- und Westeuropa). Prächtige, lilablaue Blüten hat der aus Ostasien stammende Blauregen *(Wisteria)*, ein Schmetterlingsblütler. Der sogenannte „Wilde Wein" *Parthenocissus quinquefolia* agg. heißt nur so, mit der echten Weinrebe ist er nämlich nur entfernt verwandt (beide gehören zur Familie der Weinrebengewächse *Vitaceae*); er stammt aus Nordamerika und verwildert in unseren Auwäldern. Zur selben Gattung gehört auch die ostasiatische Mauerkatze, auch Veitschrebe genannt, botanisch korrekt: Dreispitzige Jungfernrebe *Parthenocissus tricuspidata*. Mithilfe ihrer saugnapfbesetzten Ranken erklettert sie jede Mauer, wo sie eine nicht nur hübsche, sondern zugleich schützende Verkleidung bildet. Im Herbst verfärben sich ihre Laubblätter leuchtend feuer- bis purpurrot, ihre Beerenfrüchte sind blau. Ein prächtig (orangegelb oder -rot) blühender Kletterstrauch, auf der Familienebene *(Bignoniaceae)* verwandt mit dem Trompetenbaum, ist die ostasiatische Klettertrompete *Campsis radicans*. Auf den Lärmschutzwänden entlang von Autobahnen und auch sonst zur Wandverkleidung beliebt ist der Silberregen-Flügelknöterich oder Baldschuan-Knöterich *Fallopia baldschuanica* s. lat. (= *Polygonum aubertii*).

Die Blaue Lobelie *Lobelia erinus* ist eine aus ihrem Beet entsprungene Einjährige, die sich hier als Ruderalpflanze (→ S. 517) benimmt.

Sommerblumen: echte und „falsche" Einjährige

So sehr die großen Holzpflanzen das Stadtbild prägen, sind es doch auch die unzähligen Sommerblumen (Einjährige) und Stauden (Ausdauernde) in den zahlreichen Blumenrabatten der Parkanlagen und in den mancherorts während des Sommers aufgestellten Blumenschalen, die zur Lebewelt und Buntheit der Stadt Wesentliches beitragen.

Die Systematik der Gärtner richtet sich nicht nach den Verwandtschaftsverhältnissen der Pflanzen, sondern nach ihrem ästhetischen Wert und dem Arbeitsaufwand, der sich durch ihre Betreuung ergibt. Darauf nimmt auch die folgende Darstellung der häufigsten Wiener Parkblumen Rücksicht. Wer selbst gärtnert, weiß, dass das Gartenjahr im

1

2

3

1 Gartenstiefmütterchen

2 Das Wilde Stiefmütterchen hat viel kleinere Blüten.

3 Die Dornige Spinnenpflanze *Cleome hassleriana* (*C.* „*spinosa*") ist ein einjähriges Kaperngewächs aus Südamerika.

Herbst beginnt. So werden jedes Jahr von den Wiener Stadtgärtnern 850.000 Blumenzwiebeln in die Beete der städtischen Parkanlagen versenkt. Sie blühen tatsächlich nur einmal und werden nach dem Frühling der Kompostierung übergeben. Grund dafür ist, dass die heutigen Züchtungen blühreif auf den Markt kommen und bis zur nächsten Blüte mitunter einige Jahre vergehen würden. Die Wiener aber sollen jedes Jahr blühende Narzissen und Tulpen zu sehen bekommen. Botanisch gesehen handelt es sich bei den Zwiebelpflanzen natürlich um Ausdauernde, also Stauden, das sind Mehrjährige, die mehrere bis viele Jahre hintereinander blühen. Das gilt auch für andere Zierstauden, die aus gärtnerischen Gründen jährlich neu ausgepflanzt werden. Vielfach noch vor dem Abblühen der Narzissen und Tulpen werden über 40.000 Primeln gepflanzt. Es handelt sich dabei um Züchtungen aus Hybriden der heimischen, gelb blühenden Erd-Primel *Primula vulgaris* mit der ursprünglich kaukasischen purpurblühenden Teppich-Primel *P. juliae,* die in allen Farben und mit ungewöhnlich großen Blüten eigens für die Gärten gezüchtet werden. Die Gattung Primel (= Schlüsselblume) *Primula* umfasst insgesamt 425 Arten und ist auf der gesamten Nordhalbkugel verbreitet. Ein gutes Dutzend davon sind auch bei uns heimisch und finden sich von den Niederungen bis ins Gebirge. Auch bei diesen Wildsippen sind die Blütenfarben sehr mannigfaltig, von gelb bis purpurrot. Gemeinsam mit den Primeln kommen über 200.000 Stiefmütterchen zum Einsatz. Diese sind nun tatsächlich Einjährige, also „Sommerblumen" der Gärtner, die auch in der Natur nur einmal blühen und fruchten können und danach absterben. Die Gartenstiefmütterchen *Viola ×wittrockiana* sind aus Kreuzungen verschiedener Gebirgsarten mit dem Wilden Stiefmütterchen entstanden, dessen botanisch-lateinischer Name *Viola tricolor* auf die schon bei dieser Wildsippe meist vorhandenen drei Farben weiß, gelb und blau innerhalb derselben Blüte hinweist.

Im Mai krempeln die Stadtgärtner noch einmal alle Beete um und eröffnen mit einer unglaublichen Artenvielfalt den Sommer. Aus dieser Fülle sollen hier nur die häufigsten Arten und die zahlenmäßig stärksten Gattungen vorgestellt werden. Die größte Pflanzenfamilie stellen die Korbblütler *Asteraceae.* Ihre Blütenstände, die Körbe, werden von vielen Einzelblüten gebildet, am Rand stehen meist sogenannte Zungenblüten, die wie Kronblätter wirken. So erzeugt der ganze Blütenstand (auch für die blütenbesuchenden Insekten) den optischen Eindruck einer einzigen Blüte. Hierher gehört auch das Gänseblümchen mit seinen Gartenformen, die farbenprächtiger und größer sind als die heimische, weiß blühende Wildform *Bellis perennis,* die vielen Hobbygärtnern nur als „Rasenunkraut" bekannt ist. Keineswegs alle unsere Sommerblumen stammen also von Exoten ab. Die Gattung *Bellis* umfasst acht Arten, die vorwiegend im Mittelmeerraum verbreitet sind. Unsere Art, die einzige mitteleuropäische, ist ein Kulturfolger, der sich durch das Vordringen der Menschen in Europa infolge von Waldrodungen besonders auf Weiderasen weiter verbreiten konnte.

Die Garten-Sonnenwende *Heliotropium arborescens* duftet vanilleartig, stammt aus Peru.

Aus dem heutigen Stadtbild ebenfalls nicht mehr wegzudenken ist der Flieder *Syringa vulgaris.* Mitgebracht wurde er vom Niederländer Augerius Ghislain de Busbecq, Gesandter des Kaisers an der Hohen Pforte in Istanbul. 1589 blühte der erste Fliederbusch im Garten seines Hauses, heute Seilerstätte 16, in der Inneren Stadt. Der neue Zierstrauch mit dem überwältigenden Duft war für die Wiener eine Sensation und wurde „Türkischer Holler" genannt. Das Haus des Gelehrten erhielt daraufhin die Bezeichnung „Zur Hollerstaude", und der Abschnitt der Befestigungsanlagen nächst dem Stubentor hieß von da an „Hollerstaudenbastei". Holler ist ja die Bezeichnung für den Schwarz-Holunder *Sambucus nigra.* Dieser Pflanzenname war den Wienern jedenfalls sehr geläufig, sie übertrugen ihn auch auf den ebenfalls im 16. Jahrhundert eingeführten Pfeifenstrauch *Philadelphus coronarius* (→ Bild S. 497), der zum „Wällischen [= italienischen] Holler" oder „Becherlholler" wurde. Die heute übliche schriftdeutsche Bezeichnung „Flieder" ist der norddeutsche Name für den Holler = Holunder. Der türkische (ursprünglich altindische, dann persische und arabische) Name des Flieders, „Lilak", wurde zwar nicht in die deutsche Sprache übernommen, wohl aber ins Spanische (lila), Englische (lilac) und Französische (lilas), wovon sich die Bezeichnung für die Farbe „fliederblau", also „lila", ableitet.

Rund um den Muttertag, Anfang Mai, findet man den blühenden Flieder überall in der Stadt, am üppigsten wahrscheinlich am St. Marxer Friedhof (siehe auch → Bild S. 526).

Die historische Tatsache, dass Rosskastanie und Flieder aus Istanbul eingeführt wurden, bedingt in nichtbotanischen Büchern immer wieder den Fehlschluss, diese Arten wären „in der Türkei" beheimatet, eine Formulierung, die heute missverständlich sein muss. Die heutige Türkei ist ein Nachfolgestaat des Osmanischen Reichs, das sich zur Zeit von Clusius in kultureller Hochblüte befand. Istanbul war dessen damaliges Zentrum und daher auch für jene gärtnerisch-diplomatischen Kontakte zuständig. Fast die gesamte Balkanhalbinsel gehörte in dieser Zeit zum Osmanischen Reich. Beide Gehölzarten haben ihr natürliches Verbreitungsareal ausschließlich innerhalb der Balkanhalbinsel und fehlen in der Türkei.

Die wahrscheinlich bedeutendste Gartenanlage ihrer Zeit befand sich vom 16. zum 17. Jahrhundert beim Schloss Neugebäude im heutigen Simmering. Diese soll für jeden türkischen Gesandten, der sich in Wien aufhielt, eine Sehenswürdigkeit ersten Ranges gewesen sein. Das Schloss blieb während der zweiten Türkenbelagerung 1683 von den Türken verschont, da es die Belagerer an die Bauten und Gärten der Heimat erinnert haben soll.

Die Beziehung des Hauses Habsburg zur Gärtnerei war eine sehr innige. Kaiser Franz II. (I.) wurde sogar als „Blumenkaiser" apostrophiert, weil er eine Gärtnerausbildung erhalten hatte (jeder Habsburger musste ein Handwerk lernen). Das Bild zeigt das Kaiserpaar Maria Theresia und Franz Stephan in den Gärten von Schönbrunn.

Zu Beginn des 17. Jahrhunderts kam durch den Pariser Hofgärtner Jean Robin die nach ihm benannte Robinie *Robinia pseudacacia* als Zierbaum von Nordamerika nach Europa. Bald wurden auch in Ostösterreich Exemplare dieses von den Wienern fälschlich „Akazie" („Agazibaam") genannten Baumes zuerst in den kaiserlichen Gärten, bald aber auch als Alleebäume ausgepflanzt. Sosehr die Art in der Stadt wegen ihrer Raschwüchsigkeit, ihrer Widerstandsfähigkeit und der duftenden Blütenpracht geschätzt wird, so problematisch ist ihre Verbreitung auf pannonischen Waldstandorten und Trockenrasen aus der Sicht des Naturschutzes (→ S. 432). Auch der Tulpenbaum *Liriodendron tulipifera* wurde bereits im 17. Jahrhundert aus dem östlichen Nordamerika nach Wien gebracht (→ S. 491).

Das Gewerbe der Wiener Blumengärtner hat seinen Ursprung wohl in jener Zeit, als mit der Verlegung des kaiserlichen Hofes nach Wien die Zahl und Ausdehnung von Parkanlagen stark gestiegen war. Um Unkundige von der Berufsausübung fernzuhalten, wurde die Bruderschaft der Lust- und Ziergärtner gegründet und bereits 1628 von Kaiser Ferdinand II. bestätigt. Maria Theresia und ihr Gemahl Franz Stefan I. erteilten 1754 den Auftrag, einen Botanischen Universitätsgarten zu errichten. Mit der Berufung von Nikolaus Jacquin zum Direktor dieses Gartens und zum Universitätsprofessor wurde Wien zu einem der bedeutendsten Orte der botanischen Forschung.

Im Hintergrund des Gemäldes aus dem späten 16. Jahrhundert, welches einen kaiserlichen Waldspaziergang zeigt, ist das Schloss Neugebäude zu erkennen.

Impulse dieser Art waren aber auch wesentlich für die allgemeine Entwicklung von großzügigen Parkanlagen, die allmählich auch dem breiten Publikum geöffnet wurden. Den Anfang machte die Kaiserin selbst mit der Zulassung der Bevölkerung in ihren Schlossgarten in Schönbrunn, ihr Sohn Josef II. folgte mit der Öffnung des Praters und des Augartens. Auf das Entsetzen einer Hofdame darüber, wer ihr in diesen Anlagen in Zukunft begegnen würde, soll der junge Kaiser geantwortet haben: „Mir werden sie begegnen – und dem Volk!"

Da stehen sie am Wege nun,
die langen Müßiggänger,
und haben weiter nichts zu tun,
und werden immer länger.
Da stehen sie mit steifem Hals,
die ungeschlachten Pappeln,
und wissen nichts zu machen, als
mit ihren Blättern zappeln.

Aus einem Gedicht von Friedrich Rückert (1788–1866)

Zur Zeit Maria Theresias wurden auch Weiße Maulbeerbäume *Morus alba* nach Wien gebracht, weil man damals die Seidenraupenzucht einführen wollte und dazu die entsprechenden Futterpflanzen benötigte. Die Art ist heute noch vereinzelt in der Stadt anzutreffen. Auf Josef II. geht auch der älteste Ginkobaum *Ginkgo biloba* von Wien zurück, der immer noch in Schönbrunn zu bewundern ist.

Seit dem 18. Jahrhundert hat auch die Pyramiden-Pappel, richtiger: Spitz-Schwarz-Pappel *Populus nigra* cv. 'Italica' (→ S. 494) eine sehr weite Verbreitung als Straßen- und Alleebaum erlangt. Diese Mutante der Schwarz-Pappel wurde zu Ende des 17. Jahrhunderts in Persien entdeckt und 1740 erstmals in Mitteleuropa angepflanzt. Napoleon, der sie neben seinen Heerstraßen pflanzen ließ, hat reichlich für ihre Verbreitung gesorgt. Als „Italienische Pappel" hat sie ihre größte Beliebtheit im 19. Jahrhundert erlangt. Auch den Wiener Volksgarten umrahmten damals die säulenartigen Bäume; ihr ästhetischer Wert war bei den Zeitgenossen allerdings umstritten. Heute beschleunigen vor allem die immer heftigeren Stürme den natürlichen Abgang dieser Pappelmutante.

Die Beziehung zu Gärten und zur Tätigkeit des „Gärtnerns" schien den Habsburgern besonders zu liegen. Franz I. erlernte den Gärtnerberuf, was ihm den Zusatz „Blumenkaiser" einbrachte. Seine Gärtnerausrüstung ist heute noch erhalten. Dem entsprach auch der Plan, den Bestand der Botanischen Gärten zu vergrößern. Im 19. Jahrhundert richtete das Kaiserhaus öfters Expeditionen aus, die nicht nur die Sammlungen der Museen und tropischen Glashäuser („Orangerien") verstärken sollten, sondern auch Auswirkungen auf die Parkanlagen hatten. Koniferen aus Nordamerika hielten dadurch in der zweiten Hälfte des 19. Jahrhunderts Einzug in Wiener Parks. In West- und Mitteleuropa ist nur eine kleine Zahl an Nadelholzarten heimisch. Die mächtigen Nadelbäume, die man heute so zahlreich in Europas Parkanlagen findet, verdankt man hauptsächlich der unermüdlichen Suche eines Mannes: David Douglas,

Der Götterbaum ist duftendes Ziergewächs (männliche Blüten oben) und Ruderalpflanze (unten) in einem.

eines Schotten, der unter anderem im Auftrag der Royal Horticultural Society mehr als 200 neue Arten nach Europa brachte. Nach ihm wurde die Douglasie *Pseudotsuga menziesii* benannt, die in unseren Parkanlagen, aber auch als Forstbaum kultiviert wird.

Durch die zunehmende Industrialisierung und Verstädterung im 19. Jahrhundert gab es ein neues, bürgerliches Publikum, das Pflanzen für Vorstadtgärten und kleine Gartenanlagen erwarb. Die von manchen Kritikern in unseren Gärten als „Koniferitis" beklagte Pflanzung von Nadelbäumen hat wohl damals ihren Anfang genommen. Auch der erst um die Mitte des 19. Jahrhunderts in den Ausläufern der Sierra Nevada Nordamerikas entdeckte Riesenmammutbaum *Sequoiadendron giganteum* ließ in Wien nicht lange auf sich warten und ist heute mit einigen Exemplaren wie etwa im Türkenschanzpark, bei der Hermesvilla und auch in etlichen Privatgärten vertreten.

Zum echten Wiener wurde seit dem 19. Jahrhundert der Götterbaum *Ailanthus altissima*. Er wurde zur Zeit der Errichtung der Ringstraße importiert und stammt aus China. Seine Anspruchslosigkeit hat zu seiner Auswilderung beigetragen und so findet er sich mittlerweile auf jeder Ruderalfläche in Massen. In seinem Gefolge tritt der Große Ailanthusspinner *Philosamia cynthia* auf, dessen Raupen ihn als Futterpflanze benötigen. Dieser Schmetterling wurde zu einer Charakterart der Stadt (→ S. 186). Auch der Blauglockenbaum *Paulownia tomentosa* wurde im 19. Jahrhundert als Parkbaum importiert. In den letzten Jahren gehen seine Samen vermehrt wild auf, bisweilen in den kleinsten Pflasterritzen.

Wiener Stadt- und Alleebäume, eine Erfolgs- und Leidensgeschichte

Wie kamen die Bäume in die Stadt?

Alleebäume sind in Siedlungsgebieten ein wesentliches Stück Natur mit großer ökologischer Bedeutung. Sie mildern die Extremwerte niedriger Luftfeuchtigkeit und hoher Temperaturen, die der „Backofeneffekt" des Großstadtklimas mit sich bringt, sie filtern Schadgase, Staub und Lärm und spielen eine Rolle als Refugium für Tiere in der Großstadt.

Ebenso wichtig ist aber auch die ästhetische, gefühlsmäßige und soziale Komponente der Stadtbäume. Der Großstadtmensch erlebt am Blühen der Rosskastanien, Robinien und manch anderer, zum Teil exotischer Arten, am süßen Lindenduft der Sommernächte, am Herabprasseln der „Kastanien" – begehrte Objekte für lustige Basteleien unserer Kleinen – und schließlich an den herbstlichen Verfärbungen Natur und Wandel der Jahreszeiten noch unmittelbar. Die Schatten spendenden Bäume in Parkanlagen, entlang breiter Alleen und in verkehrsberuhigten Zonen sind Orte der Ruhe und Entspannung sowie vielfacher sozialer Kontakte.

Die große Liebe der Wiener zu ihren Stadtbäumen ist ein Phänomen, das sich erst in den letzten 30 Jahren so richtig entwickelt hat. So lange ungefähr liegen die letzten Forderungen von Autofahrerklubs und der einen oder anderen Tageszeitung zurück, zur Parkraumbeschaffung Alleebäume umzuschneiden. Doch in den 1970er-Jahren hat sich das Blatt im wahrsten Sinn des Wortes ins Gegenteil gewendet. Heute beklagen Mitarbeiter des Wiener Magistrats, wie schwierig es geworden ist, selbst altersschwache Bäume oder gefährliche Baumruinen zu entfernen, ohne dabei einen Sturm der Empörung hervorzurufen. Größere Aktionen, wie die Erneuerung der Schönbrunner Schlossallee, müssen logistisch gut vorbereitet werden, denn kaum tauchen die ersten Baumfäller auf, bilden sich spontan Baumschutzinitiativen mit journalistischer Unterstützung. Die Situation ist prekär, denn tatsächlich kann die Stadt Wien für Schäden,

Blick von der Ostbahnbrücke auf die inneren Baumreihen der mehrreihigen Prater-Hauptallee

die durch herabfallende Äste oder durch Baumsturz hervorgerufen werden, verantwortlich gemacht werden.

Zum politischen Programm wurden Bäume bereits im späten 18. Jahrhundert unter Josef II., der zur Verbesserung der Volksgesundheit die Einrichtung von Grünanlagen wünschte. Die älteste Baumpflanzung besteht allerdings bereits seit 1538; damals wurde unter Ferdinand II. die Hauptallee im Prater durch Schlägerungen quer durch den Auwald angelegt. Sie führte die Bezeichnung Langer Gang und stellte eine Verbindung zwischen Augarten und dem Jagdgebiet des Hofes im Prater her. Erst 1867 wurde sie über das Heustadelwasser hinweg verlängert und hat damit ihre heutige Länge von viereinhalb Kilometern erhalten. Die Hauptallee ist heute nicht nur die längste Allee von Wien, sondern besteht auch im internationalen Vergleich. Sie wird von vier- bis sechsreihig gepflanzten, weißblütigen Rosskastanien *Aesculus hippocastanum* flankiert. War sie ursprünglich dem Hof zur Benützung vorbehalten, durfte sie nach der Öffnung unter Josef II. von jedem frequentiert werden. Im 19. Jahrhundert wurde sie für Ausfahrten und Blumenkorsos sehr populär. Ab 1890 hielt die Arbeiterschaft von Wien ihre Aufmärsche zum 1. Mai hier ab und 1903 wurde ein erstes Autorennen veranstaltet. Heute ist die Hauptallee nur Fußgängern und Radfahrern vorbehalten und seit 1984 ein wesentliches Teilstück des alljährlichen Wien-Marathons.

Eine ungewöhnliche Allee und damit weltweit eine Besonderheit stellt die Ringstraße dar, die sich, wie ihr Name sagt, in einer Ringform um die Innere Stadt legt und eine Gesamtlänge von 5,2 Kilometern aufweist, wenn man den Franz-Josefs-Kai mitrechnet. Per Kaiserlichem Dekret 1857 von Franz Joseph im Bereich der jahrhundertealten Stadtmauern veranlasst, sollte sie in Verbindung mit den übrigen Gartenanlagen wie Stadtpark und Rathauspark einen Ersatz für die Grünareale des nunmehr verbauten Glacis bilden.

Ein 20 Meter hoher Laubbaum bindet an einem Tag 9.400 Liter CO_2, produziert 6.700 Liter Sauerstoff, transpiriert 400 Liter Wasser und bindet zwei Kilogramm Staub. Der monetäre Wert einer 100-jährigen Linde, Buche oder Rosskastanie wird mit rund 7.000 Euro angegeben (Quelle: Wiener Umweltanwaltschaft). Im Bild: Rosskastanie im Wiener Prater beim Lusthaus

Für eine Verbesserung des Stadtklimas sorgen neben den beiden prominenten Alleen über 2.000 bepflanzte Straßenzeilen in ganz Wien. Aneinandergereiht würden die Wiener Stadtalleen bis Zürich reichen. Typische Alleebäume sind in Wien Rosskastanie und Linde.

Seit einigen Jahren werden die Allee- und Stadtbäume in Wien exakt erfasst und individuell betreut. Erkennbar ist dies an einer kleinen Metallmarke mit einer eingravierten Nummer. Jeder dieser registrierten Bäume steht mit einer Zustandsbeschreibung in der Datenbank des Stadtgartenamtes (MA 42). Insgesamt befinden sich rund 100.000 Straßenbäume und eine halbe Million Parkbäume in der Obsorge der „42er“.

Das bedeutet, dass derzeit bei über 1,6 Millionen Einwohnern statistisch gesehen auf jeden Baum drei Wiener Bürger kommen. Was das Verhältnis zur Zahl der in Wien gemeldeten Autos betrifft, müssen sich jeweils nur zwei Wiener ein Auto teilen.

Das Sanierungspaket der Wiener Stadtgärtner umfasste folgende Einzelmaßnahmen:

- Öffnen und Vergrößern der Baumscheibe bzw. des Baumstreifens
- Oberflächlicher Bodenaustausch
- Aufbringen einer Mulchdecke, vornehmlich aus Rindenschnitzeln
- Pflanzen von Bodendeckern und Sträuchern
- Halte- und Parkverbot für Kraftfahrzeuge im Baumbereich
- Schutz vor dem Versickern der Salzsole in die Baumscheiben
- Installation von Bewässerungssystemen
- Ersatz absterbender Bäume durch möglichst große Jungbäume

Die Leidensgeschichte – mit gutem Ausgang?

In dem Maße, wie die wichtige Rolle der Bäume im Ökosystem Großstadt erkannt wurde, verschlechterten sich deren Lebensbedingungen bis 1980 dramatisch. Der Verkehr nahm zu und benötigte immer mehr Raum. Baumscheiben und Baumstreifen wurden ständig verkleinert, vielerorts zubetoniert und für Parkplätze geopfert. Auch unter der Erde wurde es für die Bäume eng: Die Modernisierung und der Ausbau des großstädtischen Versorgungsnetzes für Gas, Strom, Telefon, Informationskabel, Fernwärme und Kanal bedrängten mehr und mehr die mächtigen Wurzelsysteme der Bäume. In Baumnähe parkende Autos und verkehrsbedingte Erschütterungen und Vibrationen führten zu starken Bodenverdichtungen. Sauerstoff- und Wassermangel im Wurzelbereich waren die unmittelbare Folge.

Chemische Belastungen, wie Streusalz, Blei, weitere Schwermetalle, Ölreste und andere organische Schadstoffe, wirkten unterirdisch, ein Mix aus Ozon, SO_2 und NO_x schädigte als Großstadt-Smog die Alleebäume oberirdisch. Auch der Humusgehalt der Böden ging kontinuierlich zurück, da das Falllaub größtenteils weggeräumt und nicht wieder dem Boden zugeführt wurde. Hinzu kamen oft auch mechanische Verletzungen der Stämme durch unvorsichtiges Einparken. Nach Schätzungen des Wiener Stadtgartenamtes waren Ende der 1970er-Jahre von den etwa 80.000 Wiener Alleebäumen rund 35.000 ernsthaft geschädigt.

Die regelmäßig schon im Hochsommer sichtbaren und immer auffälligeren Schadsymptome beunruhigten die Wiener Bürgerinnen und Bürger, aber auch die administrativ und politisch Verantwortlichen in zunehmendem Maße und zwangen zum Handeln. Wie in anderen europäischen Großstädten, insbesondere in Berlin und Hamburg, näherte man sich der Aufgabe, dem Alleebaumsterben Einhalt zu gebieten, zunächst von der wissenschaftlich-diagnostischen Seite. Als Hauptverursacher der Schädigung von Alleebäumen und Stadtböden stand bald Auftausalz mit hohem Anteil an Kochsalz (NaCl) fest. Bereits in den frühen 1980er-Jahren begannen die Verantwortlichen des Wiener Magistrats gemeinsam mit Wissenschaftlern der Universität Wien, Therapien zu entwickeln, um den drohenden Niedergang der Alleebäume aufzuhalten. Die Voraussetzungen waren damals sehr gut, denn 1982 war ein allgemeines Verbot zur Verwendung kochsalzhaltiger Auftausalze erlassen worden. Bei extremer Witterung, etwa bei akuter Glatteisgefahr, konnte dieses Verbot zwar kurzfristig aufgehoben werden, und Wiener Autobahnen und Bundesstraßen unterlagen ihm grundsätzlich nicht. Trotzdem konnte damit in den Folgejahren die weitere Salzzufuhr in die Wiener Stadtböden doch stark eingeschränkt werden.

1

2

1 Die Hernalser Hauptstraße am 2. September 1983 – eine der vielen zu dieser Zeit hauptsächlich durch Streusalz stark geschädigten Wiener Alleen

2 Symptome bei Salzschäden: Das von den Blatträndern her nach innen fortschreitende Vergilben und nachfolgende Absterben ist typisch für Schadstoffe, die über die Wurzeln in die Blätter eingeschwemmt werden. Die Blattränder sind die Orte der stärksten Transpiration, sodass sich hier der Verdunstungspfanneneffekt am frühesten manifestiert.

1

2

3

4

Beispiele für „Baumscheibenreparaturen", wie sie in den 1980er-Jahren vielerorts in Wien durchgeführt wurden:

1 „Lebensfeindliche" Baumscheibe vor einer Sanierung; derartige Negativbeispiele sind heute aus dem Stadtbild fast gänzlich verschwunden.

2 Im Zuge einer Neupflanzung wurde Boden großzügig ausgetauscht und oberflächlich mit einer dicken Schicht aus Rindenmulch abgedeckt.

3 Neuanlage eines breiten Baumstreifens mit Strauchschicht und Sprinkel-Bewässerung

4 „Miniatur-Ökosysteme" mit Baumschicht und Unterwuchs

Die Wissenschaftler und Praktiker erkannten sehr bald, dass jede nachhaltige Sanierung der Bäume, deren Zustand sich infolge der hohen Salzfrachten dramatisch verschlechtert hatte, an einer Restaurierung der Böden ansetzen musste.

Nicht immer konnten alle diese Massnahmen gemeinsam realisiert werden. Die örtlich vorgegebenen Rahmenbedingungen erlaubten oft nur die Umsetzung einzelner Teile des Gesamtpakets. Im Idealfall sollten gleichsam „Miniatur-Ökosysteme" rund um die Alleebäume geschaffen werden, mit angedeuteter Strauch- und Krautschicht, ergänzt durch Rasenflächen mit gelegentlich einwandernden Wildkräutern. Das Herbstlaub des Unterwuchses trägt nicht unerheblich zur Wiederherstellung des Humus- und Nährstoffhaushaltes der Böden bei.

Bei der Neuplanung ganzer Alleen, wie etwa auf der Praterstraße, wurden breite Baumstreifen angelegt, die sehr oft auch mit einem Bewässerungssystem ausgestattet wurden. Diese Zusatzbewässerung hat in Wien zwei positive Effekte: Einmal lindert sie den allgemeinen Trockenstress der Stadtbäume, zum anderen wird die Auswaschung des über Jahre im Boden aufgestauten Kochsalzes stark beschleunigt. Auch entlang der Ringstraße wurde auf einer Länge von insgesamt vier Kilometern für etwa 4.000 Bäume ein Bewässerungssystem in Form einer Unterflurbewässerung installiert. Aus ökologischer Sicht wäre auch hier eine Gestaltung mit Strauchschicht

Ein Rosskastanienbestand in der Stadionallee: September 1983 (links, Parkplatz-Situation mit extrem verhärteten Böden) und September 1985 (rechts, nach der Sanierung)

1

2

3

Installation der Unterflurbewässerung entlang der Wiener Ringstraße (1987–1989):

1 Aufgrabung zwecks Verlegung der Schläuche

2 Fertige Installation mit wiederhergestellter Rasenfläche; im Vordergrund ist ein Wasserspender zu sehen.

3 Verlegung des Schlauchsystems in einem asphaltierten Haltestellenbereich

und Mulchung oder Auflage von Rindenschnitzeln wünschenswert gewesen, sie konnte allerdings nicht realisiert werden, da die historischen Rasenflächen aus Gründen des Denkmalschutzes erhalten bleiben mussten.

Bäume am Straßenrand haben grundsätzlich einen beeinträchtigten Lebensraum und können sich niemals so ungestört entfalten wie unter optimalen Bedingungen in der freien Natur. Sie leiden am „Blumentopf-Syndrom“: Die Enge des Wurzelraums begrenzt ihre Entwicklung, sodass sie zeitlebens auf gärtnerische Pflege angewiesen bleiben. Das oberste Ziel dieser Pflege ist es, die Lebensbedingungen für die Großstadtbäume so zu gestalten, dass sich neben einigen „stadtharten“ Baumarten wie Robinie, Perlschnurbaum, Zürgelbaum und Platane auch die empfindlichen Baumarten Linde, Ahorn und Rosskastanie – also die klassischen Wiener Alleebäume – gut entwickeln können. Besonders wichtig ist es dabei, dass der Einsatz von NaCl-haltigen Auftausalzen stark eingeschränkt wird.

Um die Jahrtausendwende gab es eine Jahresabfolge mit sehr unterschiedlichen Witterungsbedingungen, in denen zum Teil extreme sommerliche Trockenperioden, aber auch lange schneereiche Winter mit vielen Streusalz-Einsätzen herrschten. Danach musste man im Jahr 2003 vielerorts in Wien feststellen, dass sich trotz aller Rettungsmaßnahmen der Gesundheitszustand der Alleebäume weiter verschlechtert hatte. Die äußerlich sichtbaren Schadsymptome, aber auch chemische Analysen der Blätter belegten dabei deutlich die maßgebliche Beteiligung von NaCl an der Schädigung der Bäume. Trotz der Bemühungen der Stadtverwaltung um eine umweltschonende Anwendung von Auftausalzen, wie dies etwa in der „Winterdienst-Verordnung 2003“ ihren Ausdruck findet, stellt Streusalz somit weiterhin eine latente und permanente Gefahr für das Straßenbegleitgrün dar. Ob die neue, zwar gut gemeinte, aber im Detail kaum kontrollierbare Regelung durch die Verordnung eine grundsätzliche Besserung bringen wird, bleibt abzuwarten, erscheint aber unwahrscheinlich, wenn man sich vor Augen führt, dass gegenwärtig pro Wintersaison rund dreimal so viel Streusalz wie in den 1980er-Jahren auf Wiens Straßen aufgebracht wird. Auch eine neuerdings technisch verbesserte und gezieltere Ausbringung in Form von Feuchtsalz kann diese enorme Steigerung wohl nicht ausgleichen. Ebenso ist bei den sogenannten „alternativen“ Auftausalzen wie Harnstoff, Ammoniumsulfat, Kaliumcarbonat und anderen Vorsicht geboten. Aus ökologischer Sicht wird man daher an einem grundsätzlichen Umdenken nicht vorbeikommen, will man langfristig einen gesunden Alleebaumbestand erhalten: Die Verpflichtung des Straßenerhalters, auch im Winter für „sommerliche“ Fahrverhältnisse zu sorgen, müsste überdacht werden und die Verantwortlichkeit für Schäden aufgrund der winterlichen, natürlich vorgegebenen Verkehrsunsicherheit grundsätzlich neu definiert werden.

Warum ist gerade Kochsalz so gefährlich?

Für die meisten Pflanzen ist Natriumchlorid (NaCl) in höheren Mengen ein Giftstoff. Ausnahmen sind nur wenige Spezialisten, die an natürlichen Salzstandorten, wie Meeresküsten, oder Inland-Salzstellen, wie etwa am Neusiedler See, oder in Salzwüsten arider Regionen leben.

In der Großstadt ist NaCl-hältiges Streusalz der schwerwiegendste aller Schadfaktoren, die auf die Vegetation einwirken. NaCl zerstört die Struktur des Bodens, lässt ihn aufquellen und in Kombination mit verkehrsbedingten Erschütterungen extrem verhärten. Das Natrium-Ion bindet an die Bodenteilchen und verdrängt lebensnotwendige Nährstoffe wie Kalium oder Ammonium. Die mit dem Natriumeintrag einhergehende Basenanreicherung des Bodens legt wichtige Nährstoffe wie Eisen, Mangan und Phosphor fest und schädigt das Bodenleben. Mit Salz kontaminierte Böden sind zudem osmotisch belastet, das heißt sie binden Wasser fest an sich. Dadurch verstärkt sich der infolge geringer offener Bodenflächen für Stadtbäume generell bestehende Trockenstress noch mehr.

Wie alle Pflanzen werden auch Bäume von Wasser durchströmt, das in speziellen Leitbahnen, den Gefäßen, von der Wurzel bis in die Blätter fließt. Motor dieser aufwärts führenden Wasserbewegung ist der Sog, der durch die Verdunstung des Wassers (Transpiration) an den Blattoberflächen erzeugt wird. Zusammen mit diesem Wasserstrom werden auch alle aus dem Boden aufgenommenen Mineralstoffe in die Blätter transportiert. Die pflanzliche Stoffaufnahme ist für gewöhnlich ein gut geregelter Prozess, in dem die Wurzel selektiv die lebenswichtigen Mineralstoffionen auch aus sehr niedrigen Außenkonzentrationen aufnimmt und anreichert. Nicht benötigte und schädliche Mineralstoffionen – neben den Salzionen sind dies auch Schwermetalle – können dabei abgeschirmt werden, solange ihre Konzentration niedrig bleibt. Bei höheren Konzentrationen im Boden überwinden die Natrium- und Chloridionen allerdings die „Kontrollstellen" in den Wurzeln und gelangen mit dem Transpirationsstrom in die Blätter, wo sie sich wie in Verdunstungspfannen anreichern und ihre negative Wirkung entfalten. Bemerkenswert ist, dass die meisten Baumarten die beiden Salzionen Natrium und Chlorid unterschiedlich stark in den Blättern anreichern. Der Grund liegt darin, dass das positiv geladene Natrium auf seinem langen Weg zwischen Wurzeln und Blättern bereits in den Leitbahnen des Baumes fixiert wird, während das negativ geladene Chlorid fast ungehindert in die Blätter gelangt. Dadurch kommt es in den Blättern zu dramatischen Verschiebungen des Ionengleichgewichts und zu starken Störungen des Elektrolythaushaltes. Die hohen Chlorid-Konzentrationen hemmen darüber hinaus in der Zelle die von sehr empfindlichen Eiweißkörpern gesteuerten biochemischen Reaktionen, sodass zahlreiche Stoffwechselprozesse langsamer ablaufen oder sogar fehlgeleitet werden. In Summe führen alle diese stressbedingten Veränderungen zu einer starken sichtbaren Schädigung der Blätter, die physiologisch einer vorzeitigen Alterung gleichzusetzen ist. Die „herbstliche" Vergilbung setzt bereits im Hochsommer ein, und stark geschädigte Bäume stehen dann meist schon Ende August ohne Laub da. Neben Kochsalz wirkt natürlich das gesamte Bündel an großstädtischen Schadfaktoren, insbesondere akuter Wassermangel, an dieser vorzeitigen Blattalterung mit. Die Blätter können nun wegen ihrer verkürzten Lebensdauer nicht mehr in ausreichender Menge Reservesubstanzen wie Stärke und Fett erzeugen, die der Baum zur Ernährung seiner Wurzeln, Stämme und Zweige während der „blattlosen" Jahreszeit, insbesondere aber zur Anlage der neuen Knospen und für deren Austrieb im Frühjahr benötigt. Reihen sich bei Langzeitstress solche künstlich verkürzten Sommer mehrere Jahre lang aneinander, bricht der Energiehaushalt der Bäume vollends zusammen. Letztlich ist dieses „Aushungern" der Grund für das Baumsterben in der Großstadt. Leider erwiesen sich gerade die „klassischen" Alleebäume Linde, Rosskastanie und Ahorn gegenüber Kochsalz als besonders empfindlich. Um die Sanierungserfolge zur Bewahrung der Alleen auch längerfristig zu sichern, ist es daher unbedingt notwendig, auf den Einsatz von NaCl-hältigen Auftausalzen in Zukunft weitgehend zu verzichten.

Roland Albert

Bäume als Naturdenkmäler

Am Stamm angebrachte Tafeln mit der Aufschrift WIENER NATURDENKMAL weisen auf den besonderen Schutz hin, unter dem diese außergewöhnlichen Bäume in der Stadt stehen.

Bereits 1936 hat die Stadt Wien damit begonnen, ihre „historischen Baum- und Naturwunder" per Gesetz zu schützen. Heute betreut die Umweltschutzabteilung des Magistrats rund 420 solcher Naturdenkmäler. Die meisten sind außergewöhnliche Bäume: eindrucksvolle alte Einzelbäume, kleine und größere Baumgruppen oder Alleen, wie die zum Schloss Hetzendorf führende Schönbrunner Allee und die zum Schloss Alterlaa führende Rosskastanienallee (Gregorygasse). Die übrigen Naturdenkmäler sind Biotope wie pannonische Trockenrasen (der schönste ist die Himmelswiese bei Kalksburg), naturnahe Auwaldreste und Teiche (insgesamt rund 20) sowie etwa ein Dutzend geologische Aufschlüsse einschließlich des jungsteinzeitlichen Bergbaus in der Jurakalkklippe bei der Schießstätte im Maurer Wald.

Insgesamt stehen – abgesehen von den Alleen – rund 590 ehrwürdige Baumgestalten unter Schutz, gekennzeichnet durch eine kleine rot-weiße Tafel mit der Aufschrift „Naturdenkmal". Man findet sie überall in der Stadt, zum Beispiel an historischen

Zu den am schönsten blühenden Bäumen gehört der uralte Judasbaum (eigentlich „Baum aus Judäa") im neuen Universitäts-Campus „Altes AKH" (Alserstraße 4). Er ist ein ostmediterraner Vertreter der überwiegend tropischen Bockshörndlbaumgewächse mit im Frühling aus dem Holz alter Zweige entspringenden hellpurpurnen Blüten (ein Musterbeispiel für Kauliflorie).

Plätzen, in Vorgärten, in Innenhöfen und den großen Parkanlagen im Stadtzentrum, auch in den Gärten rund um die Schlösser aus der Kaiserzeit, auf Friedhöfen oder weiter draußen am Stadtrand. Leider gehen im Lauf der Zeiten manche verloren, weil sie absterben, krank sind und deshalb als gefährlich betrachtet werden oder höheren Interessen weichen müssen, wie kürzlich der alte Götterbaum am Parkring 16, der letzte Zeuge der Erstbepflanzung der Ringstraße. Allerdings vergrößern gelegentlich neue Schutzerklärungen den Bestand.

73 verschiedene Baumarten finden sich unter den Naturdenkmälern, dazu kommen sechs Gartensorten (hauptsächlich Spitz-Schwarz-Pappel, Blut-Buche und Säulen-Stiel-Eiche) und fünf Hybriden. Relativ viele, nämlich 30 Prozent der Baum-Naturdenkmäler sind Koniferen. Nicht verwunderlich ist, dass bloß 30 heimische Arten 43 Exoten gegenüberstehen. Die häufigste unter allen Arten ist die Platane (also ein Exote, Hybrid-Platane und Orient-Platane zusammengerechnet): nicht weniger als 58 Bäume dieser Art tragen die Würde eines Naturdenkmals. Darauf folgen Schwarz-Föhre (49), Eibe (44), Stiel-Eiche (35), Rosskastanie (34) und Sommer-Linde (24) sowie Baum-Hasel und Edel-Esche (je 22). Nicht weniger als 27 Arten (darunter 19 Exoten) sind durch jeweils nur ein einziges Baumindividuum vertreten, wie etwa die Sibirische Ulme *Ulmus pumila* als Naturdenkmal Nr. 667 hinter dem Ferdinand-Raimund-Denkmal beim Volkstheater.

Das älteste Naturdenkmal ist die „tausendjährige" Eibe am Rennweg 12; zu den ältesten zählt auch die Jacquin-Platane vor dem Institut für Botanik der Universität (Rennweg 14). Einige Baumdenkmäler sind alte Kultbäume, wie etwa die gewaltige Trauben-Eiche in Pötzleinsdorf, ein Zeichen der Volksfrömmigkeit und altehrwürdiges Ziel von Prozessionen. Der Weiße Maulbeerbaum in der Schlossgasse 15 im 5. Bezirk ist Zeuge der Versuche Maria Theresias, die Seidenraupenzucht bei uns einzubürgern. Höchst eindrucksvoll sind die mächtige Libanon-Zeder *Cedrus libani* in der Armbrustergasse 15 (19. Bezirk), die beiden gewaltigen Feld-Ulmen in der Linzer Straße (14. Bezirk), die 14 über vier Bezirke verstreuten Riesenmammutbäume und viele andere.

Zu den in Wien sehr selten anzutreffenden Arten (→ Kasten S. 490) zählen auch der aus Ostasien stammende, zur Papiererzeugung genutzte Papiermaulbeerbaum *Broussonetia papyrifera* in Rudolfsheim-Fünfhaus, die aus Vorderasien stammende Kastanienblatt-

Eiche *Quercus castaneifolia* bei der Universität für Bodenkultur, die vom Ufer des Kaspischen Meers stammende Parrotie *Parrotia persica* auf dem Schmerlingplatz, der Riesen-Lebensbaum *Thuja plicata* aus dem pazifischen Nordamerika in Hadersdorf und in Mauer, sowie die ostasiatische Sicheltanne *Cryptomeria japonica* (ein Sumpfzypressengewächs *Taxodiaceae*) in Nussdorf.

Keineswegs alle bemerkenswerten, gewaltigen, uralten Bäume sind Naturdenkmäler, vielmehr gibt es auch in einigen Parkanlagen (die als solche unter Schutz stehen) sehr eindrucksvolle Baumgestalten. So steht etwa im Dehnepark (14. Bezirk) der wahrscheinlich mächtigste Wiener Amerika-Tulpenbaum und eine eindrucksvolle Weihrauchzypresse (= „Weihrauchzeder", Kalifornien-Flusszeder, *Calocedrus decurrens*).

Glückliche Inseln: die Wiener Kleingärten

In Wien gibt es rund 30.000 Kleingartenparzellen. Immer häufiger werden solche Kleingärten über längere Zeit im Jahr als Wohnsitz in grüner und ruhiger Lage genutzt. Dem Wunsch vieler Kleingärtner entsprechend schuf die Stadt Wien die gesetzliche Möglichkeit für Baubewilligungen zur Errichtung 50 Quadratmeter großer Kleingartenwohnhäuser. Begonnen hat diese Entwicklung freilich ganz anders.

Um die Wende vom 19. zum 20. Jahrhundert kam es in Wien wie auch in anderen Städten zur Gründung von Kleingartensiedlungen. Vor allem das durch die Donauregulierung gewonnene Brachland zog die Kolonisten an, wie sie sich selber nannten. 1908 wurde von Florian Berndl die Gartensiedlung „Neu-Brasilien" gegründet, nachdem er sich als „Urheber" des Strandbades Gänsehäufel mit der Stadtverwaltung überworfen hatte. „Neu-Brasilien" war ein Experiment nach dem Vorbild des deutschen Erfinders der Kleingartenbewegung Dr. Schreber (daher vielfach die Bezeichnung „Schrebergärten"), allerdings mit wienerischem Einschlag. Nach zeitgenössischen Darstellungen war es der Eigensinn von Florian Berndl, der zu seinem Ausscheiden aus der Bewegung führte. Unmittelbar darauf kam es zu anderen Gründungen wie „Erster Wiener Lust- und Nutzgarten-Verein", „Neu-Mexico" oder „Neu-Florida".

> *„Kleingärten sind vorwiegend gärtnerisch genutzte Grundflächen, die der individuellen Erholung oder dem Wohnen dienen, jedoch nicht erwerbsmäßig genutzt werden."* So steht es im Wiener Kleingartengesetz. Über die Art und Weise der Gestaltung gibt es mittlerweile vom Gesetz her keine strengen Auflagen mehr. Nur *„mindestens zwei Drittel des Kleingartens müssen gärtnerisch ausgestaltet sein"* und *„Haupteinfriedungen sind so herzustellen, dass sie das örtliche Stadtbild und die Gestaltung des Erholungsgebietes nicht beeinträchtigen; ... Kleingärten sollten eine Fläche von mindestens 250 m² haben"*. Das Gesetz enthält also vor allem Vorschriften für die Bebauung, Gärtnerisches kommt darin kaum vor.

Die Gestaltung der Kleingärten unterlag schon immer den Strömungen ihrer Zeit. Am Anfang standen nur ein paar kleine Hütten herum, von Gartengestaltung im heutigen Sinn fand sich keine Spur. Grund dafür waren sicher die Notzeiten, beginnend mit dem Ersten Weltkrieg, die sich, mit leichter Abschwächung, bis nach dem Zweiten Weltkrieg hinzogen. Die Gärtner hatten weniger Lust als vielmehr Nutzen aus ihren Flächen zu ziehen. Darum Kohl statt Blumen und Kraut statt Rasen. Der Ausgang des Ersten Weltkrieges nötigte zur Erweiterung der Kleingartenflächen. Die Grundstücke waren nahezu alle gepachtet. Grunderwerb war für die Menschen, die sich da um ein bisschen Erde mühten, finanziell nicht möglich. Grunderwerb hätte damals wahrscheinlich auch der politischen Orientierung jener widersprochen, die sich an Gemeinsinn und kollektivem Handeln orientierten, bis hin zu klassenkämpferischer Besitzverweigerung. Heute ist all das natürlich ganz anders.

Durch diese Art der „Landverteilung" schuf die Stadt Wien nicht nur Naherholungsgebiete in Reichweite der öffentlichen Verkehrsmittel, sondern auch grüne Oasen, die von den Benützern selbst gepflegt wurden. Dazu fanden Tausende Wiener in den Notzeiten die Möglichkeit, Nahrungsmittel selbst zu produzieren. Im Mai 1945, nach dem Zusammenbruch des Deutschen Reiches, findet sich eine Ankündigung in der Presse, dass *„die Stadt Wien den Kleingärtnern mit Samen und zweieinhalb Millionen Gemüsepflanzen unter die Arme greifen will und überdies 250.000 Quadratmeter ‚Grabeland' zur Anlage neuer Kleingärten vergibt"*.

1

2

Kleingartengestaltung im Wandel der Zeit:

1 Um 1975: Der mit Kunstdünger und Herbiziden gepflegte Rasen ist von einer teilweise schon sauber geschnittenen Thujenhecke umgeben. Die Fichten im Hintergrund sollen ländliche Stimmung erzeugen.

2 30 Jahre später: Die Trendwende könnte nicht radikaler sein: Im Naturgarten dürfen sich Pflanzen und Tiere im Gartenteich und drum herum in großer Artenfülle wieder entfalten.

Die Kleingärtner von heute sind nicht selten Besitzer ihrer Gründe geworden und dürfen mittlerweile ihre Gartenhäuser ganzjährig bewohnen. Bereits in den frühen 1960er-Jahren hatte sich diese Entwicklung angekündigt. Die Gemüseflächen wurden kleiner, der eine oder andere Obstbaum wurde umgeschnitten, immer öfter war man ja zur Erntezeit auf Urlaub – nicht mehr im eigenen Garten, sondern auf dem Land oder gar in Italien. Der Rasen hielt Einzug und leitete eine neue Form der intensiven Gartenbewirtschaftung ein. Mähen allein genügte nicht mehr, denn auf einmal störten Löwenzahn und Gänseblümchen. Bald wurden den Kleingärtnern auch die modernen Mittel der Landwirtschaft angeboten: Dünge- und Schädlingsbekämpfungsmittel, schließlich sogar Unkrautvernichter. Ligusterhecken wurden in den Siebzigerjahren von Thujen abgelöst. Das zog eine weitere Chemisierung der Gärten nach sich, denn die neuen Gartenpflanzen wurden von der Sikkalaus befallen. Die Erinnerung an den Urlaub auf dem Lande holen sich viele in Gestalt einer Fichte in den Garten, die damit oft den letzten Obstbaum ablöst. Der Wasserverbrauch steigt, denn Thujen und Fichten müssen intensiv bewässert werden. Wer auf sich hält, hat natürlich eine Blau-Fichte *Picea pungens,* die von den Wienern Silbertanne genannt wird. Dem großen Vorbild auf dem Rathausplatz folgend, hängen nun auch die Kleingärtner elektrische Christbaumkerzen über die immergrüne Pracht. Weihnachtszeit ist auch immer die Zeit der Liebe zu den heimischen Singvögeln. Alles, was man ihnen im Sommer an Futtertieren durch Insektizide weggespritzt hat, will man nun durch intensive Winterfütterung wieder ausgleichen. Neue Rosensorten halten Einzug in die kleinen Gärten. Sie blühen den ganzen Sommer, allerdings haben sie den Duft verloren. Die letzten Erinnerungen an die heimische Flora sind verschwunden. In vielen Kleingärten stehen nun Rhododendren und brauchen Moorerde. Damit werden die Kleingärtner auch noch zum Mittäter an der Zerstörung der letzten Hochmoore.

Doch dann, Ende der 1970er-Jahre, kommt es zu Konflikten innerhalb der Siedlungen. Einige Gärtner weigern sich, ihre Gartenarbeit zu leisten. Schlimmer noch, sie bringen sogar „Unkräuter" in ihren Anlagen aus und erklären ihre Grundstücke zu Naturgärten. Diese Entwicklung gibt es nicht nur in Wien, sondern zumindest auch im ganzen deutschen Sprachraum. Angedrohte Kündigungen der Pachtverträge haben keine Wirkung, Unterstützung erfahren die Aufständischen vom Wiener Naturschutzbund, der die gesetzlich verpflichtende Winterspritzung seit Jahren kritisiert. Sie wird schließlich ausgesetzt. Eine neue Ära hat begonnen. Kraftwerksprojekte werden bekämpft, Bauern versuchen erste Schritte in Richtung Ökologische Landwirtschaft, Radfahren bekommt ein neues Image, die Umweltbewegung hat eingesetzt.

Kompost wird jetzt in fast jedem Garten in einem kleinen Silo produziert, das eine oder andere „Unkraut" darf wieder in den Garten, denn mit selbst gemachtem Brennnesselsud kann man Blattläuse giftfrei bekämpfen. Der Fachhandel bietet auf einmal wieder Obstbäume unter dem Titel „Alte Sorten" an. Die wachsen zwar nur mehr zu Bäumchen heran, aber immerhin. So gedeiht in manchem Garten genau dort wieder Obst, wo vor 50 Jahren schon einmal ein Obstbaum stand. Die Blau-Fichte, die den Platz zwischendurch besetzte, musste sowieso weichen, denn die Bekämpfung der Gallwespen hatte auf Dauer keinen Erfolg.

Diese Trendwende hätte man in den Siebzigerjahren nicht für möglich gehalten: Sämereien für Blumenwiesen, sogar für Gänseblümchen, Löwenzahn und Brennnessel werden im Gartenfachhandel angeboten. Umweltanwaltschaft, Stadtgartenamt und Umweltschutzabteilung vom städtischen Magistrat geben Rat für die ökologische Ausrichtung im Garten. Zur Jahrtausendwende haben die meisten Kleingärten einen Gartenteich, den die Wiener „Biotop" nennen. Zwar hat die Industrie die kleinen Teiche auch schon zu ihrem Absatzgebiet erklärt und liefert jede Variante von Springbrunnen, Fontänen und Unterwasserbeleuchtung, aber die positiven Aspekte für die Ökologisierung der Gärten überwiegen. Libellen, Frösche und Molche haben neue Heimstätten auf altem Grund gefunden.

Alte und junge Wilde: städtische Ruderalfluren

Pflanzen im Siedlungsbereich, die bei den Menschen unerwünscht sind, werden gewöhnlich als „Unkräuter" bezeichnet. Sie werden von vielen als störend empfunden, obwohl sie niemandem etwas zuleide tun und viel harmloser sind als manche Ackerbeikräuter, die dem Landwirt wirklich Kummer bereiten können. Es ist wohl eine unbewusste, von unseren Urahnen ererbte Angst vor möglichen Bedrohungen aus der Natur, die wir als „Wildnis" empfinden und die uns das geordnete Menschenwerk als schön und angenehm erscheinen lässt. Pflanzen aber, die spontan vor der Haustür, in den Pflasterritzen des Gehsteigs, an Hausmauern oder auf unverbauten

Behaart-Bruchkraut *Herniaria hirsuta* in einer Gehsteigritze in der Rosensteingasse

Meisterhaft porträtiert hat das Schöllkraut *Chelidonium majus* Albrecht Dürer, womit er bezeugt, dass die Art zu seiner Zeit und natürlich auch schon viel früher, hoch geschätzt wurde. Das Schöllkraut ist ein Mohngewächs *Papaveraceae*, das im April, wenn die Schwalben wiederkehren, zu blühen beginnt. Der botanisch-lateinische Name geht auf ein altgriechisches Wort mit der Bedeutung „Schwalbe" zurück, es wurde im Deutschen zu „Schellkraut" entstellt, das zu dem uns heute geläufigen „Schöllkraut" umgeformt wurde. Die schotenähnlichen Früchte enthalten schwarzglänzende Samen mit einem weißen Elaiosom, das von Ameisen verzehrt wird, wobei diese Tiere die Samen verschleppen und die Art ausbreiten.

Plätzen wachsen, werden als hässlich und bedrohlich angesehen und mit Fräse und Gift verfolgt. Legitimiert und gefördert wird dieses Verhalten durch diverse Gesetze, die Werbung, aber auch durch Druck aus der Nachbarschaft. Schöllkraut *Chelidonium majus* und Vogelknöterich *Polygonum aviculare* s. lat., Stadt-Nelkenwurz *Geum urbanum*, Gundelrebe *Glechoma hederacea* und Groß-Brennnessel *Urtica dioica* finden bei den meisten Wienern keine Gnade – was keineswegs in allen Städten so ist.

Heute wissen nur noch wenige, dass all die Genannten von alters her beliebte Volksarzneipflanzen waren und einige auch als Wildsalat und -gemüse essbar sind. Das Schöllkraut, in Mitteleuropa ursprünglich nicht heimisch, folgt dem Menschen seit ältesten Zeiten. Es wird von ihm als „Warzenkraut" geschätzt wegen der zwar giftigen, ätzenden, in mancherlei Hinsicht aber nützlichen Alkaloide, die im dunkelgelben Milchsaft enthalten sind.

Ruderalvegetation stellt sich auf allen vom Menschen gestörten, aber nicht landwirtschaftlich bewirtschafteten Flächen ein, die oft als „Ödland" bezeichnet werden: Wegränder, Abfallplätze, Misthaufen, Müllhalden, Bauschuttdeponien, Bahn- und Industriegelände. Diese spontanen Wildgewächse im Siedlungsbereich nennt man Ruderalpflanzen. Wenn auch die Standortbedingungen der Ruderalfluren im Einzelnen sehr verschiedenartig sind, so ist ihnen doch allen gemeinsam: Sie vertragen ein großes Maß an menschlicher Störung, und viele der Pflanzen haben nur eine Saison lang Zeit, um sich zu entfalten, was Einjährige sehr begünstigt. Ursprünglich sind solche Pflanzengesellschaften wohl um Misthaufen im Bauernland entstanden, später haben sich aber auch ausgesprochen städtische Ruderalfluren gebildet. Ein Merkmal der Ruderalstandorte ist jedenfalls ihre gute bis überoptimale Düngung, und so sind die meisten Ruderalpflanzen ausgesprochene Nährstoffzeiger. Auch Pionierpflanzen sind auf solchen Standorten im Vorteil, handelt es sich doch oft um Rohböden. Im Umland von Wien liegen viele Ruderalstandorte im warm-trockenen „Pannonicum". Daher findet man hier vielfach pontisch-pannonische Arten, wie etwa die Tataren- und die Glanz-Melde *Atriplex tatarica, A. sagittata*.

Nicht wenige Ruderalarten haben ihre ökologische Heimat, ihren ursprünglichen Lebensraum in den Flussauen, sie lieben Nährstoffreichtum und Bodenfeuchtigkeit: Die ausdauernden Arten Brennnessel, Gundelrebe und Nelkenwurz wurden schon genannt. Zweijährige, die also erst im zweiten Jahr blühen, danach aber fruchten und absterben sind Groß-Klette *Arctium lappa* und Lauchkraut (Knoblauchrauke) *Alliaria petiolata*. Einige einjährige Arten kommen auch im Ackerland vor, sind also gleichzeitig Segetalpflanzen, so etwa das allbekannte Hirtentäschel *Capsella bursa-pastoris*, gleichfalls Volksarznei- und Wildsalatpflanze. An Ruderalstellen trifft man übrigens nicht selten eine Hirtentäschel-Rasse, der die Kronblätter fehlen, die aber stattdessen zehn statt der sonst üblichen sechs Staubblätter hat. Als Selbstbestäuberin kann sie auf auffällige Blüten verzichten. Davon abgesehen, ist das Hirtentäschel ein Chamäleon bezüglich der Laubblattgestalt, die von ungeteilt bis tief fiederschnittig schwankt.

Schon im zeitigen Vorfrühling zeigen sich auf Ruderalstellen weitere Kurzlebige, wie etwa das Frühlings-Hungerblümchen *Draba (Erophila) verna*, ein Winzling aus der Familie der Kreuzblütler. Eine typisch urbanophile (städteliebende) Einjährige ist die Wien-Rauke *Sisymbrium loeselii*, ein gelb blühender Kreuzblütler. In Berlin nennt man sie „Berliner Rauke", sie fühlt sich nämlich in allen klimatisch kontinentalen Städten wohl und entwickelt sich prächtig, von Wien bis Taschkent.

Auf den weniger oft gestörten Ruderalflächen, etwa in Baulücken, auf Industriebrachen und ähnlichen Flächen, also kurzum dort, wo die Wiener von „Gstätten" sprechen, entwickelt sich ein richtiger Ruderal-Dschungel, in dem mehrjährige Stauden dominieren. Dazu gehören etwa der Echt-Beifuß *Artemisia vulgaris*, eine bei uns

An Hecken rankt die zweihäusige Rot-Zaunrübe *Bryonia dioica* empor mit ihren giftigen roten Beeren. Sie ist neben ihrer schwarzbeerigen Schwesternart, die in Wien fehlt, das einzige heimische Kürbisgewächs.

viel zu wenig bekannte exquisite Gewürzpflanze (Triebspitzen zu Blühbeginn im Hochsommer), verschiedene Disteln – die häufigste in Wien ist die überaus dornige Weg-Ringdistel *Carduus acanthoides* – und die unvermeidliche Schwarznessel *Ballota nigra,* der häufigste Lippenblütler der Wiener Flora, der dennoch von Unkundigen unweigerlich mit der Taubnessel verwechselt wird.

Auf Fahrbahnrändern, Mittelstreifen und Verkehrsinseln, an Stellen, die infolge winterlicher Straßenpflege versalzen sind, mehren sich die Salzsteppenpflanzen wie der Gewöhnliche Salzschwaden *Puccinellia distans.* Auch die unverwüstliche und schier allgegenwärtige Ruderalkamille *Tripleurospermum inodorum* ist salzresistent, stammt sie doch von einer Art der Meeresküsten ab.

An sandigen, trockenen Stellen dominieren oft einjährige Arten, etwa Dach-Trespe *Bromus tectorum* mit elegant überhängenden Rispen, Ruderal-Trespe *Bromus sterilis,* irreführenderweise auch „Taube Trespe“ genannt, und der auffallend nach Karbol (phenolisch) riechende Stink-Pippau *Crepis foetida* s. lat. Mehrjährige Stauden sind dagegen die Ruderal-Resede (Gelb-R.) *Reseda lutea,* eine Verwandte der berühmten ehemaligen Färberpflanze Wau, und der gelb blühende, nach Waldmeister (Cumarin) duftende Echte Steinklee *Melilotus officinalis.* Bemerkenswert ist die Schmalblatt-Doppelrauke *Diplotaxis tenuifolia,* früher auch „Schweinsbratenpflanze“ genannt. Neuerdings wird diese Art auch als Salatpflanze kultiviert, sie ist als falsche Rucola insbesondere im deutschen Sprachraum im Handel. Ihre Laubblätter schmecken nämlich genauso wie die der echten Rucola, einer alten mediterranen Salatpflanze, die seit einigen Jahren auch in unseren Märkten und Küchen Eingang gefunden hat. Nur an sehr trockenen Stellen wächst das lange Ausläufer bildende Bermudagras (Hundszahngras) *Cynodon dactylon,* ein Steppen- und Halbwüstengewächs mit auffallend sternförmig angeordneten Ähren.

Auch an Mauerfüßen der Gebäude und in Pflasterritzen wachsen allerhand interessante Einjährige, beginnend etwa mit dem winzigen, moosartigen Liege-Mastkraut *Sagina procumbens* bis zur populären Mäuse-Gerste *Hordeum murinum,* die in Wien „Schliafhansl“ genannt wird und in viele Ruderalfluren vordringt. Weniger bekannt sind das zarte Klein-Liebesgras *Eragrostis minor* und die Ruderal-Kresse *Lepidium ruderale,* die mit der beliebten Garten-Kresse *L. sativum* nah verwandt ist, aber keine Blumenkrone hat. Hingegen ist eine wirklich aufdringlich und peinlich „duftende“ Pflanze in Wien zwar nicht sehr häufig, aber „unüberriechbar“, der unscheinbare, kleinblättrige Stink-Gänsefuß *Chenopodium vulvaria,* der ebenfalls mit gut gedüngten Pflasterritzen vorlieb nimmt. Mit Mauerfüßen als Standort zufrieden ist auch der botanisch und kulturhistorisch interessante Kompass-Lattich *Lactuca serriola,* wahrscheinlich eine Stammsippe unseres Gartensalats, der seine Laubblätter senkrecht und in die Nord-Süd-Richtung stellt. Er reagiert aber nicht auf den Erdmagnetismus, sondern schützt seine Laubblätter vor der mittäglich maximalen Sonneneinstrahlung.

1 Die Wien-Rauke fühlt sich besonders wohl in der Stadt.

2 Die Mäuse-Gerste ist eine zweizeilige Wild-Gerste an trockenen Ruderalstellen.

3 Das Klein-Liebesgras bevorzugt Pflasterritzen.

1

2

3

Scheinerdbeere. Nicht nur am Geschmack, sondern auch an den großen, dreizipfeligen Außenkelchblättern kann man sie erkennen!

Der Schmalblatt-Hohlzahn (oben) und der Gewöhnliche Klaffmund (unten): zwei Schotterspezialisten, die sich in der Stadt, besonders entlang von Bahngleisen finden.

Viele Ruderalpflanzenarten sind trittresistent, eine Eigenschaft, die am deutlichsten bei dem schon erwähnten Vogel-Knöterich *Polygonum aviculare* agg. ausgeprägt ist: Er zeigt überall die am stärksten betretenen Stellen an, etwa bei Straßenbahnhaltestellen oder auf den illegalen Pfaden durch städtisches Rasengrün. Fast ebenso trittfest ist der Groß-Wegerich *Plantago major,* meist Breit-Wegerich genannt, übrigens gleichfalls eine wertvolle Arzneipflanze.

In den beinahe täglich kurzgeschorenen Parkrasen dominieren einige wenige Arten der Süßgräser *Poaceae.* Sonst können sich hier nur wenige andere Pflanzen einnischen, denen die oftmalige Mahd Konkurrenzvorteile verschafft. Ein kurzlebiger pannonischer Frühlingsblüher sei hier erwähnt, der Bleich-Hühnerdarm *Stellaria pallida* – eine Pflanze nur für routinierte Naturbeobachter, denn seine Blüten sind winzig, erscheinen zudem grün, weil sie keine Blumenkrone haben und haben pro Blüte bloß ein einziges Staubblatt, für die obligatorische Selbstbestäubung ganz ausreichend. Leichter zu beobachten ist die Scheinerdbeere *Potentilla (Duchesnea) indica,* eigentlich eine kriechende, gelb blühende Fingerkraut-Art, deren Laubblätter und freilich gänzlich geschmacklosen Früchte jedoch täuschend der Erdbeere ähneln. In den 1960er-Jahren war sie noch eine seltene Gartenzierpflanze (Heimat: Süd- und Südostasien), die nur gelegentlich verwilderte. Seit ungefähr 1990 breitet sie sich aber kräftig aus und ist heute in städtischen Rasenflächen fast allgegenwärtig.

Zuweilen treten plötzlich seltene heimische Ruderalarten zur Verwunderung der Botaniker auf: Das gibt Anlass, Verhalten, Ausbreitungswege und Anpassungsvorgänge dieser „sprunghaften Besucher" zu studieren. So waren kürzlich die Rasen des Arenbergparks im 3. Bezirk reich besiedelt vom Warzen-Krähenfuß *Lepidium (Coronopus) squamatum,* der gerade drei Zentimeter Wuchshöhe erreicht. Damit schlüpft er erfolgreich unter dem Rasenmäher durch. Biologisch formuliert, erscheint die Art also perfekt adaptiert an die städtische Rasenpflegemethode.

Ein Eldorado für Freunde der Ruderalflora sind die verschiedenen Bereiche der Eisenbahnanlagen. Im Gleisschotter von nicht zu häufig herbizidbehandelten Industrie- und Verschubgleisen finden sich Schotterspezialisten wie Natternkopf *Echium vulgare,* eine zweijährige borstige Rosettenpflanze mit tiefblauen Blüten, und – viel zarter, kleiner und einjährig – Gewöhnlicher Klaffmund *Microrrhinum (Chaenarrhinum) minus* und weiters der im Hochsommer prächtig purpurn blühende Lippenblütler Schmalblatt-Hohlzahn *Galeopsis angustifolia.* Immer häufiger als Pionier stellt sich der Binsen-Knorpellattich *Chondrilla juncea* ein – er hat fast keine Laubblätter, sondern chlorophyllreiche grüne Stängel. Stark vermehrt tritt in den letzten Jahrzehnten auch das Kleb-Greiskraut *Senecio viscosus* auf. Neben dem heimischen Stink-Storchschnabel *Geranium robertianum* findet sich immer häufiger der erst jüngst aus dem Mittelmeergebiet zu uns eingewanderte, nah verwandte Purpur-Storchschnabel *G. purpureum.* Solche „eisenbahnliebende" Arten findet man in reicher Auswahl und prächtiger Entwicklung etwa auf den ausgedehnten Bahnhofsgeländen in Floridsdorf, in Wien-Nord und Matzleinsdorf.

Ein spektakulärer Einwanderer, dessen Ausbreitung man seit wenigen Jahren beobachten kann, ist das Schmalblatt-Greiskraut *Senecio inaequidens,* das aus Südafrika stammt, einer höchst ungewöhnlichen Heimat für unsere Neubürger. In Norditalien ist diese Art schon seit Längerem eingebürgert, aber erst vor wenigen Jahren gelang es ihr, die Alpen zu überqueren. Sie ist fast ausschließlich unter den „Eisenbahnliebenden" zu finden. Man kann beobachten, wie sie sich allmählich an die für sie verschobenen Jahreszeiten anpasst. Während sie bei uns ursprünglich frühestens Mitte Juli zu blühen begann – das ist die Zeit des Vorfrühlings in ihrer alten Heimat auf der Südhalbkugel –, ist sie jetzt mit ihrem Blühbeginn schon im Mai angelangt und blüht üppig bis zum ersten Frost im November oder Dezember.

1

2

1 Das Schmalblatt-Greiskraut erobert Wien von den Bahngleisen aus.

2 Als einjähriger Neophyt ist die Knopf-Kamille *Matricaria discoidea*, auch Strahllose Kamille genannt, an städtische Ruderalfluren perfekt angepasst: Sie ist äußerst trittresistent und wächst auch auf nährstoffreichen, salzigen und verdichteten Böden.

Zahlreich sind weitere Neubürger, die in Ruderalgesellschaften und auch im verbauten Stadtbereich eine neue Heimat gefunden haben. Die nordamerikanische Beifuß-Ambrosie *Ambrosia artemisiifolia* ist eine windbestäubte Einjährige, deren Pollen zu den stärksten Allergie-Auslösern zählt und die sich in Ostösterreich stark ausbreitet (→ Bild S. 183). Die Knopf-Kamille *Matricaria discoidea* ist nah verwandt mit der Echt-Kamille und duftet genauso, besitzt jedoch keine weißen Strahlblüten. Sie stammt aus der Gegend um die Beringstraße und ist heute fast weltweit verbreitet.

Andere Arten haben ihre Karriere als Gartenzierpflanzen begonnen: Das Feinstrahl-Berufkraut *Erigeron annuus* stammt aus Nordamerika; seit es zur Ruderalpflanze geworden ist, will es niemand mehr im Garten haben. Neubürger sind auch die aus Übersee stammenden gelb blühenden Sauerklee-Arten, besonders *Oxalis dillenii* und *O. corniculata*. Vor rund 200 Jahren aus Südeuropa eingewandert ist der Pyrenäen-Storchschnabel *Geranium pyrenaicum*, der schon im zeitigen Frühling seine lilapurpurnen Blüten entfaltet. Ein neophytischer Strauch der Ruderalstandorte ist der Bocksdorn *Lycium barbarum*. Er stammt aus China, blüht das ganze Jahr violett und erzeugt längliche, rote Beeren, die man früher für giftig hielt. Tatsächlich sind die süßen Beeren als Obst verwendbar. Zuletzt soll noch ein Vertreter ruderaler Pilze Erwähnung finden: Der Stadt-Champignon *Agaricus bitorquis* erscheint im Herbst gern gesellig an Weg- und Straßenrändern, in Parkanlagen und Gärten, aber auch in der Harten Au. Er kann sogar den Asphalt aufbrechen! Wie sein berühmter Vetter, der Kultur-Champignon *A. bisporus*, ist er essbar.

Die Wegwarte *Cichorium intybus* mit ihren charakteristischen himmelblauen Blüten ist die Stammart vieler Salat-Kulturpflanzen.

Ruderalpflanzen begegnet man in der Stadt buchstäblich auf Schritt und Tritt. Ruderalfluren sind also oft artenreich, botanisch interessant und für die Stadtökologie bedeutsam. Damit sie nicht aus unserem Gesichtsfeld verschwinden, hat die Stadt ein recht spezielles und neuartiges Naturschutzgebiet eingerichtet, wo Ruderalvegetation und -flora bewusst geschont werden: Es ist die sogenannte „Stadtwildnis Baumgasse" beim ehemaligen Schlachthof St. Marx im 3. Bezirk.

Moose in der Stadt

Moose – wer denkt da nicht an weiche grüne Polster im Waldesschatten? Und wer erwartet sich im dicht verbauten Gebiet Wiens mehr als ein paar Mööspölsterchen, irgendwo am Stadtrand auf einem verfallenen Dach?

Aber weit gefehlt! Wie eine Studie zeigt, hat sich in den letzten 165 Jahren die Anzahl der Moosarten *(Bryophyta)* in den inneren Bezirken Wiens zwischen Donaukanal und Gürtel sogar noch erhöht. Finden sich in den historischen Aufzeichnungen von Bryologen des 19. Jahrhunderts lediglich 49 Laub- und Lebermoose, so weist die aktuelle Kartierung derselben Bezirke 73 Arten auf. Die Gegend, in der sich in der

1 *Tortella inclinata*, ein für Trockenrasen typisches Moos. In Wien besiedelt es mit Schotter aufgeschüttete Dachflächen, wie hier die der Ottakringer Brauerei.

2 Das Drehmoos *Funaria hygrometrica* ist fast immer an extrem nitratreichen Standorten wie Düngemittellagerplätzen oder Brandstellen zu finden. Seinen Namen verdankt es dem Sporenträger, der sich bei wechselnder Luftfeuchtigkeit spiralig eindreht.

Vergangenheit die meisten Moosarten fanden, war das ehemalige Glacis mit den großen, unverbauten Wiesenflächen außerhalb der Stadtmauern. Josef A. Elder beschreibt das Gebiet 1725 folgendermaßen: „ ... *ein wellenförmiges Terrain ohne alle Pflege, auf dem in allen Richtungen beliebig gegangen, geritten und gefahren wurde und wo jedermann beliebig Stubenkehricht, Bauschutt und dergleichen abladen konnte.*" Diese Standortbedingungen spiegeln sich in der damaligen Moosvegetation wider. So wurden am Glacis, wie sich aus historischen Quellen schließen lässt, typische „Allerweltsmoose", sogenannte Ubiquisten, wie zum Beispiel Hundszahnmoos *Ceratodon purpureus* oder Silbermoos *Bryum argenteum*, gefunden, weiters Gestein und Schutt besiedelnde Moose wie *Gymnostomum aeruginosum*, aber auch Arten, die heute typisch für Halbtrockenrasen oder Äcker sind, wie etwa *Acaulon triquetrum* oder *Phascum cuspidatum*. Gerade die beiden letztgenannten Arten findet man in der aktuellen Artenliste jedoch nicht mehr. Mit der Schleifung der Basteien und Wallmauern auf dem Gebiet des Glacis verschwanden die Lebensräume für diese „Spezialisten".

Bryum argenteum zwischen den Dachschindeln des Wiener Stephansdomes. Dieses Laubmoos ist eines der häufigsten Stadtmoose. Es ist die klassische Kennart der „Pflasterritzenvegetation" und extrem resistent gegenüber Luftschadstoffen.

Doch mit der Umstrukturierung der Stadt wurden auch neue Moos-Standorte geschaffen, etwa durch die Begrünung von Innenhöfen. Das bunte Nebeneinander von Hinterhöfen, Parks, Gärten, Ruderalfluren, Baustellen, Flachdächern und alten Industrieanlagen sowie die verschiedenen besiedelbaren Untergründe wie Blumentöpfe, Mauern, Pflasterritzen, Blumenbeete, Altholz und vergessene Ziegel fördern die Vielfalt der Mooswelt. Die größte Artenanzahl weist der 3. Bezirk auf: Das ist vor allem auf den Botanischen Garten und den Garten des Sacré Coeur zurückzuführen. Demgegenüber hat der 8. Bezirk mit seiner gleichmäßigen, dichten Verbauung die geringste Artenvielfalt. Bei dieser aktuellen Untersuchung wurden auch überraschende Funde gemacht. So entdeckte man im Belvedere-Garten *Pterogonium gracile*, eine Art, die eigentlich für das submediterran-subozeanische Klima typisch ist und in Österreich als ausgestorben gegolten hat. Möglicherweise ist sie über gärtnerisches Pflanzenmaterial eingeschleppt worden.

Flechten in Wien – gestresste Überlebenskünstler

Großstädte sind Tummelplätze für Menschen – nicht für Flechten; für diese stellen die heutigen Städte eine überwiegend lebensfeindliche Umgebung dar. Und das, obwohl Carl von Linné diese unscheinbaren Symbiosewesen aus Pilzen und Algen als „Pöbelvolk im Pflanzenreich" bezeichnet hat. Diese Verarmung der städtischen Flechtenflora ist neueren Datums: Noch um die Mitte des 19. Jahrhunderts wurde in einer Studie über die Flechten der Türkenschanze das Vorkommen von *Diploschistes muscorum*, *Fulgensia fulgens*, *Toninia sedifolia*, *Psora decipiens*, *Squamarina lentigera*, *Physconia muscigena*, *Cladonia convoluta*, *Cladonia rangiformis*, *Collema crispa* und anderen beschrieben. Diese

Arten charakterisieren eine „Bunte Erdflechten-Gesellschaft" und sind eindrucksvolle Zeugen für eine althergebrachte landwirtschaftliche Nutzungsform: Hier wurde nämlich damals, ganz in der Nähe der verbauten Stadt, noch Weidewirtschaft mit Schafen betrieben und dadurch der steinige Boden teilweise vegetationsfrei gehalten, was ideale Voraussetzungen für diese Flechten geschaffen hat. Heute sind sie aus dem Stadtgebiet von Wien vollkommen verschwunden und auch in der näheren Umgebung, etwa auf der Perchtoldsdorfer Heide, stark gefährdet. Insgesamt konnten in den letzten drei Jahrzehnten 14 Arten nicht mehr aufgefunden werden.

Seit der zweiten Hälfte des 19. Jahrhunderts lässt sich generell eine drastische Verarmung der Flechtenvegetation im Bereich industrialisierter Städte beobachten. Die rapid zunehmende Veränderung des Meso- und Mikroklimas durch die harte Verbauung und Bodenversiegelung im städtischen Raum und die Zunahme von Luftschadstoffen aller Art aus Hausbrand, Verkehr und Industrie setzten den Flechten stark zu. Was macht aber nun gerade diese Symbionten in der Stadt so empfindlich? Unter natürlichen Lebensbedingungen kann man sie geradezu als Überlebenskünstler bezeichnen, da sie auch extreme Kälte, Trockenheit, Hitze und hohe UV-Strahlungsintensität über lange Zeiträume hinweg unbeschadet überstehen können. Flechten besitzen aber keine speziellen Organe zur Wasseraufnahme aus dem Boden und nehmen über ihre gesamte Oberfläche Feuchtigkeit auf. Die in der Luft und im Regen enthaltenen Nähr- und Schadstoffe dringen daher nahezu ungefiltert in ihren Thallus ein, was Flechten besonders empfindlich gegenüber Luftverschmutzung jeglicher Art macht. Nur wenige schadstofftolerante Arten sind daher heute in der Lage, in Großstädten ein längeres Dasein zu fristen.

Bereits Mitte des 20. Jahrhunderts war die Innenstadt von Wien völlig frei von epiphytischen Flechten. Eine Studie aus dem Jahr 1984 ergab, dass die Ausdehnung dieser „Flechtenwüste" weiter enorm zugenommen und nun auch große Teile im Südosten der Stadt erfasst hatte. Inseln mit mäßigem Flechtenbewuchs waren verschiedene Parkanlagen und Friedhöfe. Doch insgesamt ließen sich von den knapp 100 Flechtenarten, die man im 19. Jahrhundert in Wien noch finden konnte, Mitte der

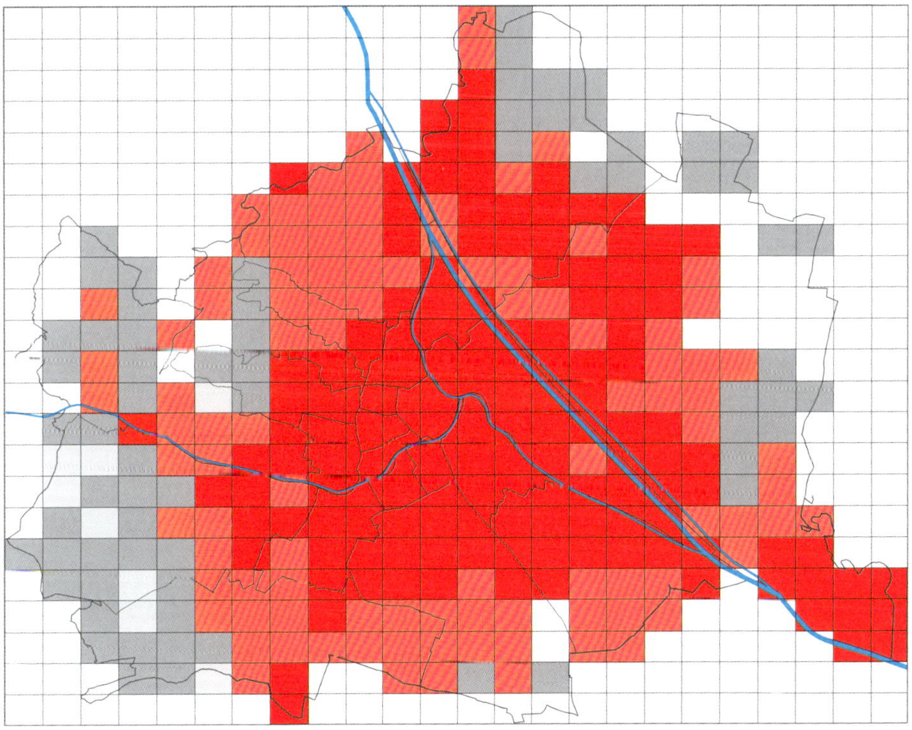

Die Belastungszonen der Stadt, wie sie durch das Vorkommen von Flechten indiziert werden. Die am stärksten belastete Zone 5 ist durch eine epiphytische Flechtenwüste definiert, hier kommen keinerlei Blatt- und Strauchflechten mehr vor. Es erstaunt, dass auch die „Grüne Lobau" im äußersten Südosten der Stadt zu den am stärksten belasteten Gebieten gehört. Die horrend hohen Konzentrationen von SO_2 und anderen Schadgasen, die hier in den 1980er-Jahren gemessen wurden, stammen von Emissionen aus Schwechat und aus dem Industriegürtel um Bratislava, die besonders in den Wintermonaten in Richtung Westen transportiert werden.

- sehr stark belastet
- stark belastet
- mittel belastet
- schwach belastet
- Fläche nicht erfasst

1

2

3

1 Auf Laubbäumen in den östlichen Bezirken Wiens ist die auffälligste Großflechte *Physcia aipolioides,* eine stattliche Blattflechte mit Verbreitungsschwerpunkt im pannonischen Anteil Österreichs.

2 *Protoparmeliopsis muralis* ist eine schadstofftolerante Flechte, die auch einiges an Düngung durch Vogelmist und Staub aushält. Sie wächst vor allem auf flachen Mauerkronen, Grabsteinen und auch auf Asphalt.

3 Eine Blattflechte, die sehr empfindlich gegenüber Luftverunreinigungen reagiert, ist *Flavoparmelia caperata.* Seit der Reduzierung des Schadgases Schwefeldioxid (SO_2) kommt sie wieder vermehrt auf Eichen und Obstbäumen auf.

1980er-Jahre nur noch 60 Arten nachweisen. Zudem zeigt sich in mikroskopischen Untersuchungen, dass die Flechten, entsprechend dem Belastungsgrad mit Luftverunreinigungen, unterschiedlich stark geschädigt werden. Vielfach sind die Thalli nur mehr rudimentär ausgebildet, und es bedarf einer soliden Artenkenntnis, um sie noch eindeutig zu identifizieren. In der Inneren Stadt kann man heute nur noch Mauerwerk besiedelnde Flechten finden, die normalerweise Felsen bewohnen. Die jüngst bei einer Untersuchung der Flora des Wiener Stephansdoms gefundenen Arten sind allesamt schadstofftolerant und gesamt-nordhemisphärisch verbreitet.

Relativ flechtenreiche Gebiete auf Wiener Stadtgebiet sind bis heute noch die Abhänge des Wienerwaldes im Westen der Stadt und besonders der Lainzer Tiergarten: Die hohe Anzahl von Altbäumen, die Exposition gegen die Drift der Niederschlag bringenden Westwinde und die geringere Belastung mit Luftschadstoffen lassen dort sogar das Aufkommen von Strauchflechten wie *Evernia prunastri* und *Ramalina pollinaria* zu. Auch die Holzzäune um die Nicolai-Kapelle erweisen sich als äußerst interessante Flechtenhabitate, ebenso stabile Erdanrisse. So konnten erst kürzlich (2004) einige Arten als neu für das Stadtgebiet von Wien aufgefunden werden, 2008 gesellten sich bei intensiveren Untersuchungen der Steinhofgründe weitere 23 Arten dazu.

Über den Dächern von Wien

Naturoasen in der Großstadt würde wohl kaum jemand in der Ottakringer Brauerei, dem Alten AKH oder der Heller-Zuckerlfabrik vermuten. Und dennoch stammen die nachstehenden Bilder von den genannten Gebäuden. Wie ist das möglich? Allen diesen Bauwerken ist gemeinsam, dass auf den Flachdächern Flussschotter, natürlich über einer Schicht von wasserundurchlässigem Material, aufgebracht wurde. Das entsprach der Bautradition zur Zeit der Wende vom 19. zum 20. Jahrhundert und hat sich bis heute erhalten. Im Laufe der Jahrzehnte hat sich durch Flugstaub und die Verrottung von Pionierpflanzen fernab vom menschlichen Einfluss eine flachgründige Humusauflage gebildet. Stark genug, um allmählich eine reichhaltige Vegetation zu entwickeln.

Hier wachsen vor allem wärmeliebende und trockenresistente Arten, die sonst nur auf den kontinentalen Trockenrasen vor den Toren Wiens vorkommen. Viele Pflanzenarten wie Dach-Hauswurz *Sempervivum tectorum* oder Mauerpfeffer-Arten *Sedum* spp. zeigen verdickte Blätter (Sukkulenz) als Anpassung an die Trockenheit. Andere bauen auf die Ausbildung von unterirdischen Speichern zur Überdauerung der unwirtlichsten Phasen; dazu zählen verschiedene Lauch-Arten wie *Allium cepa, A. lusitanicum* oder *A. sphaerocephalum.* Massenvorkommen von Insekten wie Steinhummeln und Schmetterlingen, darunter der sehr seltene Schwalbenschwanz, sowie Heuschrecken

1 Die Zierde des Jugendstils wird auf einem Dach des Alten AKH um farbenprächtige Trockenrasenelemente bereichert. Diese Dächer bergen nicht nur botanische Raritäten, sondern auch eine reiche Fauna.

2 Bunte, artenreiche Trockenrasen (im Bild mit blühenden *Sedum*-Arten) als Folge langen, ungestörten Wachstums auf einem Dach der Ottakringer Brauerei.

1

2

zeugen auch von der zoologischen Bedeutung dieser Biotope im Herzen der Stadt. Tierische Kleinstlebewesen wie „Bärtierchen", Springschwänze oder Moosmilben überdauern in den Moospolstern auf Flach- und Schrägdächern, vom Steffl bis in die Brigittenau.

Die natürlichen Standorte vieler auf den Dachflächen beheimateter Pflanzen und Tiere sind infolge der Intensivierung der Landwirtschaft selten geworden. Umso mehr spielen diese von Menschenhand künstlich geschaffenen Biotope heute eine bedeutende Rolle für das Überleben dieser Lebewesen. Dachflächen sind aber nicht nur bedeutende Rückzugsgebiete, sondern auch wichtige Rastplätze für wandernde Tiere bei ihrer Durchquerung der städtischen „Wüste", wie etwa für den Schwalbenschwanz-Schmetterling (→ Bild S. 406).

In jüngster Zeit ist es in Mode gekommen, Dachbegrünungen, häufig unter Verwendung von Containerpflanzen, durchzuführen. Diese sind zweifelsfrei eine Bereicherung für die Seele der Menschen und bieten eine Ausflucht aus dem Grau und Beton des Alltags. Auch sie können den Kulturfolgern in der Tierwelt Schutz und Zuflucht bieten. In Größe und Artenvielfalt sind sie mit den vorgestellten „alten Oasen" jedoch nicht zu vergleichen.

Ein von Küchen-Zwiebel *Allium cepa* bedecktes Flachdach auf dem Betriebsgelände der Heller-Zuckerlfabrik. Die Bestände sind ohne menschliches Zutun, allein aus Samenanflug entstanden.

Ruhe sanft im Grünen

Dem Wiener wird seit jeher eine besondere Beziehung zum Jenseits und damit natürlich auch zu seinen Friedhöfen nachgesagt. Der Besuch von Grabstätten scheint dabei nicht unbedingt an Melancholie und Traurigkeit gebunden zu sein, sondern eher ein kulturelles Bedürfnis der Bevölkerung zu befriedigen. 1980 wurde die Sperre einiger kleinerer Friedhöfe wegen Überbelegung diskutiert. Sie sollten in Parkanlagen umgewandelt werden. Obwohl eine Neubelegung nicht mehr möglich ist, entschied eine Volksbefragung für die Erhaltung der Friedhöfe. Die kontinuierlich steigende Zahl an Feuerbestattungen lässt Stadtplaner heute die Einrichtung von Urnenhainen im dicht verbauten Gebiet als überlegenswert erscheinen – vielleicht steht also eine Rückkehr der Friedhöfe von der Peripherie, in welche sie aus hygienischen Gründen im 19. Jahrhundert verbannt wurden, ins Stadtzentrum bevor.

Bei Spaziergängern beliebt wegen seiner üppigen Flieder-Pracht ist der St. Marxer Friedhof. Berühmt ist er vor allem auch dafür, dass er die sterblichen Überreste von Wolfgang Amadeus Mozart beherbergen soll. Auch dessen Zeitgenosse, der Komponist und Domkapellmeister Johann Georg Albrechtsberger, fand hier seine letzte Ruhestätte.

In Wien gibt es heute 57 Friedhöfe, den 2008 neu eröffneten muslimischen Friedhof in Liesing bereits mitgerechnet. Die Gesamtfläche der Friedhöfe der Stadt beträgt 573 Hektar mit rund 770.000 Grabstellen. Wie viele Tote sie beherbergen, kann niemand genau sagen. Da die Friedhöfe großteils begrünt sind, können sie auch als Parkanlagen gelten.

Asche zu Asche, Staub zu Staub. Das kann man wörtlich nehmen. Für die Neuanlage eines „Centralfriedhofes" wurde 1869 ein Gutachten der k.u.k. Geologischen Reichsanstalt angefertigt. Mit der Nüchternheit der Wissenschaft stellte man darin Überlegungen über die Bodenbeschaffenheit zur bestmöglichen Verwesung von Leichen an. Der geologisch junge Lössboden südöstlich von Wien wurde dafür als hervorragend geeignet erklärt und damit der Weg für die Gründung des heutigen Zentralfriedhofs freigemacht. Mit dem „Zendräu", wie ihn die Wiener nennen, entstand eine zweite Stadt, nur eben unter der Erde. Man schätzt etwa drei Millionen Bestattete, die – als Versammlung von Prominenten und der breiten Bevölkerung – eine repräsentative Wiener Mischung darstellen. Wer erdgeschichtlich ältere Lagen bevorzugt, sollte sich hingegen am Hütteldorfer oder Baumgartner Friedhof in kreidezeitliche Schichten betten lassen. Diese sind bis zu 99 Millionen Jahre alt. Auch

Der (an der Zahl der Bestatteten gemessen) größte Friedhof Europas ist der Wiener Zentralfriedhof. Er bildet den südöstlichen Teil des Wiener Grüngürtels.

wenn eine Grabstätte nach der Wiener Friedhofsordnung eines Tages verfällt, bleiben die Gebeine soweit möglich am selben Ort bestattet, sie werden nur tiefer gelegt.

Im Zuge der Errichtung des Zentralfriedhofes wurden mehrere kleinere Friedhöfe innerhalb der Stadt geschlossen und in öffentliche Parkanlagen umgewandelt. Der wahrscheinlich schönste und durch die vermutliche Grabstätte von W. A. Mozart berühmteste Friedhofspark Wiens ist der (ehemalige) St. Marxer Friedhof. Rund 6.000 Grabsteine aus dem Biedermeier sind dank der Bemühungen des Heimatforschers Professor Hans Pemmer (1886–1976) dort erhalten geblieben: Die Anlage wurde 1937 wieder instand gesetzt und als Parkanlage für die Öffentlichkeit freigegeben. In den Monaten April und Mai lockt außer Mozart noch ein Erlebnis: Nirgends in Wien blüht so viel Flieder wie hier.

Die Bepflanzung der Wiener Friedhöfe hat sich wie die bürgerliche Gartenkultur entwickelt. So ziemlich alles, was sich im Hausgärtlein oder in Blumenkästen findet, wird auch gerne auf die Gräber gepflanzt. So bleibt es nicht nur bei Rosen und Stiefmütterchen. Die Symbolik auf den Gräbern sucht ihre Anleihen in der Natur. So sollen Efeu für ewiges Leben und Treue stehen, die Lilie für Unschuld, Palmzweige für Märtyrerglorie und Rosen für die Liebe. Dazu symbolisieren Schlangen die Ewigkeit und Schmetterlinge die Seele außerhalb des Körpers. Die ebenfalls manchmal zu findenden Fische auf den Grabsteinen symbolisieren wohl das Christentum.

Kriech-Sumpfschirm, in Europa auf der Roten Liste, kurioserweise auf Wiener Friedhöfen ein Unkraut!

Wendet man den Blick einmal ab von den vielen prächtigen Gartenzierpflanzen, die, liebevoll gepflegt, die Gräber schmücken, hin zu den Wegen und den weniger intensiv betreuten Standorten zwischen den Gräbern, dann eröffnet sich ein eigenartiger und faszinierender Bereich der ruderalen Welt. Im zeitigen Vorfrühling erscheinen verschiedene Gelbstern-Arten *Gagea* spp., darunter auch seltene. Später im Jahr trifft man gelb blühende Sauerklee-Arten *Oxalis* spp. an, hauptsächlich den Horn-S. *O. corniculata* mit seinen meist braunrot gefärbten Laubblättern und den vermutlich aus Nordamerika stammenden Dillenius-S. *O. dillenii,* der erst seit rund 100 Jahren bei uns vorkommt. Rätselhaft ist das in den letzten Jahren beobachtete Auftreten eines winzigen, kriechenden Doldenblütlers, des Kriech-Sumpfschirms *Helosciadium (Apium) repens* auf Friedhöfen. Die Art gilt europaweit als höchst gefährdet, weil sie aus ihrem ursprünglichen Standortbereich (nasse Gräben und Ufer) fast überall verschwunden ist. Wieso sie sich auf den Wiener Friedhöfen wohl fühlt und vielleicht vom einen zum andern wandert, ist vorderhand unklar.

Eine Besonderheit stellen in jeder Hinsicht die jüdischen Friedhöfe der Stadt dar. Dem jüdischen Ritus folgend sind die Grabanlagen auf „ewige Zeiten" gewidmet und dürfen somit auch nicht mehr angerührt werden. Der älteste, noch bestehende jüdische Friedhof liegt in der Rossau im 9. Bezirk. Sein ältester Grabstein wird mit 1540 datiert. Auf kitschige Behübschung wird im Allgemeinen verzichtet. So findet auch die Natur ungestört ihre Ruhe. Verwildert sehen diese Grabanlagen aber nicht allein wegen der geringen Pflege und Betreuung aus. Mit der Machtübernahme durch die Nationalsozialisten mussten die jüdischen Mitbürger großteils auch ihre Friedhöfe räumen. Die Zerstörungen aus der NS-Zeit sind auch heute noch sichtbar. Auf dem Währinger Friedhof wurden durch Aushubarbeiten für einen Löschwasserteich an die 2.000 Gräber vernichtet. Die Gebeine aus weiteren 200 Gräbern wurden exhumiert und für „rassenkundliche" Untersuchungen an das Naturhistorische Museum überstellt. Erst als der Senatsrat Robert Kraus vom Kulturamt dem Bürgermeister Hans Blaschke erklärte, die Erhaltung des Friedhofes mit seinem Altbaumbestand wäre im Interesse des Naturschutzes, konnte die Zerstörung gestoppt und das verbliebene Areal erhalten werden, nunmehr als Vogelschutzgebiet. Heute steht der Jüdische Friedhof unter dem Schutz der Republik, verwüstet ist er aber immer noch.

Der Jüdische Friedhof Währing ist neben dem Sankt Marxer Friedhof der letzte erhaltene Friedhof Wiens im Stil des Biedermeier. Nach den Zerstörungen während der NS-Zeit ist er heute wegen des zunehmenden Verfalls nur noch eingeschränkt begehbar, umso mehr stellt er nach wie vor eine Naturoase inmitten des dicht verbauten Stadtgebiets dar.

Inhalt

Biotopmonitoring

13

Werner Pillmann / Klaus Kellner

Grün in der Stadt
Das Biotopmonitoring Wien

Ausschnitt aus dem multispektralen Scannerbild Wien 2000 (→ S. 539). Die Wiener Umweltschutzabteilung MA 22 unterstützte seit 1979 den ursprünglich pionierhaften Einsatz von Methoden der Fernerkundung zur Grünraumerhebung und fördert konsequent die Fortführung der Forschungs- und Erhebungsarbeit im BIOTOP-MONITORING WIEN.

Die ganze Wahrheit über halb Wien

Grünerhebung aus der Vogelperspektive

Farbinfrarot-Luftbild vom Gebiet zwischen Alserstraße, Universitätsstraße und Schwarzspanierstraße mit der Votivkirche rechts im Bild. Straßen-, Park- und Innenhofbäume, Wiesen, Dachgärten aber auch Kletterpflanzen und Spontanvegetation – kurz alles, was Chlorophyll enthält – wird im Infrarotbild rötlich dargestellt. Die verschiedenen Rottöne geben den Zustand der Pflanzen wider.

Grünräume bestimmen das Stadtbild. Sie sind ein Indikator für Lebensqualität und spiegeln durch ihre Verbreitung und ihren Zustand die Werthaltungen der Stadtbewohner gegenüber der Natur wider. Die Begrünung Wiens wurde nachhaltig geformt durch Monarchie und Adel, Gründerzeit, Krieg, wirtschaftlichen Aufschwung, städtebauliche Wettbewerbe und politische Entscheidungen. Heute ist es ein vorrangiges Anliegen der Stadtverwaltung, den öffentlichen Grünraum zu pflegen, zu erhalten und zu mehren. Sie braucht dazu detaillierte Informationen über Art, Zustand und Verteilung der Vegetation in der Stadt. Im Arbeitsprogramm BIOTOPMONITORING, das in Zusammenarbeit zwischen der Umweltschutzabteilung MA 22 der Stadt Wien und dem Österreichischen Bundesinstitut für Gesundheitswesen durchgeführt wird, werden periodisch sämtliche Grünzonen wie Parks, Einzelhausgärten, Höfe und Straßenbegrünungen, aber auch Wald, Erholungsflächen, Kleingärten, Friedhöfe und vieles andere mehr dokumentiert.

Bei der Grünflächenerhebung aus der Vogelperspektive werden vom Flugzeug aus Infrarot-Bilder aufgenommen. Diese zeigen in ungewöhnlicher Farbwiedergabe die Größe, die Ausstattung und den Zustand aller von Vegetation bedeckten Bereiche der Stadt. Mit Befliegungen aus den Jahren 1991, 1997, 2000 und 2005 ist für ganz Wien flächendeckend ein Gesamtinventar „Grün in der Stadt" erstellt worden. Damit können besonders im innerstädtischen Bereich auch nicht zugängliche Vegetationsbereiche, wie Innenhöfe oder Dachgärten, untersucht werden. Im locker bebauten Gebiet ermöglichen die Luftbilder einen großflächigen Überblick, wie er durch Begehungen nicht erreichbar wäre.

Die Grünraumdaten werden aus Luftbildern gewonnen, die überlappend aufgenommen sind. Betrachtet man ein Luftbildpaar am Stereoskop, entsteht ein räumlicher Eindruck. Es ist, als würde man mit einem Fernglas aus einer Höhe von 2.000 Metern mit Augen im Abstand von 700 Metern die Stadt betrachten. Dabei erscheinen die Höhen stark vergrößert, sodass Bäume und Sträucher deutlich unterschieden werden können. Durch die Farbe und die Darstellung von Details bis unter 20 Zentimeter Größe kann der Zustand der Bäume und anderer Pflanzen beurteilt werden. Ein überlagerter Stadtplan ermöglicht die Flächenbestimmung und Zuordnung der Daten zu den Blöcken und Nutzungseinheiten der Stadtkarte.

Da sich die Art und die Verteilung der Vegetation im dicht bebauten Gebiet deutlich von jenen in den Randzonen der Stadt unterscheiden, wurden zu Beginn des BIOTOPMONITORINGS unterschiedliche Methoden zur Grünraumerfassung in der Kernzone und im periurbanen, dem locker verbauten Bereich eingesetzt.

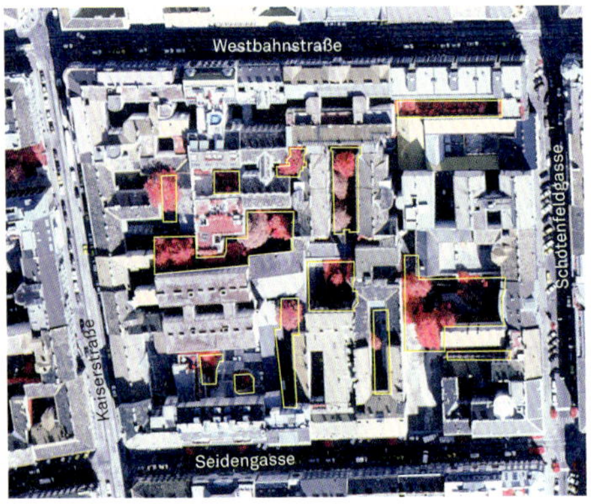

Das Farbinfrarot-Luftbild zeigt einen Ausschnitt aus dem dicht bebauten 7. Gemeindebezirk. Zusammenhängende Lebensräume für Pflanzen (Befundeinheiten) sind im Bild gelb umrandet.

Grünraumbeobachtung im Kern und im locker bebauten Bereich der Stadt

Im dicht bebauten Stadtgebiet finden sich meist klar abgegrenzte Grünstrukturen auf Straßen und Plätzen, in Innenhöfen, Parks und Wohnhausanlagen. Alle diese Flächen, die sogenannten Befundeinheiten, werden detailliert untersucht, indem bei der Luftbildauswertung ihre jeweilige Größe, die Anzahl der Bäume, gegliedert in fünf Durchmesserklassen, der Zustand der Baumkronen und die prozentuelle Bedeckung der Fläche durch Bäume, Sträucher und Wiese erhoben wird.

Verlässt man den dicht bebauten Bereich der Stadt in Richtung Peripherie, steigt die Vielfalt der Grünelemente. Einzelhausgärten, durchgrünte Wohnhausanlagen, Gewerbe-, Industrie- und Verkehrsflächen, Spiel- und Sportanlagen, Büro-, Einkaufs- und Vergnügungszentren bilden die Kristallisationspunkte für eine ansehnliche Begrünung mit geringer Naturnähe.

Im Gegensatz zum dicht bebauten Bereich der Stadt bestehen Grünstrukturen in diesen heterogen genutzten Gebieten meist aus vielen Einzelteilen. Um das Biotop-Monitoring mit vertretbarem Aufwand durchführen zu können, werden daher hier und neuerdings auch in den Innenbezirken die Nutzungseinheiten der Stadtkarte als Bezugsflächen verwendet. Es sind dies rund 21.500 abgegrenzte Flächen, mit denen die Bezirke, Zählbezirke, Zählgebiete und Baublöcke der Stadtkarte noch weiter unterteilt werden. Ihre Größe liegt zwischen 60 Quadratmetern und vier Quadratkilometern.

Als Beispiel für einen sehr vielfältigen Grünbereich der Stadt kann hier die Umgebung des Lusthauses im Prater dienen, die in den unten stehenden Abbildungen dargestellt ist: Charakteristisch für den Prater ist die heterogene Nutzung durch Vergnügungs-, Sport-, Park- und Ausstellungsgebiete. Beim Lusthaus grenzt das Landschaftsschutzgebiet an einen Golfplatz, den Pferdesportbereich Krieau und landwirtschaftlich genutzte Flächen. Verkehrsadern wie die Südosttangente und die Ostbahn queren das Gebiet.

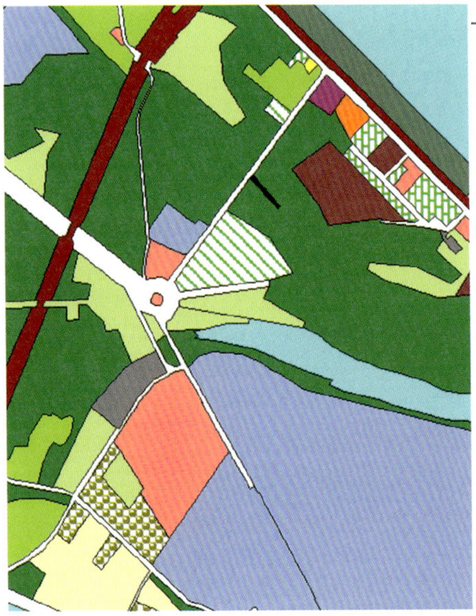

→

Der Ausschnitt aus der Stadtkarte (linkes Bild/Realnutzungskartierung) zeigt die Umgebung des Lusthauses im Prater. Die verschiedenen Farben stehen für unterschiedliche Nutzungstypen. Die Grenzen dieser Nutzungseinheiten, innerhalb derer die Grünflächenbewertung für das biotopmonitoring erfolgt, sind auch im Farbinfrarot Luftbild (daneben rechts) eingeblendet.

Aus dem Infrarot-Luftbild wird die Flächenbedeckung innerhalb jeder Nutzungseinheit detailliert erhoben. In der unten schematisch dargestellten Nutzungseinheit setzt sich der Grünflächenanteil von 55 % aus 9 % Baumkronenfläche, 2 % Strauchanteil und 44 % Wiesenfläche zusammen. Der Anteil nicht versiegelter Flächen, wie Wasser und Feld beträgt 20 %. Durch das Haus und die Lagerhalle sind 8 % bebaut und durch einen Parkplatz weitere 17 % versiegelt.

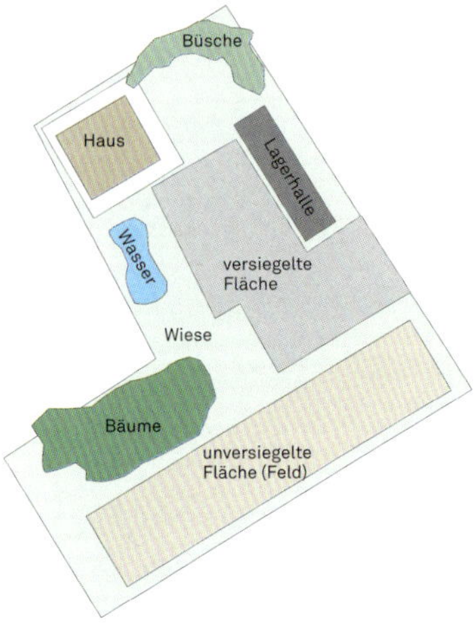

Wie sich das Grün in Wien verteilt

Insgesamt sind rund 210 Quadratkilometer oder 51 Prozent des Stadtgebietes permanent mit Stadtvegetation (Bäume, Büsche und Wiesen) bedeckt. Schwerpunkt des Grünreichtums der Stadt sind der Wienerwald und die Lobau. So findet sich die Hälfte des Wiener Grünraums auf drei Bezirke konzentriert. Es sind dies der 22. Bezirk mit 43 Quadratkilometern, der 13. Bezirk mit rund 30 und der 14. Bezirk mit 25 Quadratkilometern Grünfläche, wobei in diesen Angaben Ackerflächen nicht inkludiert sind. Bezogen auf ihre Fläche haben die Bezirke 1 und 4 bis 9 den geringsten Grünanteil, während die Bezirke 13 und 14 mit über 70 Prozent sowie 17 und 19 mit etwa 60 Prozent am stärksten begrünt sind.

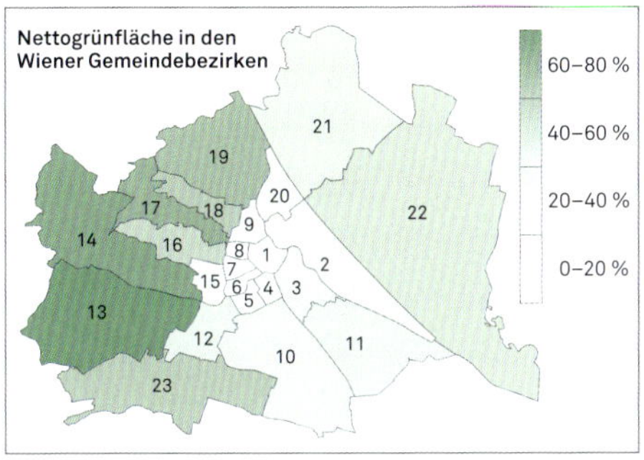

Bei der Reihung der Wiener Gemeindebezirke nach ihrem Grünflächenanteil liegt Hietzing an der Spitze, gefolgt von Penzing und Hernals. Das Schlusslicht bildet nicht, wie man annehmen könnte, die Innere Stadt, die dank der Palaisgärten und Parkanlagen immerhin 15 % Grünanteil hat, es sind dies die Bezirke Neubau und Mariahilf mit jeweils nur etwas mehr als 11 % Grünflächenanteil.

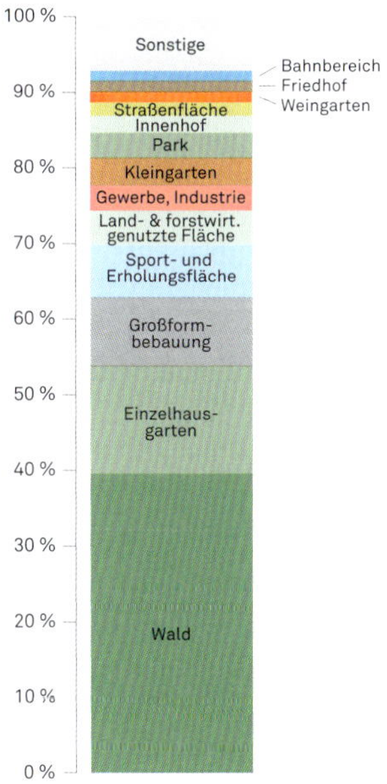

Anteil der wichtigsten Strukturtypen an der gesamten Grünfläche Wiens (Bäume, Stäucher und Wiesen)

Beim BIOTOPMONITORING WIEN sind die 21.500 Teilflächen der Stadt in 54 Kategorien wie Wald, Hof, Platz, Park, Friedhof, Brache, Uferzone etc. eingeteilt. Daraus lässt sich der Anteil der verschiedenen Grün-Typen an der gesamten Grünfläche der Stadt berechnen: Die größten Anteile stammen vom Wald- und Wiesengürtel, von Einzelhausgärten, Erholungs- und Sportflächen sowie von durchgrünten Wohnhausanlagen, etwa aus dem sozialen Wohnbau. Flächenmäßig nicht so vorherrschend aber von besonderem Wert, sind begrünte Erholungsflächen im Nahbereich der Wohnungen. Hierzu zählen Parkanlagen, Innenhöfe im Stadtkern, Fußgängerzonen und verkehrsberuhigte Flächen.

Die ökologische Bedeutung der großflächigen Wiener Naturschutzgebiete und der Lobau als Teil des Nationalparks Donau-Auen, der Erholungswert der Donauinsel und des Praters und die Wohlfahrtswirkung des Wienerwaldes seien hier besonders hervorgehoben. Doch nicht allein die Größe bestimmt den Wert einer Grünfläche in der Stadt. Im Nahebereich von Wohnungen und Arbeitsplätzen sind für das Grün andere Wertmaßstäbe anzulegen. Wichtige Kriterien sind hier die Sichtbarkeit, die leichte Erreichbarkeit, die Gestaltung und die ökologische Wirkung. Parkanlagen, Hofbegrünungen, Einzelhaus- und Kleingärten, Erholungsflächen und Sportplätze sind flächenmäßig teilweise klein, aus sozialer Sicht und als Voraussetzung für eine hohe Lebensqualität in der Stadt aber oft besonders wertvoll.

Der ästhetische und ökologische Wert von Stadtbäumen ist unbestritten. Doch nur selten finden sich Angaben über den monetären Wert des städtischen Grüns. Würde man den Herstellungs- und Pflegeaufwand für Bäume kalkulieren und die Erholungswirkung für Menschen sowie die Wohlfahrtswirkung auf Klima, Wasserhaushalt und Luftregenerierung bewerten können, so würden Park- und Grünanlagen als bedeutende Investitionsfaktoren und als Wertobjekte besser erkennbar werden.

Eine wirtschaftliche Bewertung des Herstellungs- und Pflegeaufwandes für Einzelbäume erfolgt in sogenannten „Sachwertverfahren für Bäume", in der „Gehölzwertermittlung" oder in „Baumwertgutachten". Ein Beispiel für den Investitionswert von Stadtbäumen lieferte Hamburg. Als Schätzwert für die von der öffentlichen Hand gepflegten Bäume wurde 1,2 Milliarden Euro (2000) angegeben. Zwei Prozent davon werden pro Jahr als Pflegekosten veranschlagt. In Zukunft sollten solch wirtschaftliche Gesichtspunkte beim Budgetieren der Verwaltung verstärkt als Sachargument zur Grünflächensicherung genutzt und die eingesetzten Mittel als Investitionen in die Stadt der Zukunft gesehen werden.

Vom dicht bebauten Stadtkern zum Grüngürtel

In den inneren Bezirken Wiens wurden durch das BIOTOPMONITORING insgesamt über 5.100 Befundeinheiten erfasst. In der Karte des dicht bebauten Stadtgebiets sind deutlich die großen Grünanlagen und die geringe Grünausstattung im Kern des

Der Wert eines Baumes lässt sich monetär bestimmen, wenn man, wie bei der Gehölzwertermittlung, die Pflanzkosten, die Herstellungskosten und die Anwachszeit berücksichtigt. Kaum mehr abschätzbar ist der Geldwert eines Solitärbaumes, wie der Platane am Luegerplatz in Wien, die mit ihrer bestechenden Form und ihrem Kronendurchmesser von 28 Metern den gesamten Platz dominiert.

1. Bezirks und in Teilen anderer Innenbezirke erkennbar. Dabei weisen Flächen in rötlicher Farbe jene Bereiche im Stadtgebiet aus, für die der Grünanteil kleiner als zehn Prozent ist. Die Vegetationsarmut des 1. Bezirks wird durch die Alleen der Ringstraße und die anliegenden Parks gemildert. Insgesamt beträgt die Summe aller Grünflächen mit 318 Hektar rund ein Sechstel (17 Prozent) der Kartenfläche. Jedem Bewohner der Innenbezirke stehen damit statistisch gesehen mehr als zehn Quadratmeter Grünfläche zur Verfügung.

Von besonderer Bedeutung im dicht bebauten Gebiet ist die Innenhofbegrünung. Sie stellt eine Art „Eigenversorgung" am Wohnstandort dar und macht beispielsweise im 8. Bezirk mehr als 70 Prozent der Gesamtgrünfläche aus. Ebenso wichtig ist die Grünraumversorgung durch Parks im Nahbereich von Wohnhausanlagen. Rund ein Drittel der Stadtbäume stehen in Innenhöfen und ein Fünftel in Parks. Die Flächenanteile von Parkanlagen und begrünten Innenhöfen sind in den verschiedenen Bezirken gegenläufig: Bezirke mit einem hohen Anteil öffentlicher Grünflächen verfügen über relativ wenig Hofgrün und umgekehrt.

Aus den Farbinfrarot-Luftbildern lassen sich auch die Größe und der Zustand der Baumkronen beurteilen, wobei zumindest mittlere und starke Schäden der Bäume deutlich erkennbar sind. Von den rund 170.000 innerstädtisch einzeln erfassten Bäumen haben mehr als die Hälfte einen Kronendurchmesser von unter sechs Metern. Knapp 40 Prozent überschirmen mit sechs bis zwölf Metern Durchmesser eine Fläche von 40 bis 100 Quadratmetern und größere Bäume übertreffen bei Weitem die Fläche eines Einfamilienhauses. So finden sich im dicht bebauten Stadtgebiet immerhin 54 Baumriesen mit einem Kronendurchmesser von über 25 Metern, sie überdecken mit ihrer Krone jeweils eine Fläche von mehr als 500 Quadratmetern.

Von allen Stadtbäumen sind insgesamt neun Prozent als stark geschädigt einzustufen. In bestem Zustand sind jene in Kleingärten, gefolgt von Bäumen in Einzelhausgärten, von Parkbäumen, Bäumen auf Erholungsflächen, in Uferzonen und in Baulücken. Deutlich überdurchschnittlich geschädigt sind Bäume in manchen Höfen, auf Verkehrsflächen und auf Plätzen. Die Schäden entstehen einerseits durch den

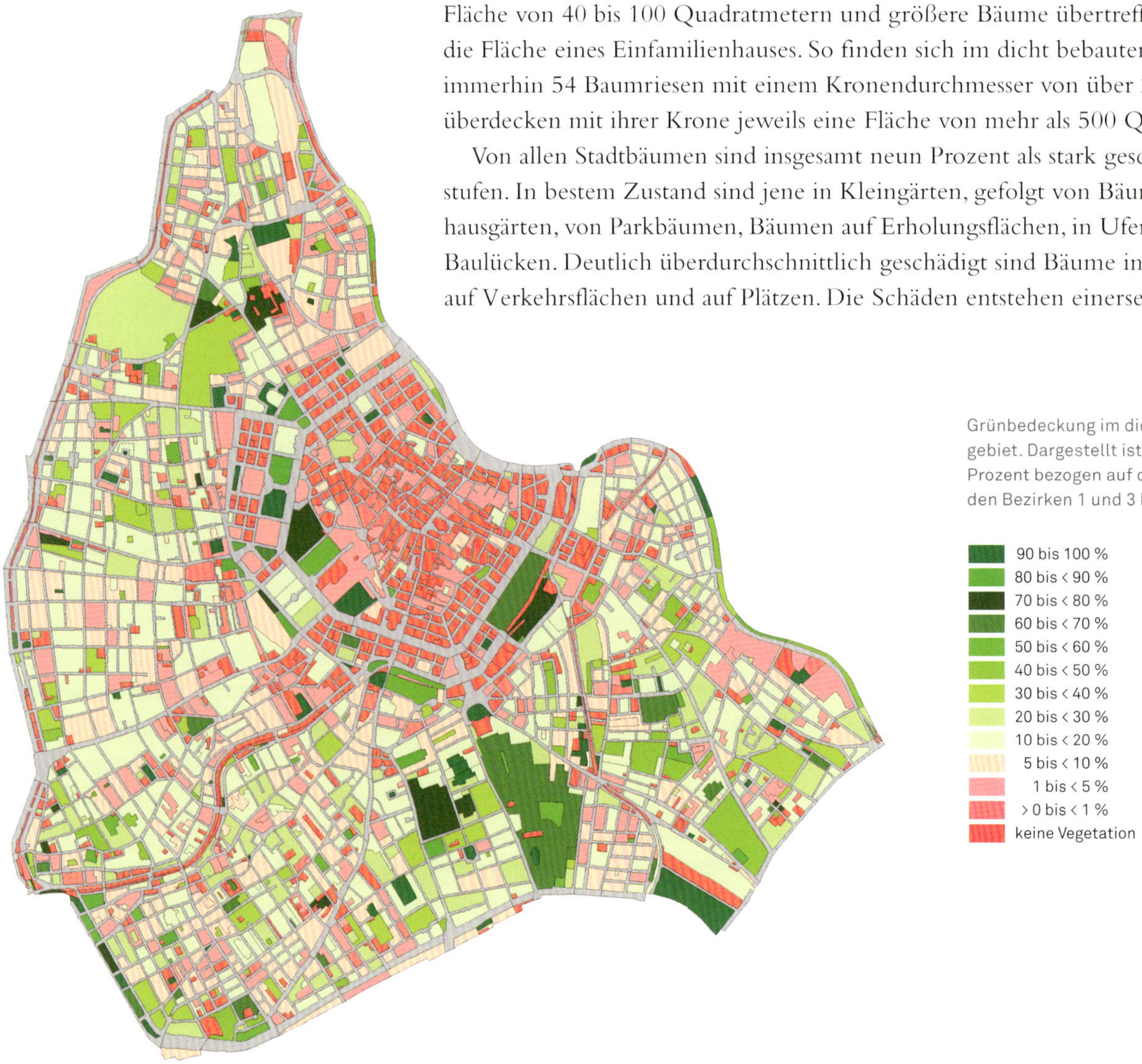

Grünbedeckung im dicht bebauten Stadtgebiet. Dargestellt ist die Grünfläche in Prozent bezogen auf die Blockstruktur in den Bezirken 1 und 3 bis 9.

Auch kurzzeitige Bautätigkeit kann deutlich schädigen, wie die ursprünglich prächtig entwickelte Platane bei der Marxer Brücke zeigt. Um Raum für Baumaschinen zu schaffen wurde ihre Krone beschnitten, wodurch sie deutlich an Ansehen eingebüßt hat.

Stress, dem Bäume aufgrund extremer Standortbedingungen in der Stadt ausgesetzt sind (→ S. 469) und andererseits durch mechanische Beschädigungen im Zuge von Bau- und Aufgrabungsarbeiten.

Ausmaß der Flächenversiegelung

Den dicht bebauten Stadtkern umgibt ein periurbanes Stadtgebiet, dessen Grünflächen außerordentlich vielfältig sind. In diesem Bereich ist eine so detaillierte Erhebung jeder einzelnen Grünfläche, wie sie im dicht bebauten Gebiet durchgeführt wurde, nicht möglich. Daher wird in der unten stehenden Karte der Versiegelungsgrad für jede der knapp 21.500 Teilflächen der Stadtkarte dargestellt:

Zusätzlich zu den 51 Prozent Stadtvegetation ist die Fläche von Wien zu fünf Prozent von Wasser bedeckt, zu einem Drittel bebaut und zu 14 Prozent durch Straßen und andere Asphaltflächen versiegelt. Tendenziell nimmt der Versiegelungsgrad in Wien radial zum Stadtzentrum hin zu. Grüne Flächen sind zur Gänze unversiegelt, sie repräsentieren die Wälder, Gewässer und landwirtschaftlich genutzten Böden. Die in Gelbtönen gekennzeichneten Flächen sind durch Bebauung und Verkehrswege eher gering versiegelt. Bereiche in Rottönen sind zwischen 20 und 60 Prozent versiegelt, sie repräsentieren hauptsächlich den Villengürtel an der Randzone des Wienerwaldes, alte Ortskerne im 21. und 22. Bezirk und ehemalige Vororte Wiens. Flächen mit Befestigungsgraden von über 60 bis 100 Prozent sind in verschiedenen Blautönen ausgewiesen. Damit treten das dicht bebaute Stadtgebiet und die Industriezonen deutlich hervor.

An der Peripherie ist die Stadt Wien mit dem sogenannten Grüngürtel von naturnahen Flächen umgeben. Die Verbindung zwischen den ausgedehnten Waldgebieten von Wienerwald, Bisamberg, Lobau, Prater und Wienerberg erfolgt im Nordosten der Stadt durch landwirtschaftlich genutzte Flächen und im Süden neben Agrarflächen auch durch den Zentralfriedhof und den Liesingbach, als verbindendes Element zwischen Wienerberg und Lainzer Tiergarten. Der Grüngürtel Wiens umfasst heute rund 12.000 Hektar.

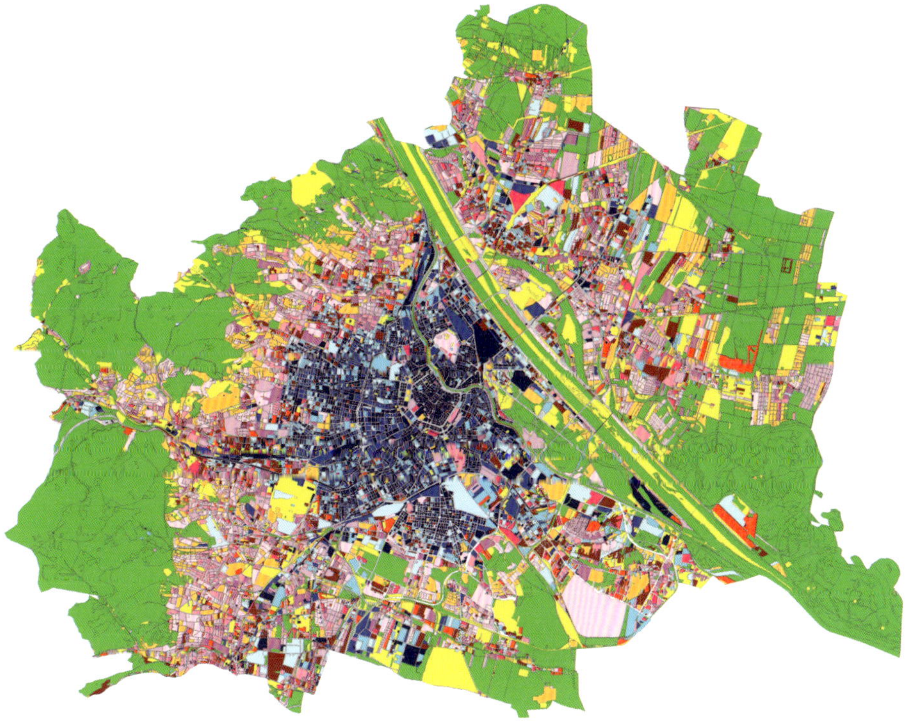

Flächenversiegelung im Stadtgebiet: Die Karte zeigt den Versiegelungsgrad in 14 Klassen. Die großen peripheren Grünbereiche bilden den sogenannten „Grüngürtel Wien". Nach innen folgt das periurbane, locker bebaute Gebiet. Der Farbsprung in den Schattierungen von rötlich-violett zu blau-schwarz lässt den dicht bebauten Stadtkern deutlich erkennen.

91–100 %
81–90 %
71–80 %
61–70 %
51–60 %
40–50 %
41–45 %
35–40 %
31–35 %
26–30 %
21–25 %
11–20 %
1–10 %
Unversiegelt

Mit dem Plan „Grüngürtel Wien 1995“ wurde vom Wiener Gemeinderat im Zuge des grundlegend überarbeiteten Stadtentwicklungsplans (STEP94) beschlossen, den Grüngürtel um Wien zu festigen und nun auch im Nordosten der Stadt zu schließen. Im Rahmen der Aktion „Der Wald der jungen Wiener/innen“ finden jährlich in den waldarmen Gebieten im Nordosten und Süden Aufforstungsaktionen statt. Dabei helfen engagierte Bürgerinnen und Bürger dem Forstamt rund 15.000 Bäume zu pflanzen, sodass Wiens Wald pro Jahr um etwa fünf bis zehn Hektar wächst. Auch im Stadtentwicklungsplan STEP 2005 werden die Sicherung und der Ausbau des Grüngürtels als wesentliches Ziel weiterverfolgt und damit wird die äußere Begrenzung der künftigen Siedlungsentwicklung vorgegeben.

Grünflächenveränderungen

Derzeit sind für Wien aus dem BIOTOPMONITORING Grünflächenbeschreibungen aus 1980–1986, Grünflächendaten aus dem dicht bebauten Gebiet der Stadt aus 1991 und flächendeckende Informationen für Nutzungseinheiten aus den Befliegungen der Jahre 1997, 2000 und 2005 verfügbar.

Der Wandel der Grünflächen kann durch den visuellen Vergleich von Bildern aus unterschiedlichen Jahren festgestellt werden. Da die Luftbilder jeweils im gleichen Bildmaßstab von 1:7.800 aufgenommen sind, kann man auch Bildpaare aus unterschiedlichen Flugjahren stereoskopisch betrachten. Dabei sind sowohl Veränderungen an der Bausubstanz wie auch an der Vegetation besonders deutlich erkennbar.

Jede der über 21.500 Teilflächen wurde hinsichtlich allfälliger Veränderungen im Zeitraum von 1997 bis 2000 analysiert. Beispiele für positive Begrünungs-Effekte sind: Neubegrünung, Flächenvergrößerung, Vegetationszuwachs sowie die Verbesserung des Kronenzustandes. Negativ bewertet wurden der Verlust oder die Verkleinerung einer begrünten Fläche, die Verminderung der Grünflächenqualität durch Verlust von Bäumen und die Zustandsverschlechterung von Baumkronen. Neutral bewertet wurden tatsächlich unveränderte Flächen oder der meist bei jungen Bäumen starke Zuwachs sowie ein ausgeglichener Gewinn und Verlust von Grün innerhalb einer einzelnen, zu beurteilenden Teilfläche.

Auf knapp 20 Prozent der Stadtfläche oder 3.700 von 21.500 der untersuchten Nutzungseinheiten hat sich die Grünbedeckung innerhalb der Jahre 1997 bis 2000 deutlich verändert. Verursacht wurden all diese Veränderungen durch die Grünraumpflege, durch natur- und standortbedingte Einflüsse, die Bautätigkeit, den Verkehr und durch viele andere Einwirkungen. Die Nettogrünfläche von ganz Wien blieb in diesen drei Jahren nahezu konstant. Abnahmen durch den Um- und Ausbau von Wohnbereichen, von Straßen, Gewerbe- und Industrieanlagen, Sport- und Erholungsflächen wurden durch Begrünungsaktivitäten im Umfeld von Neubauten und durch die Begrünung unversiegelter Flächen kompensiert.

Die Veränderungen an den Grünflächen der Stadt werden durch Abteilungen der Stadt- und Bezirksverwaltungen, durch Grundstücksbesitzer, Bauherrn, Firmen und nicht zuletzt durch die Stadtbewohner selbst verursacht. Aufgabe der Grünpolitik ist es, einen Mix von Entscheidungen zu treffen, der die positiven Trends verstärkt und hilft, die negativen Einflüsse zu mildern. Grundlage hierfür ist der gesellschaftliche Grundkonsens, in dem die Naturausstattung der Stadt als unverzichtbarer Wert an sich und als Teil der Lebensqualität angesehen wird. Von Seiten des BIOTOPMONITORINGS liegen mit der Verfügbarkeit der Luftbilder aus der Befliegung 2005 flächendeckende Informationen zur Grünraumentwicklung Wiens vor, die eine Entscheidungshilfe für das Grünraum-Management bilden und aus denen weiterführende Maßnahmen zur Grünraumsicherung und -pflege abgeleitet werden können.

Ausstellung zur Wiener Biotopkartierung: Schutz der Natur in der Großstadt

Pionierzeit und Zukunft der Stadtbeobachtung

Geschichte der Grünflächenbeobachtung

Auf der Suche nach Möglichkeiten zur regelmäßigen Erfassung der Vegetation wurden am Österreichischen Bundesinstitut für Gesundheitswesen ab 1975 Fernerkundungs-Methoden zur Umwelterhebung erprobt. Aus Infrarot-Luftbildern und digitalen Scanner-Aufnahmen wurden die Grünbedeckung und der Baumzustand ermittelt. Schwerpunkte der ersten „Grünraumerhebungen Wien" waren ab 1979 die Lobau, 1980 die Innenstadt und 1984 der Prater.

1981 vergab der Magistrat der Stadt Wien den Auftrag zur Biotopkartierung. Über sieben Jahre hinweg kartierten rund 60 Forscher und unterstützendes Personal Biotope im Stadtgebiet. Dabei wurde ein Grünrauminventar für rund 40 Prozent des Stadtgebietes erstellt, mit dem grundlegende Erkenntnisse zur Ausstattung der Wiener Grünflächen gewonnen wurden. Die Ergebnisse wurden 1990 in der Ausstellung „Biotope, Landschaften, Utopien, Bewusst, Beleben" präsentiert.

Neue Projektaufgaben entstanden Mitte der 1980er-Jahre durch die Waldschadensforschung. Im Rahmen der „Umwelterhebung Wien" wurde 1986 der Zustand des Wienerwaldes auf Wiener Stadtgebiet untersucht. 1991 folgte die Zustandserhebung der Wälder in den 890 Quadratkilometern des gesamten Wienerwalds, wobei die Kronen von 70.000 Bäumen untersucht wurden.

Im Anschluss an die Biotopkartierung stellte sich die Frage nach einer periodischen und auch wirtschaftlich durchführbaren Grünraumerhebung für das gesamte Stadtgebiet. Aufgrund der Erfahrungen der Luftbildinterpretation 1979 bis 1986 konnte ab 1991 in einer Machbarkeitsstudie eine Methodik der Grünraumerfassung aus Luftbildern entwickelt werden. Sie wurde schließlich im Arbeitsprogramm BIOTOPMONITORING realisiert.

Seit Ende der 1970er-Jahre werden in Wien Methoden der Grünraumerfassung aus Luftbildern und Scanner-Aufnahmen entwickelt. Die Ergebnisse werden seit den 1990er-Jahren im BIOTOPMONITORING Wien umgesetzt. Anfangs wurden die Verteilung, der Zustand und die Entwicklung des Grünraums in Teilbereichen Wiens untersucht. Seit 1997 erfolgt eine flächendeckende Dokumentation der Grünraumveränderung, die durch Auswertungen der Luftbilder aus der Befliegung 2005 fortgesetzt wird.

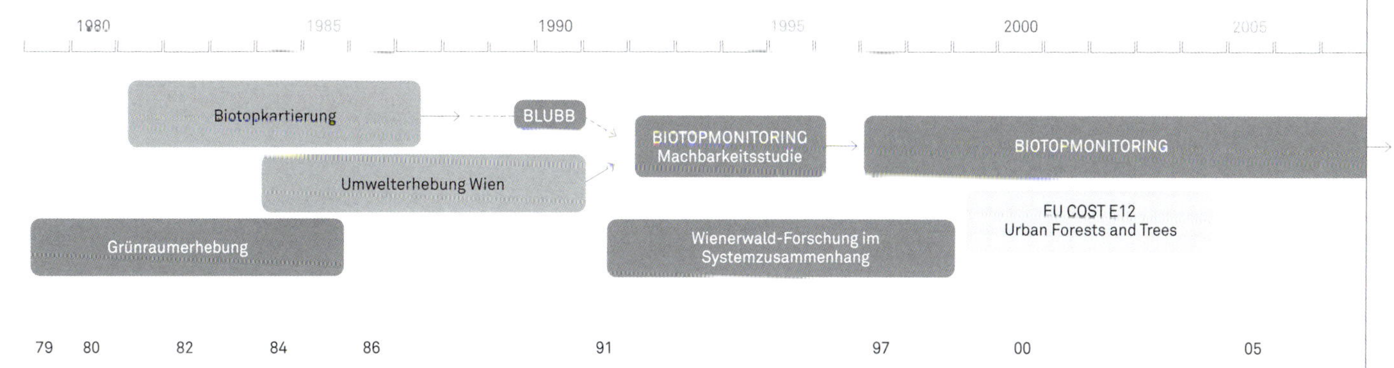

Jahre der Befliegungen und Teilbefliegungen Wiens. Aufnahme von Farbinfrarot-Luftbildern, bis 2000 auch Multispektral-Scannerdaten.

Die bisher aufgebaute Wissensbasis eröffnet neue Nutzungsmöglichkeiten. Stadtplaner erhalten für die Flächenwidmung Auskunft über Grünversorgung, Grünentwicklung, sowie Flächenversiegelung und Bebauung. Gebietsbetreuer und Bezirksparlamente bekommen einen Überblick über die aktuelle Grünsituation. Natur- und Umweltschutz profitieren von Sachinformationen für die Begutachtung von Bauprojekten und Flächenwidmungsplänen.

Mittlerweile wurde das BIOTOPMONITORING zur periodischen Bilanzierung der Grünentwicklung in den Stadtentwicklungsplan STEP 2005 aufgenommen. Damit steht für Politik, Verwaltung und Bürger eine zuverlässige Datenbasis und ein Kontrollinstrument zur Verfügung, das wirksam für die Stadtplanung und Grünflächenpolitik eingesetzt werden kann.

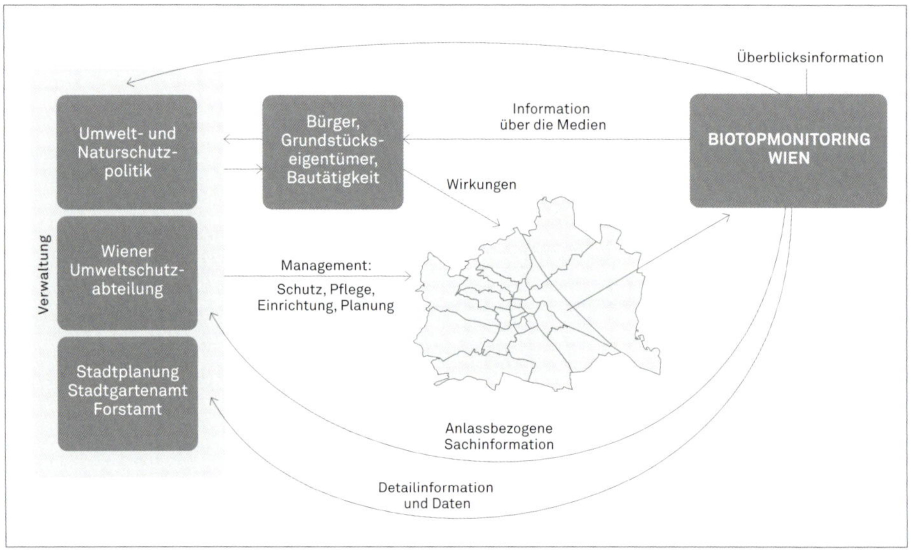

Informationen aus dem BIOTOP-MONITORING dienen derzeit in erster Linie den Magistratsabteilungen der Stadt Wien. Die Abbildung zeigt den Informationsfluss zur Verwaltung, die Verbreitung von Informationen über die Medien und mögliche Auswirkungen auf die Grünräume.

Das digitale Bild der Stadt

Gleichzeitig mit der Grünflächenerfassung durch Luftbilder sind seit dem Jahr 1979 auch Scanner-Daten verfügbar. Vom Flugzeug aus wird dabei die Oberfläche der Stadt während der Befliegungen zeilenweise abgetastet und die Intensität des rückgestrahlten Sonnenlichtes digital abgespeichert. Von der Befliegung 2000 wurde so erstmals ein entzerrtes Gesamtbild der Stadt erstellt. Die Daten können auch hinsichtlich der Grünbedeckung ausgewertet werden. Allerdings ist die rechnerunterstützte Erkennung von Grünflächen aus digitalen Scannerbildern derzeit der visuellen Interpretation von Infrarot-Luftbildern noch unterlegen. Probleme bereitet vor allem die geringere Auflösung der Scanner-Bilder, die generell und besonders in Schattenbereichen noch nicht den erforderlichen Detailreichtum aufweisen. Die digitale Bildverarbeitung zur Erkennung von Veränderungen wird jedoch weiterverfolgt, um zukünftig das Grünflächen-Monitoring mit einer verbesserten Sensortechnologie (Laserscanner und Satellitendaten) unterstützen zu können.

Im Europäischen Vergleich zählen die bisher im BIOTOPMONITORING gewonnenen Daten zu den besten Informationen über den Grünraum einer Großstadt. Im Rahmen des Forschungsnetzwerkes „Urban Forests and Trees (COST E12)“ studierten Expertinnen und Experten aus 22 europäischen Ländern die Grünraumsituation in Städten. Dabei wurde die hervorragende Stellung Wiens bei der Grünerhebung eindrucksvoll bestätigt.

Multispektrales Scanner-Bild von Wien aus dem Jahr 2000 in falschfarbenähnlicher Darstellung

Bei der Aufnahme vom Flugzeug aus wurden die Helligkeitswerte von ca. sechs Quadratmeter großen Flächen als Zahlenwerte digital gespeichert. Das komplette Bild der Stadt besteht aus 10.000 mal 13.000 Bildpunkten, die in elf verschiedenen Spektralkanälen erfasst werden. In sechs Kanälen wird der sichtbare Bereich abgebildet. Fünf weitere Bildebenen liegen im nahen, mittleren und thermischen Infrarotbereich (siehe auch → Bild S. 530).

Vergrößerung links: Schönbrunner Tiergarten mit Palmenhaus und überlagerter Stadtkarte (MZK)
Vergrößerung rechts: Teil eines Flugstreifens zwischen Nussdorf und Inzersdorf

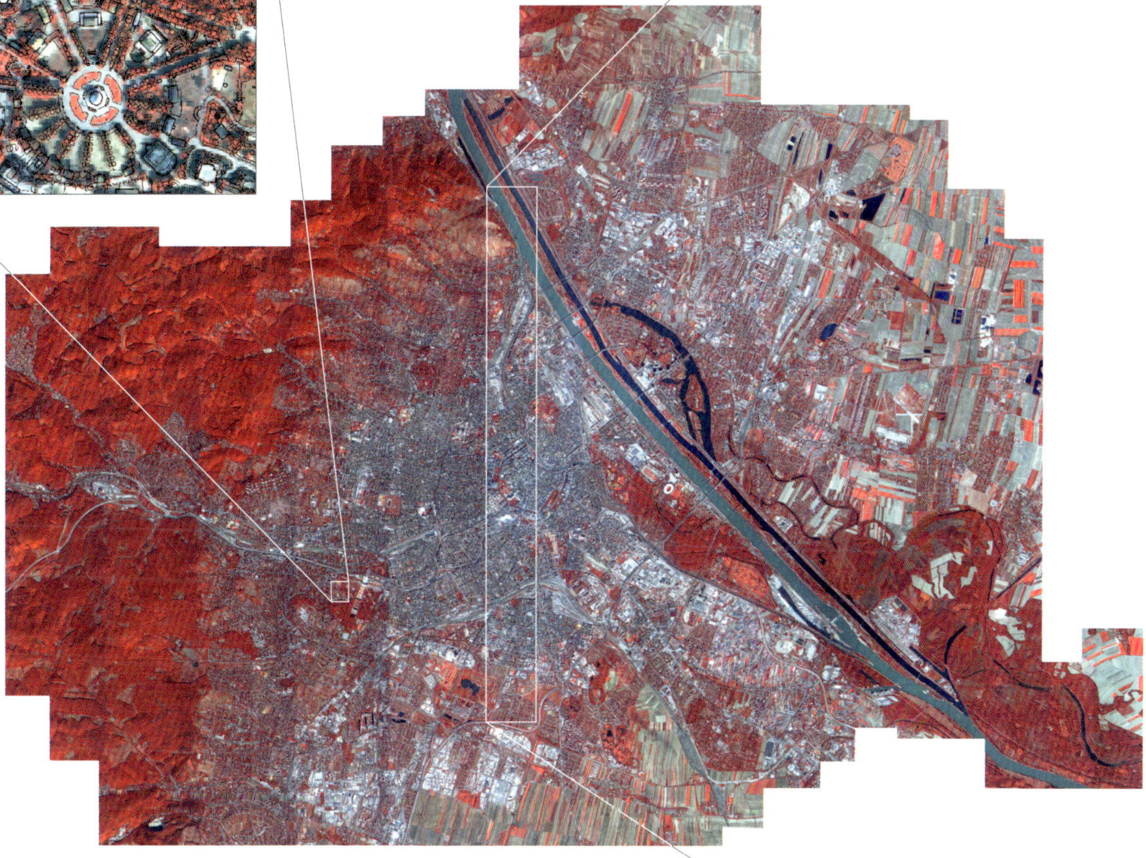

Spektrale Auflösung von Scanner und Luftbild

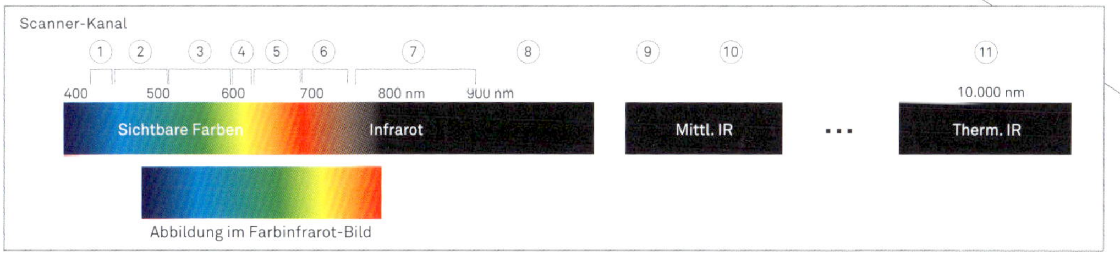

Inhalt

Humanökologie

14

Helmut Waldert / Roland Berger (Koordinatoren)

Leben und Überleben
Wien als Ökotop mit Millionen „Umwelten“

Wettbewerb spielt für das Zusammenleben in der Stadt eine große Rolle. Doch steht wirklich nur der Sieger des Wettbewerbes im Vordergrund? Für die meisten Läufer beim Marathon ist es wohl das Gemeinschaftserlebnis in Kombination mit dem Erreichen individueller Ziele, die das Marathon-Erlebnis ausmachen. Auch beim Zusammenleben in der Stadt ist der Wettbewerb in vielen Bereichen immer nur in Kombination mit Kooperation und Zusammengehörigkeitsgefühl denkbar. Dies wird im folgenden Kapitel an vielen unterschiedlichen Themenfeldern gezeigt. Wohnen, Verkehr, Lärmbelastung und das Klima fordern den Wettbewerb, aber auch das Zusammenwirken unterschiedlicher Interessensgruppen, um das Leben in der Stadt angenehm zu machen.

Entree

Betrachtet man die Stadt als Ökosystem (→ S. 41), so gilt hier noch viel mehr als für alle anderen Ökosysteme: Der Mensch ist *der* übergeordnete Faktor, der alle Bereiche des Ökosystems entscheidend (mit-)gestaltet. Die Humanökologie kann sich daher nicht darauf beschränken, den Menschen in der Stadt nur als Objekt von Umweltbedingungen zu betrachten. Dies mag zum Teil für Pflanzen und Tiere zulässig sein, nicht aber für den Menschen, der als Agierender und Interagierender seine Umwelt ganz wesentlich beeinflusst. Ja, besonders für die Stadt gilt, dass sie als Umwelt durch die Art *Homo sapiens* geradezu erst geschaffen wird. Alle Umwelt- und Lebensbedingungen sind die Folge von Entscheidungen und Nicht-Entscheidungen. Und es zeigt sich, dass auch Faktoren, die üblicherweise nicht als „ökologisch" gelten, sich schließlich ökologisch auswirken können.

Im Folgenden findet sich ein bunter Querschnitt durch die unterschiedlichsten Aspekte von Leben und Überleben in Wien. An ausgewählten Beispielen zu den Themen Stadtklima, Wohnen, Verkehr und Mediation wird deutlich, wie sich Politik, Ökonomie, Soziales und Stadtplanung letztendlich auf die Ökologie der Stadt auswirken und von dieser wiederum mitbestimmt werden.

Die richtige Distanz und ein genauer Blick auf die von Menschen geschaffene Stadt zeigt uns, wie vielfältig, komplex und dynamisch dieser Lebensraum ist.

Von der Stadtökologie zur ökologischen Stadtplanung

Der amerikanische Ansatz

Robert Ezra Park, der Begründer der Urban Ecology, auf einem Bild der American Sociological Association aus dem Jahr 1925

Die Begriffe „Urban Ecology" und „Stadtökologie" hatten in Nordamerika beziehungsweise in Europa verschiedene Ausgangspunkte und entwickelten sich in unterschiedlicher Weise. Der amerikanische Zugang kam zunächst von der Soziologie. Bereits 1926 arbeitete Robert Ezra Park in seinen Vorlesungen „Urban Ecology" die Vielfalt der Beziehungen zwischen Stadt und Gesellschaft heraus. Mit seinem humanökologischen Ansatz thematisierte er als Begründer der „Chicagoer Schule" die Beziehung zwischen Menschen und ihren natürlichen Umwelten. Diese Denkansätze entstanden zu einem Zeitpunkt, als Chicago gerade dabei war, sich von einer Stadt für Getreidehandel und Fleischverarbeitung des landwirtschaftlichen Mittelwestens zu einer Industriestadt zu entwickeln. Es galt den Zusammenhang zwischen den natürlichen und den kulturellen Elementen der lokalen menschlichen Gesellschaft zu untersuchen. Dabei verstand man unter natürlichen Grundlagen Ressourcen im Allgemeinen und unter kulturellen Elementen etwa Weltbilder, Organisationen und Brauchtum. Die Dimension der Natur blieb dabei noch ausgeklammert. Weil organisatorische und technische Probleme bei der Umwandlung in eine industrielle Großstadt übermächtig waren, standen Untersuchungen der sozialen Verhältnisse im Vordergrund. Die Zusammenhänge mit der natürlichen Umwelt wurden nur theoretisch abgehandelt. Erst in den 1960er-Jahren wurde das Konzept der „Urban Ecology" durch die Berücksichtigung von Stoffkreisläufen und Energieströmen erweitert.

Der europäische Ansatz

Herbert Sukopp, Professor an der Technischen Universität Berlin, gilt als Begründer der europäischen Stadtökologie.

Anders als in Nordamerika ging die Wissenschaft in Europa an den Problemkreis „Stadtökologie" heran. Der vor allem von Naturwissenschaftlern – insbesondere Botanikern – begründete Wissenschaftszweig richtete sein Hauptaugenmerk auf die Fauna und Flora der Städte. So etwa untersuchte man ab der zweiten Hälfte des 19. Jahrhunderts die Auswirkungen der Luftverschmutzung auf die Stadtflora. Diese frühen Studien der „Natur" der Großstädte widerlegten die gängige Meinung von der „absolut lebensfeindlichen Großstadt". So wurde zum Beispiel erkannt, dass sogar in dieser extremen Umwelt bestimmte Artenkombinationen regelmäßig wiederkehren, was nicht dem Zufall, sondern bestimmten ökologischen Faktoren zuzuschreiben ist. Der charakteristischen „Trümmerflora" hat man vor allem nach dem Zweiten Weltkrieg besonderes Augenmerk geschenkt.

Die eigentliche Begründung der Stadtökologie ging in Mitteleuropa von Berlin aus. Allen voran war es Herbert Sukopp, der sich mit der „speziellen Situation der Natur in der Stadt" beschäftigte. Die Stadt wird nun im Sinne der Biologie als Lebensraum begriffen und mit den Methoden der Ökologie untersucht, etwa im Hinblick auf Stadtklima, Boden, Grundwasserhaushalt, Flora, Fauna und so weiter. In Berlin bot sich die Gelegenheit, die Wiederbesiedelung der Trümmerflächen durch Pflanzen und Tiere zu beobachten. Man studierte nun, wie auf Stadtbrachen, auf „toten" und vom Menschen nicht genutzten Bereichen Sukzessionsprozesse abliefen. Weiter führte die komplexe Grundlagenforschung der „Berliner Schule der Stadtökologie" zur Biotopkartierung, also zur punktuellen oder flächendeckenden Erhebung und Inventarisierung eines bestimmten Lebensraumes sowie zur Erstellung von Umweltdatenbanken und zum sogenannten „Biotop-Management".

Nach der in Nordamerika und Europa zunächst thematisch getrennt verlaufenden Entwicklung von „Urban Ecology" und „Stadtökologie" haben sich die beiden Forschungsansätze mehr und mehr angenähert. Der Begriff „Stadtökologie" wurde nun

Lebensqualität
Städteranking 2009

1	Vancouver	98,0
2	Wien	97,9
3	Melbourne	97,5
4	Toronto	97,2
5	Perth	96,6
5	Calgary	96,6
7	Helsinki	96,2
8	Genf	96,1
8	Sydney	96,1
8	Zürich	96,1
17	Paris	
22	Berlin	
51	London	
52	Rom	
63	Athen	
69	Moskau	
131	Dakar (Senegal)	46,8
132	Abidjan (Elfenbeinküste)	46,6
133	Kathmandu (Nepal)	46,4
134	Douala (Kamerun)	45,4
135	Karatschi (Pakistan)	42,1
136	Lagos (Nigeria)	39,0
137	Port Moresby (Papua-Neuguinea)	38,9
138	Dhaka (Bangladesch)	38,7
140	Harare (Simbabwe)	37,5

In dem von der Zeitschrift „The Economist" jährlich veröffentlichten Städte-Ranking werden 140 ausgewählte Großstädte in Disziplinen wie Gesundheitsversorgung, Kultur, Umwelt und Bildungsangebot bewertet. Zu den insgesamt mehr als 40 Faktoren, die bei der Auswertung eine Rolle spielten, zählen auch noch politische Stabilität, Ausbildung und Infrastruktur. Wien war in diesem Ranking in den letzten Jahren stets unter den ersten Dreien zu finden. Die maximal erreichbare Punktezahl ist 100. In Städten, die weniger als 50 Punkte erhielten, steht die Lebensqualität, der Studie zufolge, „täglich neu auf dem Spiel". Quelle: The Economist (2009)

in Europa umfassender definiert und „Urban Ecology" in Nordamerika durch planungsbezogene, naturwissenschaftliche Beiträge erweitert. So bekam dort etwa die Bedeutung der Grünraumplanung mehr Gewicht, Bestandsaufnahmen von Pflanzen und Tieren in der Stadt („urban wildlife") fanden jedoch, im Vergleich zum europäischen Ansatz, weiterhin kaum Berücksichtigung.

Die Stadt im Spannungsfeld der Globalisierung

Mehrere Faktoren haben seit den 1980er-Jahren ein Umdenken in der Stadtplanung bewirkt: Nicht isolierte Einzelaktionen sind mehr gefragt, sondern systemische, ökologisch nachhaltige Maßnahmen. Dazu kommt, dass der ökonomische und technische Strukturwandel hin zu einer globalen Markt- und Wissenswirtschaft nun mehr und mehr auch lokale Entscheidungen maßgebend beeinflusst. Durch die Konkurrenz zwischen den Städten erhält die sogenannte Standortattraktivität einen überragenden Stellenwert. Stadtentwicklung wird nun zunehmend als Verbesserung jener maßgeblichen Standortfaktoren gesehen, welche die Stadt im Wettlauf um die Veranlagung von Investitionskapital globaler Unternehmen konkurrenzfähig und „fit" machen sollen. Allerdings steht schnellen Entscheidungen zum Anziehen von Kapital ein Trägheitsmoment entgegen: Stadtökologische Maßnahmen müssen auf ein vielschichtiges, sich gegenseitig beeinflussendes Regulationssystem von Verwaltung, Politik, Wirtschaft und Gesellschaft Rücksicht nehmen.

Mit dem gesellschaftlichen Strukturwandel geht auch die Entwicklung zu einer immer stärker individualisierten Gesellschaft einher, wie sie zum Beispiel in der Zunahme der Single-Haushalte zum Ausdruck kommt. Gefördert wird dieser Prozess auch durch veränderte Beschäftigungsmuster mit informellen Arbeitsverträgen und der Forderung an die Arbeitnehmer/innen nach höherer Mobilität. Dies wiederum hat massiven Einfluss auf den Flächenverbrauch, den Verkehr und die soziale Infrastruktur. All dies muss bei der Stadtplanung berücksichtigt werden.

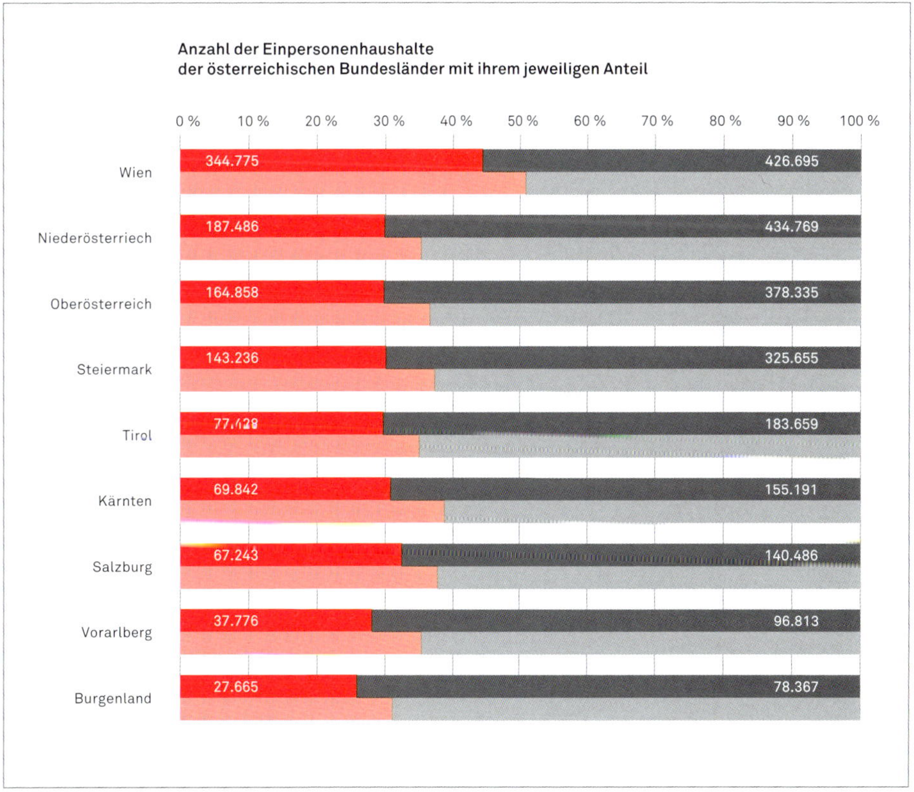

Der Anteil an Einpersonenhaushalten ist in Wien besonders hoch und hat bald die 50%-Marke erreicht – ein Phänomen, das nicht nur gesellschaftliche, sondern auch ökologische Auswirkungen hat.

- Anteil der Einpersonenhaushalte 2001
- Anteil der Einpersonenhaushalte 2031
- Restliche Haushaltsformen 2001
- Restliche Haushaltsformen 2031

1

2

1 Um eine nachhaltige Stadtentwicklung zu gewährleisten, müssen alte Muster aufgebrochen werden: Stadtökologie kann heute nicht mehr nur als Teil der Biologie verstanden werden; verschiedene Perspektiven aus den unterschiedlichsten Wissensbereichen sind gefordert (im Bild: Stiefmütterchen in Asphaltritze).

2 Das vielschichtige Zusammenspiel von Gesellschaft, Wirtschaft, Politik und Natur prägt heute die wissenschaftliche Disziplin der Stadtökologie.

Infolge der global wirkenden naturräumlichen Zusammenhänge, etwa beim Klimaschutz, müssen alle Einzelmaßnahmen notwendigerweise in einem gesamtgesellschaftlichen Kontext gesehen werden. Diese Erkenntnis hat die verklärte, räumlich fixierte Auffassung von Umweltschutz in eine vernetzte Sichtweise verwandelt. Waren noch vor wenigen Jahren die Errichtung von Naturschutzgebieten oder der Ankauf von Regenwald bekannte Schwerpunktthemen, so müssen heute die Produktions- und Handelsbedingungen, der Transport und die Weltwirtschaft als Ganzes im Fokus eines modernen Umweltschutzes stehen. Für Einzelpersonen wird es so ungleich schwieriger, für sich allein die notwendigen Handlungsweisen zu definieren und die eigene Verantwortung zu erkennen. Somit muss die Forderung nach notwendigen Umweltschutzmaßnahmen auf alle gesellschaftlichen und wirtschaftlichen Bereiche übertragen werden. Dabei zeigt sich aber, dass solche Maßnahmen einander oft diametral entgegenstehen, wie etwa jene für den Klimaschutz und die einer vorwiegend von Wirtschaftsinteressen dominierten Stadtentwicklung und Stadterneuerung.

Urbane Ökosysteme werden besonders stark von außen durch Gesellschaft und Wirtschaft gesteuert. Interdisziplinarität ist daher bei der Erforschung des Ökosystems Stadt von zentraler Bedeutung. Dementsprechend wird Stadtökologie in den letzten Jahren immer mehr als politisch-planerisches und interdisziplinär wissenschaftliches Arbeitsfeld verstanden und nicht mehr nur als Teil der Biologie. Das Ziel dieser Stadtökologie wurde europaweit im fünften und sechsten EU-Forschungsrahmenprogramm für den Kernbereich *„The City of Tomorrow & Culture Heritage"* definiert: *„Aims to improve urban sustainability through delivering real, noticable benefits to citizens throughout the EU by 2010"*.

Stadtökologie als Arbeitsrichtung soll in allen Bereichen von Forschung und Praxis Schritte zu einer nachhaltigen Entwicklung der Stadt bewirken. So ist es bereits im Beschluss Nr. 1600/2002/EG des Europäischen Parlaments und des Rates vom 22. Juli 2002 über das sechste Umweltaktionsprogramm der Europäischen Gemeinschaft festgehalten: *„Ein umsichtiger Umgang mit den natürlichen Ressourcen, der Schutz des globalen Ökosystems, wirtschaftlicher Wohlstand und eine ausgewogene gesellschaftliche Entwicklung sind Voraussetzung für eine nachhaltige Entwicklung."* Heute leben rund 70 Prozent der EU-Bürger und -Bürgerinnen in Städten. Mit ihrem Ressourcenverbrauch haben Städte einen sehr großen Einfluss auf die sie umgebende Kulturlandschaft. Daher kommt allen Maßnahmen im weiteren städtischen Raum eine besonders hohe Bedeutung zu (→ S. 612).

Humanökologie in der Stadt: eine besondere Herausforderung für Wissenschaft, Verwaltung und Politik im Spannungsfeld zwischen der verdichteten Nutzung auf der einen Seite und dem Anspruch auf Wohnqualität und Naturräume auf der anderen Seite

Eine nachhaltige Stadtentwicklung muss gleichzeitig auf mehreren Ebenen und in unterschiedlichen Bereichen handeln. So sind etwa hinsichtlich Mobilität, Raumordnung, Wohnungs-, Handels- und Industriepolitik sowie beim Flächen-, Ressourcen- und Energieverbrauch kooperative Planung und konkrete Projektdimensionen erforderlich. Dabei haben Wissenschaft, Verwaltung und Politik einen dramatischen Übergang zu vollziehen: von einer sektoralen Stadtökologie, die lediglich Teilbereiche wie Fauna und Flora bearbeitet, zu einer integralen urbanen Humanökologie. Sie muss die verdichteten menschlichen Nutzungen (Wohnen, Wirtschaft, Verkehr) ins Zentrum des Handelns rücken und darf ihr Handlungsfeld (etwa beim Nahverkehr, den Flughäfen und Mülldeponien) nicht auf die räumlich-politischen Grenzen der Stadt beschränken.

Entwicklung – Schritt für Schritt

Auf lokaler Ebene hat die Stadt Wien schon seit den 1970er-Jahren mit der „sanften" Stadterneuerung und mit der Einrichtung von Gebietsbetreuungen einen Weg in Richtung kooperativer und nachhaltiger Planung eingeschlagen. Dieser Weg wird sich bei ausreichendem Handlungsspielraum erfolgreich fortsetzen lassen mit, Maßnahmen zur Innenverdichtung, zur Leerstandsbekämpfung sowie zur Verbesserung

Natur im und um den Wohnraum in der Stadt: Die meisten Menschen verspüren den Wunsch nach mehr Grünflächen und Ruhe. Seit den 1970er-Jahren gibt es in Wien Maßnahmen zur Verbesserung von Wohnqualität und Wohnumfeld.

1

2

3

1 „Gstett'n" sind wichtige ökologische Nischen und auch aus klimatischer und lufthygienischer Sicht bedeutsam. Eindrucksvoll führen sie uns vor Augen, dass die Natur auch in der Stadt „nicht unterzukriegen" ist.

2 Naturerlebnispfade wie jener in Hirschstetten bieten den Menschen in der Stadt die Möglichkeit ökologische Vielfalt hautnah zu erleben.

3 Freie Flächen gehören zur Grundausstattung für eine sozial verträgliche Stadt. Sie erfüllen wichtige Funktionen für den Stadtraum: aus klimatischer und lufthygienischer Sicht, als Wasser- und Bodenschutz, als Regelungs- und Produktionsfaktor sowie als wohnungsnahe oder überregionale Erholungsräume.

von Wohnqualität und Wohnumfeld bei gleichzeitiger Förderung ökologischer Sanierungsmaßnahmen.

Mit dem „Strategieplan für Wien" wurde auf administrativer Ebene das Ziel einer prozess- und vernetzungsorientierten, nachhaltigen Stadtplanung in Angriff genommen. Dieser Plan richtet sich an alle gesellschaftlichen Gruppen der Stadt, also an Wissenschaft, Wirtschaft, Bevölkerung, Initiativgruppen und Verwaltung, aber auch an Kooperationspartnerinnen und -partner auf regionaler, nationaler und internationaler Ebene. Es geht dabei darum, folgenden Grundsatz zu verfestigen: „Nachhaltigkeit und Ressourcenschonung im Handeln von Politik und Verwaltung, von Wirtschaft und Bevölkerung."

Die Projekte, welche zu einer ökologischen Stadtentwicklung und Stadterneuerung beitragen, haben höchst unterschiedliche Dimension. Sie reichen von der durch den Beitritt zur Aalborg Charta verpflichtenden Einleitung eines Agenda-21-Programms (→ S. 590) über ein flächendeckendes Biotop-Monitoring (→ S. 529) bis hin zur Errichtung zahlreicher ökologischer Lehrpfade (Naturerlebnispfade) der Stadt Wien.

„Am Anfang war die Gstett'n": Diese Brochüre der Wiener Umweltanwaltschaft gibt einen Überblick über Stadtwildnisflächen in Wien im Jahr 2004. Sie regt an, die ökologische Vielfalt der „Stadtbrachen" zu erforschen und will dazu ermutigen, Wildnis auch im dicht verbauten Stadtgebiet zuzulassen.

Im Zentrum der Stadtplanung sollte die nachhaltige Siedlungs- und Flächenentwicklung stehen. Das planende Haushalten mit Flächen bedeutet die Konkurrenz der Flächennutzungen zu beachten, den Versiegelungsgrad der Stadt zu senken, nicht ersetzbare, ökologisch wertvolle Freiflächen zu schützen und Mobilitäts- und Stadtausbreitungstendenzen zu regulieren. Die Entwicklung unverbauter Flächen sollte dabei immer im Hinblick auf die sozialen Anforderungen erfolgen.

Stadtklima

Das Klimaschutzprogramm der Stadt Wien (KliP Wien)

1999 hat der Wiener Gemeinderat das Klimaschutzprogramm der Stadt Wien (KliP Wien) beschlossen. Mit 36 Maßnahmenpaketen sollen bis zum Jahr 2010 im Vergleich zum errechneten Trendszenario 2,6 Mio. Tonnen an jährlichen Kohlendioxidemissionen vermieden werden. Das soll vor allem durch die Senkung des Einsatzes fossiler Energieträger, die Verringerung des motorisierten Individualverkehrs und einen klimagerechten, ökologischen Einkauf gelingen. Die Umsetzung der Maßnahmen wird von einer speziell dafür geschaffenen Dienststelle im Magistrat der Stadt Wien koordiniert, die auch den Erfolg der Maßnahmen regelmäßig überprüft. An den unzähligen in Umsetzung befindlichen Klimaschutzprojekten sind fast alle Dienststellen des Magistrats der Stadt Wien und zahlreiche städtische Unternehmen beteiligt.

Das KliP Wien steht für die Verantwortung, die wir heute für die Menschen von morgen tragen. Denn auch unsere Kinder haben ein Recht auf eine Umwelt- und Lebensqualität, die zumindest genauso gut sein soll wie die, in der wir heute leben. Und noch ein Grund spricht für den Klimaschutz: Die Maßnahmen schaffen auch Arbeitsplätze und machen den Wirtschaftsstandort Wien noch attraktiver.

Das Kleinwasserkraftwerk Nussdorf versorgt etwa 10.000 Wiener Haushalte mit Strom.

Die Niedrigenergiesiedlung Stadlau ist ein Beispiel für ein Wohnbauprojekt mit solarem Energiekonzept.

Die Entstehungsgeschichte des KliP Wien

Vor dem Hintergrund internationaler Abkommen – allen voran des Kyoto-Protokolls betreffend die Reduktion von Treibhausgasen – hat Wien im Jahr 1996 damit begonnen, ein Klimaschutzprogramm zu erarbeiten. Ziel war es, konkrete und realistische Maßnahmen für eine deutliche Reduktion des Treibhausgases Kohlendioxid (CO_2) bis zum Jahr 2010 auszuarbeiten, die dem Wiener Gemeinderat zur Beschlussfassung vorgelegt werden sollten. Mit der Betreuung und Gestaltung dieses Prozesses wurde die seinerzeitige Energieverwertungsagentur (EVA – jetzt „Österreichische Energieagentur“) beauftragt, das Subthema „Beschaffung und Abfall“ hat das Interuniversitäre Forschungszentrum für Technik, Arbeit und Kultur (IFZ) übernommen.

Auf den Grundlagen der Projektkoordination aufbauend, haben drei „KliP-Teams“ zu den Themen „Energie“, „Mobilität“ und „Beschaffung und Abfall“ mit der Arbeit begonnen. Über 300 magistratsinterne und externe klimakundige Fachleute waren dabei in mehreren Untergruppen mit der Ausarbeitung von Vorschlägen für konkrete Maßnahmen beschäftigt. Ab dem Herbst 1998 wurde der vorliegende Entwurf des KliP einer politischen Diskussion unterzogen und am 5. November 1999 vom Wiener Gemeinderat mit den Stimmen von SPÖ, ÖVP, Grünen und LIF beschlossen.

Überblick über die wesentlichsten Inhalte der fünf Handlungsfelder des KliP Wien

Fernwärme- und Stromerzeugung
- Steigerung der Brennstoffausnutzung im Wiener Kraftwerkspark
- Erhöhung des Anteils erneuerbarer Energieträger bei der Strom- und Fernwärmeerzeugung

Wohnen
- Senkung des Heizwärmebedarfs durch thermische Sanierungsmaßnahmen im Wohnungsaltbestand
- Erhöhte Wärmeschutzstandards im Neubau von Wohnungen
- Energieträgerwechsel bei Heizung und Warmwasserbereitung: Ersatz von kohlenstoffintensiven Energieträgern (Kohle, Öl, Strom) durch weniger kohlenstoffintensive oder kohlenstofffreie Energieträger (Fernwärme, Erneuerbare, Gas)
- Verzicht auf Baumaterialien mit halogenierten Kohlenwasserstoffen

Betriebe
- Senkung des Heizwärmebedarfs durch thermische Sanierungsmaßnahmen im Altbestand an betrieblich genutzten Gebäuden
- Erhöhte Wärmeschutzstandards im Neubau von betrieblich genutzten Gebäuden
- Energieträgerwechsel bei Heizung und Warmwasserbereitung: Ersatz von kohlenstoffintensiven Energieträgern (Kohle, Öl, Strom) durch weniger kohlenstoffintensive oder kohlenstofffreie Energieträger (Fernwärme, Erneuerbare, Gas)
- Senkung des CO_2-Ausstoßes aus Produktionsprozessen durch Effizienzsteigerungsmaßnahmen und Energieträgerumstellung

Mobilität
- Verkehr vermeiden
- motorisierten Individualverkehr auf den sogenannten „Umweltverbund" (öffentlichen Verkehr, Fahrrad- und Fußgänger-Innenverkehr) verlagern
- die Effizienz der Fahrzeuge steigern

Stadtverwaltung
Diesem Handlungsfeld kommt vor allem aufgrund seiner großen Vorbildfunktion besondere Bedeutung zu. Die entsprechenden Maßnahmenprogramme geben eine Reihe von Zielen für den Energieverbrauch, das Mobilitätsverhalten, die Beschaffung und Öko-Managementsysteme im Bereich der Wiener Stadtverwaltung vor.

Die Investition in erneuerbare Energien ist ein wichtiger Bestandteil des KLiP Wien. Hier ist eine Photovoltaikanlage auf dem Dach des Naturhistorischen Museums zu sehen.

Die Inhalte des KliP Wien

In fünf Handlungsfeldern enthält das KliP Wien 36 Maßnahmenprogramme mit insgesamt 341 Einzelaktionen. Die Österreichische Energieagentur berechnete vor Beschlussfassung des KliP Wien, dass die Realisierung dieser Maßnahmen bis zum Jahr 2010 zu einer Reduktion der jährlichen CO_2-Emissionen um rund 2,6 Millionen Tonnen führen würde. Tatsächlich konnten per Ende 2008 bereits 3,1 Millionen Jahrestonnen vermieden werden.

Das KliP Wien wurde aber nicht nur entwickelt, um Treibhausgase zu reduzieren und die generelle Umwelt- und Lebenssituation in Wien zu verbessern. Als regionales Wirtschaftsprogramm stärkt es Wien auch als Wirtschaftsstandort und schafft Arbeitsplätze. In der Periode von 1999 bis 2008 löste es ein Investitionsvolumen von elf Milliarden Euro, verbunden mit einem Wertschöpfungseffekt von rund 25 Milliarden Euro aus. Auch der Beschäftigungseffekt ist beachtlich: So konnten im Jahr 2008 rund 56.600 Arbeitsplätze gesichert werden, das entspricht sieben Prozent aller unselbstständig Erwerbstätigen in Wien.

Die Umsetzung des KliP Wien

Die Aktionsprogramme des KliP Wien durchdringen beinahe alle Arbeitsbereiche der Stadtverwaltung und betreffen eine Vielzahl ihrer Dienststellen und Einrichtungen. Für die Umsetzung wurde eine Klimaschutzkoordinationsstelle als „virtuelle Organisation" geschaffen. Sie besteht aus einem sehr kleinen Referat in der Magistratsdirektion sowie einem Netzwerk aus derzeit etwa 50 Fachleuten aus allen Arbeitsbereichen des KliP Wien, von der Energieerzeugung bis zum Wohnbau, von der Stadtplanung bis zur Verkehrsorganisation, von der städtischen Beschaffung bis zur Wirtschaftspolitik. Diese Fachleute verbleiben organisatorisch in ihren jeweiligen Dienststellen, wie Magistratsabteilungen, städtischen Unternehmungen und der Umweltanwaltschaft. Lediglich einmal im Jahr kommt diese gesamte Personengruppe zu einem

1

2

1 Der Umstieg vom Pkw auf öffentliche Verkehrsmittel ist ein wichtiger Beitrag zum Klimaschutz und kann besonders in der Stadt helfen, Zeit und Nerven zu sparen.

2 Ein Citybike vor der Oper: Auch die Förderung des Fahrradfahrens in der Stadt Wien ist ein Weg, die Treibhausgasemissionen zu verringern.

mehrtägigen Arbeitstreffen zusammen. Beim ersten derartigen Workshop im Herbst 2001 wurde ein Umsetzungsplan für das KliP Wien ausgearbeitet. Seither werden alljährlich die bisherigen Arbeitsfortschritte diskutiert und die konkreten Schritte für ein weiteres Jahr geplant. Die Detailarbeit an den einzelnen Projekten erfolgt dann kontinuierlich, je nach Bedarf in verschieden großen Arbeitsgruppen, bei denen meist weitere relevante Akteure mit einbezogen werden.

Diese Arbeitsweise hat sich bisher sehr bewährt. Wie schon erwähnt konnten durch die Umsetzung des Klimaschutzprogramms bisher bei den jährlichen Emissionen bereits rund 3,1 Millionen Tonnen an CO_2-Äquivalent vermieden werden. Die größten Erfolge wurden vor allem in den Bereichen Fernwärmeausbau, Effizienzsteigerungen in den Kraftwerken, Einsatz erneuerbarer Energieträger, Wärmedämmung von Gebäuden und durch den Ausbau des öffentlichen Verkehrs erzielt.

Die KliP-Umsetzungsmaßnahmen im Detail aufzulisten, würde den Rahmen dieses Beitrages sprengen. Aktuelle Informationen können jedoch im Internet unter www.wien.at/umwelt/klimaschutz/ abgerufen werden.

Trotz all der vielen erfolgreichen Maßnahmen des KliP Wien ist es im Zeitraum 1990–2006 in Wien leider insgesamt zu einer weiteren Steigerung der Treibhausgasemissionen um 13 % gekommen. Verantwortlich dafür sind vor allem die Steigerungen beim Verkehrsaufkommen und beim Energieverbrauch. Allerdings sind die in der Treibhausgasbilanz ausgewiesenen Emissionen für Wien nur zum Teil durch Wiener Klimaschutzmaßnahmen beeinflussbar: So entsteht etwa die Hälfte der Wien zugerechneten verkehrsbedingten Emissionen in Wirklichkeit außerhalb der Stadt. Außerdem enthält die Treibhausgasbilanz im Sektor Energieversorgung auch alle Emissionen der Energieversorgungsbetriebe, die dem Emissionshandel unterliegen. Dieses Handelssystem wurde von der Europäischen Kommission eingeführt, um für die energieintensiven Betriebe sowie die Energieumwandlungsanlagen der gesamten EU ein politisches Instrument zu schaffen, mit dessen Hilfe deren Treibhausgasemissionen im Einklang mit den Anforderungen des Kyoto-Protokolls reduziert werden sollen. Gemäß den Intentionen der Europäischen Kommission soll für diese Betriebe neben dem Emissionshandel kein weiteres Instrument zur Treibhausgas-Emissionreduktion auf nationaler Ebene geschaffen werden. Betrachtet man konsequenterweise nur jene Emissionen, die tatsächlich durch Maßnahmen der Stadt Wien beeinflussbar sind, so konnten die entsprechenden Treibhausgasemissionen im Zeitraum 1990–2006 um rund sechs Prozent gesenkt werden.

Die thermische Abfallbehandlungsanlage von Wien Energie Fernwärme in der Simmeringer Haide ist eines der erfolgreichen Beispiele für die Umsetzung des Klimaschutzprogrammes.

Um in den Bereichen „Verkehr" und „Energie" zusätzliche positive Impulse zu setzen, hat der Wiener Gemeinderat im Jahr 2003 einen „Masterplan Verkehr" (er wurde 2008 evaluiert und fortgeschrieben) und im Frühjahr 2006 ein „Städtisches Energieeffizienzprogramm" beschlossen. Im Hinblick auf die Pro-Kopf-Emissionen liegt Wien sowohl im nationalen als auch im internationalen Vergleich mit 5,5 (bereinigt sogar nur 3,2) Tonnen pro Einwohner und Jahr jedenfalls sehr gut. Zum Vergleich: Die durchschnittliche Treibhausgasemission pro Kopf ist in Wien nur etwa halb so groß wie in Gesamt-Österreich oder der EU und beträgt nur etwa ein Viertel des Wertes in den USA.

Zukunftsperspektiven des KliP Wien

Bereits im Jahr 2007 wurde damit begonnen, auf der Basis der bisherigen Erfahrungen und der Evaluierungsberichte ein Fortsetzungsprogramm („KliP II") auszuarbeiten. Mittlerweile liegt ein fast fertiger Entwurf vor. Das „KliP II" wird voraussichtlich im Dezember 2009 vom Wiener Gemeinderat beschlossen werden und bis zum Jahr 2020 gelten.

Es wird sowohl die bisher erfolgreichen Klimaschutzmaßnahmen fortsetzen und intensivieren, als auch neue Maßnahmenblöcke enthalten. Wichtige neue Themenbereiche sind zum Beispiel „klimaschonende Kühlung", „energieeffiziente Gebäudeausrüstung", „kombinierte Mobilität", „Parkraumpolitik" und „Güterverkehr".

Das „KliP II" wird aber nicht nur Maßnahmen zur weiteren Reduktion von Treibhausgasemissionen enthalten, sondern darüber hinausgehen. Der Klimawandel muss nämlich heute als Realität anerkannt werden und etliche seiner Auswirkungen sind bereits mess- und spürbar, wie der Anstieg der Durchschnittstemperaturen, das vermehrte Auftreten von Hitzeperioden und die Zunahme von Wetterextremen. Daher wird es, neben den Bemühungen den Treibhausgasausstoß zu verringern, notwendig sein, auch Maßnahmen zu erarbeiten, die helfen sollen, nachteilige Auswirkungen der bereits eingetretenen Klimaveränderung zu vermeiden. Dazu ist noch wissenschaftliche Grundlagenarbeit erforderlich. Dies betrifft aus heutiger Sicht vor allem folgende Themenfelder: Gesundheitswesen, Land- und Forstwirtschaft, Naturschutz, Technische Infrastruktur, Trinkwasserversorgung, Hochwasserschutz, Energiewirtschaft, Stadtplanung und Gebäudetechnik.

Auch das Haus der Pinguine im Tiergarten Schönbrunn wird mit einer im Rahmen des KLiP Wien errichteten Solaranlage gekühlt.

Mobilität und Lärm

Wiens Verkehrsentwicklung im Zeitraffer

Der Verkehr gilt gemeinhin als das Rückgrat einer modernen Gesellschaft. Waren und Menschen strömen unaufhörlich auf Verkehrs„adern" und halten so die Wirtschaft am „Leben". Wie sehr das Verkehrsgeschehen seinerseits die Bevölkerungs- und Stadtentwicklung prägt, soll hier anhand eines Rückblicks und einer Prognose über einen Zeitraum von über vier Jahrzehnten (1981 bis 2026) für die Bevölkerungsentwicklung und die Entwicklung des motorisierten Individualverkehrs (MIV) im Raum Wien gezeigt werden.

Wien ist wie jede Großstadt in hohem Maße von der Versorgung aus dem Umland abhängig. Das Mobilitätsverhalten der Menschen mit den zunehmend größer werdenden Reiseweiten des MIV führt zur Ausdehnung der Stadt. Dabei verlagern sich auch die Ziele und Quellen von Fahrten, die das Stadtgebiet betreffen, immer mehr in das Umland von Wien und bewirken so das Anwachsen des sogenannten „Speckgürtels". Diese Verlagerung einer Vielzahl von Funktionen an den Stadtrand (Arbeitsplätze, Einkaufsmöglichkeiten etc.) ging und geht stets Hand in Hand mit dem Ausbau des Straßennetzes, das dieses überproportionale Wachstum der Peripherie erst ermöglicht. Wie die Grafiken (→ S. 554) zeigen, erfolgte die Ausdehung der Siedlungsstruktur zunächst im Süden und Osten, später im Nordosten der Stadt. Der Westen und Nordwesten blieben durch den Wienerwald als Barriere für Bautätigkeiten von extremen Stadterweiterungsmaßnahmen verschont.

Die auf höhere Geschwindigkeiten ausgelegten radialen Straßenzüge, wie etwa die Südautobahn (A2), machen es möglich, dass der Radius des täglichen Pendelverkehrs nach Wien laufend zunimmt. Bereits in den 1980er-Jahren war eine Zunahme der auf Wien ausgerichteten Verkehrsströme aus allen Entfernungen festzustellen. Heute pendeln mehr als 200.000 Personen nach Wien, rund die Hälfte davon mit dem Pkw.

Diese Entwicklungen, die Ausbildung des Speckgürtels und die Zunahme der Pendlerströme, wirken sich wiederum auf das Straßennetz der Stadt Wien und die Verkehrsmengen aus. Grundsätzlich ist der Verkehr auf allen wichtigen Straßen in der Stadt in den Spitzenzeiten an der jeweiligen, durch die baulichen Verhältnisse vorgegebenen Auslastungsgrenze angelangt. Eine Erhöhung der Straßenverkehrsbelastung ist aufgrund des begrenzten Verkehrsraumes nur noch durch eine Ausweitung der Hauptverkehrszeiten möglich, das heißt die „Rushhours" werden zum „Rushday". Weil die Sättigungsgrenze für den MIV in der Stadt erreicht ist, hat sich die Verkehrsmittelwahl der Bevölkerung auf stabilem Niveau mit einem relativ hohen Anteil des öffentlichen Verkehrs eingependelt.

Die Zahlen der hier vorgestellten Entwicklungen basieren auf Rechenmodellen, die den Zusammenhang zwischen Flächenwidmung, Verkehrsnachfrage und Bevölkerungsentwicklung wiedergeben und die berechneten Verkehrsflüsse auf das

Straßenverkehrs- und Bevölkerungsentwicklung von 1981 bis 2026

1981

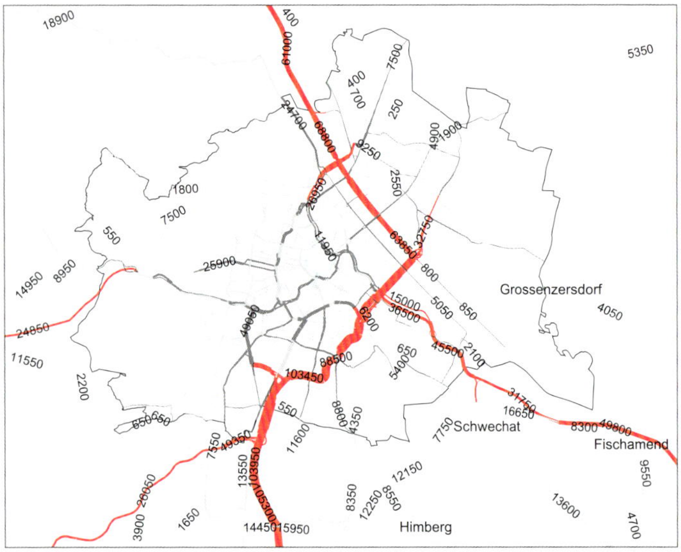

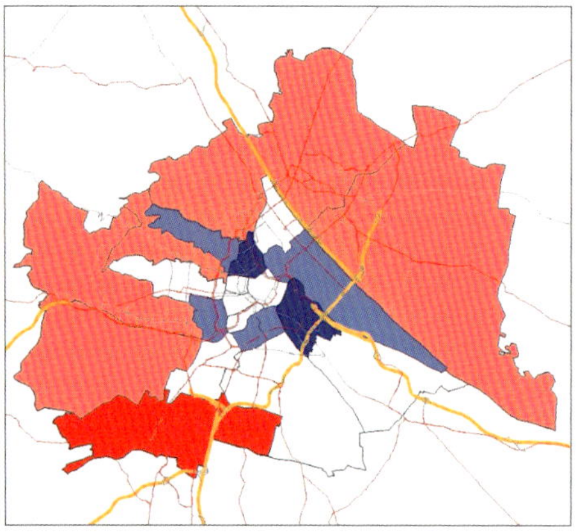

Straßen
- Autobahn
- Schnellstraße
- Bundesstraße
- Verbindungsstraße

Einwohner im Vergleich zu 2006
- 118–133 %
- 102–118 %
- 96–102 %
- 82–96 %
- 81–82 %

2006

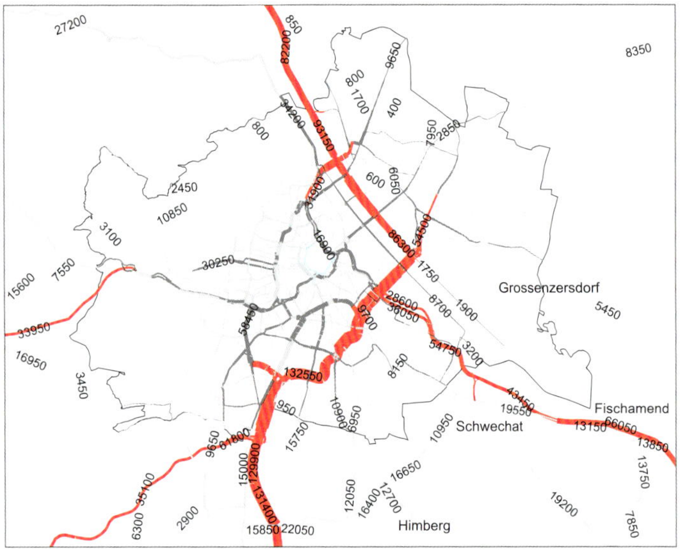

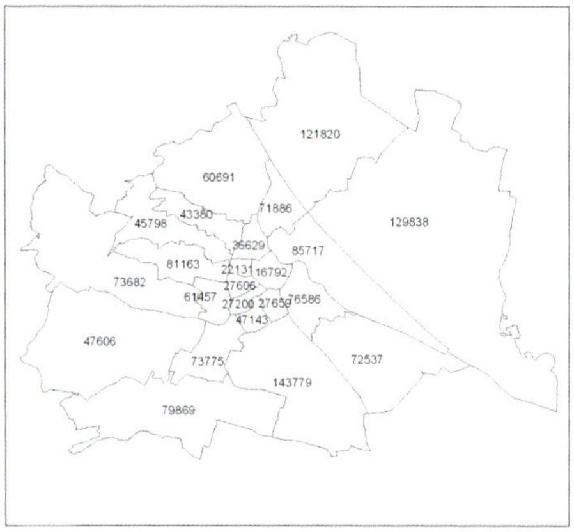

Einwohnerzahlen 2006

2026

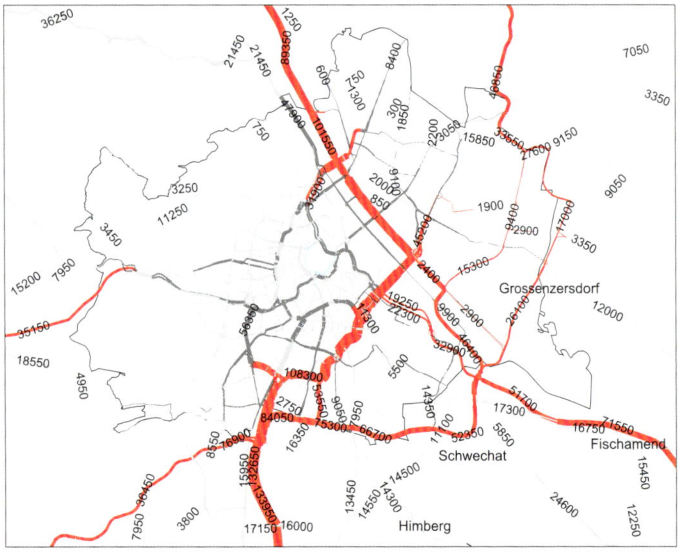

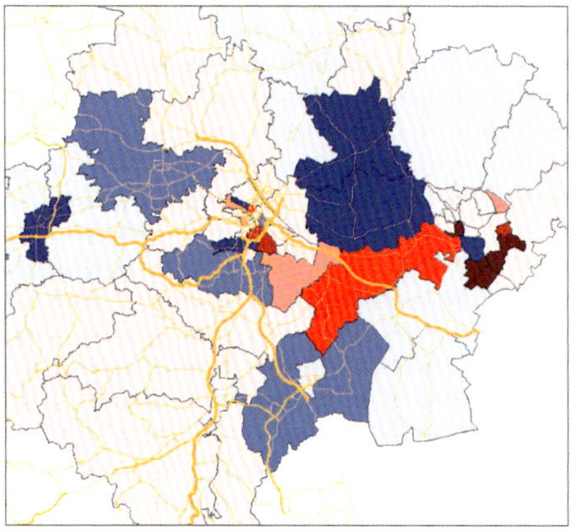

Straßen
- Autobahn
- Schnellstraße
- Bundesstraße
- Verbindungsstraße

Einw. Abnahme gegenüber 2006
- < 85
- 85–90
- 90–95
- 95–100

Einw. Zunahme gegenüber 2006
- 100–125
- 125–150
- 150–175
- 175–200
- 200–314

← Die Entwicklung des Straßenverkehrs (Verkehrsströme, links) und die der Bevölkerung (rechts) im Raum Wien über einen Zeitraum von mehr als vier Jahrzehnten hinweg. Grundsätzlich zeigt sich, wie der motorisierte Individualverkehr wesentlich zur Bildung des Speckgürtels beiträgt, das heißt, dass sich die wesentlichen Entwicklungen vom Stadtkern ins Umland verlagert haben. Dieser Trend wird noch durch eine Korridorentwicklung und die Ostöffnung überlagert. Der Straßenverkehr wird generell weiter zunehmen und könnte durch verschiedene Ausbaumaßnahmen noch verstärkt werden.

Verkehrsströme in Kfz pro Tag

60500 Autobahnen

34200 Schnellstraßen und Bundesstraßen

Straßennetz umlegen. Anhand der vergangenen Entwicklung wurden die Modelle kalibriert und daraus wurde die Prognose für 2026 abgeleitet. Als Basisjahr wurde das Jahr 2006 gewählt.

Es zeigt sich, dass im Jahr 1981 die inneren Bezirke Wiens noch einen höheren und die äußeren Bezirke einen niedrigeren Bevölkerungsanteil aufwiesen. Die Veränderungen bis zum Referenzjahr 2006 sind ein Ergebnis der Speckgürtel-Entwicklung. Die Prognose für die Bevölkerungsentwicklung lässt bis 2026 und darüber hinaus innerhalb der Stadt nur mehr geringfügige Veränderungen erwarten. Im Umland hingegen werden sich durch die Öffnung der Grenzen zu den östlichen EU-Partnern große Veränderungen ergeben, wobei diese sehr unterschiedlich sein werden: Entlang der Hauptverkehrswege wird es zu einer Korridorentwicklung kommen, die dadurch überlagert und teilweise noch verstärkt wird, dass in Bezirken, die mit einem angenehmen Fahraufwand erreicht werden können, die Bevölkerungszahl zunehmen, und in weniger gut erreichbaren Bezirken hingegen abnehmen wird. Dieser Trend setzt im Prinzip die Speckgürtel-Entwicklung der Vergangenheit fort.

Das Straßennetz in Wien ist in den vergangenen 25 Jahren grundsätzlich gleich geblieben. Auch in den kommenden Jahrzehnten wird es innerhalb der Stadtgrenzen keine wesentlichen Veränderungen mehr geben. In der Umgebung von Wien wurden durch den Bau von zusätzlichen Fahrspuren beim sogenannten hochrangigen Straßennetz von Autobahnen und Schnellstraßen höhere Kapazitäten und damit auch eine höhere Belastung in den Spitzenstunden erreicht. Die wesentliche Veränderung ergab sich aber durch die Schnellstraße S1, die 2006 eröffnet wurde und die Südautobahn mit der Flughafenautobahn verbindet. Durch sie kommt es zwar zu einer gewissen Entlastung der Außenringautobahn (A23), insgesamt erhöht sich aber die Verkehrsbelastung im gesamten Streckennetz. Dieser Trend wird sich noch verstärken, wenn der gesamte, derzeit noch in Bau befindliche Wiener Außenring S1 zum Tragen kommt, der in diesen Berechnungen aber noch nicht berücksichtigt wurde.

Mobilität, Stadthabitate und Humanökologie

Der Begriff „Ökologie" stammt aus dem Griechischen und bezeichnet das „Haus" oder den „Platz zum Leben" mithin also die Wohnumgebung. Ökologisch gesehen bestehen menschliche Lebens- und Siedlungsräume aus verschiedenen, sich überlagernden und verschränkten Habitaten (Wohnhabitate, Arbeitshabitate, Regenerationshabitate, Verkehrshabitate). Ursprünglich besaß der Mensch, wie viele andere Lebewesen auch, nur ein einziges, weitgehend integriertes Habitat. Seit Beginn der ersten Industrialisierung findet eine fortschreitende Habitatsdifferenzierung statt, eine Sicht, die auch durch die erste „Charta von Athen" (1933) raumplanungstheoretisch gestützt wird. Die Folge dieser Entwicklung war das Auseinanderfallen von Funktionen wie Wohnen, Arbeiten, Erholung, Einkauf u. a., was zu einer erheblichen Zunahme des Verkehrs zwischen den einzelnen Funktionen geführt hat.

Die „Großstadtbiotope" sind Ergebnisse der Handlungen von Millionen Akteuren, die als Planer wie auch als Nutzer ihre baulichen Gestaltungen und betrieblichen Auswirkungen bestimmen. Die Wiener Schule der Humanökologie definiert „Umwelt" als (verzerrte) Darstellung der „Außenwelt" im Bewusstsein und trägt damit der Tatsache Rechnung, dass alle Stadtbewohner unterschiedliche Wahrnehmungsmöglichkeiten haben und damit auch unterschiedlichen Bewertungsmechanismen folgen. Die Wahrnehmung wie auch die Bewertung werden beeinflusst durch die Vorstellung des Einzelnen vom eigenen Status und durch seine Lebenserfahrungen. Darüber

Charakteristische Straßenräume in Gebieten mit unterschiedlichen Haushaltseinkommen und politischen Gestaltungsmöglichkeiten; links: Cottageviertel in Währing, rechts: Favoriten

hinaus spielen bei der Gestaltung der Großstadtbiotope aber vor allem auch die Zielsetzungen der verschiedenen Interessenvertreter und Lobbys und in der Folge auch der politischen Instanzen eine ganz entscheidende Rolle.

Wahrnehmung und Bewertung als Anlass zum Handeln

Die Wahrnehmung und Bewertung der Außenwelt führt zum Handeln und zur Gestaltung von individuellen Habitaten. Da das Wahrnehmungsvermögen des Menschen aufgrund seiner Evolution an überschaubare Größenordnungen und kleine soziale Gruppen angepasst ist, entstehen auf diese Art und Weise räumlich abgegrenzte Ökotope mit charakteristischen Architekturen und Straßenräumen.

Der Antrieb, die lokale Außenwelt der Wohnumgebung und auch die des Arbeitsplatzes nach den eigenen Bedürfnissen zu gestalten, wird zunächst durch Rahmenbedingungen wie finanzielle und politische Möglichkeiten begrenzt. Die Lösung lokaler Probleme erfordert aber häufig auch überörtliche Ansätze. Diese zu erkennen bereitet oft Probleme, da das Wahrnehmungs- und das Bewertungsvermögen des Menschen speziell an kurze Zeiträume und rasche Veränderungen angepasst sind.

Grundsätzlich kann der Mensch die Realität über seine Sinne wahrnehmen. Dabei ist das Gehör als einer der besonders alten Sinne des Menschen evolutionär auch als Warnorgan vor Umweltgefahren entstanden. Dies ist einer der Gründe, warum das Lärmproblem immer wieder als das wesentlichste Umweltproblem genannt wird. Umwelthygienische Studien zeigen jedoch, dass in Wien Abgase und Feinstäube eine viel größere Gesundheitsgefährdung – nicht Belästigung – darstellen als die Lärmbelastung. Viele dieser Luftschadstoffe können allerdings vom Menschen nicht unmittelbar wahrgenommen werden, sodass ihr Gefährdungspotenzial unterbewertet wird.

Der Mensch ist aber nicht nur nicht in der Lage, bestimmte Schadstoffe wahrzunehmen, er hat im Laufe der Evolution auch keine Möglichkeiten zur Wahrnehmung von Systemeffekten ausgebildet. So kann er die regionalen Auswirkungen des eigenen

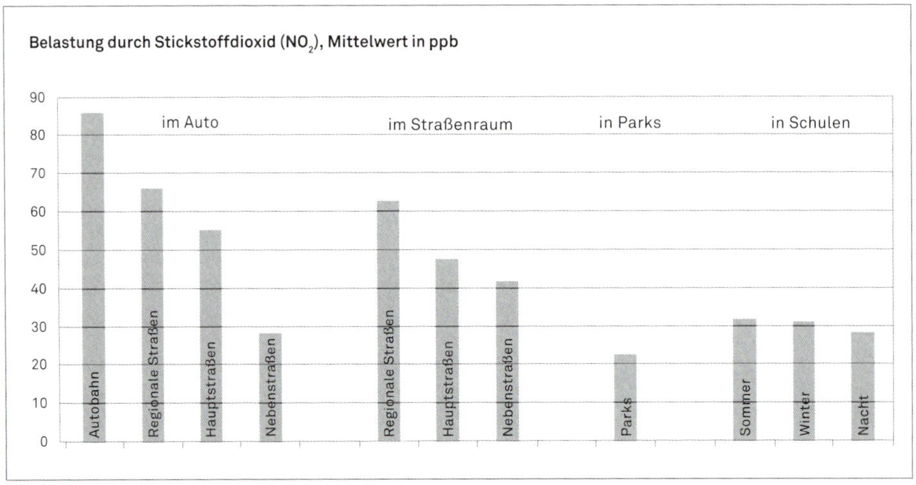

Umweltbelastungen in der Stadt sind räumlich und zeitlich extrem variabel. Ausschlaggebend für die Höhe der individuellen Belastung sind vor allem der Wohnort und die Art der Mobilität. Am höchsten ist die Belastung, wie etwa hier für Stickstoffdioxid (NO_2) dargestellt, bei Fahrten mit dem Pkw, beim Aufenthalt in engen, stark befahrenen Straßenschluchten sowie in Wohnungen im Erdgeschoß.

Handelns vielfach nicht „spüren", ganz gleich ob es sich dabei um die Entstehung des Reaktionsproduktes Ozon (Konzentrationsspitzen je nach Windrichtung im Tullnerfeld oder am Neusiedler See messbar) oder um globale Auswirkungen wie die Zunahme des Treibhauseffektes durch erhöhte Fahrleistungen handelt. So ist es auch aus seiner Evolution zu verstehen, dass der Mensch primär danach sucht, seine lokalen individuellen Lebensräume (Habitate) zu optimieren und dabei die überörtlichen und globalen Perspektiven aus den Augen verliert.

Menschen als Planer und Betroffene

Die Probleme der menschlichen Wahrnehmung hat bereits Kant 1781 in seiner „Kritik der reinen Vernunft" angesprochen. Während dem einzelnen Menschen verständlicherweise sein unmittelbares Wohnumfeld „naheliegt" und er vor allem dieses zu verbessern trachtet, müssten Planer in der Lage sein, den Blick zu weiten und Systemeffekte zu berücksichtigen. Oft tun sie dies nicht, weil sie politischer Druck dazu verleitet, schnell wirksame und lokal wahrnehmbare Lösungen zu finden. In manchen Fällen fehlt aber auch dem Planer das entsprechende Systemverständnis oder er plant auf der Basis individueller Bedürfnisse.

Nun beeinflusst, wie oben dargestellt, die bauliche Außenwelt und deren Wahrnehmung das Verhalten der Stadtbewohner entscheidend. Dabei ist dieses Verhalten bei Weitem nicht so rational, wie wir alle es gerne hätten, sondern es unterliegt in hohem Maße unbewussten Verhaltenssteuerungen, wie Rupert Riedl 1985 in seinem Werk über die biologischen Grundlagen des Erklärens und Verstehens festgestellt hat. Die mächtigste Triebfeder ist dabei nach Riedl der Trieb, den Aufwand an Körperenergie zu minimieren, was heute in vielen Fällen nur durch die erhebliche Zufuhr von externer Energie (Erdöl) erreicht wird.

Dem gegenüber stehen auf der rationaleren Ebene des Bewusstseins Zielsetzungen wie Zeit- oder Kostenersparnis. In welchem Verhältnis der Trieb nach Körperenergieeinsparung und der Wunsch nach Zeiteinsparung zueinander stehen, lässt sich beim Verhalten auf Rolltreppen sehr einfach beobachten: Selbst in Morgenspitzenstunden bleibt der überwiegende Anteil der Rolltreppenbenützer stehen. Nur wenige gehen auf der Rolltreppe, um Zeit zu sparen.

Siedlungsstruktur und Mobilität

Die Stadt Wien weist aufgrund ihrer historischen konzentrischen Entwicklung deutlich unterscheidbare Siedlungsstrukturen auf, die sich auch auf Mobilitätsparameter wie den „Modal Split" auswirken.

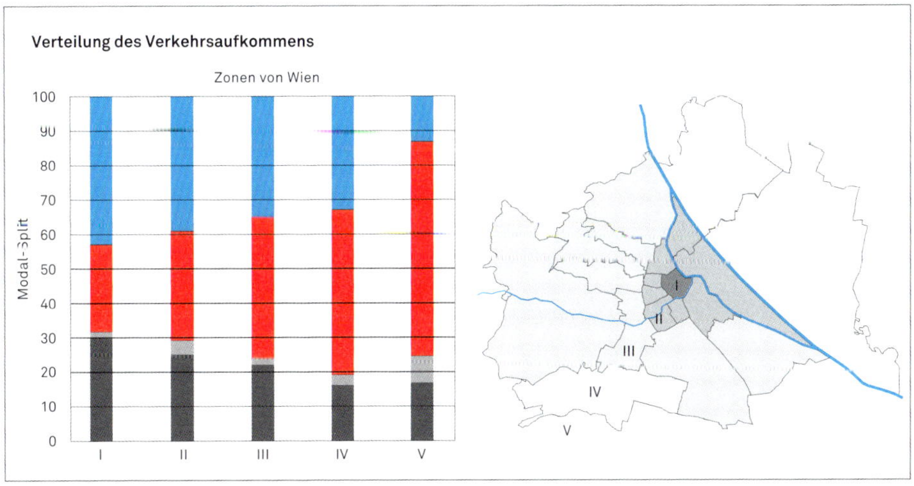

Darstellung der Verteilung des Verkehrsaufkommens auf verschiedene Verkehrsträger („Modal Split") für verschiedene Bezirksgruppen in Wien. Bauliche Maßnahmen und Siedlungsstrukturen bestimmen maßgeblich die Verkehrsmittelwahl: zu Fuß, per Rad, mit dem motorisierten Individualverkehr (MIV) oder mit öffentlichen Verkehrsmitteln (ÖV). Im 1. Bezirk (I) liegt der Anteil von Pkw-Fahrten auf allen Wegen bei rund 25 %, Im Bereich zwischen Ring und Gürtel (II) bei rund 35 %. In den Bezirken außerhalb des Gürtels (III/IV) liegt der Anteil von MIV-Fahrten bereits bei 40–45 % und in den Gemeinden des sogenannten „Speckgürtels" von Wien bei 65 % und darüber.

ÖV
MIV
Rad
Fuß

Lange Zeit waren Kutschen und Beine die einzigen Fortbewegungsmittel in Wien. Entsprechend geprägt war das Straßenbild: Kurvige, verschachtelte Gässchen aufgelockert durch Plätze wie hier vor der Hofburg.

Das dominierende Verkehrsmittel einer Epoche bestimmt die Siedlungsstruktur

Dieses Mobilitätsverhalten ist Resultat der baulichen Außenwelt, die durch Städtebau, Raumplanung und Verkehrsplanung erzeugt wird. Die Zielsetzung des Wiener Stadtentwicklungsprogramms (STEP 94) mit einem Anteil von nur 25 Prozent von motorisiertem Individualverkehr (MIV) für ganz Wien entspricht den derzeitigen Werten im 1. Bezirk. Dieser Bezirk ist von Planern gestaltet worden, die selbst Fußgänger, allenfalls Kutschenfahrer waren. Die Straßen wurden daher in Hinblick auf Attraktivität für den Fußgänger und seine Geschwindigkeit gebaut. Hier findet man praktisch keine längeren geradlinigen Straßen. Die kurvigen, durch Plätze aufgelockerten Verläufe mit wechselnden Blickbeziehungen und attraktiven Fassadengestaltungen bieten, aus der Perspektive des Fußgängers, abwechslungsreiche Wegeführungen. Dabei ist der Bereich auch hervorragend mit öffentlichen Verkehrsmitteln erreichbar und hat eine gut funktionierende Nahversorgung.

Das Gebiet zwischen Ring und Gürtel ist bereits auf die Straßenbahn abgestimmt. Hier herrschen lineare, lang gestreckte und eintönige Gebäudefronten vor, die aus der Sicht des Fußgängers unattraktiv sind. Außerhalb des Gürtels finden sich vielerorts Strukturen, die bereits vorwiegend auf die Möglichkeiten des Autos abgestimmt sind und von Auto fahrenden Planern in Hinblick auf die Bedürfnisse der Autofahrer konzipiert wurden. Diese autoorientierten Siedlungsstrukturen sind dementsprechend nur mehr für Autofahrer attraktiv.

Die Folge dieser verschiedenartigen Gestaltung der räumlichen Ökotope ist, dass in den einzelnen Bezirksgruppen für die tägliche Mobilität ein sehr unterschiedlich hoher Grad an externer Energie aufgewendet werden muss.

Die Kombination aus verbesserten Verkehrsverbindungen und schnelleren Verkehrsmitteln führt zum Anwachsen des „Speckgürtels", welcher zwar recht monoton erscheint, den Menschen jedoch die Möglichkeit bietet, im Grünen zu wohnen.

Systemgrenzen und Systemverhalten

Die Entstehung und Gestaltung von unterschiedlichen Lebensräumen in der Stadt wird zunächst durch die Raumplanung und durch die ökonomische Potenz der Bewohner, ausgedrückt etwa durch Haushaltseinkommen und gesellschaftliche Stellung, bedingt. Darüber hinaus werden diese Entwicklungen von einer Reihe von

Systemeffekten überlagert, durch die sich in Wien – wie in allen Mittel- und Großstädten – ein „Speckgürtel“ ausbildet.

Die Städte im Mittelalter umrissen mit ihren Stadtmauern noch genau definierte Systemgrenzen. Aber auch Städte ohne entsprechende Verteidigungsanlagen hatten eine eng begrenzte Ausdehnung, was bedingt war durch die Notwendigkeit, bei der täglichen Fortbewegung Körperenergie (von Mensch und Pferd) einzusetzen. In dem Maße, in dem externe Energie für die Mobilität genutzt wurde, erhöhten sich die Geschwindigkeiten der Verkehrsmittel. Dieser Umstand und die damit einhergehenden neuen Ideologien zur Stadtstruktur (Charta von Athen 1933) hatten eine Reihe von negativen Auswirkungen. Jede Geschwindigkeitserhöhung führte zwangsweise zur Ausdehnung der Siedlungsstrukturen. Die Funktionsbereiche des täglichen Lebens fallen auseinander, die Fahrtweiten nehmen zu. Warum dies so ist und warum durch Beschleunigung keine Zeit gewonnen wird, erklärt sich aus Konstanten des Verkehrs- und Siedlungssystems, die aus biologischen und sozialen Gründen praktisch unveränderbar sind. Solche Konstanten sind Mobilitätszeit und Mobilität.

Was sich im System nicht verändert

Eine Reihe von Untersuchungen zeigt, dass die Mobilitätszeit eine Konstante ist, weil sie biologischen Prinzipien des Menschen entspricht. Biologisch gesehen macht es natürlich Sinn, ein ausgewogenes Verhältnis zwischen dem Energieaufwand für die Fortbewegung, etwa zur Nahrungsmittelbeschaffung und Nahrungssuche, und anderen Aktivitäten herzustellen. Der durchschnittliche Wert für diese Mobilitätszeit ist praktisch unveränderlich und liegt bei 60 bis 70 Minuten am Tag. Er ist in diesem Ausmaß ein Spezifikum des Menschen.

Auch die Mobilität, definiert als die Anzahl der erreichten Ziele pro Tag, ist erstaunlich konstant. Der Wert liegt statistisch gesehen bei rund 3,3 Wegen pro Tag und ist über die letzten Jahrzehnte praktisch unverändert geblieben.

Beschleunigung bringt Ausdehnung

Wenn nun die Mobilitätszeit eine Konstante ist, führen alle Bemühungen zur Beschleunigung verschiedener Verkehrsarten nicht zu Zeiteinsparungen, sondern lediglich zur Erhöhung der Wegeweiten und damit zur Ausdehnung der Siedlungsstrukturen. Wiener, die früher in Perchtoldsdorf Häuser besaßen, bauen nunmehr in Ebreichsdorf,

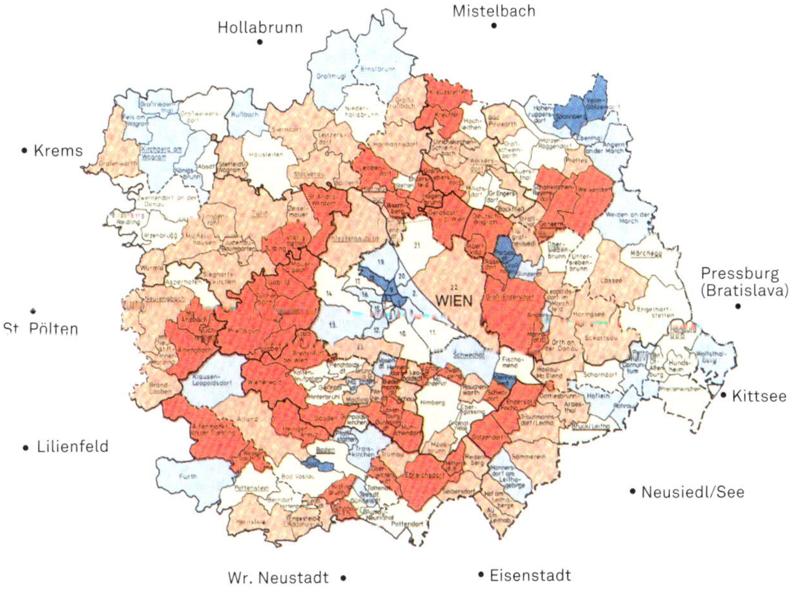

Die Entwicklung der Wohnbevölkerung von 1981 bis 1991 in Wien und im Wiener Umland. Deutlich erkennbar ist das Wachsen des „Speckgürtels“ (rot) im Nahbereich um die Stadt herum.

Abnahme
über 5 %
0 bis 5 %
Zunahme
0 bis 5 %
5 bis 15 %
über 15 %

Der weltweite Vergleich von Städten zeigt: Mit abnehmender Siedlungsdichte steigt der Energieverbrauch für die Mobilität sehr stark an. Aber auch der Umkehrschluss ist richtig: Mit zunehmender Mobilitätsgeschwindigkeit und damit einhergehender Steigerung des Energieverbrauchs wachsen die Siedlungsstrukturen auseinander und die Siedlungsdichte sinkt. Das maßgebliche Verkehrsmittel ist heute meist das Auto. Dies führt im Extremfall der amerikanischen Städte wie Houston oder Phönix zu Siedlungsstrukturen, die völlig an die Möglichkeiten des Autos angepasst sind und in der Folge ein extremes Ausmaß an externer Mobilitätsenergie für den Betrieb erfordern. Andere Verkehrsmittel, deren Bedürfnisse vernachlässigt wurden, sind unter diesen Verhältnissen chancenlos.

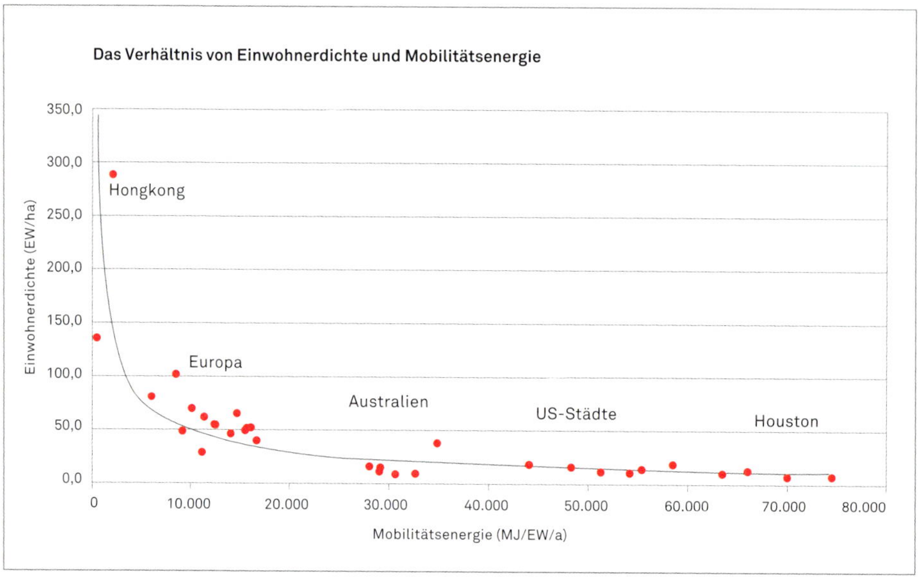

Münchendorf, Bad Vöslau und ähnlichen Distanzen, weil der Zeitaufwand zum Erreichen dieser Standorte nunmehr durch den Bau der Autobahnen der gleiche ist und die Grundstückskosten dort billiger sind. Zeitvorteile sind daher gegenüber (Bau-)Kostenvorteilen sekundär, wie die Siedlungsausdehnungen beweisen. Verglichen mit vor 50 Jahren liegen die Hauptziele eines durchschnittlichen Tages (Einkaufszentren, Arbeitsplätze, Erholungsgebiete) heute in viel größerer Entfernung, vorwiegend am Stadtrand, und sie zu erreichen erfordert einen wesentlich höheren Energieaufwand.

Die Ausdehnungen der Siedlungsstrukturen und die Entstehung der „Speckgürtel" ist daher eine Folge der menschlichen Natur und von Naturgesetzen abhängig. Eine Population, deren tägliche Mobilitätszeit – im Verhältnis zur Tageszeit – bei nur etwa 1–2 % gegenüber den realen 4–5 % läge, würde wesentlich kompaktere Städte erbauen.

Ein Beleg dafür, wie schwer es dem Menschen fällt in Systemzusammenhängen zu denken, ist die Tatsache, dass immer wieder für den Ausbau von Autobahnen und Schnellstraßen plädiert wird, mit dem irrigen Argument, dass durch die Erhöhung der Geschwindigkeiten Zeiteinsparungen erzielt werden könnten. Dass (Treibstoff-)Kosten eine Dimension der Erreichbarkeit sind, wird erst in jüngerer Zeit langsam wieder bewusst, nachdem eine Phase der laufenden Verbilligung der Transportkosten, gemessen an der Kaufkraft, allmählich zu Ende gehen dürfte.

Definiert man Mobilität durch die Erreichbarkeit von Zielen, so wird deutlich, dass etwa chinesische Städte im täglichen Leben eine wesentlich bessere Erreichbarkeit und damit letztendlich eine höhere gesellschaftliche Mobilität aufweisen als insbesondere amerikanische Städte.

Am Beginn einer neuen Entwicklung

Wegen der Schwierigkeiten im Umgang mit komplexen Systemen und dem Mangel an Erfahrungswerten erscheint es heute sinnvoll, sich bei der Gestaltung des Verkehrs- und Siedlungsraumes von Wien an ökologisch bewährten Prinzipien zu orientieren. Dabei entsprechen nachhaltige Stadthabitate den folgenden Kriterien: Vielfalt und Kooperation (etwa beim Verkehr), maximale Effizienz bei minimalem Energieaufwand, selbst kontrollierende und mehr oder minder geschlossene Regelkreise (Recycling), lange Lebensdauer und starke Vernetzung der lokal und regional optimierten Teilsysteme. Städteplanung muss also nachhaltige Systemwirkungen berücksichtigen

Wenn Fortbewegungsmittel schneller und effizienter werden, erhöht sich der menschliche Bewegungsradius. Zeit wird dadurch jedoch kaum erspart, da die Distanzen zwischen den Mobilitätszielen größer werden, gleichzeitig verschwindet die Nahversorgung ...

und nachhaltige Prinzipien umsetzen. Dazu ist das Wissen um die Grundlagen des übergreifenden Verhaltens von Siedlungs- und Verkehrssystemen wichtig.

Dem Handeln der Akteure liegen bewusste und unbewusste Triebe zugrunde. Eine der stärksten Bestrebungen des Individuums ist es dabei, das eigene Leben so angenehm wie möglich zu führen. Unbewusst strebt der Einzelne dabei vor allem danach, die Aufwendung von Körperenergie zu reduzieren – analog zur bildhaften Vorstellung des Paradieses, wo die gebratenen Tauben ohne weitere Anstrengung direkt in den Mund fliegen. Die Folge ist, dass sich immer schnellere, heute meist Auto-orientierte Verkehrssysteme durchsetzen, die größere Fahrtweiten und mehr Verkehrsleistung ermöglichen. Ein weiterer Trieb ist dem Menschen als „homo oeconomicus" immanent, der Kampf um Zeitvorteile. Getreu dem Motto: „Zeit ist Geld" dehnt er seine Lebenshabitate immer weiter aus. Das aber bringt keine Mobilitätsvorteile, sondern das Gegenteil: Die Ziele der täglichen Mobilität entfernen sich immer weiter von den Wohnhabitaten und die Nahversorgung verschwindet.

Den „Treibern" dieser Entwicklung waren seit dem Wegfall der Stadtmauern im 19. Jahrhundert praktisch keine Grenzen mehr gesetzt. Ehemalige biologische und finanzielle Hemmnisse verschwanden durch die Entwicklung von motorbetriebenen Fortbewegungsmitteln, die laufend effizienter und im Verhältnis zur Kaufkraft billiger wurden sowie durch verringerte Treibstoffkosten und eine zunehmend mehr betriebswirtschaftlich orientierte Raumplanung.

Die oft gepriesene hohe Lebensqualität in Wien basiert letztlich auf dem großen Anteil von Siedlungsstrukturen aus der Zeit vor der Automobilisierung. Die Außenbezirke und der „Speckgürtel" unterscheiden sich dagegen in Funktion und Form kaum von den „Speckgürteln" anderer europäischer Städte. Auch die Verordnungen zum Schutz des Wienerwaldes, die in jüngerer Zeit in dieser Form wohl undenkbar gewesen wären, stammen aus der Zeit vor der Automobilisierung. Gerade dort, wo der Wienerwaldring im Süden von Wien nicht geschlossen ist, hat sich die Stadtagglomeration ungehindert ausgebreitet. Dagegen konnte die Siedlungstätigkeit im Westen wesentlich eingegrenzt werden.

Nachhaltigkeit im Bereich von Siedlungsstrukturen erfordert höhere Dichten und attraktivere, vielfältigere Lebensräume. Wenn man die seit den Berichten des Club of Rome bekannten humanökologischen Entwicklungsgrenzen weiter ignoriert, wird das in Zukunft sehr teuer werden. Die Kosten für Transport und Energie im Allgemeinen werden aus wirtschaftlichen Gründen zwangsläufig beträchtlich ansteigen. Das wird in der Folge zur Abnahme der Fahrtweiten führen und die Reaktivierung und Redimensionierung von Stadtteilen nötig machen. Wien befindet sich in dieser Hinsicht am Beginn einer notwendigen, neuen Entwicklung.

Wie die „falsche" Ökonomie den Verkehr erregt

Die Wiener Südosttangente – ein Sinnbild verfehlter Strukturplanung. Vor 30 Jahren wurde sie von den Planern auf höchstens 100.000 Autos pro Tag ausgelegt. Sie sollte Entlastung für die ständig verstaute Schlachthausgasse bringen. Nach mehreren kleinen Ausbauschritten ist diese Stadtautobahn heute mit bis zu 215.000 Fahrzeugen täglich die meist befahrene und am meisten verstaute Straße Österreichs. Aber auch die Schlachthausgasse ist mehr denn je verstaut.

Die Stadt Wien bemüht sich, Pendlerströme an der Peripherie abzufangen. Nicht zur Freude der Anrainer, die wie etwa hier in Hütteldorf sämtliche Straßen rund um den Bahnhof verparkt vorfinden. Ziel der Strukturplaner sollte es sein, die Pendlerströme bereits an der Quelle der Fahrt auf den öffentlichen Verkehr zu verlagern.

Der Verkehr erregt sich selbst

Seit Jahrzehnten dreht sich die Spirale: Verkehrsbelastung in den Städten fördert die Tendenz zur Übersiedelung ins nahe Umland, und von dort pendeln die neuen Bewohner im sogenannten Speckgürtel zumeist per Auto wieder in die Stadt und verschärfen die Belastung der dort Verbliebenen. Innerstädtische Standorte werden immer schlechter erreichbar und dies veranlasst nun auch die Betriebe in den Speckgürtel der Städte abzuwandern. Pendlerströme beginnen nicht nur radial sondern auch tangential zu fließen und drehen sich sogar um. Zum Beispiel pendeln heute bereits mehr Erwerbstätige aus Wien in den Bezirk Mödling als von dort nach Wien.

In den 1980er-Jahren gab es eine kurze Aufbruchsstimmung. Fußgängerzonen und Verkehrsberuhigung sollten Städte wieder lebenswerter machen. Manches wurde tatsächlich besser. Doch die vielfältigen Mechanismen, die das Verkehrswachstum und die Zersiedelung des Umlandes vorantreiben, blieben weitgehend unerkannt und unbehandelt. So wird auch heute immer noch durch Regulierungen, Subventionen und steuerliche Begünstigungen ein weiteres Anwachsen des Verkehrs gefördert. Wenn jemals Förderungen infrage gestellt werden, dann betrifft dies nur jene für den öffentlichen Verkehr, sakrosankt bleiben dagegen Pendlerförderung, öffentliche Gratis- oder Billigst-Parkplätze, Stellplatzpflicht und Garagenförderung sowie steuerfreies Kilometergeld auf Vollkostenniveau. Der „Erfolg" dieser Politik ist überzeugend. Zwischen 1991 und 2001 – und teilweise auch danach – setzten sich die Abwanderung aus den ursprünglichen Kerngebieten der größeren Städte und das Zerfließen der Ballungsräume ins Umland hinein weiter fort. Wenn das rasante Wachstum einiger Stadtrandgemeinden heute gebremst erscheint, dann liegt das daran, dass Staus und Verkehrsbehinderungen nun auch den Speckgürtel in vollem Umfang erreicht haben. Die Zuversicht, dichte und nachhaltige Siedlungsstrukturen verteidigen zu können, ist geschwunden. Vielfach macht sich Resignation breit.

Wie der Verkehr erregt wird

Hinter der resignierenden Einstellung gegenüber Verkehrsproblemen steht die verbreitete Fehleinschätzung, es sei ein Ergebnis wirtschaftlicher Notwendigkeiten, dass wir uns auf Dauer mit verstopften Straßen, Lärm- und Abgasbelastungen abzufinden haben. Unterstellt wird dabei ein unüberwindbarer Gegensatz von Wirtschaftsinteressen einerseits und Interessen der Umwelt sowie der Lebensqualität andererseits. Im Verkehrsbereich ist jedoch genau das Gegenteil der Fall und ganz besonders für die Stadt gilt, dass Maßnahmen, die den Verkehr auf umweltfreundliche Verkehrsmittel verlagern, wirtschaftlichen Netto-Nutzen sowohl für die privaten Haushalte als auch für den Produktionssektor bringen. So erspart etwa jeder Mensch, der die Möglichkeit nutzt, seinen Arbeitsplatz in einer der größeren österreichischen Städte mit dem öffentlichen Verkehr statt per Auto zu erreichen, dadurch der Stadt und dem Wirtschafsstandort Staukosten von etwa 2.000 bis 3.500 Euro pro Jahr. Den Daten von Statistik Austria ist auch zu entnehmen, dass sich beispielsweise in Wien jeden Morgen 25.000 Personen mit dem Auto in zähflüssige Kolonnen einreihen, um zur Arbeit in die Wiener Innenstadt (1. Bezirk) zu gelangen. Dagegen kommen 64.000 Erwerbstätige mit dem öffentlichen Verkehr dort hin, hauptsächlich mit der U-Bahn. Wenn von diesem Personenkreis auch nur ein geringer Teil zum Auto wechselte, würden die Verzögerungen im Straßenverkehr drastisch ansteigen und weitere Betriebe zur Flucht ins Umland veranlassen. Das heißt, die Förderung des öffentlichen Verkehrs, aber auch des Gehens und Radfahrens nützt dem Wirtschafsstandort,

Der Umstieg auf den öffentlichen Verkehr, aber auch das Gehen und Radfahren nützen dem Wirtschaftsstandort, da Staukosten gespart werden.

wohingegen die weitere Förderung umweltbelastender Verkehrsarten – allen voran des Pkw-Verkehrs – den Wirtschafsstandort schädigt.

Förderung privaten Pkw-Verkehrs wider die ökonomische Vernunft

Eine der ökonomisch schädlichen Förderungen des privaten Pkw-Verkehrs besteht im Angebot von öffentlichen Billig- oder Gratis-Parkplätzen. Wenn ein knappes Gut einen Preis hat, der unter seinem Wert liegt, dann übersteigt die Nachfrage das Angebot. Bei den Parkplätzen bedeutet das: Vernichtung von Zeit und Geld durch Parkplatzsuche, sinkende Erreichbarkeit von Betriebsstandorten für den Lieferverkehr und Behinderung und Gefährdung aller Verkehrsteilnehmer, insbesondere der Fußgänger und Radfahrer, durch illegales Parken. Ein Symbol für das Fehlen ökonomischer Vernunft in der Verkehrspolitik sind die Staus hinter Fahrzeugen der Müllabfuhr, die selbst wichtige Haupt- und Sammelstraßen regelmäßig blockieren, weil billigen Dauerparkplätzen für private Kraftfahrzeuge gegenüber dringend notwendigen Ladezonen Priorität eingeräumt wird.

Eine ebenso kostspielige Förderung des privaten Pkw-Verkehrs ist die sogenannte Stellplatzpflicht. Sie schreibt vor, dass Garagenplätze nicht etwa von denen finanziert werden müssen, die ein Auto anschaffen, sondern von denen, die Wohnraum oder Betriebsgebäude errichten und nutzen. Dadurch wird Autofahren billiger und Wohnungen und Betriebsstandorte in der Stadt werden teurer. So müssen selbst Häuser mit Kleinwohnungen für alleinstehende, meist autolos lebende Menschen mit Garagen ausgestattet werden, deren Gesamtfläche (mit Rampen und Rangierflächen) größer ist, als die Wohnfläche. Diese „Auto-Katakomben" stehen dann oft leer oder müssen weit unter den Gestehungskosten vermietet werden. Ähnlich sieht es bei Dachausbauten aus: Auch für diese gilt, selbst hundert Meter neben einer U-Bahnstation, der Garagenzwang. Wer keine Garage errichten kann oder will, hat bis zu 20.000 Euro an „Stellplatzablöse" zu zahlen. Aus diesen Erträgen wird derzeit die Garagenförderung finanziert. Der subventionierte Garagenbau, der seinen jüngsten Kulminationspunkt in den sogenannten Volksgaragen gefunden hat, ist ein Paradebeispiel von widersinniger Förderung: Jene Menschen in der Stadt, die keinen Pkw besitzen, haben die Autostellplätze derer mitzufinanzieren, die Lärm, Abgase und Staus und damit eine Verschlechterung der Lebensqualität und eine Schädigung des Wirtschaftsstandortes verursachen.

Autos säumen in der Regel lückenlos den Straßenrand. Die Müllabfuhr und Ladetätigkeit führen dadurch zu immer wiederkehrenden Straßenblockaden.

Alltäglicher Stau auf einer Wiener Stadtautobahn. Die öffentliche Hand und der Wirtschaftsstandort zahlen die Kosten.

Die teuerste Autoförderung: Kostbare Verkehrsflächen bleiben gratis

Knappe und kostbare Verkehrsflächen wie Stadtautobahnen und städtische Hauptverkehrsstraßen für die Benutzung durch Kraftfahrzeuge gratis zur Verfügung zu stellen, ist von allen Förderungen umweltbelastender Verkehrsarten wahrscheinlich die wirtschaftlich schädlichste. Mangels angemessener Preise übersteigt auch hier die Nachfrage das Angebot bei Weitem. Die Folgen sind häufige Staus und immer längere

1

2

1 Wo es möglich gemacht wird, fahren immer mehr Menschen mit dem Auto. Die Folgen sind tägliche Staus, so wie hier am Schwedenplatz. Längst ist auch in Wien auf den Hauptverkehrsstraßen aus den „Rushhours" ein „Rushday" geworden.

2 An der Peripherie wächst die Bevölkerungsanzahl und mit ihr wachsen die Betriebsstandorte.

Wartezeiten an immer mehr ampelgeregelten Kreuzungen. Österreichweit können die Staukosten mit etwa 6,5 Milliarden Euro pro Jahr beziffert werden. Mehr als die Hälfte dieser Kosten verursacht der private Pkw-Verkehr. Staukosten belasten vor allem den Wirtschaftsstandort, denn mehr als 50 Prozent davon haben die Betriebe zu tragen. Doch besteht derzeit wenig Anreiz, diese Kosten durch den Umstieg auf effiziente, platzsparende Verkehrsmittel zu senken, denn wer zu Spitzenzeiten stehend im voll gestopften Bus unterwegs ist, bekommt keinen Euro als Belohnung für die im Interesse der Allgemeinheit vermiedenen Kosten. Und das, obwohl jeder, der den Weg zur Arbeit statt im Auto mit dem öffentlichen Verkehr zurücklegt, dadurch den Haushalten und Unternehmen konkret in Wien etwa 3.000 Euro pro Jahr erspart. Die anteiligen Zuschüsse für den öffentlichen Verkehr sind dabei schon abgezogen. Etwa die Hälfte dieser Kostenersparnis kommt alleine dem Wirtschaftsstandort zugute.

Die Stadtflucht wird durch den Ausbau der „Fluchtwege" beschleunigt

Obwohl Wien anerkennenswerte Erfolge bei der Förderung des öffentlichen Verkehrs zu verzeichnen hat, entkommt es dem internationalen Trend nicht. Die Förderung des privaten Pkw-Verkehrs zeigt zunehmend Wirkung: Die dadurch bedingten Belastungen für die Wirtschaft und die Umwelt in der Stadt erhöhen den Drang der die Betriebe, in weniger zugestaute und zugeparkte Regionen außerhalb von Wien zu flüchten. Die Ergebnisse der letzten Volkszählungen untermauern diesen Trend: Die Zahl der Arbeitsplätze im zentrumsnahen Gebiet nimmt ab und immer mehr Betriebe wandern in die Randbezirke. Vor allem aber fließt Wirtschaftskraft entlang der Autobahnen ins nahe Umland ab. Nur an einen Nachbarbezirk hat Wien noch keine Wirtschaftskraft verloren: Gänserndorf; es ist dies der einzige Nachbarbezirk, der bisher keine Autobahn-Anbindung nach Wien hatte. Dieser (aus niederösterreichischer Sicht) „Missstand" wird durch den geplanten Ausbau des Autobahnnetzes um Wien behoben werden, womit dann auch dort die „Abstimmung mit den Rädern" zulasten Wiens stattfinden kann. Der Bau einer Ringautobahn, des sogenannten Regionenringes, sowie der Nordautobahn und der Marchfeld-Autobahn wird dafür sorgen, dass sich auch im Norden und Osten Wiens der „Speckgürtel" ausdehnen kann. Angesichts von derzeit etwa 80.000 Arbeitslosen und ebenso vielen Sozialhilfeempfängern in Wien (Stand 2006) stimmen die Beiträge, die die Verkehrspolitik zur Entwicklung des Wirtschafsstandortes leistet, nicht optimistisch.

Mit der Suburbanisierung sinken Erreichbarkeit und Mobilität

Ein einfaches Maß für die Erreichbarkeit eines bestimmten Punktes im Stadtgebiet ist die Zahl von Menschen, die von ihrer Wohnung aus diesen Punkt innerhalb einer bestimmten Zeit erreichen können. Der Wert dafür („Erreichbarkeit nach dem Isochronenkonzept") steigt mit wachsender Reisegeschwindigkeit und mit wachsender Bevölkerungsdichte.

Wie heute weltweit anhand der Reisegeschwindigkeiten und der Bevölkerungsdichten in Großstädten festgestellt werden kann, sinkt die Erreichbarkeit mit wachsendem Pkw-Anteil an der Personenverkehrsleistung. Der Grund dafür ist die Suburbanisierung, das Phänomen der Abwanderung von Bevölkerung und Funktionen aus der Kernstadt in das städtische Umland.

In Österreich wurde die Grundlage für die Suburbanisierung durch die große Motorisierungswelle gelegt, deren Beginn hierzulande etwa um das Jahr 1960 angesetzt werden kann. Bis dahin und teilweise noch Jahrzehnte später waren innerhalb der Ballungsräume Österreichs die Zentren der großen Städte die begehrtesten Wirtschaftsstandorte, weil sie dank hoher Bevölkerungsdichte und einer noch nicht überlasteten Infrastruktur die höchste Erreichbarkeit aufwiesen. Durch den steigenden Platzbedarf des motorisierten Individualverkehrs (MIV) begann die durchschnittliche Reisegeschwindigkeit im hoch belasteten Straßennetz der zentralen Stadtgebiete zu sinken, während sie in den weniger dichten und entsprechend weniger verkehrsbelasteten Randbereichen durch das Umsteigen auf den MIV angestiegen ist. Der Stadtrand wurde so gegenüber dem Stadtkern immer besser erreichbar und die Zahlungsbereitschaft für Wohnflächen an der Peripherie stieg gegenüber dem Zentrum an. Der Druck steigender Bauland-Nachfrage hat weit ins Umland hinein – speziell entlang der Autobahnen – zur Widmung großer Baulandflächen geführt. Der Trend ist ungebrochen: Während die Bevölkerungsdichte in zentrumsnahen Stadtteilen sinkt, steigt sie an der Peripherie und im Umland an. Mit der Bevölkerung wandern auch Betriebsstandorte aus dem Zentrum der Kernstädte ab. Überall, wo die Erreichbarkeit relativ hoch ist – etwa an Kreuzungen tangentialer und radialer Autobahnen – bilden sich neue Subzentren. Durch sie verwandelt sich die dichte, überwiegend monozentrische Stadt langsam bei sinkender durchschnittlicher Erreichbarkeit zu einer ausgedehnten polyzentrischen Stadt.

Wenn die Aussage gilt, dass Menschen umso mobiler sind, je zeitsparender, sicherer und kostengünstiger sie ihre täglichen Ziele erreichen, dann war die Mobilität noch nie so niedrig wie heute. Die Aufwendungen für Verkehr sind seit 1950 von fünf auf 16 Prozent des Haushaltseinkommens gestiegen, der Zeitaufwand dafür ist leicht steigend oder konstant geblieben.

Nur die Rückkehr zur ökonomischen Vernunft löst kommunale Verkehrsprobleme

Ökonomische Prinzipien in der kommunalen Verkehrspolitik anzuwenden, würde unter anderem bedeuten, dass für die Benützung von knappen und wertvollen Verkehrsflächen ein angemessener Preis zu zahlen ist. Dies könnte die Einführung einer Stadtmaut nach Londoner Vorbild bedeuten. In Städten wie Genua, Kopenhagen, Amsterdam, Helsinki, Edinburgh, Dublin und Lissabon gibt es bereits konkrete Überlegungen in diese Richtung. In Stockholm ist die Stadtmaut bereits endgültig umgesetzt. Im Wiener Masterplan Verkehr 2003 findet sie allerdings erst im Kapitel „Langfristige Visionen“ Erwähnung. Nach ökonomischen Kriterien müsste auch eine echte Bewirtschaftung der knappen öffentlichen Parkplätze zu Marktpreisen erfolgen. Derzeit ist die sogenannte Parkraumbewirtschaftung lediglich eine ökonomisch und verfassungsrechtlich fragwürdige Rationierung öffentlicher Flächen zugunsten privilegierter Nutzergruppen. Weiters wäre der Garagenzwang sowie die Stellplatz-Ablöse beim Bau von Wohn- und Betriebsgebäuden zu streichen.

Die Rückkehr zur wirtschaftlichen Vernunft ist der „Königsweg“ zu einer geringeren Umweltbelastung durch den Verkehr. Verkehrsmittel, welche die Umwelt schonen, sind gleichzeitig auch ökonomisch effizienter, sie halten Wien, ebenso wie andere Städte, in Bewegung.

Schwaches Recht gegen starken Lärm

Schienenwege stellen eine der vielen Geräuschquellen in der Stadt dar.

Lärm ist allgegenwärtig in der Stadt

Gerade in einem Ballungszentrum wie Wien ist die Bevölkerung dem Lärm einer Vielzahl von Geräuschquellen ausgesetzt. Straßen, Schienenwege, Flugplätze, Gewerbeanlagen, Nachbarn, Sportanlagen und anderes verursachen nicht selten beträchtliche Lärmprobleme. Da es ein umfassendes, allgemeines Gesetz zum Schutz vor Lärm in Österreich nicht gibt, muss wegen unseres Föderalismus eine Vielzahl von Regelungen und Vorschriften aus verschiedenen Rechtsgebieten beachtet werden. Schon allein deshalb sind Lärmprobleme meist nur unter großen Schwierigkeiten zu beseitigen. Darüber hinaus gelten rechtliche Festlegungen zur Emissions- und Immissionsbegrenzung, sofern solche überhaupt existieren, unterschiedlich je nach Lärmquelle oder Lärmart. An Betriebslärm werden andere Maßstäbe angelegt als an Verkehrslärm, an Nachbarschaftslärm andere als an Fluglärm. Begründet wird dies unter anderem damit, dass unterschiedliche Lärmarten bei physikalisch gleichem Geräuschpegel doch sehr unterschiedliche Stör- und Belästigungswirkung haben können. Für eine Reihe von Lärmquellen existieren schließlich überhaupt keine Regelungen und bei manchen sind nicht alle Problemfälle geregelt.

Lärm ist also nicht gleich Lärm. Es ist daher kein Wunder, dass die Betroffenen oft nicht wissen, was zulässig und was nicht erlaubt ist, an wen man sich im Beschwerdefall wenden kann und welche gesetzliche Regelung im konkreten Fall zutreffend sein könnte. Und kämpft sich ein Betroffener erst einmal durch den Gesetzesdschungel durch, dann muss er vielleicht am Ende feststellen, dass seine Lärmbelastung genau in eine Gesetzeslücke fällt. Beispielsweise dann, wenn die Verkehrsbelastung auf einer Straße im Laufe der Jahre stark zugenommen hat, die Straße aber schon lange besteht und der inzwischen unerträglich gewordene Lärm daher gleichsam „legal" herangewachsen ist.

Lärmometer

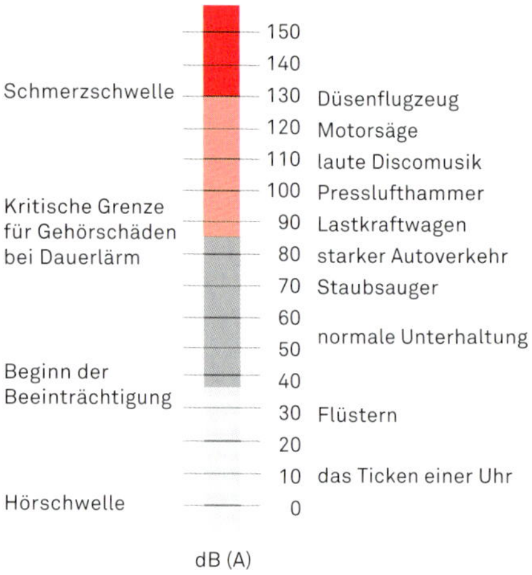

Das Lärmometer: von lautlos bis ohrenbetäubend. Dargestellt ist der Schalldruck als Pegelgröße in Dezibel (dB). Eine Erhöhung um 3 dB bedeutet eine Verdopplung, eine Erhöhung um 10 dB eine Verzehnfachung der Lautstärke.

Schutz vor Straßenverkehrslärm kaum durchsetzbar

Als Straßenverkehrslärm wird gemeinhin Lärm von Fahrzeugen auf öffentlichen Straßen, wie Autobahnen, Bundes-, Landes-, Gemeindestraßen, und öffentlichen Parkplätzen bezeichnet. Geräusche von KFZ auf Betriebs- oder Werksgeländen, im Anlieferbereich von Verkaufseinrichtungen wie Supermärkten und auf dazugehörenden Parkplätzen gelten nicht als Straßenverkehrslärm; sondern als Teil des Gewerbelärms, der von der Gewerbeordnung geregelt wird. Geräusche von Fahrzeugen auf privatem Grund, zum Beispiel im Hof, sind ebenfalls kein Straßenverkehrslärm, hierbei handelt es sich um Nachbarschaftslärm. Auch unnötiges Hupen, laute Autoradios, unnützes Hin- und Herfahren, Laufen lassen von Motoren, Geschwindigkeitsüberschreitungen und Geräusche infolge technischer Manipulationen am Fahrzeug sind kein Straßen-

1

2

1 Lärm wird von den Menschen in der Stadt Wien als eine der größten Umweltbelastungen empfunden. Hier eine Messanlage in Betrieb.

2 Die höchste Lärmschutzwand Wiens wurde am Margaretengürtel im Jahr 2007 fertiggestellt. Sie soll die Bewohner des Theodor-Körner-Hofes vor dem Verkehrslärm schützen. Im oberen Bereich der Lärmschutzwand ist auch eine Photovoltaikanlage installiert, die Strom erzeugt.

verkehrslärm, sondern möglicherweise Ordnungswidrigkeiten und gelten im Fachjargon als „Erregung von ungebührlicherweise störendem Lärm".

Eine allgemeingültige Regelung zum Schutz vor Straßenverkehrslärm gibt es in Österreich nicht. Auch beim Neubau oder einer wesentlichen Erweiterung einer Straße sind keine Grenzwerte für einen Schutz der Nachbarschaft festgelegt. Leider fehlt auch eine Regelung, wie die Geräuschbelastung vor den Gebäuden der Betroffenen zu ermitteln wäre. Hier dürfte aber die EU-Umgebungslärm-Richtlinie Abhilfe schaffen. Das Bundesstraßengesetz stellt bloß – vorsorglich – Schallschutzmaßnahmen, wie den Einbau von Lärmschutzfenstern, in Aussicht.

Lärmschutzwände gegen Bahnlärm

Schienenverkehrslärm wird vom Gesetz als jener Lärm definiert, der von Eisenbahnen und Straßenbahnen auf Schienenwegen, auch im Bereich von Rangier- und Umschlagbahnhöfen, verursacht wird. Auf Betriebs- oder Werksgeländen wird er allerdings zum Gewerbelärm.

Auch zum Schutz vor Schienenverkehrslärm gibt es in Österreich keine generelle Regelung. Lediglich beim Neubau oder der Erweiterung einer Bahnstrecke sind in der „Schienenlärm-Immissionsschutzverordnung" Immissionsgrenzwerte festgelegt. Ist abzusehen, dass diese überschritten werden, müssen Maßnahmen wie die Errichtung von Schallschutzwänden oder der Einbau von Schallschutzfenstern bei den betroffenen Anrainern Abhilfe schaffen. Dabei haben bauliche Schallschutzmaßnahmen am Schienenweg Vorrang.

Beim Neubau einer Hochleistungsstrecke können Betroffene als Bürgerinitiative im Rahmen einer Umweltverträglichkeitsprüfung ihre Rechte in Bezug auf Lärm geltend machen. Keinerlei Mitspracherecht räumt das Eisenbahngesetz allerdings bei eisenbahnrechtlichen Baugenehmigungsverfahren ein: Hier hat nur die Behörde „von Amts wegen" die Frage der Gefährdung des Lebens und der Gesundheit von Anrainern zu klären. Wer sich gegen Eisenbahnlärm schützen will, muss daher klagen.

Die Lärmbelastung durch Flugzeuge im Landeanflug auf Wien Schwechat hat in den letzten Jahren stark zugenommen. Über den Laaerberg im Süden von Wien fliegen bis zu 280 Flugzeuge pro Tag und beschallen die Wohnbevölkerung jedes Mal mit 70 bis 80 dB (→ Bild S.600).

„Open sky" versus wirksamer Schutz vor Fluglärm

Fluglärm umfasst jenen Lärm, der von Flugzeugen und Hubschraubern beim Start, bei der Landung und während des Fluges erzeugt wird. Triebwerksprobeläufe, das Rollen im Bereich der Flugsteige und bis zur Start- und Landebahn, Bewegungen von Tankfahrzeugen, Bussen und anderen Straßenfahrzeugen auf dem Flugplatzgelände verursachen hingegen „Bodenlärm", der ebenso wie der Lärm durch den Zubringer- und Lieferverkehr und jener auf den Parkplätzen dem Gewerbelärm zugerechnet wird. Auch der Lärm von Modellflugzeugen zählt nicht zum Fluglärm.

Bei der Genehmigung von Flugplatzbetriebszeiten steht die Sicherheit und Wirtschaftlichkeit des Betriebes im Vordergrund. Allerdings sind bei der Verkehrssicherheit auch die Auswirkungen des Fluglärms mitzuberücksichtigen. Anders als in Deutschland fehlen in Österreich ein Fluglärmgesetz und damit auch verbindliche Lärmschutzzonen.

Industrie- und Gewerbelärm haben immer Konjunktur

Lärm, der von großen Industrieanlagen, aber auch von kleineren Handwerksbetrieben wie Bäckereien, Tischlereien oder Schlossereien ausgeht, wird als Industrie- und Gewerbelärm bezeichnet. Dazu zählt neben dem Lärm, der beim Produktionsprozess entsteht, auch jener, der vom Liefer- und Kundenverkehr sowie von Straßen- und Schienenfahrzeugen auf dem Betriebs- oder Werksgelände verursacht wird. Der Lärm von produktiven Heimwerkern ist jedoch Nachbarschaftslärm, der ebenso wie Baulärm gesondert geregelt ist.

Eine Zunahme des Baulärms mussten die Wienerinnen und Wiener vor allem durch den verstärkten U-Bahn-Bau hinnehmen. Das Positive daran: Der Ausbau leistungsfähiger öffentlicher Verkehrsmittel trägt dazu bei, den Individualverkehr zu verringern. Und das bedeutet letztendlich weniger Lärm und weniger Schadstoffe für die Zukunft.

Die Gewerbeordnung schützt Anrainer zwar insofern vor Lärm, als bei absehbarer unzumutbarer Belästigung für eine neue Betriebsanlage keine Genehmigung erteilt wird. Sie enthält allerdings weder Immissionsrichtwerte noch quantitative Beurteilungsmaßstäbe, um die Einhaltung einer zumutbaren Belastung zu überprüfen. Vorgeschrieben ist lediglich, dass bei der Genehmigung zur Errichtung und zum Betrieb einer neuen Anlage der jeweilige Stand der Technik berücksichtigt werden muss.

Lärmarmes Bauen vor allem in Wohnvierteln gefragt

Durch gewerbliche Bauarbeiten verursachter Lärm wird als Baulärm bezeichnet. Wenn eine Firma bei Bauarbeiten in einer Wohnung Lärm macht, fällt dies ebenfalls in die Kategorie Baulärm. Bauarbeiten von Heimwerkern, also Privatpersonen, verursachen hingegen Nachbarschaftslärm.

Baulärm ist – falls überhaupt – in Landesgesetzen geregelt. So bestimmt etwa das Wiener Baulärmgesetz, dass auf Baustellen nur von 6.00 bis 20.00 Uhr gearbeitet werden darf. Genehmigungen für Nachtarbeiten werden nur in Ausnahmefällen, etwa bei Gasgebrechen, erteilt. Darüber hinaus müssen bei Baustellen Wände aus Holzplanken errichtet werden, um Staub und Lärm von der Umgebung abzuhalten. An den Baumaschinen müssen ferner Dämmmatten angebracht werden und der Standort der Maschinen ist so zu wählen, dass Anrainer möglichst wenig vom Lärm zu hören bekommen. Wie laut Baumaschinen sein dürfen, ist bundesweit einheitlich durch die Sicherheitsverordnung für Baumaschinen geregelt.

Nachbarschaft, Sport und Freizeit – wie viel Lärm muss toleriert werden?

Geräusche, die durch Tätigkeiten von Privatpersonen in der Nachbarschaft hervorgerufen werden und störend wirken, werden als Nachbarschaftslärm bezeichnet. Dazu zählen lautes Radiohören, Musizieren, Partys, Heimwerken in der Wohnung, Gartenarbeit und der Betrieb von Fahrzeugen auf privatem Gelände.

Es existieren keine speziellen bundeseinheitlichen Vorschriften, die vor Nachbarschaftslärm schützen. Hinweise finden sich allenfalls in Landegesetzen der Bundesländer, in Regelungen der Gemeinden wie der Rasenmäherverordnung oder auch in Hausordnungen. In bestimmten Fällen kann auch das Allgemeine Bürgerliche Gesetzbuch (§ 364 und § 364a) Anwendung finden.

Begrünte Innenhöfe sind für die Bewohner eine Quelle der Erholung und Ruhe, jedoch manchmal auch ein Grund zum Ärger, wenn bei sommerlichen Festen der Lärmpegel steigt.

Bei störendem Nachbarschaftslärm sollte der erste Ansprechpartner immer der Verursacher sein. Mieter können sich auch an den Vermieter wenden, weil ihnen der Mietvertrag das Recht auf einen „ungestörten Gebrauch der Wohnung gibt“, und unter Umständen eine Mietzinsminderung wegen Lärms geltend machen. Oft wird bei Nachbarschaftslärm sofort die Polizei zu Hilfe gerufen. Das Einschalten der Behörde verbessert jedoch die nachbarschaftlichen Beziehungen zum Lärmverursacher kaum und schafft das Lärmproblem auch meist nicht ein für allemal aus der Welt. Als letzte Möglichkeit bleibt der Rechtsweg (Klage) mit den Problemen der Beweisbarkeit, Messbarkeit und Objektivierbarkeit des Lärms, dem Risiko von Erfolg oder Misserfolg und den Folgen für das nachbarschaftliche Klima.

Sportlärm bezeichnet Geräusche, die von Sportanlagen und der Sportausübung ausgehen. Freizeitlärm hingegen kommt von Anlagen, die von Personen zur Gestaltung ihrer Freizeit genutzt werden, wie Vergnügungsparks, Abenteuer-Spielplätze und Musikdarbietungen. Bei Geräuschen aus kulturellen Einrichtungen und Diskotheken, die kommerziell betrieben werden, handelt es sich nicht um Freizeitlärm, sondern um Gewerbelärm. Geräusche von Kinderspielplätzen fallen ebenfalls nicht unter den Begriff Freizeitlärm und sind in der Regel zu tolerieren.

SYLVIE – ein Pilot-Projekt zur Lärmminderung

Wiener Schanigärten sind beliebt im Sommer, führen jedoch immer wieder zu Konflikten mit Anrainern, die sich durch den Lärm gestört fühlen.

SYLVIE hört zu. Das Lärmempfinden der Menschen ist unterschiedlich und richtet sich weniger nach der objektiv messbaren Lautstärke.

Wer ist lärmfähig? Wer ist lernfähig?

Lärm ist in der Stadt allgegenwärtig. Untersuchungen haben ergeben, dass mehr als die Hälfte der Wienerinnen und Wiener sich von Lärm belästigt oder belastet fühlt. Die Auswirkungen reichen von leichter Beeinträchtigung bis hin zum Gesundheitsrisiko. Lärm fördert auch soziale Konflikte, etwa dann, wenn er zu Streit zwischen Nachbarn führt oder Anrainer gegen Lokale und Schanigärten kämpfen lässt.

Lärm zu mindern ist offenbar überaus schwierig. Technische Lärmschutzmaßnahmen sind oft sehr aufwendig und teuer. Und auch sonst gibt es anscheinend nur eine geringe Bereitschaft aller Akteure (Bürger, Planer, Vertreter der Verwaltung und Politik), sich aktiv für die Lärmminderung einzusetzen.

Mit dem Projekt SYLVIE (Systematische Lärmsanierung von innerstädtischen Wohnvierteln) hat die Umweltschutzabteilung der Stadt Wien deshalb von 1999 bis 2002 einen neuen, Erfolg versprechenden Weg erprobt. Im Vordergrund standen dabei Kooperation und Zusammenarbeit, denn alle nehmen am Lärm der Stadt teil, jeder ist sowohl Lärmverursacher als auch vom Lärm Geplagter. Lärm ist subjektiv. Gemäß dem Satz des Satirikers Kurt Tucholsky „Lärm ist das Geräusch der anderen" richtet sich das menschliche Lärmempfinden weniger nach objektiv messbaren Schallwerten, als nach subjektiven Kriterien und nach sozialen und kulturellen Aspekten. Müde Menschen nach einem Arbeitstag erleben etwa die unberechenbaren Geräusche sich vergnügender Gäste eines Schanigartens subjektiv störender als den regelmäßigen, aber objektiv lauteren Verkehrslärm.

Aus der Sicht betroffener Bürger verdient letztlich jede Lärmbelästigung besondere Beachtung. Die Lärmbelastung eines Stadtgebietes ergibt sich demnach aus der Summe der einzelnen Lärmstörungen. SYLVIE begreift Lärm nicht nur als ein akustisches oder technisches Problem, sondern auch als einen – oft lösbaren – Konflikt. Durch Vermittlung zwischen Lärmverursachern und Betroffenen werden bestehende Handlungsspielräume ausgelotet. Damit lassen sich innovative, wirksame und oft überraschend einfache Lärmminderungsmaßnahmen entwickeln. Dazu zwei Beispiele:

Der Siebensternplatz, ein beliebter Treffpunkt und Veranstaltungsraum im 7. Wiener Gemeindebezirk, aber auch Stein des Anstoßes für lärmempfindliche Anrainer. Ein Mediationsverfahren hat geholfen, die Situation zu verbessern.

Gaststätten-Lärm am Siebensternplatz

In Wien-Neubau hat sich der Siebensternplatz, der erst vor einigen Jahren durch eine veränderte Verkehrsführung neu geschaffen wurde – zu einem beliebten und intensiv genutzten Stadtbereich entwickelt. Die aufblühende Lokal-Szene mit ihren Schanigärten und diversen Freiluft-Veranstaltungen führte aber auch zu Lärmstörungen und häufigen Beschwerden der Anrainer.

SYLVIE hat am Siebensternplatz erstmals Lärmverursacher und Lärmgeplagte an einen Tisch gebracht und ein Mediationsverfahren eingeleitet. Darin eingebunden waren fünf Vertreter der Anrainer, die Betreiber der Lokale rund um den Siebensternplatz sowie Vertreter von Bürgerdienst, Bezirksvorstehung, Polizei, Gebietsbetreuung und den zuständigen Magistratsabteilungen. In sechs Sitzungen haben die Beteiligten die Probleme analysiert, nach Lösungen gesucht und eine Reihe von Maßnahmen beschlossen. Ein Bar-Betreiber hat seine Musikanlage so umgerüstet, dass beim Öffnen der Schiebetüren zum Gastgarten die Lautstärke der Musik automatisch abgesenkt wird. In den Gastgärten ersetzen jetzt mit Plastik ummantelte Drahtseile die rasselnden Ketten, mit denen das Mobiliar in der Nacht gesichert wird. Damit entfällt auch das lärmintensive Stapeln der Sessel und Tische. Die besonderen, Lärm verursachenden Altglas- und Restmüll-Container wurden mit Gummirädern ausgestattet. Bei der Genehmigung von Veranstaltungen achten die Behörden darauf,

Bei SYLVIE geht es vor allem um Kommunikation zwischen den Verursachern und den Betroffenen von Lärm.

dass nächtliche Aufräumarbeiten womöglich auf den nächsten Vormittag verlegt werden. Begleitet werden diese Maßnahmen von einer Informationskampagne, bei der Slogans auf Plakaten und Aufklebern, auf Speisekarten und an anderen auffälligen Stellen für Rücksichtnahme gegenüber den Anrainern werben. Ein Schaukasten informiert die Anrainer über bevorstehende Veranstaltungen am Platz, denn sie können mit Lärmstörungen besser umgehen, wenn sie vorher Bescheid wissen. Insgesamt ist es damit gelungen, die Lärmprobleme am Siebensternplatz deutlich zu verbessern.

Nachbarschaftskonflikte am Siebenbrunnenplatz

Auch der Siebenbrunnenplatz in Wien-Margareten wird als öffentlicher Freiraum intensiv genutzt. Kinder und Jugendliche, die hier vor allem in den Sommermonaten spielen, Rad und Skateboard fahren, sind oft ein Ärgernis für manche ruhebedürftige Erwachsene. Auch hier machte ein Mediationsverfahren den Teilnehmern bald klar, dass die Ursache für viele dieser Konflikte auf mangelnde Kommunikation zurückzuführen ist. Man einigte sich deshalb auf Maßnahmen, um die Kommunikation der Menschen am Siebenbrunnenplatz zu verbessern und damit Lärmkonflikte zu entschärfen. Schüler und Schülerinnen einer Integrationsklasse der nahe gelegenen Schule Embelgasse brachten in einem Zeichenprojekt „Lärm & Stille" ihre Sicht zum Thema ein. Das hat einerseits die Kinder für das Thema sensibilisiert, andererseits aber auch gezeigt: Nicht nur Erwachsene empfinden Kinder oft als zu laut, sondern auch Kinder werden vom Lärm gestört, den Erwachsene machen. Die entstandenen Zeichnungen und Collagen waren über mehrere Monate am Siebenbrunnenplatz ausgestellt. Sie haben Aufmerksamkeit erzielt und ganz offensichtlich das wechselseitige Verständnis zwischen Erwachsenen und Kindern gefördert.

Das Forumtheater, eine kreativ-spielerische Form der Konfliktbewältigung im öffentlichen Raum

Besonders bewährt hat sich auch die Idee des Forumtheaters, bei dem das Publikum im öffentlichen Raum zum Mitspielen angeregt wird. Professionelle Schauspieler/innen haben dabei häufig auftretende Konflikte zwischen spielenden Kindern und ruhebedürftigen Erwachsenen beobachtet, diese dann nachgespielt und die dargestellten Szenen schlecht ausgehen lassen. In der Folge wurden die Zuschauer aufgefordert, im wiederholten Spiel eine Rolle in der Szene zu übernehmen. So war es für sie möglich, Lösungsansätze auszuprobieren und die Wirkung ihres Eingreifens in den Konflikt unmittelbar zu erleben. So hat das Forumtheater viele Fortschritte gebracht. Jene Kinder und Migranten wurden erreicht, die sonst nur schwer an einen Verhandlungstisch zu bekommen sind. Im Theater konnten die Konflikte überzeichnet und damit die Bewusstseinsbildung gefördert werden. Auch der humorvolle, spielerische Umgang mit den Konflikten ist am Siebenbrunnenplatz bei Alt und Jung gut angekommen.

Partizipative Lärmsanierung: weitere Entwicklungsmöglichkeiten

Das Sich-Einlassen auf den Alltag der Menschen und auf ihre Anliegen war eine der Stärken von SYLVIE. Viele Lösungsmöglichkeiten wurden erst so erkennbar. Partizipative Verfahren zeigen aber erst dann eine nachhaltige Wirkung, wenn die Beteiligten nicht nur miteinander reden, sondern auch mitentscheiden können.

Maßnahmen aber kosten Geld und ungewöhnliche Maßnahmen erfordern Kooperationen, die über den Einflussbereich des Einzelnen hinausgehen. Die Umsetzung gelingt dort besonders gut, wo die politisch Verantwortlichen, die Verwaltungsbehörden und die beteiligten Interessengruppen die Projekte zu ihrer Sache machen. Auch die Lösungen können große Wirkung entfalten, wenn sie kurzfristig umgesetzt und für die Beteiligten erlebbar werden.

Wohnen in Wien

Dass für die Bewohnerinnen und Bewohner einer Stadt das Thema Wohnen essenziell ist, liegt auf der Hand. Kaum etwas anderes bestimmt so sehr die Lebensqualität des Einzelnen wie die „eigenen vier Wände". Wohnen hat aber auch enorm starke Auswirkungen auf das Umfeld der Bewohner, denn die politischen Rahmenbedingungen für Wohnbau, Wohnungseigentum und Vermietung prägen das Gesicht und die Entwicklung der Stadt. Durch den Flächenanspruch auf das unvermehrbare Gut Boden hat Wohnen neben den humanökologischen Aspekten aber auch direkte ökologische Auswirkungen und muss daher in einer „Naturgeschichte der Stadt" Beachtung finden.

Im Folgenden werden exemplarisch ein paar ausgewählte Schlaglichter auf das komplexe Thema Wohnen in Wien geworfen. Wie unterschiedlich dabei die einzelnen Betrachtungsweisen sein können, zeigen im Folgenden die Beiträge, die von einem kritischen Journalisten, einem Raumplaner, einem Berater von Bauträgern, Sozialwissenschaftlerinnen und einem Architekten stammen.

Wenn der Markt „wohnt"

Wirkungsketten

In den 1990er-Jahren kauften institutionelle Investoren wie Banken, Versicherungen, Immobilien-Gesellschaften und -Fonds, Pensionsfonds und Stiftungen in Wien vor allem Althäuser und überboten sich gegenseitig bei den Preisen. Jährlich drängten und flossen durchschnittlich eine Milliarde Euro in den Immobilienmarkt – das war drei Mal so viel wie in den Jahren davor. Im Frühjahr 2003 lockten Immo-Fonds neue Anleger mit: *„Rendite-Erwartung fast 10 %"* und verkündeten gleichzeitig: *„Wohnen wird um 25 % teurer"*. Der Zusammenhang zwischen den Prozentangaben ergibt sich daraus, dass die Erträge aus Häusern von dem gespeist werden, was Benützer für Wohnungen bezahlen müssen. Ein Jahr später sieht ein Mietrechtsentwurf der Bundesregierung die völlige Abschaffung von Mietzinsbegrenzungen vor, bei Neuvermietungen und auch bei bestehenden Mietverhältnissen.

Die „Vermarktlichung" des Wohnbereichs ergibt sich also nicht aus einer Naturgesetzlichkeit, sie ist ein Produkt der Politik in Gestalt des Miet- und Wohnrechts. Dessen gesetzliche Regulierungen bzw. Deregulierungen beeinflussen die Wohnungspreise und Erträge, damit die Lebensbedingungen der Bewohner und letztlich die Entwicklung der Stadt. Sie entscheiden, ob Lebensinteressen oder (über den Markt) Interessen von Investoren begünstigt werden. Denn die Ertragserwartungen bestimmen den Wert der Immobilien und den Preis des Bodens, auf dem sie stehen. Hohe Bodenpreise wiederum, lassen nur mehr ertragsstarke Nutzungen zu, also hohe Wohnungspreise oder kommerziell lukrativere gewerbliche- oder Geschäftsnutzungen. Diese wiederum bewirken eine Verteilung der Bevölkerung in der Stadt je nach ihrer

Kaufkraft. Solche sozialen und räumlichen Entmischungstendenzen bis hin zur sozialen Polarisierung, Slumbildung und der Stadtflucht von Durchschnittsverdienern ins Umland finden sich demnach besonders in Städten mit liberalen Wohnungsmärkten.

Wohnen als Exerzierfeld für konträre Interessen

Das Wohnrecht ist zwar eine Bundeskompetenz, sein Inhalt ist aber traditionell ein Spiegel für die Durchsetzungsmacht ökonomischer Interessen, und dies vor allem im Ballungszentrum Wien.

1917–1922 stoppt bzw. verlangsamt die Einführung des „Friedenszinses" den Mietwucher der Gründerzeit und die Dynamik der Bevölkerungssegregation in bürgerliche und Arbeiterbezirke. Auch die soziale Wohnbauoffensive des Roten Wien der folgenden Jahre senkt den Anteil der Wohnkosten an den gesamten Konsumausgaben drastisch.

1928 kommt es zu einer Wende: Ein *„Bürgerliches Mietrecht"* der Christlich-Sozialen verfügt gegen den *„obstruktiven Widerstand"* der Sozialdemokraten eine dramatische Anhebung der Mieten beim Großteil aller Wohnungen, obwohl befürchtet wird, dass die Bevölkerung *„die drückenden Belastungen"* nicht wird tragen können. Das Ziel ist dabei, *„der stillen Sozialisierung des Hausbesitzes ein Ende zu machen"* und das *„Privateigentum als Grundlage des Rechtssystems"* durchzusetzen. Der soziale Wohnbau wird zum Flucht- und Sammelpunkt der sozial Schwächeren. Die sozialpolitischen Konflikte der 1930er-Jahre haben also im Wesentlichen ökonomisch-ideologische Hintergründe. Nach dem Zweiten Weltkrieg leidet der Wohnungsmarkt infolge der vielen Zerstörungen unter starken Mangelerscheinungen. Daher wird er wieder der Regulierung unterworfen und den Marktkräften entzogen, um das Abschöpfen von Knappheits-Renditen zu verhindern. Die Wohnbauförderung beim Neubau bewirkt ein Wachstum des gemeinnützigen, also gewinnlimitierten Sektors mit politisch kontrollierten Preisen und einer Verpflichtung zur Reinvestition der Erträge.

1968 werden die Mieten im privaten Althausbestand wieder freigegeben, *„um den Ablöse-Wucher abzustellen"* wie es in Erklärungen der ÖVP-Alleinregierung heißt. Dahinter mag wohl die Hoffnung gestanden sein, dass die Marktkonkurrenz zu niedrigeren Preisen führen würde. Doch: die Mieten steigen, die Ablösen bleiben.

1982 legt das Mietrechtsgesetz, je nach Ausstattung der Wohnung (Kategorien), Mietzins-Obergrenzen fest und definiert den Kündigungsschutz. Sehr bald setzen Umgehungs-Praktiken ein. Ein steirischer Industrieller kauft in Wien reihenweise Miethäuser auf. In der Folge drängen Althaus-Verwertungsgesellschaften, Immobilienhändler und Miethaus-Spekulanten in den Immobilienbesitz. Althäuser wechseln oft innerhalb kurzer Zeit preissteigernd mehrmals den Besitzer. Aggressive Vertreibungsmethoden zielen gerade dort, wo rechtsunkundige und wenig widerstandsfähige Mieter vermutet werden, auf das Freimachen von Wohnungen zwecks rentablerer Neuvermietung. Rabiate Formen der Ertragsmaximierung (rücksichtslose Umbauten und „Sanierungen") werden zu einem öffentlichen Ärgernis und zum Medienthema in der Stadt. Als Groteske ergibt sich: Frei gemachte Miethäuser sind mehr wert als vermietete – Menschen wirken sich auf Immobilien wertmindernd aus.

Verstärkt wird diese Entwicklung seit 1986 durch die gesetzliche Aufhebung der Obergrenze bei Neuvermietungen von Kategorie-A-Wohnungen.

Entmischte Menschen, räumlich sortiert

Die Traumvorstellungen der Marktliberalen nach dem Motto „weniger Staat, mehr privat" sind: Wegfall jeglicher politischer Preisbindung im Althausbereich – Abschaffung der Objektförderung im Wohnungsneubau und bei Sanierungen – Ausweitung

Wohnkosten und verfügbares Einkommen

Wohnkosten steigen stärker als Verbraucherpreise

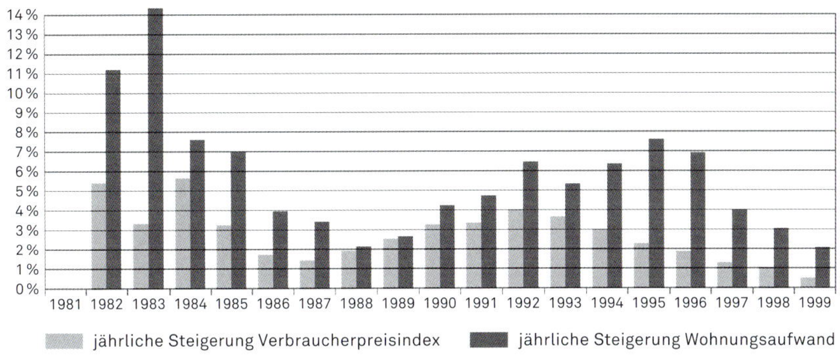

Zwischen 1981 und 1985 lag der jährliche Anstieg der laufenden Wohnkosten zwischen 7 und 14,3 %, die jährliche Erhöhung des VPI hingegen schwankte zwischen 3,2 und 5,6 %. Die Wohnkosten stiegen in diesem Jahrfünft somit zweieinhalb Mal so stark wie die Verbraucherpreise insgesamt. In der zweiten Hälfte der Achtzigerjahre machte die Wohnkostensteigerung im Schnitt nur das 1,6-Fache aus, um dann zunächst zwischen 1991 und 1995 auf das Zweifache und schließlich (ab 1995) auf das 3,2-Fache anzuwachsen.

Vergleicht man die Entwicklung des Wohnungsaufwandes mit jener der Verbraucherpreise insgesamt, dann zeigt sich, dass der Anstieg beim laufenden Wohnungsaufwand erheblich über der gesamten Teuerungsrate liegt. Während die jährliche Steigerungsrate des Verbraucherpreisindex (VPI) zwischen 1981 und 1999 durchschnittlich 2,7 % betrug, machte der mittlere jährliche Zuwachs beim Wohnungsaufwand 5,7 % aus.

Die verstärkte Zunahme der Wohnkosten in der Mitte der Neunzigerjahre ist auf die zu Beginn dieses Jahrzehnts vor allem im Bereich der städtischen Wohnungsmärkte auftretende große Nachfrage zurückzuführen. Diese bewirkte zunächst einen Preisschub im Wohnungsaltbestand und führte in weiterer Folge zu einem Neubauboom, der sowohl bei den Errichtungskosten als auch auf den Grundstücks- und Finanzierungsmärkten eine Preissteigerung auslöste. Aus einer Aussendung der kommunalpolitischen Abteilung der Arbeiterkammer Wien aus dem Jahr 1997: *„Obwohl ein Großteil des geförderten Wohnbaus der letzten Zeit in Stadtrandlagen erfolgte, hat sich auch dort die Mieterbelastung durch Grundkosten verdoppelt. Während in der Periode 1987 bis 1989 pro Quadratmeter Nutzfläche im geförderten Mietwohnungsbau im Schnitt 1.200,- öS (87,- €) zu bezahlen waren, müssen die Mieter derzeit auch in Randlagen mit dem doppelten Preis rechnen. Die durch Bauträgerwettbewerbe erzielten Einsparungen bei den Baukosten werden dadurch konterkariert. Trotz Wohnbauförderung hat sich die Leistbarkeit verschlechtert. Diese Entwicklung führte auch zu einer starken Umverteilung von Einkommen und Vermögen zugunsten einer Minderheit von Grundeigentümern.“*

Haushalte mit geringem Einkommen – das sind solche, bei denen die monatlichen Pro-Kopf-Ausgaben unter der Hälfte des Durchschnitts (6.410,- öS/466,- €) aller Haushalte liegen – haben einen erheblich höheren Anteil ihres Budgets für das Wohnen zu reservieren als die übrigen Haushalte (18.117,- öS/1.317,- €): 22 % gegenüber 16 %, obwohl sie im Schnitt nur halb so viel (1.420,- öS/103,- €) wie letztere (2.845,- öS/207,- €) für ihre Wohnung ausgeben können und sich deshalb mit einem sehr niedrigen Wohnungsstandard zufriedengeben müssen.

Betrachtet man die realen Anstiege der pro Kopf gegebenen Einkommen und der Wohnkosten, dann erkennt man, dass die Kosten für Wohnen zwischen 1981 und 1999 in Österreich insgesamt um 121 % zugenommen haben, während die Einkommen bloß um 39 % wuchsen. In Wien ist das Verhältnis noch deutlich ungünstiger als im übrigen Bundesgebiet. Hier steht nämlich einem erhöhten Wohnkostenanstieg von 137 % ein Einkommenswachstum von nur 32 % gegenüber.

Peter Moser

Ausgabenaufteilung der Wiener Haushalte

Ausgabenbereiche	*Haushalte mit geringem Einkommen*	*übrige Haushalte*
Ernährung	29 %	15 %
Wohnen	22 %	16 %
Beheizung und Beleuchtung	3 %	5 %
Bildung, Erholung, Freizeit, Sport	12 %	14 %
Verzehr außer Haus	4 %	4 %
Verkehr, Nachrichtenübermittlung	11 %	19 %
Sonstiges	19 %	27 %
Gesamt	100 %	100 %

der Subjekt-Förderung, also Wohn- oder Mietzinsbeihilfe für jene, die sich freie Marktmieten nicht leisten können. All dies führt zu einer ungebremsten Umverteilung von öffentlichen Wohnbauförderungsmitteln zu privaten Investoren.

In den 1980er-Jahren konnten Mietzins-Obergrenzen durch geringfügige Wohnungssanierungen leicht umgangen werden. Standardanhebungen bis zur Kategorie B erlaubten dem Vermieter, über mehrere Jahre hinweg einen erhöhten Mietzins zu verlangen. Das begünstigte den Zuzug sozial schwächerer, oft ausländischer Familien in abgewohnte Stadtviertel mit geringfügig sanierten Wohnungen. Diese waren gerade noch leistbar. Die erhöhten Wohnkosten wurden durch Überbelag kompensiert: Viele Personen lebten auf zu engem Wohnraum, was wiederum zu Konflikten führte. Im Expertenbericht der Arbeiterkammer Wien „Einbinden statt Ausgrenzen – Strategien gegen die Armut“ (1999) wird festgestellt, dass die pro Kopf zur Verfügung stehende Wohnfläche bei den einkommensschwachen Haushalten gesunken ist, während sie sonst überall angestiegen ist. Der Mietenindex war in den letzten zehn Jahren doppelt so stark wie der Verbraucherpreisindex angestiegen.

Für Kategorie-A-Wohnungen war 1985 die Mietzinsbeschränkung überhaupt aufgehoben worden. So kosteten 1990 zum Beispiel im Bezirk Meidling sanierte, gut ausgestattete private Alt-Mietwohnungen (Kategorie A) bis zu 135,- öS (10,- €) pro Quadratmeter. Ablösen bis zu 5.000,- öS (360,- €) pro Quadratmeter wurden oftmals illegal von neuen Mietern verlangt.

Um 1990 können Familien mit einem Durchschnittseinkommen von damals 15.000,- öS bei gut ausgestatteten 80-Quadratmeter-Wohnungen mit 10.000,- bis 12.000,- öS Monatsmiete auf dem privaten Markt schon nicht mehr mithalten und verlängern die Warteschlangen bei geförderten und Gemeindewohnungen. Innerhalb von zehn Jahren steigen die Kündigungen und Delogierungen um 40 Prozent, teils infolge finanziell überforderter Mieter, teils wegen der Versuche von Vermietern, Wohnungen zwecks besserer Verwertung frei zu machen. So werden vom Markt sozial bedürftig gemachte Menschen ohne Obdach und Wohnung zu einem Problem. Zwei Drittel der Wiener, die in Umlandgemeinden absiedeln, nennen, laut einer Fessel-GfK Studie aus dem Jahr 1999, primär finanzielle Gründe, konkret die zu hohen Wohnungskosten in der Stadt.

Innerhalb der Stadt bewirkt ein rechtlich liberalisierter Wohnungsmarkt ein Stadt-Nomadentum, eine Entmischung der Menschen nach Einkommensklassen – in letzter Konsequenz ihre Sortierung und Zuweisung in soziale Zonen. Wer am meisten für eine bestimmte Lage bezahlen kann, schließt alle anderen mit weniger Kaufkraft aus. So gelingt es den reicheren Gruppen, sich von ärmeren räumlich abzugrenzen. Bodenpreise und -renten führen je nach Lage zu einer sozialräumlichen Polarisierung. Die Ärmeren wandern in billigere Lagen, bis auch dort Investoren das „Entwicklungspotenzial“ einer Immobilie entdecken und für deren „Aufwertung“ sorgen. Die Mobilität des Kapitals auf dem Immobilienmarkt führt zu einer erzwungenen Mobilität von Menschen.

„Zinshäuser“ der Gründerzeit – beliebte Objekte der Umwandlung in Altwohnungseigentum

Das Miet- als Bankhaus

Im folgenden Beispiel die Geschichte eines Miethauses im Kernbereich der Stadt mit etwa 30 Mietobjekten und 3.000 Quadratmetern Nutzfläche: Seine Bewohner leben hier schon länger und zahlen verträgliche Mieten. Die Haus-„Belegschaft“ ist sozial gemischt, besteht aus Klein-, Mittel- und Besserverdienern. 1989 wird das Haus von den privaten Hausbesitzern an eine Ges.m.b.H. verkauft. Preis: 12 Millionen Schilling. Schon drei Monate später verkauft der Immobilienhändler an eine Bau-Ges.m.b.H. vom Typus „Immobilien-Entwickler“. Neuer Preis: 40 Millionen Schilling. Wertsteigerung in nur drei Monaten: mehr als 300 Prozent.

Der neue Hauseigentümer geht nun ans Verwerten und wünscht unmissverständlich den Auszug der Mieter, denn: *„Die bisherigen Wohnungspolitiker sind alle Utopisten. Es ist nicht gelungen, ihnen die Realität des Marktes nahezubringen“,* erklärt er den Mietern, und meint damit die gesetzlichen Mietzinsbeschränkungen. Diese seien ertragsmindernd und investorenfeindlich. *„Aus dem Haus soll ein Ertragshaus werden“*, für sein eingesetztes Kapital will er fünf Prozent Rendite, mehr als die übliche Geld-Verzinsung. Er investiert zusätzlich zum Kaufpreis von 40 Millionen noch einmal so viel in

Vom Spekulationsobjekt zum Vorzeigewohnbau: Der Kauerhof im 15. Wiener Gemeindebezirk hat eine bewegte Geschichte hinter sich. Der Gründerzeithäuserblock war ein Spekulationsobjekt und wurde von den vorhergehenden Besitzern schwer vernachlässigt. Nicht nur die Mieter und Wohnungseigentümer litten unter dem zunehmenden Verfall des Hauses, sondern auch für die Bewohner des Grätzels und für den gesamten Bezirk wurde der Kauerhof zu einem wachsenden Ärgernis. 2002 konnte der Kauerhof von der Wohnbauvereinigung für Privatangestellte (WBV-GPA) aus einer Konkursmasse erworben werden. Das ehemalige Problemhaus wurde gefördert revitalisiert und präsentiert sich seit Mai 2008 in neuem Glanz. Insgesamt beherbergt der Kauerhof nun 131 Wohnungen. Durch eine Blocksanierung wurde zudem das gesamte Wohnquartier attraktiver gestaltet. Neue Grün- und Aufenthaltsbereiche sorgen für eine Steigerung der Lebensqualität im Viertel.

Um- und Ausbauten (Dachboden) und Sanierung und weitere 40 Millionen in die Absiedlung von Mietern und Geschäften. Macht in Summe rund 120 Millionen Schilling. Allein die erwartete Kapitalrendite belastet nun jede Wohnung mit mehr als 100 Schilling pro Quadratmeter und Monat.

Ende der 1990er-Jahre wird das Haus wieder verkauft: an die Immobiliengesellschaft einer Bank: um 198 Millionen Schilling. Dieser Preis erzeugt entsprechenden Druck auf die Höhe der Mieten, die nun ein Vielfaches des Ursprünglichen betragen. Sozial gemischtes Volk kann hier nicht mehr wohnen, sondern nur mehr ein bestverdienender, aufstiegsorientierter und vermögensbildender Personenkreis.

Institutionelle Anleger, Banken, Versicherungen, Immobilienfonds und -verwerter verdrängen zunehmend die privaten „Hausherren", weiten ihre Immobilien-Imperien auf 100 bis 200 „Stück" aus und wirken durch ihre Nachfrage preissteigernd. Auf ihr Konto gehen 90 Prozent aller Grundstückstransaktionen. Das Begehren nach einer Immobilienrendite ist auch politisch präsent: *„Man kann ja auch nicht Leute Anleihen kaufen lassen und ihnen dann die Zinsen streichen. Beim Hausbesitz geht das seit 70 Jahren"*, so der damalige ÖVP-Bautensprecher Otto Keimel. – Die Mieten dienen nicht mehr in erster Linie der Instandsetzung und Erhaltung der Häuser. Miethäusern wird nun die Funktion von Aktien zugedacht. Die Immobilien-Spekulation wird legalisiert, professionalisiert, normalisiert.

Mieter werden zu Banken, die den Hauseigentümern für ihr angelegtes Kapital nicht nur den Mietzins, sondern auch Zinsen bezahlen. Wiederholt fordern die Experten der Immobilienbranche vom Gesetzgeber die Anhebung der Mieten auf Marktniveau. Politische Schritte in diese Richtung beleben die weitere Wohnungsnachfrage des renditesuchenden Kapitals, das dann neuerlich die Rentabilität seiner Investitionen von der Politik einfordert.

Anfang der 1990er-Jahre verdoppelt sich der Flächenumsatz bei Bodentransaktionen, verdreifachen sich die Bodenpreise in Altbaugebieten innerhalb des Gürtels, verfünffachen sie sich im Kernbereich der Stadt. Dann – nach dem Abbruch des EXPO-95-Fiebers – „beruhigt" sich diese Entwicklung, setzt sich aber in Richtung Peripherie fort: Die Nachfrager nach Wohnungen und der Neubau werden dorthin abgedrängt auch die dortigen Bodenpreise beginnen zu steigen.

Begleitet wird dieser Prozess von weiteren gesetzlichen Liberalisierungen in der Mietpreisgestaltung. Die seit 1994 geltende, komplizierte Bildung des Richtwertmietzinses ersetzt den Kategoriezins – jedoch auf höherem Niveau – und begrenzt die Mieten nicht wirklich. Das System der Lagezuschläge koppelt die Mieten an den Wert der Adresse und an die Lage der Wohnung im Haus. Die Lage verdoppelt etwa in der Innenstadt die Grundmiete, obwohl die Lage eines Hauses in einem attraktiven Umfeld keine Leistung des Hauseigentümers darstellt.

Ein saniertes Gründerzeithaus im Stuwerviertel im zweiten Wiener Gemeindebezirk

Die Politik ermöglicht die weitgehend beliebige Befristung von Mietverträgen – eine „Flexibilisierung" nicht nur bei Arbeits-, sondern nun auch bei Wohnverhältnissen. Der Kündigungsschutz wird damit ausgehebelt, Kettenverträge werden wieder salonfähig („Wohnen bis auf Widerruf gestattet"). Vermieter bekommen mehr Macht, um ihre Preisvorstellungen gegenüber Mietern besser durchzusetzen. Dies erzwingt häufigeren Wohnungswechsel (auch Schulwechsel der Kinder) und erschwert das Knüpfen sozialer Beziehungen im Wohnumfeld, das Bilden von Nachbarschaften sowie eine soziale und kulturelle Verwurzelung.

Eigentumswohnungen in bester Lage

Ein Althaus mit fast 30 Mietobjekten wechselt in zehn Jahren mehrmals den Besitzer. Der Preis steigt von fünf auf 30 Mio. Schilling. Die Mieter sollen ihre Wohnungen kaufen können, um rund 1,5 Mio. S. Die meisten sind finanziell überfordert, der Plan wird fallengelassen. Die Verwertungs-Ges.m.b.H saniert das Haus über erhöhte Mieten, bietet ausziehenden Mietern rund 1 Mio. S Abfindung, macht aus den Wohnungen Eigentum und verkauft die freien 90-m²-Wohnungen um rund 9 Mio. Schilling (680.000 Euro), drei mal so teuer wie neu errichtetes, durchschnittliches Wohnungseigentum. Beste Klientel und Firmen ziehen ein.

„Die Eigentumspreise sind in Wien mit 3.600 bis 9.000 Euro pro m² teurer als sonst in Österreich und werden weiter steigen. Das ist auf den Rückgang des Neubaus in Wien um je 46 % in den letzten beiden Jahren zurückzuführen." (Verband der Immobilientreuhänder, Jänner 2003)

Wer kann, flüchtet ins Alteigentum, dessen Preise – in Bestlagen ausgenommen – nur etwa ein Viertel unter jenen für Neubaueigentum liegen. Der Trend der Umwandlung von Miet- in Eigentumswohnungen setzt sich fort und wird auch rechtlich nicht beschränkt. Das hält die Preise in diesem Sektor auf hohem Niveau. Einerseits kann der Investor mit dem „scheibchenweisen" Verkauf der Alteigentumswohungen der Immobilie oft in kurzer Zeit das Mehrfache deren ursprünglichen Preises erzielen. Andererseits wird die Nachfrage bei vermögenden Käufern stimuliert: Teilweise soll das Vermieten von „Vorsorgewohnungen“ den Eigentümern auch die Altersversorgung garantieren – eine Form der Privatisierung der Pensionssicherung.

Nur vordergründig ist also der Markt die erste Instanz, die entscheidet, zu welchen Bedingungen Wohnungen erreichbar sind. Tatsächlich entscheidet zuerst die Politik, was sie dem Markt gestattet, ob sie Interessen von Immobilienbesitzern befriedigt oder ob sie die sozialen Qualitäten und Funktionen von Wohnungen im städtischen Kontext begünstigt. Die Vermögensstatistik weist nicht nur wachsende Geldvermögen aus, sondern auch, dass sich deren Wachstum vor allem aus dem Titel „Einnahmen aus Vermietung und Verpachtung“ generiert.

Zwischen Anspruch und Wirklichkeit: Die Entwicklung der Wiener Wohnbaupolitik

„In den 20er- und 30er-Jahren baute die Stadt Wien Wohnungen für einen neuen Menschen – den selbstbewussten, gesunden und sich bildenden Arbeiter“, kommentiert Architekt Harry Glück den Wandel der politischen Zielsetzungen im sozialen Wohnbau Wiens: *„Heute schafft man Wohnraum für den konsumierenden Arbeiter, der am Wochenende mit dem Auto zu seinem Zweitwohnsitz im Grünen fährt.“* Glück, der vor allem in den 1970er-und frühen 1980er-Jahren Tausende Wohnungen realisierte, vermisst heute jene gesellschaftspolitischen Visionen, die in der Zeit des Roten Wien eines der weltweit erstaunlichsten und erfolgreichsten Wohnbauprogramme begründeten – mit architektonischen Ikonen wie dem Karl-Marx-Hof, dem Rabenhof, dem Reumannhof oder dem George-Washington-Hof.

Über 60.000 kommunale Wohnungen entstanden zwischen 1923 und 1934 in der bis dahin von unhygienischen Massenquartieren und spekulativem Mietwucher gekennzeichneten Donaumetropole. Mit den Gemeindebauten erfolgte eine Abkehr von den engen Zinskasernen hin zu großzügigen Wohnhöfen mit ausreichend Licht, Luft und Grünflächen. Wurden in gründerzeitlichen Blöcken bis zu 85 Prozent einer Parzelle bebaut, so ging dieser Wert bei den sozialdemokratischen Superblocks bis auf unter 30 Prozent zurück. Jede Wohnung hatte Toilette, Wasser- und Gasanschluss – und meist auch Balkon, Loggia oder Erker. An Gemeinschaftseinrichtungen fanden sich in den Anlagen Badehäuser, Waschküchen, Kindergärten, Gesundheits- und Sozialeinrichtungen, Büchereien und Geschäfte. Dennoch waren die Mieten für alle erschwinglich: Für eine durchschnittliche Gemeindewohnung betrug der Mietzins 1926 vier bis acht Prozent eines Arbeitermonatslohns.

Die Gemeindebauten im Roten Wien (Karl-Marx-Hof, 1927–1930): bis heute ein Maßstab für sozialen Wohnbau

Wohnpark Alt-Erlaa (1973–1985): Bis zur zwölften Etage verfügt jede Wohnung über eine großzügige Terrasse mit freiem Blick zum Himmel. Den 10.000 Bewohnern stehen zahlreiche Spiel-, Sport- und Freizeiteinrichtungen zur Verfügung, Kindergärten, Schulen und ein Ärztezentrum ebenso wie ein Kaufpark und eine Kirche. Bekannt geworden sind aber vor allem die acht Dachschwimmbäder in 80 Metern Höhe.

Ständestaat und Nationalsozialismus beendeten nicht nur Wiens sozialdemokratisches Wohnbauprogramm; in dieser Zeit verschwanden auch viele jener engagierten Politiker, die den Wohnbau der Zwischenkriegszeit bestimmt hatten. Dieser geistig-kulturelle Verlust lässt sich an zahlreichen städtischen Wohnanlagen der 1950er- und 60er-Jahre ablesen – auch wenn dabei manche Einsparungen und Qualitätseinbußen dem Mangel der Nachkriegszeit zuzuschreiben sind. Ab 1960 litt die Qualität des Wiener Wohnbaus aber vor allem unter dem unreflektierten Einsatz des standardisierten Bauens: Die Per-Albin-Hansson-Siedlung (Ost) oder auch die Großfeldsiedlung zeugen bis heute von der damaligen Maxime „Masse statt Klasse".

Geklotzt wurde auch in den 1970er-Jahren noch, wie etwa die Wohnhöfe auf den Trabrenngründen oder Am Schöpfwerk (→ S. 587) beweisen. Dabei sparte man nicht nur an architektonischer und bautechnischer Qualität – auch die Freiraumgestaltung, die infrastrukturelle Ausstattung sowie die Abgelegenheit mancher Standorte lassen viele Anlagen eher als un-sozialen Wohnbau erscheinen. Andererseits gewährte das Rathaus in dieser Zeit so manchem wohnbaupolitischen Experiment den nötigen Spielraum: So ist Harry Glücks Wohnpark Alt-Erlaa wohl der einzige Großwohnbau seit 1945, dessen Freiraum- und Ausstattungsqualität an die Modelle der 1920er-und -30er-Jahre anknüpft. Aber auch die damaligen Pilotprojekte der sanften Stadterneuerung waren und sind richtungsweisend für die sozial verträgliche Aufwertung von Wiens immensem Altbauwohnungsbestand.

Projekte wie jenes im Karmeliterviertel oder im „Planquadrat" haben das Potenzial – behutsam entkernter und begrünter – gründerzeitlicher Innenhöfe sowie den Mehrwert von Bürgerbeteiligung in der Wohnhaussanierung und Wohnumfeldgestaltung vor Augen geführt. Architekt Ottokar Uhl bezog Anfang der 1980er-Jahre auch bei einem Neubau *(„Wohnen mit Kindern")* die Bewohner von Anbeginn in die Planungen mit ein. Und schließlich fand das wachsende Umweltbewusstsein dieser Zeit Ausdruck in sogenannten Öko-Siedlungen wie dem wegweisenden Ensemble von Solarhäusern am Kamillenweg von Georg Reinberg, Martin Treberspurg und Erich Raith.

Großwohnanlagen der 1960er- und 1970er-Jahre (Wien-Penzing): Monotonie als Merkmal des industrialisierten Wohnbaus

Sanfte Stadterneuerung als langfristige bauliche, gestalterische und soziale Aufgabe

Un-sozialer Wohnbau?

Der Wohnraumbedarf der Wiener Bevölkerung schien Mitte der 1980er-Jahre mehrheitlich gedeckt. Daher wandte sich das sozialpolitische und experimentelle Engagement der Stadtväter zusehends repräsentativeren Gebäuden zu. So versuchte Wien – nicht zuletzt mit großzügigen Subventionen aus der Wohnbauförderung – internationale Stararchitekten für die Errichtung sozialer Wohnbauten zu gewinnen. Jean Nouvel etwa realisierte in der Leopoldauerstraße Anfang der 1990er-Jahre geförderte Eigentumswohnungen. Ihr Gesamtpreis wurde durch einen „nicht-rückzahlbaren Baukostenzuschuss" der Stadt Wien um mehr als ein Drittel reduziert, für eine

1/2 Geförderter Wohnungsleerstand: Die Stadtbahn-Überbauung an der Spittelauer Lände von Zaha Hadid (2004/05) als jüngstes Beispiel wohnbaupolitischer Prestigeprojekte

3/4 Gasometer City (1998–2001) in Simmering (Wien 11): Wohnen im Industriedenkmal – inmitten eines Gewerbegebiets ...

1

2

3

4

105-Quadratmeter-Maisonette auf etwa 2,1 Millionen Schilling (153.000 Euro). Bei Wohnungen in dieser Preisklasse sind derart umfangreiche Förderungen aus Mitteln des sozialen Wohnbaus allerdings kaum mehr zu rechtfertigen.

Mit nicht-rückzahlbaren Zuschüssen sowie einer beispiellosen, von der öffentlichen Hand getragenen Werbekampagne wurden auch die Wohnungen in den ehemaligen Gasometern an den Mann gebracht. Der Einbau von über 600 Wohneinheiten samt einer Shopping Mall in die denkmalgeschützten Ziegelhüllen Ende der 1990er-Jahre galt als Prestigeprojekt der Stadtregierung. Ob ausgediente Gasbehälter tatsächlich ein geeigneter Ort zum Wohnen sind, ob der Standort inmitten eines Industrie- und Gewerbegebiets am „East End" von Wien, begrenzt von der Autobahnen A4 und A 23, ein lebenswertes Umfeld bieten kann, wurde dabei nicht hinterfragt. So entstanden hinter historischen Mauern Neubauwohnungen, die hinsichtlich Belichtung und Besonnung zwangsläufig nur ein Kompromiss sein konnten. Die engen Innenhöfe verschaffen vielen Bewohnern mehr akustische und visuelle Kontakte zu ihren Nachbarn, als ihnen lieb sein kann. Und im Übrigen fehlt es diesem neuen Wohnviertel an Grün-, Spiel- und Erholungsflächen.

Dichte und Enge – als Missstände der Gründerzeit vergessen geglaubt – prägen mit dem Anspruch einer „neuen Urbanität" auffallend viele Wohnbauten der letzten Jahre. An der Wagramer Straße drängen sich – vom Autoverkehr durch eine elfgeschoßige Häuserzeile abgeschirmt – sechs Wohnhochhäuser im „Wohnpark Alte Donau", ebenfalls geplant von renommierten Architekten wie Coop Himmelblau und Gustav Peichl. Im Schnitt entfallen die untersten 14 Etagen dieser Türme auf genossenschaftliche Mietwohnungen, deren Ausblick lediglich bis zur benachbarten Straßenverbauung reicht. Zwischen dem 15. und 19. Stock, wo noch etwas Verkehrslärm von der Wagramer Straße wahrnehmbar ist, liegen geförderte Eigentumswohnungen. Darüber folgen drei Geschoße mit frei finanzierten Wohnungen – und im 22. Stockwerk schließlich ein Penthouse mit großzügiger Dachterrasse. Harry Glück hatte auf den Dächern seines Wohnparks Alt-Erlaa bereits vor 30 Jahren gemeinschaftliche Schwimmbäder errichtet, sodass jeder Mieter an der Attraktivität des

1

2

3

4

5

1 Wohnpark Alte Donau (1996–1998): Vermeintliche Urbanität durch städtebauliche Dichte

2–5 Die „Sargfabrik" (2–4) und ihre spätere Erweiterung „Miss Sargfabrik" (5) (1994–2000) in Wien 14: Die mehrteilige Wohnanlage aus Neubauten und adaptierten Altbauten ist in eine gründerzeitliche Blockrandbebauung integriert und verfügt über 100 Wohnungen. Bauträger und Wohnungseigentümer ist der Bewohnerverein, was die Mitbestimmung der Mieter von den ersten Planungen an ermöglichte. Die zahlreichen Gemeinschaftseinrichtungen wie Kulturzentrum, Jugendclub, Café-Restaurant, Schwimmbad, Mediathek, Waschsalon oder Gemeinschaftsküche fördern die nachbarschaftlichen Beziehungen und beleben das ganze Viertel.

Hochhauses partizipieren kann. Dagegen sind die Dachzonen im „Wohnpark Alte Donau" für die meisten Bewohner nicht einmal zugänglich.

Dass öffentlich geförderter Wohnraum übereinander gestapelt wird, um als Fundament für den Fernblick einiger weniger exklusiver Apartments zu dienen, wurde von der Wohnbaupolitik mit der vermeintlichen sozialen Durchmischung innerhalb der Hochhäuser gerechtfertigt. Architekt Johann Winter vom Baukünstlerkollektiv BKK-3 hingegen empfindet dies als blanken Zynismus – und als *„Umverteilung der Wohnbauförderung von unten nach oben, im doppelten Sinn des Wortes"*. Johann Winter, Franz Sumnitsch und ihr Team haben 1996 im modellhaften Partizipationsprojekt „Sargfabrik" eine Symbiose aus Wohnen, Arbeiten, Kultur und sozialer Integration verwirklicht, das international für Aufsehen sorgte. *„Beim Bezug der Sargfabrik ist der erwartete Ansturm auf die obersten Stockwerke ausgeblieben"*, erinnert sich der Architekt, *„denn die Wohnungen in den unteren Etagen haben ihre eigenen, ganz spezifischen Qualitäten, die für manche Mieter mehr zählen als die bessere Besonnung oder der Ausblick im Dachgeschoß."*

Von dieser Art Mehrwert ist der Wohnpark in der „Wienerberg City" ebenso weit entfernt wie von jeglicher städtebaulichen Qualität. Die Restfläche zwischen den dicht gestaffelten Bauten ist im südlichen Teil von Garageneinfahrten und oberirdischen Parkplätzen bestimmt – im nördlichen Teil mit den vier Wohntürmen reduziert

Wienerberg City (2001–2004): Privatisierter Städtebau auf Kosten der Bewohner

sich der öffentliche Raum auf die Eingangszonen der jeweiligen Gebäude. Ein Spielplatz, der diesen Namen verdient, findet sich in dem 3.000 Einwohner zählenden Viertel nicht – und die ohnehin geringe Nutzbarkeit des Freiraums zwischen den Hochhäusern wird durch Fallwinde noch weiter eingeschränkt. Speziell die Bauten in der Nordhälfte stehen dermaßen eng aneinander, dass Dutzende Wohnungen von jeglicher Besonnung ausgeschlossen sind. Schließlich fehlt es dem neuen Stadtteil – in dem auch 5.500 Menschen arbeiten – an einem attraktiven öffentlichen Verkehrsanschluss: Die nächste Straßenbahnhaltestelle liegt rund 800 Meter von den Wohnhäusern entfernt.

Fachliche Ansprüche versus politische Ziele

Bezeichnend für die Qualität vieler jüngerer Projekte ist, dass mit Alt-Erlaa eine Großwohnanlage aus den 1970er-Jahren nach wie vor die höchsten Wohnzufriedenheitswerte erzielt. Dies besagt eine Studie der Wiener Stadtplanung aus dem Jahr 2004, deren Ergebnisse sich mit jenen einer Untersuchung des Bautenministeriums von 2001 decken: ein beschämendes Zeugnis für die – medial oft hoch gepriesenen – Großbauvorhaben der 1990er- und frühen 2000er-Jahre.

Laut Wohnbauforscher Hans-Jörg Hansely richtet sich der soziale Wohnungsneubau heute zunehmend nach dem Einkommensniveau der Mittelschicht. Dadurch entstehe, so der langjährige Mitarbeiter der Wiener Stadtplanung, ein Wohnungsüberangebot bei gleichzeitig fehlender Leistbarkeit.

Vermutlich auf die unteren Einkommensschichten Wiens zielt das Stadtentwicklungsprojekt „Monte Laa“ ab: Einer der größten Baukonzerne Österreichs realisierte jüngst auf seinem ehemaligen Werksgelände am Laaer Berg rund 1.000 Wohnungen. Der abgelegene Standort war zwar nie in einem Stadtentwicklungskonzept für eine solche Entwicklung vorgesehen – dank ausgezeichneter politischer Kontakte ist es Anfang der 2000er-Jahre dennoch gelungen, für „Monte Laa“ die nötige Flächenwidmung sowie für die Wohnbauten eine Förderzusage zu erwirken: ungeachtet des Fehlens jeglicher Infrastruktur (von Kultur über Gesundheit und Soziales bis hin zum öffentlichen Verkehr), ungeachtet des Umstands, dass das Areal von der Stadtautobahn A23 durchschnitten wird. Der Investor hat die meist befahrene Straße Österreichs auf einer Länge von 220 Metern einfach überplattet, um darüber allen Lärm- und Abgasemissionen zum Trotz einen neuen Stadtteil von *„besonderer Kinder- und Jugendfreundlichkeit“* sowie mit *„großzügigen Grün- und Freiflächen“* zu schaffen.

Selbstredend entstanden in den letzten ein, zwei Dekaden – oft im Schatten der öffentlichen Wahrnehmung – auch qualitätvolle soziale Wohnbauten, doch zeigen Projekte wie „Monte Laa“ oder „Wienerberg City“ unverkennbar eine Tendenz, die laut Architekt und Wohnbauforscher Kurt Leitner eine Eigendynamik entwickelt hat: *„Die Wiener Wohnbaupolitik orientierte sich in den letzten Jahrzehnten zu sehr am Mittelmaß. Wenn man aber anstatt nach oben ständig nach der Mitte strebt, sinkt der Durchschnitt immer weiter ab. Das heißt, die breite Masse der Wohnbauten wurde in ihrer Qualität tendenziell schlechter.“*

Damit sich dieser Trend umkehren und Wien wieder an seine große Tradition im sozialen Wohnbau anknüpfen kann, braucht es zuvorderst eine Abkehr von den seit Anfang der 1990er-Jahre verfolgten politischen Maximen. Erste Anzeichen dazu hat es in jüngster Zeit durchaus gegeben: Die Fördermittel wurden aufgestockt und die Förderrichtlinien überarbeitet, um qualitative Verbesserungen, beispielsweise mehr und größere Balkone, im sozialen Wohnbau zu forcieren. Der umfangreiche Ausnahme-Paragraph 69 der Wiener Bauordnung, der in mehreren Wohnanlagen zu inakzeptablen Bebauungsdichten oder auch zur Einsparung von Kinderspielplätzen

Wohnzufriedenheit

... wird laut einer Studie des Österreichischen Ökologie-Instituts insbesondere durch folgende Kriterien definiert:

- Qualität und Ausstattung der Wohnung
- Gemeinschaftseinrichtungen
- Kontakte zu Nachbarn
- Sicherheit
- Architektur der Wohnanlage, Höhe und Dichte
- Größe und Gestaltung der Grün- und Freiflächen
- Freizeit- und Erholungsmöglichkeiten im Umfeld
- Einkaufsmöglichkeiten im Umfeld
- Nähe zu Kindergarten und Schule
- Nähe zum Arbeitsplatz
- Anschluss an den öffentlichen Verkehr
- Angebot an Fahrradabstellplätzen
- Angebot an Autoabstellplätzen
- Autofreiheit in der Siedlung

Monte Laa: Büromieter fanden sich an diesem Standort bis dato kaum, die öffentlich geförderten und beworbenen Wohnungen über der A 23 hingegen sind bereits bezogen.

Zwischen Anspruch und Wirklichkeit: Die Wiener Bauordnung schreibt vor, dass bei Wohnungen Spielplätze errichtet werden, der Wohnbauträger bestimmt, *wie* dies geschieht. (Wienerberg City)

missbraucht wurde, ist eben erst grundsätzlich überarbeitet worden. Nicht zuletzt setzt das Rathaus mit einigen Passivhaus-Siedlungen notwendige Schritte in Richtung Ökologisierung des Bauens, die es in stadt- und verkehrsplanerischer Hinsicht leider noch vermissen lässt.

Ökologische Qualität im geförderten Wohnbau

Seit 1995 ist die Vergabe von Förderungsmitteln im großvolumigen Wiener Wohnbau an das Erreichen planerischer und ökologischer Mindeststandards gebunden. Der Qualitätswettbewerb um öffentliche Förderungsmittel hat nicht nur zu einer erheblichen Anhebung der Baustandards geführt, sondern darüber hinaus dem Wohnungswesen und der Bauwirtschaft einen in die Tiefe wirkenden Modernisierungs- und Innovationsimpuls gegeben.

Frischer Wind für den Wiener Wohnbau

Anfang der 1990er-Jahre war der Wiener Wohnungsneubau gekennzeichnet durch große Nachfrage und mäßige bis unbefriedigende Architektur- und Ausführungsqualität bei gleichzeitig steigenden Kosten. Eingefahrene, politisch gefärbte Vergabemechanismen für Förderungsmittel und die Tatsache, dass es sich im Wohnbau um einen „geschützten Markt" handelte, hatten die Entwicklung des Wohnbaus zum Stillstand kommen lassen. Die Qualitäts- und Kostenfrage verschärfte sich nochmals, als nach einer längeren Phase der Stagnation der geförderte Wohnungsneubau ab 1993 auf bis zu 10.000 Wohneinheiten pro Jahr angekurbelt wurde. In dieser Situation setzte sich die Wohnbaupolitik das Ziel, die architektonische und ökologische Qualität des Wiener Wohnbaus anzuheben und zugleich die Kosten zu senken.

Das Prinzip: Wettbewerb um öffentliche Förderungsmittel

Um die Qualität des Wohnungsneubaus zu heben, werden seit 1995 die Wohnbauträger nicht mehr länger mit fixen Wohnbauförderungskontingenten bedient. Sie müssen sich nun in einem Qualitäts- und Kostenwettbewerb um öffentliche Förderungsmittel bewerben.

Im Rahmen des Wiener Wettbewerbsmodells werden vom Förderungsgeber Land Wien öffentlich ausgeschrieben: Bauträgerwettbewerbe für Objekte ab einer Größe von circa 200 Wohneinheiten, die auf größeren, neu zu bebauenden Grundstücken errichtet werden sollen sowie Bauträgerauswahlverfahren bei kleineren städtischen Liegenschaften. Diese Verfahren unterscheiden sich von herkömmlichen Architekturwettbewerben dadurch, dass nicht die Planer, sondern die Bauträger als Wettbewerber auftreten, und dass neben der architektonischen auch die ökonomische und ökologische Qualität der Projekte beurteilt wird. Seit 2009 ist als vierte Bewertungssäule die „soziale Nachhaltigkeit" dazugekommen. Die besten Projekte werden zur Realisierung empfohlen und erhalten Wohnbauförderungsmittel, gegebenenfalls auch unter der Auflage von Nachbesserungen.

Im Bauträgerwettbewerb werden die eingereichten, miteinander konkurrierenden Wohnbauprojekte von einer Fachjury gleichgewichtig in den drei Bereichen Planungsqualität, Ökonomie und Ökologie bewertet.

Parallel zu den Wettbewerben werden auch alle übrigen, zur Förderung eingereichten Wohnbauvorhaben in Wien von einem Fachbeirat nach den gleichen Kriterien wie bei den Wettbewerben beurteilt und entweder zur Förderung empfohlen oder abgelehnt. Zusammengesetzt ist dieser sogenannte Grundstücksbeirat, ebenso wie die Jury, aus Fachleuten der Bereiche Architektur, Städtebau, Freiraumplanung, Ökologie, Ökonomie, Wohnrecht und Wohnbauförderung sowie aus Vertretern der Bauträger, der Stadt Wien und des städtischen Liegenschaftsmanagements.

Ökologischer Wohnbau = großer Effekt für den Umweltschutz

Die Ökologisierung des großvolumigen Wohnbaus ist von zentraler Bedeutung, denn:

Mehr als die Hälfte der österreichischen Wohnbevölkerung lebt in großen Geschoßwohnbauten.

Als langlebige „Produkte" verursachen Wohnbauten für viele Jahrzehnte nachhaltig wirksame Umweltbelastungen: Schlechte Wohnbauten sind physikalische und ästhetische Umweltverschmutzer und kosten ihre Bewohner Komfort und Geld.

In der österreichischen Volkswirtschaft ist der Wohnbau einer der Hauptverbraucher an Ressourcen: Bauen und Gebäudebewirtschaftung sind für ein Drittel des Materialflusses und für 40 Prozent des österreichischen Endenergieverbrauchs verantwortlich.

Im großvolumigen Wohnbau können Umweltschutzmaßnahmen schnell und effizient durchgesetzt werden: Zum einen sind nur wenige Akteure (Bauträger) beteiligt, zum anderen kann mit den beträchtlichen Mitteln der Wohnbauförderung eine starke Lenkungswirkung erzielt werden.

Insgesamt wurden seit Einführung des Verfahrens bis Juni 2009 41 Bauträgerwettbewerbe durchgeführt, 781 Projekte im Grundstücksbeirat positiv beurteilt und somit ein Bauvolumen von insgesamt 76.677 Wohnungen zur Förderung und Realisierung empfohlen.

Die Folge: mehr Kompetenz im Wohnbau

Binnen kürzester Zeit nach Einführung des neuen Vergabeverfahrens für Förderungsmittel setzte eine rasante Qualitätssteigerung im Wohnbau ein. Die architektonisch-planerische Beurteilung der Entwurfsprojekte durch unabhängige Fachjuroren bewirkte rasch, dass gravierende planerische Mängel vieler früherer Projekte aufgezeigt und vermieden werden konnten, etwa schlecht geführte Erschließungen, ungünstige Grundrisszuschnitte, Ausrichtung der Wohnungen nach Norden, Fehlen wohnungsbezogener Freiräume oder unästhetische architektonische Gestaltung. Vor allem aber gewannen ökologische Aspekte schlagartig an Bedeutung. Schnell bildeten sich hohe Umweltqualitätsstandards heraus. Viele der Bauträger wurden erstmals systematisch mit den Möglichkeiten des ökologischen Bauens konfrontiert.

Die Beurteilungsmaßstäbe der Jury und des Beirats sind nicht fixiert, sondern orientieren sich am Standard der eingereichten Projekte. Mit steigender Qualität verschiebt sich auch der Bewertungsmaßstab weiter nach oben. Phantasie und Innovationskraft der Planer und Bauträger werden herausgefordert und treiben die Qualitätsverbesserung weiter voran. Die besten Projekte zeigen, welche Qualität möglich ist, nehmen eine Vorreiterrolle ein und werden zum Standard für den Wiener Wohnungsneubau.

Die über den Beirat eingereichten Projekte machen zusammen etwa 70–80 Prozent aller empfohlenen Wohnungen aus (20–30 Prozent entstammen den Bauträgerwettbewerben). Ihre steigende Qualität kommt letztlich auch den Bauträgern zugute, denn auf einem zunehmend anspruchsvollen Wohnungsmarkt bedeutet steigende Qualität auch bessere Chancen auf rasche Vermarktung der errichteten Wohnungen.

Ein besonderer Erfolg des Wiener Modells ist darin zu sehen, dass trotz sprunghaft gestiegener planerischer und ökologischer Standards die Bau- und Wohnungskosten innerhalb kurzer Zeit um mehr als zehn Prozent gesunken sind, über viele Jahre auf das damalige Niveau eingependelt haben und erst in den letzten zwei Jahren aufgrund der allgemeinen Preissteigerungen in der Baubranche wieder angestiegen sind. Der Kostendruck des Wettbewerbs hatte dabei keine Qualitätsabstriche zur Folge. Der Wettbewerb hat die „Intelligenz des Bauens" durch konzeptionelle Innovationen und eine baulich-technische Optimierung der Projekte allgemein gefördert. Die planenden und ausführenden Unternehmen und die Bauindustrie wurden zur Entwicklung neuer Lösungen und Produkte motiviert. Der Markt für umweltfreundliche Produkte und Umwelttechnologien expandierte stark, was wiederum erhebliche Preissenkungen bei vielen dieser Produkte und Technologien nach sich gezogen hat. Ökologisches Bauen wurde besser und billiger.

Fortschritte bei den bauökologischen Standards

Der größte Sprung vorwärts wurde im Bereich der Umweltqualität des Wohnbaus erzielt. Zu den verbesserten Standards zählen:

Energiesparendes Bauen: Der Jahresheizenergiebedarf neuer Wohnungen liegt heute in der Größenordnung von unter 24 bis maximal 40 Kilowattstunden je Quadratmeter Nutzfläche und entspricht damit dem Niedrigenergiehaus. Gegenüber 1995 bedeutet das eine Verringerung um mehr als 50 Prozent. Der Anteil an Passivhäusern, das sind Häuser mit sehr geringem Heizwärmebedarf, die ohne herkömmliche

Heizung auskommen, ist stark im Steigen begriffen. Aktuell wurden zehn Projekte mit 884 Wohnungen bereits fertiggestellt, weitere 22 Projekte mit 2.254 Wohnungen befinden sich in Bau oder stehen kurz vor Baubeginn.

Umweltfreundliche Energieversorgung: Die Wohnungen werden durchwegs mit Fernwärme oder mit hocheffizienten Heizungsanlagen (etwa Gas-Brennwerttechnik) beheizt. Zum Teil werden auch thermische Solaranlagen und kleine Photovoltaikanlagen errichtet. Auch Wärmepumpen zur Nutzung von Umgebungswärme und Anlagen zur Abwärmerückgewinnung kommen zum Einsatz.

Wasserspartechnik: Der Wasserverbrauch wird heute durchwegs wohnungsweise mit Einzelwasserzählern gemessen. In den Wohnungen werden Wasserspararmaturen eingebaut. Viele günstig gelegene Wohnhausanlagen sind heute mit Grundwasserbrunnen und Brauchwassersystemen ausgestattet. So können wertvolles Trinkwasser gespart und Wasserkosten für die Verbraucher gesenkt werden.

Intelligente Wartung: Immer mehr Energie- und Wasserzähler werden elektronisch fernabgelesen. Fehler in der Haustechnik können durch Fernwartung erkannt und rasch behoben werden. Eine ganze Reihe von Unternehmen hat sich auf diese Aufgabe spezialisiert und bietet Contracting mit Energiespargarantie für Haustechnikanlagen an. In den Bauten der nächsten Generation, etwa in der Passivhauswohnanlage Kammelweg, werden bereits EDV-Systeme integriert, bei denen die Bewohner ihre individuellen Verbrauchsdaten und jene des Hauses jederzeit über geschützte Internetverbindungen abfragen können.

Höhere Gebäudequalität: Die bauphysikalischen und bauökologischen Standards sind erheblich gestiegen. Beispielhaft angeführt seien hochwertige und bauphysikalisch optimierte Wandaufbauten, Fassadensysteme und Fensterkonstruktionen.

Klimafreundliches Bauen: Seit 1999 gibt es im geförderten Wiener Wohnbau ein Totalverbot für H-FKW-hältige Baustoffe und Bauprodukte (die klimaschädigenden, teilhalogenierten Fluorkohlenwasserstoffe finden sich hier vor allem in Dämmplatten und Montageschäumen). Allein durch diese Maßnahme werden in Wien jährlich bis zu 500.000 Tonnen CO_2-Äquivalent eingespart. Diese Menge ist genauso groß wie der Ausstoß an klimaschädlichen Gasen von 250.000 Autos beziehungsweise der gesamten Wiener Industrie in einem Jahr!

Ökologisch orientierte Baustoffwahl: Die meisten Bauträger achten heute darauf, dass ökologisch vorteilhafte und schadstofffreie Materialien Verwendung finden. Naturbaustoffe kommen immer mehr zum Einsatz. Nach einer Novellierung der Wiener Bauordnung werden heute auch in der „Massivbaustadt Wien" bereits einige großvolumige Wohnbauten in Holzbauweise errichtet. 2004 gab es dazu einen eigenen Bauträgerwettbewerb. Viele Bauträger unterziehen ihre Bauvorhaben einer ökologischen Qualitätskontrolle, dem sogenannten „Ökopass". Es gibt Programme zur systematischen Vermeidung von PVC (ein Kunststoff aus Polyvinylchlorid) und schädlichen Bauchemikalien.

Höherer Wohnkomfort und bessere Wohnhygiene: Die Maßnahmen für ein „gesundes Wohnen" haben generell gute Resonanz bei den Wohnungssuchenden gefunden. Wenn heute etwa in der Planung passiv-solare Energiegewinne verstärkt berücksichtigt werden, bringt das zugleich eine verbesserte Belichtung und Besonnung der Wohnungen mit sich. Vergrößerte Heizkörper, Wandheizungen und Netzfreischaltungen in den Schlafräumen erhöhen die Behaglichkeit. Durch die Verwendung schadstoffreduzierter und baubiologisch zertifizierter Materialien für den Innenausbau werden die Wohnungen „gesünder". Die heute bereits fast zum Standard gewordene kontrollierte Wohnungslüftung garantiert eine ständige Raumlufterneuerung und verringert das Risiko von Schimmelbildung und Allergien.

Große gemeinschaftliche Dachterrassen mit Gemüsebeeten, aber auch Saunen und Partyräume sind heute im geförderten Wohnbau keine Seltenheit mehr.

1 Nach 2003 wurde im Jahr 2007 erneut ein Bauträgerwettbewerb zum Thema Passivhaus ausgelobt. Im Entwicklungsgebiet Eurogate im 3. Bezirk wird in den nächsten Jahren die weltweit größte Passivhaussiedlung entstehen. In der ersten Stufe ist die Errichtung von 741 Wohneinheiten geplant.

2 Mit dem Bauträgerwettbewerb „Holz- und Holz-Mischbauweise" setzt die Stadt Wien ein markantes Zeichen für den urbanen mehrgeschoßigen Holzwohnbau und fördert damit eine ökologisch orientierte Baustoffwahl.

Und nicht zuletzt – mehr Geld für Wohnumfeld und Grün: Fragen der Qualität des Wohnumfelds und der Freiraumgestaltung sind jahrzehntelang kaum berücksichtigt worden, nun rücken sie im geförderten Wohnbau wieder ins Blickfeld der Bauträger und Planer. Fast alle Wohnhausanlagen werden heute mit privaten Freiräumen und mit mehr und besseren Hausgemeinschaftseinrichtungen ausgestattet. Bei jedem größeren Projekt wird ein Freiraumplaner zugezogen, was insgesamt die gestalterische und ökologische Qualität der Frei- und Grünräume stark verbessert. Aus stadtökologischer Sicht besonders positiv zu bewerten sind vor allem Maßnahmen gegen eine übermäßige Versiegelung, etwa durch platzsparende Garagenlösungen, Aktivitäten zur Bodenverbesserung und die Pflanzung großkroniger Bäume.

Wettbewerb fördert bauökologische Themen

Seit einigen Jahren werden in Wien Bauträgerwettbewerbe mit speziellen Schwerpunktthemen durchgeführt. Sie sollen die Innovationskraft in einzelnen, besonders zukunftsträchtigen oder umweltpolitisch wichtigen Bereichen des ökologischen Wohnbaus weiter stimulieren. Der erste diesbezügliche Wettbewerb war die Autofreie Mustersiedlung (→ S. 593). 1998 folgte der Wettbewerb CityX in Favoriten mit dem Spezialthema Ökobilanzen und ökologischer Fußabdruck des Wohnbaus. 2003 wurde der erste Wettbewerb zum Thema Passivhaus durchgeführt. Daran haben sich mit insgesamt 32 Beiträgen alle bedeutenden Wiener Bauträger beteiligt. Die beiden Siegerprojekte mit insgesamt 250 Wohnungen werden derzeit realisiert. Weitere Passivhauswohnanlagen sind ebenfalls bereits in Bau oder in Planung.

2004 gab es ein Wettbewerb zum Thema mehrgeschoßiger Holzbau im Umfang von 300 Wohnungen. Ein weiterer großer Wettbewerb zum Thema „Umweltfreundliche Baustellenabwicklung" für ein Projekt mit 1.000 Wohnungen wurde im Rahmen eines EU-LIFE-Projektes durchgeführt. Ziele waren dabei: den Baustellenverkehr, der mehr als 60 Prozent der in der Region transportierten Gütermengen ausmacht, zu verringern und teilweise auf die Bahn zu verlagern, die Bauabfälle insgesamt zu reduzieren und so weit wie möglich wiederzuverwerten und den Lärm und Schmutz auf der Baustelle zu verringern.

Allein im ersten, 480 Wohnungen umfassenden Bauabschnitt konnten auf der RUMBA-Baustelle Thürnlhof Ost eine Million Lkw-Fahrkilometer eingespart werden. Dies entspricht einer 25-fachen Erdumrundung mit einem Lkw.

Rückblick auf die letzten zehn Jahre geförderten Wohnbaus

Das Wiener Modell der Wohnbauförderung basiert auf einer mehrdimensionalen Beurteilung der Projekte hinsichtlich Planung, Ökonomie und Ökologie. Es ist darauf ausgerichtet, eine Win-win-Konstellation für die unterschiedlichen Interessensgruppen des Wohnbausektors herzustellen: Aus Sicht der Stadt Wien als Fördergeber garantiert das Verfahren einen effizienten Einsatz öffentlicher Gelder, festigt und erweitert die hohen Umweltqualitätsstandards und liefert einen Beitrag zum internationalen Image Wiens als Stadt mit hoher Lebensqualität. Für die Bauträger bringen bessere Immobilien eine bessere Marktplatzierung, niedrigere Erhaltungskosten und eine längerfristige Wertentwicklung der Baubestände. Für die Käufer und Mieter schließlich gibt es gut geplante, behagliche und gesunde Wohnungen mit geringen Betriebs- und Erhaltungskosten und einem guten Preis-Leistungs-Verhältnis.

Auch die wirtschaftliche Anschubwirkung des Wiener Modells ist nicht zu unterschätzen. Die Summe der seit 1996 im geförderten Wiener Wohnungsneubau und in der Sanierung für ökologische Maßnahmen getätigten Mehrinvestitionen beträgt mehrere Hundert Millionen Euro. Damit verbunden war eine erhebliche Ausweitung des Marktes für ökologische Bauprodukte. In einigen Bereichen haben die neuen Anforderungen des Wiener Wohnbaus Investitionen in die Neu- und Weiterentwicklung industrieller Produkte und haustechnischer Anlagen ausgelöst. Dank des erheblichen Anteils des Bau- und Immobiliensektors an der regionalen Wertschöpfung, leistet eine moderne und innovative Bau- und Wohnungswirtschaft einen starken Beitrag zur Erhöhung der Nachhaltigkeit des regionalen Wirtschaftssystems.

Nicht zu vernachlässigen ist auch die Kompetenzentwicklung in den regionalen Unternehmen. Die in Wien ausdrücklich geforderte und bewertete integrative Sichtweise der Bauaufgaben erfordert eine Zusammenarbeit aller Baubeteiligten, vom Bauträger über die Planenden bis zu den Bauausführenden. Der intensive Kontakt unter den Professionisten und die Auseinandersetzung mit neuen Technologien und Produkten hat Sachwissen und zusätzliche Kompetenzen in die beteiligten Unternehmen gebracht. Auch wurde klar, dass Qualität in erster Linie auf Know-how und Intelligenz beruht, und nicht auf dem Einsatz bestimmter Produkte und Technologien: Auch mit guten Materialien kann man ein schlechtes Haus bauen. Insgesamt konnte eine stärkere Innovationsorientierung des Systems erreicht werden. Und dennoch: Es gibt ambitionierte und weniger ambitionierte Bauträger. Für letztere bleibt das Thema Ökologie eine zusätzliche und erschwerende Randbedingung, wird aber nicht zu einer Kernanforderung an ihr „Produkt“. Diese Bauträger integrieren ökologische Aspekte nur temporär und punktuell und tendieren dazu, die geforderten Qualitäten in der Ausführung zu umgehen. Systemisch erfolgreich ist ökologisches Bauen nur dort, wo „ökologische Performance“ Teil der Unternehmenskultur und der „Produktdefinition“ wird.

Grundsätzlich hat sich gezeigt, dass gewisse Grundstandards, die vorerst nur in einzelnen Vorreiterprojekten – und zwar nicht nur in Wettbewerbsprojekten, sondern auch in Beiratsprojekten – erreicht werden, nach einer gewissen Zeit zum Standard für den gesamten Wohnbau werden. Dies war etwa beim Niedrigenergiestandard der Fall, der sich nach etwa einem halben Jahr als genereller Standard des Wohnungsneubaus herauskristallisiert hat, obwohl das in keiner Förderungsbestimmung oder Norm verlangt war (mittlerweile ist er obligatorisch vorgeschrieben). Diese Dynamik hat auch zu anderen Verbesserungen der Umweltqualität geführt. Sogar bei besonders anspruchsvollen Bauweisen wie der Passivhausbauweise kann ein solcher „Infektionseffekt“ auftreten.

Der Erneuerungsprozess im geförderten Wohnbau wurde durch den neuen Vergabemodus der Wohnbauförderungsmittel Mitte der 1990er-Jahre angestoßen. Dadurch konnte der Wiener Wohnbau seinen in der Zwischenkriegszeit geprägten internationalen Ruf als sozialpolitischer und wirtschaftlicher Modernisierungsträger der Stadtentwicklung von Neuem bestätigen. Sehr schnell wurde deutlich, dass ein guter, ökologisch hochwertiger sozialer Wohnbau über die positiven Wirkungen für die Wiener und Wienerinnen hinaus auch auf das internationale Image der Stadt abfärbt.

Das Zusammenleben von etwa 5.000 Menschen im Wohnbaukomplex „Am Schöpfwerk“ bedeutet eine große Herausforderung für Mieter und Mieterinnen, aber auch für die Wohnhausverwaltung.

Gemeinwesenarbeit in der Gemeindebausiedlung Am Schöpfwerk

Die Stadtteilzeitung „Schöpfwerk-Schimmel“ wird seit zwei Jahrzehnten mit Bewohnern und Bewohnerinnen produziert und funktioniert für sie als Sprachrohr, auch zur Kommunikation mit den Verantwortlichen der Stadt. So werden hier etwa rechtmäßige Rückzahlungen aus überhöhten Sperrmüllrechnungen der Verwaltung öffentlich eingefordert. Die Bürger sind nicht nur Rezipienten, sondern gleichzeitig Produzenten von Meinungen und treten in eine öffentliche Interaktion mit der Stadtverwaltung.

Die Stadtrandsiedlung „Am Schöpfwerk“ im 12. Wiener Gemeindebezirk ist ein sozialer Wohnbau aus den 1980er-Jahren mit 1.650 Wohnungen, in denen rund 5.000 Menschen, vorwiegend aus dem unteren Einkommensbereich, leben. Die Wohnhausverwaltung der Gemeinde Wien betreut die Mieter und Mieterinnen mit einem detaillierten Regelwerk, in dem die meisten Wohnprobleme technischer und sozialer Natur behandelt werden: von der Reparatur defekter Türschlösser über die amtliche Entfernung von Hundehäuferln am Gehsteig bis hin zur Delogierung von Bewohnern mit „unleidlichem Verhalten“. Darüber hinaus lösen aber auch andere, für Außenstehende oft banal klingenden Sorgen bei den Menschen Betroffenheit aus, wie etwa hohe Wohnkosten, Schimmelpilz in der Wohnung, Taubenplage, Lärm, Verschmutzung der Anlage oder Misstrauen dem politisch-administrativen System gegenüber. Diese Probleme von Seiten der Verwaltung mit bürokratischen oder pädagogischen Mitteln zu regeln, zeigen kaum Wirkung. Deshalb haben die Bewohner ein vitales Interesse, derartige Defizite ihres Lebensraumes selber in den Griff zu bekommen.

Aktive Gesellschaftspolitik im Alltagsleben

Eine gut ausgebaute Infrastruktur mit städtischen Einrichtungen für die Kinder- und Jugendbetreuung und Treffpunkten für Erwachsene regt die Bewohner der Anlage zu einer aktiven Lebensgestaltung an. Herzstück dieser Einrichtungen ist das Stadtteilzentrum Bassena, ein Treffpunkt, der an fünf bis sieben Tagen in der Woche für alle Altersgruppen zugänglich ist. Ein qualifiziertes Team betreibt dort Gemeinwesenarbeit mit dem Ziel, Eigeninitiative und bürgerliches Engagement der Menschen zu ermöglichen und zu fördern, um damit im Stadtteil die Lebensqualität zu verbessern. Aus dem Alltagsleben heraus wird durch sozialen Austausch und Anbindung an gesellschaftliche Einrichtungen aktive Gesellschaftspolitik praktiziert.

Ein Beispiel: Engagierte Mieterinnen und Mieter analysieren ihre Betriebskostenabrechnung und stellen extrem hohe Müllkosten fest. Nachforschungen ergeben, dass viel mehr Container-Volumen verrechnet wird als es realen Müll gibt. Man verhandelt

1 Jugendliche Skater brauchen Raum, um sich austoben zu können, ohne dabei ruhebedürftige Erwachsene zu stören. Nach langen und teilweise heftigen Diskussionen konnte für diesen Interessenskonflikt mit den Betroffenen eine Lösung gefunden werden.

2 Nutzungs- und Generationskonflikte signalisieren Veränderungen in der Gesellschaft. Der lokale urbane Sozialraum bietet sich als übersichtlicher Aushandlungsraum an. Am Ort des täglichen Lebens werden jüngere und ältere Nachbarn mit Akteuren aus Verwaltung und Politik vernetzt. Hier etwa konnte ein Lärm- und Nutzungskonflikt zwischen den Generationen mit der gemeinsamen Gestaltung eines Skaterplatzes nachhaltig gelöst werden.

1

2

mit der Verwaltung und kommt überein, dass künftig nur die „Befüllung" bezahlt werden soll. Um das „amtlich" akzeptabel zu machen, messen ein Mieter und ein Beamter über eine längere Periode hinweg gemeinsam das Müllvolumen und bestätigen mit ihrer Unterschrift ihre Wahrnehmungen. Das Ergebnis ist, dass es nun weniger Container und damit weniger Kosten für die Mieter gibt. Zudem erstellen Bewohner in gemeinsamer Arbeit während ihrer Freizeit Expertisen über das Sperrmüllproblem und gehen zu Gericht, um ungerechtfertigte Kosten für die Sperrmüllentsorgung vom Hauseigentümer zurückzufordern.

Nachhaltige Problemlösungen mit Beteiligung von Bürgerinnen und Bürgern

An anderer Stelle wird von den Bürgern ein eskalierender Lärmkonflikt bearbeitet: Jugendliche Skater und ruhebedürftige Erwachsene müssen sich den geringen öffentlichen, Raum im dicht verbauten Wohngebiet teilen – eine unvereinbare Interessenslage bei der sich weit und breit kein Kompromiss abzeichnet, wenn nicht die Rahmenbedingungen verändert werden. Die Betroffenen holen sich Unterstützung bei einer intermediären Instanz, den Gemeinwesenarbeitern der „Bassena". Gemeinsam wird in vielen Wochen analysiert und gestritten, es werden Alternativen gesucht und auch gefunden. Eine bereits asphaltierte Fläche in lärmverträglicher Entfernung zur Siedlung wird unter Beteiligung von Bürgern, Lokalpolitik und Verwaltung kostengünstig und innerhalb von nur einem halben Jahr in einen Skaterplatz verwandelt.

Es zeigt sich: Das meiste Hintergrund- und Expertenwissen über den eigenen Alltag und den eigenen Lebensraum haben die Bewohnerinnen und Bewohner selbst. Wenn dieses lokale Wissen als Ressource erkannt und geschätzt wird und wenn sich die Bewohner an der Bearbeitung der vielschichtigen Probleme beteiligen, lassen sich auch nachhaltige und stimmige Lösungen finden. Werden Entscheidungsbefugnisse, Verantwortung und Ressourcen „nach unten" verlagert, entsteht bei den Bewohnerinnen und Bewohner der Anlage größere Eigenverantwortlichkeit sowie mehr Zufriedenheit und Nachhaltigkeit bei der Erreichung der Ziele.

Mieterinnen und Mieter werden zu „Sachverständigen"

Wohnprobleme vermengen sich fast immer mit anderen, sehr häufig sozialen Problemen. Wenn etwa Schimmelpilz in der Wohnung wuchert, werden die Menschen krank.

Kranke Menschen, die nicht zur Arbeit oder in die Schule können, verursachen oft Folgeprobleme von nicht abschätzbarer Dimension. Auch wenn der Schimmel eigenhändig mit chemischen Mitteln entfernt wurde, kommt er bald wieder und den Mietern bleibt nach solchen Erfahrungen nur eine Beschwerde bei der Hausverwaltung. Der üblicherweise erteilte Rat: „Mehr Heizen und Lüften!" ist kontraproduktiv: Er treibt die Heizkosten in die Höhe und beseitigt die eigentliche Ursache nicht. Denn längst ist erwiesen, dass sich Schimmel bevorzugt in Gebäuden mit Isolationsmängeln entwickelt, was auch die Verantwortlichen der Hausverwaltung wissen. Nun wurde mehr als 20 Jahre nach Errichtung der Wohnanlage ein großes, aber mit viel zu geringen Geldmitteln ausgestattetes Sanierungsprojekt angekündigt. Wieder waren es die Bürgerinnen und Bürger, die darauf aufmerksam machten und einen konstruktiven Vorschlag einforderten. Sie diskutierten über ein Jahr lang mit der Verwaltung über Energie-Contracting und erwirkten schließlich eine Lösung: Sie bringt für die vorgesehene „thermische Sanierung" einige Millionen zusätzliche Euro und wird zudem die künftigen Energiekosten der Haushalte um bis zu 40 Prozent senken. Wesentlich ist dabei auch, dass die Mieten nicht erhöht werden müssen.

Dieses Beispiel macht sichtbar, wie Bewohnerinnen und Bewohner durch die Interaktion mit Fachexperten selbst zu „Sachverständigen" werden und wie Anstrengungen zur Existenzsicherung zu sozial-ökologischen Lösungen führen können.

Diversität im Stadtteil

Gemeinwesenarbeit hat die gesamte Diversität der Bevölkerung des Stadtteils im Blickfeld. Das beinhaltet, dass den Menschen unterschiedlichen Milieus, Generationen und Ethnien öffentlich Gehör verschafft wird und sie bei der Teilhabe am politischen Leben unterstützt werden.

Im vergangenen Jahrzehnt gab es Am Schöpfwerk eine jährliche Fluktuation der Bewohner von etwa zehn Prozent. So gesehen erneuert sich die Bewohnerschaft der Gemeindebausiedlung statistisch alle zehn Jahre. Natürlich gibt es aber auch etliche Familien, die bereits seit einem Vierteljahrhundert in ihren Wohnungen leben. Diese „Alteingesessenen" erleben die Abwanderung alter Nachbarn und den Zuzug von neuen Familien in ihrem Wohnumfeld. Gegenwärtig hat etwa die Hälfte der Siedlungsbewohner Deutsch als Muttersprache, während sich die andere Hälfte auf 20 andere Sprachen aufteilt. Wenn sämtlichen Bewohnerinnen und Bewohnern mit all ihren verschiedenen Kulturen die gesellschaftliche Teilhabe ermöglicht wird, können sie, bei aller Unterschiedlichkeit, konstruktiv zusammenwirken. Existenzängste, sinkende Lebensqualität und steigende Armut fördern jedoch Ausgrenzungstendenzen. Durch Vermittlung der Gemeinwesenarbeiter ist es schließlich gelungen, die erste türkisch-ägyptisch-österreichische Mietervertretung Wiens einzusetzen, die nun die Diversität der Bevölkerung des Stadtteils besser repräsentiert.

Diskussionen dürfen laut sein

Nicht immer, wenn mündige Bürgerinnen und Bürger von ihrem politischen Recht Gebrauch machen und öffentlich Kritik an Verwaltung und Politik äußern, verläuft die Kommunikation untereinander beziehungsweise mit Behördenvertretern reibungslos. Solche Diskussionen hören sich anders an, als es sich Manager und Beamte wünschen. Sie sind geprägt von der lautstarken Lebendigkeit der Betroffenen mit ihren jeweils unterschiedlichen kulturellen Hintergründen. Dabei vermischen sich emotionale Energien mit sachlichen Argumenten. Für Beamte ist dies oft unerträglich und unerhört – für intermediäre Profis wie die Gemeinwesenarbeiterinnen des Stadtteilzentrums Bassena jedoch aufschlussreich und ergiebig. Politiker aller Parteien plädieren beinahe enthusiastisch für mehr Partizipation von Bürgern als primäre Maßnahme für eine demokratische Kultur. Trotzdem zeigt die Erfahrung, dass sich Politik und Verwaltung im Umgang mit nachdrücklich artikuliertem Bürgerwillen oftmals defensiv, lustlos und ablehnend verhalten.

Den Bürgern und Bürgerinnen Gehör verschaffen. Eine wöchentliche Radiostunde wird „Am Schöpfwerk" von und mit Bewohnern der Anlage produziert. Was als einfache Bürgerin der Stadt schier unmöglich erscheint, etwa einen Gesprächstermin beim Stadtrat zu erhalten, wird als Radioschöpfwerk-Redakteurin innerhalb weniger Tage realisierbar.

Engagiertes Bürgerverhalten verändert die Verhältnisse in der Stadt

Es ist eine städtische Aufgabe, die an Komplexität und Intensität zunehmenden gesellschaftlichen Probleme im Gemeinwesen zu bearbeiten. Die gemeinsame Organisation des Alltags ist der wirksamste Garant für soziale Integration. Dabei kann eine erfolgreiche Gestaltung und Bewältigung des Lebens umgesetzt werden. Die kleinen Erfolge bei den Bemühungen, etwas im alltäglichen Bereich des Gemeinwesens gemeinsam zu entscheiden und erreichen zu können, bestärken die Menschen in ihrem Selbstbewusstsein und Selbstwertgefühl und ermutigen sie, als aktive Bürger und Bürgerinnen auf das soziale, ökonomische, ökologische und kulturelle Leben Einfluss zu nehmen.

Bewohnerinnen und Bewohner übernehmen eigeninitiativ Verantwortung, wenn eine moderne und offene Verwaltung Freiräume für dieses eigenverantwortliche Handeln schafft. Die politisch-administrativen Systeme können schrittweise und mit den Bürger/innen koordiniert Verantwortung und Macht an diese abgeben. Am Beispiel der Stadtrandsiedlung Schöpfwerk wird anschaulich, wie ein solcher Prozess unter Begleitung einer vermittelnden Instanz zu einer dynamischen und partnerschaftlichen Zusammenarbeit zwischen dem Gemeinwesen und der Verwaltung führen kann. Die Gemeinwesenarbeit fußt auf sozialarbeiterischem Wissen und auf großem Respekt gegenüber den Menschen. Sie ist eine politische Arbeit, weil sie von der Beschäftigung mit der Lebenswelt des Individuums zur *gemeinsamen* Veränderung von strukturellen Problemlagen und Ungerechtigkeiten führt.

Lokale Agenda 21 Wien

Von Rio nach Wien – Global denken, lokal handeln

„Sind Sie für den 21. Bezirk zuständig, oder was macht diese Agenda 21 eigentlich?", so werden die Mitarbeiter und Mitarbeiterinnen der Agenda-Büros häufig gefragt. Nein, lautet die Antwort, die Agenda 21 hat ihren Namen von der gleichnamigen UNO-Charta, die 1992 beim Umweltgipfel in Rio de Janeiro beschlossen wurde. Sie ist ein Maßnahmenkatalog für eine nachhaltige Entwicklung im 21. Jahrhundert. Ausgangspunkt dieses internationalen Abkommens war die Energiekrise und die davon ausgelöste Einsicht, dass unsere Gesellschaft über ihre Verhältnisse lebt. Der Brundtland-Report (1987) definiert eine nachhaltige Entwicklung daher als eine Entwicklung, die den gegenwärtigen Bedarf deckt, ohne die Chancen kommender Generationen zu schmälern (→ S. 641).

Eine entsprechende Änderung der Lebens- und Wirtschaftsweise ist nur mit Zustimmung und aktiver Mitarbeit der Menschen vor Ort möglich; daher wird den Städten und Gemeinden in der Agenda 21 eine besondere Bedeutung zugemessen. Die Aalborg-Charta (1994) ist ein wichtiger Meilenstein bei der Umsetzung der Agenda 21 in Europa. Sie definiert das Drei-Säulen-Modell der Nachhaltigkeit, wonach nur durch das gleichzeitige und gleichberechtigte Umsetzen von ökologischen, sozialen und ökonomischen Zielen eine nachhaltige Entwicklung erreicht werden kann. Weiters bestärkt sie das politisch-administrative System, in Zukunft bei politischen Entscheidungen die betroffene Bevölkerung immer stärker einzubinden. 1996 unterzeichnete der Wiener Bürgermeister Michael Häupl die Aalborg-Charta, womit sich Wien zur Umsetzung Lokaler Agenda-21-Prozesse verpflichtet.

Lokale Agenda-21-Aktivitäten starteten in Wien erstmals Ende 1998 an der Volkshochschule im neunten Gemeindebezirk. Ein Pilotprojekt förderte die Beteiligung von Bürgern und Bürgerinnen an Entscheidungen von Verwaltung und Politik. Das brachte

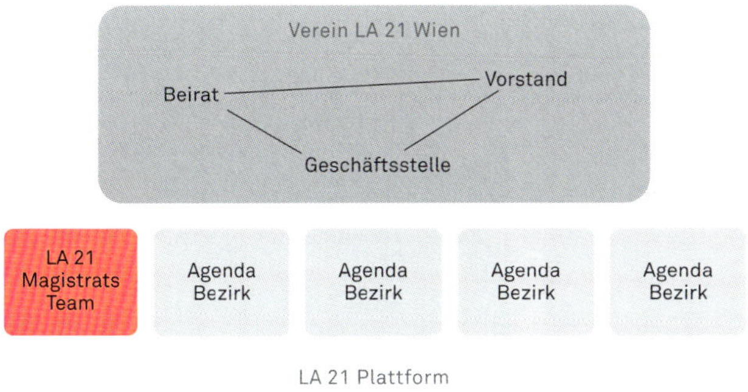

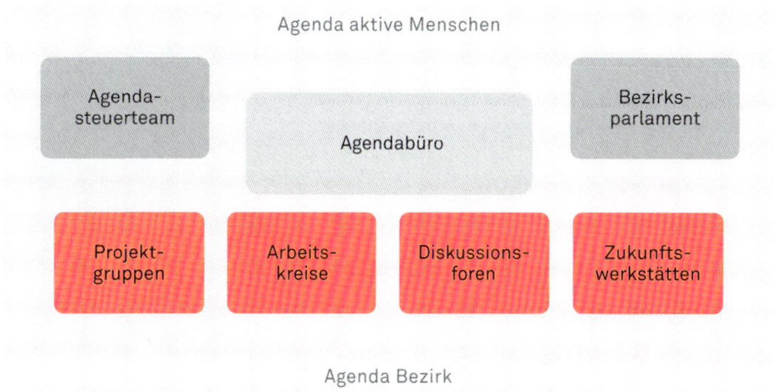

Die Lokale Agenda 21 Wien ist auf einem dezentralen Organisationsmodell aufgebaut.

mehr demokratische Qualität und Dialogfähigkeit in die Politik, und so beschloss der Wiener Gemeinderat 2002 ein wienweites Organisationsmodell. Seine schrittweise Umsetzung wird von nun an durch den Verein „Lokale Agenda 21 in Wien zur Förderung von Bürgerbeteiligungsprozessen" koordiniert. Derzeit stehen den Wienerinnen und Wienern in sechs Bezirken Agenda-21-Büros offen, die vom jeweiligen Bezirk und vom Zentralbudget der Gemeinde Wien gemeinsam finanziert werden.

Einmischen erwünscht! – Das Wiener Modell

Die Agenda-21-Büros verstehen sich als Drehscheiben, die zwischen Bürgern, Politik, Verwaltung und Wirtschaft vermitteln. Das Wiener Modell der Agenda 21 setzt bewusst auf die Selbstbemächtigung der Bewohner. Das wird mit dem Fachbegriff „Empowerment" beschrieben, denn die Projekte sollen von Bürgern langfristig selbst als Akteure weitergetragen werden. Dementsprechend bestimmen sie die Wiener Agenda-21-Themen in erster Linie selbst (Bottom-up). Gleichzeitig ist die Lokale Agenda 21 aber auch auf starke politische Akteure angewiesen, die als zentrale Entscheidungsträger für die rechtlichen und verwaltungstechnischen Vorraussetzungen zu sorgen haben (Top-down).

Steuerungsgremien gewährleisten, dass die Mitbestimmung der Bürger und Bürgerinnen sichergestellt ist und dass die Entscheidungen gemeinsam gefunden werden. In jedem Agenda-Bezirk gibt es ein solches Gremium. Neben Vertretern aus der Bezirkspolitik, der Verwaltung und dem Agenda-Büro setzen sie sich zur Hälfte aus Bürgervertretern zusammen. Ihre Methoden, um die verschiedenen Akteursgruppen zu motivieren, sind vielfältig: Zukunftswerkstätten, Interviews oder eigens dafür entwickelte unkonventionelle mobile Einrichtungen wie das „Agenda-Wohnzimmer" (9. Bezirk) und der „Agenda-Wagen" (4. Bezirk).

„Agenda-Wohnzimmer" (links) und „Agenda-Wagen" (rechts) erlauben es den Mitarbeitern zu den Bewohnern zu kommen, sie über das Unterstützungsangebot der Agenda-Büros zu informieren und Anregungen zu übernehmen. Daraus bilden sich in der Folge sogenannte Agenda-Gruppen, die mit Unterstützung des Agenda-Büros an der Umsetzung ihrer Ideen für eine nachhaltige Bezirksentwicklung arbeiten.

1 Die Mieter der Autofreien Mustersiedlung verpflichten sich, auf den Besitz und die Nutzung eines Autos zu verzichten.

2 Bei den regelmäßig stattfindenden Festen in der Autofreien Siedlung wird ein Gemeinschaftsgefühl sichtbar, das fast an dörfliches Leben erinnert.

1

2

ist dies mit einem erheblichen baulichen Aufwand verbunden. Die Baukosten für einen Tiefgaragenplatz machen in der Regel zwischen 10.000,- und 15.000,- Euro aus. Diesen Mehraufwand muss entweder die Öffentlichkeit, die Privatwirtschaft oder der einzelne Bewohner tragen. Problematisch an dieser Regelung ist vor allem auch, dass die Anzahl der Stellplätze nicht von der Anzahl der Menschen, die eine Wohnung nutzen, sondern von der Zahl der Wohnungen abhängt. In einer Gesellschaft die immer mehr zu Single-Haushalten tendiert, steigt somit die Zahl der vorgeschriebenen Stellplätze unproportional an. Weiters widerspricht diese Kostenzuordnung dem Verursacherprinzip und ignoriert die Tatsache, dass viele Haushalte in Wien gar kein Auto besitzen.

Autofreiheit: von der Idee zur Planung

Die bisher besprochenen Konflikte zwischen Wohnen und Auto haben zu einer Initiative der Partei der Grünen geführt, als Experiment eine Autofreie Mustersiedlung zu errichten. Dem haben sich die politisch Verantwortlichen in Wien angeschlossen. Dabei sollten Alternativen aufgezeigt werden zum gängigen Modell der Mobilität, bei dem das Auto im Mittelpunkt steht. Die Idee „autofrei" zu wohnen hat vom Beginn an großes Interesse hervorgerufen; bereits in der Planungsphase gab es über 500 Voranmeldungen bei der entsprechenden Magistratsabteilung.

Die Planung erforderte nun ein konsequentes Umdenken bei einigen Kriterien, die sich bisher als Selbstverständlichkeit im Bewusstsein der Planer verankert hatten, allen voran die Koppelung der Errichtung des Autoabstellplatzes an die Wohnung. Als Voraussetzung musste zunächst das Garagengesetz novelliert werden; erst dadurch wurde es möglich, für ein Grundstück – südlich der Donaufelderstraße im 21. Bezirk – im Flächenwidmungs- und Bebauungsplan eine Ausnahme aus dem Stellplatzregulativ zu erwirken. Für die 250 zu errichtenden Wohnungen mussten demnach nicht, wie üblich, 250 Stellplätze eingerichtet werden, sondern nur 20 für eine gemeinschaftliche Nutzung durch „Carsharing".

Die Planung einer Siedlung ohne Garagen ist ja zunächst noch keine große Herausforderung. Interessant ist es aber für Menschen zu bauen, die bewusst ein anderes Mobilitätskonzept verfolgen und daher mit großer Wahrscheinlichkeit auch ein anderes ökologisches Bewusstsein haben. Das Zusatzbudget von 1,6 Millionen

Euro, welches durch den Entfall der Garage zusätzlich zur Verfügung stand, machte das Bauvorhaben für die Planer erst recht sehr interessant. Sie entschieden sich dafür, die Projektkosten nicht um diesen Betrag zu reduzieren, sondern die Mittel in die soziale Infrastruktur der Siedlung und in ökologische Maßnahmen zu investieren. Die Palette dieser Einrichtungen umfasst unterschiedlich nutzbare Gemeinschaftsräume, einen weit über den üblichen Standard hinaus ausgestatteten Freiraum, Gemeinschaftsterrassen, Hügelbeete auf den Dächern für den privaten Gemüseanbau, 700 Fahrradabstellplätze und einiges mehr.

Bei einer aus ökologischen Überlegungen geborenen Grundidee für eine neuartige Siedlung war es klar, dass auch dem schonenden Umgang mit den Ressourcen ein wichtiger Stellenwert eingeräumt werden musste. Daraus resultierten unter anderem Anlagen für mehrere Hundert Quadratmeter große Warmwasserkollektoren und für eine Wärmegewinnung aus dem Grundwasser.

Die Siedlung wurde von Anfang an über ein Mitbestimmungsmodell entwickelt. Für ökologisch verantwortungsbewusst denkende Menschen konnte mit Sicherheit auch der Wunsch nach Eigenbestimmung und Solidarität erwartet werden. So wurden nicht nur die einzelnen Wohnungen, sondern auch die Nutzung und die Ausstattung der Gemeinschaftseinrichtungen in einem Mitbestimmungsprozess festgelegt.

Das Ergebnis

Mitbestimmung war ein Leitgedanke während des gesamten Planungsprozesses und bis heute ist es so in der Autofreien Mustersiedlung geblieben. Das war der entscheidende Unterschied für das Planungsteam im Vergleich zu herkömmlichen Wohnbauten. Die künftigen Bewohner haben sich sehr bald als Gruppe organisiert, ihre Interessen artikuliert und mit den Bauträgern und der Verwaltung intensiv über das künftige Mitbestimmungsstatut für den Betrieb verhandelt. Nach Bezug der Wohnungen wurde auch das Leben in der Siedlung vital gestaltet. Verbunden über das Internet werden heute verschiedenste Aktivitäten organisiert, einfache Alltagsprobleme gelöst, aber auch akzentuierte Stellungnahmen eingebracht, etwa wenn es um die Frage geht, ob und wie das Nachbargrundstück bebaut werden soll.

Das Thema „Autofreiheit“ hat die Planung der Siedlung beherrscht, und es prägt nach wie vor ihren Alltag, wenn auch heute in einem anderen Sinne: Manche wollen die Vorzüge der „Autofreien“ haben, ohne aber selbst wirklich auf ein Auto zu verzichten, wie sie es im Mietvertrag unterschrieben haben. Daraus resultiert ein Konflikt, der die Bewohner polarisiert, er ist in der Siedlung nicht bestimmend, aber doch vorhanden. Da es keine reale rechtliche Überprüfbarkeit für die Benützung eines Autos gibt – es kann natürlich auf eine andere Person angemeldet sein –, sind Sanktionen rechtlich schwer durchsetzbar. Auch das Umfeld, die lokale Politik und die Wohnbauwirtschaft nehmen sich des Themas leidenschaftlich an. Der zentrale Punkt der öffentlichen Auseinandersetzung ist dabei, dass bei Nichteinhaltung der „Autofreiheit“ der öffentliche Parkraum zusätzlich belastet wird. Und dabei ist die Anzahl der verfügbaren Parkplätze immer eine hochbrisante Angelegenheit und bestimmt oft die Diskussion bei der Gestaltung dieses Raumes.

Das Experiment „Autofreie Siedlung“ hat einige Grenzen bei der Planung im institutionalisierten Wohnbau verschoben und eindrucksvoll gezeigt: Wenn „Autofreiheit“ in der Mustersiedlung auch ein gewisses Konfliktpotenzial birgt, so beweist der überwiegende Teil der 250 Wohnungsmieter doch, dass es sich in der Stadt heute auch ohne Auto bequem leben lässt. Dies besonders dann, wenn hohe Ökostandards und gemeinschaftlich geplante Freiflächen zur hohen Lebensqualität beitragen.

Mediation

Der Ausbau des Flughafens Wien und die „Mediation" scheiden die Gemüter

Wie und warum es zur VIEMEDIATION kam

1998 gibt die Flughafen Wien AG in einem Masterplan bekannt, dass das bestehende zwei-Pisten-System nach den Prognosen schon bald bis an seine Grenzen ausgelastet sein wird und eine dritte Piste gebaut werden soll, um die absehbaren Kapazitätsengpässe zu beseitigen. Weiters wird bekannt gegeben, dass sich die Passagierzahlen bis 2014 mehr als verdoppeln und auch die Flugbewegungen sich in den nächsten 20 Jahren fast verdoppeln werden. Mit der dritten Piste werde die Kapazität bei knapp 500.000 Flugbewegungen im Jahr liegen – das wären dann durchschnittlich jede Minute des Jahres Start oder Landung eines Flugzeuges.

Flugbewegungen werden von der Politik als Kennziffern für den Wettbewerb europäischer Metropolen gewertet, die steigenden Zahlen von Arbeitsplätzen und das Steueraufkommen als Signale an die Region für die wirtschaftliche Bedeutung des Flughafens und die Aktienrenditen als Kennziffern für sein finanzielles Prosperieren.

Die öffentliche Akzeptanz-Rendite der Flughafen Wien AG aber zeigt einen negativen Kursverlauf: Die Lärmbelastung und die Zuwachspläne weckten Widerstand in den Gemeinden der Region und Bürgerinitiativen machten mobil. Die 1999 erfolgte Sperre einer Piste verdoppelte die Flugbewegungen über Wiener Bezirken und machte den Fluglärm auch in der Stadt zu einem öffentlichen Thema. Es reifte eine Konfliktsituation heran, die seinerzeit schon andere politisch gewollte und behördlich/rechtlich bereits sanktionierte Großprojekte wie das Atomkraftwerk Zwentendorf oder das Donaukraftwerk Hainburg scheitern ließ.

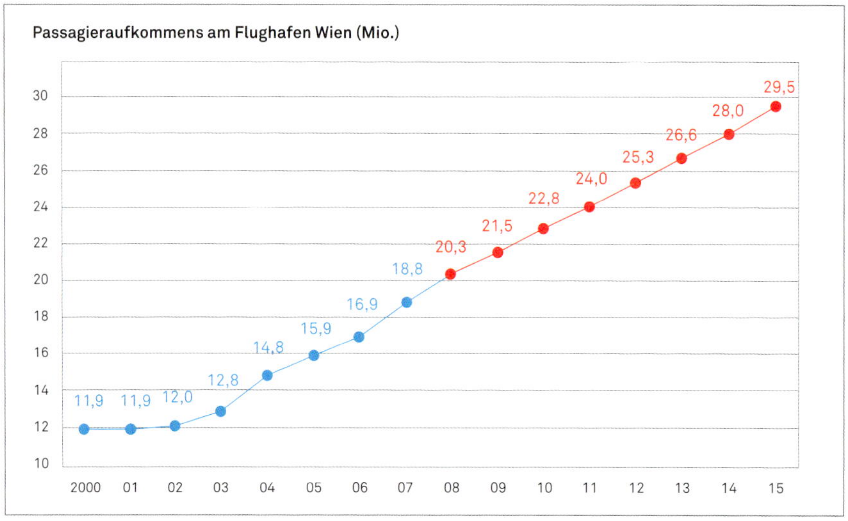

Langzeitprognose für das Passagierwachstum Flughafen Wien 2000–2015 aus dem Jahr 2008. 2007 lag das Wachstum bei 11,3 %, die Prognose für die durchschnittliche Wachstumsrate von 2008 bis 2015 betrug ca. 5,5 %. Das war Mitte 2008. Im Lichte der mittlerweile rasch anwachsenden Wirtschaftskrise zeichnete sich bereits im November 2008 ein deutlicher Einbruch beim Passagieraufkommen ab. Im ersten Halbjahr 2009 ging die Anzahl der abgefertigten Passagiere im Vergleich zu 2008 um 12,7 Prozent, die Fracht um 15,0 Prozent zurück.

Ein großes Experiment

Die Flughafen Wien AG versucht dem Akzeptanz-Problem mit Öffentlichkeitsarbeit zu begegnen, also mit der Beeinflussung der öffentlichen Meinung über Medienkampagnen und entsprechenden Mitteleinsatz. Einen für diese PR-Arbeit ausgeschriebenen Job bekommt der Wiener Rechtsanwalt, Konfliktmanager und Mediator Dr. Thomas Prader. Ihm gelingt es die Flughafen Wien AG vom Sinn und Mehrwert eines Experiments „Mediation" zu überzeugen und mit deren Zustimmung auch eine Reihe von Parteien: Hohe Beamte und politische Vertreter der Länder Wien und Niederösterreich, die zu je 20 Prozent an der Flughafen Wien AG beteiligt sind, Mandatare betroffener Wiener Gemeindebezirke und niederösterreichischer Gemeinden, Funktionäre politischer Parteien, Austrian Airlines AG (AUA) und Austro Control Ges.m.b.H. (Gesellschaft für Flugsicherung in Österreich, die nach internationalen Normen die Flugrouten entwirft), Umweltanwaltschaften, Kammern, Verbände, Interessensvertretungen (Tourismus, Unternehmer, Arbeitnehmer), Bürgerinitiativen (BI) und Siedlervereine sowie die Nationalpark Donau-Auen GmbH. Diese Überzeugungsarbeit schafft eine entscheidende Voraussetzung, wie sie für jede Mediation erforderlich ist: Sie muss von allen Beteiligten gewollt sein.

Drei Jahre nach Beginn der Flughafen-Mediation (www.viemediation.at) wird in einem Bundesgesetz vom 6. Juni 2003 die Mediation als Konfliktlösungsmodell im zivilrechtlichen Bereich wie folgt definiert: *„Mediation ist eine auf Freiwilligkeit der Parteien beruhende Tätigkeit, bei der ein fachlich ausgebildeter, neutraler Vermittler mit anerkannten Methoden die Kommunikation zwischen den Parteien systematisch mit dem Ziel fördert, eine von den Parteien selbst verantwortete Lösung ihres Konfliktes zu ermöglichen" (§ 1, BGBl I Nr. 29/2003).* Im selben Gesetz werden auch die Rechte und Pflichten der Mediatoren geregelt.

Gegenstand der Mediation sind die Ausbauvorhaben der Flughafen Wien AG und die aktuelle Fluglärmbelastung im bestehenden zwei-Pisten-System. Das Ergebnis dieser Mediation, VIEMEDIATION genannt, illustriert heute eindrucksvoll die Möglichkeiten, vor allem aber auch die Grenzen bei der Suche nach demokratischen und humanökologisch vertretbaren Lösungen. Wie so oft werden hier die wirtschaftlichen Interessen eines expandierenden Unternehmens einerseits und die Lebensinteressen der durch Lärm belasteten Bevölkerung andererseits zum klassischen Konfliktfall zwischen Wachstum und Lebensqualität.

2001–2003: Von der Mediationsvereinbarung zum ersten Teilvertrag

Im Juli 2000 wird die Durchführung einer Mediation öffentlich bekannt gegeben. Anfänglich nehmen daran insgesamt 50 Parteien teil. Mit einer wissenschaftlichen Begleitforschung soll die VIEMEDIATION eine Pionierrolle für die Lösung weiterer Umweltkonflikte übernehmen. Sie wird so zu einer der größten und wohl teuersten Mediationen weltweit.

Im März 2001 kommt es zu einer verbindlichen Mediationsvereinbarung zwischen den Parteien. Viel Augenmerk wird dabei auf die Spielregeln gelegt, denn alle wissen: eine Mediation kann scheitern, Gerichts- und Behördenverfahren hingegen scheitern nie. Die Beteiligten einigen sich zu Beginn darauf, dass als Prinzip und im Prinzip „Nachhaltigkeit" das unstrittige Ziel, die Leitidee und Beurteilungsmethode bei der Suche nach Lösungen sein soll. Im Grundsatz bekennt man sich zu einem Ausgleich zwischen Ökonomie (Entwicklung von Einkommen, Arbeitsplätzen, Wirtschaft, Wettbewerbsfähigkeit), Ökologie (weniger Rohstoffverbrauch, weniger Verkehr, weniger Schadstoffemissionen inklusive Lärm) und Sozialem (Bevölkerungs-, Siedlungsentwicklung, weniger Risiken, gutes Leben). In den Regeln für die Zusammenarbeit wird in der Vereinbarung als zentraler Punkt festgehalten, dass *„... keine Lösung auf Kosten einer anderen Gruppe gehen darf und folglich Beschlüsse nur im Konsens aller Beteiligten gefasst werden dürfen".* Die Kosten für die Mediation werden überwiegend von der Flughafen Wien AG getragen, außer dem Mediationsleiter Dr. Prader werden noch drei weitere Mediatoren mit der Durchführung beauftragt.

Wie aus dem Büro der Mediationsleitung berichtet wird, beginnen nun Arbeitskreise ihre Arbeit und suchen danach, wie man Lärm überhaupt beschreiben kann, entwickeln im technischen Gewirr verschiedener Messmethoden (Schallpegel,

Schalldruck, Grenzwerte etc.) und Lärmbewertungsverfahren, erarbeiten technische Sanierungs- und Schutzmaßnahmen, sowohl auf Seiten der Betreiber (Flugzeuge, Flugbetrieb) als auch der Betroffenen (Wohnhäuser) und loten Szenarien und Spielräume aus (Pistenverläufe, Flugrouten, Steig- und Anflugwinkel, Nachtflüge etc.). Die Arbeiten werden im Mai 2003 mit dem Teilvertrag „Aktuelle Maßnahmen“ abgeschlossen. Bis dahin hat die Mediation bereits drei Jahre gedauert.

Enttäuschung folgt auf die anfängliche Euphorie

Vier Parteien unterschreiben diesen ersten Teilvertrag nicht, darunter die Wiener Grünen und die „Bürgerinitiative gegen Fluglärm in Wien und Umgebung“. Diese tritt in der Folge aus der Mediation aus, weil sie nicht akzeptieren kann, dass die Mediatoren letztendlich einen Bruch der Mediationsvereinbarung hinnehmen und den nicht im Konsens zustande gekommenen Teilvertrag für gültig erklären. Später folgt ihr die BI Enzersdorf/Fischa, deren Sprecher seine mit Vorbehalt gegebene Unterschrift unter dem ersten Teilvertrag zurückzieht und seine Enttäuschung in einer Beilage zum zwölften Protokoll des Mediationsforums Ausdruck verleiht: „… *Eine echte Verhandlungsbereitschaft, die auch essentiell gewesen wäre, konnten wir von der Aviation-Seite nicht erkennen. … Die Formel „mehr Fluglärm = mehr Geld für die Gemeinden“ ist unethisch und unmoralisch. Mit dieser Vorgangsweise ist die Zukunft vorgezeichnet: Durch Geld ist alles abgeltbar. Wir verkaufen aber nicht die Lebensqualität zukünftiger Generationen …*“. Der Leiter der Mediation, inzwischen zum „process provider“ umtituliert, bezeichnet hingegen die ausgetretenen Parteien als „nicht konsensfähig“.

Auch die BI Zwölfaxing gibt im Oktober 2003 ihren Rücktritt vom ersten Teilvertrag bekannt. Ihr Sprecher begründet diesen Schritt damit, dass er den Vertrag auf Basis einer Täuschung unterschrieben habe, da der Flughafen falsche Lärmberechnungen vorgelegt hätte, damit es so aussehen sollte, als würden die Anrainergemeinden durch den ersten Teilvertrag entlastet. Der Sprecher, Arch. Witt-Dörring beweist, dass das Gegenteil der Fall war und alle Anrainergemeinden nun stärker belastet werden als

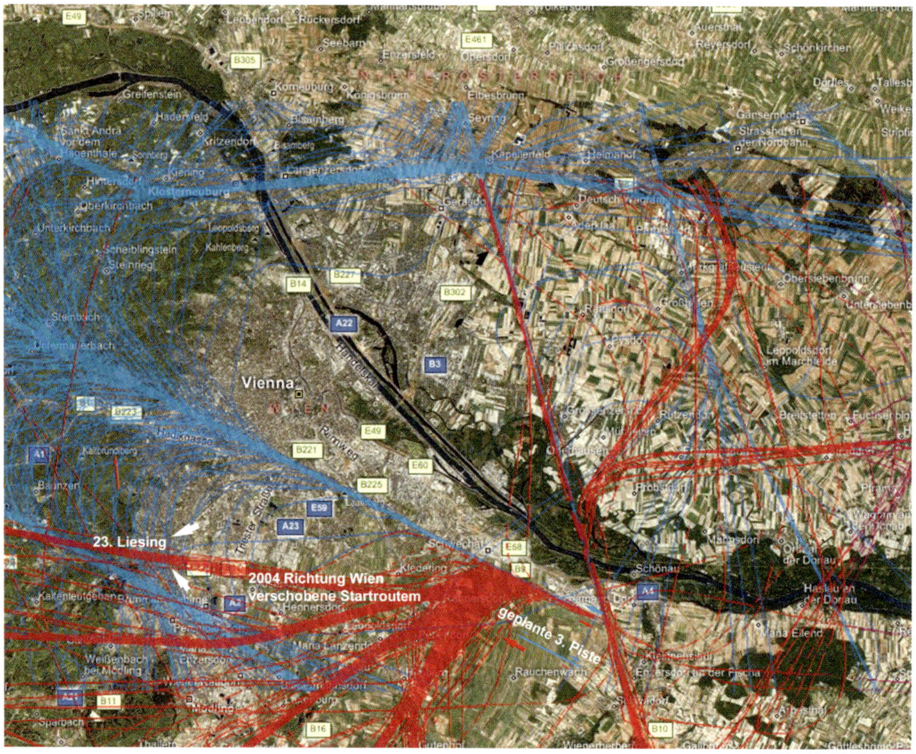

Die aktuellen Flugrouten über Wien und dem stadtnahen Wienerwaldgebiet (2006). Als Ergebnis der Flughafen-Mediation werden nun auch bisher nicht betroffene, dicht besiedelte Gebiete wie Liesing und viele Wienerwaldgemeinden von tief fliegenden, startenden und landenden Flugzeugen überflogen.

Start
Landung

zuvor. Er sagt dies auch vor laufender Kamera in der ORF-Volksanwalt-Sendung. Seine Aufforderung an die Flughafen Wien AG, ihn wegen dieser Aussagen zu klagen, bleibt ohne Reaktion. Einer der Mediatoren trägt diesen Teilvertrag auch nicht mit und tritt freiwillig aus dem Mediatorenteam aus.

Am 1. April 2004 wird der erste Teilvertrag, obwohl er nicht im Konsens mit allen Parteien beschlossen wurde, trotzdem von den zwei verbliebenen Mediatoren und dem Mediationsleiter für gültig erklärt und umgesetzt. Als Folge dieses Teilvertrages werden die Bewohner der Grünruhelagen des 23. Bezirkes von einer Flugroute überrascht, die über ihre Gärten und Häuser führt, und reagieren mit 10.000 Protestunterschriften und 12.000 Anrufen bei der Beschwerde-Hotline.

Eine Bürgerinitiative und der Bezirksvorsteher erreichen zwar gemeinsam, dass 40 Prozent der belastenden Flugbewegungen auf ein anderes Gebiet verlagert werden, die Liesinger sind jedoch alarmiert. Sie befürchten, dass mit einer Dritten Piste die genau auf Liesing gerichtet ist, die Belastung doppelt und dreifach wiederkommt und dass der Wienerwald als Naherholungsgebiet der Wiener übermäßig stark in Mitleidenschaft gezogen wird.

Dialog für die Umwelt oder geschickte PR-Aktion?

Im Juni 2005 sind es letztlich nur 14 Parteien von den 50, die vier Jahre zuvor die Mediationsvereinbarung unterschrieben haben, die nun dem Mediationsvertrag ihre Zustimmung erteilen. Von der Aviation-Seite unterschreibt ihn nur die Flughafen Wien AG, nicht aber die Austro Control und die AUA, die sich damit nicht zu den Vertragsergebnissen verpflichten.

Die Mediatoren legen außerdem allen Parteien eine Abschlusserklärung vor, die einen Rechtsmittelverzicht im Voraus enthält. Unter anderem heißt es darin auch: *„…wir sind jedoch der festen Überzeugung, dass der von uns eingeschlagene Weg der Mediation richtig und vom Gesamtergebnis her für alle Beteiligten vorteilhafter war als die Austragung des Konfliktes auf rein rechtlicher Ebene….“* Auch diese Erklärung wurde nicht von

Anfang 2001 werden von der Flughafen Wien AG verschiedene Szenarien für eine mögliche dritte Piste präsentiert. Die Bewertung und Auswahl sollte gemeinsam in einem umfassenden Diskussionsprozess zwischen allen am Mediationsverfahren Beteiligten erfolgen. Jahre später legen Betroffene im UVP-Verfahren schriftliche Beweise vor, dass die Entscheidung für die Lage der dritten Piste (im Bild die gelbe Variante) schon lange vor Mediationsbeginn feststand, und fragen: Wozu dann die ganze Mediation?

„Mediation ohne uns – gilt nicht!" – die Vertreter und Vertreterinnen der Bürgerinitiativen aus 13 Wiener Gemeindebezirken und zahlreichen Umlandgemeinden (Bild), die großteils im Mediationsverfahren nicht mit eingebunden waren, demonstrieren vor dem Technischen Museum in Wien, weil sie sich von der Mediation benachteiligt beziehungsweise übergangen fühlen.

allen Mediationsteilnehmern unterschrieben, nämlich nicht vom Nationalpark Donau-Auen, der BI Zwölfaxing, der Plattform gegen die dritte Piste, der BI Liesing, der BI Hietzing, der Wiener und der Niederösterreichischen Grünen, von der Wiener FPÖ, der Wiener ÖVP und auch nicht vom Bezirksvorsteher für den 13. Wiener Gemeindebezirk.

Gibt es nun tatsächlich eine für alle vertretbare gemeinsame Lösung? Oder hat sich eine Seite durchgesetzt? Die einzelnen Parteien beantworten diese Fragen sehr unterschiedlich. Während die grundsätzliche Idee der Mediation von allen begrüßt wurde, schwankt die Beurteilung der tatsächlichen Durchführung und der Ergebnisse zwischen Euphorie und völliger Ablehnung. Die Flughafen Wien AG und die Mediationsleitung sind mit dem Ergebnis sehr zufrieden: Große mediale PR-Aktionen starten mithilfe des Mediationsleiters und loben den gefundenen „Konsens". Laut Selbsteinschätzung der Flughafen AG *„ist der Flughafen Wien Startbahn für den Erfolg der österreichischen Wirtschaft im internationalen Wettbewerb, und um diesen Erfolg abzusichern, braucht es die 3. Piste"*. Folgerichtig hat mit der Einreichung der Umweltverträglichkeitserklärung am 1. März 2007 die Umweltverträglichkeitsprüfung (UVP) für die dritte Piste begonnen. Der Flughafen hoffte damals auf einen Bescheid im zweiten Halbjahr 2009. Dieser ist nun in unbestimmte Ferne gerückt, denn das Behördengutachten – zu dem dann wieder Stellungnahmen und Gegengutachten erwartet werden – wird laut Dialogforum voraussichtlich erst Ende 2010 fertig.

Für jene Parteien, die die Abschlusserklärung nicht unterschrieben haben, sowie für eine Vielzahl von Bürgerinitiativen aus betroffenen Gemeinden und Wiener Bezirken, die bei der Mediation von Anfang an nicht mit eingebunden waren, hat ein tatsächlicher Interessensausgleich nicht stattgefunden. Enttäuschung und Verbitterung überwiegen, denn alle Betroffenen fühlen sich gegenüber den Interessen des Flughafens benachteiligt.

In den ehemaligen Grünruhelagen von Wien, wie dem Wolfersberg, dem Kordon, Mauer, der Laaerberger Heimkehrersiedlung und anderen, ist es mit der Ruhe dahin, klagen deren Bewohner. Mit der dritten Piste droht auch dem Naherholungsgebiet Wienerwald ein ähnliches Schicksal.

Fluglärmmessungen werden in Wien nur an zwei Messstellen (in Simmering und in der Donaustadt) kontinuierlich durch das Umweltcontrolling der Flughafen Wien AG vorgenommen. Die Stadt Wien selbst führt keine unabhängigen Fluglärmmessungen durch. Daher haben einige Bürgerinitiativen im Jahr 2008 mit Messgeräten des Deutschen Fluglärmdienstes private Stationen für Dauermessungen in Liesing und auf dem Laaer Berg errichtet.

Das abgebildete Lärmdiagramm vom 28. April 2008 zeigt ein Beispiel für einen Tag mit Landeanflügen über dem Laaer Berg bei südöstlichen Winden. Insgesamt wurden an diesem Tag 230 Flugereignisse (mit Kreisen markierte Lärmspitzen bis über 80 Dezibel) erfasst.

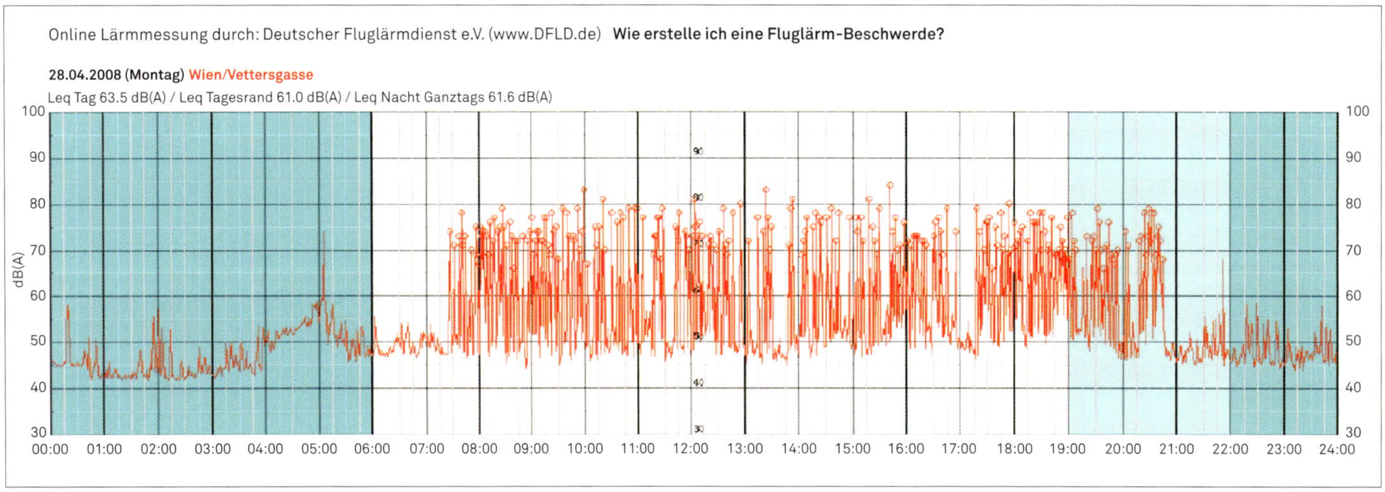

Das Maximum an Landeanflügen über dem Laaer Berg wurde 2008 am 4. Februar mit rund 300 Ereignissen bestimmt. Stundenmaxima liegen zwischen 35 bis 40 Überflügen in den Morgen- und Abendstunden. Die Lärmbelästigung wird von den Betroffenen bereits jetzt als unzumutbar empfunden, konnte von ihnen aber im Mediationsverfahren nicht geltend gemacht werden, weil sie nicht zur Teilnahme eingeladen waren. Im UVP-Verfahren zur dritte Piste haben sie hingegen Parteistellung und konnten ihre Einsprüche gegen das Projekt einbringen.

Oder doch: Rechtsbruch mit Folgen?

Die Unzufriedenheit mit der Mediation hat rechtliche Schritte der Betroffenen zur Folge. Bereits Anfang 2005 schließen sich unzufriedene Betroffene von Wien, Niederösterreich und Burgenland zu dem gemeinnützigen Verein „Antifluglärmgemeinschaft" (AFLG), Verein gegen entschädigungslose Grundentwertung durch Flugverkehr, zusammen und beginnen die ersten rechtlichen Schritte zu setzen. Der Musterprozess, mit dem Entschädigungen für Grundentwertungen erreicht werden sollen, wie sie etwa in der Schweiz seit 2008 zugesprochen werden, ist derzeit (2008) beim Europäischen Gerichtshof für Menschenrechte anhängig. In derselben Angelegenheit ist auch eine Staatshaftungsklage beim Österreichischen Verfassungsgerichtshof anhängig. Außerdem bringen im Oktober 2006 27 Bürgerinitiativen eine Beschwerde bei der EU-Kommission ein, mit der Begründung, dass eine Mediation statt eines UVP-Verfahrens rechtsirrig durchgeführt wurde. Die beschwerdeführende Rechtsanwältin begründet: *„Mit der Mediation wurde von der UVP-Pflicht der Ausbauten der Flughafen Wien AG abgelenkt. So konnte der Flughafen unbehelligt große Ausbaumaßnahmen ohne UVP vornehmen, die rechtswidrig erteilten Bescheide wurden über die Jahre rechtskräftig. Den Schaden hat die betroffene Bevölkerung."* Fünf Monate später schickt die EU-Kommission ein Mahnschreiben an die Republik Österreich, in dem sie feststellt, dass Österreich gegen EU-Richtlinien verstoßen hat: Für den bis 2008 erfolgten Ausbau des Flughafens Wien-Schwechat wurde keine Umweltverträglichkeitsprüfung durchgeführt; EU-Richtlinien sind nicht korrekt in das innerstaatliche Recht umgesetzt worden. Die Österreichische Regierung einigt sich in der Folge mit der EU Kommission, dass die UVP für die Ausbauten, die während der Mediation erfolgt sind, nachzuholen ist.

So bleibt die Erkenntnis, dass – auch mittels einer Mediation – die Quadratur des Kreises nicht gelingen kann, wenn die grundsätzliche gesellschaftspolitische Frage konsequent ausgeklammert wird: Sind permanentes wirtschaftliches Wachstum und nachhaltige Entwicklung miteinander vereinbar? Die Wachstumsziele des Flughafens durften im Mediationsverfahren nicht infrage gestellt werden. Resignierend schreibt daher der Sprecher der BI Enzersdorf/Margarethen am 15. Juni 2005 an die Mediatoren und andere Mediationsteilnehmer: *„Antwort auf Einladung zum Mediationsabschluss: Schade um die 5 Jahre."*

Flut von Stellungnahmen

Die öffentliche Auflage der 8.200 Seiten starken Umweltverträglichkeitserklärung des Flughafens zum Projekt der dritten Piste vom Frühsommer 2008 endete laut Tageszeitung „Kurier" mit einer „Flut von Stellungnahmen". Die juristischen und sachlichen Einwände von rund 1.200 Einzelpersonen, zwei Umweltorganisationen und 14 Bürgerinitiativen mit insgesamt 6.000 Unterschriften, vertreten von mehreren Rechtsanwälten, kommen zu dem Schluss, dass das Projekt in der vorliegenden Form nicht umweltverträglich ist. Die Antwort auf diese Stellungnahmen fällt der Behörde offenbar nicht leicht. Ursprünglich sollte sie bis Mai 2009 erfolgen, wurde dann für Ende 2009 angekündigt und soll nun, laut Dialogforum, Ende 2010 fertig sein. Die Betroffenen sind zuversichtlich, dass das eingereichte Projekt der dritten Piste spätestens vom Verfassungsgerichtshof oder EuGH abgelehnt werden wird.

Inhalt

Humanökologie

15

Richard Obernosterer / Wolfgang Punz

Der „Stoffwechsel“ der Stadt: Was fließt hinein, was strömt hinaus und was wird gespeichert?

Die Versorgungsnetze der Wiener Stadtwerke

Wie Adern durchziehen die Linien der öffentlichen Verkehrsmittel wie auch jene der Energieversorgung den Organismus Stadt.

Wiener Linien: Gesamte Netzlänge: 958,8 km, 5 U-Bahnlinien (ca. 69 km), 84 Buslinien (ca. 650 km), 28 Straßenbahnlinien (ca. 215 km), transportierte Personen: 803,6 Mio. pro Jahr (2008)

Stromnetz: Gesamte Netzlänge: 22.275 km, Netzanschlüsse: 234.375

Gasnetz: Gesamte Netzlänge: 3.480 km, Netzanschlüsse: 234.375

Fernwärmenetz: Gesamte Netzlänge: 1.119 km, Großkunden: 5.660, angeschlossene Haushalte: 278.993

Telekommunikationsnetze (auf der Karte nicht eingezeichnet): Telefon- und Signalleitungen: 4.800 km, Glasfasernetz: 1.200 km

Wien – ein Ökosystem?

Natürliche und menschlich bedingte Stoffflüsse

„Ökosystem Großstadt Wien" ist der Titel einer Studie, die vom Bundesministerium für Wissenschaft und Forschung und der Stadt Wien (MA 22) in Auftrag gegeben und 1995 an der Universität Wien abgeschlossen wurde. Die Zahlen in den folgenden Abschnitten stammen aus dieser Studie und beziehen sich daher auf Wien zu Beginn der 1990er-Jahre.

„Ökosysteme gleich welcher Art werden von (Licht-)Energie angetrieben. Die Pflanzen fixieren und speichern diese Energie. Über die Nahrung wird sie weitergegeben an Tiere, Menschen und an die Mikrowelt der Organismen im Boden." So steht es in den Lehrbüchern zum Thema Ökosystem. Dieses Denkmodell ist auch bei einer Millionenstadt wie Wien anzuwenden, selbst wenn sie zu einem Drittel aus Bau- und Verkehrsflächen besteht und täglich ein paar Hunderttausend Tonnen Güter „schluckt". Denn auch hier sind die vernetzten Stoffflüsse zwischen Lebewelt, Luft, Wasser und Boden vorhanden, die ein Ökosystem kennzeichnen. In diesem Sinne sind Pflanzen in der Stadt mehr als gestalterisches Beiwerk, Tiere mehr als Ersatzpartner und Boden mehr als lukrativer Baugrund! Was aber das Ökosystem Stadt von einem natürlichen Ökosystem unterscheidet, ist das mengenmäßige Verhältnis zwischen Tieren und Pflanzen: In einem natürlichen Ökosystem stellen die Pflanzen, die „Produzenten", rund 99 Prozent der Biomasse dar, während die Tiere, als „Konsumenten", nur ein Prozent ausmachen. In der Stadt herrschen natürlich ganz andere Verhältnisse und das künstliche Ungleichgewicht kann nur dadurch ausgeglichen werden, dass in stark erhöhtem Ausmaß Stoffe und Energie von außen in das Ökosystem Stadt eingebracht werden. Wie in einem natürlichen Ökosystem bewegen sich diese Stoffflüsse aber nicht nur von außen in die Stadt hinein (Input) und innerhalb der Stadt, sie verlassen sie auch wieder (Output). Dabei können sie in einem heutigen städtischen Ökosystem teilweise weltumspannende Umwege machen!

Die Kraft der Sonne

450 Milliarden Kilowattstunden (kWh) beträgt im Durchschnitt die jährlich von der Sonne auf Wien eingestrahlte Energie. Dieser gewaltige Energiebetrag fließt in Prozesse, die das Ökosystem in Gang halten. Wenn auch 104 Milliarden kWh das Stadtgebiet durch Reflexion der Sonnenstrahlung ungenützt gleich wieder verlassen, so bleibt doch noch genug Energie übrig, um Luft und Boden zu erwärmen und nebenbei auch den grünen Pflanzen ihre Photosynthese zu ermöglichen. Es würde sogar unerträglich heiß werden, wenn nicht ein Teil dieser Wärme, etwa 167 Milliarden kWh, wieder in die Atmosphäre zurückgestrahlt würde. Durch aufsteigende Warmluft kommt es zu einer weiteren Energieableitung von rund 99 Milliarden kWh. Die Kraft der Sonne verdunstet zudem eine Unmenge an Wasser – 125 Milliarden kWh werden dafür verbraucht – und hat dadurch auch einen kühlenden Effekt.

Die Sonnenenergie verursacht Wärme, Verdunstung und Wind, und nur zu einem geringen Anteil wird sie in Biomasse festgelegt. Natürliche Ökosysteme verlassen sich auf die Energie der Sonne und finden damit ihr Auslangen. Der Mensch, getrieben durch seinen Lebensstandard, braucht jedoch zusätzlich importierte Energie in Form

Energiebilanz von Wien (1991):
Die vom Menschen ins „Ökosystem Wien" importierte Energie macht nur rund zehn Prozent der von der Sonne eingestrahlten Energiemenge aus. Wärmeabstrahlung erfolgt durch elektromagnetische Wellen, Konvektion ist dagegen Wärmeableitung von festen Stoffen durch Luft oder Wasser.

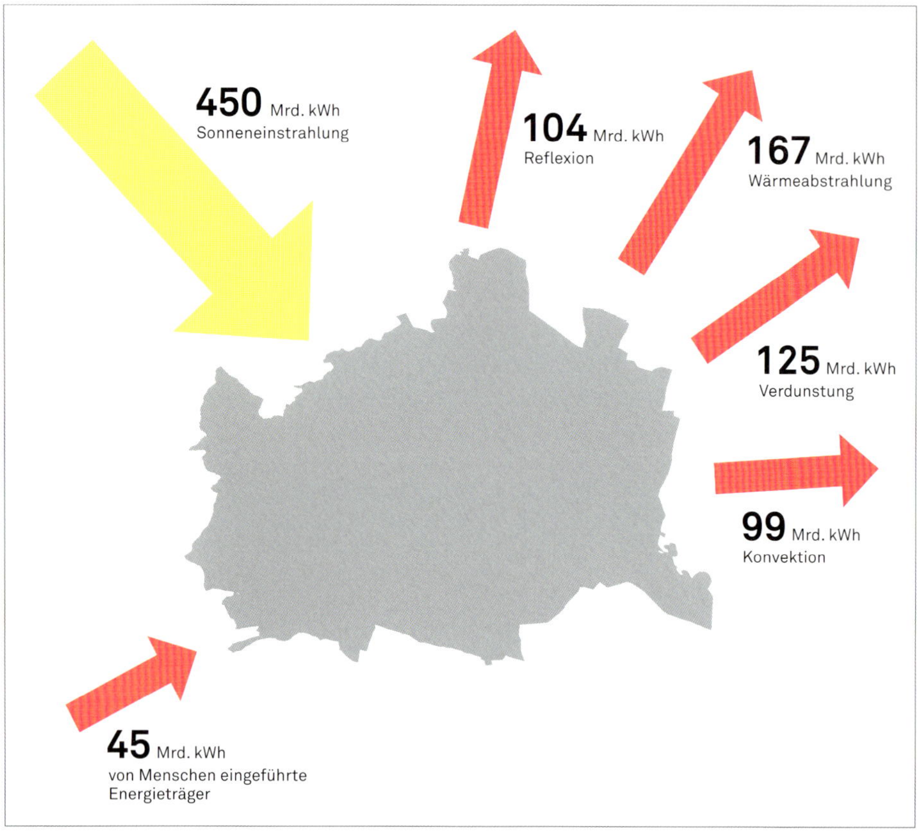

Der Flächengebrauch für die Bevölkerung von Wien, berechnet nach dem „Sustainable Process Index" bei heutigem Energieeinsatz mit großem Anteil an fossilen Energieträgern wie Erdöl, Erdgas und Kohle (mittelgrau) und bei möglicher nachhaltiger Energieversorgung (dunkelgrau).

von Kohle, Öl und Erdgas, um seine Öfen zu befeuern oder um Strom zu erzeugen. Selbst die Nahrung wird großteils importiert. Immerhin sind das zusammengenommen und energetisch gesehen 45 Milliarden kWh pro Jahr. Das ist allerdings nur ein Zehntel der Energiemenge, die von der Sonne eingestrahlt wird. Man sieht: Das enorme Energiepotenzial der Sonne wird derzeit noch kaum genützt.

Es gibt verschiedene Möglichkeiten, die vom Menschen benötigte beziehungsweise verbrauchte Energie zu bewerten. Eine Methode dafür ist der „ökologische Fußabdruck", eine andere, genauere der in Österreich entwickelte „Sustainable Process Index" (SPI). In beiden Fällen wird die verbrauchte Energie durch benötigte Bodenfläche ausgedrückt. Dabei berechnet man fiktiv die Größe jener Fläche, die man für den Anbau nachwachsender Energieträger, etwa in Form von Wäldern, benötigen würde, um die verwendeten fossilen Energieträger (Kohle, Erdöl, Erdgas) vollständig zu ersetzen. Beim SPI werden darüber hinaus noch Umwelt-Qualitätskriterien berücksichtigt, sodass diese Methode präzisere Zahlen und in der Regel einen wesentlich höheren Flächenwert ergibt.

Verwendet man den Berechnungsansatz des SPI, so wäre bei dem heutigen durchschnittlichen Energieverbrauch für das alltägliche Leben in Wien, für Essen, Wohnen und Heizen – der Verbrauch der Industrie ist dabei nicht berücksichtigt – auf der Stadtfläche nur Platz für ein paar Hundert Personen. Oder anders ausgedrückt, die heute rund 1,7 Millionen Einwohner von Wien beanspruchen zur Abdeckung ihrer Grundbedürfnisse eine Fläche, die etwa der Größe Frankreichs gleichkommt.

Was bedeutet das? Es verdeutlicht die Tatsache, dass Wien, ebenso wie alle Großstädte der „entwickelten" Länder, in einem exorbitant hohen Ausmaß „nicht nachhaltig" ist. Würde man die Energiebereitstellung aus nachhaltigen Quellen wie Sonnenkollektoren, Solarzellen, Windrädern und so weiter forcieren, so könnte man den Verbrauch fossiler Energiequellen stark reduzieren, und der Flächengebrauch würde sich wesentlich verringern. Es wäre ein bedeutender Schritt in Richtung Ökologisierung der Stadt.

Kohlenstoffbilanz

Ist das Phänomen Treibhauseffekt auch sehr komplex und mag es noch so kontrovers diskutiert werden, so steht doch eines eindeutig fest: die Stadt gibt viel zuviel an Kohlendioxid CO_2 – dem Verbrennungsprodukt des Kohlenstoffs – an die Atmosphäre ab.

Woher kommt dieses Zuviel? Im natürlichen Prozess der Photosynthese wird von den grünen Pflanzen CO_2 der Luft entzogen und mithilfe der Sonnenenergie in kohlenstoffreiche, energiehältige Moleküle umgewandelt. In Wien mit seinem verhältnismäßig großen Grünraum (Wienerwald, Prater, Lobau, Parkanlagen) werden auf diese Weise etwa 210.000 Tonnen Kohlenstoff pro Jahr gebunden. Allerdings ist der Kohlenstoff damit nicht auf Dauer der Luft entzogen. 166.000 Tonnen davon werden durch die Atmung von Pflanzen, Tieren und Boden wieder als Kohlendioxid abgegeben. 34.000 Tonnen Kohlenstoff werden von den Menschen in Wien in Form von Holz, aber auch als Nahrungsbasis genutzt bzw. „geerntet". Der Rest von circa 10.000 Tonnen fällt jährlich als Zuwachs an.

Aus dieser vereinfachten Sicht scheint der Kohlenstoffhaushalt von Wien in Ordnung. Aber es handelt sich dabei nur um die „natürliche" Komponente. Denn der Mensch reichert neben der Atmung die Atmosphäre zusätzlich mit CO_2 an. Jährlich werden in Wien 2,348.000 Tonnen Kohlenstoff in Gestalt von Energieträgern (Kohle, Erdöl, Erdgas, Benzin) eingeführt – Stoffe, die nicht in der Stadt erzeugt, sondern von außen in das System importiert werden. 1,269.000 Tonnen sind in flüssigen Brenn- und Treibstoffen enthalten, 934.000 Tonnen im Erdgas, 128.000 Tonnen in der Kohle

Kohlenstoffbilanz Wien (1991): Die vom Menschen importierte Menge an Kohlenstoff (C) entspricht größenordnungsmäßig dem Zehnfachen der durch die Photosynthese der Pflanzen „natürlich" fixierten Menge (Angaben in 1.000 Tonnen pro Jahr). Stark vereinfachte Darstellung, die kleinere Flüsse unberücksichtigt lässt. Das Beispiel einer „vollständigen" Bilanz findet sich beim Stickstoff (→ S. 610).

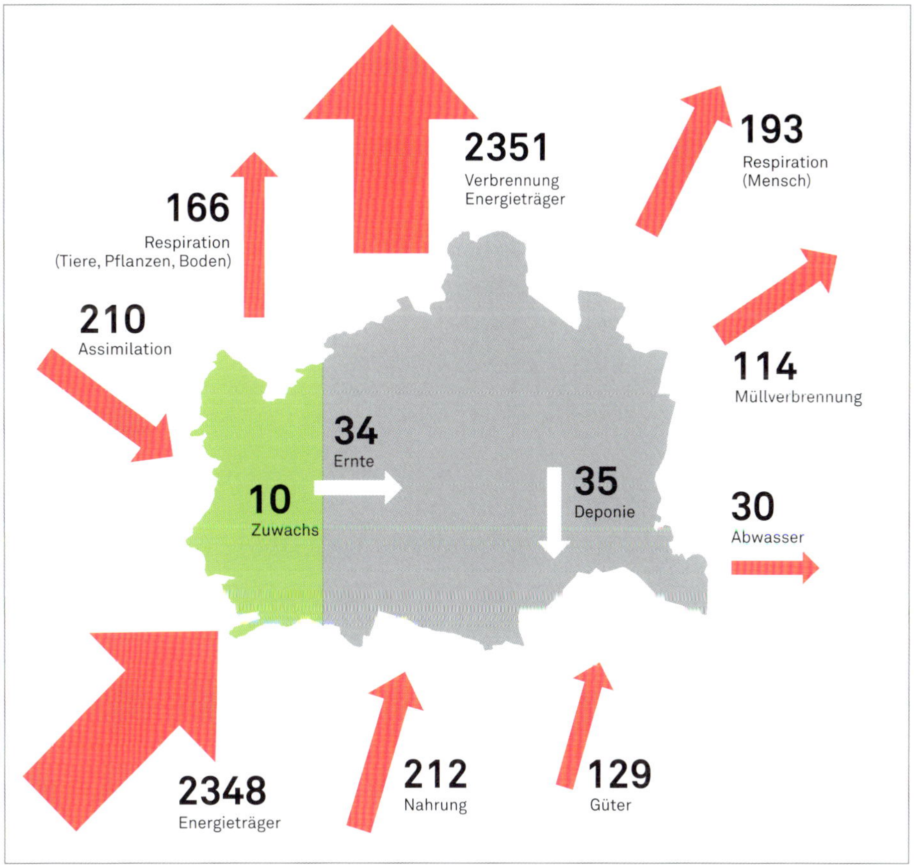

und 17.000 Tonnen im Holz. Dazu kommen noch 212.000 Tonnen in der Nahrung, die von auswärts in die Stadt gebracht werden, sowie rund 129.000 Tonnen in „Gütern“.

Was passiert mit diesem importierten Kohlenstoff? Die eingeführten Brennstoffe werden (zuzüglich eines Teils der geringen Holzernte in Wien) verbrannt. 2,351.000 Tonnen werden von Heizwerken, Fabriken und Kraftfahrzeugen in die Luft geblasen. 114.000 Tonnen Kohlenstoff produziert die Verbrennung des Mülls, rund 30.000 Tonnen Kohlenstoff landen im Abwasser und 35.000 Tonnen auf der Deponie. Der Kohlenstoff in der Nahrung schließlich wird von den Menschen in der Stadt verzehrt und letztlich durch den Stoffwechsel über die Atmung als CO_2-Kohlenstoff – in einem Ausmaß von 193.000 Tonnen – wieder freigesetzt.

Die Stadt stößt also durch Import und Verbrennung von fossilen Brennstoffen Jahr für Jahr zweieinhalb Millionen Tonnen Kohlenstoff **mehr** in die Atmosphäre aus als sie aus dieser aufgenommen hat und trägt damit ihren Teil zum globalen Treibhauseffekt bei.

Die Stadtverwaltung hat ihre Konsequenzen gezogen: Mit dem „Klimaschutzprogramm KliP-Wien“ (→ S. 549), das 1999 im Wiener Gemeinderat beschlossen wurde, ist Wien heute eine der ersten Millionenstädte, die sich zum Klimaschutz bekennt und ernsthafte Anstrengungen unternimmt, die CO_2-Emissionen deutlich zu senken. Das langfristige Ziel einer ausgeglichenen Kohlenstoffbilanz liegt freilich noch in weiter Ferne und es ist fraglich, ob es überhaupt je erreicht werden kann.

Wasserbilanz

Was an Wasser nach Wien hereinkommt, muss auch wieder aus dem Stadtgebiet hinausgehen: über die Flüsse, über das Grundwasser oder durch Verdunstung. Die Summe der Wasserbilanz muss Null sein. Eine positive Bilanz würde Überschwemmung bedeuten, eine negative Trockenheit. Da für einzelne Teilflüsse keine exakten Messungen, sondern nur Schätzungen möglich sind, ist auch die Gesamtwasserbilanz mit einer gewissen Unschärfe behaftet.

Zur natürlichen Wasserbilanz gehören Regen, Verdunstung sowie Zu- und Abfluss der Oberflächengewässer. Ihr steht die menschlich bedingte, anthropogene Wasserbilanz gegenüber: Das Hochquellwasser von Rax- und Schneeberg und aus dem Hochschwabgebiet, aber auch Wasser aus den Wiener Grundwasserbrunnen kommt

Wasserzufluss und -abfluss in Wien (1991)

Zufluss	[Mio m³/a]	Abfluss	[Mio m³/a]	Wasserflüsse im System	[Mio m³/a]
Donau	51.393,0	Donau	51.393,0	Versickerung	50,3
Wien und Liesing	19,6	Wien und Liesing	59,5	Grundwasserentnahme	23,1
Grundwasserzufluss	*	Grundwasserabfluss	*	Rohrleitungsverluste	9,3
„Hochquellwasser“	143,8	Kanalisation	182,3	Gartenbewässerung, Blumengießen, Reinigung	11,0
Niederschlag	255,1	Veränderungen in Wasserspeichern	0,4	Landwirtschaftliche Bewässerung mit Grundwasser	1,7
Wasser in Nahrungsmitteln	0,7	Anthropogene Evapotranspiration (Bewässerung)	12,7	Grundwassereintritt in die Kanalisation (Fremdwasser)	37,4
Wasser in Energieträgern	5,2	Natürliche Evapotranspiration	163,6	Regenwasserabfluss im Kanalsystem	15,7
		Export von Wasser in Nahrungsmitteln über Verbrennung bzw. Kanalisation	0,7	Abfluss der Wienerwaldbäche in die Kanalisation	0,9
		Export von Verbrennungswasser in Energieträgern	5,2		

* Bestimmung nicht möglich

Die Stickstoffproblematik: Wenn aus Mangel Überfluss wird

Es zeigt sich, dass die große Menge an Stickstoff, die einerseits in der Landwirtschaft die Produktion von ausreichend viel und hochwertiger Nahrung sicherstellt und andererseits als Teil von Erdöl Autos antreibt und Wohnungen heizt, auch viele Probleme verursacht. Wien ist da keine Ausnahme. Es ist daher wichtig, die Stickstoffbilanz der Stadt zu kennen, um mit dem Stickstoff haushalten zu können. Das Ziel wäre, den Stickstoffverbrauch so gering wie möglich zu halten.

- Stickoxidemissionen verursachen hohe Ozonkonzentrationen, die schädlich für Wälder und Menschen sind.
- Der hohe Stickstoffeintrag mit dem Niederschlag in den Wienerwald bewirkt eine Versauerung des Bodens, dadurch werden Nährstoffe ausgewaschen und giftige Schwermetalle freigesetzt.
- Überdüngung in landwirtschaftlichen Böden führt zur Nitratstickstoffauswaschung und damit zur Belastung des Grundwassers mit Nitraten.
- Das Nitrat im Trinkwasser, obwohl selbst weitgehend ungiftig, stellt dennoch eine Gefährdung, besonders für Säuglinge und Kleinkinder dar, denn bestimmte Bakterien im Darm reduzieren das Nitrat zu Nitrit, welches dann zu akuten Vergiftungen führen kann.
- Eine hohe Stickstoffbelastung des Abwassers belastet die Donau und letztlich das Schwarze Meer.

über die Wasserleitungen in die Haushalte und wird dort als Trinkwasser konsumiert oder beim Duschen und Baden wieder in die Kanalisation gespült, wo es letztlich über die Kläranlage entsorgt wird. Es findet aber auch Verwendung in der Industrie, in der Landwirtschaft, beim Autowaschen und zum Füllen von Schwimmbecken. Als Gießwasser erhöht es die Verdunstung durch die Pflanzen und leistet einen wertvollen Beitrag zum Wärmehaushalt der Stadt, denn wo frisch bewässert wird, ist es merkbar kühler.

Die nebenstehende Tabelle verdeutlicht, dass annähernd halb so viel Wasser über Wasserleitungen nach Wien rinnt, wie jährlich in Wien Niederschlag fällt. Auch zeigt sie, dass Wien eine riesige „Verdunstungsmaschine" ist. Rechnet man das gesamte, von den Pflanzen und direkt aus dem Boden infolge von „Evapotranspiration" an die Atmosphäre abgegebene Wasser zusammen, so ergibt das mehr als 2/3 des jährlichen Niederschlags. Das ist deutlich mehr, als in einem Jahr über die Wasserleitungen nach Wien importiert wird! Man kann sich also gut vorstellen, dass bei ungenügender Wasserzufuhr über die Niederschläge die Bilanz negativ werden kann und damit Böden und Pflanzen austrocknen.

Stickstoffbilanz

Stickstoff (N) ist ein chemisches Element, auf das kein Lebewesen verzichten kann. Pflanzen, Tiere und Menschen benötigen ihn in erster Linie, um Eiweißstoffe (Proteine) aufbauen zu können. Stickstoff durchläuft einen außerordentlich komplizierten Kreislauf. Die Stationen, bei denen er in verschiedene chemische Verbindungen eingebaut und aus diesen wieder freigesetzt wird, sind die Atmosphäre, Boden und Gesteine, Lebewesen und Gewässer.

Obwohl die Atmosphäre zu rund 80 Prozent aus molekularem Stickstoff besteht, wäre dieses Element ohne den Menschen in der Regel in natürlichen Ökosystemen ein Mangelfaktor. Denn Stickstoff aus der Luft kann von den meisten Organismen nicht genutzt werden. Nur wenige Blaualgen (Cyanobakterien), Bodenbakterien und die symbiontisch in den Wurzeln von Leguminosen lebenden Knöllchenbakterien sind in der Lage, den Luftstickstoff so umzuwandeln, dass er für Pflanzen verfügbar wird. Zu einem geringen Anteil erfolgt diese Umwandlung auch über elektrische Entladungen, in der Natur etwa durch Blitze. Früher waren die Erträge in der Landwirtschaft durch den Bodenstickstoff limitiert und generell gering. Doch seit knapp

Der durch den Nahrungsmittelbedarf von Wien ausgelöste Stickstoffeintrag in die Donau beträgt im landwirtschaftlich genutzten Umland der Stadt, wo die Lebensmittel produziert werden, rund zehn Kilogramm Stickstoff je Einwohner und Jahr. Das ist doppelt so viel wie in der Stadt selbst, wo die Nahrung konsumiert wird und der darin enthaltene Stickstoff über die Fäkalien ins Abwasser gelangt.

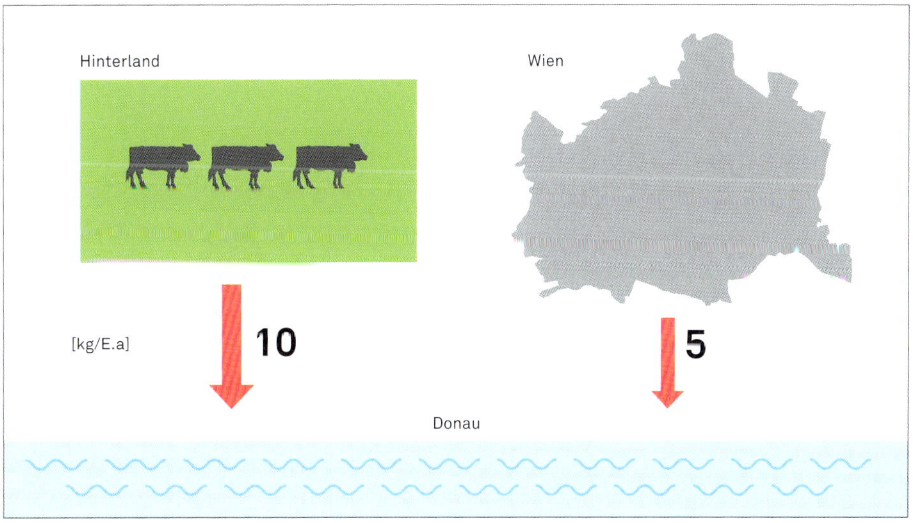

100 Jahren macht es der Mensch den Mikroorganismen nach und gewinnt mit dem „Haber-Bosch-Verfahren" Stickstoff aus der Atmosphäre, der in Form von Dünger für die Landwirtschaft verwendet wird; und weil es heute so einfach geworden ist, Stickstoff aus der Luft zu gewinnen, ist aus einem ursprünglichen Mangel an Stickstoff plötzlich ein Zuviel geworden. Das Problem besteht darin, dass nicht die gesamte, auf die Felder aufgebrachte Stickstoffmenge von den Pflanzen aufgenommen und dann abgeerntet wird. Ein Teil geht in veränderter Form an die Atmosphäre verloren, ein anderer wird ausgewaschen und gelangt ins Grundwasser und in die Bäche und Flüsse, in Wien somit in die Donau und ihre Zubringer.

Das Beispiel der Stickstoffflüsse zeigt sehr gut, dass man Städte nicht für sich alleine, sondern nur in Verbindung mit ihrem Umland betrachten darf. Der Stickstoff aus der in Wien konsumierten Nahrung landet nach der Verdauung in der Kanalisation. In der Abwasserreinigungsanlage wird ein Teil des Stickstoffes entfernt, der restliche Teil landet in der Donau. Vor der Neuerrichtung der Kläranlage Wien gelangten im Schnitt etwa fünf Kilogramm Stickstoff pro Person und Jahr in die Donau, seit der verbesserten Stickstoffentfernung konnte dieser Wert auf etwa zwei Kilogramm reduziert werden. Zuvor sind aber außerhalb der Stadtgrenzen, im „Hinterland", bei der Produktion der Nahrungsmittel bereits zehn Kilogramm Stickstoff pro Person in die Donau geflossen. Letztlich führen diese gesamten Stickstofffrachten zur Euthrophierung der Donau, ihres Deltas und des Schwarzen Meeres.

Auch die Verbrennung von Erdöl in Automotoren, Kraftwerken und Heizungen trägt zum Stickstoffüberschuss bei. Schlimmer noch, die Stickoxide führen zu hohen Ozonkonzentrationen, und bodennahes Ozon schädigt gleichermaßen Pflanzen und Menschen.

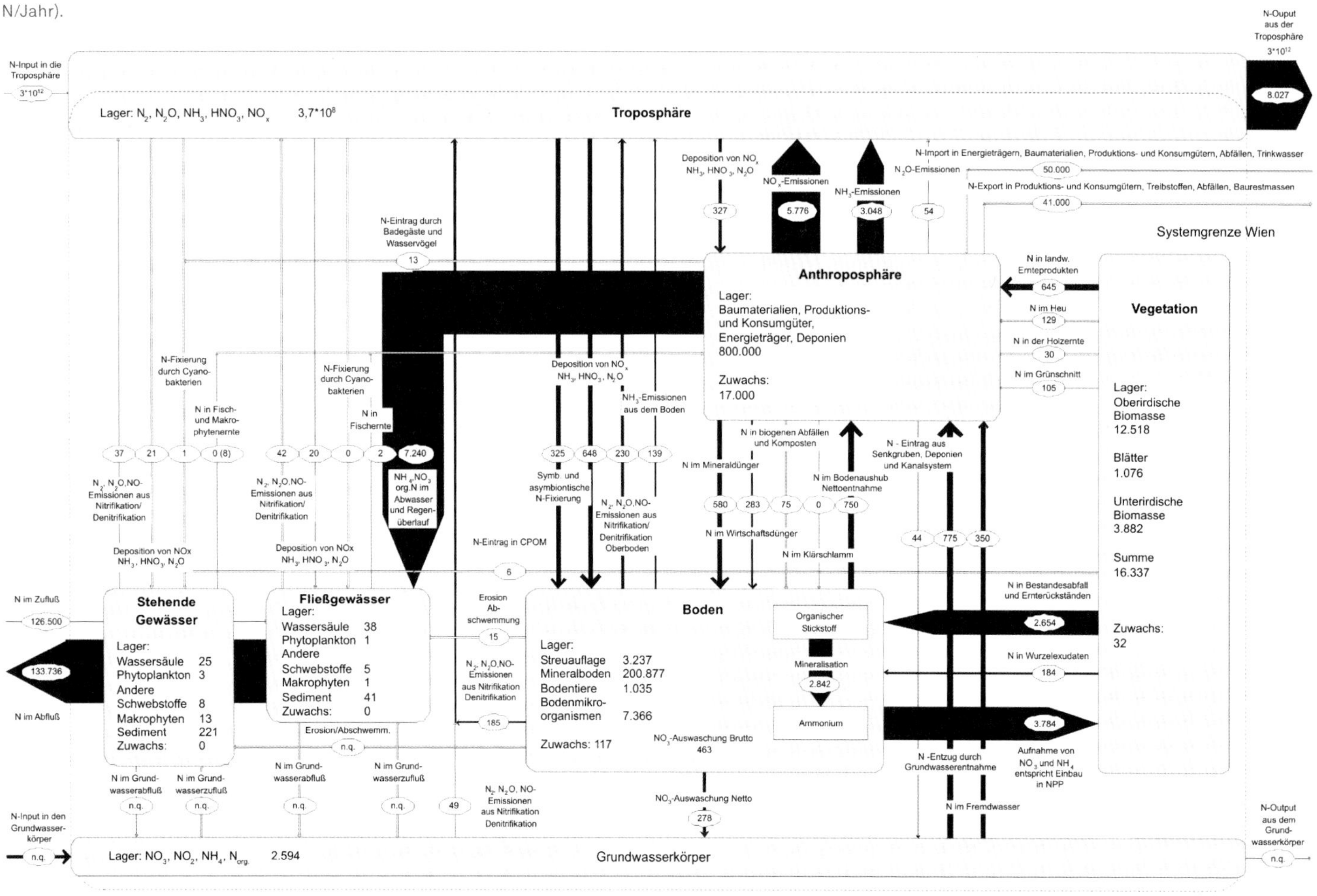

Stoffflussschema der Stickstoffbilanz von Wien (1991). Man erkennt, dass sehr viel Stickstoff aus der Anthroposphäre, dem vom Menschen geschaffenen Lebensraum, einerseits in die Donau fließt und andererseits an die Atmosphäre abgegeben wird. Das ist wesentlich mehr an Stickstoff, als Pflanzen aus dem Boden aufnehmen und über den herbstlichen Blattfall wieder in den Boden zurückführen. (Lager: Tonnen N, Flüsse und Zuwachs: Tonnen N/Jahr).

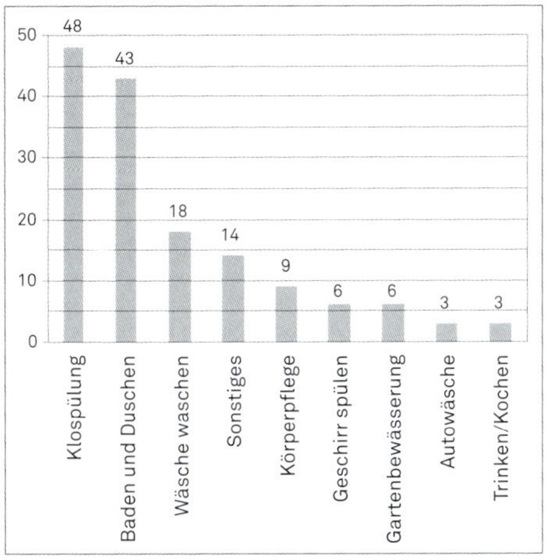

Täglicher Wasserverbrauch in Liter. So setzt sich der Gesamtverbrauch von täglich 150 Litern Wasser pro Einwohnerin und Einwohner in Wien zusammen.

Pro-Kopf-Anteile der Stoffflüsse

Wer kann sich unter den beschriebenen Stoffflüssen wirklich etwas vorstellen? Es mag hilfreich sein, ein Gefühl für die Größenordnungen zu bekommen, wenn man berechnet, wie viel auf jeden einzelnen Einwohner und jede Einwohnerin der Stadt entfällt.

Der Durchschnitts-Wiener wiegt knapp 26 Kilogramm! Natürlich nur, wenn man ihm zuerst das Wasser entzieht, also seine Trockenmasse feststellt. Im Jahr verbraucht er circa 810 Kilogramm feste Nahrung und konsumiert 97.000 Liter (Hochquell-)Wasser. Nur einen geringen Teil davon trinkt er, denn darin ist natürlich auch das Wasser fürs Baden, Autowaschen und Klospülen sowie das von der Wirtschaft benötigte enthalten. Für das kanalisierte Abwasser, inklusive Regenabwasser, kann man pro Person und Jahr etwa 127.000 Liter veranschlagen.

Weiters verbraucht jeder Wiener pro Jahr 7.500 Kilogramm Sauerstoff und 6.400 Kilogramm Kohlendioxid atmet er aus. Er hat „Anspruch" auf 290.000 Kilowattstunden von der Sonne, importiert zusätzlich jedoch 30.000 kWh Energie in Form von Strom, Erdgas, Erdöl und Kohle. Das entspricht den 2.170 Kilogramm an Energieträgern, die pro Person importiert werden.

Statistisch gesehen produziert der Durchschnitts-Wiener knapp drei Tonnen Abfall pro Jahr. Der größte Teil davon ist allerdings Bauschutt, aber immerhin gute 500 Kilogramm werden von ihm selbst als Restmüll oder Altstoffe in diverse Müllcontainer befördert.

Vergleicht man Wien mit anderen Großstädten, dann fällt die Donau-Metropole auch beim Pro-Kopf-Anteil der Stoffflüsse nicht aus dem Rahmen, denn der massive Verbrauch von Ressourcen ist in allen „entwickelten" Ländern ähnlich hoch.

Pro-Kopf-Daten zum Stoff- und Energiehaushalt von Wien sowie zum Gesamtgewicht der Stadt Wien (1991)

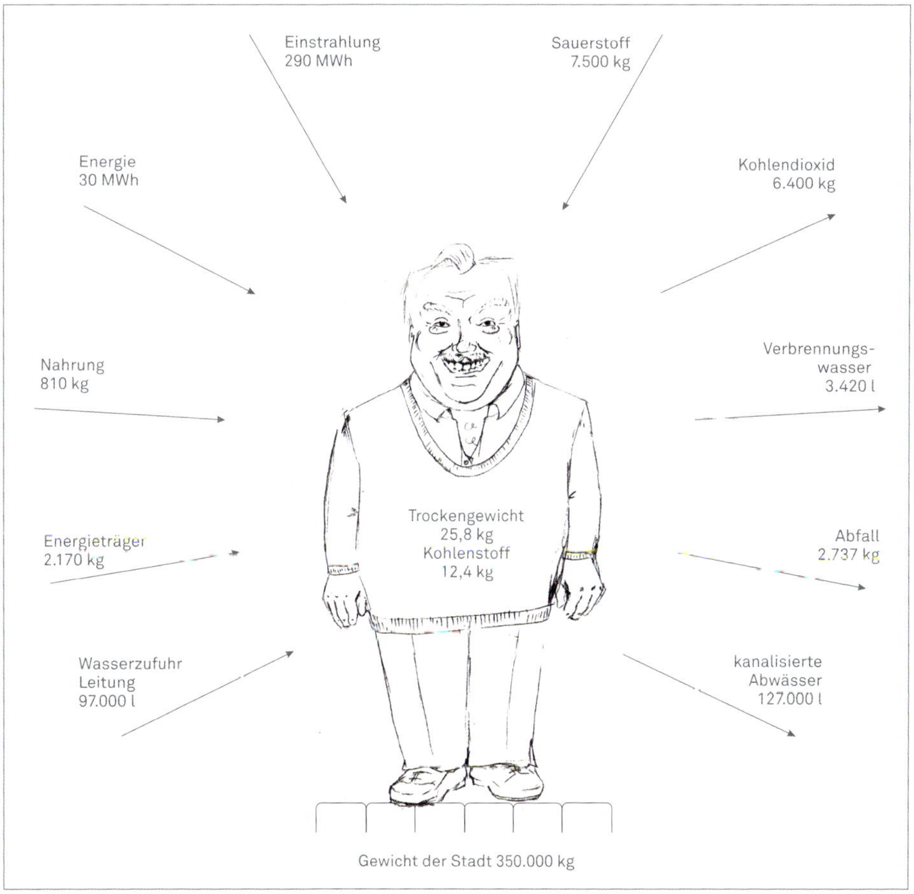

Analyse und Management des städtischen „Stoffwechsels“

Die Stadt als wachsender Durchflussreaktor

Der Stoffwechsel von Städten ist geprägt von einem hohen Materialdurchfluss. Sie werden deshalb oft auch als „Durchflussreaktoren“ für die bedeutendsten Massengüter, Wasser, Luft und Energieträger bezeichnet. Insgesamt fließen täglich rund 840.000 Tonnen an Gütern und Stoffen durch Wien. Pro Einwohner sind das im Jahr etwa 200 Tonnen. Dabei macht im Vergleich zum Wasser- und Luftdurchsatz der Stadt die Menge an Konsum- und Investitionsgütern mengenmäßig nur einen geringen Anteil aus.

Güterhaushalt der Stadt Wien 1991. Flüsse in Tonnen pro Einwohner und Jahr; Lager in Tonnen pro Einwohner

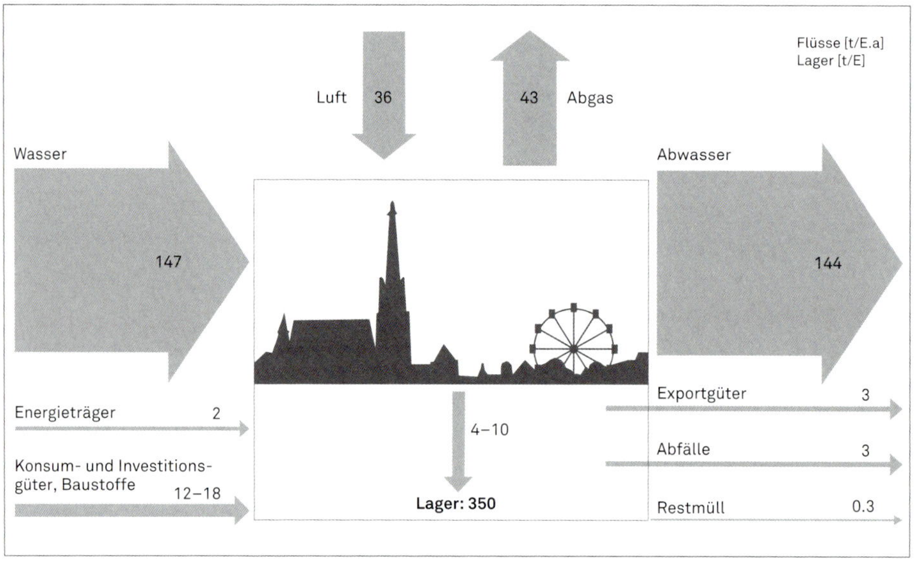

Im Gegensatz zu Wasser, das eine Stadt relativ rasch durchfließt, verbleiben vor allem Baumaterialien für längere Zeit in der Stadt. Man spricht bei dieser Speicherung von einer „Lagerbildung“. Dieses Lager wächst ständig. In der Stadt Wien hatte die Menge an akkumulierten Gütern im Jahr 1991 350 Tonnen pro Einwohner erreicht. In Summe war demnach Wien damals etwa 540 Millionen Tonnen schwer. Täglich kommen 35.000 Tonnen hinzu. Für jeden Wiener und jede Wienerin verbleiben also jährlich etwa acht Tonnen an Gütern in der Stadt. Das entspricht ungefähr dem 100-fachen eines durchschnittlichen Körpergewichts.

Der Durchfluss von Sanden und Steinen des Bauwesens in Wien in Tonnen pro Jahr. Der Vergleich von Export und Import zeigt, dass selbst bei einer theoretisch vollständigen Wiederverwertung der 1,5 Mio. Tonnen an Bauschutt der Bedarf aus dem Umland nur unwesentlich abnehmen würde. Solange Wien wächst, bleibt die Notwendigkeit des Umlandes als Rohstofflieferant erhalten.

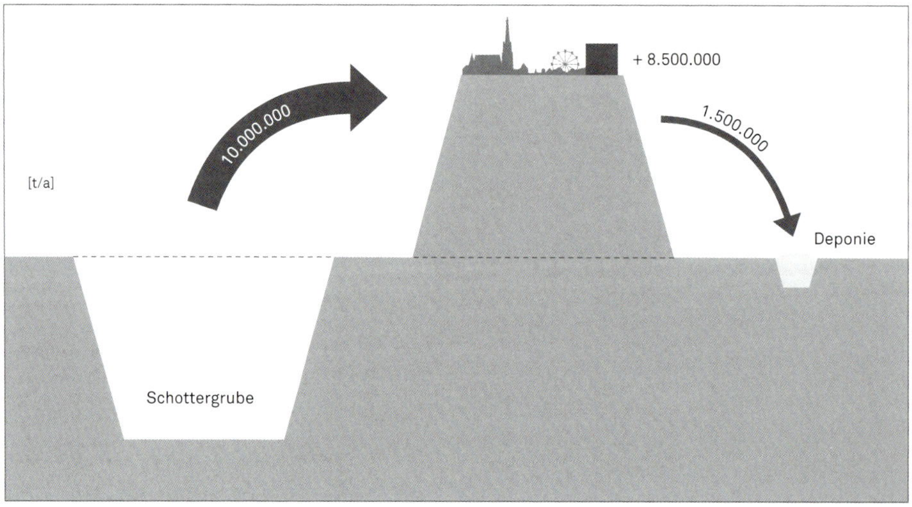

Der „anthropogene Stoffhaushalt der Stadt Wien“ war 1995 und 1996 erstmals Forschungsgegenstand einer Studie an der Technischen Universität Wien im Rahmen der Wiener Internationalen Zukunftskonferenz. Diese Arbeit bildete in der Folge die Basis für zahlreiche Untersuchungen, die sich mit der Umsetzung der Forschungsergebnisse befassten.

Der größte Anteil des Masseflusses an festen Gütern betrifft Sande, Schotter und Steine für den Hoch- und Tiefbau. Um diese jährlich zehn Millionen Tonnen zu transportieren, sind in Wien täglich rund 2.000 Lastkraftwagen unterwegs. Würde man sie alle aneinanderreihen, wäre die Lkw-Schlange 18 Kilometer lang und würde, etwa auf Ring und Kai aufgestellt, dreimal um die Wiener Innenstadt reichen. Der Rückfluss von Bauschutt aus der Stadt hinaus betrug vor einigen Jahren nur 1,5 Millionen Tonnen pro Jahr. Durch das in den letzen Jahren vermehrte Bauschuttrecycling, ist heute der Rückfluss noch geringer. Im Umland von Wien bleibt daher rein quantitativ gesehen ein „Nettoloch“ in der Landschaft, das jedes Jahr „tiefer“ wird.

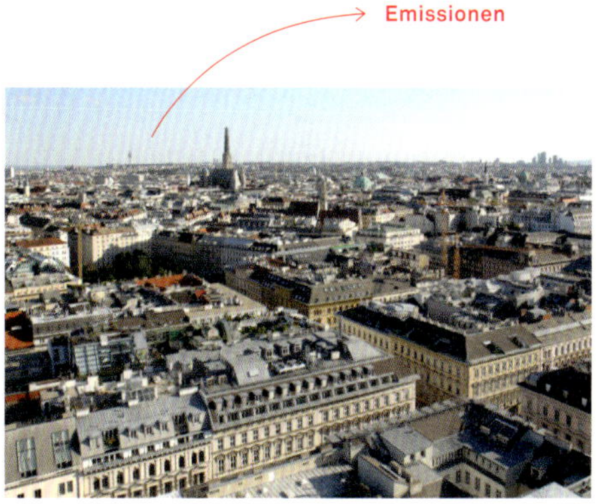

Von der Stadt Wien gehen durch den Gebrauch von Produkten an vielen Stellen der Stadt Stoffflüsse in die Umwelt. Diese unzähligen Emissionsquellen zu erfassen und zu bewerten, stellt eine große Herausforderung für die „Stadt der Zukunft“ dar.

Wie kann man den „Stoffwechsel“ von Wien verbessern?

Das heutige Wirtschaftssystem in den Industrie- und Dienstleistungsgesellschaften ist geprägt von einem „Stoffwechsel“ mit hohem Ressourcenverbrauch. Der immer rascher werdende Materialumsatz hat Restflüsse in die Umwelt zur Folge, die zu massiven Problemen führen. Bekannte Beispiele dafür sind die Ozonschichtzerstörung, kontaminierte Böden, verschmutzte Gewässer oder der Treibhauseffekt. Das Ziel einer nachhaltigen Entwicklung ist es, den „Stoffwechsel“ von Produkten, Städten oder Regionen langfristig umweltverträglich und ressourcenschonend zu gestalten und so derartige Probleme in Zukunft zu vermeiden.

Betrachtet man den „Stoffwechsel“ einer Stadt, so ist wie bei dem des Menschen eine Unterscheidung von Stoffen und Gütern zu treffen. Stoffe bestehen nur aus einer einzigen Art von Atomen oder Molekülen, also Elementen oder ihren chemischen Verbindungen. Güter hingegen sind aus verschiedenen Stoffen zusammengesetzt. Die in den Nahrungsmitteln enthaltenen Inhaltsstoffe sind entscheidend für deren Nutzen oder Schaden, etwa wenn Früchte mit Pestiziden belastet sind oder Trinkwasser hohe Bleikonzentrationen aufweist, weil es durch alte Leitungen geflossen ist. Beim städtischen „Stoffwechsel“ gilt es ebenso zwischen der Güterebene, wie Trinkwasser, Baumaterial, Fernseher, Klärschlamm, Pkw und den darin enthaltenen chemischen Elementen und deren Verbindungen, also Stoffen wie FCKW, Blei, Kohlenstoff, Stickstoff oder Zink zu unterscheiden.

Die Filterstrategie

In den 1950er- und 1960er-Jahren waren Umweltschutzmaßnahmen und die Umweltgesetzgebung darauf ausgerichtet, die Emissionen von Industrieanlagen, privaten Haushalten und Fahrzeugen so weit zu verringern, dass unmittelbare Umweltschäden vermieden wurden. Mit der sogenannten Filterstrategie wurden „end of the pipe“-Lösungen angestrebt. Sie sollten bewirken, dass die Schadstoffe bereits bei den Erzeugern, dort wo sie entstehen, abgefangen und möglichst erst gar nicht in die Umwelt emittiert werden. Filter stellen auch heute ein wichtiges und effizientes Werkzeug im modernen Umweltschutz dar, durch das Emissionen in die Umwelt sehr erfolgreich und stark verringert werden können. Moderne Industriestaaten am Übergang zur Dienstleistungsgesellschaft haben diese Entwicklung bereits weitgehend vollzogen, in den sogenannten Schwellenländern Asiens und Südamerikas hingegen besteht diesbezüglich noch Aufholbedarf.

In der Vergangenheit hat man mit Kläranlagen, Rauchgasfiltern oder Katalysatoren sehr erfolgreich die Emission in die Umwelt minimiert. Heute gilt es zusätzlich, durch intelligente Planung Produkte zu erzeugen, bei deren Produktion, Transport, Nutzung und Entsorgung Umweltprobleme stark minimiert sind oder erst gar nicht auftreten. Produkte, die diesen Anforderungen genügen, tragen beispielsweise das österreichische Umweltzeichen.

Das Beispiel Fluorchlorkohlenwasserstoffe (FCKW) zeigt jedoch, dass nicht alle Probleme mit umweltschädlichen Emissionen durch Filter gelöst werden können. FCKW wurden seit den 1930er-Jahren in allen Industriestaaten in großen Mengen als Kühlmittel und als Treibgas in Spraydosen verwendet. Da sie für den Menschen im direkten Kontakt unbedenklich sind und auch keinen unangenehmen Geruch haben, wäre es wohl nicht sinnvoll gewesen, auf jede Spraydose einen Filter zu setzen. Wie sich herausstellte, haben die FCKW aber entscheidend zum Abbau der Ozonschicht in der Stratosphäre beigetragen. Das Erkennen solcher Zusammenhänge wird oft dadurch erschwert, dass die schädlichen Folgen von neuen, freigesetzten Stoffen erst Jahre später sichtbar werden. So wurde im Falle von FCKW das Ozonloch über der Antarktis erst Jahrzehnte nach ihrem Ersteinsatz entdeckt. Die Lösung des Problems war der völlige Verzicht auf FCKW. Bis sich die Ozonschicht auf natürliche Weise wieder regeneriert haben wird, werden jedoch vermutlich noch Jahrzehnte vergehen.

Vom „unsichtbaren Schwitzen“ der Stadt

Der venezianische Arzt Santorio Santorio wurde im Jahr 1614 über die Grenzen Italiens hinaus mit seinem Werk über den Stoffwechsel des Menschen berühmt. Santorio gilt als Vater der Wissenschaft vom Metabolismus (= Stoffwechsel). Mit einer einfachen Waage versuchte er, eine Stoffwechselbilanz des menschlichen Körpers aufzustellen. Er erwartete, dass das Gewicht der Nahrungsaufnahme dem seiner Gewichtszunahme plus Ausscheidungen entsprechen würde. Im Zuge seiner Experimente machte er jedoch die Beobachtung, dass das Gewicht der eingenommenen Nahrung und Getränke größer war als das seiner sichtbaren und daher messbaren Ausscheidungen. Daraus schloss er, dass ein Teil der Nahrung in anderer Form abgegeben wird und bezeichnete dies als „unsichtbares Schwitzen“. Heute weiß man, dass die unsichtbaren Ausscheidungen, die Santorio noch nicht beschreiben konnte, im Wesentlichen durch die Atmung, die enzymatische „Verbrennung“ von Kohlenstoffverbindungen, hervorgerufen wird. Dabei entsteht Wärme und CO_2, das ausgeatmet wird.

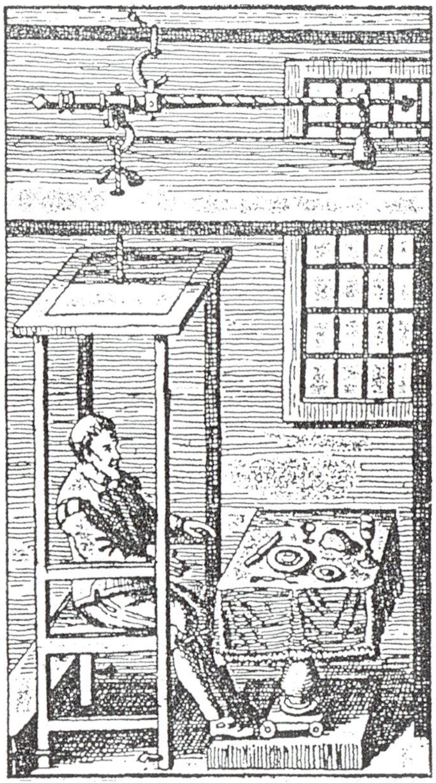

Der Renaissance-Arzt S. Santorio auf seiner selbst konstruierten Waage, mit der er über 30 Jahre hinweg experimentierte, um seinen Stoffwechsel messbar zu machen. Die für ihn unerklärliche Differenz zwischen dem Gewicht der aufgenommenen Nahrung und dem seiner messbaren Ausscheidungen plus Gewichtszunahme nannte er „perspiratio insensibilis“, das unsichtbare Schwitzen.

Nicht viel anders verhält es sich mit dem „Stoffwechsel“ von Städten und ihrem Umland, auch diese „schwitzen unsichtbar“. Es zeigt sich, dass entlang des Lebenszyklus eines Produkts eine Reihe von in der Stadt fein verteilten, sogenannten flächenhaften Emissionen entstehen, die kaum oder gar nicht mit Filtern erfasst werden können. Jeder Autoreifen und jeder Schuh hat einen Abrieb, Metalle verrosten und viele Haushalte heizen noch mit Einzelöfen. Bei manchen Stoffen, wie etwa bei Cadmium, sind heute die Emissionen aus dem Gütergebrauch sogar schon höher als bei deren Produktion. Aber sind diese Quellen auch ein Umweltproblem? Und wenn ja, wie kann man sie aufspüren?

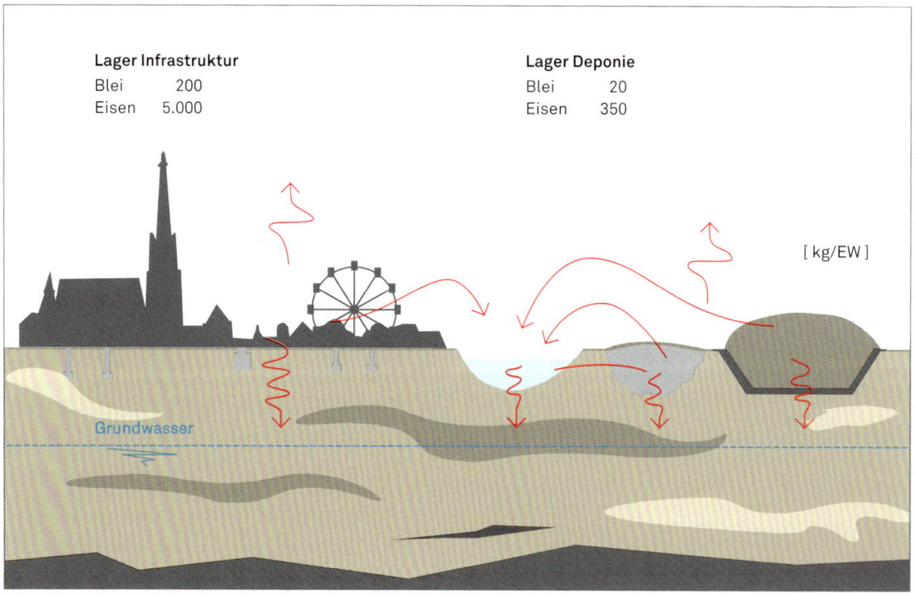

Metalllager in Kilogramm pro Einwohner (EW) und schematische Darstellung der diffusen Emissionen (rote Pfeile) in der Stadt Wien (1998)

Durch Korrosion „verschwinden" Metalle scheinbar aus der Stadt. Tatsächlich landen sie aber im Erdreich, im Klärschlamm oder in den Donausedimenten.

Um diese Frage zu klären bedient man sich des Instruments der Stoffflussanalyse, die den gesamten „Stoffwechsel" eines Produktes (Lebenszyklusanalyse) oder eines Betriebes oder einer Region beschreibt. Als Beispiel seien hier die Lagerbildung der Metalle in der Stadt und die damit verknüpften Probleme angeführt. Blei, Zink, Eisen, Kupfer und Aluminium sind zu etwa 90 Prozent in der Stadt verbaut und nur ein Zehntel ihrer Gesamtmenge liegt in Deponien. Während die Emissionen aus den Deponien einer aufwendigen Kontrolle unterzogen werden, bleibt der weitaus größere Teil des Metalllagers unkontrolliert. Heute weiß man, dass dieser Teil ein großes Gefährdungspotenzial für die Umwelt, aber auch eine wertvolle Ressource darstellt. Es gilt, in Zukunft diese über lange Zeiträume in die Stadt verlagerten Mengen zu überwachen und schlussendlich auch besser zu nutzen.

Die Untersuchung des Metalllagers der Stadt Wien zeigt, dass es diffuse Verluste geben muss, denn Input, Lagerzuwachs und Output lassen bei der Stoffflussanalyse Lücken offen. Ein bekanntes Phänomen, wie Metalle in der Stadt „verschwinden", ist die Korrosion. Je nach Art der Abwasserableitung gelangen die Korrosionsprodukte von den Dächern in Sickerkörper, in den Klärschlamm oder in den Abwasserablauf der Kläranlagen. So hat sich beispielsweise gezeigt, dass fünf Prozent und mehr des eingesetzten Zinks nach längerer Nutzungsdauer „verschwunden" sind. Tatsächlich findet es sich aber zum Teil etwa im Erdreich wieder, manchmal sogar in Konzentrationen, die über dem Grenzwert für Bodenaushubdeponien liegen. (→Tabelle S. 143)

Ein methodischer Ansatz zur Bewertung der Umweltverträglichkeit von Stoffflüssen aus der Stadt ist der Vergleich zwischen anthropogenen und geogenen Flüssen. Dabei vergleicht man die tatsächlich gemessenen Werte für die Stoffflüsse der Stadt mit jenen, die eine natürliche, standortgemäße Vegetation auf derselben Fläche verursachen würde. Es zeigt sich, dass die anthropogenen Emissionen in Wien je nach Stoff um einen Faktor 25 bis 800 größer sind als die vergleichbaren geogenen Flüsse wären. Entsprechend stark wird das Hinterland mit anthropogenen Stoffen beladen.

Für die Zukunft stellt sich die Frage nach der Optimierung des Stoffwechsels der Stadt. Wie beim Menschen spielen dabei die „gesunde Ernährung" und die Vorsorgemedizin eine zentrale Rolle. Städte sollten vermehrt darauf achten, welche Stoffe sie nutzen und wie sie diese nach ihrer Verwendung ressourcenschonend und umweltverträglich wiederverwerten oder der Natur zurückgeben können. Dabei ist es unabdingbar, das Hinterland in die Betrachtung mit einzubeziehen, die Wechselbeziehungen der Stadt mit dem Hinterland zu kennen, den Stoffhaushalt des Gesamtsystems zu bestimmen und gemeinsam zu optimieren.

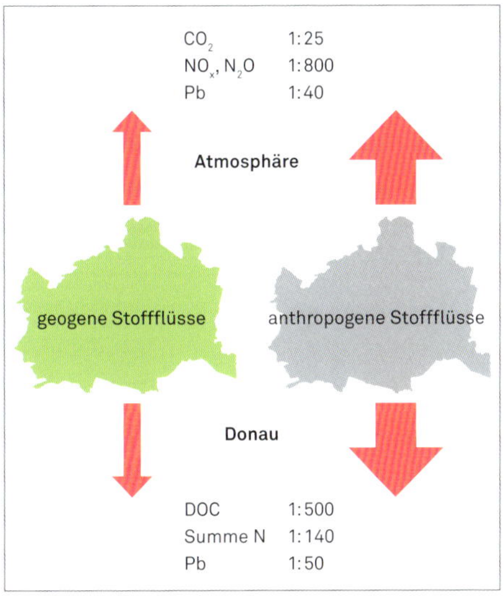

Das Verhältnis von geogenen zu anthropogenen Stoffflüssen auf dem Gebiet der Stadt Wien. Dargestellt sind die Emissionen von Kohlendioxid, Stickoxyden und Blei in die Atmosphäre sowie von gelöstem, organisch gebundenen Kohlenstoff (DOC), Gesamt-Stickstoff und Blei in die Donau. Die Zahlen zeigen an, um wie viel die natürlichen Werte durch den anthropogenen Stoffwechsel übertroffen werden.

Die Zukunft der Städte – Ressourcenmanagement

Die in der Vergangenheit durchgeführten systemorientierten Analysen des Material- und Energiehaushaltes der Stadt Wien sind Basis für ein Ressourcenmanagement. Wie der Begriff erkennen lässt, steht bei diesem Konzept die Umsetzung eines nachhaltigen Ressourcenhaushaltes mittels eines Managementansatzes im Vordergrund. Die Stoffbilanzen werden mit Akteuren und geltenden Regelungen verknüpft und anhand zukunftsfähiger Kriterien bewertet. Darauf aufbauend werden Ressourcenpläne entworfen, die Maßnahmen, Kernakteure, Szenarien sowie Monitoring- und Controllingvorschläge zur Optimierung der Ressourcenbilanzen enthalten. Die Nutzung von Ressourcen muss entsprechend gesteuert und dosiert werden, um eine Verträglichkeit mit natürlichen Kreisläufen zu erreichen. Die Stadt Wien war auf diesem Gebiet stets ein Innovator, da hier schon früh Güter- und Stoffbilanzen eingesetzt wurden, um Konzepte, Strategien und Handlungsempfehlungen abzuleiten.

Wasserversorgung und Abwasserproblematik

Keine Stadt ohne Wasser

Der ungefähre jährliche Wasserbedarf eines heutigen Österreichers

	Liter pro Einwohner und Jahr
Trinkwasser als Getränk oder im Getränk	1.000
Wasser zum Waschen, Reinigen, zum Transport der Schmutzstoffe aus dem Haushalt (Hygiene)	50.000
Wasser für Gewerbe und Industrie	200.000
Wasser für die Nahrungsmittelproduktion in der Landwirtschaft	1.000.000

Ohne Wasser ist Leben nicht vorstellbar. Eine ausreichende stetige Versorgung mit Wasser ist daher im wahrsten Sinne des Wortes lebensnotwendig, erst recht für unsere technisch hoch entwickelte Zivilisation. Verfolgt man die Geschichte der Menschheit, stellt man fest, dass fast alle Siedlungen dort gegründet wurden, wo ausreichend Wasser vorhanden war. Wenn diese Ressource versiegte, dann bedeutete das auch immer das Ende der betroffenen Ansiedlung.

Der Mensch braucht Wasser für viele Zwecke, entweder direkt oder indirekt. Aus den Zahlen der nebenstehenden Tabelle lässt sich Wichtiges für die Ver- und Entsorgung einer Stadt mit Wasser ablesen. Die überlebenswichtige Trinkwassermenge von etwa zweieinhalb Litern pro Tag ist sehr klein im Verhältnis zum übrigen Bedarf. Trinkwasser muss allen Anforderungen eines Lebensmittels genügen. Viel mehr Wasser wird im Haushalt vor allem für Reinigung und zum Abtransport von Schmutzstoffen und Abfällen gebraucht.

Den größten Wasserbedarf haben Industrie und Gewerbe, allerdings genügt hier oft geringere Qualität. So kann etwa das Kühlwasser für das Kraftwerk in Simmering direkt aus dem Donaukanal entnommen werden. In vielen Fällen werden aber auch beim sogenannten Brauchwasser ganz besondere Anforderungen an die Qualität

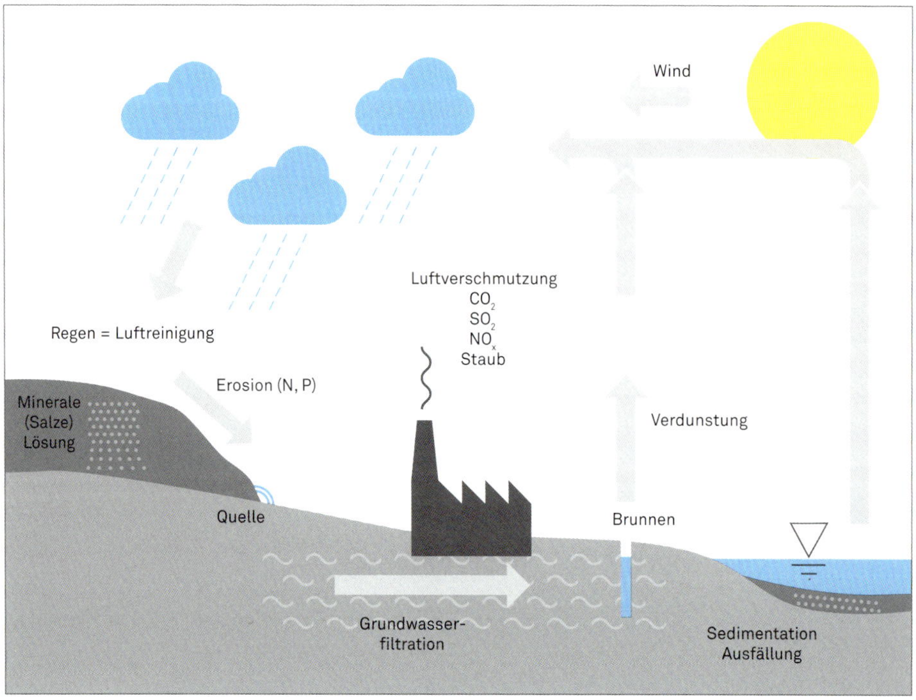

Wasserkreislauf – wie die Wassergüte entsteht: Im von der Sonne angetriebenen natürlichen Wasserkreislauf von Verdunstung und Niederschlag finden auch wichtige Stofftransporte und Umwandlungsvorgänge statt. Bei der Verdunstung entsteht chemisch reiner Wasserdampf (H_2O), ein unsichtbares Gas. Daraus bilden sich in der Atmosphäre Wassertröpfchen, die man dann als Wolken sieht. Die Wassertröpfchen nehmen alle Bestandteile der Luft (Sauerstoff, Stickstoff, CO_2, Staub, Luftplankton etc.) in sich auf. Wenn das Wasser dann aus den Wolken als Niederschlag auf den Boden fällt, reichert es sich erneut mit vielen der dort vorkommenden Stoffe an. Erst durch diese „Verunreinigungen" entsteht Wasser, das man – im Gegensatz zu reinstem (destillierten) Wasser – als Lebenselixier schlechthin bezeichnen kann.

Die Anforderungen an die Güte des Trinkwassers sind überaus hoch: Infektionen über das Trinkwasser müssen mit sehr hoher Wahrscheinlichkeit verhindert werden und auch bei lebenslangem Genuss dürfen keine gesundheitlichen Risiken zu befürchten sein. Damit der hohe Anspruch an die Qualität des Wassers zu jeder Zeit erfüllt werden kann, hat die Stadt Wien im Bereich der Quellen des Wassers in den Kalkalpen (Rax- und Hochschwabgebiet) Wasserschutzgebiete errichtet, deren Fläche etwa eineinhalb mal so groß ist wie das Stadtgebiet. Ein großer Teil davon ist auch im Eigentum der Stadt Wien. Der Schutz der Quellen in diesen großen Naturlandschaften erfordert besondere Umsicht und hohes Fachwissen bei der Wald- und Forstwirtschaft und bei der Lenkung und Überwachung des Tourismus, aber auch der Wildbestand muss laufend kontrolliert werden. Nur zufolge des umfassenden Schutzes der Quellgebiete kann auf eine Aufbereitung des Hochquellwassers vor der Verteilung verzichtet werden. Selbstverständlich wird das Wasser dennoch ununterbrochen chemisch und mikrobiologisch überwacht. Auch die übrigen Wassergewinnungsanlagen der Stadt, die vorrangig der Erfüllung des extrem hohen Anspruchs an Versorgungssicherheit dienen, unterliegen den gleichen Qualitätsansprüchen wie das Hochquellwasser. In der Wiener Wassercharta sind die vielfältigen organisatorischen und technischen Aufgaben angeführt, die erfüllt werden müssen, damit die Wiener Bevölkerung jederzeit genügend einwandfreies Trinkwasser zur Verfügung hat. Berücksichtigt man dann auch noch die laufende Instandhaltung der Hochquellwasserleitungen und des Trinkwasserverteilungsnetzes als Daueraufgabe, dann wird klar, dass die Kosten der Wasserversorgung vorrangig von Fixkosten bestimmt werden und kaum vom jährlichen Wasserbedarf der Bewohner abhängen, solange alle Bewohner einen sorgsamen Umgang mit Trinkwasser pflegen und es nicht unnütz verschwenden. Die Verrechnung der Wassergebühren über den Verbrauch dient daher in erster Linie der Erziehung der Bürger zu einem sparsamen Umgang mit Wasser. Es lohnt sich zu erkennen, dass ein Liter des hochwertigen Wiener Hochquellwassers frei Haus geliefert nur ca. 0,0015 € kostet, während sehr viele Menschen bereit sind, für in Flaschen abgefülltes Tafel- oder Mineralwasser bis weit über das Tausendfache zu bezahlen.

Wiener Wassercharta

Wien ist seit Dezember 2001 die erste und bis heute die einzige Stadt der Welt, die das Trinkwasser unter Verfassungsschutz gestellt hat. Mit der Wiener Wassercharta soll das berühmte Hochquellwasser als Lebensgrundlage für nachfolgende Generationen geschützt werden.

1. Sicherung des Wiener Wassers für alle Generationen
Die Stadt Wien unternimmt alles, um das lebensnotwendige Gut Wasser keiner Gefährdung auszusetzen. Wasser aus den Wiener Quellenschutz- und Wasserschutzgebieten soll den heutigen und allen folgenden Generationen in gleich hoher Qualität zur Verfügung stehen. Zur Erreichung dieses Ziels werden die wirtschaftlichen Maßnahmen dem Allgemeinwohl untergeordnet und technische Einrichtungen am Stand der Technik gemessen.

2. Verfassungsschutz für unser Wasser
Als erstes Bundesland hat Wien das Wiener Trinkwasser und die Quellenschutzwälder unter Verfassungsschutz gestellt. Damit soll der Ausverkauf des „weißen Goldes" gestoppt werden.

3. Wasserversorgung ist Daseinsvorsorge
Zur Daseinsvorsorge gehört die Grundversorgung der Allgemeinheit mit lebenswichtigen Gütern und Dienstleistungen. Vorrangig ist das eine Aufgabe der Kommune. Diese Verantwortung darf nicht einfach an gewinnorientierte Unternehmen abgegeben werden.

4. Arbeitsplätze durch Umweltschutz
Der Betrieb der städtischen Dienststellen in den Quellenschutzregionen und in der Bundeshauptstadt stellt den behutsamen Umgang mit der Natur sicher. Ein Ausverkauf der Quellenschutzwälder würde nicht nur den Umweltschutz, sondern auch Arbeitsplätze gefährden.

5. Qualitätssicherung statt Gewinnmaximierung
Die Wiener Bevölkerung hat ein Recht auf das hochwertige Lebensmittel Wasser zu angemessenen Bedingungen. Für die kommunale Wasserversorgung gilt eine faire Preisgestaltung nach dem Prinzip der Kostendeckung. Das bedeutet ein klares Nein zu einer Gewinnmaximierung.

6. Wasser darf kein Luxusgut werden
Mit der Betreuung der Quellenschutzgebiete durch die Stadt Wien wird sichergestellt, dass das kostbare Wiener Wasser für alle Personen „leistbar" bleibt.

7. Schonende Nutzung der Ressource Wasser
Die Stadt Wien stellt sicher, dass die Wasserentnahmen wie bisher in einem ökologisch verträglichen Maß erfolgen. Ein Wasserexport wird nicht angestrebt.

8. Bodenschutz als oberstes Qualitätsziel
Wasser ist Grundlage allen Lebens. Der fürsorgliche Umgang mit Waldboden, der Wasser speichert und filtert, zählt daher zur Daseinsvorsorge der Stadt Wien. Die Faktoren Holzertrag, Jagd, Landwirtschaft und Tourismus haben sich diesem Zweck unterzuordnen.

9. Vorrang für gesunde Mischwälder
Die Stadt Wien betreibt in den Quellenschutzwäldern seit vielen Jahrzehnten naturnahe Waldbewirtschaftung. Gesunde Mischwälder, die Platz für viele verschiedene Pflanzen- und Tierarten bieten, sind der Garant für einen gesunden Wald und nachhaltige Wasserversorgung.

10. Wasserpolitik im Konsens der Europäischen Union
Die Wasserrahmenrichtlinie der EU bezweckt die Verbesserung der aquatischen Umwelt in der Gemeinschaft. Sie zwingt nicht zur Privatisierung der Wasserversorgung. Die Wasserpolitik der Stadt Wien hält sich an die Rahmenbedingungen des Gemeinschaftsrechts.
MA 31 Wasserwerke

gestellt, so etwa in der Getränke- und Elektronikindustrie. Daher wird in der Stadt Wien ein Teil des industriellen und gewerblichen Wasserbedarfes auch aus dem Trinkwassernetz entnommen. Den bei Weitem größten Bedarf an Wasser hat die Landwirtschaft. In Österreich wird dieser Bedarf überwiegend durch die Niederschläge gedeckt. Durch die Entnahme von Grundwasser für die künstliche Beregnung kann es im Raum östlich von Wien, insbesondere im Marchfeld, lokal auch zu nennenswerten Absenkungen des Grundwasserspiegels kommen.

In der modernen Industriegesellschaft entstehen durch Abgase aus dem Verkehr, durch Emissionen der Industrie und der Energieerzeugung und aus der Landwirtschaft Stoffströme, die direkt oder indirekt über Luft und Boden in die Gewässer und das Grundwasser gelangen, wo sie vielfach negative Wirkungen auf Mensch und Umwelt entfalten. Die Wassergütewirtschaft hat nun die Aufgabe, diese vom Menschen verursachten Stoffströme so zu verändern, dass weder Menschen noch Tiere und Pflanzen am und im Wasser Schaden nehmen.

Aus den Augen, aus dem Sinn? Gerade in Wien gilt das für Wasser nicht ganz: Durch den Nachkriegsfilm „Der dritte Mann“ hat das Wiener Kanalnetz internationale Berühmtheit erlangt.

Die Wiener Bevölkerung wird vor allem über die zwei Hochquellwasserleitungen mit hervorragendem Trinkwasser versorgt, das über ein weit verzweigtes Wasserverteilungsnetz bis in die Haushalte gelangt. Wo Wasser über ein Rohrleitungsnetz verteilt wird, muss auch eine geordnete Ableitung des Abwassers erfolgen. Um dabei die Ausbreitung von Krankheitskeimen und das Auftreten von Seuchen in der Stadt zu vermeiden, müssen die menschlichen Ausscheidungen und alle sonstigen Abwässer möglichst sicher und rasch abgeleitet werden. In einer Untersuchung über die Ursachen der gestiegenen Lebenserwartung in den industrialisierten Ländern – sie hat in den letzten 100 Jahren um etwa 23 Jahre zugenommen – lassen sich davon 18 Lebensjahre auf die Versorgung mit einwandfreiem Trinkwasser und die ordentliche Abwasserentsorgung zurückführen und nur fünf Jahre auf die enormen Fortschritte der Medizin.

Die Bedeutung der wasserbezogenen Infrastruktur für die Gesundheit steigt, je dichter die Menschen beieinander wohnen und je größer die geschlossenen Siedlungsgebiete werden. Während weltweit noch immer jährlich etwa sieben Millionen Menschen an wasserbedingten Krankheiten sterben, nehmen die meisten Wiener und Wienerinnen die große Bedeutung der Qualität von Wasserversorgung und Abwasserentsorgung oft gar nicht mehr wahr. Die anfallenden Kosten von täglich etwa 30 Cent je Einwohner sind für die meisten Bewohner keine merkbare Belastung.

Nach der Nutzung – aus den Augen, aus dem Sinn

Wenn das Trinkwasser durch unseren Gebrauch Schmutzwasser geworden ist, verschwindet es einfach in einem Abwasserableitungssystem. Um die Gewässer vor Verunreinigung durch das Abwasser zu schützen, wird dieses über das Kanalsystem einer Kläranlage zugeführt und dort gereinigt, bevor es wieder in ein Gewässer eingeleitet wird. Regenwasser von Straßen und Dächern wird ebenfalls über das Kanalsystem abgeleitet. Die bei einem Starkregen oder Gewitter anfallenden Wassermengen sind dabei um vieles größer als die ständig anfallenden Mengen an Schmutzwasser. Leider ist dieses Regenwasser auch nicht sauber, weil es den Schmutz von Dächern, Gehsteigen, Straßen und Plätzen mitnimmt.

Blick in die Unterwelt von Wien: Die Überfallskammer unter dem Karlsplatz gehört zu den ältesten Teilen des Wiener Kanalnetzes, den sogenannten Cholerakanälen, die links- und rechtsufrig des Wienflusses infolge der verheerenden Choleraepidemie 1830 errichtet wurden.

Fast unter jeder Straße liegt ein Kanal, der das Schmutz- und das Regenwasser aufnimmt und ableitet. Als Bewohner der Stadt stellt man lediglich fest, dass das Wasser verschwindet; es wird auch kaum bewusst, wie viel Wasser das eigentlich ist. Bei trockenem Wetter fallen in Wien in jeder Sekunde zwischen 3.000 und 7.000 Liter Schmutzwasser an. Bei Regenwetter kann die Menge Abwasser auf über das Zehnfache ansteigen.

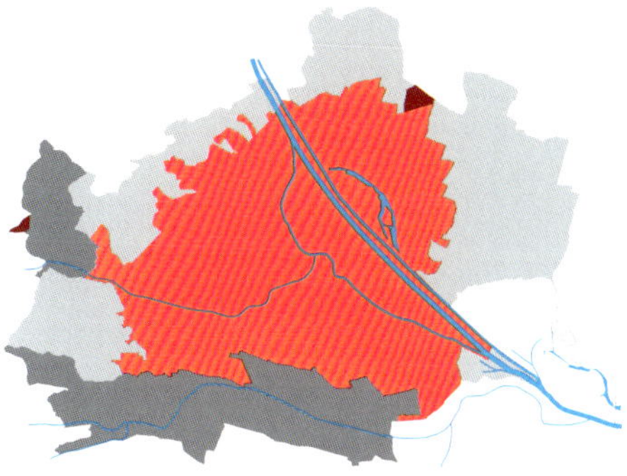

Trennsystem
Schmutzwasser
Mischsystem
Teilmischsystem

Das Wiener Stadtgebiet wird über verschiedene Entwässerungssysteme für Abwasser und Regenwasser entsorgt, die den lokalen geologischen Besonderheiten angepasst sind. Das Abwasser aus allen Gebieten wird zentral in der Hauptkläranlage (HKA) gesammelt. Das Regenwasser hingegen wird, je nach Entwässerungssystem, entweder ebenfalls zur HKA abgeleitet, oder getrennt vom Abwasser in die Bäche und Flüsse eingeleitet, oder man lässt es lokal versickern.

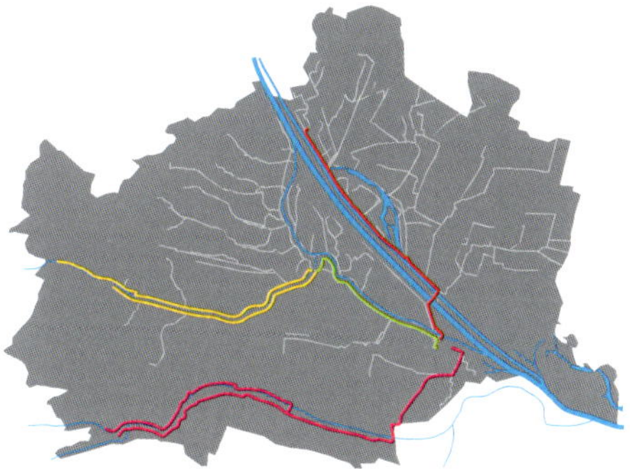

Linker Donausammelkanal
Rechter Hauptsammelkanal
Liesingtalsammelkanal
Wientalsammelkanal

Plan der wichtigsten öffentlichen Kanäle (grau) mit farblich hervorgehobenen Hauptsammelkanälen, die auch zur Zwischenspeicherung von Mischwasser dienen und das gesamte Schmutzwasser zur Hauptkläranlage Wien Simmering ableiten. Der jüngste Sammelkanal ist der Wiental-Sammelkanal Entlastungskanal WSKE, der vorerst, in der aktuellen Ausbaustufe, vom oberen Ende des Naschmarktes bis zum Stadtpark verläuft. Er liegt ca. 30 m unter der Sohle des Wienflusses, unterquert also die U-Bahnlinien U 1 und U4, hat eine Länge von etwa 3 km und ein Volumen von ca. 110.000 m³.

Der größte Teil der Stadt besitzt ein sogenanntes Mischkanalnetz, bei dem Schmutz- und Regenwasser gemeinsam in einem tief liegenden und relativ großen Kanal gesammelt und abgeleitet werden. Diese Abwässer fließen dauernd der Kläranlage zu. Bei Regenwetter kann dort maximal etwa das Dreifache des normalen Schmutzwasserabflusses gereinigt werden. Kommt es zu größeren Niederschlagsereignissen, gelangt ein Teil des mit Regenwasser verdünnten Schmutzwassers über eigens dafür geschaffene Öffnungen in den Kanälen, den Regenüberläufen, direkt in Wienfluss, Donaukanal und Donau. Damit solche Einleitungen von ungereinigtem Mischwasser in Zukunft nur mehr sehr selten vorkommen, ist in Wien die Errichtung einer Reihe großer Kanalneubauten geplant beziehungsweise bereits verwirklicht worden. So etwa ein neuer Kanal mit circa sieben Metern Durchmesser unter der Sohle des Wienflusses, der rund drei Kilometer lang ist und ein Volumen von 110.000 Kubikmeter besitzt. Durch Nutzung solcher Speichervolumina kann die Häufigkeit des Überlaufens der Kanäle stark vermindert werden. In Zukunft soll es möglich sein, auf diese Weise bis zu 300.000 Kubikmeter Mischwasser im Kanalnetz zu halten und nach und nach der Kläranlage zuzuführen. Dazu ist ein Steuerungssystem erforderlich, das den Abfluss im Kanalsystem regelt, den Speicherraum optimal nützt und sicherstellt, dass das zwischengespeicherte Mischwasser nach Regenende zur Kläranlage gelangt. Auf diese Weise wird dann fast das gesamte Abwasser der Stadt auch biologisch gereinigt.

Das Einzugsgebiet der Liesing, also der südliche Teil von Wien, wird überwiegend nach dem sogenannten Trennsystem entwässert. Hier sind zwei getrennte Kanalsysteme vorhanden. Eines leitet das Schmutzwasser zur Kläranlage, über ein zweites wird das Regenwasser von Dächern und Straßen direkt in die Liesing abgeleitet. Allerdings ist die Liesing ein sehr kleines Gewässer und wird zumindest bei Regenbeginn durch den stark verunreinigten Regenwasserabfluss belastet. Daher werden auch hier Speicherräume geschaffen, die dieses Abwasser zwischenspeichern können. Nach Ende des Regens wird dann das verschmutzte Regenwasser der Kläranlage zugeführt und gereinigt.

Der gesamte jährliche Regenwasserabfluss im Kanalnetz von Wien beträgt nur rund ein Drittel des Schmutzwasseranfalls. Da Niederschläge sehr unregelmäßig und mit stark unterschiedlicher Intensität fallen, braucht man sehr große Kanäle, um auch die seltenen Starkregen ableiten zu können. Nur die wenigsten Menschen sind sich bewusst, welch wichtige und große Bauwerke unter den Straßen der Stadt vergraben sind, die dafür sorgen, dass durch Abwasser bedingte Krankheiten und Seuchen ausgerottet sind und Überflutungen von Straßen, Plätzen und Kellern heute nur mehr bei sehr seltenen Starkregenereignissen auftreten.

In Wien müssen über 2.300 Kilometer öffentliche Sammelkanäle, regelmäßig gereinigt, instand gehalten und erneuert werden. Das Netz der Hauskanäle wird mit einer Länge von 6.300 Kilometern angegeben. Über dieses weitverzweigte Kanalnetz werden in einem Jahr durchschnittlich 220 Millionen Kubikmeter Wasser abgeleitet und der Hauptkläranlage zugeführt. Für die fachgerechte Betreuung der öffentlichen Kanäle und der Kläranlage ist eine große Zahl von speziell ausgebildeten Fachleuten erforderlich.

Um den Menschen, die für den Betrieb von Kanal und Kläranlage verantwortlich sind, die Arbeit zu erleichtern, kann jede Bürgerin und jeder Bürger einen Beitrag leisten. Im Abwasser findet sich alles wieder, was über WC und Küche dorthin entsorgt wird. Abfall gehört nicht ins Abwasser, weil er zu Ablagerungen und Verstopfungen in den Kanälen führen kann. Auch Hundekot, Abfall, Staub und im Winter auch Streumaterial von den Straßen werden bei Regenwetter in die Kanäle gespült. Auch diese Stoffe neigen zu Ablagerungen. Die Kanäle müssen daher laufend kontrolliert

Tunnelvortriebsmaschine für die Errichtung des WSKE vor der Montage im Startschacht beim Stadtpark (Durchmesser: 8,6 m, Länge 136 m)

und gereinigt werden. Je weniger Abfall auf die Straßen und Gehsteige geworfen wird, und je weniger Abfälle über WC oder Küche in das Abwasser entsorgt werden, desto geringer werden die Aufwendungen für die Kanalreinigung und den Betrieb der Kläranlage.

Die großen Mischkanäle sind für die Ableitung des Regenwassers bei Starkregen ausgelegt. In Trockenperioden – besonders in den Ruheperioden der Nacht – führen sie nur wenig Abwasser, wodurch die Gefahr von Ablagerungen in den Kanälen steigt. Wenn die Neigung der Kanäle und der Abwasserabfluss groß genug sind, werden die Ablagerungen im Laufe des Tages wieder aufgewirbelt und zur Kläranlage abtransportiert. Wenn sie aber länger liegen bleiben, können sie zu faulen beginnen, was nicht nur Geruchsprobleme verursacht, sondern auch zu schweren Schäden an den Kanalrohren führen kann. In einigen Städten Deutschlands hat extremes Sparen beim Wasserverbrauch zu verstärkten Ablagerungen im Kanalnetz und damit zu erhöhten Kosten für den Betrieb der Kanalsysteme geführt. Es kann also passieren, dass ein sinkender Wasserverbrauch die Kosten für den Kanalbetrieb ansteigen lässt und dadurch als Folge die Gebühren für den Wasserverbrauch angehoben werden müssen. Das Wasser selbst „kostet“ zumindest derzeit noch sehr wenig. Die Kosten werden überwiegend durch Bau und Betrieb der Wasserversorgungsnetze, der Kanalnetze und der Kläranlagen verursacht.

Der Wasserverbrauch ist seit etwa 15 Jahren trotz steigendem Wohlstand fast gleich geblieben. Die Effizienz der Nutzung des Wassers hat sich verbessert und die Verschwendung von Trinkwasser ist deutlich zurückgegangen, wahrscheinlich auch deshalb, weil das Bewusstsein in der Bevölkerung über die Kostbarkeit guten Wassers stark gestiegen ist.

Punktquellen und diffuse Quellen der Verschmutzung

Kennt man den Ort, an dem eine Verschmutzung in ein Gewässer eingeleitet wird, dann spricht man von einer **Punktquelle.** Meist handelt es sich dabei um Abwässer aus Haushalten, Gewerbebetrieben und Industrieanlagen. Die tägliche Abwassermenge, die diese Schmutzstoffe bei Trockenwetter zur Kläranlage transportiert, beträgt in Wien circa 500 Millionen Liter, das entspricht ungefähr dem Trinkwasserverbrauch, 390 Millionen Liter pro Tag, vermehrt um jene gewerblichen und industriellen Abwässer, die nicht aus Trinkwasser entstehen.

Jeder Mensch erzeugt durch seinen Stoffwechsel und sein Reinigungsbedürfnis eine gewisse Verschmutzung, die aus vielen Tausenden von verschiedenen chemischen Verbindungen besteht und nur zu einem geringen Teil vermieden werden kann. Jene Verschmutzung im Abwasser aus Siedlungsgebieten, die ein Einwohner im Mittel täglich verursacht, wird als Einwohnerwert bezeichnet; das sind: 60 Gramm BSB, 110 Gramm CSB (→ Kasten rechts), 11 Gramm Stickstoff, 1,9 Gramm Phosphor, 70 Gramm Feststoffe (Hygieneartikel, Speisereste, Fäkalien, Sand, Papier, Textilreste).

Diese Verschmutzung findet sich in circa 130 bis 200 Litern Abwasser pro Tag. In Wien wird der Wert mit 150 Litern je Einwohner angegeben (→ Bild S. 611). Der größte Teil der organischen Verschmutzung stammt aus unserer Nahrung. Diese enthält auch die wertvollen Düngestoffe Stickstoff und Phosphor, die wir genauso brauchen wie die Landwirtschaft.

Industrie und Gewerbe verursachen in Wien, so wie auch in vielen anderen Großstädten, zusätzlich etwa gleich viel organische Verschmutzung wie die Einwohner der Stadt. Hier ist es im Hinblick auf einen verbesserten Gewässerschutz in den letzten Jahrzehnten weitgehend gelungen, die Ableitung von gefährlichen Stoffen, wie giftigen Schwermetallen, organischen Lösungsmitteln und anderen Chemikalien, durch

Zur Beurteilung der Verschmutzung von Abwasser wurden folgende Parameter eingeführt:

Der **Biochemische Sauerstoffbedarf BSB** entspricht ca. der Menge an Sauerstoff, die beim biologischen Abbau von organischen Stoffen durch Bakterien und andere im Wasser vorhandene Mikroorganismen dem Gewässer entzogen wird. Er stellt ein Maß für die biologisch abbaubare organische Verunreinigung des Abwassers dar und wird als Konzentration (mg/l) angegeben.

Heute wird überwiegend der **Chemische Sauerstoffbedarf CSB** zur Beurteilung der organischen Verunreinigung von Abwasser verwendet. Gemessen wird dabei die Menge an Sauerstoff, die zur vollständigen Oxidation aller organischen Abwasserinhaltsstoffe bis zu Kohlendioxid benötigt wird. Der CSB ist ein Maß für die gesamte organische Verunreinigung, also auch jener, die in einer Kläranlage oder in einem Gewässer nicht vollständig abgebaut wird. Er muss daher immer größer sein als der BSB.

Über die Bestimmung des BSB und CSB eines Abwassers kann die tägliche Schmutzfracht berechnet werden. Diese wird dann für die Bemessung von Kläranlagen herangezogen.

Prozessänderungen und Vorreinigungsmaßnahmen schon an ihrer „Quelle" zu vermeiden und damit vom Abwasser fernzuhalten.

Neben den großen Stoffströmen, die durch unseren natürlichen Stoffwechsel entstehen, enthält das Abwasser auch alle Kosmetika, Wasch- und Putzmittel sowie Medikamente und Mittel zur Empfängnisverhütung. Ein Teil dieser Stoffe wird in der Kläranlage weitgehend abgebaut, ein Teil aber gelangt trotz Kläranlage fast unverändert in die Gewässer. Weltweit sind daher ausgedehnte Forschungsarbeiten im Gange, die untersuchen, welche Wirkung diese Stoffe und ihre Abbauprodukte in den Gewässern bis hin zum Trinkwasser haben. Insbesondere geht es dabei um die Frage, welches Risiko sie für Mensch und Umwelt bedeuten. In Österreich dürfte dieses Risiko aus zwei Gründen geringer sein als in vielen anderen Ländern: Die Wasserversorgung erfolgt hierzulande zum größten Teil aus natürlichem Grundwasser oder Gebirgsquellen und die Verdünnung des Abwassers in unseren Flüssen ist meist hoch.

Von **diffuser Verschmutzung** spricht man, wenn sie von einer Fläche und nicht von einer feststellbaren Punktquelle her kommt. In der Stadt ist es jene Verschmutzung, die mit dem Regen abgeschwemmt wird. Sie beinhaltet aus der Luft aufgenommene Bestandteile, wie Staub und Gase aus Verbrennungsvorgängen und aus der Landwirtschaft, Verschmutzungen von den Dächern und vom Reifen- und Straßenabrieb, die Exkremente der Haustiere auf Gehsteigen und Straßen, den Laubfall im Herbst und allenfalls auch Erde, die aus Gärten und Parks abgeschwemmt wird. All das gelangt entweder direkt in die Gewässer oder in die Kanäle der Stadt.

Auch die metallenen Trinkwasserleitungen und die Bleche auf den Dächern sind diffuse Quellen der Wasserverschmutzung. Die am häufigsten verwendeten Materialien sind verzinkter Stahl oder Kupfer. Zink und Kupfer werden langsam vom Wasser gelöst, gelangen in geringen Mengen ins Abwasser und finden sich dann gut messbar im Klärschlamm wieder (→ S. 615).

Maßnahmen zur Vermeidung der diffusen Verunreinigung sind Verbesserungen bei der Luftreinhaltung (Bekämpfung des „sauren Regens"), eine gute Straßenreinigung und die Verwendung alternativer Materialien im Baugewerbe.

Für Gewässer ist nicht nur die diffuse Belastung aus den Städten von Bedeutung, sondern auch jene aus dem natürlichen Abfluss im Umland. Dieses Wasser gelangt entweder direkt über die Oberfläche oder über das Grundwasser in Flüsse und Seen und schließlich ins Meer.

So sind etwa bei den Düngestoffen Stickstoff und Phosphor heute die Mengen, die über den diffusen Eintrag aus der Landwirtschaft in die Gewässer gelangen, deutlich größer als jene, die über die Kläranlagen aus den Siedlungsgebieten eingeleitet werden (→ S. 609). Allerdings ist es einfacher, diese Stoffe aus den Abwässern weitgehend zu entfernen, als die diffusen Belastungen aus der Landwirtschaft.

Abwasserreinigung gestern und heute

Das gesamte Abwasser der Stadt Wien und das einiger Randgemeinden wurde bis zum Jahr 2005 in zwei Kläranlagen gereinigt. Die heute stillgelegte Kläranlage Blumental an der Liesing ging bereits 1969 in Betrieb. Sie war für 200.000 Einwohnerwerte und von Anfang an auf eine sehr hohe Reinigungsleistung ausgelegt, denn das gereinigte Abwasser wurde in die Liesing eingeleitet, die nur eine sehr geringe Wasserführung aufweist. Diese Kläranlage hatte große internationale Reputation erlangt, weil sie weltweit zu den ersten Großanlagen gehörte, die auf biologischem Wege nicht nur die organische Verschmutzung, sondern weitgehend auch Stickstoffverbindungen entfernen konnte. Heute wird die Anlage nur mehr zur Speicherung und Vorreinigung von Regenwasser verwendet.

Die Hauptkläranlage der Gemeinde Wien nach dem Ausbau für die Anpassung an die gesetzlichen Anforderungen, mit einer Kapazität von vier Millionen Einwohnerwerten. Die Inbetriebnahme erfolgte 2005 mit einem neu entwickelten zweistufigen Belebungsverfahren. Die Reinigungsleistung umfasst den weitgehenden Abbau der organischen Kohlenstoffverbindungen (< 95 %), die Entfernung der Stickstoffverbindungen (ca. 80 %) und der Phosphorverbindungen (ca. 95 %). Die Gesamtfläche der Anlage beträgt ca. 40 Hektar (0,2 m²/EW).

Eines der 15 Nachklärbecken der Hauptkläranlage in leerem Zustand. Der Durchmesser (ca. 64 m), entspricht dem eines Gasometers, die Tiefe ist etwa 4 m. Das gereinigte Abwasser verlässt das Becken über die frei in das Becken stehenden Rohre.

Nachklärbecken der HKA im Betrieb. Die Fachwerkbrücke dreht sich ununterbrochen im Kreis (ca. 1-mal/Stunde), räumt den abgesetzten biologischen Schlamm am Boden zu einem Trichter in der Mitte, von wo er in die Belebungsbecken zurückgefördert wird. Die Schnecke entfernt die Stoffe, die an der Oberfläche schwimmen.

Die Hauptkläranlage in Simmering ging 1980 in Betrieb und war damals auf 2,9 Millionen Einwohnerwerte ausgelegt. Sie reinigte damals etwa 90 Prozent des Abwassers der Stadt Wien und jenes einiger Randgemeinden. Das Abwasser aus den Bezirken jenseits der Donau wird ihr über einen unter der Donau und dem Donaukanal verlegten Kanal zugeführt. Bei der Errichtung dieser Kläranlage hatte man zunächst keine so hohe Reinigungsleistung angestrebt, weil man dies damals wegen der hohen Verdünnung des gereinigten Abwassers in der Donau als ausreichend empfunden hat. Zufolge der Änderung der gesetzlichen Ansprüche an die Reinigungsleistung, die sich neben neuen wissenschaftlichen Erkenntnissen auch an den Gütezielen des Schwarzen Meeres orientieren, wurde es notwendig, die mechanisch-biologische Reinigung erheblich zu verbessern. Im Zeitraum 2000 bis 2005 wurde die Hauptkläranlage Wien Simmering erweitert und an den Stand der Technik angepasst. Sie stellt heute eine der weltweit modernsten Kläranlagen dar. Die Kapazität wurde auf vier Millionen Einwohnerwerte erhöht, um auch für die Zukunft noch eine gewisse Reserve zu haben. Die bestehende alte Kläranlage wurde fast unverändert in das neue Konzept integriert und durch eine neue biologische Stufe mit einem Volumen von etwa 370.000 Kubikmetern ergänzt. In vielen Bereichen wurde bei der Erweiterung Neuland beschritten. Das eingesetzte biologische Reinigungsverfahren ist an der Technischen Universität Wien neu entwickelt worden und zeichnet sich durch geringen Bedarf an Reaktorvolumen und sehr hohe und sichere Reinigungswirkung aus.

Die Belastung von Donaukanal und Donau mit Sauerstoff-zehrenden Stoffen wurde seither auf weniger als ein Fünftel der alten Belastung reduziert. Auch konnte bereits nachgewiesen werden, dass eine ganze Reihe von Mikroschadstoffen, die zuvor fast unverändert die Kläranlage passierten, wie zum Beispiel der Wirkstoff der Antibabypille und vieler anderer Medikamentenrückstände, nun weitgehend aus dem Abwasser entfernt werden.

Im Zuge der Erweiterung der Kläranlage wurde auch die Klärschlammverbrennungskapazität bei der Fernwärme Wien soweit vergrößert, dass zu jeder Zeit der gesamte anfallende Klärschlamm umweltgerecht thermisch verwertet und entsorgt werden kann. Dies ist eine wesentliche Voraussetzung für den störungsfreien Betrieb der Abwasserreinigung. Derzeit fallen im Mittel etwa 180.000 Kilogramm Trockenmasse an Schlamm an. Die Verbrennungsöfen müssen daher täglich mit etwa 500 bis 600 Kubikmeter entwässertem Schlammkuchen beschickt werden. Dabei schwanken die Zusammensetzung und die Menge des Schlamms von Tag zu Tag in weiten Grenzen. An einem Sommerwochenende mit schönem Wetter kann der Schlammanfall auf unter 70 Prozent zurückgehen und bei einem Regenereignis nach langer Trockenheit auf über 170 Prozent des Mittelwertes ansteigen, weil dann die gesamten Ablagerungen aus dem Kanalnetz ausgespült werden.

Bei der Planung der Klärschlammverbrennung vor etwa 30 Jahren stand die schadlose Entsorgung im Vordergrund der Überlegungen. Heute denkt man beim Klärschlamm auch an Phosphor, als einen Wertstoff, der eine lebensnotwendige und begrenzte Ressource darstellt. Bei der Verbrennung entsteht dann eine Asche mit einem Phosphorgehalt ähnlich dem von Handelsdünger. Derzeit wird die Asche nach Verfestigung noch als Stützmaterial für die Deponie Rautenweg verwendet und bleibt daher für künftige Generationen verfügbar, es wird aber schon intensiv daran geforscht, wie aus der Asche wieder Dünger für die Landwirtschaft hergestellt werden kann. Wichtig ist derzeit, den Phosphor im Abwasser (ca. 0,7 g pro EW und Jahr) möglichst im Lande zu halten und nicht mit der Donau ins Schwarze Meer zu transportieren, wo er durch Eutrophierung dazu beitragen würde, ein unerwünschtes Wachstum von Algen zu verursachen.

Wirtschaften mit Abfällen

Abfallwirtschaft: Schadstoffsenke und Rohstoffquelle

Abfälle – ein Wahrnehmungsproblem

Erstickt Wien an der „Abfalllawine“, wird die Bevölkerung von dem im Müll enthaltenen „Schadstoffcocktail“ vergiftet oder gelingt es, alle Abfälle mit „Zero Emission“ im Kreislauf zu führen?

In natürlichen Systemen kommen Abfälle nicht vor: Die Stoffwechselprodukte von Organismen sind meist wertvolle Rohstoffe für weitere Organismen. Wächst die Menge an „Abstoffen“, dann nehmen auch die sie verzehrenden Organismen zu, und so ergibt sich ein natürliches Gleichgewicht von Angebot und Nachfrage: In der Natur gibt es jedenfalls keinen Abfall, der zu beseitigen wäre. Von Menschen geschaffene, sogenannte anthropogene Systeme hingegen produzieren bei der gegenwärtigen Wirtschaftsweise durch ihren Stoffwechsel große Mengen an Abfällen, die zwar teilweise verwertet werden können, zum Teil aber auch entsorgt, das heißt nach einer entsprechenden Vorbehandlung auf Deponien abgelagert werden müssen.

Durch jahrtausendelange Ablagerungen von Vogelkot werden manche Gebiete der Erde zu unwirtlichen und für viele Lebewesen unbewohnbaren Gegenden, wie die zu Peru gehörenden Pazifikinseln Islas Ballestas. Der Mensch hat gelernt, diese „Deponien der Natur“ als Quelle zur Herstellung von Düngemitteln zu verwenden.

Soweit die gängige Betrachtungsweise, sie gibt die wirklichen Verhältnisse allerdings nur verkürzt wieder. Denn auch in der Natur gibt es Abfälle, für die kein Konsument gefunden wird, und die – überraschenderweise – ganz wesentlich zur Weiterentwicklung der Natur beitragen: So war Sauerstoff in der Uratmosphäre unserer Erde ursprünglich ein Abfallprodukt früher Formen der Photosynthese, für das vorerst keine Verbraucher vorhanden waren. Über Jahrmillionen hat er sich in der Atmosphäre angereichert, bis Sauerstoff veratmende Organismen entstanden und sich dadurch die heutige Biosphäre entwickeln konnte. Natürliche Abläufe entpuppen sich bei näherer Betrachtung als Spirale und nicht als Kreis: Während beim Kreis bei fortschreitender Zeit immer wieder derselbe Punkt durchlaufen wird, bewegt man sich bei der Spirale sowohl auf der Zeit- wie auch auf der Ortsachse nach vorn und neue Entwicklungen werden möglich, wenn sie auch meist erst über längere Zeiträume hinweg sichtbar werden. Und die Natur kennt auch Deponien: So werden beispielsweise in See-Sedimenten jene Stoffe abgelagert, die ein Gewässerökosystem nicht brauchen kann. Auf Inseln vor der Westküste Südamerikas werden seit Jahrtausenden die Fäkalien von Millionen von Vögeln abgelagert, sodass einzelne Inseln wie Guano heute eine einzige lebensfeindliche Deponie darstellen, die nur noch Albatrossen und Pelikanen als Abort dient. Der Mensch hat gelernt, diese über lange Zeiträume akkumulierten Abfälle abzubauen und als wertvollen, stickstoff- und phosphorhältigen Dünger zu nutzen.

Wenn wir Abfälle erzeugen, hat dies vorwiegend ökonomische Gründe: Es besteht heute kein großer Anreiz, Abfälle zu vermeiden, da die Entsorgungskosten, auch bei hohem Stand der Technik, im Vergleich zu den Kosten, die die Versorgung verursacht, relativ gering sind: Die gesamte österreichische Abfallwirtschaft verursacht lediglich

Belastungen in der Größenordnung von einem halben bis einem Prozent des Bruttoinlandproduktes. Es besteht aber auch kein wirtschaftlicher Anreiz, Abfälle zu nutzen, denn die entsprechenden primären Rohstoffe sind in besserer Qualität, in größerer Menge und zu geringeren Preisen verfügbar. Erst durch die Verknappung und damit Verteuerung der Ressourcen könnte sich an dieser Situation etwas ändern, wie man am Beispiel von Kupfer sieht: In Europa wird heute bereits mehr als 60 Prozent des Kupfers in Abfällen verwertet und in neue Produkte eingebaut. Die Verwertungsraten steigen laufend an und Kupferabfälle, die entsorgt werden müssen, nehmen aufgrund des hohen Kupferpreises auch ohne staatliche Lenkungsmaßnahmen ab.

Worin besteht nun das Abfallproblem? Die klassische Aufgabe der Abfallwirtschaft ist die Gewährleistung der Städtehygiene, also die Abwehr von Krankheiten, Seuchen und dergleichen. Sie kann, dank einer hoch entwickelten Sammel-, Verwertungs- und Beseitigungstechnologie, seit dem 20. Jahrhundert in städtischen Regionen des modernen Europa als gelöst betrachtet werden. Was stellt dann heute die wesentliche Herausforderung dar? Ist es die „Abfalllawine", die reine Masse und das Volumen an Abfällen oder sind es die in den Abfällen enthaltenen Stoffe?

Abfallkategorie	**Gesamtmasse [t/Jahr]**		**Anfall pro Einwohner [kg/Jahr und Kopf]**	
Abfälle aus dem Bauwesen	3,590.000		2.202	
Mischabfälle	611.000		375	
> Restmüll		494.200		303
> Sperrmüll und Rest		117.200		72
Inerte Abfälle	91.200		56	
Altstoffe	212.100		130	
> Papier		127.100		78
> Holz		28.300		17
> Glas		23.500		14
> Metall		23.300		14
> Kunststoff		8.600		5
> Altreifen		1.200		1
> Sonstiges		50		<1
> Kompostrohmaterial („Biomüll")	86.800		53	
> Problemstoffe und gefährliche Abfälle	3.500		2	
Summe	**4,595.000**		**2.819**	

Im Jahr 2000 erzeugten alle Wienerinnen und Wiener gemeinsam rund viereinhalb Millionen Tonnen Abfälle, der überwiegende Anteil davon: Bauschutt. Insgesamt wurden über 300.000 Tonnen Altstoffe aus Haushaltungen getrennt gesammelt und verwertet, das sind an die 200 Kilogramm pro Einwohner und Jahr. Der Restmüll, das ist das neben der Getrenntsammlung noch anfallende Abfallgemisch aus Haushalten und Gewerbebetrieben, machte in Summe eine halbe Million Tonnen oder gut 300 Kilogramm pro Einwohner aus.

In Wien entsprechen die Stoffumsätze bei der Entsorgung etwa jenen der Versorgung. Mengenmäßig dominieren Wasser/Abwasser und Luft/Abluft, während der Massenfluss an festen Abfällen mit knapp drei Tonnen pro Einwohner und Jahr um rund zwei Größenordnungen geringer ist (→ Bild S. 612). Im Vergleich zu den übrigen Güterströmen sind die durch die Abfallwirtschaft bewegten Massen also relativ bescheiden, sie machen weniger als ein Zehntel der gesamten volkswirtschaftlichen Güterflüsse aus. Auch der Raumbedarf für Deponien ist wesentlich kleiner als jener für die der Versorgung dienenden Flächen, etwa für Bergbau, Bauwesen, Ernährung und anderes. Tatsächlich erzeugt jede Stadt durch den Verbrauch an Baumaterialien ein Loch in der Erdkruste, welches auch bei Deponierung sämtlicher Abfälle nicht annähernd gefüllt werden könnte (→ Bild S. 612 unten). Der Grund liegt in den langlebigen Bauwerken, die aus den Materialien der „Löcher" entstanden sind und den größten Umsatz an festen Stoffen einer jeden modernen Volkswirtschaft ausmachen.

Die ursprünglichen Baumaterialien wie Steine, Kies und Sand, die die Ursache der „Löcher" sind, haben nicht dieselbe Zusammensetzung wie die Siedlungsabfälle: Der Gehalt an Schadstoffen in Abfällen liegt um mehrere Größenordnungen über jenem von Steinen und Erden. Das Problem, das die heutige Abfallwirtschaft zu lösen hat,

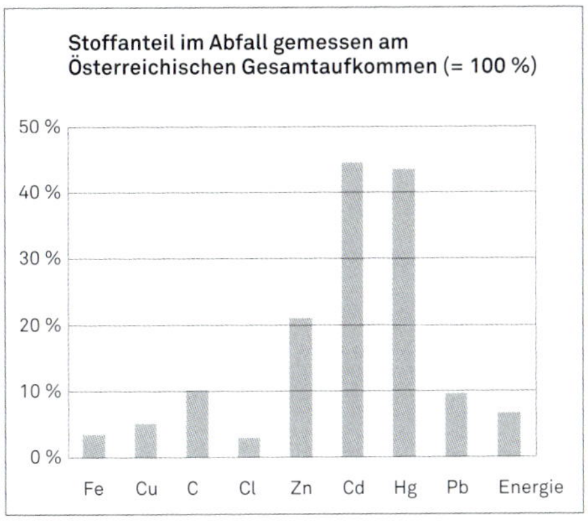

Die in den Abfällen enthaltenen Schad- und Wertstoffe sind das Problem, aber auch die Chance der Abfallwirtschaft. Dabei liegt der Fokus in Österreich auf der Schadstoffproblematik. Denn während etwa die Anteile der Schadstoffe Cadmium und Quecksilber rund 50 % betragen, sind es bei der Energie und den Wertstoffen Eisen oder Kupfer nur einige wenige Prozent des Gesamtaufkommens.

Ziele der Abfallwirtschaft in Österreich

§ 1. (1) Die Abfallwirtschaft ist im Sinne des Vorsorgeprinzips und der Nachhaltigkeit danach auszurichten, dass

1. schädliche oder nachteilige Einwirkungen auf Mensch, Tier und Pflanze, deren Lebensgrundlagen und deren natürliche Umwelt vermieden oder sonst das allgemeine menschliche Wohlbefinden beeinträchtigende Einwirkungen so gering wie möglich gehalten werden,

2. die Emissionen von Luftschadstoffen und klimarelevanten Gasen so gering wie möglich gehalten werden,

3. Ressourcen (Rohstoffe, Wasser, Energie, Landschaft, Flächen, Deponievolumen) geschont werden,

4. bei der stofflichen Verwertung die Abfälle oder die aus ihnen gewonnenen Stoffe kein höheres Gefährdungspotenzial aufweisen als vergleichbare Primärrohstoffe oder Produkte aus Primärrohstoffen und

5. nur solche Abfälle zurückbleiben, deren Ablagerung keine Gefährdung für nachfolgende Generationen darstellt.

Aus dem Österreichischen Abfallwirtschaftsgesetz (ÖAWG)

sind also weniger die reinen Massenflüsse, als vielmehr die in ihnen enthaltenen Stoffe, denn sie bestimmen das Verhalten und den wirtschaftlichen Wert von Abfällen. Enthalten diese zu viele Schadstoffe, können sie nur nach aufwendigen Verfahren zur Abtrennung der Verunreinigungen verwertet werden. Müssen Abfälle deponiert werden, sind die in ihnen enthaltenen Schadstoffe zuerst in eine geochemische Form zu bringen, die gewährleistet, dass die Stoffe auch für sehr lange Zeiträume nicht mobilisiert und ausgewaschen werden können.

Alle Verfahren zur Verwertung, Behandlung und Ablagerung von Abfällen sind auf die einzelnen Schad- und Wertstoffe hin auszurichten. Zwei Beispiele: Die im Elektronikschrott enthaltene Mischung aus unzähligen Kunststoffen, Metallen und Nichtmetallen muss zuerst aufgetrennt werden, bevor die einzelnen Fraktionen als „saubere“ Rohstoffe wieder genutzt werden können. Beim Altpapier wiederum müssen die verunreinigenden Stoffe durch den Deinkingprozess entfernt respektive zerstört werden, bevor man die wertvollen Zellulosefasern wieder in der Produktion von neuem Papier einsetzen kann. Denn Voraussetzung dafür, dass wertvolle Stoffe wirtschaftlich in Kreisläufen genutzt werden können, ist, dass Schadstoffe aus dem Verkehr gezogen, immobilisiert und in letzten Senken (→ S. 628) sicher abgelagert werden.

Nachhaltige Abfallwirtschaft

Für eine langfristig zukunftsfähige Abfallwirtschaft, die im Dienste der gesamten Volkswirtschaft steht, müssen folgende Ziele gelten:
1. Schutz von Mensch und Umwelt,
2. Schonung von Ressourcen wie Materialien, Energie und Raum und
3. Nachsorgefreiheit, das heißt keine Probleme, die durch die heutige Abfallwirtschaft geschaffen werden, dürfen auf zukünftige Generationen verlagert werden. Diese dritte Forderung hat schwerwiegende Konsequenzen, etwa, dass Deponien so gebaut werden müssen, dass sie nicht mehr der Nachsorge bedürfen und das Recycling so gestaltet wird, dass Schadstoffe aus den Kreisläufen eliminiert werden.

In der Praxis einer stofforientierten Abfallwirtschaft sieht das folgendermaßen aus: Die in den Abfällen enthaltenen Schadstoffe werden durch maßgeschneiderte Sammel- und Behandlungssysteme ausgeschleust, um damit saubere Kreisläufe zu ermöglichen. Durch die Wiedernutzung von Wertstoffen aus den Kreisläufen kann der primäre Ressourcenabbau zurückgefahren und damit eine Hauptquelle von Umweltbelastungen reduziert werden. Das Ausschleusen von Schadstoffen garantiert zudem, dass später, beim Entsorgen der Abfälle, nach wiederholten Kreisläufen, keine unliebsamen Überraschungen auftreten. Neben sauberen Kreisläufen ist die wichtigste Aufgabe der Abfallwirtschaft, Schadstoffe, die (meist aus ökonomischen Gründen) nicht kreislauffähig sind, biogeochemisch zu stabilisieren und in Deponien für Jahrtausende immobil abzulagern beziehungsweise in sichere „letzte Senken“ zu lenken. Damit wird etwa der große geochemische Kreislauf Erz – Erzausbeutung – Stoffnutzung – Entsorgung – „Letzte Senke“ geschlossen. Als „letzte Senken“, oder sogenannte Endlager, werden Orte auf dem Planeten Erde definiert, in denen Stoffe Aufenthaltszeiten von 10.000 Jahren haben. Dies können etwa Meer- oder Seesedimente für Metalle, die Atmosphäre für Stickstoff, karbonatische Sedimente für CO_2 und das Meer für Chloride sein. Auch Deponien können als „letzte Senken“ gestaltet werden.

Die konkrete Herausforderung: Vermeidung – Verwertung – Entsorgung

Wie werden diese Ziele der Abfallwirtschaft in Wien erreicht? Die **Vermeidung** von Abfällen wurde schon in der Frühphase der modernen Abfallwirtschaft in den 1970er-Jahren zum zentralen Standbein der Abfallwirtschaft deklariert. Trotz verstärkter Anstrengungen, vor allem in jüngster Zeit, hat sich diese Strategie bis heute nicht recht durchsetzen können und bisher nur wenig zur Lösung abfallwirtschaftlicher Probleme beigetragen. So wird die oft als Abfallhierarchie bezeichnete Trias Vermeidung-Verwertung-Entsorgung heute auch realistischer beurteilt: Nach den gemachten Erfahrungen ist es nicht zu rechtfertigen, einem der drei Ansätze a priori den Vorzug zu geben. Zweckmäßiger erscheint es, vorurteilslos jene abfallwirtschaftliche Lösung zu suchen, die am wirtschaftlichsten ein gegebenes ökologisches Ziel wie Umweltschutz oder Ressourcenschonung zu erreichen vermag. Die **Verwertung,** also das Recycling von wiederverwertbaren Abfällen, das noch bis in die 1970er-Jahre vorwiegend aus wirtschaftlichen Gründen praktiziert wurde, ist seit den 1990er-Jahren aufgrund politischer Vorgaben wieder stark auf dem Vormarsch. Den wichtigsten Beitrag zur Erreichung der abfallwirtschaftlichen Ziele in Wien leistet aber in den letzten Jahrzehnten die **Entsorgung** mit dem Sammeln, Verbrennen und Deponieren von Abfällen. Die Verbrennung stellt einerseits einen wirksamen Filter zwischen der Anthroposphäre und der Umwelt dar, indem sie organische Schadstoffe zuverlässig zerstört. Andererseits leistet sie einen Beitrag zur Energieversorgung der Stadt Wien (Fernwärme, Strom und zukünftig auch Fernkühlung) und hilft damit Ressourcen zu schonen.

Für die Abstoffe, die zuvor in Abluftreinigungsanlagen, Kläranlagen und Entsorgungsanlagen intensiv vorbehandelt wurden, verfügt Wien über drei geeignete Senken: Gasförmige Emissionen werden in der Atmosphäre verdünnt, die vorgereinigten Abwässer werden in die Donau eingeleitet und feste, vorbehandelte Abfälle werden auf den Wiener Deponien Langes Feld und Rautenweg abgelagert. Wien befindet sich bezüglich der Kapazität dieser Senken im Vergleich zu Städten mit weniger günstigen klimatischen und hydrologischen Bedingungen in einer glücklichen Lage: Wenig Inversionslagen und relativ hohe Windgeschwindigkeiten erlauben den raschen Wegtransport und eine umweltverträgliche Verteilung der Abgase, die Donau

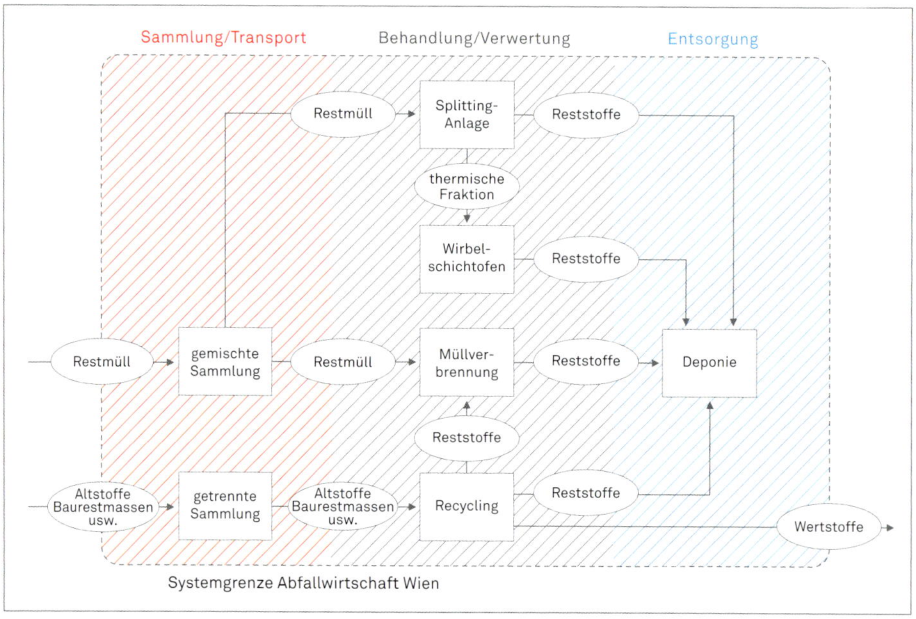

Sammeln, Behandeln/Verwerten und Entsorgen sind die drei wichtigsten Säulen im System „Abfallwirtschaft Wien“. Durch Vermeiden können die Menge und die Qualität der in das System einfließenden Abfälle beeinflusst werden. Bei der Vorbehandlung von Abfällen unterscheidet man die rein mechanischen Trennverfahren wie das Splitting-Verfahren und die Kombinationen von mechanischen mit biochemischen Verfahren, den sogenannten mechanisch-biologischen oder MBA-Verfahren. In Wien gibt es nur eine Splitting-Anlage, keine MBA. Für das Recycling sind verschiedene Verwertungsanlagen zuständig, also etwa die für Baurestmassen, Kunststoffe und Batterien; auch die Biogasanlagen gehören hierher. Abgase und Abwässer aus den Behandlungs- und Verwertungsprozessen werden, wenn sie die Anforderungen der Umweltverträglichkeit erfüllen, ins Wasser und in die Luft abgegeben, die nicht umweltverträglichen festen Reststoffe werden in der Senke „Deponie“ abgelagert.

als großer Strom verdünnt die Abwässer auf unbedenkliche Konzentrationen und mit der Deponie Rautenweg besitzt Wien als eine von wenigen Städte in ihrem eigenen Gebiet eine sichere Ablagerungsmöglichkeit für die festen Rückstände der Abfallwirtschaft.

Abfallvermeidung – weniger Abfall bei wachsendem Verbrauch?

Immer noch steigen die Abfallmengen mit dem Wirtschaftswachstum an, allerdings in geringerem Ausmaß als das Bruttoinlandsprodukt. Die Dematerialisierung, das heißt die Abnahme des Materialverbrauchs je Einheit Wirtschaftsleistung, hat auch in der Abfallwirtschaft bereits begonnen, doch ist dies eine relative Abnahme: absolut gesehen nehmen die Abfallmengen immer noch zu. Das Ziel der Vermeidungsstrategie ist es, das Aufkommen der Abfallmengen vom Wirtschaftswachstum zu entkoppeln und eine absolute Abnahme der Abfallströme zu erreichen. Dazu beitragen können in erster Linie eine längere Lebensdauer und bessere Nutzung von langlebigen Gütern, insbesondere von Bauwerken, die den Hauptumsatz an Materialien ausmachen. Aber auch weniger aufwendige Verpackungen, reparierbare und recyclingfähige Produkte mit längerer Lebensdauer und der Einkauf von abfallarmen Gütern im Dienstleistungsbereich tragen zur Verkleinerung der Gesamtabfallmenge bei.

Der im österreichischen Abfallwirtschaftsgesetz verankerte Grundsatz, Abfallmengen und deren Schadstoffgehalte so gering wie möglich zu halten, fordert neben der quantitativen auch eine qualitative Abfallvermeidung. Sie kann dadurch erreicht werden, dass Schadstoffe in Produkten durch umweltverträglichere Substanzen ersetzt werden. So nimmt beispielsweise parallel zu den Einschränkungen im Konsum die Menge an Cadmium und an Quecksilber im Hausmüll langsam ab, und auch FCKW aus kurzlebigen Anwendungen sind kaum mehr im Müll anzutreffen. In manchen Betrieben der Stadt Wien wird derzeit untersucht, wie man durch einen vorausschauenden Einkauf die Menge und Zusammensetzung der im Magistrat anfallenden Abfälle verändern könnte. Als Großeinkäufer fördert Wien so die Produktion und Weiterentwicklung abfallarmer Güter und Dienstleistungen. Wichtig ist dabei auch die Vorbildwirkung für Konsumenten und weitere Dienstleister. Schließlich haben die Wiener und Wienerinnen mit ihrer Kaufentscheidung den größten Einfluss auf das Entstehen von Abfällen.

Verwertung – Schonung von Ressourcen und Umwelt

Das vorrangige Ziel beim Recycling ist der Schutz der Umwelt: Durch die Wiederverwertung werden primäre Ressourcen, Energie und Deponievolumen eingespart, und die Umwelt wird dadurch weniger belastet. Insbesondere entfällt der sehr energie- und stoffintensive erste Schritt der Rohstoffgewinnung, der meist auch große direkte und indirekte Umweltbelastungen zur Folge hat. Voraussetzung für ein Recycling ist, dass durch die stoffliche Verwertung der Abfälle kein höheres Gefährdungspotenzial entsteht als durch die Nutzung von vergleichbaren Primärrohstoffen. In Wien befindet sich die Verwertung dank hochwertiger Logistiksysteme und der Sammelleistung der Einwohner bereits auf einem hohen Niveau. Rund die Hälfte der gesammelten Altstoffe können direkt recycelt und vermarktet werden. Im Jahr 2000 waren es rund 150.000 Tonnen, das entspricht 96 Kilogramm pro Einwohner, vorwiegend Altpapier und Altglas, die ohne weitere Behandlung beziehungsweise Sortierung zur Verwertung weitergegeben wurden. Biomüll wird der Kompostaufbereitung zugeführt und der übrige Teil der Altstoffe wird sortiert und anschließend verwertet. Die Reststoffe aus der Behandlung werden deponiert oder in Müllverbrennungsanlagen thermisch verwertet.

Papier, biogenes Material, Glas und Kunststoffe stellen den wichtigsten Anteil aller getrennt gesammelten Abfälle dar.

Rund 127.000 Tonnen **Altpapier** sind im Jahr 2000 separat gesammelt und 78.000 Tonnen vermischt mit Restmüll erfasst worden; daraus lässt sich berechnen, dass das Recyclingpotenzial bereits zu 60 Prozent ausgeschöpft ist. Zu berücksichtigen ist allerdings, dass nicht unbedingt die höchste Recyclingquote auch die beste ist: Wird mehr Altpapier erfasst, werden auch stärker verschmutzte Papiere gesammelt. Bei sehr hohen Recyclingraten sind die Verunreinigungen derart groß, dass nicht nur die Kosten, sondern auch die ökologischen Nachteile beim Papierrecycling durch Emissionen und Verbrauch an Energie und Chemikalien höher sind, als sie es bei der Produktion von Papier aus primären Rohstoffen wie Holz wären. Die optimale Recyclingquote hängt von der Aufbereitungstechnologie, der Sammellogistik und den Marktverhältnissen ab und sie verändert sich im Laufe der Zeit. Der Großteil des gesammelten Altpapiers wird heute direkt in Papierfabriken verwertet. Ein kleiner Anteil ist derart verschmutzt, dass er zuerst in Sortieranlagen von Verunreinigungen befreit werden muss. Solche Betriebe übernehmen eine wichtige Entsorgungsfunktion, da sie mehr als 50 Prozent der über das Altpapier eingetragenen Schadstoffe in Form von Rückständen aus dem Kreislauf entfernen. Diese Rückstände werden zumeist verbrannt und als Asche entsorgt. Der Rest gelangt über das produzierte Papier erneut in den Stoffkreislauf und wird später zu Abfall.

Auch die Verwertung von **Altglas** entlastet die Umwelt, hilft Rohstoffe zu schonen und Energie einzusparen. Knapp 24.000 Tonnen wurden 2000 gesammelt und direkt verwertet. Im Restmüll befanden sich ebenfalls an die 24.000 Tonnen Glas; hier ergeben Berechnungen ein noch nicht ausgeschöpftes Wiederverwertungspotenzial von 25 bis 50 Prozent.

Im selben Jahr gelangten rund 87.000 Tonnen aufbereiteter und störstofffreier **biogener Müll,** in Wien „Biomüll" genannt, in das Kompostwerk Lobau. Biomüll macht knapp ein Drittel des gesamten getrennt gesammelten Mülls aus.

Pro Jahr werden derzeit knapp 8.000 Tonnen **Kunststoffabfälle** von Fremdbestandteilen befreit und anschließend verwertet. Im Restmüll finden sich noch etwa 42.000 Tonnen. Dies bedeutet, dass nur eine relativ kleine Menge an Kunststoffen, etwa 16 Prozent, separat gesammelt wird, wobei es sich vorwiegend um Verpackungskunststoffe handelt. Die stoffliche Nutzung von Kunststoffabfällen erweist sich jedoch nur bei geringem Sammelaufwand und in Kombination mit thermischer Nutzung als sinnvoll. Die heutige Technik erlaubt kaum mehr als 30 Prozent der Kunststoffabfälle wiederzuverwerten. Eine Umstellung auf sortenreine Kunststoffe, wie PET, erhöht die Wirtschaftlichkeit und die ökologische Zweckmäßigkeit der separaten Sammlung. Für eine effiziente Nutzung der zukünftigen Ressource „Kunststoffe" muss man den gesamten Kunststoffhaushalt berücksichtigen. Es hat sich gezeigt, dass die sektorale Betrachtungsweise, beispielsweise mit dem alleinigen Fokus auf die Verpackungen, zu wenig wirksamen und teuren Lösungen führt. Werden zukünftige Sammelsysteme vermehrt auf Einzelstoffe (Polyethylen, PVC, Zellulose, Aluminium) und weniger auf Funktionen (Verpackung, Informationsträger) ausgerichtet, kann die Abfallwirtschaft sowohl ökologisch wie auch ökonomisch wesentlich optimiert werden.

Entsorgung – das Konzept der „letzten Senke"

Bei der Entsorgung werden Schadstoffe in harmlosere Materialien umgewandelt und entweder möglichst konzentriert, immobil und dauerhaft umweltverträglich in „Endlagern" gelagert oder aber derart verdünnt in die Umwelt emittiert, dass es zu keiner langfristigen Beeinträchtigung von Wasser, Boden und Luft kommt. In beiden Fällen gelangen die Schadstoffe schlussendlich – und dies ist das Ziel der Entsorgung – in langfristig umweltverträgliche sogenannte letzte Senken. Ob sich ein System als letzte Senke eignet, hängt vom System selbst und den jeweiligen Stoffen ab. So stellt das Schwarze Meer eine optimale letzte Senke für das in seinem Einzugsbereich emittierte Chlorid dar, da sich die Chloridkonzentration beim heutigen Chlorverbrauch über einen Betrachtungszeitraum von 10.000 Jahren lediglich um 0,01 Prozent erhöhen würde. Im Gegensatz dazu wäre der Neusiedler See keine geeignete letzte Senke für die österreichische Chloridfracht, denn hier würde die Chloridkonzentration zu rasch ansteigen und den See versalzen.

Nach heutigem Kenntnisstand sind moderne Deponien wie der Rautenweg der Stadt Wien noch keine letzten Senken. Sie sind vielmehr biogeochemische „Reaktoren", in denen Stoffumwandlungen stattfinden und kontinuierlich Stoffe emittiert werden. Solche sogenannten Reaktordeponien werden erst nach mehreren Hundert oder gar Tausend Jahren in einen stabilen, umweltverträglichen Zustand übergehen, in dem eine Nachsorge, Kontrolle und Behandlung von Emissionen nicht mehr notwendig sein werden. In Zukunft müssen deshalb die abzulagernden Stoffe einer erweiterten Vorbehandlung unterzogen werden, beispielsweise durch Verbrennung mit Nachbehandlung der thermischen Produkte, um so einen „endlagerfähigen", immobilen und dauerhaft umweltverträglichen Rückstand zu erzielen. Als langfristiges Ziel

Neue Anlagen zur Abfallbehandlung in Wien

Im Jahr 2001 wurde eine Aufbereitungs- und Sortieranlage für Hausmüll, Sperrmüll und Straßenkehricht **(Splitting-Anlage)** mit einer Kapazität von 250.000 Tonnen pro Jahr fertiggestellt. In ihr werden derzeit durch rein mechanische Aufbereitung des Restmülls (Zerkleinerung, Siebung, Metallabscheidung) fünf Fraktionen erzeugt. Im Zusammenhang mit dieser Anlage wurde der neue Wirbelschichtofen 4 (WSO 4) konzipiert, der 2004 in Betrieb genommen wurde. Er dient zur thermischen Behandlung der heizwertreichen Leichtfraktion aus der Splitting-Anlage und von entwässertem Klärschlamm und liefert Energie an das Fernheiznetz der Stadt Wien. Bisher konnte aufgrund mangelnder Kapazitäten nicht der gesamte in Wien anfallende Restmüll thermisch behandelt werden. Um dem geltenden Ablagerungsverbot für unbehandelten Restmüll zu entsprechen, wurde derzeit zusätzlich zu den bereits bestehenden beiden Müllverbrennungsanlagen Spittelau und Flötzersteig im Südosten von Wien die dritte Müllverbrennungsanlage (MVA Pfaffenau) errichtet. Ebenso befindet sich dort eine Vergärungsanlage (Biogasanlage), die aus kompostierbaren Abfällen heizwertreiches und energetisch nutzbares Methan produziert. Seit 2007 werden dort in der ersten Ausbaustufe im Vollbetrieb jährlich etwa 17.000 Tonnen Biotonnensammelware aus innerstädtischen Großküchen und Krankenhäusern sowie Marktabfälle verwertet. Der Vorteil einer solchen Anlage besteht darin, dass das gasförmige Endprodukt der Vergärung, Methan, als Energieträger genutzt, und damit die Treibhausgasbilanz der Wiener Abfallwirtschaft weiter verbessert werden kann, während das bei der Kompostierung entstehende Kohlendioxid ungenutzt in die Atmosphäre entweicht.

Roland Berger

1 Wirbelschichtofen WSO 4

2 Müllverbrennungsanlage MVA Pfaffenau mit der Vergärungsanlage Biogas Wien

1

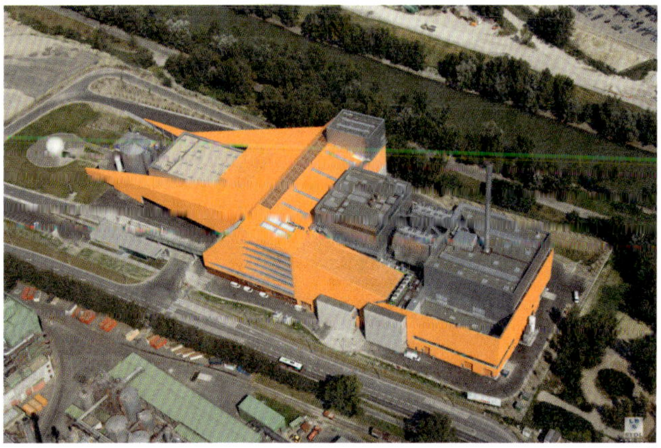
2

der Entsorgung könnte man die Herstellung von „Steinen" postulieren, welche sich nur über geologische Zeiträume durch Verwitterung und Erosion auflösen.

Atmosphäre und Gewässer sind dann letzte Senken für organische Abfall- und Schadstoffe, wenn diese darin abgebaut werden. Dabei werden die Schadstoffe dank photochemischer oder biochemischer Prozesse vollständig mineralisiert, das heißt in Wasser, Kohlendioxid und Mineralstoffe umgewandelt. Für alle unter natürlichen Bedingungen nicht abbaubare Stoffe muss die Abfallwirtschaft geeignete Maßnahmen vorsehen, wie etwa die Müllverbrennung. Damit können umweltschädliche organische Verbindungen mit sehr hohem Wirkungsgrad (> 99 Prozent) mineralisiert werden. Da heute Tausende solcher Stoffe in großen Mengen im täglichen Gebrauch stehen, ist die Müllverbrennung derzeit unverzichtbar. Insgesamt ist also die Stadt Wien auf Verbrennungsanlagen, auf Deponien sowie auf Wasser, Boden und Luft als letzte Senken für Schadstoffe angewiesen.

Mit der Müllverbrennungsanlage (MVA) Spittelau hat die Stadt Wien bereits Ende der 1980er-Jahre einen wesentlichen Beitrag zur Entwicklung einer umweltfreundlichen Müllverbrennung geleistet. Noch vor der Jahrtausendwende wurde hier weltweit erstmals ein Messsystem zur routinemäßigen Bestimmung der Müllzusammensetzung eingebaut. Damit können Faktoren analysiert werden, welche die Abfallzusammensetzung beeinflussen, etwa jahreszeitliche Trends, neue Konsumprodukte oder Änderungen im Sammelsystem. Auch die Wirksamkeit abfallwirtschaftlicher Maßnahmen auf die Zusammensetzung des Mülls und auf die Emissionen der MVA lässt sich so überprüfen.

Die Müllverbrennung als Weg zur „letzten Senke"

Restmüll hat keine „Endlagerqualität". Auch bei entsprechender mechanischer oder biochemischer Vorbehandlung der Abfälle werden die persistenten toxischen Verbindungen nicht abgebaut. Wird der Restmüll verbrannt, entsteht eine Schlacke, die wesentlich näher an die gewünschte „Steinqualität" herankommt als der ursprüngliche Hausmüll oder der mechanisch-biologisch vorbehandelte Abfall. Ohne weitere Behandlung erfüllt allerdings auch diese Schlacke noch nicht alle Anforderungen der Endlagerqualität. Die Vorteile der Müllverbrennung sind jedoch offensichtlich: Volumen und Masse der Abfälle werden stark reduziert, womit Deponieraum geschont wird. Durch die vollständige Zerstörung von Krankheitserregern wie BSE, Viren und Bakterien wird der Müll hygienisiert. Die Entfernung des organischen Anteils reduziert das Schadstoffpotenzial des Mülls, der organische Kohlenstoff wird fast vollständig mineralisiert. Viele Schadstoffe werden in den massemäßig geringen Filterrückständen konzentriert, wodurch etwa einzelne Metalle rückgewonnen werden können. Schließlich kann als Nebenprodukt Energie genutzt werden. Wird, wie in der Müllverbrennungsanlage Spittelau, der höchste Stand der Technik der Rauchgasreinigung eingehalten, kann, im Gegensatz zu den Dreckschleudern der 1970er-Jahre, die Müllverbrennung heute umweltverträglich gestaltet werden.

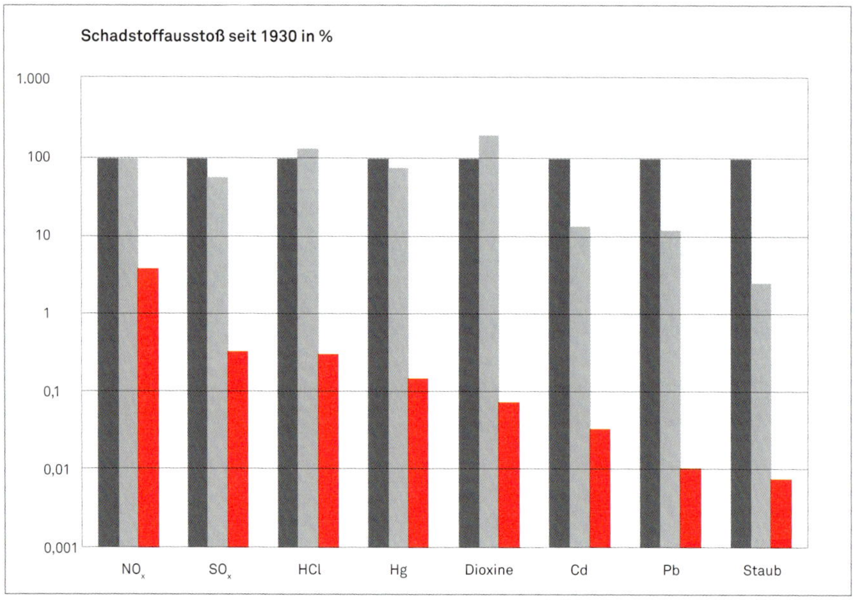

Abnahme der Emissionen von Müllverbrennungsanlagen zwischen 1930 und 1995. Die Graphik zeigt die großen Fortschritte, die in den vergangenen Jahrzehnten bei der Reduktion von Emissionen durch Müllverbrennungsanlagen gemacht wurden: Der Ausstoß der toxischen Schwermetalle Cadmium und Blei wie auch von Dioxinen hat um das 1.000- bis 10.000-fache abgenommen. Die Zunahme der HCl und Dioxinemissionen in den 1970er-Jahren stammt vom wachsenden Verbrauch chlorhältiger Produkte, insbesondere Kunststoffe.

1930 (= 100 %)
1970
1995

Zukünftige Herausforderungen für die Wiener Abfallwirtschaft

Flugaufnahme der riesigen Deponie Rautenweg in Wien 22. Auch im 21. Jahrhundert wird unsere Gesellschaft nicht gänzlich auf Deponien verzichten können.

Wiens Abfallwirtschaft hat bereits ein hohes Niveau erreicht, manche Ziele sind erfüllt. Den Hauptbeitrag leisten logistische und technische Systeme wie die getrennte und gemeinsame Müllsammlung, die Müllverbrennung und die Deponie, wobei letztere noch konsequenter auf Nachsorgefreiheit und Ressourcenschonung ausgerichtet werden kann.

Entsorgungsmaßnahmen entfalten innerhalb weniger Jahre eine sehr rasche Wirkung. Verwertungsmaßnahmen bedürfen der Mitwirkung der Wirtschaft und der Bürger und brauchen etwa fünf bis zehn Jahre, um sich voll auszuwirken. Vermeidungsmaßnahmen zielen auf Veränderungen in den Produktionsprozessen und im Konsumverhalten ab und benötigen für ihr Wirksamwerden längere Zeiträume, oft von über zehn Jahren.

Maßnahmen, die langfristig zur besseren Vermeidung und Verwertung von Abfällen führen sollen, betreffen die Gestaltung von Verfahren, von Produkten und Systemen. Solche Maßnahmen fallen in den Zuständigkeitsbereich der Wirtschaft. Die Abfallwirtschaft hat jedoch die Aufgabe, der Wirtschaft die dafür notwendigen Informationen zu geben. Die Frage nach der letzten Senke für jeden Inhaltsstoff eines Produktes soll in Zukunft durch den Hersteller beantwortet werden. Dementsprechend dürften dann nur noch solche Güter produziert werden, für die auch im globalen Maßstab entsprechende Senken vorhanden sind.

Für die nächsten Jahrzehnte gilt es, die bestehenden und immer noch wachsenden Lager an Wert- und Schadstoffen in Wien (→ S. 625) umweltverträglich und ressourcenschonend zu bewirtschaften. Zu diesem Zweck muss die Abfalltechnologie weiter in Richtung „saubere Kreisläufe" und „Herstellung von endlagerfähigen Rückständen" entwickelt werden. Dabei ist zu bedenken, dass die zukünftigen Abfallmengen, auch bei intensivierten Vermeidungsbemühungen, weiter zunehmen werden, da die großen, wachsenden Lager – in erster Linie die privaten und öffentlichen Bauwerke der Stadt – am Ende ihrer technischen und wirtschaftlichen Lebensdauer ab- und umgebaut werden müssen. Es gilt, wirtschaftliche und umweltverträgliche Konzepte zu entwerfen, wie diese Abfälle logistisch erfasst werden sollen (getrennt, gemeinsam, Mischsysteme), wie man sie bestmöglich aufbereiten und verwerten kann, wie Schadstoffe aus den Kreisläufen wirkungsvoll zu entfernen sind und wie die unbrauchbaren Reste immobil und langfristig umweltverträglich abgelagert werden können. Jedenfalls wird es noch für sehr lange Zeiten notwendig sein, die heutigen Abfalltechnologien anzuwenden und zu verbessern. Die Utopie einer „zero waste"-Gesellschaft wird wohl frühestens in einem Wien des 22. Jahrhunderts verwirklichbar sein.

Inhalt

16

Wolfgang Punz / Gerald Navara

Wien ist anders

Turmfalke an einer gründerzeitlichen Hausfassade im Zentrum der Stadt. Das Bild symbolisiert das harmonische Zusammenspiel von urbaner Großstadt und Natur: zwei Gegensätze, die sich in Wien verbinden wie in kaum einer anderen Metropole.

Ist Wien anders?

„Nationalparkmetropole" – „Umweltmusterstadt" – ...

Seit dem Erscheinen der vierbändigen „Naturgeschichte Wiens" sind über 30 Jahre vergangen. Damals, Anfang der 1970er-Jahre, hat die Besinnung auf die Umwelt in der Öffentlichkeit ihren Anfang genommen. Die Autoren dieser neuen Naturgeschichte Wiens können sich noch daran erinnern, sie haben diese Zeit als Wissenschaftler, Studenten, zum Teil als Mittelschüler sehr bewusst erlebt. Dieses Kapitel beschäftigt sich mit der Zukunft der Naturgeschichte Wiens. Dabei ist es möglich, auf die Vorhersagen einer vielfältigen Wissenschaftlergemeinschaft zuzugreifen. Ob es stimmt, was die mehr oder weniger versierten Zukunftsdenker sich da ausmalen, werden etliche Leser dieses Buches noch erleben. Wie die Erfahrungen der letzten drei Jahrzehnte zeigten, ist alles möglich. In einigen Punkten sind die Prognosen tatsächlich eingetroffen, manchmal sogar schlimmer als erwartet. Die Verschiebungen im Weltklima sind heute nicht mehr zu leugnen. Es hat sich auch die Zahl der Zweifler, ob wir selbst Schuld daran tragen, auf eine relativ kleine Gruppe reduziert. Alle UNO-Berichte zur Klimaveränderung machen in dramatischen Bildern die Menschheit dafür verantwortlich, dass sich das Weltklima in den letzten Jahrzehnten so plötzlich verändert hat wie noch nie zuvor in der Klimageschichte. Die Überfischung der Weltmeere hat verheerende Ausmaße angenommen, hier sind es die Wirtschaftssupermacht Japan und einige andere Industrienationen, die nicht einlenken wollen und mit dem Bedürfnis nach Ernährungssicherheit für die eigene Bevölkerung

Die Globalisierung erreicht den Wiener auf dem Naschmarkt, am eindringlichsten bei den Fischständen. Am Ende des ersten Jahrzehnts des 21. Jahrhunderts finden sich aus allen Weltmeeren Fische und Meeresfrüchte im Angebot. Mancher fragt sich, wie lange noch? Ein positives Beispiel für die Globalisierung liefert hingegen das private Engagement für die Unterstützung des Esquinas-Nationalparks in Costa Rica. Unter dem Titel „Regenwald der Österreicher" hat Prof. Michael Schnitzler mit Tausenden Spenden, viele davon aus Wien, ein beachtliches Stück Tropenwald vor der Zerstörung bewahrt.

Was in den Siebzigerjahren des letzten Jahrhunderts als die „Spinnerei einer verblendeten Gruppe von Jugendlichen und Träumern, die aus dem Ausland gelenkt werden“ (Zitat eines Politikers) begonnen hat, wird nach der Zwentendorfabstimmung von 1978 in Österreich zum Gesetz. Der Betrieb von Atomkraftwerken ist verboten. Wien ist 30 Jahre später noch immer eines der Bundesländer, das keine Verträge mit Atomstromlieferanten unterhält.

argumentieren. Dramatischer als erwartet verringern sich offenbar auch die Flächen der Regenwälder; vor allem im asiatischen Raum hat die Entwicklung unglaubliche Dimensionen angenommen. Bei genauer Betrachtung stehen hinter all diesen Entwicklungen vorwiegend die reichen Länder.

Es ist jedoch nicht nur schlechter geworden. Bisweilen hat der Souverän im Staat – das ist der im josephinisch geprägten Österreich weniger gebräuchliche, in der Schweiz vergleichsweise selbstverständliche Begriff für das Volk – die Umweltweichen sehr eindrucksvoll gestellt und dabei ratlose Politiker zurückgelassen. 1978 führte eine breite Mobilisierung besorgter Bürger und Bürgerinnen zu einer Volksabstimmung über das fertiggestellte Atomkraftwerk Zwentendorf und letztlich in eine atomfreie Zukunft für Österreich. Sechs Jahre später wurde ein Wasserkraftwerk an der Donau bei Hainburg zuerst durch die Besetzung der geplanten Baustellen in der Au durch Tausende Demonstranten verhindert und Monate später durch die Höchstgerichte für ungesetzlich erklärt. Und siehe da, weitere zwölf Jahre später sollte dafür eben dort der Nationalpark Donau-Auen ausgerufen werden.

Das Thema Nationalparke ist ein beinahe typisches Beispiel für Entwicklungen in unserem kleinen Land. In Österreich hat es vor 30 Jahren keinen einzigen Nationalpark gegeben. Mittlerweile sind es sechs, und die Gegner von einst sind kaum mehr auszumachen – keine Anrainer-Ortschaft, die nicht stolz den Zusatztitel Nationalparkgemeinde führt, kein Bürgermeister, der nicht den Schutz von Mutter Natur als sein ganz persönliches Anliegen preist. Man hat entdeckt, dass sich sogar Naturschutz rechnen kann. Ausnahmen – etwa in Tirol – bestätigen allerdings die Regel: Der immer häufiger auftretenden Schneearmut will man durch den Ausbau der Gletscherskigebiete begegnen.

Nicht weniger überraschend hatte Österreich vor 20 Jahren in Europa die Vorreiterrolle (nach der Schweiz) bei der verpflichtenden Einführung von Katalysatoren zur Abgasvermeidung bei Pkws übernommen. Mancher Prophet kündigte den Autofahrern finanziellen Ruin und permanente technische Probleme an, und Auslandsfahrten sollte es auch keine mehr geben. Es kam anders, und verbleites Benzin ist seit dem Jahr 2000 in der Europäischen Union Geschichte. Dafür wurde es dann plötzlich notwendig, Maßnahmen gegen den Anstieg von Feinstaubemissionen durch die Zunahme der dieselbetriebenen Kraftfahrzeuge zu setzen.

Doch nun hat ein neues Thema Einzug in die Berichterstattung gehalten, dem scheinbar kein Bereich unseres Lebens ausweichen kann. Das Klimagas CO_2 wurde von der Politik entdeckt. Europa will endlich handeln und bis 2020 Ernst mit dem Klimaschutz machen. Die Europäische Union hat auch in anderen Bereichen Fortschritte für den Schutz der Umwelt gebracht. Es kann heute praktisch kaum ein Bauvorhaben verwirklicht werden, ohne dafür vorher eine Umweltverträglichkeitsprüfung zu absolvieren, freilich mit mäßigem Erfolg: Oftmals scheinen ganze Stäbe von Juristen tätig zu sein, um die bestehenden Umweltgesetze zu unterlaufen.

Die Frage stellt sich also, wie die Zukunft unserer Umwelt aussehen wird. Hier soll nun gewissermaßen ein lokaler Blick versucht werden, wobei die Berücksichtigung von globalen Wirkungen natürlich unvermeidlich ist. Wie wird die Natur in und um Wien in 30 Jahren aussehen? Die politischen Entwicklungen der letzten zwei Jahrzehnte haben schon jetzt einiges verändert. Die „Twin Citys“ Wien und Bratislava bilden einen wieder entstandenen Wirtschaftsraum, dem eine große Zukunft prophezeit wird. Im unmittelbaren Siedlungsraum der beiden Städte leben über fünf Millionen Menschen, nach Jahrzehnten der Stagnation werden es nun wieder mehr. Zu beiden Seiten der Donau werden neue Verkehrsachsen entwickelt, heute unbesiedeltes Ackerland wird bereits in einigen Jahren Siedlungs- und Industrieland sein. Die Wirtschaft

In den kalten Dezembertagen von 1984 besetzen tausende Demonstranten aus Wien die Stopfenreuther Au, um die einmalige Aulandschaft vor ihrer Zerstörung durch ein Wasserkraftwerk zu bewahren (→ siehe auch Bild S. 657). 1996 werden die Donau-Auen zum Nationalpark erklärt und Wien bringt mit der Lobau einen beträchtlichen Anteil ein.

der Nachbarn im Osten holt gewaltig auf und der Druck auf letzte, unberührte Naturreste wird enorm steigen. Es sind aber nicht nur die letzten Naturreserven, die unter den neuen Entwicklungen leiden: Die Lärm- und Abgasbelastung nimmt für weite Teile der Bevölkerung in nie dagewesenem Ausmaß zu. Beispielsweise ist allein im Zeitraum Jänner 2006 bis Jänner 2007, also innerhalb eines einzigen Jahres, der Lkw-Verkehr im Raum Wien um 37 Prozent angestiegen. Politiker sind in solchen Fällen stets mit Ankündigungen zur Abhilfe bei der Hand; besonders erfolgreich waren sie damit in der Vergangenheit freilich noch nie.

Doch es gibt auch Hoffnung, zumindest, was das Bewusstsein der Bevölkerung betrifft. Gerade in den Städten – und Wien ist da sogar ein typisches Beispiel – ist die Sorge der Menschen um eine gesunde Umwelt und den Erhalt der Natur groß. Dafür ist man auch bereit, Belastungen auf sich zu nehmen. Von Mülltrennung und Tempo-30-Zonen bis hin zu Artenschutzprogrammen für Falken und Fledermäuse sind die Wiener im internationalen Vergleich Trendsetter. Anderswo in der Europäischen Union wundert man sich über die Kooperation der Wiener Bevölkerung. Ist Wien tatsächlich so anders? Für gewisse Bereiche kann man das bejahen. Ein vergleichender Blick auf andere europäische Großstädte kann diese These untermauern, wenn dabei auch die jeweils spezifische naturräumliche, sozioökonomische und politische Situation in Betracht gezogen werden muss.

Am Beginn der Wirtschaftswunderzeit, in den 1950er-Jahren, hatten viele Metropolen gerade den ersten, notdürftigen Wiederaufbau nach dem Weltkrieg abgeschlossen. Wien hatte damals mit besonders ungünstigen Ausgangsbedingungen zu kämpfen, unter anderem deshalb, weil die traditionellen wirtschaftlichen Verknüpfungen mit Ungarn und der Slowakei durch den Eisernen Vorhang abgeschnitten worden waren. Verallgemeinernd kann man feststellen, dass sich bis zu diesem Zeitpunkt die meisten europäischen Stadtlandschaften nur in beschränktem Ausmaß verändert hatten. Die großen Veränderungen standen noch bevor, denn die Motorisierungswelle für breite Schichten der Bevölkerung, schlussendlich für jeden, sollte erst stattfinden. Bis in die 1950er-Jahre hatten alle Großstädte einen relativ hohen Anteil unverbauter Areale gemeinsam; Grünflächen, Landwirtschaft, Gärten und Brachen fanden sich bis hinein in die Stadtkerne. Doch ein Jahrzehnt später, in den 1960er-Jahren, setzt eine rasante Entwicklung ein, die im Wesentlichen bis heute anhält. Der rapide Wandel der Stadtlandschaften in der zweiten Hälfte des 20. Jahrhunderts lässt sich gut mithilfe von Satellitenbildern auswerten.

Im Folgenden sollen diese Veränderungen der Landnutzung beispielhaft an vier Städten gezeigt werden, die man sonst kaum in einem direkten Vergleich findet: Brüssel, Mailand, München und Wien. Entscheidend für diese Auswahl ist vor allem die Größe unter besonderer Berücksichtigung der Bevölkerungszahl. Es fällt auf, dass die Zunahme von bebautem Gebiet und Verkehrsflächen sehr unterschiedlich verlaufen ist. Wien schneidet dabei besonders günstig ab. Hier ist auch ein besonders großer Anteil von Waldflächen erhalten geblieben. Daher ist die Chance, einen hohen naturnahen Flächenbestand zu bewahren, in Wien auch heute noch gegeben. In jedem Fall steht sie weitaus besser als in Brüssel oder gar in Mailand, wo praktisch keine naturnahen Flächen mehr erhalten sind. Aktuell besteht für Wien vor allem die Gefahr, dass die landwirtschaftlichen Areale, deren Anteil in den Jahren nach dem Ende der hier vorgestellten Untersuchung weiter deutlich abgenommen hat, ein ähnliches Schicksal erwartet wie in Mailand. Für die Sicherung der Nahversorgung ebenso wie für den Erhalt einer ausgewogenen Flächenbalance besteht hier dringender Handlungsbedarf: Konkret bedeutet dies, dass auf die weitere Verbauung landwirtschaftlich genutzter Flächen weitgehend verzichtet werden muss.

Brüssel, Mailand, München, Wien – Stadtveränderungen innerhalb einer Generation:

In den 1950er-Jahren lag der Anteil an dicht verbautem Gebiet bei allen vier Städten in annähernd der gleichen Größenordnung bei rund 30 Prozent. Für den Raum Wien könnte man beinahe von einer ausgewogenen Aufteilung zwischen Ackerflächen (39 %), Wald- und Feuchträumen (31 %) und Siedlungsgebiet (30 %) sprechen.

Das dicht verbaute Gebiet ist in den darauffolgenden vier Jahrzehnten in Mailand um mehr als das Doppelte, in Brüssel um 76 Prozent und in München immerhin um 45 Prozent angewachsen. In Wien war die Zunahme der Siedlungsfläche mit etwas mehr als einem Drittel am geringsten. Dieses Siedlungswachstum ging vor allem auf Kosten des Ackerlandes, während die Wald- und Feuchtgebiete im Wesentlichen unverändert blieben. Mailand hat im Untersuchungszeitraum fast 60 Prozent seiner landwirtschaftlichen Fläche verloren, Brüssel und München immerhin knapp 30 Prozent. Mit einem Rückgang seiner Agrarfläche um 20 Prozent steigt Wien im Städtevergleich aus ökologischer Sicht bei Weitem am besten aus.

- städtisch geprägte Flächen
- Industrie, Gewerbe und Verkehrsflächen
- Abbauflächen, Deponien, Baustellen und aufgelassene Flächen
- künstlich angelegte Grünflächen
- Ackerflächen
- Obst-/Weingärten
- Weideflächen und andere heterogene landwirtschaftliche Flächen
- Wald
- Kraut-/Strauchvegetation
- offene Flächen mit geringer oder ohne Vegetation
- Feuchtflächen
- Wasser

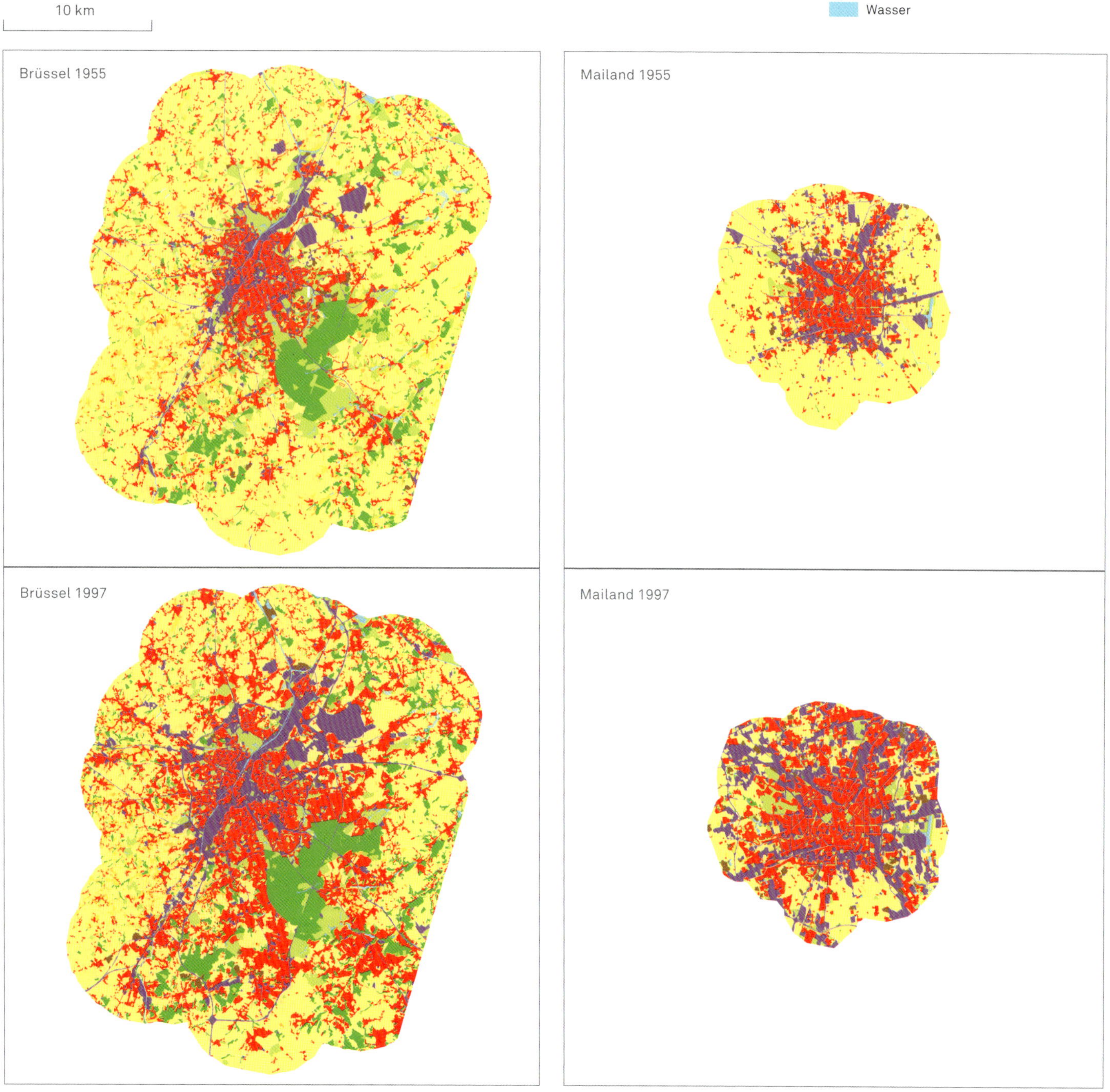

Die Tabelle fasst in Ergänzung zu den Abbildungen einige wesentliche Parameter zusammen, welche die Veränderungen der Landnutzung in der zweiten Hälfte des 20. Jahrhunderts veranschaulichen.

Als Basis für den Vergleich der vier Städte wurde das dicht verbaute Gebiet jeweils zusammen mit einer nach einer einheitlichen Formel berechneten Randzone, die über die administrativen Stadtgrenzen hinausgreift, herangezogen.

	Brüssel		Mailand		München		Wien	
	1955	1997	1955	1997	1955	1990	1958	1997
Gesamtfläche (dicht verbautes Gebiet plus „Randzone")	1.309 km²		325 km²		798 km²		841 km²	
Dicht verbautes Gebiet, bezogen auf die Gesamtfläche	24 %	43 %	35 %	72 %	31 %	45 %	30 %	41 %
Zunahme des dicht verbauten Gebiets		76 %		104 %		45 %		37 %
Grünfläche im dicht verbauten Gebiet (vor allem Parks und Friedhöfe)	5 %	3 %	4 %	7 %	8%	9 %	6 %	6 %
Landwirtschaftlich genutzte Fläche, bezogen auf die Gesamtfläche	63 %	45 %	64 %	27 %	43%	30 %	40 %	31 %
Naturnahe Flächen (im Wesentlichen Wald- und Feuchtgebiete), bezogen auf die Gesamtfläche	13 %	12 %	1 %	1 %	27%	25 %	31 %	29 %

10 km

München 1955

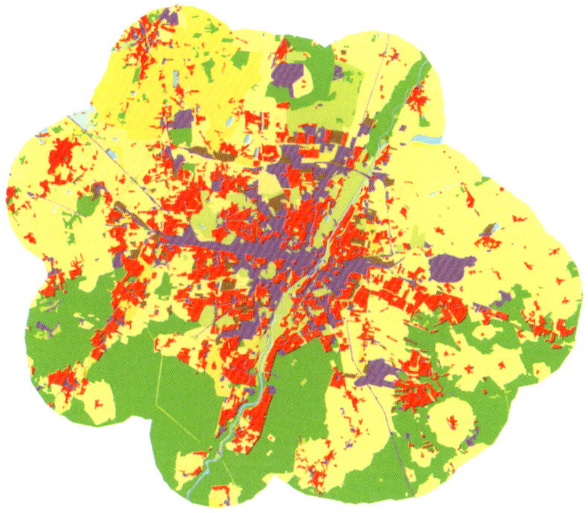

Wien 1958

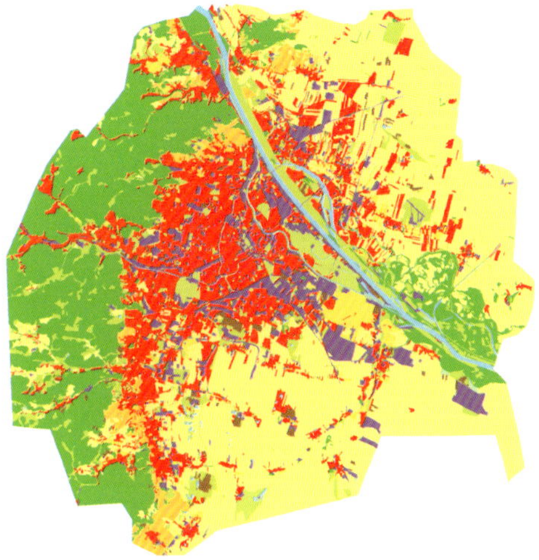

München 1990

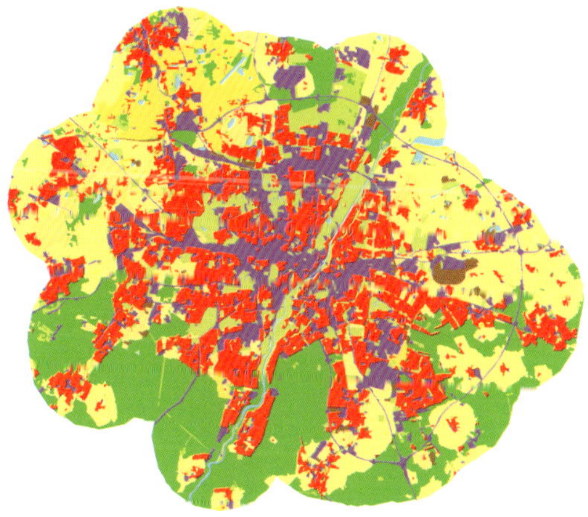

Wien 1997

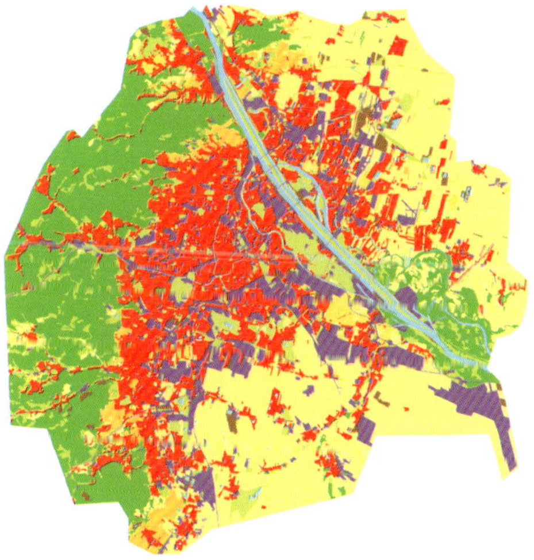

1

2

1 Der Bauboom in Wien ist ungebremst. Die Metropole verlangt nach großen Lösungen, die schon nach wenigen Jahrzehnten noch größeren Bauvorhaben weichen. Im Bild: Abbruch des Postgebäudes hinter dem Südbahnhof (2009) für den Bau des neuen Zentralbahnhofs von Wien

2 Wien ist mit Recht stolz auf seinen Anteil am Nationalpark Donau-Auen. Zumindest in Europa kann keine andere Millionenstadt mit Vergleichbarem aufwarten.

Seit dem Fall des Eisernen Vorhangs verzeichnet gerade Wien einen deutlichen Trend zur Expansion und wirtschaftlichen Prosperität. Die Bevölkerung hat seither durch Zuwanderung deutlich zugenommen. Immer größere Bauvorhaben werden in den letzten Jahren ausgeführt, sei es bei Büro- und Wohnbauten oder bei Verkehrstechnik und Infrastruktur. Die großen Projekte wie beispielsweise der Zentralbahnhof, die Verbauung großer Stadtbrachen, wie etwa des Asperner Flugfelds, der weitere Bau von Stadtautobahnen und vieles mehr werden deutliche Auswirkungen auf die Ökologie von Wien haben.

Die Stadtregierung stellt sich den Herausforderungen der Zukunft durchaus bewusst. Wien hat gerade im Umweltbereich umfangreiche Maßnahmen eingerichtet: Baumschutz, großzügige Biotopschutzprogramme, ein ausgeklügeltes Müllmanagement, das nicht nur in der EU Beachtung erregt, Energieinitiativen unter Einsatz der neuesten Technologien bis hin zur Nutzung biogener Brennstoffe, Radwegeprogramme, Förderungen für Begrünung im privaten Bereich, vereinzelt sogar die Einrichtung von Brachen als Bestandteil von städtischen Grünanlagen. Letztlich stellt die Stadt einen beträchtlichen Anteil am Biosphärenreservat Wienerwald und am Nationalpark Donau-Auen, was die weltweite Besonderheit dieser Stadt unterstreicht.

Wenn diese Entwicklungen so weitergehen, könnte sich Wien zu einem europäischen Öko-Pol entwickeln. Aber bekanntlich wachsen Bäume nicht in den Himmel, das Glück ist ein Vogerl, wie der Wiener sagt, und die Wirklichkeit holt schließlich jeden ein - erst recht eine Millionenstadt. Damit zurück zu unserer Frage am Anfang: Wie werden die Entwicklungen der nächsten Jahre und Jahrzehnte tatsächlich laufen? Wird die Stadt an der Donau wieder zu einer global beachteten Metropole aufsteigen, und wie wird sie dann aussehen? Lassen sich die ehrgeizigen Umweltprojekte wirklich und auf Dauer durchsetzen oder übernehmen „ökonomische Zwänge" die Zügel in der Stadtplanung? Zurzeit lässt sich eine Art Doppelstrategie beobachten: So werden etwa einerseits das U-Bahnnetz und alternative Transportsysteme (Radwegenetz) ausgebaut, andererseits aber bekennt man sich nach wie vor zum Individualautoverkehr mit noch mehr Autostraßen und vor allem auch Stadtautobahnen, die Untertunnelung der Lobau inklusive. Früher oder später aber wird sich wohl die Notwendigkeit ergeben, eine echte Entscheidung darüber zu treffen, in welche Richtung sich die Stadt weiterentwickeln soll.

Vienna quo vadis?

Was heute nicht gedacht wird, kann morgen nicht Realität sein

> **Nachhaltigkeit**
>
> Eine Kommission der UNO unter dem Vorsitz der ehemaligen norwegischen Ministerpräsidentin Gro Harlem Brundtland hat Nachhaltigkeit folgendermaßen beschrieben: *„Entwicklung zukunftsfähig zu machen, heißt, dass die gegenwärtige Generation ihre Bedürfnisse befriedigt, ohne die Fähigkeit der zukünftigen Generation zu gefährden, ihre eigenen Bedürfnisse befriedigen zu können.“*

Im Trubel der tagesaktuellen Ereignisse und in der Flut der auf uns einströmenden Informationen verliert man leicht den Überblick darüber, welche Themen wesentlich sind und welche nicht. Auch fehlen bisweilen klare Vorstellungen davon, wie Entwicklungen verlaufen könnten und welche Konsequenzen sie haben können. Auf den nachfolgenden Seiten werden exemplarisch sieben Themenfelder besprochen, die eine Schlüsselrolle für die Zukunft (nicht nur die der Stadt) spielen. Nach einer komprimierten Darstellung der heutigen Situation werden einige der Optionen, welche uns noch offenstehen, dargelegt. So soll der vorhandene Gestaltungsspielraum zwischen wirtschafts- und technikoptimistischen Szenarien einerseits und nachhaltigkeitsorientierten Modellen andererseits ausgelotet werden. Daraus abgeleitet stellen sich offene Fragen, die eine bewusste Entscheidung erfordern.

Die einzelnen Teilkapitel sind so formuliert, dass jedes für sich allein gelesen werden kann. Betrachtet man alle zusammen, so zeigt sich – freilich nicht überraschend – dass viele der Themen miteinander verzahnt sind und Probleme wie Lösungsmöglichkeiten in engem Zusammenhang stehen.

Die Lobau – Nationalpark und Großstadt

Wien ist stolz darauf, einen beträchtlichen Anteil am Nationalpark Donau-Auen zu stellen. Welche andere Hauptstadt in Europa, ja weltweit, hat das schon? Das Management derartiger Schutzgebiete ist allerdings auch eine besondere Herausforderung, und die Mitarbeiter der zuständigen Magistratsabteilungen für Forstwirtschaft, Gewässer und Trinkwasserversorgung wissen das nur zu gut. Manchmal scheint es so, dass die verschiedenen Aufgaben nicht unter einen Hut zu bringen sind – dann etwa, wenn Naturschutz und Hochwasserschutz in klassischer Weise aneinandergeraten und entgegengesetzte Maßnahmen verlangen. Für die Lobau bedeutet das in den nächsten Jahren eine Grundsatzentscheidung, deren Auswirkungen man in 30 Jahren beurteilen können wird.

Durch den kompletten Hochwasserschutz an den Flüssen oberhalb von Wien, verbunden mit einer raschen Wasserableitung, möglicherweise auch durch die geänderten Wetterphänomene infolge der Klimaveränderung, haben schwere Hochwasserereignisse in den letzten 20 Jahren deutlich zugenommen. Nach dem Katastrophenhochwasser 2003 wurde es offensichtlich, dass der Hubertusdamm, der die Lobau von der Donau trennt, an der absoluten Grenze seiner Belastbarkeit angelangt war. Manche Experten meinten, dass ein Dammbruch unmittelbar bevorstand und daher dringend Sanierungsmaßnahmen zu treffen wären. Die Überlegungen waren nicht neu, denn schon einige Jahre davor hatte man begonnen, an einem Sanierungskonzept zu arbeiten, und so wurde 2006 mit der geplanten Erhöhung und der damit verbundenen

Urwaldromantik in einer Millionenstadt: Fasangarten Arm in der Oberen Lobau

Verbreiterung des Dammes im Bereich des Ölhafens begonnen. Über einhundert Bäume mussten gefällt werden, davon einige stattliche Silber-Pappeln. Insgesamt sollte aber nicht nur der 3,5 Kilometer lange Damm der Ölhafenumschließung saniert werden, sondern die gesamte Dammstrecke entlang der Lobau auf einer Länge von 17 Kilometern.

Ist diese, auf maximalen Hochwasserschutz abzielende Lösung die Linie der Zukunft? Das hätte für sich genommen eine totale Abschottung der Au vom Donaustrom zur Folge. Zweifellos gibt es gute Argumente auch für diese eher technokratische Antwort auf die zunehmende Bedrohung durch die Donau-Hochwasser: Die Gefährdung der anliegenden Gemeinden im Marchfeld wie auch die Gefahr einer möglichen Beeinträchtigung der Grundwasserbrunnen in der Lobau könnten so auf ein Minimum reduziert werden. Die Konsequenzen für die Natur aber wären fatal: Die dramatischen Veränderungen im Wasserregime würden zu einer zunehmenden Verlandung der Augewässer führen und zum Verlust des typischen Auwaldcharakters der Lobau durch das Ausbleiben der Hochwasser und durch den dann kaum mehr schwankenden Grundwasserspiegel. Die Attraktivität der Lobau für Wanderer und Freizeitsportler würde durch diese Änderungen möglicherweise noch steigen; mit dem ursprünglichen Nationalparkgedanken hätte dies allerdings nicht mehr viel zu tun. Zum Ausgleich soll durch den Einbau von mindestens zwei Einleitungsbauwerken (Wehren) Wasser aus der Donau in das Altarmsystem des Nationalparks – der Unteren Lobau – gelangen können. Durch die bereits existierende Dotierung der Oberen Lobau im Bereich Mühlwasser konnten ausgetrocknete Altarme reaktiviert und Lebensraum für die typische Flora und Fauna der Donauauen geboten werden – so jedenfalls die Angaben des Magistrats. Trotzdem ist ein Nationalpark, der am Tropf einer, wenn auch noch so gutwilligen, Gemeindeverwaltung hängt, ein seltsamer Gedanke.

Eine der attraktivsten Blütenpflanzen der Auengewässer bei Wien: die weiß blühende Große Seerose

Wäre denn nicht auch eine Entscheidung zugunsten einer völlig entgegengesetzten Entwicklung denkbar, nämlich die Lobau wieder an den dynamischen Überschwemmungszyklus der Donau anzuschließen? Dies würde das Öffnen des Hubertusdammes bedeuten, wobei freilich auf die Bewahrung besonderer Trockenrasenstandorte, welche sich in der über 100-jährigen Geschichte des Damms entwickelt haben, Bedacht zu nehmen wäre: Denn eine Vielzahl von geschützten Arten, vor allem Wiesenorchideen, wie Helm-Knabenkraut und Spinnen-Ragwurz, haben sich an einigen Abschnitten in einer Dichte angesiedelt, die man auf den freien Wiesenflächen im Nationalpark kaum finden kann. Als Begleitmaßnahmen müssten der außen um die Lobau laufende Marchfelddamm verstärkt und der mehr und mehr unwirtschaftlich werdende Ölhafen in der Lobau geschlossen und das umgebende Erdreich saniert werden. So könnten sich die Hochwasser in der Au verteilen und auf diese Weise könnte eine Abflachung und Verlangsamung der Hochwasserwellen bewirkt werden. Gleichzeitig hätte damit die Lobau wieder ihr Eigenleben, und eine Naturzone von eindrucksvoller Größe und Wildheit könnte entstehen, mit neuen Pionierstandorten auf Schotterbänken und ausgedehnten Auwaldflächen. Der Seeadler würde vielleicht zum ständigen Brutvogel auf Wiener Stadtgebiet werden. Die Widmung „letzter großflächiger mitteleuropäischer Auwald" hätte damit ihre definitive Berechtigung gewonnen. Wofür wird sich die Stadt also entscheiden? Für ein zugegeben naturnahes Freizeitparadies konventionellen Zuschnitts oder ein weltweit einzigartiges Renaturierungsprojekt?

„Wald- und Wiesen" – Biotopschutz?

Stadtrand wie im Bilderbuch: viel Himmel, Äcker, Landwirtschaft, und nur ferne Häuser und ein paar Peitschenleuchten zeugen davon, dass hier eine (Groß-)Stadt in der Nähe sein mag.

Der Wald- und Wiesengürtel Wiens geht in seinen frühesten Anfängen auf Joseph II. zurück. Den Anstoß beim gebildeten Kaiser gab die Wissenschaft, die mit der Verbesserung der Volksgesundheit argumentierte. Aber erst 1905 beschloss der Gemeinderat ganz offiziell das „Generalprojekt eines Wald- und Wiesengürtels". Wieder hundert Jahre später müssen wir feststellen, dass dieser Gürtel im Nordosten und Süden noch immer etliche Löcher hat; manche zweifeln sogar, ob er jemals geschlossen wird. Der Kaiser der Aufklärung wird bald (im Jahr 2040) schon 250 Jahre tot sein und es wird sich zeigen, ob die Stadt ihren grünen Höhepunkt dann schon überschritten haben wird.

Der Himmel kann noch immer romantisch sein. Betriebe auf der grünen Wiese in bunter Anordnung zeugen vom Versagen der Raumordnung und bieten ein klägliches Bild eines großstädtischen Stadtrands.

Es spricht einiges dafür, dass der Zeitpunkt zum Schließen des Wald- und Wiesengürtels verpasst wurde. Vor zwanzig oder dreißig Jahren bestanden jenseits der Donau, in „Transdanubien", wie der Wiener auch zu sagen pflegt, ebenso wie im Süden und Südosten noch ausgedehnte Felder, Gemüsegärtnereien und viele andere offene Flächen, und die Einwohnerzahl schien sich zu jener Zeit einigermaßen stabilisiert zu haben. Jetzt, nach der Ostöffnung und der EU-Erweiterung, da die Beschaffung von Wohnraum für eine zunehmende Bevölkerung vorrangig erscheint, hat der Biotopschutz die schlechteren Karten gegenüber scheinbar sozialen Argumenten und kurzfristigen ökonomischen Interessen. Der Verlust der letzten Frei- und Brachflächen im Stadtgebiet hätte jedoch dramatische Auswirkungen, und dies nicht nur auf die Pflanzen- und Tierwelt der Stadt: Zahlreiche Arten würden aus dem Stadtgebiet verschwinden, manche verlören damit ihre einzige Bleibe auf Wiener Boden. Aber besonders für die Bevölkerung würde der Verlust von Biotopflächen mittelfristig spürbar. Das gilt zunächst und vor allem für das Stadtklima, gleichzeitig würden potenzielle Erholungsräume in immer größere Entfernung zur Stadt rücken, was wiederum den Verkehr und die Zersiedelung im Umfeld förderte. Im Prater würden zwar noch die Bäume und in Sievering der Flieder blüh'n, wie es im Wienerlied heißt, insgesamt wäre aber der Großraum Wien zu einer Megacity wie viele andere geworden, die ihre spezifische Lebensqualität weitgehend eingebüßt hätte.

Heute bestünde vielleicht noch die Chance, in einer großen Anstrengung den Wald- und Wiesengürtel im Osten und Süden der Stadt durch konsequente Widmung und Ankäufe zu schließen. Hand in Hand damit ginge eine Verbesserung der Grünversorgung für die weniger mobilen Bevölkerungsanteile einher. Im dicht verbauten Gebiet könnte eine solche Verbesserung durch das Öffnen von Innenhöfen, durch den Verzicht auf Bebauung und in extrem grünarmen Bezirken sogar durch Niederreißen von Gebäuden und der Schaffung neuer Grünflächen geschehen. Die zumindest teilweise Vernetzung von Grünzonen wäre beispielsweise durch das Ausnützen der großen freiwerdenden Bahnareale möglich. Dies bedeutete aber, dass die alten Frachtenbahnhöfe und sonstigen Bahngründe nicht komplett verbaut würden, sondern jeweils große Anteile, und nicht nur kleine Alibigrünflecken, für Vegetationsflächen inklusive Parks erhalten bliebe. Der Wert der lange Zeit hindurch vernachlässigten Stadtbrachen als innerstädtische Ausgleichsflächen für Spontanvegetation und als Spielräume im Nahbereich mit der Möglichkeit zu Naturkontakt für Stadtkinder wird heute auch von der Stadtverwaltung anerkannt. Die entsprechenden Flächen sollten, analog zu einer vergleichbaren Regelung im Ruhrgebiet, vom Magistrat verwaltet werden, um sicherzustellen, dass ihre Zahl und die Verteilung über das Stadtgebiet einigermaßen konstant bleiben.

Schreckgespenst „Gentech"

Natürlich oder gentechnisch verändert? Von außen ist der Unterschied nicht erkennbar. Bei manchen Züchtungen fragt sich der Betrachter, was wohl wirklich in der Pflanze steckt.

Seit Ende des 20. Jahrhunderts gibt es heftige Diskussionen um die Freisetzung von gentechnisch veränderten Organismen (GVO) in der Landwirtschaft und im Gartenbau. Von den Vertretern der Industrie als die Lösung fast aller Probleme gefeiert, wird ihre Sinnhaftigkeit von vielen unabhängigen Wissenschaftlern und Umweltverbänden stark in Zweifel gezogen. Hoffen die einen auf verbesserte Erträge – nicht nur auf den Feldern, sondern auch im eigenen Geldbeutel beziehungsweise im Portfolio der Shareholder – so fürchten die anderen umfangreiche Schäden für die gerade aufgebaute ökologische Landwirtschaft und möglicherweise auch für den menschlichen Organismus. Auch die Konsumenten können sich mit gentechnisch veränderten Lebensmitteln nicht anfreunden: Im Schnitt wollen bei Umfragen 80 bis 90 Prozent der Konsumenten und Konsumentinnen keinerlei gentechnisch veränderte Produkte auf ihrem Teller finden. Der österreichische Lebensmittelhandel fährt einen klaren Kurs: Gentechnisch veränderte Lebensmittel (die ja laut EU-Gesetzgebung gekennzeichnet werden müssen) werden konsequent aus den Regalen verbannt; gentechnikfreien und biologischen Produkten wird eindeutig der Vorrang eingeräumt.

Seit Anbeginn der Forschung um die Möglichkeiten der gentechnischen Veränderungen von Lebewesen ranken sich Spekulationen um die Schädlichkeit der daraus gewonnenen Nahrungsmittel. Misstrauen erregt das Tempo, mit dem über Jahrtausende gezüchtete Nutzpflanzen und Nutztiere innerhalb weniger Jahre mit Genen ausgestattet werden, die sie gegen allerlei Umwelteinflüsse schützen oder anderweitig „optimieren" sollen. Umstritten sind die Sicherheitsmaßnahmen, die zum Schutz der Konsumenten eingeführt wurden. Der allgemeine Eindruck in der Bevölkerung ist, dass die Entwicklung zu schnell geht. Bereits in den 1990er-Jahren wurden in der EU erste Zulassungen erteilt. Seither kommen ständig neue Organismen hinzu.

Ist der Einzug der gentechnisch veränderten Organismen in unsere Umwelt also unaufhaltbar? Kommen wir aus ohne gentechnisch produzierte Züchtungen? Werden wir diese Art von „Fortschritt", wie in vielen anderen Bereichen in der Vergangenheit, letztlich akzeptieren und angesichts der Möglichkeit, Nahrungsmittel billiger herstellen und einkaufen zu können, mehr oder weniger widerwillig die Konsequenzen in Kauf nehmen? Ist es denn wirklich wahr, dass gentechnisch veränderte Pflanzen

Österreich ist europaweit Pionier bei garantiert gentechnikfreien Produkten: Mehr als 500 heimische Lebensmittel führen bereits das grüne Kontrollzeichen „Gentechnik-frei erzeugt“. Dieses bestätigt, dass die Produkte während ihrer gesamten Herstellung nicht mit Gentechnik in Berührung gekommen sind. Strenge Kontrollen überprüfen dies regelmäßig.

das Allheilmittel gegen den Hunger in der Dritten Welt sind – und die Lösung der Probleme nicht besser in der Verteilung, in der Stützung von lokaler Entwicklung, in der Entschuldung und in anderen Maßnahmen zu finden wäre?

Oder ist es denkbar, dass sich beispielsweise die Wiener Gemüsegärtner auch weiterhin dazu verpflichten, auf GVO zu verzichten? Wenn gleichzeitig die Konsumenten die neuen Lebensmittel so wie bisher schon konsequent verweigern und – das ist eine wichtige Voraussetzung! – die Flächen für Landwirtschaft und Gartenbau nicht beständig reduziert werden, könnte Wien eine Vorreiterrolle in der Region übernehmen. Wenn die europaweit vorbildlichen Maßnahmen von Landwirtschaft, Lebensmittelverarbeitern und Handel in Österreich für garantiert gentechnikfreie Lebensmittel entsprechend unterstützt werden, kann ein wichtiger Impuls für die Erhaltung der bestehenden Vielfalt, aber auch für die starke Positionierung österreichischer Produkte im europäischen Wettbewerb gesetzt werden. Wenn die wohlbedachten Vorsichtsmaßnahmen weiterhin in gesetzliche Rahmenbestimmungen gegossen werden, wenn die Frage der Haftung für etwaige Schäden ernst genommen wird und sich die Versicherungen weigern, ein entsprechendes Risiko auf sich zu nehmen (so wie keine Versicherungsgesellschaft ein Atomkraftwerk versichert), ist die Chance gegeben, die Entwicklung der „Gentechnik“ wohl nicht völlig zu stoppen, aber doch auf ein wohlüberlegt eingesetztes und sorgfältig kontrolliertes (und solcherart akzeptables) Segment der angewandten biologischen Wissenschaft zu redimensionieren.

Ein Beispiel für ungeahnte GVO-Folgeschäden

„Kollateralschäden“, die durch den Einsatz von Gentechnik in der Landwirtschaft auftreten können, haben sich 2008 in Deutschland in einem Bereich gezeigt, der zunächst bei der Diskussion um Gentech völlig unbeachtet geblieben war: Imker, die das Pech hatten, mit ihren Bienenstöcken in der Nähe von GVO-Maisfeldern zu stehen, mussten ihre Bienen übersiedeln oder den Betrieb aufgeben. Denn wird GVO-Pollen im Honig nachgewiesen, ist dieser unverkäuflich. Mit einem Schlag kann damit der inländische Honig sein gutes Image als hochwertiges, reines Naturprodukt verlieren und sich neben der billigen ausländischen Konkurrenz nicht mehr behaupten. Sollte sich GVO in der heimischen Landwirtschaft etablieren, wäre ein rapides „Imkersterben“ die Folge, denn eine „Koexistenz“ von GVO und Honigproduktion ist nicht möglich. Da man aber auf die Bestäubungsleistung der Honigbiene in der Landwirtschaft nicht verzichten kann, ist abzusehen, dass die verbleibenden Imker faktisch zu subventionierten Bestäubungs-Dienstleistern werden, die auf ihrem gentechnisch kontaminierten Honig „sitzenbleiben“ werden. Honig würde dann vermutlich, wie in den USA heute schon, vorwiegend zu Billigstpreisen aus China importiert. ***Roland Berger***

Ein bekanntes Werbeplakat aus dem Wien der Zwischenkriegszeit

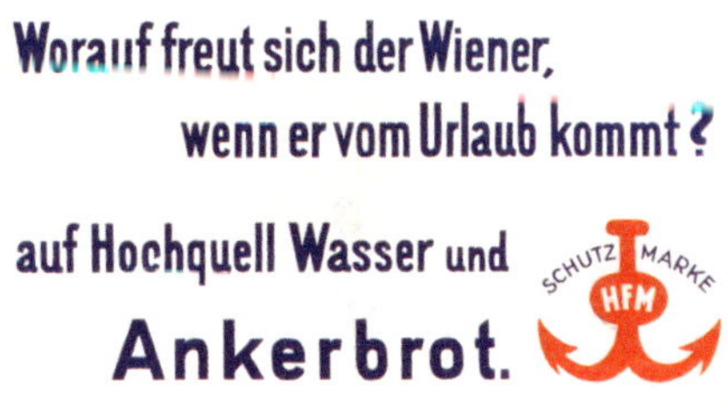

Worauf freut sich der Wiener, wenn er vom Urlaub kommt?

Kaum ein anderes Thema bewegt die gesamte Menschheit so sehr wie das Wasser. In immer größeren Teilen der Erde ist Wasser rar, und die Vereinten Nationen prognostizieren für das Jahr 2025 Wasserknappheit für 1,8 Milliarden Menschen. Bereits jetzt, zu Beginn des 21. Jahrhunderts, haben 1,1 Milliarden Menschen keinen Zugang zu ausreichend sauberem Wasser. Es erscheint verwunderlich, dass es auf unserem blauen Planeten, der seine Farbe den großen Wasserflächen der Ozeane verdankt, zu wenig Wasser geben soll. Tatsächlich sind aber von den 1,4 Milliarden Kubikkilometern Wasser nur etwa zweieinhalb Prozent Süßwasser. Etwa ein Drittel davon ist als Eis gespeichert, und ein Großteil liegt unerreichbar im Boden oder ist verschmutzt und daher nicht ohne Weiteres verwendbar. Letztlich sind nur 0,3 Prozent der Süßwasservorräte relativ leicht zugänglich, das sind nur 0,0075 Prozent des gesamten Wassers

1

2

1 Die Trinkwasserversorgung Wiens wird derzeit überwiegend aus Hochquellenwasser bestritten. Dass die Stadt in diesem Punkt nicht autark sein kann, hat man schon vor weit mehr als 100 Jahren vorausschauend erkannt und dieses Problem mit dem Bau der Wiener Hochquellenwasserleitungen umweltschonend gelöst. Der Wiener Hochstrahlbrunnen auf dem Schwarzenbergplatz wurde von Kaiser Franz Joseph I. anlässlich der Fertigstellung der ersten Wiener Hochquellenwasserleitung 1873 eröffnet und bleibt auf immer ein Wahrzeichen für das Wiener Wasser.

2 Das Wiener Wasser ist eine Marke für sich. Zur Betonung dieser im internationalen Vergleich besonderen Qualität wurden eigens Karaffen und Gläser entworfen.

auf der Erde. Kein Wunder, dass der Verkauf von Trinkwasser mit Sicherheit eines der großen Geschäfte der Zukunft („blaues Gold") sein wird. Branchenstudien zufolge wird der weltweite Umsatz bis 2010 auf mehr als 150 Milliarden Dollar steigen. An den Börsen gibt es bereits Wasseraktien zu kaufen: So setzen etwa zwei Schweizer Aktienfonds heute schon auf das Geschäft mit Wasser.

Bleibt die Wiener Wasserversorgung als „hochwertige öffentliche Dienstleistung" in kommunaler Hand? Oder wird in den nächsten Jahrzehnten die obligate Privatisierung der Wasserzulieferung auf europäischer Ebene erzwungen werden? Der erhofften Verbilligung durch konkurrierende Anbieter steht stets die Gefahr einer mangelhaften und qualitativ verminderten Versorgung gegenüber. Ein mahnendes Beispiel hierfür ist London, wo die Wasserversorgung in den 1980er-Jahren privatisiert wurde und seit etlichen Jahren im Sommer schmerzhafte Verknappungen auftreten. Einer der Gründe ist, dass die Unternehmen kaum in die Infrastruktur, also das Leitungsnetz investierten, sodass im Laufe der Jahre die Sickerwasserverluste einen Wert von 40 % (!) erreichten. Andererseits wird sogar in Frankreich, der Nation der zentralistischen und leistungsfähigen öffentlichen Dienste, der Großteil der Wasserversorgung von privater Hand erbracht. Wie auch immer die Lösung für Wien aussehen wird: Jeder Betreiber wird sich mit Problemen wie schwindenden Wasserreserven und notwendigen Sparmaßnahmen wie auch mit einer möglichen vermehrten Verwendung von Brauchwasser auseinandersetzen müssen.

Alles rollt

Als in den 1970er-Jahren in Wien gleichzeitig die ersten Fußgängerzonen und die erste Stadtautobahn – die Südosttangente – errichtet wurden, ahnte noch niemand, dass es sich dabei um den Anfang einer langen Parallelgeschichte in der Stadtentwicklung handeln würde. Damals gab es ehrgeizige Ausbaupläne, die unter anderem einen Autobahnzubringer durch den 14. Bezirk als Hochstraße mit beheizter Fahrbahndecke vorsahen. Die Verlängerung der Brigittenauer Brücke sollte im 20. Bezirk mitten durch Wohngebiete und im 22. Bezirk quer durch die Erholungsgebiete Donaupark und über die Alte Donau hinweg verlaufen. Errichtet wurde schließlich die Donauuferautobahn A 22.

Städtische Autobusse fahren bereits seit über dreißig Jahren mit Gas. 2007 hat die Stadt Wien damit begonnen, private Autobesitzer zu fördern, wenn sie auf Pkws mit Gasbetrieb umsteigen. Die Zahl solcher neu zugelassenen Autos ist aber noch immer sehr gering.

Wohnstraßen waren in den 1970er-Jahren Thema heftiger Diskussionen. Heute sind sie Standard in der Stadtplanung.

Parallel dazu kann man aber auch eine andere Entwicklung erkennen: Was von manchem Politiker als weltfremde Scharlatanerie abgetan wurde, kam allmählich zur Verwirklichung, sodass Wien heute, Jahrzehnte später, über ein Hunderte Kilometer langes Radwegnetz, über Tempo-30-Zonen mit Temposchwellen in Nebengassen, über zahlreiche Wohnstraßen und in weiten Teilen der Stadt über flächendeckende Kurzparkzonen verfügt.

In jüngster Zeit allerdings scheint sich der Trend wieder in die Gegenrichtung zu kehren. Die überaus starke Verkehrszunahme der letzten Jahre wird oft durch die Ostöffnung erklärt, was allerdings durch exakte Zählungen nur teilweise bestätigt wird. Die aktuelle Antwort auf die enormen Fahrzeugströme sind Planungen für ein gigantisches Schnellstraßennetz in und um Wien (→ Grafik S. 648). Die Tragik dabei ist, dass die Entscheidungen dafür offenbar wider besseres Wissen getroffen werden, denn bei Experten und Expertinnen aus dem Bereich der Verkehrsplanung hat sich spätestens seit den 1990er-Jahren die Erkenntnis durchgesetzt, dass sich das Verkehrsproblem im Ballungsraum langfristig nicht durch den Bau neuer Straßen lösen lässt.

Mit dem Verkehrsaufkommen in unmittelbarem Zusammenhang stehen auch zahlreiche Schadstoffemissionen. Zu Salz und Stickoxiden kommt die Luftbelastung durch Rußteilchen, Reifenabrieb und Streusplitt hinzu. Hier ist in jüngerer Zeit vor allem das Gefahrenpotenzial von Feinstaub ins Bewusstsein gerückt. Mit Feinstaub (PM10) bezeichnet man Partikel mit einem Durchmesser kleiner als 10 µm, die bis in die Lungenbläschen gelangen und die Atemwege schwer schädigen können. Feinstaub in der Luft erhöht das Risiko von Herz- und Lungenerkrankungen deutlich. In Österreich sterben jährlich nach Schätzungen der WHO 4.600 Menschen vorzeitig an den Folgen von Feinstaub. Die WHO schätzt, dass bei Einhaltung der neuen EU-Richtlinien für die Feinstaub-Obergrenze – im Jahresdurchschnitt dürfen 40 Mikrogramm pro Kubikmeter Luft nicht überschritten werden – der vorgenannte Wert bis 2010 allein in Österreich um 1.500 Todesfälle reduziert werden könnte, oder anders ausgedrückt: Jeder Österreicher könnte so rein statistisch fast fünf Monate länger leben als derzeit. Freilich ist nur ein Teil des Feinstaubs „hausgemacht", da er über Hunderte Kilometer in der Luft transportiert werden kann.

Ist es also unvermeidlich, dass sich der Individualverkehr in Wien und Umgebung, so wie prognostiziert, in absehbarer Zeit nochmals um die Hälfte erhöhen wird? Werden die für Wien und Umgebung geplanten zwölf Brücken und drei Tunnels zur Querung der Donau sowie die beiden Autobahnringe Wirklichkeit? Werden entlang der Straßenachsen nach Bratislava binnen weniger Jahrzehnte weitere Industrien, Gewerbeparks und Wohnsiedlungen in bunter Folge aufgefädelt? Werden die Menschen Lärm, Luftverschmutzung und Flächenverbrauch weiterhin in Kauf nehmen, um den Motorisierungsgrad weiter zu steigern?

Oder wird es vielleicht das schiere Kostenbewusstsein sein, das ein Umdenken bewirkt? Denn, wenn auch manche Parameter wie Lebensqualität oder der Verlust des öffentlichen Raums für die Allgemeinheit nur schwer monetär auszudrücken sind, andere Folgeerscheinungen des Straßenverkehrs lassen sich sehr leicht als finanzieller Kostenaufwand berechnen: Krankenstände und verlorene Lebensmonate infolge der Luftverschmutzung, Bau- und Erhaltungskosten der Autostraßen, Aufschließungs- und Infrastrukturkosten von dezentralen, nur mit dem Kraftfahrzeug erreichbaren Siedlungen, Abwertung von Liegenschaften und viele andere direkte und indirekte Folgen des Straßenverkehrs. Werden die realen Straßenbenützungkosten auf die Autofahrer umgelegt und wird damit eine echte Steuerung des Kfz-Verkehrs Realität? Manche heute in Ansätzen bereits vorhandenen Maßnahmen geben die Richtung vor: Der Ausbau der Parkraumbewirtschaftung, Einführung einer Citymaut, die weitere Verbesserung

Die von der Autobahnen- und Schnellstraßen-Finanzierungs-Aktiengesellschaft ASFINAG geplanten und in Bau befindlichen Projekte im Großraum Wien. Stand: 2008

Verkehrsberuhigung in Wien durch konzentrische Autobahnringe? Oder wird die Stadt von hydra-artigen, sich vermehrenden Hochleistungsstraßen gleichsam erwürgt? Ein Patentrezept gibt es nicht, wohl aber fundierte alternative Verkehrskonzepte, die bedacht werden sollten.

- in Betrieb
- in Planung
- mögl. Netzergänzung
- Trassenkorridor
- in Bau
- ○ AST = Anschlussstelle
- ◖ HAST = Halbanschlusstelle

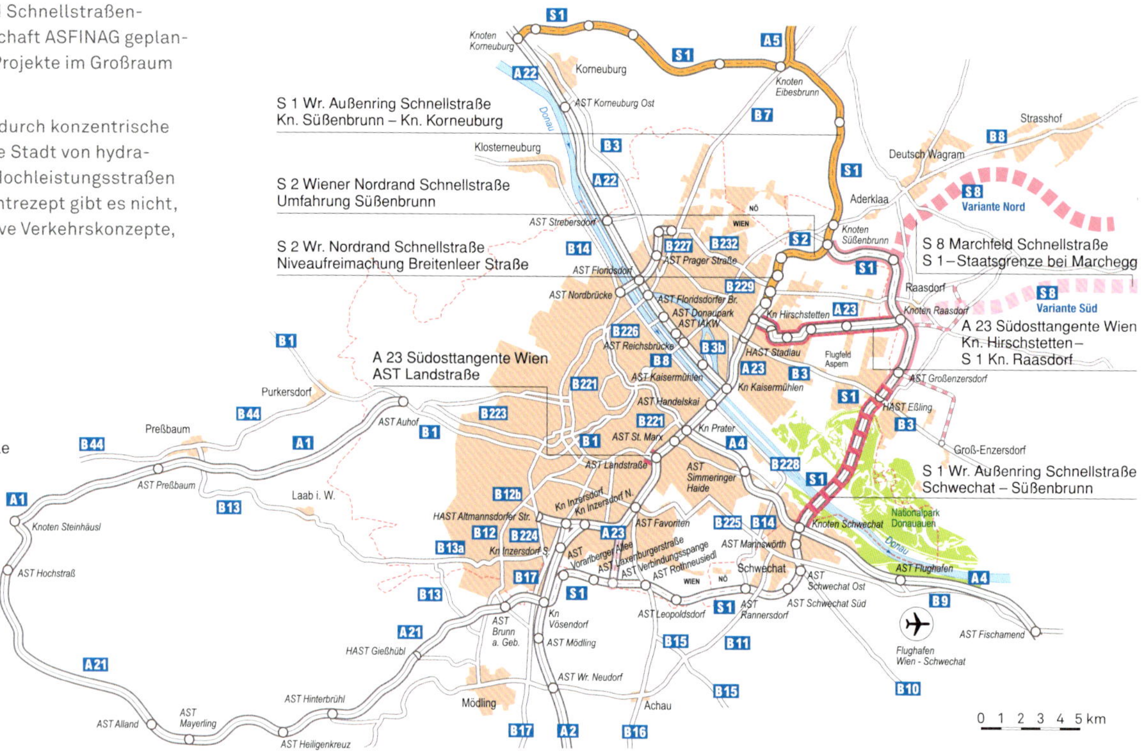

der öffentlichen Verkehrsmittel in Verbindung mit einer konsequenten Raumordnung, die keine Großwohnanlagen ohne öffentliche Verkehrsanbindung mehr erlaubt, sowie der weitere Ausbau des Radwegenetzes – das alles sind effiziente Maßnahmen, die heute, wie schon angedeutet, vor allem auch die ökonomische Vernunft gebietet.

Der Klimaveränderung entkommt niemand

In den ersten Monaten des Jahres 2007 veröffentlichte die UNO ihren jüngsten Weltklimabericht in drei Teilen. Bereits der erste Teil dieser umfassendsten Klimastudie, die jemals verfasst wurde, schlug weltweit ein wie die oftmals zitierte Bombe. Die Medien überstürzten sich zunächst in Katastrophenreportagen sondergleichen, in Europa zusätzlich angeheizt durch den wärmsten und schneeärmsten Winter seit es meteorologische Aufzeichnungen gibt. Danach war auch die Politik gefragt. Kein Kanzler, kein Ministerpräsident, kein Staatspräsident auf der ganzen Welt (ausgenommen der damalige Präsident der Vereinigten Staaten von Amerika), der das Thema Klima nicht zur absoluten Chefsache erklärt hätte. Die aktuell größte Gefahr für die Menschheit scheint seither erkannt zu sein und wird dennoch von vielen nicht verstanden. Bezeichnend dafür sind die zahlreichen „CO_2-Rechner", die überall in Zeitungen und Internetforen auftauchen und dem Laien helfen wollen, sein klimaschädliches Verhalten zu ändern. Bald weiß jeder, sofern er sich nicht ohnehin an die Nassrasurdebatte der Ära Kreisky erinnert, dass er mit der Rasierklinge weniger CO_2 freisetzt als mit dem Elektrorasierer (zumindest wenn er maximal lauwarmes Wasser verwendet); noch bessere Klimaschützer sind allerdings Männer mit Bart. Beispiele wie diese zeigen die allgemeine Ratlosigkeit auf und schaffen Freiraum für die „Lösungsansätze" vieler Politiker. Wenn der EU-Umweltkommissar härtere Maßnahmen fordert, um einen der größten Klimakiller – den Straßenverkehr – einzudämmen, dann wird er umgehend von einer Phalanx der Industrieschützer unter seinen Politikerkollegen als Wirtschaftsschädling in die Schranken gewiesen. „Freie Fahrt für freie Bürger" tönt

1 In den letzten Jahren werden Stürme wie „Emma“, ein Orkan, der im März 2008 in Wien Kräne zum Umstürzen brachte, immer häufiger. Eine Folge des Klimawandels?

2 Ein hoher Grünanteil trägt wesentlich zur Verbesserung des Mikroklimas im Siedlungsbereich bei. Blick auf die „Friedensstadt“ in Lainz, die in den Notzeiten nach dem Ersten Weltkrieg von der Siedlerbewegung nach Plänen von Adolf Loos erbaut wurde.

es vornehmlich aus Deutschland, dem Mutterland der großen, schnellen Autos. Dafür sind bald die wirklich Schuldigen an der Klimakatastrophe identifiziert: Fernreisende, die Flugzeuge benützen. Die Politik zeigt sich zunächst erneut von ihrer schlechtesten Seite, nämlich in der Kunst der genialen Ablenkung.

Folgt man den Schlussfolgerungen der UN-Studie, so lassen diese keine Zweifel daran aufkommen, dass Diskussionen längst nicht mehr zeitgemäß sind, denn: Der Klimawandel ist bereits voll im Gange und kann auch durch drastische Maßnahmen nur noch abgebremst werden. Diese Wahrheit scheint unbequem und hart. Die eigentliche Frage ist aber, wie sehr jeder Einzelne auf der Welt bereit ist, das Seine dazu beizutragen um der globalen Herausforderung zu begegnen. Umfragen dazu ergeben ein erstaunliches Bild. Quer durch reiche und arme Staaten haben die Menschen die Bedrohung erkannt und zeigen sich bereit, ihren Beitrag zu leisten. Und auch die öffentliche Diskussion zerfleddert erstaunlicherweise nicht in die sonst üblichen Schuldzuweisungen, sondern führt bereits im März 2007 zum Beschluss des EU-Ministerrats, bis 2020 den Ausstoß von CO_2 um mindestens 20 Prozent zu reduzieren. Wie nicht anders zu erwarten war, folgen dieser Ankündigung die Diskussionen der Experten und der vielen geübten Kommentatoren, ob dieses Ziel zu erreichen ist und wie dieses ehrgeizige und tatsächlich beispielgebende Konzept umzusetzen wäre. Bald sind die Kosten bekannt: Die Höhe ist astronomisch, wird allerdings von allen Politikern als notwendig vertreten, denn die Alternative – kein Klimaschutz – käme noch viel teurer. Ende des darauffolgenden Jahres, 2008, nimmt das EU-Parlament ein von den Staats- und Regierungschefs vereinbartes „Klimapaket“ an, welches ein Bündel von Maßnahmen vorsieht, um den Ausstoß von Treibhausgasen bis 2020 um 20 Prozent gegenüber dem Stand von 1990 zur reduzieren und gleichzeitig den Anteil erneuerbarer Energien auf 20 Prozent zu erhöhen.

Wien hat mit dem Beitritt zum „Klimabündnis“ unter anderem das Ziel einer 50-prozentigen Reduktion der Pro-Kopf CO_2-Emissionen von 1987 bis 2010 übernommen. Zu diesem Zweck ist das Klimaschutzprogramm der Stadt KliP Wien (→ S. 519) angelaufen, welches ein ganzes Bündel von Maßnahmen inkludiert, so etwa das städtische Energieeffizienzprogramm SEP, das Wohnhaussanierungsprogramm THEWOSAN, die Richtlinien zur umweltfreundlichen Baustellenabwicklung RUMBA und das Programm für Umweltmanagement PUMA. 2006 wurde eines der größten Biomassekraftwerke Europas in Simmering in Betrieb genommen, es beliefert 12.000 Haushalte mit Wärme und rund 48.000 weitere mit elektrischer Energie. Ein Pionierprojekt stellt die Tunnelthermie dar. Seit Februar 2004 wird die

Das Kyoto-Protokoll der UNO

wurde 1997 beschlossen und schreibt, abgestuft nach Ländern, verbindliche Zielwerte für den Ausstoß von Treibhausgasen (CO_2, CH_4, N_2O, HFCs, PFCs, SF_6) fest. Im Weltdurchschnitt soll bis zum Jahr 2012 eine Verminderung um 5,2 Prozent gegenüber 1990 erreicht werden, in der EU um 8 Prozent. Österreich hat sich zu einer Verringerung um 13 Prozent verpflichtet, sein Ziel bisher (2009) aber weit verfehlt. Ein wesentlicher Punkt des Kyoto-Abkommens ist die Möglichkeit, mit Emissionen zu handeln. Der Grundgedanke dabei ist, dass es weniger darauf ankommt, wo Emissionen entstehen, sondern dass sie insgesamt abnehmen: Ein Unternehmen, welches mehr an Schadstoffen ausstößt, als in den Vereinbarungen vorgesehen, kann dies durch den Kauf von sogenannten „Emissionszertifikaten“ eines emissionsarmen Unternehmens kompensieren.

1

2

1 Sauberer Strom, erneuerbare Energie. Windkraftwerke stellen unzweifelhaft einen ökologisch unbedenklichen Beitrag zur Stromerzeugung dar. Konfliktpotenziale wie etwa der Vogelschutz können durch sachgerechte Planung minimiert werden.

2 Sanierung einer Hausfassade mit Wärmedämmplatten. In der Vermeidung von Wärmeverlusten bei Fassaden und Dächern liegt vermutlich eines der ganz großen Energiesparpotenziale.

Sportmittelschule der Stadt Wien in Hadersdorf mit Wärme aus dem Lainzer Tunnel beheizt. Die großen, mit der Erde in Berührung stehenden Tunnelwände bieten eine ideale Möglichkeit für die Erdwärmegewinnung. Bei den Verkehrsbetrieben werden immer mehr rekuperationsfähige Triebwagen bei Straßenbahn und U-Bahn eingesetzt, die beim Bremsen Strom erzeugen und so bis zu 30 % der aufgenommenen Energie ins Netz zurückspeisen. Die aufgezählten Beispiele zeigen die Verbindung von Klimaschutz und Energieerzeugung sehr deutlich auf. Eine Großstadt hat gerade in diesen Bereichen besondere Möglichkeiten, ihren Beitrag zu leisten. Wien ist im Vergleich zu anderen Millionenstädten ein Pionier im Klimaschutz, und bei der Frage, was in diesem Bereich in nächster Zukunft alles möglich ist, sind der Phantasie kaum Grenzen gesetzt.

Doch wie weit kann das Label „Klimabündnisgemeinde" tatsächlich realisiert werden? Oder wird es mehr oder weniger ein Lippenbekenntnis bleiben? Werden die sicht- und fühlbaren Folgen der Erderwärmung Politiker wie Bürger beeindrucken: der Temperaturanstieg im Jahresmittel, die deutliche Erhöhung der Sommertemperaturen, vor allem aber regelmäßig lange anhaltende Hitze- und Trockenperioden und überhöhte Ozonwerte im Sommer? Werden konkrete Maßnahmen folgen? Kommt es zu einer Beschränkung des Autoverkehrs und zu einer Ausweitung von durchgrünten Wohnbereichen und des Grüngürtels zur Verbesserung des Mikroklimas? Oder verlässt einfach jeder, der es sich leisten kann, die Stadt und wohnt möglichst außerhalb im kühleren Umland, sodass vor allem Kinder und alte Leute die Leidtragenden sein werden? Wie wird die Tierwelt reagieren? Werden die Zugvögel ihr Zugverhalten ändern, wie etwa die Mönchsgrasmücke, die heute schon in Wien überwintert, oder einige Störche in Ostösterreich, die den Winter über bereits in der Nähe ihrer Brutplätze bleiben. Wird tatsächlich, wie von einigen Wissenschaftlern vorhergesagt, die Malaria in den Donauauen heimisch? Letztlich geht es darum, ob sich eine resignative Haltung durchsetzt (nach dem Motto: „der Klimaveränderung kommen wir eh nicht aus") und somit das couragierte Nachdenken über weiterreichende Energiesparmaßnahmen auf der Strecke bleibt.

Schlüsselgröße Energie

Als im Jahr 1973 die in Wien ansässige OPEC (Organisation der erdölproduzierenden Staaten) als Reaktion auf den Jom-Kippur-Krieg einen Boykott gegenüber den westlichen Industrieländern ausgerufen hatte, stieg der Rohölpreis innerhalb eines Jahres von knapp drei US-Dollar pro Barrel fast auf das Vierfache. Die Verwundbarkeit der hoch entwickelten Industrieländer zeigte sich plötzlich in einem nie dagewesenen

In den 1970er-Jahren war das „Pickerl" für den autofreien Tag, das jeder an der Windschutzscheibe seines Autos angebracht haben musste, Vorschrift. Heute soll der freiwillige autofreie Tag im September daran erinnern, dass der Straßenverkehr weiterhin enormen Anteil am Energieverbrauch hat.

Ausmaß. Ein Jahr davor war zwar der Bericht „Die Grenzen des Wachstums" von Dennis Meadows vom Club of Rome veröffentlicht worden, hatte aber damals nur bescheidenes mediales Echo gefunden. Nun, da Ölprodukte rationiert waren, wurde mit einem Schlag allen bewusst, dass die Konsumwelt nicht endlos ist. Regierungen erließen Bevorratungsgesetze – ältere Autofahrer erinnern sich noch an den autofreien Tag, der mit einem Aufkleber am Fahrzeug angezeigt werden musste – und Zehntausende Neubauwohnungen in Wien stellten sich als nicht krisensicher heraus, weil sie keine Notkamine eingebaut hatten, über die sie mit alternativen Brennstoffen beheizt werden hätten können. Die ersten Ansätze für energiesparendes Bauen gehen auf diesen Schock zurück und haben zu seither ständig verschärften Auflagen geführt.

Diese Ölkrise war eine erste echte Energiekrise, die aber – so kurzlebig können globale Erinnerungen sein – bald schon wieder vergessen war. Inflationsbereinigt ist der Ölpreis zwischenzeitlich sogar unter den damaligen Wert gesunken. Die Prognosen des Club of Rome über die globalen Ölreserven waren zu pessimistisch gewesen. Heute befinden wir uns gegenüber 1973 in einer viel vertrackteren Situation, die als sogenannte Doppelmühle bekannt ist: Einerseits steigt der weltweite Bedarf an Energie rasant an, weil auch die neuen globalen Player wie China, Indien, Brasilien und viele ehemalige Entwicklungsländer endlich mit unserem verschwenderischen westlichen Energieverbrauch gleichziehen wollen. Auf der anderen Seite ist ein neues Limit für den grenzenlosen Fortschritt aufgetaucht: die globale Klimaerwärmung, die ihre Ursache im ungezügelten Energieverbrauch hat. Ist es eine Ironie des Schicksals, dass nicht die Verknappung von Energie, sondern womöglich deren Überangebot (richtiger: Übernutzung) zur Gefahr für die Menschheit wird?

Wie kann eine Stadt, eine Millionenstadt, die in ihr räumliches Umland ebenso wie in staatliche Vorgaben eingebunden ist, in dieser weltumspannenden Situation einen Ausweg finden? Ein Blick auf die Statistik gewährt Einblick in die Sparpotenziale. Der sogenannte Endenergieverbrauch der 1,7 Millionen Wiener lag 2006 bei 37.511 Gigawattstunden. Davon stammten 33 Prozent aus Treibstoffen, 23 Prozent aus Erdgas, 22 Prozent waren Strom, 15 Prozent lieferte die Fernwärme, fünf Prozent stammten aus anderen flüssigen und zwei Prozent aus erneuerbaren Energieträgern. Als größter Verbraucher schlucken die privaten Haushalte etwa ein Drittel der Energie, ebenfalls fast ein Drittel verbraucht der Verkehr. Der Dienstleistungssektor hat einen Anteil von einem Viertel am Wiener Energieverbrauch. Produktion und Landwirtschaft verbrauchen knapp mehr als ein Zehntel. Fast die Hälfte der Endenergie wird in Wien für Kraft und Licht aufgebracht, 39 Prozent benötigt die Raumwärme und 16 Prozent werden für Prozesswärme, also verschiedenste technische Verfahren verbraucht.

Angesichts der prognostizierten steigenden Einwohnerzahl erscheint Energiesparen zunächst als unrealistisch, unattraktiv, ja unpopulär. Doch Energiesparpotenziale lassen sich in fast allen Bereichen finden: Immerhin sind die meisten der im Klimaschutzprogramm der Stadt Wien enthaltenen Maßnahmen zugleich Energiesparmaßnahmen. Wird sich etwa der Energiepass als Grundlage für Einsparungsmaßnahmen, wie die gezielte Förderung von Wärmedämmung und Heizungsoptimierung, bewähren? Schafft Wien vielleicht sogar den Umstieg auf flächendeckende Stromerzeugung durch Photovoltaik? Oder müssen die Windparke Unterlaa und Breitenlee drastisch erweitert werden? Kann sich auch beim Energiesparen, einer der wichtigsten globalen Herausforderungen des beginnenden 21. Jahrhunderts, der Werbeslogan der Stadt bewahrheiten, dass „Wien anders ist"?

Energiepass – der Energie-Typenschein für jedes Haus

Mit 1. Juli 2008 wurde der Energiepass zu einem verpflichtenden Zertifikat zur energetischen Beurteilung von Gebäuden. Er soll Verbraucher informieren, Einsparpotentiale aufzeigen und einen Vergleich des energietechnischen Zustands von Gebäuden ermöglichen. Grundlage für diese Bewertung ist der so genannte Primärenergiebedarf, der sich aus baulichen und heizungstechnischen Standards ergibt. Die Stadt Wien verknüpft „die Schonung von Umwelt und Ressourcen und den rationellen und sparsamen Umgang mit Energie" mit dem Zugang zu Förderungen für den Wohnungsbau.

Statt eines Nachworts

Es wandelt, was wir schauen…

„Dieses einzigartige Natur- und Kulturerbe, die Landschaft des Wiener Raumes, muss auch für die kommenden Generationen erhalten bleiben.“ So lautet die Schlussfolgerung aus dem Blick auf Wien am Beginn dieses Buches. Bereits das Vorgängerwerk, die 1958, also vor 50 Jahren begonnene „Naturgeschichte Wiens“ hält fest: *„Der gegenwärtige Zustand kann, so wie er ist, nicht bestehen bleiben.“* Schon damals ging es also nicht – wie vielleicht der Name fälschlich vermuten ließe – um *„ein totes Inventar der … gegebenen Verhältnisse“*, sondern darum, *„jene wirksamen Zusammenhänge herauszuarbeiten, welche den lebendigen Ablauf bisher bestimmt haben und auch in Zukunft weiter bestimmen werden“*.

Ein Blick in die verschiedenen Kapitel dieses Buches zeigt, dass sich der Naturraum laufend gewandelt hat, die Geschwindigkeit der Veränderungen aber in den letzten hundert Jahren und noch mehr in den letzten Jahrzehnten teilweise drastisch zugenommen hat. Am wenigsten bei den geologischen und geomorphologischen Strukturen; aber schon Wetter und Klima sind von der Großstadt beeinflusst. Die städtische Wärmeinsel ist ein markantes Beispiel, welche den Wienern im Sommer manch heiße Nacht beschert und umgekehrt im Winter oft das Schneeschaufeln erspart. Ebenfalls mit der Luft in Zusammenhang stehen die volatilen Schadstoffe wie Staub, Schwefeldioxid, Stickoxide und andere Substanzen. Beim Schwefeldioxid, also beim sauren Regen, ist hier in den letzten Jahrzehnten immerhin eine Besserung zu beobachten.

„Der gegenwärtige Zustand kann, so wie er ist, nicht bestehen bleiben“, heißt es in der alten Naturgeschichte Wiens. Große Wohnhausanlagen und Bürogebäude umgeben heute die Ziegelgruben am Südhang des Wienerbergs. Allerdings ist ein riesiges Erholungsgelände mitten im Siedlungsgebiet erhalten geblieben (→ siehe auch Bilder S. 135, 580 und 657).

Auch die städtischen Böden sind etwas völlig anderes als diejenigen in naturnahen Gebieten. Die menschliche Nutzung mit Bodenverdichtung, Überdüngung und dem Eintrag von zahlreichen Schadstoffen – mengenmäßig allen voran das Streusalz, welches mitten im Winter für „sommerliche" Fahrverhältnisse sorgen soll – hat aus der natürlichen Ressource Boden ein durchaus schutzbedürftiges Gebilde gemacht. Beim Wasser, welches in vielerlei Gestalt als Grundwasser, Bäche, Flüsse, Kleingewässer und Donaustrom (samt Altarmen und Neuer Donau) auftritt, ist das Bewusstsein für dessen Gefährdung schon viel breiter im Denken verankert. Sanierungen, Revitalisierungsmaßnahmen und eine wirksame Abwasserreinigung haben bewirkt, dass sich Wasserschutz und Wassergüte in den letzten Jahrzehnten deutlich verbessert haben.

Am massivsten und tiefgreifendsten ist wohl der Wandel im Bereich der „Kulturlandschaft" zu beobachten. Die vor mehr als hundert Jahren noch gut entwickelte Pufferzone aus Agrikulturlandschaften und halbnatürlichen Landschaften ist heute nur mehr in Resten vorhanden; sie wurde weitgehend durch eine lockere Stadtrandverbauung, durch neue Wohngebiete und ausgedehnte Industriebereiche ersetzt. Aus ökologischer Sicht bedeutet dies einen großen Verlust, weil die vielen landwirtschaftlich extensiv genutzten Bereiche dieser Pufferzone eine große Fülle von Biotopen und damit eine Vielfalt von Pflanzen und Tieren beherbergten. Da in den Wiener Umlandgemeinden ein Gleiches geschehen ist, prallen mittlerweile auch dort Siedlungsbereich und Wald (soweit noch vorhanden) unmittelbar aufeinander. Das Wachstum der sogenannten Speckgürtel – durch Einkaufszentren und Betriebe geprägte Zonen am Rande der Ortschaften und Städte – wie auch die fortschreitende großflächige Be- und Zersiedlung der landwirtschaftlichen Flächen im Wiener Becken scheinen zur Entwicklung eines „undefinierten" Gemenges von urbanen Räumen und Restflächen zu führen. Hierfür haben Landschaftsarchitekten und -planer seltsame Namen wie „Zwischenstadt", „urban sprawl" oder „totale Landschaft" geprägt. Die „freie Landschaft", durch Jahrhunderte Erholungsgebiet der Wiener bei „Landpartien", ist in weite, vielfach sehr weite Ferne gerückt.

Einzigartiges Erbe

Und dennoch hat die Stadt Wien nach wie vor eine vielleicht einzigartige Lebensqualität. Wien weist eine ganz besondere Lage am Berührungspunkt von Alpen und Pannonischer Ebene einerseits und an der Schnittstelle verschiedener Klimatypen andererseits auf. Keine andere Hauptstadt hat gleichzeitig Anteil an so vielen verschiedenen Lebensräumen. Da gibt es im Untergrund Flysch, Kalk, aber auch Sedimente und die Schotter der Flusslandschaft. Auf engstem Raum finden sich große Flächen teilweise recht naturnaher Laubwälder, südlich anmutender Schwarzföhrenwald, Auwälder, daneben aber auch kleinflächige Reste der traditionellen Weidelandschaft und verschiedene Kulturlandschaftstypen, darunter natürlich auch der Weinbau. Was Wunder, dass die Biodiversität so hoch ist, dass sich bei vielen

Fast kitschig und doch Wirklichkeit: dieses Nebeneinander von alten Stadtvierteln, Grünflächen und Hochhäusern des 21. Jahrhunderts. Ein einzigartiges Natur- und Kulturerbe, das es zu erhalten gilt.

Organismengruppen mehr als die Hälfte der insgesamt in Österreich vorkommenden Arten in Wien finden lassen, obwohl die Fläche der Stadt nur rund ein halbes Prozent der österreichischen Landesfläche ausmacht. Doch dieses halbe Prozent stellt einen in vieler Hinsicht einzigartigen lebens- und liebenswerten Punkt auf dem Globus dar, der das pulsierende steinerne Herz der Großstadt ebenso umfasst wie auch wesentliche Anteile des Biosphärenparks Wienerwald und des Nationalparks Donau-Auen. Charakteristisch ist für Wien auch, dass die intensiv genutzte Stadtlandschaft und naturnähere Flächen oft eng miteinander verzahnt sind. So ist der Prater nicht nur ein Vergnügungszentrum („Wurstlprater"), sondern auch – in unmittelbarer Nachbarschaft – ein bemerkenswerter Rest der Donauauen mit zum Teil recht naturnahem Charakter. In ähnlicher Weise umfasst die relativ neue Donauinsel neben dem Freizeitparadies, den Sport- und Erholungsflächen, auch – wenngleich großteils renaturierte – Reste der ehemaligen Aulandschaft.

Um aber dieses einzigartige Natur- und Kulturerbe zu erhalten, bedarf es des verantwortungsvollen Umgangs mit den vorhandenen Flächen. Unabdingbar wird es sein, nach hundert Jahren (!) den Wald- und Wiesengürtel, nicht nur in Deklarationen, sondern auch tatsächlich, also durch Widmung und Ankauf, zu sichern. Es wird notwendig sein, die so erhaltenen Gebiete zu schützen und zu pflegen, und das besonders dort, wo ihre Funktionen nicht immer voll miteinander verträglich sind (Naherholung versus Arten- und Lebensraumschutz). Die vorhandenen Bemühungen hinsichtlich der Bewusstseinsbildung, das heißt die Vertiefung der Vorstellung von Wert und Bedeutung der Natur, müssen weiter betrieben, zum Teil intensiviert werden.

Ökosystem Wien

Die „alte" Naturgeschichte Wiens wollte dazu beitragen, das *„geordnete Kräftespiel, unter dessen Einwirkungen wir alle als Bewohner dieses Raumes leben"* zu verstehen. Um die Stadt auf Dauer lebenswert, ja lebensfähig zu erhalten, ist dieses Verständnis unabdingbar: Es ist notwendig, die Stadt Wien als ein Ökosystem zu betrachten. Diese ökosystemare Betrachtungsweise muss die „natürlichen" Stoff- und Energieflüsse ebenso mit einbeziehen wie die vom Menschen verursachten, sie muss den Blick über die administrativen Grenzen hinaus weiten auf die Wechselbeziehungen, welche die Stadt mit dem näheren, ferneren und globalen „Umland" verbindet, und sie muss die Erkenntnisse der Humanökologie ebenso wie die ökonomischen und politischen Rahmenbedingungen berücksichtigen. Mit einem modernen Ausdruck: Es wird notwendig sein, eine immer deutlicher **nachhaltig** getönte Entwicklung für diesen unseren Lebensraum zu forcieren. Was aber bedeutet dieser Begriff für den Naturraum Wien in seinen drei Aspekten: dem ökologischen, ökonomischen und sozialen Aspekt der Nachhaltigkeit?

Ökologische, ökonomische und soziale Nachhaltigkeit

Auf der **ökologischen** Seite bedeutet Nachhaltigkeit den Erhalt und Schutz des Naturerbes, genauso aber die Berücksichtigung der Stoff- und Energiebilanzen von Ökosystemen und deren Stabilisierung. In diesem Anliegen trifft sich die biologisch „akzentuierte" Ökologie mit den Forderungen der Güter- und Abfallwirtschaft, welche die Ressourcenverknappung (Rohstoffe, Energie) in unmittelbarer Zukunft prognostiziert. Nicht von oftmals als „weltfremd" wahrgenommenen Biologen und Naturschützern, sondern von rationalen Technikern stammt die Aussage:

„Unser System ist nicht nachhaltig angelegt, oder anders ausgedrückt: Die urbanen Systeme des 20. Jahrhunderts sind langfristig betrachtet nicht überlebensfähig. Es müssen daher die nicht erneuerbaren Ressourcen durch erneuerbare ersetzt und das Kapital der erneuerbaren darf nicht vermindert werden" (Baccini 2000).

Erntedankfest in einer Millionenstadt? Wien ist anders: 900 bäuerliche Betriebe bearbeiten 17 Prozent der Wiener Landesfläche, garantieren weitgehende Selbstversorgung mit frischem Obst und Gemuse, gewährleisten kurze Transportwege (und damit eingesparte Energie) und frische, gentechnikfreie Produkte.

Für die Zukunft stellt sich damit die Frage nach der Optimierung des Stoffwechsels der Stadt. Städte sollten vermehrt darauf achten, welche Stoffe sie nutzen und wie sie diese nach ihrer Verwendung ressourcenschonend und umweltverträglich wiederverwerten oder der Natur zurückgeben können. In die Betrachtung einbeziehen muss man dabei das „Hinterland", jene Gebiete, aus denen die von der Stadt benötigten Stoffe herkommen und wieder hingehen. Dabei ist es notwendig, die Wechselbeziehung der Stadt mit dem Hinterland zu kennen und den Stoffhaushalt des Gesamtsystems zu bestimmen, um beide gemeinsam zu optimieren.

Damit wird es auch, längerfristig betrachtet, **ökonomisch** sein, nachhaltiger zu haushalten. Längerfristig ökonomisch hauszuhalten bedeutet: den – möglichst ökologischen – Landbau im Stadtbereich beziehungsweise in Stadtnähe zu forcieren, neue Grünflächen zur Verbesserung des Mikroklimas wie zur Erholung und zum Artenschutz anzulegen und die vorhandenen in ihrer Quantität und Qualität zu bewahren Grüne Erholungsgebiete wären zu erhalten und erreichbar zu gestalten (vor hundert Jahren endeten die radialen Straßenbahnlinien im Grünen und nicht in einem verbauten Vorort). Mit derartigen Maßnahmen ließe sich das Auspendeln erholungsbedürftiger Menschen verhindern oder zumindest vermindern. Damit würden sich auch das Verkehrsaufkommen, der Energiebedarf und der Flächenverbrauch reduzieren, der durch das nur außerhalb der Stadt möglich erscheinende „Wohnen im Grünen" entsteht.

Damit reicht der haushälterische Umgang mit der Natur aber auch in die **soziale** Dimension. Neben der unmittelbar einsichtigen positiven Wirkung von Schadstoffreduktionen kann die direkt gesundheitsfördernde Wirkung von Grünflächen und grünen Landschaften – zuletzt 2007 in einer interdisziplinären Studie an der Universität Bern untersucht – heute als bewiesen betrachtet werden. Sind Grünflächen vorhanden, bedingt das eine Verringerung von Fahrzeiten, vermindert das „Pendeln" – zum Wohnort und ins „Grüne" – und spart nicht zuletzt den Verlust an sinnvoller Lebenszeit ein. Darüber hinaus vermitteln wohnortnahe Grünflächen positive Naturerfahrungen im unmittelbaren Wohnumfeld.

Fachleute und Planer werden die angestellten Überlegungen heute wohl kaum mehr anzweifeln. Die Forderung nach einer nachhaltigen Entwicklung ist längst salonfähig und in entsprechende Beschlüsse der Europäischen Union gegossen: „*Ein umsichtiger Umgang mit den natürlichen Ressourcen, der Schutz des globalen Ökosystems, wirtschaftlicher Wohlstand und eine ausgewogene gesellschaftliche Entwicklung sind Voraussetzung für eine nachhaltige Entwicklung.*" Wenn diese Tatsachen so sehr auf der Hand liegen – warum müssen sie dann so nachdrücklich wiederholt und bekräftigt werden?

Grenzen des Wachstums

Ein Planungsstadtrat hat es einmal selbstkritisch wie folgt formuliert: „*Das Problem liegt in der Unfähigkeit der Politik, in letzter Konsequenz langfristig zu denken und vor allem auch zu handeln und jede Einzelentscheidung auf ihre langfristige Gültigkeit hin zu überprüfen. Einzelinteressen, der Druck von Lobbys und tagespolitische Launen prägen allzu oft die Entscheidungen.*" Hinzuzufügen wären freilich noch weitere Punkte, wie das stets vorhandene Bestreben lokaler und globaler Akteure nach kurzfristiger Gewinnmaximierung, das Abwälzen („Externalisieren") von Umweltproblemen und -kosten – spektakulär etwa der Export von Abfällen – und unreflektierte Paradigmen, wie die Vorstellung vom unbedingt notwendigen Wirtschaftswachstum.

Drei Jahre kämpfte der Abgeordnete Schöffel gegen die Zerstörung des Wienerwalds, wobei er sich durch Klagen, Bestechungsversuche und persönliche Bedrohung (ein „Jagdunfall" sollte inszeniert werden) nicht unterkriegen ließ. Mithilfe der informierten Öffentlichkeit gelang es ihm schließlich 1873, den Verkauf des Wienerwalds rückgängig zu machen. Die zeitgenössische Karikatur zeigt Schöffel „im Kampfe gegen die Verderber des Wienerwalds".

All diese Faktoren vernebeln den Blick auf eine im Grunde offenkundige Tatsache, nämlich jene, dass wir an Grenzen stoßen. Mit anderen Worten: So kann es nicht mehr endlos weitergehen. Das Stadtwachstum stößt an die politischen Grenzen der Stadt, aber auch im Umland können Grund und Boden nicht vermehrt werden. Auch die Ressourcen, die Deponie- und Entsorgungsflächen sind begrenzt. Ein Faktum aus der Abfallwirtschaft mag dies verdeutlichen: In wenigen Jahren wird mehr Eisen im System Stadt vorhanden sein als in den Erzlagern der Berge. Offenkundig gibt es also keine vernünftige Alternative: Nur eine ressourcenschonende Stadt, die eine sichere ökonomische Existenz, sozialen Ausgleich und demokratische Selbstbestimmung gewährleistet, kann auch eine nachhaltige Stadt sein.

… können wir nur selber tun.

Kann der Einzelne, kann eine Stadt gegen den derzeitigen globalen „Megatrend" überhaupt etwas zur Minderung, geschweige denn zur Lösung der besprochenen Probleme beitragen? Gerade Wien kann hier mit historischen Beispielen aufwarten, die optimistisch stimmen mögen und die zeigen, dass in dieser Stadt in Sachen Umweltschutz schon öfters auch scheinbar Unmögliches möglich wurde.

Vor hundert Jahren musste der Geologe, Paläontologe und Politiker Eduard Suess schärfste Angriffe für seinen nach zehnjährigen Bemühungen bewilligten Bau der Wiener Hochquellwasserleitung über sich ergehen lassen. Ein paar Jahre früher – der Wienerwald war damals bereits verkauft – gelang es dennoch dem Journalisten und Politiker Josef Schöffel unter Lebensgefahr, die Öffentlichkeit zu mobilisieren und schließlich die Bewahrung und den dauerhaften Schutz des Waldes zu erkämpfen.

Hainburg ist ein Beispiel dafür, was erreicht werden kann, wenn sich Bürgerinnen und Bürger gemeinsam für ihre Anliegen einsetzen. Ohne den zivilen Ungehorsam Tausender „Au-Besetzer", die erst im Nachhinein vom Gesetzgeber Recht bekommen haben, wären die Donauauen unterhalb von Wien heute verloren.

Und vor über 20 Jahren war es geradezu ein „Volksaufstand", der zwar ganz Österreich erfasst hatte, aber doch vorwiegend von der Wiener Jugend (jeglichen Alters!) getragen wurde, der den Bau des geplanten Donaukraftwerks bei Hainburg unterhalb von Wien, das von den Behörden bereits bewilligt worden war und mit dessen Bau schon begonnen werden sollte, doch noch verhinderte. Heute, Jahrzehnte später, gibt es kaum jemanden in Wien, der über diese Kraftanstrengungen, über diese Beispiele individueller oder kollektiver Zivilcourage nicht froh ist. Wien ist heute stolz auf sein Hochquellwasser, auf seinen Wienerwald und auf seinen Nationalpark Donau-Auen.

Es zahlt sich aus

Eines darf nicht vergessen werden: Vor 200 Jahren schenkte ein guter Kaiser den Wienern den Prater. Vor 100 Jahren waren Hochquellwasserleitung und der Verzicht auf die Holznutzung im Wienerwald schon nicht mehr gratis, sondern bedeuteten kurzfristig – man könnte auch sagen: kurzsichtig gesehen – einen ökonomischen Verlust. Wenn wir heute eine nachhaltige, lebenswerte Stadt anstreben, scheint dies auf den ersten Blick noch mehr zu kosten. Langfristig und global gesehen gibt es dazu freilich keine Alternative. Um einen entsprechenden „Umbau" Wiens jedoch möglichst erfolgreich zu verwirklichen, ist ein Konsens von engagierten, mündigen und informierten Bürgerinnen und Bürgern, welche mit den Ergebnissen und Schlussfolgerungen der Stadtökologie vertraut sind, notwendig. Das vorliegende Buch mit seiner Fülle an Informationen möchte seinen Teil dazu beitragen.

Inhalt

Anhang

Ökologie des Wiener Raumes – Leben in Vielfalt
Schlusswort des Reihenherausgebers

„Wie ein aufgeschlagenes Buch" – so hat Friedrich Ehrendorfer sein erstes Kapitel dieses Buches überschrieben. Sie, liebe Leserin oder lieber Leser, werden das Buch nun schließen, wenn Sie auch das Nachwort noch gelesen haben. Alle, die an diesem Band mitgearbeitet haben, hoffen, dass unsere Ausführungen dazu beigetragen haben, Wien auch weiterhin und intensiver als zuvor als „aufgeschlagenes Buch" zu verstehen. Es war unser Ziel, dass Sie, wo immer Sie in Wien unterwegs sind, mit den gewonnenen Einsichten neue Erkenntnisse gewinnen. Hans Christian Andersen hat es so formuliert: „Folianten vergilben, der Städte gelehrter Glanz erbleicht – aber das Buch der Natur erhält jedes Jahr eine neue Auflage." Wenn es mit diesem Buch gelingt, dass Sie sich selbst jedes Jahr mit neuen Entdeckungen eine neue Auflage schenken, dann hat sich unsere Mühe gelohnt!

Als ich im Jahr 2002 gefragt wurde, ob ich als Projektleiter zur Erarbeitung von zwei Bänden zur Umwelt- und zur Naturgeschichte Wiens zur Verfügung stünde, musste ich nicht lange überlegen. Noch relativ neu in Wien bot sich die Gelegenheit, auf der Grundlage der Erfahrungen vieler kundiger Wiener Kolleginnen und Kollegen viel hinzuzulernen. Zuvor hatte etwas stattgefunden, was in der wissenschaftlichen Welt ganz selten ist: Zwei anerkannte Forscher hatten eine ähnliche Idee, und beide fanden offene Ohren bei der Stadt Wien und der Österreichischen Akademie der Wissenschaften. Der Ökologe Friedrich Ehrendorfer wollte eine Aktualisierung seiner längst vergriffenen und auch nicht mehr ganz aktuellen „Naturgeschichte Wiens", und der Historiker Karl Brunner wollte auf der Grundlage der noch ganz jungen Disziplin der „Historischen Humanökologie" einen ganz anderen Zugang zur Umweltgeschichte des Wiener Raumes eröffnen.

Es waren Christian Ehalt, Obersenatsrat der Stadt Wien, und der damalige Akademiepräsident Werner Welzig, die nicht nur beide Projekte für förderungswürdig erachteten, sondern auch das Synergiepotenzial erkannten, wenn beide in einem gemeinsamen Projekt vereinigt würden. Ich wurde beauftragt, mit den Herausgebern, ihren Mitarbeitern und den Autoren eine Konzeption zu erarbeiten, die innovativ sein, Doppelungen vermeiden und sich sowohl an eine breite interessierte Öffentlichkeit als auch an die Fachwelt wenden sollte. Der Böhlau Verlag erwies sich als kongenialer Partner, der das Wagnis, mit fast 300 Autoren zu arbeiten, auf sich nahm und in der Folge auf unsere Wünsche und Sonderwünsche flexibel einging. Der Gedanke einer Buchreihe „Wiener Umweltstudien", die ich herausgeben durfte, wurde geboren.

Schon 2005 erschien der erste Band „Umwelt Stadt. Geschichte des Natur- und Lebensraumes Wien", herausgegeben von Karl Brunner und Petra Schneider. Fünf

Jahre später wurde nun auch das Manuskript des zweiten Bandes „Ökosystem Wien. Die Naturgeschichte einer Stadt", herausgegeben von Roland Berger und Friedrich Ehrendorfer, beim Verlag eingereicht. Ich will nicht von den vielen Schwierigkeiten sprechen, denen sich die Herausgeber unermüdlich, mit viel Geduld, aber noch größerer Motivation immer wieder gestellt haben. Angesichts des Resultates kann dies getrost dem Vergessen anheimfallen. Schon der erste Band fand eine begeisterte Aufnahme, und dies wird auch der zweite Band erfahren. Aber erst die Gesamtschau auf beide Bände setzt Synergieeffekte frei, erlaubt das Wiedererkennen und erweitert die Perspektive auf die faszinierenden Gemeinsamkeiten und Unterschiede historischer und naturwissenschaftlicher Arbeits- und Sichtweisen, Methoden und Erkenntnisse. Sie werden beim flüchtigen Durchblättern schon in der Verschiedenartigkeit der Abbildungen erkennbar und erschließen sich mehr und mehr beim gründlichen Studium. Dabei eröffnen sich immer neue Einsichten jenseits disziplinärer Grenzen. Erst durch den Menschen werden räumliche Naturphänomene zur Umwelt – und unter den Ökosystemen unserer Erde sind es wohl die Städte, die durch höchste Komplexität, raschesten Wandel und damit auch höchste Labilität gekennzeichnet sind.

Der Blick der Ökologie umfasst dabei größere Zeiträume als der der Geschichte. Tektonik und Gesteinsbildung, Relief-, Klima- und Bodenentwicklung verlaufen langsam. Ihnen liegen physikalische und chemische Gesetzlichkeiten zugrunde. Flora und Fauna passen sich rascher wandelnden Lebensbedingungen an. Noch rascher verändern sich demographische und gesellschaftliche Strukturen, menschliche Bedürfnisse und der Stand der Technik. Je weiter die Entwicklung fortschritt, desto stärker griff der Mensch in das natürliche Ökosystem ein und formte es um. Diese Zusammenhänge erschließen sich nach der Lektüre der beiden Bände.

Im nun vorliegenden Band werden die großen Kapitel der Entwicklung unseres Raumes behandelt: Die Lage, die geologische Entwicklung, Wetter und Klima, Wasser, Boden, Biodiversität und Landschaftsgeschichte. Sie werden durch die integrative Behandlung exemplarischer Raumeinheiten ergänzt: Mit dem Wienerwald, der Donau und ihrer Au, den pannonischen Hügeln und Ebenen und schließlich dem Stadtgebiet selbst werden die wichtigsten Landschaftseinheiten angesprochen. Eine solche Gliederung entspricht guter wissenschaftlicher Tradition. Dabei wollten es die Herausgeber aber nicht bewenden lassen. Innovative Methoden des Biotopmonitorings, die Fragen des Lebens und Überlebens, der Stoffwechsel der Stadt – dies sind ganz neue Fragestellungen, die in den letzten Kapiteln aufgegriffen werden. Und schließlich wird das Wagnis unternommen, auch den Blick in die Zukunft zu richten, wobei mit dem Zeitmaßstab eines Vierteljahrhunderts ein Mittelweg zwischen gesicherter Prognose und Utopie gefunden wurde. So wird in einem einzigen Band ein Zeitraum von 250 Millionen Jahren überblickt, und die Leserinnen und Leser werden auf eine sich beschleunigende Zeitreise mitgenommen, die sie ganz sicher in Atem hält.

Am Ende möchte man weiterlesen, noch mehr erfahren. Dafür bieten sich nur zwei Wege an. Einer ist fast zwangsläufig: Nach der Lektüre muss man hinaus in diesen faszinierenden Lebensraum, das Gelesene wiedererkennen und neue Einsichten und Erkenntnisse gewinnen. So entstehen die „neuen Auflagen", von denen Andersen gesprochen hat. Ein zweiter wäre, die Reihe „Wiener Umweltstudien" fortzusetzen, vielleicht auch in einer kleineren Dimension, weil die Leistung der ersten beiden Bände kaum wieder erreicht werden kann. Ich habe in der achtjährigen Arbeit an diesen Büchern erkannt, wie viel Expertenwissen in Wien vorhanden ist. Darauf beruht ja die Exzellenz dieser Bände. Ich habe aber auch bemerkt, dass wir nur in der Lage waren, einen kleinen Teil dieses Wissens in diese beiden Bücher aufzunehmen. Es gibt in Wien noch so viel Wissen, das wir nicht verwerten konnten, und dies nicht nur bei Wissenschaftlern, sondern auch bei vielen Laienforschern. Es wäre wert, deren Erkenntnisse für die Mit- und Nachwelt zu sichern. Dies könnte in Form von kleineren Bänden geschehen. Aber auch „große" Bände wären denkbar. Wo sind die Herausgeber, die sich der Geistesgeschichte annehmen? Wer stellt sich der Herausforderung, einen Band zur sozialen Vielfalt zu gestalten? Und noch wichtiger: Können wieder so großzügige Sponsoren wie die Stadt Wien und die Österreichische Akademie der Wissenschaften gefunden werden?

Ich schließe mein Nachwort nicht nur mit dem Wunsch, dass dies gelingen möge. Ebenso wichtig ist es mir, den Herausgebern dieses Bandes für ihre gewaltige Mühe und allen Autoren für ihren Einsatz, ihre Bereitschaft, mitzuwirken und ihr Wissen zu teilen, dem Verlag für seine sorgfältige Edition und natürlich den Sponsoren zu danken. Wir alle können stolz auf das Ergebnis sein!

Axel Borsdorf
Innsbruck

GLOSSAR

Abdomen
Hinterleib (bei Insekten der dritte = hinterste Körperabschnitt)

Aberration
Bildungsabweichung

abiotisch
abiogen, nicht lebend, nicht durch Organismen (= Lebewesen) bedingt, sich nicht auf Organismen, sondern auf unbelebte Stoffe oder nicht-organismische Faktoren beziehend. Gegensatz: → biotisch, → biogen

adult
erwachsen, geschlechtsreif

Agglomeration
Anhäufung, Ansammlung

Aktinomyzeten
Actinomycetaceae: Verwandtschaftsgruppe bestimmter grampositiver Bakterien, von denen manche verzweigte Fäden bilden, früher irreführend „Strahlenpilze" genannt. Manche Aktinomyzeten leben symbiontisch an den Wurzeln bestimmter Gefäßpflanzen, z. B. von Erle und Sanddorn, sie können (wie auch viele andere Bakterien) Luftstickstoff binden und versorgen ihren Partner daher mit Stickstoffverbindungen.

Algen
sehr verschiedenartige (nicht näher miteinander verwandte), strukturell niedrig organisierte, hauptsächlich im Wasser lebende, eukaryotische (→ Eukaryota), → autotrophe Pflanzen

Algenkalk
organogener Kalk, vorwiegend aus den Skeletten von → Kalkalgen bestehend

Aliens (engl.)
→ Neobiota

allopolyploid
mit mehreren, aber untereinander verschiedenen Chromosomensätzen, die von verschiedenen Eltern stammen. In der Evolution der (Höheren) Pflanzen spielt Allopolyplodie eine große Rolle, denn sie ermöglicht die Entstehung neuer Arten aus → Hybriden; vgl. → Polyploidie

Allopolyploidisierung
Entstehung von allopolyploiden (Pflanzen-)Arten durch Bastardierung bei gleichzeitiger Vervielfachung des Chromosomensatzes; vgl. → Autopolyploidisierung, → Polyploidie

Alpine Trias
Ausbildung der Triasgesteine in den Alpen im Gegensatz zur → Germanischen Trias

Altwasser
abgetrennter, nicht mehr durchflossener ehemaliger Flusslauf; Seitenarm, der allmählich verlandet

Alt(wohnungs)eigentum
Wohnung, die in einem ursprünglichen Mietwohnhaus – „Zinshaus" – mit einem Hausherrn liegt, der das Haus nach einer Nutzwertfeststellung in ein Wohnungseigentumshaus umgewandelt hat und die Wohnungen – „Alteigentumswohnungen" – einzeln verkauft

Ammoniten
ausgestorbene → Kopffüßer (Mollusken) mit gekammerter, oft aufgerollter Schale

Amphibolit
durch → Metamorphose, z. B. aus → Basalt, entstandenes Gestein

Amplitude
Schwankungsbreite

Anfangs-, Folge- und Endgesellschaften
→ Pflanzengesellschaften am Anfang, in der Mitte bzw. am Ende einer → Sukzession

Anlandung
überwiegend → abiotische → Sukzession in einem Fließgewässer; Gegensatz: → Verlandung

Anmoor
Boden bzw. → Pflanzengesellschaft ähnlich dem Niedermoor (= → Flachmoor)

Annuellenflur
hauptsächlich aus → einjährigen (= annuellen) Pflanzen bestehender Pflanzenbestand

anorganisch
nicht auf Organismen oder nicht auf → organische chemische Verbindungen bezogen

ansalben, Ansalbung
absichtliches Ausbringen (Aussäen, Verpflanzen) einer Pflanzenart an eine Stelle, wo sie nicht natürlich vorkommt, und zwar ohne Nutzungsabsicht. Es handelt sich um Naturverfälschung (Florenverfälschung), die aus Sicht des Naturschutzes abzulehnen ist.

Anthocyan
im Zellsaft gelöster Pflanzenfarbstoff, abhängig vom → pH-Wert purpurn (sauer), violett oder blau (basisch)

anthropogen
vom Menschen verursacht, durch Tätigkeiten des Menschen bewirkt

anthropomorph
menschlich, in menschlicher Sicht- und Denkweise, vermenschlicht gesehen

Anthroposphäre
der vom Menschen geschaffene Lebensraum (Agrar-, Kultur-, Industrielandschaften); wird manchmal auch als der vom Menschen beeinflusste Teil der → Biosphäre aufgefasst

Apomixis
Fortpflanzung ausschließlich ohne Befruchtung

Aquifer
Wasser führendes, durchlässiges Gestein, aus dem Grundwasser gewonnen werden kann

Arboretum
den Gehölzen (Bäumen, Sträuchern) gewidmeter botanischer Garten, lebende Gehölzesammlung

Abkürzungen
Erklärung von im Buch vorkommenden Abkürzungen

AG	Aktiengesellschaft
agg.	Aggregat mehrerer eng gefasster Arten
BSE	Rinderwahn
cv.	Kulturvarietät
EU	Europäische Union
EW	Einwohner
FCKW	Fluorchlorkohlenwasserstoffe
Kfz	Kraftfahrzeug
MIV	Motorisierter Individualverkehr
NOx	Stickoxide
PET	Polyethylenterephthalat
PKW	Personenkraftwagen
PV	Polyvinylchlorid
SOx	Schwefeloxide
sp.	Species = Art
spp.	mehrere Species = Arten
subsp.	Subspecies = Unterart
UVP	Umweltverträglichkeitsprüfung
WHO	Weltgesundheitsorganisation

Archäobiota
alteingebürgerte Arten (Pflanzen: Archäophyten, Pilze: Archäomyzeten, Tiere: Archäozoen); → Taxa, die durch den Menschen schon vor längerer Zeit (vor 1500) in das betreffende Gebiet gebracht worden sind

Areal
= Verbreitungsareal, Verbreitungsgebiet eines → Taxons; vgl. → Biogeographie

Art
= Spezies: grundlegende → taxonomische Rangstufe, zwischen → Unterart und Gattung. Sie umfasst in der Regel alle Individuen, die in den als wesentlich betrachteten Merkmalen miteinander übereinstimmen, sich miteinander fruchtbar kreuzen lassen, gegenüber anderen Arten gut abgegrenzt sind und eine Abstammungsgemeinschaft bilden. Entsprechend der Vielfalt an Evolutionsmodi gibt es eine Vielfalt von Art-Typen und dementsprechend verschiedene Artdefinitionen. Arten werden seit Linné durch einen international verbindlichen, formal neulateinischen Artnamen, der immer aus der binären Kombination von Gattungsname und Art-Epitheton besteht, bezeichnet (→ S. 162). Beispiele: Schwarz-Föhre *Pinus nigra,* Sal-Weide *Salix caprea,* Hunds-Rose *Rosa canina,* Wiesen-Glockenblume *Campanula patula;* Erd-Hummel *Bombus terrestris,* Karpfen *Cyprinus carpio,* Grünspecht *Picus viridis,* Feldhase *Lepus europaeus,* Rothirsch *Cervus elaphus.*

asexuell
ungeschlechtlich

Assimilation
„Anähnlichung", Umwandlung körperfremder in körpereigene Stoffe (im Zuge der Lebenstätigkeit eines Organismus); oft auch für die → Photosynthese verwendet

autochthon
ureinheimisch, bodenständig, eingeboren

Autopolyploidisierung
Vervielfachung der Chromosomensätze durch Ausbleiben der → Meiose; führt sehr rasch zu Reproduktionsbarrieren und zur Ausbildung eigenständiger evolutionärer Linien; vgl. → Allopolyploidisierung

autotroph
sich ausschließlich von anorganischen Stoffen ernährend. Die meisten Pflanzen sind autotroph, da sie sich von Sonnenenergie, Wasser und Mineralsalzen ernähren. Gegensatz: → heterotroph

Äzidiosporen
eine bestimmte Generation von → Sporen bei den Rostpilzen *Uredinales,* aus der sich in der Regel die auf dem Zwischenwirt lebende Generation entwickelt

Badenium
Zeitabschnitt des → Miozäns. (Das ist das „Torton" der Wiener Geologen um die Mitte des 20. Jh.; das korrekte Torton der aktuellen Geologie ist ein anderer Zeitabschnitt [er entspricht dem Pannonium des Wiener Beckens]!) → stratigraphische Tabelle (S. 65, 79)

Bakterien
einzellige Organismen ohne echten Zellkern und ohne echte Sexualität. Auch die → Blaualgen (= Cyanobakterien) sind Bakterien.

Basidienpilze
(= „Ständerpilze") *Basidiomycota:* große Abteilung höher organisierter Pilze, bei denen die Sporen i. d. R. zu viert (in der Basidie) entstehen; zu ihnen zählen die meisten der makroskopische (also ohne Mikroskop erkennbare) Fruchtkörper bildenden Pilze der Alltagssprache; vgl. → Schlauchpilze.

Basalt
Kieselsäurearmes dunkles Ergussgestein, bildet sich beim raschen Erkalten basaltischer Gesteinsschmelze (Lava) an der Erdoberfläche (mittelozeanische Rücken, Vulkane). Wesentlicher Bestand der Ozeanböden. Bestandteile: Plagioklas, Pyroxen

Bastard
= → Hybride

Baum
holzige Pflanze, die **einen** Hauptstamm („Baumstamm") bildet. – In der Evolutionsforschung und → Phylogenetik: Stammbaum (= „tree")

Befruchtung
Vereinigung von unterschiedlichen Geschlechtszellen (meist Spermien und Eizellen) und ihrer Zellkerne bei Organismen mit sexueller Fortpflanzung; vgl. hingegen → Bestäubung

Beikräuter
= Segetalpflanzen: Wildpflanzen auf landwirtschaftlichen Kulturflächen, spontan wachsende Arten in Äckern, Weingärten, Gärten; auch „Ackerwildpflanzen" oder (früher) „Ackerunkräuter" genannt; vgl. → Segetalflora

Belemniten
ausgestorbene → Kopffüßer (Mollusken) mit gestrecktem Körper und eingelagertem Rostrum aus Kalk

Bennettiteen
Farnsamer des Mesozoikums

Bestäubung
Übertragung des → Pollens auf das weibliche Organ der Blüten; vgl. jedoch → Befruchtung

Biotit
Kalium-Magnesium-Eisen-Glimmer, dunkel bis schwarz. → Schichtsilikat, aus SiO_4-Tetraedern aufgebaut

Biodiversität
biologische Vielfalt, umfasst die Vielfalt verschiedener → Taxa (Arten, Gattungen, Familien usw.), die Vielfalt verschiedener → Genotypen (also genetisch verschiedener Individuen) innerhalb einer Art und die Vielfalt verschiedener → Ökosysteme, Lebensräume und Landschaften

biogen
durch Organismen verursacht, aufgrund → biotischer Faktoren

Biogeographie
Erforschung der geographischen Zusammenhänge der Vorkommen von Taxa (→ Taxon) und → Biozönosen; vgl. → Phylogeographie, → Geobotanik, → Phytogeographie

Biomasse
Gesamtheit der Menge (Masse, Volumen) der lebenden Organismen in einer → Biozönose; vgl. → Phytomasse

Biosphäre
der gesamte Lebensraum aller Organismen unseres Planeten, zwischen der Lithosphäre (Gesteinsuntergrund) und der Atmosphäre (Luftraum), die beide mit der Biosphäre eng verzahnt sind

Biosphärenpark
= → Biosphärenreservat

Biosphärenreservat
von der UNESCO ausgewiesenes Schutzgebiet für eine vom Menschen geschaffene Kulturlandschaft. Neben der Erhaltung von natürlichen bzw. naturnahen Lebensräumen und ihrer Pflanzen- und Tierarten (Kernzonen) geht es in Biosphärenparks vor allem auch um die Förderung einer soziokulturell und ökologisch nachhaltigen wirtschaftlichen und humanitären Entwicklung (Pflege- und Entwicklungszonen).

biotisch
lebend, sich auf Organismen beziehend, von Lebewesen abhängig. Gegensatz: → abiotisch

Biotop
ein bestimmter konkreter Geländeausschnitt (ein Landschaftsbestandteil) mit einer bestimmten → Biozönose; z. B.: ein Trockenrasenstück auf dem Westhang des Bisambergs. Vgl. jedoch → Habitat und → Biotoptyp.

Biotoptyp
abstrahierter Typus aus der Gesamtheit gleichartiger oder ähnlicher → Biotope, daher meist → Habitat (in botanischer Definition) in einem weiter gefassten Sinn, oft auch im Sinn einer Vegetationseinheit (eines Vegetationstyps) verwendet; besonders in der Naturschutzbiologie gebräuchlich

Bioturbation
Durchmischung von Böden oder marinen Sedimenten durch Lebewesen

Biozönose
Lebensgemeinschaft aus Mikroorganismen, Pflanzen und Tieren, die untereinander in Wechselwirkung stehen; vgl. → Ökosystem

bituminös
Gesteine (z. B.: Dolomit, Sandstein) mit fein verteiltem Bitumengehalt

Blaualgen
= Cyanobakterien: meist blaugrün gefärbte, zur → Photosynthese befähigte, meist fadenförmige → *Prokaryota,* die früher zu den → Algen gerechnet wurden

Blaualgenfilm
Überzug von Blaualgen (= Cyanobakterien) im Seichtwasser, Sediment-bindend und Feinschichtung im mm-Bereich (Rhythmit) verursachend

Blockrandbebauung
Fläche innerhalb eines (meistens) Straßengevierts, die nur an ihren Rändern bebaut ist (Häuserblock mit unbebauter Innenfläche)

Boden
entsteht im Wirkungsgefüge von Grundgestein (Ausgangsgestein), Relief, Klima und Organismenwelt (Pflanzen und → Edaphon), alltagssprachlich „Erde“ genannt

Bodenart
Qualität des Bodens bezüglich der Korngrößenzusammensetzung; vgl. → Lockersedimente, → Schotter, → Sand, → Ton

Bodengründigkeit
Ausmaß der Mächtigkeit (= Tiefe) des Bodens (→ seichtgründig bis → tiefgründig)

Bodentyp
Erscheinungsform des Bodens entsprechend seiner vertikalen Gliederung (Schichtung) im Zusammenhang mit der Bodenbildung

Böhmische Masse
Teil des weitgehend abgetragenen → Variszischen Gebirges

Brachiopoden
= Armfüßer. Seit dem Präkambrium existierende marine Tiergruppe, an Stielen auf dem Meersboden festgewachsen. Doppelklappig, Kiemen an kennzeichnendem „Armgerüst“ fixiert. Kalkschalen oft fossil erhalten (Kössener Schichten der Wiener Umgebung: z. B. Piestingtal)

Braunfäule
Abbau von Holz durch Pilze, die den Hemizellulose- und Zellulose-Anteil, nicht aber den Lignin-Anteil des Holzkörpers angreifen und zersetzen. Gegensätze: Weiß- und Rotfäule, wobei der Ligninanteil abgebaut wird

Braunkohle
geringerwertige Kohle, meist aus dem → Tertiär

Brekzie
→ klastisches Sediment: Korngröße größer als 2 mm; Komponenten eckig, durch → Matrix gebunden

Bruch
senkrechte (vertikale) oder schräge Versetzungsfläche zwischen Gesteinskörpern

Chitin
sehr widerstandsfähiges stickstoffhältiges Polysaccharid, aus dem die Zellwände der meisten Pilze und das Außenskelett der Insekten und Krebse bestehen

Chlorophyll
= Blattgrün: komplizierte organische Verbindung, entscheidend wichtiger Stoff für die → Photosynthese

Chorologie
= Arealkunde = → Phytogeographie: Erforschung der → Areale; vgl. → Geobotanik.

Chromosomen
die wichtigsten Bestandteile des Zellkerns, Träger der → Gene und damit des Erbguts des Organismus; sie werden bei der Kernteilung (im Zuge der Zellteilung) im Mikroskop nach Anfärbung sichtbar. Jede Organismenart hat eine spezifische Zahl von Chromosomen, die alle eine spezifische Struktur aufweisen.

Chromosomensatz
minimale Zahl von Chromosomen in einer Zelle (z. B. in den Geschlechtszellen der höher organisierten Lebewesen); vgl. dazu → Polyploidie

Collembolen
= Springschwänze *Collembola*, primär flügellose Bodenbewohner (→ Edaphon), 0,1 bis selten über 10 mm Körpergröße, eine zu den *Hexapoda* gehörende Klasse sechsfüßiger → Gliederfüßler, früher zu den „Urinsekten“ gezählt

Cuticularplatten
aus Chitin bestehende Elemente des Außenskeletts von Insekten

Dachsteinkalk
Gesteinsformation in der Trias der Nördlichen Kalkalpen. Lagunenablagerung

Dachsteinriffkalk
ungebankter Dachsteinkalk (S. 16), aus fossilen Riffbauten gebildet

Damwild
= Damhirsch *Cervus dama*, beheimatet in den Mittelmeerländern und Kleinasien

Decke
(Geologie:) Gesteinsdecke: zusammengehörige Gesteinsserien (z. B. → Gesteinsformationen) mit gemeinsamer tektonischer Geschichte (→ Tektonik), z. B. aufgeglitten oder aufgeschoben auf das Vorland

Deckensystem
zusammengehöriges System mehrerer → Decken

Destruenten
= Zersetzer: jene Organismen im Ökosystem (vor allem im → Edaphon), die sich in überwiegendem Ausmaß von abgestorbener organischer Substanz ernähren, deren Bestandteile zerkleinern, so für den weiteren Abbau aufbereiten sowie chemisch abbauen („mineralisieren“) und damit im Boden sowohl zur → Humusbildung beitragen als auch Pflanzennährstoffe erzeugen, also düngend wirken

Diaphragma
= Scheidewand

Diasporen
zusammenfassende Bezeichnung für alle transportablen Fortpflanzungskörper der Pflanzen, aus denen sich Tochterindividuen entwickeln können: → Sporen, Samen, Früchte, Brutknöllchen, Brutzwiebeln usw.

diploid
mit doppeltem → Chromosomensatz; Gegensatz: haploid (mit einfachem Chromosomensatz). Diploidie ist der Normalfall für die Körperzellen aller höheren Organismen; vgl. dazu → Polyploidie

Dissoziation
(Chemie:) Zerfall eines Moleküls in einfachere Bestandteile, z. B. einer gelösten Säure in Anion und Kation

DNA
= DNS = Desoxyribonukleinsäure: schraubenförmiges organisches Molekül („Doppelhelix“) in den → Chromosomen, dessen Abschnitte z. T. den → Genen entsprechen

Doldenblütler
Apiaceae = *Umbelliferae:* Wichtige Familie, zu der u. a. Karotte *Daucus*, Fleckenschierling *Conium*, Fenchel *Foeniculum*, Kümmel *Carum*, Dill *Anethum*, Pastinak *Pastinaca*, Bärenklau *Heracleum* gehören. Im Gebiet der Stadt Wien wildwachsend 32 Gattungen mit 49 Arten

Doline
trichterförmige Geländevertiefung in Kalkgebirgen, durch Kalkauflösung entstanden, → Karsterscheinungen

Dolomit
Kalzium-Magnesium-Karbonat ($CaMg[CO_3]_2$), in den Nördlichen Kalkalpen weitverbreitetes Gestein

Domestikation; domestiziert
Zähmung wilder Pflanzen- und Tierarten; gezähmt, durch Züchtung genetisch und strukturell verändert und an die Nutzung (Bedürfnisse des Menschen) angepasst; Gegensatz zu Wildsippe

Dotation
(Hydrologie:) Zuführung von Wasser durch (meist) künstliche, technische Maßnahmen

edaphisch; Edaphon
durch den → Boden bedingt, den Boden betreffend; Edaphon: Gesamtheit der Organismenwelt im Boden

edaphische Steppe
durch den (zu trockenen) Boden bedingte → Steppe, im Unterschied zur klimatischen (durch trockenes Klima verursachten) Steppe: vgl. → Primärsteppe, → Sekundärsteppe

Edellaubbaum
standortökologisch anspruchsvollere Baumart wie Buche, Hainbuche, Esche, Ahorn- u. Ulmen-Arten im Unterschied zu anspruchslosen Pionierarten wie Sal-Weide, Birke, Eberesche

einhäusig
= monözisch: Jedes Pflanzenindividuum bildet sowohl weibliche als auch männliche Blüten. Beispiele: Eiche, Haselnuss, Mais, Kürbis. Gegensatz: → zweihäusig; vgl. → zwittrig.

einjährig
= annuell: Pflanze, die ihren → Lebenszyklus innerhalb eines Jahres beendet, also nur etwa ein Jahr (eine Vegetationsperiode) lang lebt

Einwohnerwert
im Zusammenhang mit Abwässern: Vergleichswert für Schmutzfrachten, jene Verschmutzung im Abwasser, die ein Einwohner im Mittel täglich verursacht

Eiszeiten
zyklische Vereisungsperioden, gesteuert durch regelmäßig wiederkehrende astronomische Bedingungen im Sonne/Erde-System; z. B. die pleistozänen Eiszeiten (→ Pleistozän)

Elektrolyt
den elektrischen Strom leitende (und sich dadurch zersetzende) Lösung

Emission
Austrag oder Aussendung von giftigen, gesundheitsschädlichen oder umweltgefährdenden Störfaktoren (z. B. Schadstoffen, Lärm, Licht) in die Atmosphäre; vgl. → Immission

Enchytraeiden
Familie von Ringelwürmern *(Annelida)* aus der Unterklasse der Wenigborster *(Oligochaeta)* mit terrestrischen, limnischen und marinen Arten

Endemit
ein → Taxon, dessen Verbreitungsgebiet auf einen angegebenen Raum beschränkt ist

Entomologe
= Insektenforscher

enzymatisch
chemischer Prozess, der durch ein → Enzym gesteuert wird

Enzym
= Ferment: von der lebenden Zelle gebildete organische Verbindung, die für den Ablauf eines bestimmten chemischen Prozesses notwendig ist

Epiphyten
= Aufsitzerpflanzen: Pflanzen, die auf anderen wachsen, z. B. krautige Pflanzen, die nicht im Boden wurzeln, sondern auf Bäumen sitzen. Obligatorische Epiphyten sind bei uns nur gewisse → Algen und → Flechten, aber fast keine Gefäßpflanzen (wie dies in den Tropen der Fall ist). Die meisten sind keine → Parasiten; Ausnahmen sind Mistel *Viscum* und Riemenmistel *Loranthus;* vgl. → Halbparasiten

epiphytisch
mit der Lebensweise eines → Epiphyten

Epizentrum
die Stelle an der Erdoberfläche senkrecht über dem in der Tiefe liegenden Bebenzentrum

Erdbeben
im weiteren Bereich von Wien treten nur „tektonische" Beben auf, die durch Spannungen in der Erdkruste ausgelöst werden

Ergussgestein
aus Gesteinsschmelze (→ Lava) an der Erdoberfläche durch rasche Abkühlung entstandenes Gestein. Von kieselsäurearm zu kieselsäurereich unterscheidet man: → Basalt, → Andesit, → Trachyt, → Rhyolith

Erosion
vorwiegend mechanische, auch chemische und biologische Abtragung von Gestein und anderem nicht organischen (oder auch organischen) Material

EU-Grünbrache
gemäß Vorschriften der Europäischen Union über einen bestimmten Zeitraum nicht mehr landwirtschaftlich genutzte Ackerfläche

Eukaryota
Organismen mit echtem Zellkern und meist auch Sexualität (→ Befruchtung und → Meiose), das sind alle außer den Bakterien (und den → „Blaualgen"). Gegensatz: → Prokaryota

eutroph, eutrophiert
nährstoffreich (bezüglich Pflanzennährstoffen, insbesondere Stickstoff- und Phosphorverbindungen), reichlich bis überreichlich gedüngt. Gegensätze: oligotroph (= nährstoffarm), dystroph (extrem nährstoffarm, z. B. Hochmoore); vgl. → Trophiesystem

Eutrophierung
Anreicherung mit Pflanzennährstoffen, Düngung

EU-Vogelschutzrichtlinie
regelt den Schutz der wild lebenden Vogelarten und ihrer Lebensräume in der Europäischen Union

Evolution
stammesgeschichtliche Entwicklung der Organismen in erdgeschichtlichen Zeiträumen

Exot
nicht heimisches → Taxon; insbesondere in der Forstwirtschaft: fremdländische Baumart; vgl. → Alien, → Neobiota

extensiv
Gegenteil von intensiv; vgl. → extensive und → intensive Bewirtschaftung

extensive Bewirtschaftung, Nutzung
ohne oder mit bloß geringfügigem Einsatz mechanischer und chemischer Hilfsmittel wie Düngung und Bodenbearbeitung. Gegensatz: → intensive Bewirtschaftung

Familie
→ taxonomische Rangstufe oberhalb der → Gattung und unterhalb der → Ordnung; z. B. Korbblütler *Asteraceae,* Hahnenfußgewächse *Ranunculaceae;* Regenwürmer *Lumbricidae,* Bienen *Apidae,* Rüsselkäfer *Curculionidae,* Rabenvögel *Corvidae,* Marderartige *Mustelidae.* (Endung der wissensch. Familiennamen in der Botanik: *-aceae;* in der Zoologie: *-idae*).

Farn
Angehöriger der Pflanzenklasse der Eigentlichen Farne *Polypodiopsida.* In Wien gibt es 13 wildwachsende Farnarten.

Fauna
Gesamtheit der Tierwelt eines bestimmten Gebietes

Feldspat
wichtigste Silikatmineralgruppe

Felsflur
→ Pflanzengesellschaften auf Felsboden

Felssteppe
Pflanzengesellschaft auf pannonischen Felsstandorten, eine → edaphische Steppe; vgl. → Rasensteppe, → Wiesensteppe

Fenster, tektonisches
im geologischen Sinne: eine Stelle im Gebirgsbau, die Einblick in ein darunter liegendes Deckenstockwerk erlaubt

Feuchtwiesen
Wiesengesellschaften auf fast ganzjährig feuchten Böden; oft → Halbkulturformation, die → anthropogen durch mäßige Entwässerung aus → Flachmooren entstanden ist

FFH-Richtlinie der EU
= Fauna-Flora-Habitat-Richtlinie der Europäischen Union: 1992 von der EU beschlossene Richtlinie zum Schutz ausgewählter Arten und Lebensräume von gemeinschaftlichem Interesse durch Ausweisung eines Netzes von Schutzgebieten (Natura 2000)

Fischsaurier
= Ichthyosaurier: marine Reptilgruppe von der Trias bis zur Kreide

flachgründig
= → seichtgründig

Flachmoor
= Niedermoor: nach Verlandung nährstoffreicher Gewässer oder durch Versumpfung mineralstoffreicher Böden entstanden; mäßig nährstoffreich, schwach sauer bis neutral oder schwach basisch. Gegensatz: → Hochmoor

Flechte
„Doppelorganismus", der gebildet wird durch eine enge Lebensgemeinschaft (→ Symbiose) bestimmter Pilze (die allermeisten sind bestimmte Schlauchpilz-/Ascomyceten-Arten, einige wenige → Basidienpilze/Basidiomyceten) mit einigen wenigen bestimmten Grünalgen-Arten oder Cyanobakterien („Blaualgen"). Eigentlich handelt es sich um auf → Algen parasitierende → Pilze, für die auch die Bezeichnung „lichenisierte" (d. h. flechtenbildende) Pilze üblich ist. Die Alge, der unterdrückte Partner, kann sich in der Flechte nicht selbstständig fortpflanzen und lebt im Inneren des Pilzmyzels. Die Alge kann auch ohne Pilz (und meist wesentlich besser!) leben, der Pilz jedoch nicht ohne seine Alge – typisch für Parasiten. Die lichenisierten Pilze (= Flechten) haben sehr spezifische Gestalt, Physiologie, Chemismus, Lebensweise und Standortansprüche und erscheinen daher wie eigenständige Organismen.

Flora
Gesamtheit der Pflanzentaxa (→ Taxa) in einem bestimmten Gebiet. Gegensatz: → Vegetation. Die → Gefäßpflanzenflora des Gebiets der Stadtgemeinde Wien umfasst rund 1.400 heimische und alteingebürgerte Arten sowie rund 130 Neubürger. (Die Gefäßpflanzenflora ganz Österreichs besteht aus 3.165 heimischen und eingebürgerten Arten.)

Florenprovinz, Florenregion
Rangstufen im hierarchischen System (nach der Ähnlichkeit/Verschiedenheit der Flora) der Florengebiete der Erde: z. B. ist die Pannonische Florenprovinz der westlichste Teil der Pontisch-Südsibirischen Florenregion

Floristik; floristisch
die Erforschung der → Flora betreffend; in Bezug auf die → Flora. (Hat nichts mit Blumenhandel und Blumenbinderei zu tun!)

Flussmäander
nach dem Fluss „Mäander" (türkisch: Menderes) in der Türkei benannte Flussschlingen (im Unterlauf)

Flysch
(richtige Aussprache: „flisch", weil aus dem Schwyzer-

dütschen!) tektonisch-stratigraphische Einheit, die aus Sedimentgesteinen von Oberkreide bis Alttertiär besteht: Wechsellagerung von kalkreichen bis kalkfreien Sandsteinen und Mergeln. Kennzeichnend sind die eingelagerten, aus → Trübeströmen abgesetzten → Turbidite.

Flyschzone
Die Rhenodanubische Flyschzone (S. 6, 11) erstreckt sich am Nordrand der Alpen vom Flysch-Wienerwald (= „Sandstein-Wienerwald") bis zum Bregenzerwald. Sie ist der Sedimentinhalt einer die Gebirgsbildung begleitenden subduktionsbedingten Tiefseerinne.

Folgegesellschaft
→ Sukzession

Forst
künstlich (forstlich) begründeter Baumbestand. Gegensatz: → Wald

Fossilien
in Sedimentgesteinen erhaltene Reste vorzeitlicher Lebewesen oder deren Lebensspuren

frischer Boden
regelmäßig gut durchfeuchteter, aber nicht ständig feuchter Boden. Für die meisten Pflanzen im Allgemeinen die optimale Situation: weder zu trocken noch zu nass, vor allem keine für viele Pflanzen ungünstige stauende (stagnierende), sauerstoffarme Feuchtigkeit (Staunässe)

Funktionstrennung
(Soziologie:) räumliches Auseinanderfallen von Funktionen des täglichen Lebens wie Wohnen, Einkaufen, Arbeiten, Erholen ...

Galle
(Biologie:) spezifisch gestaltete Wucherung an einem Pflanzenorgan, hervorgerufen meist durch bestimmte Tierarten (oft Insekten), aber auch durch Viren, Bakterien oder Pilze

Gattung
→ taxonomische Rangstufe oberhalb der → Art und unterhalb der → Familie; z. B. Föhre (= Kiefer) *Pinus*, Ahorn *Acer*, Ampfer *Rumex*, Vergissmeinnicht *Myosotis;* Maikäfer *Melolontha*, Unken *Bombina*, Drosseln (einschl. Amsel) *Turdus*, Ratten *Rattus*

Gebirgsalluvionen
Schotterflächen entlang der Gebirgsbäche

Gefaltete Molasse
durch Faltung und Störungen in den Gebirgsbau der Alpen einbezogene randliche Teile der → Molasse

Gefäßpflanzen
Tracheophyta = „Höhere Pflanzen", d. s. die Pflanzen mit echten Wurzeln und Sprossen (Leitungsgewebe, mehrzellschichtigen Blättern), nämlich die Farnartigen (= Gefäßsporenpflanzen) *Pteridophyta* und die Samenpflanzen (= Blütenpflanzen) *Spermatophyta;* vgl. → Kryptogamen, → Moose, → Thallophyten

Gehölz
holzige Pflanze oder Bestand aus holzigen Pflanzen

Gen
Erbfaktor; Gene sind Abschnitte auf der → DNA

Genom
Gesamtheit der genetischen Information (→ Gene) eines Lebewesens; vgl. → Genotyp

Genotyp
individuelle genetische Information (→ Gene) eines Lebewesens. Nur eineiige Zwillinge haben den gleichen Genotyp.

Geobotanik
gesamter, die → Vegetationsökologie und die → Chorologie (= → Phytogeographie) umfassender Forschungsbereich

Geologie
Wissenschaft vom Aufbau der Erde, von den Rohstoffen, vom Wasser; von grundlegender Bedeutung für das tägliche Leben ebenso wie für das Gesamtbild der Welt, in der wir leben

Geomorphologie
Wissenschaft von der Gestalt der Erdoberfläche

Geophyten
→ Stauden,welche die ungünstige Jahreszeit (Winter oder trockener Sommer) mit unterirdischen Speicherorganen (→ Rhizomen, Zwiebeln oder Knollen) überdauern

Geschiebe
= Geröll; vgl. → Klastische Sedimente, → Lockersedimente

Gesteinsdecke = → Decke

Gesteinsformation
(Geologie:) gut definierte zusammengehörige Gesteinsserie

Gießhübler Mulde
tektonische Mulde am Alpenostrand, erfüllt von Sedimenten der Oberkreide. Typuslokalität: Gießhübl

Gips
= Calciumsulfat ($Ca [SO_4]. 2H_2O$), ein Eindampfungsmineral (Evaporit), das bei der Verdunstung von Meerwasser entsteht

Gipsbergbau
in der Wiener Umgebung: Pfennigbach bei Puchberg am Schneeberg. In historischer Zeit: → Seegrotte (S. 14) bei Mödling

Glaziale
Vereisungsperioden innerhalb einer → Eiszeit, dazwischen → Interglaziale (→ Warmzeiten)

Glimmer
ein → Schichtsilikat (hell: → Muskovit, dunkel: → Biotit), die dünnen Plättchen meist schichtparallel eingeregelt auf den → Schichtflächen

Gliederfüß(l)er
= Arthropoden: Tierstamm, der die Tausendfüßer (Tausendfüßler) *Myriapoda*, Krebstiere *Crustacea*, Kieferklauenträger *Chelicerata* (= Spinnen i. weiten Sinn) und Sechsfüßer *Hexapoda* (hauptsächlich Insekten, u. a. aber auch → Collembolen) umfasst

Glimmerschiefer
entsteht aus Ton und Tonstein bei → Metamorphose in der Mesozone

Gneis
Gesteinstyp, entsteht durch → Metamorphose aus Rhyolith, Granit oder Sandstein in allen Metamorphosegraden

Gondwanaland
beim Zerfall von → Pangäa entstandener Südkontinent, der weiterhin in die Kontinente Südamerika, Afrika, Indien, Australien und Antarktika zerfällt

Gosau-Gruppe
marine bis kontinentale Schichtfolge der Oberkreide. Typuslokalität: Gosau, OÖ.

Gradierung
(Geologie:) Sortierung nach Korngröße innerhalb einer von einem Trübestrom (→ S. 11) abgelagerten Schicht

Granit
Tiefengestein, aus Feldspat, Glimmer und Quarz bestehend

Granulit
entsteht aus → Sand, → Sandstein, → Ton oder → Tonstein durch Metamorphose in der → Katazone

Gras
zweideutige Bezeichnung: (a) Lebensform der grasartigen Pflanzen, das betrifft hauptsächlich die drei Familien Sauergräser (= Riedgräser und Binsen) *Cyperaceae*, Simsengewächse *Juncaceae* und Süßgräser (= „Echte Gräser") *Poaceae.* (b) Mit Gräsern im engeren Sinn sind die Angehörigen der zuletzt genannten Familie gemeint.

Grauwackenzone
paläozoischer Schichtverband schwach → metamorpher Gesteine des → Oberostalpins: → Tonschiefer, → Porphyroid, → Marmor im Süden der Kalkalpen von Tirol bis an den Alpenostrand

Greifensteiner Decke
Teildecke der Flyschdecke (→ Flysch)

Grünalgen
photosynthetisierende Niedere Pflanzen des marinen Flachwassers; vgl. → Algen

Grundwasser
langsam strömender oder stagnierender Wasserkörper in porösen Gesteinen (→ Sand, → Schotter) des Untergrunds

Grundwasserspeicher
poröses Gestein oder → Lockersediment (Schotter, Sand) mit stagnierendem oder langsam fließendem Wasser in den Kornzwischenräumen

Gruppe
(im geologischen Sinn:) aus mehreren → Gesteinsformationen bestehende übergeordnete Gesteinseinheit

Grus
Grobsand aus kleinen, eckig-kantigen, unregelmäßigen Gesteinsstücken mit einer Korngröße von 2–6, 3 mm

Günz
Zeitabschnitt (Kaltzeit) im → Pleistozän (vgl. stratigraphische Tabelle S. 65)

Gutensteiner Kalk
Gesteinsformation in der Trias der Nördlichen Kalkalpen

Haber-Bosch-Verfahren
technisches Verfahren zur Gewinnung von Stickstoffverbindungen aus dem Luft-Stickstoff (v. a. für Kunstdüngerproduktion)

Habitat (das!)
(in der **Zoologie**:) Standort, Lebensraum eines → Taxons oder einer → Population, inklusive aller → biotischer Faktoren (z. B. Konkurrenz, Symbiose) und abiotischer Lebensbedingungen (Klima, → Boden); – (in der **Botanik** nicht auf ein bestimmtes Taxon bezogen:) gleichbedeutend mit Standort im abstrakten Sinn als Ökotop (= Gesamtheit aller relevanten Ökofaktoren), im Unterschied zu Wuchsort = Fundort = topographischer Stelle des Vorkommens; vgl. hingegen → Biotop. – (In der **Soziologie**:) Wohnstätte relativ zu Beruf oder Tätigkeit des Menschen: z. B. ist ein Restaurant Freizeithabitat für den Gast, aber Arbeitshabitat für den Kellner.

Habitus
die äußere Gestalt

Halbkulturformation
= Halbkulturvegetation: mäßig → anthropogene → Pflanzengesellschaften, die in mancher Hinsicht noch einigermaßen naturnah sind: z. B. → Wiesen, insbesondere die allgemein naturnäheren → Magerwiesen

halbruderale Standorte
Standorte, die nur mäßig ruderalen Charakter haben, z. B. mehr oder weniger ruderalisierte Wiesen und Wiesen/Wegränder

Halbschmarotzer
= Hemiparasiten: Schmarotzer, die jedoch grüne Blätter haben und daher → Photosynthese betreiben. Beispiele: die meisten Läusekrautförmigen *Pedicularieae* (z. B. Wachtelweizen *Melampyrum*, Augentrost *Euphrasia*, Klappertopf *Rhinanthus*), Leinblatt *Thesium*, Mistel *Viscum*, Riemenmistel *Loranthus*; vgl.: Vollparasit (→ Parasit)

Halbtrockenrasen
mäßig trockene Rasen, die auch im Hochsommer nicht so stark austrocknen wie Volltrockenrasen (vgl. → Trockenrasen). Die pannonischen Halbtrockenrasen sind Sekundärsteppen, die nach Rodung des ursprünglichen Waldes entstanden sind und durch Beweidung oder Mahd aufrechterhalten und auch → Wiesensteppen genannt werden.

Hangschutt
Gesteinsschutt an Talflanken

Hauptdolomit
Gesteinsformation in der → Trias der Nördlichen Kalkalpen

Hauptklippenzone
zählt zum → Helvetikum. Nördlichste → Klippenzone am Nordrand der Flyschzone und von dieser überschoben, entspricht im westlichen Niederösterreich der Grestener Klippenzone. In Wien verläuft die Hauptklippenzone von Hadersdorf bis Grinzing.

Hautflügler
= → Hymenopteren

Heide
allgemeiner Ausdruck für Standorte, die nicht ackerfähig sind, sondern als wenig produktives Weideland genutzt werden. Im pannonischen Gebiet sind dies pannonische → Trocken- und → Halbtrockenrasen (ohne Heidekraut!).

Heißländen
erhöhte sand-, kies- und schotterreiche Inseln in den Auen mit eigenartiger Trockenvegetation, besonders pronanciert in den Donauauen als Folge der Grundwasserabsenkung nach der Donauregulierung

Helvetikum
westalpine tektonische Gesteinseinheit, in den Ostalpen vom → Nordpenninikum (= → Flyschzone) und vom → Ostalpin überschoben und nur randlich oder in tektonischen → Fenstern an der Oberfläche sichtbar

Hemerobie
Konzept zur wissenschaftlichen Beschreibung der Naturnähe eines bestimmten Gebietes. Der mithilfe verschiedener Bioindikatoren gemessene Grad der landschaftlichen Veränderungen durch den Menschen wird dabei durch den Hemerobiewert (von 1 = künstlich bis 9 = natürlich) gekennzeichnet.

Hemizellulosen
Kohlenhydrate, Bestandteile pflanzlicher Zellwände

herbivor
= pflanzenfressend

Herbizid
chemisches Mittel zur Tötung von Pflanzen, z. B. zur Unkrautbekämpfung

heterotroph
sich von organischen Stoffen (letztlich pflanzlicher Herkunft) ernährend. Alle → Pilze und Tiere sind heterotroph. Man unterscheidet → Saprobionten und → Parasiten. Gegensatz: → autotroph

Hochmoor
Standort sehr spezieller → Pflanzengesellschaften auf bestimmten ständig nassen, sauren und sehr nährstoffarmen Böden ohne Bindung an das Grundwasser, sondern nur vom Regen abhängig. Gegensatz: → Flachmoor

Hochquellwasserleitung
Wasserleitung aus Hochgebirgsquellen. In Wien: 1. Wiener Hochquellwasserleitung aus dem Schneeberg/Rax-Gebiet, 2. Wiener Hochquellwasserleitung aus dem Hochschwabgebiet

Hochterrasse
→ pleistozäne Flussterrasse der → Riss-Eiszeit; vgl. → Niederterrasse

Höhlenlehm
in Höhlen abgelagerte, oftmals fossilführende Feinsedimente

Holozän
Zeitabschnitt im → Quartär; vgl. → stratigraphische Tabelle (S. 65)

Horizont
Bodenhorizonte sind Bereiche innerhalb des Bodens, die einheitlich ähnliche Merkmale und Eigenschaften besitzen und sich von darüber- oder darunterliegenden Bereichen unterscheiden.

Hornstein
die in Lagen und Knollen in → Hornsteinkalk vorkommende Kieselsubstanz (SiO_2), stammt vorwiegend aus Kieselskeletten von Meeresschwämmen. In prähistorischer Zeit ein begehrter Rohstoff

Humanökologie
(vereinfacht:) Ökologie der Species *Homo sapiens*. Forschungsbereich über Wirkungszusammenhänge und Interaktionen zwischen Gesellschaft, Mensch und Umwelt in ganzheitlicher Betrachtung

Huminsäuren
chemische Verbindungen, die beim Abbau von organischem Material (im → Boden) entstehen

Humus
tote organische Substanzen im Boden, durch chemische Abbau- und Umbauprozesse aus abgestorbenen Organismen (Pflanzen und Tieren) oder deren Teilen entstanden. Man unterscheidet verschiedene Humusformen: Rohhumus, Moderhumus, Mullhumus.

Hybride (die!)
= Bastard, Kreuzungsprodukt: Nachkomme genetisch (stärker) verschiedener Eltern, z. B. verschiedener → Unterarten (→ Rassen) oder → Arten. Im ersten Fall spricht man von intraspezifischen, im zweiten von interspezifischen Hybriden. Es gibt auch intergenerische Hybriden (zwischen Gattungen).

Hybridisierung
= Bastardierung, Kreuzung genetisch (stärker) verschiedener Eltern; → Hybride

Hydrologie
die Wissenschaft von den Gewässern

hydrologisch
auf die → Hydrologie oder auf das Wasser bezüglich

Hymenopteren
= Hautflügler *Hymenoptera:* jene → Ordnung von Insekten, zu der u. a. Bienen, Wespen und Ameisen gehören

Hyphen
Pilzfäden: Grundelemente im Bauplan der Pilze, Zellketten oder mehrzellkernige Schlauchsysteme, die das → Myzel, aber auch die Fruchtkörper der Pilze aufbauen

Imago (Plural: Imagines)
voll entwickeltes, adultes, geschlechtsreifes Insekt. Gegensatz: Insektenlarve (→ Larve)

Immission
das Einwirken von Stoffen, insbesondere von Luftverunreinigungen auf Lebensgemeinschaften und Lebewesen der Biosphäre

Indikatorpflanzen
= → Zeigerpflanzen

inerte Abfälle
Abfälle, die nicht oder nur sehr langsam mikrobiell chemisch abgebaut werden; vgl. → Destruenten

Insektizid
chemisches Mittel zur Tötung von Insekten, zur „Schadinsektenbekämpfung"

intensive Bewirtschaftung
Durch starke Düngung und Bewässerung, vielfach auch durch Entfernen des natürlichen Pflanzenbestandes und Neu-Einsaat, werden höchste quantitative (→ Phytomasse) Erträge erzielt: Intensivacker, → Intensivwiese, Intensivweide. Wenig produktive, naturnahe → Feuchtwiesen werden zunächst entwässert (drainiert), dann gedüngt.

Intensivfettwiese
= Intensivwiese: stark gedüngte, daher übermäßig → eutrophierte und oftmals gemähte Wiese mit hoher Phytomasse- (Heu-)produktion, aber sehr geringer Artenzahl (geringer → Biodiversität)

Interglaziale
→ Warmzeiten innerhalb einer → Eiszeit, dazwischen → Glaziale (= Kaltzeiten)

Interstadial
relativ kurzzeitiger wärmerer Abschnitt innerhalb einer Kaltzeit (eines → Glazials)

Inversionslage
Mulden, Talkessel, → Dolinen, in denen sich Kaltluft sammelt und lange hält, sodass die Vegetationszonierung umgekehrt ist (z. B. Hochgebirgsvegetation am Talgrund)

Jungtertiär
= Neogen (vgl. stratigraphische Tabelle S. 65)

Jura
Zeitabschnitt im Mesozoikum; → stratigraphische Tabelle (S. 65)

Kahlenberger Decke
Teildecke der Flyschdecke

Kalk
= Kalziumkarbonat (Calciumkarbonat) ($CaCO_3$); vgl. → Karbonate; → Dolomit

Kalmare
Gruppe der zehnarmigen Kopffüßer

Kältesteppe
waldfreie Vegetation als Folge zu kurzer Vegetationszeiten

Kaltzeit
= → Glazial, Kälteperiode innerhalb einer → Eiszeit

Karbonate
(chemisch:) Salze der Kohlensäure (H_2CO_3). Im geologischen (und geobotanischen) Sinn: Kalk(gestein) (aus Calciumkarbonat; $CaCO_3$) und Dolomit(gestein) (aus Calciummagnesiumkarbonat $CaMg[CO_3]_2$)

Karbonatgestein
Gestein aus überwiegend → Kalk oder → Dolomit

Karren
typische Verwitterungserscheinung in Kalkhochgebirgen; → Karsterscheinungen

Karsterscheinungen
durch Auflösung von Kalk in Kalkgebirgen (z. B. Schneeberg, Rax, Dachstein) entstehende Erosionsformen, z. B.: → Karren, → Dolinen, → Höhlen

Karstquellen
besonders ergiebige Quellen an wasserstauenden Schichten am Fuß von Kalkgebirgen. Anfällig für oberflächennahe Verschmutzungen

Kauliflorie
Blütenstände und Blüten entwickeln sich (auch) aus älteren, mehrjährigen, verholzten Sprossachsen, nicht (nur) aus den heurigen, wie dies bei den Pflanzen unserer temperaten europäischen Flora ausschließlich der Fall ist; z. B. Judasbaum *Cercis siliquastrum*.

Kelch
= Calyx: unterer, meist grüner und bis zur Fruchtreife erhalten bleibender Teil der Blütenhülle; aus den freien oder miteinander verwachsenen Kelchblättern bestehend; vgl. → Krone.

Kettengebirge
lang gestrecktes Gebirge parallel zu einem (ehemaligen) Kontinentalrand und einer → Subduktionszone

kieselhaltig
fein verteilte → Kieselsubstanz enthaltend

Kieselsubstanz (SiO_2)
stammt aus Kieselskeletten von Meeresschwämmen oder anderen Organismen und besitzt die Fähigkeit, sich in Form von Schichten und Knollen anzureichern

Klasse
(Biologie:) → taxonomische Rangstufe oberhalb der → Ordnung; Klassen sind z. B. Laubmoose *Bryopsida (= Musci)*, Nadelhölzer *Coniferopsida*, Einkeimblättrige *Liliopsida (= Monocotyledoneae)*; Spinnentiere *Arachnida*, Insekten *Insecta*, Säugetiere *Mammalia*

klastische Sedimente
„Trümmergesteine". Bestehen aus zerbrochenen, zerkleinerten Komponenten anderer Gesteine; unverfestigt = → Lockersedimente; verfestigt durch Matrix = → Konglomerat, → Brekzie, → Sandstein, → Tonstein

klima(gas)neutral
keine das Klima gefährdenden Gase (d. s. insbesondere Kohlendioxid CO_2, Methan CH_4, Fluorchlorkohlenwasserstoffe = FCKW) erzeugend, freisetzend

Klimaschwankungen
(in der geologischen Geschichte:) werden verursacht durch zyklische Änderungen im Sonne/Erde-System, durch die Verteilung der Kontinente und Meere auf der Erdoberfläche

Klippenzone
an der Basis einer größeren geologischen Einheit (→ Decke) beim Transport hochgeschürfte und mitgeschleppte Späne und Schollen einer darunterliegenden tektonischen Einheit, z. B.: → Waschbergzone, → Klippenzone von St. Veit, → Hauptklippenzone, (= → Grestener Klippenzone)

Klon
genetisch identische Organismen, entstanden durch → asexuelle (= ungeschlechtliche) Vermehrung bzw. Fortpflanzung

Knöllchenbakterien
= Rhizobien: an den Wurzeln von → Leguminosen Knöllchen bildende Bakterien, die Luftstickstoff binden und damit zur Stickstoffversorgung ihres symbiontischen Partners beitragen (→ Symbiose)

Kohleflöz
kohleführende Schicht

Kohlendioxid
CO_2; neben Wasser der wichtigste Nährstoff der grünen Pflanzen: vgl. → Photosynthese. Bei der Atmung setzen die Organismen CO_2 frei. – In der Geologie der Kalkgebirge wichtig: CO_2 verbindet sich mit (Regen)-wasser zu einer schwachen Säure, die – oft gemeinsam mit → Huminsäuren – kalklösend wirkt; vgl. → Karsterscheinungen.

Komplexauge
das aus einer großen Zahl keilförmiger Einzelaugen (Ommatidien) zusammengesetzte Insektenauge

Konglomerat
→ klastische Sedimente. Korngröße größer als 2 mm; gerundete Komponenten, durch → Matrix gebunden

konvergente Bildungen, Konvergenzen
Entstehung ähnlicher Strukturen im Laufe der → Evolution bei nicht näher miteinander verwandten Organismen; Ähnlichkeit ohne Verwandtschaft

Kopffüßer
= Cephalopoden: Gruppe der → Weichtiere (Mollusken), umfassen Ammoniten (ausgestorben), → Belemniten (ausgestorben), → Nautiliden, → Tintenfische, → Kalmare

Korbblütler
= Kompositen, *Asteraceae:* Größte Familie der Blütenpflanzen sowohl weltweit als auch in Mitteleuropa; sie ist in fast allen → Pflanzengesellschaften vertreten und stellt auch viele Zierpflanzen. Zu ihr gehören u. a. Gänseblümchen *Bellis*, Aster *Aster*, Sonnenblume *Helianthus*, Schafgarbe *Achillea*, Kamille *Matricaria*, Margerite *Leucanthemum*, Huflattich *Tussilago*, Ringdistel *Carduus*, Klette *Arctium*, Löwenzahn *Taraxacum*. Im Gebiet der Stadt Wien wildwachsend 60 Gattungen mit 179 Arten

Kraut; krautig
mehrdeutiges Wort: (a) Arzneipflanze; (b) nicht holzige Pflanze; (c) nicht grasartige Pflanze; (d) einjährige oder kurzlebige Pflanze; (e) Kohl

Krautschicht
Schicht im Wald (→ Schichtung der Waldvegetation), die hauptsächlich aus den niederwüchsigen (ca. 5–50 cm hohen) krautigen Gefäßpflanzen gebildet wird

Kreide = Kreidezeit
vgl. → stratigraphische Tabelle (S. 65)

Kreuzblütler
Brassicaceae = Cruciferae: Wichtige Pflanzenfamilie, zu der u. a. die Gattungen Goldlack *Erysimum*,

Brunnenkresse *Nasturtium*, Hirtentäschel *Capsella*, Kohl *Brassica*, Senf *Sinapis*, Rettich *Raphanus* gehören. Viele Gebirgs-, Segetal-, Ruderal- und Nutzpflanzen. Im Gebiet der Stadt Wien wildwachsend 34 Gattungen mit 78 Arten

Krone
= Corolla: oberer, meist bunter und nach dem Blühen meist abfallender Teil der Blütenhülle, aus den freien oder miteinander verwachsenen Kronblättern bestehend; vgl. → Kelch

Kryptogamen
zusammenfassende Bezeichnung für alle nicht Samen-bildenden Pflanzen. Oft werden aber die Gefäßsporenpflanzen (Gefäßkryptogamen = die Farnartigen) *Pteridophyta* nicht dazugezählt, sondern nur die → Moose, → Algen, → Flechten und auch → Pilze.

Kulturfolger
Organismen mit Bindung an die Kulturlandschaft, an → anthropogene Biozönosen

Kulturlandschaft
Gesamtheit der vom Menschen stärker veränderten Biozönosen: Äcker, Siedlungen mit Gärten und Kunstrasen, vgl. → Forste

Laaber Decke
Teildecke der → Flyschdecke

Landschaft
beliebiger oder auf einen → Landschaftstyp bezogener Teil der Erdoberfläche; räumliche Manifestation von Ökosystemen

Landschaftselement
kleinste abgrenzbare und funktionell einheitliche Raumeinheit; entspricht weitgehend dem Begriff → Biotop

Landschaftsstruktur
räumliche Anordnung und funktioneller Zusammenhang von Landschaftselementen bzw. → Biotopen

Landschaftstyp
Räume, die durch ein oder durch mehrere natürliche oder → anthropogene Merkmale geprägt werden, was im Landschaftsbild zum Ausdruck kommt (Agrar-, Kultur-, → Natur-, Stadtlandschaft usw.). Das räumliche Muster (→Landschaftsstruktur) natürlicher Landschaftsmerkmale (Gelände, Klima, Wasserhaushalt) und das Muster der Landnutzung (inklusive Siedlungen und Infrastruktur) hängen vielfach zusammen: Der → Naturraum besteht aus Potenzialen wie aus Barrieren für die menschliche Landschafts- und Raumnutzung.

Larve
sich meist selbstständig ernährende Jugendform vieler Tiere, meist mit anderer Gestalt und Lebensweise als das → adulte Tier

Laurasia
beim Zerfall von → Pangäa entstandener Nordkontinent, später in die heutigen Kontinente Nordamerika und Eurasien zerfallend

Lava
Gesteinsschmelze, die aus Vulkanen an die Oberfläche tritt

Lebensspuren
Kriech-, Grab-, Weidespuren oder sonstige Hinweise im Sedimentgestein auf einen meist unbekannten Verursacher. Im weiteren Sinn: jede von einem Lebewesen hinterlassene Marke

Lebenszyklus
unterschiedliche Lebensstrategien von Organismen, z. B. → Annuelle und Bäume; bei Insekten: Ausbildung einer oder mehrerer Generationen im Jahr

Lee
die dem Wind abgewandte Seite. Gegensatz: → Luv

Leguminosen
= Hülsenfrüchtler: Angehörige der Pflanzenordnung *Fabales* (= *Leguminosae* = *Fabaceae* s. lat.); dazu gehören die Schmetterlingsblütler *Fabaceae* s. str. (viele Nutzpflanzen wie Bohne *Phaseolus*, Erbse *Pisum*, Klee *Trifolium*, Robinie *Robinia*), die Mimosengewächse *Mimosaceae* und die Bockshörndlgewächse *Caesalpiniaceae*. Insbesondere neuerdings wird diese Ordnung als Familie und werden die erwähnten Familien dementsprechend als Unterfamilien eingestuft. Im Gebiet der Stadt Wien wild wachsend nur die wichtige Familie Schmetterlingsblütler *Fabaceae* s. str., und zwar 20 Gattungen mit 78 Arten

Leithakalk
weißer, im Miozän abgelagerter Kalksandstein, vorwiegend aus den kalkigen Skeletten der → Lithothamnien (Kalkrotalgen, *Corallinaceae*) aufgebaut. Typusgebiet: Leithagebirge

Lignin
= Holzstoff: wichtiger chemischer Bauteil des Holzes: verkittet die Zellulosemoleküle und inkrustiert die Pflanzenzellwand; komplizierte organische Verbindung aus Phenylpropankörpern, die durch Ether- und Kohlenstoffbindungen vernetzt sind

Lippenblütler
= *Lamiaceae* = *Labiatae:* wichtige Pflanzenfamilie, zu der u. a. Taubnessel *Lamium*, Minze *Mentha*, Thymian *Thymus*, Salbei *Salvia* und etliche Nutzpflanzen gehören. Im Gebiet der Stadt Wien wildwachsend 21 Gattungen mit 57 Arten

Lithothamnien
marine Kalkrotalgen (*Corallinaceae*) mit Kalkskeletten; Seichtwasser bewohnend. Kugelige Kolonien: Rhodolithe. Gesteinsbildend: → Leithakalk (Miozän)

Lockersedimente
nicht verfestigte → klastische Sedimente: → Geschiebe (= Geröll), → Schutt, → Schotter (= Kies), → Sand, → Silt, → Schluff, → Ton

Löss
eiszeitlicher, vom Wind transportierter (= äolischer) Flugstaub; verfestigt

Lunzer Sandstein
→ karbonatfreie klastische Serie in der Trias

Luv
die dem Wind zugewandte Seite. Gegensatz: → Lee

Mächtigkeit
(Geologie:) Dicke eines Gesteinspakets (→ Gesteinsformation)

Magerrasen
nährstoffarme → Rasengesellschaften: z. B. Magerweiden und → Magerwiesen

Magerwiesen
nährstoffarme, in der Regel daher artenreiche und relativ naturnahe → Wiesen

Makroklima
großräumiges Klima im üblichen Sinn; vgl. → Mesoklima und → Mikroklima

Makrophyten
(in der Hydrobotanik:) die Gefäßpflanzen unter den Wasserpflanzen, einschließlich der Armleuchteralgen (Characeen)

Mandibeln
Kiefer; umgewandeltes Extremitätenpaar am Kopf von Insekten, Tausendfüßlern und Krebsen, das zum Festhalten, Beißen und Fressen dient

Marchfeld
Ebene östlich von Wien, zwischen dem Wienerwald und den Kleinen Karpaten

Marmor
entsteht aus Kalk (oder Dolomit) durch Umkristallisation in der → Metamorphose

Matrix
Grundmasse; sehr verschiedene Bedeutungen in den verschiedenen Wissenschaften, z. B. in der Geologie: natürlicher Gesteinszement, durch Calcit oder Kieselsäure gebunden. – In der Landschaftsökologie: dominierendes → Landschaftselement, das funktionell eine → Landschaft prägt und in das andere Landschaftselemente inselartig oder als Korridore eingebettet sind

mediterran = eumediterran
= mittelmeerländisch: Klima- und Vegetationszone in Südeuropa, besonders in Küstennähe, gekennzeichnet durch starke sommerliche Wärme und Trockenheit sowie durch winterliche Milde (Frostfreiheit) und Feuchtigkeit. Als Eigenschaftswort für Taxa mit Hauptverbreitung in der eumediterranen Zone (z. B. Ölbaum = Olivenbaum *Olea europaea*); vgl. → submediterran

Megalodonten
Dachsteinmuscheln, auch „Kuhtrittmuscheln"; lebten in der Obertrias in großer Zahl im Kalkschlamm des tropischen Flachmeers (z. B.: Helenental bei Baden)

Meiose
= Reifeteilung, Reduktionsteilung: spezielle Kernteilung im sexuellen → Lebenszyklus, die die Reduktion der diploiden auf die haploide Chromosomenzahl bewirkt, wobei die Chromosomen (in der Regel auch die meisten Gene) der Elterngeneration neu verteilt und vermischt (rekombiniert) werden

Melker Sand
Gesteinsformation der → Molasse (→ Oligozän), bekannt durch seine reinen Quarzsande; Typuslokalität: Melk

Mergel
Mischgestein aus → Kalkgestein und → Ton

Mergelkalk
tonreicher Kalkstein

Mesoklima
Lokalklima im Unterschied zum → Mikroklima und zum → Makroklima

mesotroph
mittelmäßig nährstoffreich; vgl. → Trophiesystem

Mesozoikum
= Erdmittelalter, von 250 bis 65 Millionen Jahre vor heute; umfasst → Trias, → Jura und → Kreide; → stratigraphische Tabelle (S. 65)

Metamorphose
Umwandlung, Umbildung; (Geologie:) Gesteinsumwandlung unter hohem Gebirgsdruck und hoher Temperatur; (Biologie:) Organumwandlung im Laufe der Evolution (z. B. Blatt – Dorn) und auch der Individualentwicklung, z. B. bei Amphibien (Kaulquappe – Frosch) und Insekten (Larve – Puppe – Imago)

Metapopulation
mehrere → Populationen, die untereinander durch gegenseitige Zuwanderung in Austausch stehen

Migration
Wanderung; z. B. natürliche Wanderung von Tierarten, im Laufe ihres Lebenszyklus, z. B. Zugvögel, anadrome Fische. Auch: natürliche Wanderung von Pflanzenarten (Veränderung des → Areals) im Laufe der Zeit

Mindel
Zeitabschnitt (Kaltzeit) im → Pleistozän (vgl. stratigraphische Tabelle S. 65)

Mikroklima
Klima der bodennahen Schicht in kleinen und kleinsten Räumen; vgl. → Makroklima, → Mesoklima.

Mikroorganismen
= „Mikroben“: strukturell niederorganisierte, meist mikroskopisch kleine Organismen; → Bakterien, → Algen, → Pilze, tierische Einzeller

Miozän
Zeitabschnitt im → Tertiär; vgl. → stratigraphische Tabelle (S. 65, 79)

Mistelbacher Schotter
grober Schotter mit Sandlagen der Hollabrunn-Mistelbach-Formation, der vom Donautal bei Krems über Hollabrunn bis Mistelbach den Lauf der Donau im → Pannon markiert; Typuslokalität: Mistelbach

Mittelmiozän = Mittleres Miozän
mittlerer Abschnitt des → Miozäns; vgl. → stratigraphische Tabelle (S. 79)

Mittelwasser, Mittelwasserführung
durchschnittlicher Wasserstand, wenn am Fluss weder Hoch- noch Niedrigwasser herrscht und der Wasserstand etwa dem langjährigen Durchschnitt entspricht

Mittelwasserlinie
Position der Wasseroberfläche bei → Mittelwasser

Mitterndorfer Senke
→ Grundwasser führender Schotterkörper im → Wiener Becken; nacheiszeitlich um 150 m abgesenktes Gebiet

Mobilität
die Anzahl der pro Person und Tag zurückgelegten außerhäusigen Wege, unabhängig davon, wie lange sie sind und auf welche Weise sie zurückgelegt werden

Mobilitätszeit
der Zeitaufwand, den Personen (meist als Durchschnitt für Personengruppen gerechnet) bereit sind, täglich für ihre außerhäusigen Wege aufzuwenden

Modal Split
(Soziologie:) Aufteilung der zurückgelegten Wege von Personen und Transporten auf verschiedene Verkehrsmittel und Bewegungsformen (zu Fuß)

Molasse
die nördlich der Alpen während deren Heraushebung im Tertiär geschüttete Masse an Lockersedimenten (Schotter, Sand, → Schlier), heute geographisch: Alpenvorland

Molassemeer
Meeresarm der allmählich → verlandenden → Paratethys nördlich der aufsteigenden Ostalpen

Monitoring
Dauerbeobachtung eines bestimmten Systems mit standardisierten Methoden, z. B. eines Biotops; längerfristige Überprüfung der zeitlichen Veränderungen

monolektisch = monophag
Tiere mit extrem einseitiger Ernährungsweise: z. B. → Herbivore, die nur an einer einzigen Wirtspflanze fressen

Moore
wasserreiche Biotoptypen, entweder mit Bindung an das Grundwasser: = → Niedermoor (= Flachmoor) oder ohne Bindung an das Grundwasser und nur vom Regen abhängig: = → Hochmoor

Moose
= Bryophyten *Bryophytina:* strukturell niedrig organisierte und kleinwüchsige, grüne, in der Regel am Land lebende pflanzliche Organismen ohne echte Wurzeln und ohne effektives Wasserleitungssystem, mit meist einzellschichtigen Blättern oder ohne Blätter

Moränen
unsortierter Gesteinsschutt; am Grund oder an den Seiten eines Gletschers oder an der Stirn der Gletscherzunge mitgeführtes bzw. abgelagertes Material

Morphologie
die Wissenschaft vom äußeren Bau der Organismen (insbesondere der höheren Pflanzen und Tiere)

Muscheln
→ Weichtiere (= Mollusken) mit zwei Klappen

Muskovit
Kalium-Aluminium-Glimmer; helles Schichtsilikat, aus SiO_4-Tetraedern aufgebaut

Mutante
Individuum, das sich durch eine → Mutation von anderen Individuen derselben Art unterscheidet

Mutation
einzelne Erbänderung, meist in einem einzelnen → Gen (Genmutation)

Mycel = Myzel
Pilzgeflecht, Gesamtheit der → Hyphen

Mykorrhiza
„Pilzwurzel“: Pilze, die symbiontisch (→ Symbiose) auf oder in den Wurzeln von → Gefäßpflanzen leben

Nährstoffzeiger
Pflanzenarten, die hohe Nährstoffgehalte im Boden (besonders Stickstoffverbindungen) ertragen; vgl. → Zeigerpflanzen; → Eutrophierung.

Nahrungskette
in → Biozönosen herrschende Reihenfolge des Gefressenwerdens

Nationalpark
hochwertige Schutzgebietskategorie mit strengen Auflagen und Kriterien zum Schutz besonderer Landschaften und Lebensräume

NATURA-2000-Schutzgebiet
europäisches Netzwerk von Schutzgebieten, die auf Grundlage der → FFH-Richtlinie von den Mitgliedsstaaten errichtet werden.

Naturdenkmal
gesetzlich geschütztes, meist in der Landschaft auffallendes Naturgebilde (Fels, Baum etc.)

Naturlandschaft
→ Landschaft, in der naturnahe Biozönosen vorherrschen

Naturräume
weitgehend durch natürliche (→ edaphische, klimatische, → biozönotische) Faktoren geprägte Landschaften, die je ein gewisses Ausmaß an Einheitlichkeit aufweisen

Nekrose; nekrotisch
Absterben von Pflanzengewebe bzw. abgestorbenes Gewebe, das noch in Verbindung mit lebendem Gewebe steht

Nematoden
Stamm der Fadenwürmer innerhalb der Häutungstiere *(Ecdysozoa)*; sie leben von Bakterien, Algen, Pilzen oder räuberisch, aquatisch und terrestrisch oder parasitisch in anderen Organismen

nemorale Zone
Vegetationszone der sommergrünen/winterkahlen Laubwälder in der nördlichen Hemisphäre

Neobiota
gebietsfremde Arten (Pflanzen: Neophyten, Pilze: Neomyzeten, Tiere: Neozoen); → Taxa, die absichtlich oder unabsichtlich durch die Tätigkeit des Menschen in ein Gebiet gelangen, das sie aus eigener Kraft nicht erreichen können. Meist für → Taxa verwendet, die mit Beginn der Neuzeit (nach 1500) in das betreffende Gebiet gelangt sind; vgl. → Archäobiota.

Niedermoor
= → Flachmoor: wasserreicher Biotoptyp (Vegetationstyp) mit Bindung an das → Grundwasser; Gegensatz: → Hochmoor

Niederterrasse
→ pleistozäne Flussterrasse der → Würm-Eiszeit; vgl. → Hochterrasse

Nördliche Kalkalpen
ostalpines → Deckensystem triadischer (→ Trias) bis alttertiärer Sedimente, vom → Ablagerungsgebiet auf das Vorland geglitten

Obermiozän = Oberes Miozän
vgl. → stratigraphische Tabelle (S. 79)

Oberostalpin
oberste → Gesteinsdecken des → Ostalpins; vgl. → Nördliche Kalkalpen, → Grauwackenzone

ökogeographisch
in → standortökologischer und/oder → biogeographischer Hinsicht

Ökologie, ökologisch
Wissenschaft von den Beziehungen zwischen den Organismen und ihrer Umwelt

ökologische Amplitude
Umfang und Breite der ökologischen Parameter, unter denen eine Art (oder ein infraspezifisches Taxon oder eine Population oder ein Individuum) überleben kann

ökophysiologisch
physiologische Vorgänge und Zusammenhänge, die sich auf die Wechselwirkung mit der Umwelt beziehen

Ökosystem
Gesamtheit von untereinander in Wechselwirkung stehenden → Biozönosen (→ Biotoptypen) und deren Beziehungs- und Wirkungsgefüge. In weitgefasstem Sinn ist auch ganz Wien als ein Ökosystem zu verstehen.

Ökoton
Übergangsbereich zwischen Ökosystemen. Die besonderen ökologischen Bedingungen von Übergangsbereichen können von spezialisierten Arten genutzt werden. Wichtig für → Biodiversität

oligotroph
nährstoffarm; vgl. → eutroph; → Trophiesystem

Oligozän
Abschnitt (Gesteinsformation) des → Tertiärs

Ordnung
→ taxonomische Rangstufe oberhalb der → Familie und unterhalb der → Klasse; z. B. Rostpilze *Uredinales*, Myrtenartige *Myrtales*, Kapernartige *Capparidales;* Käfer *Coleoptera*, Sperlingsvögel *Passeriformes*, Fledermäuse *Chiroptera*

organisch
sich auf Organismen oder auf → organische chemische Verbindungen beziehend. Gegensatz: → anorganisch

organische Verbindungen
große, komplexe, ± energiereiche, kohlenstoffhältige Moleküle, die im Allgemeinen nur von Organismen gebildet werden

Organismus
ein einzelnes Lebewesen, in seiner Struktur (→ Morphologie, Anatomie) und Funktion (Physiologie)

Organismen
= Mehrzahl von Organismus, Taxa. Auch: die Gesamtheit aller Taxa der → Prokaryota und → Eukaryota

orographisch
auf die Landschaftsgestalt bezüglich; in der Flussrichtung gesehen

Osmose, osmotisch
Diffusion durch semipermeable (halbdurchlässige) Membranen (Wasser und andere kleine Moleküle werden durchgelassen, größere nicht). Der dadurch entstehende Druck (osmotisches Potenzial) ist entscheidend wichtig für Wasseraufnahme und Wasserhaushalt der Pflanzenzelle und den Turgordruck (der das Welken verhindert).

Ostalpin
höchste tektonische (→ Tektonik) Großeinheit der Ostalpen; gliedert sich in → Unter-, Mittel- und → Oberostalpin

paläarktisch
in den gemäßigten und arktischen (also außertropischen) Zonen (geogr. Breiten) der Nordhemisphäre der Alten Welt verbreitet, d. i. in Eurasien

Paläopalynologie
Erforschung des fossilen → Pollens und fossiler → Sporen; vgl. → Palynologie

Paläozoikum
geologischer Zeitabschnitt: vgl. → stratigraphische Tabelle (S. 65)

Palynologie
Pollen- und Sporenkunde

Panaschierung
Phänomen, dass manche Pflanzen chlorophylllose, bleiche, weiße Streifen oder Flecken aufweisen, und zwar wegen Defekten bei der Ausbildung des Chlorophylls aufgrund genetischer Änderungen (Plastiden-Mutation) oder durch Virus-Infektion. Pflanzen mit panaschierten Laubblättern werden oft als Ziergewächse kultiviert.

Pangäa
Superkontinent zu Ende des → Paläozoikums, bei dessen Zerfall die Kontinente → Gondwanaland im Süden und → Laurasia im Norden entstanden sind

Pannonisches Becken
im → Pannonium; vgl. → stratigraphische Tabelle (S. 65, 79); vom Pannonischen See erfüllt, durch Verlandung nach Osten verlagert

Pannonium
= Pannon (Geologie:) Zeitabschnitt des Miozäns; → stratigraphische Tabelle (S. 65, 79)

Pannonicum
(Phytogeographie:) westlichste Florenprovinz innerhalb der Pannonisch-Pontisch-Südsibirischen Florenregion

Pararendzina
Humuskarbonatboden, der aus silikatischem Material entsteht; vgl. → Rendzina

Parasit, parasitisch
= Schmarotzer: → heterotrophes Lebewesen, das sich von anderen lebenden Organismenarten ernährt. Bei den parasitischen Pflanzen unterscheidet man → Halbparasiten (Hemiparasiten) mit grünen Blättern und Vollparasiten (Holoparasiten) ohne grüne Blätter.

Parasitoid
Tierart (in der Regel ein Insekt), die während ihrer Entwicklung → parasitisch lebt, zuletzt aber, im Gegensatz zum → Parasiten, ihren Wirt tötet

Paratethys
nördlicher Meeresarm der → Tethys, der vom → Eozän bis zum → Miozän Bestand hatte. Die Sedimentfüllung (→ Molasse) entspricht in Österreich und Bayern dem geographischen Begriff Alpenvorland.

Paratschernosem
Schwarzerdeboden, der aus kalkfreiem, silikatischem feinen Lockermaterial entsteht; vgl. → Tschernosem

Penninikum
großtektonische westalpine Deckeneinheit, die in den Ostalpen vom → Ostalpin überschoben ist, gegliedert in Nordpenninikum (→ Flyschzone) und Südpenninikum (Hohe Tauern)

Penninischer Ozean
Teil der → Tethys

periurbaner Bereich
die unmittelbare Umgebung einer Stadt

Pflanzengesellschaft
standorts- und konkurrenzabhängige und jeweils spezifische Kombination von Pflanzensippen in ihrem Lebensraum (→ Habitat). Ihre ökologischen Beziehungen und Gesetzmäßigkeiten untersucht die → Vegetationsökologie (Pflanzensoziologie). Der Vergleich der verschiedenen Pflanzengesellschaften führt zum hierarchischen pflanzensoziologischen System (Syntaxonomie).

phänologisch
auf die jahreszeitlichen Phänomene (Erscheinungen) der Organismen bezüglich, z. B. Blütezeiten, Auftreten von Insekten im Jahr

Photosynthese
physiologischer Prozess in den grünen Pflanzen, bei dem mithilfe des Chlorophylls aus Wasser und Kohlendioxid unter Nutzung der Energie des Lichts (Sonnenenergie) energiereiche → organische Verbindungen erzeugt werden, welche die energetische Lebensgrundlage für alle Organismen darstellen

phototoxisch
giftig wirkend, bei gleichzeitiger Einwirkung von Licht, meist Hautschäden verursachend

pH-Wert
Säuregrad (1 bis 14: unter 7 = sauer; über 7 = basisch, alkalisch; um 7 = neutral)

Phylogenetik
Erforschung der Stammesgeschichte und Verwandtschaft der → Taxa; Teilgebiet der Evolutionsforschung (→ Evolution)

Phylogeographie
Erforschung der phylogenetischen Zusammenhänge der geographischen Vorkommen von → Taxa; vgl. → Biogeographie

Phytogeographie
= Chorologie = Arealkunde: Teilgebiet der → Geobotanik, das die Gesetzmäßigkeiten der → Areale erforscht; vgl. → Biogeographie

Phytomasse
Gesamtheit der Masse aller lebenden Pflanzen; vgl. → Biomasse

Phytoplankton
pflanzliches → Plankton, d. i. hauptsächlich die Algenflora; vgl. → Zooplankton

Pilze
sehr verschiedenartige, strukturell niedrig organisierte, → heterotrophe, → eukaryotische Organismen. Nach heutiger Auffassung werden sie nicht mehr zum Pflanzenreich gezählt, sondern bilden ein eigenes Organismenreich; traditionellerweise werden sie jedoch in der Botanik behandelt. Bakterien, früher „Spaltpilze" genannt, und Strahlenpilze (= → Aktinomyzeten) sind keine Pilze.

Pionierpflanze
Pflanzenart, die Standorte besiedelt, wo sich noch keine stabile, geschlossene Vegetationsdecke gebildet hat, darunter auch Rohbodenbesiedler, die auf Standorten wachsen können, wo noch kein eigentlicher Boden ausgebildet ist und die Pflanzen daher auf mineralischem Substrat (z. B. Sand, Schotter, Fels) stocken

Plankton
Gesamtheit der im Wasser schwebenden Organismen ohne oder mit nur unwesentlicher Eigenbewegung

Plattentektonik
Lehre vom Aufbau der Erdkruste aus beweglichen Platten, ihren gebirgsbildenden Subduktionen („Verschluckungsbereichen") und Kollisionen

Pleistozän
= „Eiszeitalter", Zeitabschnitt im → Quartär; vgl. → stratigraphische Tabelle (S. 65)

Pliozän
Zeitabschnitt im → Jungtertiär; vgl. → stratigraphische Tabelle (S. 65)

Pollen (der!)
= Blütenstaub: Gesamtheit der Pollenkörner, die in den Staubblättern der Blüten erzeugt werden und nach der → Bestäubung und vor der → Befruchtung die männlichen Keimzellen (Spermien = Spermazellen) hervorbringen. Die Erforschung des Pollens und der Pollenformen betreibt die Palynologie. Fossiler Pollen wird in der → Paläopalynologie als stratigraphischer und paläökologischer Indikator genutzt.

Polyploidie
Vervielfachung des → Chromosomensatzes über das → diploide Niveau hinaus: Tetraplodie (vierfacher Chromosomensatz), Hexaploidie (sechsfacher) usw.; vgl. → Allopolyploidie

Polyploidisierung
Entstehung von → polyploiden Zellen oder Organismen, natürlich (als mutativer Evolutionsprozess) oder künstlich (in der Pflanzenzüchtung)

pontisch
bezüglich der Pontischen Florenprovinz, d. i. die klimatisch kontinentale, waldfreie Steppenlandschaft nördlich des Schwarzen Meeres (südliche Ukraine, südöstliches Russland). Der Ausdruck „pontisch" wird zuweilen auch für den Bereich des Pontischen Gebirges (südlich des Schwarzen Meers, in Nord-Anatolien) verwendet, einen klimatisch und biogeographisch völlig anderen Naturraum!

Pontium
Zeitabschnitt im → Miozän; vgl. → stratigraphische Tabelle (S. 65)

Population
räumlich zusammenhängende Gemeinschaft von Individuen, die derselben → Art angehören; bei sexuellen Organismen: lokale Fortpflanzungsgemeinschaft

Populationsdynamik
Veränderungen innerhalb von → Populationen

Primärproduzenten
Pflanzen (und Cyanobakterien, → Prokaryota), die mithilfe von → Chlorophyll und Sonnenenergie aus Kohlendioxid organische Verbindungen aufbauen

Primärsteppe
natürliche, von Klima oder Boden, aber nicht vom Menschen bedingte → Steppe. Gegensatz: → Sekundärsteppe.

Primärzersetzer
→ Destruenten, die sich am Anfang einer → Sukzession von abgestorbener organischer Substanz ernähren und diese für die weitere Zersetzung aufbereiten

Prokaryota
einzellige Organismen ohne echten Zellkern und ohne echte Sexualität: Archäbakterien und Bakterien (einschließlich der → „Blaualgen" = Cyanobakterien). Nur unter den Prokaryoten gibt es Arten, die den Luftstickstoff binden können; sie sind daher in den → Ökosystemen als → Symbionten wichtig.

Protein
= Eiweiß, Eiweißkörper: hochkomplexe, aus Aminosäuren zusammengesetzte organische Verbindungen, die von Organismen aufgebaut werden und deren Lebensgrundlage darstellen, somit die wichtigsten Baustoffe aller Organismen

Prothallium
Gametophyt (Geschlechtsgeneration) der Gefäßsporenpflanzen (= Farnartigen) *Pteridophyta:* die sich aus der → Spore entwickelnde Generation, d. s. kleine Pflänzchen (irreführend „Vorkeim" genannt), die die Geschlechtsorgane hervorbringen (und keine Ähnlichkeit mit der eigentlichen, adulten Pflanze haben). Aus der befruchteten Eizelle entwickelt sich der Sporophyt, d. i. die eigentliche Pflanze, die die → Sporen produziert.

Quartär
das jüngste Zeitalter der Erdgeschichte, die letzten rund 1,8 Millionen Jahre. Das Quartär gliedert sich in das → Pleistozön und das → Holozän; vgl. → stratigraphische Tabelle (S. 65)

Quarzit
durch → Metamorphose aus Quarzsand entstanden

Radiolarien
Strahlentierchen: einzellige Lebewesen mit Endoskelett aus SiO_2 (Kieselskelett)

Radiolarit
aus den abgelagerten Kieselskeletten von → Radiolarien entstandenes Gestein

Rasen, Rasengesellschaften
= „Grasland": sehr allgemeine Bezeichnung für weitgehend gehölzlose Vegetation, natürliche und → anthropogene Gesellschaften, umfasst → Steppen, → Wiesen, → Weiderasen, Almrasen, alpine Rasen, Kunstrasen usw.

Rasensteppe
pannonische Volltrockenrasen; vgl. → Steppe, → Felssteppe, → Wiesensteppe, → Halbtrockenrasen

Rasse
genetisch verschiedene innerartliche (infraspezifische) Variante: oft → Unterart (oder auch Varietät); vgl. → taxonomische Rangstufen. Künstliche (vom Menschen erzeugte) Pflanzenrassen (Produkte der Pflanzenzüchtung) nennt man → Sorten. In der Zoologie ist der Begriff R. nicht mehr in Verwendung.

Reiflinger Kalk
→ Hornstein führende → Gesteinsformation der Trias in den Nördlichen Kalkalpen

rekuperationsfähig
zur Wiedergewinnung fähig; (Elektrotechnik:) Bremsen erfolgt dadurch, dass der Elektromotor als Generator fungiert, also Strom erzeugt.

Rendzina
(Betonung auf der zweiten Silbe!) Humuskarbonatboden: aus Kalk- oder Dolomitgestein gebildet, schwarz, geringmächtig

rezent
in der heutigen, aktuellen Zeit; für lebende Arten oder bestehende Verhältnisse. Gegensatz: fossil, für ausgestorbene Arten oder frühere erdgeschichtliche Verhältnisse

Rhaetium
jüngster Zeitabschnitt der Trias (vgl. stratigraphische Tabelle S. 65)

Rhizom
unterirdischer Spross, auch „Wurzelstock" genannt (mit Niederblättern besetzt im Unterschied zur stets blattlosen Wurzel)

Rhizomgeophyt
→ Geophyt, dessen Überdauerungsorgan ein → Rhizom ist. Beispiele: Busch-Windröschen *Anemone nemorosa,* Salomonssiegel *Polygonatum odoratum*

Richtwertmiete
ersetzt neuerdings im Mietrechtsgesetz die Katego-

riemiete (Höhe je nach Ausstattungsstandard). Sie orientiert sich an einer Normwohnung, für die von der Landesregierung eine Grundmiete – der „Richtwert" – derzeit jährlich festgesetzt wird. Abweichungen von der Normwohnung wirken sich in Zu- und Abschlägen vom Richtwert aus.

Riss
Zeitabschnitt (Kaltzeit) im → Pleistozän (vgl. stratigraphische Tabelle S. 65)

Rodung
dauerhafte Entfernung des Waldes, Umwandlung in Kulturland. Gegensatz: Schlägerung = Holzernte im Zuge der Waldwirtschaft

Rote Liste
Verzeichnis der in einem bestimmten Land in verschiedenem Ausmaß gefährdeten, d. h. von Rückgang, Verschwinden und Aussterben bedrohten → Taxa. Am Beispiel Pflanzen: 730 Arten und Unterarten der Wiener Gefäßpflanzenflora (33 %) sind (in verschiedenem Ausmaß) gefährdet und stehen daher auf der Roten Liste.

Rückkreuzung
Kreuzung einer Hybride mit einem ihrer Eltern

ruderal, Ruderalflora, Ruderalfluren, Ruderalpflanzen
Pflanzenbestände, → Pflanzengesellschaften bzw. Pflanzenarten auf → Ruderalstandorten. Typische Ruderalarten sind z. B. Echt-Beifuß *Artemisia vulgaris,* Schöllkraut *Chelidonium majus,* Kerbelrübe *Chaerophyllum bulbosum,* Natternkopf *Echium vulgare.* Nur wenige Ruderalarten treten auch in → Segetalfluren auf, wie z. B. Hirtentäschel *Capsella bursa-pastoris* und Vogelknöterich *Polygonum aviculare.*

Ruderalstandorte
→ anthropogene → Habitate, meist mäßig bis sehr stark → eutroph, oft durch menschliche Eingriffe gestört, sodass → Pionierpflanzen und → Nährstoffzeiger vorherrschen; vgl. hingegen → Segetalstandort

Sand
ein → klastisches → Lockersediment, Korngröße 0,063 mm bis 2 mm

Sandstein
aus → Sand entstandenes Gestein, durch → Matrix gebunden; vgl. → klastische Sedimente

Saprobionten
Organismen, die sich von toten organischen Substanzen ernähren, = Zersetzer = → Destruenten. Meist für die niederen Organismen gebraucht; viele Bakterien und Pilze; Gegensatz: → Parasiten

saprotroph
Ernährung von toten organischen Stoffen. Gegensatz: → parasitisch

Sarmatium
Zeitabschnitt des → Miozäns; vgl. → stratigraphische Tabelle (S. 65, 79)

Satzbergzug
zur → Kahlenberger Decke zählende tektonische Einheit im Wiener Flysch-Wienerwald

Saum, Saumgesellschaften
Wald- und Gebüschrand bzw. die dafür charakteristischen → Pflanzengesellschaften

Saumriff
in Distanz zur Küstenlinie verlaufendes (Korallen)riff

Schanigarten
vor einer Gaststätte auf dem Gehsteig aufgestellter, von Topfpflanzen umgebener kleiner Gastgarten

Schichtung
(Geologie:) = Bankung: mehr oder weniger regelmäßige Abfolge grober Bänke oder dünner Lagen in Sedimentgesteinen und Vulkaniten

Schichtung der Waldvegetation
man unterscheidet (von unten nach oben) Moosschicht, → Krautschicht, Strauchschicht, Baumschicht

Schichtflächen
mehr oder weniger ebene Begrenzungsflächen einer geologischen Schicht

Schichtsilikate
dünnschichtige, aus SiO_4-Tetraedern gebildete Minerale (z. B.: → Glimmer)

Schlauchpilze
= *Ascomycota:* große Abteilung im System der Pilze, bei der die Sporen i. d. R. zu acht in einem schlauchförmigen Organ, dem Ascus, entstehen; dazu gehören viele mikroskopische (parasitische) Pilze, aber auch einige mit makroskopischen Fruchtkörpern wie z. B. die *Pezizales,* zu denen u. a. Becherlinge *Pezizaceae,* Trüffelpilze *Tuberaceae* und Morcheln *Morchellaceae* gehören; vgl. → Basidienpilze.

Schotter
= Kies: → klastisches → Lockersediment aus gerundeten Komponenten, mit Korngröße größer als 2 mm

Schotterflur
(Geologie:) in einer → Kaltzeit aufgeschüttete → Schotterterrasse; (Botanik:) Vegetation auf Schotter-Substrat

Schotterterrassen
flussbegleitende Sedimentkörper mit mehr oder weniger ebener Oberfläche

Schürflinge
im Allgemeinen: an der Unterseite einer tektonischen Einheit mitgeschleppte Schollen; z. B. Trias- und Jura-Sedimente aus außeralpinem (germanischem) Bereich an der Basis der Kalkalpen

Schutt
→ klastisches → Lockersediment aus eckigen Komponenten, mit Korngröße größer als 2 mm

Schwarzwild
= Wildschwein *Sus scrofa*

Schwendung (= Schwenden)
Entfernung des Baum- und/oder Strauchbestandes durch Abbrennen oder durch andere Abtötungsarten (Ringelung, Sense, Motorsäge)

Sediment
im Wasser oder an Land abgelagertes Gesteinsmaterial (Schotter/Schutt, Kies, Sand, Silt, Ton, anorganische und organische Organismenreste [wie z. B. Kalkgehäuse])

Sedimentgestein
bei der Diagenese (Gesteinsbildung im Laufe der Erdgeschichte) verfestigtes Sediment

Segetalflora
Gesamtheit der Segetalarten = Beikrautarten (→ Beikräuter). Typische Segetalarten sind Kornblume *Cyanus segetum,* Klatsch-Mohn *Papaver rhoeas,* Acker-Stiefmütterchen *Viola arvensis,* Groß-Venusspiegel *Legousia speculum-veneris,* Sommer-Adonis *Adonis aestivalis;* vgl. → Segetalstandorte.

Segetalfluren, Segetalgesellschaften
Bestände und → Pflanzengesellschaften der → Beikräuter; vgl. → Segetalstandorte

Segetalstandorte
Intensivkulturland: Äcker, Weingärten und Gärten. Im Einzelnen (bezüglich Nährstoffgehalt, pH-Wert, Feuchtigkeit, Klima) sehr verschiedene Habitate, gemeinsam ist die regelmäßige Störung durch Pflügen etc.; → Segetalflora; vgl. hingegen → Ruderalstandorte.

seichtgründig, Seichtgründigkeit (des Bodens)
= flachgründig; vgl. → Bodengründigkeit

Seismik
geophysikalische Methode zur Erforschung des Untergrunds mittels künstlicher Erdbebenwellen

Seitenverschiebung
= Blattverschiebung: Bruchfläche mit seitlicher Versetzung zweier tektonischer Körper

Sekundärsteppe
= → anthropogene Steppe (nach Waldrodung und Beweidung), im Unterschied zur → Primärsteppe

Sekundärzersetzer
→ Destruenten, die die Stoffwechselprodukte der → Primärzersetzer weiter zerlegen (abbauen)

Selektionsdruck
Begriff der Evolutionstheorie: Die Umweltbedingungen erzwingen bestimmte Anpassungen für ein Überleben. Ein trockener Standort z. B. zwingt gewissermaßen die Pflanzenwelt, trockenresistente Arten hervorzubringen oder auszuwählen, er übt also gleichsam einen Druck auf Evolutionsvorgänge aus.

sexuelle Fortpflanzung
= geschlechtliche Fortpflanzung: Nachkommen entstehen durch Vereinigung von Geschlechtszellen, meist durch → Befruchtung von Eizellen durch männliche Samenzellen (Spermien, Spermazellen). Gegensatz: → vegetative Fortpflanzung; vgl. auch → Apomixis

Silt
= Schluff: → klastisches → Lockersediment mit Korngröße zwischen 0,2 μm und 63 μm

Siltstein
aus → Silt entstandenes, durch → Matrix gebundes Gestein

Sippe
natürliche Verwandtschaftsgruppe (Abstammungsgemeinschaft) jedweden Umfangs; vgl. → Taxon. Der Begriff ist nur in der Botanik gebräuchlich.

Sorte
= Kulturrasse: genetisch verschiedene Variante, die unter Kulturbedingungen, durch Züchtungsmaßnahmen (gezielte Auslese, gezielte Kreuzungen) entstanden ist, somit gleichsam eine „künstliche Varietät"

Speichergesteine
poröse Gesteine (→ Sand, → Sandstein, → Dolomit), die in den Kornzwischenräumen Erdöl oder Erdgas speichern können

Sporen
in der Regel einzellige Fortpflanzungskörper der → Pilze und Pflanzen, aus denen sich ein neues Individuum entwickelt. Bei den Samenpflanzen (Blütenpflanzen) sind die Sporen sexualisiert, d. h. es gibt männliche, die etwa den transportfähigen Pollenkörnern (→ Pollen) entsprechen (→ Bestäubung), und weibliche, die in der Blüte eingeschlossen bleiben. Als → Diasporen (Fortpflanzungs- und Ausbreitungskörper) fungieren hier nicht die Sporen, sondern junge, mit Reservestoffen versehene Embryonen, die Samen. Da fossil erhaltungsfähig, werden die Sporen in der → Palynologie als stratigraphische und palökologische Indikatoren genutzt.

springende Gene
= jumping genes, Transposons: mobile DNA-Abschnitte innerhalb des → Genoms

Stammart
Abstammungsart, → phylogenetischer Vorfahre

Stammsippe
jene → Sippe, die der phylogenetische Vorfahre ist

Ständerpilze
= → *Basidiomycota*

Standort
= → Habitat. Sollte weder mit Fundort (geographischem Fundpunkt) noch mit → Biotop verwechselt werden!

Standortökologie
ökologische Verhältnisse des Habitats (= Standorts): Gesamtheit von → Makro-, → Meso- und → Mikroklima, → Bodentyp, → Bodenart, → Edaphon, Wasserversorgung, Nährstoffverhältnisse, → pH-Wert usw.

Staude
krautige, ausdauernde (perennierende), d. h. mehrere Jahre lang lebende, blühende und fruchtende Art. Man beachte den Unterschied gegenüber der Alltagssprache! Ausdrücke wie „Hollerstaude" sind daher aus botanischer und auch gärtnerischer Sicht falsch, denn der Schwarz-Holunder ist keine Staude, sondern ein Strauch. (Eine Staude ist hingegen der Zwerg-Holunder.)

Steinkohle
hochwertige → Kohle, → kreidezeitlich oder älter, meist → paläozoisch

Steinsalz
= NaCl (= Natriumchlorid), ein Eindampfungsmineral (Evaporit), das bei der Verdunstung von Meerwasser entsteht

Stenoendemit
→ Endemit mit verhältnismäßig kleinem Areal (= Verbreitungsgebiet), z. B. ein Art-Endemit, der nur auf einem einzigen Berg vorkommt

Steppe, Steppenrasen
baum- und strauchlose, von → Rasen beherrschte Vegetation aufgrund baumfeindlicher Standortbedingungen (z. B. zu trockenes oder zu kaltes Klima; anstehender Fels); vgl. → edaphische Steppe, → Primärsteppe, → Sekundärsteppe, → Felssteppe, → Rasensteppe, → Waldsteppe, → Wiesensteppe

Steppenwald
Trockenwaldbestände im Bereich der → Waldsteppe

Steppenroller
Pflanzen mit einem speziellen Diasporenausbreitungstyp: Die meist ± kugelig geformten fruchtenden Sprosssysteme brechen am Grund ab und werden vom Wind vertrieben, wobei die Früchte bzw. Samen allmählich und über größere (gehölzfreie) Flächen ausgestreut werden.

Stereoskop; stereoskopisch
Gerät zur optisch dreidimensionalen Wiedergabe; optisch dreidimensional

Stickstoffzeiger
Pflanzenarten auf Böden mit hohem Gehalt an Stickstoffverbindungen (Nitraten und Ammoniumverbindungen); vgl. → Zeigerpflanzen

Stomata (Einzahl: Stoma)
= Spaltöffnungen: dem Gasaustausch dienende, verschließbare (aus speziellen Zellen bestehende) Öffnungsapparate in der Oberhaut (insbes. der Laubblätter) der Landpflanzen

Störungszeiger
Pflanzenarten, die → anthropogene Eingriffe anzeigen, d. s. hauptsächlich → Pionierpflanzen und Arten von → Ruderal- und Segetalstandorten

Stratigraphie
Lehre von der Erdgeschichte. Im biologischen Sinn: Biostratigraphie (Gesteinsschichtfolgen mit ihrem fossilen Inhalt); in Bezug auf die Gesteinsschichtfolgen als solche: Lithostratigraphie; in Bezug auf die Zeitbegriffe: Chronostratigraphie

Subalpine Molasse
in den Bau der Alpen einbezogene und von diesen überschobene Anteile der → Molasse

submediterran
Klima, Vegetationszone oder Taxon mit der Hauptverbreitung in der submediterranen Zone, d. i. zwischen der mitteleuropäischen und der eumediterranen. Gekennzeichnet durch mäßige Sommertrockenheit und mäßigen winterlichen Frost; vgl. → mediterran

submers
im Wasser untergetaucht. Gegensatz: emers (= aus dem Wasser herausragend)

Sukkulenz, sukkulent
fleischig-saftig verdickte Ausbildung von Pflanzenorganen (meist zwecks Wasserspeicherung)

Sukzession
zeitliche Aufeinanderfolge von → Biozönosen (Lebensgemeinschaften) an ein und derselben Stelle als Folge der Veränderung der Standortbedingungen, welche durch die Biozönosen selbst verursacht werden

Sukzessionsstadium
Stadium innerhalb einer → Sukzession, z. B. Anfangs-, Folge- und Endgesellschaft

Süßwasserkalk (S.19)
im Süßwasser abgelagerter Kalk (z. B.: Eichkogel bei Mödling)

Symbiont
Partner einer → Symbiose

Symbiose
enges wechselseitiges Zusammenleben zweier verschiedener Organismen zu gegenseitigem Nutzen, Lebens- und Ernährungsgemeinschaft, gegenseitiger Parasitismus, z. B. → Knöllchenbakterie (Rhizobie) mit → Leguminose; → Mykorrhizapilz mit Baum

Taxon (Mehrzahl: **Taxa**)
wissenschaftlich (von der Taxonomie) erfasste und ins biologische System eingegliederte, mit einer → taxonomischen Rangstufe und einem wissenschaftlichen Namen versehene → Sippe, z. B. Österreichische Schwarz-Föhre *Pinus nigra subsp. nigra*, Kreuzotter *Vipera berus*, Veilchen *Viola*, Hummeln *Bombus*, Spechte *Picinae*, Nachtschattengewächse *Solanaceae*, Doldenblütler *Apiaceae*, Ameisen *Formicidae*, Hülsenfrüchtler *Fabales (= Leguminosae)*, Hautflügler *Hymenoptera*, Nadelhölzer *Coniferopsida*, Einkeimblättrige Pflanzen *Liliopsida (= Monocotyledoneae)*, Vögel *Aves*, Farnpflanzen *Pteridophytina*, Wirbeltiere *Vertebrata*. Auch, insbesondere in der Zoologie, gleichbedeutend mit → Taxon verwendet

Taxonomie
Teilwissenschaft der Biologie, sie ordnet die Organismen (die → Sippen bzw. → Taxa) entsprechend ihren Verwandtschaftsverhältnissen in ein (natürliches) System; vgl. → taxonomische Rangstufen

taxonomische Rangstufen
die Hauptrangstufen in der Hierarchie der botanischen Systematik sind: Varietät (varietas) – → Unterart (subspecies) – → Art (species) – Sektion (sectio) – → Gattung (genus) – Tribus (tribus) – → Familie (familia) – → Ordnung (ordo) – → Klasse (classis) – Abteilung (divisio) – Reich (regnum) – Domäne (domaena). Fallweise zusätzliche Rangstufen werden mit dem Wort „Unter-" zusammengesetzt, z. B. Unterfamilie (zwischen Tribus und Familie). In der zoologischen Systematik sehr ähnlich: Unterart – Art – Gattung – Familie – Ordnung – Klasse – Stamm – Reich. In manchen Fällen gibt es zusätzliche Rangstufen, die mit dem Wort „Über-" bezeichnet werden, z. B. Überfamilie (zwischen Familie und Ordnung).

technogenes Material
Bauschutt, Asche, Schlacke, Müll etc. als Boden-bildende Substrate

Tegel
Lokalausdruck in der Wiener Gegend für → Tonmergel (von lateinisch tegula = Ziegel), z. B. Badener Tegel

Tektonik
Lehre von den Prozessen und Begleiterscheinungen der Gebirgsbildungen, einschließlich der globalen → Plattentektonik

tektonisches Fenster
durch eine überlagernde, höhere tektonische Gebirgseinheit (→ Decke) durchdringende, an der Oberfläche sichtbare, tiefere tektonische Einheit (z. B.: Tauernfenster)

temperat
(in der Biogeographie:) gemäßigt, im Bereich des gemäßigten Klimas, d. i. zwischen tropisch und arktisch; z. B.: temperate Nordhemisphäre = (in der Botanik) Holarktis genannt, (in der Zoologie) Paläarktis (der Alten Welt) plus Nearktis (der Neuen Welt); temperate Mischwälder = sommergrüne, winterkahle Laubmischwälder des Jahreszeitenklimas

Ternitzer Konglomerat
küstennah gebildetes → Konglomerat des → Obermiozäns im südlichen Wiener Becken mit Großtierfährten in feinkörnigen Zwischenlagen

Terrassenbildung
vgl. → pleistozäne → Schotterterrassen

Tertiär
65 Millionen Jahre dauernder geologischer Zeitabschnitt zwischen dem → Mesozoikum und dem → Quartär; vgl. stratigraphische Tabelle (S. 65)

Tethys
zu Ende des Paläozoikums spaltet ein neuer Ozean – die Tethys – den Superkontinent Pangäa und schiebt sich zwischen Gondwanaland im Süden und Laurasia im Norden. Der Penninische Ozean ist ein Teil der Tethys. Afrika und andere Krustenplatten driften ab der Kreidezeit nach Norden und setzen die alpine Gebirgsbildung in Gang.

Thallus
nicht in Wurzeln, Sprossachsen und Blätter gegliederter Pflanzenkörper der → Algen und gewisser → Moose

Thermenlinie
Bruchzone am Alpenostrand, an der warme, mineralisierte Wässer an die Oberfläche kommen: Wien-Meidling – Baden – Bad Vöslau – Bad Fischau

Thermik
durch Erwärmung bewirkte Luftbewegungen

thermophil
wärmeliebend; vgl. → xerotherm

Tiefengestein
durch langsames Auskühlen von Gesteinsschmelze (= → Magma) in der Tiefe entstanden; z. B. → Granit

Tiefgründigkeit (des Bodens)
Mächtigkeit des Bodens; vgl. → Bodengründigkeit, → seichtgründig

Tintenfische
achtarmige Kopffüßer

Ton
→ klastisches → Lockersediment mit feinster Korngröße von 2 μm bis 0,2 μm

Tonkolloide
flüssiges Medium, in dem Tonminerale der Korngröße unter 2 μm verteilt sind

Tonmergel
→ Mergel mit hohem Anteil an Tonmineralen

Tonminerale
entstehen bei Silikatverwitterung, bilden die kleinste Fraktion der klastischen Sedimente mit Korngrößen von 2 μm bis 0,2 μm. Transport in Flüssen als Schwebfracht (→ Tontrübe)

Tonstein
→ klastisches, durch → Matrix gebundenes Sediment mit Korngrößen von 2 μm bis 0,2 μm

toxisch
= giftig; vgl. → phototoxisch

Trockenrasen
→ Rasengesellschaft, die durch große Trockenheit, zumindest während eines bestimmten, längeren Jahresabschnitts (Hochsommer) charakterisiert ist. Man unterscheidet Volltrockenrasen (vgl. → Walliserschwingelrasen, → Rasensteppe, → Felssteppe) und → Halbtrockenrasen; vgl. → Sekundärsteppe, → Wiesensteppe

Trockenzeiger
Pflanzenart, die auf längere Zeit trockenem Boden existieren kann

Trophiesystem, Trophiegrade
System zur Charakterisierung des Zustandes von Stillgewässern, dabei werden die Gewässer, je nach Nährstoffgehalt und organischer Produktion, in vier Trophiestufen eingeteilt: oligotroph (I), mesotroph (II), eutroph (III) und hypertroph (IV).

Troposphäre
die unterste, wetterwirksame Schicht der Atmosphäre, bis etwa 12 km Höhe reichend

Trübestrom
untermeerisch abgleitende Suspension von → Lockersedimenten, die sich in der Tiefe der Schwere nach absetzen; vgl. → Gradierung

Tschernosem
(eigentliche, russische Aussprache: tschirnasjóm) = Steppenschwarzerde-Boden; entsteht aus kalkhältigem Lockermaterial, z. B. aus Löss. Im pannonischen Gebiet; vgl. → Paratschernosem

Tuff
verfestigte vulkanische Asche. Auch: Pflanzen überkrustende Kalkausfällung im Süßwasser (Quelltuff) = Kalktuff, Travertin

Typuslokalität
(Geologie:) die Stelle, von der eine stratigraphische oder tektonische Gesteinseinheit oder ein Fossil erstmals wissenschaftlich beschrieben worden ist; (Biologie:) der Fundort, von dem eine → rezent lebende Art erstmals wissenschaftlich beschrieben wurde (= locus typicus, locus classicus)

Umtrieb
Veränderung des Waldbestandes durch forstliche (waldbauliche) Maßnahmen wie Schlägerung

Umwelt
(Biologie:) Die Umgebung eines Lebewesens, soweit sie auf dieses einwirkt und seine Lebensumstände beeinflusst, d. i. die Gesamtheit der für die jeweilige Organismensippe oder das jeweilige → Ökosystem maßgeblichen Faktoren (Ökofaktoren). – (Psychologie:) individuell gefilterte und verzerrte Abbildung der Außenwelt im Gehirn des Menschen (wahrgenommene und bewertete Umgebung).

Unterart
→ taxonomische Rangstufe oberhalb der Varietät und unterhalb der → Art. Unterarten sind (im Unterschied zu Arten) meist räumlich und/oder ökologisch, aber nicht genetisch vollständig voneinander getrennt: im Kontaktbereich gibt es Übergangsindividuen und -populationen („Zwischenformen"); sie unterscheiden sich auch weniger stark voneinander als Arten; es handelt sich jedoch um natürliche Einheiten, die sich auch bezüglich Verbreitungsareal und/oder Standortökologie eigenständig verhalten. Beispiele: Österreichische Schwarz-Föhre *Pinus nigra subsp. nigra* und die anderen geographischen Rassen wie z. B. *P. n. subsp. laricio* auf Korsika; Gewöhnlicher Echt-Wacholder *Juniperus communis subsp. communis* in niederen Lagen und Zwerg-Wacholder *J. c. subsp. nana* im Hochgebirge; Schwarze Wiesen-Küchenschelle *Pulsatilla pratensis subsp. nigricans* bei uns und die in Deutschland und Polen vorkommende Gewöhnliche Wiesen-Küchenschelle *P. p. subsp. pratensis;* Rabenkrähe *Corvus corone corone,* die westliche Unterart der Aaskrähe *C. corone* und Nebelkrähe *C. c. cornix,* die östliche Unterart derselben Art; vgl. → Rasse

Untermiozän
= Unteres Miozän (vgl. stratigraphische Tabelle S. 65, 79)

Unterostalpin (S.16)
Zu dieser Deckeneinheit (→ Decke) gehören im Wiener Raum die permischen bis mesozoischen, schwach → metamorphen Gesteine des Semmeringgebiets.

Ur-Donau (S.19)
Donauvorläufer im Jungtertiär von Krems über Hollabrunn bis Mistelbach. Dort Mündung ins Wiener Becken. Grobe Schotter und Sande markieren das ehemalige Flussbett bis zum Delta.

UV-färbig
das für das menschliche Auge (nicht aber für Insektenaugen) unsichtbare Ultraviolettlicht reflektierend

Variszisches Gebirge
im → Karbon/Perm entstandenes ehemaliges Hochgebirge in Europa, heute auf ein Mittelgebirge (Böhmische Masse) eingeebnet

Vegetation
Gesamtheit der → Pflanzengesellschaften eines bestimmten Gebiets. Gegensatz: → Flora

Vegetationsökologie
= Vegetationskunde: Teilwissenschaft der Botanik, erforscht die →Vegetation

vegetative Fortpflanzung
Bildung von Tochterpflanzen nicht durch Samen, sondern ungeschlechtlich durch vegetative Knospen: mittels Stockteilung, Ausläuferbildung, Bildung von Brutkörpern usw.

vegetative Ausbreitung
= klonale (→ Klon) Ausbreitung, d. h. durch → vegetative Fortpflanzung

Verdunstungspfanneneffekt
kleine Wasserflächen (Lacken) trocknen im Sommer aus; bei der Verdunstung reichern sich die im aufsteigenden Flüssigkeitsstrom mitgeführten Mineralien an der Oberfläche an (Prinzip der Destillation).

Vereisungszyklus
regelmäßig wiederkehrende Vereisungen im Verlauf der → pleistozänen Eiszeiten und der Späteiszeit

Verblendmauerwerk
an einer Ziegelmauer außen hochgezogenes und mit dieser verzahntes Steinmauerwerk, statisch die Gesamtlast mittragend

Verkarstung
vgl. → Karsterscheinungen

Verlandung, Verlandungsabfolge
(Vegetationsökologie:) → biogene → Sukzession am Ufer eines Gewässers. Vgl. hingegen → Anlandung. (Geologie:) Landwerdung vormaliger Wasserbecken (Meer, See) durch Sedimenteintrag oder Wasserspiegelabsenkung oder beides.

Verlandungszone
Uferbereich eines offenen Gewässers, in dem die → Verlandung abläuft.

volatil
= flüchtig, z. B. flüchtige Gase

Vulkanit
Ergussgestein, vulkanisches Gestein. An der Oberfläche erstarrte Lava oder aus vulkanischer Asche entstandenes vulkanogenes → Sediment

Wald
von Bäumen beherrschte natürliche oder naturnahe → Pflanzengesellschaft; vgl. jedoch → Forst

Waldsteppe
Übergangsbereich von Wald und Steppe (in der Pontischen Florenprovinz): Mosaik aus Waldfragmenten und Steppenrasen. Die pannonische Waldsteppe ist entweder → anthropogen (im Zuge der Weidewirtschaft) oder → edaphisch bedingt.

Wallisschwingelrasen
kontinentaler (pannonischer) Volltrockenrasen, benannt nach der für diese Pflanzengesellschaft bezeichnenden Süßgrasart Wallis-Schwingel *Festuca valesiaca;* vgl. → Steppenrasen, → Trockenrasen

Warmzeit
= → Interglazial. Wärmeperiode innerhalb einer → Eiszeit

Waschbergzone
tektonische Zone im niederösterreichischen Weinviertel (→ Klippenzone): von Falkenstein über Staatz und Ernstbrunn zum Waschberg streichend; verbindet die Alpen mit den Karpaten

Wasserrahmenrichtlinie der EU
Richtlinie 2000/60/EG des Europäischen Parlaments zur Schaffung eines Ordnungsrahmens der Gemeinschaft im Bereich der Wasserpolitik

Weichtiere
= Mollusken: übergeordnetes → Taxon, das → Muscheln, → Schnecken und → Kopffüßer umfasst

Weiden = Weiderasen
von Pflanzenfressern (Rindern, Pferden, Schafen, Ziegen) beweidetes Grasland. Gegensatz: Wiesen (das Gras wird gemäht und als Heu zur Winterfütterung verwendet.)

Werfen-Formation
= Werfener Schichten: → Tonsteine, heute schwach metamorphe Tonschiefer, die sich nach der variszischen Gebirgsbildung im Flachwasser der überflutenden Tethys absetzten. Typuslokalität: Werfen (Land Salzburg)

Wiener Becken
(geologisch gesehen:) durch Zerrungstektonik seit dem → Badenium zwischen dem Alpen/Karpaten-Bogen und dem Steirischen Block absinkendes Senkungsfeld mit anhaltender Senkungstendenz; zunächst Meeresbucht, zuletzt Süßwassersee, schließlich → Verlandung. Die Absenkung an steilen Brüchen wird begleitet von verstärkter Erdbebentätigkeit. Größte Beckentiefe über 5.000 m (Schwechater Tief, Zistersdorfer Tief). Vgl. → Thermenlinie. (geographisch gesehen:) Tiefland südlich von Wien und der Donau bis Gloggnitz. Das eigentlich dazugehörige → Marchfeld wird meist als eigene Landschaft behandelt.

Wienerwald
(geographischer Begriff:) Mittelgebirge unmittelbar westlich von Wien, nordöstlichster Ausläufer der Alpen; vom Alpenostrand bis zum Tal der Großen Tulln (im weiteren Sinn: bis zur Traisen) reichend; umfasst (kleine) kalkalpine Teile im Süden (nordöstliches Ende der Nördlichen Kalkalpen) und (größtenteils) Anteile der Flyschzone im Norden

Wiesen
= Mähwiesen: → anthropogene baum- und strauchfreie Vegetationstypen (→ Halbkulturformation), die regelmäßig gemäht werden, also gemähtes Grünland, somit Rasengesellschaften (→ Rasen), in denen sich nur mähresistente Arten halten können. Je nach Klimalage, Nährstoffreichtum, Wasserversorgung, → Bodentyp, pH-Wert usw. gibt es sehr verschiedene Wiesengesellschaften. Nährstoffarme Wiesen heißen → Magerwiesen, nährstoffreiche → Fettwiesen, extrem überdüngte → Intensivfettwiesen. Magerwiesen sind wesentlich naturnäher als Fettwiesen oder gar Intensivwiesen.

Wiesensteppe
pannonischer → Halbtrockenrasen (= → Sekundärsteppe); vgl. → Felssteppe, → Rasensteppe

Windkanter
vom sandbeladenen Wind zugeschliffene („facettierte") freiliegende Gerölle

Würm
Zeitabschnitt (Kaltzeit) des → Pleistozäns (vgl. stratigraphische Tabelle S. 65)

xerotherm
trocken-warm: klimawarme und zugleich klimatrockene → Habitate und → Biozönosen

Xylobionten
im und auf Holz lebende Organismen

Zeiger, Zeigerpflanzen
ökologische Indikatorpflanzen: Pflanzenarten, die unter bestimmten, meist extremen Standortbedingungen wachsen können und deren Vorkommen daher solche Standortverhältnisse anzeigen; z. B. Trockenzeiger, Nässezeiger, Klimawärmezeiger, Lehmzeiger, Säurezeiger, Nährstoffzeiger, Salzzeiger

Zellulose
Hauptbestandteil der pflanzlichen Zellwände: organische Verbindung, hochmolekulares Kohlenhydrat; vgl. → Lignin

Zersetzer
= → Destruenten

zoogeographisch
= tiergeographisch

Zooplankton
tierisches → Plankton

zweihäusig
= diözisch: das einzelne Individuum bildet entweder nur weibliche oder nur männliche Blüten. Beispiele: Eibe, Pappel, Groß-Brennnessel, Hopfen. Gegensatz: → einhäusig

Zwiebelgeophyt
→ Geophyt, dessen Überdauerungsorgan eine Zwiebel ist

Zwitter, zwittrig
Organismus oder Organ mit sowohl weiblichen als auch männlichen Geschlechtsorganen. In der Botanik: Blüte mit Organen beider Geschlechter. Gegensatz: eingeschlechtige Blüte; vgl. → einhäusig, → zweihäusig)

zygomorph
Blüte mit nur einer einzigen Symmetrieebene, z. B. Lippenblüte und Schmetterlingsblüte; Gegensatz: radiär

BILDQUELLENVERZEICHNIS

Abkürzungen

BFW	Bundesamt für Wald
BMLFUW	Lebensministerium
BOKU	Universität für Bodenkultur Wien
GBA	Geologische Bundesanstalt
IFFF	Institut für Forstschutz, Forstentomologie und Forstpathologie
MA 22	Magistratsabt. 22 – Umweltschutz
MA 41	Magistratsabt. 41 – Stadtvermessung
MA 45	Magistratsabt. 45 – Wiener Gewässer
MA 49	Magistratsabt. 49 – Forstamt und Landwirtschaftsbetrieb der Stadt Wien
NHMW	Naturhistorisches Museum Wien
ÖBIG	Gesundheit Österreich GmbH, ehemals: Österreichisches Bundesinstitut für Gesundheitswesen
ÖNB	Österreichische Nationalbibliothek
PID	Presse- und Informationsdienst
UBA	Umweltbundesamt
ZAMG	Zentralanstalt für Meteorologie und Geodynamik

Mit „Wikimedia Commons" gekennzeichnete Abbildungen stammen aus dem gleichnamigen Internet-Medienarchiv für gemeinfreie und frei-lizenzierte Medieninhalte. Der davor angeführte Name bezeichnet den Bildautor, die dahinter stehende Abkürzung (CC, PD, GNU) die Art der gemeinfreien Lizenz: www.commons.wikimedia.org.

Abbildungen

Cover	Orthofoto: MA 41; Bildflug: Bundesamt für Eich- und Vermessungswesen
16–17	Orthofoto: MA 41; Bildflug: Bundesamt für Eich- und Vermessungswesen
24–25	Copyright: Sorin Popa, shutterstock.de
26–27	Foto Alexander C. Mrkvicka
30–31	Daten ASTRA; Bearbeitung 3D-Visualisierung: Roland Grillmayer, Institut für Vermessung, Fernerkundung und Landinformation, BOKU
34–35	Foto Roland Berger
36	Atlas der Republik Österreich, Karte I/1a
37	Atlas der Republik Österreich, Karte III-9
38/1	Foto Kurt Zukrigl
38/2	Foto Kurt Zukrigl
39/3	Foto Kurt Zukrigl
39/4	Foto Kurt Zukrigl
41	Grafik Roland Berger nach Strasburger, Lehrbuch der Botanik, 35. Aufl., Abb. 12–4
22–44	Satellitenbild Landsat-TM Juli 1998, Bilddatenoptimierung Heribert Altziebler
45	Foto Alfred Havlicek
47	Wienmuseum, Inv. 40.132
48	Vladimir Tóth/Wikimedia Commons (CC)
49	Aus Strzygowski W. 1948: Die Städtebauliche Zukunft Wiens, Hölzel, Wien
50/o.	Foto Alfred Havlicek
50/u.	Foto Alfred Havlicek
51/o.	Foto Alfred Havlicek
51/u.	Foto Alfred Havlicek
52	Foto Alfred Havlicek
53/o.	Foto Alfred Havlicek
53/u.	Foto Martin Seger
54	Daten MODIS-NDVI; Bearbeitung Roland Grillmayer, Institut für Vermessung, Fernerkundung und Landinformation, BOKU
55/l.o.–u.	Daten MODIS-NDVI; Bearbeitung Roland Grillmayer, Institut für Vermessung, Fernerkundung und Landinformation, BOKU
55/o.r.	Schema Roland Berger
56/o.	Satellitenbild Landsat-TM, 1985, FWF-Schwerpunkt Fernerkundung, Rainer Kalliany
56/u.	Satellitenbild Landsat-TM, 1985, FWF-Schwerpunkt Fernerkundung, Rainer Kalliany
57/o.	Satellitenbild Landsat-TM, 1985, FWF-Schwerpunkt Fernerkundung, Rainer Kalliany
57/u.	Satellitenbild Landsat-TM, 1985, FWF-Schwerpunkt Fernerkundung, Rainer Kalliany
58–60	Pavel Major, Foto NHMW
61/1	Foto Thomas Hofmann, GBA
61/2	Foto Thomas Hofmann, GBA
61/3	Foto Thomas Hofmann, GBA
62/o.	Foto Alice Schumacher, NHMW
62/m.	Foto Heinz A. Kollmann, NHMW
62/u.	Foto Alice Schumacher, NHMW
63	Ausschnitt aus Geologischer Karte von Niederösterreich 1:200.000; GBA, 2002
64/o.	Geologische Übersichtskarte, GBA
64/u.	Grafik GBA
65/o.	Grafik GBA
65/u.	Grafik Monika Brüggemann-Ledolter, GBA
67/1	Foto Alfred Havlicek
67/2	Foto Alice Schumacher, NHMW
67/u.	Foto Alice Schumacher, NHMW
68/1	Foto Alice Schumacher, NHMW
68/2	Foto Alice Schumacher, NHMW
68/3	Foto Alfred Trummer, NHMW
68/4	Foto Godfrid Wessely
68/5	Foto Herbert Summesberger, NHMW
69/1	Foto Alice Schumacher, NHMW
69/2	Foto Herbert Summesberger, NHMW
69/3	Foto Alice Schumacher, NHMW
70/1	Foto Seegrotte Hinterbrühl, Schaubergwerk GmbH
70/2	Foto Alice Schumacher, NHMW
70/3	Foto Alice Schumacher, NHMW
71/1	Foto Alice Schumacher, NHMW
71/2	Foto Herbert Summesberger, NHMW
71/3	Foto Herbert Summesberger, NHMW
71/4	Foto Herbert Summesberger, NHMW
71/5	Foto Alice Schumacher, NHMW
72/1	Foto Alice Schumacher, NHMW
72/2	Foto Alice Schumacher, NHMW
72/3	Foto Alice Schumacher, NHMW
72/4	Foto Alice Schumacher, NHMW
72/5	Foto Alice Schumacher, NHMW
72/6	Foto Herbert Summesberger, NHMW
74/o.	Foto Lisa Reisenberger/ Airfield Spitzerberg
74/u.	Grafik nach Kurt Decker und Herwig Peresson, 1999
75/1	Grafik Alfred Rögl und Kriemhild Repp, NHMW
75/2	Grafik Alfred Rögl und Kriemhild Repp, NHMW
75/3	Grafik Alfred Rögl und Kriemhild Repp, NHMW
75/4	Grafik Alfred Rögl und Kriemhild Repp,

NHMW
75/u. Grafik Mathias Harzhauser, NHMW und Godfrid Wessely
76/l. Grafik Mathias Harzhauser, NHMW und Godfrid Wessely
76/r. Grafik Ralph Hinsch und Kurt Decker, Uni Wien, nach Daten von ACORN 2004 und ZAMG 2008
77 Foto F. Hrdlicka, in: Abel Othenio 1923, Wien, sein Boden und seine Geschichte, Wolfrum Verlag Wien
78/1 Foto Alice Schumacher, NHMW
78/2 Foto Werner E. Piller
78/3 Foto Alice Schumacher, NHMW
78/4 Foto Alice Schumacher, NHMW
78/5 Foto Alice Schumacher, NHMW
78/6 Foto Alice Schumacher, NHMW
79 Grafik Mathias Harzhauser, NHMW, Fotos Alice Schumacher, NHMW
80/1 Foto Alice Schumacher, NHMW
80/2 Foto Alice Schumacher, NHMW
80/3 Foto Alice Schumacher, NHMW
80/4 Foto Alice Schumacher, NHMW
81/o. Grafik GBA
81/u. Foto Alfred Havlicek
82/o. Grafik Monika Brüggemann-Ledolter, GBA
82/m. Rekonstruktion Erich Pucher, NHMW; Foto Alice Schumacher, NHMW
82/u. Foto Alice Schumacher, NHMW
83/o. Foto Herbert Summesberger, NHMW
83/m. Foto Alice Schumacher, NHMW
83/u. Foto OMV AG
84/o. Grafik Rocky Austria, GBA
84/u. Foto Alfred Havlicek
85/o. Foto Herbert Summesberger, NHMW
85/m. Foto Herbert Summesberger, NHMW
85/u. Foto Media Wien, MA 13
87 Foto Herbert Summesberger und Alice Schumacher, NHMW
88–90 aus Auer et al., 1989
92 aus Auer et al., 1989
93 Satellitenbild Landsat
94/l. Foto Roland Berger
94/r Karte Roland Berger verändert nach Bernhofer, C., 1991
95/1 aus Auer et al., 1989
95/2 aus Auer et al., 1989
95/u. aus Auer et al., 2001a
96/o. aus Auer et al., 1989
96/u. aus Auer et al., 2001a
97/o. aus Auer et al., 1989
97/1 Landsat 4
97/2 Landsat 5– Thematic Mapper
98/1 Foto Reinhard Böhm
98/2 aus Auer et al., 2001b
98/3 aus Auer et al., 2001b
99/o. ZAMG-HISTALP Datenbank (www.zamg.ac.at/histalp)
99/u. ZAMG-HISTALP Datenbank (www.zamg.ac.at/histalp)
100 ZAMG-HISTALP Datenbank (www.zamg.ac.at/histalp)
101 ZAMG-HISTALP Datenbank (www.zamg.ac.at/histalp)
102/l. Foto Reinhard Böhm
102/m. Foto Reinhard Böhm
102/r. Foto Reinhard Böhm
103/o. Foto Reinhard Böhm
103/u. Grafik Reinhard Böhm, ZAMG
104/1 Foto Reinhard Böhm
104/2 Foto Alois Tiefenbacher
104/3 Foto Alois Tiefenbacher
104/u. ZAMG-HISTALP Datenbank (www.zamg.ac.at/histalp)
105/o. Daten Klimadatenbank mon2 der ZAMG, Wien
105/u. Daten Klimadatenbank mon2 der ZAMG, Wien
106–108 Foto Hans Ringhofer
109 Foto Felix Seebacher
110 Foto Richard Niederreiter
112 Computergrafik Peter Pospisil
114/l Foto Dan Danielopol
114/2 Foto Dan Danielopol
115/1 Foto Dan Danielopol
115/2 Foto Dan Danielopol
115/u. Grafik Felix Seebacher
116 Foto Felix Seebacher
118/l. Foto Georg Janauer
118/r. Foto Peter Bürgmann
119 Daten MA 45
120/1 MA 45
120/2 MA 45
121/1 Foto Alexander C. Mrkvicka
121/2 Foto Andreas Gruber
121/m.l. Grafik nach Barbara Raunig, Diplomarbeit 2002 BOKU, verändert von Roland Berger
121/u. Foto Ingo Korner/AVL GmbH
122/o. Foto Ingo Korner/AVL GmbH
122/u. Foto Alexander C. Mrkvicka
123/1 Foto Roland Berger
123/2 Invisigoth67/Wikimedia Commons (GNU)
124 Foto Alexis Dujmic
125/o.1 Foto Isabella Kapriwa
125/o.2 Foto Thomas Hofmann
125/u.1 Foto Ulrike Wychera
125/u.2 Foto Ulrike Wychera
125/u.3 Foto Ulrike Wychera
125/u.4 Foto Johannes Hill
125/u.5 Foto Christoph Riegler
125/u.6 Foto Roland Berger
126 Grafik Norbert Kreuzinger
127/o. Grafik Norbert Kreuzinger
127/u. Grafik U. Humpesch und G. Wolfram
128 Grafik Gruppe Wasser (2000; verändert)
129/o. Grafik MA 45
129/u. Grafik Karl Donabaum und Martin Dokulil
130 Christian Fischer/Wikimedia Commons (CC)
131/o. Foto MA 45
131/u. Foto MA 45
132 Foto Patricia Riedler
133/o. Foto Georg Janauer
133/u. Foto Georg Janauer
134 Foto Biologisches Labor Wien-Ost/ Dr. Heinz Jaksch
135/o. Foto Georg Janauer
135/u. Binter/Wikimedia Commons (PD)
136–138 Foto Roland Berger
139 Foto Monika Sieghardt
140 Grafik Vera Dell'mour
141/o.l. Foto Monika Sieghardt
141/o.r. Foto Roland Berger
141/u. Foto Franz Ottner
142/o Foto/Grafik Monika Sieghardt
142/u Foto Monika Sieghardt
143 Grafik Roland Berger nach MA 22 Wiener Bodenbericht 2003
144 Karte Monika Sieghardt auf Basis einer Kartenskizze von O. Nestroy, der elektronischen Bodenkarte (eBod) des BFW (2005), forstlichen Standortkartierungswerken des BFW und des Institutes für Waldökologie der BOKU, Digitalisierung und Grafik Roland Berger
145/1 Foto/Grafik Monika Sieghardt
145/2 Foto Herbert Hager, Grafik Monika Sieghardt
146/4a Foto/Grafik Monika Sieghardt
146/4b Foto/Grafik Monika Sieghardt
146/6 Foto/Grafik Monika Sieghardt
147/7 Foto/Grafik Monika Sieghardt
147/8 Foto/Grafik Monika Sieghardt
148/9 Foto/Grafik Monika Sieghardt
148/10 Foto/Grafik Monika Sieghardt
149 Foto/Grafik Monika Sieghardt
150 Foto Monika Sieghardt
151/1 Foto Erhard Christian
151/2 Foto Erhard Christian
152/1 Foto Strobilomyces/Wikimedia Commons (GNU)
152/2 Foto Erhard Christian
152/3 Foto Erhard Christian
152/4 Foto Erhard Christian
152/5 Foto Erhard Christian
152/6 Foto Erhard Christian
153/o. Foto Erhard Christian
153/m. Foto Erhard Christian
153/u. Foto Erhard Christian
154/o. Foto Erhard Christian
154/u. Foto Erhard Christian
155/o. Nach Lubbock (1873). Original im Natural History Museum, London
155/u.l. Foto Erhard Christian
155/u.r. Foto Lubomir Kováč
156–158 Foto MA 49/S. Leputsch
160/1 Porträt Charles Darwin, Aquarell von George Richmond. Art Mechanic/ Wikimedia Commons, (PD)
160/2 Foto/Wikimedia Commons (PD)
160/3 Foto/Wikimedia Commons (PD)
161 Foto Manfred A. Fischer
163/1 Foto Alexander C. Mrkvicka
163/2 Foto Magnus Manske/ Wikimedia Commons (CC)
163/3 Foto Rolf Marschner
164/o. Foto Ilse Draxler, Helga Priewalder, GBA
164/u. Grafik Monika Brüggemann-Ledolter, GBA
165 Grafik Monika Brüggemann-Ledolter, GBA
166 Piotr Lipiarski, Maria Heinrich; GBA
167/l. Quelle Karte nach Vavra 2002
167/r. Franz Roubal, 1889–1967, copyright NHMW
169/1 Foto Alexander C. Mrkvicka
169/2 Foto Alexander C. Mrkvicka
169/3 Foto Alexander C. Mrkvicka
169/4 Foto Alexander C. Mrkvicka
170/o. Foto Jiri Bohdal/naturfoto.cz
170/u. Jackaranga/Wikimedia Commons (PD)
171 MA 49/A. Mrkvicka
174/o.l. Foto Alexander C. Mrkvicka
174/o.m. Grafik Roland Berger
174/o.r. Karte Roland Berger
174/u.l. Foto Christoph Riegler
174/u.m. Grafik Roland Berger
174/u.r. Karte Roland Berger
175/o.l. Foto Roland Berger
175/o.m. Grafik Roland Berger
175/o.r. Karte Roland Berger
175/u.l. Foto Gerald Ochsenhofer
175/u.m. Grafik Roland Berger
175/u.r. Karte Roland Berger
176/o.l. Foto Alexander C. Mrkvicka

176/o.m. Grafik Roland Berger
176/o.r. Karte Roland Berger
176/u.l. Foto Josef Pennerstorfer
176/u.m. Grafik Roland Berger
176/u.r. Karte Roland Berger
177/o.l. Foto Josef Pennerstorfer
177/o.m. Grafik Roland Berger
177/o.r. Karte Roland Berger
177/u.l. BS Thurner Hof/Wikimedia Commons (GNU)
177/u.m. Grafik Roland Berger
177/u.r. Karte Roland Berger
178/o.l. Foto Alexander C. Mrkvicka
178/o.m.l. Grafik Roland Berger
178/o.m.r. Foto Alexander C. Mrkvicka
178/o.r. Grafik Roland Berger
178/m. l. Foto Alexander C. Mrkvicka
178/m.m.l. Grafik Roland Berger
178/m.m.r. Foto Alexander C. Mrkvicka
178/m.r. Grafik Roland Berger
178/u.l. Naumann, Naturgeschichte der Vögel Mitteleuropas: Band IV, Tafel 12 – Gera, 1901
178/u.r. Karte Roland Berger und Günter Gollman verändert nach R. Peterson et al. (1985): Die Vögel Europas
180/o. Bild Wolfgang Rabitsch
180/1 Foto Alexander C. Mrkvicka
180/2 Foto Alexander C. Mrkvicka
181/1 Foto Alexander C. Mrkvicka
181/2 Foto Alexander C. Mrkvicka
181/3 Foto Alexander C. Mrkvicka
182/o. Foto Milos Andera/naturfoto.cz
182/u Grafik Roland Berger, verändert nach Blondel und Aronson (1999), Wikimedia Commons (PD)
183/1 Foto Alexander C. Mrkvicka
183/2 Foto Alexander C. Mrkvicka
183/3 Foto Alexander C. Mrkvicka
183/4 Foto Alexander C. Mrkvicka
184 Foto Alexander C. Mrkvicka
185/o.l. Foto Alexander C. Mrkvicka
185/o.r. Foto Alexander C. Mrkvicka
185/m.l. Foto Alexander C. Mrkvicka
185/u. Foto Frank Vincentz/ Wikimedia Commons (GNU)
186/o. Foto Roland Berger
186/u.l. Foto Alexander C. Mrkvicka
186/u.r. Foto Alexander C. Mrkvicka
187/l. Opuntia/Wikimedia Commons (CC), (GNU)
187/m. Wikimedia Commons
187/r. Nova/Wikimedia Commons (GNU)
188/1 Foto Wolfgang Rabitsch
188/2 Foto Wolfgang Rabitsch
188/l.m. Samashy/Wikimedia Commons
188/u.l. Foto Andreas Gruber
189/l. Foto Roland Berger
189/r. Foto Alexander C. Mrkvicka
190/o.1 Foto Thomas [illegible]/ Wikimedia Commons (GNU)
190/o.m. Foto Alexander C. Mrkvicka
190/o.r. Foto Alois Thaler
190/u.1 Foto HYDRA-Institut, Konstanz
190/u.m. Foto HYDRA-Institut, Konstanz
190/u.r. Foto M. Walzl
191/l. Karte Roland Berger, verändert nach Ulrich Prokop/Wikimedia Commons
191/r. Foto Wikimedia Commons (GNU)
192/o.l. IronChris/Wikimedia Commons (GNU), (CC)
192/o.r. Foto Roland Berger
192/l. Foto Stefan Wehr
195/o.1 Foto Alexander C. Mrkvicka
195/o.m. Foto Alexander C. Mrkvicka
195/o.r. Foto Alexander C. Mrkvicka
195/u.1 Foto Alexander C. Mrkvicka
195/u.2 Foto Alexander C. Mrkvicka
196/o.l. Quelle Stadtvermessung Wien
196/o.m. Quelle Stadtvermessung Wien
196/o.r. Quelle Stadtvermessung Wien
196/u.1 Wikimedia Commons/Uclax
196/u.2 Foto Sławomir Staszczuk/ Wikimedia Commons (GNU)
196/u.3 Foto Jiry; Bohdal/Wikimedia Commons (C)
197 Foto Thomas Bader
198/1 Foto Algirdas/Wikimedia Commons (GNU)
198/2 Foto Josef Pennerstorfer
199 Foto Josef Pennerstorfer
200 Grafik Roland Berger
202 Zeichnung Helmut Katzmann
203 Foto Maria Deweis
205 Magistrat Wien – ViennaGIS, Fachdaten Wiener Umweltschutzabteilung – MA 22, Basisdaten Stadtvermessung Wien – MA 41, Kartografie Klaus Kramer (MA 22)
206–210 Öl auf Leinwand, Peter Newrkla 2008
212 Foto Franz M. Grünweis
213 Entwurf Franz M. Grünweis und Thomas Wrbka, Kartografie Martin Prinz
214 Foto Thomas Wrbka
216 Zeichnung Pavel Major
217 Entwurf Franz M. Grünweis, Kartografie Martin Prinz
218/o. Foto Franz M. Grünweis
218/u. Foto Kurt Zukrigl
219/o. Foto Franz M. Grünweis
219/u. Foto Franz M. Grünweis
220 Foto Franz M. Grünweis
221/o. Foto Franz M. Grünweis
221/u. Foto Franz M. Grünweis
222 Foto Franz M. Grünweis
223 Fotos und Collage Roland Berger
224/o. Foto Franz M. Grünweis
224/l. Foto Franz M. Grünweis
225 ÖNB, E 8237D
226 Farblithographie; Wien Museum, IN: 87.278
227 Radierung auf Papier, Niederösterreichisches Landesmuseum, IN: A39/79, Foto Kathrin Labuda
228 Entwurf Thomas Wrbka, Kartografie Martin Prinz
229 Foto Thomas Wrbka
230 Österreichische Galerie, Belvedere, IN: 2106
231/1 ÖNB, E 8237D, Ausschnitt
231/2 Wien Museum, IN: 95139/3
232 Wien Museum, IN: 45104
233/1 ÖNB, E 8237D, Ausschnitt
233/2 Aus Johann Orth (o.J.): Die historischen Pläne und Karten des Johann Orth, Klosterneuburg, S. 110
234/1 Wien Albertina, IN: 6110
234/2 ÖNB, E 8237D, Ausschnitt
235/1 Wien Albertina, IN: 6110
235/2 Wien Albertina, IN: 6934
236/1 ÖNB, E 8237D, Ausschnitt
236/2 Aus Johann Orth (o.J.): Die historischen Pläne und Karten des Johann Orth, Klosterneuburg, S. 70
237/1 ÖNB, E 8237D, Ausschnitt
237/2 Aus Johann Orth (o.J.): Die historischen Pläne und Karten des Johann Orth, Klosterneuburg, S. 91
238/o.1 ÖNB, E 8237D, Ausschnitt
238/o.2 Wien Museum, IN: 23.888
238/u.1 ÖNB, E 8237D, Ausschnitt
238/u.2 Wien Museum, IN: 49.548/1
239 ÖNB, E 8237D, Ausschnitt
240 Wien Museum, IN: 71.341
241 Entwurf Franz M. Grünweis, Kartografie Martin Prinz
242/o. Foto Franz M. Grünweis
242/m. Foto Alexander C. Mrkvicka
242/u. Foto Alexander C. Mrkvicka
243/o. Wien Museum, IN: 66.291
243/u.1 Foto Franz M. Grünweis
243/u.2 Aus Johann Orth (o.J.): Die historischen Pläne und Karten des Johann Orth, Klosterneuburg, S. 106
244 Foto Franz M. Grünweis
245/o.l. Foto Franz M. Grünweis
245/m.l. Foto Franz M. Grünweis
245/m.r. Foto Franz M. Grünweis
245/u.l. Foto Franz M. Grünweis
245/u.r. Foto Franz M. Grünweis
246/1 Foto MA 49/Mrkvicka
246/2 Foto Gabriele Hasslacher
246/3 Foto Franz M. Grünweis
247/2 Foto Franz M. Grünweis
248/o. Foto Franz M. Grünweis
248/u. Foto Irene Drozdowski
249/1 Foto Franz M. Grünweis
249/2 Foto MA 49/Mrkvicka
249/3 Foto MA 49/Mrkvicka
250/1 Foto Alfred Havlicek
250/2 Foto Franz M. Grünweis
250/3 Foto Franz M. Grünweis
251/o.l. Entwurf Franz M. Grünweis und Thomas Wrbka, Kartografie Martin Prinz
251/o.m. Entwurf Thomas Wrbka, Kartografie Martin Prinz und Roland Berger
251/o.r. Entwurf Franz M. Grünweis, Kartografie Martin Prinz
251/u.l. Entwurf Franz M. Grünweis und Thomas Wrbka, Kartografie Martin Prinz und Roland Berger
251/u.m. Entwurf Franz M. Grünweis und Thomas Wrbka, Kartografie Martin Prinz und Roland Berger
251/u.r. Entwurf Franz M. Grünweis und Thomas Wrbka, Kartografie Martin Prinz
254–256 Foto Alexander C. Mrkvicka
257 Biosphärenpark Wienerwald
258 Foto MA 49/Mrkvicka
259/o. Foto Gabriele Weigelhofer
259/u.l. Foto Alexander C. Mrkvicka
259/u.r. Foto Alexander C. Mrkvicka
260 Foto MA 49/Mrkvicka
261 Foto MA 49/Mrkvicka
262/o. Grafik Roland Berger nach einem Foto von Wolfgang Willner
262/u. Foto Alexander C. Mrkvicka
263/o.l. Foto Roland Berger
263/o.r. Foto Roland Berger
263/u.1 Willow/Wikimedia Commons (GNU)
263/u.2 Foto MA 49/Mrkvicka
263/u.3 Foto Alexander C. Mrkvicka
264/o. Foto Alexander C. Mrkvicka
264/u. Jeffdelonge/Wikimedia Commons C
265/l. Foto Josef Pennerstorfer
265/r. Foto Alexander C. Mrkvicka
266/1 Foto Alexander C. Mrkvicka
266/2 Foto Alexander C. Mrkvicka
266/3 Foto Alexander C. Mrkvicka
266/4 Foto Alexander C. Mrkvicka
266/5 Foto Alexander C. Mrkvicka

266/6	Foto Alexander C. Mrkvicka
266/7	Foto Alexander C. Mrkvicka
266/8	Foto Alexander C. Mrkvicka
266/9	Foto Alexander C. Mrkvicka
267/1	Foto Alexander C. Mrkvicka
267/2	Foto Alexander C. Mrkvicka
267/3	Foto Alexander C. Mrkvicka
267/u.	Foto Alexander C. Mrkvicka
268/o.l.	Foto Birgit Schlick-Steiner und Florian Steiner
268/o.r.	Foto Birgit Schlick-Steiner und Florian Steiner
268/u.	Foto Birgit Schlick-Steiner und Florian Steiner
269/o.	Lebrac/Wikimedia Commons (GNU, CC)
269/u.	Foto Josef Pennerstorfer
270	Foto Alexander C. Mrkvicka
271/1 l.	Foto Alexander C. Mrkvicka
271/1 m.	Foto Alexander C. Mrkvicka
271/2	Foto Alexander C. Mrkvicka
271/3	Foto Alexander C. Mrkvicka
271/4	Foto Thomas Kirisits, IFFF-BOKU
272/1	Foto Alexander C. Mrkvicka
272/2	Foto Alexander C. Mrkvicka
273/o.	Foto Thomas Kirisits, IFFF-BOKU
273/u.	Foto Thomas Kirisits, IFFF-BOKU
274/1	Foto Alexander C. Mrkvicka
274/2	Foto Erhard Halmschlager, IFFF-BOKU
274/u.	Foto Thomas Kirisits, IFFF-BOKU
275	Grafik Vera Dell'mour nach einem Entwurf von Wolfgang Willner
276/o.	Foto Alexander C. Mrkvicka
276/u.	Foto Alexander C. Mrkvicka
277/o.	Foto Thomas Hochebner
277/u.l.	Foto Josef Pennerstorfer
277/u.m.	Foto Josef Pennerstorfer
277/u.r.	Foto Josef Pennerstorfer
278/o.	Foto Alexander C. Mrkvicka
278/u.	Foto MA 49/Mrkvicka
279/o.1	Foto Thomas Kirisits, IFFF-BOKU
279/o.2	Foto Erhard Halmschlager, IFFF-BOKU
279/u.1	Foto Alexander C. Mrkvicka
279/u.2	Foto Alexander C. Mrkvicka
279/u.3	Foto Alexander C. Mrkvicka
280/o.r.	Foto Roland Berger
280/m.l.	Foto Alexander C. Mrkvicka
280/u.	Foto Roland Berger
281/l.o.	Foto Alexander C. Mrkvicka
281/l.m.	Robert Nordsieck/Wikimedia Commons (CC)
281/u.1	Foto Alois Thaler
281/u.2	Foto Alois Thaler
281/u.3	Foto Alois Thaler
282/o.1	aus Naumann, Naturgeschichte der Vögel Mitteleuropas, Band VIII, Tf. 12 – Gera, 1902
282/o.r.	Foto Irene Drozdowski
282/u.1	Foto Alexander C. Mrkvicka
282/u.m.	Foto Alexander C. Mrkvicka
282/u.3	Foto Alexander C. Mrkvicka
283/o.	Foto Thomas Kirisits, IFFF-BOKU
283/u.	Foto Thomas Kirisits, IFFF-BOKU
284/o.	Foto Alexander C. Mrkvicka
284/m.l.	Foto Alexander C. Mrkvicka
284/u.1	Foto Alexander C. Mrkvicka
284/u.2	Foto Alexander C. Mrkvicka
285/l.	Österreichische Galerie Belvedere, Wien I.N.: 3167
285/r.	Niederösterreichisches Landesmuseum, Foto Gerald Lechner
286/l.o.	Foto Josef Pennerstorfer
286/l.u.	Foto Alexander C. Mrkvicka
286/r.	Foto MA 49/Mrkvicka
287/o.l.	Foto MA 49/Mrkvicka
287/o.r.	Foto MA 49/Mrkvicka
287/u.	Foto Alexander C. Mrkvicka
288/o.	Foto Manfred A. Fischer
288/u.	Foto Roland Berger
289/1	Foto Alexander C. Mrkvicka
289/2	Foto Alexander C. Mrkvicka
289/3	Foto Alexander C. Mrkvicka
290/o.l.	Foto Josef Pennerstorfer
290/o.r.	Foto Josef Pennerstorfer
290/u.l.	Foto Alexander C. Mrkvicka
290/u.r.	Foto Josef Pennerstorfer
291/o.1	Foto Alexander C. Mrkvicka
291/o.2	Foto Alexander C. Mrkvicka
291/u.1	Foto Hans-Jürgen Martin
291/u.2	Foto Hans-Jürgen Martin
292	Foto Alexander C. Mrkvicka
293	Foto Alexander C. Mrkvicka
294	Wofl/Wikimedia Commons (CC)
295/l.	Foto Alexander C. Mrkvicka
295/r.	Foto Rolf Marschner
296/o.	Foto Alexander C. Mrkvicka
296/u.	Foto Irene Drozdowski
297/o.	Foto Alexander C. Mrkvicka
297/u.	Foto Manfred A. Fischer
298/o.	Foto Jiri Bohdal
298/u.	Foto Alexander C. Mrkvicka
299/o.	Grafik Susanne Leputsch
299/u.1	Foto Rolf Marschner
299/u.2	Foto Alexander C. Mrkvicka
299/u.3	Foto Alexander C. Mrkvicka
300/o.l.	Foto Josef Pennerstorfer
300/o.r.	Foto Josef Pennerstorfer
300/u.	Foto Rolf Marschner
301/o.l.	Foto Josef Pennerstorfer
301/o.r.	Foto Josef Pennerstorfer
301/l.	Foto Alexander C. Mrkvicka
302/o.	Foto Alexander C. Mrkvicka
302/l.m.	Foto Rolf Marschner
302/l.u.	Foto Volker Fockenberg
303/o.1	Foto Alois Thaler
303/o.r.	Foto Alois Thaler
303/u.	Foto Irene Drozdowski
304/o.	Foto Alexander C. Mrkvicka
304/u.	Foto Alexander C. Mrkvicka
305/o.	Grafik Johann Waringer
305/u.	Grafik Johann Waringer, Ferdinand Dietrich
306/o.1	Foto Johann Waringer
306/o.2	Foto Johann Waringer
306/m.l.	Foto Ulrike Altmann
306/u.1	Grafik Johann Waringer
306/u.2	Grafik Johann Waringer, Ulrike Altmann
307/1	Foto Johann Waringer
307/2	Foto Johann Waringer
307/3	Foto Johann Waringer
307/4	Foto Johann Waringer
307/5	Foto Ferdinand Dietrich
307/6	Foto Johann Waringer
308/o.l.	Foto Andrea Waringer-Löschenkohl
308/o.m.	Foto Franziska Werba
308/o.r.	Foto Andrea Waringer-Löschenkohl
308/u.1	Foto Johann Waringer
309/o.1	Foto Johann Waringer
309/o.m.2	Foto Johann Waringer
309/o.r.2	Foto Andrea Waringer-Löschenkohl
309/u.l.	Foto Josef Pennerstorfer
309/u.r.	Foto Johann Waringer
310/o.l.	Foto Alois Thaler
310/o.r.	Foto Alois Thaler
310/u.1	Foto Gabriele Weigelhofer
310/u.2	Grafik Johann Waringer, Gabriele Weigelhofer
311/o.l.	Foto Alexander C. Mrkvicka
311/a	Foto Gabriele Weigelhofer
311/b	Foto Gabriele Weigelhofer
311/c	Foto Gabriele Weigelhofer
311/u.1	Foto Johann Waringer
311/u.2	Grafik Johann Waringer, Gabriele Weigelhofer
312/o.	Foto Alexander C. Mrkvicka
312/u.l.	Gerald Volp/Wikimedia Commons (GNU)
312/u.r.	Foto Roland Berger
313/1	Grafik Monika Wenzl, Überarbeitung Vera Dell'mour
313/2	Foto MA 49/Mrkvicka
314/l.	Landsat
314/r.	BEV/MA 41
315	Foto Alfred Havlicek
316/1	Grafik Waldzustand Wienerwald/ Werner Pillmann
316/2	Grafik Waldzustand Wienerwald/ Werner Pillmann
316/u.	Foto Manfred A. Fischer
317	Foto Alexander C. Mrkvicka
318	Media Wien
319	Foto Alexander C. Mrkvicka
320/l.	Foto Roland Berger
320/r.	Foto Rosenzweig/ Wikimedia Commons (GNU)
321/l.	Foto Thomas Kirisits, IFFF-BOKU
321/r.	Foto Thomas Kirisits, IFFF-BOKU
322	Foto Roland Berger
323/1	Foto Alexander C. Mrkvicka
323/2	Foto Jiří Berkovec/ Wikimedia Commons (CC)
323/3	Foto Thomas Laessoe
323/4	Foto Josef Pennerstorfer
323/5	Foto Roland Berger
323/6	Foto Josef Pennerstorfer
323/7	Foto Josef Pennerstorfer
324/l.	Foto Thomas Kirisits, IFFF-BOKU
324/r.	Foto Thomas Kirisits, IFFF-BOKU
325/o.	Foto Dietmar Nill/linnea images Foto Alexander C. Mrkvicka
326/o.	Foto Josef Pennerstorfer
326/u.	Foto Alexander C. Mrkvicka
327/o.	Foto Thomas Bader
327/m.	Foto Christoph Riegler
327/u.	Foto Alexander C. Mrkvicka
328–330	Foto Alfred Havlicek
332	Aus Peter Mohilla und Franz Michlmayr (1996) Donauatlas Wien, Geschichte der Donauregulierung auf Karten und Plänen aus vier Jahrhunderten, Kap.3.2
334	Foto L. Beckel, Salzburg/1970
335/l.	Foto Kurt Zukrigl
335/r.	Foto Alfred Havlicek
337/o.l.	Foto Luise Schratt-Ehrendorfer
337/o.r.	Foto Luise Schratt-Ehrendorfer
337/u.l.	Foto Alexander C. Mrkvicka
337/u.r.	Foto Alexander C. Mrkvicka
338/1	Foto Christoph Riegler
338/2	Foto Christoph Riegler
338/3	Foto Rolf Marschner
338/4	Foto Rolf Marschner
339	Foto Alfred Havlicek
340–341	Grafik Vera Dell'mour nach Werner Lazowski
343/1	Foto HYDRA-Institut, Konstanz
343/2	Foto HYDRA-Institut, Konstanz
344/1	Foto Alexander C. Mrkvicka
344/2	Foto Alexander C. Mrkvicka
344/3	Foto Alexander C. Mrkvicka
345	Foto Harald Peki/Wikimedia Commons (C)

346/1 Foto Alexander C. Mrkvicka
346/2 Foto Alexander C. Mrkvicka
346/3 Foto Alexander C. Mrkvicka
347/1 Foto Alexander C. Mrkvicka
347/2 Foto Alexander C. Mrkvicka
348 Foto Alexander C. Mrkvicka
349/o. Foto Friedrich Grotensohn
349/1 Foto Friedrich Grotensohn
349/2 Foto Friedrich Grotensohn
349/3 Foto Friedrich Grotensohn
349/4 Foto Friedrich Grotensohn
350–351 Zeichnungen Peter Newrkla
352/o. Foto Klement Tockner
352/u. Foto Irene Drozdowski
353/o. Foto Luise Schratt-Ehrendorfer
353/u. Andreas Trepte/Wikimedia Commons (CC)
354/o. Foto Luise Schratt-Ehrendorfer
354/u.1 Foto Alexander C. Mrkvicka
354/u.2 Foto Luise Schratt-Ehrendorfer
355/1 Foto Luise Schratt-Ehrendorfer
355/2 Foto Luise Schratt-Ehrendorfer
356/o.l. Foto Alexander C. Mrkvicka
356/o.r. Foto Alexander C. Mrkvicka
356/u.1 Foto Alexander C. Mrkvicka
356/u.2 Nova/Wikimedia Commons (GNU)
357/o.l. Frank Vincentz/Wikimedia Commons (GNU)
357/o.r. Frank Vincentz/Wikimedia Commons (GNU)
357/u.1 Foto Luise Schratt-Ehrendorfer
357/u.2 Foto Josef Pennerstorfer
358/o. Foto Luise Schratt-Ehrendorfer
358/u.1 Foto Luise Schratt-Ehrendorfer
358/u.2 Daniel Ullrich/Wikimedia Commons (CC)
358/u.3 Foto Roland Berger
359 aus Hein & Baranyi 2002, verändert
360 Foto Alexander C. Mrkvicka
361 o. Foto Alexander C. Mrkvicka
361/u. Foto Alexander C. Mrkvicka
362/1 Foto Judith Römer/ DWS Hydro-Ökologie GmbH
362/2 Foto Judith Römer/ DWS Hydro-Ökologie GmbH
362/3 Foto Judith Römer/ DWS Hydro-Ökologie GmbH
362/4 Foto Judith Römer/ DWS Hydro-Ökologie GmbH
362/5 Foto Judith Römer/ DWS Hydro-Ökologie GmbH
362/6 Foto Judith Römer/ DWS Hydro-Ökologie GmbH
363/o. Foto Alexander C. Mrkvicka
363/u.1 Christian Fischer/Wikimedia Commons (CC)
363/u.2 Velela/Wikimedia Commons (PD)-self
364/o. Foto Heiko Bellmann
364/m.l. Foto Alexander C. Mrkvicka
364/u.l. Foto Alexander C. Mrkvicka
364/u.r. Foto Alexander C. Mrkvicka
365/o.1 Foto Alexander C. Mrkvicka
365/o.2 Foto Alexander C. Mrkvicka
365/u. Foto Alexander C. Mrkvicka
366/o. Foto Alexander C. Mrkvicka
366/m.l. Foto Irene Drozdowski
366/u.l. Foto Alexander C. Mrkvicka
366/u.r. Foto Luise Schratt-Ehrendorfer
367 Foto Alexander C. Mrkvicka
368/o. Foto Alexander C. Mrkvicka
368/u.1 Foto Johannes Hill
368/u.2 Foto Christoph Riegler
369/o.1 Foto Alexander C. Mrkvicka
369/o.2 Foto Alexander C. Mrkvicka
369/u. Foto Nationalpark Donau-Auen/ Baumgartner
370/o. Tigerente/Wikimedia Commons (GNU)

370/u. Foto Alexander C. Mrkvicka
371/o.1 Foto Alexander C. Mrkvicka
371/o.2 Foto Alexander C. Mrkvicka
371/u.1 Foto Luise Schratt-Ehrendorfer
371/u.2 Foto Luise Schratt-Ehrendorfer
371/u.3 Foto Alexander C. Mrkvicka
372/1 Foto Alois Thaler
372/2 MPF/Wikimedia Commons (GNU)
373/3 Foto Andreas Gruber
373/4 Foto Andreas Gruber
373/5 Foto Alois Thaler
373/6 Foto Alois Thaler
373/7 Foto Alois Thaler
373/8 Foto Alois Thaler
373/9 Foto Alois Thaler
373/10 Foto Andreas Gruber
373/11 Foto Alois Thaler
373/12 Foto Andreas Gruber
373/13 Foto Alois Thaler
373/14 Foto Andreas Gruber
373/15 Foto Andreas Gruber
373/16 Foto Alois Thaler
373/17 Foto Alois Thaler
374/o. Foto Alexander C. Mrkvicka
374/u. Foto Luise Schratt-Ehrendorfer
375/o. Bernd Haynold/Wikimedia Commons (GNU)
375/u.l. Foto Johanna Sieber/KLIVV
375/u.m. Foto Gerald Navara
375/u.r. Foto Johanna Sieber/KLIVV
376 Foto Luise Schratt-Ehrendorfer
377/o.1 Foto Alexander C. Mrkvicka
377/o.2 Jean-Pol Grandmont/ Wikimedia Commons (CC)
377/u. Foto Alfred Havlicek
378/1 Foto Luise Schratt-Ehrendorfer
378/2 Foto Alexander Urban
379/o.1 Foto Luise Schratt-Ehrendorfer
379/o.2 Foto Luise Schratt-Ehrendorfer
379/u. Foto Jiri Bohdal/naturfoto.cz
380/o. Alexander C. Mrkvicka
380/1 Alexander C. Mrkvicka
380/2 Foto Luise Schratt-Ehrendorfer
381/o.1 Alexander C. Mrkvicka
381/o.2 Bernd Haynold/Wikimedia Commons (GNU)
381/u.l. Foto Rolf Marschner
381/u.r. Foto Rolf Marschner
382/o.l. Foto Roland Berger
382/o.r. Foto Roland Berger
382/u.1 Foto Slawomir Staszczuk/ Wikimedia Commons (CC)
382/u.2 Foto Frank Drebin/ Wikimedia Commons (GNU)
382/u.3 Foto Andreas Gruber
382/u.4 Foto Andreas Gruber
383 Foto Alexander C. Mrkvicka
384/o.1 Jean Tosti/Wikimedia Commons (GNU)
384/o.2 Alexander C. Mrkvicka
384/o.3 Alexander C. Mrkvicka
384/o.4 Alexander C. Mrkvicka
384/u.l. Foto Luise Schratt-Ehrendorfer
385/o. 1938: Luftbild MA 41, Auswertung Wilfried Doppler 1989, Bildauswahl und Ausschnitt Gottfried Haubenberger MA 49
385/o. 1986: Luftbild MA 41, Auswertung Wilfried Doppler 1989, Bildauswahl und Ausschnitt Gottfried Haubenberger MA 49
385/o. 2007: Luftbild MA 41, Auswertung Wilfried Doppler 1989, Bildauswahl und Ausschnitt Gottfried Haubenberger MA 49
385/u. 1955: Foto Friedrich Ehrendorfer
385/u. 2000: Foto Luise Schratt-Ehrendorfer
386/1 Orchi/Wikimedia Commons (GNU)

386/2 Foto Luise Schratt-Ehrendorfer
386/3 Alexander C. Mrkvicka
386/u. Svdmolen/Wikimedia Commons (GNU)
387 Foto Luise Schratt-Ehrendorfer
388 Foto Sergey Yeliseev/ Wikimedia Commons (CC)
389 Foto MA 49/G. Haubenberger
390 Foto Wolfgang Simlinger
391 Ferdinand Georg Waldmüller 1849, Große Praterlandschaft. Öl auf Holz. Belvedere, Wien
392–394 Foto Irene Drozdowski
395 Foto Rolf Marschner
397/o. Karte Roland Berger nach Angaben von Manfred A. Fischer
397/u. Karte Roland Berger nach Angaben von Manfred A. Fischer
398 Foto Rolf Marschner
399/1 Foto Alexander C. Mrkvicka
399/2 Foto Alexander C. Mrkvicka
400/o.l. Foto Alexander C. Mrkvicka
400/o.r. Foto Alexander C. Mrkvicka
400/u.l Foto Rolf Marschner
400/u.m. Foto Rolf Marschner
400/u.r. Foto Alexander C. Mrkvicka
401/o.1 Foto Alexander C. Mrkvicka
401/o.2 Foto Manfred A. Fischer
401/o.3 Saharadesertfox/ Wikimedia Commons (GNU)
401/o.4 Foto Archenzo/Wikimedia Commons (GNU)
401/u.l. Foto Rolf Marschner
401/u.r. Foto Alexander C. Mrkvicka
402/l. Foto MA 49/Mrkvicka
402/m. Foto Alexander C. Mrkvicka
402/r. Foto MA 49/Mrkvicka
403/l. Jeffdelonge/Wikimedia Commons (C)
403/r. Alvesgaspar/Wikimedia Commons (GNU)
404/o. Foto Roland Berger
404/u. Foto Rolf Marschner
405/o.1 l. Foto Alexander C. Mrkvicka
405/o.1 m. Foto Alexander C. Mrkvicka
405/o.2 Bernd Haynold/Wikimedia Commons (GNU)
405/o.3 Foto Rolf Marschner
405/u.1 Foto Rolf Marschner
405/u.2 Foto MA 49/Mrkvicka
406/o.1 Dominik Stodulski/ Wikimedia Commons (GNU)
406/o.2 Foto MA 49/Mrkvicka
406/u. Foto Christoph Riegler
407/1 Dodoni/Wikimedia Commons (GNU)
407/2 Foto Josef Pennerstorfer
407/3 Foto Josef Pennerstorfer
407/4 Foto Josef Pennerstorfer
408/o. Foto Alexander C. Mrkvicka
408/m.l. Foto Rolf Marschner
408/m.r. Foto Manfred A. Fischer
408/u. Foto Irene Drozdowski
409/1 Foto Rolf Marschner
409/2 Foto Alexander C. Mrkvicka
409/3 Foto Alexander C. Mrkvicka
409/4 Foto Rolf Marschner
409/5 BerndH/Wikimedia Commons (GNU)
409/6 Foto Rolf Marschner
409/u. Foto Rolf Marschner
410/o.1 Foto Alexander C. Mrkvicka
410/o.2 Foto Alexander C. Mrkvicka
410/o.3 Foto Irene Drozdowski
410/u.1 Foto Bernd Haynold/ Wikimedia Commons (GNU)
410/u.2 Foto Alexander C. Mrkvicka
411/o.1 Foto Irene Drozdowski
411/o.2 Foto Jeffdelonge/Wikimedia Commons (C)

411/o.3 Foto Alexander C. Mrkvicka
411/o.4 Foto Gabriele Krumm/Bötzingen
411/u.1 Foto Rolf Marschner
411/u.2 Foto Rolf Marschner
412 Foto Irene Drozdowski
413/1 Foto Josef Pennerstorfer
413/2 Foto Josef Pennerstorfer
413/3 Foto Josef Pennerstorfer
413/4 Foto Josef Pennerstorfer
413/5 Foto Josef Pennerstorfer
413/6 Foto Josef Pennerstorfer
414/1 Foto Josef Pennerstorfer
414/2 Foto Josef Pennerstorfer
414/3 Foto Josef Pennerstorfer
414/4 Foto Josef Pennerstorfer
415/l. Foto Hans-Jürgen Martin
415/m. Foto Bernhard Jacobi
415/r. Foto Bernhard Jacobi
416/1 Foto Josef Pennerstorfer
416/2 Foto Josef Pennerstorfer
416/3 Foto Alexander C. Mrkvicka
416/4 Foto Friedrich /Böhringer Wikimedia Commons C
416/5 Fritz Geller-Grimm/ Wikimedia Commons (CC)
416/6 Foto Heiko Bellmann
417/1 Foto Florian M. Steiner & Birgit C. Schlick-Steiner
417/2 Foto Florian M. Steiner & Birgit C. Schlick-Steiner
417/3 Foto Florian M. Steiner & Birgit C. Schlick-Steiner
418/1 Foto Josef Pennerstorfer
418/2 Foto Josef Pennerstorfer
418/3 Foto Sepp Buchner
418/4 Foto Josef Pennerstorfer
418/5 Foto Josef Pennerstorfer
418/6 Foto Josef Pennerstorfer
418/u. Foto Svdmolen/ Wikimedia Commons (GNU), (CC)
419/o.1 Foto Irene Drozdowski
419/o.3 Foto Josef Pennerstorfer
419/l.m. Foto Josef Pennerstorfer
419/l.u. Foto Josef Pennerstorfer
420/o.1 Foto RickP/ Wikimedia Commons (GNU), (CC)
420/o.r. Foto Josef Pennerstorfer
420/u.1 Foto Alexander C. Mrkvicka
420/u.2 Foto Josef Pennerstorfer
421/o. Foto Christoph Riegler
421/u. Foto Irene Drozdowski
422 EIC/Wikimedia Commons (GNU)
423/1 Foto Alexander C. Mrkvicka
423/2 Foto Rolf Marschner
423/3 Foto Alexander C. Mrkvicka
423/4 Foto Rolf Marschner
Foto Rolf Marschner
424/o.1 Foto Alexander C. Mrkvicka
424/o.m. Foto Rolf Marschner
424/o.3 Foto Alexander C. Mrkvicka
424/u. Foto Josef Pennerstorfer
425/o. Foto Volker Fockenberg
425/u.1 Foto Josef Pennerstorfer
425/u.2 Foto Alexander C. Mrkvicka
425/u.3 Foto Christoph Riegler
426 Foto MA 49/Mrkvicka
427/1 Foto Rolf Marschner
427/2 Foto Rolf Marschner
428/o.1 Foto Alexander C. Mrkvicka
428/o.2 Foto Alexander C. Mrkvicka
428/o.3 Foto Alexander C. Mrkvicka
428/u.1 Foto Rolf Marschner
428/u.2 Foto Rolf Marschner
429 Foto MA 49/Lammerhuber
430/o. Foto MA 49/Mrkvicka
430/u.1 Foto Alexander C. Mrkvicka
430/u.2 Foto Alexander C. Mrkvicka
431/o.1 Foto Alexander C. Mrkvicka
431/o.2 Foto Alexander C. Mrkvicka
431/l. Foto Alexander C. Mrkvicka
432 Foto MA 49/Mrkvicka
433 Foto Rolf Marschner
434/o. Foto Alfred Havlicek
434/u. Foto Irene Drozdowski
435/o.1 Foto Alexander C. Mrkvicka
435/o.2 Foto Rolf Marschner
435/l.m. Foto Rolf Marschner
435/l.u. Foto Rolf Marschner
436/l. Foto Rolf Marschner
436/r. Foto Alexander C. Mrkvicka
437/o. Foto Heiko Bellmann
437/u. Foto Alexander C. Mrkvicka
438/o.1 Foto Wolgang Rabitsch
438/o.1 Foto Wolgang Rabitsch
438/u. Foto Rolf Marschner
439 Foto Alfred Havlicek
440/o. Foto Rolf Marschner
440/u. Foto Harald Rötzer
441/o. Foto Rolf Marschner
441/u. Foto Alfred Havlicek
442 E.Dauscher/Wikimedia Commons (CC)
443/o. Foto Alfred Havlicek
443/l.m. Foto Josef Pennerstorfer
443/l.u. Foto Alexander C. Mrkvicka
444/o. Foto Rolf Marschner
444/u. Foto Rolf Marschner
445/o. Foto Alfred Havlicek
445/u.l. Foto Rolf Marschner
445/u.r. Foto Rolf Marschner
446/o. Foto Irene Drozdowski
446/u. Foto Rolf Marschner
447/o. Foto Alexander C. Mrkvicka
447/u.1 Foto Rolf Marschner
447/u.2 Foto Volker Fockenberg
447/u.3 Foto Volker Fockenberg
448/o. Foto Rolf Marschner
448/u. Foto Alexander C. Mrkvicka
449/o. Foto Rolf Marschner
449/u. Foto Rolf Marschner
450 Foto Alexander C. Mrkvicka
451/o.l. Foto Alfred Havlicek
451/o.r. Foto Alfred Havlicek
451/u. Foto Rolf Marschner
452/o. Foto Rolf Marschner
452/m. Foto Rolf Marschner
452/u.l. Foto Alexander C. Mrkvicka
452/u.r. Foto Alexander C. Mrkvicka
453/o. Foto Alexander C. Mrkvicka
453/u. Foto Rolf Marschner
454/o. Manfred A. Fischer
454/m. Foto Rolf Marschner
454/u. Foto Rolf Marschner
455/o. Foto Alexander C. Mrkvicka
455/u. Foto Rolf Marschner
456/o. Foto Alexander C. Mrkvicka
456/u.l. Foto Alexander C. Mrkvicka
456/u.m. Foto Alexander C. Mrkvicka
456/u.r. Foto Alexander C. Mrkvicka
457 Foto Alexander C. Mrkvicka
458–460 Foto Alfred Havlicek
461/l. Foto Album Breitensee 1890–1960, Albumverlag Wien
461/r. Foto Pfarre St. Anna, Breitenleer Str. 247
462/o. Foto Wolfgang Punz
462/u.l. Schweickhardt v. Sickingen 1832, Grafik Roland Berger
462/u.r Scannerbild Wien, 2000 ÖBIG (→ S. 539) Grafik Roland Berger
462/r. Weltraumbildkarte, MIR 1991 (Ausschnitt), Grafik Roland Berger
463/o.l. Foto Ingeborg Schinninger
463/o.m. Foto Rolf Marschner
463/o.r. Foto Jeffdelonge/Wikimedia Commons (C)
463/u. Feldkurat Katz/Wikimedia Commons (PD)
464/o. Kunsthistorisches Museum, Wien
464/u. Foto Votava/PID
465/o. Foto Hans Ringhofer
465/u. Foto Thomas Hofmann
466/o.l. Foto Hans Ringhofer
466/o.r. Foto Hans Ringhofer
466/u. Foto Wolfgang Punz
467/o.l. Foto Christian Winter
467/o.l.m. Foto Christian Winter
467/r.m. Foto Christian Winter
467/o.r. Foto Christian Winter
467/u. Foto Rolf Marschner
468/o.l. Foto Geiserich77/ Wikimedia Commons (GNU)
468/o.r. Foto Geiserich77/ Wikimedia Commons (GNU)
468/u. Foto Claudia Kinzl
469 Illustration Helmut Katzmann
470/1 Foto Rosemarie Schinninger
470/2 Foto Rosemarie Schinninger
470/3 Foto Rosemarie Schinninger
470/4 Foto Rosemarie Schinninger
470/5 Foto Rudolf Maier
470/6 Foto Rosemarie Schinninger
471 Foto R. Kostka-Rick
472 Entomolo/Wikimedia Commons (GNU)
473/1 Foto James K. Lindsey/ Wikimedia Commons (CC)
473/2 Foto Olei/Wikimedia Commons (CC)
473/3 Foto Svdmolen/ Wikimedia Commons (GNU)
473/4 Foto Hans Hillewaert/ Wikimedia Commons (CC)
473/5 Foto Urs Wyss, Inst. f. Phytopathologie, Universität Kiel
474 Foto Raffaelo Fraberger
475/o. Foto Alois Thaler
475/u.l. Foto Andreas Gruber
475/u.r. Foto Alois Thaler
476 Foto Ewi69/Wikimedia Commons (PD)
477/o.l. Juniors Tierbildarchiv
477/o.r. Foto Beate Ludwig
477/u. Foto Losch/Wikimedia Commons (C)
478/o. Foto Alois Thaler
478/u.l. aus: Naumann, Naturgeschichte der Vögel Mitteleuropas, Band IV, Tafel 27 – Gera, 1901
478/u.r. Foto Jiri Bohdal/naturfoto.cz
479/o. Foto Dietmar Nill/linnea images
479/u. Foto Dietmar Nill/linnea images
480 Foto Andreas Gruber
481/o. Foto Waugsberg/ Wikimedia Commons (GNU)
481/u. Mittelalterlicher Stich
482/o. Österreichischer Imkerbund
482/u. MA 68/Feuerwehr Wien
483/o. Foto Roland Berger
483/u.l. Foto Barbara Thaler-Knoflach
483/u.r. Copyright KURIER
484/o. IronChris/Wikimedia Commons (GNU)
484/u.l. Foto Josef Pennerstorfer
484/u.r. Dudu/Wikimedia Commons

485/l.	Foto Erhard Christian
485/r.	Olaf Leillinger/ Wikimedia Commons (GNU)
486	Foto Erhard Christian
487/1	Foto Alfred Havlicek
487/2	Foto MA 49/Mrkvicka
487/3	Foto Christian Winter
487/4	Foto Roland Berger
488	Foto Roland Berger
489/o.l.	Gryffindor/Wikimedia Commons (CC)
489/o.m.	Foto Gerald Navara
489/o.r.	Foto Thomas Hofmann
489/u.	Foto Alexander C. Mrkvicka
491/o.	Foto Roland Berger
491/u.	Foto Alexander C. Mrkvicka
492/o.l.	Foto Manfred A. Fischer
492/o.r.	Foto Alexander C. Mrkvicka
492/u.	Foto Manfred A. Fischer
493/o.l.	Foto Alexander C. Mrkvicka
493/o.m.	Foto Alexander C. Mrkvicka
493/o.r.	Foto Alexander C. Mrkvicka
493/u.	Foto Alexander C. Mrkvicka
494/o.l.	Foto Alexander C. Mrkvicka
494/o.r.	Foto Alexander C. Mrkvicka
494/u.	Foto Manfred A. Fischer
495/o.	Foto Rolf Marschner
495/u.	Foto Rolf Marschner
497/o.	Foto Alexander C. Mrkvicka
497/m.	Foto Alexander C. Mrkvicka
497/u.	Foto Manfred A. Fischer
498/o.l.	Foto Manfred A. Fischer
498/o.m.	Foto Alexander C. Mrkvicka
498/o.r.	Foto Alexander C. Mrkvicka
498/u.	Foto Rolf Marschner
499/o.l.	Foto Alexander C. Mrkvicka
499/o.m.	Foto Alexander C. Mrkvicka
499/o.r.	Foto Manfred A. Fischer
499/u.	Foto Manfred A. Fischer
500/o.	Foto Manfred A. Fischer
500/m.	Foto Rolf Marschner
500/u.	Foto Manfred A. Fischer
501/o.	Carl E. Lewis/Wikimedia Commons (CC)
501/u.	Foto Manfred A. Fischer
502/o.	Pfctdayelise/Wikimedia Commons (CC)
502/u.	Foto Manfred A. Fischer
503/o.	Foto Manfred A. Fischer
503/u.	Foto Rolf Marschner
504/o.	Foto Alexander C. Mrkvicka
504/m.	Foto Rolf Marschner
504/u.	Foto Rolf Marschner
505/o.	Foto Rolf Marschner
505/u.	Foto Rolf Marschner
506/o.	Foto Roland Berger
506/u.	Foto ÖNB/Wien/261242 – B Tuschezeichnung von Franz Walter
507/o.	Foto Wienmuseum, Öl auf Leinwand, Lucas van Valckenborch, Kaiserlicher Waldspaziergang mit dem Neugebäude, um 1590/95
507/u.	Foto Roland Berger
508/o.	Foto Rolf Marschner
508/u.	Foto Manfred A. Fischer
509/o.	Foto Roland Berger
509/u.	Foto Roland Berger
510/1	Foto Roland Albert
510/2	Foto Roland Albert
511/1	Foto Roland Albert
511/2	Foto Roland Albert
511/3	Foto Roland Albert
511/4	Foto Roland Albert
511/u.l.	Foto Roland Albert
511/u.r.	Foto Roland Albert
512/1	Foto Roland Albert
512/2	Foto Roland Albert
512/3	Foto Roland Albert
513	Foto Thomas Hofmann
514/l	Foto Roland Berger
514/r.	Foto Roland Berger
516/1	Foto Gerald Navara
516/2	Foto Gerald Navara
517	Foto Alexander C. Mrkvicka
518	Albertina, Wien, IN: 3184
519/o.	Foto Alexander C. Mrkvicka
519/u.1	Foto Manfred A. Fischer
519/u.2	Foto Alexander C. Mrkvicka
519/u.3	Foto Rolf Marschner
520/o.	Foto Alexander C. Mrkvicka
520/m.	Foto Alexander C. Mrkvicka
520/u.	Foto Alexander C. Mrkvicka
521/o.1	Foto Alexander C. Mrkvicka
521/o.2	Foto Alexander C. Mrkvicka
521/u.	Alvesgaspar/Wikimedia Commons (GNU)
522/o.1	Foto Harald Zechmeister
522/o.2	Frank Vincentz/Wikimedia Commons (GNU)
522/u.	Foto Harald Zechmeister
523	Grafik Roland Berger nach Lasota-Christ, R. & R. Türk 1984
524/1	Foto Roman Türk
524/2	Foto Roman Türk
524/3	Foto Roman Türk
525/o.1	Foto Harald Zechmeister
525/o.2	Foto Harald Zechmeister
525/u.	Foto Harald Zechmeister
526/o.	Foto Roland Berger
526/u.	Foto Wikimedia Commons
527/o.	Foto Alexander C. Mrkvicka
527/u.	Michael Kranewitter/ Wikimedia Commons (CC)
528–530	Scannerbild Wien, Bildflug September 2000 ÖBIG/DLR i.A. der Wiener Umweltschutzabteilung MA 22. Georeferenzierung Ch. Ries, Inst. für Photogrammetrie, TU-Wien. Projektmanagement ÖBIG, nunmehr „Gesundheit Österreich GmbH"
531	Farbinfrarot-Luftbild, Bildflug 2000
532/o.	Farbinfrarot-Luftbild, Bildflug 1991
532/u.l.	Ausschnitt aus der Realnutzungskartierung Quelle MA 41/MA 18/MA 22
532/u.m.	Farbinfrarot-Luftbild, Bildflug 2000
532/u.r.	Grafik Werner Pillmann
533 o.	Grafik Klaus Kellner
533 u.	Daten BiotopMonitoring Wien, Grafik Roland Berger
534/o.	Foto Roland Berger
534/u.	Grafik Klaus Kellner
535/o.	Foto Werner Pillmann
535/u.	Grafik Klaus Kellner
536	Deckblatt zum Ausstellungskatalog der Wiener Biotopkartierung (PID Wien, 1990)
537	Grafik Werner Pillmann
538	Grafik Werner Pillmann
539	Scannerbild Wien, Bildflug September 2000 ÖBIG/DLR i.A. der Wiener Umweltschutzabteilung MA 22. Georeferenzierung Ch. Ries, Inst. für Photogrammetrie, TU-Wien. Projektmanagement ÖBIG, Grafik Werner Pillmann
540–542	Foto Vienna City Marathon/Archiv
543	Foto Hans Ringhofer
544/o.	Foto American Sociological Association
544/u.	Foto Herbert Sukopp
545/u.	Grafik MA 18, U. W. Haberlin, W. Plautz
546/1	Foto Gerald Navara
546/2	Foto Hans Ringhofer
547/o.	Foto Hans Ringhofer
547/u.l.	Foto Hans Ringhofer
547/u.r.	Foto Hans Ringhofer
548/1	Foto Gerald Navara
548/2	Foto Gerald Navara
548/3	Foto Hans Ringhofer
549/o.	Magistratsdirektion-Klimaschutzkoordination
549/m.	Foto Wien Energie
549/u.	Foto Arge Reinberg – Treberspurg – Raith
550	Foto Wien Energie
551/1	Foto Wiener Linien
551/2	Foto Citybike Wien/Peter Anzböck
551/u.	Foto Wien Energie Fernwärme
552	Foto Tiergarten Schönbrunn/Potensky
554	Karten Robert Kölbl
556/o.l.	Foto Thomas Macoun
556/o.r.	Foto Thomas Macoun
556/u.	aus: Helmut Knoflacher und Thomas Macoun (2006)
557	Grafik verändert nach Thomas Macoun (2000)
558/o.	Foto Hans Ringhofer
558/u.	Foto Hans Ringhofer
559	Quelle STEP 94 – Stadtentwicklungsprogramm Wien
560	Daten aus Newman and Kenworthy 1989
561/l.	JOADL/Wikimedia Commons PD
561/r.	Matthias93/wikimedia Commons (GNU)
562/o.	Foto Hans Ringhofer
562/u.	Foto Hans Ringhofer
563/o.l.	Foto Hans Ringhofer
563/o.r.	Foto Hans Ringhofer
563/m.l.	Foto Katrin Oberhofer
563/u.	Foto BMLFUW/UBA/Gröger
564/1	Foto ÖAMTC
564/2	Foto Hans Ringhofer
566/o.	Foto BMLFUW/UBA/Gröger
566/m.l.	Grafik Marion Dorner
566/u.1	Foto MA 22
566/u.2	Foto TREUSCH architecture – Buchberger
567	Foto BMLFUW/Kern
568/o.	Foto Gebietsbetreuung Stadterneuerung im 17. und 18. Bezirk
568/u.	Foto Robert Korab
569/o.	Foto Hans Ringhofer
569/m.	Foto PlanSinn
569/u.	Foto Hans Ringhofer
570/o.	Foto PlanSinn
570/u.	Foto PlanSinn
573	Grafik Peter Moser/SRZ Stadt+Regionalwissenschaftliches Zentrum
574/o.	Foto MA 18/R. Christanell
574/u.	Foto MA 18/R. Christanell
575/l.	Foto Renate Saßmann
575/m.	Foto Renate Saßmann
575/r.	Foto Presseinformationsdienst PID
576	Foto MA 18/R. Christanell
577	alle Fotos Reinhard Seiß/URBAN+
578	alle Fotos Reinhard Seiß/URBAN+
579/1/2/4	Foto Reinhard Seiß/URBAN+
579/3	Foto Alfred Havlicek
580	alle Fotos Reinhard Seiß/URBAN+
581	Foto Reinhard Seiß/URBAN+
582/o.	Foto Robert Korab
582/u.	Foto Wohnfonds Wien
584	Foto Robert Korab
585/1	Grafik Wohnfonds Wien
585/2	Foto Robert Korab
586/l.u.	Foto Robert Korab
587/o.	Foto Renate Schnee
587/u.	Foto Renate Schnee

LITERATUR & QUELLEN

Alle oder mehrere Hauptkapitel betreffende Schriften

Adler W. & Mrkvicka A. Ch., 2003: Die Flora Wiens gestern und heute. Die wildwachsenden Farn- und Blütenpflanzen in der Stadt Wien von der Mitte des 19. Jahrhunderts bis zur Jahrtausendwende. Mit Beiträgen v. **Becker B., Schratt-Ehrendorfer L., Fischer M. A. , Holzner W., Leputsch S., Müllner A. N. & Vitek. E.** – Wien: Naturhistorisches Museum. (831 S.) – (ISBN: 3-9002-7596-3) – *[Verzeichnis aller Gefäßpflanzenarten Wiens mit Verbreitungsangaben im Vergleich mit der Flora Neilreichs von 1846.]*

Adler W. & Mrkvicka A. C., 2003–2008: Nachträge zur „Flora Wiens" (I.), (II.), (III.). – Neilreichia (Wien) **2–3**: 99–106; **4**: 111–119; **5**: 173–180.

Adler W., Mrkvicka A. C. & Zuna-Kratky Th., 1997: Natur-Wanderführer Wien. – Wien: Bohmann. – (ISBN: 3-7002-1069-8)

Arnberger E. & Wismeyer R., 1952: Ein Buch vom Wienerwald. – Wien: Jugend & Volk. (223 S.) – *[Sehr informativer „Klassiker".]*

Aschenbrenner L., 1974: Liste der Vögel im Raum von Wien. – In: **Starmühlner F. & Ehrendorfer F. (Ges.-Red.):** Naturgeschichte Wiens **4** (Großstadtlandschaft, Randzone und Zentrum): 531–536. – Wien/München: Jugend und Volk.

Bellmann H., 1999: Der neue Kosmos-Insektenführer. – Stuttgart: Franckh-Kosmos-Verlag.

Bresinsky A., Körner C., Kadereit J. W., Neuhaus G. & Sonnewald U., 2008: Lehrbuch der Botanik. (Begründet von **Strasburger E., Noll F., Schenck H., Schimper A. F. W.**) (36. Aufl.) – Heidelberg: Spektrum Akademischer Verlag. (1175 S.)

Brunner K. & Schneider P. (Hrsg.), 2005: Umwelt Stadt. Geschichte des Natur- und Lebensraumes Wien. – Wien & c.: Böhlau. (657 S.) – (ISBN: 3-205-77400-0)

Die Pflanzengesellschaften Österreichs. 1993: Teil I **(Hrsg.: Mucina L., Grabherr G. & Ellmauer T.):** Anthropogene Vegetation; – Teil **II (Hrsg.: Grabherr G. & Mucina L.):** Natürliche waldfreie Vegetation; – Teil **III (Hrsg.: Mucina L., Grabherr G. & Wallnöfer S.):** Wälder und Gebüsche. – Jena: G. Fischer. (1096 S.) – (ISBN: 3-334-60452-7)

Ellenberg H., 1996: Vegetation Mitteleuropas mit den Alpen in ökologischer Sicht. (5. Aufl.) – Stuttgart: E. Ulmer. – *[Wichtiges Standardwerk und Hochschullehrbuch. Mit Angabe der Zeigerwerte der wichtigsten Arten der Flora Deutschlands.]*

Fischer M. A., Oswald K. & Adler W., 2008: Exkursionsflora für Österreich, Liechtenstein und Südtirol. (3. Auflage.) – Linz: Biologiezentrum der Oberösterreichischen Landesmuseen. (1392 S.) – (ISBN: 978-3-85474-187-9) – *[Bestimmungsbuch für alle Pflanzen Österreichs.]*

Hickman C. P., Roberts L. S., Larson A. & Lanson H., 2008: Zoologie. (13., aktualisierte Aufl.) – München: Addison-Wesley. (1376 S.)

Janchen E., 1966–1975: Flora von Wien, Niederösterreich und Nordburgenland. (2., kaum veränd. Aufl.: 1977.) – Wien: Verein für Landeskunde von Niederösterreich und Wien. (758 S.) – *[Standorts- u. Verbreitungsangaben. Ohne Bestimmungsschlüssel!]*

Maier R., Punz W., Dörflinger A. N., Hietz P., Brandlhofer M. & Fussenegger K., 1996: Ökosystem Wien – die Subsysteme und deren Vegetationsstruktur. – Verh. Zool.-Bot. Ges. Österreich **133**: 1–26.

Spitzenberger F., 2001: Die Säugetierfauna Österreichs. – Grüne Reihe des Bundesministeriums für Land- und Forstwirtschaft, Umwelt und Wasserwirtschaft **13**. (895 S.)

Starmühlner F. & Ehrendorfer F. (Ges.-Red.), 1970–1974: Naturgeschichte Wiens **1–4**. – Wien & c.: Jugend u. Volk. (419 S. + 3 Karten; 909 S.; 104 S. + 13 Karten u. Legenden; 660 S.) – *[Behandelt Geologie, Hydrologie, Pflanzen- und Tierwelt (besonders im Band 2), Forstwirtschaft, Gartenanlagen, Naturschutz, auch Artenlisten mit Zeigerwerten.]*

Staudinger M., Stöhr O., Essl F., Schratt-Ehrendorfer L., Niklfeld H. & Gutermann W., 2009: Gefäßpflanzen. – In: **Rabitsch W. & Essl F. (Ed.):** Endemiten. Kostbarkeiten in Österreichs Pflanzen- und Tierwelt; pp. 64–267. – Klagenfurt: Naturwiss. Verein für Kärnten; Wien: Umweltbundesamt GmbH. (924 S.) – (ISBN: 978-3-85328-049-2)

Vitek E., Mrkvicka A. Ch., Adler W., Horak E., Fleck W. & Haslechner B., 2004: Wiens Pflanzenwelt. Mit einem Vorwort von M. Häupl. – Wien: Naturhistorisches Museum. (367 S.) – *[Halbpopulär; Auswahl 638 häufiger od. geschützter Arten mit Farbbildern u. kurzen Texten.]*

Wehner R. & Gehring W. (2007): Zoologie. (24. Auflage.) – Stuttgart: Thieme. (954 S.)

Wichmann G., Dvorak M., Teufelbauer N. & Berg H.-M., 2009: Die Vogelwelt Wiens – Atlas der Brutvögel. – Wien: Naturhistorisches Museum. (382 S.)

Stettmer C., Bräu M., Gros P. & Wanninger O., 2007: Die Tagfalter Bayerns und Österreichs. (2. Aufl.) – Laufen: ANL. (248 S.)

Zuna-Kratky Th., Karner-Ranner E., Lederer E., Braun B., Berg H.-M., Denner M., Bieringer G., Ranner A. & Zechner L., 2009: Verbreitungsatlas der Heuschrecken und Fangschrecken Ostösterreichs. – Wien: Verlag Naturhistorisches Museum Wien. (304 S.) (ISBN: 978-3-902421-41-8; € 44,00)

2. „… liegst dem Erdteil du inmitten …" Die geographische Lage und Entwicklung Wiens

Borsdorf A. (Hrsg.), 2005: Das neue Bild Österreichs. Strukturen und Entwicklungen im Alpenraum und in den Vorländern. – Wien: Österr. Akademie der Wissenschaften. (160 S.) – *[Angewandte Karten zu verschiedenen Themen.]*

Fassmann H., Hatz G. & Patrouch J. F., 2007: Understanding Vienna. Pathways to the City. – Wien: Lit.-Verlag.

Hatz G., 2002: Wien im Umbruch – aktuelle Prozesse der Stadtentwicklung. – In: Geographische Rundschau **9**: 4–9.

Klotz A. & Zunke R., 2002: Das Weltkulturerbe „Wien – Historisches Zentrum". Perspektiven – der aufbau, Sondernummer Magistrat der Stadt Wien (2005): STEP 05. Stadtentwicklungsplan Wien 2005.

Lichtenberger E., 1978: Stadtgeographischer Führer. – Stuttgart: Borntraeger.

Strzygowski W., 1948: Die städtebauliche Zukunft Wiens. – Wien: Hölzel.

Trimmel H., 1970: Die Lage Wiens. – In: **Starmühlner F. & Ehrendorfer F. (Ges.-Red.):** Naturgeschichte Wiens **1** (Lage, Erdgeschichte und Klima): 1–26. – Wien/München: Jugend und Volk.

3. Vom Tropenmeer zur Eiszeittundra
250 Mio. Jahre Wiener Erdgeschichte

ACORN, 2004: Seismic active discontinuities in the region „Eastern Alps-Western Carpathians-Bohemian Massif" based on geophysical data and digital seismic records of the seismic network **„ACORN"**. – Vienna: **Hrsg.: Lenhardt W. A., Federal Ministry for Education, Science and Culture.**

Brix F., 1970: Der Raum von Wien im Lauf der Erdgeschichte. – In: **Starmühlner F. & Ehrendorfer F. (Ges.-Red.):** Naturgeschichte Wiens **1** (Lage, Erdgeschichte und Klima): 27–190. – Wien/München: Jugend und Volk.

Brix F., 1972: Hydrologie, Geologie und Bodenkunde [der Waldlandschaft; der Trockenlandschaft; der Aulandschaft]. – In: **Starmühlner F. & Ehrendorfer F. (Ges.-Red.):** Naturgeschichte Wiens **2** (Naturnahe Landschaften, Pflanzen- und Tierwelt): 51–86; 373–382; 499–530. – Wien/München: Jugend und Volk.

Brix F. & Schultz O., 1993: Erdöl und Erdgas in Österreich. (2. Aufl.) – Veröff. aus dem Naturhistor. Museum Wien, N. F. **19**. (714 S., 220 Abb., 17 Falttafeln)

Gottschling P., 2002: Zur geologischen Entwicklungsgeschichte Niederösterreichs. – In: Natur im Herzen Europas (Katalog NÖ Landesmuseum); pp. 8–17. – St. Pölten: Landesverlag Niederösterreichisches Pressehaus.

Hammerl C. & Lenhardt W., 1997: Erdbeben in Österreich. – Graz: Leykam. (191 S., 6 Karten)

Harzhauser M. & Kroh A., 2009: Fossilienwelt Weinviertel. Das verschwundene Meer. – Geologische Bundesanstalt Wien & Naturhistorisches Museum Wien. (48 S.) – (ISBN: 978-3-902421-42-5)

Harzhauser M., 2004: 100 Schritte Erdgeschichte. Die Geschichte der Erde und des Lebens im Naturhistorischen Museum. – Wien: Naturhistorisches Museum. (96 S., 1 Falttafel)

Hofmann, Th. (Red.), 2000: Gaias Sterne. Ausflüge in die geologische Vergangenheit Österreichs. – Grüne Reihe des Bundesministeriums für Umwelt, Jugend und Familie **12**. – Graz: Austria-Medien-Service-Verlag. (224 S., 358 Fotos, 56 Abb., 1 Tabelle)

Hofmann Th. (Hrsg.), 2007: Wanderungen in die Erdgeschichte – Wien, Niederösterreich, Burgenland. – München: Dr. Friedrich Pfeil. (208 S., 284 Abb.)

Krenmayr H. G. (Red.), 2009: Rocky Austria. Eine bunte Erdgeschichte von Österreich. (2., verbess. Aufl.) – Wien: Geolog. Bundesanstalt. (63 S., zahlreiche Abb., 1 geolog. Karte, 1 Profiltafel)

Küpper H., 1962: Geologie von Wien. – Wien: Brüder Holinek. (194 S., 20 Falttafeln, 8 Fossiltafeln, 16 Fototafeln)

Mai D. H., 1995: Tertiäre Vegetationsgeschichte Europas. – Jena/Stuttgart/New York: G. Fischer.

Plöchinger B. & Karanitsch P., 2002: Faszination Erdgeschichte mit Brennpunkt Mödling am Alpenostrand. – Mödling: Heimat-Verlag. (238 S., 458 Abb., 7 Tabellen)

Plöchinger B. & Prey S., 1993: Der Wienerwald. (2. Aufl.) – Sammlung Geologischer Führer **59**. – Berlin/Stuttgart: Bornträger. (168 S., 1 Falttafel)

Sauer R., Seifert P. & Wessely G., 1992: Guidebook to Excursions in the Vienna Basin and the adjacent Alpine-Carpathian Thrustbelt in Austria. – Mitteil. Österr. Geolog. Ges. (Wien) **85**. (258 S.)

Schaffer F. X., 1904–1906: Geologie von Wien **1–3**. – Wien: Lechner.

Schultz O., 1998: Tertiärfossilien Österreichs. – Wiebelsheim: Edition Goldschneck im Quelle-&-Meyer-Verlag. (159 S., 65 Fototafeln)

Seemann R. & Summesberger H., 1999: Wiener Steinwanderwege. – Wien: Christian Brandstätter. (159 S., zahlreiche Abb., Tabellen und Pläne)

Steininger F. F., 2002: Drei Milliarden Jahre irdisches Leben – eine Lebensgeschichte des Planeten Erde. – In: Natur im Herzen Europas (Katalog NÖ Landesmuseum); pp. 29–42. – St. Pölten: Landesverlag Niederösterreichisches Pressehaus.

Steininger F. F. (Hrsg.), 2008: Waldviertel – Kristallviertel. Die steinerne Schatzkammer Österreichs – Gesteine und Mineralien des Waldviertels. – Schriftenreihe des Waldviertler Heimatbundes **49**. (238 S., 268 Abb.)

Steininger H., 2002: Mineralien und Bergbau in Niederösterreich. – In: Natur im Herzen Europas (Katalog NÖ Landesmuseum); pp. 18–28. – St. Pölten: Landesverlag Niederösterreichisches Pressehaus.

Suess E., 1862: Der Boden der Stadt Wien, eine geologische Studie. – Wien.

Summesberger H. & Seemann R., mit einem Beitrag von **Rohatsch A., 2008:** Geologische Spaziergänge. Wien Innere Stadt – vom Maria-Theresien-Denkmal zum Stephansdom. – Wien: Geologische Bundesanstalt. (64 S.)

Thenius E., 1970: Die Tier- und Pflanzenwelt des Wiener Raumes von einst. – In: **Starmühlner F. & Ehrendorfer F. (Ges.-Red.):** Naturgeschichte Wiens **1** (Lage, Erdgeschichte und Klima): 191–286. – Wien/München: Jugend und Volk.

Thenius E., 1974: Niederösterreich. – In: Geologie der österreichischen Bundesländer. (2. Aufl.) – Wien: Verhandlungen der Geolog. Bundesanstalt; Bundesländerserie.

Thenius E., 1983: Niederösterreich im Wandel der Zeiten. (3. Aufl.) – Katalog des NÖ Landesmuseums, N. F., **144**. – Wien: Niederösterr.Landesmuseum. (156 S., 9 Taf., 63 Abb., 4 Tab.)

Van Husen D., 1987: Die Ostalpen in den Eiszeiten. – Wien: Populärwissenschaftliche Veröffentlichungen der Geologischen Bundesanstalt. (24 S., 1 Karte)

Wessely G., 2006: Niederösterreich. Geologie der österreichischen Bundesländer. – Wien: Geologische Bundesanstalt. (415 S., 655 Abb., 26 Tabellen, 1 Geologische Karte)

ZAMG (Zentralanstalt für Meteorologie und Geodynamik, Wien), 2008: Erdbebenkatalog gefühlter Erdbeben 1201–2007 A. D. (Österreich). Computerdatei.

4. Wetter und Klima in Wien
Vielfalt auf engstem Raum

Auer I., Böhm R., Jurkovic A., Lipa W., Orlik A., Potzmann R., Schöner W., Ungersböck M., Matulla C., Brunetti M., Nanni T., Maugeri M., Mercalli L., Briffa K., Jones P., Efthymiadis D., Mestre O., Moisselin J. M., Begert M., Müller-Westermeier G., Kveton V., Bochnicek O., Stastny P., Lapin M., Nieplova E., Cegnar T., Dolinar M., Gajic-Capka M., Zaninovic K., Majstorovic Z., Szalai S. & Szentimrey T., 2007: HISTALP – Historical Instrumental Climatological Surface Time Series of the Greater Alpine Region 1760–2003. – Intern. J. Climatology **27**: 17–46.

Auer I., Böhm R., Mohnl H., Potzmann R., Schöner W. & Skomorowski P., 2001a: ÖKLIM – Digitaler Klimaatlas Österreichs. Interaktive CD-ROM. – Wien: Zentralanstalt für Meteorologie und Geodynamik.

Auer I., Böhm R. & Schöner W., 2001b: Austrian long-term climate 1767–2000 – Multiple instrumental climate time series from Central Europe. – Österreichische Beiträge zu Meteorologie und Geophysik **25**. (147 S., Daten- und Metadaten-CD)

Auer I., Boehm R. & Mohnl H., 1989: Klima von Wien – eine anwendungsorientierte Klimatographie. – Beiträge zur Stadtforschung, Stadtentwicklung und Stadtgestaltung **20**. (300 S.) – Wien: Magistratsabteilung 18; Zentralanstalt für Meteorologie und Geodynamik (ZAMG).

Bernhofer C., 1991: Stadtphänologie am Beispiel der *Forsythia*. – Wetter und Leben 43: 213–218.

Böhm R., Jones P. D., Hiebl J., Frank D., Brunetti M. & Maugeri M., 2009: The early instrumental warm-bias: a solution for long central European temperature series 1760–2007. – Climatic Change (accepted).

Böhm R., 2008: Heiße Luft – Reizwort Klimawandel. Fakten – Ängste – Geschäfte. – Wien/Klosterneuburg: Vabene. (262 S.)

Böhm R., Schöner W., Auer I., Hynek B., Kroisleitner C. & Weyss G., 2007: Gletscher im Klimawandel – Vom Eis der Polargebiete zum Goldbergkees in den

Hohen Tauern. – Zentralanstalt für Meteorologie und Geodynamik (ZAMG). – Wien: Morava. (112 S.)

Böhm R., 2007: Sieben Fragen zum Klima. – In: Wissen! Antworten auf unsere großen Fragen. – Graz: Styria. (480 S.)

Gressl W., 1972: Das Klima [der Waldlandschaft]. – In: **Starmühlner F. & Ehrendorfer F. (Ges.-Red.):** Naturgeschichte Wiens **2** (Naturnahe Landschaften, Pflanzen- und Tierwelt): 41 – 50. – Wien/München: Jugend und Volk.

Funtowicz S. O. & Ravetz J. R., 1985: Three types of risk assessment: a methodological analysis. – In: **Whipple C. & Covello V. T. (eds.):** Risk Analysis in the Private Sector; pp. 217–231. – New York: Plenum.

IPCC, 2007: Climate Change 2007 – The Physical Science Basis. Working Group I Contribution to the 4th Assessment Report of the Intergovernmental Panel on Climate Change. – Cambridge: University Press. (996 S.) – *[Frei erhältlich auf: www.ipcc.ch]*

Lamb H., 1997: Climate, History and the Modern World. – London: Routhledge. (433 S.)

Matulla C., Schöner W., Alexandersson H., von Storch H. & Wang X. L., 2007: European storminess: late nineteenth century to present. – Climate Dynamics **29**.

Matulla C., Schöner W., Alexandersson H., von Storch H. & Wang X. L., 2008: European storminess: late nineteenth century to present. – Climate Dynamics **31**: 125–130.

Roller M., 1970: Die jahreszeitliche Entwicklung der Pflanzen- und Tierwelt als Klimazeiger (Phänologie, 1928–1966). – In: **Starmühlner F. & Ehrendorfer F. (Ges.-Red.):** Naturgeschichte Wiens **1** (Lage, Erdgeschichte und Klima): 377–391. – Wien/München: Jugend und Volk.

Ruddiman W. F., 2008: Earth's Climate – Past and Future. – New York: Freeman & Company. (465 S.)

Undt W., 1970: Allgemeine Betrachtungen zum Klima Wiens. – In: **Starmühlner F. & Ehrendorfer F. (Ges.-Red.):** Naturgeschichte Wiens **1** (Lage, Erdgeschichte und Klima): 287–318. – Wien/München: Jugend und Volk.

Zawadil R., 1970: Das Regionalklima Wiens. – In: **Starmühlner F. & Ehrendorfer F. (Ges.-Red.):** Naturgeschichte Wiens **1** (Lage, Erdgeschichte und Klima): 319–376. – Wien/München: Jugend und Volk.

5. Vom Agnesbründl zum Donaustrom
Wasser in der Stadt

Siehe auch die Literatur zum Kapitel 2!

Dokulil M. T., 1997: Sanierung Alte Donau. Limnologische Untersuchungen und Sanierungsmaßnahmen. – In: **Michlmayr F. & Ladinig G. (Hrsg.):** Wiener Wasserbau. Gewässervernetzung und Grundwasseranreicherung in der Stadt. Symposium 13. Mai 1997; pp. 44–53.

Dokulil M. T., 2001: The „Alte Donau": Restoration of an urban shallow groundwater seepage lake using a combination of internal management strategies. – In: **Griebler Ch., Danielopol D. L., Gibert J. , H. P. Nachtnebel & J. Notenboom (Hrsg.):** Groundwater ecology. A tool for management of water resources; pp. 407–413. – Luxembourg: European Commission, EUR 19887. – (ISBN: 92-894-1639-4)

Dokulil M., Hamm A. & Kohl J.-G. (Hrsg.), 2001: Ökologie und Schutz von Seen. – Wien: Facultas UTB. (500 S.) – (ISBN: 3-8252-2110-5)

Dokulil M. T., Schmidt R. & Kofler S., 1997: Benthic diatom assemblages as indicators of water quality in an urban flood-water impoundment, Neue Donau, Vienna, Austria. – Nova Hedwigia **65**: 273–283.

Griebler C. & Mösslacher F., 2003: Grundwasser-Ökologie. – Wien: Facultas-UTB. (495 S.) – (ISBN: 3-8252-2111-3)

Janauer G. A., Endel S. & Humpesch U., 1986: Vorschläge für die ökologische Gestaltung des Stauraumes Wien. – Wasser und Abwasser **30**: 595–626.

Krausch H.-D., 1996: Farbatlas Wasser- und Uferpflanzen. – Stuttgart: Ulmer. (315 S.) – (ISBN: 978-3-8001-3352-9)

Schagerl M., 2007: Naturinseln im Siedlungsgebiet. Ziegelteiche in Wien und Niederösterreich. – Abhandl. der Zoolog.-Botan. Gesellsch. in Österreich **36**. (94 S.)

Schmidt B., Straif M., Waidbacher H., Janauer G. A., 2006: Man-made near-natural structures offer new habitats to macrophytes, as well as fish, in the Austrian Danube (Vienna, hydro-power plant Freudenau). – In: Austrian Committee Danube Research. 36th IAD Conference, Vienna; pp. 112–116. – Als CD. – (ISBN: 978-3-9500723-2-7)

Sutcliffe D. W. (Hrsg.), 2000: Managing the New Danube in Vienna (Austria): the importance of plant nutrients and aquatic macrophytes. – Archiv für Hydrobiol., Suppl. **135** (= Large Rivers **12**): 1–103.

Vornatscher L., 1972: Die Tierwelt des Grundwassers – Leben im Dunkeln. – In: **Starmühlner F. & Ehrendorfer F. (Ges.-Red.):** Naturgeschichte Wiens **2** (Naturnahe Landschaften, Pflanzen- und Tierwelt): 659–673. – Wien/München: Jugend und Volk.

Weber G. et al., 1999: 10 Jahre Gewässerforschung Neue Donau. – Perspektiven (Wien: Schmid) **1999** (2–3): 1–96.

6. Wien: ein guter Boden?
Der Boden als Ressource und Lebensraum

Arbeitskreis Stadtböden der Deutschen Bodenkundlichen Gesellschaft (Hrsg.), 1996: Urbaner Bodenschutz. – Berlin: Springer. (244 S.)

Bullock P., 1991: Soils in the urban environment. – Oxford: Blackwell. (174 S.)

Christian E., 1998: Die Fauna der Katakomben des Wiener Stephansdomes. – Verh. Zool.-Bot. Ges. Österreich **135**: 41–60.

Christian E., 2004: Palpigraden (Tasterläufer) – Spinnentiere in einer Welt ohne Licht. – In: **K. Thaler (Hrsg.):** Diversität und Biologie von Webspinnen, Skorpionen und anderen Spinnentieren. – Denisia (Linz) **12**: 473–483.

Christian E. & Szeptycki A., 2004: Distribution of *Protura* along an urban gradient in Vienna. – Pedobiologia **48**: 445–452.

Craul P. J., 1999: Urban soils: applications and practices. – New York: Wiley. (366 S.)

Dunger W., 2008: Tiere im Boden. (4. Aufl.) – Hohenwarsleben: Westarp. (280 S.)

Hiller D. A., 1998: Urbane Böden. – Berlin: Springer. (161 S.)

Kilian W., 2002: Schlüssel zur Bestimmung der Böden Österreichs. – Mitteil. Österr. Bodenkundl. Ges. (Wien) **67**. (96 S.)

Lee K. E., 1985: Earthworms. Their ecology and relations with soils and land use. – Sydney etc.: Academic Press. (411 S.)

Lubbock J., 1873: Monograph of the *Collembola* and *Thysanura*. – Ray Society London. (276 S.)

Nestroy O., Danneberg O. H., Englisch M., Gessl A., Hager H., Herzberger E., Kilian W., Nelhiebel P., Pecina E., Pehamberger A., Schneider W. & Wagner J., 2000: Systematische Gliederung der Böden Österreichs. (Österreichische Bodensystematik 2000). – Mitteil. Österr. Bodenkundl. Ges. (Wien) **60**. (99 S.)

Pietsch J. & Kamieth H., 1991: Stadtböden: Entwicklungen, Belastungen, Bewertung und Planung. – Taunusstein: Blottner. (294 S.)

Schaller F., 1962: Die Unterwelt des Tierreiches. Kleine Biologie der Bodentiere. – Berlin: Springer. (126 S.)

Scheffer F. & Schachtschabel P., 2002: Lehrbuch der Bodenkunde. – Heidelberg & Berlin: Spektrum Akademischer Verlag. (593 S.)

Sieghardt M., Mursch-Radlgruber E., Paoletti E., Couenberg E., Dimitrakopoulus A., Rego F., Hatzistathis A. & Randrup T. B., 2005: The Abiotic Urban Environment: Impact of Urban Growing Conditions on Urban Vegetation. – In: **Konijnendijk C. C., Nilsson K., Randrup T. B./Schipperijn J. (eds.):** Urban Forest and Trees. – Berlin & Heidelberg: Springer.

7. Biologische Vielfalt
Ureinheimisch und zugewandert

Adler W. & Mrkvicka A. C., 2003: Die Flora Wiens gestern und heute. Die wildwachsenden Farn- und Blütenpflanzen in der Stadt Wien von der Mitte des 19. Jahrhunderts bis zur Jahrtausendwende. – Wien: Naturhistorisches Museum. – (ISBN: 3-9002-7596-3)

Beierkuhnlein C., 2007: Biogeographie. – Stuttgart: Ulmer. (397 S.)

Berg H.-M., Karner-Ranner E., Ranner A. & Zuna-Kratky T., 1998: Die Heuschrecken und Fangschreckenfauna Wiens. Eine Übersicht unter besonderer Berücksichtigung gefährdeter Arten der Wiener Artenschutzverordnung 1998. Studie im Auftrag der MA 22. – Wien: MA 22. (53 S.) (Zum Herunterladen: http://www.wien.gv.at/umweltschutz/pool/pdf/heuschrecke.pdf)

Böcker R., Gebhardt H., Konold W. & Schmidt-Fischer S., 1995: Gebietsfremde Pflanzenarten. Auswirkungen auf einheimische Arten, Lebensgemeinschaften und Biotope, Kontrollmöglichkeiten und Management. – Landsberg: ecomed. (215 S.)

Borsdorf A. (Hrsg.), 2005: Das neue Bild Österreichs. Strukturen und Entwicklungen im Alpenraum und in den Vorländern. – Wien: Österr. Akademie der Wissenschaften. (160 S.) – *[Angewandte Karten zu verschiedenen Themen.]*

Bortenschlager S., 1992: Die Waldgrenze im Postglazial. – In: **Kovar-Eder J. (Hrsg.):** Paleovegetational Development in Europe and Regions relevant to its Paleofloristic Evolution. – Wien.

Cabela A., Grillitsch H. & Tiedemann F., 2001: Atlas zur Verbreitung und Ökologie der Amphibien und Reptilien in Österreich: Auswertung der Herpetofaunistischen Datenbank der Herpetologischen Sammlung des Naturhistorischen Museums in Wien. – Wien: Umweltbundesamt. (880 S.)

Christian E., 1993: Insekten entlang des urbanen Gradienten: Beispiele aus Wien. – Schr. d. Ver. Verbr. Naturwiss. Kenntnisse Wien **132**: 195–206.

Döppes D. & Rabeder G., 1997: Pliozäne und pleistozäne Faunen Österreichs. – Mitt. d. Komm. f. Quartärforschung d. Österr. Akad. Wiss. (Wien) **10**.

Drescher-Schneider G., 2004: Changes in Vegetation and Climate in Eastern Austria from the Mesolithic to the Bronze Age: Reasons for the Migration of Neolithic population. – Antaeus **27**: 153–163.

Dvorak M., Ranner A. & Berg H. M., 1993: Atlas der Brutvögel Österreichs. Ergebnisse der Brutvogelkartierung 1981–1985 der Österreichischen Gesellschaft für Vogelkunde. – Wien: Umweltbundesamt. (522 S.)

Eder E. & Hödl W. (Hrsg.), 1998: Flusskrebse Österreichs. – Stapfia (Linz) **58**: 1–284.

Englisch Th., Niklfeld H. & Schratt-Ehrendorfer L., 2005: Biologische Vielfalt. Pflanzenreichtum in den Landschaften Österreichs. – In: **Borsdorf A. (Hrsg.):** Das neue Bild Österreichs. Strukturen und Entwicklungen im Alpenraum und in den Vorländern; pp. 28–29. – Wien: Österr. Akademie der Wissenschaften.

Englisch Th., Essl F., Niklfeld H., Schratt-Ehrendorfer L. & Walter J., 2005: Neophyten in Österreich. Quelle oder Bedrohung des Artenreichtums? – In: **Borsdorf A. (Hrsg.):** Das neue Bild Österreichs. Strukturen und Entwicklungen im Alpenraum und in den Vorländern; pp. 36–37. – Wien: Österr. Akademie der Wissenschaften.

Essl F. & Rabitsch W., 2002: Neobiota in Österreich. – Wien: Umweltbundesamt. (432 S.) Download unter http://www.umweltbundesamt.at/fileadmin/site/publikationen/DP089.pdf

Essl F., Egger G. & Ellmauer T., 2002: Rote Liste der gefährdeten Biotoptypen Österreichs: Wälder, Forste, Vorwälder. – Monographien **156**. – Wien: Umweltbundesamt. (104 S.)

Essl F., Egger G., Karrer G., Theiss M. & Aigner S., 2004: Rote Liste der gefährdeten Biotoptypen Österreichs: Grünland, Grünlandbrachen und Trockenrasen; Hochstauden- und Hochgrasfluren, Schlagfluren und Waldsäume; Gehölze der Offenlandschaft, Gebüsche. – Monographien **167**. – Wien: Umweltbundesamt. (272 S.)

Frank Ch., 2006: Plio-pleistozäne und holozäne Mollusken Österreichs. – Wien: Österr. Akad. Wiss. (860 S.)

Fischer M. A., Oswald K. & Adler W., 2008: Exkursionsflora für Österreich, Liechtenstein und Südtirol. (3. Auflage.) – Linz: Biologiezentrum der Oberösterreichischen Landesmuseen. (1392 S.) – (ISBN: 978-3-85474-187-9)

Geiser E., 1998: Wie viele Tierarten leben in Österreich? Erfassung, Hochrechnung und Abschätzung. – Verh. Zool.-Bot. Ges. Österreich **135**: 81–93.

Gore A., 2007: Wege zum Gleichgewicht. Ein Marshallplan für die Erde. – Frankfurt/M.: S. Fischer. (383 S.)

Havinga A. J., 1990: Eine palynologische Untersuchung zur holozänen Vegetationsabfolge im Tschernosemgebiet Ostösterreichs. – Verh. Zool.-Bot. Ges. Österreich **127**: 83–94.

Jackowiak B., 1992: Zur Ausbreitung von *Duchesnea indica (Rosaceae)* in Wien. – Fragm. Flor. Geobot. (Kraków) **37**: 539–547.

Jackowiak B. & Grabherr G., 1990: Zur Ausbreitung von *Angelica archangelica* an der Donau in Wien. – Verh. Zool.-Bot. Ges. Österreich **127**: 113–122.

Klaus W., 1962: Zur pollenanalytischen Datierung von Quartärsedimenten im Stadtgebiet von Wien, südlichen Wiener Becken und Burgenland. – Verh. Geol. Bundesanst. (Wien) **1**: 20–38.

Klaus W., 1972: Spätglazial-Probleme der östlichen Nordalpen. Salzburg – Inneralpines Wiener Becken. – Ber. Deutsch. Bot. Ges. **85**: 83–92.

Kowarik I., 2003: Biologische Invasionen: Neophyten und Neozoen in Mitteleuropa. – Stuttgart: Ulmer. (380 S.)

Kral F., 1992: Zur Waldgeschichte und natürlichen Baumartenmischung des Wienerwaldes. Pollenanalytische Untersuchungen. – Centralbl. Gesamte Forstwesen **110**: 163–183.

Kromp-Kolb H. & Formayer H., 2005: Schwarzbuch Klimawandel: Wie viel Zeit bleibt uns noch? – Salzburg: Ecowin. (222 S.)

Küpper H., 1968: Geologie der Österreichischen Bundesländer in kurzgefassten Einzeldarstellungen: Wien. – Wien: Verh. d. Geol. Bundesanst., Bundesländerserie.

Küster H., 1995: Geschichte der Landschaft in Mitteleuropa. Von der Eiszeit bis zur Gegenwart. – München: C. H. Beck. (423 S.)

Ludwig M., Gebhardt H., Ludwig H.W. & Schmidt-Fischer S., 2000: Neue Tiere & Pflanzen in der heimischen Natur. – München: BLV. (127 S.)

Melde M., 2005: Raben- und Nebelkrähe. *Corvus corone* und *Corvus cornix*. – Neue Brehm Bücherei. – Westarp. (115 S.)

Niklfeld H., 1972: Die Pflanzensippen und ihre Verbreitung im Wandel der Zeit. – In: **Starmühlner F. & Ehrendorfer F. (Ges.-Red.):** Naturgeschichte Wiens **2** (Naturnahe Landschaften, Pflanzen- und Tierwelt): 3–22. – Wien/München: Jugend und Volk.

Niklfeld H. (Hrsg.), 1999: Rote Listen gefährdeter Pflanzen Österreichs. (2. Aufl.) – Grüne Reihe des Bundesministeriums für Umwelt, Jugend und Familie **10**. (292 S.)

Niklfeld H. & Schratt-Ehrendorfer L., 2005: Buchenwälder und Trockenrasen. Verbreitungsmuster von Pflanzen gegensätzlicher Lebensräume. – In: **Borsdorf A. (Hrsg.):** Das neue Bild Österreichs. Strukturen und Entwicklungen im Alpenraum und in den Vorländern; pp. 44–45. – Wien: Österr. Akademie der Wissenschaften

Rabitsch W., 2003: Beitrag zur Kenntnis der Wanzenfauna von Wien *(Insecta, Heteroptera)*. – Linzer Biol. Beitr. **35** (2): 957–993.

Rabitsch W., 2007: Rote Listen ausgewählter Tiergruppen Niederösterreichs – Wanzen *(Heteroptera)*. – St. Pölten: Niederösterreichische Landesregierung. (280 S.)

Reichholf J. H., 2008: Ende der Artenvielfalt? Gefährdung und Vernichtung von Biodiversität. **(Hrsg. v. K. Wiegandt.)** – Frankfurt a. Main: Fischer Taschenbuch 17665.

Sauberer N., Moser D. & Grabherr G. (Red.), 2008: Biodiversität in Österreich. Räumliche Muster und Indikatoren der Arten- und Lebensraumvielfalt. – Bristol-Schriftenreihe **20**. – Zürich: Bristol-Stiftung; Bern & c.: Haupt. (313 S., Farbfotos u. Karten)

Schratt-Ehrendorfer L., Englisch Th. & Niklfeld H., 2005: Bedrohte Artenvielfalt. Rote Listen als Instrumente des Artenschutzes. – In: **Borsdorf A. (Hrsg.):** Das neue Bild Österreichs. Strukturen und Entwicklungen im Alpenraum und in den Vorländern; pp. 34–35. – Wien: Österr. Akademie der Wissenschaften.

Schweiger H., 1972: Die Tierwelt Wiens in raumbezogener Betrachtung. – In: **Starmühlner F. & Ehrendorfer F. (Ges.-Red.):** Naturgeschichte Wiens **2** (Naturnahe Landschaften, Pflanzen- und Tierwelt): 23–39. – Wien/München: Jugend und Volk.

Spitzenberger F., 2001: Die Säugetierfauna Österreichs. – Grüne Reihe des Bundesministeriums für Land- und Forstwirtschaft, Umwelt und Wasserwirtschaft **13**. (895 S.)

Thenius E., 1983: Niederösterreich im Wandel der Zeiten. (3. Aufl.) – Katalog des NÖ Landesmuseums, N. F., **144**. – Wien: Niederösterr. Landesmuseum. (156 S., 9 Taf., 63 Abb., 4 Tab.)

Wallner R. (Red.), 2005: Aliens. Neobiota in Österreich. – Grüne Reihe des Lebensministeriums **15**. – Wien & c.: Böhlau. (283 S.)

Wessely G., 2006: Niederösterreich. Geologie der Österreichischen Bundesländer. – Wien: Geologische Bundesanstalt. (416 S.)

Wichmann G., Dvorak M., Teufelbauer N. & Berg H.-M., 2009: Die Vogelwelt Wiens – Atlas der Brutvögel. – Wien: Naturhistorisches Museum. (382 S.)

Wilson E. O., 1997: Der Wert der Vielfalt. Die Bedrohung des Artenreichtums und das Überleben des Menschen. – München: Piper. (512 S.)

Wilson E. O., 2004: Die Zukunft des Lebens. – München: Goldmann Taschenbuch. (255 S.)

Zulka K.-P. (Hrsg.), 2005: Rote Listen gefährdeter Tiere Österreichs. Säugetiere, Vögel, Heuschrecken, Wasserkäfer, Netzflügler, Schnabelfliegen, Tagfalter. Checklisten, Gefährdungsanalysen, Handlungsbedarf. – Wien: Grüne Reihe des Lebensministeriums **14/1**. (406 S.)

Zulka K.-P. (Hrsg.), 2007: Rote Listen gefährdeter Tiere Österreichs. Kriechtiere, Lurche, Fische, Nachtfalter, Weichtiere. Checklisten, Gefährdungsanalysen, Handlungsbedarf. – Grüne Reihe des Lebensministeriums **14/2**. (443 S.)

Zulka K.-P. (Hrsg.), 2009: Rote Listen gefährdeter Tiere Österreichs. Flusskrebse, Köcherfliegen, Skorpione, Weberknechte, Zikaden. Checklisten, Gefährdungsanalysen, Handlungsbedarf. Grüne Reihe des Lebensministeriums **14/3**. – Wien: Böhlau. (534 S.)

8. Landschaftswandel über viele Jahrhunderte
Von der Naturlandschaft zur Kulturlandschaft

Brix F., 1974: Geologie, Hydrologie, Bodenkunde und die Entwicklung der Wiener Stadtlandschaft. – In: **Starmühlner F. & Ehrendorfer F. (Ges.-Red.):** Naturgeschichte Wiens **4** (Großstadtlandschaft, Randzone und Zentrum): 1–58. – Wien/München: Jugend und Volk.

Brunner K. & Schneider P. (Hrsg.), 2005: Umwelt Stadt. Geschichte des Natur- und Lebensraumes Wien. – Wien & c.: Böhlau. (657 S.) – (ISBN: 3-205-77400-0)

Fink M. H., Grünweis F. M., Wrbka Th., 1989: Kartierung ausgewählter Kulturlandschaften Österreichs. – Monographien **11**. – Wien: Umweltbundesamt.

Fuchs W. & Grill R., 1984: Geologische Karte von Wien und Umgebung 1 : 200 000. – Wien: Geologische Bundesanstalt. (1 Bl., Farbdruck)

Grünweis F. M. & Kräftner J., 1987: Erstellung von Grundlagen zum umfassenden Schutz des Wienerwaldes zur parzellenscharfen Abgrenzung unter Berücksichtigung raum- und landschaftsbezogener Aspekte. Studie im Auftrag des Magistrats der Stadt Wien. – Wien: MA 22 – Umweltschutz.

Grünweis F. M. & Kräftner J., 1984: Gliederung der Landschaft Wiens in Kulturlandschaftstypen unter Berücksichtigung ökologischer und gestalterischer Gesichtspunkte. Studie im Auftrag des Magistrats der Stadt Wien. – Wien: MA 22 – Umweltschutz.

Kassal-Mikula R., Doppler W., Haubenberger G. & Haiko P., 1993: Wiener Landschaften;Katalog zur 173. Sonderausstellung des Historischen Museums der Stadt Wien. – Wien: Eigenverlag d. Museen d. Stadt Wien.

Maier R., Punz W., Dörflinger A. N. & Grünweis F. M., 1996: Die potentiell natürliche Vegetation Wiens und die anthropogene Aneignung der Nettoprimärproduktion. – Verh. Zool.-Bot. Ges. Österreich **133**: 77–86.

Opll F., 2004: Wien im Bild historischer Karten. – Wien: Böhlau.

Orth J. (Textred.: Schubert P.), 2001: Die historischen Pläne und Karten des Johann Orth. – Klosterneuburg: Mayer. (184 S., zahlr. Ill. u. Kt.)

Reiter K., Wrbka Th., Englisch Th., Plutzar Ch. & Grabherr G., 2005: Die ökologische Komplexität. Ein Beitrag zum biologischen Porträt Österreichs. – In: **Borsdorf A. (Hrsg.):** Das neue Bild Österreichs. Strukturen und Entwicklungen im Alpenraum und in den Vorländern; pp. 64–65. – Wien: Österr. Akademie der Wissenschaften.

Sitt M. & Baumgärtl B., 1995: Angesichts der Natur: Positionen der Landschaft in Malerei und Zeichnung zwischen 1780 und 1850. Aus dem Bestand des Kunstmuseums Düsseldorf im Ehrenhof, mit Sammlung der Kunstakademie NRW. – Wien: Böhlau.

Wawrik F., Zeilinger E., 1989: Austria Picta – Österreich auf alten Karten und Ansichten. – Graz: Akadem. Druck- und Verlagsanstalt.

Wilflinger H., 1974: Kulturpflanzenbau in Wien, einst und jetzt. – In: **Starmühlner F. & Ehrendorfer F. (Ges.-Red.):** Naturgeschichte Wiens **4** (Großstadtlandschaft, Randzone und Zentrum): 59–118. – Wien/München: Jugend und Volk.

Wrbka Th. & al., 2002: Kulturlandschaftsgliederung Österreichs. Forschungsprogramm Kulturlandschaft, **13**. – Wien. bm:bwk, (CD-ROM).

Wrbka Th., Schmitzberger I. & Reiter K., 2005: Vielfalt durch Nutzung. Das bunte Mosaik der Kulturlandschaften. – In: **Borsdorf A. (Hrsg.):** Das neue Bild Österreichs; pp. 58–59. – Wien: Österr. Akademie der Wissenschaften.

Wrbka Th., Reiter K., Paar M., Szerencsits E., Stocker-Kiss A., Fussenegger K., Schmitzberger I., Peterseil J., 2005: Die Landschaften Österreichs und ihre Bedeutung für die biologische Vielfalt. – Monographien **173**. – Wien: Umweltbundesamt.

Zukrigl K. & Margl H., 1979: Potentielle natürliche Vegetation. – In: **Schopper M.:** Stadtentwicklungsplan Wien; Natürliche Lebensgrundlagen (Diskussionsgrundlage). – Wien: Magistrat der Stadt Wien (Magistratsabteilung 18).

9. Wienerwald
Natur (fast) pur am Rand der Stadt

Adler W. & Mrkvicka A. C., 2003: Die Flora Wiens gestern und heute. Die wildwachsenden Farn- und Blütenpflanzen in der Stadt Wien von der Mitte des 19. Jahrhunderts bis zur Jahrtausendwende. – Wien: Naturhistorisches Museum. – (ISBN: 3-9002-7596-3)

Adler W., Mrkvicka A. C. & Zuna-Kratky Th., 1997: Natur-Wanderführer Wien. – Wien: Bohmann. – (ISBN: 3-7002-1069-8)

Benkö A. & Gollmann G., „2009" [2010]: Die Wasserfrösche im Westen Wiens. – Verh. Zool.-Bot. Ges. Österreich **146**: 17–25.

Brunner K. & Schneider P., 2005: Umwelt Stadt. Geschichte des Natur- und Lebensraumes. – Wien: Böhlau. (657 S.) – (ISBN: 3-205-77400-0)

Cabela A., Grillitsch H. & Tiedemann F., 2001: Atlas zur Verbreitung und Ökologie der Amphibien und Reptilien in Österreich. – Wien: Umweltbundesamt.

Eder E. & Hödl W. (Hrsg.), 1998: Flusskrebse Österreichs. – Katalog des OÖ Landesmuseums **137**. – Stapfia (Linz) **58**.

Ehrendorfer F., Schweiger H. et al., 1972: Die Pflanzen- und Tierwelt der Wälder und Waldschläge. – In: **Starmühlner F. & Ehrendorfer F. (Hrsg.):** Naturgeschichte Wiens **2**: 87–228. – Wien/München: Jugend und Volk.

Ehrendorfer F., 1972: Die Pflanzenwelt der Wiesen und Weiden. Die Pflanzenwelt der Waldränder und Gebüsche. – In: **Starmühlner F. & Ehrendorfer F. (Hrsg.):** Naturgeschichte Wiens **2**: 249–280. – Wien/München: Jugend und Volk. – *[Mit Artenlisten samt ökologischen Zeigerwerten.]*

Ehrendorfer F., 1972: Liste der wichtigsten Gefäßpflanzen der Wälder und Waldschläge. – In: **Starmühlner F. & Ehrendorfer F. (Ges.-Red.):** Naturgeschichte Wiens **2** (Naturnahe Landschaften, Pflanzen- und Tierwelt): 229–247. – Wien/München: Jugend und Volk. – *[Mit ökologischen Zeigerwerten.]*

Ehrendorfer F., Starmühlner F. & Kusel-Fetzmann E., 1972: Die Pflanzen- und Tierwelt der Gewässer [des Wienerwalds]. – In: **Starmühlner F. & Ehrendorfer F. (Ges.-Red.):** Naturgeschichte Wiens **2** (Naturnahe Landschaften, Pflanzen- und Tierwelt): 323–369. – Wien/München: Jugend und Volk.

Engelhardt W., 2003: Was lebt in Tümpel, Bach und Weiher? Pflanzen und Tiere unserer Gewässer. Kosmos Naturführer. – Stuttgart: Franck-Kosmos.

Enzenhofer K., Mayrhofer S. & Reiter K., „2009" [2010]: Hemerobie der Wälder im Biosphärenpark Wienerwald. – Verh. Zool.-Bot. Ges. Österreich **146**: 1–16.

Gergely T., Gergely G. & Prosinagg H., 1993: Vom Saugarten des Kaisers zum Tiergarten der Wiener. – Wien: Böhlau. – (ISBN: 3205054873)

Gerhardt E., 2006: BLV-Handbuch Pilze. – München: BLV Buchverlag. – (ISBN: 3-8354-0053-3)

Hochegger K. & Holzner W. (Hrsg.), 1999: Kulturlandschaft – Natur in Menschenhand. Grüne Reihe des Bundesministeriums für Umwelt, Jugend und Familie **11**.

Jelem H., 1972: Die Wälder in forstlicher Sicht. (Mit forstlicher Standortskarte) – In: **Starmühlner F. &**

Ehrendorfer F. (Ges.-Red.): Naturgeschichte Wiens **3** (Forstliches, Karten): 1–43. – Wien/München: Jugend und Volk.

Kohlross H. (Hrsg.), 2006: Die Schwarzföhre in Österreich. Ihre außergewöhnliche Bedeutung für Natur, Wirtschaft und Kultur. – Mit Beiträgen von **Ast H., Büchsenmacher R., Frank G., Grabner M., Kiessling J., Kohlross H., Lauria F., Mimra H. P., Puchegger F., Schiessl H., Schneidhofer L., Schreieck R., Stingl R., Teischinger A., Wimmer R., Winkler W., Zukrigl K.** – Gutenstein: Eigenverlag H. Kohlross. (V + 413 S.)

Krisai-Greilhuber I., 1992: Die Makromyceten im Raum von Wien. Ökologie und Floristik. – Libri Botanici **6**. – Eching b. München: IHW.

Lang C., Lang H. & Waringer J., 2006: Die Libellengesellschaften der Wienerwaldbäche. – In: **Raab R., Chovanec A. & Pennerstorfer J.:** Libellen Österreichs; pp. 292–298. – Wien/New York: Springer.
Onno M., 1941: Vegetationsreste und ursprüngliche Pflanzendecke des westlichen Wiener Stadtgebietes. – Feddes Repert. Spec. Nov. Regn. Veg., Beiheft (Wien) **126**: 53–127.

Pleskot G., 1953: Beiträge zur Limnologie der Wienerwaldbäche. – Die bisher festgestellten Ephemeropteren der Wienerwaldbäche. – Wetter & Leben (Wien) Sonderheft **2**: 5–9; 179–183.

Raab R., 2002: Libellen als Bioindikatoren zur Überprüfung der Effizienz von Revitalisierungsmaßnahmen an Wienfluss und Mauerbach. – Perspektiven (Wien: Schmid) **2002** (1–2): 55–62.

Schiemer F. & Waringer J., 2002: Die Gewässer Niederösterreichs. – In: Natur im Herzen Mitteleuropas; pp. 147–160. – St. Pölten: Landesverlag Niederösterreichisches Pressehaus.

Schmid H. & Helfer W., 1995: Pilze. Wissenswertes aus Ökologie, Geschichte und Mythos. – Eching bei München: IHW. – (ISBN: 3-930167-14-X)

Schremmer F., 1972: Die Tierwelt der Wiesen, Weiden, Waldränder und Gebüsche. – In: Naturgeschichte Wiens **2**: 281–322. – Wien/München: Jugend und Volk

Urban O. H., 1999: Der Leopoldsberg. Archäologische Forschungen auf dem Wiener Hausberg. – Wiener Archäol. Studien **2**. – Wien: Forschungsges. Wiener Stadtarchäologie.

Vitek E., Mrkvicka A., Adler W., Horak E., Haslehner B. & Fleck W., 2005: Wiens Pflanzenwelt. Verlag des Naturhistorischen Museums Wien. – (ISBN: 3-902 421-04-5)

Waringer J. & Graf W., 2002: Von Uferbolden, Drachenfliegen und Wassergeistern – Streifzug durch die vielgestaltige Welt der Wasserinsekten. – In: Natur im Herzen Mitteleuropas; pp. 135–146. – St. Pölten: Landesverlag Niederösterreichisches Pressehaus.

Waringer J. & Graf W., 1997: Atlas der österreichischen Köcherfliegenlarven. – Wien: Facultas Universitätsverlag. – (286 S.)

Weigelhofer G. & Waringer J., 2003: Response of macroinvertebrates to fine sediment accumulations within the hyporheic zone of a calcareous sandstone stream (Weidlingbach, Austria). – Archiv für Hydrobiol., Suppl. **147** (= Large Rivers **14**): 327–346.

Weigelhofer G. & Waringer J., 1999: Woody debris accumulations – important ecological components in a low order forest stream (Weidlingbach, Lower Austria). – International Review of Hydrobiology **84**: 427–437.

Wendelberger G., 1963: Die Relikt-Schwarzföhrenwälder des Alpenostrandes. – Vegetatio (Den Haag) **11**: 265–287.

Willner W., 1996: Die Gipfeleschenwälder des Wienerwaldes. – Verh. Zool.-Bot. Ges. Österreich **133**: 133–184.

Willner W. & Grabherr G. (Hrsg.), 2007: Die Wälder und Gebüsche Österreichs: Ein Bestimmungswerk mit Tabellen. – Heidelberg: Spektrum Akademischer Verlag. – *[Bestimmungsbuch und Systematik der österreichischen Waldgesellschaften.]*

Zukrigl K., 2005: Die Vegetation des Wiener Leopoldsberges. – Abhandl. Zoolog.-Bot. Ges. Österr. **35**. (76 S., 1 Karte u. 4 pflanzensoziol. Tabellen)

www.wien.gv.at/wald
http://flora.nhm-wien.ac.at

10. Donau und Auenlandschaft
Ein Lebensraum voller Gegensätze

Blühberger G., 1996: Wie die Donau nach Wien kam. Von den Quellen bis zur Hainburger Pforte. – Wien: Böhlau. (304 S., mit zahlr. Abb.) – *[Populär, aber sehr fehlerhaft und schlecht redigiert.]*

Chovanec A. & Waringer J., 2001: Ecological integrity of river-floodplain systems – assessment by dragonfly surveys *(Insecta: Odonata)*. – Regulated Rivers Management **17**: 493–507.

Die Donauinsel in Wien. Aspekte der Fauna und Flora. – Denisia (Linz) **3**. (225 S.)

Donaufische. Bioindikatoren für vernetzte Lebensräume. – Stapfia (Linz) **52**. (185 S.)

Ehrendorfer F., Hübl E. & Niklfeld H., 1972: Liste der wichtigsten Gefäßpflanzen der Aulandschaft. – In: **Starmühlner F. & Ehrendorfer F. (Ges.-Red.):** Naturgeschichte Wiens **2** (Naturnahe Landschaften, Pflanzen- und Tierwelt): 729–756. – Wien/München: Jugend und Volk. – *[Mit ökologischen Zeigerwerten.]*

Hein T., Schagerl M., Heiler G., Schiemer F. 1996: Chlorophyll-a and hydrochemical dynamics in a backwater system of the Danube controlled by hydrology. – Archiv für Hydrobiol., Suppl. **113** (= Large Rivers **10**): 463–470.

Hödl W., Jehle R., Gollmann G. (Hrsg.), 1997: Populationsbiologie von Amphibien. Eine Langzeitstudie auf der Wiener Donauinsel. – Stapfia (Linz) **51**. (270 S.)

Hödl W. & Rössler M., 2000: Die Europäische Sumpfschildkröte. – Stapfia (Linz) **69**. (248 S.)

Holarek C., Rausch C., Hein T. & Gätz N., 1996: Qualitative und quantitative Veränderungen des Phyto- und Zooplanktons in der Donau und einem Altarm bei unterschiedlichen hydrologischen Bedingungen. – Verh. Zool.-Bot. Ges. Österreich **133**: 185–200.

Hübl E., 1972: Zur biologischen und pflanzengeographischen Charakteristik der Auwälder Wiens. – In: **Starmühlner F. & Ehrendorfer F. (Ges.-Red.):** Naturgeschichte Wiens **2** (Naturnahe Landschaften, Pflanzen- und Tierwelt): 707–716. – Wien/München: Jugend und Volk.

Hübl E., 1972: Die Trockenvegetation der Donauauen (Heißländen). – In: **Starmühlner F. & Ehrendorfer F. (Ges.-Red.):** Naturgeschichte Wiens **2** (Naturnahe Landschaften, Pflanzen- und Tierwelt): 717–720. – Wien/München: Jugend und Volk.

Hübl E., 1972: Die Sumpfvegetation der Auweiher und Autümpel. – In: **Starmühlner F. & Ehrendorfer F. (Ges.-Red.):** Naturgeschichte Wiens **2** (Naturnahe Landschaften, Pflanzen- und Tierwelt): 720–722. – Wien/München: Jugend und Volk.

Jelem H., 1972: Die Donauauen. – In: **Starmühlner F. & Ehrendorfer F. (Ges.-Red.):** Naturgeschichte Wiens **3** (Forstliches, Karten): 45–72. – Wien/München: Jugend und Volk.

Jelem H., 1974: Die Auwälder der Donau in Niederösterreich. – Mitt. Forstl. Bundes-Versuchsanst. (Wien) **109**.

Margl H., 1972: Die Ökologie der Donauauen und ihre naturnahen Waldgesellschaften. – In: **Starmühlner F. & Ehrendorfer F. (Ges.-Red.):** Naturgeschichte Wiens **2** (Naturnahe Landschaften, Pflanzen- und Tierwelt): 675–706. – Wien/München: Jugend und Volk.

Margl H., 1973: Pflanzengesellschaften und ihre standortsgebundene Verbreitung in teilweise abgedämmten Donauauen (Untere Lobau). – Verh. Zool.-Bot. Ges. (Wien) **113**: 5–52.

Mohilla P. & Michlmayr F., 1995: Donauatlas Wien. – Wien: Österreichischer Kunst- und Kulturverlag.

Moog O., Brunner S., Humpesch H. & Schmidt-Kloiber A., 2000: The distribution of benthic invertebrates along the Austrian stretch of the river Danube and its relevance as an indicator of zoogeographical and water quality patterns. Part **2**. – Archiv für Hydrobiol., Suppl. **115** (4) (= Large Rivers **11**/4): 473–509.

Neue Ufer. Strukturierungsmaßnahmen im Stauraum Wien. – Denisia (Linz) **10**. (278 S.)

Reisseck S., um 1860: Verzeichnis der Gefäßpflanzen, welche auf der Strecke zwischen Klosterneuburg und der Lobau auf den Inseln wachsen. – Manuskript in der Botan. Abt. d. Naturhistor. Museums Wien.

Rotter D. & Schratt-Ehrendorfer L., 1999: Geobotanik und Ökologie der Donaualtwässer bei Wien (Wasser- und Verlandungsvegetation). – Stapfia (Linz) **64**. (208 S.)

Sauberer A., 1942: Die Vegetationsverhältnisse der Unteren Lobau. – Niederdonau/Natur & Kultur **17**. – Wien/Leipzig: K. Kühne.

Schiel W., 1992: Dotation Lobau – Perspektiven einer interdisziplinären Langzeitplanung. – Österreichische Wasserwirtschaft **11**: 287–289.

Schiemer F., Jungwirth M. & Imhof G., 1994: Die Fische der Donau – Gefährdung und Schutz. – Grüne Reihe des BMUJF **5**. (160 S.)

Schiemer F. & Reckendorfer W. (Hrsg.), 2000: Das Donau-Restaurierungsprojekt. Gewässervernetzung Regelsbrunn. – Abhandl. Zool.-Bot. Ges. Österreich (Wien) **31**. (194 S.)

Schiemer F. & Reckendorfer W. (Hrsg.), 2004: Das Donau-Restaurierungsprojekt. Ökologische Auswirkungen. – Abhandl. Zool.-Bot. Ges. Österreich (Wien) **34**. (185 S.)

Schönmann R., 1972: Die Tierwelt des Auwaldbereichs. – In: **Starmühlner F. & Ehrendorfer F. (Ges.-Red.):** Naturgeschichte Wiens **2** (Naturnahe Landschaften, Pflanzen- und Tierwelt): 757–809. – Wien/München: Jugend und Volk.

Starmühlner F., Kusel-Fetzmann E., Steiner H. & Aschenbrenner L., 1972: Die Pflanzen-und Tierwelt der Donau. – In: **Starmühlner F. & Ehrendorfer F. (Ges.-Red.):** Naturgeschichte Wiens **2** (Naturnahe Landschaften, Pflanzen- und Tierwelt): 531–576. – Wien/München: Jugend und Volk.

Starmühlner F., Vornatscher J., Kusel-Fetzmann E., Steiner H. & Aschenbrenner L., 1972: Die Pflanzen- und Tierwelt der Altwässer. – In: **Starmühlner F. & Ehrendorfer F. (Ges.-Red.):** Naturgeschichte Wiens **2** (Naturnahe Landschaften, Pflanzen- und Tierwelt): 577–658. – Wien/München: Jugend und Volk.

Vornatscher J., 1972: Die Tierwelt periodischer Gewässer. – In: **Starmühlner F. & Ehrendorfer F. (Ges.-Red.):** Naturgeschichte Wiens **2** (Naturnahe Landschaften, Pflanzen- und Tierwelt): 495–498. – Wien/München: Jugend und Volk.

Waringer J., Chovanec A. & Laister G., 2006: Die Libellengesellschaften der Donau-Auen. – In: **Raab R., Chovanec A. & Pennerstorfer J.:** Libellen Österreichs; pp. 282–291. – Wien/New York: Springer.

Zukrigl K., 1995: Die Waldvegetation im ehemaligen Augebiet des Wiener Praters. – Forstarchiv (Hannover) **66**: 175–182.

11. Pannonische Hügel und Ebenen
Östlich getönte bunte Steppe

Adler W., 1998: Ein neues Naturdenkmal auf dem Johannesberg in Wien-Unterlaa. – Flora Austr. Novit. (Wien) **5**: 57–66.

Adler W., Mrkvicka A. & Zuna-Kratky Th., 1998 („1997"): Natur-Wanderführer Wien. – Wien: Bohmann.

Becker B., 2000: Biotopverbund Alte Schanzen. – Projektbericht im Auftrag der MA 22, Wien. (108 S.)

Berg H.-M., Karner-Ranner E., Ranner A. & Zuna-Kratky T., 1998: Die Heuschrecken- und Fangschreckenfauna Wiens. – Projektbericht im Auftrag der MA 22, Wien. (53 S.)

Billensteiner H., 1984: Die Orchideen Wiens. – Abhandl. Zool.-Bot. Ges. Österr. (Wien) **22**: 5–81. – *[Rasterverbreitungskarten; inzwischen teilweise veraltet.]*

Drozdowski I. & Mrkvicka A. Ch., „2009" [2010]: Beiträge zur Flora und Fauna von Perchtoldsdorf in Niederösterreich. – Verh. Zool.-Bot. Ges. Österreich **146**: 61–78.

Ehrendorfer F., Niklfeld H., & Hübl E., 1972: Liste der wichtigsten Gefäßpflanzen der Trockenlandschaft. *[Mit ökologischen Zeigerwerten.]* – In: **Starmühlner F. & Ehrendorfer F. (Ges.-Red.):** Naturgeschichte Wiens **2** (Naturnahe Landschaften, Pflanzen- und Tierwelt): 429–446. – Wien/München: Jugend und Volk.

Fischer M. A., 2002: Ein Hauch Orient – pannonische Vegetation und Flora. – In: Natur im Herzen Mitteleuropas; pp. 70–86. – St. Pölten: Niederösterreichisches Landesmuseum; Landesverlag Niederösterreichisches Pressehaus.

Fischer M. A., Oswald K. & Adler W., 2008: Exkursionsflora für Österreich, Liechtenstein und Südtirol. (3. Aufl.) – Linz: Biologiezentrum der Oberösterr. Landesmuseen. (1392 S.) – (ISBN: 978-3-85474-187-9)

Fischer R., 1995: Blütenpracht am Ostsaum der Alpen. – Bad Sauerbrunn: Edition Tau.

Fischer R., 2004: Blütenvielfalt im Pannonicum. Pflanzen im östlichen Niederösterreich, Nordburgenland und in Wien. Mit einem Beitrag von **Univ.-Prof. Dr. Gustav Wendelberger.** – Eching bei München: IHW. (486 S.) – *[Halbpopulär; rund 700 Farbbilder und Beschreibungen von Arten des pannonischen Gebiets in Österreich.]*

Foelsche G., 2005: Blütenparadies Eichkogel. Unvergleichliche Pflanzen- und Tierwelt im Nahbereich der Großstadt. Mit Beiträgen von **† Redl W., Gerdenitsch W. & Fischer. M. A. (2. Aufl.)** – Mödling: Schöffel-Verein.

Halbritter H. & Stingl R., 2004: Gelber Lauch & Zypergras. Eine kleine botanische Heimatkunde von Bad Vöslau, Gainfarn und Großau. – Bad Vöslau: Stadtgemeinde. (96 S.) – *[Zahlreiche Farbfotos; halbpopulär.]*

Holzner W. et al., 1986: Österreichischer Trockenrasen-Katalog. „Steppen", „Heiden", Trockenwiesen, Magerwiesen: Bestand, Gefährdung, Möglichkeiten ihrer Erhaltung. – Wien: Grüne Reihe d. Bundesministerium f. Gesundheit u. Umweltschutz **6**. (380 S.)

Holzner W. & Glauninger J., 2005: Ackerunkräuter. Bestimmung, Biologie, landwirtschaftliche Bedeutung. – Graz/Stuttgart: L. Stocker.

Holzner W., Ries Ch., Geisselbrecht-Taferner L., Wiedermann R., Kutzenberger H. & Wokac R. M., 1994: Unkräuter. Begleiter und Freunde des Menschen. Eine Anleitung zum Umgang mit Wildpflanzen in Äckern und Siedlungen. – Grüne Reihe d. Bundesminist. f. Umwelt, Jugend u. Familie **4**. – Graz: styria medienservice (U. Moser).

Holzner W. & Sänger K., 1997: Steppe am Stadtrand. Ein kundiger Begleiter durch das Naturreservat Perchtoldsdorfer Heide. – Grüne Reihe d. Bundesministeriums f. Umwelt, Jugend u. Familie (Wien) **9**. – Graz: austria medien service. – *[Pflanzen- und Tierwelt. Halbpopulär, aber sehr informativ.]*

Höttinger H., 1999: Kartierung der Tagschmetterlinge der Stadt Wien und Grundlagen zu einem Artenschutzprogramm (*Lepidoptera: Rhopalocera* und *Hesperiidae*). Projektbericht im Auftrag der MA 22, Wien. (135 S.)

Höttinger H., 2002: Checkliste und Rote Liste der Tagschmetterlinge der Stadt Wien, Österreich (*Lepidoptera: Papilionoidea* und *Hesperioidea*). – Beiträge zur Entomofaunistik **3**: 103–123.

Hübl E., 1974: Acker- und Ruderalflora. Liste der wichtigsten Gefäßpflanzen der Acker- und Ruderalstandorte. – In: **Starmühlner F. & Ehrendorfer F. (Ges.-Red.):** Naturgeschichte Wiens **4** (Großstadtlandschaft, Randzone und Zentrum): 157–174. – Wien/München: Jugend und Volk.

Kaltenbach A., Steiner E., & Aschenbrenner L., 1972: Die Tierwelt der Trockenlandschaft. – In: **Starmühlner F. & Ehrendorfer F. (Ges.-Red.):** Naturgeschichte Wiens **2** (Naturnahe Landschaften, Pflanzen- und Tierwelt): 447–494. – Wien/München: Jugend und Volk.

Karrer G., 1985: Waldgrenzstandorte an der Thermenlinie (Niederösterreich). – Stapfia (Linz) **14**: 85–103.

Karrer G. & Kilian W., 1990: Standorte und Waldgesellschaften im Leithagebirge. – Mitt. Forstl. Bundesversuchsanst. (Wien) **165**: 1–224.

Kusel, H., 2006: Pflanzen und Tiere im Pannonikum am Beispiel des Eichkogels südlich von Wien. – Wien: Naturhistorisches Museum Wien. (512 S.) – (ISBN: 2-902421-18-5)

Maier R., 1982: Pflanzen- und Tierwelt des Bisamberges. – In: **Maier R. (Hrsg.):** Marktgemeinde Bisamberg; pp. 237–271. – Hrsg. von der Gemeinde Bisamberg anlässlich der Markterhebung im Jahre 1982.

Mehrani Mylani H. & Zukrigl K., 1981: Pflanzengesellschaften des Laaerberges und ihre Standorte. – Verh. Zool.-Bot. Ges. Österreich **120**: 37–50.

Mikocki J. & Ricica K. (Red.): Wildwuchs. Vom Wert dessen, was von selbst ist. Eine Anthologie des Ungeplanten. – Hrsg. von der MA 22/Umweltschutz anlässlich ihres 30-jährigen Bestehens. – Wien: Amt der Wiener Landesregierung, MA 22/Umweltschutz. – Ästhetik der Ruderalflora Wiens.

Niklfeld H., 1964: Zur xerothermen Vegetation im Osten Niederösterreichs. – Verh. Zool.-Bot. Ges. (Wien) **103/104**: 152–181.

Niklfeld H., 1972: Der niederösterreichische Alpenostrand – ein Glazialrefugium montaner Pflanzensippen. – Jahrb. Ver. Schutze Alpenpfl. u. -tiere (München) **37**: 42–92.

Niklfeld H. & Hübl E., 1972: Die Pflanzenwelt der Trockenlandschaft. – In: **Starmühlner F. & Ehrendorfer F. (Ges.-Red.):** Naturgeschichte Wiens **2** (Naturnahe Landschaften, Pflanzen- und Tierwelt): 483–428. – Wien/München: Jugend und Volk.

Schweiger H., Steiner H. & Aschenbrenner L., 1974: Die Tierwelt der Felder und des Gartenlandes. – In: **Starmühlner F. & Ehrendorfer F. (Ges.-Red.):** Naturgeschichte Wiens **4** (Großstadtlandschaft, Randzone und Zentrum): 122–156. – Wien/München: Jugend und Volk.

Uhlmann J., 1938: Die Pflanzengesellschaften auf dem Westabhang des Bisamberges und ihre Abhängigkeit von der Bodengestalt. – Dissert. Phil. Fak. Univ. Wien.

Wagner H., 1941: Die Trockenrasengesellschaften am Alpenostrand. – Österr. Akad. d. Wiss., Math.-Naturw. Kl., Denkschr. **104**. – Wien.

Wendelberger G., 1953: Die Trockenrasen im Naturschutzgebiet auf der Perchtoldsdorfer Heide bei Wien. – Angewandte Pflanzensoziologie (Wien) **9**. (51 S.)

Wendelberger G., 1954: Steppen, Trockenrasen und Wälder des pannonischen Raumes. – Angew. Pflanzensoziologie (Wien) **1** (Festschrift Aichinger): 573–634.

Wendelberger G., 1959: Die Waldsteppen des pannonischen Raumes. – Veröff. Geobot. Inst. Stift. Rübel (Zürich) **35**: 77–113.

Zukrigl K., 2005: Die Vegetation des Wiener Leopoldsberges. – Abhandl. Zool.-Bot. Ges. Österreich (Wien) **35**. (76 S. + 5 Tabellen.)

12. Steinernes Herz
Das dicht verbaute Stadtgebiet

Adler W., 2006: Die Flora des Grabungsfeldes Michaelerplatz in Wien. – Neilreichia (Wien) **4**: 191–194.

Albert R. (Mitarbeit I. Holzapfel), 1987: Alleen in Wien. Zustandserhebung und Ergebnisse von Bodensanierungsmaßnahmen. Abschlussbericht des Forschungsauftrages „Sanierung von Alleebäumen in Wien"; im Auftrag der MA 22 (Umweltschutz) und MA 42 (Stadtgartenamt). – Wien: Magistrat der Stadt Wien.

Albert R., Schestag-Schafellner Ch. & Trockner-di Costigliole V., 1991: Warum macht Stadtstreß Bäume krank? – Deutsche Baumschule **4** (April).

Albert R., Schestag-Schafellner Ch. & Trockner-di Costigliole V., 1991: Auswirkungen städtischer Streßfaktoren auf baumphysiologische Parameter. – In: Straßenbaumschäden – Ursachen und Wirkungen (Reihe „Angewandter Umweltschutz"); pp. 23–39. – Landsberg/Lech: Ecomed-Verlagsgesellschaft mbH.

Christian E., 1999: Gürteltiere. – In: **Veigl C. (Hrsg.):** Stadtraum Gürtel. – Wien: Promedia.

BLUBB (Biotope Landschaften Utopien Bewußt Beleben), 1990: Ausstellungskatalog zur Wiener Biotopkartierung. – Wien: PID (Presse und Informationsdienst).

Dörflinger A. N., Hietz P., Maier R., Punz W. & Fussenegger K., 1995: Ökosystem Großstadt Wien: Quantifizierung ökologischer Parameter unter besonderer Berücksichtigung der Vegetation. – Im Auftrag des Bundesministeriums für Wissenschaft und Forschung und der Stadt Wien/MA 22. – (200 S. + Karten)

Eipeldauer A., 1974: Wiener Zimmerpflanzen. – In: **Starmühlner F. & Ehrendorfer F. (Ges.-Red.):** Naturgeschichte Wiens **4** (Großstadtlandschaft, Randzone und Zentrum): 361–376. – Wien/München: Jugend und Volk.

Fiedler W., 1974: Der Tiergarten Schönbrunn. – In: **Starmühlner F. & Ehrendorfer F. (Ges.-Red.):** Naturgeschichte Wiens **4** (Großstadtlandschaft, Randzone und Zentrum): 377–416. – Wien/München: Jugend und Volk.

Frenzel W., 1952: Naturkundlicher Führer durch den Wiener Türkenschanzpark. – Wien: Kaltschmid. (83 S.)

Hafellner J. & Türk R., 2001: Die lichenisierten Pilze Österreichs – eine Checkliste der bisher nachgewiesenen Arten mit Verbreitungsangaben. – Stapfia **76**: 1–167.

Holzner W. 1999: Großstadtpflanzen – Botanisches rund um den Gürtel. – In: **Veigl C. (Hrsg.):** Stadtraum Gürtel (Wien: Natur, Kultur, Politik); pp. 87–103. – Wien: Promedia.

Holzner W. et al., 1994: Unkräuter – Begleiter und Freunde des Menschen. – Grüne Reihe des MMfUJ **4**. – Graz: Styria.

Forstner W., 1983, 1984: Ruderale Vegetation in Ost-Österreich **1** & **2**. – Wissensch. Mitt. Niederösterr. Landesmus. (Wien) **2**: 19–133; **3**: 11–91.

Forstner W. & Hübl E., 1971: Ruderal-, Segetal- und Adventivflora von Wien. – Wien: Notring der wissenschaftl. Gesellschaften Österreichs. (159 S.)

Hohenwallner D. & Zechmeister H. G., 2001: Factors influencing bryophyte species richness and populations in urban environments: a case study. – Nova Hedwigia. **73**: 87–96.

Hübl E., 1974: Acker- und Ruderalflora. Liste der wichtigsten Gefäßpflanzen der Acker- und Ruderalstandorte. – In: **Starmühlner F. & Ehrendorfer F. (Ges.-Red.):** Naturgeschichte Wiens **4** (Großstadtlandschaft, Randzone und Zentrum): 157–174. – Wien/München: Jugend und Volk.

Kaltenbach A., 1974: Ruderalfauna. – In: **Starmühlner F. & Ehrendorfer F. (Ges.-Red.):** Naturgeschichte Wiens **4** (Großstadtlandschaft, Randzone und Zentrum): 195–204. – Wien/München: Jugend und Volk.

Klausnitzer B., 1993: Ökologie der Großstadtfauna. (2. Aufl.). – Jena/Stuttgart: G. Fischer. (454 S.)

Kowarik I., 2003: Biologische Invasionen: Neophyten und Neozoen in Mitteleuropa. – Stuttgart: Ulmer. (380 S.)

Kucera P., 1995: Flora Theresiana. Über die Pflanzen des Theresianischen Parks. – Wien: Eigenverlag Theresianum.

Markert B. A., Breure A. M. & Zechmeister H. G. (Hrsg.), 2003: Bioindicators/Biomonitors (principles, assessment, concepts). – Amsterdam: Elsevier. (1040 S.) – (ISBN: 0-08-044177-7)

Pernstich A. & Krenn H. W. (Hrsg.), 2004: Die Tierwelt des Botanischen Gartens der Universität Wien. Eine Oase inmitten der Großstadt. – Wien: Institut für angewandte Biologie und Umweltbildung. (63 S.) – (ISBN: 3-200-00246-8)

Punz W., 1989: Biotopkartierung im bebauten Gebiet Wiens – Kartierung der Gehölzflora. – Verh. Ges. f. Ökologie **18**: 273–278.

Rebhann F. M., 1974: Wiens Naturdenkmäler. – In: **Starmühlner F. & Ehrendorfer F. (Ges.-Red.):** Naturgeschichte Wiens **4** (Großstadtlandschaft, Randzone und Zentrum): 509–529. – Wien/München: Jugend und Volk.

Rechinger K.-H., 1950: Notizen zur Adventiv- und Ruderalflora von Wien. – Österr. Botan. Zeitschr. (Wien) **97**: 114–123.

Reichholf J., 1989: Siedlungsraum. Zur Ökologie von Dorf, Stadt und Straße. – Steinbachs Naturführer. – München: Mosaik. (224 S.)

Sauberer A., Onno M., Wilflinger H., Peringer M. Th. & Braun L., 1974: Die Pflanzenwelt der Wiener Grünanlagen. – In: **Starmühlner F. & Ehrendorfer F. (Ges.-Red.):** Naturgeschichte Wiens **4** (Großstadtlandschaft, Randzone und Zentrum): 231–287. – Wien/München: Jugend und Volk.

Schifter H., 1974: Private Tierhaltungen in Wien. – In: **Starmühlner F. & Ehrendorfer F. (Ges.-Red.):** Naturgeschichte Wiens **4** (Großstadtlandschaft, Randzone und Zentrum): 439–464. – Wien/München: Jugend und Volk.

Schremmer F., Steiner H. & Aschenbrenner L., 1974: Die Tierwelt der Parkanlagen und Gebäude. – In: **Starmühlner F. & Ehrendorfer F. (Ges.-Red.):** Naturgeschichte Wiens **4** (Großstadtlandschaft, Randzone und Zentrum): 289–359. – Wien/München: Jugend und Volk.

Solinger H., 1997: Der Wiener Augarten und seine Flora. – Wien/Innsbruck: Österr. Bundesgärten.

Soukup S., Maier R. & Hübl E., „2009" [2010]: Grünräume im Stadtgebiet von Wien, dargestellt anhand eines Transektes vom Wienerwald zur Donau. – Verh. Zool.-Bot. Ges. Österreich **146**: 27–59.

Starmühlner F., Kusel-Fetzmann E., Steiner H. & Aschenbrenner L., 1974: Die künstlichen Gewässer (Ziegelteiche, Parkteiche und Wasserbecken, Thermal- und Mineralquellen, Wiener Trinkwasser, regulierte Oberflächengewässer, unterirdische Kanäle, Kläranlagen). – In: **Starmühlner F. & Ehrendorfer F. (Ges.-Red.):** Naturgeschichte Wiens **4** (Großstadtlandschaft, Randzone und Zentrum): 465–508. – Wien/München: Jugend und Volk.

Sukopp H. & Wittig R. (Hrsg.), 1993: Stadtökologie. – Stuttgart & c.: G. Fischer. (402 S.)

Türk R., Breuss O. & Üblagger J., 1998: Die Flechten im Bundesland Niederösterreich. – Wiss. Mitt. Niederösterr. Landesmuseum **11**: 7–313.

Türk R., 2004: Neue und seltene Flechten der Ostalpen. – Verh. Zool.-Bot. Ges. Österreich **141**: 63–73.

Wittig R., 1991: Ökologie der Großstadtflora. Flora und Vegetation der Städte des nordwestlichen Mitteleuropas. – UTB 1587. – Stuttgart: G. Fischer. (261 S.)

Wittig R., 2008: Siedlungsvegetation. – Ökosysteme Mitteleuropas aus geobotanischer Sicht. – Stuttgart: E. Ulmer. (252 S., 48 Zeichn., 125 Farbabb., 40 Tab., 7 s/w-Abb., kart.) – (ISBN: 978-3-8001-5642-9)

Woess F., 1974: Entwicklung der Wiener Grünanlagen. – In: **Starmühlner F. & Ehrendorfer F. (Ges.-Red.):** Naturgeschichte Wiens **4** (Großstadtlandschaft, Randzone und Zentrum): 205–229. – Wien/München: Jugend und Volk.

Zechmeister H. & Grabherr G., 1998: Erfassung der Flora des Wiener Stephansdomes. – Verh. Zool.-Bot. Ges. Österreich **135**: 323–342.

Siehe auch die Broschüren über Naturdenkmäler etc. der Magistratsabteilung 22 (Naturschutz) der Stadt Wien (MA 22).

13. Grün in der Stadt
Das Biotopmonitoring Wien

Sauberer A. et al., 1974: Die Pflanzenwelt der Wiener Grünanlagen. – In: **Starmühlner F. & Ehrendorfer F. (Ges.-Red.):** Naturgeschichte Wiens **4** (Großstadtlandschaft, Randzone und Zentrum): 231–287. – Wien/München: Jugend und Volk.

BLUBB, 1990: BLUBB – Biotope Landschaften Utopien Bewusst Beleben – Eine sinnliche Ausstellung zur Wiener Biotopkartierung. – Wien: Presse und Informationsdienst der Stadt Wien, Wiener Umweltschutzabteilung (MA 22).

Kratochwill S., 1999: Wiener Stadtlandschaften. Ein Plädoyer für Lebensqualität 1945–2000. – Wien: Österreichischer Kunst- und Kulturverlag

Lehmann O., Schwab A. & Lammerhuber L., 2005: Wiener Wälder. – Wien: Bohmann.

Mehrzweckkarte. Digitale Stadtkarte von Wien. Herstellung und laufende Aktualisierung. – Wien: Stadtvermessung Wien/MA 41.

Mikocki J., Ricica K., Schreiner Kastler (Hrsg.), 2003: Wildwuchs. Vom Wert dessen, was von selbst ist. – Wien: Amt der Wiener Landesregierung, Wiener Umweltschutzabteilung (MA 22).

Pillmann W., Kellner K. & Klar J., 2001: Grünrauminventar im städtischen Bereich – Methodik und Anwendung der flächendeckenden Erfassung Wiener Grünräume. – In: CORP2001, Technische Universität Wien; http://www.corp.at/archiv/corp2001.htm

Pillmann W., Kellner K. & Klar J., 2002: Green space inventory in the city of Vienna: A Biotop Monitoring System based on remote sensing methods. – In: Urban Forests and Trees, Proceedings No. 1. – COST Action E 12. European Communities. – Luxembourg: DG Research, Office for Official Publications of the European Communities.

Pillmann W. & Wieshofer I.: Grünflächensicherung für Wien – Biotopmonitoring als Instrument der Stadtentwicklung. – Wien: MA 22. – Vgl. Biotopmonitoring-Berichte 1996–2002.

Realnutzungskartierung. Unterteilung der Blockstruktur Wiens in 42 Nutzungskategorien. Herstellung: Stadtvermessung Wien MA 41 i. A. der Stadtentwicklung und Stadtplanung (MA 18).

Ries Ch., Pillmann W., Kellner K. & Stadler P., 2002: Urban green space management information – processing and use of remote sensing images and scanner data. – In: **Pillmann W. & Tochtermann K. (Hrsg.):** Proceedings „EnviroInfo Vienna 2002". – Vienna: Internat. Society for Environmental Protection.

Schipperijn J., Pillmann W., Tyrväinen L. & al., 2005: Information for urban forest planning and management. – In: **Konijnendijk C. C., Nilsson K., Randrup T. B. & al. (eds.):** Urban forests and trees. – Berlin: Springer.

14. Leben und Überleben
Wien als Ökotop mit Millionen „Umwelten"

Anderl M., Gangl M., Poupa S. & al., 2006: Bundesländer Luftschadstoff-Inventur in Österreich 1990–2004. Regionalisierung der nationalen Emissionsdaten auf Grundlage von EU-Berichtspflichten. Datenstand 2006. Reports **REP-42**. – Wien: Umweltbundesamt. – (ISBN: 3-85457-840-7)

Arlt G., 2001: Auswirkungen städtischer Nutzungsstrukturen auf Bodenversiegelung und Bodenpreis. – Dresden: IÖR (Institut für ökologische Raumentwicklung e. V.).

Breuste J., Feldmann H. & Uhlmann O. (Hrsg.), 2000: Urban ecology. – Wien/New York: Springer.

Breuste J. (Hrsg.), 1996: Stadtökologie und Stadtentwicklung – das Beispiel Leipzig. Ökologischer Zustand und Strukturwandel einer Großstadt in den neuen Bundesländern. – Berlin: Analytika.

Diebäcker, M. (Hrsg.), 2004: Partizipative Stadtentwicklung und Agenda 21. Diskurse – Methoden – Praxis. – Wien.

Factum OHG, Fessel-GfK, F&E Werkstatt, IFES, Institut für Stadt- und Regionalforschung der TU Wien, Institut für Soziologie der Universität Hamburg und SORA im Auftrag der Stadt Wien, 2004: Wiener Wohnstudien. Wohnzufriedenheit, Mobilitäts- und Freizeitverhalten. Werkstattbericht Nr. 71, MA 18, Wien

Förster W. & Wimmer H. (Hrsg.), 1986: Stadterneuerung in Wien – Tendenzen, Initiativen, Perspektiven. – Frankfurt/New York: Campus.

Froessler R. & Selle K. (Hrsg.), 1991: Auf dem Weg zur sozial und ökologisch orientierten Erneuerung? – Der Beitrag intermediärer Organisationen zur Entwicklung städtischer Quartiere in der Bundesrepublik Deutschland. – Dortmund/Darmstadt: Dortmunder Vertrieb für Bau- und Planungsliteratur (u. a.).

Hatzenbichler B. et al., 2007: Evaluierung der Umsetzung des Klimaschutzprogramms (KliP) der Stadt Wien. Hrsg.: Österreichische Energie Agentur – Austrian Energy Agency, Wien

Hauff V. (Hrsg.), 1987: Unsere gemeinsame Zukunft. Der Brundtland-Bericht. – Bericht der Weltkommission für Umwelt und Entwicklung. – Greven.

Hoeppner H. & Preuss H., 1926: Flora des Westfälisch-Rheinischen Industriegebietes unter Einschluss der Rheinischen Bucht. – Dortmund: Wissenschaftl. Heimatbücher für den Westfälisch-Rheinischen Industriebezirk 6a.

Keil R. (Hrsg.), 1996: Local Places in the Age of the Global City. – Montreal: Black Rose Books.

Knoflacher M. & Macoun Th., 1989: Ökologie und Straßenverkehr. – Reports UBA-89-035. – Wien: Umweltbundesamt.

Knoflacher H. & Macoun Th., 2004: Wien kann an der Spitze bleiben, eine verkehrsvermeidende Stadtentwicklung und Raumordnung. – Shell-Studie. – Wien: Institut für Verkehrsplanung und Verkehrstechnik, Technische Universität Wien.

Knötig H., Guttmann G. & Panzhauser E., 1990: Materialien zur Humanökologie, Begleitunterlagen zum Humanökologischen Proseminar an der TU Wien. – Wien: WUV- Universitätsverlag.

Kreh W., 1955: Das Ergebnis der Vegetationsentwicklung auf dem Stuttgarter Trümmerschutt. – Mitt. Flor.-Soz. Arb.-Gem. N.F. **5**: 69–75.

Low N., Gleeson B., Elander I. & Lidskog R. (Hrsg.), 2000: Consuming cities. The urban environment in the global economy after the Rio Declaration. – London/New York: Routledge.

Klotz A. (Hrsg.), 2002: Stadt und Nachhaltigkeit – Ein Diskurs. – Ludwig Boltzmann Institut für interdisziplinäre Stadtforschung. – Wien: Springer.

Macoun Th., 1999: Wien auf solaren Pfaden – Potentiale erneuerbarer Energien im Verkehrssektor des Raumes Wien, Stoffflüsse und deren Steuerungspotentiale, Abschlussarbeit des Aufbaustudiums „Technischer Umweltschutz". – Wien: Inst. f. Wassergüte und Abfallwirtschaft, Technische Universität Wien.

Macoun Th., 2005: Energy minimizing settlement structures as a precondition of energy efficient mobility. – In: „Action for Sustainability". – Tokyo: World Sustainable Building Conference, Paper Nr. 12-017.

Macoun Th., 2006: Abgasbelastungen für Kinder in Wien. – Im Auftrag des Umweltbundesamtes. – Wien: Umweltbundesamt.

Nylander W., 1866: Les lichens du Jardin du Luxembourg. – Bull. Soc. Bot. France **13** (1): 364–371.

Österreichisches Ökologie-Institut, 2001: Wohnträume. Nutzerspezifische Qualitätskriterien für den innovationsorientierten Wohnbau. – Im Auftrag des Bundesministeriums für Verkehr, Innovation und Technologie. – Wien: BMVIT.

Park R. E., Burgess E. W. & McKenzie R. D. (Hrsg.), 1925: The City. – Chicago: The University of Chicago Press.

Podbrecky I., 2003: Rotes Wien. – Wien: Falter.

Rauh W., 2008: Einfluss der Verkehrsmittelwahl auf Bevölkerungsdichte und externe Agglomerationseffekte in Großstädten. – Dissertation an der Technischen Universität Wien.

Riedl R., 1985: Die Spaltung des Weltbildes. Biologische Grundlagen des Erklärens und Verstehens. – Berlin und Hamburg: Paul Parey. – (ISBN: 3-489-62234-0)

Seiss R., 2007: Wer baut Wien? Hintergründe und Motive der Stadtentwicklung Wiens seit 1989. – Salzburg/München: Anton Pustet.

Siedlungsflächenbilanz 1999, erstellt von ÖIR (Österreichisches Institut für Raumplanung) & MA 18 (Stadtentwicklung) über Innenentwicklungspotentiale, Baulandreserven und Grünraumverteilung. – Wien: Abteilung Stadtentwicklung und Stadtplanung, Magistratsabteilung 18.

Stadtplanung Wien (MA 18) & Pirhofer G. (Red.), 2000: Strategieplan für Wien – Qualität für Wien, Innovationen für Wien. – Werkstattberichte der Wiener Stadtplanung **32**. – Wien: Stadtplanung Wien, Magistratsabteilung 18.

Sukopp H., 1973: Die Großstadt als Gegenstand ökologischer Forschung. – Schr. Verbr. Naturwiss. Kenntn. Wien **113**: 90–140.

Sukopp H. (Hrsg.), 1990: Stadtökologie, das Beispiel Berlin. – Berlin: D. Riemer.

Sukopp H. & Wittig R. (Hrsg.), 1998: Stadtökologie. – Stuttgart: Gustav Fischer.

Uexküll J. v., 1928: Theoretische Biologie. (2. Aufl.) – Berlin.

Wittig R., 1991: Ökologie der Großstadtflora. – Stuttgart: G. Fischer.

Verein Lokale Agenda 21 Wien (Hrsg.), 2008: Das Wiener Modell der Lokalen Agenda 21. Handbuch zur Struktur, Grundsätze, Regeln, Methoden. – Wien.

www.la21wien.at
www.nachhaltigkeit.at
www.municipia.at
www.partizipation.at
www.europa.eu.int/comm/environment
www.sylvie.at oder www.lois.wien.at

15. Der „Stoffwechsel" der Stadt
Was fließt hinein, was strömt hinaus, was wird gespeichert?

Baccini P. & Brunner P. H., 1991: Metabolism of the Anthroposphere. – Berlin/Heidelberg/New York: Springer. – (ISBN-10: 0387537783)

Brunner P. H., Rechberger H., 2004: Practical Handbook of Material Flow Analysis. – Boca Raton, Florida: CRC Press LLC.

Brunner P. H., Morf L. S., Rechberger H., 2004: Thermal waste treatment – A necessary element for sustainable waste management. – In: **Twardowska I., Allen H. E., Kettrup A. A. F., Lacy W. J. (eds.):** Solid waste: Assessment, monitoring and remediation; pp. 783–806. – Kidlington/Oxford: Elsevier.

Daxbeck H., Kisliakova A., Obernosterer R., 1999: Der ökologische Fußabdruck der Stadt Wien (Projekt: Footprint). – Initiative zur Förderung einer umweltverträglichen nachhaltigen Ressourcenbewirtschaftung. – Wien: Ressourcen Management Agentur (RMA).

Daxbeck H., Lampert Ch., Morf L., Obernosterer R., Rechberger H., Reiner I. & Brunner P. H., 1996: Der anthropogene Stoffhaushalt der Stadt Wien. Pilot-Projekt. – Wien: Institut für Wassergüte und Abfallwirtschaft, Technische Universität Wien.

Dörflinger A. N., Hietz P., Maier R. & Punz W., 1996: Der Kohlenstoffhaushalt einer Stadt am Beispiel Wiens unter besonderer Berücksichtigung der pflanzlichen Biomasse und der Nettoprimärproduktion. – Verh. Zool.-Bot. Ges. Österreich **133**: 41–76.

Dörflinger A.N., Hietz P., Maier R., Punz W. & Fussenegger K. (Hrsg.), 1995: Ökosystem Großstadt Wien. Quantifizierung ökologischer Parameter unter besonderer Berücksichtigung der Vegetation. – Im Auftrag des Bundesministeriums für Wissenschaft und Forschung und der Stadt Wien/MA 22. (200pp + Karten)

Duvigneaud P. & Denaeyer de Smet S., 1977: L'écosystème urbain Bruxellois. – In: **Duvigneaud P. & Kestement P.:** Productivité biologique en Belgique; pp. 581–599. – Paris/Gembloux: Duculot.

Eisinger K., 1996: Photosyntheseleistung von Stadtpflanzen. – Verh. Zool.-Bot. Ges. Österreich **133**: 87–106.

Geisler A., 1998: Quantifizierung und ökologische Bewertung des Stickstoffhaushalts von Wien. – Diplomarbeit Univ. Wien.

Hietz P., Dörflinger A. N., Maier R. & Punz W., 1997: Hydrologic cycles – How do cities interfere? – In: Water saving strategies in urban renewal: European approaches; pp. 11–17. – European Academy of the Urban Environment. – Berlin: Reimer.

Klager F., 2001: Anpassung der HKA Wien – Ausbaukonzept und bauliche Umsetzung. – Wiener Mitteilungen Institut für Wassergüte/TU Wien **166**: 229–252.

Kroiss H., 2006: Betriebserfahrung von modernen Kläranlagen (Wechselwirkung zwischen Planung und Betrieb). Wiener Mitteilungen (SS1-14) **195**. – Wien: Institut für Wassergüte der Technischen Universität.

Kummert R. & Stumm W., 1992: Gewässer als Ökosysteme, Grundlagen des Gewässerschutzes. – Dübendorf (Schweiz): VDF, EAWAG.

Magistratsabteilung 48, 2007: Wiener Abfallwirtschaftskonzept 2007. – Wien: Magistratsabteilung 48/Abfallwirtschaft Straßenreinigung und Fuhrpark.

Maier R., Punz W., Dörflinger A., Eisinger K., Fussenegger K., Geisler A. & Gergelyfi H., 1997: Der natürliche Stoffhaushalt als Grundlage einer nachhaltigen Entwicklung Wiens unter besonderer Berücksichtigung des natürlichen Kohlenstoff-, Stickstoff- und Bleihaushaltes. – Wien: Zoologisch-Botanische Gesellschaft in Österreich. (83 S.) – (ISBN: 3-901294-03-1)

Obernosterer R., Smutny R. & Reiner I., 2003: Urbanes Ressourcen-Management: Fallstudie Wien, Teilbereich Schadstoffmanagement. Endbericht. Projekt ÖKOPOLIS. – Initiative zur Förderung einer umweltverträglichen nachhaltigen Ressourcenbewirtschaftung. – Wien: Ressourcen Management Agentur (RMA).

Obernosterer R., Brunner P. H., Daxbeck H., Gagan T., Glenck E., Hendriks C., Morf L., Paumann R. & Reiner I., 1998: Materials accounting as a tool for decision making in environmental policy. Case study report – Vienna: The City of Vienna. Institute for Water Quality and Waste Management, Technical University of Vienna.

Paumann R., Obernosterer R. & Brunner P. H., 1997: Wechselwirkung zwischen anthropogenem und natürlichem Stoffhaushalt der Stadt Wien am Beispiel von Kohlenstoff, Stickstoff und Blei. – Wien: Institut für Wassergüte und Abfallwirtschaft, Technische Universität Wien.

Punz W., Maier R., Hietz P. & Dörflinger A. N., 1996: Der Energie- und Stoffhaushalt Wiens. – Verh. Zool.-Bot. Ges. Österreich **133**: 27–39.

16. Wien ist anders

Abraham A., Sommerhalder K., Bolliger-Salzmann H. & Abel Th., 2007: Landschaft und Gesundheit – Das Potential einer Verbindung zweier Konzepte. Studie Universität Bern im Rahmen des Projekts Paysage à votre santé. Im Auftrag der Stiftung Landschaftsschutz Schweiz (SL) und Ärztinnen und Ärzte für Umweltschutz (AefU).

Baccini P., 2000: Biomassehaushalt in neuen urbanen Systemen. – Brandenburgische Umwelt-Berichte (BUB) **9**: 82–89.

EEA (European Environment Agency), 2002: Towards an urban atlas. Assessment of spatial data on 25 European cities and urban areas. – Environmental issue report No **30**. – Luxembourg. (131 S.)

Shell Austria GmbH (Hrsg.), 2004: Mobilitäts-Szenarien 2035. – Initiative zur nachhaltigen Verkehrsentwicklung im Raum Wien. – Wien: Institut für Verkehrswesen der Universität für Bodenkultur.

Rietdorf W. (Hrsg.), 2001: Auslaufmodell Europäische Stadt?: Neue Herausforderungen und Fragestellungen am Beginn des 21. Jahrhunderts, Berlin, Reihe: Akademische Abhandlung zur Raum- und Umweltforschung, Verlag für Wissenschaft und Forschung. – (ISBN: 978-3-89700-310-1)

Steinnocher K., 2004: Landbedeckung im Stadt- und Stadtumlandbereich. – In: **Grillmayer R. & Schneider W. (Hrsg.):** Geodaten zur Landbedeckung in Österreich. Berichte aus der Geowissenschaft; pp. 57–65. – Aachen: Shaker. – (ISBN: 3-8322-2793-8)

AUTORINNEN & AUTOREN

Albert Roland, ao. Univ.-Prof. Dr.
Department für Chemische Ökologie und Ökosystemforschung, Zentrum für Ökologie, Universität Wien, 1090 Wien, Althanstrasse 14

Aschenbrenner-Faltl Johanna
1060 Wien, Mariahilferstr. 71

Auer Ingeborg, Dr.
Zentralanstalt für Meteorologie und Geodynamik, Hohe Warte 38, Wien

Bauer Kurt, Dipl.-Ing. Dr.
Naturhistorisches Museum, 1. Zoologische Abteilung, Säugetiersammlung, Burgring 7, 1010 Wien

Berger Roland, Dr.
Kommission für Interdisziplinäre Ökologische Studien der Österreichischen Akademie der Wissenschaften, Dr.-Ignaz-Seipel-Platz 2, 1010 Wien; APIS-Z, Martinstraße 18/6, 3400 Klosterneuburg

Böhm Reinhard, Dr.
Zentralanstalt für Meteorologie und Geodynamik, Hohe Warte 38, Wien

Brunner Paul Hans, o. Univ.-Prof. Dipl.-Ing. Dr.
Institut für Wassergüte, Ressourcenmanagement und Abfallwirtschaft, Technische Universität Wien, Karlsplatz 13, 1040 Wien

Christian Erhard, Univ.-Prof. Dr.
Institut für Zoologie, Department für Integrative Biologie und Biodiversitätsforschung, Universität für Bodenkultur, Gregor-Mendel-Straße 33, 1180 Wien

Dokulil Martin T., ao. Univ.-Prof. Dr.
Institut für Limnologie der Österreichischen Akademie der Wissenschaften, Mondseestraße 9, 5310 Mondsee

Donabaum Karl, Dr.
DWS Hydro-Ökologie GmbH, Zentag. 47, 1050 Wien

Draxler Ilse, Dr.
Geologische Bundesanstalt, Neulingg. 38, 1030 Wien

Eder Erich, Dr.
Department für Evolutionsbiologie der Universität Wien, Althanstraße 14, 1090 Wien

Hubert Christian Ehalt, Univ.-Prof. Dr.
Wissenschaftsreferent der Stadt Wien, Generalsekretär, Vorstands- und Kuratoriumsmitglied der Wiener Wissenschaftsförderungsfonds, MA7 – Wissenschaft, Friedrich-Schmidt-Platz 5, 1080 Wien

Ehrendorfer Friedrich, emer. o. Univ.-Prof. Dr.
Department für Botanische Systematik und Evolutionsforschung der Universität Wien, Rennweg 14, 1030 Wien

Englmaier Peter, Ass.-Prof. Dr.
Department für Limnologie und Hydrobotanik, Universität Wien, Althanstraße 14, 1090 Wien

Essl Franz, Dr.
Umweltbundesamt, Abteilung Biologische Vielfalt und Naturschutz, Spittelauer Lände 5, 1090 Wien

Fischer Manfred A., ao. Univ.-Prof. i.R. Dr.
Department für Botanische Systematik und Evolutionsforschung der Universität Wien, Rennweg 14, 1030 Wien

Fohler-Norek Christine, Mag.ª DDr.
Klimaschutzkoordinatorin der Stadt Wien, Lehrbeauftragte an der Wirtschaftsuniversität Wien, Magistratsdirektion-Klimaschutzkoordination, Muthgasse 62–64, A-1194 Wien

Frank Christa, Univ.-Prof. Dr.
Universität Wien, Department für Anthropologie, Althanstraße 14, 1090 Wien

Frühauf Johannes
BirdLife Österreich, Museumsplatz 1/10/8, 1070 Wien

Geisler Andreas, Dr.
Österreichische Forschungsförderungsgesellschaft, Sensengasse 1, 1090 Wien

Gollmann Günter, Univ.-Doz. Dr.
Department für Evolutionsbiologie der Universität Wien, Althanstraße 14, 1090 Wien

Greilhuber-Krisai Irmgard, ao. Univ.-Prof. Mag.ª Dr.
Department für Botanische Systematik und Evolutionsforschung der Universität Wien, Rennweg 14, 1030 Wien

Gross Harald, Mag.
MA 22-Wiener Umweltschutzabteilung, Dresdner Straße 25, 1200 Wien

Gruber Sabine, Mag.ª M. C. D.
2005–2009 Leiterin der Lokalen Agenda 21 im 9. Wiener Gemeindebezirk, 1090 Wien, Galileigasse 8

Grünweis Franz Michael, Dr.
Department für Naturschutzbiologie, Vegetations- und Landschaftsökologie, Universität Wien, Rennweg 14, 1030 Wien

Haury Jacques, Prof. Dr.
Laboratoire des Ecologie et Sciences Phytosanitaires, Institut supérieur des sciences gronomiques, agroalimentaires, horticoles et du paysage, AGROCAMPUS OUEST, 65 rue de Saint-Brieuc, CS 84215, F-35042 Rennes Cedex, France

Hein Thomas, Priv.-Doz. Mag. Dr.
Institut für Hydrobiologie und Gewässermanagement der Universität für Bodenkultur, Max-Emanuel-Straße 17, 1180 Wien

Hohenwallner Daniela, Dr.
Project Manager Alp-Water-Scarce, Universität Savoyen, Mountain Institut, Pôle Montagne, Campus scientifique de Savoie Technolac, F-73376 LE BOURGET DU LAC CEDEX, Frankreich

Humpesch Uwe H., Univ.-Prof. Mag. Dr.
Anastasius-Grün-Gasse 3/9, 1180 Wien

Janauer Georg A., ao. Univ.-Prof. Dr.
Department für Limnologie und Hydrobotanik, Universität Wien, Althanstraße 14, 1090 Wien

Kind Martin, Univ.-Doz. Mag. Dr.
Bundesministerium für Land- und Forstwirtschaft, Umwelt und Wasserwirtschaft, Stubenring 1, 1010 Wien; Kanzlei Lansky, Ganzger + Partner, Rotenturmstraße 27, 1010 Wien

Kirisits Thomas, Univ.-Ass. Dipl.-Ing. Dr.
Institut für Forstentomologie, Forstpathologie und Forstschutz, Universität für Bodenkultur Wien, Hasenauerstraße 38, 1190 Wien

Kölbl Robert, Dipl.-Ing. Dr.
Institut für Verkehrswissenschaften der Technischen Universität Wien, Gußhausstr. 28–30, 1040 Wien

Korab Robert, Dr.
raum & kommunikation – büro für städtebau und raumplanung, 1160 Wien, Lerchenfelder Gürtel 43/6/4

Krenn Harald, ao. Univ.-Prof. Dr.
Department für Evolutionsbiologie der Universität Wien, Althanstraße 14, 1090 Wien

Kreuzinger Norbert, Dr.
Institut für Wassergüte, Ressourcenmanagement und Abfallwirtschaft, Technische Universität Wien, Karlsplatz 13/2261, 1040 Wien

Kroiss Helmut, o. Univ.-Prof. Dipl.-Ing. DDr.
Institut für Wassergüte, Ressourcenmanagement und Abfallwirtschaft, Technische Universität Wien, Karlsplatz 13, 1040 Wien

Lazowski Werner, Dr.
Technisches Büro für Ökologie, Kagraner Anger 22/7, 1220 Wien

Leitgeb-Zach Marianne, Dipl.-Ing.
Rosinak & Partner ZT GmbH, Schloßg. 11, 1050 Wien

Leputsch Susanne, Dipl.-Ing.
MA 49 – Forstamt und Landwirtschaftsbetrieb der Stadt Wien. Volksgartenstr. 3, 1082 Wien

Loiskandl Günther, Mag.
Feldgasse 27, 3430 Tulln

Meyer Evelyn, MMag.[a]
1150 Wien, Robert-Hamerling-Gasse 5

Macoun Thomas, ao. Univ.-Prof. Dipl. Ing. Dr.
Institut für Verkehrswissenschaften, Fachbereich Verkehrsplanung und Verkehrstechnik, Technische Universität Wien, Gußhausstr. 28–30, 1040 Wien

Maier Rudolf, ao. Univ.-Prof. Dr.
Department für Molekulare Systembiologie der Universität Wien, Althanstraße 14, 1090 Wien

Mann Matthias, Dr.
Hauptstraße 46/1, Gaaden bei Mödling

Mazzucco Karl, Dr.
Schweizertalstraße 31A, 1130 Wien

Meinharter Erik, Dipl.-Ing.
Redaktion dérive – Zeitschrift für Stadtforschung, Liechtensteinstr. 46a/2/5, 1090 Wien

Moog Otto, ao. Univ.-Prof. Dr.
Institut für Hydrobiologie und Gewässermanagement der Universität für Bodenkultur, Max-Emanuel-Straße 17, 1180 Wien

Moser Peter, Dipl.-Ing.
SRZ Stadt+Regionalwissenschaftliches Zentrum, Lindengasse 26, 1070 Wien

Mrkvicka Alexander, Dipl.-Ing.
MA 49 – Forstamt und Landwirtschaftsbetrieb der Stadt Wien. Volksgartenstr. 3, 1082 Wien

Navara Gerald, Dr.
Landstraßer Hauptstr 72, 1030 Wien

Nestroy Othmar, ao. Univ.-Prof. i. R. Dipl.-Ing. Dr.
Institut für Angewandte Geowissenschaften, Technische Universität Graz, Rechbauerstr. 12, 8010 Graz

Niklfeld Harald, Univ.-Doz. Dr.
Department für Biogeographie der Universität Wien, Rennweg 14, 1030 Wien

Obernosterer Richard, Dipl.-Ing.
Ressourcen Management Agentur (RMA), Argentinierstraße 48/2, 1040 Wien

Pass Günther, ao. Univ.-Prof. Dr.
Department für Evolutionsbiologie der Universität Wien, Althanstraße 14, 1090 Wien

Paulus Hannes, o. Univ.-Prof. Dr.
Department für Evolutionsbiologie der Universität Wien, Althanstraße 14, 1090 Wien

Pausch Gottfried, Dipl.-Ing.
Österreichische Bundesforste AG, Nationalparkbetrieb Donau-Auen, Schloss, 3205 Eckartsau

Pfau Gudrun, Mag.[a] Dr.
Rathstraße 5, 1190 Wien

Pfefferkorn Wolfgang, Dipl.-Ing.
Rosinak & Partner ZT GmbH, Schloßg. 11, 1050 Wien

Pfleger Heidelinde Sofie, Bac. rer. nat.
Universität Salzburg, Fachbereich Organismische Biologie, Hellbrunnerstraße 34, 5020 Salzburg

Pillmann Werner, Dr.
IGU Internationale Gesellschaft für Umweltschutz, Bechardgasse 24/12, 1030 Wien

Pospisil Peter, Dr.
Reichmanngasse 3/6, 1160 Wien

Punz Wolfgang, Ass.-Prof. Mag. Dr.
Department für molekulare Systembiologie der Universität Wien, Althanstraße 14, 1090 Wien

Rabitsch Wolfgang, Dr.
Umweltbundesamt, Abteilung Biologische Vielfalt und Naturschutz, Spittelauer Lände 5, 1090 Wien

Rauh Wolfgang, Dipl.-Ing. Dr.
Kolschitzkygasse 10/12, 1040 Wien, wolfgang.rauh@chello.at

Rössler Maria, Mag.[a]
Schüttaustraße 44a/13, 1220 Wien

Rotter Doris, Mag.[a] Dr.
Überführstraße 57, 1210 Wien

Rotter Stefan, MMag.
Überführstraße 57, 1210 Wien

Schlick-Steiner Birgit, Univ.-Prof. Mag. Dr.
Institut für Ökologie der Universität Innsbruck, Sternwartestr. 15/Technikerstr. 25, A-6020 Innsbruck

Schnee Renate,
Stadtteilzentrum Bassena, Am Schöpfwerk 29, 1120 Wien

Schratt-Ehrendorfer Luise, Ass.-Prof. Dr.
Department für Biogeographie der Universität Wien, Rennweg 14, 1030 Wien

Seebacher Felix, Dipl.-Ing. Dr.
DonauConsult Zottl & Erber Ziviltechnikergesellschaft m.b.H., Kloppstockgasse 34, 1170 Wien

Seger Martin, o. Univ.-Prof. Dr.
Institut für Geographie und Regionalforschung der Universität Klagenfurt, Universitätsstraße 65, 9020 Klagenfurt

Seiß Reinhard, Dipl. Ing.-Dr.
Verein URBAN+, Floragasse 4/2/2, 1040 Wien

Sieber Johanna, Dr.
Scheiblingsteingasse 42, 3400 Klosterneuburg

Sieghardt Monika, Dr.
Institut für Waldökologie, Universität für Bodenkultur Wien, Peter-Jordan-Straße 82, 1190 Wien

Spitzenberger Friederike, Dr.
Naturhistorisches Museum, 1. Zoologische Abteilung, Säugetiersammlung, Burgring 7, 1010 Wien

Steiner Florian, Dr.
Institut für Ökologie der Universität Innsbruck, Sternwartestr. 15/Technikerstr. 25, A-6020 Innsbruck

Summesberger Herbert, Dr.
Geologisch-Palaeontologische Abteilung des Naturhistorischen Museums Wien, Burgring 7, 1010 Wien

Szedenik Rudolf, Arch. Dipl.-Ing.
Rudolf Szedenik; s&s architekten, Esterhazygasse 18 a, 1060 Wien

Teubner Katrin, Univ.-Doz. Dr.
Department für Limnologie der Universität Wien, Althanstraße 14, 1090 Wien

Türk Roman, Univ.-Prof. Dr.
Universität Salzburg, Fachbereich Organismische Biologie, Hellbrunnerstraße 34, 5020 Salzburg

Waidbacher Herwig, ao. Univ.-Prof. Dr.
Institut für Hydrobiologie und Gewässermanagement der Universität für Bodenkultur, Max-Emanuel-Straße 17, 1180 Wien

Waldert Helmut †
ORF-Journalist und Aktivist (1942–2004)

Waringer Johann, ao. Univ.-Prof. Dr.
Department für Limnologie und Hydrobotanik, Universität Wien, Althanstraße 14, 1090 Wien

Waringer-Löschenkohl Andrea, Dr.
Department für Limnologie und Hydrobotanik,
Universität Wien, Althanstraße 14, 1090 Wien

Weigelhofer Gabriele, Dr.
Department für Limnologie und Hydrobotanik,
Universität Wien, Althanstraße 14, 1090 Wien

Willner Wolfgang, Dr.
VINCA-Institut für Naturschutzforschung und
Ökologie, Gießergasse 6/7, 1090 Wien

Witt-Dörring Johann, Arch. Dipl.-Ing.
2322 Zwölfaxing, Mühlgasse 3

Wrbka Thomas, Ass.-Prof. Dr.
Department für Naturschutzbiologie, Vegetations- und Landschaftsökologie, Universität Wien, Rennweg 14, 1030 Wien

Zechmeister Harald G., Univ.-Doz. Mag. Dr.
Fleschgasse 22, 1130 Wien

Zettel Herbert, Dr.
Naturhistorisches Museum, 2. Zoologische Abteilung
(Entomologie), Burgring 7, 1010 Wien

Zieritz Alexandra, Mag.[a]
Department für Limnologie und Hydrobotanik,
Universität Wien, Althanstraße 14, 1090 Wien

Zukrigl Kurt, emer. Univ.-Prof. Dipl.-Ing. Dr.
Ghelengasse 34/4, 1130 Wien

BILD-, NAMEN-, ORTS- UND SACHREGISTER

Das Register enthält nur eine **Auswahl** der behandelten wichtigeren Begriffe und Schlagworte in alphabetischer Reihenfolge und mit Seitenverweisen. Viele **komplexe Hauptbegriffe** sind in alphabetisch geordnete **Unterbegriffe** gegliedert und mit Verweisen (→) auf verwandte Begriffe versehen.

Unter **„Wien und Umgebung"** findet man **acht Sammelkategorien:**

1. Aktuelle Karten, rekonstruierte Karten, Pläne
2. Diverse Tabellen, Diagramme, Schemata
3. Historische Ansichten
4. Historische Karten, Pläne
5. Luftaufnahmen
6. Satellitenaufnahmen
7. Übersichtsfotos
8. Wetter- und Klimadiagramme

Für **Pflanzen, Pilze, Tiere und Mikroorganismen** finden sich im Allgemeinen deutsche und lateinische Gattungsnamen, fallweise auch Namen von Familien oder noch umfassenderen Verwandtschaftsgruppen. Artnamen sind meist nur bei artenreichen Gattungen angeführt; man suche also unter den Gattungsnamen. Normaldruck wird für deutsche Namen, Kursivdruck für lateinische Fachbezeichnungen verwendet.

Bei **Ortsangaben** für das Bundesland **Wien** (W) verweisen die Ziffern 1.–23. auf die Bezirke: 1. Innere Stadt, 2. Leopoldstadt, 3. Landstraße 4. Wieden, 5. Margareten, 6. Mariahilf, 7. Neubau, 8. Josefstadt, 9. Alsergrund, 10. Favoriten, 11. Simmering, 12. Meidling, 13. Hietzing, 14. Penzing, 15. Rudolfsheim-Fünfhaus, 16. Ottakring, 17. Hernals, 18. Währing, 19. Döbling, 20. Brigittenau, 21. Floridsdorf, 22. Donaustadt, 23. Liesing. Die übrigen **österreichischen Bundesländer** sind durch folgende Abkürzungen gekennzeichnt: Burgenland (BL), Kärnten (KT), Niederösterreich (NÖ), Oberösterreich (OÖ), Salzburg (SB), Steiermark (ST), Tirol (TR) und Vorarlberg (VB).

Das Register enthält keine Hinweise auf die Literaturangaben (S. 688–698) und die Fachausdrücke im **Glossar** (S. 664–679).

Sonstige Benützungshinweise

→	siehe, siehe auch
(1., C3)	Bezirksnummer und Ortsangabe (Planquadrat) aus der Karte von Wien S. 740/741
(NÖ, bIV)	Bundesland und Ortsangabe (Planquadrat) aus der Umgebungskarte Raum Wien S. 742/743
100	Begriff auf Seite 100; solche Begriffe können sowohl im Haupttext, in einem Kastentext bzw. einer Legende oder auch innerhalb von Abbildungen, Karten, Diagrammen, Schemata bzw. Tabellen enthalten sein.
100f, 100ff	Begriff auf Seite 100 sowie der/den folgenden Seiten
100	Seitenangaben und Begriffe im Fettdruck verweisen auf Abbildungen, Karten, Diagramme, Schemata und Tabellen.

A

B

C

D

E

F

G

H

I

J

K

S

U

V

X

Y

Z

Danke!

Von der ersten Idee zu „Ökosystem Wien" bis zu ihrer Realisierung in Buchform waren mehr als zehn Jahre intensiver Arbeit nötig. Unzählige Personen und Institutionen haben diesen langen Weg begleitet und mit ihren Ideen, mit Texten, Bildern und mit vielfachen Hilfestellungen zum Gelingen dieses Werkes beigetragen. Sie alle namentlich zu nennen würde den verfügbaren Rahmen bei weitem sprengen, doch wollen wir hier ausdrücklich jedem und jeder einzelnen unseren Dank aussprechen.

Hervorheben möchten wir Hubert Christian Ehalt, Obersenatsrat und Wissenschaftsreferent der Stadt Wien, der sich zusammen mit Heinz Löffler als Initiator und Förderer von der ersten Stunde an für das Projekt eingesetzt hat. Besonderer Dank gebührt den Präsidenten der Österreichischen Akademie der Wissenschaften: Werner Welzig hat die Projektidee in der Akademie verankert, Herbert Mang, Peter Schuster und Helmut Denk haben das Projekt bis zuletzt nachhaltig unterstützt.

Unser Dank gilt besonders auch Michael Häupl, Bürgermeister der Stadt Wien, und seinen Mitarbeitern und Mitarbeiterinnen in verschiedenen Magistratsabteilungen. Namentlich MA 22 Umweltschutz, MA 41 Stadtvermessung, MA 45 Wiener Gewässer und MA 49 Forstamt und Landwirtschaftsbetrieb der Stadt Wien haben unser Projekt in vielfacher Weise gefördert.

Ganz besonders danken wir allen Autorinnen und Autoren für ihr Mitwirken und ihren Einsatz: Stellvertretend für alle und ganz besonders Manfred A. Fischer für die sorgfältige Betreuung des Glossars und die Hilfe bei der redaktionellen Bearbeitung, Alexander C. Mrkvicka und Rolf Marschner für die Bereitstellung von zahlreichen, außergewöhnlichen Fotos, dem Piloten Alfred Havlicek für einmalige Luftaufnahmen, Alice Schumacher für hervorragende Fotos von Fossilien aus dem Naturhistorischen Museum, Monika Brüggemann-Ledolter für die Anfertigung der geologischen Karten und Grafiken und Sepp Pennerstorfer für die Hilfe bei der Gestaltung der übrigen Karten im Buch.

Dankenswerte Unterstützung kam auch von der Kommission für Interdisziplinäre Ökologische Studien der Akademie der Wissenschaften. Hier haben Ulrike Čokl, Katrin Oberhofer, Viktor Bruckman und Karin Windsteig tatkräftig bei der Redaktion mitgeholfen.

Ein ganz besonders Dankeschön gilt Andreas Pawlik und Juliane Sonntag (D+ Büro für Design) für die Gestaltung des Buches.

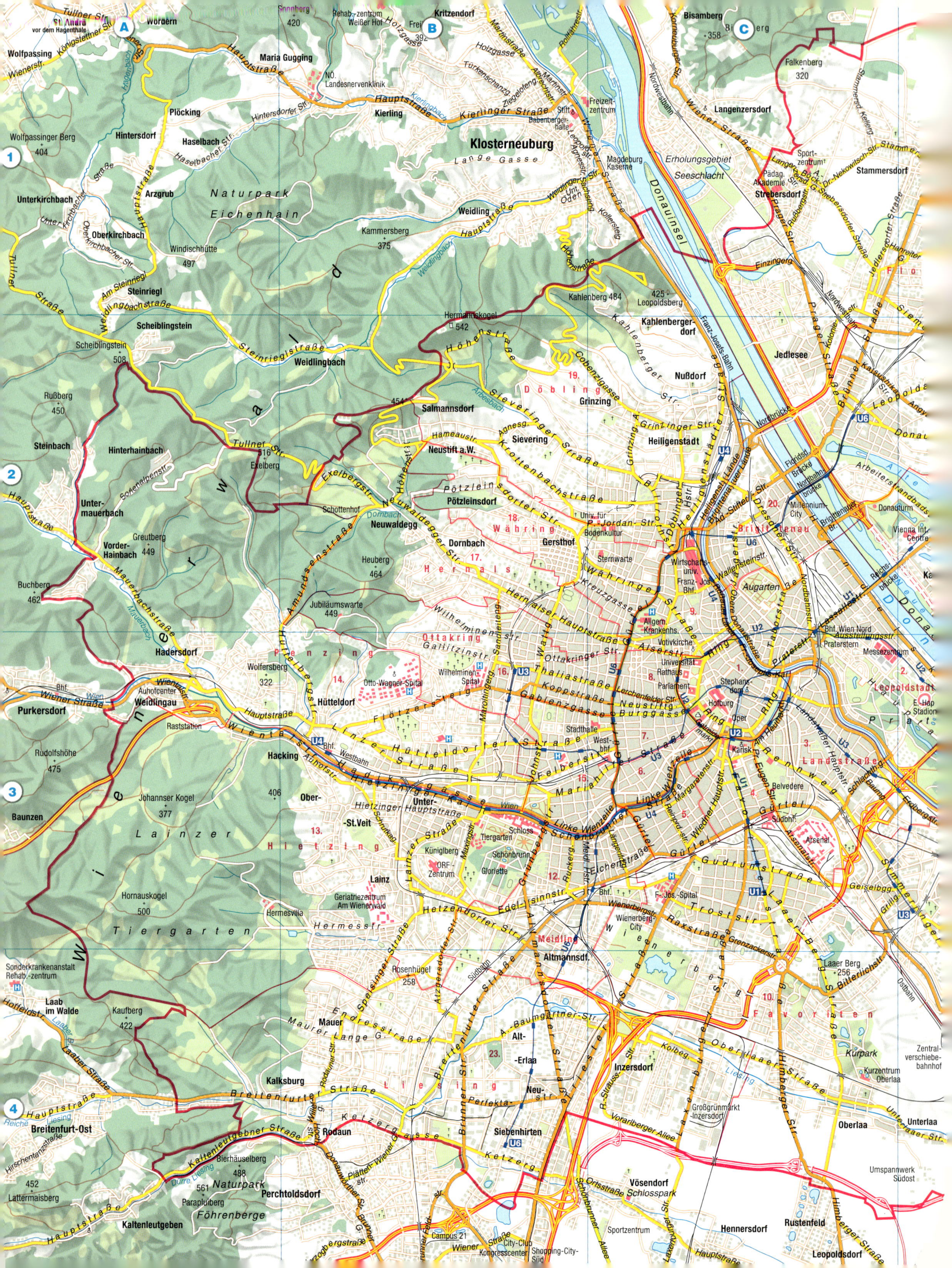

A
B
C
1
2
3
4
Tullner Str.
St. Andrä vor dem Hagenthale
Wördern
Sonnberg 420
Rehab.-zentrum Weißer Hof
Kritzendorf
Bisamberg 358
Falkenberg 320
Wolfpassing
Maria Gugging
NÖ Landesnervenklinik
Kierling
Kierlinger Straße
Klosterneuburg
Lange Gasse
Stift
Babenberger-halle
Freizeit-zentrum
Magdeburg Kaserne
Erholungsgebiet Seeschlacht
Langenzersdorf
Stammersdorf
Strebersdorf
Pädag. Akademie
Sport-zentrum
Plöcking
Hintersdorf
Haselbach
Wolfpassinger Berg 404
Unterkirchbach
Oberkirchbach
Arzgrub
Naturpark Eichenhain
Windischhütte 497
Kammersberg 375
Weidling
Steinriegl
Scheiblingstein
Scheiblingstein 508
Weidlingbach
Steinriegistraße
Hermannskogel 542
Kahlenberg 484
425 Leopoldsberg
Kahlenbergerdorf
Nußdorf
Jedlesee
Donauinsel
Einzinger
Prager Str.
Brünner Straße
Grinzing
Heiligenstadt
Salmannsdorf
Neustift a.W.
Sievering
Döbling
19.
Rußberg 450
Steinbach
Hinterhainbach
Tullner Str.
Exelberg
Pötzleinsdorf
Neuwaldegg
Dornbach
Schottenhof
Untermauerbach
Vorder-Hainbach
Greutberg 449
Heuberg 464
Währing
18.
Hernals
17.
Gersthof
Sternwarte
Univ. für Bodenkultur
Buchberg 462
Jubiläumswarte 449
Hadersdorf
Ottakring
16.
Penzing
14.
Wolfersberg 322
Otto-Wagner-Spital
Wilhelminen-Spital
Purkersdorf
Auhofcenter
Weidlingau
Raststation
Hütteldorf
Hacking
Rudolfshöhe 475
Baunzen
Johanneser Kogel 377
Lainzer Tiergarten
Ober-St.Veit
Hietzing
13.
Unter-St.Veit
Schloss Schönbrunn
Tiergarten
Gloriette
Lainz
Küniglberg
ORF-Zentrum
Hornauskogel 500
Geriatriezentrum Am Wienerwald
Hermesvilla
Wienerwald
Sonderkrankenanstalt Rehab.-zentrum
Laab im Walde
Kaufberg 422
Mauer
Rosenhügel 258
Kalksburg
Rodaun
Breitenfurt-Ost
Breitenfurter Straße
Liesing
23.
Alt-Erlaa
Neu-Erlaa
Siebenhirten
Inzersdorf
Großgrünmarkt Inzersdorf
Meidling
12.
Altmannsdorf
Wienerberg-City
Favoriten
10.
Laaer Berg 256
Kurpark
Oberlaa
Kurzentrum Oberlaa
Unterlaa
Zentral-verschiebe-bahnhof
Umspannwerk Südost
Rustenfeld
Leopoldsdorf
Hennersdorf
Vösendorf Schlosspark
Sportzentrum
Perchtoldsdorf
Bierhäuselberg 488
561 Naturpark Föhrenberge
Parapluiberg
Kaltenleutgeben
Lattermaisberg 452
Campus 21
Shopping-City-Süd
City-Club Kongresscenter
Brigittenau
20.
Millennium City
Donauturm
Vienna Int. Centre
Augarten
Leopoldstadt
2.
Messezentrum
Praterstern
Bht. Wien Nord
Wirtschaftsuniv.
Franz-Jos.-Bhf.
Allgem. Krankenhaus
9.
Votivkirche
Universität
Rathaus
Parlament
8.
1.
Stephansdom
Hofburg
Oper
Karlsk.
Stadthalle
West-bhf.
7.
6.
15.
5.
4.
3.
Landstraße
Belvedere
Arsenal
Südbhf.
11.
Simmering
F.-Jos.-Spital
Gürtel
Ring
Donaukanal
Wiental
Wien
Linke Wienzeile
Mariahilfer
Triester Straße
Laxenburger Str.
Himberger Str.
Favoritenstr.
Gudrunstraße
Raxstraße
Hetzendorfer Str.
Breitenfurter Str.
Ketzergasse
Perfekta-Str.
Vorarlberger Allee
Ortsstraße
Hauptstraße
U1
U2
U3
U4
U6

Wien
0 500 1000 m
© Ed. Hölzel, Wien
D
E
Föhrenhain
Kapellerfeld West
Kapellerfeld Ost
Seyringer Straße
Marchfeldkanal
Deutsch-Wagram
Franz-Mair-Str.
Hauptstraße
Nordbahn
Gerasdorf bei Wien
Stammersdorfer Straße
Stammersdorfer Zentralfriedhof
Hauptstraße
Leopoldauer Str.
Süßenbr. Str.
Bettelheimstr.
Golfplatz
Süßenbrunn
Süßenbrunner Hauptstr.
Aderklaa
Nordbahn
U1
Leopoldau
J.-Ficker-Str.
Seyringer Str.
Wagramer Straße
„Rinterzelt"
Rautenweg
Eipeldauer Str.
U1
Ages
Neueßling
Breitenleer Straße
Breitenleer Straße
Kagran
Raasdorf
Badeteich Hirschstetten
Hirschstettner Str.
Hirschstetten
Quadenstr.
Ostbahn
Donau
Erzh.-Karl-Str.
Stadlauer Str.
Stadiastr.
Aspernstr.
Stadlau
U2
Aspern
U2
22.
SMZ Ost
Eßling
Großenzersdf. Str.
Eßlinger Hauptstr.
Wiener Str.
Pysdorfer Straße
Donaustadt
Biberhaufenweg
Praterbrücke
Stadlauer Ostbahnbrücke
Raffineriestraße
Schloßhofer Str.
Groß-Enzersdorf
Lobaustr.
Lusthaus
Ostbahn
Freudenau
Lobau
Donau-Oder-Kanal
Donaukanal
Simmeringer Lände
Kraftwerk Freudenau
Öltanklager
Simmering
Jedletzberger Str.
Mühlleiten
Kaiserebersdorfer Str.
Kaiser-ebersdf.
Alberner Hafen
Krematorium
Albern
Frachtenbhf. Alberner-Hafen
Untere Lobau
Hauptstraße
Etrichstr.
Sängerg.
Zentralfriedhof
Mannswörther Str.
Mannswörth
Wiener Str.
Fischer-dörfl
Raffinerie Schwechat
Mannswörther Str.
Zaineth Au
Concorde Business Park
Hainburger Bundesstraße
Schwechat
Kledering
Kledering Str.
Brauhausstr.
Himberger Straße
Brucker Bundesstraße
Rannersdorf
Schwechat
Flughafen Wien
Untere Hauptstr.
Schwechater Str.
Zwölfaxing
Aichhof

Friedersbach
Rastenfeld
Preinreichs
Tautendorf
Plank am Kamp
Eggendorf am Walde
Maissau
Gaindorf
Ober-fellabrunn
Hollabrunn
Großweißenbach
Großgöttfritz
Marbach im Felde
Reisinger Hulle 648
Obereith
Stiefern
Manhartsberg
Mühlbach
Ravelsbach
Fahndorf
Roiten
Waldhausen
Lichtenau im Waldviertel
Gföhl
Schiltern
Kamptal
Schönberg am Kamp
Ziersdorf
Thern
Groß-stelzendf.
Guttenberg 855
Grafenschlag
Grainbrunn
Großreinprechts
Loiwein
Kremstal
Lengenfeld
Langenlois
Zöbing am Kamp
Straß i. Straßertale
Hohenwarth
Großriedenthal
Gösing
Ruppersthal
Groß-weikersdorf
Puch
Klein-göttfritz
Sallingberg
Albrechtsberg a. d. Gr. Kr.
Reichau
Senftenberg
Hadersdorf am Kamp
Kirchberg am Wagram
Niederrußbach
Stranzendorf
Spielberg
Purk
Harrau
Els
Maigen
Stixendf.
Rehberg
Stratzing
Etsdorf a.K.
Fels am Wagram
Königsbrunn a. W.
Traunstein
Ottenschlag
Kottes
G. heinrich-schlag
Weinzierl
Stein a.d.D.
Rohrendf.
Krems a.d.Donau
Neustift im Felde
Stetteldorf
Pettendf.
Habruck
Weißen-kirchen
Dürnstein
Mautern
Palt
Grafenwörth
Bierbaum
Absdorf
Gaisruck
Kirchschlag
Elsenreith
Mühldorf
Rossatz
Loiben
Furth
Altenwörth
Neuaigen
Schmida
Martinsberg
Traundorf
Spitz an der Donau
Wösendorf
Mitter-arnsdorf
Unter-bergern
Hollenburg
Traismauer
Gutenbrunn
Raxendorf
Jauerling 960
725
Paudorf
Nußdorf ob der Traisen
Gemeinlebarn
Zwentendorf a.d.Donau
Tulln a.d.D.
Langenlebarn
Laimbach am Ostrong
Pöggstall
Maria Laach
Willendorf
Oberwölbing
Inzersdorf a. d. T.
Rust i.T.
Langenrohr
Peilstein 1061
Würnsdorf
Neukirchen a. O.
Weiten
Gansbach
Aggsbach-Dorf
Silberne Birn 569
Statzendorf
St. Andrä a. d. T.
Sitzenberg
Atzenbrugg
Michelhsn.
Judenau
Königstetten
Aggsbach Markt
Weyersdorf
229
Herzogenburg
Gutenbrunn
Diendorf
Baumgarten a. T.
Rieder Berg 384
Münichreith
Ostrong
Emmers-dorf
Schönbühel a.d.Donau
Karlstetten
Obermamau
Kapelln
Würmla
Sieghartskirchen
Ried a. R.
Artstetten
Maria Taferl
Leiben
Weiten-egg
Melk 213
Mauer
625
Flinsbach
Dunkelsteiner Wald
Pottenbrunn
Murstetten
Markersdorf
Kogl
Rappoltenkirchen
542 Troppberg
Gablitz
Marbach
Klein-pöchlarn
Pöchlarn 216
Hafnerbach
Waitzendorf
Untergrafendorf
St. Pölten 271
Böheimkirchen
Neulengbach 251
Maria Anzbach
Eichgraben
Reka-winkel
Pressbaum 315
Krummnußbaum
Zelking
Matzleinsdorf
Loosdorf 234
Prinzersdorf
Stattersdorf
Ollersbach
Großsierning
Markersdorf
Ybbs a. d. Donau
Erlauf
Hiesberg 558
Groß-Schollach
Spratzern
Pyhra
Kasten bei Böheimkirchn.
St. Christophen
Kemmelbach
Ober-Grafendorf 280
Harland
Hegerberg 655
Altlengbach
Breitenfurt
Petzenkirchen
St. Leonhard am Forst
Hürm
Rammersdorf
St. Georgen am Steinfelde
Fahrafeld
Hochstraß
Kniewald
Neumarkt 269
Wieselburg
Ruprechtshofen
Hainberg
Bischofstetten
Wald
Stössing
Gruberau
Laaben
Weinburg
Michelbach Markt
Sulz
Klausen-Leopoldsdorf
Marbach
Ofenbach
Aidbach
Mank
Kilb
321
Wilhelmsburg
Schwarzenbach an der Gölsen
782
Schöpfl 893
Wienerwald
Kettenreith
Rabenstein an der Pielach
Hofstetten
Klamm
Reinakirchen
Oberndorf an der Melk
Kirnberg an der Mank
Rotheau
St. Veit a. d. Gölsen
Klammhöhe 618
St. Corona am Schöpfl
Schwechat
Grub
Purgstall a. d. Erlauf
Texing
Eschenau
Klein-Mariazell
Alland
Heiligenkreuz
Kirchberg an der Pielach
356
Traisen
Unterrohrbach
Hainfeld 439
Mayerling
Saffen
St. Georgen a. d. Leys
Bichlberg 859
Tradigist
383
Lilienfeld
Altenmarkt a.d.T.
Peilstein 716
Hoher Lindkogel 834
339
Scheibbs
Satzberg 948
Taxberg
Loich
Schrambach
Salzerbad
Kaumberg
Ramsau
Hocheck 1037
Neuhaus
Pielach
Hohenstein 1195
Muckenkogel 1248
Triestingtal
Weissenbach a.d.T.
Neustift
Neubruck
Frankenfels
Loicheckgegend
Kleinzell
Pottenstein 324
Lehenrotte
Freiland
Reisalpe 1399
Kieneck 1106
Furth a. d. Tristing
St. Anton a. d. Jeßnitz
Winterbach
Gscheid
Türnitz
Annental
Lammweg
Steinwandklamm
auf dem Hals
796 Waxeneck
Berndorf
312
St. Veit
Kienberg
Puchenstuben
Schwarzenbach an der Pielach
841
Türnitzer Höger 1372
Unterberg 1342
662
Hirtenberg
Siebenbrunn
Eibl 1002
486
Halbach
Muggendorf
Erlauf
Hohenberg
Pernitz
Hoher Mandling 976
Tormäuer
Gösing
Brückler
Rohr im Gebirge
Rohrer Sattel
Gutenstein
Piestingtal
Hernstein
Erlaufboden
Tiroler Kogel 1377
820
Ochsattel
864
708
Mariahilfberg
Oed
Waldegg
Markt Piesting
Lackenhof
Ötscher 1893
Maierhöfen
Wienerbruck
Annaberg
Traisenberg 1230
Schmelz
Dreistetten
Lunzer See
Langau
Josefsberg
St. Aegyd am Neuwalde
Trauch
Klostertal
Dürre Wand
Miesenbach
Stollhof
Fischau
Hohe Wand
Ybbs
Krumbachsattel
1222
Gemeindealpe 1626
Mitterbach
951
Kernhof
Obersberg 1467
Schwarzau im Gebirge
765
Ascher
740
1052 Große Kanzel
Maiersdf.
Winzendf.
Obersee
Zellerrain
Erlaufsee
Bürgeralpe 1266
Hubertussee
Göller 1766
Schmalzstein 1546
Vois
Klostertaler Gscheid
946 Himberg
Grünbach a. S.
Willendorf
Weikersdf.
Dürrenstein 1878
Neuhaus
1121
Mariazell
868
Halltal
Terz
Lahnsattel
Donnerkogel 1617
Naßwald
Schwarza
2076
Puchberg am Schneeberg
Schneeberg
Höllental
Würflach
St. Egyden a. S.
Bärenrißsattel
1639
Großer Zellerhut
1069
Salza
Gußwerk
1015
Neuwald
Frein a. d. Mürz
Hinternaßwald
Rohrbachgraben
Raglitz
Neunkirchen
Schwarzenberg 1352
Sieding
Ternitz 398
371
Dürradmer
Greith
Tonion 1699
Mürz
Schneealpe
Windberg 1903
Rax
Hirschwang an der Rax
Reichenau an der Rax
Prigglitz
Wimpassing
Kräuterin
Hals
Salza
830
Zinken 1619
Wegscheid
1223
Niederalpl
Altenberg an der Rax
Heukuppe 2007
Edlach
Prein an der Rax
Payerbach
Pottschach
Aschbach
Niederalpl
Mürzsteg
Krampen
Preiner Gscheid
Oberland
Gloggnitz
457
Penk
Weichselboden
Gollrad
Veitschalpe 1981
Neuberg an der Mürz
Kapellen
Semmering-Kurort
Kranichberg
Maria Schutz
Bucklige Welt
Gschöder
Wachau
Wagram
Tullner Feld
Donau
Traisen
Krems
Kl. Krems
Gr. Krems
Kl. Kamp
Große Tulln
Tulln
Gr. Yspel
Göllersbach
Piesting
Erlauf
Melk
Türnitz
Schwechat
a
b
c
I
II
III
IV

Raum Wien
0 5 10 km
© Ed. Hölzel, Wien
Leiser Berge
Weinviertel
Marchfeld
Wienerwald
Steinfeld
Wiener Becken
Leithagebirge
Parndorfer Heide
Seewinkel
Waasen
Ödenburger Gebirge
Rosaliengeb.
Bucklige Welt
Neusiedler See
Nationalpark Neusiedler See
Fertő-Hanság N. P.
Nationalpark Donau-Auen
WIEN
BRATISLAVA
(Pressburg)
Malacky
Pezinok
Moson-magyaróvár
Csorna
Sopron
(Ödenburg)
Eisenstadt
Wr. Neustadt
Baden
Mödling
Schwechat
Klosterneuburg
Korneuburg
Mistelbach
Zistersdorf
Wolkersdorf
Gänserndorf
Strasshof a. d. Nordbahn
Deutsch-Wagram
Groß-Enzersdorf
Fischamend
Bruck an der Leitha
Hainburg a. d. Donau
Neusiedl am See
Mattersburg
Stupava
Lozorno
Svätý Jur
Podunajské Biskupice
Petržalka
Frauenkirchen
Jánossomorja
Hegyeshalom
Kittsee
Langenzersdorf
Himberg
Traiskirchen
Leobersdorf
Pottendorf
Ebenfurth
Mannersdorf am Leithagebirge
Hornstein
Rudava
Dunaj
Donau
March
Leitha
Lajta
Rußbach
Pesting
Triesting
Einser Kanal
Hanság főcsatorna
Répce
Zicksee
Lange Lacke
Hermannskogel 542
Kahlenberg 484
Anninger 675
Schwarzkogel 673
Angerwald 535
Hundsheimer Berg 480
Sedlo Baba 527
Vysoká 754
Somár 650

IMPRESSUM

In Kooperation von:
Österreichische Akademie der Wissenschaften (Kommission für Interdisziplinäre Ökologische Studien) und Stadt Wien

ÖAW Österreichische Akademie der Wissenschaften

Stadt Wien
Wien ist anders.

Bibliografische Information der Deutschen Nationalbibliothek
Die Deutsche Nationalbibliothek verzeichnet diese Publikation in der Deutschen Nationalbibliografie; detaillierte bibliografische Daten sind im Internet über http://dnb.d-nb.de abrufbar.

ISBN 978-3-205-77420-4

Koordination und Redaktion
Dr. Roland Berger

Bildredaktion
Dr. Roland Berger, Mag.ª Ulrike Čokl und Mag.ª Katrin Oberhofer

Layout und grafische Gestaltung
Mag. Andreas Pawlik und Dipl.-Des. Juliane Sonntag unter Mitarbeit von Mag.ª FH Marion Dorner

Kartographie
Dr. Roland Berger, MSc. Josef Pennerstorfer und Mag. Martin Prinz

Gestaltung Grafiken und Diagramme
Dipl.-Des. Juliane Sonntag

Bild-, Namen-, Orts- und Sachregister
emer. o. Univ.-Prof. Dr. Friedrich Ehrendorfer unter Mitarbeit von Dipl.-Ing. Mag. Stephan Brabec und Mag.ª Veronika Prior

Druck und Bindung
Holzhausen Druck GmbH, Wien

Gedruckt auf umweltfreundlichem, chlor- und säurefrei gebleichtem Papier.

Als Weiterführung zum Buch wird an der Internetpräsenz gearbeitet: www.oekosystem-wien.at